“十四五”时期国家重点出版物出版专项规划项目

国家科学技术学术著作出版基金资助出版

作物高产高效群体与关键生态因子的匹配及其调控

张福锁　范明生　等◎著

中国农业大学出版社
·北京·

内 容 简 介

实现作物高产与资源高效利用协同是保障我国粮食安全和资源环境安全的重大需求，也是国际农业发展的必然趋势。本书针对我国三大粮食作物，围绕构建与光温等生态因子相匹配的高产群体，通过根系和根际过程调控发挥作物高效吸收利用水肥的生物学潜力，同时实现高产与高效的协同的学术思想与路径；系统性揭示了作物高产群体与关键气候因子的匹配原理及调控机制，作物高产高效的地上地下互作机制与调控途径，支撑高产群体的关键土壤过程及动态调控机理，进一步阐明作物高产高效的栽培学机制与途径以及区域大面积高产高效限制因子与实现途径，为作物高产和资源高效利用协同提供理论和技术支撑。

本书可作为植物营养学、农学、土壤学和环境科学等相关专业的科研人员、高校师生及相关管理人员的参考用书。

图书在版编目(CIP)数据

作物高产高效群体与关键生态因子的匹配及其调控/张福锁等著. --北京：中国农业大学出版社，2023. 8

ISBN 978-7-5655-3096-8

Ⅰ.①作… Ⅱ.①张… Ⅲ.①作物-高产栽培 Ⅳ.①S31

中国国家版本馆 CIP 数据核字(2023)第 209486 号

北京市规划自然资源委地图审图号：GS 京(2023)2035 号

书　　名 作物高产高效群体与关键生态因子的匹配及其调控

作　　者 张福锁　范明生　等◎著

策划编辑 董夫才　王笃利　韩元凤　　**责任编辑** 韩元凤

封面设计 李尘工作室

出版发行 中国农业大学出版社

社　　址 北京市海淀区圆明园西路 2 号　　**邮政编码** 100193

电　　话 发行部 010-62733489，1190　　读者服务部 010-62732336

编辑部 010-62732617，2618　　出　版　部 010-62733440

网　　址 http://www.caupress.cn　　**E-mail** cbsszs@cau.edu.cn

经　　销 新华书店

印　　刷 涿州市星河印刷有限公司

版　　次 2023 年 12 月第 1 版　　2023 年 12 月第 1 次印刷

规　　格 210 mm×285 mm　　16 开本　　38 印张　　1 123 千字

定　　价 260.00 元

著者名单

（按姓氏笔画排序）

于　洋	马　玮	马　林	马　菲	马文奇	马煜卿	王　朋	王书伟
王仕稳	王志刚	王志琴	王振林	王朝辉	王新兵	邓西平	申建波
代兴龙	冯晓敏	朱　平	乔　磊	任　军	任图生	任佰朝	刘立军
刘淑珍	齐　华	米国华	安　宁	孙　涛	杜昌文	李　勇	李少昆
李世清	杨建昌	邹春琴	汪　玉	宋振伟	张　玲	张　亮	张　耗
张卫建	张吉旺	张伟杨	张宏彦	张朝春	张福锁	陈广锋	陈冬冬
陈秀秀	陈新平	邵　慧	苗宇新	范明生	岳善超	周　虎	单　军
孟庆锋	赵英杰	郝玉波	侯　鹏	贺明荣	顾骏飞	钱春荣	徐　江
徐灵丽	高伟达	高洪军	郭金瑞	郭露芳	黄　明	曹红竹	崔振岭
董元杰	董志强	焦小强	蔡鸿光	魏文良			

前言

我国农业可持续发展面临重大挑战，在耕地面积持续减少和粮食种植面积扩大潜力有限的形势下，既要持续提高作物单产，又不能再增加水肥投入，还要大幅度减少环境污染。因此，探索作物高产与资源高效利用协同的可持续发展道路，是保障国家粮食安全和资源环境安全的迫切需求。

在国家重点基础研究发展计划（973 计划）“作物高产高效群体与关键生态因子的匹配及其调控”（2015CB150400）的主要资助下，以我国三大粮食作物小麦、玉米和水稻为研究对象，由中国农业大学、中国农业科学院作物科学研究所、山东农业大学、中国科学院南京土壤研究所、中国科学院水利部水土保持研究所、扬州大学、河北农业大学和中国科学院遗传与发育生物学研究所农业资源研究中心等研究单位的一批科技人员和研究生，联合开展高产高效的作物栽培学、土壤学和植物营养学等多学科结合的基础研究，揭示了我国主要粮食作物高产群体与关键气候因子的匹配原理与调控机制，阐明了高产高效的地上地下根土互作以及土壤结构与关键过程的调控机理，构建我国粮食主产区作物产量和水肥资源利用效率同时提高 30%～50%的技术和区域大面积实现途径，从理论上回答作物持续高产与资源高效利用协调机制及实现途径这一重大科学问题。

本专著系统概括这些成果，为国内外集约化农业的高产高效提供新思路、新理论和新途径。希望以此促进全国范围内的多学科合作研究，实现作物高产与资源高效利用协同，推动我国农业的绿色发展。

由于水平所限，书中错误与不足之处在所难免，望读者批评指正。

著　者

2023 年 10 月 10 日

目录

第1章 总论

1.1 背景 …… **1**

1.1.1 国家需求 …… 1

1.1.2 科学意义 …… 2

1.2 国内外研究现状和发展趋势 …… **2**

1.2.1 国内研究现状 …… 2

1.2.2 国际最新进展与发展趋势 …… 4

1.3 面向作物高产与资源高效利用协同的研究 …… **7**

1.3.1 关键科学问题和主要研究内容 …… 7

1.3.2 学术思路与技术途径 …… 7

参考文献 …… **8**

第2章 作物高产群体与关键气候因子的匹配原理与调控机制

2.1 作物高产群体结构与功能的协调机制 …… **12**

2.1.1 玉米产量由 $15t/hm^2$ 提升到 $21t/hm^2$ 群体结构与功能的协调机制 …… 12

2.1.2 水稻高产群体结构与功能协调机制 …… 15

2.2 作物高产群体与光辐射资源的匹配机理 …… **23**

2.2.1 玉米群体与光辐射匹配原理 …… 23

2.2.2 玉米群体与光辐射匹配的生理机制 …… 24

2.3 作物高产群体与温度资源的匹配原理 …… **32**

2.3.1 区域玉米温度资源的利用及提高利用率的措施 …… 32

2.3.2 温度匹配过程中极端温度的影响 …… 34

2.4 作物高产群体与耕层特性的匹配原理及调控 …… **40**

2.4.1 土壤容重、含水量及孔隙度的变化 …… 41

2.4.2 机械压实对根系的影响 …… 45

2.4.3 拖拉机类型对玉米地上和地下性状的影响 …… 48

2.4.4 小结 …… 55

参考文献 …… **56**

第3章 作物高产高效的地上地下互作机制与调控途径

3.1 高产群体的根系及其调控 …… 60
3.1.1 增密种植条件下玉米根系的适应性反应特征 …… 61
3.1.2 不同耐密性玉米品种的根系特征 …… 64
3.1.3 玉米高产高效的理想根系构型 …… 66
3.1.4 增密种植条件下玉米根系的氮素调控 …… 67
3.2 根层氮素供应与高产群体的互作机制 …… 72
3.2.1 高产高效作物的养分需求特征及其生理机制 …… 73
3.2.2 高产高效作物适宜的根层氮素调控途径及其对地上群体结构与功能的影响 …… 76
3.2.3 简化根层氮素调控途径——控释配方肥一次性施肥技术 …… 80
3.2.4 优化品种选择与氮肥管理互作进一步改善玉米产量与籽粒品质 …… 82
3.2.5 密植高产条件下长期优化氮管理的可持续性评价 …… 85
3.3 根层磷素供应与高产群体的互作机制 …… 90
3.3.1 根际过程对根层磷素供应的响应 …… 90
3.3.2 根层磷素供应与高产群体结构和功能的定量化匹配机制 …… 93
3.3.3 密植高产条件下根层磷素调控的农学和资源效率评价 …… 97
3.3.4 密植高产条件下根层磷素调控的营养品质评价 …… 98
3.4 水资源限制下的玉米根层调控机理与效应 …… 106
3.4.1 水资源限制下覆膜春玉米高产体系的理论构建 …… 106
3.4.2 覆膜对根系及根冠关系的调控作用 …… 110
3.4.3 覆膜春玉米高产体系的氮肥优化管理 …… 119
3.4.4 覆膜春玉米高产体系的可持续性 …… 122
3.5 水资源限制下的小麦根层调控机理与效应 …… 126
3.5.1 旱区小麦产量提升的限制因素及产量提高的途径 …… 127
3.5.2 旱区小麦根层调控措施及其对作物和土壤的影响 …… 128
3.5.3 旱区小麦根层调控措施及效应 …… 134
参考文献 …… 137

第4章 支撑作物高产群体的关键土壤过程及动态调控机理

4.1 概述 …… 149
4.2 稻田土壤脱氮过程及调控 …… 150
4.2.1 引言 …… 150
4.2.2 材料与方法 …… 151
4.2.3 结果与讨论 …… 152
4.2.4 小结 …… 158
4.3 稻田土壤磷素供应过程及调控 …… 158
4.3.1 引言 …… 158
4.3.2 材料与方法 …… 159

4.3.3　结果与讨论 …… 160
4.3.4　小结 …… 164
4.4　潮土有机碳影响作物高产高效的关键过程与调控 …… 164
4.4.1　引言 …… 164
4.4.2　华北平原农田表层土壤有机碳累积的空间分布及累积效应的影响因素解析 …… 165
4.4.3　土壤有机碳影响华北小麦-玉米体系高产高效的关键过程 …… 168
4.5　黑土区春玉米根层土壤水分运移过程及调控 …… 176
4.5.1　引言 …… 176
4.5.2　材料与方法 …… 177
4.5.3　结果与分析 …… 178
4.5.4　小结 …… 186
4.6　水稻土孔隙结构特征及调控 …… 187
4.6.1　概述 …… 187
4.6.2　材料与方法 …… 188
4.6.3　结果与分析 …… 189
4.6.4　小结 …… 193
4.7　典型农田土壤微观/介观结构特征及调控 …… 193
4.7.1　概述 …… 193
4.7.2　材料与方法 …… 194
4.7.3　结果分析 …… 196
4.7.4　小结 …… 207
参考文献 …… 207

第 5 章　作物高产高效的栽培学机制与途径

5.1　概论 …… 217
5.2　华北小麦-玉米高产高效的栽培学机制与途径 …… 218
5.2.1　高产小麦壮秆抗倒伏机制与调控技术 …… 218
5.2.2　推迟播期对冬小麦穗花发育、氮素内在利用效率、抗倒性能和产量的调控效应 …… 226
5.2.3　宽幅播种与常规条播对不同播期小麦产量与氮素利用的影响 …… 256
5.2.4　施氮量对冬小麦干物质积累、产量和氮素吸收利用的影响 …… 260
5.2.5　包膜脲酶抑制剂增效尿素对小麦生长的影响及其机理研究 …… 264
5.2.6　冬小麦高产高效群体的年际间稳产性能 …… 268
5.2.7　综合农艺管理对夏玉米根系生理特性和养分利用效率的影响 …… 272
5.2.8　施氮量对土壤理化特性的影响 …… 277
5.2.9　施氮量对夏玉米籽粒灌浆特性和营养品质的影响 …… 280
5.2.10　土壤生产力持续提升关键技术研究 …… 281
5.2.11　综合农艺管理对冬小麦-夏玉米周年产量和氮效率的影响 …… 289
5.3　南方水稻高产高效的栽培学机制与途径 …… 296
5.3.1　水稻高产高效协同的关键制约因素 …… 297

5.3.2 水稻高产高效的栽培学机制与途径 …… 331
5.3.3 水稻高产高效的技术集成与成效 …… 359
5.4 东北春玉米高产高效的栽培学机制与途径 …… 369
5.4.1 东北春玉米生产现状与发展趋势 …… 369
5.4.2 东北春玉米高产高效的关键限制因素 …… 375
5.4.3 东北春玉米品种对密植的响应 …… 379
5.4.4 养分管理对东北春玉米高产高效的调控效应 …… 395
5.4.5 耕作方式对东北春玉米高产高效的调控效应 …… 407
5.4.6 化学调控对东北春玉米高产高效的调控效应 …… 420
5.4.7 东北春玉米高产高效的模式集成与验证 …… 426
5.5 西北旱地小麦高产高效的栽培学机制与途径 …… 434
5.5.1 西北旱地小麦高产高效的关键限制因子 …… 434
5.5.2 西北旱地小麦高产高效的栽培学机制 …… 444
5.5.3 西北旱地小麦高产高效的调控途径 …… 455
参考文献 …… 466

第 6 章 区域作物高产高效的限制因子与实现途径

6.1 区域作物高产高效研究技术 …… 476
6.1.1 科技小院作物高产高效自下而上研究方法 …… 476
6.1.2 区域作物高产高效自上而下研究方法 …… 482
6.2 区域作物产量差、效率差和技术差及其影响因素 …… 489
6.2.1 东北春玉米产量差、效率差和技术差及其影响因素 …… 489
6.2.2 华北小麦玉米产量差、效率差和技术差及其影响因素 …… 499
6.2.3 种植模式对区域产量差和效率差的影响 …… 511
6.2.4 土壤条件对区域产量差和效率差的影响 …… 517
6.2.5 养分调控对区域产量差和效率差的影响 …… 520
6.3 区域作物高产高效大面积实现途径 …… 526
6.3.1 基于农学诊断的高产高效技术体系设计与实证 …… 526
6.3.2 基于遥感技术的农户精准管理技术体系设计与实证 …… 534
6.3.3 区域总量控制和分期调控的大面积养分管理途径 …… 543
6.3.4 科技小院服务模式 …… 567
6.3.5 “政产学研用”模式 …… 569
6.4 粮食主产区未来大面积高产高效潜力及其资源环境效应 …… 570
6.4.1 粮食主产区未来大面积高产高效潜力分析 …… 571
6.4.2 三大粮食作物高产高效的资源环境效应 …… 574
6.4.3 大面积高产高效区域分步实现和资源环境代价最小化的策略 …… 576
参考文献 …… 577

第 7 章 展望

7.1 农业绿色发展是未来我国农业现代化的重要方向 …… 588

7.2 绿色高产高效是农业绿色发展的基础 …… 589
7.3 未来研究重点与方向 …… 590
7.3.1 作物高产群体与土壤和气候因子的动态匹配实现高产高效 …… 590
7.3.2 中低产田改良与产能提升实现固碳与高产协同 …… 591
7.3.3 最大化根际生命共同体效率实现“四两拨千斤” …… 591
7.3.4 创制绿色智能肥料实现投入品的绿色低碳 …… 592
7.3.5 农业绿色发展实现途径 …… 592
参考文献 …… 594

第1章 总 论

全球农业正面临粮食安全和资源环境安全的双重挑战，我国的问题尤为突出。一方面，我国人口增长和膳食结构改善亟须大幅度提高粮食产量；另一方面，我国耕地和水资源短缺，作物单产增长缓慢，环境问题日益突出，资源效率依然低下，可持续发展形势相当严峻，提高资源利用效率、保护生态环境刻不容缓。因此，探索作物高产与资源高效利用协同实现的理论与途径是保障我国粮食安全和资源环境安全的重大需求，也是国际农业发展的必然趋势。迫切需要根据区域生态条件，以作物生态生理学为指导，设计高产作物群体，使群体的生物学潜力与光温等生态因子相匹配，提高光温资源利用效率，挖掘作物产量潜力；通过对根系和根际过程的调控以及根层养分和水分的优化，既满足高产群体地上养分水分需求，又发挥作物高效吸收利用水肥的生物学潜力，实现高产与高效的协同；同时调控土壤结构和关键过程，支撑高产群体，增强抗逆能力和缓冲性，提高土壤基础生产力，稳定实现作物高产高效。

1.1 背景

1.1.1 国家需求

(1)持续提高作物单产是保障国家粮食安全的根本途径和长期需求。

我国是一个拥有超过 14 亿人口的发展中大国，确保国家粮食安全始终是经济发展、社会稳定和国家富强的基础，是直接关系到国计民生的大事。2013 年 12 月召开的中央经济工作会议和中央农村工作会议、2014 年中央 1 号文件都把确保粮食安全和实现粮食生产的可持续发展放在首位。2004—2013 年虽然国家加大了对粮食生产的投入和政策扶持，实现了粮食生产十连增，但前几年主要是恢复性增长，我国粮食安全的紧张局势并没有得到根本性扭转。未来随着人口的增长和经济的发展，我国的粮食需求仍呈快速增长势头。在耕地面积持续减少和粮食种植面积扩大潜力有限的形势下，大面积持续提高作物单产已经成为保障我国粮食安全的唯一选择。据测算，至 2030 年我国粮食单产需要提高 30%～50%，即年均增长率要达到 2%左右，而过去 10 年年均增幅仅为 1%。因此，实现粮食持续稳定增产、保障国家粮食安全是我国当前及今后相当长时期的重大任务。

(2)提高资源利用效率，保护生态环境，是我国农业可持续发展的必由之路。

我国是世界人均资源拥有量较低的国家，人均耕地不到世界平均水平的一半，人均水资源仅为世界平均水平的 1/4。资源利用效率不高加剧了资源短缺形势，挤压了未来的发展空间。为了保障粮食增产，我国施用了全球 30%以上的化肥，养分利用效率低下不仅导致农业生产成本增加，影响农民增收，而且造成环境污染。近年来，我国的土壤酸化、大气氮沉降、温室气体排放、水体富营养化等环境问题引起了国内外的高度关注，这与农业生产中不合理的养分和水分管理密切相关。因此，在不断提高作物产量的同时，提高资源利用效率，保护生态环境，是我国农业可持续发展亟须解决的重大问题。

(3)探索主要粮食作物大幅度增产增效的机理和主产区大面积实现的途径是我国农业可持续发展的当务之急。

进入21世纪以来,虽然我国农业生产的各项投入大幅度增加,但作物单产增长缓慢,资源利用效率持续下降,优良品种的高产潜力只发挥了40%~60%。因此,亟须大幅度提高作物单产和资源利用效率的理论创新和技术支撑。为了解决这一问题,“十五”以来,我国加强了作物高产、超高产栽培技术以及资源高效利用的研究,尤其在“十二五”973项目“主要粮食作物高产栽培与资源高效利用的基础研究”的资助下,在作物产量与资源利用效率协同提高的理论与技术体系研究方面取得显著进展。阐明了影响我国粮食作物四大生产体系(东北春玉米、华北小麦-玉米、长江流域水稻-小麦、西北旱作)增产10%~15%、增效20%的限制因素、主控过程、区域潜力和资源代价,为解决我国近期的粮食安全和资源高效利用的国家重大需求提供了有力支撑;同时,在部分田间试验中得到了产量和效率同时增加30%~50%的结果,找到了增产增效30%~50%的突破口。目前,迫切需要从理论上系统阐明三大主要粮食作物大幅度增产增效的机理,建立切实可行的技术体系,并在粮食主产区大面积实现途径上取得突破。

1.1.2 科学意义

(1)作物大幅度增产和资源高效利用的协同机制与调控途径是农学和资源环境学等学科亟待回答的重大理论问题。

大幅度提高作物产量是否必须依赖于水肥资源的大量投入?作物高产与资源高效能否同步实现?高产高效的现代农业是否能做到可持续发展?这些问题一直是国内外关注的热点,也是学术界仍在争论的重大科学命题。近年来,国际学术界提出了“生态集约化”“可持续集约化”等概念,但鲜有成功的试验实践案例。通过高产群体与生态因子的匹配原理与调控机制、高产高效地上群体与地下根系/根际过程的互作、土壤关键过程对高产群体的支撑作用等理论研究的突破,建立和完善土壤-作物系统综合管理的理论与技术途径,实现作物高产与资源高效利用的协调,不仅是农业科学研究领域的理论前沿,也是当代资源环境领域亟待解决的重大基础科学问题。

(2)建立粮食作物大幅度增产增效30%~50%的栽培学途径,阐明我国粮食主产区未来大面积高产高效的潜力、途径及其资源环境效应,是解决我国粮食安全和资源环境安全等国家重大需求的科学基础和政策依据。

近年来,我国农业科研中建立的高产样板往往存在稳定性和重演性差、肥水投入量大、效率低等问题,客观上反映了群体与个体、高产与高效难以协同的现实。因此,对其深层次科学机制的认识是建立大幅度(30%~50%)增产增效的栽培学途径的基础。以我国东北春玉米、华北小麦-玉米、长江流域水稻-小麦、西北旱作4个重要的粮食生产体系为对象,研究作物高产高效的栽培学调控途径;探索我国粮食主产区作物大面积实现高产高效的制约因素,阐明我国粮食主产区未来大面积高产高效的潜力、途径及其资源环境效应,对建立主要粮食作物大面积持续增产与资源高效利用的集成技术和大面积应用的政策与措施具有重要的科学意义和广阔的应用前景。

1.2 国内外研究现状和发展趋势

1.2.1 国内研究现状

近年来,我国增加了对农业科技的投入,显著促进了农业科技水平的提升。2004—2013年,粮食生产“十连增”,科技贡献功不可没。粮丰工程、高产创建、测土配方施肥、耕地地力提升等一系列国家项目的实施，对农业增产增效发挥了重要的推动作用。

(1)“十二五”973项目“主要粮食作物高产栽培与资源高效利用的基础研究”，以我国三大粮食作物为对象，通过多学科的交叉研究明确了作物增产10%～15%、增效20%的关键限制因子与调控途径，建立了相应的技术体系；找到了研究增产增效30%～50%的突破口，迫切需要进一步从理论和技术上开展系统研究，并在生产实践中验证与应用。

“十二五”期间，973项目“主要粮食作物高产栽培与资源高效利用的基础研究”，以我国三大粮食作物小麦、玉米和水稻为研究对象，针对满足我国人口持续增长和经济发展对大幅度增加粮食单产、同时提高资源利用效率减少环境压力的需求，以及农业生产与科学研究中作物高产与资源高效难以协调的现状，提出实现高产高效的两步走策略：第一步，在现有产量和资源效率的基础上，通过主要作物体系高产高效关键限制因子消减，大面积实现作物产量增加10%～15%，水肥效率提高20%；第二步，通过高产高效理论与技术创新，找到实现产量和效率同时增加30%～50%的突破口，为解决我国粮食安全和资源高效的国家重大需求提供切实可行的途径和决策建议。

通过5年的实施，集中阐明了我国粮食作物四大生产体系（东北春玉米、华北小麦-玉米、长江流域水稻-小麦、西北旱作）影响产量和资源效率提高的限制因素和主控过程，建立了适应我国农业生产条件的、在现有基础上增产10%～15%、增效20%的技术途径和高产高效技术模式。明确了我国主要粮食作物产量差和效率差的区域特征，揭示了区域大面积实现高产高效的关键是“提高技术模式的到位率，消减农户间的差异”，并为此创建了“科技小院”“农民高产高效竞赛”“大配方、小调整”等高产高效技术大面积应用的新模式，为解决小农户生产条件下实现大面积均衡增产增效的难题提供了理论与技术支撑。在探索产量与水肥效率同时提高30%～50%的理论与途径方面找到了新的突破口。

(2)围绕作物高产和资源高效的目标，国家实施了粮丰工程、高产创建、测土配方施肥、耕地地力提升等重大科技行动，取得了显著进展，但在高产高效协同实现的理论上还需要进一步深化、在技术上需要进一步综合、在应用上需要注重区域大面积实现。

2004—2013年，我国粮食产量实现“十连增”，主要作物高产纪录也不断刷新。这与作物栽培学理论和技术的发展密不可分。长期以来，我国在作物高产栽培技术与理论研究方面进行了许多探索，形成了以作物高产为主线，作物-环境-措施“三位一体”的栽培学研究方法，对作物高产群体结构功能开展了大量研究，阐明了高产群体各生育期的主要形态生理特征和指标。在玉米方面，为进一步突破高产潜力，提出了以耐密型玉米品种创建高质量群体的密植高产理论（李少昆与王崇桃，2010），建立了适用于玉米高产群体的不同品种、栽培技术及肥水调控的群体结构与功能综合分析的产量性能方程（赵明，2013）。在水稻上侧重于以大穗型、适度分蘖能力并且顶三叶与穗的着生位置合理的品种来培育高产群体结构（Peng et al.，2008，2009）。然而，这些研究大都集中在高产群体的培育以及环境因子的影响方面，对高产群体与生态因子的动态匹配机理及其调控途径的定量研究仍然不够，同时这些高产典型与养分水分资源高效利用的研究结合不够。

近年来，国内围绕如何提高粮食作物肥料利用率也开展了大量研究，旨在建立作物主产区养分高效利用的技术指标与模式。2005年至今，国家实施的“测土配方施肥项目”，在建立测土配方施肥技术指标、区域配方肥技术及其推广应用等方面取得了显著进展，大面积应用实现了增产增收、节本增效和提高肥料利用率的效果。973项目“肥料养分持续高效利用机理与途径”，通过养分损失阻控、有机肥料转化等方法实现化肥减施20%～30%的目标。

针对人口持续增长、有机肥投入比例下降和耕地质量状况堪忧等问题，我国学者在提高土壤生产力的关键因子、土壤肥力与作物产量以及退化土壤恢复等领域进行了长期不懈的探索。973项目“粮食主产区农田地力提升机理与定向培育对策”重点研究了典型地区中低产田主要障碍因子、限制地力提升的关键因素和地力定向培育的综合理论体系和技术方案等；973项目“主要粮食作物高产栽培和资源高效利用的基础研究”通过对粮食主产区土壤生产力的定量化研究，初步明确了三大作物增产10%～

15%、增效 20%的土壤性状特征和主要过程(张福锁等,2013)。然而,要实现增产增效 30%~50%的土壤条件是什么?土壤关键过程如何与作物高产群体动态匹配?提高土壤基础生产力对稳定实现高产高效的作用是什么?这些都是亟待解决的重要问题。

总之,"十二五"以来,我国科学家在作物高产栽培和土壤水肥管理研究领域取得了显著的进展。迫切需要进一步加强高产栽培、土壤、植物营养等多学科的紧密合作,共同突破作物产量和资源利用效率大幅度协同提高的科学机制和大面积实现途径。

1.2.2 国际最新进展与发展趋势

(1)能否和如何满足粮食安全是当前国际农业研究的热点。

当前世界农业的发展面临前所未有的严峻挑战,既要保障粮食安全,又需要进一步提高资源的利用效率,减少农业生产对生态环境的负效应。到 2050 年,世界人口将可能增长至 85 亿~100 亿的峰值,粮食需求也要增加 70%~110%,世界农业面临着最严峻的挑战(Tester et al.,2010; FAO, 2011; Tilman et al., 2011)。

如何尽可能地缩小产量差,提高作物单产水平已成为未来一段时期世界范围内解决粮食安全问题的重要途径。由于限制产量差的关键因素和调控途径尚未摸清,世界上一些主要粮食生产国作物单产出现了徘徊不前的现象,全球粮食安全面临更大的挑战(Ray et al., 2012, 2013)。即使在小麦单产较高的欧洲地区,自 20 世纪 90 年代以来以法国和德国为代表的大部分国家和地区小麦产量几乎没有增长(Brisson et al., 2010)。与此同时,亚洲地区的水稻单产也徘徊不前(Grassini et al.,2013; Ray et al., 2013)。在世界其他很多主要粮食作物生产地区,也出现了大量的产量不增长甚至下降的报道(Finger, 2008, 2010; Peltonen-Sainio et al., 2009)。有关研究表明,在全球范围内,当前三大粮食作物小麦、玉米和水稻分别仅实现了产量潜力的 64%、50%和 64%(Neumann et al., 2010)。也有研究认为,如果灌溉和养分管理措施科学合理,全球粮食产量可增长 45%~70%(玉米、小麦和水稻三大粮食作物将分别增产 64%、71%和 47%),显示出农学措施在未来粮食增产中的巨大潜力(Mueller et al., 2012)。

在关注粮食安全的同时,国际上也高度关注农业发展过程中带来的资源环境问题,建立和发展高产高效的现代农业已经成为国际研究的热点。在理论观点方面,Vitousek 等(2009)分析了农业不同发展阶段养分投入的农学效应和环境代价,指出农业可持续发展必须解决好养分高效利用问题; Burney 等(2010)和 Tilman 等(2011)在美国科学院院刊(PNAS)上发表文章,指出未来解决粮食安全及环境保护协调问题的关键是发展高产高效现代农业,而不是土地扩张或不计成本的高投入。近年来,我国和美国等分别开展了高产高效现代农业的探索。2011 年本项目组在 PNAS 杂志发表文章,阐述了通过土壤-作物系统综合管理实现高产高效的研究结果,成为国际上高产高效现代农业的一个典型案例(Chen et al., 2011);随后美国 Cassman 课题组对美国西部玉米带高产体系的环境效应进行了综合评价,指出作物高产的环境代价可以显著降低(Grassini and Cassman, 2012)。

(2)揭示高产作物群体结构和功能与生态因子的匹配,通过"生态集约化"的土壤-作物系统综合管理实现高产高效的协同是国际上现代农业研究的热点和前沿。

①揭示高产作物群体结构与功能及其与光温资源的动态匹配规律,挖掘作物产量潜力。

对小麦、玉米、水稻等粮食作物的研究发现,在由农家种过渡到现代高产品种的遗传改良过程中,产量水平大幅度提高,但是单位叶面积的光合速率并没有显著提高,产量的增加主要归功于株型的改善、单位土地面积上有效叶面积和群体光合能力的提高(Richards et al., 2000)。说明群体结构和功能的动态调控是增加产量的关键。

高产群体的结构与功能是一个与光、温、土、水等生态因子动态互作的过程 (Sacks and Kucharik, 2011)。适当增加群体密度是当前作物高产的主要方向。高光强条件下可以有效容纳较大的群体密度,群体内不同层次的茎叶分布状况直接影响着群体内的光分布及群体光合能力，实现高产主要依靠作物群体内光分布的合理配置和利用。理想株型对于构建合理的群体结构具有重要的意义，历来受到国内外育种和栽培生理专家的重视与关注(Duvick，1977；Peng et al.，2008)。相关研究普遍认为茎叶夹角小、直立叶片构成的冠层有利于群体受光，从而提高了群体光合作用和物质生产。但在水稻高产实践中发现，基于株型选择的，具有矮秆、直立叶片等特性的新株型水稻品种的产量往往比基于产量选择的超级稻品种的产量低(Peng et al.，2008)，说明对群体结构和功能协调的认识仍然不足，需要深入理解作物高产群体动态过程及其与光辐射量等气候因子的匹配机理。

温度是影响作物群体结构与功能的另一重要生态因子(Berti and Johnson，2008；Iannucci et al.，2008；Sacks and Kucharik，2011)，区域的热量条件决定了作物的适宜生长期及群体的结构和功能特性。生育期长、持绿性较强的大群体适宜种植在热量资源充足的区域；对于热量资源有限的地区则适宜种植生育期短、群体较小、持绿性较弱的作物，并且需要适当地增加种植密度才能获得增产。然而，随我国不同区域光热资源的变化，同一品种不同区域间、同一区域不同品种间的群体发育对于光温资源的反应不同，作物群体结构和功能如何与区域光温资源有效匹配有待深入研究。

优化植株体内养分分配可使作物群体能够更好地匹配光温等生态资源。以氮素为例，作为叶绿素和 Rubisco 酶的重要组成部分，其在作物冠层中的分布决定着冠层的同化力(Field，1983；Moreau et al.，2012)。在发育过程中，氮素垂直梯度随氮素有效性而变化，在高氮条件下，氮素垂直梯度变化较小，而在低氮条件下，叶片氮素垂直梯度变化则比较大(Hikosaka et al.，1994；Dreccer et al.，2000；Lötscher et al.，2003)。根据光合最大化理论，氮素在冠层中的垂直分布与光垂直梯度分布一致时群体冠层净同化效率最高(Yin et al.，2003)，但是氮素在冠层空间中的实际分布梯度往往小于光在冠层中的分布梯度(Anten et al.，1995；Buckley et al.，2013)。Hikosaka 等(2014)通过模型模拟计算发现，如果能够优化氮素在冠层空间中的分布，冠层净同化率将提高 20%。如何充分利用植株体内养分与光合效率空间梯度特点，实现作物群体光合效率的最大化，值得深入探讨。

更重要的是，作物群体是一个动态的过程，即使建立了一个高产群体，如何维持开花后群体高效运转至关重要。开花后作物氮素吸收与植株体内氮素转移是否协调，决定着植株的熟相(早衰、正常成熟或贪青)，影响群体光合持续期长短和开花后光温资源的高效利用，最终决定品种产量潜力是否能充分发挥。如何调控根层养分供应、土壤条件和根系活力，从而调控开花前后氮素吸收量和比例，使植株体内氮素适时适度转移，不仅影响群体优势转换为产量优势，而且影响氮素的高效利用，其中的科学原理需要深入探讨。

②揭示地上群体与地下根系、根际及根层养分水分的相互作用机制，在满足高产群体动态需求的同时，提高养分、水分等资源的利用效率。

作物的生长依赖于地上部与地下部功能的协调。作物群体大小与结构的优化，对于提高群体光合速率、进而提高作物产量至关重要，而实现群体光合效率需要相应的根系功能作为支撑。与地上部群体结构一样，根系在土壤中的空间分布，也直接影响到养分水分资源的摄取效率。地上群体结构与地下根系构型及根际过程存在显著的互作。一方面，地上部可以通过韧皮部向根中运输光合产物和信号物质，调控根系生长和根际动态，使其满足地上部功能的需求；另一方面，根系构型与分布、根际养分水分供应强度可以显著影响植株生长发育及群体的大小与结构。养分水分供应的异质性则容易导致群体内植株生长的差异，进而造成株间对光热资源的竞争，株间变异加大，群体质量下降。作物育种进程中，不仅改良了地上部株型与光合性能、养分吸收规律与干物质积累规律，同时也改变了根系的大小与构型(Duvick，2005；Chen et al.，2014)。耕作、灌水、施肥等栽培措施在很大程度上是为了协调地上地下关系，最终实现作物高产与资源高效利用的统一。因此，地上地下始终是国际作物栽培学、植物生物学和植物营养学研究的热点，主要进展表现在以下几方面：a. 明确了地上部养分信号与根际局部物理化学信号调节根系生长的理论。现代根系生物学理论认为，根系生长一方面决定于由地上部向根运输的糖信号和养分信号(Kircher and Schopfer, 2012),另一方面根系又可以感受根际的物质与化学信号,进而调节自身的生长(Zhang and Forde, 1998; Ho et al. ,2009; Ruffel et al. , 2011)。地上地下信号的相互作用,共同调节根系生长发育。b. 实现资源高效利用的理想根系构型。研究提出了氮、磷和水分高效吸收的理想根构型模型(Mi et al. , 2010; Lynch, 2013)。c. 与作物高产需求相匹配的根际养分水分供应,明确了单位作物产量的养分需要量,提出了通过匹配作物生长需求与根层养分供应实现高产高效目标(Chen et al. ,2011; Hou et al. , 2012)。d. 根系与根际微生物(如 PGPR)互作调控地上部生产力。认为根系与根际微生物存在"根际对话",这种"对话"会调节根系生长、根际养分动态和养分吸收,进而调节地上部生长(Dodd, 2009; Yang et al. ,2009)。上述进展极大地加深了人们对地上地下关系的理解,明确了通过挖掘根系生物学潜力提高养分资源利用效率的理论思想。但相关研究大多侧重于理解低投入条件下的、基于促进单株植物生长发育的生理学适应机制,需要在群体水平上深入理解集约化生产条件下作物地上地下互作机制及其对群体结构与功能的作用原理,在此基础上探究栽培调控途径。

③改善土壤质量支撑高产群体,稳定实现作物高产与资源高效利用。

土壤是作物生产的基础,稳定发挥作物产量潜力、提高水肥保持和供应能力、减少损失的关键在于提高土壤质量(Tilman et al. , 2002; Richter et al. , 2007; Fan et al. , 2013)。由于西方发达国家粮食压力不大,土壤质量又普遍较高,近 20 年来对土壤生产力的关注度越来越低,研究大多集中在土壤环境和生态服务功能方面(de Vries et al. , 2013)。最近对美国和德国等土壤学界的调研表明,在关于 21 世纪土壤学研究热点的五大主题(调控生态系统功能、公众健康和人类福利、调节养分循环、运输和植物-土壤-微生物互作、土壤形成与退化和土壤信息系统)和 25 个重要课题中,没有提及土壤生产力这一重要课题(Adewopo et al. ,2014)。显然,近年来西方国家在土壤固碳减排、调节气候和生态服务方面的关注度远远超越了土壤肥力与作物生产的研究。

对于大多数其他国家,尤其是人口众多、水土资源紧张、生态环境问题突出且基础设施相对落后的发展中国家,改善土壤质量是进一步提高作物生产力、保障粮食安全和促进生态良性循环的可靠途径。大量研究表明,在集约化种植条件下,秸秆还田、有机肥无机肥配合、轮作、保护性耕作和增加生物多样性等措施是提高土壤质量、实现作物持续高产、增强农田生态系统稳定性的有效措施(Rasmussen et al. ,1998),其核心机制在于通过提高土壤有机质的数量和品质,改善土壤结构和水肥气热条件等(Lal, 2004; Ayuke et al. , 2011),从而增强作物根系的活性和水肥保持利用能力。对于密植高产群体而言,土壤水热、结构及其生物、化学过程与作物根系相互作用机制仍然不是很清楚,也是高产高效研究中需要关注的关键科学问题之一。

(3)揭示区域大面积高产高效的限制因素,建立大面积实现的途径和措施是近年来受到国际上广泛关注的重要问题。

如何在粮食主产区大面积实现高产高效是解决粮食安全和资源高效利用的关键问题,而找出区域高产高效限制因子,阐明区域高产高效潜力,建立大面积实现的途径则是解决这一问题的根本。国际上重点围绕区域不同产量潜力及其影响因素,采用产量差和产量潜力分析、作物系统模型、系统诊断等方法进行研究(Giller et al. , 2006; Tittonell et al. , 2008; van Ittersum et al. , 2013),在产量差理论分析和评价方法等方面积累了大量成果,但在效率差方面还缺乏研究、在大面积实现上还缺乏实用的模式和范例。国内也十分关注高产高效技术的大面积实现问题,在上一期 973 项目"主要粮食作物高产栽培和资源高效利用的基础研究"中,开展了区域作物高产高效潜力及其限制因素的研究,阐明了我国粮食作物高产高效潜力的区域特征,明确了管理、品种等技术对不利气候条件的补偿效应,创建了"科技小院""高产高效竞赛""大配方、小调整"等高产高效大面积实现的新模式(张福锁等,2013),为未来大面积高产高效实现途径的探索奠定了基础。

1.3 面向作物高产与资源高效利用协同的研究

1.3.1 关键科学问题和主要研究内容

1. 关键科学问题

面对粮食安全与生态环境安全的双重挑战，探索作物高产与资源高效、环境保护协同实现的原理与途径，是国际农业科学研究的重大问题。而作物高产高效群体与关键生态因子的匹配及其调控机制，是破解这一问题的关键。本项目从挖掘群体与光热资源匹配的增产潜力、协调作物系统地上地下关系、提高水肥资源利用效率入手，重点解决以下两个关键科学问题。

(1)作物高产群体动态过程及其与光温条件的匹配机理。光温条件是决定作物群体结构和功能的关键因子，阐明它们与作物群体的动态匹配关系及调控机制，是构建作物高产高效理想群体的理论基础，是挖掘作物系统与生态因子匹配高产潜力的主要途径。

(2)高产高效协同实现的根土互作及其调控机制。高产作物群体需要一个良好的根系和根层系统支撑。明确高产高效作物群体理想的根系构型与根际过程，揭示高产作物地上群体与地下根系、根际及根层养分水分的互作机制及其调控途径，是协同实现作物高产与养分水分资源高效的关键。

2. 主要研究内容

围绕上述两个关键科学问题，以三大粮食作物(小麦、玉米和水稻)为研究对象，开展高产高效的作物栽培学、土壤学和植物营养学的联合研究，主要研究内容如下：

(1)作物高产高效的关键过程和调控机制。研究作物群体结构和功能与关键气候因子的匹配原理及调控机制，挖掘作物群体与光、温等气候资源匹配的增产潜力；研究作物高产高效的地上地下互作过程及协调机制，为协同实现作物高产和养分水分高效提供理论基础；研究支撑作物高产高效的土壤结构、关键过程及调控机制，为持续提高土壤生产力提供理论与技术途径。

(2)作物高产高效的栽培学机制与途径。以作物高产高效的关键过程和调控机制为理论基础，针对高产群体稳定性差、产量构成因素间矛盾加剧、倒伏严重、肥水效率低等问题，以我国东北春玉米、华北小麦-玉米、长江流域水稻-小麦、西北旱作4个主要的粮食生产体系为对象，重点探明作物高产高效的关键制约因子与协同途径，揭示作物高产高效栽培的技术原理；阐明土壤耕作、优良品种、栽培技术、水分养分等调控高产高效群体与生态因子匹配的栽培学机制，构建高产高效的栽培技术体系，在我国四大粮食生产体系中协同实现作物增产增效30%～50%的目标。

(3)粮食主产区大面积高产高效的限制因子与实现途径。针对我国粮食主产区作物系统、生态要素、技术经济水平的差异，围绕"自下而上"和"自上而下"两条主线开展粮食主产区大面积高产高效的限制因子与实现途径研究。一方面，依托科技小院，自下而上开展不同区域大面积高产高效的关键制约因素与实现途径的实证研究；另一方面，自上而下从宏观层面研究我国粮食主产区未来大面积高产高效的潜力及其资源环境效应，为国家和有关部门的决策提供政策建议。

1.3.2 学术思路与技术途径

1. 学术思路

在粮食安全和资源环境安全的双重挑战下，探索作物高产与资源高效利用相协调的可持续发展道路，不仅是保障我国粮食安全和资源环境安全的迫切需求，也将为国际农业探索行之有效的发展道路。作物高产与资源高效利用协同的学术思路是：通过挖掘与生态因子匹配的作物生物学潜力，实现作物产量和资源利用效率的协同提高。关键在于：①根据区域生态条件，以作物生态生理学为指导，设计高产群体使之与气候等生态因子相匹配，提高光温资源效率，挖掘作物产量潜力；②通过对根土互作过程的深入理解和根层养分水分的定量调控，做到既满足高产作物地上群体的养分水分需求，又发挥作物高效吸收利用养分的生物学潜力，实现高产与高效的协同；③调控土壤结构和关键过程，支撑高产群体，增强抗逆能力和缓冲性，提高土壤基础生产力，稳定实现作物高产高效。

2. 技术途径

根据以上学术思路，通过多学科合作：①围绕作物高产高效的三个关键过程，即作物高产群体结构和功能与气候因子的匹配、高产作物地上群体与地下根系/根际过程的互作、支撑高产群体的土壤结构与关键过程，深入开展高产高效的基础理论研究，破解作物高产与资源高效利用协同的关键科学问题，为进一步大幅度提高产量和资源利用效率提供理论依据；②围绕作物高产高效的栽培学机制与途径，以我国四大粮食生产体系（东北春玉米、华北小麦-玉米、长江流域水稻-小麦、西北旱作）为对象，揭示其实现高产高效的关键制约因素，阐明作物增产增效 30%～50%的栽培学机制，建立相应的技术体系；③明确区域大面积高产高效的限制因子和实现途径，阐明我国粮食主产区未来大面积高产高效的潜力及其资源环境效应，破解区域大面积高产高效的难题，为解决我国粮食安全和资源高效的国家重大需求提出切实可行的措施和决策建议。

作物高产与资源高效利用协同的总体技术路线如图 1-1 所示。

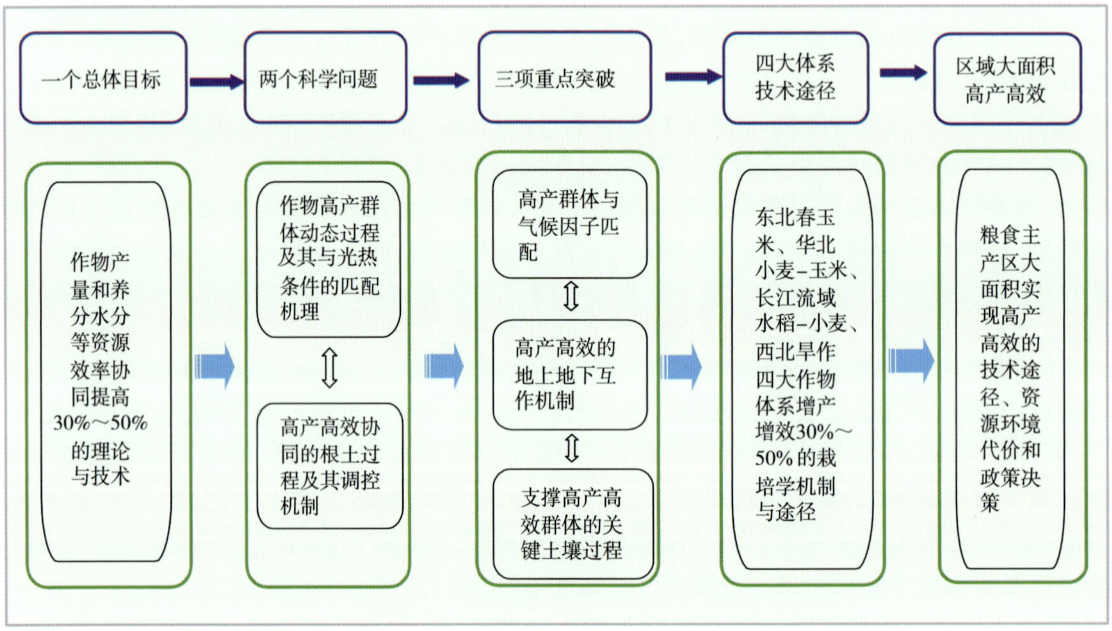

图 1-1　作物高产与资源高效利用协同研究总体技术路线

参考文献

李少昆，王崇桃. 2010. 玉米高产潜力·途径. 北京：科学出版社.

赵明. 2013. 作物产量性能与高产技术. 北京：中国农业出版社.

张福锁，范明生，等. 2013. 主要粮食作物高产栽培与资源高效利用基础研究. 北京：中国农业出版社.

Adewopo J B, VanZomeren C, Bhomia R K et al. 2014. Top-ranked priority research questions for soil science in the 21st century. Soil Science Society of America Journal, 78(2):337-347.

Anten N, Schieving F, Werger M. 1995. Patterns of light and nitrogen distribution in relation to whole canopy carbon gain in C3 and C4 mono-and dicotyledonous species. Oecologia, 101:504-513.

Ayuke F O, Brussaard L, Vanlauwe B, et al. 2011. Soil fertility management: impacts on soil macrofauna, soil aggregation and soil organic matter allocation. Applied Soil Ecology, 48:53-62.

Berti M T, Johnson B L. 2008. Physiological changes during seed development of cuphea. Field Crops Research, 106, 163-170.

Brisson N, Gate P, Gouache D, et al. 2010. Why are wheat yields stagnating in Europe? A comprehensive data analysis for France. Field Crops Research, 119:201-212.

Buckley T N, Cescatti A, Farquhar G D. 2013. What does optimization theory actually predict about crown profiles of photosynthetic capacity when models incorporate greater realism? Plant, Cell and Environment, 36:1547-1563.

Burney J A, Davis S J, Lobell D B. 2010. Greenhouse gas mitigation by agricultural intensification. Proceedings of the National Academy of Sciences of the United States of America, 107:12052-12057.

Chen X P, Cui Z L, Vitousek P M, et al. 2011. Integrated soil-crop system management for food security. Proceedings of the National Academy of Sciences of the United States of America, 108:6399-6404.

Chen X, Zhang J, Chen Y, et al. 2014. Changes in root size and distribution in relation to nitrogen accumulation during maize breeding in China. Plant Soil, 374:121-130.

de Vries F T, Thébault E, Liiri M, et al. 2013. Soil food web properties explain ecosystem services across European land use systems. Proceedings of the National Academy of Sciences of the United States of America, 110:14296-14301.

Dodd I C. 2009. Rhizosphere manipulations to maximize 'crop per drop' during deficit irrigation. Journal of Experimental Botany, 60:2454-2459.

Dreccer M F, van Oijen M, Schapendonk A H C M, et al. 2000. Dynamics of vertical leaf nitrogen distribution in a vegetative wheat canopy. Impact on canopy photosynthesis. Annal of Botany, 86:821-831.

Duvick D N. 1977. Genetic rates of gain in hybrid maize yields during the past 40 years. Maydica, 22: 187-196.

Duvick D N. 2005. The contribution of breeding to yield advances in maize (Zea mays L.). Advances in Agronomy, 86:83-145.

Fan M S, Lal R, Cao J, et al. 2013. Plant-based assessment of inherent soil productivity and contributions to China's cereal crop yield increase since 1980. PLoS One, 8, e74617.

FAO. 2011. The state of the world's land and water resources for food and agriculture (SOLAW) - Managing systems at risk. Food and Agriculture Organization of the United Nations, Rome and Earthscan, London.

Field C. 1983. Allocating leaf nitrogen for the maximization of carbon gain: leaf age as a control on the allocation program. Oecologia, 56:341-347.

Finger R. 2008. Impacts of agricultural policy reforms on crop yields. Eurochoices, 7:24-25.

Finger R. 2010. Evidence of slowing yield growth-the example of Swiss cereal yields. Food Policy, 35: 175-182.

Giller K E, Rowe E C, de Ridder N, et al. 2006. Resource use dynamics and interactions in the tropics: scaling up in space and time. Agricultural Systems, 88:8-27.

Grassini P, Cassman K G. 2012. High yield maize with large net energy yield and small global warming intensity. Proceedings of the National Academy of Sciences of the United States of America, 109:1074-1079.

Grassini P, Eskridge K M, Cassman K G. 2013. Distinguishing between yield advances and yield plateaus in historical crop production trends. Nature Communications, 4:2918-2928.

Hikosaka K, Terashima I, Katoh S. 1994. Effects of leaf age, nitrogen nutrition and photon flux density on the distribution of nitrogen among leaves of a vine (Ipomoea tricolor Cav.) grown horizontally to avoid mutual shading of leaves. Oecologia, 97:451-457.

Hikosaka K. 2014. Optimal nitrogen distribution within a leaf canopy under direct and diffuse light. Plant, Cell and Environment, 37:2077-2085. http://onlinelibrary.wiley.com/doi/10.1111/pce.12291/pdf

Ho C H, Lin S H, Hu H C, et al. 2009. CHL1 functions as a nitrate sensor in plants. Cell, 138:1184-1194.

Hou P, Gao Q, Xie R, et al. 2012. Grain yields in relation to N requirement: optimizing nitrogen management for spring maize grown in China. Field Crops Research, 129:1-6.

Iannucci A, Terribile M R, Martiniello P. 2008. Effects of temperature and photoperiod on flowering time of forage legumes in a Mediterranean environment. Field Crops Research, 106:156-162.

Kircher S, Schopfer P. 2012. Photosynthetic sucrose acts as cotyledon-derived long-distance signal to control root growth during early seedling development in *Arabidopsis*. Proceedings of the National Academy of Sciences of the United States of America, 109:11217-11221.

Lal R. 2004. Soil carbon sequestration impacts on global climate change and food security. Science, 304:1623-1627.

Lynch J P. 2013. Steep, cheap and deep: an ideotype to optimize water and N acquisition by maize root systems. Annals of Botany, 112:347-357.

Lötscher M, Stroh K, Schnyder H. 2003. Vertical leaf nitrogen distribution in relation to nitrogen status in grassland plants. Annals of Botany, 92:679-688.

Mi G H, Chen F J, Wu Q P, et al. 2010. Ideotype root architecture for efficient nitrogen acquisition by maize in intensive cropping systems. Science China Life Sciences, 53:1369-1373.

Moreau D, Allard V, Gaju O, et al. 2012. Acclimation of leaf nitrogen to vertical light gradient at anthesis in wheat is a whole-plant process that scales with the size of the canopy. Plant Physiology, 160:1479-1490.

Mueller N D, Gerber J S, Johnston M, et al. 2012. Closing yield gaps through nutrient and water management. Nature, 490:254-257.

Neumann K, Verburg P H, Stehfest E, et al. 2010. The yield gap of global grain production: a spatial analysis. Agricultural Systems, 103:316-326.

Peltonen-Sainio P, Jauhiainen L, Laurila I P. 2009. Cereal yield trends in northern European conditions: changes in yield potential and its realisation. Field Crops Research, 110:85-90.

Peng S, Khush G S, Virk P, et al. 2008. Progress in ideotype breeding to increase rice yield potential. Field Crops Research, 108:32-38.

Peng S, Tang Q, Zou Y. 2009. Current status and challenges of rice production in China. Plant Production Science, 12:3-8.

Rasmussen P E, Goulding K W T, Brown J R, et al. 1998. Long-term agroecosystem experiments: assessing agricultural sustainability and global change. Science, 282:893-896.

Ray D K, Mueller N D, West P C, et al. 2013. Yield trends are insufficient to double global crop production by 2050. PLoS One, et al 8:e66428.

Ray D K, Ramankutty N, Mueller N D, et al. 2012. Recent patterns of crop yield growth and stagnation. Nature Communications, 3:1293-1299.

Richards R A. 2000. Selectable traits to increase crop photosynthesis and yield of grain crops. Journal of Expremental Botany, 51:447-458.

Richter D, Hofmockel M, Callaham M A, et al. 2007. Long-term soil experiments: keys to managing earth's rapidly changing ecosystems. Soil Science Society of America Journal, 71:266-279.

Ruffel S, Krouk G, Ristova D, et al. 2011. Nitrogen economics of root foraging: transitive closure of the nitrate-cytokinin relay and distinct systemic signaling for N supply vs. demand. Proceedings of the National Academy of Sciences of the United States of America, 108:18524-18529.

Sacks W J, Kucharik C J. 2011. Crop management and phenology trends in the U S Corn Belt: impacts on yields, evapotranspiration and energy balance. Agricultural and Forest Meteorology, 151:882-894.

Tester M, Langridge P. 2010. Breeding technologies to increase crop production in a changing world. Science, 327:818-822.

Tilman D, Balzer C, Hill J, et al. 2011. Global food demand and the sustainable intensification of agriculture. Proceedings of the National Academy of Sciences of the United States of America, 108:20260-20264.

Tilman D, Cassman K G, Matson P A, et al. 2002. Agricultural sustainability and intensive production practices. Nature, 418:671-677.

Tittonell P, Vanlauwe B, Corbeels M, et al. 2008. Yield gaps, nutrient use efficiencies and response to fertilisers by maize across heterogeneous smallholder farms of western Kenya. Plant Soil, 313:19-37.

Van Ittersum M K, Cassman K G, Grassini P, et al. 2013. Yield gap analysis with local to global relevance—a review. Field Crops Research, 143:4-17.

Vitousek P M, Naylor R, Crews T, et al. 2009. Nutrient imbalances in agricultural development. Science, 324:1519-1520.

Yang J, Kloepper J W, Ryu C M. 2009. Rhizosphere bacteria help plants tolerate abiotic stress. Trends in Plant Science, 14:1-4.

Yin X, Lantinga E A, Schapendonk A H C M, et al. 2003. Some quantitative relationships between leaf area index and canopy nitrogen content and distribution. Annals of Botany, 91:893-903.

Zhang H, Forde B G. 1998. An *Arabidopsis* MADS box gene that controls nutrient-induced changes in root architecture. Science, 279:407-409.

张福锁 范明生 陈新平 李少昆 杜昌文 贺明荣 马文奇

第2章 作物高产群体与关键气候因子的匹配原理与调控机制

2.1 作物高产群体结构与功能的协调机制

2.1.1 玉米产量由 15 t/hm² 提升到 21 t/hm² 群体结构与功能的协调机制

在我国新疆奇台进行高产品种潜力试验（2010 年至今，表 2-1），无水肥限制的统一管理模式下，解析玉米获得不同产量的原因及产量突破的限制因子。通过研究我们将玉米籽粒产量（$n=247$）分为 4 个产量段：>21 t/hm²（$n=24$，平均产量 21.7 t/hm²），18～21 t/hm²（$n=114$，平均产量 19.5 t/hm²），15～18 t/hm²（$n=79$，平均产量 16.6 t/hm²），<15 t/hm²（$n=30$，平均产量 13.4 t/hm²）。这 4 个产量段相对应的平均收获穗数分别为 11.78×10⁴/hm²、11.0×10⁴/hm²、10.9×10⁴/hm² 和 10.4×10⁴/hm²。平均千粒重分别为 378.0、355.9、343.5 和 319.0 g。穗数和千粒重从最低产量范围<15 t/hm² 到>21 t/hm²（从 10.4×10⁴/hm² 增加到 11.8×10⁴/hm²，从 319.0 g 增加到 378.0 g）。在高产种植模式下，收获穗数从 6.8×10⁴/hm² 增加到 14.3×10⁴/hm²，产量急剧增加，但当密度超过 9.4×10⁴/hm² 时，增产缓慢或稳定。若使产量高于 15 t/hm² 时，粒数和千粒重分别保持在约 55.3×10⁶/hm² 和 343.5 g（表 2-1）。综上所述，产量的提升得益于每公顷穗数（群体）的有效增加，使得单位面积的粒数显著增加，且千粒重增幅明显。

表 2-1 不同产量段玉米产量及产量构成

指标	产量段/(t/hm²)			
	>21	18～21	15～18	<15
产量/(t/hm²)	21.73±0.05	19.54±0.08	16.64±0.08	13.39±0.10
样品数	24	114	79	30
品种	20	92	71	29
每公顷穗数/(10⁴/hm²)	11.78±1.30	10.95±1.44	10.57±1.44	10.41±1.36
穗粒数	522.6±57.81	541.3±75.13	530.3±94.99	522.5±77.96
千粒重/g	378.05±60.26	355.91±64.78	343.51±58.27	319.04±63.94
单穗重/g	0.190±0.03	0.187±0.02	0.181±0.03	0.166±0.04
每公顷粒数/(10⁶/hm²)	61.26±7.76	57.64±10.77	54.59±10.51	53.91±8.50

从产量<15 t/hm² 到>21 t/hm²，玉米植株的穗位系数、穗下节间长、穗上夹角呈下降趋势；穗上节间长、穗上 LOV、吐丝期 LAI、完熟期 LAI 增大；株高、穗位高、穗下夹角呈先下降后上升。产量每公顷增加 1 t，穗位系数、穗下节间长、穗上夹角分别降低 0.01、0.06 cm、0.72；穗上节间长、穗上 LOV、吐

丝期 LAI、完熟期 LAI 分别增加 0.42 cm、1.10、0.06、0.22。较高的 LAI 及叶片持绿期，有利于生物量和籽粒产量的增加(表 2-2)。在 R1 期，>21 t/hm²、18～21 t/hm² 和 15～18 t/hm² 的 LAI 分别比 <15 t/hm² 的 LAI 高 14.6%、9.4%和 7.9%，R6 期分别显著提高 58.3%、29.7%和 5.4%。从吐丝到成熟，产量在 15～18 t/hm² 和 18～21 t/hm² 的 LAI 分别下降 54.0%和 45.5%，在<15 t/hm² 的情况下降低最大为 56.6%。>21 t/hm² 时，降低幅度最小为 34.7%(表 2-2)。

表 2-2 不同产量段玉米株型结构

指标	产量段/(t/hm²)							
	<15		15～18		18～21		>21	
	均值	区间	均值	区间	均值	区间	均值	区间
穗位高/cm	138.1	83.5～190.7	127.9	73.8～173.3	129.0	75.0～174.0	128.4	98.3～157.0
株高/cm	311.3	228.7～390.0	296.9	215.0～371.0	304.7	213～371.3	315.5	283.7～382.7
穗位系数	0.47	0.35～0.58	0.44	0.36～0.57	0.42	0.32～0.50	0.39	0.35～0.45
穗上节间长/cm	19.6	18.2～20.3	18.2	14.3～21	19.0	15.3～22.3	20.1	—
穗下节间长/cm	19.5	19～20.3	17.1	13.1～20.2	18.2	15.1～22.2	16.0	—
穗上夹角/(°)	24.0	14.8～45.7	23.9	14.4～42.5	20.9	10.8～48.6	18.0	15.7～22.3
穗下夹角/(°)	30	24.7～37.6	27.8	18.5～41.1	30.3	21.2～47.5	32.0	25.6～43.8
穗上 LOV	39.4	35.5～43.2	44.2	33.4～55.5	48.6	42.0～56.6	48.6	—
穗下 LOV	43.9	41.9～45.8	47.9	36.2～54.8	44.3	32.6～54.8	36.0	—
吐丝期 LAI	6.7	3.0～8.5	6.9	4.3～10.9	7.0	3.4～11.5	7.2	4.6～9.4
完熟期 LAI	2.9	1.5～4.2	3.2	0.7～6.2	3.8	1.2～9.9	4.7	2.7～6.5

吐丝期各产量段间玉米底层的光能截获率无显著差异，>21 t/hm² 的穗位层光能截获率显著高于<15 t/hm² 的穗位层光能截获率，15～18 t/hm² 和 18～21 t/hm² 的穗位层光能截获率无显著差异(图 2-1)。

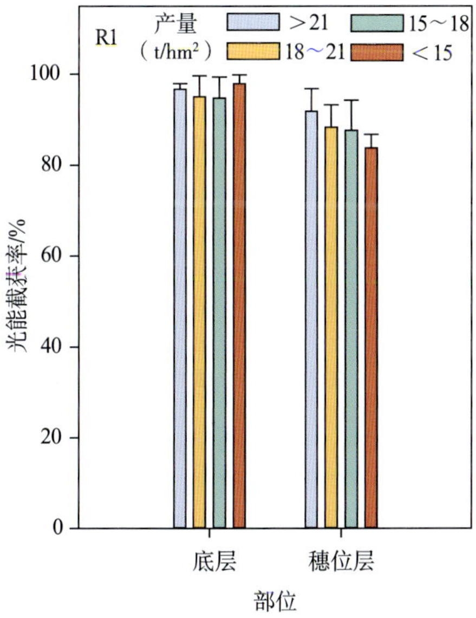

图 2-1 不同产量段吐丝期玉米底层和穗位层光能截获率

不同产量段间，粒叶比(粒数)无显著差异，粒叶比(粒重)随产量的增加呈增加趋势。>21 t/hm²、18～21 t/hm² 和 15～18 t/hm² 的粒叶比(粒重)分别比<15 t/hm² 的粒叶比(粒重)高 42.4%、31.7%

和 14.3%(图 2-2)。

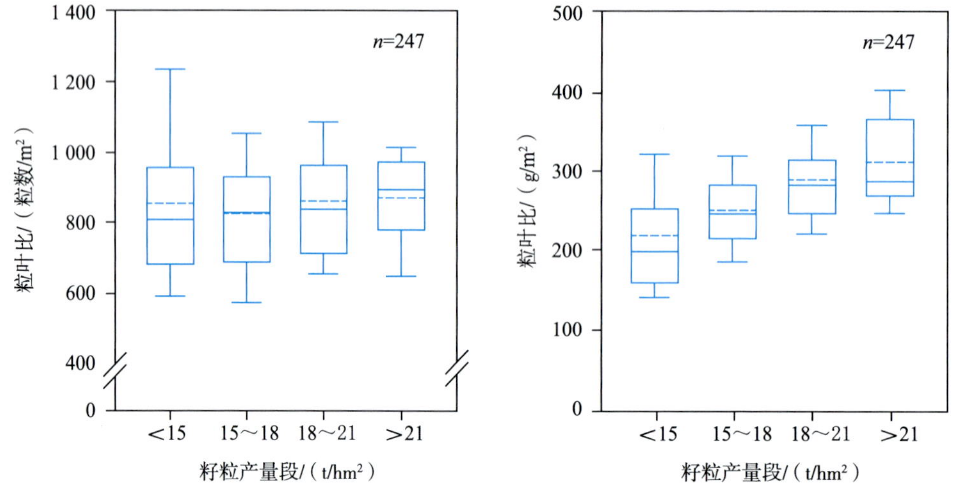

图 2-2　不同产量段玉米粒叶比

产量从<15 t/hm² 到>21 t/hm²,平均生物量分别为 32.8、34.9、37.5 和 40.7 t/hm²。>21 t/hm²、18~21 t/hm² 和 15~18 t/hm² 的平均生物量明显大于<15 t/hm² 的平均生物量。玉米的收获指数(HI)随着产量范围的增加而增加。产量>21 t/hm² 的 HI 最大。>21 t/hm²、18~21 t/hm² 和 15~18 t/hm² 的 HI 与<15 t/hm² 相比分别增加 18.83%、15.88%和 15.60%。产量范围 18~21 t/hm² 和 15~18 t/hm² 之间的 HI 没有显著差异(图 2-3)。

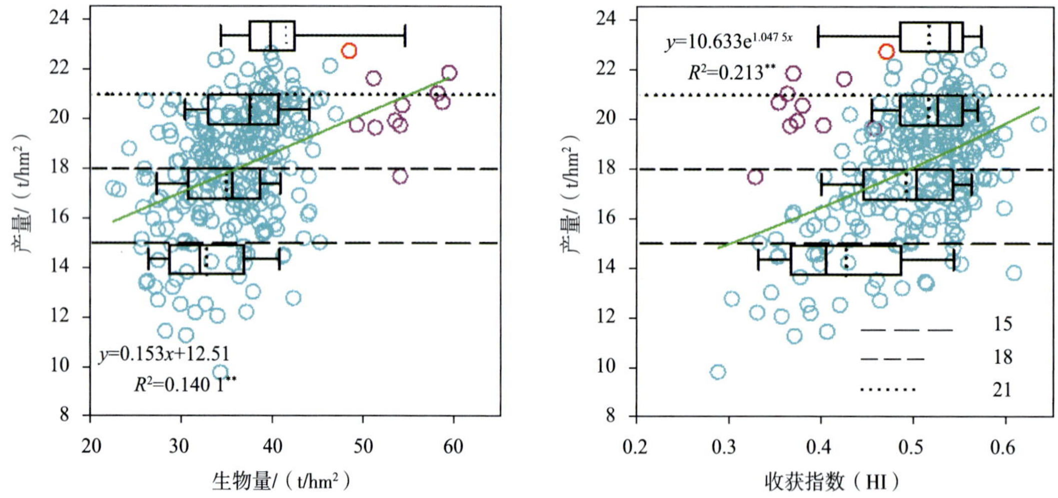

图 2-3　生物量收获指数与产量关系

不同产量段之间存在不同的限制因子。籽粒产量从<15 t/hm² 增至 15~18 t/hm² 限制因子 HI、生物量和 R6 LAI 分别提高了 15.91%、6.62%和 10.81%。从 15~18 t/hm² 到 18~21 t/hm² 产量的主要限制因素是粒叶比 2、R1 LAI 和生物量(分别为 15.25、1.82 和 7.37%)。通过逐步回归分析,从所有指标中选择了 10 个指标与收益率高度相关。它们分别是:粒(重)叶比 2、公顷穗数、粒(数)叶比 1、千粒重、HI、花后叶面积指数、生物量、花后光合势、穗粒数(图 2-4)。从<15 t/hm² 到>21 t/hm² 的产量,增加的产量的前三个限制因子是生物量、HI 和粒(重)叶比 2(图 2-4)。

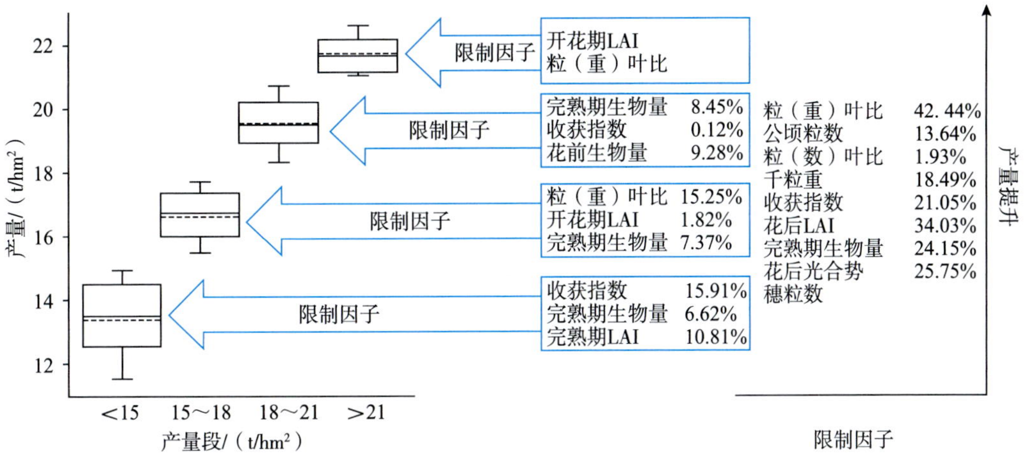

图 2-4　不同产量段玉米提升的产量限制因素

2.1.2　水稻高产群体结构与功能协调机制

现代超级稻品种穗型大，穗粒数多，有极高的库容，产量潜力能够达到 1 000 kg/667 m² 以上。但是在实际生产中，以江苏为例，超级稻单产只在 600～700 kg/667 m² 之间，且表现出灌浆不充分、结实率低，影响了产量潜力的发挥。超级稻品种的结实率往往比常规稻品种低 10%以上（Yang and Zhang，2010）。现代超级稻品种灌浆不充分、结实率低，主要原因是灌浆期同化物的供给不充分所造成。要是能突破灌浆期同化物供应的瓶颈，将有望进一步提高我国超级稻的产量。

灌浆期水稻同化物的供给主要来源于两个方面：一是花前累积的同化物，它们来源于花前冠层群体的光合，主要以非结构性碳水化合物的形式贮存在茎鞘中，对产量的贡献为 30%左右（Gebbing and Schnyder，1999；Takai et al.，2005）；二是花后冠层群体的光合，其中剑叶光合对产量贡献较大。冠层群体的光合与水稻干物质的积累、同化物的供应联系非常紧密（Long et al.，2006）。冠层结构大大提高了作物光能利用效率。对于水稻等 C_3 作物叶片来说，当光合有效辐射（Photosynthetically active radiation，PAR）达到 700～1 000 μmol / (m² · s)时，叶片的光合值达到上限，光合能力不再随着光强的提高而增加，称为光饱和点。而当光合有效辐射增加到 2 000 μmol /(m² · s)，冠层光合仍然没有达到饱和，此时，冠层光合是叶片光合的 3 倍（Zhu et al.，2012；Evans，2013）。这是因为除了冠层顶部的光饱和叶（如剑叶等），冠层内阴影部分 70%的叶片能够吸收占总光能 30%的散射光与漫射光，贡献冠层约 50%的光合能力（Song et al.，2013）。因此，研究整个冠层的光合生理生态对水稻的干物质积累非常重要。合理的冠层结构历来受到国内外育种和栽培生理专家的重视与关注（Long et al.，2006；Peng et al.，2008）。相关研究普遍认为，茎叶夹角小、直立叶片构成的冠层有利于群体受光，对群体光合作用和物质生产有利。但在水稻高产实践中发现，基于株型选择的，具有矮秆、直立叶片等特性的新株型（New type plant-NTP）水稻品种的产量往往比基于产量选择的超级稻品种的产量低（Peng et al.，2008），说明人们对群体冠层结构和功能的认识仍然是片面的、不系统的，需要深入理解作物高产群体冠层结构的生理生态基础及其与光温等生态因子的匹配机理。

光是绿色植物进行光合作用的能量来源。优良的冠层结构有利于光在群体中的分布，有利于群体受光。除了光的分布，氮素作为 Rubisco 酶与叶绿体的重要组成部分，在冠层中的分布也是限制植物体内物质合成的关键因素（Grindlay，1997；Dreccer et al.，1998；Hikosaka，2005）。和光一样，氮素在冠层内的分布也呈现顶部高、基部低的梯度分布。这种氮素的梯度分布相对于均匀分布，冠层光合提高了 20%（Hirose and Werger，1987），这种现象被认为是植物对外界光环境的适应，是为了提高冠层光合同化力和氮素利用率（Hikosaka et al.，1994；Drouet and Bonhomme，1999）。但是通常冠层中氮素的分布并不是最优的（Pons et al.，1989；Anten et al.，1995；Yin et al.，2003），Hikosaka 等（2014）通过研究发现，如果能够调控冠层中的氮素分布，使之与光的分布一致，达到最优，冠层光合能额外再提高 20%。Dingkuhn 等（1991）在 1991 年就提出，优化冠层氮的分布（即加大氮素的分布梯度差，增加上部叶片含氮量，减少下部叶片含氮量）应该作为育种中的重要选择靶标。但是，氮素在冠层中的分布调控机理非常复杂，除了光强外，也受其他因素调控，如环境中红光/远红光比例（Rousseaux et al.，1999）、植株体内激素（Boonman et al.，2007）、叶龄（Hikosaka，2005）、库源关系（Dreccer et al.，1998）等。在栽培调控措施方面，Hikosaka 等（Hikosaka et al.，1994；Grindlay et al.，1995；Dreccer et al.，2000）的研究表明，高施氮水平能够改善氮素与光的梯度分布，但是受发育时期影响。而 Sinclair 等（Sinclair and Shiraiwa，1993；Milroy et al.，2001）却持不同观点，认为氮肥水平对光、氮的分布没有影响。因此，在生产中栽培措施能否优化光、氮分布，充分利用植株体内氮素与光合效率空间梯度特点，实现作物群体光合效率的最大化，值得深入探讨。

1. 产量与氮素利用率

本试验以甬优 2640（籼粳杂交超级稻）、武运粳 24（粳稻超级稻）为材料，其设置为：①氮空白区，CK（0 kg N/hm^2）；②当地常规，LFP，300 kg N/hm^2，施肥比例按基肥（移栽前）：分蘖肥（移栽后 5～7 d）：促花肥（叶龄余数 3.5）：保花肥（叶龄余数 1.2）＝5：2：2：1；③增密减氮，T1（调群体，增密 25%，减氮 10%，前氮后移），按基肥：分蘖肥：促花肥：保花肥 4：2：2：2 施用；④精确灌溉，T2（调群体、调根层，增密 25%，减氮 10%，精确灌溉），氮肥较当地常规处理减 10%，即 270 kg/hm^2；⑤施有机肥，T3（调群体、调根层、调土壤，增密 25%，减氮 10%，精确灌溉，增施菜籽饼），基肥增施菜籽饼肥（含 N 5%）2 250 kg/hm^2；⑥深翻栽培，T4（调群体、调根层、调土壤、调耕层，增密 20%，增氮 20%，精确灌溉，增施菜籽饼，深翻，增施硅锌肥），氮肥较当地常规处理增加 20%，即 360 kg/hm^2，深翻 20 cm。

如表 2-3 所示，甬优 2640（Y-2640）与武运粳 24（W-24）在各栽培条件下趋势一致。在 0 kg N/hm^2 下产量最低，在 T4 处理，360 kg N/hm^2 下产量最高。在类似氮素水平下（LFP、T1、T2、T3；270～300 kg N/hm^2），栽培措施（增密减氮、轻干湿交替等）可以提高水稻产量。与处理 LFP 相比，T1 处理通过增密减氮，前氮后移，增加产量 13.1%。通过栽培措施轻干湿交替（T2），水稻产量提高了 13.1%。通过施用有机肥（T3），水稻产量又进一步提高 3.8%。在 T4 处理中，多种栽培措施并用确保两品种达到它们的产量潜力，在该处理下，甬优 2640 的产量为 13.59 t/hm^2，武运粳 24 的产量为 11.8 t/hm^2。两品种相比，甬优 2640 的穗型更大，穗粒数为 345，而武运粳 24 穗粒数为 190；武运粳 24 单位面积穗数占优势，其穗数比甬优 2640 高 45.2%。

表 2-3　甬优 2640（Y-2640）与武运粳 24（W-24）产量及产量构成因素

品种	处理	产量/（t/hm^2）	单位面积穗数/（个/m^2）	穗粒数	结实率/%	千粒重/g
Y-2640	CK	7.34f	128e	264d	87.1a	25.23b
	LFP	9.69e	158d	308c	78.5d	25.14b
	T1	10.67d	167c	326b	77.7e	25.14b
	T2	12.14c	177b	332ab	81.0b	25.53a
	T3	12.71b	182ab	334ab	81.3b	25.60a
	T4	13.59a	190a	345a	80.5c	25.60a
W-24	CK	6.47f	168e	168c	84.8a	27.15b
	LFP	8.95e	232d	177b	80.4d	27.14b
	T1	9.78d	250c	182ab	79.3e	27.10b
	T2	10.99c	260b	184ab	83.7b	27.39a
	T3	11.29b	269ab	185ab	82.9c	27.38a
	T4	11.80a	276a	190a	82.0c	27.44a

两品种氮吸收与氮利用数据见表 2-4，两品种的趋势一致。在高产处理中，其吸氮量也较高。但氮素利用率相关参数(IE_N、RE_N、AE_N、PE_N、PFP_N、HI_N)与产量并无明显相关性。总的来说，IE_N与施氮量呈负相关。但在相同或类似施氮量条件下，IE_N受不同栽培措施调控，通过增密减氮、前氮后移、轻干湿交替可以提高 IE_N。考虑到 T3 与 T4 处理中施用有机肥菜籽饼中的氮素投入，处理 T2 的 RE_N、AE_N、PE_N、PFP_N最高。在各氮素利用率指标中，处理 LFP 表现最差。

表 2-4　甬优 2640(Y-2640)与武运粳 24(W-24)氮素利用率

品种	处理	N 吸收量/(kg/hm^2)	氮素利用率 IE_N①/(kg/kg)	吸收利用率 RE_N②/%	农学利用率 AE_N③/(kg/kg)	生理利用率 PE_N④/(kg/kg)	偏生产力 PFP_N⑤/(kg/kg)	氮收获指数 HI_N⑥/%
Y-2640	CK	85.3e	85.46a	—	—	—	—	69.2a
	LFP	175.3d	55.62e	30.00dC	8.20dE	27.33e	32.50eD	58.4c
	T1	185.5c	57.96d	37.10cA	12.81cD	34.55d	39.81cB	60.7b
	T2	187.0c	64.91b	37.68cA	17.96bA	47.67a	44.96bA	62.1b
	T3	210.1b	60.88c	46.22a (32.63B)	20.36a (14.38B)	44.07b	47.37a (33.44C)	61.7b
	T4	239.7a	57.03d	42.89b (32.68B)	17.70b (13.50C)	41.32c	37.97d (28.93E)	52.6d
W-24	CK	79.2e	79.72a	—	—	—	—	70.5a
	LFP	173.2d	52.37e	31.35dC	9.19eD	29.35e	30.23eC	59.4c
	T1	179.3cd	55.34d	37.07cB	13.36dB	36.06d	36.74cB	62.6b
	T2	182.0c	61.32b	38.09bA	17.98bA	47.16a	41.33bA	63.4b
	T3	195.6b	58.99c	43.14a (30.45D)	19.36a (13.67B)	44.90b	42.74a (30.17C)	63.7b
	T4	216.5a	55.16d	38.15b (29.06E)	15.63c (11.92C)	41.00c	33.17d (25.27D)	53.8d

注：括弧内数据为考虑增施菜籽饼处理中的 N 素来源，菜籽饼 N 素含量为 5%。

①氮素利用率 IE_N：籽粒产量 (kg)/植物氮素吸收量 (kg)

②吸收利用率 RE_N：[施氮处理植物氮素吸收量(kg)－氮空白处理植物氮素吸收量(kg)]/施氮量(kg)×100%

③农学利用率 AE_N：[施氮处理产量(kg)－氮空白处理产量 (kg)]/ 施氮量 (kg)

④生理利用率 PE_N：[施氮处理产量(kg)－氮空白处理产量 (kg)]/[施氮处理植物氮素吸收量(kg)－氮空白处理植物氮素吸收量(kg)]

⑤偏生产力 PFP_N：施氮处理产量(kg)/施氮量(kg)

⑥氮收获指数 HI_N：籽粒中氮含量(kg)/植物氮素吸收总量 (kg)×100%

2. 冠层光分布与氮分布及其与氮素利用率的关系

在开花期、花后 15 d、花后 30 d 考察了冠层生理生态数据包括叶面积指数、冠层光分布与氮素分布(表 2-5)。在高吸氮量条件下，叶面积指数也较大。开花后各处理叶面积指数下降。图 2-5 与图 2-6 分别为冠层不同深度累积叶面积指数与光透射率，冠层不同深度累积叶面积指数与叶片氮含量图。同时通过冠层光的指数分布公式与氮的指数分布公式估算冠层光衰减系数(K_L)与氮衰减系数(K_N)。由表 2-5 可知，K_L随着叶面积指数增加而减小。K_N在 0 kg N/hm^2 处理下达到最大，而在 T4 处理中最小。灌浆期，K_L与 K_N逐渐增加。

表 2-5 甬优 2640(Y-2640)与武运粳 24(W-24)冠层光分布参数与氮素分布参数

品种	处理	开花期					花后 15 d					花后 30 d				
		LAI	K_L	N_o	K_N	K_N/K_L	LAI	K_L	N_o	K_N	K_N/K_L	LAI	K_L	N_o	K_N	K_N/K_L
Y-2640	CK	2.10d	0.779a	1.551e	0.374a	0.480	1.74d	1.077a	1.077e	0.576a	0.534	1.50d	0.958a	0.979f	0.642a	0.670
	LFP	5.50c	0.683b	2.152cd	0.137d	0.201	3.54c	0.804b	1.631d	0.183c	0.227	2.97c	0.865b	1.056e	0.166e	0.191
	T1	6.25b	0.489c	2.114d	0.148c	0.303	4.56b	0.637c	1.768c	0.190c	0.299	4.07b	0.827bc	1.176d	0.217c	0.263
	T2	6.57b	0.466cd	2.301b	0.171b	0.367	4.50b	0.565d	1.923b	0.258b	0.456	4.12b	0.799cd	1.381c	0.265b	0.332
	T3	6.97ab	0.420de	2.206c	0.134d	0.318	5.08b	0.549de	1.891b	0.180c	0.328	4.33b	0.757d	1.437b	0.199d	0.264
	T4	7.45a	0.409e	2.384a	0.103e	0.252	6.12a	0.490e	2.023a	0.147d	0.301	5.75a	0.672e	1.636a	0.141f	0.210
平均值		5.81	0.54	2.12	0.18	0.32	4.26	0.69	1.72	0.26	0.36	3.79	0.81	1.28	0.27	0.32
W-24	CK	2.55e	0.680a	1.635e	0.397a	0.584	1.84e	0.787a	1.213e	0.385a	0.489	1.47d	0.908a	0.704f	0.652a	0.718
	LFP	5.62d	0.532b	1.661de	0.088d	0.165	4.75d	0.619b	1.533e	0.158c	0.256	3.21c	0.843b	0.868e	0.187e	0.222
	T1	6.74c	0.465c	1.683d	0.081de	0.175	5.92c	0.516c	1.701c	0.159c	0.308	4.02b	0.796bc	1.017d	0.241c	0.303
	T2	7.12c	0.428cd	1.880c	0.120b	0.281	6.52bc	0.509c	1.775b	0.184b	0.361	4.17b	0.757c	1.138c	0.369b	0.488
	T3	8.23b	0.339de	1.957b	0.107c	0.276	7.12b	0.430d	1.785b	0.120d	0.278	4.45b	0.597d	1.150b	0.217d	0.363
	T4	9.25a	0.359e	2.012a	0.071e	0.197	8.21a	0.369e	1.844a	0.098e	0.265	6.07a	0.565d	1.259a	0.121f	0.215
平均值		6.59	0.48	1.80	0.14	0.28	5.73	0.54	1.64	0.18	0.33	3.90	0.74	1.02	0.30	0.38

注：LAI，叶面积指数；K_L，冠层光衰减系数；N_o，冠层顶部叶片含氮量；K_N，冠层氮衰减系数。K_L/K_N，冠层光氮匹配系数。

栽培措施对冠层性状参数的影响不同。氮肥运筹、增加密度、水分管理和有机肥的施用显著增加叶面积指数和冠层顶部叶片氮含量(N_o)，但是降低 K_L。氮肥运筹和水分管理措施提高 K_N(T1 *vs* LFP，T2 *vs* T1)。但是由于施用了有机肥，增加了氮肥供给，在 T3 与 T4 处理中 K_N降低。K_N/K_L的变化趋势与 K_N一致(表 2-5)。

K_N/K_L是一个指示光与氮素在冠层中分布梯度的参数。在低氮条件下，K_N/K_L值高；在高氮条件下，K_N/K_L值低。参数 K_N/K_L也受栽培措施的调控。例如，即使处理 T4 中氮肥使用量显著高于处理 LFP，但是通过栽培措施调控，T4 中 K_N/K_L通常也高于 LFP 处理中 K_N/K_L的值。K_N/K_L与氮素利用率 IE_N紧密相关(图 2-7)。

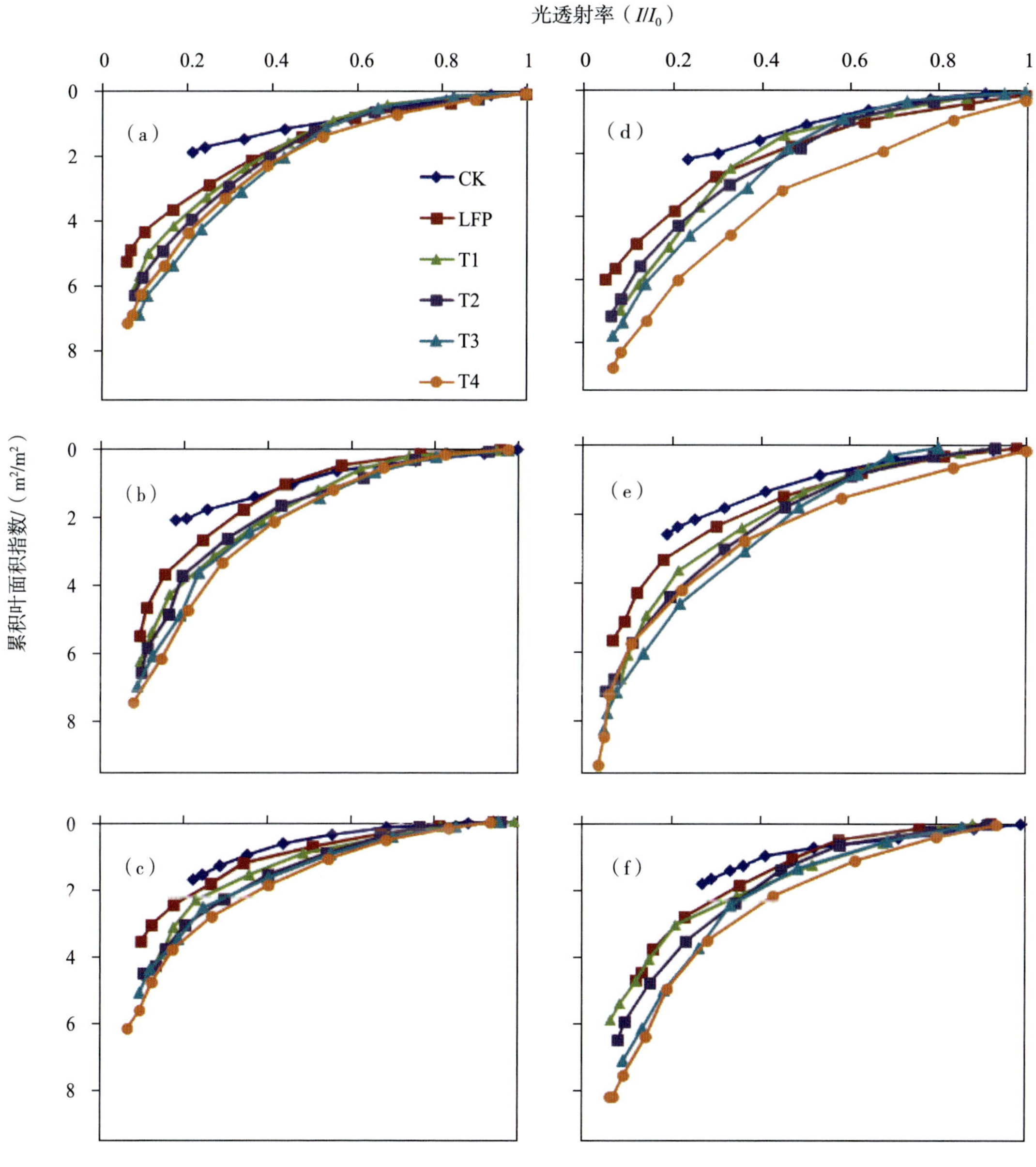

图 2-5　甬优 2640(Y-2640)与武运粳 24(W-24)累积叶面积指数与冠层光透射的关系

注：(a)、(b)、(c)是甬优 2640；(d)、(e)、(f)是武运粳 24；(a)、(d)是开花期；(b)、(e)是花后 15 d；(c)、(f)是花后 30 d。

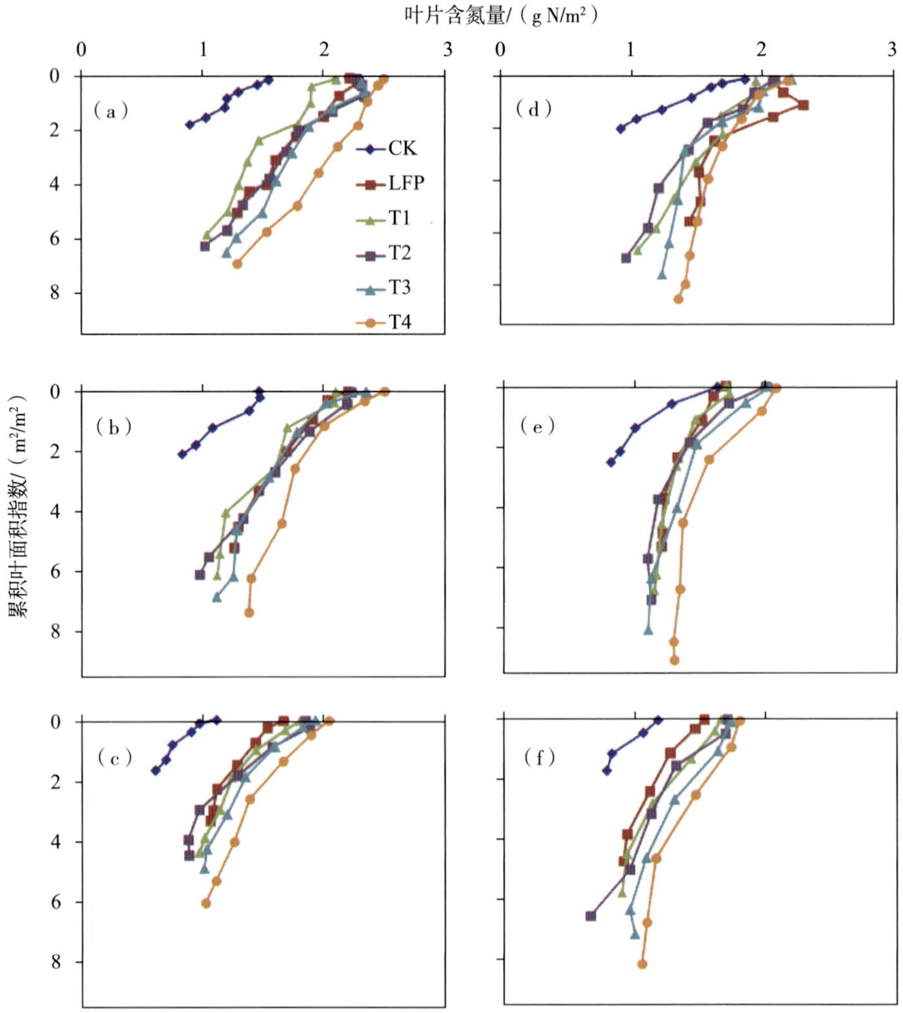

图 2-6　甬优 2640(Y-2640)与武运粳 24(W-24)累积叶面积指数与冠层氮素分布梯度的关系

注：(a)、(b)、(c)为甬优 2640；(d)、(e)、(f)为武运粳 24；(a)、(d)是开花期；(b)、(e)是花后 15 d；(c)、(f)是花后 30 d。

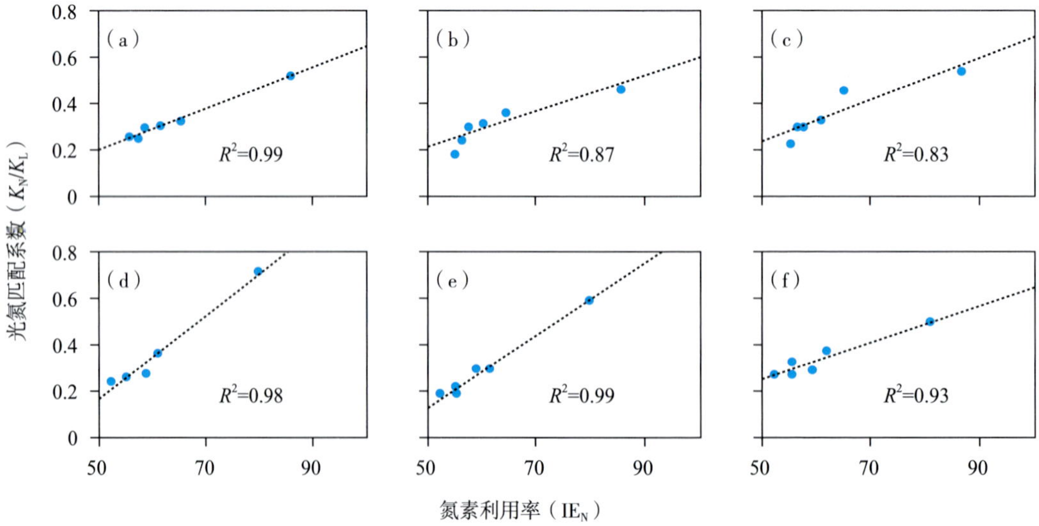

图 2-7　甬优 2640(Y-2640)与武运粳 24(W-24)冠层氮素与光衰减系数比例(K_N/K_L)与氮素利用率的关系

注：(a)、(b)、(c)为甬优 2640；(d)、(e)、(f)为武运粳 24；(a)、(d)是开花期；(b)、(e)是花后 15 d；(c)、(f)是花后 30 d。

3. 产量与氮素利用率的关系

氮素利用率与产量呈负相关关系(图 2-8)。其回归直线为 $y=-2.95x+92.90$，其决定系数为0.37。但在同等或类似氮肥投入量下(处理 LFP、T1、T2)，栽培调控措施可以同时提高产量与氮素利用率，其回归直线 $y=3.95x+16.89$，其决定系数为 0.98。

4. 根系氧化力(ROA)与叶片细胞分裂素含量

在同等或类似氮素施用量下(LFP、T1、T2)，通过前氮后移、增密减氮、轻干湿交替可以提高根系氧化力 ROA(图 2-9)。在灌浆期 ROA 随着时间下降。激素 Z 和 ZR，或 iP 或 iPR 在剑叶中的含量变化与 ROA 类似(图 2-10)。

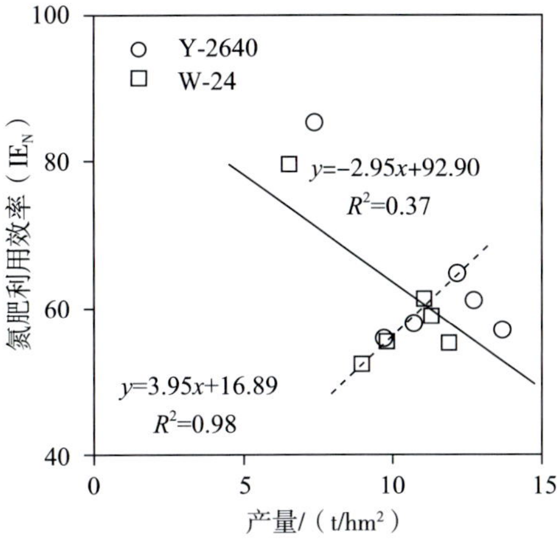

图 2-8　甬优 2640(Y-2640)与武运粳 24(W-24)产量与氮素利用率的关系

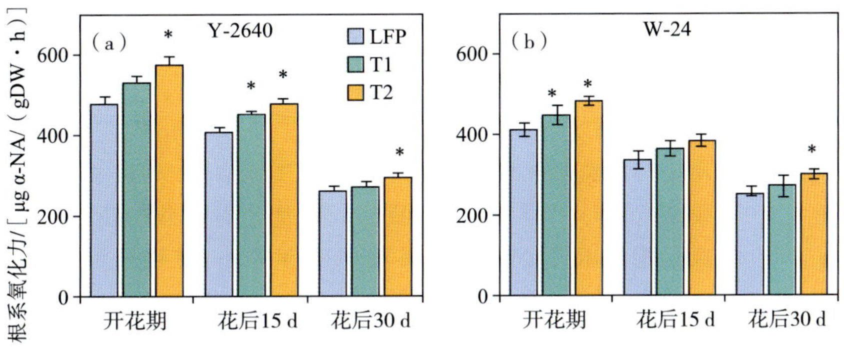

图 2-9　甬优 2640(Y-2640)与武运粳 24(W-24)根系氧化力

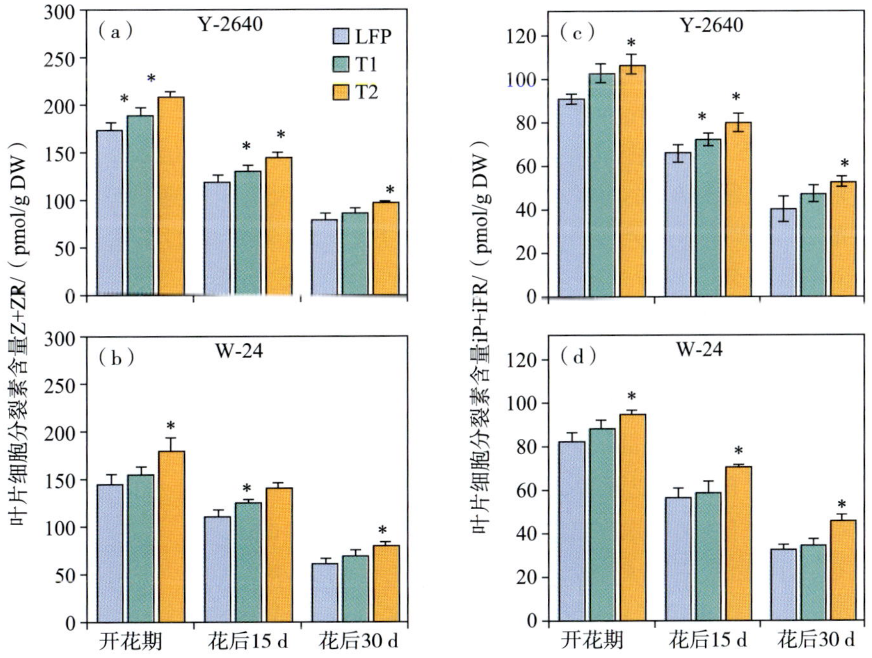

图 2-10　甬优 2640(Y-2640)与武运粳 24(W-24)叶片中玉米素(Z)、玉米素核苷(ZR)、异戊烯基腺嘌呤(iP)、异戊烯基核苷(iPR)含量

5. 不同栽培措施下超级稻产量与氮素利用率

为了进一步增加水稻产量，打破产量瓶颈，中国的育种家培育了产量潜力大的超级稻或超级杂交稻（Peng et al.，2008；Yang and Zhang，2010；Cheng et al.，2015）。在本试验中所用到的品种 Y-2640 穗型大，而 W-24 穗数多（表 2-3）。这两个超级稻品种在高氮条件下（360 kg N/hm^2）产量都很高（Y-2640 产量为 13.59 t/hm^2，W-24 产量为 11.80 t/hm^2）。但是，这两个超级稻籽粒灌浆率都较低（约 81.5%），这与前人的研究结果（Yang and Zhang，2010）类似，他们研究结果表明超级稻的灌浆率比常规品种低 15%左右。

在本试验中，即使在 300 kg N/hm^2 的施氮量下，Y-2640 与 W-24 的产量仍可以通过增加施氮量提高产量，如处理 T4 所示。对常规品种来说，这样高的施氮量会引起倒伏（Zhao et al.，2012；Corbin et al.，2016）。这也表明超级稻品种与常规稻品种相比，对氮素不敏感。水稻高产品种往往抗倒伏，且对氮素不敏感（Peng et al.，2002；Yang，2015）。其中一个原因可能是育种家倾向于在高氮处理条件下筛选高产品种。这样育出的品种如超级稻，其高产往往是以高氮肥投入为前提的，导致氮素利用率低。高产与高氮素利用率之间的矛盾在本试验中也很明显（表 2-4）。尤其在高氮条件下，超级品种具有很高的产量潜力，产量高而其氮素利用率却较低。例如其氮素利用率在 LFP 处理中为 8～9 kg/kg，比常规品种低一半（Xue et al.，2013；F Zhang et al.，2013）。然而，前人的研究结果表明通过栽培措施可以同时提高产量与氮素利用率（Dobermann et al.，2002；Yang et al.，2002；Peng et al.，2006；Liu et al.，2013）。在同等或类似氮肥施用量下（处理 LFP、T1、T2、T3；300 kg N/hm^2 或者更少），通过不同栽培措施，Y-2640 的产量提高了 31.2%，氮肥的农学利用率提高了 119.0%；W-24 的产量提高 26.1%，氮肥的农学利用率提高了 95.6%（表 2-4）。在本试验中，我们同时优化各项栽培措施来实现 Y-2640 与 W-24 的产量潜力。Y-2640 的产量潜力高于 W-24，这可能由于 Y-2640 为超级杂交稻，其杂种优势明显（Cheng et al.，2015）。

6. 不同栽培措施下冠层光分布与氮分布及其与氮素利用率的关系

可以通过提高冠层光分布提高群体产量。在“理想株型”育种中，直立株型是育种家选择的重点，因为这种株型允许更多的光在群体中的透射，改善冠层光合（Peng et al.，2008）。通过降低冠层叶绿素含量也可以改善冠层光分布（Melis，2009；Ort et al.，2015；Gu et al.，2017）。这些例子中冠层光分布改善往往体现在光衰减系数 K_L变小。K_L与叶面积指数 LAI 呈负相关。

叶片中的氮素主要用来合成光合作用相关的 Rubisco 酶、叶绿素蛋白复合体等（Makino et al.，2003）。许多研究表明氮素与光合值线性相关（Evans，1989；Lawlor，2002；Gu et al.，2012）。其生理机制是叶片氮与光合参数紧密相关，如 RuBP 最大羧化效率、最大电子传递效率、叶肉导度与气孔导度。为了最大化冠层光合，氮素应该向光照强度大的上部叶片转移。冠层中的氮素分布是决定冠层光合氮素利用效率的一个重要因素。氮空白处理中 K_N值较大与其冠层中较少的氮含量有关。同样的，在生殖生长阶段，大量的氮素向籽粒中转移，会减少冠层中的氮含量，这会增加 K_N值。

冠层中观测到的氮分布梯度能够有效地提高冠层光合作用。然而，氮的分布远远没有达到最优（Hikosaka（2014）认为最优的分布时，$K_N/K_L \geq 1$）。许多研究表明生理或物理的一些限制因素限制了光氮分布达到最优（Coble and Cavaleri，2015），例如结构限制、水压限制、叶肉导度限制等。在本试验中平均的 K_N/K_L为 0.34，但是其变异较大（0.165～0.718，表 2-5）。而且水稻的氮素利用率与 K_N/K_L正相关。在本试验中，我们关注于冠层性状及它们与氮素利用率的关系。

7. 栽培措施通过调控冠层氮素分配提高产量与氮素利用率

氮肥的施用量是影响作物氮肥使用效率的主要因素。在本试验的两个品种中，氮肥投入量增加，产量增加，但氮肥使用效率下降（表 2-4，图 2-8）。然后在一定或类似氮肥投入量下（处理 LFP、T1、T2），通过栽培措施可以同时提高产量与氮素利用率。产量与氮素利用率同时提高与冠层中的光与氮素分布匹配相关（图 2-7）。参数 K_N/K_L在 T2 处理中最高，高于 T1 与 LFP 处理。为了研究其机理，我们研究了根系氧化力与叶片细胞分裂素含量。

根系氧化力 ROA 被认为是一个重要的根系活力的指标(Ju et al.，2015)。ROA 在 T1 与 T2 处理中显著高于 LFP 处理(图 2-9)。根系是细胞分裂素合成的部位(Aloni et al.，2005)。ROA 越高，叶片中细胞分裂素含量越高(图 2-10)。较高的叶片细胞分裂素含量会调控氮素向上部叶片转运，合成光合相关的酶。在处理 T1 与 T2 中参数 K_N 值就较高，表明细胞分裂素调控冠层氮分配。根据以上结果，我们提出一个假设，即栽培措施增加根系活力，增加细胞分裂素的合成量，通过水分蒸腾流运转到地上部并在剑叶中积累。这样细胞分裂素含量增加就提高了冠层光合与冠层光合氮素利用率。

2.2 作物高产群体与光辐射资源的匹配机理

2.2.1 玉米群体与光辐射匹配原理

通过在黑龙江、吉林、辽宁、河北北部、内蒙古中部、陕北、宁夏、甘肃及新疆等地的 18 个试验点安排郑单 958 的密度试验，其中新疆、甘肃与宁夏种植密度为 3 000～8 000 株/亩，其他地区种植密度为 2 000～6 000 株/亩，1 000 株/亩为一个密度梯度。

每个试验点根据密度与产量的关系图，推导出每个地点的最佳密度，之后对各试验点光合有效辐射与最佳密度做相关，由图 2-11 可以看出，最佳密度与光辐射存在极显著正相关关系，密度与光合有效辐射之间存在定量关系($y=0.089\ 3x-21.593$)，基于此进行区域玉米最佳群体的定量匹配。

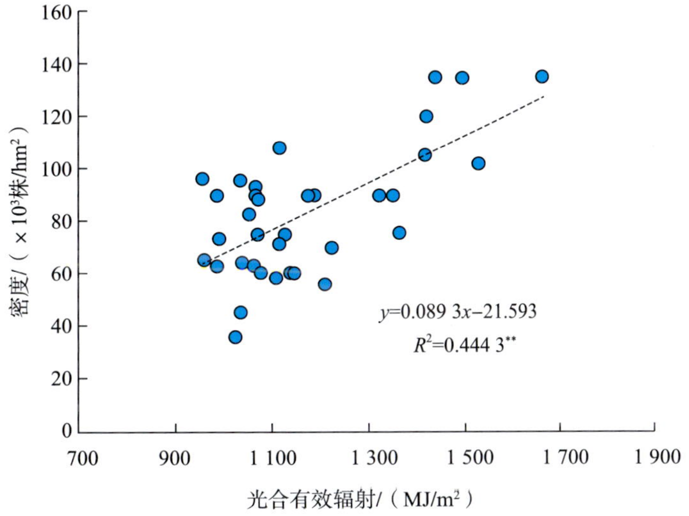

图 2-11　光合有效辐射与最佳密度的定量关系

根据密度与光合有效辐射之间的定量关系(图 2-11)及我国北部自东向西辐射特点将试验地点划分为 5 个区域(图 2-12)，5 个区域最优种植密度均显著高于实际种植密度，从东到西，分别比实际种植密度高 60%、55.2%、47.3%、84.8%和 59.6%，5 个区域的实际种植密度仅达到了最优密度的 62.5%、64.4%、67.9%、54.1%和 62.7%。在区域 R-1、R-2、R-3、R-4 和 R-5，可提升的密度空间分别为 3.3 万株/hm²、3.2 万株/hm²、3.4 万株/hm²、5.9 万株/hm² 和 5 万株/hm²。在光辐射丰富的 R-4 和 R-5 地区这种密度差更大。

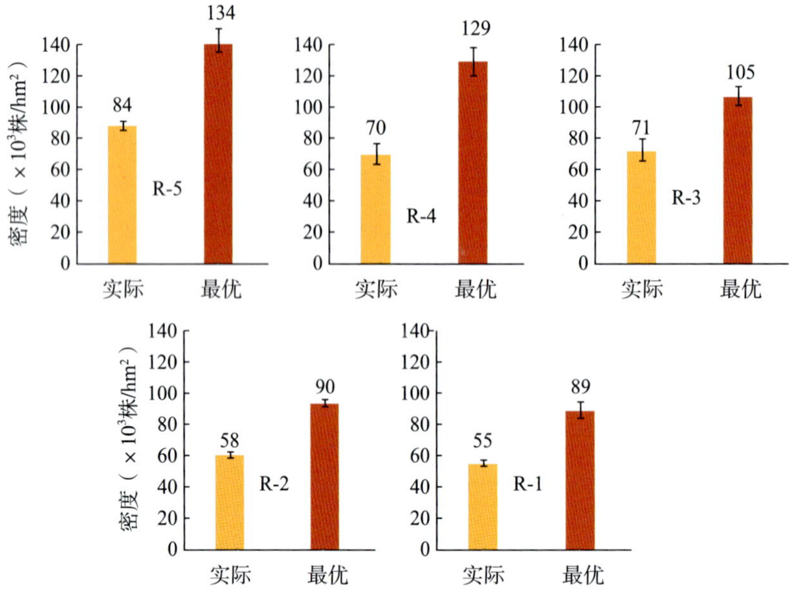

图 2-12　区域最佳密度与传统种植密度对比

根据光辐射的分布自西向东在典型生态区安排不同密度试验(图 2-13)，不同密度条件下产量均表现出奇台>银川>公主岭，奇台由于光辐射最高，该地区最高产量密度为 8 000 株/亩，公主岭光辐射最低，最高产量密度为 6 000 株/亩，银川光辐射居中，最高产量密度为 7 000 株/亩。

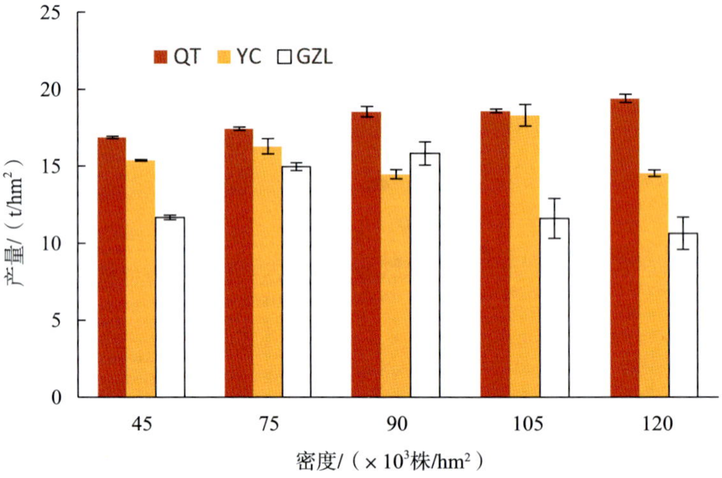

图 2-13　跨经度典型试验点(奇台、银川与公主岭)产量

2.2.2　玉米群体与光辐射匹配的生理机制

1. 不同地区、不同密度群体 ZD958 和 XY335 穗位叶光合日变化

为了研究光强和温度对玉米光合速率大小的影响，我们在新疆奇台、宁夏永宁和吉林公主岭这三个地区分别设置不同密度玉米群体，营造不同群体内部的光温差异，进而比较分析了不同光温条件下玉米的光合日变化情况。

从图 2-14 和图 2-15 可以看出：吐丝期新疆奇台地区的光温资源明显地优于宁夏永宁和吉林公主岭地区，表现为更高的光合有效辐射(PAR)和相对较低的适宜温度。因此奇台地区 ZD958 和 XY335 穗位叶的净光合速率也显著地高于永宁和公主岭地区同密度群体穗位叶的净光合速率；最大光强出现在中午 12:00，净光合速率也在此时达到最高，在 45 000 株/hm^2 的低密度下，穗位叶实际光强最大值可达 1 500 μmol 光量子/(m^2 · s)，此时 ZD958 和 XY335 的最大净光合速率可以达到 40 μmol CO_2/(m^2 · s)左右；即使是在 120 000 株/hm^2 的高密度下，穗位叶实际最大光强值也可达 800 μmol 光量子/(m^2 · s)以上，此时的最大净光合速率仍可达到 20 μmol CO_2/(m^2 · s)以上；与公主岭地区 45 000 株/hm^2 低密度下的最大净光合速率相当；因此，新疆充裕的光温资源为玉米密植高产提供了得天独厚的自然生态条件。宁夏永宁地区的光照强度显著低于奇台而高于公主岭地区，同时期的气温却明显高于奇台，因此，ZD958 和 XY335 穗位叶的净光合速率显著低于新疆奇台地区，但明显高于吉林公主岭地区的同密度群体；并且净光合速率最大值出现的时间也和最大光强出现的时间一致，都在中午 12:00。不同密度群体的光合速率也同样随着密度增大、冠层内部光强减弱而降低。而在吉林公主岭地区，不仅光照强度远低于新疆奇台和宁夏永宁，而且白天的温度也与永宁相近，显著地高于奇台，因此，弱光和高温环境导致的低光合、高呼吸使得公主岭地区 ZD958 和 XY335 吐丝期穗位叶净光合速率显著地低于奇台和永宁地区，且由于光照不足，在高密度群体内下降得更为明显。光温资源的劣势导致东北地区玉米的光合物质积累显著弱于新疆和宁夏。

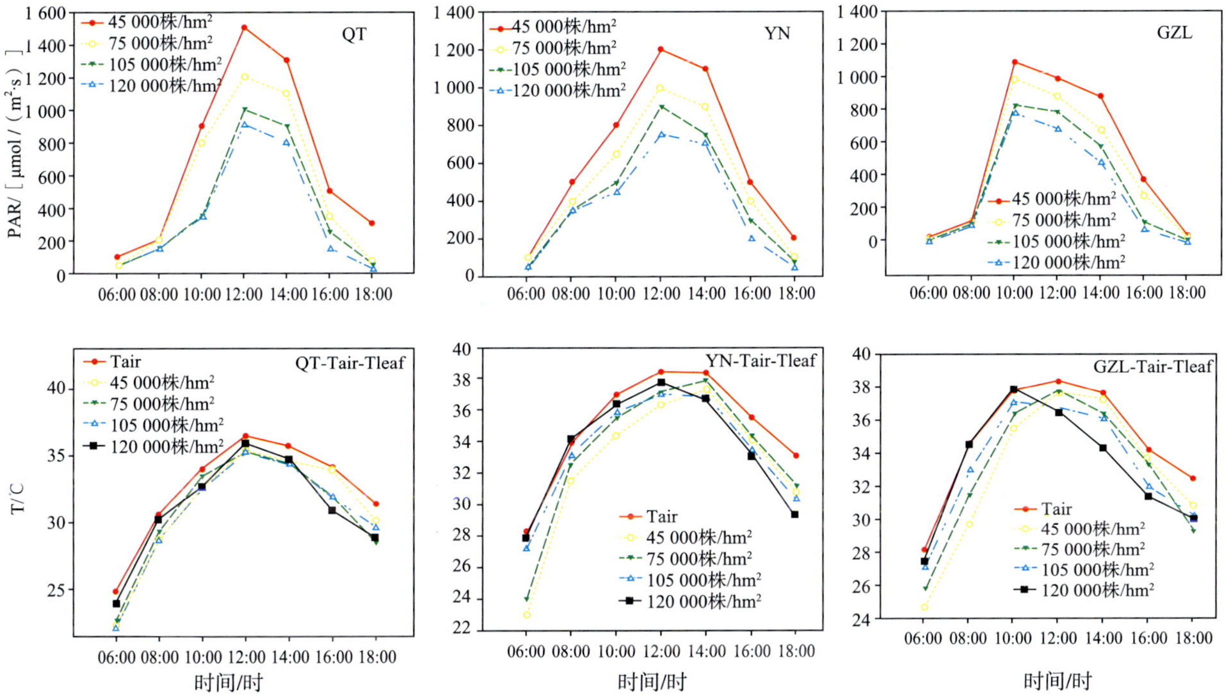

图 2-14　吐丝期不同地区、不同密度群体穗位叶光强、温度的变化

注：在新疆奇台(左)、宁夏永宁(中)和吉林公主岭(右)三地区分别测定，以公主岭地区时间为准。上：吐丝期光强日变化；下：吐丝期气温和叶温日变化。

进一步比较不同地区、不同密度群体 ZD958 和 XY335 吐丝期穗位叶最大净光合速率(Pn. max)，结果显示：同一密度下、不同地区 ZD958 和 XY335 穗位叶的 Pn. max 均表现为：奇台＞永宁＞公主岭，这是由不同地区光温资源的差异造成的；而同一地区、不同密度比较，Pn. max 随群体密度的增大和群体冠层内部光强的减弱而呈逐渐降低的趋势(表 2-6)。此外，不仅是正午的最大净光合速率，不同地区、不同密度群体下其他时段的光合速率也表现出与上述相同的变化趋势(图 2-15)。

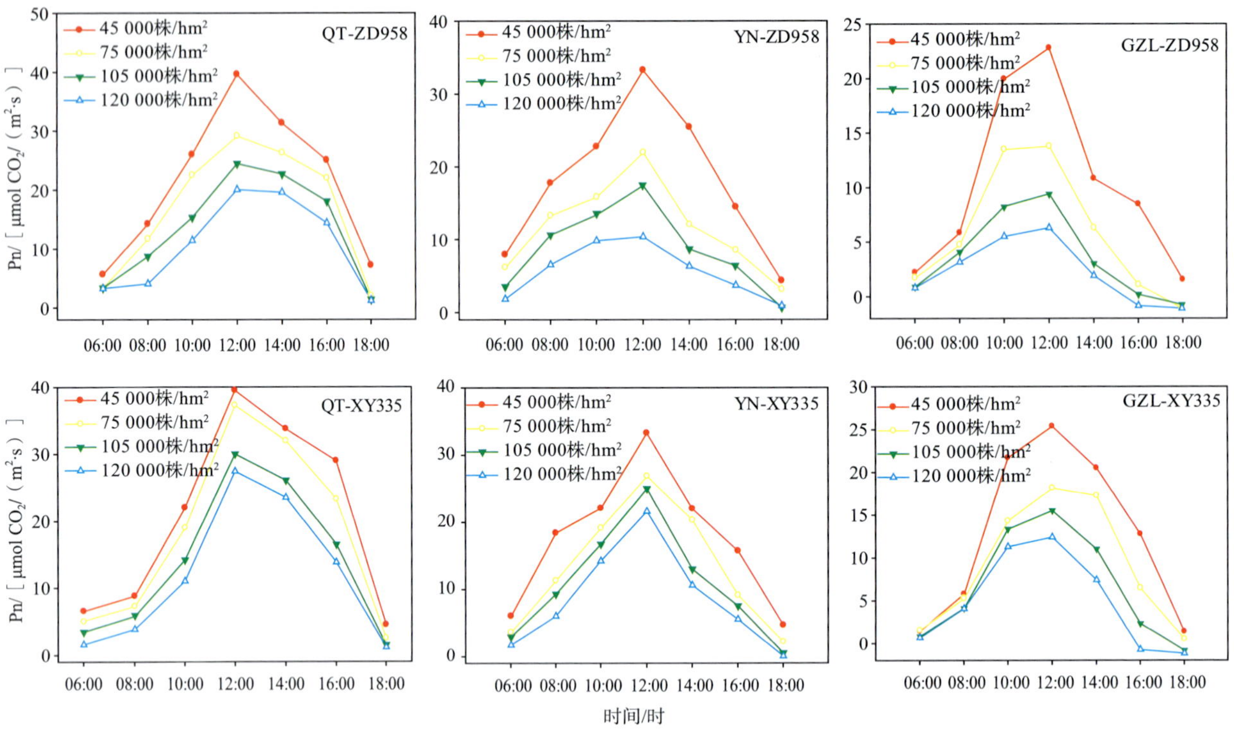

图 2-15 吐丝期郑单 958(ZD958)和先玉 335(XY335)穗位叶光合日变化

注:在新疆奇台(左)、宁夏永宁(中)和吉林公主岭(右)三地区分别测定,以公主岭地区时间为准。

表 2-6 吐丝期不同地区、不同密度群体 ZD958 和 XY335 穗位叶 Pn. max 比较

密度/(株/hm^2)	吐丝期 Pn. max/[μmol CO_2/(m^2 · s)]					
	QT		YN		GZL	
	ZD958	XY335	ZD958	XY335	ZD958	XY335
45 000	39.60	40.50	33.27	34.36	22.80	25.40
75 000	29.10	37.30	21.96	26.88	13.80	18.20
105 000	24.40	30.00	17.40	25.00	9.42	15.50
120 000	20.00	27.40	10.34	21.57	6.28	12.40

注:Pn. max,最大净光合速率。QT,奇台;YN,永宁;GZL,公主岭。

同样,在灌浆期测定了不同地区、不同密度群体 ZD958 和 XY335 的穗位叶净光合速率日变化。结果如图 2-16 和图 2-17 所示:与吐丝期情况类似,不同地区、相同密度群体的光强和净光合速率都表现出奇台>永宁>公主岭的变化趋势,说明在灌浆期光照条件对玉米光合作用的影响趋势与吐丝期是一致的,即新疆奇台地区的强光条件最有利于光合碳同化的进行,宁夏永宁地区次之,而吉林公主岭地区不仅光强最弱,而且灌浆期的温度也远低于奇台和永宁地区,低温寡照共同限制了公主岭地区玉米光合潜力的发挥。而同一地区、不同密度群体比较,穗位叶净光合速率也是随着群体密度增加、冠层内部光强减弱而呈现逐渐降低的趋势。而且,由于灌浆期群体冠层郁闭度进一步增大,不同密度群体穗位叶净光合速率的差值相比吐丝期明显缩小,尤其是在光照较弱的早晨和下午时段;而中午光照较强且从顶部直射入群体内部时,不同密度群体穗位叶的净光合速率依然具有显著的差异。

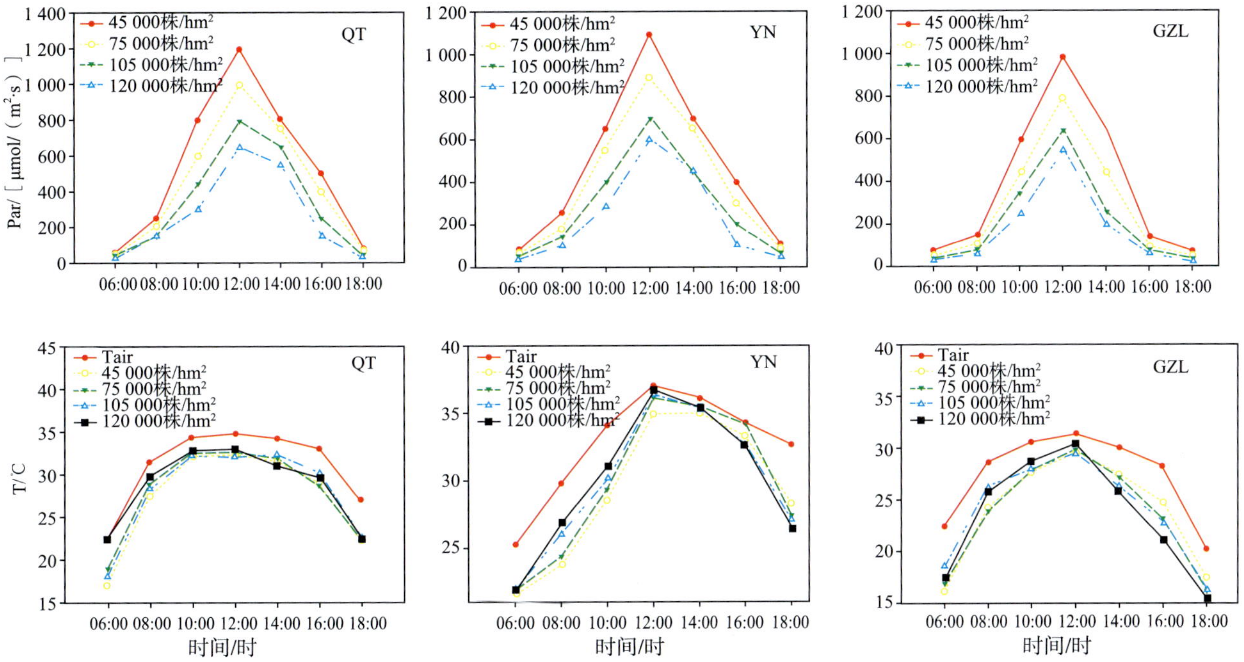

图 2-16 灌浆期不同地区、不同密度群体穗位叶光强、温度的变化

注：在新疆奇台（左）、宁夏永宁（中）和吉林公主岭（右）三地区分别测定，以公主岭地区时间为准。上：灌浆期光强日变化；下：灌浆期气温和叶温日变化。

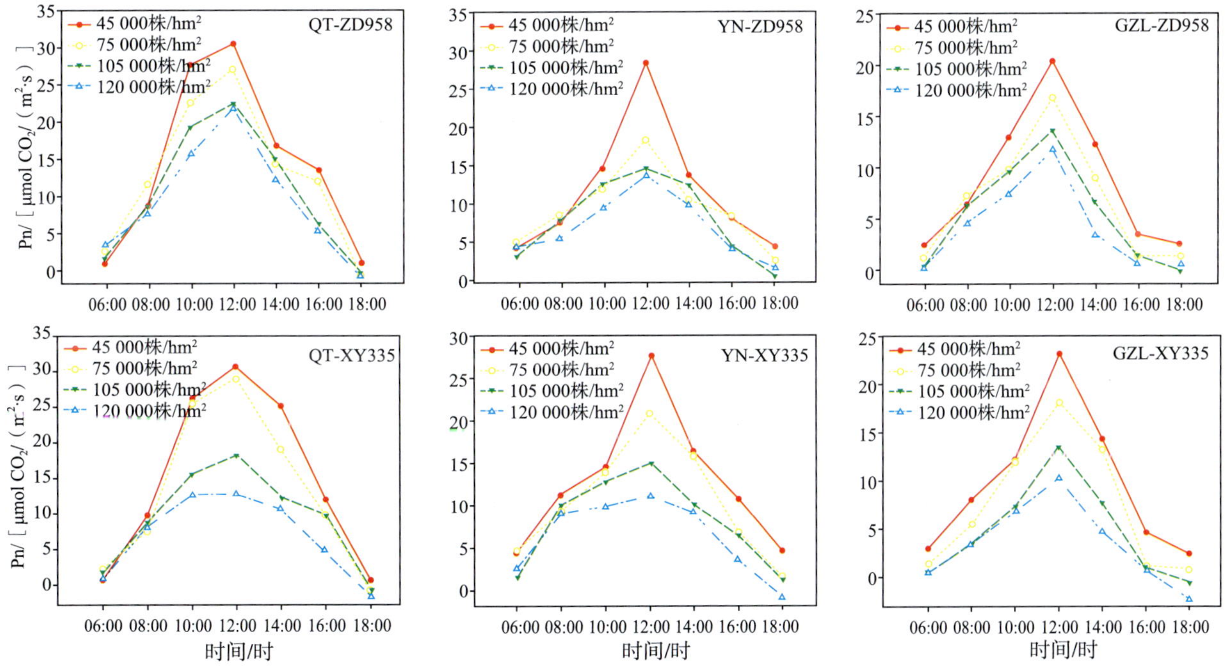

图 2-17 灌浆期 ZD958 和 XY335 穗位叶光合日变化

注：在新疆奇台（左）、宁夏永宁（中）和吉林公主岭（右）三地区分别测定，以公主岭地区时间为准。上：ZD958 光合日变化；下：XY335 光合日变化。

由表 2-7 可知，灌浆期不同地区、不同密度群体 ZD958 和 XY335 穗位叶最大净光合速率（Pn. max）变化规律与吐丝期相似，即在同一密度下、不同地区 ZD958 和 XY335 穗位叶的 Pn. max 大小顺序依次为：奇台＞永宁＞公主岭；而在同一地区、不同密度下 ZD958 和 XY335 穗位叶 Pn. max 随着密度的增加而降低，这也是由于随群体密度增大、玉米群体冠层内光强下降所致。

表 2-7　灌浆期不同地区、不同密度群体 ZD958 和 XY335 穗位叶 Pn. max 比较

密度/(株/hm²)	吐丝期 Pn. max/[μmol CO_2/(m²/s)]					
	QT		YN		GZL	
	ZD958	XY335	ZD958	XY335	ZD958	XY335
45 000	30.53	31.67	28.60	29.50	20.54	22.87
75 000	27.09	29.10	27.09	29.10	16.90	17.90
105 000	22.30	18.06	22.30	18.06	13.70	13.30
120 000	21.78	12.68	21.78	12.68	11.80	10.00

注：Pn. max，最大净光合速率。QT，奇台；YN，永宁；GZL，公主岭。

2. 不同地区、不同密度群体 ZD958 和 XY335 穗位叶吐丝期光合-光响应曲线

在分析了 ZD958 和 XY335 穗位叶光合日变化的基础上，我们又测定了不同地区、不同密度群体穗位叶的光合速率随光照强度变化的反应曲线，从图 2-18 结果可以看出：吐丝期三个地区不同密度群体 ZD958 和 XY335 穗位叶光合-光响应曲线均表现为光合速率随光强的增加而逐渐增大，低密度群体穗位叶最大净光合速率高于高密度群体。不同地区、同一密度下 ZD958 和 XY335 最大净光合速率表现为：奇台＞永宁＞公主岭，并且 ZD958 较 XY335 差异更明显。同一密度下，奇台地区 ZD958 和 XY335 的光饱和点高于永宁和公主岭地区，而光补偿点则是奇台低于永宁和公主岭地区；尤其在高密度群体条件下表现更为明显。光补偿点是表示植物对弱光利用能力的一个指标，同一地区高密度群体的光补偿点比低密度群体大，说明高密度群体可以更好地利用弱光下的光能，提高光合效率。

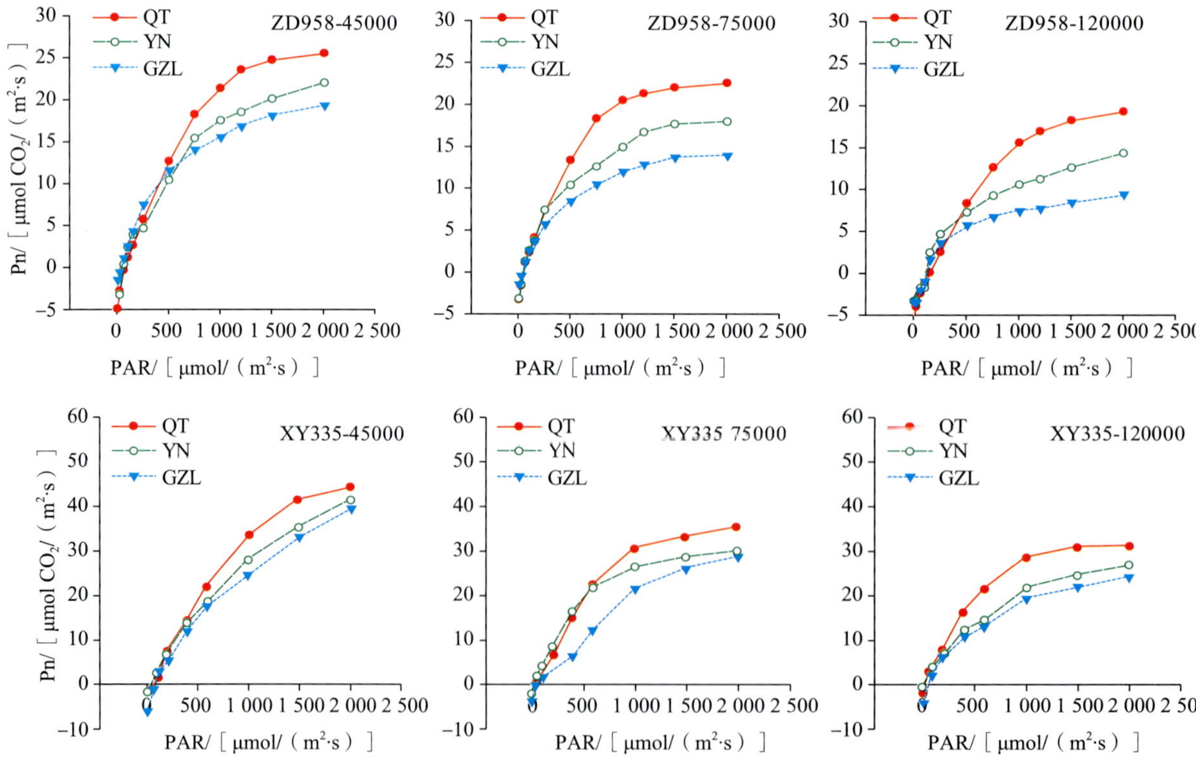

图 2-18　吐丝期 ZD958 和 XY335 穗位叶光合-光响应曲线

注：上图为不同地区、不同密度群体 ZD958 光合-光响应曲线；下图为 XY335 光合-光响应曲线。

利用直角双曲线修正模型模拟光合-光响应曲线得出不同地区、不同密度条件下光合-光响应曲线的各项特征值，最大净光合速率（Pn. max）和光饱和点（LSP）可以衡量玉米在强光下的光合能力，Pn. max 和 LSP 越高，说明玉米在强光下的光合能力越强；表观量子效率（α）和光补偿点（LCP）可以反映玉米对弱光的利用率，α 越高、LCP 越低说明玉米对弱光的利用效率越高。表 2-8 对上述趋势做出了定量化的阐述，同一地区，ZD958 和 XY335 的 LSP、LCP 随着种植密度的升高而表现出降低的趋势，说明低密度群体利用强光的能力强，而高密度群体利用弱光的能力较强，与光合-光响应曲线显示结果一致。

表 2-8 吐丝期 ZD958 和 XY335 光合-光响应曲线拟合参数

品种	地区	密度	α	Pn. max	LSP	LCP	R_d	R^2	其他
ZD958	奇台	45 000	0.380	36.18	3 500	27	1.5	0.969	$\beta=-0.001$ $\nu=0.006$
		75 000	0.085	34.86	3 000	18	1.5	0.991	$\beta=0.000\ 22$ $\nu=0.000\ 07$
		12 0000	0.032	26.71	2 300	14	0.86	0.992	$\beta=-0.000\ 22$ $\nu=0.000\ 17$
	永宁	45 000	0.049	34.07	2 800	41	1.2	0.996	$\beta=0.000\ 15$ $\nu=0.000\ 45$
		75 000	0.047	28.62	2 600	32	1.5	0.989	$\beta=0.000\ 21$ $\nu=0.000\ 21$
		120 000	0.037	23.31	2 200	27	1.5	0.991	$\beta=0.000\ 15$ $\nu=0.001$
	公主岭	45 000	0.081	20.26	2 400	33	1.5	0.99	$\beta=0.000\ 8$ $\gamma=0.001$
		75 000	0.064	11.87	1 200	23	1.5	0.953	$\beta=0.000\ 33$ $\nu=0.004$
		120 000	0.045	10.18	600	19	1.5	0.987	$\beta=0.000\ 14$ $\nu=0.003$
XY335	奇台	45 000	0.069	50.14	3 736	48	1.58	0.997	$\beta=0.000\ 13$ $\gamma=0.000\ 16$
		75 000	0.058	38.49	2 882	40	1.52	0.995	$\beta=0.000\ 07$ $\nu=0.000\ 37$
		120 000	0.047	34.12	2 676	28	1.26	0.985	$\beta=0.000\ 01$ $\nu=0.001$
	永宁	45 000	0.067	48.86	3 384	44	1.65	0.999	$\beta=0.000\ 12$ $\nu=0.000\ 45$
		75 000	0.046	34.54	2 694	28	1.45	0.995	$\beta=-0.783$ $\gamma=0.919$
		120 000	0.040	28.12	2 576	16	1.52	0.991	$\beta=0.000\ 14$ $\nu=0.001$
	公主岭	45 000	0.052	46.35	2 760	50	1.56	0.994	$\beta=0.000\ 14$ $\nu=0.001$
		75 000	0.047	33.52	2 308	38	1.52	0.995	$\beta=0.000\ 04$ $\nu=0.002$
		120 000	0.043	27.41	2 188	30	0.96	0.992	$\beta=0.000\ 2$ $\nu=0.004$

注：α 为表观量子效率；Pn. max 为最大净光合速率；LSP 为光饱和点；LCP 为光补偿点；R_d为暗呼吸速率；R^2为相关系数。

图 2-19 显示灌浆期 ZD958 和 XY335 穗位叶光合-光响应曲线。由图可见：三个地区、不同密度群体 ZD958 和 XY335 灌浆期穗位叶的净光合速率同样随密度增大、群体内部光强减弱而降低，但灌浆期的差异不如吐丝期显著。不同地区同一密度下，ZD958 和 XY335 穗位叶最大净光合速率均表现为：奇台＞永宁＞公主岭；并且不同品种比较，三个地区之间 XY335 最大净光合速率的差异更显著。

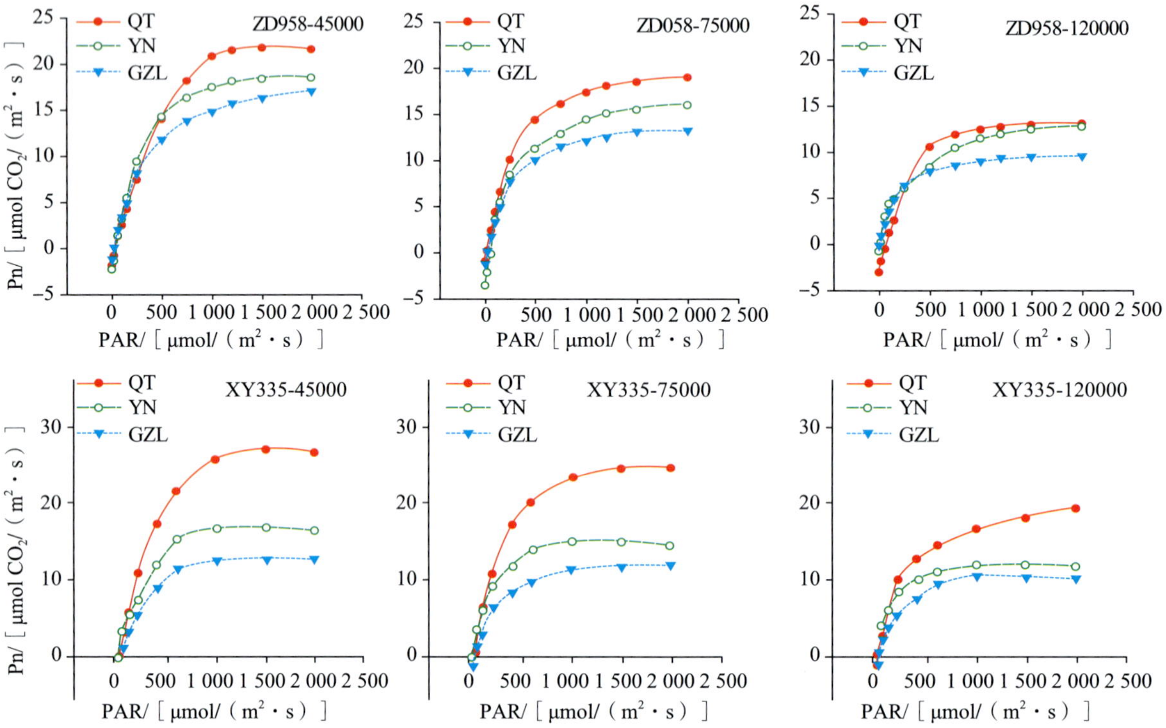

图 2-19　灌浆期 ZD958 和 XY335 穗位叶光合-光响应曲线

注：上图为不同地区、不同密度群体 ZD958 光合-光响应曲线；下图为 XY335 光合-光响应曲线。

表 2-9 也是利用直角双曲线修正模型模拟得到的灌浆期 ZD958 和 XY335 光合-光响应曲线拟合参数。由表中数据可以看出：同一地区不同密度比较，Pn. max 和 LSP 均表现为低密度群体大于高密度群体，说明低密度群体利用强光的能力更强；而 LCP 则随着群体密度的增大而降低，说明高密度群体利用弱光的能力更强。同一地区不同密度下 ZD958 和 XY335 的变化规律相似。

综上所述，ZD958 和 XY335 的光合日变化主要受光、温日变化影响；不同地区、不同密度群体玉米穗位叶最大净光合速率均出现在中午，试验未见光合午休。穗位叶净光合速率随种植密度增大而降低；不同地区同一密度群体比较，穗位叶净光合速率值由西向东逐渐减低，即：奇台＞永宁＞公主岭，光强是主要影响因素；同一地区不同密度玉米群体比较，低密度群体穗位叶的光合能力更强，XY335 比 ZD958 有一定的优势；光合-光响应曲线的测定结果显示：低密度群体比高密度群体叶片具有相对较高的最大净光合速率Pn. max 和光饱和点 LSP；而高密度群体叶片则具有相对较低的光补偿点 LCP；不同地区比较，玉米单叶光合能力：奇台＞永宁＞公主岭。所以结合不同区域光温资源和品种特性进行合理密植，是实现玉米高产稳产的必要条件。

表 2-9 灌浆期 ZD958 和 XY335 光合-光响应曲线拟合参数

品种	地区	密度	α	Pn. max	LSP	LCP	R_d	R^2	其他
ZD958	奇台	45 000	0.047	37.49	2 800	24.19	1.52	0.999	β=0.000 13 ν=0.000 35
		75 000	0.042	29.43	2 400	19.91	0.94	0.994	β=0.000 18 ν=0.001
		120 000	0.062	29.1	2 200	15.81	0.66	0.999	β=0.000 078 ν=0.001
	永宁	45 000	0.054	36.73	3 200	29.41	1.59	0.999	β=0.000 052 ν=0.001
		75 000	0.501	35.15	3 000	25.98	1.31	0.998	β=0.000 031 ν=0.001
		120 000	0.064	27.93	2 400	22.64	1.52	0.999	β=0.000 096 ν=0.001
	公主岭	45 000	0.06	29.87	2 500	23.22	2.36	0.997	β=0.000 083 ν=0.001
		75 000	0.058	28.62	2 400	7.875	1.25	0.999	β=0.000 1 ν=0.001
		120 000	0.051	28.08	1 600	4.71	0.50	0.892	β=0.000 1 ν=−0.42
XY335	奇台	45 000	0.059	28.82	1 712	20	0.67	0.999 5	β=0.000 02 ν=0.001
		75 000	0.041	25.08	1 264	18	0.61	0.999 3	β=0.000 13 ν=0.000 25
		120 000	0.053	19.66	1 240	16	1.42	0.997 9	β=0.000 15 ν=0.001
	永宁	45 000	0.049	18.44	1 252	32	0.57	0.989 8	β=0.000 11 ν=0.001
		75 000	0.061	15.71	1 012	26	0.63	0.997 0	β=0.000 007 ν=0.002
		120 000	0.064	13.37	896	19	0.88	0.978 9	β=0.000 069 ν=0.002
	公主岭	45 000	0.053	14.87	924	28	0.64	0.994 3	β=0.000 042 ν=0.001
		75 000	0.067	12.96	816	24	1.71	0.991 9	β=0.000 043 ν=0.001
		120 000	0.059	10.24	708	22	0.88	0.978 9	β=0.000 11 ν=0.000 44

注：α 为表观量子效率；Pn. max 为最大净光合速率；LSP 为光饱和点；LCP 为光补偿点；R_d 为暗呼吸速率；R^2 为相关系数。

2.3 作物高产群体与温度资源的匹配原理

2.3.1 区域玉米温度资源的利用及提高利用率的措施

不同试验地点玉米对全年≥10 ℃积温的利用率与纬度显著相关。如图 2-20a 显示，在整个研究区域（北方春播玉米区和黄淮海夏播玉米区），随着纬度（X）的增加，玉米的积温利用率（Y）呈二次曲线变化（$y=-0.228\,1x^2+21.476x-413.61$），分析二次曲线方程发现，在 47°05′N 以南，随着纬度的增加，玉米对≥10 ℃积温的利用率显著增加。在 47°05′N 以北，随着纬度的增加，玉米对≥10 ℃积温的利用率趋于平稳，约为 91.9%。分别单独分析北方春播玉米区和黄淮海夏播玉米区各试验点玉米对≥10 ℃积温的利用率与纬度的关系发现，随着纬度的增加，玉米对≥10 ℃积温的利用率显著增加，纬度每增加 1°，北方春播玉米区和黄淮海夏播玉米区玉米对积温的利用率分别增加 1.3%和 1.4%（图 2-20b 和图 2-20c）。

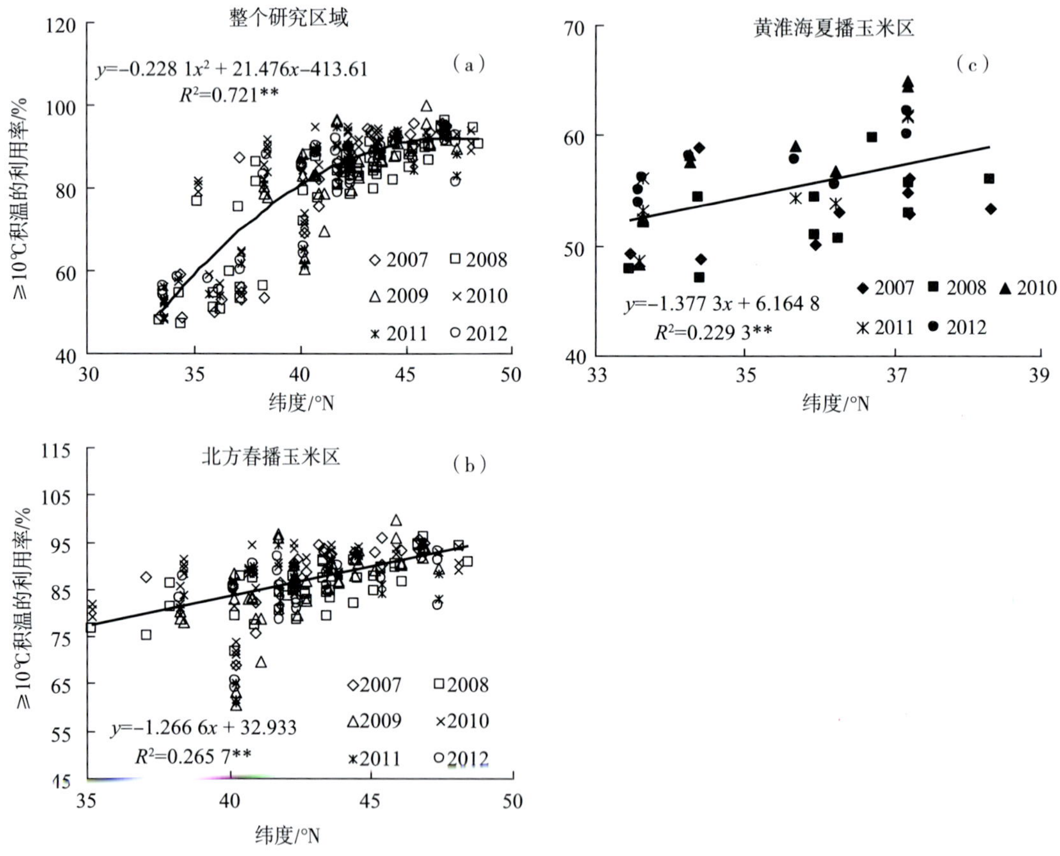

图 2-20　玉米积温利用率随纬度的变化

推迟玉米的收获期可显著地提高玉米对热量资源的利用效率，尤其是在冬小麦和夏玉米轮作的黄淮海夏播玉米区。如图 2-21 所示，各个试验点农户传统收获、推迟 7 d 收获和推迟 14 d 收获玉米当地全年热量资源的利用率随着纬度的北移显著增加。纬度每增加 1°，农户传统收获、推迟 7 d 收获和推迟 14 d 收获处理玉米对≥10 ℃积温的利用率分别增加 3.5%、3.6%和 3.3%。

分析不同处理之间积温利用率的关系发现，推迟 14 d 收获的积温利用率＞推迟 7 d 收获＞农民传统收获。与农民传统收获处理的积温利用率相比，推迟 7 d 收获的积温利用率显著增加，增加幅度为

0.35%～4.9%(平均 2.7%)，推迟 14 d 收获的积温利用率显著增加了 1.2%～7.8%(平均 4.8%)。

分析各个试验地点不同播期玉米产量和积温利用率的关系发现，在北方春播玉米区的南部地区，热量比较充足，各个播种日期的玉米产量和积温利用率没有显著相关关系；而在北方春播玉米区的北部地区(黑龙江佳木斯除外)，热量资源较少，不同播期的玉米产量和积温利用率呈显著正相关关系(表 2-10)。黑龙江佳木斯不同播期的玉米产量与积温利用率不相关有可能是因为该试验点的积温资源太少，只有 2 761 ℃，农民传统播期的积温利用率已高达 96.11%，提前和延迟播种容易使玉米遭受早春的冷害和灌浆后期的霜冻，导致减产。

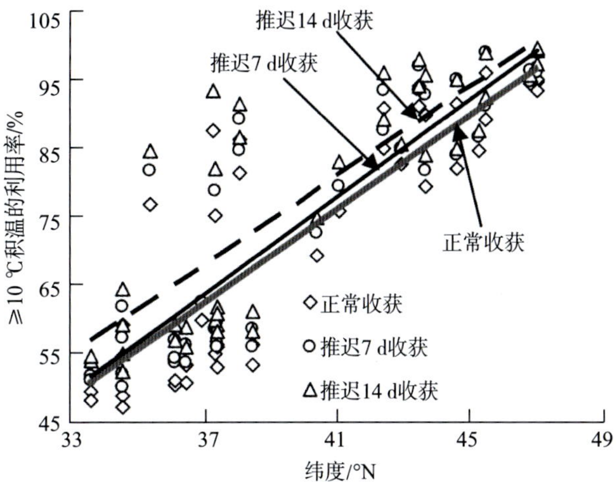

图 2-21　推迟收获后玉米积温利用率随纬度的变化

表 2-10　玉米不同播期对积温资源的利用与产量的相关关系

年份	地点	北纬	东经	≥10 ℃年积温/(℃·d)	相关系数
2010	农安	44°25′	125°12′	3 165	0.723 5*
	吉林市	43°50′	126°33′	3 094	0.864 3*
	通化	41°44′	125°57′	3 053	0.748 9*
	海城	40°53′	122°41′	3 725	0.639 5
	丹东	40°08′	124°23′	3 426	0.391 9
	张家口	40°45′	114°55′	3 448	0.066 7
	澄城	35°11′	109°56′	3 547	0.255 5
	遵化	40°12′	117°58′	4 141	0.684 3
2011	佳木斯	46°48′	130°19′	2 761	0.477 7
	通化	41°44′	125°57′	2 975	0.930 3**
	呼和浩特	40°49′	111°41′	3 457	0.982 9**
	沈阳	41°48′	123°26′	3 594	0.569 4
	遵化	40°12′	117°58′	4 501	−0.079
2012	呼和浩特	40°49′	111°41′	3 417	0.865 7**
	公主岭	43°30′	124°51′	3 499	−0.509 8
	沈阳	41°48′	123°26′	3 692	−0.602 1
	遵化	40°12′	117°58′	4 459	−0.079

利用 Hybrid-maize 模型模拟可以利用当地全部热量资源的玉米品种的产量潜力(Yield potential Ⅰ)、适于机械收获籽粒的玉米品种的产量潜力(Yield potential Ⅱ)和当地传统玉米品种的产量潜力(Yield potential Ⅲ)。如图 2-22 所示，随着纬度的北移，玉米的产量潜力呈二次曲线的变化关系($y_{\text{Ⅰ}}=-0.03x^2+2.31x-23.99$；$y_{\text{Ⅱ}}=-0.04x^2+3.30x-46.56$；$y_{\text{Ⅲ}}=-0.03x^2+2.86x-48.43$)。北方春播玉米区不同试验地点可以利用当地全部热量资源的玉米品种的产量潜力(Yield potential Ⅰ)范围为 12.00～23.8 t/hm²，平均产量潜力为 17.12 t/hm²(CV=0.15)；不同试验地点适于机械收获籽粒的玉米品种的产量潜力为 9.50～20.09 t/hm²，平均产量潜力为 14.39 t/hm²(CV=0.17)；不同试验地点当地传统玉米品种的产量潜力为 9.20～17.20 t/hm²，平均产量潜力为 13.39 t/hm²(CV=0.12)。

分析北方春播玉米区玉米最大产量潜力(Yield potential Ⅰ)与当地传统玉米品种的产量潜力

(Yield potential Ⅲ)的产量差发现，最大产量潜力(Yield potential Ⅰ)与传统玉米品种的产量潜力(Yield potential Ⅲ)的产量差为 0.40～12.10 t/hm²，平均产量差为 3.70 t/hm²(CV＝0.62)。并且随着纬度的北移，产量差距显著降低；分析北方春播玉米区适于机械收获籽粒的产量潜力(Yield potential Ⅱ)与当地传统玉米品种的产量潜力(Yield potential Ⅲ)的产量差发现，在 44°53′N 以南的区域，随着纬度的北移，适于机械收获籽粒的产量潜力(Yield potential Ⅱ)与当地传统玉米品种的产量潜力(Yield potential Ⅲ)的产量差显著降低；在 44°53′N 的区域，产量差为 0；在 44°53′N 以北的区域，适于机械收粒的产量潜力(Yield potential Ⅱ)低于当地传统玉米品种的产量潜力(Yield potential Ⅲ)，说明在 44°53′N 以北的区域，当地的传统品种不适于机械收粒，若要在该区域推行机械收粒，应选用生育期较短的玉米品种。

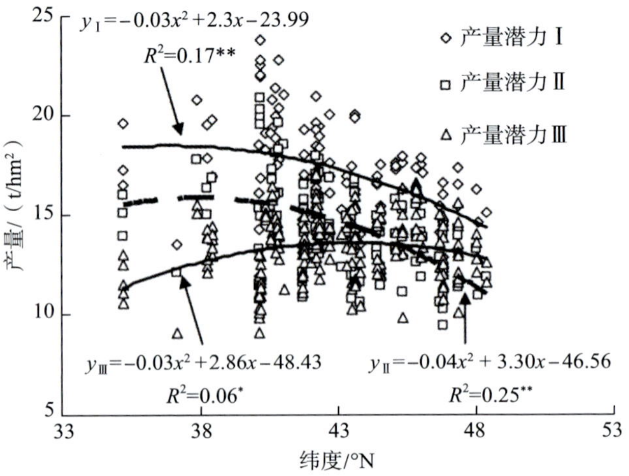

图 2-22　不同类型玉米品种产量潜力随纬度的变化

2.3.2　温度匹配过程中极端温度的影响

通过 5 年的田间试验发现，与早播(ES)处理相比，中播(MS)和晚播(LS)处理能够获得更高的籽粒产量(图 2-23)。中播和晚播处理下，以 2015 和 2016 年中播处理产量最高，而在 2010、2011 和 2012 年两者产量差异不显著，但都显著高于早播产量。中播处理 2015 年产量为 12.1 t/hm²，2016 年产量为 11.9 t/hm²，比晚播处理高 6.1%～6.3%，比早播处理高 7.1%～12.3%。相比于中播处理，2010 年早播处理产量下降了 5.4%，2011 年下降了 2.8%，2012 年下降了 5.7%。除了 2010 年晚播处理因强风和大雨导致的部分玉米倒伏，同一年份下 3 个播期的公顷穗数均无显著差异。同一年份下，随播期推迟，每穗粒数和千粒重均无明显变化趋势。中播处理 5 年试验条件下每穗粒数平均为 475 粒/穗，晚播处理为 470 粒/穗，早播处理为 460 粒/穗。早播、中播和晚播处理的平均千粒重分别为 315.9 g、318.1 g 和 325.0 g。年际间随播期推迟，3 个播期处理收获指数亦无明显变化规律。2012、2015 和 2016 年 3 个播期的收获指数均无显著差异，而在 2010 年以晚播处理最低，仅为 0.47；2011 年以中播处理最低，为 0.52，显著低于早播和晚播处理。早播、中播和晚播处理下的平均收获指数分别为 0.53(0.50～0.59)、0.52(0.48～0.57)和 0.51(0.47～0.58)。

根据表 2-11 可以看出，随着播种日期的推迟，总生育期天数、累积积温和太阳辐射均呈逐渐降低趋势。与早播处理相比，中播和晚播处理的生育期天数缩短主要出现在营养生长阶段(缩短 4～20 d)，生殖生长阶段同一年份各处理间相差不大但仍有一定差异。相比于早播处理，中播处理的生殖生长期在 2010 年延长 5 d，2011 年延长 3 d，2015 年延长 2 d。生育期累积积温表现为，早播和中播处理间差异不大，但明显高于晚播处理。与早播处理相比，晚播处理总累积积温降低了 9%～14%(170～263 ℃)。同一年份条件下，随播期推迟，花前积温无显著变化，花后累积积温呈逐渐降低趋势。与早播处理花后积温相比，2010 年中播和晚播处理分别下降了 2.5%和 21.7%，2011 年下降了 5.9%和 26.4%，2012 年下降了 10.0%和 23.8%，2015 年下降了 5.7%和 20.7%，2016 年下降了 2.1%和 19.3%。早播处理生育期总太阳辐射在 2 286～2 606 MJ/m²，与早播相比，中播处理总太阳辐射降低了 3.4%～9.9%，晚播处理总太阳辐射降低了 18.7%～23.0%。此外，太阳辐射的减少主要发生在营养生长阶段，生殖生长阶段各年份下中播处理与早播处理基本相等。对于晚播处理，在营养生长阶段和生殖生长阶段累积太阳辐射与早播处理相比均有不同程度降低，但主要还是发生在营养生长阶段，占太阳辐射总减少量的

63%～90%。结合产量、累积积温及太阳辐射来看，产量不仅与积温和辐射数量有关，更与其利用效率有关。另外，同一年份随播期推迟降雨量无明显变化趋势。营养生长阶段早播处理 5 年平均降水量为 108.9 mm，中播处理为 132.7 mm，晚播处理为 364.3 mm；生殖生长阶段早播处理平均降雨量为 378.3 mm，中播处理为 368.5 mm，晚播处理为 215.8 mm。可以看出，随播期推迟，营养生长阶段降雨量呈增加趋势，而生殖生长阶段降雨量则呈减少趋势。

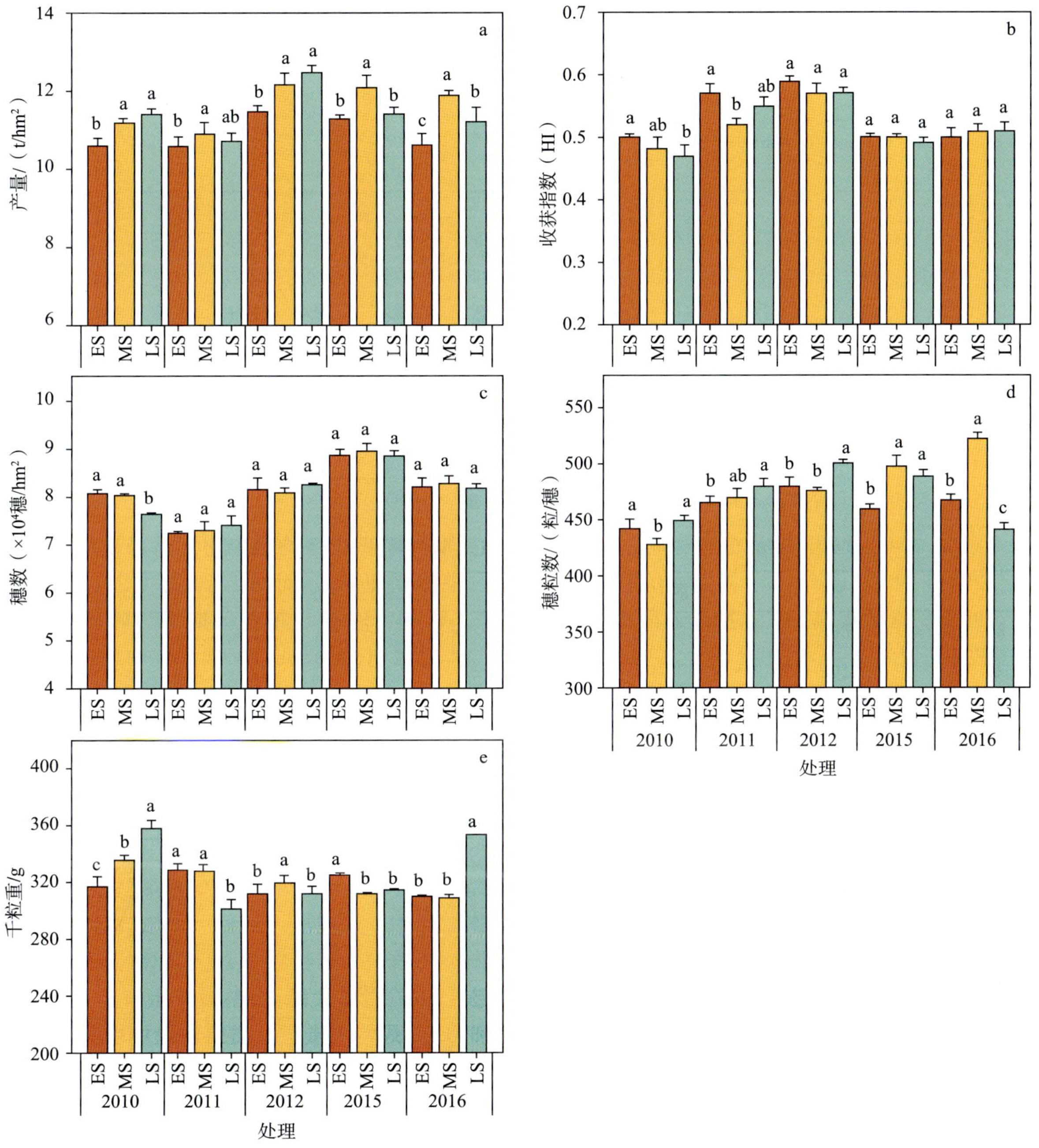

图 2-23　2010—2012 年，2015 年和 2016 年不同播期产量(a)、收获指数(b)及产量构成(穗数(c)；穗粒数(d)；千粒重(e))

注：相同年份，不同字母表示在 0.05 水平上差异显著。ES、MS 和 LS 分别表示早播、中播和晚播。

表 2-11　2010—2012 年，2015 年和 2016 年不同播期玉米生育期天数、累积积温和太阳辐射

年份	处理	生育天数/d			累积积温/℃			太阳辐射/(MJ/m²)			降雨量/mm		
		花前	花后	总计	花前	花后	总计	花前	花后	总计	花前	花后	总计
2010	ES	69	58	127	917	1 020	1 937	1 481	1 125	2 606	44.9	489.7	534.6
	MS	61	63	124	952	995	1 947	1 299	1 095	2 394	171.8	385.2	557.0
	LS	55	59	114	968	799	1 767	1 153	933	2 086	185.1	361.1	546.2
2011	ES	72	58	130	980	927	1 907	1 478	965	2 443	165.7	260.0	425.7
	MS	61	61	122	972	872	1 844	1 198	1 005	2 203	104.2	334.1	438.3
	LS	58	57	115	962	682	1 644	1 003	879	1 882	179.8	259.5	439.3
2012	ES	62	61	123	876	988	1 864	1 364	1 052	2 416	61.5	425.3	486.8
	MS	59	60	119	930	889	1 819	1 228	949	2 177	108.8	464.4	573.2
	LS	54	60	114	918	753	1 671	1 001	942	1 943	346.6	218.6	565.2
2015	ES	66	62	128	913	1 034	1 947	1 359	1 069	2 428	82.6	328.1	410.7
	MS	61	64	125	947	975	1 922	1 168	1 106	2 274	82.4	287.3	369.7
	LS	55	60	115	922	820	1 742	951	1 022	1 973	247.8	102.9	350.7
2016	ES	66	61	127	889	1 057	1 946	1 276	1 010	2 286	189.6	388.5	578.1
	MS	64	61	125	933	1 035	1 968	1 209	999	2 208	196.2	371.5	567.7
	LS	52	58	110	903	853	1 756	882	920	1 802	362.4	136.7	499.1

注：ES、LS 和 MS 分别指早播、中播和晚播处理。

由图 2-24 可以得出，随生育进程推进，不同年份及播期叶面积指数均呈先增加后降低的单峰曲线变化。2011 年和 2016 年，3 个播期吐丝期叶面积指数以中播处理最高，而在 2010 年和 2012 年则以晚播处理叶面积指数最高，且显著高于早播和中播处理。早播处理下 5 年吐丝期平均叶面积指数为 5.35，中播处理为 5.74，晚播处理为 5.64。相比于吐丝期，拔节期、大喇叭口期和灌浆中期叶面积指数在同一年份不同播期间无明显变化规律。而同一年份成熟期叶面积指数均表现为晚播处理显著高于早播处理，说明晚播处理成熟期仍保持有较高的绿叶面积。

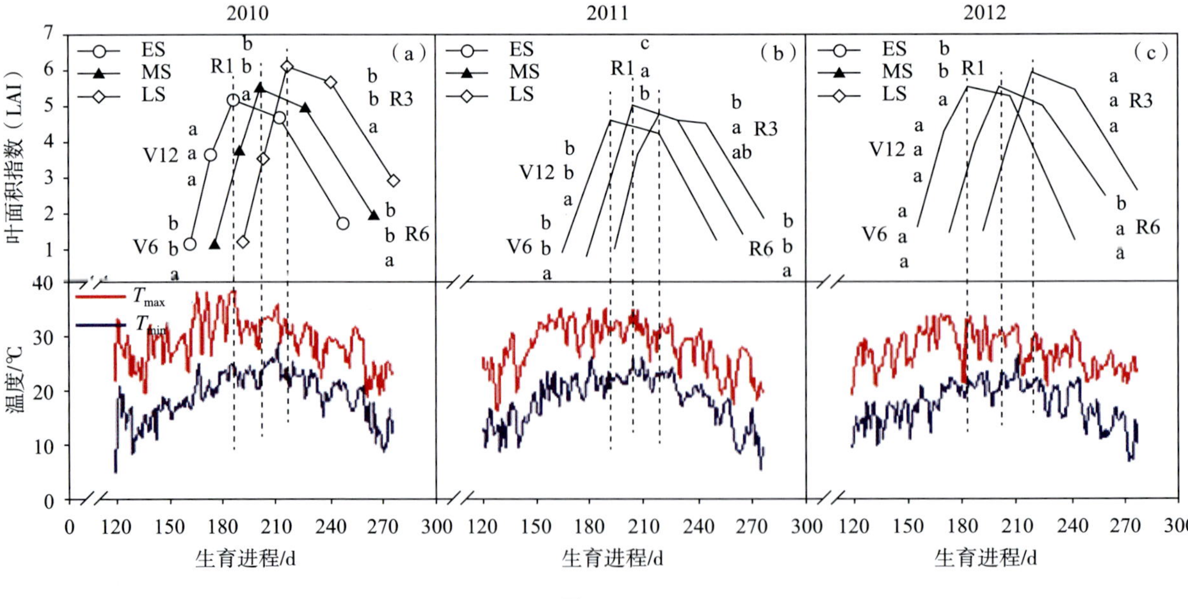

图 2-24

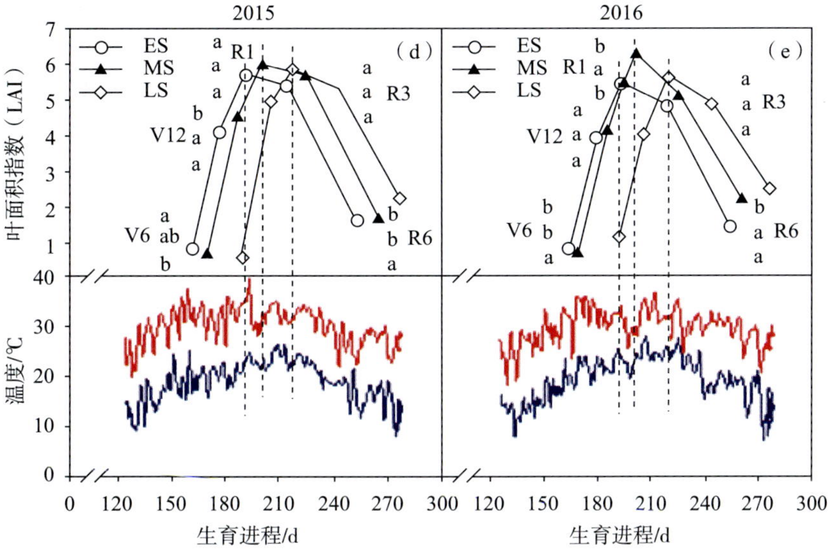

续图 2-24　2010—2012 年，2015 年和 2016 年不同播期玉米叶面积指数动态变化及生育期日最高温和最低温

注：ES、MS 和 LS 分别代表早播、中播和晚播。同一年份不同字母表示在 0.05 水平上差异显著。V6、V12、R1、R3 和 R6 分别表示玉米 6 叶期、12 叶期、吐丝期、灌浆中期和成熟期。下同。

此外，通过观察 5 年不同播期下的日最高温和最低温变化（图 2-24）可以看出，在 2010、2011 和 2015 年，相比于中播和晚播处理，早播处理在吐丝阶段遭受高温胁迫，2010 年早播处理吐丝前后 10 d 平均最高温达 34.9 ℃，2011 年为 32.9 ℃，2015 年为 34.0 ℃；而晚播处理在 2010、2011、2012 和 2016 年生育后期遭受明显的低温胁迫。成熟前 10 d 平均最低温在 2010、2011、2012 和 2015 年分别为 11.9 ℃、11.5 ℃、11.9 ℃和 13.6 ℃。

根据图 2-25 可以得出，同一年份下不同播期处理显著影响玉米各时期干物质积累。成熟期干物质积累量与产量变化趋势相似，表现为在 2011、2015 和 2016 年以中播处理干物质积累量最高，且显著高

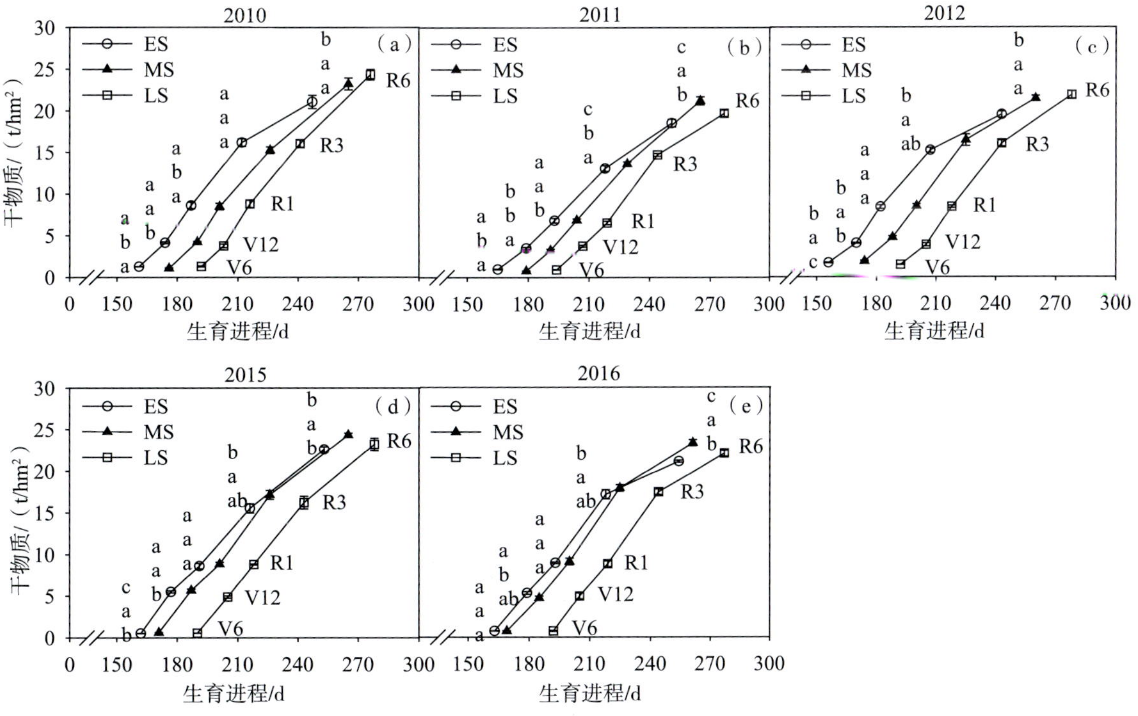

图 2-25　2010—2012 年，2015 年和 2016 年不同播期玉米干物质积累动态变化

于早播和晚播处理；在 2010 年和 2012 年，中播和晚播处理干物质积累量无显著差异，但都显著高于早播处理。吐丝期，在 2012、2015 和 2016 年 3 个播期干物质积累量无显著差异，但花后物质积累有着显著差异(表 2-12)。

表 2-12　2010—2012 年，2015 年和 2016 年不同播期玉米干物质积累

年份	处理	干物质积累量/(t/hm²)		
		花前	花后	总计
	ES	8.62a	12.44b	21.06b
2010	MS	8.48b	14.72a	23.2a
	LS	8.80a	15.52a	24.32a
	ES	6.82a	11.71c	18.53c
2011	MS	6.86a	14.34a	21.2a
	LS	6.54b	13.15b	19.69b
	ES	8.44a	11.07b	19.51b
2012	MS	8.53a	12.90a	21.43a
	LS	8.46a	13.39a	21.85a
	ES	8.63a	13.99b	22.62b
2015	MS	8.87a	15.48a	24.35a
	LS	8.82a	14.41ab	23.23b
	ES	8.93a	12.20c	21.13c
2016	MS	9.08a	14.25a	23.33a
	LS	8.81a	13.28b	22.09b
		变异来源		
年份		**[a]	**	**
处理	ns	**	**	
年份×处理	ns	**	**	

注：** 表示在 0.01 水平上差异显著，ns 表示无显著性差异。同一年份下不同字母表示在 0.05 水平上差异显著。

由表 2-12 可以得出，花后及生育期总干物质积累受年份、播期以及年份×播期交互作用的显著影响。5 年试验期间，以 2011 年总干物质积累量最低，平均为 19.81 t/hm²。相比于 2011 年，2010、2012、2015 和 2016 年平均干物质量分别增加了 15.4%、5.7%、18.1%和 12.0%，这可能与年际间气候变化有关。除 2015 年外，其他年份中播和晚播处理花后物质积累量均显著高于早播处理。2011 年中播处理花后物质积累量为 14.34 t/hm²，2015 年为 15.48 t/hm²，2016 年为 14.25 t/hm²，分别比早播处理高出 18.3%、9.6%和 14.4%。

根据图 2-24 结果可知，早播处理花期高温和晚播处理生育后期低温可能会对玉米开花吐丝期授粉及后期籽粒灌浆产生不利影响，进而影响最终产量，由此我们对花前花后 5 d 平均最高温和成熟前 5 d 和 10 d 平均最低温与产量进行了相关分析(图 2-26)。因不同年份气候状况不同的原因，产量也不尽相同，我们对产量进行了归一化处理，得到相对产量，这样就可以进行不同年份间的产量比较。结果表明，花前 5 d 平均最高温与相对产量呈显著负相关关系($y=-0.0054x+1.119$，$R^2=0.1522^{*}$)，随着平均最高温的上升，产量呈直线下降趋势；花后 5 d 平均最高温与相对产量之间存在极显著二次曲线关系($y=-0.0055x^2+0.3444x-4.4753$，$R^2=0.3395^{**}$)，当花后 5 d 平均最高温达到 31.8 ℃时能够达到最高相对产量，高于 31.8 ℃则产量呈降低趋势。而成熟前 5 d 平均最低温与相对产量亦存在极显著二次曲线关系($y=-0.0007x^2+0.019x+0.8393$，$R^2=0.293^{**}$)，当平均最低温为 13.0 ℃时能够获

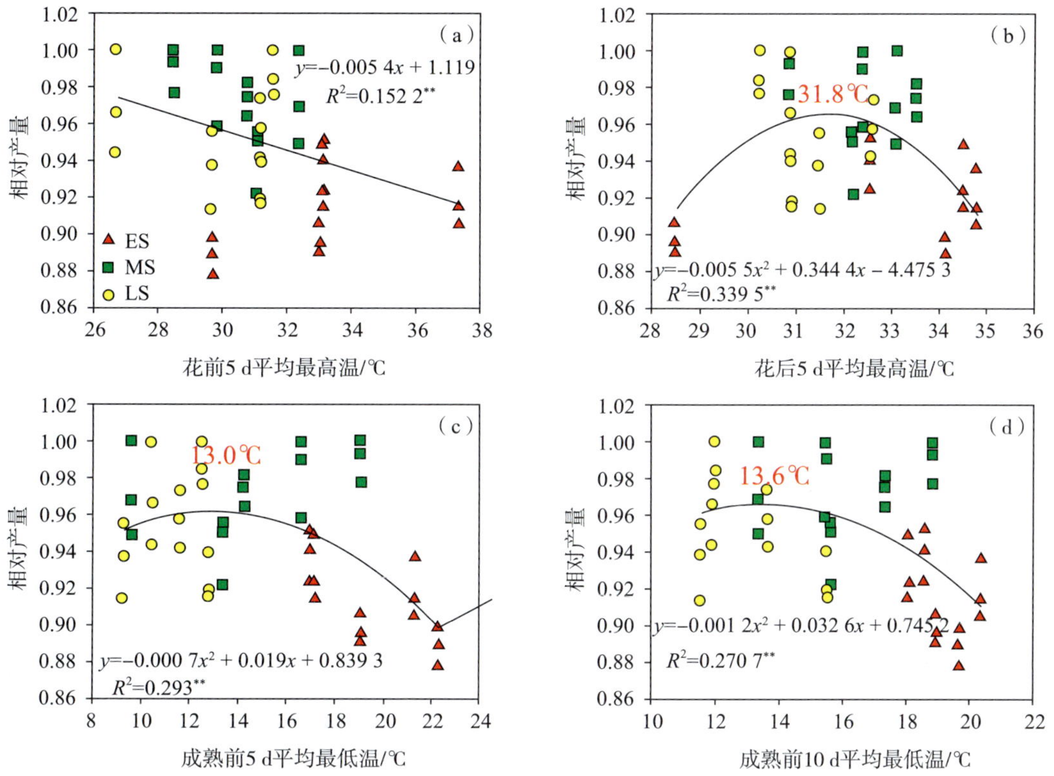

图 2-26　相对产量与花前 5 d(a)和花后 5 d(b)平均最高温及成熟前 5 d(c)和 10 d(d)平均最低温相关关系

注：相对产量为 2010—2012、2015 和 2016 年实测产量与同一年份最高产量的比值。

得最高相对产量；成熟前 10 d 平均最低温与相对产量呈极显著二次曲线关系（$y=-0.001\ 2x^2+0.032\ 6x+0.745\ 2$，$R^2=0.270\ 7^{**}$），当成熟前 10 d 平均最低温为 13.6 ℃时相对产量最高。

通过分析 2000—2016 年气象数据以观察不同播期花后 5 d 平均最高温≥31.8 ℃的发生概率[图 2-27(a)]和成熟前 5 d 平均最低温≤13 ℃的发生概率[图 2-27(b)]。结果表明，早播处理花后 5 d 平均最高温≥31.8 ℃的发生概率为 65%，而中播和晚播处理发生概率均为 35%，较早播处理下降了 46.2%。对于晚播处理，成熟前 5 d 平均最低温度≤13.0 ℃的发生概率为 53%，明显高于中播(12%)和早播(0)处理。因此，早播处理易遭受高温和晚播处理易遭受低温的生育状况不利于获得高产，中播处理为最佳的播期选择，当玉米播期在 5 月中旬至 6 月上旬时能够获得最高产量。

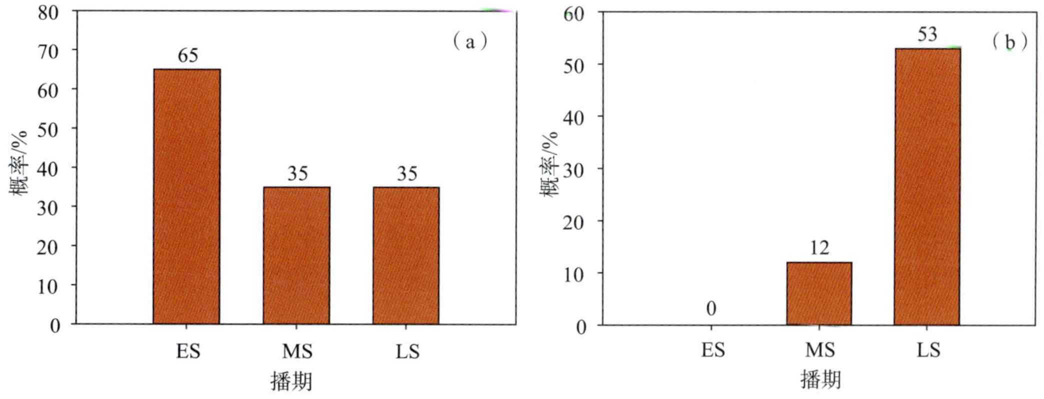

图 2-27　2000—2016 年不同播期条件下，花后 5 d 平均最高温≥31.8 ℃发生概率(a)和成熟前 5 d 平均最低温≤13 ℃发生概率(b)

(1)5 年田间试验结果表明,相比于早播处理,中播和晚播处理能够获得更高的籽粒产量。2015 年和 2016 年以中播处理产量最高,2010、2011 和 2012 年中播和晚播产量都显著高于早播处理。同一年份下,随播期推迟,各处理间公顷穗数无显著差异(2010 年晚播除外),每穗粒数、千粒重及收获指数均无明显变化趋势,这可能与年际间气候变化有关。

(2)同一年份下,随播期推迟,总生育期天数、累积积温和太阳辐射均呈逐渐降低趋势。与早播处理相比,中播和晚播处理的生育期天数的缩短主要出现在营养生长阶段(缩短 4～20 d),花前累积积温无显著变化,花后累积积温呈逐渐降低趋势;与早播相比,中播处理累积太阳辐射降低了 3.4%～9.9%,晚播处理降低了 18.7%～23.0%,且太阳辐射的减少主要发生在营养生长阶段。同一年份随播期推迟生育期总降雨量无明显变化趋势,其中营养生长阶段呈增加趋势,而生殖生长阶段则呈减少趋势。

(3)吐丝期中播和晚播处理叶面积指数显著高于早播处理,成熟期以晚播处理叶面积指数最高,相应的绿叶面积最高。相比于中播和晚播处理,早播处理在 2010、2011 和 2015 年吐丝阶段遭受高温胁迫,而晚播处理在 2010、2011、2012 和 2016 年生育后期遭受明显的低温胁迫。

(4)干物质积累与产量变化规律相似,表现为在 2011、2015 和 2016 年以中播处理最高,且显著高于早播和晚播处理;2010 和 2012 年中播和晚播处理显著高于早播处理。花后及生育期总干物质积累受年份、播期以及年份×播期交互作用的影响显著。除 2015 年外,其他年份中播和晚播处理花后物质积累量均显著高于早播处理。

(5)花前 5 d 平均最高温与相对产量呈显著负相关关系;花后 5 d 平均最高温与相对产量之间存在极显著二次曲线关系,当花后 5 d 平均最高温为 31.8 ℃时能够达到最高相对产量;成熟前 5 d 和 10 d 平均最低温与相对产量均存在极显著二次曲线关系,成熟前 5 d 平均最低温为 13.0 ℃、成熟前 10 d 平均最低温为 13.6 ℃时,能够获得最高相对产量。

(6)通过分析 2000—2016 年气象数据发现,早播处理花后 5 d 平均最高温≥31.8 ℃的发生概率为 65%,而中播和晚播处理发生概率均仅为 35%;晚播处理成熟前 5 d 平均最低温度≤13.0 ℃的发生概率为 53%,明显高于中播(12%)和早播(0%)处理。因此中播处理为最佳播期选择,最佳播期在 5 月中旬至 6 月上旬。

2.4 作物高产群体与耕层特性的匹配原理及调控

土壤是作物生产的重要物质载体,耕层土壤的质量直接关系到作物根系的生长及水分养分的汲取,是作物群体产量形成的重要物质基础。耕层土壤质量主要反映在耕层深度、含水量、容重、矿物质元素浓度等结构与功能性指标上。适合玉米根系生长的耕层深度在 22 cm 以上,适宜的土壤容重范围在 1.1～1.3 g/cm^3。土壤空间有效水分养分是指在土壤中植物根系能够接触吸收到的化学有效水分养分。土壤中水分养分的有效性除了与土壤性质有关之外,还取决于植物根系的形态构型与空间分布特征(李春俭,2008)。大量关于深松耕作对土壤水分养分影响的研究结果表明,深松耕作降低表层土壤容重,增加土壤蓄水保墒的能力,提高土壤的含水量,增强作物根系对水分养分的吸收利用效率(秦红灵等,2008)。关于植物根系的形态构型与空间分布特征对土壤水分养分的吸收研究结果表明,植株根系为得到深层土壤中的水分养分,在空间位置上就会形成数目多、长度长的下层根系(Asseng et al.,1998)。

目前,我国玉米田的土壤耕层深度平均为 16.5 cm,东北玉米产区为 15.1 cm,黄淮海玉米产区为 17.2 cm;玉米田 5～10 cm 土层的土壤容重平均为 1.39 g/cm^3,并且犁底层处高达 1.52 g/cm^3。有效耕层的土壤量显著影响到作物产量,正常有效耕层的土壤量约为 2.72×10^6 kg/hm^2,而我国玉米田的有效耕层土壤量减少 14%左右(2008 年我国玉米主产区土壤耕层调查报告,国家玉米产业技术体系)。

不良的土壤因素对玉米产量的影响达到 4.8%～20.2%，土壤耕层变浅、耕层容重增加及有效耕层土壤量减少成为制约我国玉米产量进一步提高的主要限制因素(李少昆等，2010)。并且，在大田环境中土壤表现出显著的异质性，土壤理化特性时空变化较大(Carole et al.，2012)。因此，适宜土壤耕作措施的合理应用对于改善土壤理化性状、提高农田土壤质量具有重要意义。

根系作为作物获取水肥资源的主要器官，85%～90%的根系干重分布在距离植株 20 cm、深 40 cm 的柱状土壤内，与土壤中水分养分的分布、运移、消耗密切相关，与地上植株生长和产量形成有直接关系。根系在耕层土壤中的分布形态很大程度上取决于土壤的质量和矿质营养的分布，决定着作物探寻吸收土壤中动态多变的资源的能力。因此，以单位根-土研究为切入点研究耕层土壤、根系与作物群体生产的匹配原理及调控技术，丰富完善作物群体产量形成基础理论体系，为优化耕作栽培措施提供依据，为进一步探索构建作物高产高效生产群体策略提供依据和技术借鉴。

机械化大规模生产是玉米栽培发展的必然方向，机械频繁作业过程的土壤压实必然改变耕层土壤环境和结构，从而影响玉米根系的生长和分布，这也为实现玉米生产全程机械一体化提出了新的议题。土壤机械压实对农业方面的主要危害表现在土壤容重的增加，大孔隙的减少，削弱水渗透下降的能力，进而加重土壤侵蚀，土壤机械阻力显著增加，阻碍作物根系生长，最终不仅耕层土壤环境遭到严重破坏，作物产量也会因此降低。土壤压实的负面效应是通过限制作物根系的发育，在物理和生理上限制植株的整体生长以及产量。近几十年来，由于机械化程度的加快，机械压实的作用已经超出了土壤的恢复能力。虽然表层(耕层)土壤压实的影响可以通过耕作适当地降低，但心土层土壤的物理、化学、生物性状恶化，进而导致作物生长发育的受阻却难以消除。耕层土壤压实的问题会限制农业的可持续发展，耕作产生的正效应将被土壤压实所产生的负效应抵消，土壤环境破坏严重，生产力严重降低。Berry 发现由于土壤压实多发生在土壤表层，造成土壤表面局部的容重增加，尤其是垄沟，且土壤中大孔隙减少，水分渗透率和持水能力均明显降低，导致水土流失加剧，土壤压实增加的机械阻力还会造成根系导水率降低。近年针对土壤压实的诱因、危害及消除措施开展了大量的研究和讨论，但是我国在此方面进行的研究很少，才刚刚起步。土壤是发展农业生产的物质基础，土壤的物理性质对玉米早期根系生长至关重要，土壤环境良好根才能够吸收更多的营养和水分，而作物的高产量又取决于最佳根系生长和适宜的土壤环境。因此，探索改善土壤耕作环境是现代化农业高效、可持续发展的重要保证。

通过研究土壤容重、含水量以及孔隙度对不同马力(大、小型)拖拉机田间反复作业的压实作用的响应，研究压实形成的耕层障碍对玉米根系生长、分布及地上干物质积累的影响，进一步揭示农机频繁作业耕层障碍的形成机制，及其对相邻苗带玉米生长发育的影响，以期为玉米生产全程机械化提供理论依据及技术借鉴。本研究是在玉米中耕除草时对土壤进行压实，采用大型机械(CASE210)和小型机械(JD280)沿着种植行方向将部分小区的垄沟均匀碾压，分别压实 2 次、6 次、12 次，通过测定土壤容重(图 2-28、图 2-29)、根系生长及地上干物质重对不同压实处理的响应，进一步探讨机械反复作业对土壤结构、根系分布及其对玉米生长发育的作用机制。

2.4.1　土壤容重、含水量及孔隙度的变化

土壤机械压实是农学和土壤科学普遍关心的问题，因为世界上多数作物产量降低，均是由复垦过程中机械镇压所造成的。土壤紧实可被定义为"土壤颗粒重新排列，减少孔隙空间，从而容重增加的过程"。但是，土壤最优水平还与土壤含水量及孔隙度有关。因此，我们对土壤容重、含水量及孔隙度进行测定计算。

随压实次数的增加，苗带间(55～85 cm)出现一个相较于两侧高容重的地方。大型机械不同压实处理均有显著的容重高值区(55～85 cm)，而小型机械则对土壤改变相对较小，压实 2 遍并未出现显著的容重高值区。

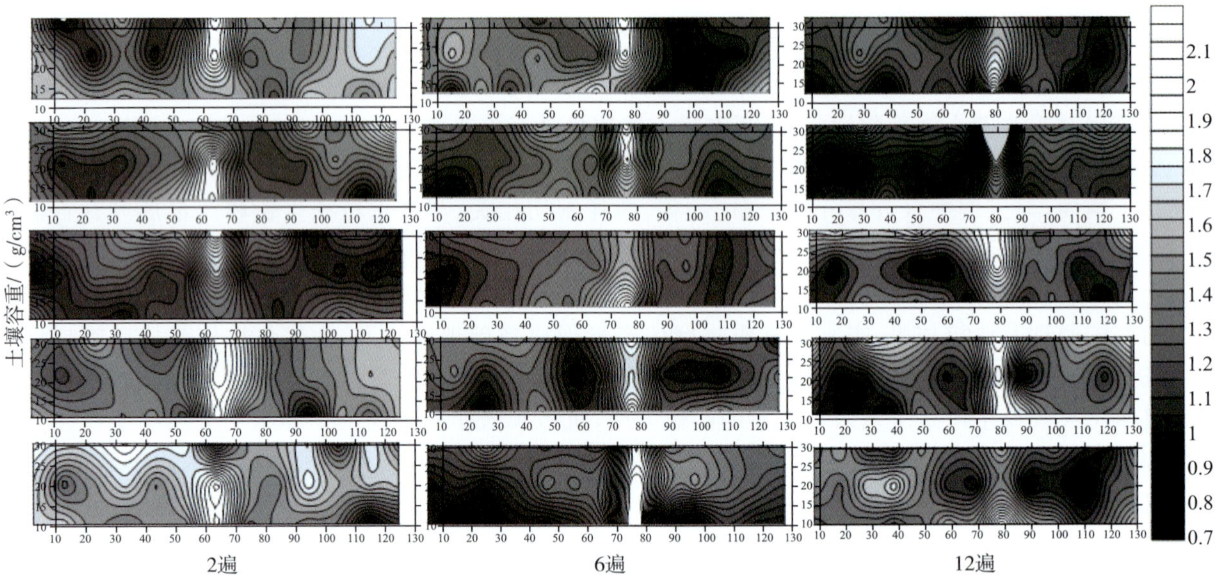

图 2-28 大型拖拉机压实处理土壤容重

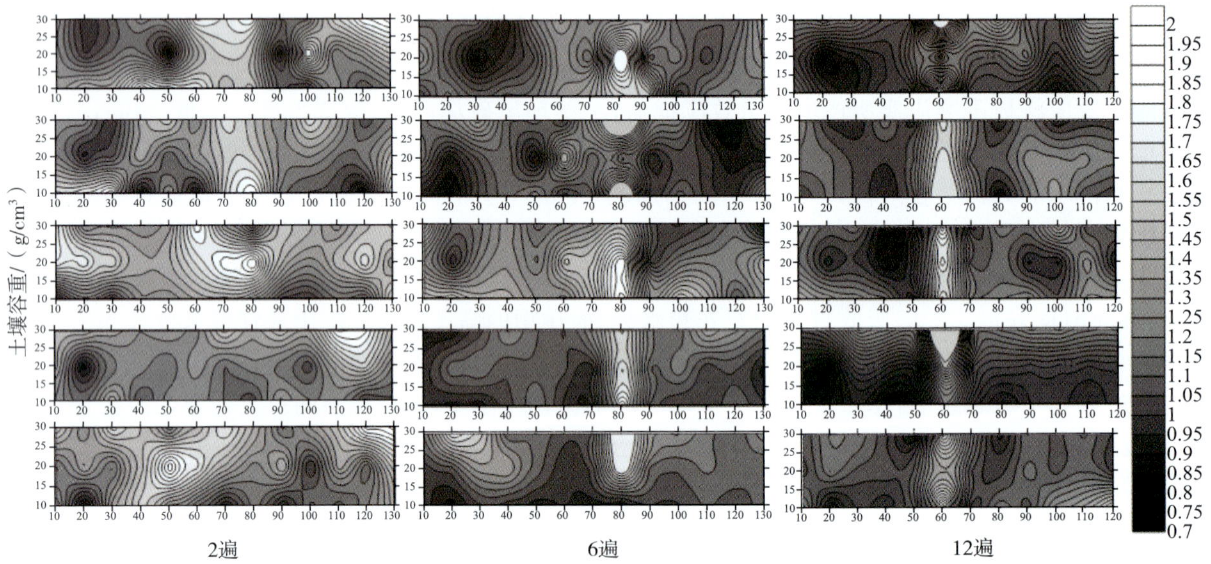

图 2-29 小型拖拉机压实处理土壤容重

随压实次数的增加，耕层（10～20 cm）苗带间（55～85 cm）出现一个相较于两侧低水分区域。小型机器对土壤改变相对较小。车辙碾压增加土壤紧实度，降低土壤孔隙度及对自然降水的缓冲能力，同层水平土壤含水量出现一个相较于两侧低水分区域，且随反复压实次数的增加，重型拖拉机处理较小型拖拉机严重（压实 12 遍耕层出现显著低水分区域）。不同马力拖拉机因其自重及轮辙宽度不同对土壤结构产生不同影响，其中小型机器对土壤改变相对较小，两年趋势相同，但 2018 年由于经历短时间集中降水这种压实胁迫得到了大幅度缓解。见图 2-30 至图 2-32。

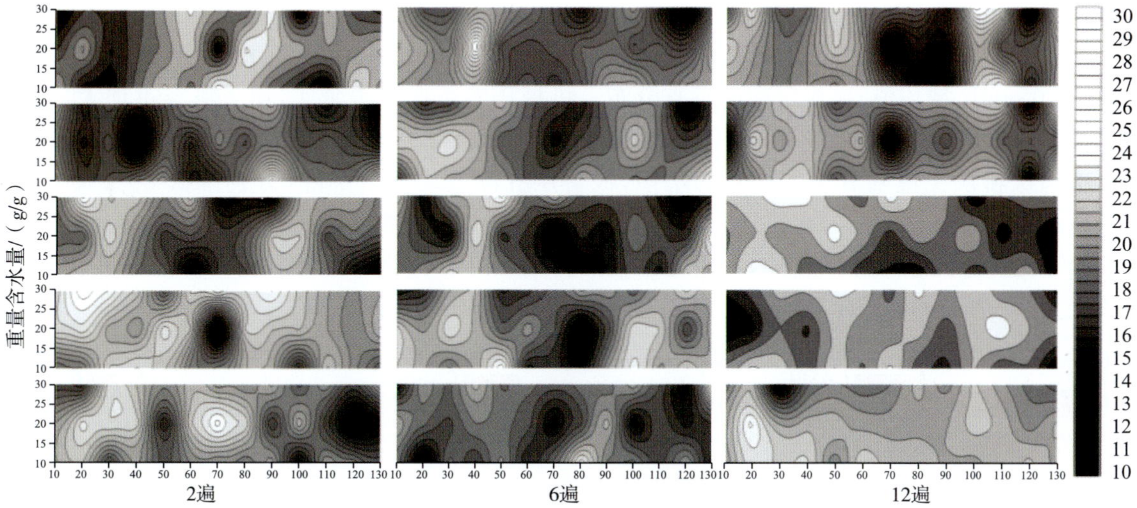

图 2-30　2017 年大型拖拉机压实处理土壤含水量

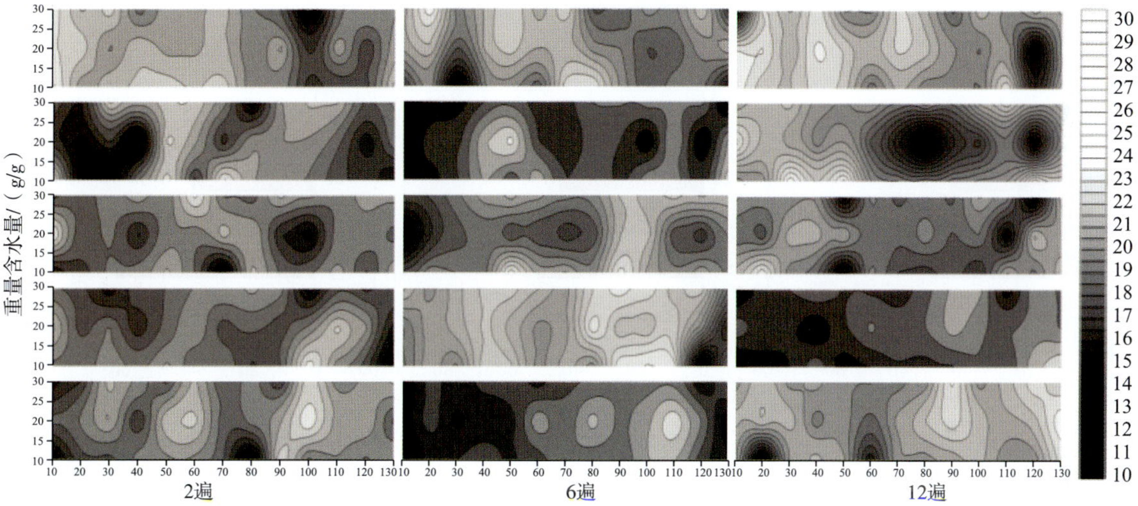

图 2-31　2017 年小型拖拉机压实处理土壤含水量

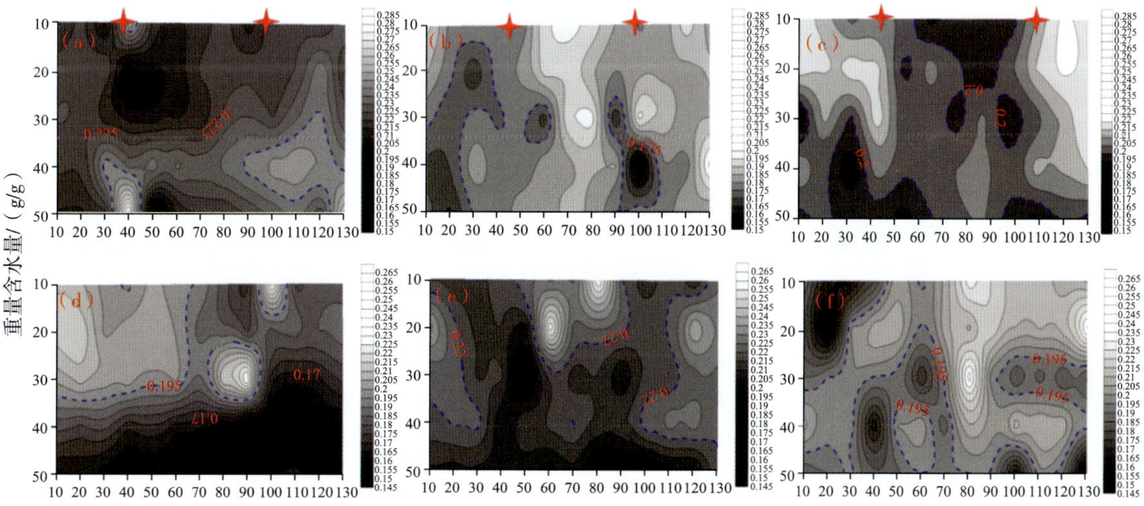

图 2-32　2018 年不同机型拖拉机压实处理土壤含水量

注：(a)、(b)、(c)分别表示大型拖拉机压实 2、6、12 遍，(d)、(e)、(f)代表小型拖拉机压实 2、6、12 遍；✦ 指示植株位点。

根系在大孔隙中利于生长发育，而在小孔隙比例大的条件下需要能量穿破土壤生长，会消耗作物积累的干物质进而影响地上生长，因此本研究进一步探讨了拖拉机轮辙处土壤孔隙度（处于苗带中，相距植株 20～30 cm 区域均值）在耕层中的垂直分布。机械压实造成土壤紧实，使土壤容重增大，并对孔隙度产生了显著影响（尤其在垂直 0～ 20 cm 耕层土壤中）。相对于 2 遍压实，大型拖拉机（CASE-210）轮辙处表层和次耕层土壤随着压实次数的增多，浅耕层孔隙度均显著下降（分别降低 8%～30% 和 0～30%）；而小型拖拉机（JD-280）次耕层孔隙度下降反而更为明显（降低 0～13%）。2018 年的试验表现出同样的分布趋势。拖拉机田间作业，由于拖拉机的自重，随压实次数的增加，苗带间土壤孔隙度水平变异系数变大，增加了土壤的异质性。见图 2-33 和图 2-34。

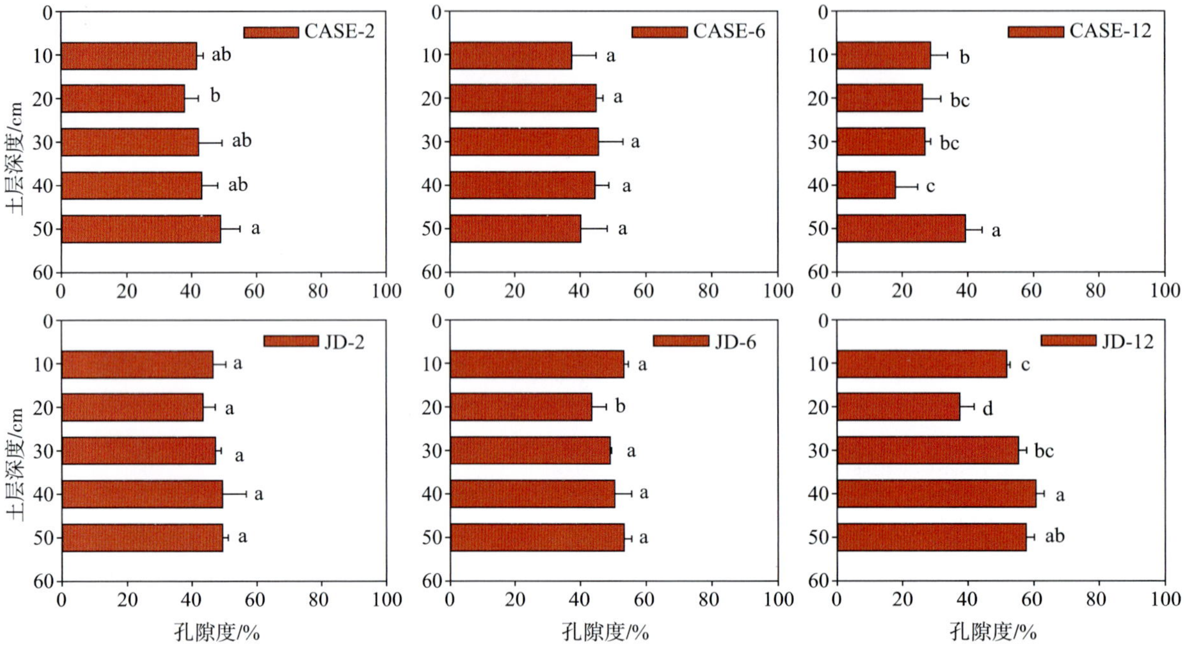

图 2-33 不同机型拖拉机处理轮辙处土壤孔隙度的垂直分布

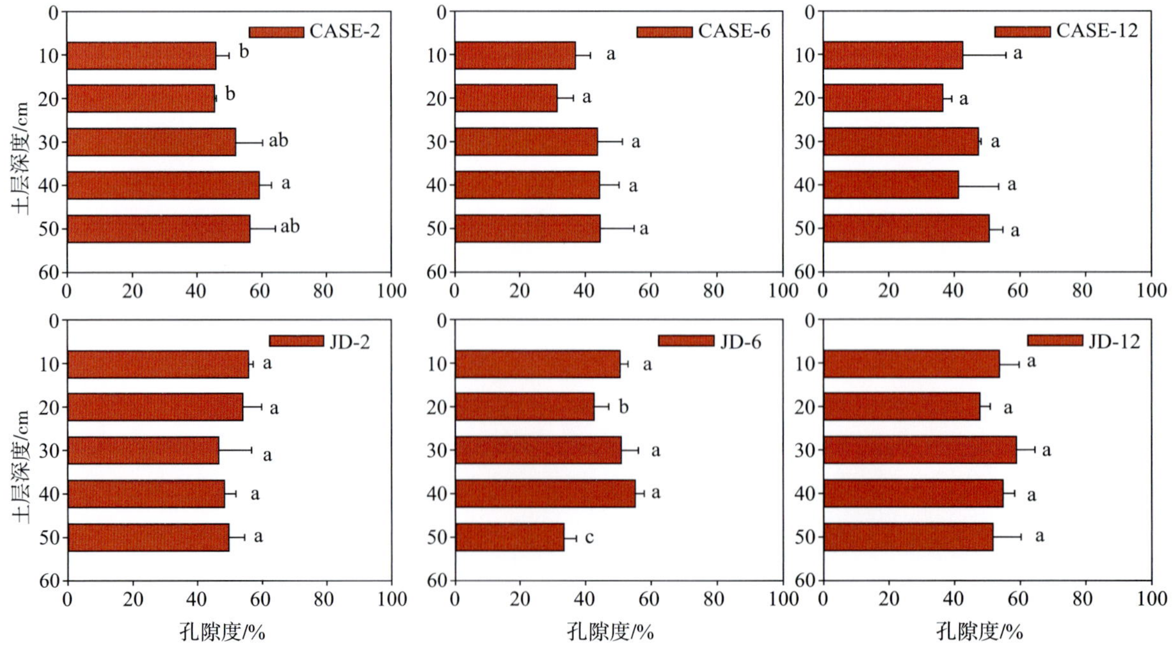

图 2-34 不同机型拖拉机压实处理下轮辙处土壤的孔隙度在不同土层中垂直分布

2.4.2　机械压实对根系的影响

1. 不同机械处理下玉米根系的特征参数的显著性分析

根系是作物营养吸收、物质运输、植株支撑的重要器官，其生长发育与土壤环境密切相关。试验采集不同压实处理玉米根系样本，对根系进行洗根处理后，扫描后采用 WinRHIZO 软件对根系进行分析，测量了根系的各项特征参数。由表 2-13 可知，2017 年试验中随压实次数增多根系长度、根尖数有所提高，小型机械 12 遍比 2 遍分别提高了 2.9%、7.0%，大型机械分别提高了 54.7%、16.6%，各处理间差异显著。根尖数变化不明显。由表 2-14 发现，在 2018 年试验中，随压实次数增多根系长度、表面积、体积明显降低，小型机械 12 遍比 2 遍分别降低了 45.9%、58.9%、68.2%，大型机械根系长度、表面积、根尖数分别降低了 22.1%、22.3%、16.4%，各处理间差异显著。体积变化不明显。

表 2-13　2017 年不同机型拖拉机压实处理下玉米根系的特征参数的显著性分析

处理	长度/cm	表面积/cm^2	体积/cm^3	根尖数
JD-2	164 193a	6 801a	22a	365 359a
JD-6	76 403b	3 262b	11c	332 354a
JD-12	88 784b	2 795b	7cd	289 124ab
CASE-2	98 699b	4 044b	13c	224 259c
CASE-6	89 523b	3 674b	12c	212 648c
CASE-12	76 919b	3 141b	17b	187 403c

注：不同小写字母表示不同处理间均值差异显著（$P<0.05$）。

表 2-14　2018 年不同机型拖拉机压实处理下玉米根系的特征参数的显著性分析

处理	长度/cm	表面积/cm^2	体积/cm^3	根尖数
JD-2	18 045a	2 344a	63a	132 832a
JD-6	11 064ab	959cd	20bc	137 399a
JD-12	18 576a	1 786ab	33b	142 152a
CASE-2	9 955ab	759cd	10c	148 882a
CASE-6	13 237ab	1 091cd	15c	159 723a
CASE-12	15 407ab	1 491bc	22bc	173 605a

注：不同小写字母表示不同处理间均值差异显著（$P<0.05$）。

2. 不同机械处理下玉米根系长度分布的影响

根系长度能够显示作物根的发展动态。随镇压次数的增多根系向未压实方向伸展，大型机械相对更明显。车辙碾压增加土壤紧实度，增加了土壤根系的贯穿阻力，显著影响了玉米根系长度在土壤中的空间分布，其中苗带间（55～85 cm，车辙位置）出现一个相较于两侧容重较高的区域导致根系长度分布相对稀疏（耕层最为显著，0～10 cm），重型拖拉机处理较小型拖拉机严重，且随反复压实次数的增加其作用延伸至次耕层（20～30 cm）；无车辙苗带和深层根系长度分布相应增加。不同马力拖拉机因其自重及轮辙宽度不同对土壤结构产生不同影响，其中小型机器对土壤改变相对较小，且其压实作用可延伸至次耕层。见图 2-35 至图 2-38。

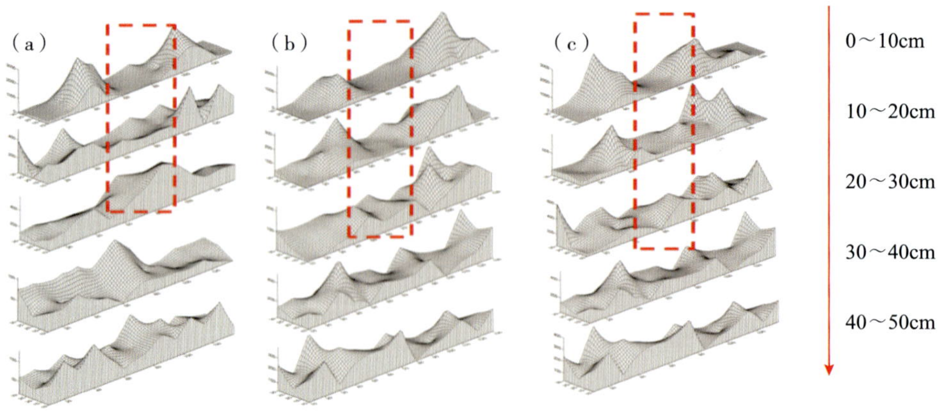

图 2-35　2017 年大型机械处理根系长度(cm)在不同土壤深度的分布

注:(a)、(b)、(c)分别代表压实 2、6、12 遍。

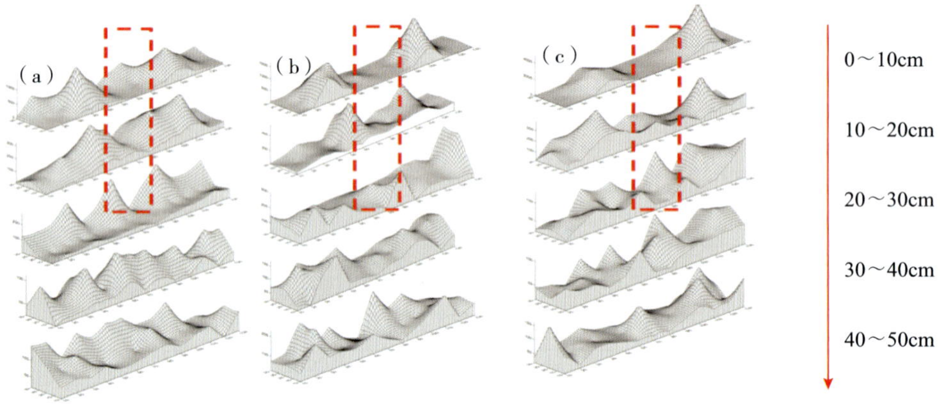

图 2-36　2017 年小型机械处理根系长度(cm)在不同土壤深度的分布

注:(a)、(b)、(c)分别代表压实 2、6、12 遍。

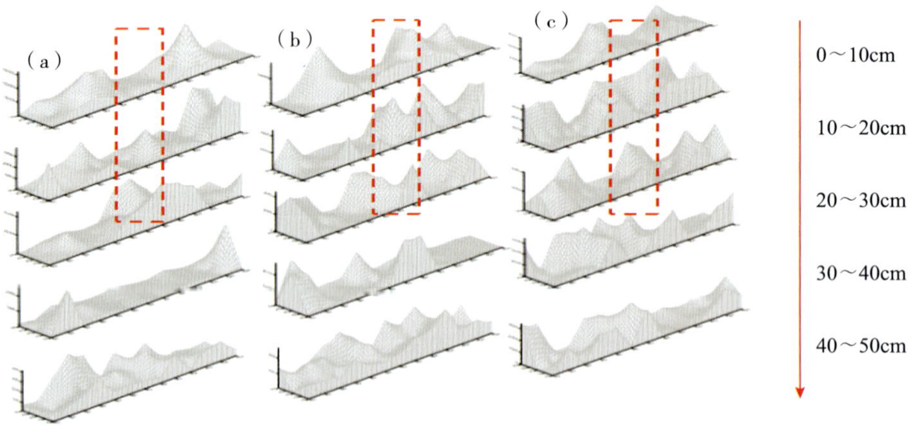

图 2-37　2018 年大型机械处理根系长度(cm)在不同土壤深度的分布

注:(a)、(b)、(c)分别代表压实 2、6、12 遍。

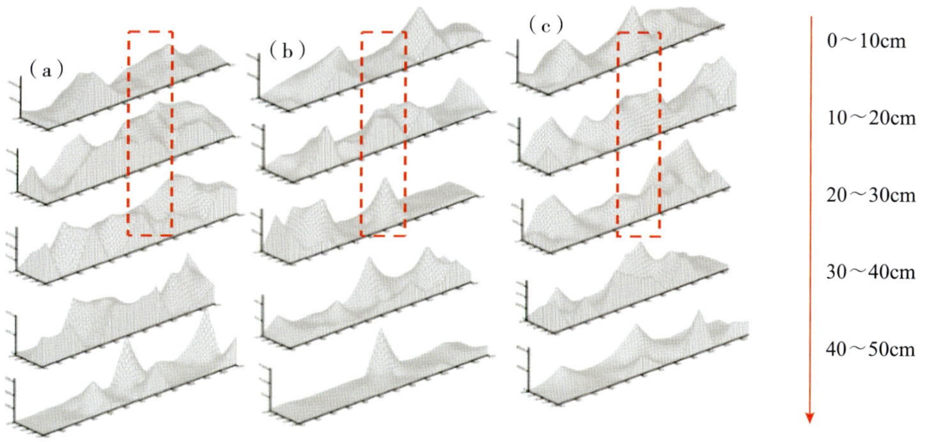

图 2-38 2018 年小型机械处理根系长度(cm)在不同土壤深度的分布

注:(a)、(b)、(c)分别代表压实 2、6、12 遍。

3. 地上生物量

高的生物量积累是高产的基础,其产量的形成取决于干物质的积累与分配。用 logistic 生长曲线对干物质积累进行模拟,拟合效果良好(R_2>0.99)。

2017 年从播种(5 月 12 日)后 100～130 d,处理间地上生物量总量逐渐表现出差异,12 遍压实>6 遍压实>2 遍压实(不同机型间趋势一致)。相较于小型拖拉机(JD280),大型拖拉机(CASE210)最大干物质积累日(T_{max})相对延后(3 d),快速积累起始(T_{start})提前(2～3 d),结束(T_{end})延后(2～10 d),并且随压实增加延后增加,最大日积累量降低。说明重型拖拉机反复压实,改变土壤结构形成逆境,相较于小型拖拉机拖慢了生育进程,降低了日生长量。2018 年从播种(5 月 5 日)后 120～145 d,处理间地上生物量总量逐渐表现出差异(6 遍压实>12 遍压实>2 遍压实),不同机型间趋势一致且大型机械处理略高于小型机械处理,灌浆期(播种后 120 d)差异最为显著。机械压实车辙于种植苗带间,作业后改变土壤结构表层土壤相对苗带虚实相间分布,由于 5—6 月几乎零降雨,试验区发生重度干旱胁迫,机械压实的区域土壤紧实反而起到了良好的保墒效果,8—9 月的大量降雨进一步增加了养分吸收引起营养体徒长。相较于小型拖拉机(JD280)多通压实处理(除 2 遍压实外),大型拖拉机(CASE210)最大干物质积累日(T_{max})相对延后(4～5 d),快速积累起始(T_{start})延后(1～2 d),结束(T_{end})延后(7～8 d),并且随压实增加延后增加,最大日积累量降低。说明重型拖拉机反复压实,改变土壤结构形成逆境,相较于小型拖拉机拖慢了生育进程,降低了日生长量。见图 2-39 和图 2-40。

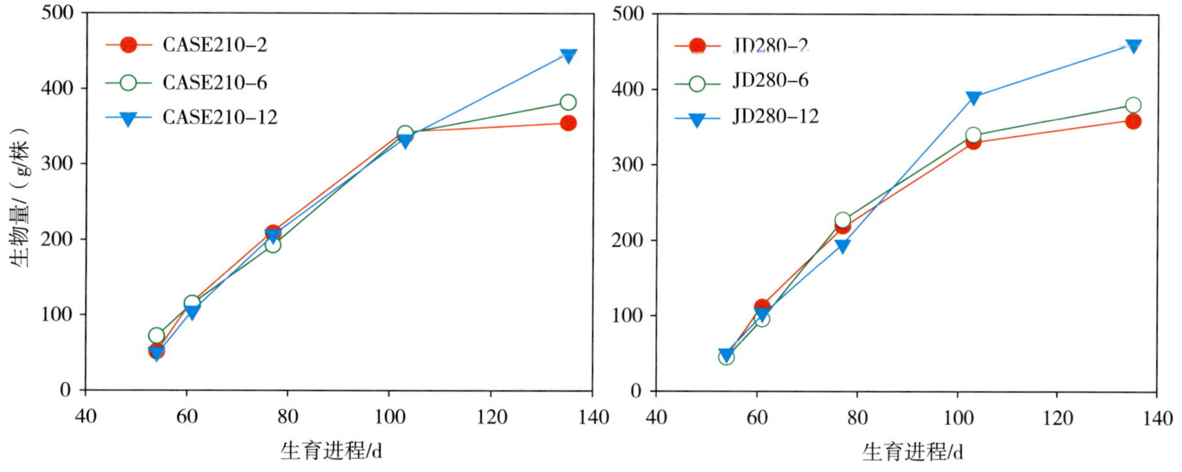

图 2-39 2017 年玉米地上干物质积累(生物量)生育期动态

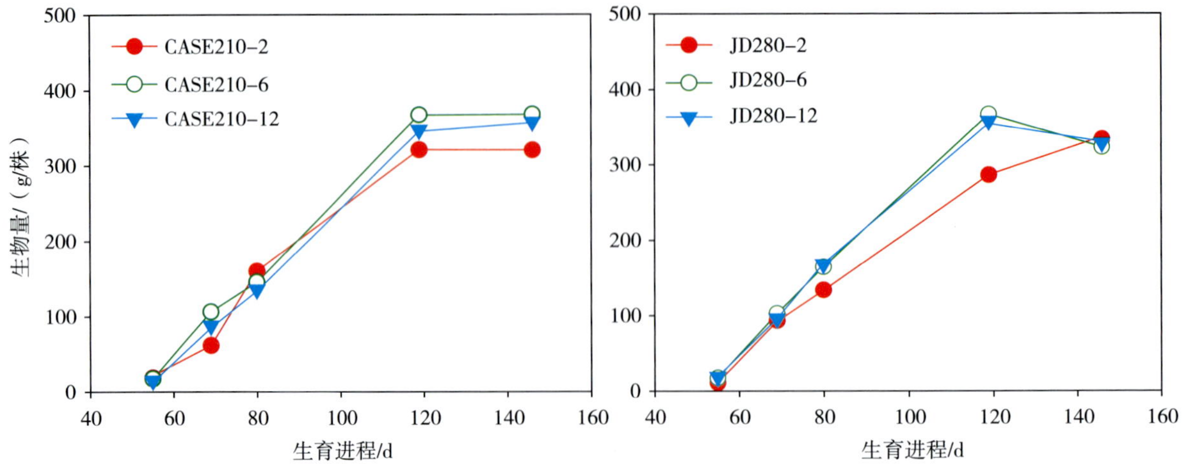

图 2-40　2018 年玉米地上干物质积累(生物量)生育期动态

4. 相关性分析

通过机械压实研究土壤对玉米根系生长的影响,机械压实造成土壤紧实,使土壤容重增大,并对孔隙度产生了影响,随着压实次数的增多,不同土层孔隙度均有所降低,通过相关性分析发现,容重与孔隙度呈现显著负相关,而孔隙度与根长呈现显著正相关,与根平均直径呈现负相关,说明随机械压实造成土壤容重增大,导致孔隙度降低,由于孔隙度分布的改变导致玉米根系生长受阻,无法伸长进而变向加粗。见表 2-15 和表 2-16。

表 2-15　2017 年根长、平均直径、含水量、容重及孔隙度的相关性分析

项目	根长	平均直径	含水量	容重	孔隙度
根长	1				
平均直径	0.664**	1			
含水量	0.388*	0.113	1		
容重	−0.203	−0.154	−0.265	1	
孔隙度	0.257	0.283	0.363*	−0.881**	1

注:** 在 0.01 水平(双侧)上显著相关。* 在 0.05 水平(双侧)上显著相关。

表 2-16　2018 年根长、平均直径、含水量、容重及孔隙度的相关性分析

项目	根长	平均直径	含水量	容重	孔隙度
根长	1				
平均直径	−0.145	1			
含水量	−0.119	0.198	1		
容重	−0.315*	0.125	−0.250	1	
孔隙度	0.283*	−0.062	0.347*	−0.955**	1

注:** 在 0.01 水平(双侧)上显著相关。* 在 0.05 水平(双侧)上显著相关。

2.4.3　拖拉机类型对玉米地上和地下性状的影响

1. 玉米生长性状

在玉米灌浆期,拖拉机类型和行走次数及其交互作用对灌浆期玉米株高和植株干重均无显著影响,而拖拉机类型和行走次数均对茎粗产生显著影响。随拖拉机重量降低玉米株高分别为 2.06、2.05 和 2.07 m，植株干重分别为 0.19、0.20 和 0.21 kg。见表 2-17。

表 2-17　株高、植株干重、茎粗与拖拉机类型及行走次数的两因素方差分析

指标	df	拖拉机类型	株高	植株干重	茎粗
拖拉机类型	2	*F*	0.254	1.421	4.382
		P	0.777	0.257	0.021
行走次数	3	*F*	1.473	1.788	3.337
		P	0.235	0.157	0.022
拖拉机类型×行走次数	6	*F*	0.515	1.305	0.619
		P	0.836	0.279	0.755

在不同类型拖拉机和不同行走次数下灌浆期玉米株高均无显著差异；植株干重在相同类型拖拉机不同行走次数间无显著差异，而在行走 6 次和 8 次时在拖拉机类型间存在显著差异，均表现出大型拖拉机显著降低植株干重，分别较中型和小型拖拉机降低 20.0%、5.9%和 10.0%、25.0%。

2. 玉米产量性状

在灌浆期拖拉机类型对玉米粒数及粒重均无显著影响，而对收获期玉米穗数和产量均产生显著影响(表 2-18)。随着拖拉机重量的降低粒数分别为 635.9、631.0 和 643.6 粒/穗，粒重分别为 0.45、0.46 和 0.46 kg/穗。不同类型拖拉机穗数分别为 4.7 万、5.1 万和 4.3 万穗/hm^2，产量分别为 9.8、10.8 和 8.8 t/hm^2，均表现出小型拖拉机玉米穗数和产量显著低于其他类型拖拉机。

表 2-18　灌浆期粒数、粒重及收获期穗数、产量与拖拉机类型及行走次数的双因素方差分析

指标	df	拖拉机类型	粒数	粒重	穗数	产量
拖拉机类型	2	*F*	0.108	0.133	9.055	11.613
		P	0.898	0.876	0.001	<0.001
行走次数	3	*F*	1.869	1.230	1.583	1.332
		P	0.142	0.319	0.204	0.281
拖拉机类型×行走次数	6	*F*	1.547	1.330	1.762	1.319
		P	0.183	0.267	0.125	0.272

在大型拖拉机下，行走 4 次有较其他行走次数降低粒数的趋势，其降低幅度为 6.2%～15.5%，而玉米粒重在各行走次数间无显著差异。使用小型拖拉机，玉米粒数在行走 6 次时达到最低值显著低于行走 8 次，降低幅度为 17.8%，行走 6 次的粒重同样处于最低值，显著低于行走 4 次和 8 次，降低幅度均为 28.8%。与行走 0 次相比，除大型拖拉机行走 6 次处理，大型和中型拖拉机各行走次数均具有增加穗数趋势，其中中型拖拉机在行走 6 次及 12 次时达到显著水平，增加幅度均为 23.3%；小型拖拉机除行走 6 次外均有降低穗数趋势，总体降低幅度为 2.3%～9.3%，但差异不显著。

3. 玉米产量的影响

不同拖拉机类型及行走次数下玉米产量如图 2-41 所示，与行走 0 次相比，大型拖拉机和中型拖拉机均有增加玉米产量的趋势，且中型拖拉机在行走 12 次时达到显著水平，其增加幅度为 20.4%；而小型拖拉机各行走次数下产量均降低，降低幅度为 2.2%～15.1%。

4. 玉米根系构型性状

玉米根系构型与拖拉机类型及行走次数的方差分析如表 2-19 所示。拖拉机类型显著影响根系构型，除最大根宽、侧根长度、侧根分枝率和侧根角度外均达到显著或极显著水平；侧根分枝率、侧根直径在不同行走次数间差异显著；拖拉机类型及行走次数的交互作用对根系下部角度、侧根分枝、侧根直径均造成显著影响。

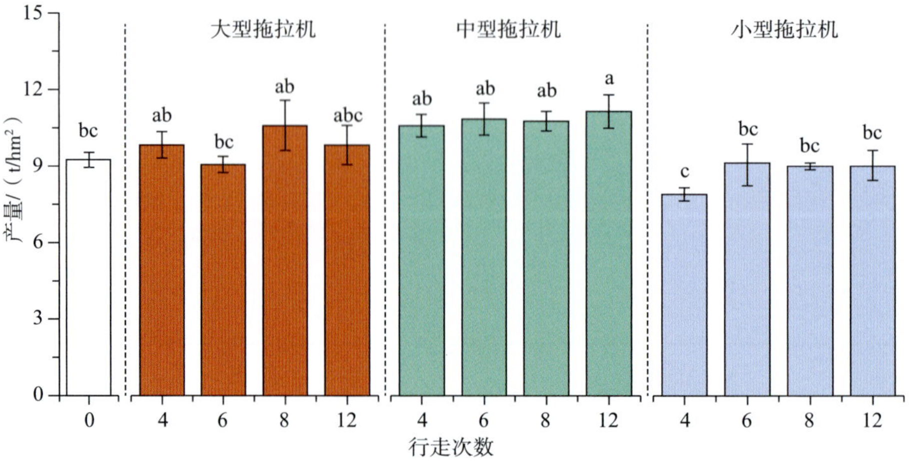

图 2-41　不同拖拉机类型和行走次数下玉米产量

表 2-19　根系构型特征与拖拉机类型及行走次数的双因素方差分析

指标	拖拉机类型		行走次数		拖拉机类型×行走次数	
	F	*P*	*F*	*P*	*F*	*P*
根系面积	5.685	0.008	1.320	0.285	1.081	0.402
根系密度	9.801	0.001	0.723	0.583	0.913	0.519
最大根宽	0.103	0.903	1.320	0.285	0.248	0.978
根尖数	17.597	<0.001	0.634	0.642	0.139	0.063
根系上部角度	3.337	0.049	0.196	0.939	0.962	0.483
根系下部角度	11.413	<0.001	1.318	0.286	2.203	0.056
侧根长度	1.679	0.204	2.155	0.098	1.422	0.228
侧根分枝率	1.328	0.280	2.928	0.037	2.298	0.047
侧根角度	0.527	0.596	0.111	0.978	0.195	0.989
侧根直径	27.561	<0.001	2.759	0.046	2.774	0.020

不同类型拖拉机及行走次数下根系面积、根密度、侧根分枝率、根系上部角度、根系下部角度的影响如表 2-20 所示。行走次数对根系特征的影响主要出现在大型和中型两种拖拉机，与行走 0 次相比，大型拖拉机在不同行走次数下显著降低根系面积及根密度，且均在行走 8 次时出现最低值，其降低幅度分别为 21.4%和 59.0%。与行走 0 次相比，中型拖拉机显著降低侧根分枝率、根系上部角度及根系下部角度，且均在行走次数达到 8 次或 12 次时差异显著，侧根分枝率在行走 8 次和 12 次时的降低幅度分别为 35.3%和 36.5%，根系上部角度在行走 8 次时降低幅度为 28.0%，根系下部角度在行走 8 次和 12 次的降低幅度分别为 34.3%和 29.5%。不同类型拖拉机对根系面积、根密度、侧根分枝率、根系下部角度均产生显著影响。不同类型拖拉机根系面积的差异出现在行走 8 次时，表现为随拖拉机重量的降低根系面积呈增加趋势，中型和小型拖拉机较大型拖拉机显著增加，其增加幅度分别为 34.5%和 37.8%。不同类型拖拉机根密度的差异在行走 6 次和行走 8 次时出现，表现为大型拖拉机根系密度均处于最低值，且较中型拖拉机显著降低，降低幅度为 49.3%和 65.2%。侧根分枝率在不同行走次数下受拖拉机类型的影响存在差异，在行走 4 次时中型拖拉机较大型拖拉机显著增加侧根分枝率，而在行走 8 次和

12 次时中型拖拉机较大型拖拉机显著降低侧根分枝率。不同行走次数对根系下部角度的影响在行走 8 次和 12 次表现为中型拖拉机较大型拖拉机显著降低。

表 2-20　不同类型拖拉机及行走次数下玉米根系特征指标

指标	拖拉机类型	行走次数				
		0	4	6	8	12
根系面积/cm^2	大型拖拉机	183.17±20.22a	151.75±4.43abA	178.06±0.60abA	143.89±9.04bB	151.28±10.63abA
	中型拖拉机	183.17±20.22a	175.58±10.13aA	202.67±4.45aA	193.54±6.41aA	175.67±1.65aA
	小型拖拉机	183.17±20.22a	178.46±8.11aA	176.55±20.99aA	198.35±12.93aA	176.58±5.80aA
根密度/(cm/mm^{-3})	大型拖拉机	4.95±0.84a	3.37±0.42abA	2.66±0.37abC	2.03±0.08bB	3.56±1.88abA
	中型拖拉机	4.95±0.84a	3.54±1.08aA	5.25±0.27aA	5.91±0.81aA	5.65±0.53aA
	小型拖拉机	4.95±0.84a	4.18±0.38aA	3.91±0.02aB	4.62±0.73aA	4.35±0.19aA
侧根分枝率/%	大型拖拉机	7.53±0.91a	5.92±0.35aB	6.29±0.21aA	7.20±0.57aA	6.36±0.24aA
	中型拖拉机	7.53±0.91a	7.37±0.10aA	7.38±1.33aA	4.87±0.12bB	4.78±0.13bB
	小型拖拉机	7.53±0.91a	6.19±0.47aAB	7.38±0.55aA	7.17±0.42aA	6.78±0.16aA
根系上部角度/(°)	大型拖拉机	37.96±5.45a	34.92±6.06aA	39.12±2.82aA	40.31±6.50aA	44.58±7.88aA
	中型拖拉机	37.96±5.45a	34.60±1.20abA	34.95±3.71abA	27.35±0.96bA	28.56±1.03abA
	小型拖拉机	37.96±5.45a	44.10±5.92aA	38.58±4.46aA	38.60±0.74aA	34.94±0.16aA
根系下部角度/(°)	大型拖拉机	35.81±3.91a	40.38±2.08aA	36.40±1.99aA	35.14±0.91aA	38.85±2.22aA0
	中型拖拉机	35.81±3.91a	32.15±2.36abA	31.31±2.55abA	23.51±2.86bB	25.26±1.21bC
	小型拖拉机	35.81±3.91a	31.84±2.82aA	34.41±1.77aA	37.70±2.44aA	31.53±0.69aB

注：小写字母表示不同行走次数间差异显著，大写字母表示不同拖拉机类型间差异显著。

玉米根系性状的主成分分析结果如图 2-42 所示，PC1 和 PC2 分别占总变异量的 20.4%和 17.7%。中型拖拉机类型(JD904)和小型拖拉机(JD280) 在第一主成分正方向，而大型拖拉机(CA210)占据第一主成分负方向。侧根直径、根密度、产量、穗数和最大根系宽度在第一主成分正值载荷值较高，根系上部角度、根系下部角度、根尖数在第一主成分负值载荷值较高。中型拖拉机所有行走次数和大型拖拉机行走 8 次、12 次在第二主成分正方向，而小型拖拉机所有行走次数和大型拖拉机行走 4 次、6 次在第二主成分负方向。粒重、粒数、植株干重和节根数占据第二主成分正方向，穗数和产量占据第二主成分负方向。

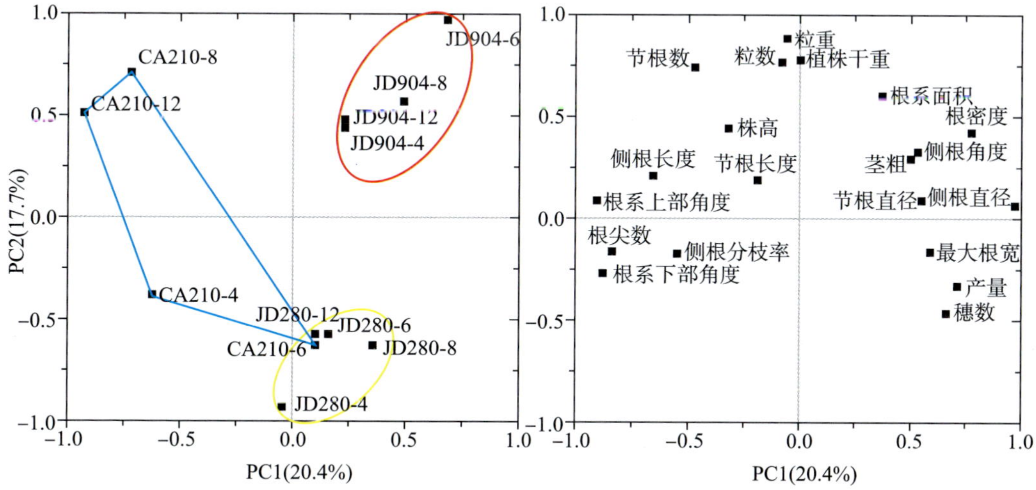

图 2-42　拖拉机类型及行走次数玉米性状主成分分析

5. 贯穿阻力与玉米生物指标方程拟合

玉米生长指标与 0～10 cm 深度土壤贯穿阻力可通过对数函数方程与二次函数方程进行拟合如图 2-43。0～10 cm 深度土壤贯穿阻力与根系面积呈对数函数关系，根系面积随贯穿阻力的增加而降低。茎粗和植株干重与 0～10 cm 深度土壤贯穿阻力变化同样符合对数函数关系，在 $P<0.10$ 的条件下达到显著水平，且两者均随土壤贯穿阻力的增加而降低。根系密度、根尖数、侧根直径和产量与土壤贯穿阻力的变化汇率均可由二次函数方程进行报合，且均在 $P<0.05$ 水平下达到显著。

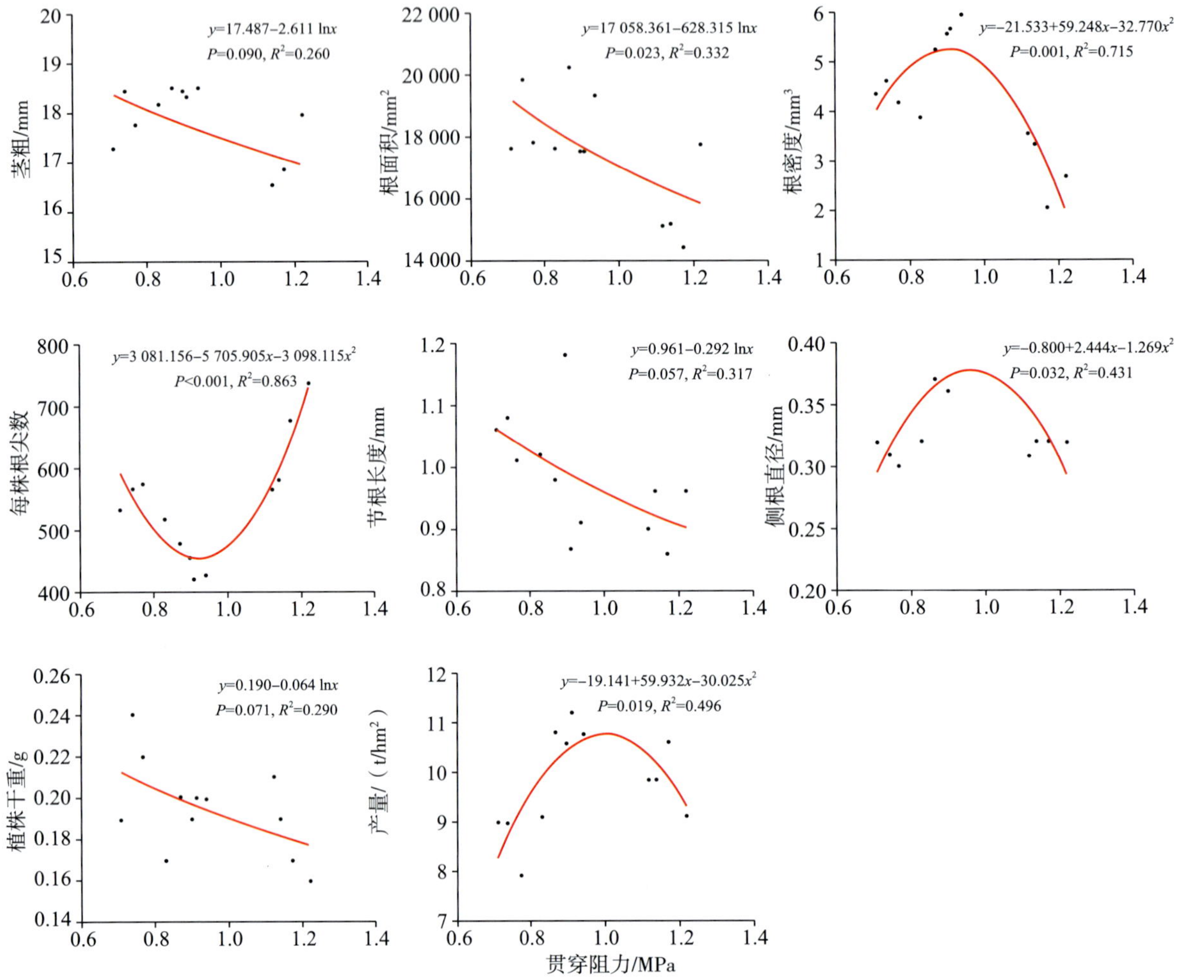

图 2-43　玉米生物性状与 0～10 cm 深度土壤贯穿阻力的拟合方程

玉米生长指标与 10～20 cm 深度土壤贯穿阻力同样可以通过对数函数方程与二次函数方程拟合如图 2-44 所示。在显著水平 $P<0.05$ 水平下，茎粗、根系面积与植株干重与贯穿阻力之间的变化均可由对数函数方程拟合，且各指标均随贯穿阻力的增加而降低。在显著水平 $P<0.10$ 水平，根密度、根尖数、根系下部角度、侧根长度及侧根直径均符合二次函数方程。在 20～30 cm 深度土壤贯穿阻力与玉米生长性状的拟合结果如图 2-45 所示。植株干重与土壤贯穿阻力的变化符合对数函数方程，且随贯穿阻力的增加植株干重降低。根尖数和节根直径与土壤贯穿阻力变化在显著水平 $P<0.10$ 符合二次函数方程。作物生长指标多可与 10～20 cm 和 10～30 cm 深度土壤贯穿阻力建立对数函数或二次函数关系。根尖数在 3 个土壤层均可由二次函数方程进行拟合，且在 0～10 cm 和 10～20 cm 土层拟合方程均达到极显著水平，相关系数分别为 0.863 和 0.824，高于 20～30 cm 土层显著水平和相关系数，表明根尖数对表层土壤贯穿阻力的敏感度高于深层土壤。植株干重在 3 个土层均可由对数函数方程进行拟

合，与根尖数不同，植株干重与贯穿阻力的拟合方程随深度的增加表现出更好的显著性和更高的相关系数，表明植株干重受深层土壤的影响大于表层土壤。茎粗、根系面积、根密度和侧根直径均与 0～10 cm 和 10～20 cm 土壤贯穿阻力存在对数函数或二次函数关系，其中茎粗、根系面积与 10～20 cm 深度贯穿阻力的拟合方程从显著性 P 值及相关系数上均优于与 0～10 cm 深度贯穿阻力拟合方程，而侧根直径与 0～10 cm 深度贯穿阻力拟合方程优于与 10～20 cm 深度贯穿阻力方程。在不同土壤层次中，玉米产量与 0～10 cm 深度土壤贯穿阻力变化符合二次函数方程，下部根系角度、侧根长度、与 10～20 cm 深度土壤

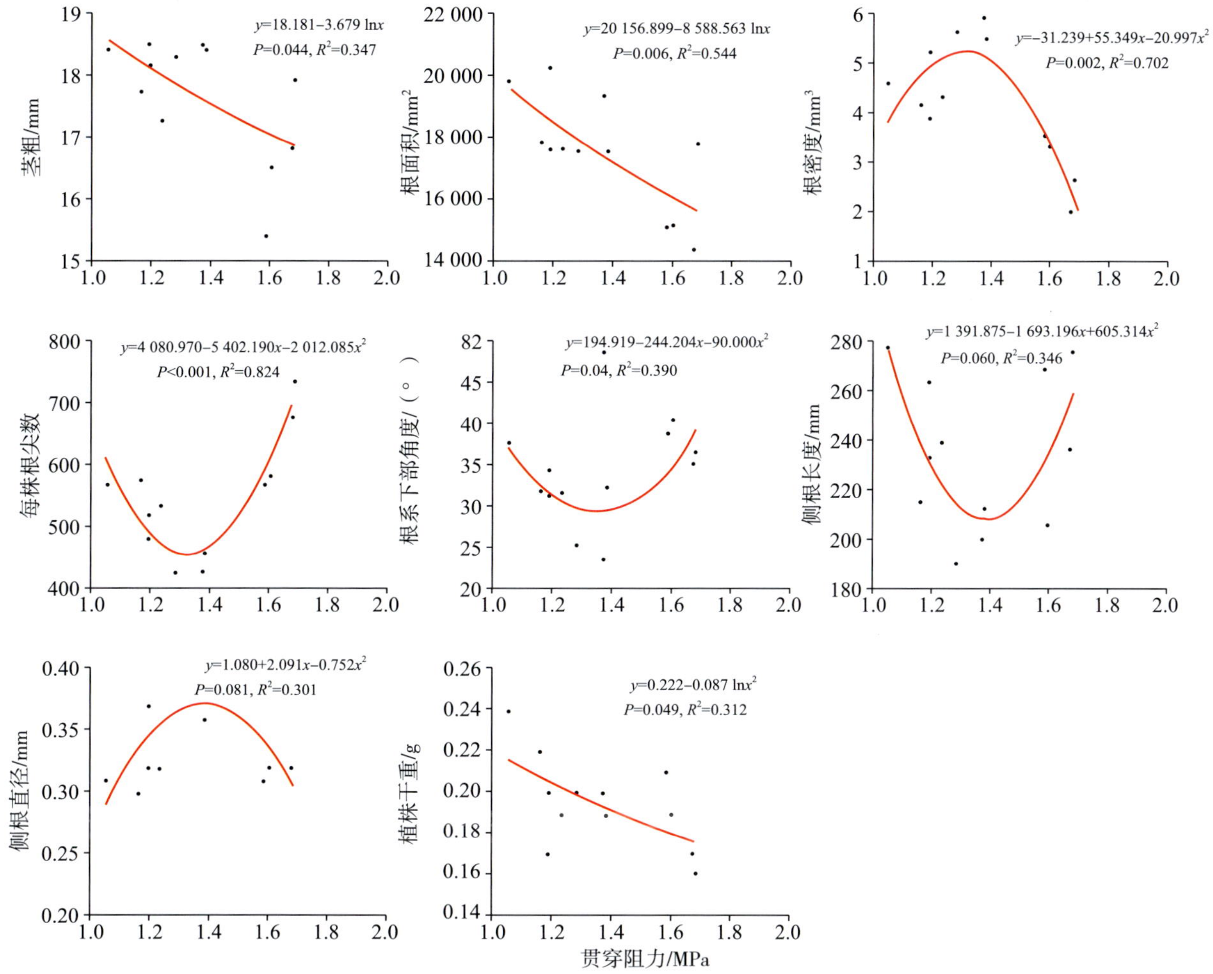

图 2-44　玉米生物性状与 10～20 cm 深度土壤贯穿阻力的拟合方程

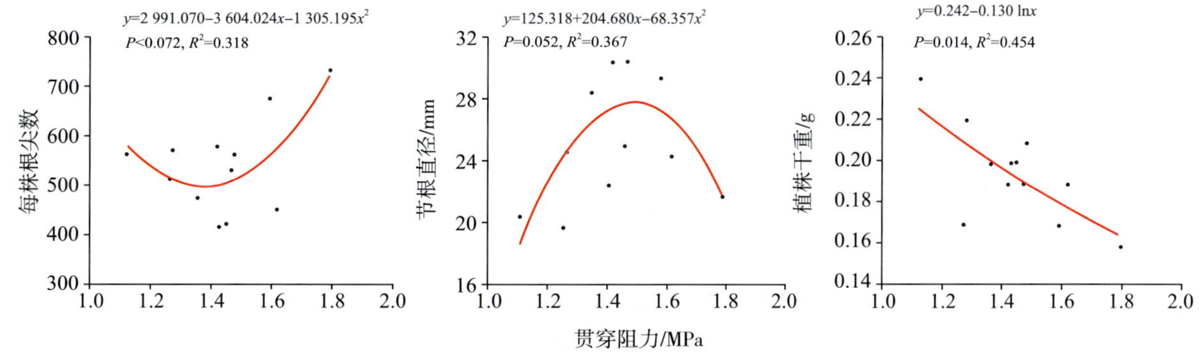

图 2-45　玉米生物性状与 20～30 cm 深度土壤贯穿阻力的拟合方程

贯穿阻力变化符合二次函数方程，节根直径与20～30 cm深度土壤贯穿阻力变化符合二次函数方程，因此可以得出玉米生长指标与土壤贯穿阻力的关系方程，同时明确不同深度土壤紧实程度对玉米生长指标的影响。

6. 拖拉机类型及行走次数与土壤压实程度

农业机械田间作业会造成土壤压实。在大豆和玉米试验地的结果均表明，拖拉机重量是影响土壤压实的主要原因。3种拖拉机在0～40 cm深度土层对压实程度造成显著的差异。土壤压实程度随拖拉机轴承总重量的增加而增加。在大豆和玉米试验地不同类型拖拉机均在10～20 cm深度表现出贯穿阻力最大的增加率，表明机械压实对10～20 cm深度土壤压实的影响最为严重。Radford等(2000)研究压实在20 cm深度湿润的变性土造成压实程度最大。Rota等(1999)的研究表明，不同类型拖拉机对土壤压实程度的影响表现出随拖拉机重量的增加而增加。有证据表明土壤表层压实与地表压力大小有关，而亚表层土壤压实与地表压力之外的承重轴总重量相关，本试验的结果表明在0～40 cm深度土层土壤贯穿阻力均受到拖拉机重量的影响。本试验中相同压实处理导致大豆和玉米地块土壤贯穿阻力的差异，表现为大豆试验地大于玉米试验地，其可能的原因是，土壤压实操作时玉米根系生物量大于大豆根系生物量。土壤中的根系增加土壤承载重量的能力从而降低土壤压实的程度(Cofe et al,. 2000)。

7. 土壤压实与作物性状

生长在压实环境中的根系会消耗更多的能量以形成和维持单位根系长度(Glinki and Lipiec, 1990)，通常导致地上部生物量和产量降低。然而在本试验中大豆和玉米地进行压实反而有增加产量的趋势，在大豆试验中小型拖拉机在各行走次数中均表现出较行走0次增加产量的趋势，其中行走8次时达到产量最大值；在地上部生物量的比较中小型拖拉机除行走6次外均有较行走0次增加的趋势。在玉米试验中中型拖拉机在各行走次数下均较行走0次具有增加产量的趋势，其中行走12次时产量最大并达到显著水平。试验结果表明，深翻耕的第一年拖拉机类型及行走次数影响未造成大豆和玉米的显著减产，反而适度压实可以增加产量。这样的结果可能是由于深翻耕打破了犁底层增加了根系向深层土壤生长的空间，压实只在作物种植行的单侧进行，在种植行的另一侧未受到土壤压实作用的影响为根系生长保留了足够的空间。Sechusen等(2019)的研究表明，增加轮胎载荷和行驶强度均会对土壤物理性状产生负面影响尤其在表层土壤，在试验最初两年压实没有对产量造成不良影响。同时。合理施肥和水分管理可以降低土壤压实对产量的危害(Beutler and Cenurion, 2004)。作物产量与贯穿阻力呈现二次函数关系，表明适当的压实程度可以增加产量(Beutler and Centurion, 2004; Beutler et al., 2008)，本试验得到同样的结果。土壤压实对作物根系的影响表现为，土壤压实降低土壤大孔隙度，降低根系的活动空间(Brtinllietal, 2014)，进而降低作物对水分和养分的吸收(Glqb, 2014; Kozlowski, 1999)。在大豆试验中拖拉机类型对侧根角度产生显著影响，表现为小型拖拉机(49.0°)>中型拖拉机(48.0)>大型拖拉机(43.4°)，随拖拉机重量降低侧根角度呈增加趋势。研究表明侧根角度增大有利于根系向深层土壤生长从而获得深层土壤中的水分(Trachsel et al.,2013)。与行走0次相比，不同类型拖拉机和行走次数均有增加根系面积、根密度、根尖数、活性根瘤数的趋势。在玉米试验地中拖拉机类型对玉米根系面积、根密度、根尖数、根系上部角度、根系下部角度、侧根直径均产生显著影响。与行走0次相比，拖拉机类型和各行走次数下茎粗均有降低趋势，小型拖拉机在不同行走次数下侧根直径和根尖数均呈现降低趋势，中型拖拉机有降低根尖数和增加侧根直径的趋势，大型拖拉机表现出增加根尖数和降低侧根直径趋势。有研究表明，玉米根系不能打破1.4 MPa阻力的紧实土层(Foloni et al., 2003)。作物根系在不同容重下根系长度表现出1.3>1.1>15>1.7>1.9 g/cm^3。土壤压实在一定程度上促进根系生长，而影响根系生长的临界容重值为15 g/cm^3(Oeloo et al.,2014)。不同拖拉机类型及行走次数下玉米产量如图2-41所示，玉米产量范围在7.9～11.2 t/hm^2。与行走0次相比，大型拖拉机和中型拖拉机均有增加玉米产量的趋势，且中型拖拉机在行走12次时达到显著水平，其增加幅度为20.4%；而小型拖拉机各行走次数下产量均降低，降低幅度为2.2%～15.1%。

现代农业的土壤压实主要是由于农用机械的复垦引起的，其面积在增加。到目前为止，关于孔隙结构的研究主要集中在土壤的水力和力学性质上。结果表明，压实土中的板状结构导致饱和导水率的各向异性。土壤机械压实影响孔隙的几何结构、大小分布、气体以及水流量，进而影响作物根系生长。总体而言，土壤压实会降低大孔隙、总孔隙，增加细孔隙的比例，并影响孔隙的连续性和通量的各向异性。前人的结果与本次试验基本相符，由于农机具的反复作业土壤容重增加打破了自然的土壤含水量及孔隙分布，导致车辙附近容重增加，含水量及孔隙度降低。

土壤压实方面的研究缺乏关注气孔结构对根伸长的影响。孔径较小的土壤基质会导致根系遇到过大的机械阻抗，尤其是在干燥土壤条件下，以及在潮湿土壤中的通风不足情况下。在美国俄亥俄州的一块黏土上，轴载荷为 10 t 和 20 t 的车辆在潮湿条件下通过三次，在未来 4 年内对玉米和大豆产量造成残余影响。极密的土壤阻碍了根系生长，限制了植物的水分消耗并影响了作物产量。由于压实可以以多种方式改变土壤的物理性质，因此压实对根系的影响可能是复杂的。已经有许多尝试寻找与根和植物生长限制因子相关的锥度指数，土壤强度或渗透性的临界值。根据 Tolo'n-Becerra 等的说法，锥度指数值>1.7 MPa，特别是在表层，由此产生的物理土壤条件不足以产生玉米幼苗。因此，面临的挑战是获得合适的苗床，同时尽量减少机械作业造成的土壤压实，使土壤条件不会影响正常的根系生长。土壤压实对作物生长的影响取决于农业机具的负荷大小、土壤类型和作物系统。研究表明，土壤压实会严重阻碍玉米根系的生长、分布和吸收，降低玉米株高、地上部分和地下部分的干重。压实土壤的通风不良和机械阻力抑制了根伸长，导致根冠比降低。本试验的结果与此相同。

然而，土壤压实也对作物生长产生积极影响。有结果表明，机械阻抗的增加导致根部增厚，这是一个显著的正相关（$r=0.78$）。本次 2018 年试验中容重与平均直径成正相关，与此相符。研究表明，适当的土壤压实可以增强根与土的接触，增加土壤水分储存，从而为作物根系提供足够的资源来增加产量。这些结果表明，不同环境下的作物生长具有最佳的紧实度。这有待进一步的试验研究探索出最适宜作物生长的土壤紧实度。玉米初期整地适当深松，可以疏松土壤，打破犁底层，增加土壤中水分的渗透和迁移，改善土壤的通透性，促进根系生长和作物产量，特别是下层根系干重的增加，增加根系纵深分布，促进玉米地上生长。

2.4.4 小结

合理耕作优化了土壤耕层结构，打破犁底层，显著降低土壤容重。合理耕作措施能够疏松紧实的限制根系生长的犁底层，使 0～35 cm 土层处于比较疏松的状态，进而为作物生长与产量形成创造一个适宜的土壤环境。深松是一种适合于旱地作业的保护性耕作方法，通过深松可打破犁底层，显著改善耕层土壤结构，可为根系在纵向方向扩充根系生长空间，增加深层土壤中的根量，以满足对地上部分营养物质和水分的供应，利于根系-冠层（根冠）协调，促进了地上部作物干物质合成与积累，从而达到提高产量的目的。合理耕作实现增产的原理见图 2-46。

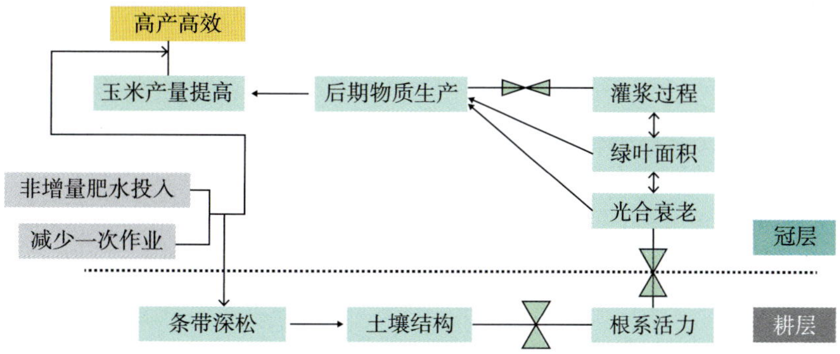

图 2-46　合理耕作增产机理示意图

参考文献

Aloni R, Langhans M, Aloni E, et al. 2005. Root-synthesized cytokinin in Arabidopsis is distributed in the shoot by the transpiration stream. J Exp Bot, 56:1535-1544.

Anten N, Schieving F, Werger M. 1995. Patterns of light and nitrogen distribution in relation to whole canopy carbon gain in C3 and C4 mono-and dicotyledonous species. Oecologia, 101:504-513.

Boonman A, Prinsen E, Gilmer F, et al. 2007. Cytokinin import rate as a signal for photosynthetic acclimation to canopy light gradients. Plant Physiology, 143:1841-1852.

Botta G F, Jorajuria D, Balbuena R, et al. 2016. Deep tillage and traffic effects on subsoil compaction and sunflower (Helianthus annus L.) yields. Soil & Tillage Research, 91:164-172.

Cheng S, Zhan X, Cao L. 2015. Breeding strategies for increasing yield potential in super hybrid rice. Front Agr Sci Eng, 2:277-282.

Coble A P, Cavaleri M A. 2015. Light acclimation optimizes leaf functional traits despite height-related constraints in a canopy shading experiment. Oecologia, 177:1131-1143.

Corbin J L, Walker T W, Orlowski J M, et al. 2016. Evaluation of trinexapac-ethyl and nitrogen management to minimize lodging in rice. Agron J, 108:2365-2370.

Dingkuhn M, Penning de Vries F W T, De Datta S K, et al. 1991. Concepts for a new plant type for direct seeded flooded tropical rice. In: Direct Seeded Flooded Rice in the Tropics, International Rice Research Institute, Los Baños, Philippines, 17-38.

Dobermann A, Witt C, Dawe D, et al. 2002. Site-specific nutrient management for intensive rice cropping systems in Asia. Field Crop Res, 74:37-66.

Dreccer M F, Slafer G A, Rabbinge R. 1998. Optimization of vertical distribution of canopy nitrogen: an alternative trait to increase yield potential in winter cereals. Journal of Crop Production, 1:47-77.

Dreccer M F, Van Oijen M, Schapendonk A H C M, et al. 2000. Dynamics of vertical leaf nitrogen distribution in a vegetative wheat canopy: impact on canopy photosynthesis. Annals of Botany, 86:821-831.

Drouet J L, Bonhomme R. 1999. Do variations in local leaf irradiance explain changes to leaf nitrogen within row maize canopies? Annals of Botany, 84:61-69.

Evans J R. 2013. Improving photosynthesis. Plant Physiology, 162:1780-1793.

Evans J R. 1989. Photosynthesis and nitrogen relationships in leaves of C3 plants. Oecologia, 78:9-19.

Fiorini A, Boselli R, Amaducci S, et al. 2018. Effects of no-till on root architecture and root-soil interactions in a three-year crop rotation. European Journal of Agronomy, 99:156-166.

Gebbing T, Schnyder H. 1999. Pre-anthesis reserve utilization for protein and carbohydrate synthesis in grains of wheat. Plant Physiology, 121:871-878.

Grindlay D J C, Sylvester-Bradley R, Scott R K. 1995. The relationship between canopy green area and nitrogen in the shoot. In: Lemaire G, Burns I J, et al. Diagnostic Procedures for Crop N Management, Vol 82. INRA Editions, Poitiers, France, 53-60.

Grindlay D J C. 1997. Towards an explanation of crop nitrogen demand based on the optimization of leaf nitrogen per unit leaf area. Journal of Agricultural Science, 128:377-396.

Gu J, Yin X, Stomph T J, et al. 2012. Physiological basis of genetic variation in leaf photosynthesis among rice (Oryza sativa L.) introgression lines under drought and well-watered conditions. J Exp Bot, 63:5137-5153.

Gu J, Zhou Z, Li Z, et al. 2017. Rice (Oryza sativa L.) with reduced chlorophyll content exhibit higher photosynthetic rate and efficiency, improved canopy light distribution, and greater yields than normally pigmented plants. Field Crop Res, 200:58-70.

Guan D H, Zhang Y S, Al-Kaisi M M, et al. 2015. Tillage practices effect on root distribution and water use efficiency of winter wheat under rain-fed condition in the North China Plain. Soil and Tillage Research, 146:286-295.

Han Y L, Guo D, Ma W, et al. 2022. Strip deep rotary tillage combined with controlled-release urea improves the grain yield and nitrogen use efficiency of maize in the North China Plain. Journal of Integrative Agriculture, 21(9): 2559-2576.

Hikosaka K, Terashima I, Katoh S. 1994. Effects of leaf age, nitrogen nutrition and photon flux density on the distribution of nitrogen among leaves of a vine (*Ipomoea tricolor* Cav.) grown horizontally to avoid mutual shading of leaves. Oecologia, 97:451-457.

Hikosaka K. 2005. Leaf canopy as a dynamic system: ecophysiology and optimality in leaf turnover. Annals of Botany, 95:521-533.

Hikosaka K. 2014. Optimal nitrogen distribution within a leaf canopy under direct and diffuse light. Plant, Cell & Environment, 37:2077-2085.

Hirose T, Werger M J A. 1987. Maximizing daily canopy photosynthesis with respect to the leaf nitrogen allocation pattern in the canopy. Oecologia, 72:520-526.

Hou P, Liu Y, Xie R, et al. 2014. Temporal and spatial variation in accumulated temperature requirements of maize. Field Crops Res, 158: 55-64.

Ju C, Buresh R J, Wang Z, et al. 2015. Root and shoot traits for rice varieties with higher grain yield and higher nitrogen use efficiency at lower nitrogen rates application. Field Crop Res, 175:47-55.

Lawlor D W. 2002. Carbon and nitrogen assimilation in relation to yield: mechanisms are the key to understanding production systems. J Exp Bot, 53:773-787.

Liu G Hou, P Xie R, et al. 2017. Canopy characteristics of high-yield maize with yield potential of 22.5 t/hm^2. Field Crops Research, 213:221-230.

Liu G, Liu W, Hou P, et al. 2021. Reducing maize yield gap by matching plant density and solar radiation. Journal of Integrative Agriculture, 20(2):363-370.

Liu L, Chen T, Wang Z, et al. 2013. Combination of site-specific nitrogen management and alternate wetting and drying irrigation increases grain yield and nitrogen and water use efficiency in super rice. Field Crop Res, 154:226-235.

Liu Y, Hou P, Xie R, et al. 2015. Spatial variation and improving measures of the utilization efficiency of accumulated temperature. Crop Sci, 55:1806-1817.

Liu Y, Xie R, Hou P, et al. 2013. Phenological responses of maize to changes in environment when grown at different latitudes in China. Field Crops Res, 144: 192-199.

Liu Y, Hou P, Xie R, et al. 2013. Spatial adaptabilities of spring maize to variation of climatic conditions. Crop Sci, 53: 1693-1703.

Long S P, Zhu X, Naidu S L, et al. 2006. Can improvement in photosynthesis increase crop yields? Plant, Cell and Environment, 29:315-330.

Makino A, Sakuma H, Sudo E, et al. 2003. Differences between maize and rice in N-use efficiency for photosynthesis and protein allocation. Plant Cell Physiol, 44:952-956.

Melis A. 2009. Solar energy conversion efficiency in photosynthesis: minimizing the chlorophyll antennae to maximize efficiency. Plant Sci, 177:272-280.

Milroy S P, Bange M P, Sadras V O. 2001. Profiles of leaf nitrogen and light in reproductive canopies of cotton (Gossypium hirsutum). Annals of Botany, 87:325-333.

Ort D R, Merchant S S, Alric J, et al. 2015. Redesigning photosynthesis to sustainably meet global food and bioenergy demand. Proc Natl Acad Sci U S A, 112:8529-8536.

Peng S, Buresh R J, Huang J, et al. 2006. Strategies for overcoming low agronomic nitrogen use efficiency in irrigated rice systems in China. Field Crop Res, 96:37-47.

Peng S, Huang J, Zhong X, et al. Challenge and opportunity in improving fertilizer-nitrogen use efficiency of irrigated rice in China. Agr Sci China, 1:776-785.

Peng S, Khush G S, Virk P, et al. 2008. Progress in ideotype breeding to increase rice yield potential. Field Crop Res, 108:32-38.

Pons T L, Schieving F, Hirose T, et al. 1989. Optimization of leaf nitrogen allocation for canopy photosynthesis in Lysimachia vulgaris. In: Lambers H, Cambridge M L, Konings H, et al. Causes and Consequences of Variation in Growth Rate and Productivity of Higher Plants. SPB Academic Publishing, The Hague, The Netherlands, 175-186.

Rousseaux M, Hall A, Sánhez R. 1999. Light environment, nitrogen content, and carbon balance of basal leaves of sunflower canopies. Crop Science, 39:1093-1100.

Sinclair T R, Shiraiwa T. 1993. Soybean radiation-use efficiency as influenced by nonuniform specific leaf nitrogen distribution and diffuse radiation. Crop Science, 33:808-812.

Song Q, Zhang G, Zhu X G. 2013. Optimal crop canopy architecture to maximise canopy photosynthetic CO_2 uptake under elevated CO_2-a theoretical study using a mechanistic model of canopy photosynthesis. Functional Plant Biology, 40:108-124.

Sun X F, Ding Z S, Wang X B, et al. 2017. Subsoiling practices change root distribution and increase post-anthesis dry matter accumulation and yield in summer maize. PLoS One, 12(4): e0174952.

Takai T, Fukuta Y, Shirawa T, et al. 2005. Time-related mapping of quantitative trait loci controlling grain-filling in rice. Journal of Experimental Botany, 56:2107-2118.

Tolon Becerra A, Tourn M, Botta G F, et al. Effects of different tillage regimes on soil compaction, maize (Zea mays L.) seedling emergence and yields in the eastern Argentinean Pampas region. Soil and Tillage Research, 2011, 117: 184-190.

Wang X B, Zhou B Y, Sun X F, et al. 2015. Soil tillage management affect grain yield through regulating spatial distribution coordination of root and soil moisture and nitrogen for maize in China. PLoS One, 10 (6): e0129231.

Xu W, Liu C, Wang K, et al. 2017. Adjusting maize plant density to different climatic conditions across a large longitudinal distance in China. Field Crops Research, 212:126-134.

Xue Y, Duan H, Liu L, et al. 2013. An improved crop management increases grain yield and nitrogen and water use efficiency in rice. Crop Sci, 53:271-284.

Yang J, Zhang J. 2010. Grain filling problem in 'super' rice. Journal of Experimental Botany, 61:1-5.

Yang J, 2015. Approaches to achieve high grain yield and high resource use efficiency in rice. Front Agr Sci Eng, 2:115-123.

Yang J, Zhang J, Liu L, et al. 2002. Carbon remobilization and grain filling in japonica/indica hybrid rice subjected to post-anthesis water deficits. Agron J, 94:102-109.

Yin X, Lantinga E A, Schapendonk A H C M, et al. 2003. Some quantitative relationships between leaf area index and canopy nitrogen content and distribution. Annals of Botany, 91:893-903.

Zhang F, Chen X, Vitousek P. 2013. Chinese agriculture: an experiment for the world. Nature, 497: 33-35.

Zhao X, Zhou Y, Wang S, et al. 2012. Nitrogen balance in a highly fertilized rice-wheat double-cropping system in southern China. Soil Sci Soc Am J, 76:1068-1078.

Zhu X G, Song Q, Ort D R. 2012. Elements of a dynamic systems model of canopy photosynthesis. Current Opinion in Plant Biology, 15:237-244.

李少昆　侯鹏　顾骏飞　徐江　孟庆锋　马玮

第3章 作物高产高效的地上地下互作机制与调控途径

在提高作物生产力的同时，如何实现资源高效利用？这不仅是关系到作物生物学潜力能否充分发挥的重大问题，也是农业生产能否持续的关键。集约化农业通过大量化肥、灌溉水投入和高强度耕作等农业措施克服土壤对作物生长发育的限制，但往往以牺牲环境、降低效益和耗竭资源为代价。在持续提高作物产量同时又要使环境负效应降到最低的情况下，养分的优化管理更加困难，必须加强对养分高效利用的科学机制的认识。近年来，国际上一些学者主张以充分发挥作物高效利用养分资源的生物学潜力为核心的综合调控途径来提高作物产量，减少对不可再生资源的依赖。

作物对水分养分资源的吸收利用不仅取决于这些资源的数量和有效性，而且还极大地依赖于根系对水分养分的吸收能力、对多变土壤环境的适应能力以及对地上部群体发育的调控能力。以往的研究只重视通过大量施肥提高土壤养分浓度，忽视了利用作物根系与水分养分的协调机制，以及地上群体与地下根系/根际过程的相互作用，难以做到作物生产力与水分养分资源利用效率协同提高。研究表明，作物根系不仅可以主动适应并显著改变根际土壤环境，而且能对水肥调控做出积极响应。显然，作物根系的水分养分利用能力，根-土互作关系以及地上群体与地下水分养分的互作关系，不仅仅是一个重要的科学前沿问题，更是一个关系到作物群体质量控制和水分养分高效利用效率的技术突破口。

因此，协调实现高产高效的关键在于明确高产作物水肥高效利用的根-土互作机制，明确高产条件下地上群体与地下根系/根际过程的相互作用，并予以定向调控。本章重点介绍在高产高效的理想根系、高产群体的养分需求和高产高效的根层调控机理与途径方面取得的进展。其中包括：①高产与高效的根系形态与生理过程及其调控。重点研究高产高效的根系形态与生理协调机制，阐明品种、密度、土壤结构对根系的影响，揭示根层土壤水分养分供应与根系之间的相互作用机制。②支撑高产群体结构与功能的养分水分动态需求特征及其生理机制。通过阐明高产作物养分规律，在植株和器官水平上动态揭示不同生育期群体结构与群体功能的养分水分需求临界值和适宜范围。③高产高效的根层调控机制与途径。研究既保障作物高产的水分养分需求，又有利于发挥作物根系高效吸收利用水分养分的生物学潜力、并降低环境风险的适宜根层水肥供应强度。④根层调控的农学、资源、环境效应和可持续性评价。通过定位试验，并与模型研究相结合，研究根层调控的农学、资源效应，活性氮、温室气体排放等环境代价及高产高效体系的可持续性。

3.1 高产群体的根系及其调控

选育耐密品种、合理密植是玉米产量提升的关键措施（Tokatlidis，2013）。目前，关于增密种植条件下植株生长的研究主要集中于：①改善株型。包括调整叶片角度、增加叶片直立性、适当增加总叶片数、降低雄穗体积、提高叶面积指数（Brekke et al.，2011；Duvick and Cassman，1999；Duvick et al.，2004；Dwyer et al.，1991；Lambert and Johnson，1978；Lee and Tollenaar，2007；Meghji et al.，

1984；Monneveux et al.，2005；Russell，1991；Tollenaar，1989；Tollenaar，1991；Tollenaar and Wu，1999)；通过前述措施改善高密度群体内部光照条件、促进冠层光能截获、增加光合产物的累积、降低雄穗物质消耗。②改善叶片持绿特性。包括延缓叶片衰老速率、延长叶片持绿期，从而提高干物质累积(Duvick et al.，2004；Hammer et al.，2009；Meghji et al.，1984；Russell，1991；Tollenaar，1991；Ying et al.，2000)。③提高植株抗倒伏能力。包括适当降低株高及穗位高度(Duvick et al.，2004；Meghji et al.，1984)、维持高密度下茎秆纤维素与木质素累积、促进皮层组织形成、增加茎节内部干物质累积，从而提高茎秆机械强度(Kaack et al.，2003；Ma et al.，2014；Robertson et al.，2017；Robertson et al.，2016；Sher et al.，2018；Stanger and Lauer，2007；Xue et al.，2016a；Xue et al.，2016b)。④协调源-库关系。包括维持养分累积、转运与品种保绿度的平衡，保证籽粒库建成所需养分的供给(Borrás et al.，2003；Chen et al.，2015；Ciampitti et al.，2013a；Ciampitti et al.，2013b；Ciampitti and Vyn，2011；Xu et al.，2017；Yan et al.，2017)。⑤维持高密度下穗粒数与百粒重、稳定收获系数、优化源-库分配比例(Borrás et al.，2003；Duvick，2005；Duvick et al.，2004；Gambín et al.，2006；Hashemi et al.，2005；Lee and Tollenaar，2007；Tollenaar et al.，1992)。⑥提高群体整齐度。

相对于地上部研究，土壤不透明性、根系样品采集耗时费力等因素共同制约了根系研究(Paez-Garcia et al.，2015)。作为联系植株与土壤的重要器官，根系对固定植株、吸收土壤养分与水分具有重要作用(Den Herder et al.，2010；Lynch，1995)。通过对玉米冠根关系及籽粒产量的研究亦发现，玉米产量增加、耐密性提高主要得益于根系构型的不断优化(Hammer et al.，2009)。与此同时，育种家们也将关注点转向根系研究，发现改良根系性状、提高根系的水分养分吸收能力是实现产量提升的关键。通过改善根系构型促进籽粒产量进一步提升亦被称作“第二次绿色革命”，探究高密度群体下根系构型变化及其对籽粒产量的影响具有更深远的意义(Den Herder et al.，2010；Gewin，2010；Hochholdinger，2016；Lynch，2007；Meister et al.，2014；Mi et al.，2010；Mi et al.，2016)。

3.1.1　增密种植条件下玉米根系的适应性反应特征

在吉林省梨树县的田间实验发现，随着玉米种植密度的增加，玉米根冠比显著下降(图 3-1)，这说明光合产物由地上部向根系分配下降，与地上部相比，根系生长受密度影响更强烈。

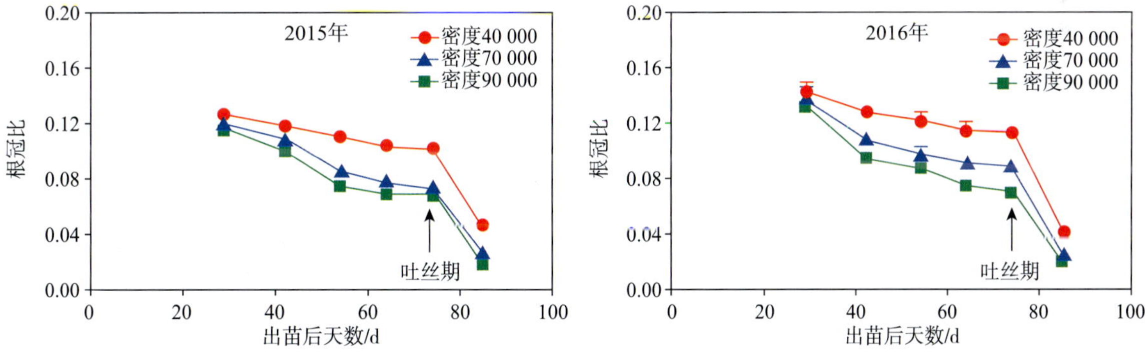

图 3-1　2015—2016 年两年不同密度处理下根冠比

注：根冠比数值分别于 6 叶、9 叶、12 叶、15 叶、吐丝期、吐丝后 2 周测得。每个数值处的条线代表 4 次重复标准误，箭头指示处为吐丝期。

随着种植密度增加，玉米根系的适应性反应特征主要表现在：

(1)降低单株根长、根生物量，增加比根长(图 3-2)。比根长，即根长与根生物量的比值，对根构型建立、实现根内物质平衡、促进根系土壤水分养分高效吸收具有重要意义(Eissenstat，1992；Ryser，2006)。比根长主要受两方面影响：①根形态，如根系直径、轴根与侧根比例；②根解剖结构，如根皮层通气组织(Hecht et al.，2016；Wahl and Ryser，2000；York et al.，2015)。研究发现，密度增加，根内通气组织比例上升，有利于降低物质消耗、维持比根长(Lynch and Brown，1998；York et al.，2015)。根系的这些变化，有利于光合产物的经济利用。

图 3-2　吐丝期不同密度处理下根系生长情况(Shao et al.，2018)

(2)降低节根数量，稳定节根长度，抑制侧根生长。密度增加，节根数量下降，这主要是表现在第 6 轮及第 7 轮节根数降低，其他轮次节根数目并无显著变化(图 3-3)。第 6 轮及第 7 轮节根主要生长于吐丝期前后，此时穗发育旺盛，与根系竞争光合产物，为维持穗生长，光合产物由地上部向根系分配降低，造成轴根数下降(Maddonni et al.，1998；Ning et al.，2013；Ning et al.，2012)。其中，第 7 轮节根为气生根，对固持植株、增加植株抗倒伏能力具有重要作用，其数目下降会造成植株抗倒伏能力下降(Liu et al.，2012；Stamp and Kiel，1992)。实际上，2016 年灌浆期雨后 9 万株/hm^2 处理发生严重的根倒伏。而维持相对稳定的轴根长，则有利于植株建立根系骨架、拓展土壤空间、维持水分及养分吸收(Asseng et al.，1998；Hoppe et al.，1986；Wiesler and Horst，1994)。与轴根相比，侧根生长受增密影响更剧烈，一级侧根密度与一级侧根长度均显著下降(图 3-3)。分析：一方面降低侧根生长有利于降低物质消耗，另一方面侧根生长受抑制会影响根系对土壤养分吸收、植株生长及籽粒产量形成(Varney and McCully，1991；Zhu et al.，2005)。

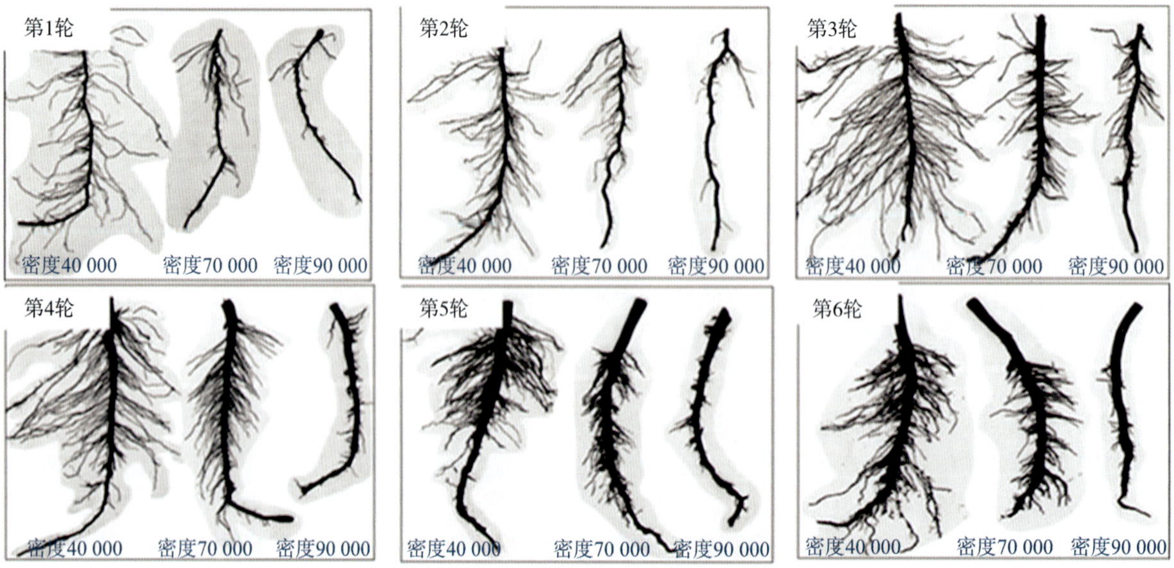

图 3-3　吐丝期不同密度处理下各轮节根扫描图(Shao et al.，2018)

(3)通过“株向紧缩，行向延伸”，调整根系三维分布，减弱单株之间的根系竞争。实际田间生产，主要通过调整行株距实现增密种植。降低株距，相邻植株根系对土壤资源竞争加剧。密度增加，株间根长密度下降、行间根长密度上升(图 3-4)，我们将其概括为“株向紧缩，行向延伸”。从根系生长及光合产物消耗角度看，降低株间根长密度有利于减弱根系竞争、降低由于根系竞争产生的代谢消耗(Lynch，1995)。增加行间根长密度，有利于根系向行向扩展、充分利用行向空间。地上部的研究亦发现，密度增加，植株调整叶片方位角、促进其行向分布(Girardin，1992；Girardin and Tollenaar，1994；Maddonni et al.，2001；Maddonni et al.，2002)。“株向紧缩，行向延伸”可能与植株亲缘识别、调整形态、避免同物种个体竞争有关(Chen et al.，2012)。据 Donald 理想型及生长冗余理论，植株个体竞争与群体生产力存在平衡关系(Donald，1968；Zhu and Zhang，2013)。“株向紧缩，行向延伸”有利于降低根系竞争产生的物质能量消耗，从而保证籽粒产量(Chen et al.，2012；File et al.，2011；Murphy et al.，2017；Weiner，2003；Zhu and Zhang，2013)。针对增密条件下根系生长及构型变化尚需要更深入的研究。

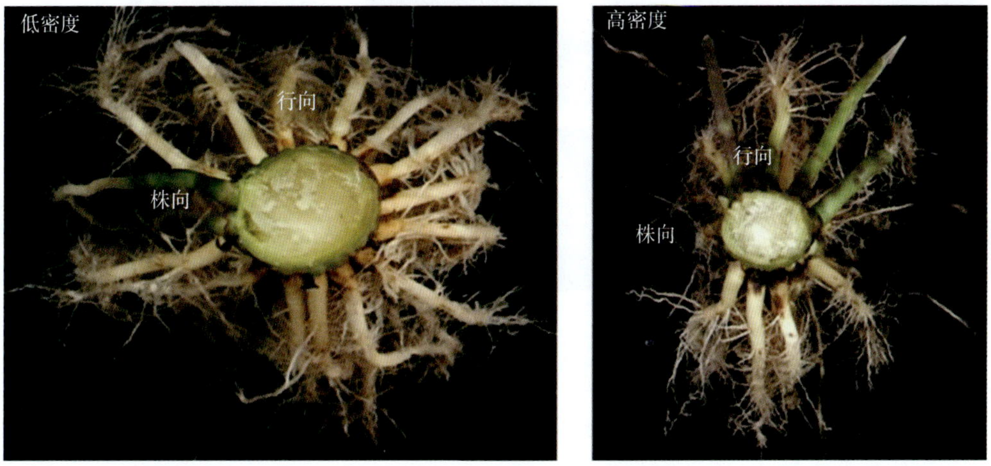

图 3-4　吐丝期不同密度处理下根系生长俯视图(Shao et al.，2018)

综上所述，密度增加，叶片遮挡加剧、冠层中下部光强减弱、光合作用受到限制、光合产物由地上部向根分配下降、影响地上部及根系生长。植株通过降低节根数、抑制侧根生长、维持轴根长、增加比根长，降低代谢消耗；降低株向生长、促进行向延伸、根系构型变化呈“株向紧缩，行向延伸”，减弱根系竞争(图 3-5)(Shao et al.，2018)。

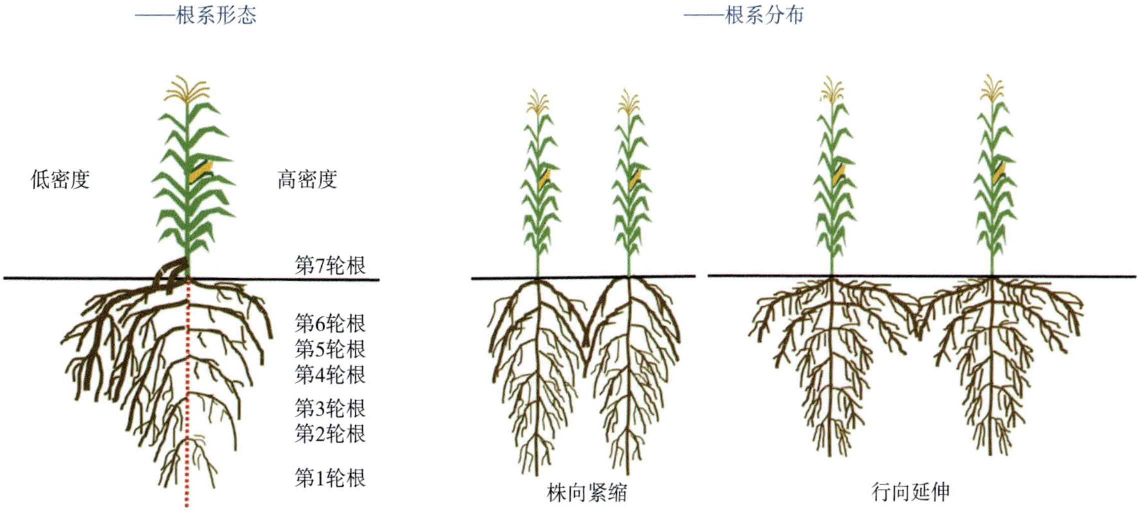

图 3-5　增密种植条件下玉米根系的适应性反应示意图(Shao et al.，2018)

3.1.2 不同耐密性玉米品种的根系特征

在田间条件下，如何实现高通量根系分析是一个难题。利用高通量二维根系成像技术（铲子组学技术），可以显著提高根系构型分析的效率。这种技术主要包括根系整体挖掘、清洗、整体拍照、软件分析等环节（图 3-6）（Shao et al.，2019）。

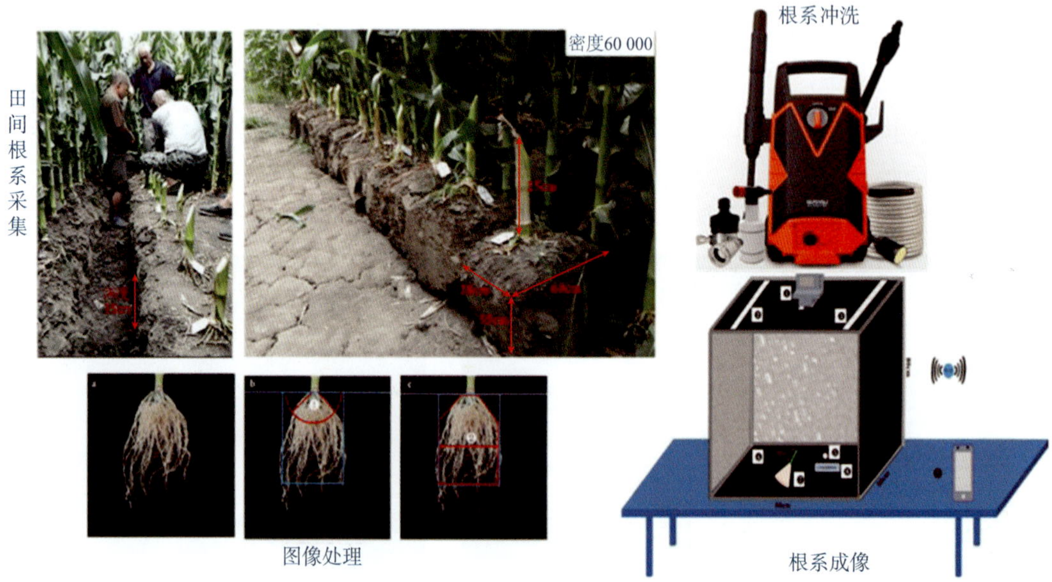

图 3-6 根系样品采集—冲洗—成像—图像处理流程（Shao et al.，2019）

通过在田间开展多品种、多密度实验，分析根系特征及其与密植条件下的产量关系，发现耐密性品种的根系形态特征有如下特点（图 3-7）。

（1）具有中等根系大小。根系过大或过小均不利于籽粒产量提升：一方面，根系过大（如丹玉 39 与良玉 99）会加剧植株间竞争，尤其是在 9 万株/hm^2 处理下，减产效果非常明显；另一方面，根系过小（如圣瑞 999）会限制水分与养分吸收，不利于地上部生长，造成减产。对于良玉 918、先玉 335、郑单 958、农华 101 几个品种，其根系会随着密度增加而变小，最终在高密度处理下获得较高的籽粒产量。不同密度处理，金庆 202 均保持相对平衡的根大小，进一步解释了其高产表现。

（2）高密度下根系在行间分布比例高。平展的根系扩展角度与扩展宽度有利于根系扩大伸展范围，促进其对养分、水分的吸收（Hammer et al.，2009；Lynch and Brown，2001；Richardson et al.，2011；Singh et al.，2012；Zhu et al.，2005）。但是，较大的根扩展宽度会增加根系在水平方向上的延展范围，加剧植株根系间的竞争，影响籽粒产量。实际生产中，行距大于株距，从碳经济利用角度考虑，密度增加，提高根系在行间分布比例，有利于降低根系在株向竞争、拓展行向生长范围，从而降低竞争产生的代谢消耗（Lynch，1995）。从生态学研究角度考虑，株行向根系生长差异可能与植株特异性识别有关，从而有利于弱化植株竞争、保障籽粒产量（Chen et al.，2012；File et al.，2011；Murphy et al.，2017；Weiner，2003；Zhu and Zhang，2013）。实际生产中，我们看到随着密度增加，丹玉 39 与良玉 99 始终保持较高扩展角度与扩展宽度，且根系在株行生长差异性不明显，这进一步解释了二者较低的产量表现。对于圣瑞 999，其扩展角度陡深，扩展宽度也较低，且根系在株行生长差异性也不明显，最终籽粒产量也较低。相对而言，金庆 202、郑单 958、农华 101、良玉 918 及先玉 335 几个品种则通过降低株间根系生长，提高根系在行间分布比例，优化根系在株行向的分布，维持适宜的根系扩展角度与扩展宽度，表现出较高的耐密性，最终获得较高的籽粒产量。需要注意的是，耕层土壤根系角度过于陡深可能造成根倒伏，降低籽粒产量，例如 2016 年吐丝前大雨过后，9 万株/hm^2 下良玉 918 与圣瑞 999 发生严重根倒。

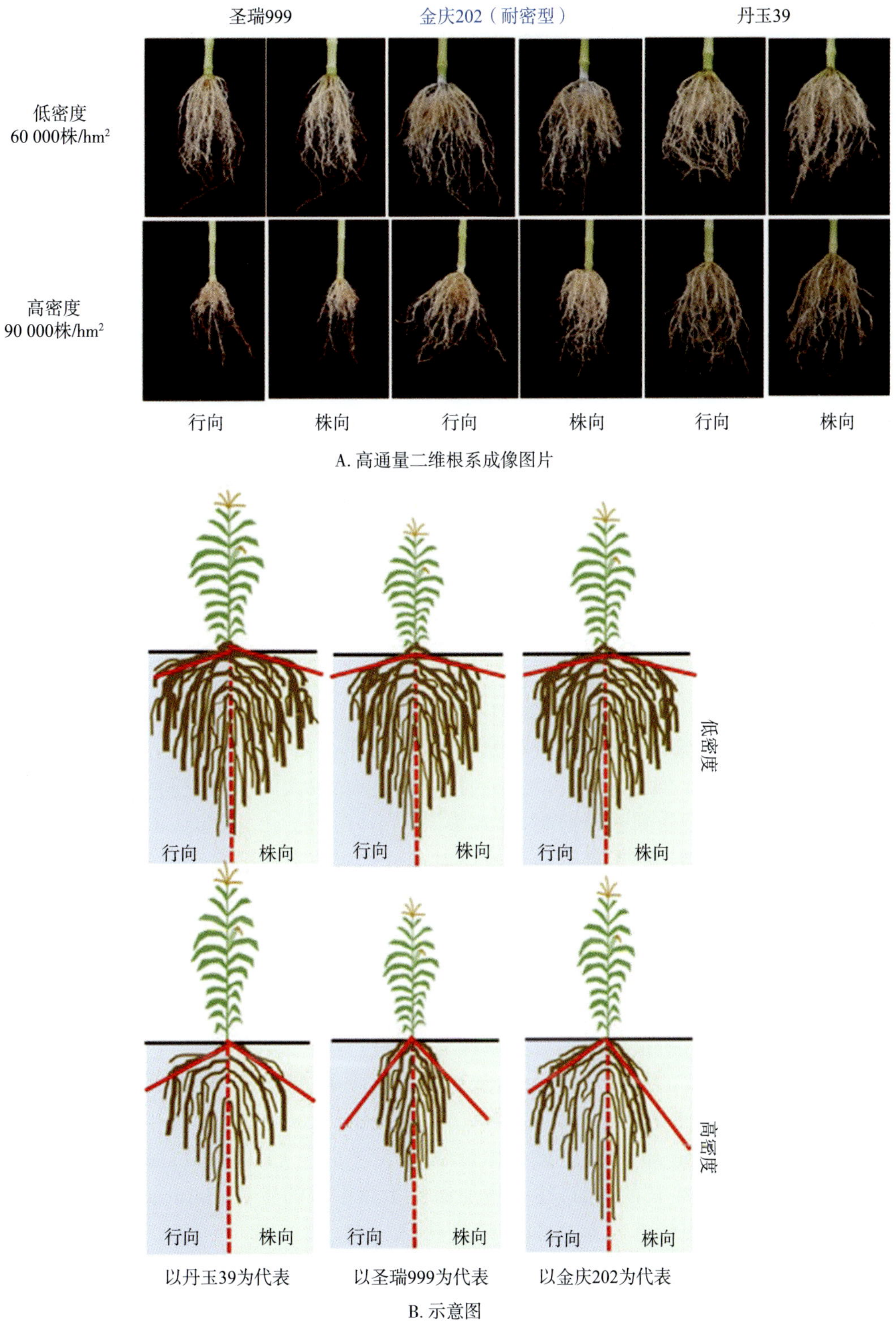

图 3-7　不同耐密型品种的根系构型差异情况

(3)在高密度下株间根系形态变异系数小(株间竞争小)。密度增加,植株光照资源竞争加剧、植株长势及形态差异表现愈加明显,而构建长势均匀的群体是获得玉米高产的关键。通过引入变异系数来定量化描述植株表型变异程度及个体竞争能力。我们发现,增密条件下植株地上部生物量、根生物量、根长、根系扩展角度、根系扩展宽度的变异度增加,这些指标变异系数与籽粒产量存在显著负相关关系。

一方面，根指标变异系数与籽粒产量的相关系数高于根指标与籽粒产量的相关系数，说明根系变异程度对籽粒产量的影响大于根系本身对籽粒产量的影响。另外，根系指标变异系数与地上部生物量变异系数、收获指数的变异系数间存在显著正相关关系，进一步说明根系变异程度增加会影响地上部变异程度、最终影响籽粒产量。综合各个品种结果，不同密度下金庆 202 均具有最低的根系变异系数，进一步解释其高产表现；农华 101 与先玉 335 在高密度下的维持较低根指标变异系数，进一步解释其较高籽粒产量；良玉 99、圣瑞 999 与丹玉 39 在不同密度下均有最高根指标变异系数，可能是造成其籽粒产量较低的主要原因(Shao et al.，2019)。

深入了解增密种植条件下玉米根系适应性反应、明确耐密性品种的根系特征，对于指导增密高产栽培及选择/选育耐密高产玉米品种，具有重要意义。比如，栽培上可以通过合理的株行距配置、滴灌施肥、深松等措施，迎合根系的适应性反应，减少单株根系间的竞争。育种上要选择中等根系大小、气生根较发达的根系，有利于增加耐密性。

3.1.3　玉米高产高效的理想根系构型

作物的产量形成依赖于茎叶与根系功能的协调。茎叶生长的主要目标是通过光合作用获取大气中的碳资源，形成碳水化合物，用于新器官生长及已有器官生命活动的维持，最终形成产量。除此之外，在植株生命活动各种过程中所需要的其他矿质元素(包括养分和水分)，则主要通过根系吸收。植物从海洋进化到陆地生存后，从土壤中获得养分水分要困难得多。因此，随着土壤条件变化，根系也在不断地进化，以适应土壤环境。因此，根系大小、形态特征及其在土壤中的空间分布，直接影响到养分水分资源的获取效率。

1. 根系对土壤养分水分环境的适应性

植物生长在不同的土壤环境，为高效吸收养分水分，根系会做出适应性反应。在短期轻度氮、磷供应不足条件下，植物根系通常会加速伸长，增加侧根生长，以在较大的土壤空间中获取养分。但如果氮、磷长期供应不足，侧根生长会受到强烈抑制，导致根系变小(Liu et al.，2004；Gao et al.，2015)。

根系在土壤中的几何空间分布，也影响到植物对养分的吸收效应。在菜豆等一些作物中发现，缺磷时根的分布变浅，这可能有助于其吸收表层土壤较为丰富的磷养分。因此，那些在表层土壤中发育较多的基根，具有浅根生长构型的菜豆品种，往往具有较高的磷吸收效率 (Liao et al.，2001)。

土壤中的养分分布具有极大的异质性，当土壤局部的养分(硝酸盐、磷、铵、铁等，甚至有机养分如谷氨酸)供应增加时，植物根系可以感应到这种养分富集的信号，再促进该区域侧根的发生和(或)伸长(Liu et al.，2008)。换句话说，植物根系对异质性养分供应具有可塑性反应，这种可塑性反应有利于植物高效利用有限的碳、在需要的部位发育侧根，从而高效吸收磷、铵等难以在土壤中移动的元素，也有利于植物与微生物等竞争氮素等移动性强的养分(Hodge et al.，2004)。

干旱减少玉米的侧根数量，但根却能维持伸长(Sharp et al.，1988；Grzesiak et al.，1999)。因此，在干旱限制表层土壤中根系生长的同时，往往增加深层土壤中根的生长(Saini and Westgate，2000)。

2. 农田土壤条件下作物根系与养分水分吸收特征

在田间实际土壤条件下，作物的生育期很长，而农户有一次性施肥的习惯，全部肥料在播种时一次性施入。这些前期施入土壤的氮肥，只有少部分在苗期吸收，而未被吸收的氮素很快转化为硝态氮，在土壤水分适合的条件下，硝酸盐移动性非常好，因此有向土壤深层淋失的风险。一旦硝酸盐淋出根层，则其空间有效性降低。即使是苗期追施的氮肥，也可能由于夏季较多的雨水，导致硝酸盐淋失。即使对于冬小麦，在欧洲地区冬季多雨条件下，也容易造成硝酸盐的淋失。因此，在这种情况下，分布较深的根系对于截获土壤深层的硝酸盐，减少氮素损失非常重要(Mi et al.，2010)。另一方面，通常作物吸收氮素的 2/3 来自土壤中矿化的氮。随着化肥投入氮量的减少，作物直接从土壤吸收矿化氮的比例增加。而土壤氮的矿化首先是形成铵。铵的移动速度较慢，如果作物根系不是足够大，则很可能造成氮吸收能力不够，在作物快速生长阶段，不能满足作物氮素需求，尤其是在土壤干旱条件下。因此，保持一定的根系大小，对于氮高效吸收是必要的，这主要是依靠发达的侧根来实现。

对于磷钾而言，虽然表层分布较多的根系有利于磷、钾的吸收，但是在高产栽培实践中，几乎全部肥料都是施用在 0～20 cm 耕层内，导致表层土壤养分供应强度远远高于深层土壤，从而诱导根系在表层大量分布。从根系生长特征分析，对于小麦、玉米等主要禾本科粮食作物而言，根系依次从较高的节位伸出，这些根系必然要首先通过表层的养分富集土壤，然后才生长进入深层土壤。同时，土壤表层温度、通气条件下也有利于根系的生长。这些因素导致土壤表层的根系总量总是占绝大多数，几乎不太可能成为磷、钾以及微量元素吸收的限制因素。相反，如果遇到干旱情况，土壤表层水分供应不足，根系不得不从深层土壤吸收磷钾时，深层根系不足反而容易成为限制因素。

在水分供应方面，田间条件下短期干旱经常发生。由于干旱条件下总是表现为表层土壤水分缺乏，而深层水分含量较高，那么深根型的根构型显然具有更高的水分吸收能力。Hund 等(2008)的研究表明，抗旱玉米品种扎根较深。在水稻、小麦、菜豆等作物中有相同的结果。较粗的根有利于穿透土壤，增加根向深层的分布 (Kato et al., 2006)。干旱条件下，盲目增加总根长意义不大，事实上，有研究表明如果处于表层干土中的根系分布较多，可能消耗太多的碳。在增加根向更深层土壤生长的同时，减少表层土壤中不定根的生长，有利于减少表层土壤中水分的消耗，反而有利于抗旱(Campos et al.,2004)。

对于玉米等宽行作物而言，无论是随播种机施入的肥料，还是苗期追施的肥料，肥料通常被施在植株侧面 15 cm 左右，人为造成了土壤中养分供应的不均匀分布。如果充分发挥根系对局部氮磷养分元素的响应能力，增加养分富集区侧根的生长，显然有助于作物用较少的碳投入高效利用这些异质性分布的养分。研究表明，在玉米根际局部供应铵态氮肥与磷肥，可以显著刺激生长前期施肥区侧根的生长，同时促进地上部的生长速率(Shen et al., 2013)。说明，根系对异质性养分供应的反应有助于增加养分吸收效率和提高植株的生产力。在交替灌溉条件下，增强作物根系的向水性生长，可能也有利于提高水分利用效率。

作物高产依赖于种植密度的增加。而种植密度的增加，不利于根系生长，可能导致根倒，这一点在高产高效的根构型中必须要考虑。前人研究已经发现，地上部节根(气生根)数量多、较粗、入土角度比较水平、入土后形成较多的侧根，有利于形成较大的土壤锥体，增加抗根倒伏能力(Liu et al., 2012; Guingo and Hébert, 1997)。然而，太大的根系(太多的节根)增加碳的消耗，不利于高产。因此，根系总体中等大小、每层的气生根数量适中、上层节根入土较水平，同时在行间分布较多的根系，可能既有利于抗根倒，又不影响养分水分的吸收效率。

3. 作物高产高效的理想根系构型

玉米高产高效群体的理想根构型要综合考虑养分高效吸收、水分高效吸收以及耐密抗根倒的要求。根据以上分析，这个理想根构型应该包括如下主要特征(图 3-8)：①在苗期，种子根系应该分布于温度较高、养分集中的表层土壤，以利于吸收养分，尤其是磷等主要分布于土壤表层的养分元素。②在中后期植株生长过程中，根系构型有四个特征：一是节根数量适中，减少碳消耗；二是浅层节根平展延伸，入土较水平，侧根长而密，高效吸收磷及难移动养分，同时减少根倒可能性；三是深层节根根系下扎，侧根长，可以高效吸收水分及截获下层的硝酸盐；四是侧根对局部氮、磷、水分等养分的响应较强，这样保障以较少的碳投入在局部形成发达的侧根，进而高效利用局部供应的养分水分(Mi et al., 2016)。

3.1.4　增密种植条件下玉米根系的氮素调控

增密种植条件下，群体内光照不足导致单株光合产物合成减少，因此，向地下运输的光合产物也相应减少，最终导致根系生长变劣。如果能提高光量子的利用效率，利用较少的能量合成较多的光合产物，则能总体上改善地上部和根系的光合产物供应，进而有利于根系的生长。

研究表明，供氮形态差异对植物光合效率的影响可能是造成植物地上部与根系生长差异的主要原

图 3-8　玉米高产高效的理想根构型

因之一(Hu et al.,2017)。植物根系吸收的氮需要同化为氨基酸,才能够被植物利用。硝态氮与铵态氮是植物从土壤中吸收无机态氮的主要形式。其中,硝酸盐的还原和同化需要消耗大量的能量,是一个非常大的耗能过程。与单独供应铵态氮相比,同化 1 mol 硝酸盐需要多消耗 8 mol 的电子与 15 mol 的 ATP,而消耗的等价物主要来自植物的光合作用,ATP 主要来自植物光合磷酸化(Foyer and Noctor,2006)。因此,硝酸盐的同化可能会影响植物的光合效率,尤其在特定的环境中,例如光强度较低、高密度种植、CO_2供应过高或者过低或者生殖生长较为旺盛的时期等(Hu et al.,2017;Wang et al.,2019)。与单独供应硝态氮相比,植物吸收同化每摩尔铵态氮只需要消耗 5 mol ATP (Saksac et al.,1987),相对而言,植物吸收同化铵态氮是一个非常重要的节能过程。以大麦研究为例,硝态氮的吸收和同化占根呼吸的 23%,而铵态氮的吸收和同化只占根呼吸的 14%(Jolivet,1987)。然而,较高的铵供应可能会导致植物整体生长受到抑制,即所谓的铵中毒,铵毒害能够造成植物体内阴阳离子失衡,细胞内 pH 紊乱,糖供应不足以及大量的 NH_4^+ 离子外排等现象,最终影响根的呼吸及生长发育等 (Britto et al.,2002;Guo et al.,2007,Li et al.,2013)。因此,为了尽量地发挥硝态氮与铵态氮供应的优势,减少其各自的弊端,近年来,科研工作者通过在不同植物种类和环境因素中进行了大量的硝铵配比实验发现,按适当比例混合供应硝态氮和铵态氮不仅可以发挥铵态氮的节能效果,同时可以避免铵毒并改善根系构型,从而促进植物的生长发育及产量的提高,而硝与铵比率的控制由植物种类、基因型、生育时期、对土壤酸碱度的适应能力以及碳水化合物的储存等多方面因素决定(Li et al.,2013,Wang et al.,2019)。

在玉米进行的实验发现(以郑单 958 为实验材料),正常供氮条件下(1 mmol/L)促进玉米生长的最佳铵/硝配比是 1∶3 左右(图 3-9)。此时地上部干物质重和叶面积达到最大值。

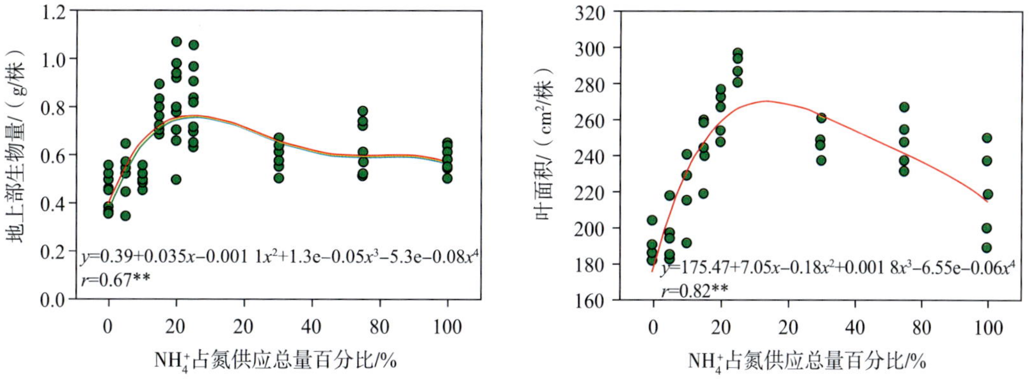

图 3-9　不同硝铵比率供氮条件下玉米幼苗(15 d)生物量变化

水培条件下设置 208 株/m^2 与 667 株/ m^2 两个种植密度，发现 N 形态与种植密度对苗期玉米生长及养分吸收具有显著交互作用。在高密度处理条件下，混合供氮（75/25 NO_3^-/NH_4^+）增加总根长 63%，最终使单株生物量增加 81%（图 3-10）（Wang et al.，2019）。该研究中发现，在高密度种植条件下，与

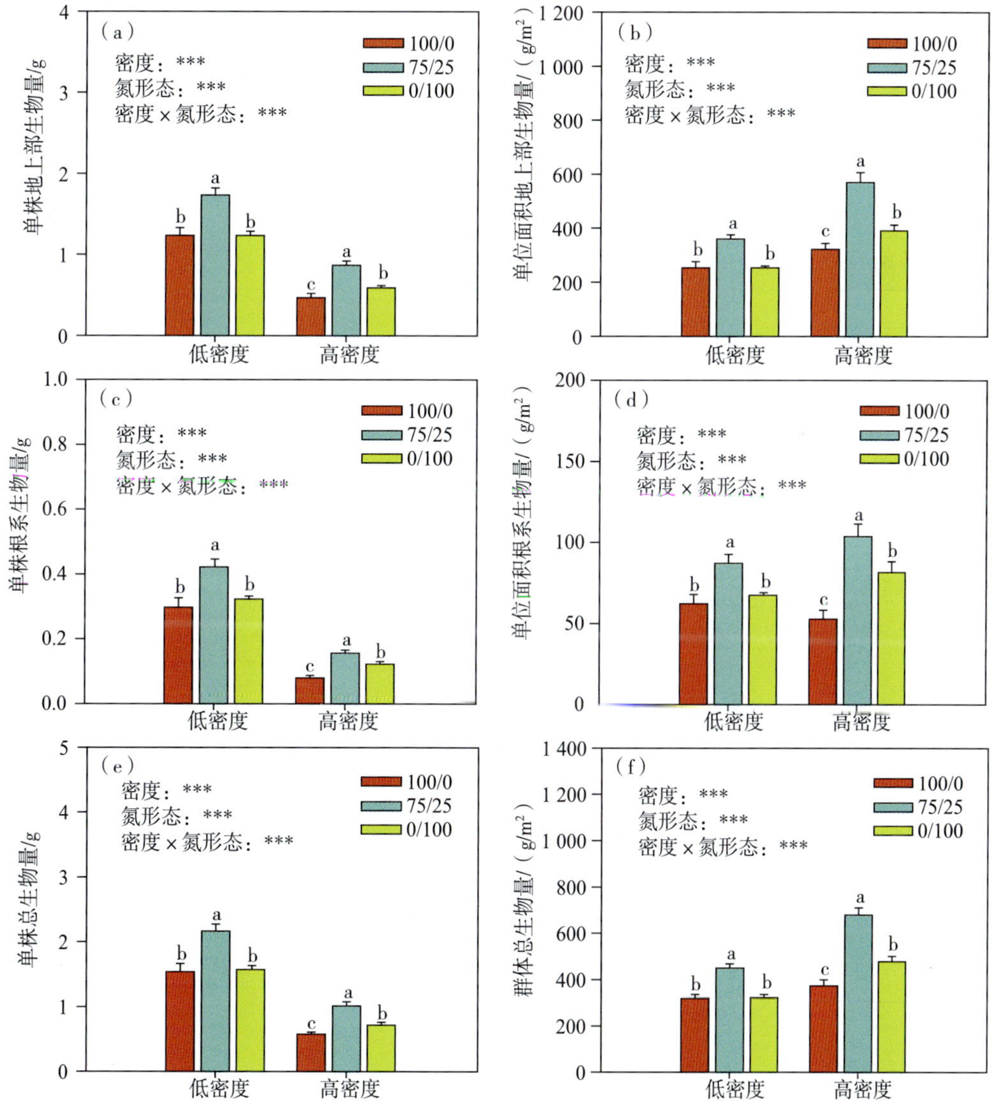

图 3-10　不同密度、硝铵比处理下玉米幼苗(郑单 958)单株及单位面积生物量变化

单独供硝相比，混合供氮条件下植株体内 ATP 含量调高了 51%。而植株中增加的 ATP 最先来源于单独供硝与混合供氮同化对于 ATP 需求的差异，单独供硝需要更多的能量(Bloom et al.，1992；Fuhrer and Erismann，1984)，因此，节省的 ATP 对于植物的光合作用及碳的积累具有促进作用(表 3-1)(Guo et al.，2007)。本研究中混合供氮较单独供硝光合速率提高了 23%，与此同时根系碳积累总量提高了 95%。因此，混合供氮条件下更多的碳向根系中分配为植株根系的生长(生物量和总根长等)提供了能源保障。

表 3-1　不同密度、硝铵比处理下玉米光合速率、气孔导度、胞间 CO_2 浓度及蒸腾速率变化

密度	硝/铵	光合速率/[μmol CO_2/(m^2·s)]	气孔导度/[mol H_2O/(m^2·s)]	胞间 CO_2 浓度/[μmol CO_2/mol]	蒸腾速率/[mmol H_2O/(m^2·s)]
低密度	100/0	6.75b	0.026 5b	150a	0.65b
	75/25	7.24b	0.029 5ab	154a	0.69ab
	0/100	8.31a	0.034 0a	144a	0.82a
高密度	100/0	5.12b	0.026 9b	202a	0.61b
	75/25	6.28a	0.031 5ab	159b	0.78a
	0/100	6.56a	0.036 3a	181ab	0.85a
		变异来源			
	密度	***	NS	**	NS
	氮形态	**	***	NS	**
	密度×氮形态	NS	NS	*	NS

除了增加玉米根系重量，混合供应氮素还可以改善玉米根系形态，与硝态氮及铵态氮相比，混合供氮具最高侧根长度，高密度种植 15 d 条件下混合供氮总侧根长度较单独供硝增加 88%。与硝态氮相比，混合供氮增加了根系的侧根密度。与铵态氮相比，混合供氮促进侧根长度(图 3-11 至图 3-13)，因此，混合供氮具有更为庞大的根系。此外，与铵态氮相比，混合供氮条件下根系具有较低的比根长，其更加有利于根系中碳的经济利用。

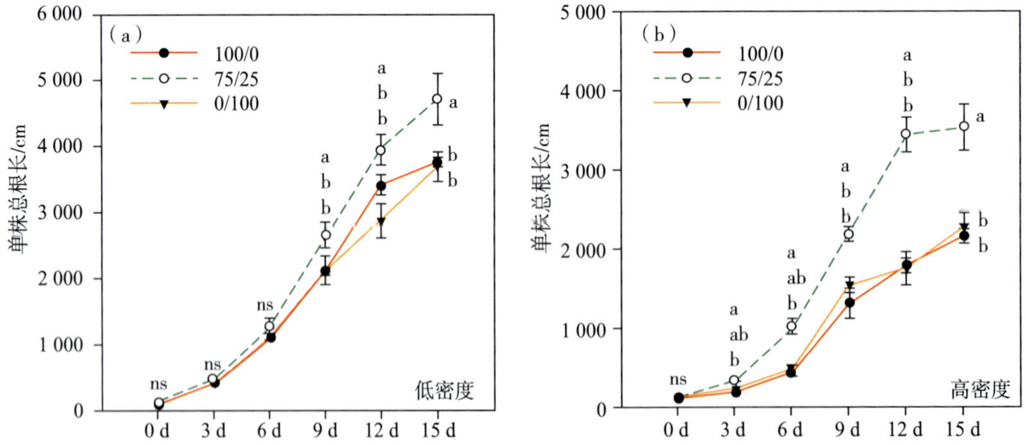

图 3-11

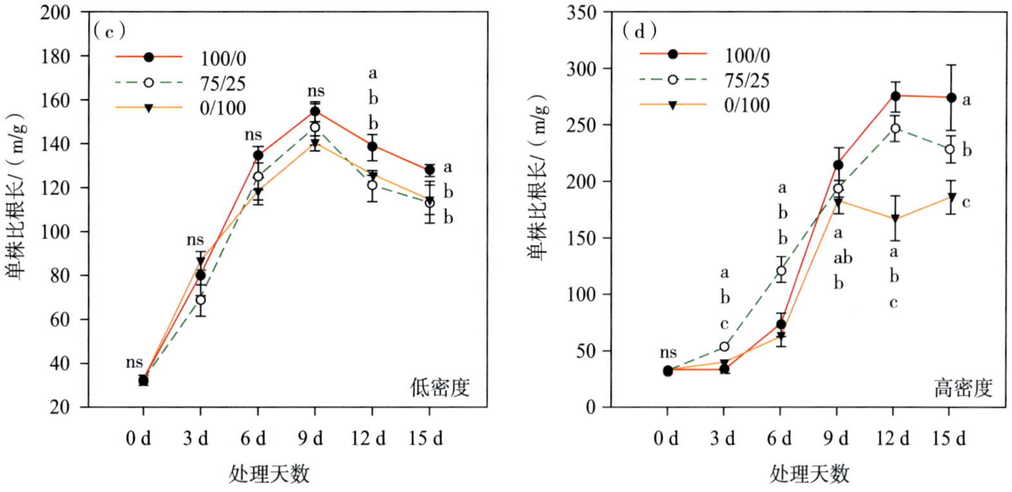

续图 3-11　不同密度、硝铵比处理下玉米植株总根长及比根长变化

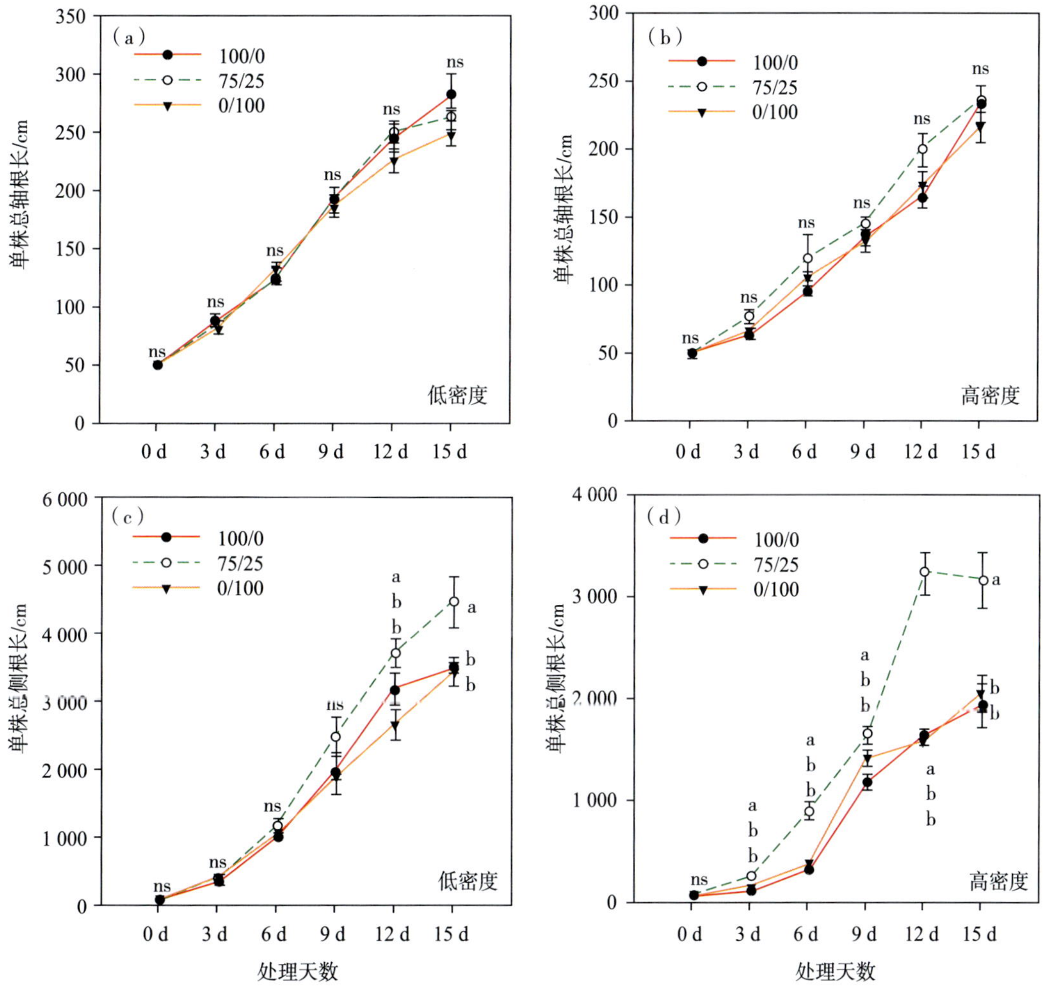

图 3-12　不同密度、硝铵比处理下玉米植株总轴根长及总侧根长变化

图 3-13 氮素形态对玉米根系形态的影响

混合供氮在促进植株地上部生长的同时，也促进部分养分的吸收速率，研究表明，适合的铵硝混合供应可以显著提高 N、P、Cu、Fe 的吸收速率(表 3-2)。

表 3-2 不同密度、硝铵比处理下玉米根系各养分离子平均吸收速率变化

处理	N/[mg/(d·m)]	P/[mg/(d·m)]	K/[μg/(d·m)]	Ca/[μg/(d·m)]	Cu/[μg/(d·m)]	Fe/[μg/(d·m)]	Mg/[μg/(d·m)]	Mn/[μg/(d·m)]	Zn/[μg/(d·m)]
低密度									
100/0	0.33b	0.13a	0.86a	21.21a	0.11b	1.76b	41.08a	0.58a	0.51a
75/25	0.37a	0.13a	0.88a	20.09a	0.16ab	1.55b	38.34a	0.33b	0.48a
0/100	0.33b	0.13a	0.74b	19.12a	0.17a	0.64c	28.75b	0.11c	0.40b
高密度									
100/0	0.17b	0.08b	0.51a	15.14b	0.07b	0.45b	28.16a	0.43a	0.23a
72/25	0.20a	0.11a	0.61a	15.47ab	0.10a	0.64a	28.45a	0.49a	0.27a
0/100	0.20a	0.09ab	0.55a	17.62a	0.09a	0.34c	24.18a	0.23b	0.22a
		变异来源							
密度	***	***	***	**	***	***	***	*	***
氮形态	NS	**	NS	NS	***	***	**	***	***
密度×氮形态	NS	NS	*	*	**	***	*	***	***

因此，在增密高产种植条件下，通过合理调整硝、铵态氮的供应比例，促进根系生长及养分吸收，有可能进一步提高作物产量。这在滴灌施肥条件下尤其重要。

3.2 根层氮素供应与高产群体的互作机制

氮肥是作物生长所必需的元素之一，氮肥的施用对保证粮食安全发挥着至关重要的作用。我国以世界 8%的耕地养活了 20%的人口，同时消耗了 30%的氮肥。目前，我国的粮食生产体系中普遍存在着过量施用氮肥的情况，以华北平原的冬小麦-夏玉米轮作体系为例，基于 1997—2007 年的农户调研数据，冬小麦和夏玉米的生产中农民习惯的施肥量分别在 300 kg/hm^2 和 200 kg/hm^2 以上，远高于大约

160 kg/hm² 作物氮的吸收量，该区域的氮肥表观回收利用率仅为 16%左右（Cui et al.，2008a，b，2010）。较低的氮肥利用率导致大量的活性氮损失到环境中，造成一系列的环境问题，例如土壤酸化、面源污染和全球变暖（Guo et al.，2010；Zhang et al.，2013b；Liu et al.，2013；Chen et al.，2014）。针对我国高投入集约化生产体系过量氮肥施用和环境污染的问题，中国农业大学养分资源管理团队在长期研究中认识到，根层土壤氮素供应强度是保障作物氮素需求的关键，也是影响氮素向环境迁移的核心，并据此建立了以“根层养分调控”为核心的协调作物高产与资源高效的养分资源综合管理理论（陈新平和张福锁，2006）。大量的田间试验结果显示，在常规产量下，以根层养分调控为核心的氮素实时监控技术，很好地满足了作物的氮素需求，在保障产量的同时大幅度降低了氮肥用量，减少了氮素向环境的迁移（Zhao et al.，2006；Cui et al.，2008a，b）。然而，为满足我国人口增长与经济发展对粮食的需求，我国需要进一步提高作物的产量。以根层养分调控为核心的氮素实时监控技术的理论依据是作物的氮素营养规律，为实现高产量条件下的合理施肥，我们需要进一步理解作物氮素需求与产量的关系，定量作物的氮素需求；揭示支撑高产群体结构与功能的植株和器官水平的养分需求特征，及根层养分的调控途径；同时也需要对根层氮素调控长期的资源环境效应和可持续性进行综合评价。

3.2.1　高产高效作物的养分需求特征及其生理机制

1. 高产高效冬小麦的养分总量需求特征及其生理机制

冬小麦的氮素需求特征受到氮肥管理及产量水平的影响。在一定的产量水平下，冬小麦氮素需求量随着施氮量的增加而增加，每生产 1 t 冬小麦的需氮量从不施氮处理的 20.8 kg 增加到过量施氮处理下的 25.7 kg，在优化氮处理下每吨冬小麦的需氮量为 24.3 kg。在优化氮肥管理条件下，生产 1 t 冬小麦籽粒产量的需氮量随着产量增加呈现先降低后持平的趋势（图 3-14）。当产量水平从小于 4.5 t/hm² 提高到 6.0～7.5 t/hm² 时，每生产 1 t 冬小麦的需氮量从 27.1 kg 下降到 24.5 kg。这主要是由于籽粒氮浓度从 2.41%下降到 2.21%，同时收获指数从 0.39 提高到 0.46（图 3-15）；当产量水平进一步提高到 9.0～10.5 t/hm² 时，每吨冬小麦的需氮量从 24.5 kg 下降到 22.7 kg，这一过程中收获指数没有变化，主要是由于籽粒氮浓度进一步下降造成的，从 2.21% 下降到 2.00%；当产量水平进一步提高到大于 10.5 t/hm² 时，每吨冬小麦的需氮量不再继续下降，主要是由于收获指数和籽粒氮浓度都已经趋于稳定。

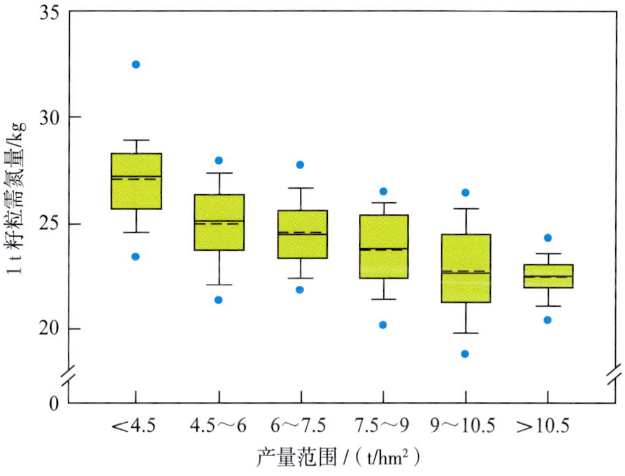

图 3-14　不同产量水平冬小麦氮素需求量

（Yue et al.，2012）

不同产量水平对应的干物质累积和氮素吸收也不同。与中产（7～9 t/hm²，n=112）和高产小麦（>9 t/hm²，n=122）相比，低产小麦（<7 t/hm²，n=179）的干物质及氮素吸收在每个生育阶段均明显偏低（图 3-16）。高产小麦干物质及氮素吸收与中产小麦在拔节前差异不明显，最大差异出现在拔节—扬花期。在拔节—扬花阶段，中产小麦干物质积累量为 6.3 t/hm²，而高产小麦为 8.7 t/hm²。同时，这个时期中低产小麦的氮素积累为 55 kg/hm²，高产小麦为 83 kg/hm²（图 3-16）。表明拔节—扬花期的干物质和氮素积累对提高小麦的产量至关重要。

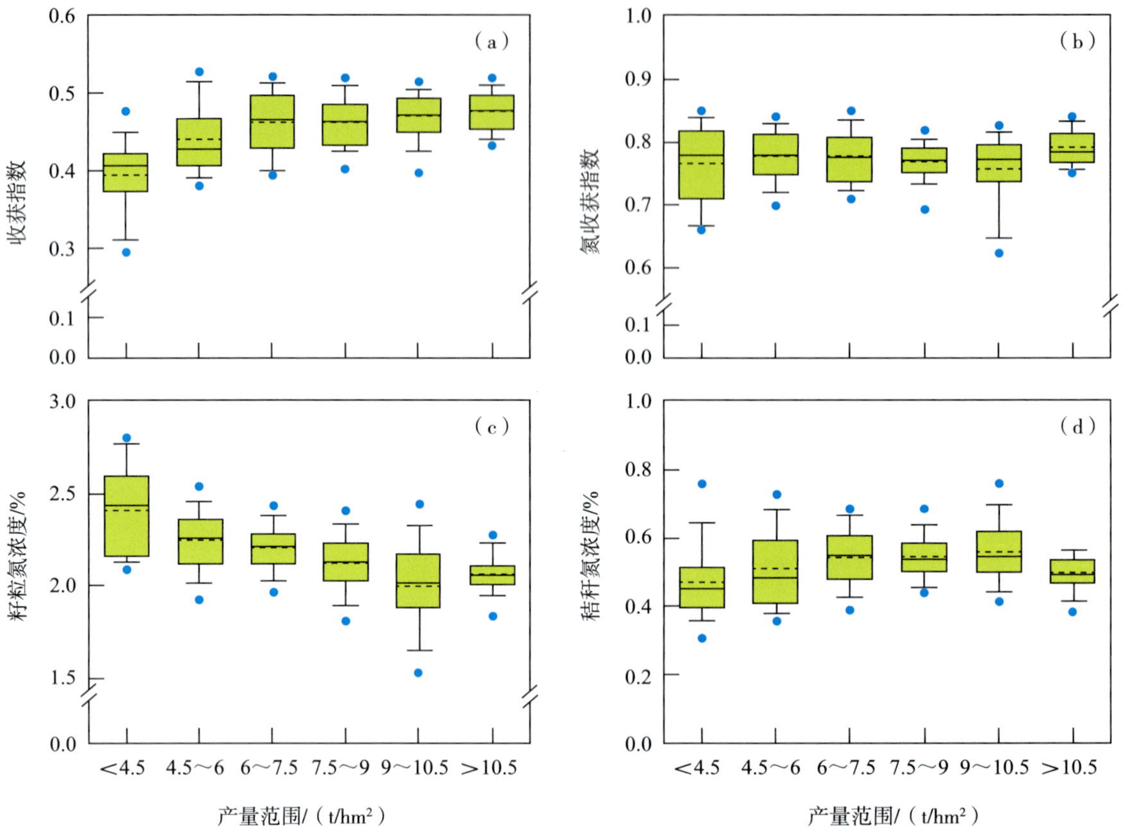

图 3-15　不同产量水平冬小麦收获指数、秸秆氮浓度和籽粒氮浓度变化（岳善超，2013）

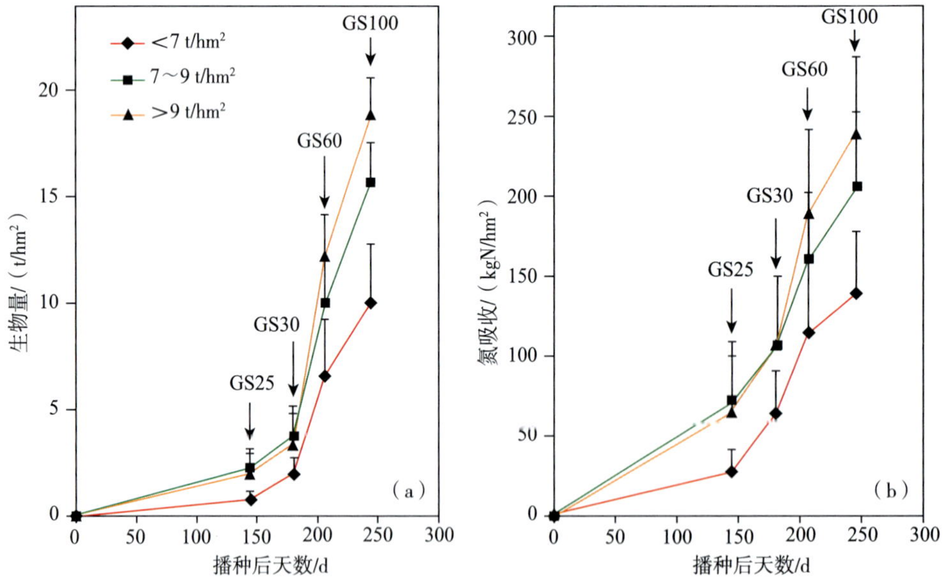

图 3-16　不同产量水平的冬小麦阶段生物量与养分累积动态规律（孟庆锋，2013）

2. 高产高效玉米的养分总量需求特征及其生理机制

与小麦相似，生产 1 t 玉米籽粒所需氮量也随着产量水平的提高呈现先降低后持平的趋势（图 3-17），其主要原因是由于收获指数的增加和籽粒氮浓度的下降，特别是籽粒氮浓度的下降（岳善超，2013）。玉米单位籽粒氮素需求量随产量提高而降低的趋势可以分为 3 个阶段。第 1 个阶段为产量水平从<6.0 t/hm² 到 6.0～7.5 t/hm²，单位籽粒氮素需求从 20.0 kg 下降到 17.5 kg。这个阶段主要是由于收获指数从 0.44 上升到 0.48，同时籽粒氮浓度从 1.31%下降到 1.25%(图 3-18)。第 2 个阶段是产量水平从 6.0～7.5 t/hm² 到 9.0～10.5 t/hm²，单位籽粒氮素需求稳定在 17.5 kg。第 3 个阶段是产量水平从 10.5～12.0 t/hm² 到>12.0 t/hm²，单位籽粒氮素需求在 15.5 kg 左右。因此我们确定 10.0～12.0 t/hm² 夏玉米的氮素总需求量应该在 175～195 kg/hm²。

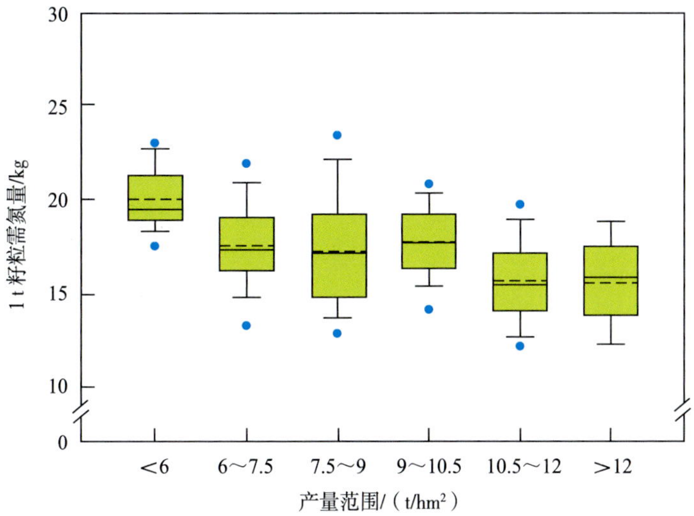

图 3-17　不同产量水平玉米氮素需求量(Yue et al.，2012)

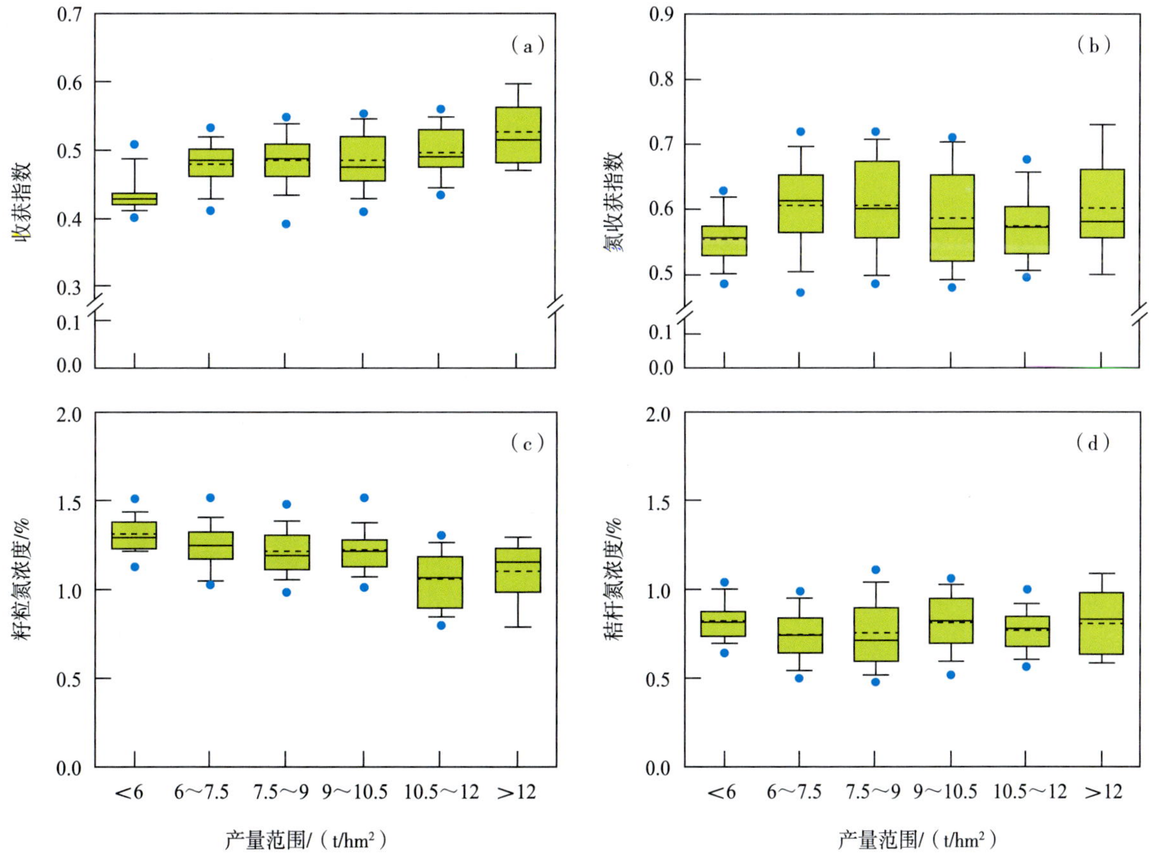

图 3-18　不同产量水平夏玉米收获指数、秸秆氮浓度和籽粒氮浓度变化(岳善超，2013)

在明确了高产夏玉米氮素需求总量的基础上，进一步研究分析高产夏玉米干物质累积和氮素吸收的动态规律(图 3-19)。高产夏玉米各个阶段的干物质累积和氮吸收都大于低产和中产，但是不同生长阶段的吸收量和吸收比例在不同产量水平之间存在差异。三个产量水平的干物质累积在六叶期(V6)差异不显著，V6—吐丝期(R1)和 R1—收获期(R6)时，高产玉米干物质累积速率远高于中低产水平。对于氮吸收而言，播种—V6 期，高产玉米的氮素吸收量占到收获期总吸氮量的 20%，而中高产和低产玉米仅为 10%；而在 V6—R1 期，高产玉米氮素吸收量占生育期总吸氮量的比例却小于中高产和低产玉米；在 R1—收获期，高产玉米氮素吸收量以及吸收比例则要远远大于中高产玉米和低产玉米。分析发现随着产量水平从<8 t/hm² 提高到>10 t/hm²，夏玉米花后干物质累积和氮素吸收所占的比例不断增大，干物质累积比例从 50%增加到 58%，氮素吸收所占的比例从 25%上升到 42%(孟庆锋，2012)。当产量进一步增加到 13.5 t/hm² 以上时，花后的生物量累积比例达到 70%，氮吸收累积比例达到 60%(Meng et al.，2018)。这主要是由于高产玉米花后需要吸收大量的氮素来维持绿叶面积，增强光合作用，满足灌浆期对干物质和养分的需要(Lee and Tollenaar，2007)，这也强调了开花期玉米追肥对提高产量的重要性 (Meng et al.，2018；Zhang et al.，2020b)。

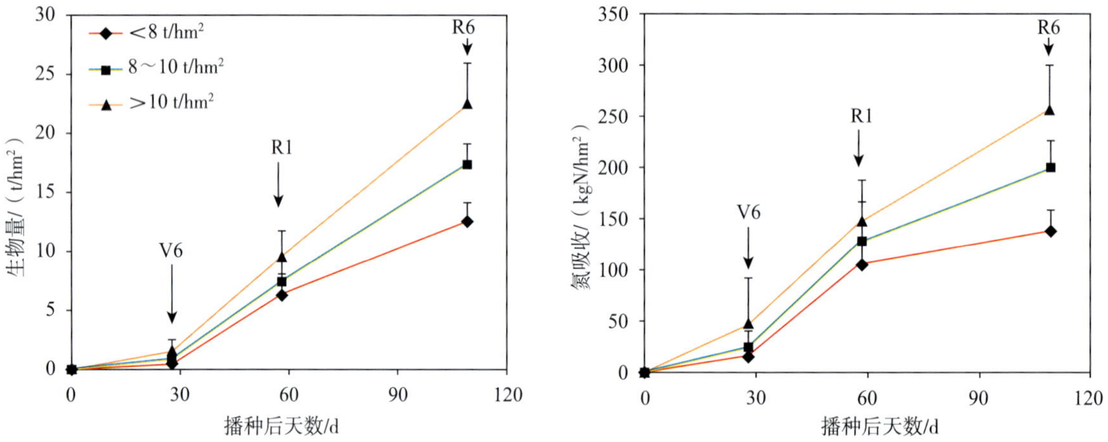

图 3-19　优化供氮条件下不同产量水平夏玉米干物质和氮素累积动态(n=63)(孟庆锋，2012)

注：V6、R1 和 R6 分别代表六叶、开花和收获期。

3.2.2　高产高效作物适宜的根层氮素调控途径及其对地上群体结构与功能的影响

1. 高产高效冬小麦根层优化氮素管理体系指标的建立

以根层养分调控为核心的氮素实时监控技术是根据作物不同生长发育阶段氮素需求规律，来确定不同阶段所需氮素需求量(包括土壤无机氮和肥料氮)(Zhao et al.，2006；Cui et al.，2010)，以保证氮素供应与作物氮素需求在时间和空间的匹配。

以小麦目标产量为 9 t/hm² 计算，达到该目标产量的地上部吸氮量约为 220 kg/hm²，其中从播种到拔节期，小麦地上部吸氮量约为 100 kg/hm²，拔节到收获期小麦吸氮量约为 120 kg/hm²(图 3-20)。播种至拔节期小麦根系主要分布在 0～60 cm 土层中，拔节到收获期根系主要分布在 0～90 cm 土层中，因此两个阶段相对应的根层区域分别为 0～60 cm 和 0～90 cm。依据该生育期理想群体数量和根层土壤无机氮的数学关系确定了不同阶段根层土壤无机氮临界值(缓冲值)。以播种到拔节期为例，拔节期地上部理想群体数量与此时 0～60 cm 残留根层土壤无机氮存在“线性+平台”的数学关系，满足拔节期理想群体数量的根层无机氮的含量应保证在 50 kg/hm² 左右。同样，满足收获期理想穗数的 0～90 cm 根层无机氮需要量约为 90 kg/hm²。两个阶段氮素供应目标值为吸氮量与缓冲值的总和，分别为 150 kg/hm²(100+50 kg/hm²)和 210 kg/hm²(120+90 kg/hm²)(图 3-20)。在播种期与拔节期施肥前，测定对应根层残留土壤无机氮含量，残留土壤无机氮为多种氮源综合的结果，考虑了生育阶段内土壤残留无机氮、环境氮投入（如氮沉降）和土壤氮矿化，测定的根层残留土壤无机氮与氮素供应目标值的差即为此时期的优化施氮量。根据建立的根层氮素实时监控技术田间试验的结果，进一步明确了高产高效小麦各生育阶段地上部群体结构与功能的动态变化规律（图 3-20），为实现高产高效提供科学依据。

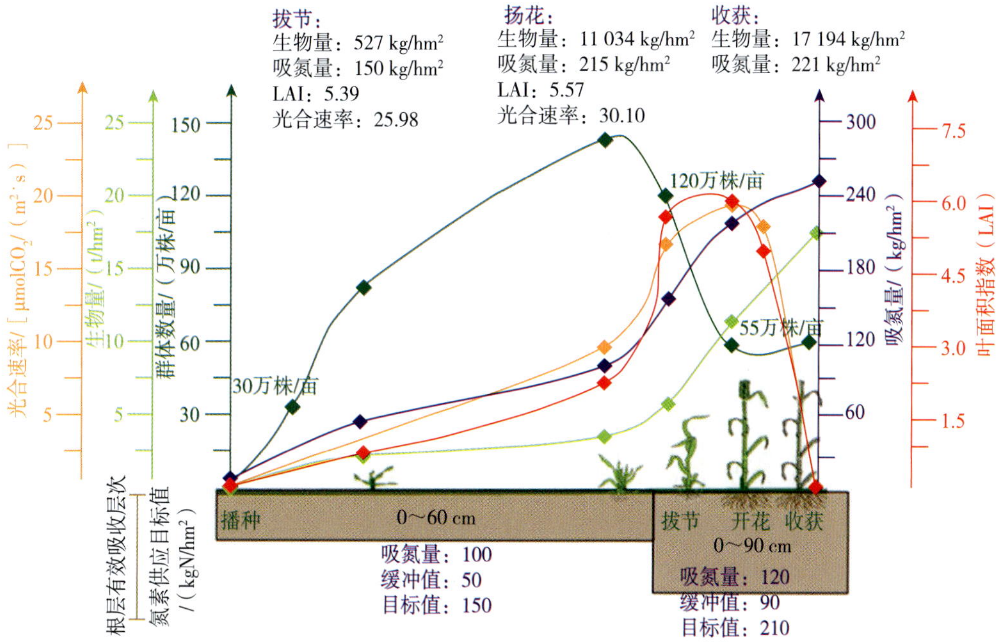

图 3-20 高产高效冬小麦地上群体构建与地下根层氮肥供应的理论模型（史俊芳，2016）

2. 高产高效夏玉米根层优化氮素管理体系指标的建立

国外的研究中建立了临界氮浓度稀释曲线的概念，在农业生产中用于评价植株的氮营养状况并确定高产玉米各生育期的临界氮浓度。同样的，我们利用华北平原 16 个试验点上 231 个试验数据建立了华北平原高产夏玉米临界氮浓度稀释曲线（图 3-21），利用该曲线我们可以评价夏玉米各生育期的氮营养状况，同时明确高产夏玉米各时期的植株临界氮浓度。根据多点试验的结果，在 V6 期和 VT 期，高产夏玉米生物量累积要达到 782 kg/hm² 和 8 613 kg/hm²，利用临界氮浓度稀释曲线两时期的植株临界氮浓度分别为 3.15% 和 1.50%；收获期高产夏玉米生物量累积要达到 18 750 kg/hm²，此时超过了临界氮浓度曲线的生物量范围，因此，我们通过总结大样本高产夏玉米收获期的植株氮浓度，确定此时的植株临界氮浓度为 1.03%。

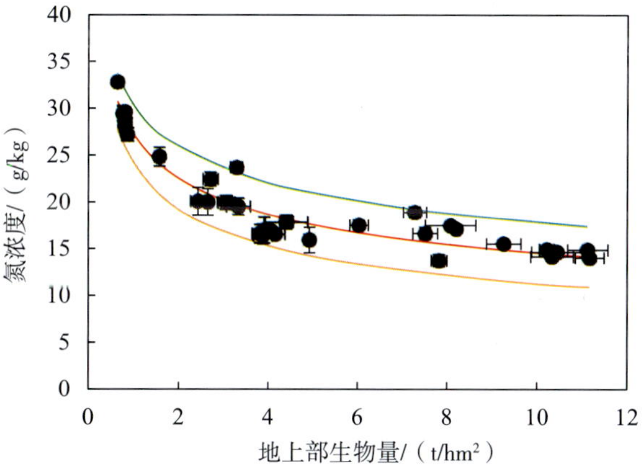

图 3-21 华北平原夏玉米氮浓度稀释曲线（岳善超，2013）

玉米植株氮营养状况是受根层土壤氮素供应调控的，通过多年多点对高产高效根层氮供应强度的长期研究，明确了高产高效玉米生产中各个阶段的根层氮素调控技术。首先根据玉米生长发育阶段确定根层土壤深度。播种至 V6 期玉米根系分布在 0～30 cm，V6—VT 期玉米根系分布在 0～90 cm，VT—R6 期玉米根系分布在 0～90 cm，因此相对应的根层区域分别为 0～30 cm，0～90 cm 和 0～

90 cm。根层土壤无机氮临界值(缓冲值)是依据该生育期地上部植株氮浓度和根层土壤无机氮的数学关系确定的。不同生育期地上部植株氮浓度与对应不同深度根层的土壤无机氮存在“线性＋平台”的数学关系(图 3-22)。高产夏玉米 V6 期、VT 期和 R6 期的植株临界氮浓度分别为 3.15%、1.50%和 1.03%,将其代入该模型即可计算出播种—V6、V6—VT 和 VT—R6 三个阶段的根层土壤所需的无机氮缓冲值分别为 45、50 和 105 kg/hm^2。

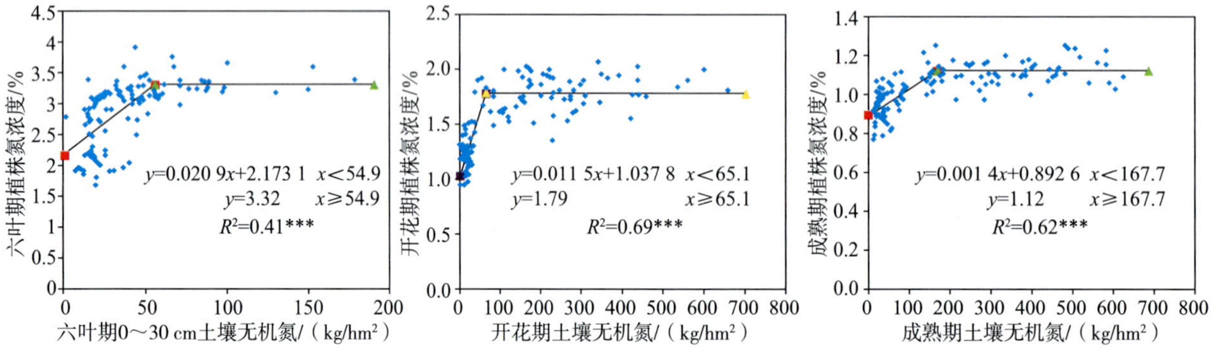

图 3-22 不同生育期高产夏玉米植株氮浓度与根层土壤无机氮供应数量关系

不同阶段根层土壤氮素供应目标值主要包括两部分:一部分是该生育期内的植株吸氮量,另一部分是根层土壤无机氮缓冲值。从播种至 V6 期,该阶段地上部植株吸氮量为 25 kg/hm^2,通过文献总结根系吸氮量大概为地上部吸氮量的 20%,所以整个植株的吸氮量应该为 30 kg/hm^2。因此从播种到 V6 期 0～30 cm 根层土壤无机氮供应目标值＝植株吸氮量(30 kg/hm^2)＋根层土壤无机氮缓冲值(45 kg/hm^2)＝75 kg/hm^2(图 3-23)。从 V6 期至 VT 期,植株吸氮量为 135 kg/hm^2,此阶段 0～90 cm 根层土壤无机氮供应目标值＝植株吸氮量(135 kg/hm^2)＋根层土壤无机氮缓冲值(50 kg/hm^2)＝ 185 kg/hm^2。从 VT 期至 R6 期,该阶段植株吸氮量为 60 kg/hm^2,因此 0～90 cm 根层土壤无机氮供应目标值＝植株吸氮量(60 kg/hm^2)＋ 根层土壤无机氮缓冲值(105 kg/hm^2)＝165 kg/hm^2。播种前一般施用 45 kg/hm^2 氮肥保证第一阶段的发育,在 V6 期与 VT 期施肥前,测定对应根层残留土壤无机氮含量,其与氮素供应目标值的差即为此时期的优化施氮量。根据此方法田间试验的结果,进一步明确了高产高效夏玉米各生育阶段地上部群体结构与功能的动态变化规律(图 3-23),为实现高产提供科学依据。

3. 作物高产高效的根层优化氮素管理对地上群体结构与功能的影响

作物产量的形成依赖于生物量的累积(孟庆锋,2012;Chen et al.,2014),而地上部群体的生物量累积直接受到群体结构(LAI)和功能(光合速率)的影响(Lee and Tollenaar,2007)。群体的 LAI 和叶片光合速率受地上部植株氮营养状况影响,而植株的氮营养状况又受到土壤氮素供应能力的调控,所以要实现作物高产和氮肥高效利用就必须清楚地下根层氮供应对地上部植株氮浓度和地上部群体结构(群体 LAI)和功能(叶片光合速率)的调控机制。研究基于不同氮水平的田间定位试验,揭示了作物关键生育期支撑高产群体结构与功能的植株和器官水平的临界氮浓度以及所需的土壤氮供应。

对于冬小麦,合理的群体数量与优化的群体质量是实现冬小麦高产高效的栽培学基础(于振文等,2002),明确高产理论群体在群体数量与营养状况的动态构建过程,有助于针对性地进行养分调控,指引群体健康合理的发展,实现高产高效。图 3-20 表明了适宜播期为 10 月 7 日,播量 13.5～15 kg/亩,配合 160 kg/hm^2 优化施氮量分次施用,群体数量的动态发育规律,高产群体的基本苗为约 30 万株/亩,到春后群体数量达到最大,拔节期约为 120 万株/亩,而后无效分蘖逐渐退化,最终亩穗数为 50 万～55 万穗/亩。结合基本苗数量和最终亩穗数的结果可知,每株小麦主要靠主茎与第一分蘖成穗,因此群体调控的目标为尽可能保证主茎与第一分蘖成穗,并使其个体生物量最大化。在个体分蘖水平上,拔节期与扬花期主茎与第一分蘖的生物量与分蘖氮浓度呈“线性＋平台”的关系,而其他无效分蘖的生物量随氮

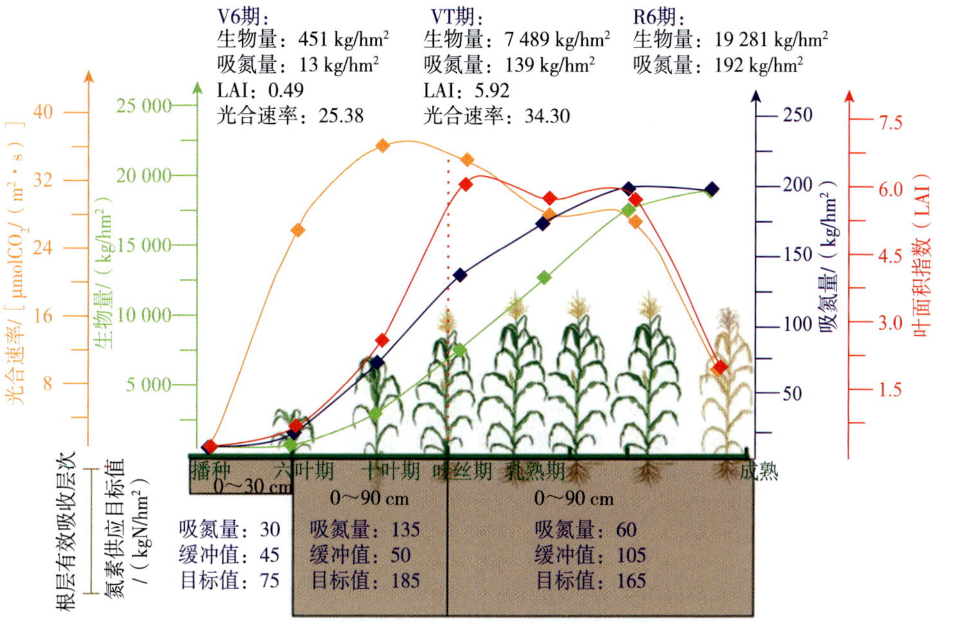

图 3-23　高产高效冬小麦地上群体构建与地下根层氮肥供应的理论模型(史俊芳，2016)

浓度的增加而增加(Zhang et al.，2020a)。因此当拔节期分蘖的氮浓度达到 2.72%，扬花期分蘖的氮浓度达到 1.62%时，既可以保证主茎与第一分蘖的生物量达到最大又可以最大限度地阻止无效分蘖的生长(图 3-24)(Zhang et al.，2020a)。就群体水平而言，当拔节期植株氮浓度达到 2.55%，可满足最大叶面积指数 LAI(5.4 m^2/m^2)与光合速率[26.0 μmol CO_2/(m^2·s)]，所需的最少土壤无机氮供应为 93 kg/hm^2；同样地，扬花期实现最优群体结构与功能的植株氮浓度为 2.00%，可满足最大叶面积指数 LAI(5.3 m^2/m^2)与光合速率[30.0 μmol CO_2/(m^2·s)]，土壤无机氮临界值为 120 kg/hm^2(图 3-24)。

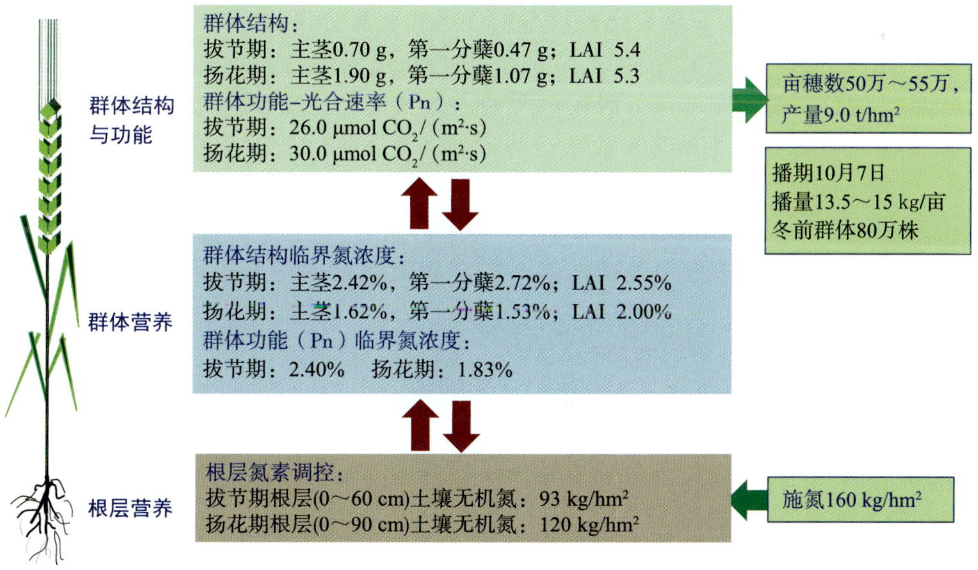

图 3-24　冬小麦关键生育时期优化群体结构与功能所需的临界植株氮浓度与土壤氮供应

对于夏玉米，六叶期植株氮浓度达到 3.08%时可以保证 LAI 与 Pn 实现临界值 0.56 m^2/m^2 和 27.0 μmol CO_2/(m^2·s)，所需最少根层土壤无机氮供应为 82 kg/hm^2；吐丝期根层土壤无机氮达到 121 kg/hm^2，植株氮浓度达到 1.72%时，可以保证高产群体结构与功能的实现，即 LAI 与 Pn 可以实现临界值 5.80 m^2/m^2 和 34.2 $\mu mol\ CO_2/(m^2 \cdot s)$(图 3-25)。综上所述，基于根层氮素实时监控技术的优化氮管理之所以能以较低的氮用量实现高产高效，缘于其充分考虑了多种氮源，包括土壤残留无机氮，环境氮投入(如氮沉降)和土壤氮矿化，适时适量的氮供应能满足地上群体结构与功能的临界氮需求。

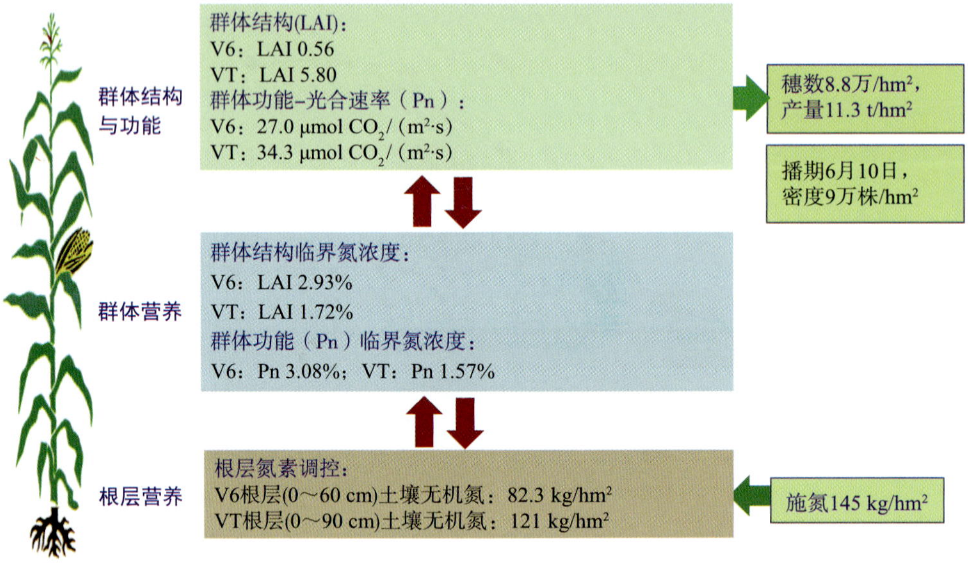

图 3-25　夏玉米关键生育时期优化群体结构与功能所需的临界植株氮浓度与土壤氮供应

3.2.3　简化根层氮素调控途径——控释配方肥一次性施肥技术

一系列的研究表明，根层氮素实时监控在降低氮肥用量的同时保证了小麦和玉米的产量效益(孟庆锋，2012；岳善超，2013)，并利用长期定位试验定量化了地下氮素供应与地上群体结构和功能发育的匹配过程(颜鹏，2015；史俊芳，2016)。但当今农村劳力价格大幅度提高，多次氮素调控的成本已过于高昂(杨进等，2016)，因此需要进一步发展简化的技术以便于优化氮管理的实施。近年来，控释肥以其缓慢释放养分同步匹配作物需求、一次性施用节省劳力和时间、降低活性氮损失的优势被广泛研究和应用(Akiyama et al., 2010)。进一步改进的膜尿素和普通尿素配合一次性基施可以避免单施包膜尿素成本较高的情况，弥补包膜尿素前期氮素释放延迟的不足以及协调由于秸秆还田造成土壤碳氮比失调的问题(梁政渊，2019)。因此，研究采取田间试验的方法，明确了不同氮水平下分次施用普通尿素与一次性基施控释掺混尿素的产量表现和氮肥回收利用率(RE)，同时利用 Data-Mining 和生命周期评价的方法，初步评估了小麦/玉米生产中应用普通尿素与控释掺混尿素的环境影响，并进行了环境经济效益评估。

田间试验在曲周试验基地开展，控释掺混氮肥一次性施用处理所有氮肥均在播前一次性基施，控释尿素氮与普通尿素氮的比例小麦为 1∶1，玉米为 4∶6，优化施氮量是基于长期根层氮素实时监控技术所得施氮量的年度平均值，小麦和玉米优化施氮量分别为 170 kg/hm^2 和 180 kg/hm^2。2017—2019 年两季的小麦田间试验和 2017—2018 年两季的玉米田间试验结果表明，优化施氮处理下，一次性施用控释掺混尿素可以保证最高的产量，两季平均冬小麦为 7.5 t/hm^2(图 3-26)，玉米为 11.9 t/hm^2(图 3-27)；并且控释掺混尿素比普通尿素在玉米高温年份(2018 年)表现出更高的增产潜力；平均 RE 冬小麦实现 90%，夏玉米为 98%，相对同等 N 量下的普通尿素处理玉米的 RE 提高了 12%(图 3-29)。

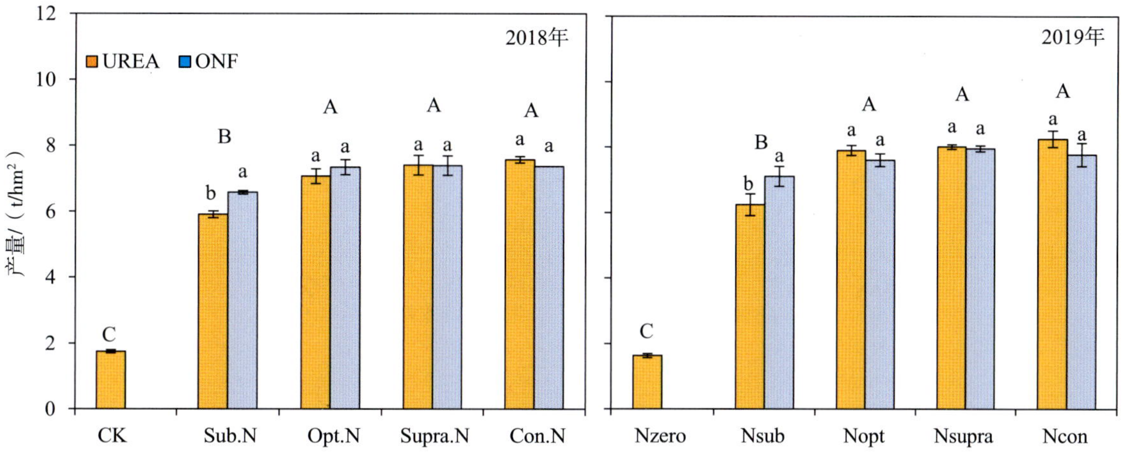

图 3-26　2017—2019 年各处理冬小麦产量

注：UREA 表示普通尿素分次施用，ONF 表示控释掺混氮肥一次性施用。

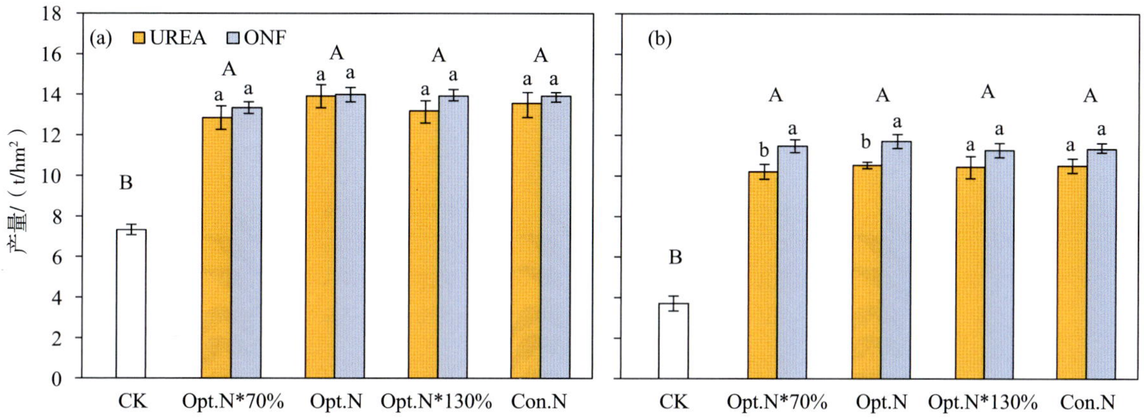

图 3-27　2017 年(a)与 2018 年(b)各处理夏玉米产量

注：UREA 表示普通尿素分次施用，ONF 表示控释掺混氮肥一次性施用。

由于控释肥可以缓慢释放氮素，有效降低底物浓度，从而延缓氧化亚氮(N_2O)排放，降低 N_2O 和氨(NH_3)的排放峰值；缩短了无机氮在土壤的停留期，从而降低了各种来源的活性氮损失，最终相对同等 N 量下的普通尿素处理，生命周期的小麦活性氮损失从 64 kg/hm² 降到 52 kg/hm²，玉米从 48 kg/hm² 降到 40 kg/hm²；小麦和玉米的氮足迹分别降低了 17%和 19%(图 3-28，图 3-29)。此外，优化施氮量下，控释掺混氮肥比普通尿素在玉米生产中由于高温年份增加了产量，因而降低了生产中 8%的碳足迹，在小麦生产中没有显著性差异。当考虑所有的成本时，包括氮肥成本、施肥劳力成本，氮肥施用导致的环境和人体健康代价，即环境经济效益，在优化施氮量下，控释掺混氮肥比普通尿素在小麦和玉米生产中分别增加了 4%和 21%的环境经济效益，小麦从 1 434 美元/hm² 提高到 1 494 美元/hm²，玉米从 1 155 美元/hm² 提高到 1 409 美元/hm²。与同等施氮量下的普通尿素相比，无论小麦还是玉米生产，优化施氮量下的控释掺混氮肥在产量、氮效率、环境表现和经济效益方面都表现出极大的优势。总而言之，优化施氮量配合一次性施用控释掺混氮肥可以实现冬小麦和夏玉米的高产高效、经济增收，实现农学、经济和环境效益协同发展，可以作为简化的氮管理促进作物生产的可持续发展。

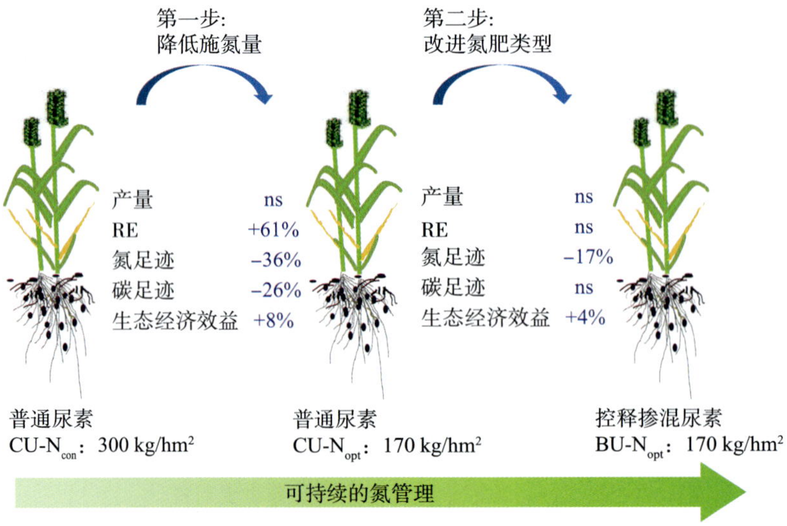

图 3-28 冬小麦传统施氮和优化施氮量下两种氮肥运筹的农学、环境和经济对比

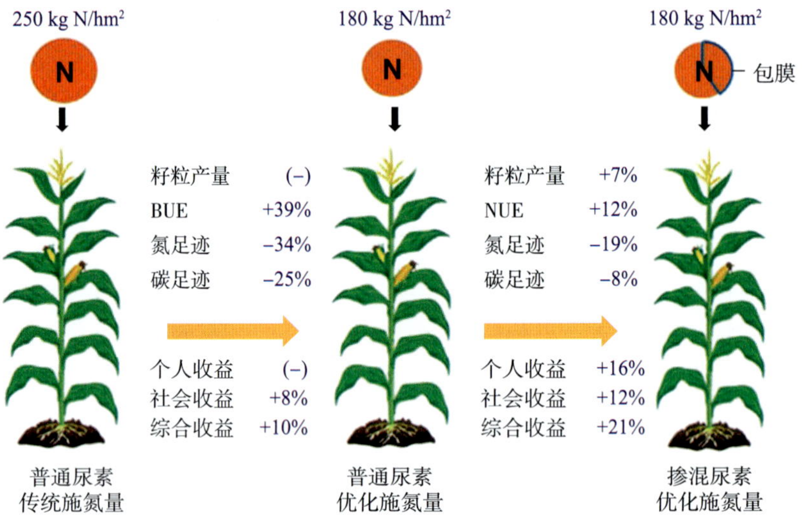

图 3-29 夏玉米传统施氮和优化施氮量下两种氮肥运筹的农学、环境和经济对比

3.2.4 优化品种选择与氮肥管理互作进一步改善玉米产量与籽粒品质

在过去的一个世纪中，由于遗传和农艺学上的改进，玉米的产量稳步增加(Tollenaar and Lee，2002；Duvick，2005)。伴随着产量的增加，许多现代玉米杂交品种的籽粒蛋白质含量有所降低(Ciampitti and Vyn，2012)。因此，当前的主要科学挑战是在集约化玉米生产中同时提高玉米产量和籽粒蛋白质含量。从理论上讲，玉米籽粒干物质取决于总生物量积累及其分配到籽粒的比例(收获指数—HI)。而由于收获指数很难进一步改善，因此，籽粒干物质的增加主要来源于增加的生物量积累(Meng et al.，2018)。由于较高的干物质需要增加氮的供应，因此可以通过两种可能的方法提高籽粒蛋白质含量:一种是通过增加植物对氮的吸收，另一种是通过维持高的氮分配给籽粒(氮收获指数—NHI)(Ciampitti and Vyn，2012)。生理成熟期的总籽粒氮吸收可以分为两个来源:一是从花前营养器官氮素再转移到籽粒(占籽粒氮的 45%～65%)，二是花后氮素的吸收(占籽粒氮的 35%～55%)，这两个过程的比例取决于环境因素和玉米基因型(Hirel et al.，2007)，但是，这两个过程之间存在矛盾(Ciampitti and Vyn，2013c)。提高籽粒蛋白质浓度的最具挑战性的目标之一是如何提高花后氮的吸收而不降低植株氮转移效率。

遗传改良极大地增加了玉米的籽粒产量(Duvick,2005)。与之前的黄熟型品种相比,现代绿熟型品种主要通过更高的花后氮素吸收和生物量积累来实现更高产量(Ciampitti and Vyn, 2012),这在很大程度上可以归因于延迟的叶片衰老(Tollenaar and Lee, 2006)。然而,绿熟型品种通常显示出较低的氮素转移效率(Pommel et al., 2006),造成了降低的籽粒蛋白质含量。我们假设具有较高氮吸收和氮分配特性的现代玉米品种可以在花前营养器官氮素再转移和花后氮素的吸收之间达到平衡,从而协同提高产量和籽粒蛋白质含量。高产玉米不仅有较高的总氮素需求,而且也有较高的花后氮素需求(Chen et al., 2011; Ciampitti and Vyn, 2013c; Meng et al., 2018)。在高产条件下(13 t/hm^2),花后累积的干物质比例增加至约 60%,而氮吸收的百分比增加至约 32%(Meng et al., 2016),花后氮素的稀释作用可能也是籽粒蛋白质含量降低的重要原因。与单次施用氮肥相比,后期施用氮肥时可以以较少的氮肥用量获得同等的产量,同时可以增加籽粒蛋白质含量(da Silva et al., 2005)。因此本文拟结合不同的玉米品种(先玉 1266—XY1266,郑单 958—ZD958 和登海 618—DH618)和氮管理措施(不施氮——CK,基于根层氮素实时监控的优化施氮——Opt. N,优化下调和上调 30%——Opt. N * 70%与 Opt. N * 130%)了解适宜的品种和精确的氮管理实现高产和高籽粒蛋白质浓度的潜在机制。

根据在曲周试验基地 2015 年和 2016 年两年开展的田间试验结果表明,在种植的三个玉米品种中,DH618 具有较高的籽粒干物质和籽粒蛋白质含量,Opt. N 处理可以用最小的施氮量保证高产和高蛋白质含量的实现,此时 DH618 的平均籽粒干物质为 10.3 t/hm^2,换算为标准产量(15.5%含水量)为 12.2 t/hm^2,实现了华北平原单产潜力(13.3 t/hm^2)的 92%,显著高于全国农民的平均产量(8.2 t/hm^2)(Liu et al., 2017);平均籽粒蛋白质含量为 8.64%,相对其他两个品种提高了 10%(图 3-30),也高于 1991—2011 年发布的全球玉米品种统计的平均值(7.50%)(Ciampitti and Vyn, 2012)。进一步分析发现,三个品种中 DH618 较高的籽粒产量来源于较高的生物量,尤其是较高的花后生物量,高于 XY1266 和 ZD958。这进一步归功于 DH618 较高的灌浆期叶片净光合速率、SPAD 值(叶绿素仪测定值)和延缓的叶片衰老,表现为更长时间维持着较高的叶面积指数(LAI)。

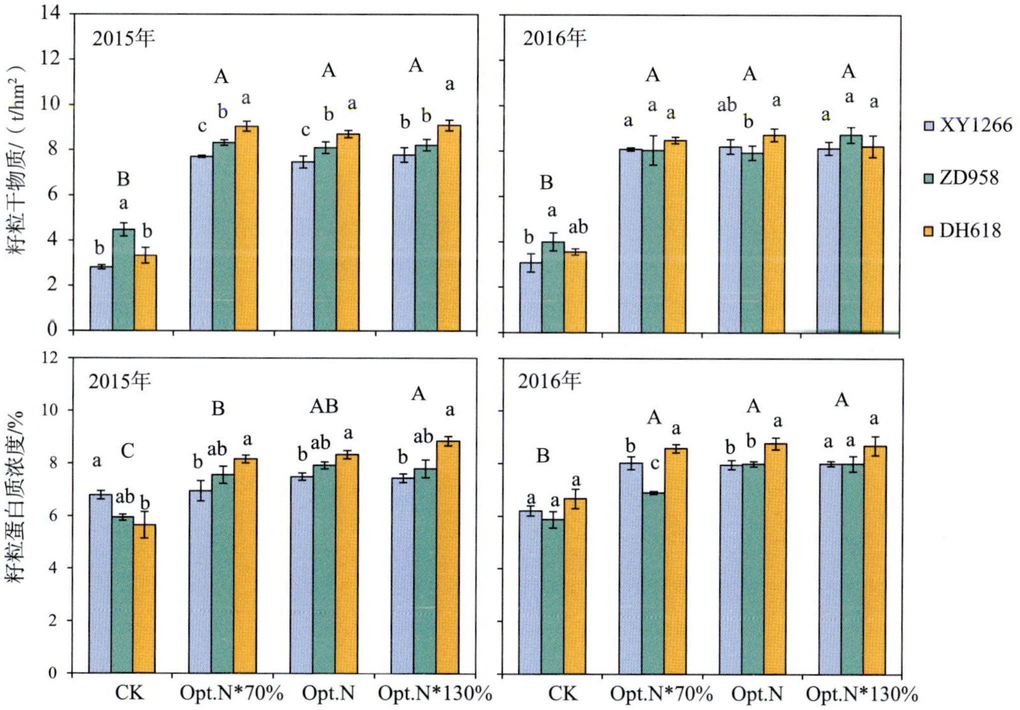

图 3-30　2015 年和 2016 年不同氮素处理的 3 个品种(XY1266、ZD958 和 DH618)的玉米籽粒干物质和籽粒蛋白质浓度(Zhang et al., 2020b)

深入的分析揭示了玉米品种籽粒蛋白质浓度较高的几种可能原因。首先，DH618 高的籽粒蛋白质浓度主要来源于较高的植物氮吸收，尤其是高的花后氮吸收。在优化处理下，DH618 的花后吸氮量（90.2 kg/hm^2）显著高于其他两个品种，花后氮吸收贡献了 56.9％的籽粒氮含量（表 3-3）。这说明 DH618 相对其他两个品种更高的籽粒蛋白质含量更多依赖于花后氮吸收的贡献。同时，DH618 高的花后氮素吸收缓解了现代持绿型品种灌浆阶段碳氮代谢不平衡的问题，最终提高了籽粒蛋白质的浓度。另一方面，优化处理下，DH618 中的 NHI 高于本研究中的其他两个品种（表 3-3），DH618 中的高 NHI 可能与籽粒灌浆后期叶片氮的快速迁移和低的茎秆氮分配有关（图 3-31）。

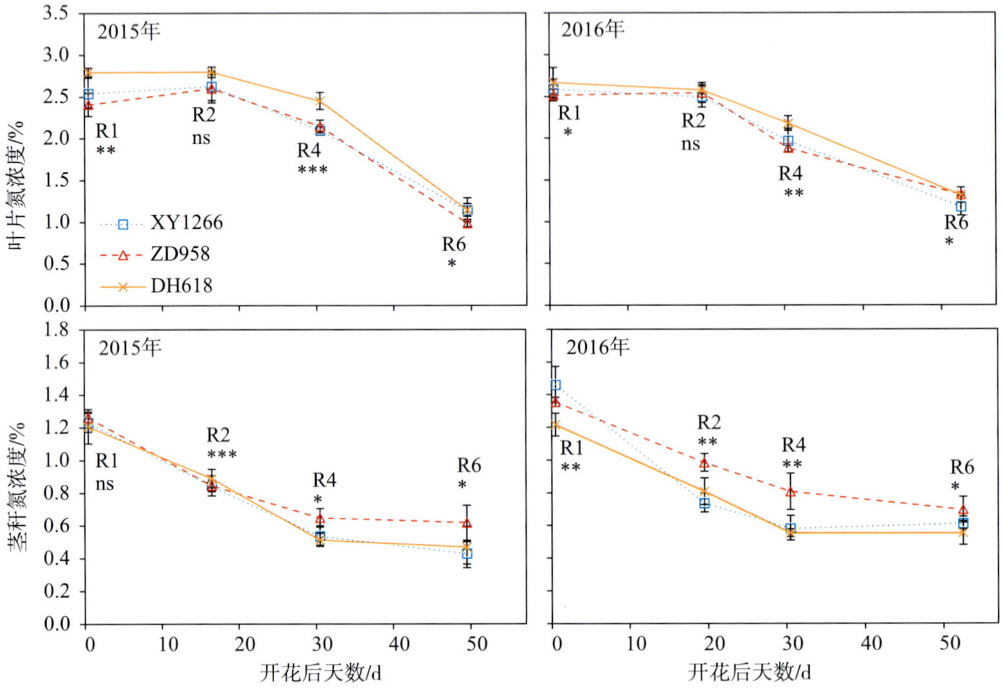

图 3-31　2015 年和 2016 年优化处理下三个品种（XY1266、ZD958 和 DH618）花后叶片氮浓度和茎秆氮浓度动态（Zhang et al.，2020b）

注：ns 代表无显著性差异，R1 指开花期。

协调花前氮转移和花后氮吸收的矛盾可以实现高籽粒蛋白质浓度。DH618 的氮转移效率与其他两个品种无显著差异（表 3-3），说明 DH618 在增加花后氮吸收的同时没有降低花前氮转移。通常情况下，高的前氮再转移效率会导致叶片中的 N 减少，从而降低 Pn（Pommel et al.，2006），这与 DH618 的结果不同。DH618 协调的花前氮转移和花后氮吸收与其氮在叶片和秸秆的分布有关，在整个灌浆期，DH618 的叶片氮浓度均显著高于其他两个品种，而 DH618 的茎秆氮浓度在灌浆期维持较低的水平（图 3-31）。Hirel 等（2005）发现不同玉米品种分配不同数量的氮来建立光合器官。在 DH618 中，高比例氮分配给功能器官叶而不是茎，促进了更多干物质的产生。因此，更多的碳水化合物可能被转运到根部以保持高的根吸收能力，在灌浆期积累更多的氮。这种积极的反馈机制最终可能导致高籽粒干物质和蛋白浓度。当前研究表明，实现花后氮素吸收和花前氮转移之间权衡的一种可能方法是在灌浆后期将更多的有效氮分配给功能性叶片器官。应通过育种保留 DH618 的叶片持绿性特征，因为在灌浆期高的叶 N 含量和 Pn 与高产息息相关。

表 3-3　2015 年和 2016 年两年三个玉米品种在优化处理下平均的开花和收获期茎秆（茎和叶）和籽粒氮含量，花后吸氮量，秸秆氮转移量，氮转移效率，氮收获指数，氮转移和花后氮吸收对籽粒氮含量的贡献率（Zhang et al.，2020b）

品种	开花期秸秆氮含量/(kg/hm²)	收获期秸秆氮含量/(kg/hm²)	收获期籽粒氮含量/(kg/hm²)	花后吸氮量/(kg/hm²)	秸秆氮转移量/(kg/hm²)	氮收获指数	氮转移效率/%	氮转移对籽粒氮的贡献率/%	花后氮吸收对籽粒氮贡献率
XY1266	151a	71.6a	144a	65.0b	78.9a	0.67b	51.2a	55.8a	44.2b
ZD958	133b	63.3b	146a	74.0ab	71.6ab	0.70ab	54.1a	49.4ab	50.5ab
DH618	130b	61.2b	157a	90.2a	66.8b	0.71a	51.4a	43.1b	56.9a

基于根层氮素实时监控技术的优化氮管理分三次施用氮肥以实现氮素供应与作物需求的时空同步匹配。以前的研究也表明，在没有水分胁迫的条件下，分次施氮增加了籽粒干物质和籽粒蛋白质的浓度，尤其是强调花后追施氮肥（Da Silva et al.，2005），这可能是由于花后追施的氮很容易被植物吸收并积累在籽粒中，满足籽粒蛋白质合成的氮素需求。在实际生产实践中，通常难以在开花时追施氮肥。然而，随着土壤有机质增加，土壤中氮矿化的增加有可能满足作物花后氮的高需求。此外，研究表明控释尿素和普通尿素播种前的一次性混合施用也能够满足高产玉米系统在花后对氮的需求（Guo et al.，2017）。综上所述，基于根层氮素实时监控技术的优化氮管理可以充分考虑土壤提供的氮，满足作物对氮的需求，从而改善籽粒干物质和品质。

综上所述，通过结合适宜的玉米品种 DH618 和优化氮管理，可以协同获得 12.2 t/hm² 的高产和 8.64%的高籽粒蛋白质浓度。DH618 中高的籽粒干物质和蛋白质浓度取决于以下特征：①改善了生物量的积累，特别是在花后灌浆阶段，并且具有稳定性较高的收获指数；②总的氮吸收尤其是在花后灌浆阶段的氮吸收较高，且 NHI 较高；③减少了花前氮素再转移与花化后氮素吸收之间的矛盾。较高的叶片氮浓度促进了籽粒灌浆阶段叶片的高 Pn，并进一步促进了花后生物量的积累和氮素的吸收。此外，对叶片的高氮分配也可作为氮的储存库，接近收获期氮素的快速转移减轻了花前氮素再转移与花后氮素吸收之间的拮抗作用。通过充分利用残留的根层无机氮分次施用适量的氮肥，优化氮管理可以满足玉米对高籽粒干物质和蛋白质浓度的氮需求。

3.2.5　密植高产条件下长期优化氮管理的可持续性评价

在过去的几十年中，氮肥的施用对作物产量的提高起着至关重要的作用（Zhang et al.，2011），与此同时，氮素的过量使用造成了氮素利用效率（NUE）的降低和一系列的环境问题，如土壤酸化、地下水污染、全球变暖等，这些环境危害也威胁着人类健康（Guo et al.，2010；Zhang et al.，2013b；Liu et al.，2013；Chen et al.，2014）。此外，随着人口的激增和粮食需求的增加，集约化农业生产不会降低对氮肥的依赖性，我国农业必须从高投入、低产低效的传统发展模式转变为低投入、高产高效的可持续集约化发展模式。

以前的研究表明，不管在田间试验水平还是农户水平，我国不同生态区的主要粮食作物生产都表现出很大的节氮潜力，改善的氮管理措施以更少的氮肥投入获得了更高的产量，同时改善了 NUE，降低了活性氮损失和温室气体（GHG）排放（Chen et al.，2011；Chen et al.，2014；Cui et al.，2018）。然而，大幅度的节氮能否在长期持续保持高产高效，是否会对土壤肥力产生消耗或提高土壤肥力，是否能持续改善环境问题，这些都需要我们进一步长期的探究。解决这些问题需要我们进一步理解氮肥投入与作物生产、土壤肥力和环境结果之间的内在关系。本研究依托中国农业大学曲周高产高效研究基地基于长期定位试验（2007—2017 年），拟探究基于根层氮素实时监控技术的优化氮管理在农学效率、资源利用效率和环境效益的长期表现，明确优化氮管理的长期可持续性。

1. 密植高产条件下长期优化氮管理的农学评价

根据曲周 10 年的田间试验表明，冬小麦的籽粒产量(标准产量，14%含水量)随施氮量增加而增加，直到 Opt. N 处理达到产量平台(图 3-32)。超过优化施氮量的氮肥投入不能进一步增加产量，然而 Opt. N＊50%～70%降低的氮肥投入会降低平均 15%的产量，表明 Opt. N 处理可以以最少的氮肥投入获得最高的产量，以平均 167 kg/hm^2 氮肥实现 8.0 t/hm^2 小麦产量，相对农民传统处理(Con. N)节约了 44%的氮肥而没有降低产量。与冬小麦的趋势稍有不同，夏玉米的最高籽粒产量(标准产量，15.5%含水量)在 Opt. N 或 Opt. N＊50%～70%处理实现，Opt. N＊50%～70%处理受年际间气候的影响产量表现不稳定(图 3-32)，因此 Opt. N 处理平均 171 kg/hm^2 氮肥用量更能适应年际间的变异实现高产(10.6 t/hm^2)，相对 Con. N 节约了 32%的氮肥。值得注意的是，2012 年以来后六年的籽粒产量相对前四年得到了很大的改善，这是因为 2012 年以后建立了高产高效体系，又名综合土壤-作物系统管理(ISSM)体系，即在根层氮素实时监控技术的基础上，进一步改善了一些农学管理措施来充分利用水分、养分和太阳辐射资源和适宜的气候条件(Chen et al.，2011)。这些农学管理措施包括改善的作物品种、播期、播量、磷肥和钾肥施用量，改善的优化施氮目标值和施用时期，以及耕作措施。

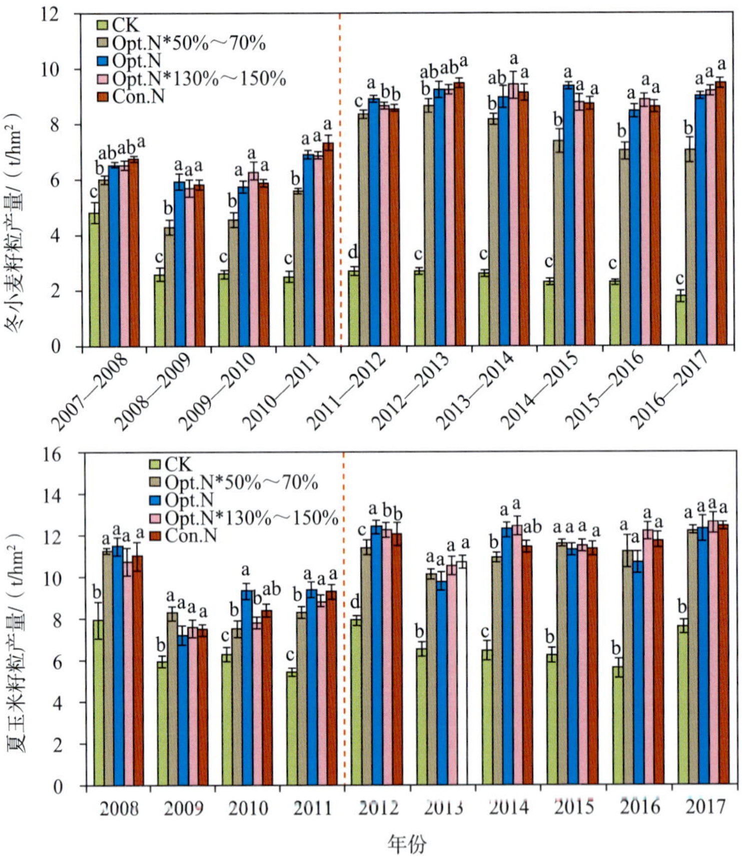

图 3-32　2007—2017 年不同处理冬小麦和夏玉米的籽粒产量

小麦生产中，ISSM 体系在后六年获得了平均 9.0 t/hm^2 的产量(对比前四年 6.3 t/hm^2 的平均产量)，实现了华北平原小麦产量潜力(10.2 t/hm^2)的 88%。同样，夏玉米的 ISSM 体系在后六年产量为 11.5 t/hm^2(对比前四年 9.4 t/hm^2 的平均产量)，实现了华北平原产量潜力(13.3 t/hm^2)的 86%(Liu et al.，2016；Liu et al.，2017)。ISSM 体系实现的高产和世界适宜气候和土壤条件的集约化地区产量相似，如欧洲西北部的小麦生产区(9～10 t/hm^2) 和美国玉米带的灌溉玉米及欧洲南部的玉米生产区(10～13 t/hm^2) (Grassini et al.，2013；van Wart et al.，2013)。为满足日益增长的人口对粮食的需求，到 2030 年预计中国粮食需求量小麦和玉米分别为 125 和 315 百万吨(Mt)(Chen et al.，2014)。按照与 2017 年相同的播种面积，如果华北平原的农民可以实现 ISSM 体系产量的 80%(8.1 t/hm^{2}的小麦产量和 10.4 t/hm^{2}的玉米产量)，华北平原可以生产 142 Mt 的小麦和 140 Mt 的玉米。在此基础上，即使华北平原以外的区域粮食产量没有增长，小麦和玉米的产量也能达到 163 和 319 Mt，因此足以满足 2030 年人口的粮食需求。此外，降低的氮肥需求也会极大降低肥料成本从而也增加了经济收益。

2. 密植高产条件下长期优化氮管理的氮肥利用率

近几十年来，由于氮肥的过量应用导致氮肥利用率极大降低，研究表明，我国主要小麦和玉米的氮肥回收利用率平均为 28.2%和 26.1%，显著低于美国和欧洲国家的水平(40%～60%)(张福锁等，2008)，大量的活性氮损失到环境中进而造成一系列环境问题。氮肥回收利用率(RE，施氮处理与不施氮处理吸氮量的差除以施肥量)是一个整合的指标，不仅仅取决于植物氮需求和施肥量，也取决于为不施氮处理提供氮来源的环境氮投入和土壤有机与无机氮库(Cassman et al.，2003)。在 10 年的长期研究中，Opt. N 处理在整个轮作体系的 RE 每年平均为 74%，比 Con. N 处理提高了 63%，建立 ISSM 体系以后，由于最优的农学管理措施结合根层氮素实时监控改善了作物生长，增加了氮吸收，从而进一步改善了氮肥回收利用率(平均达到 90%)(图 3-33)。当从长期尺度计算氮肥回收利用率时，Opt. N 处理具有最高的长期 RE(72%)，10 年内 72%的氮肥被作物循环吸收利用。长期 RE 随作物种植年限的增加呈现逐渐增加的趋势，这可能是由于，秸秆还田的氮被缓慢矿化为无机氮逐渐被继续种植的作物利用，而且，进一步改进的最佳管理措施也能增加施氮处理作物对氮的吸收利用。

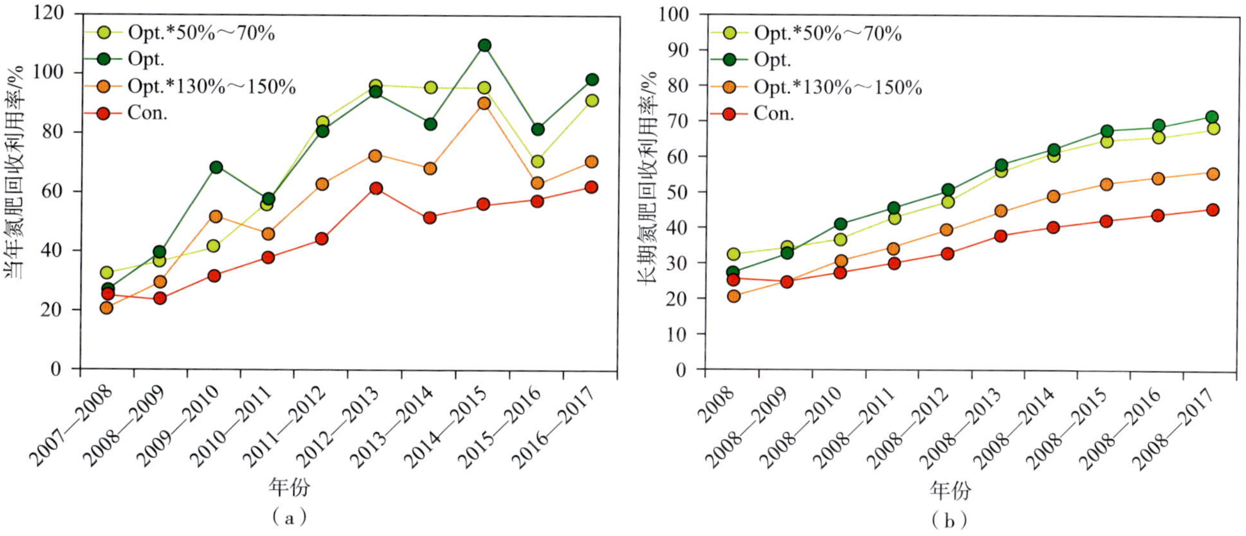

图 3-33 2007—2017 年小麦-玉米轮作体系中不同施氮处理每年平均氮肥回收利用率和长期氮肥回收利用率变化

3. 密植高产条件下长期优化氮管理的氮损失与氮盈余

除了施用的氮肥，环境氮投入也是供作物生长的重要氮源。过去 10 年中，华北平原整个小麦-玉米轮作体系中平均每年的环境氮投入可以达到 108 kg/hm^2，其中一半以上来源于大气氮沉降(67.6 kg/hm^2，来自刘学军课题组监测)(图 3-34)。作物生产过程中的氮损失是不可避免的，即使在不施氮处理中。近几十年来，由于氮肥的过量应用导致氮肥利用率大大降低，大量的活性氮损失到环境中进而造成一系列环境问题。根据收集特定区域的数据集建立的经验模型(Cui et al.，2018)，计算了不同处理的活性氮损失(包括氮淋洗、氨挥发和氧化亚氮排放)。氮损失随施氮量的增加而增加，在 10 年内，和 Con. N 相比，优化氮处理 Opt. N 平均每年降低了 42%的活性氮损失，从 147.7 kg/hm^2 到 85.3 kg/hm^2；同样，降低了 42%的氮足迹(每吨籽粒生产的活性氮排放)，从 8.4 kg/t 到 4.9 kg/t。2012 年以后，由于进一步改进了农学管理措施进一步增加了产量，氮足迹从前四年的 5.6 kg/t 进一步降低到

4.1 kg/t。由于华北平原钙质土壤和夏季集中的降雨，玉米季的氮损失量要高于小麦季(Ju et al.，2011)。

氮盈余是反映氮损失潜力的有效指标，这里的氮盈余被定义为总氮投入与收获氮的差值(Zhang et al.，2015)，由于本研究中秸秆在收获后还田，所以收获氮为籽粒带走的氮。氮盈余从不施氮处理的11.5 kg/hm^2 增加到 Con. N 处理的 362.9 kg/hm^2，相比 Con. N 处理，基于根层氮素实时监控的 Opt. N 处理降低了 56%的氮盈余(图 3-34)。本研究中 Opt. N 处理平均单个作物生产的氮盈余为 84 kg/hm^2，与 Zhang 等(2019) 报道的氮盈余基准值(77 kg/hm^2)相似，但是稍高于 Zhang 等(2015) 报道的2050 年氮盈余目标值，本文稍高的氮盈余可能来源于较高的环境氮投入。随着中国的空气污染逐渐被控制住，未来有望会出现降低的大气氮沉降，因此还有进一步降低氮盈余的潜力。

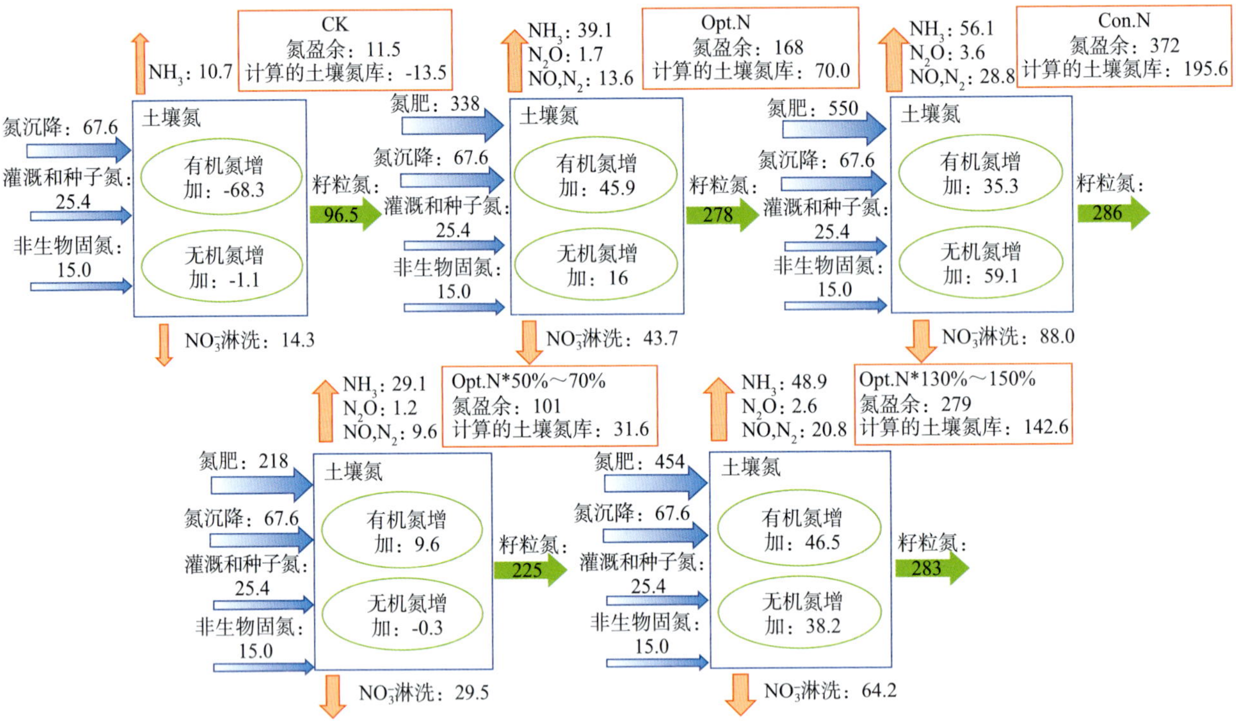

图 3-34 2007—2017 年小麦-玉米轮作体系中平均每年不同施氮处理的氮来源与去向

注：氮盈余(N_{sur})＝氮投入之和－收获籽粒氮，计算的土壤氮储存量(calculated N stored)＝氮投入之和－收获籽粒氮－氮损失。单位：kg/hm^2。

除了被植物吸收和损失到环境中，还会有一部分来自肥料或环境氮投入的氮以残留无机氮或转换成有机氮的形式存留在土壤中(Cassman et al.，2003)。植物可利用的土壤氮取决于各种形态的氮源在土壤中的矿化和分解过程，在不施氮的情况下，植物需要的氮主要来源于环境投入或土壤氮库，10 年作物生长后，90 cm 深的土壤有机氮库平均以 68.3 kg/(hm^2 · 年)的速度消耗，说明环境氮来源不足以支撑作物生长需要的土壤氮；而 Opt. N 处理以 68.3 kg/(hm^2 · 年)的速度固定土壤有机氮。在此基础上更多的氮肥投入不再进一步增加土壤有机氮的贮存，反而大大增加了氮盈余、氮损失和无机氮的含量，增加了淋洗的风险。同样地，长期不施氮的作物种植也以 480 kg C/(hm^2 · 年)的速度消耗了土壤有机碳库，Opt. N 处理实现了最大的有机碳库固持，以 260 kg C/(hm^2 · 年)的速度固定土壤有机碳，增加的土壤有机碳库主要来源于氮肥应用和秸秆还田导致的增加的生物碳投入，更多的氮肥投入也不能进一步增加有机碳库。以上结果表明，优化氮管理可以提高土壤基础生产力，有利于稳定实现大面积作物高产高效。

4. 密植高产条件下长期优化氮管理的环境效应

本研究应用生命周期评价(LCA)的方法计算了小麦-玉米轮作体系中长期不同氮管理措施的环境表现与能量消耗,以评估长期优化氮管理的环境可持续性。LCA 是一种“用户端”的评价方法,通过汇总生产系统的所有资源消耗和污染排放来评价系统的潜在环境影响,是用来评价环境表现的通用方法(ISO, 2006)。本研究选取了与氮肥施用直接相关的环境指标——全球增温潜势(global warming potentials,GWP)、酸化潜势(acidification potential, AP)与富营养化潜势(eutrophication potential,EP)以及非再生的能量消耗(energy depletion, ED)。系统边界只要关注冬小麦-夏玉米轮作生产系统,系统的功能单位选择用每吨籽粒生产对应的环境代价,以此强调系统的生产效率。

10 年尺度内,平均每年轮作体系每吨籽粒生产的全球增温潜势和能量消耗随着施氮量的增加先从 CK 处理降低到 Opt. N 处理,而后随着施氮量的增加而增加。每吨籽粒生产的酸化和富营养化潜势随着施氮量的增加而增加(图 3-35)。对于整个轮作体系,Opt. N 处理的全球增温潜势、能量消耗、酸化和富营养化潜势分别为 308 kg CO_2/t,2.91 GJ/t,6.60 kg SO_2/t 和 2.60 kg PO_4^{3-}/t,比 Con. N 处理分别降低了 35%、30%、43%、16%。Opt. N * 50%~70%处理酸化和富营养化潜势比 Opt. N 处理低 13%和 20%,在未来对产量要求不高而更注重环境保护的情况下,可以作为参考来应用。

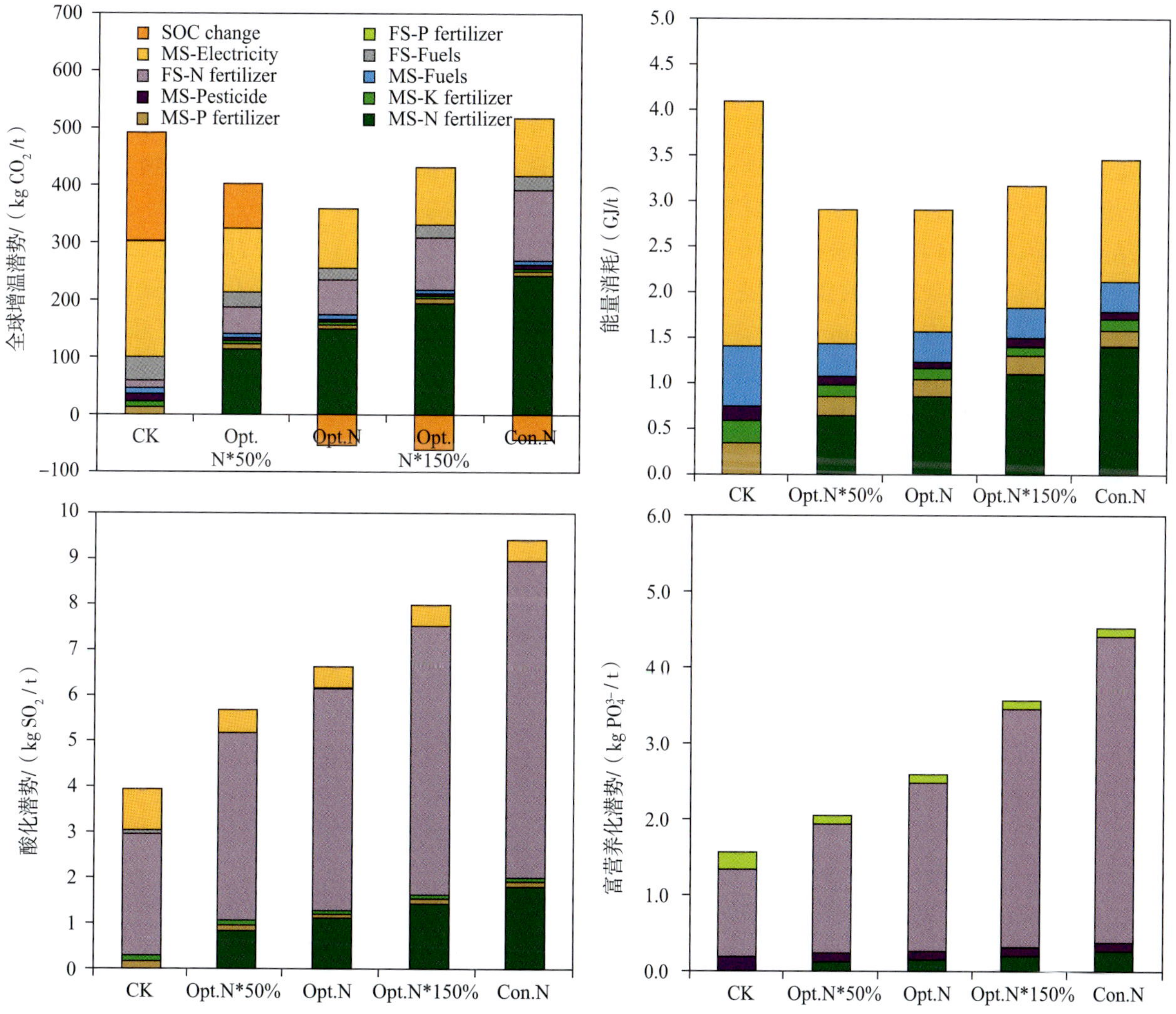

图 3-35 2007—2017 年小麦-玉米轮作体系中平均每年不同施氮处理的全球增温潜势、酸化潜势、富营养化潜势和能量消耗

对环境表现和能量消耗的贡献进行进一步分析发现，除了氮肥的生产和田间应用，灌溉耗电也是能量消耗、全球增温潜势和酸化潜势的重要来源。这是由于我国的发电过程主要依靠高排放的煤矿资源，发电过程中消耗较多的能源，产生大量的二氧化碳（CO_2）、硫氧化物（SO_x）和氮氧化物（NO_x），会造成全球变暖和环境酸化（梁龙，2009）。这些能量消耗和环境代价的大小很大程度取决于灌溉量、地下水位和灌溉方法。在过去的二十年中，华北平原地下水位以每年 1 m 的速度在下降（Yuan and Shen，2013），逐渐改善传统的漫灌为喷灌或滴灌是解决这类环境问题的有效办法，尤其是高耗水的冬小麦生产。氮肥的田间应用过程产生的氨挥发是造成酸化的主要来源，其次是氮肥生产过程产生的 SO_x 和 NO_x。氮肥的田间应用过程产生的氨挥发和硝酸盐淋洗贡献了 65%～86%的富营养化潜势，其次，氮肥生产过程产生的 NH_3 和 NH_4^+ 也是造成富营养化效应的重要原因。优化氮管理通过在时间和空间上匹配作物氮需求，显著节省了氮肥用量，也降低了氮肥应用中的活性氮损失和氮肥生产中的污染物排放，同时保证了高产的实现，因而显著降低了环境代价和能量消耗。LCA 的分析结果显示，降低环境代价不仅仅取决于降低的田间活性氮排放，也需要降低农业材料生产过程的污染物排放，这也对工业生产提出了要求和挑战，工业生产也需要逐步改进农业材料的生产技术，降低生产过程的污染排放。

综上所述，10 年长期研究的结果提供了一个成功的案例，基于根层氮素实时监控技术的优化氮管理通过充分考虑利用多种氮源，包括土壤残留无机氮和环境氮投入，可以在时间上、空间上和数量上匹配作物氮需求，从而获得高的产量，改善了氮肥利用率，提高了土壤基础生产力，同时显著降低了粮食生产的环境代价，符合可持续发展的目标。当进一步改善农学管理措施时，优化氮管理显示出更大的优势，可以进一步增加产量和氮肥利用率。对于小农户主导的中国农业生产，推广优化氮管理仍有很长的路要走。优化氮管理的效果具有区域特异性，优化氮管理的推广需要充分考虑当地的作物类型、氮素需求、土壤氮供应以及当地的气候条件（Chen et al.，2011）。有效的技术转移方式，例如科技小院模式，可以结合大学、企业与政府的合作，为小农户提供技术支撑（Zhang et al.，2016），政府也需要提供一些必要的经济补偿来加强农民的实施意愿。同时，也需要探索更多改进的技术来简化优化氮管理的实施，例如控释尿素的研发应用（Guo et al.，2017）。我们相信，随着经济的快速发展，城镇化和农场规模的扩大，改善的氮管理措施会得到越来越多的推广应用。

3.3 根层磷素供应与高产群体的互作机制

健康农业生产需要满足人类对粮食、营养、环境的要求，保证作物高产同时保证较高的资源利用效率和营养价值，以及较低的环境代价和风险。在当前的集约化农田生产体系中，作物 30%～50%的产量是来自商品肥氮、磷、钾的施用，其中磷肥作为不可再生性资源，如果不加以合理利用将被很快耗竭（Stewart et al.，2005；Cordell et al.，2009）。

研究表明，作物对磷肥的当季利用率通常情况下只有 5%～15%，大部分施用的磷滞留在土壤中（王庆仁和李继云，1999）。我国土壤有效磷含量从 1980 年的 7.4 mg/kg 快速增长到 2007 年的 24.7 mg/kg，这主要是由于长期过量施用磷肥导致的土壤磷盈余的激增（Li et al.，2011）。过多磷在土壤中积累还可能导致对环境的污染，如水体污染及重金属污染。由于磷矿中含有有害重金属以及磷素可以与重金属互作的特性，作物长期施用磷肥后经食用可能导致相应的人体健康风险。此外，磷肥的过多施用严重影响籽粒中的锌及其他矿质营养状况，磷素通过降低其浓度或有效性，进一步影响人体健康（Ryan et al.，2008；Cakmak and Hoffland，2012）。本节以华北平原典型小麦-玉米体系为目标，深入研究根层磷素供应调控高产、高效、优质、可持续农业生产的定量化机制。

3.3.1 根际过程对根层磷素供应的响应

1. 根系形态

在磷养分胁迫条件下植物根系通常通过改变根系形态构型、生理特征及与微生物的互作过程改善养分吸收(Vance et al.，2003；Richardson et al.，2009)。通过对华北平原冬小麦、夏玉米关键生育时期根系形态指标的研究发现，小麦、玉米分别在开花期根系长度、根表面积、根系体积、根系生物量在 50 kg/hm^2 (图 3-36) 和 25 kg/hm^2(图 3-37)施磷水平时达到最佳。说明该水平下的磷素供应量能使华北平原石灰性土壤上小麦与玉米根系发育达到最优化。

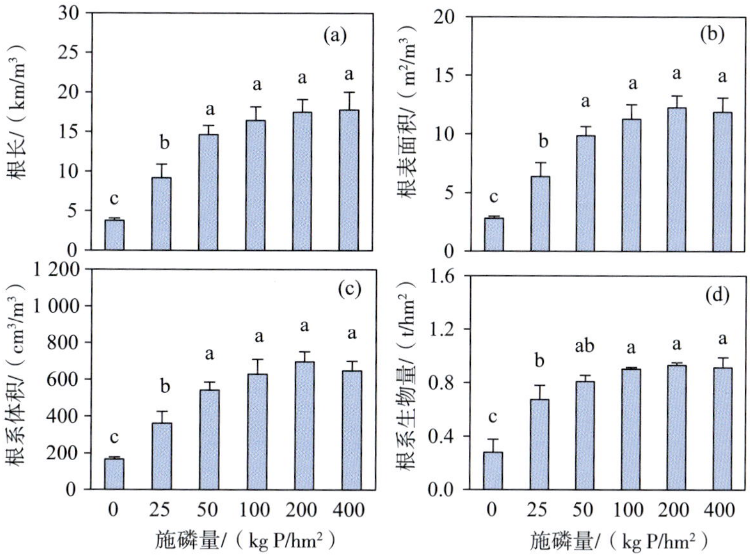

图 3-36 不同磷水平对冬小麦根系长度(a)、表面积(b)、体积(c)和生物量(d)的影响(Teng et al.，2013)

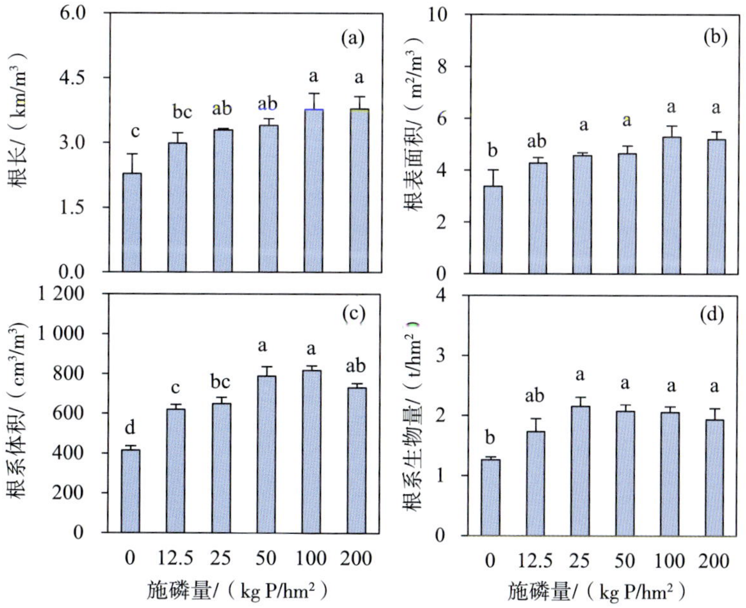

图 3-37 不同磷水平对夏玉米根系长度(a)、根表面积(b)、根体积(c) 和根系生物量(d)的影响

随施磷量的增加，土壤中有效磷水平显著增加，在小麦、玉米施磷 50 kg/hm^2 和 25 kg/hm^2 水平下开花期土壤有效磷(Olsen-P)分别在小麦和玉米上达到 20 mg/kg 和 15 mg/kg 左右(图 3-38)，该范围与之前提出的基于维护华北平原磷素平衡的管理措施相符合(Li et al.，2011)。

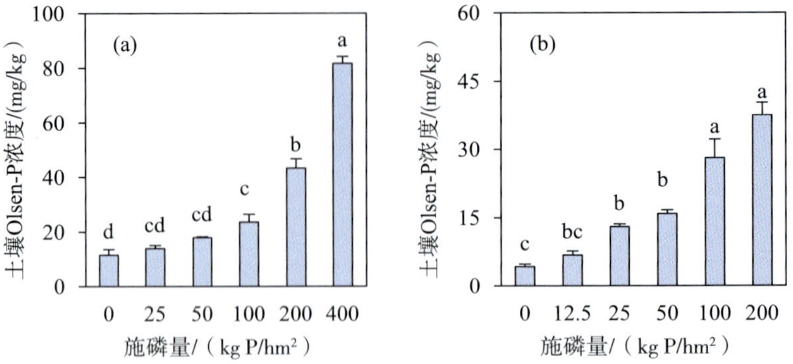

图 3-38　不同磷水平对冬小麦(a)和夏玉米(b)开花期土壤有效磷含量的影响

2. 根际过程

根际过程对土壤磷素水平的响应也是影响作物磷吸收效率的重要因素。根据图 3-39 结果显示，冬小麦开花期根际土壤磷酸酶活性(图 3-39a)和根系菌根侵染率(图 3-39b)均在较高磷水平时受到显著抑制，这将间接影响根系对土壤磷素的吸收，与小麦根系发育受施磷水平影响特点相似的是在施磷 50 kg/hm^2 时土壤磷酸酶活性和菌根侵染率均表现为较高水平。这说明该磷水平为小麦根际酶、微生物等提供了较好的生存环境。此外，根系缺磷响应标记基因 *TaIPS*1.1 表达量(图 3-39c)在土壤有效磷 20 mg/kg 处出现拐点，*TaIPS*1.1 作为缺磷响应标记基因，其表达量的显著降低说明在该磷素水平下磷素供应不再是小麦生长的限制因素，土壤中有效磷的含量已经能够充分满足冬小麦作物生长的要求。说明对冬小麦而言，50 kg/hm^2 施磷水平时既能保证地下部根系生长发育达到最优，又能保证相对较高的菌根侵染、磷酸酶活性等。

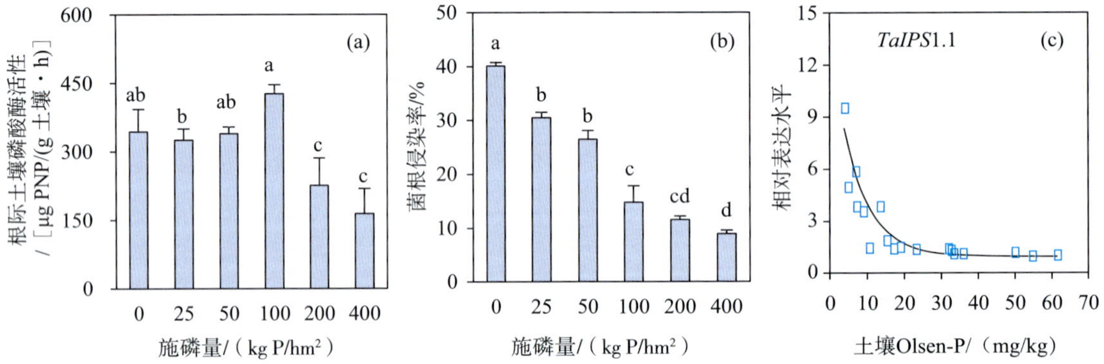

图 3-39　不同磷水平对冬小麦开花期根际土壤磷酸酶活性(a)、根系菌根侵染率(b)及土壤有效磷对根系缺磷响应标记基因 *TaIPS*1.1 表达量(c)的影响(邓燕，2015)

夏玉米开花期根系的菌根侵染率明显高于冬小麦，其同样受施磷水平的影响而降低(图 3-40)。夏玉米菌根侵染率在施磷水平为 0、12.5、25 kg/hm^2 时能保持较高的菌根侵染率，基本维持在 60%左右，这对根系磷素吸收将有明显促进作用。玉米根系 *Pht*1 磷转运蛋白基因的相对表达量随土壤有效磷含量的增加呈现先降低后不变的趋势(图 3-41)，当土壤 Olsen-P 浓度下降到 5 mg/kg 左右时，*Pht*1 磷转运蛋白基因受低磷诱导明显上调，而土壤 Olsen-P 浓度维持在 10～15 mg/kg 时 *Pht*1 磷转运蛋白基因表达量几乎降为最低水平，说明该有效磷浓度下玉米根系吸收磷素不再受到低磷胁迫。这说明对夏玉米而言，25 kg/hm^2 施磷水平时既能保证地下部根系生长

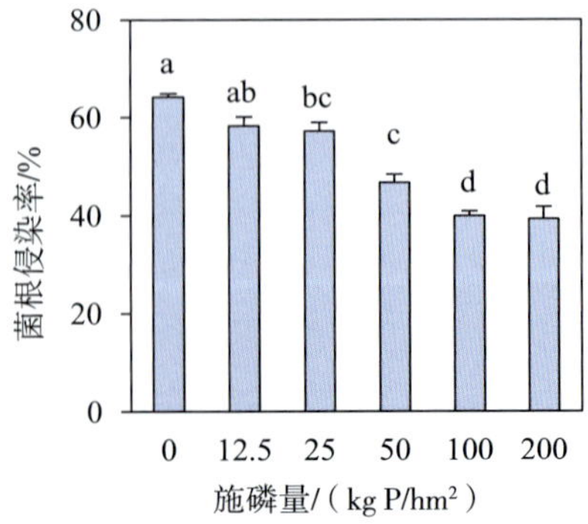

图 3-40　不同磷水平对夏玉米开花期根系菌根侵染率的影响(Deng et al.，2017)

发育基本达到最优，又能保证良好的根际过程。

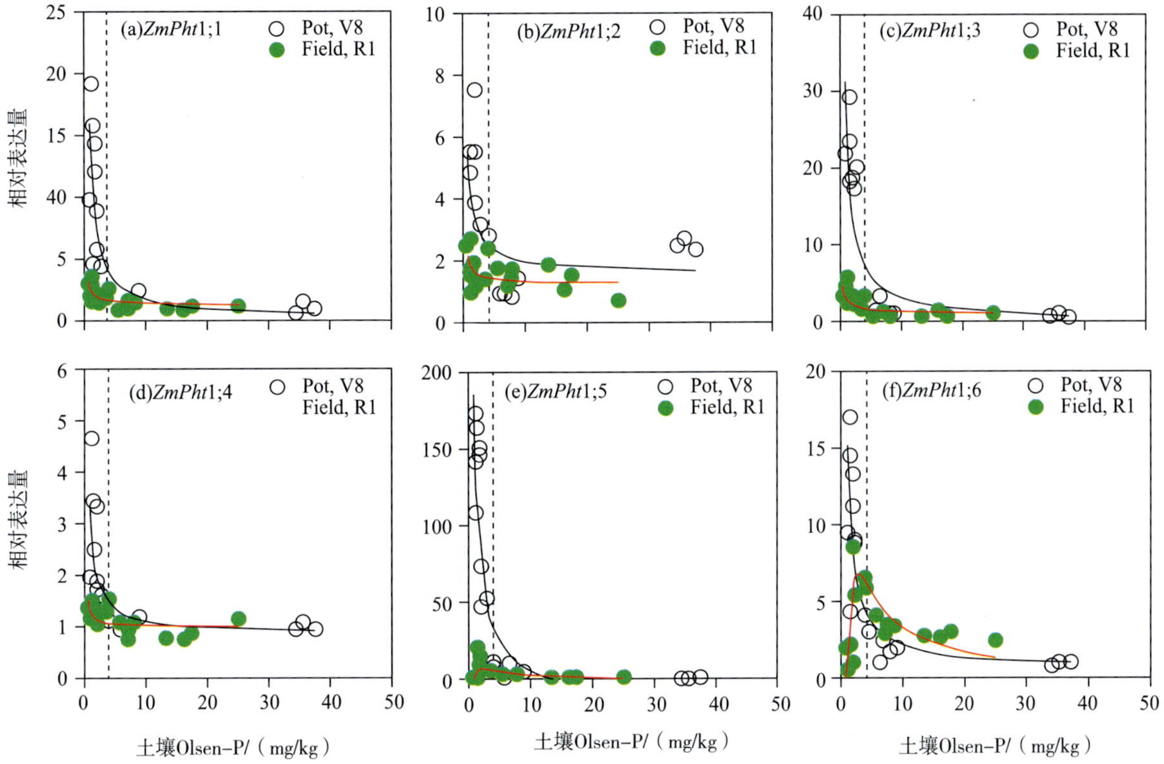

图 3-41　夏玉米根系 *Pht*1 磷转运蛋白基因的相对表达量对不同土壤有效磷水平的响应（邓燕，2015）

综合施磷水平对冬小麦、夏玉米的根系发育及根际过程的影响发现，华北平原冬小麦、夏玉米根际发挥最大生物学潜力的施磷水平分别约为 50 kg/hm^2 和 25 kg/hm^2，保证其最优根系发育和根际过程的相应临界土壤有效磷浓度分别为 20 mg/kg、15 mg/kg 左右。

3.3.2　根层磷素供应与高产群体结构和功能的定量化匹配机制

1. 根层磷素供应与冬小麦群体动态发育的调控机制

有效穗数是小麦产量三要素中的决定性因素，磷肥施用对促进小麦分蘖有重要意义，施磷不足会导致收获穗数降低进而影响产量，但过量施磷会造成生长前期过度分蘖，无效分蘖和有效分蘖竞争有限的资源和空间，进而降低磷肥利用效率。通过长期定位磷试验，研究明确了华北平原集约化生产体系中磷营养供应从地下到地上过程对小麦群体发育的动态调控，进而提出合理的磷肥施用措施。从图 3-42 的结果看出，不同年限下磷水平对小麦的冬前、拔节、开花时期的群体数均有显著影响。小麦各生长关键时期群体数目随施磷量的增加而增加，但成熟期的有效穗并未随施磷量持续增加，在施磷量达到 50 kg/hm^{2}时有效穗数量基本不再增加。说明就最终成穗数量而言，冬小麦施磷 50 kg/hm^2 已经能保证最终形成足够的有效穗数。

小麦群体分蘖在拔节前期达到顶峰过后开始逐渐衰败，到开花期基本完成衰退仅保留主茎和有效分蘖，通过施用磷肥调控小麦群体发育关键在于调控拔节期到开花期的群体数量。从图 3-43 三年的试验结果得出，小麦拔节期土壤有效磷达到 24.3 mg/kg 时分蘖数目达到平台，开花期土壤有效磷达到 19.5 mg/kg 时有效穗数达到平台。说明为保证有效穗数的发生和减少无效分蘖的发育，小麦拔节期土壤有效磷应不高于 24.3 mg/kg，而开花期土壤有效磷应保证达到 19.5 mg/kg。该有效磷水平与前文提出的发挥根系最大生物学潜力的需磷水平相当。

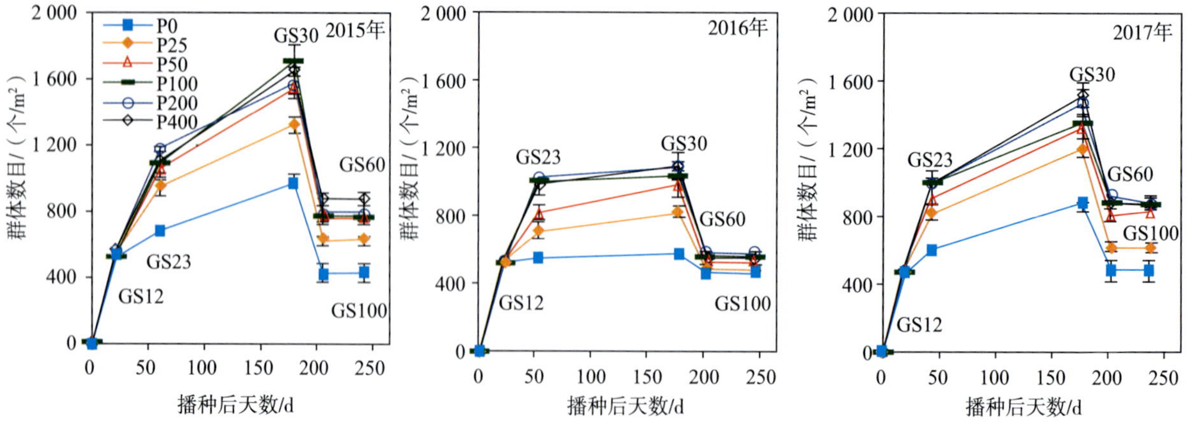

图 3-42　不同供磷水平对群体数量发育动态变化的影响

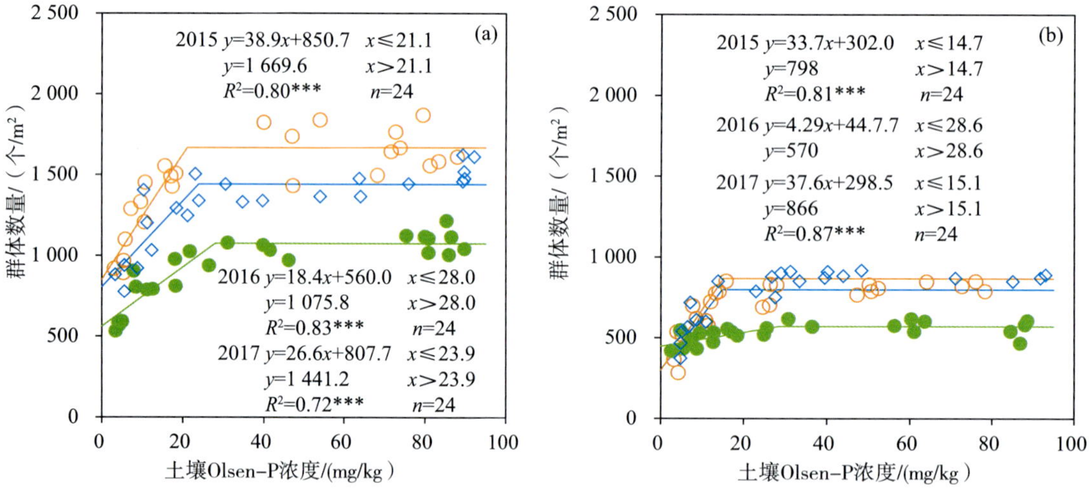

图 3-43　土壤有效磷对拔节期(a)和开花期(b)群体数量发育的影响(Chen et al.，2020)

2. 地上部植株磷浓度调控群体数量和个体发育

根层磷素通过调控地上部群体磷营养及个体水平磷营养状况进而调节其发育，最终影响分蘖形成及衰退。结合华北平原气候特点及广泛推广的小麦品种，华北平原小麦保证充足收获穗数的前提是保证小麦主茎完全成穗和第一分蘖尽量成穗，其中第一分蘖的成穗率一定程度上决定了最终的成穗数目。分蘖的个体磷浓度对分蘖成穗率有调控作用(图 3-44)，三年的研究结果证明小麦拔节期第一分蘖个体磷浓度应达到 3.4 g/kg 能保证其达到最高成穗率(图 3-44a)，开花期的第一分蘖个体磷浓度应达到 2.7 g/kg 能保证其最后最大程度成穗(图 3-44b)。

图 3-45 从个体器官水平解释了地上部个体分蘖的植株磷浓度影响小麦群体构建的过程。通过对小麦关键生育期植株磷浓度对各等级分蘖干物质重的调控发现，保证拔节期主茎、第一分蘖完全发育的植株临界磷浓度分别为 2.4 g/kg、3.7 g/kg(图 3-45)，当拔节期小麦第一分蘖完全发育时其磷供应状态一定程度上已经能促进其他无效分蘖的生长，最终可能导致无效分蘖徒长及降低磷肥利用效率。从拔节期个体磷浓度对第一分蘖成穗率的调控来看(图 3-44a)，拔节期第一分蘖个体磷浓度达到 3.4 g/kg 时已经能保证 64.7%(2015 年，2017 年)第一分蘖最终成穗。对开花期而言，个体分蘖不但要保证最终成穗还要保证成穗质量，最优个体磷浓度应兼顾其成穗率和个体生物量，试验结果表明保证开花期主茎、第一分蘖最大程度发育的植株临界磷浓度分别为 2.0 g/kg、3.4 g/kg，实现第一分蘖在开花期最大程度发育的磷浓度能保证其有 63.7%的个体最终成穗，与根据拔节期计算得到的结果相接近。因此磷

肥供应 50 kg P/hm^2 时能保证小麦开花期土壤有效磷水平达到 20 mg/kg 使地上部植株个体磷浓度能保证主茎完全发育及第一分蘖充分发育，最终每株小麦至少形成 1.6 个有效穗。

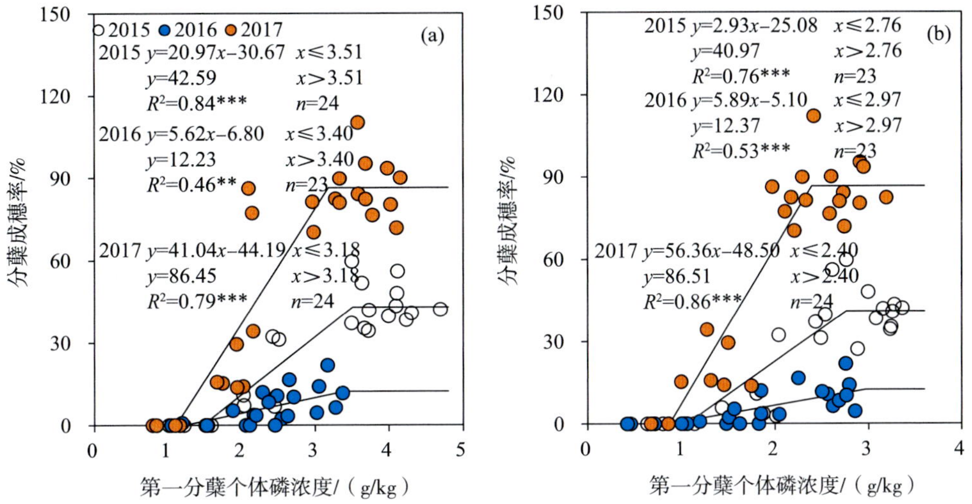

图 3-44　小麦拔节期(a)和开花期(b)第一分蘖成穗率受个体磷浓度的调控(Chen et al.，2020)

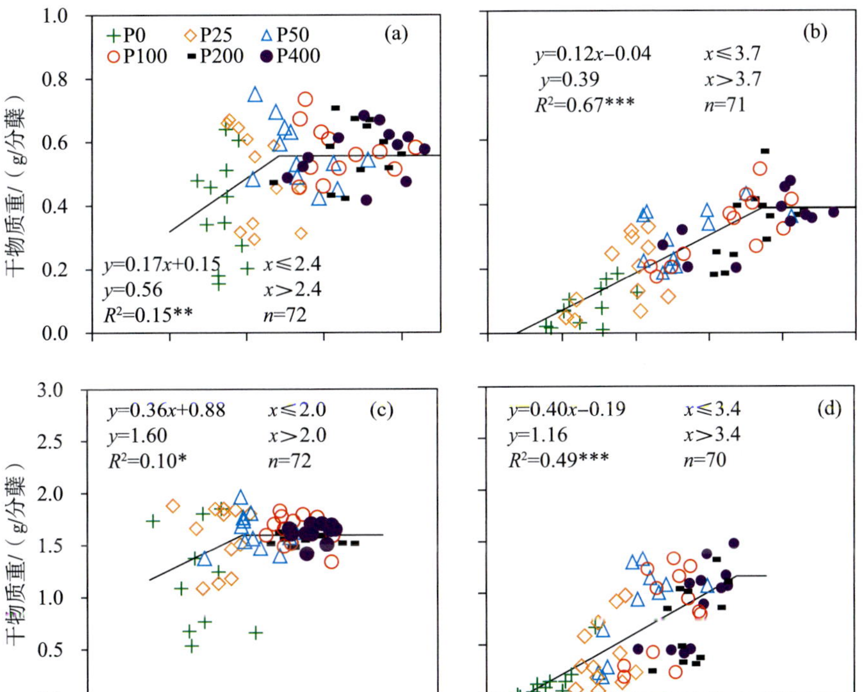

图 3-45　地上部植株磷浓度调控拔节期主茎(a)、第一分蘖(b)干物质重和开花期主茎(c)、第一分蘖(d)干物质重

(Chen et al.，2020)

3. 根层磷素供应调控地上部群体光合、叶面积

试验还揭示了磷肥调控高产小麦、玉米群体功能的地上地下磷营养供应需求。地上部群体功能的构建一定程度决定冬小麦生物量及产量的累积，根层磷素调控下的植株磷浓度对植株光合作用、叶面积建成有直接作用。根据 3 年结果显示(图 3-46)，小麦开花期地上部生物量与群体净光合和叶面积指数

分别呈线性加平台和线性关系。相应的小麦叶面积指数应达到 3.8 m^2/m^2（图 3-46b），光合速率应达到 26.8 μmol $CO_2/(m^2 \cdot s)$（图 3-46a），进而保证开花期的地上部生物量应至少达到 9.2 t/hm^2（图 3-46c）以保证实现最高小麦产量 8.6 t/hm^2。虽然在一定范围内地上部生物量仍随净光合速率与叶面积指数增加而增加，但是更高的地上部生物量并不能进一步提高最终产量，因此叶面积指数 3.8 m^2/m^2 及光合速率 26.8 μmol $CO_2/(m^2 \cdot s)$已经能充分满足地上部生物量以达到小麦产量平台。

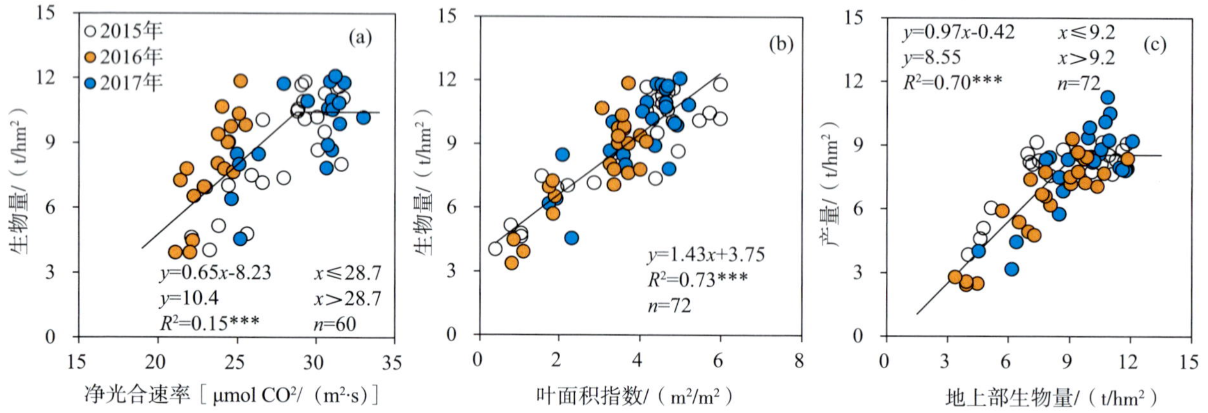

图 3-46　小麦开花期地上部生物量与植株净光合速率(a)、叶面积指数(b)及产量(c)的关系(Chen et al.，2020)

小麦地上部植株的净光合速率和叶面积指数的形成均受到植株磷营养的调控，从图 3-47 结果得知小麦开花期的土壤有效磷达到 18 mg/kg 时能保证植株磷浓度达到 2.1 g/kg 以促进实现小麦地上部群体最优叶面积指数、光合作用，从而保证小麦实现充足生物量及最高产量。通过过量施用磷肥继续提高土壤有效磷及光合和叶面积并不能进一步提高小麦的产量。因此就小麦地上部群体构建而言，开花期土壤有效磷达到 18 mg/kg 时已经能充分保证地上部群体形成合理的光合及叶面积进而保证高产，这一临界浓度与前文阐明的小麦开花期对地上部群体形成足够有效穗的需求浓度相接近。

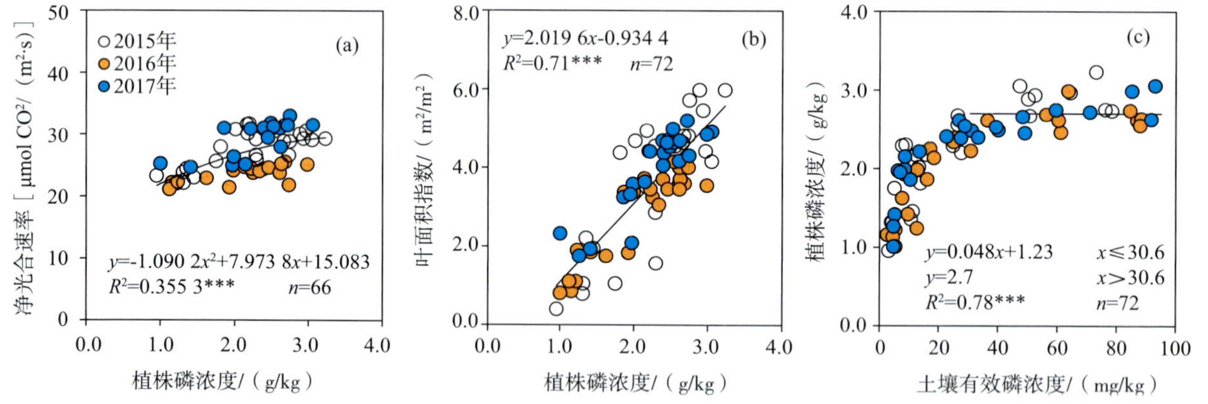

图 3-47　小麦开花期地上部植株磷浓度与植株净光合速率(a)、叶面积指数(b)
及土壤有效磷浓度(c)的关系(Chen et al.，2020)

夏玉米的地上部群体功能的构成同样受根层磷素的调控，图 3-48 和图 3-49 结果表明玉米地上部最优叶面积指数为 4.85 m^2/m^2及光合速率为 28.5 μmol $CO_2/(m^2 \cdot s)$，在该水平下玉米能实现最终产量平台。土壤有效磷浓度达到 14.5 mg/kg 时能保证相应的植株磷浓度从而实现最优叶面积指数和光合速率。

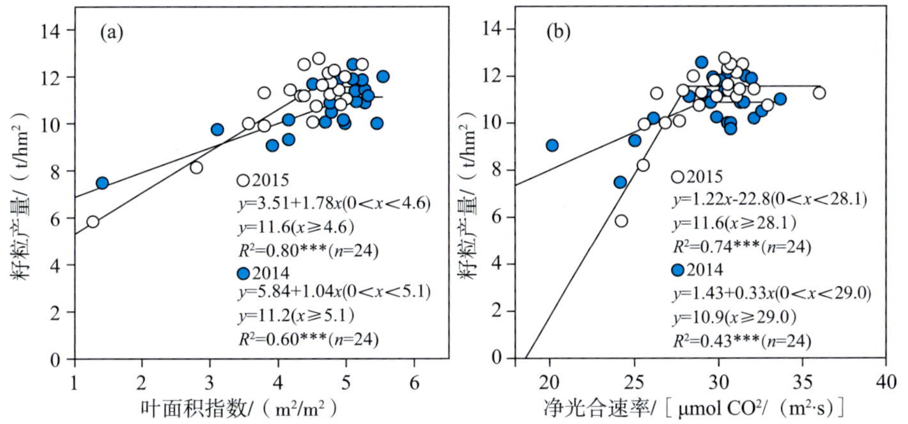

图 3-48　玉米开花期地上部叶面积指数(a)与植株净光合速率(b)对籽粒产量的影响(Zhang et al.，2018)

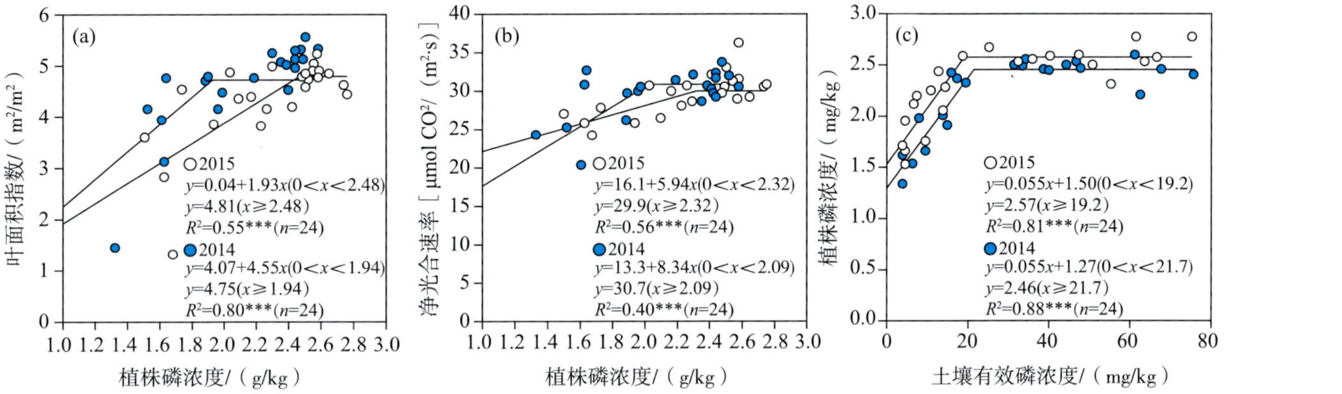

图 3-49　玉米开花期地上部植株磷浓度与植株叶面积指数(a)、净光合速率(b)及土壤有效磷浓度(c)的关系(Zhang et al.，2018)

因此，冬小麦、夏玉米的地上部群体光合及叶面积指数和冬小麦地上部群体数量的构建均受到根层土壤有效磷的调控。通过合理施用磷肥，调控根层磷素进而影响地上部植株或个体磷营养以形成合理的群体结构和功能，最终实现小麦、玉米地上部的最佳发育进而实现作物高产，同时保证磷肥较高的利用效率。

3.3.3　密植高产条件下根层磷素调控的农学和资源效率评价

1. 根层磷素供应条件下小麦、玉米产量及稳定性

根层磷素对小麦、玉米的调控还要从长期施用的效果来综合评价。从 2009 年到 2018 年的长期定位试验效果来看，磷肥施用显著提升了小麦、玉米的产量。对冬小麦而言，长期不施磷肥处理可能导致其产量随种植年限出现下降，从长期效果来看，土施磷肥达到 50 kg/hm² 水平时继续提高磷肥施用量并不能进一步提高小麦产量。随施磷年限的增加，小麦产量出现增加趋势，最终稳定在 8～9 t/hm² 的水平。对夏玉米而言，磷肥施用提高玉米产量的效果不如小麦显著。多年不施磷肥并不能进一步影响其产量，当磷肥施用量达到 12.5 kg/hm² 或 25 kg/hm² 水平时继续增加磷肥用量不能进一步影响玉米产量。随施肥年限的增加，玉米产量呈现阶段性增加，逐步稳定在 11 t/hm² 左右。

最终长期定位磷试验表明，在华北平原的石灰性土壤条件下，磷肥施用量达到 36 kg P/hm² 时能维持冬小麦达到最高产量平台，施用量达到 15 kg P/hm² 时能维持夏玉米达到最高产量平台。长达十年的研究结果表明，合理供磷能使小麦、玉米实现稳定高产，分别能达到小麦产量实现 8～9 t/hm²，玉米

产量实现 11 t/hm^2，过量施用磷肥并不能进一步增加小麦及玉米产量。

2. 小麦-玉米轮作中磷素长期投入产出平衡及肥料效率

长期定位试验的研究结果表明，施用磷肥可以提高小麦、玉米籽粒生物量累积，但是施用量达到一定水平时籽粒生物量累积并不会随投入量增加而持续增加。对于小麦而言，十年累积 P2 水平的投入量只有 P5 水平投入量的 13%，但是其产生的籽粒生物量实现了 P5 水平的 89%。高磷水平下少量提高的籽粒生物量是以极高的土壤磷盈余和极低的肥料利用率为代价实现的。高磷水平下(如 P3，P4，P5)小麦土壤磷盈余高达 627～3 051 kg/hm^2，其平均肥料偏生产力只有 40 kg/kg，农学效率和回收利用率分别只有 18.6 kg/kg 和 9.9%，且在玉米中也存在同样的问题。这种高磷肥投入导致的高磷素盈余及低肥料利用率不但导致不可再生性磷肥资源的浪费也加剧了生态环境污染的风险。试验结果显示小麦施磷量为 50 kg/hm^2，玉米施磷量为 25 kg/hm^2 时年际土壤磷盈余只有 20 kg/hm^2，基本能够实现磷肥的投入产出平衡，而且能够基本实现最高的籽粒生物量累积，同时保证较高的磷肥利用率。

十年长期定位试验证明长期过量施用磷肥不但不会继续增加作物产量，还会导致土壤磷盈余过量、肥料偏生产力降低、肥料利用率降低等问题。在综合考虑华北平原小麦-玉米轮作中磷素长期投入产出平衡及肥料利用率后，磷肥用量接近 P2 处理(小麦 50 kg/hm^2、玉米 25 kg/hm^2)时能实现小麦及玉米生产中较低的磷盈余并实现较高的肥料利用率，这也是前文阐述的根层磷素调控地上部群体结构与功能的构建和地下部根际过程的潜力的结果。

3. 根层磷素供应对土壤磷库及其周转的影响与机制

对华北平原小麦-玉米体系长期定位磷水平试验耕层土土壤各种形态磷进行测定，结果显示华北平原石灰性土壤中中度活性态磷含量最高，活性态磷及无活性态磷含量最低。土壤中碳酸氢钠浸提的有机磷和高浓度盐酸浸提的有机磷并未受到施磷水平的影响，其他各种形态磷的含量均随施磷量而增加。另一方面土壤总磷含量随施磷量的增加急剧增加，不但造成资源浪费最终可能导致环境风险。

在不同磷水平下，土壤中植物可利用的有效态磷主要来自活性态磷(Resin-P 和 $NaHCO_3$-P)和中度活性态磷(NaOH-P 和 D. HCl-P)。随着施磷水平的增加，土壤中活性态磷和中度活性态磷相对总磷的比例逐渐增加，而保守态磷和无效态磷总量相对总磷的比例逐渐下降，说明田间适当施用磷肥可以活化土壤磷素，促进土壤中无效态磷向有效态磷的转化。

3.3.4 密植高产条件下根层磷素调控的营养品质评价

1. 根层磷肥供应对小麦、玉米籽粒锌营养的影响及其机制

锌营养是植物和人体中不可或缺的营养元素，现今人体锌缺乏已经成为世界性的营养问题，全球至少 1/3 的人口正在面临锌缺乏的危害(Hotz and Brown，2004)，尤其是以禾谷类作物作为主食的人群(Welch and Graham，2004)。作物中磷与锌的拮抗作用已经被广泛认知，在曲周长期定位磷试验不同施磷水平的影响下，小麦、玉米籽粒锌浓度随土壤有效磷的升高而降低，其中小麦籽粒锌浓度要远高于玉米籽粒锌浓度，且受土壤磷影响更明显(图 3-50)。在田间条件下研究小麦、玉米作物地上地下过程磷锌的拮抗机制，进而寻找提高作物籽粒锌营养的有效措施是十分必要的。课题组总结了高产体系下小麦、玉米中锌营养在施用磷肥后可能受抑制的过程。课题组主要围绕土壤—根系吸收—地上部转移—向籽粒再转移—籽粒利用情况的思路，以田间试验为主，温室试验为辅展开研究，下文主要以冬小麦为例进行阐述。

盆栽试验结果显示，在石灰性土壤上土壤有效锌含量随土壤有效磷增加呈现先不变后降低的趋势，而且只有在土壤 Olsen-P、$CaCl_2$-P 浓度达到极高的情况下土壤有效锌浓度才出现下降(图 3-51)，这在实际农田生产中是难以实现的。因此，过去大多数学者认为的作物磷锌拮抗的发生主要是由于土施磷肥降低了土壤中锌的有效性的观点是不准确的，土壤中锌有效性的变化并不是导致石灰性土壤上作物发生磷锌拮抗的关键原因。

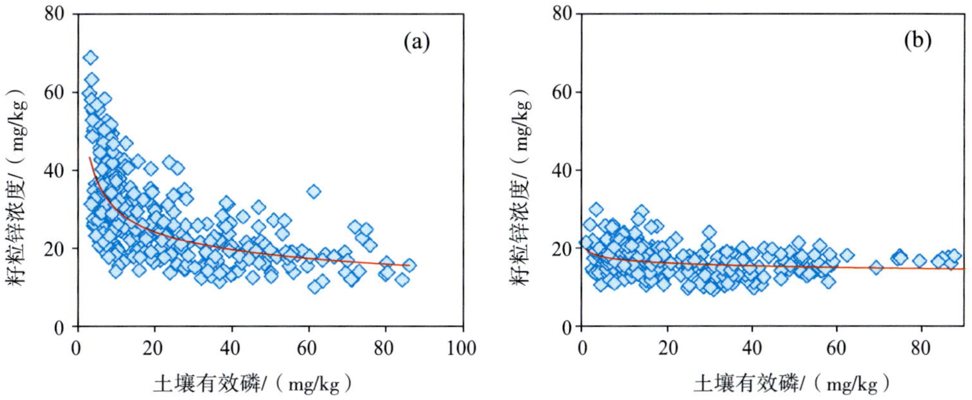

图 3-50　十年长期定位试验土壤有效磷与小麦（a）、玉米（b）籽粒锌浓度的关系

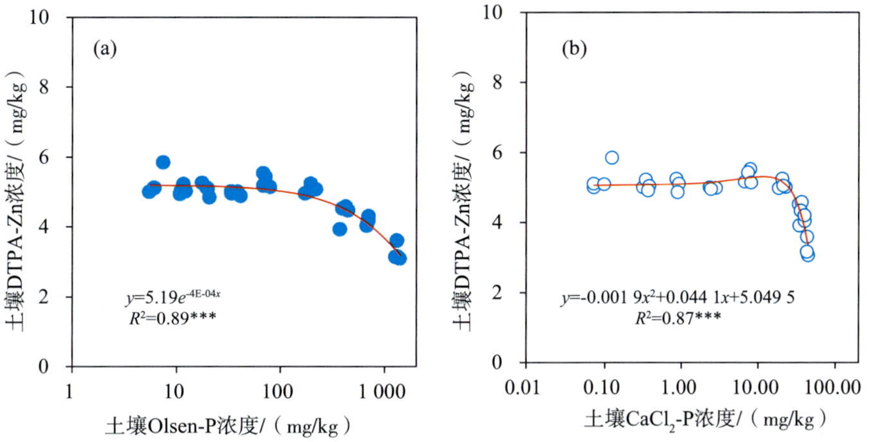

图 3-51　土壤有效锌浓度与土壤有效磷 Olsen-P 浓度（a）、$CaCl_2$-P 浓度（b）的关系（Chen et al.，2019）

田间试验证明，小麦地上部植株和地下部根系干重随施磷量的增加呈现先增加后稳定的趋势（表 3-4），根系和植株锌的累积呈现先上升后下降的趋势，最大值出现在施磷量 50 kg/hm^2 水平。在植株及根系干重保持稳定的情况下锌累积量出现下降，这一定程度上说明磷与锌营养的拮抗也不能像以前认知的那样简单归结为稀释效应。

表 3-4　供磷水平对冬小麦开花期植株和根系干重、锌浓度和锌累积量的影响（Zhang et al.，2016）

施磷量/(kg/hm^2)	干重/(g/m^2)		锌浓度/(mg/kg)		总锌累积量/(mg/m^2)	单位根干重吸锌量/(mg/g)
	植株	根系	植株	根系		
0	260.5d	26.2d	28.7a	26.6a	8.18c	0.31a
25	581.5c	52.3c	22.5b	23.1b	14.29b	0.27ab
50	746.6b	77.6b	20.8bc	20.7b	17.14a	0.22bc
100	770.2ab	87.1a	18.1cd	17.2c	15.44ab	0.18c
200	906.5a	89.2a	15.6de	15.3cd	15.50ab	0.17c
400	931.3a	95.4a	13.7e	13.9d	14.09b	0.15c

值得注意的是，单位根干重的吸锌量随着施磷水平增加而显著下降，这说明根系吸收锌营养的能力随施磷水平的提高降低了。根据我们的试验结果，随磷肥施用显著降低的根系菌根侵染率可能是高磷水平抑制根系锌累积的重要原因（图 3-52）。在当前的研究中，随着菌根侵染率的增加，根系、植株和籽

粒锌累积均呈现先增加后下降的趋势。本研究中，随着施磷量由 0 kg/hm² 增加至 400 kg/hm²，菌根侵染率由 63%下降至 3.6%，菌根侵染率随施磷量下降的趋势可能潜在地影响了根系锌的累积，而高菌根侵染率对锌累积的抑制作用可能与缺磷造成的根系以及植株干重下降有关。田间条件下，磷肥主要通过对根系干重、根系锌浓度和菌根侵染率的影响进而影响了根系和植株的锌累积。

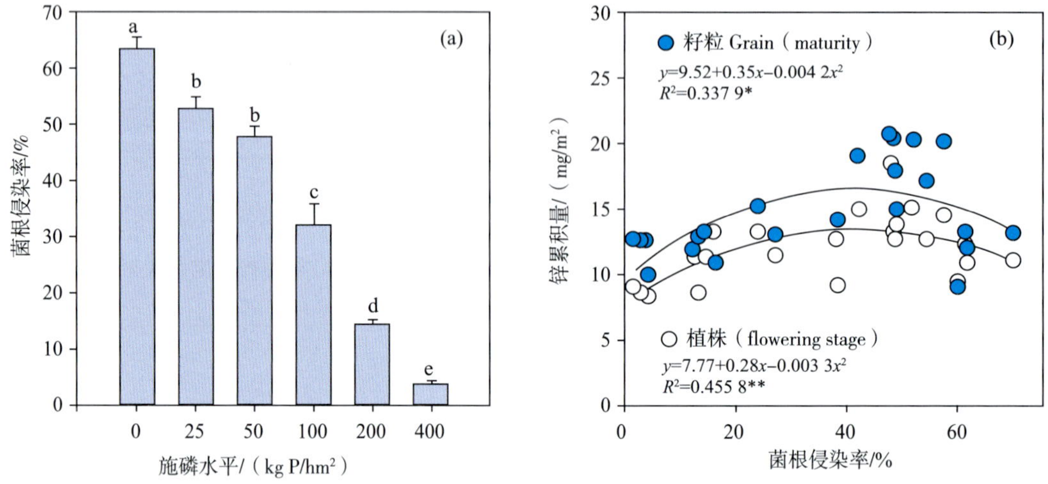

图 3-52 小麦开花期菌根侵染率与施磷水平(a)、锌累积量(b)的关系(Zhang et al.，2016)

表 3-5 结果表示，磷肥施用没有影响根系和植株锌浓度比值、根系和植株与总锌累积量的比值，说明在本研究中，磷肥的施用没有影响锌在根系和植株中的分配，锌从根系向地上部的转移并不是磷抑制锌的重要环节，而磷降低根系锌吸收可能是磷抑制锌的主要环节。

表 3-5 供磷水平对冬小麦开花期地上部植株和根系锌浓度之比及根系、植株锌累积量之比的影响(Zhang et al.，2016)

施磷量/(kg/hm²)	根冠锌浓度比	根系与总锌累积比值/%	植株与总锌累积比值/%
0	0.93a	8.6a	91.4a
25	1.03a	8.5a	91.5a
50	1.00a	9.4a	90.6a
100	0.95a	9.7a	90.3a
200	0.98a	8.8a	91.2a
400	1.01a	9.4a	90.6a

通过对小麦开花期后植株内累积的锌向籽粒再转移过程的研究，发现小麦花后锌的累积在不同磷水平下达到 42～104 g/hm²，占成熟期植株锌累积量的 27%～41%。花后锌的再转移占籽粒锌累积量的 47%～65%。与磷肥对锌累积的影响相似，锌从营养器官向籽粒的再转移量随施磷量的增加呈现先增加后下降的趋势，锌再转移量在施磷量为 50 kg/hm² 时达到最大，说明在该磷水平下可以实现锌从植株到籽粒的最高再转移量，对于最终提高人体锌营养有积极作用。但是锌的再转移效率和锌的收获指数不受磷肥施用量的影响(表 3-6)，说明锌从营养器官向生殖器官迁移的能力并没有受到土壤磷素或植株内磷营养的抑制，锌从植株向籽粒中的再转移过程也不是导致作物发生磷锌拮抗的根本原因。总之，在集约化的小麦生产体系里，优化磷肥管理能够同时保证获得较高的产量和相对较高的植株锌浓度，并进一步提高锌的再转移量和籽粒锌累积量以满足人体对锌的需求，但是就锌从植株向籽粒的再转移能力而言其并未受磷肥施用的影响。

表 3-6　供磷水平对冬小麦不同锌累积量参数的影响(Zhang et al.，2015)

锌累积参数	施磷量/(kg/hm²)					
	0	25	50	100	200	400
花后锌吸收量/(g/hm²)	42	97	104	69	58	56
花前锌累积比例/%	73	59	60	62	66	62
花后锌累积比例/%	27	41	40	38	34	38
锌向籽粒的再转移量/(g/hm²)	76	84	98	72	64	63
锌的再转移效率/%	91	89	90	86	86	87
锌的收获指数/%	78	78	79	76	73	82
再转移占籽粒锌比例	65	47	49	51	53	54
花后吸收占籽粒锌比例	35	53	51	49	47	46

对于人体的营养来说，籽粒和面粉中的锌的生物有效性比锌浓度更重要。过去的研究认为较高的面粉产量能够获得较高的养分浓度因为麸皮中的高营养浓度(Tang et al.，2008)，但是从当前的结果来看，虽然籽粒和粗粉中的锌浓度要高于标准粉、面包粉和精粉，但是其锌的生物有效性低于标准粉、面包粉和精粉，这主要是由于籽粒和粗粉中大麸和小麸中的植酸浓度较高，高浓度的植酸将会降低锌、铁及其他元素的生物有效性。籽粒中植酸和锌浓度均是评价籽粒锌的生物有效性的关键指标，锌浓度的下降或者植酸浓度的上升都会对锌的生物有效性产生负面影响。磷肥施用降低了小麦籽粒、粗粉、标准粉、面包粉和精粉的锌生物有效性(图 3-53)，因为随施磷水平的增加籽粒中锌浓度显著下降的同时植酸浓度也显著升高。按照每个成年人每天需要 3 mg 锌才能维持锌平衡的标准，300 g 籽粒或者

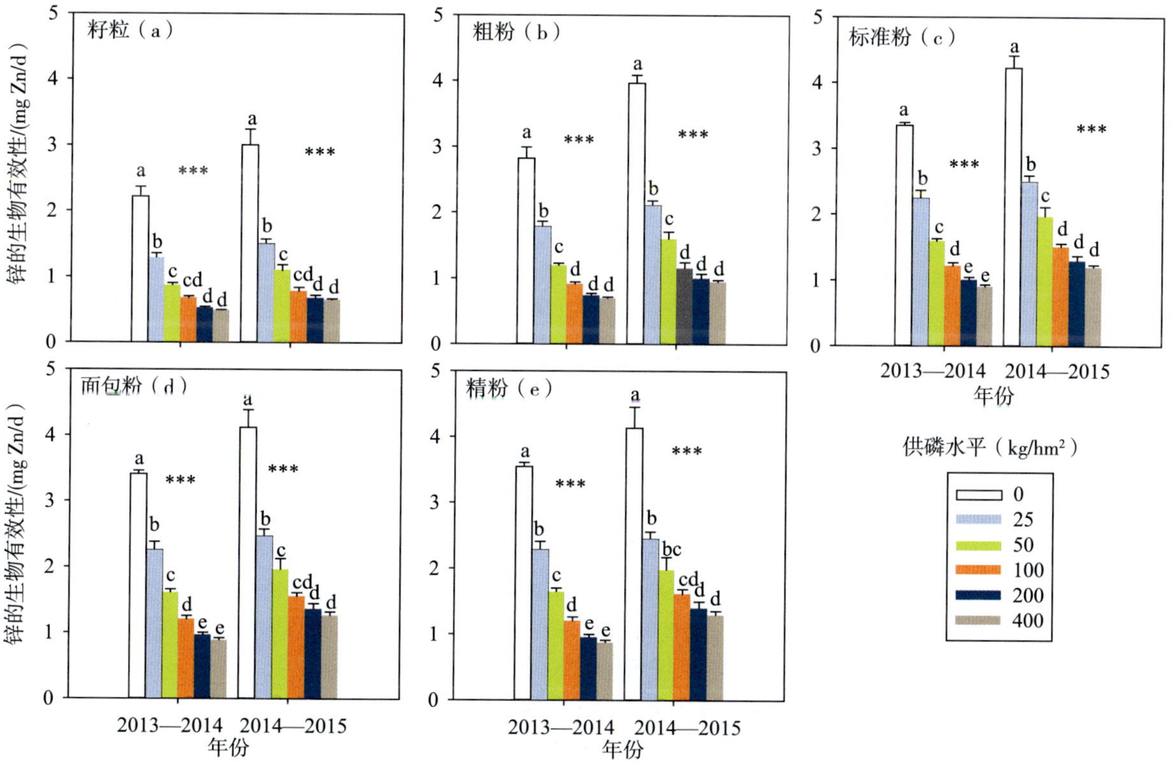

图 3-53　供磷水平对不同面粉锌生物有效性的影响(Zhang et al.，2017)

面粉在不同的施磷水平下(0、25、50、100、200 和 400 kg/hm²)分别满足了 97%、63%、46%、35%、30%和 28%的人体需要。对以禾谷类作物为主食的人群，通过食用低磷水平下种植的小麦作物已经能基本满足其日常对锌营养的摄入需求。在适宜磷水平(50 kg/hm²)下种植的小麦约能提供人体日常锌需求量的一半，如果能在日常饮食中搭配其他食物也将能充分补充人体每天所需锌营养。而对于高磷条件下种植的小麦及其产品只能供应人体每天所需锌营养的 30%，为保证锌营养的摄入充足主要应通过其他食物的摄取，尤其是肉类食品的摄取。因此农业生产中，合理施磷条件下的标准粉、面包粉和精粉对人体来说是锌强化的重要来源。

磷与锌的拮抗作用及其机制在夏玉米中的表现与冬小麦相似，即根系吸收过程是导致植株锌营养受施磷水平抑制的主要原因，根系向地上部转移及向籽粒再转移能力没有受到施磷水平的抑制，籽粒中锌的生物有效性由于植酸的上升均显著降低。前文的主要研究是针对田间低锌条件下施磷水平对小麦、玉米的锌吸收过程的影响，但是锌的吸收过程受磷水平的抑制程度一定程度上是受土壤磷和锌的供应状态以及根系干重、根系锌营养及菌根侵染率影响的。通过对玉米进行不同施磷、施锌肥处理的盆栽灭菌试验结果表明，根系干重、根系锌浓度和菌根侵染率对根系锌累积和总锌累积的贡献因土壤有效锌浓度而不同。在不施锌条件下，根系锌浓度、根干重和菌根侵染率解释了 98%的根系锌累积量，菌根侵染率和根干重解释了 66%总锌累积量，其中菌根侵染率分别解释了 19%和 51%的锌累积量。在正常施锌条件下，根系锌浓度和根干重解释了 89%的根系锌累积量，而根干重、根系锌浓度和菌根侵染率解释了 53%的总锌累积量，其中菌根侵染率分别解释了 0%和 6%的锌累积量(表 3-7)。菌根侵染率对根系锌累积和植株锌累积的影响在低锌条件下更明显，在锌供应充足的情况下，作物中磷通过菌根途径对锌发生的拮抗作用受到了根层锌营养供应的缓解。

表 3-7　不同施锌量玉米根系锌浓度、根干重和菌根侵染率对根系锌累积量、总锌累积量的贡献(Zhang et al.，2017)

施锌量/(mg/kg)	因变量	自变量	相关系数	决定系数	通径系数	间接通径系数		
						根系锌浓度	根系干重	菌根侵染率
0	根系锌累积量	根系锌浓度	0.76	0.57	0.60	—	0.11	0.05
		根干重	0.75	0.79	0.64	0.10	—	0.01
		菌根侵染率	0.57	0.98	0.08	0.40	0.09	—
	总锌累积量	菌根侵染率	0.73	0.51	0.67		0.10	—
		根干重	0.49	0.66	0.39		—	0.17
15	根系锌累积量	根系锌浓度	0.84	0.70	1.12	—	−0.28	
		根干重	−0.09	0.89	0.52	−0.61	—	
	总锌累积量	根干重	0.46	0.18	0.92	−0.24	—	−0.22
		根系锌浓度	0.21	0.47	0.44	—	−0.50	0.27
		菌根侵染率	0.19	0.53	0.40	0.29	−0.50	—

综上所述，无论是小麦或者玉米，在田间条件下其发生磷锌营养拮抗的关键原因不是土壤中降低的有效锌浓度或者锌营养向地上部植株的转运能力，也不是植株锌向籽粒中再转移效率，而很有可能主要是磷肥施用降低了根系对锌的吸收能力，最终导致籽粒中锌生物有效性的降低。虽然研究结果已经证明在田间不供锌条件下，在受抑制的锌吸收过程中起到关键作用的是根系菌根侵染，但是根系中与锌吸收、转运相关的分子水平的相应机制并不清楚，因此还需要展开进一步的研究。

2. 根层磷肥供应对小麦、玉米籽粒蛋白质及其他微量元素的影响

根层磷素供应除了能显著影响作物锌营养之外对籽粒蛋白质及其他必需微量元素也有一定影响。如表 3-8 结果所示，施磷显著降低了小麦籽粒的蛋白质含量，但提高了玉米籽粒的蛋白质含量。在小麦

施磷到 50 kg/hm^2 时籽粒蛋白质降到最低水平，小麦中蛋白质含量随施磷水平的变化主要是由于氮素在籽粒中的稀释作用导致的。玉米施磷到 25 kg/hm^2 时籽粒蛋白质含量达到最高水平，之后开始略微下降，这可能是由于在玉米中由磷肥施用导致的氮素吸收累积的增加要超过玉米生物量的增加。之前的研究结果也表明对玉米而言，无论是生物磷肥或者化学磷肥的供应都能显著增加玉米籽粒中蛋白质的含量(Mohammad Galavi，2011)。施磷水平对小麦、玉米的锰浓度及玉米籽粒的铜浓度没有显著影响，但显著降低了小麦、玉米籽粒的铁浓度及小麦籽粒的铜浓度(表 3-8)。作物籽粒中营养物质的浓度只能简单代表籽粒中某种营养的含量状态，并不能完全反映其对人体健康的作用，因此需要更直接的评价方法评价各种营养物质受磷肥水平影响后对人体供应能力的变化。

表 3-8 施磷量对小麦、玉米籽粒蛋白质含量及铁、锰、铜浓度的影响

作物	施磷量 /(kg/hm^2)	产量 /(t/hm^2)	蛋白质含量 /%	铁浓度 /(mg/kg)	锰浓度 /(mg/kg)	铜浓度 /(mg/kg)
小麦	0	3.2c	16.5a	42.2a	32.5a	6.2a
	25	6.3b	15.1b	39.8ab	36.3a	5.9ab
	50	8.2a	14.4c	36.9bc	36.4a	5.3bc
	100	8.4a	14.2c	35.9c	35.8a	4.9cd
	200	8.3a	14.2c	35.9c	35.1a	4.6cd
	400	9.1a	14.0c	36.7bc	35.2a	4.5d
玉米	0	8.0b	8.11c	24.96a	4.54a	2.04a
	12.5	9.6a	7.91c	24.91a	4.53a	1.93a
	25	10.3a	8.80a	25.03a	4.61a	1.74a
	50	11.2a	8.24bc	19.60b	4.25a	1.71a
	100	10.1a	8.56ab	21.21b	4.12a	1.90a
	200	10.9a	8.80a	21.51b	4.45a	1.73a

可持续农田生产体系要求提高土地生产效率，评价作物籽粒营养物质供应能力也不能只从含量的角度出发，“营养产量”作为评价作物营养供应的指标可以表征单位土地面积的作物向人类提供营养的能力，即每公顷的土地上，作物每年所能提供的锌营养能 100%满足 1 年 DRI 推荐指标的成年人的数量。田间施用磷肥既可以影响作物产量也可以影响作物蛋白质、微量元素等含量，课题组用营养产量的方法将产量与营养物质结合，对不同磷水平下小麦、玉米籽粒提供营养的能力进行了评价。

通过小麦、玉米中各营养的营养产量对比发现小麦中蛋白质及其他微量元素营养的土地供应能力都远高于玉米，但是玉米供应能量及其他营养元素的能力相当，通过玉米摄入足量能量的同时不会导致其他营养的摄入不足或过量，虽然玉米中锰的供应能力较低但是结合华北平原的饮食习惯，小麦的摄入能充足地供应人体所需的锰营养。受施磷水平的影响，小麦中能量、蛋白质、铁、锰、铜的营养产量均受到施磷水平的显著影响而逐渐增加(图 3-54a)，而且在 50 kg/hm^2 供磷水平时基本达到平台，这主要是由籽粒干物质重在施磷水平的影响下显著增加导致的。玉米中主要有能量、蛋白质和锰的营养产量受磷水平增加的影响而提高，且在 12.5 kg/hm^2 供磷水平时基本达到平台(图 3-54b)。因此，就小麦和玉米作物供应其他营养元素的能力而言，小麦施磷 50 kg/hm^2，玉米施磷 12.5 kg/hm^2 已经能够充分提高土地利用率以满足更多成年人对能量和营养的需要。

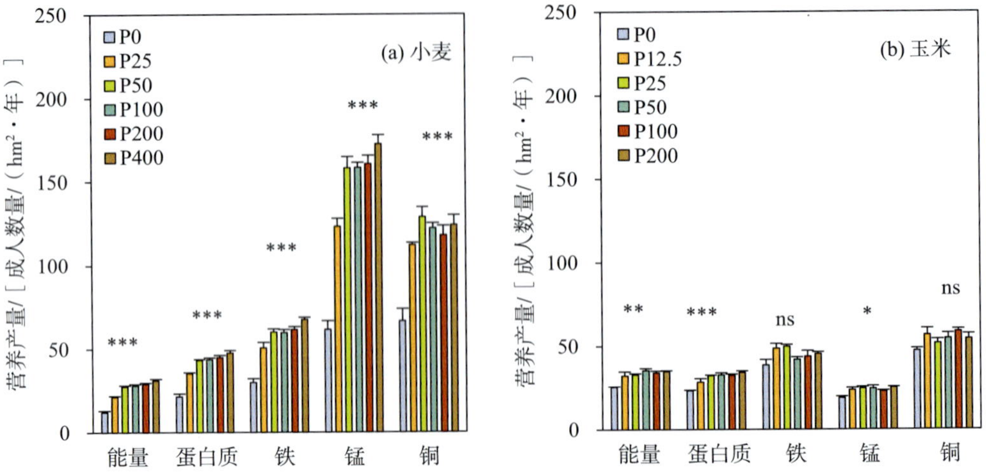

图 3-54　小麦(a)、玉米(b)籽粒中能量、蛋白质、铁、锰、铜的营养产量受施磷水平的影响

3. 根层磷肥供应对小麦、玉米籽粒重金属含量及人体健康风险的影响

由于磷矿作为磷肥的来源往往含有大量有害重金属，长期不合理施用磷肥后通过饮食摄入可能导致人体相应的重金属健康风险。经过在河北曲周的十年长期定位试验发现，长期施用不同水平磷肥不会给土壤带来直接的重金属污染的环境风险，但是施磷引起的籽粒重金属含量的改变可能不同程度地增加相应的人体健康风险。

在长期施用磷肥 10 年后，随施磷水平的增加小麦籽粒中 Pb 和 Ni 的浓度在高磷水平下有所降低，而 Cd 和 As 则分别在 50 kg/hm^2、12.5 kg/hm^2 时增加达到浓度平台，施磷对 Cr 的浓度没有显著影响（表 3-9）。重金属导致的非致癌健康风险（THQ）及总非致癌健康风险（HI）的安全阈值为 1，当食品的 THQ 或 HI 超过 1 时说明此时长期摄入该食品将有导致非致癌疾病的风险。试验结果表明小麦籽粒的各种重金属的相应非致癌健康风险在长期施磷情况下都没有超过安全阈值，而且随施磷水平的增加由 Zn、Cu、Pb、Ni 引起的非致癌健康风险显著降低。各重金属的总非致癌风险随施磷水平的增加先增加后降低，在施磷量为 12.5 kg/hm^2 时达到峰值，这可能是由对 HI 起决定作用的锌相关的健康风险缓慢下降导致的。施磷水平 50、100、200、400 kg/hm^2 的处理与不施磷处理之间籽粒重金属的总非致癌健康风险没有显著差异且基本在可接受范围内（表 3-10）。另一方面，重金属 Pb、Cd、As、Cr 被列为人类可致癌物质，在长期原位施磷的影响下，通过长期摄入小麦籽粒的由 Pb 引起的致癌风险显著降低，但是对总致癌风险具有决定作用的 As 和 Cd 导致的致癌风险随磷水平增加显著增加，最终导致高磷水平下的总重金属致癌风险处于相对较高水平。在施磷水平为 0～100 kg/hm^2 时重金属的总致癌风险不会受到施磷量的影响而显著增加。因此对小麦而言，50 kg/hm^2 磷肥施用量从重金属相关健康风险来说是安全的，且不会因施磷加剧其摄入风险。

表 3-9　小麦中主要重金属浓度受施磷水平的影响(Chen et al.，2020)

施磷水平 /(kg P/hm^2)	Zn /(mg/kg)	Cu /(mg/kg)	Pb /(μg/kg)	Ni /(μg/kg)	Cd /(μg/kg)	As /(μg/kg)	Cr /(μg/kg)
0	49.1a	5.30a	40.7a	314a	11.4b	20.7b	181a
25	37.8b	5.06ab	27.6ab	237ab	11.2b	64.3a	161a
50	26.6c	4.70b	21.8ab	207ab	12.0ab	56.3a	166a
100	17.0d	4.16c	20.5ab	257a	13.9ab	56.7a	172a
200	17.8d	4.00cd	17.6b	140bc	15.7a	62.9a	189a
400	14.7d	3.65d	18.0b	89.5c	15.6a	73.0a	199a

表 3-10　小麦籽粒中重金属导致的非致癌健康风险(THQ)及致癌健康风险(TCR)受施磷水平的影响(Chen et al.，2020)

施磷水平/(kg P/hm²)	THQ							
	Zn	Cu	Pb (×10⁻²)	Ni (×10⁻²)	Cd (×10⁻²)	As	Cr (×10⁻⁴)	HI
0	0.40a	0.33a	2.51a	3.88a	2.81b	0.14b	2.99a	0.97b
25	0.31b	0.31ab	1.71ab	2.93ab	2.78b	0.53a	2.64a	1.23a
50	0.22c	0.29b	1.35ab	2.56ab	2.96b	0.46a	2.73a	1.04ab
100	0.15d	0.26c	1.27b	3.17a	3.44ab	0.53a	2.83a	1.01b
200	0.15d	0.25cd	1.09b	1.73bc	3.87a	0.52a	3.11a	0.98b
400	0.12d	0.23d	1.11b	1.10c	3.84a	0.60a	3.28a	1.01b
	TCR							
			Pb (×10⁻⁷)		Cd (×10⁻⁴)	As (×10⁻⁴)	Cr (×10⁻⁴)	TTCR (×10⁻⁴)
0			3.66a		0.73b	0.28b	0.96a	1.97b
25			2.49ab		0.73b	1.02a	0.85a	2.60ab
50			1.96ab		0.77b	0.89a	0.88a	2.55ab
100			1.85b		0.90ab	0.90a	0.91a	2.71ab
200			1.59b		1.01a	1.00a	1.00a	3.01a
400			1.62b		1.00a	1.16a	1.00a	3.22a

由于磷肥和锌肥的施用均会对作物籽粒重金属含量产生不同的影响，且不同磷水平下作物锌的生物强化得到了越来越广泛的应用，课题组进一步对长期施用磷肥后进行锌的生物强化的玉米籽粒中重金属的表现进行了研究。最终发现籽粒 Pb 浓度与小麦受到施磷水平影响后的表现一致，施用充足锌肥后低磷水平下的 Pb 浓度进一步下降，可能是由于低磷条件下锌的添加导致土壤锌与铅竞争活性交换点位从而降低了根系对铅的吸收。与小麦籽粒不同的是玉米籽粒中的镉随施磷水平的增加而降低，这可能是由于不同作物之间植株镉受施磷水平影响后由植株向籽粒的转运能力不同导致的。锌强化的处理在高磷水平下进一步降低玉米籽粒中镉的浓度，这主要是由于锌和镉的化学相似性导致其竞争根系吸收及向地上部转运的转运蛋白点位。值得注意的是砷的浓度随施磷水平出现先降低后增加的趋势，在施磷水平为 12.5～50 kg/hm² 时砷的浓度达到最低，且施锌对玉米籽粒中砷浓度没有显著影响。籽粒砷浓度随磷水平的这种变化可能是由于磷肥促进土壤中砷的有效性及磷与砷在玉米运输体系中竞争转运蛋白之间的反向作用的平衡导致的。

此外，按世界摄入玉米及其产品平均水平(49 g/d)计算，集约化生产体系中由玉米引发的人体致癌或非致癌风险均较低，远没有达到风险阈值。通过锌肥的施用显著增加了玉米籽粒中锌、铜相关的健康风险(非致癌和致癌)，同时降低了铅、镉相关的健康风险。综合来看，在锌匮乏或富足条件下，长期食用施磷水平在 25 kg/hm² 下的玉米籽粒不会引起额外的非致癌或致癌风险。在锌缺乏条件下，长期食用施磷水平在 12.5 kg/hm² 下的玉米籽粒会增加人体的非致癌风险，但也远没有达到引发风险的水平。因此，对玉米而言长期施用 12.5 kg/hm²、25 kg/hm² 磷肥后不会导致相应的重金属健康风险。

综上所述，华北平原集约化生产体系中，小麦长期施用磷肥用量维持在 50 kg P/hm² 左右，玉米施用量维持在 12.5～25 kg P/hm² 可以在实现最高产量的同时基本维持磷肥的投入产出平衡，保证较高的肥料利用率，而且不会给环境带来直接的重金属污染风险或造成人体健康风险。此外，还能保证相对较高的籽粒中锌的生物有效性及其他营养的供应能力。因此，合理施磷水平下，小麦、玉米可以实现高产、高效、优质、可持续的农业生产。

3.4 水资源限制下的玉米根层调控机理与效应

干旱是全球性问题，干旱地区占全球陆地总面积45%（Schimel，2010），旱作农业生产在保障全球粮食安全中扮演着不可或缺的角色。在耕地面积持续减少和粮食种植面积扩大潜力非常有限时，如何在有限水资源条件下，大面积持续提高作物单产已成为保障世界粮食安全的唯一选择。黄土高原旱农区是典型旱作低产区（Li and Xiao，1992），玉米是当地主要粮食作物，占总粮食作物面积17.9%，粮食总产30.8%。旱地春玉米生长期与水热资源同期，具备实现春玉米高产的气候条件，但当前农户栽培玉米实际产量为5～7 t/hm^2，与当地产量潜力存在较大产量差。因此，本节内容主要针对黄土高原旱作春玉米体系，探索如何在有限水资源条件下，优化春玉米生产体系提高产量，并通过根层养分水分调控，提高养分和水分利用效率，减少温室气体排放，实现作物高产、资源高效和环境友好的协同。

3.4.1 水资源限制下覆膜春玉米高产体系的理论构建

1. 旱区玉米产量和水分利用效率提升的限制性因素

干旱是黄土高原旱地农业生产的主要限制因素，如何合理利用有限降水资源、提高水分利用效率，实现作物高产稳产，不仅是过去而且也是当前和今后的研究热点。黄土高原地区绝大部分属干旱半干旱气候区，年均降水量413 mm左右。Meng等（2016）分析了我国玉米带雨养条件相对产量与降水量的关系，结果表明，生育期内降水量的临界值为462 mm。我们分析了位于陕西长武的长武黄土高原农业生态试验站的长期气象数据，当玉米生育期内降水量大于480 mm时能够基本消除水分胁迫的限制，满足实现玉米光温生产潜力的最低水分需求。而该地区春玉米整个生长季平均降水量仅为420 mm，低于实现光温生产潜力的水分需求，说明在玉米生长期内存在不同程度的水分胁迫。对不同阶段水分满足率分析表明，当春玉米营养生长阶段降水量大于180 mm，且生殖生长阶段降水量大于200 mm情况下，水分满足率即可达到100%，即满足实现光温潜力的水分要求。在50年中，春玉米营养生长阶段绝大多数年份降水量低于180 mm，玉米生长经常遭遇干旱胁迫，而生殖生长阶段降水相对充足，绝大多数年份能够满足玉米生长需求。因此，优化旱地雨养春玉米农田保水措施，减少地表无效蒸发，提高土壤水分有效性和利用效率成为缓解干旱胁迫的关键。

为了应对干旱和低温对春玉米生产的限制，在我国西北干旱半干旱地区广泛应用地膜覆盖栽培措施。近年来，随着地膜覆盖，特别是双垄沟覆膜栽培技术的发展和完善，西北旱作春玉米播种面积和产量显著增加，对保障区域粮食和饲料供应起到了重要作用。但受栽培措施等的影响，地膜覆盖增产潜力和光热资源潜力没有得到充分发挥，水分生产效率和化肥生产效率较低，造成资源浪费。Zhang等（2013a）汇总分析了我国1996—2010年黄土高原地区覆盖措施对玉米产量和水分利用效率的影响，秸秆覆盖、半膜覆盖和全膜覆盖等可以显著提高产量和水分利用效率，各覆盖措施下最高平均产量为9.89 t/hm^2，水分利用效率的最高均值为26.2 kg/(hm^2 · mm)。而近年来随着生产品种的更替以及栽培措施的改变，覆盖措施的增产效果可能也会发生改变。我们汇总分析了黄土高原地区2010年之后地膜覆盖对玉米产量和水分利用效率的影响。和不覆盖（CK）相比（图3-55），地膜覆盖（FM）的产量由7.6 t/hm^{2}提高至10.3 t/hm^2（增产35.9%），蒸散量（ET）基本没有变化，仅在390 mm左右，水分利用率（WUE）由19.6 kg/(hm^2 · mm)提高至26.7/(hm^2 · mm)（增效36.2%）。而对数据按照种植密度进行进一步分析，结果表明，种植密度在CK和FM条件下对产量和WUE的影响是不一样的（图3-56）。CK条件下，密度由<6万株/hm^{2}提高到6万～7.5万株/hm^{2}时，产量由6.2 t/hm^{2}提高至7.7 t/hm^2，而密度进一步提升至>7.5万株/hm^2，产量则降至7.0 t/hm^2；对于WUE，CK条件下也是随密度提高先上升后下降。而 FM 条件下，密度由<6 万株/hm^2 提高到 6 万～7.5 万株/hm^2 时，产量由 9.2 t/hm^2 提高至 9.9 t/hm^2，而密度进一步提升至>7.5 万株/hm^2，产量继续增加至 14.0 t/hm^2；对于 WUE，当密度<6 万株和 6 万～7.5 万株/hm^2 时，WUE 的均值分别为 25.5 kg/(hm^2 · mm)和 25.6 kg/(hm^2 · mm)，而密度进一步提升至>7.5 万株/hm^2，WUE 的均值可达到 32.6 kg/(hm^2 · mm)。文献汇总分析的结果表明，覆膜条件下适当增加密度，可进一步发挥覆膜的增产潜力，提高水分利用效率。

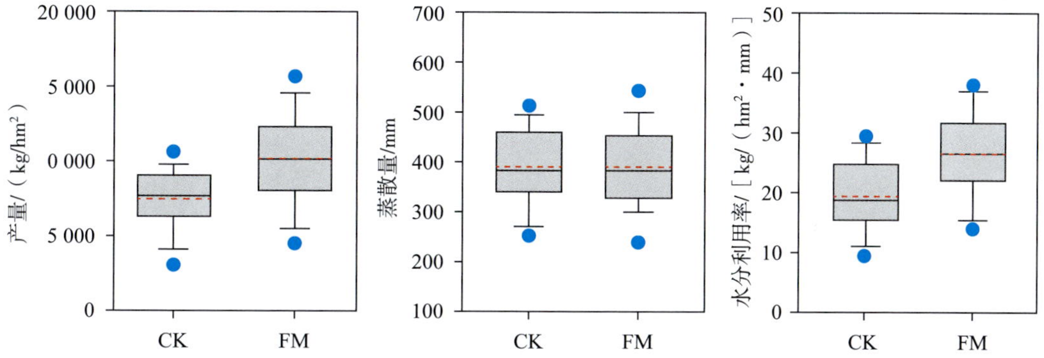

图 3-55　地膜覆盖(FM)和不覆盖(CK)对产量、蒸散量和水分利用率的影响

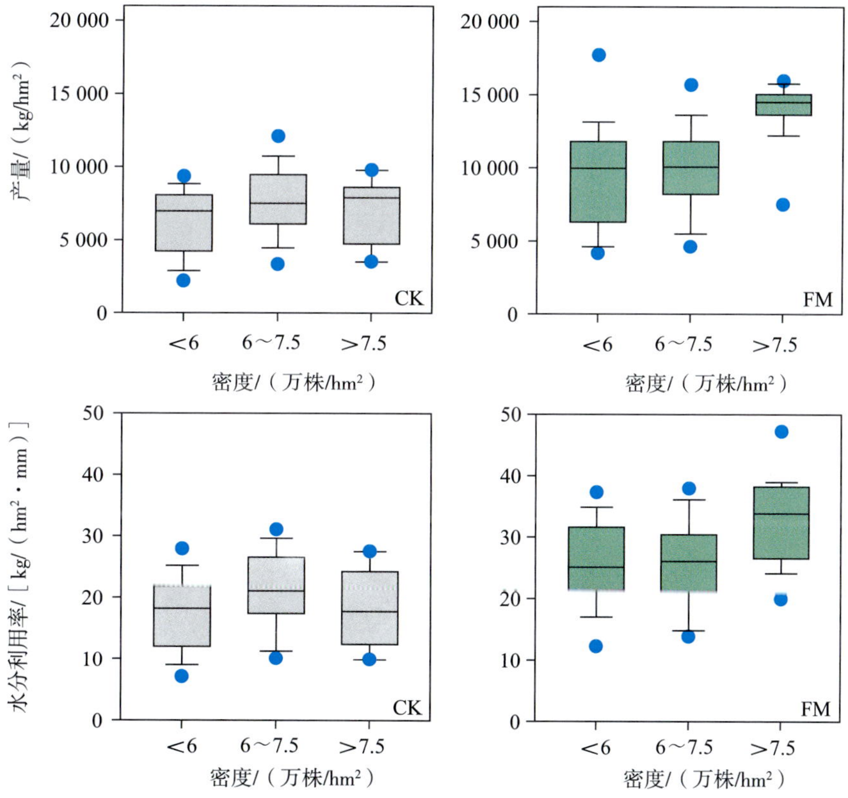

图 3-56　不同密度条件下地膜覆盖(FM)和不覆盖(CK)对产量和水分利用率的影响

除了上面提到的播种密度的问题外，覆膜玉米生产体系还存在品种、播期等和当地气候资源不匹配问题。同时该体系的肥料投入量、投入时期及肥料种类需要进一步优化。因此，我们引入模型工具，通过 Hybrid-Maize 玉米专用模型对黄土高原玉米生产体系进行优化，构建与当地光温资源相匹配的理想群体，建立实现水分限制条件下旱作覆膜春玉米高产体系。

2. 覆膜春玉米高产体系的理论构建

(1)旱地春玉米高产高效栽培体系构建

以 Hybrid-Maize 模型为指导，通过多年田间实验，对 Hybrid-Maize 模型进行校验。应用校验的 Hybrid-Maize 模型，结合长武地区的长期气象数据对春玉米栽培措施进行优化，主要包括水分管理、品种、播种日期、种植方式和密度的优化。以耦合土壤－作物－大气综合管理为思路，将各种优化措施集成一体，构建以当地产量潜力为目标的旱地春玉米高产高效栽培体系(图 3-57)。

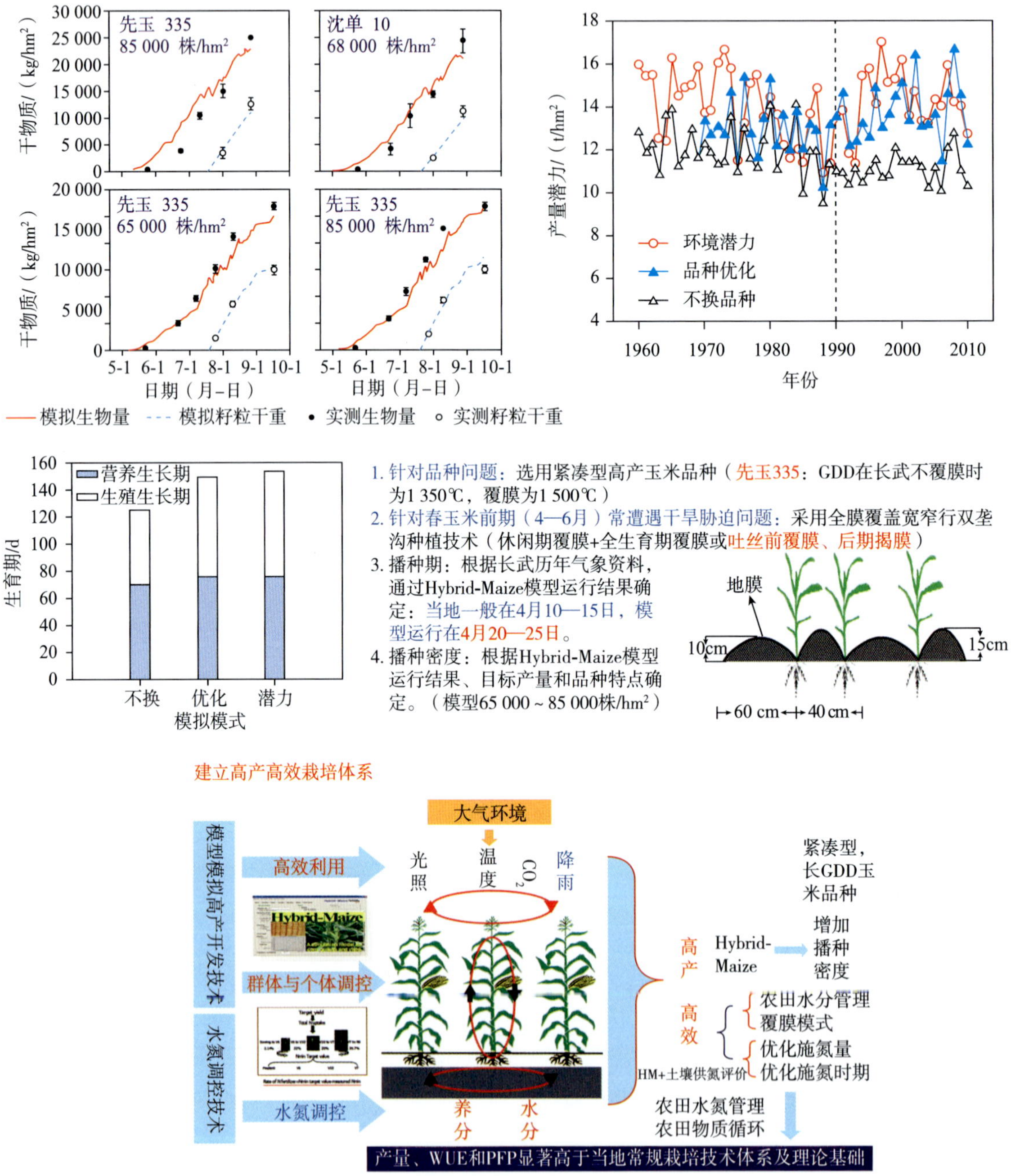

图 3-57 旱地春玉米高产高效栽培体系构建

根据本研究对长武地区春玉米 50 年的模拟结果，当地春玉米生长期内具有较高的环境生产潜力。20 世纪 60—70 年代，由于早熟品种的限制，实际潜力与环境潜力相差较大。若 50 年内一直沿用早熟品种而不进行品种更新，逐年升高的温度将导致春玉米产量潜力大幅度下降，特别是 20 世纪 90 年代以后。根据环境进行品种更新，即每 5～10 年更换更晚熟的品种，春玉米产量潜力将逐年上升，并接近环境生产潜力。主要原因在于晚熟品种成熟所需的有效温度（GDD＞10 ℃）较多，具有较长的生育周期，能够更多地捕获和利用光温资源。以近 10 年的气候条件模拟结果，过去一直沿用的早熟品种（GDD≈1 300 ℃）总生育期天数仅为 125 d，优化品种（GDD≈1 400 ℃）约为 149 d，接近环境潜在的生育天数 152 d（GDD≈1 430 ℃）。相对于早熟品种，优化品种营养生长周期平均延长 5 d，生殖生长周期平均延长 19 d，后者是春玉米品种更新增产的主要原因。

科学合理地确定播种日期是保障作物获得适宜生长环境的前提。农户种植大多根据农时节气或个人经验确定播种日期，缺乏作物与气候环境耦合的科学依据。长武地区农户种植春玉米的习惯播种日期为 4 月 10—20 日，玉米出苗率低，出苗不整齐，壮苗率低等时有发生。作物模型能够根据气象资料科学地估算作物生长发育状态，在玉米品种确定的情况下，利用 Hybrid-Maize 模型，输入不同的播种日期可估算出相应的产量潜力结果。以产量潜力为标准能够确定一定环境条件下的最优的播种日期。以长武地区近 10 年的气象资料为依据，输入固定的品种和种植密度，利用模型估算了不同播期下的玉米产量潜力。结果表明，在 4 月 25 日左右播种可获得最高的产量潜力和收获指数。因此，我们确定长武地区春玉米最适宜的播种日期约为 4 月 25 日。

合理的种植密度是构建作物高产体系的关键。不同密度模拟结果显示，在不改变品种的情况下，玉米产量随播种密度的增加而增加，收获指数随之下降。研究确定构建长武地区春玉米高产群体的合理种植密度为每公顷 85 000 株。另外，为了更充分发挥高密度群体的光能捕获和利用的优势，减少群体内个体间的资源竞争，我们应用宽窄行种植方式以增加玉米冠层的通风透光效果。

集成以上春玉米栽培优化措施，研究构建了旱地春玉米高产高效栽培模式：①玉米品种，先玉 335；②种植密度，85 000 株/hm^2；③播种日期，4 月 25 日；④种植方式，宽窄行种植；⑤水分管理，全膜双垄沟。

多年田间定位试验结果表明（图 3-58），农户常规栽培模式（不覆膜，CK）平均产量为 9.0 t/hm^2，在地膜覆盖技术保水的基础上，利用 Hybrid-Maize 模型对密度、播期等进行优化之后的覆膜模式（FM）的平均产量达到 13.1 t/hm^2，在此基础上，进一步增加玉米的栽培密度（HY），玉米产量会进一步提高至 15.6 t/hm^2。在增加产量的基础上，覆膜模式显著提高了氮素吸收量和氮肥生产效率，其中覆膜条件下，氮肥生产效率的均值可达到 69 kg/kg，接近美国高产玉米的氮肥生产效率的最高纪录（73 kg/kg）。

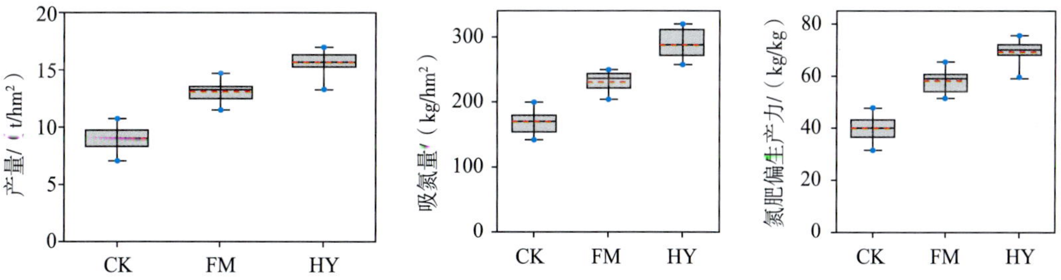

图 3-58　定位试验多年产量、氮素吸收量和氮肥生产效率结果

（2）覆盖措施下旱地玉米增产增效的作用机制

地表覆盖措施提高表层土壤温度，促进早春玉米种子萌发和植株生长发育进程。结果表明，地膜覆盖措施显著提高表层土壤温度。不同年份均表现为地膜覆盖＞不覆盖雨养处理。由于地膜覆盖的增温效应，覆膜处理玉米出苗期和吐丝期提前，灌浆期延长，有利于生殖生长期光合产物的积累和产量的提高。较雨养处理，覆膜处理出苗日期提前 3～4 d，吐丝期提前 7～18 d，灌浆期延长 6～21 d。

地表覆盖措施显著提高玉米生育前期土壤含水量，能够有效缓解降雨不足造成的不利影响，促进玉米生长发育。此外，覆盖改变玉米生育期耗水规律。播种至吐丝期，覆盖处理耗水量呈增加趋势，有利于满足植株水分需求。吐丝至收获期，覆盖处理耗水量低于不覆盖雨养处理，降低了水分无效损失。玉米产量与吐丝期前后耗水量比值呈正相关关系，说明播种至吐丝期是黄土高原南部旱作玉米生产的关键缺水期，保证这一季节土壤水分供应，满足作物水分需求对提高产量至关重要。

地表覆盖条件下促进玉米增产的“源-库”过程。结果表明，与不覆盖雨养处理相比，覆盖措施显著增加了单株粒数：砂砾覆盖增加 55～96 粒，地膜覆盖增加 93～161 粒。与此同时，覆盖条件下玉米灌浆期间的源/库比也有所提高。另外，覆盖措施显著增加了有效灌浆阶段的积温，而灌浆速率显著降低。与不覆盖雨养处理相比，砂砾覆盖延长有效灌浆积温 130～180 ℃ d，地膜覆盖延长 235～390 ℃ d。

3.4.2 覆膜对根系及根冠关系的调控作用

旱作覆膜春玉米高产高效的优异表现离不开其根系的作用。覆膜土壤空间的水分和养分资源的改善，可能通过作物根系消耗的降低优化了根冠生长关系并实现了高产高效的冠部群体增产目标。在位于长武黄土高原农业生态试验站的长期定位旱作雨养试验田内，采用玉米品种 XY335 进行了两年(2015—2016 年)的覆膜春玉米根系及根冠研究。试验研究结果表明，旱作春玉米在生长发育初期，尤其是种子萌发后的数周内(播种到三叶期)玉米苗根冠发育有着突出的矛盾，而覆膜和增施氮肥措施均能促进冠根比增加使生长重心上移而帮助玉米幼苗快速建立冠部的光合生产优势，并在旺盛生长的营养生长中期(六叶期)实现根冠协同增长关系优化；但在生殖生长阶段，玉米植株根冠的生长发育又体现出相当的矛盾，而覆膜和增施氮肥均能促进冠根比增加，进而帮助增加单株作物的冠部干物质累积和籽粒产量。

1. 覆膜对春玉米苗期根冠关系的影响

地膜覆盖土壤的增温增湿效益通常早在苗期即已开始，尤其对于春玉米等春播作物，其出苗及出苗后所面临的较低土温和缺水干旱，往往是黄土高原等地区最重要的非生物胁迫因素(Hund et al. 2007; Hund et al., 2008; Imran et al., 2013)。试验结果表明，覆膜显著地改善了春玉米田三叶和六叶期的土壤水热条件和冠部发育进度水平。在三叶期，覆膜处理的根系干物质累积并没有显著的改变，但其根长度平均减少了约 17%，且根直径也有显著的增加；而相比于覆膜处理，对照处理在 20 cm 土层以下的根干物质分布也有明显的增加。在六叶期，覆膜玉米在总根干重、根长、平均根直径和根表面积方面均有显著的提高。此外，覆膜处理玉米幼苗在苗期还有更高的冠根比、根系氮素吸收效率和水分利用效率(WUE)。因此，覆膜春玉米苗期的根系表现更加轻量而高效。从根冠的整体协同发育来看，覆膜能够显著地提高干旱地区春播土壤的水分和温度，降低玉米出苗后(三叶期)的根系消耗，帮助幼苗将有限光合产物集中于冠部的生长发育。这种根冠关系的改进能有效地帮助玉米幼苗尽早地建立高效的冠部光合生产条件，而优势的光合生产条件又进一步带动了植株整体的根冠协同发育，使苗期的生长发育进程加快并最终在营养生长中后期建立优异的根冠增产条件。

(1)覆膜对苗期玉米发育、土壤温度和水分的影响

玉米播种到六叶期的发育时长、环境温度和降雨量变化见表 3-11。在 2015 年和 2016 年，播种到三叶期(PT—V3)间覆膜处理玉米田 0～20 cm 耕层土壤平均温度分别增加了 3.2 ℃和 2.7 ℃。2015 年和 2016 年，覆膜使三叶至六叶期间的玉米田耕层土壤平均温度分别增加了 3.5℃和 2.4℃。此外，覆膜玉米幼苗进入三叶期和六叶期的日期分别提早了 3～4 d 和 5 d。生长进程上的加速，导致覆膜玉米的生育期降水、日平均气温产生进一步的差异(表 3-11)。此外在三叶期，覆膜处理玉米田的根区平均贮水量(V3 贮水量，表 3-12)在 2015 年和 2016 年分别增加了 15.7 mm 和 11.0 mm，但 ET(粗耗水)分别下降了 5.7 mm 和 1.8 mm。在六叶期，覆膜处理玉米田的根区平均贮水量(V6 贮水量，表 3-12)在 2015 年和 2016 年分别增加了 24.3 mm 和 57.7 mm，但 ET 分别下降了 14.3 mm 和 52.8 mm。

表 3-11　播种(PT)到六叶期(V6)作物生长时间、温度和降雨量的变化

年份	生育期	处理	持续时间/d	平均地温/℃	平均气温/℃	积温≥10℃/(d·℃)	降水量/mm
2015	PT—V3	对照	0～26 (25)	23.4	15.5	138.5	24.4
		覆膜	0～22 (21)	26.5	15.3	111.9	24.4
	V3—V6	对照	26～42 (15)	24.4	18.3	132.8	51.6
		覆膜	22～37 (14)	27.9	17.5	112.7	51.0
2016	PT—V3	对照	0～24 (23)	23.5	15.0	120.8	27.4
		覆膜	0～21 (20)	26.2	14.5	97.3	27.4
	V3—V6	对照	24～45 (20)	25.0	17.1	149.5	35.2
		覆膜	21～40 (18)	27.4	16.5	123.3	27.2

表 3-12　各处理播种到六叶期(V6)的土壤贮水量和耗水量　mm

土层/cm	变量	2015 年		2016 年	
		对照	覆膜	对照	覆膜
0～40	PT 贮水量	102.5±2.4	112.5±2.0*	103.7±4.1	112.8±1.6*
	V3 贮水量	96.0±2.3	111.8±3.7**	92.6±2.5	103.6±5.5**
	ET(PT—V3)	30.9±2.3*	25.2±3.7	38.4±2.5	36.6±5.5
0～60	PT 贮水量	162.4±6.0	172.9±0.9*	154.7±5.4	167.6±2.3*
	V6 贮水量	167.8±4.5	192.1±5.1**	101.5±4.1	159.1±7.4**
	ET(PT—V6)	70.6±4.5**	56.3±5.1	115.9±4.1**	63.1±7.4

(2)覆膜对地上冠部发育的影响

在进入三叶期,覆膜玉米幼苗的冠部总干物质(图 3-59a)和冠部总氮累积(图 3-59c)较对照处理均有显著的提升。而尤为值得注意的是,覆膜处理地上部植株 N 浓度(Shoot N Content)在 2015 年和 2016 年平均分别为 40.94 mg/g 和 40.50 mg/g,而对照处理分别为 29.89 mg/g 和 36.37 mg/g。因此覆膜处理玉米幼苗的地上部氮素累积和浓度,在三叶期开始阶段均有显著的提升。而在播种到三叶期间,覆膜玉米冠部总干物质累积速率和总氮吸收速率均较对照处理有明显的增加(图 3-59b,d)。此外,三叶期对照处理冠部的总干物质、总干物质累积速率和总氮累积量在 2015 年要明显地高于 2016 年(图 3-59a,b,c),但覆膜玉米冠部的总干物质、总干物质累积速率和总氮累积量则在 2015 年和 2016 年变化较小(图 3-59a,b,c)。进入六叶期后,覆膜玉米的冠部总干物质和总氮累积量平均分别超过对照处理组约 3.0 倍(图 3-59e)和 3.8 倍(图 3-59g)。而在三叶至六叶期间,覆膜玉米的冠部总干物质和总氮累积速率平均分别达到对照处理组的 5.2 倍(图 3-59f)和 4.8 倍左右(图 3-59h)。此外,2015 年三叶至六叶期间覆膜玉米的冠部总干物质累积速率和冠部总氮累积速率也要明显地高于 2016 年(图 3-59f,h)。但无论水热条件有无变化,对照处理组在 2015 年和 2016 年的冠部总干物质累积速率和总氮累积速率均比较稳定(图 3-59f,h)。

(3)覆膜对地下根系发育的影响

在三叶期,覆膜处理玉米幼苗的地下根干重累积量并没有显著的变化(图 3-60a),但覆膜玉米从播种到三叶期的根干重累积速率有显著的提升(图 3-60b)。在地下总根长方面,三叶期覆膜玉米有显著的降低(图 3-60c)。但覆膜和对照处理在播种到三叶期期间的总根长生长速率差异并不显著(图 3-60d)。此外,三叶期各处理的地下根长数值在 2015 年均要显著地高于 2016 年。三叶至六叶期期间覆膜玉米的根干重(图 3-60f)和根长累积速率(图 3-60h)均有显著的提高。在六叶期,覆膜玉米苗的根干

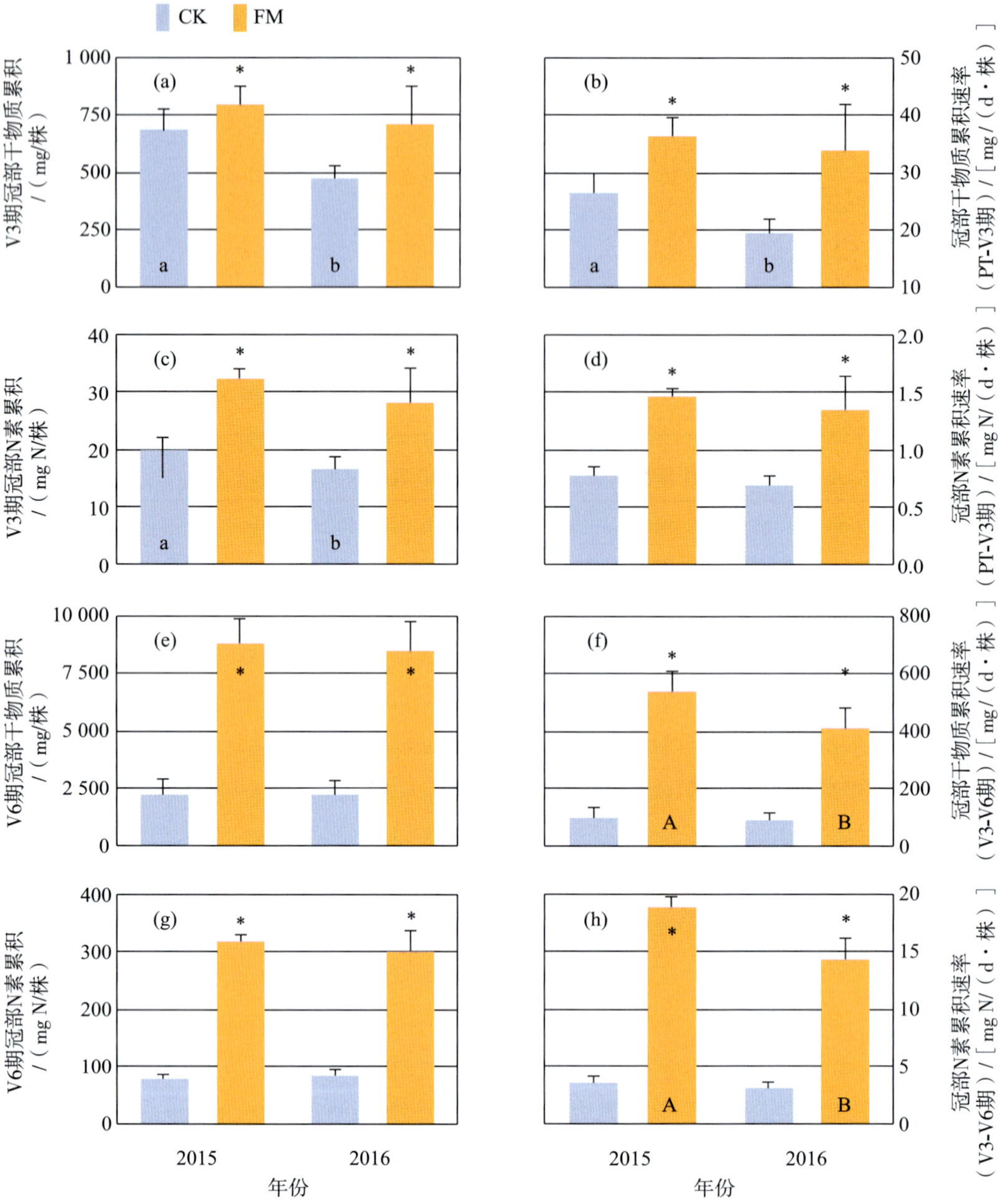

图 3-59　三叶期和六叶期的春玉米地上部干物质和氮素累积

重(图 3-60e)和根长(图 3-60g)均有显著的提高。此外,显著性分析结果表明 2015 年三叶至六叶期期间,各处理的根干重累积速率均要显著地高于 2016 年(图 3-60f)。

(4)覆膜对地下根系垂向分布的影响

地下根干重的垂直分布状况如表 3-13 所示。单纯从数值上看,覆膜处理玉米幼苗在三叶期的土壤中的根干重分布更浅(10～30 cm 深度土壤中分布更小比例的地下总根干重)。在三叶期,覆膜玉米田 0～10 cm 土层单株玉米根干重占比在 2015 年和 2016 年平均分别为 65%和 75%,对应的对照处理分别为 61%和 66%。但在六叶期,覆膜玉米根干重在绝大多数的土层中均有显著的提升。

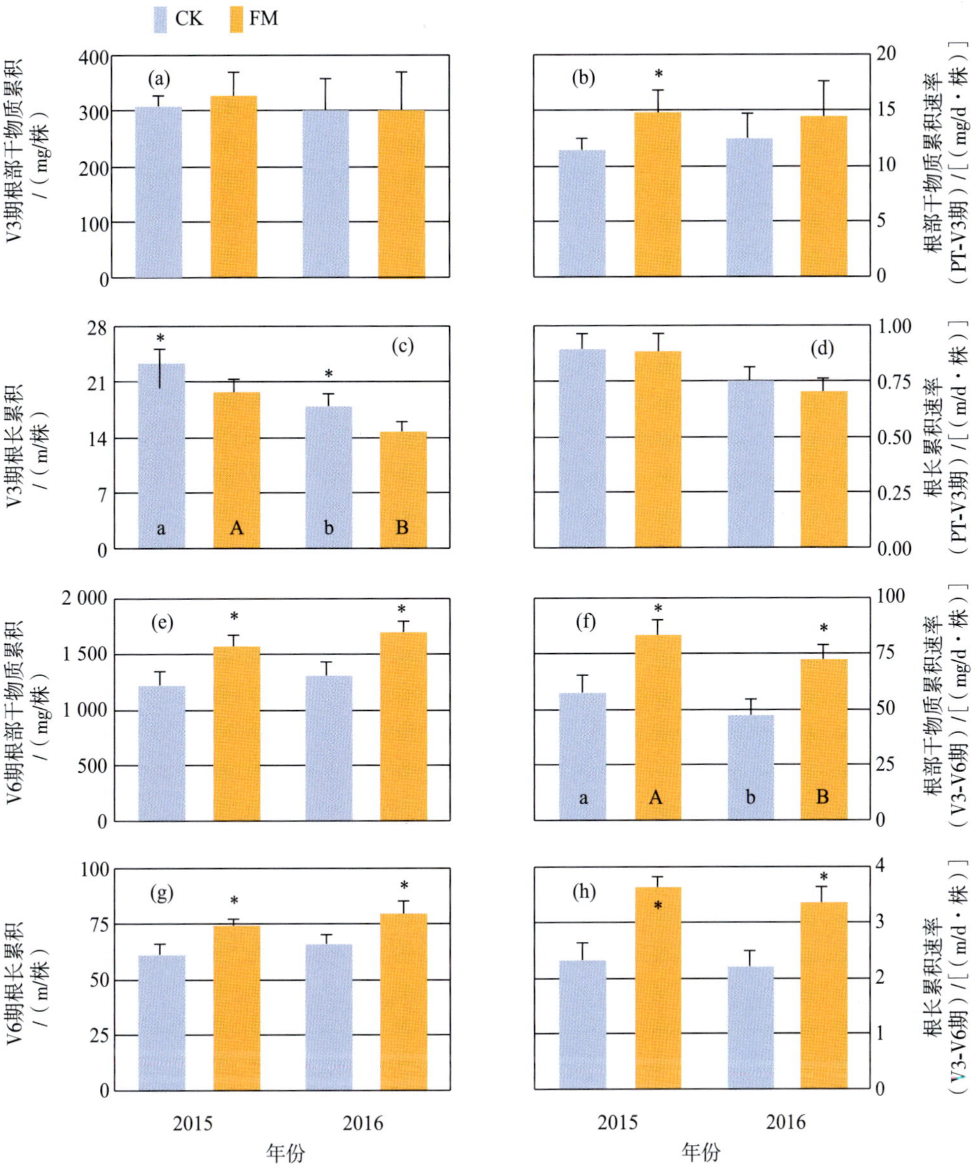

图 3-60　三叶期和六叶期的春玉米地下根系干物质和根长累积

地下根长的垂向分布状况如表 3-14 所示。在三叶期种植年份(Y)及其与覆膜处理的交互效应($M\times Y$)对 0～10 cm 的根长分配百分比存在显著影响，但在六叶期只有覆膜措施(M)对 0～10 cm 的根长分配百分比存在显著的影响。结果表明，无论生长季节如何变化，三叶期覆膜处理在 0～10 cm 土层中的根长数值均始终少于对照处理。此外，在 2016 年生长季中，覆膜处理 10～20 cm 土层中的根长要显著地高于对照处理。在六叶期，无论是 2015 年还是 2016 年，覆膜处理 0～10 cm 土层的根长数值平均均能达到对照处理的 2 倍左右。与三叶期类似，在 20～30 cm 土层中，2016 年覆膜处理六叶期的根长也要明显地高于对照处理。

表 3-13　各处理不同土层玉米根干重及其分布比例

生育期	土层/cm	2015 年		2016 年	
		对照	覆膜	对照	覆膜
根干重/(mg/株)					
三叶期	0～30	302.83±23.47	325.67±44.75	300.00±57.07	304.00±64.80
	0～10	184.67±37.89	212.17±42.93	195.83±31.87	228.83±53.28
	10～20	92.50±30.61	96.83±21.14	95.83±31.82	57.17±28.49
	20～30	25.67±20.48	16.67±15.20	8.33±12.97	18.00±13.81
六叶期	0～60	1 217.58±117.84	1 564.33±102.01**c	1 295.83±123.02	1 675.67±109.93**
	0～10	544.50±143.15	678.33±247.68	460.67±83.34	855.33±95.54**
	10～20	351.08±68.77	484.50±172.32	517.67 ±155.86	416.00±86.15
六叶期	20～30	207.83±58.32	236.50±102.63	194.50±43.54	274.83±40.01*
	30～40	70.50±9.40	95.50±8.17**	68.17±15.48	96.17±46.08
	40～60	43.67±25.37	69.50±36.77	54.83±50.17	33.33±8.38
分布比例/%					
三叶期	0～10	61.29±13.39	64.72±5.47	65.74±6.75	75.43±8.93
	10～20	30.19±8.33	29.83±6.19	31.44±5.87	18.95±8.80*
	20～30	8.52±6.94	5.45±5.29	2.82±4.50	5.62±4.12
六叶期	0～10	44.47±9.60	43.86±17.4	35.44±4.45	51.00±3.99**
	10～20	28.81±4.57	30.67±9.78	39.67±9.61**	24.81±4.77
	20～30	17.19±4.73	14.97±6.12	15.28±4.34	16.42±2.39
	30～40	5.86±1.13	6.13±0.70	5.25±1.02	5.79±2.94
	40～60	3.66±2.23	4.37±2.15	4.36±4.11	1.98±0.46

表 3-14　各处理不同土层玉米根系长度及其分布比例

生育期	土层/cm	2015 年		2016 年	
		对照	覆膜	对照	覆膜
根系长度/(cm/株)					
三叶期	0～30	23.21±1.77*	19.55±1.67	17.88±1.52*	14.62±1.27
	0～10	14.57±2.04*	11.34±1.63	12.37±1.00*	10.83±1.20
	10～20	7.16±1.06	7.19±0.91	5.13±0.89**	2.94±0.39
	20～30	1.48±1.15	1.02±1.05	0.39±0.60	0.85±0.63
六叶期	0～60	60.57±4.69	74.03±3.07**	64.84±5.46	78.60±5.54**
	0～10	16.08±3.00	30.71±2.15**	16.46±2.73	34.33±7.42**
	10～20	27.84±4.16	25.15±2.79	35.47±4.75*	27.41±3.10
	20～30	9.20±1.96	9.81±1.28	7.56±0.80	10.57±1.01**
	30～40	4.60±0.65	6.08±1.57	3.75±0.37	4.69±2.54
	40～60	2.85±0.98	2.28±0.72	1.60±1.20	1.70±0.34
分布比例/%					
三叶期	0～10	62.79±7.64	57.92±5.30	69.28±3.34	73.98±2.95*
	10～20	30.88±3.94	36.90±4.72*	28.51±3.22**	20.28±3.57
	20～30	6.34±4.94	5.18±5.27	2.20±3.41	5.74±4.21

续表 3-14

生育期	土层/cm	2015 年		2016 年	
		对照	覆膜	对照	覆膜
分布比例/%					
六叶期	0～10	26.51±4.25	41.48±2.46**	25.37±3.30	43.32±7.28**
	10～20	46.01±6.40**	33.94±3.10	54.59±4.52**	34.94±4.25
	20～30	15.20±3.17	13.24±1.44	11.77±1.99	13.49±1.55
	30～40	7.61±1.08	8.23±2.17	5.82±0.82	6.11±3.59
	40～60	4.67±1.45	3.10±1.01	2.44±1.74	2.14±0.33

(5)覆膜对冠根比、根系氮素吸收和水分利用的影响

覆膜玉米冠根比(图 3-61a,d)和 REN(单位根长地上部氮累积量,图 3-61b,e)在三叶和六叶期均有显著的提高。此外,在三叶(图 3-61c)和六叶期(图 3-61f),覆膜玉米的 WUE 均有显著的提高。

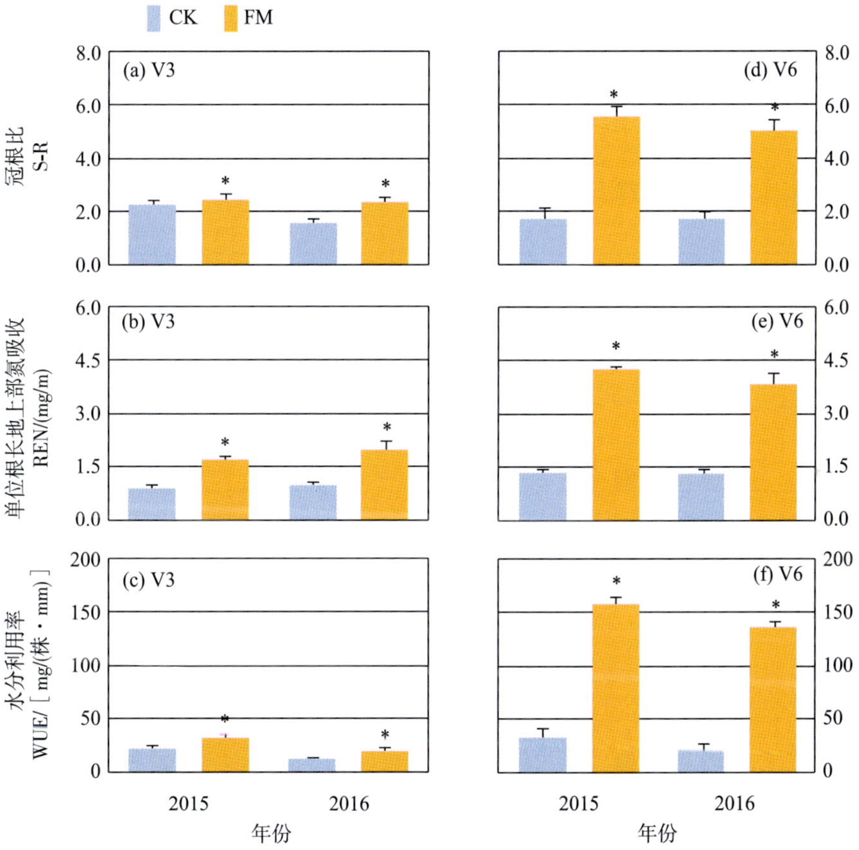

图 3-61　供试春玉米苗在 2015 年和 2016 年三叶期(V3)和六叶期(V6)的 S-R(冠根比)

2. 覆膜对春玉米花后根冠关系的影响

试验结果表明,旱作覆膜栽培措施至少在以下三点上帮助供试玉米在雨养旱作条件上达到了高产高效的粮食生产目标:①覆膜通过种植早期的土壤水热状况改善,加速了营养生长发育进程并延长了生殖生长阶段总时长,这样积极地调配了作物生育期的水热资源为最终籽粒产量的提高奠定了基础;②覆膜极大地提升了花后玉米叶片的氮浓度、叶片干物质量累积和叶面积指数,降低了非光合器官茎秆和根系的干物质累积和分配;③覆膜不仅帮助花后玉米根系在干物质的消耗上更加经济,还在结构功能方面(根长和根表面积)更加持久地支持冠部。

(1)覆膜对花后干物质分配、氮素吸收、冠根比和根系效率的影响

作物花后根、茎、叶和穗部的干物质累积分配变化如图3-62所示。在吐丝阶段,覆膜玉米植株各冠部器官(包括茎、叶和穗)的干物质累积均有显著的提升。但在地下根干重方面,覆膜玉米则有显著的降低。具体而言在吐丝期,覆膜玉米植株的茎、叶和穗部干物质累积在2015年分别增加了29.3%、26.2%和20.7%,在2016年分别增加了21.5%、29.3%和29.4%。但同样的在吐丝阶段,覆膜玉米根干重在2015年和2016年分别降低了16.1%和17.4%。在乳熟期,覆膜玉米植株在叶和穗的干物质累积上有显著的提升,但在根干重累积上却有明显的下降。总的来说覆膜处理在2015年和2016年的灌浆时期,在叶片干物质累积量提高了19.3%和16.9%,在穗部干物质累积量提高了43.3%和48.2%,但在地下根干物质的累积量上平均分别降低了16.5%和20.1%。从吐丝到乳熟期,覆膜处理的穗部干重增长量有显著的提高,但茎部干物质增长量有明显的降低;在收获期(R6),覆膜处理穗部干物质量有显著的提高。在收获期,覆膜玉米穗部干物质量在2015年和2016年平均分别增加了28.7%和30.3%。

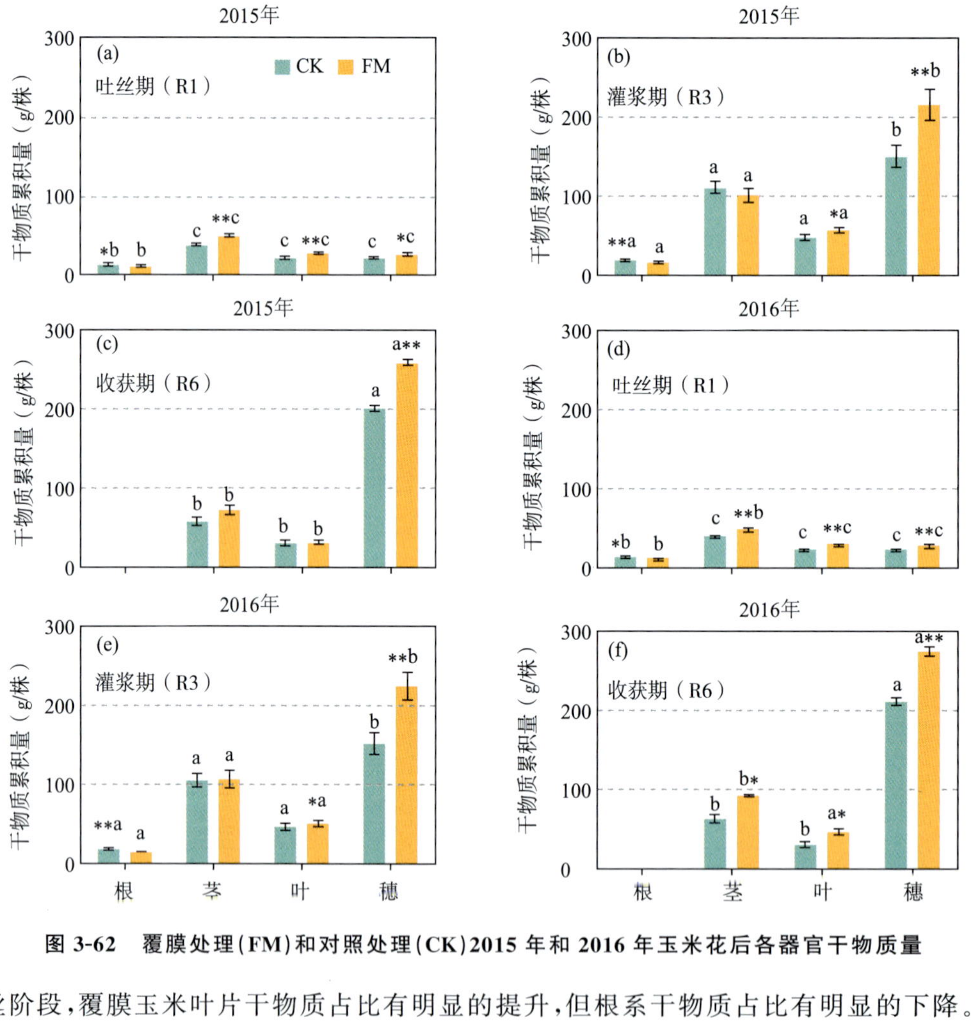

图3-62　覆膜处理(FM)和对照处理(CK)2015年和2016年玉米花后各器官干物质量

在吐丝阶段,覆膜玉米叶片干物质占比有明显的提升,但根系干物质占比有明显的下降。具体而言在吐丝阶段,覆膜玉米叶片干物质占比在2015年和2016年平均分别提高了5.0%和8.3%;但同时其根干物质占比在2015年和2016年分别降低了30.3%和30.8%。在乳熟期,覆膜玉米穗部干物质占比显著的提升,但根系和茎秆部的干物质占比均有显著的降低;但在叶片干物质占比方面,覆膜玉米并没有明显的变化。具体地说,覆膜玉米穗部干物质占比在2015年和2016年平均分别增长了20.7%和18.4%;但同时在2015年和2016年,其茎秆干物质占比平均分别下降了23.1%和18.3%,其根系干物质占比平均分别下降了29.9%和36.1%。此外,从吐丝到乳熟期玉米穗部干物质量占比继续增加但其

他器官占比均有明显的降低;尤其值得注意的是,覆膜玉米穗部生物量占比的增加量和茎秆占比的减少量均有明显的增加。

表 3-15 中显示了吐丝和乳熟期供试玉米的叶面积指数(LAI)和玉米叶片、穗部以及茎秆中的氮素含量浓度。在 2015—2016 年的两年试验中,覆膜玉米花后叶片 N 浓度和 LAI 均有显著的提高。2015 年和 2016 年,覆膜玉米 LAI 在吐丝期平均分别提高了 15.5%和 25.3%,在乳熟期平均分别提高了 23.6%和 43.9%;其叶片 N 浓度在吐丝期分别提高了 14.0%和 22.0%,在乳熟期平均分别提高了 6.0%和 24.4%。此外,覆膜玉米在吐丝和乳熟期的茎秆和穗部 N 浓度则有显著的降低。

表 3-15　玉米吐丝期和乳熟期叶面积指数(LAI)和冠部各器官氮素浓度

生育期	变量[a]	2015 年		2016 年	
		对照	覆膜	对照	覆膜
吐丝期	LAI/(m^2/m^2)	4.0±0.3	4.6±0.3*	3.9±0.2	4.9±0.3**
	LNC/(mg N/g)	23.8±0.7	27.1±0.8**	20.9±0.7	25.5±0.4**
	ENC/(mg N/g)	9.2±0.3	9.9±0.4*	10.2±0.2	10.3±0.6
	SNC/(mg N/g)	7.0±0.2**	5.6±0.1	6.4±0.1**	5.9±0.1
乳熟期	LAI/(m^2/m^2)	3.9±0.3	4.8±0.5*	3.7±0.2	5.3±0.3**
	LNC/(mg N/g)	16.1±0.5	17.1±0.4*	16.6±0.8	20.7±0.2**
	ENC/(mg N/g)	12.3±0.9**	9.3±0.2	11.6±0.5**	9.1±0.3
	SNC/(mg N/gs)	2.3±0.1	2.7±0.1**	2.6±0.1	2.7±0.2

注:LNC、ENC 和 SNC 分别表示玉米叶、穗和茎部的 N 浓度。

如表 3-16 所示,覆膜玉米花后冠根比、根系氮吸收效率(REN)和叶片氮素根系吸收效率(REN-叶片),在吐丝和灌浆时期均有显著的提高。特别是冠根比方面,覆膜玉米在 2015 年和 2016 年的吐丝期平均分别增加了 40.8%和 50.9%,在乳熟期平均分别增加了 44.9%和 60.1%。覆膜玉米的 REN 在 2015 年和 2016 年的吐丝期平均分别增加了 49.4%和 61.1%,在乳熟期平均分别增加了 1.5%和 7.5%;其 REN(叶)在 2015 年和 2016 年的吐丝期平均分别增加了 65.9%和 82.0%,在乳熟期平均分别增加了 12.7%和 20.8%。

表 3-16　吐丝期(R1)和乳熟期(R3)的冠根比(S-R)和氮素吸收效率(REN)

生育期		2015 年		2016 年	
		对照	覆膜	对照	覆膜
S-R/[g/(g·株)]					
吐丝期		6.6±0.7	9.3±1.0**	6.3±0.5	9.5±1.0**
乳熟期		16.2±0.9	23.4±1.4**	17.1±1.4	27.4±1.1**
REN/[mg N/(m·株)]					
吐丝期	总量	2.4±0.1	3.5±0.2**	2.7±0.2	4.3±0.2**
	叶片	1.2±0.1	2.0±0.1**	1.3±0.1	2.4±0.2**
乳熟期	总量	12.5±0.8	12.7±0.3	13.6±1.5	14.6±1.4
	叶片	3.4±0.5	3.8±0.3	3.7±0.6	4.5±0.3*

(2)花后根系的垂向生长变化

在吐丝和乳熟期的 0～100 cm 土层中,覆膜玉米根干重有显著的降低(图 3-63)。不同土层的根干重积累量随深度的增加均有急剧的下降。在吐丝期,覆膜玉米田在 0～20 cm 和 60～80 cm 土层中的根干重分布量明显降低,但在 40～60 cm 土层中分布量明显升高。具体地看,吐丝期覆膜玉米田 0～20 cm 土层中的根干重在 2015 年和 2016 年平均分别显著地降低了 21.9%和 24.5%(图 3-63)。总的来说，覆膜玉米在吐丝阶段于深层(40～100 cm)土层中分布了更多比例的总根干重(平均 15.2%，对照 12.5%)。

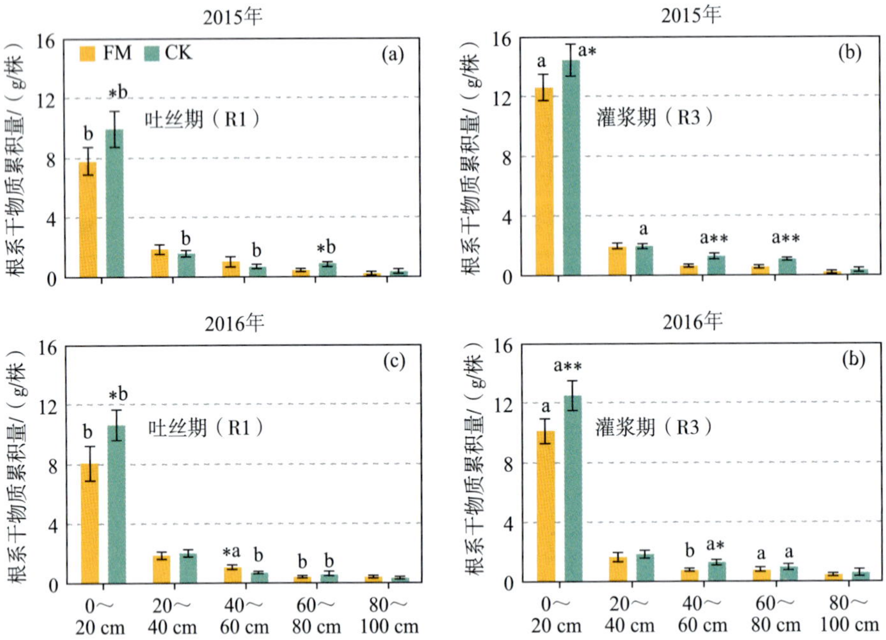

图 3-63　覆膜处理(FM)和对照处理(CK)玉米吐丝期和乳熟期不同土层根系干物质量

在乳熟期，覆膜玉米根干重数值在 0～20、40～60 和 60～80 cm 土层有明显的降低。2015 年和 2016 年在 0～20 cm 土层，覆膜玉米根干重平均分别显著下降了 12.7%和 19.2%；在 40～60 cm 土层，平均分别显著地下降了 51.0%和 42.1%(图 3-63 所示)。总的来说，覆膜玉米在乳熟期于浅层(0～40 cm)土壤中分布了更多比例的总根干重(平均 88.5%，对照 84.7%)。从吐丝到乳熟期，覆膜玉米的根干重生长速率在 0～20 cm 土层有明显增加，但在 40～60 cm 土层中又有显著的减少。

吐丝至乳熟期玉米根长的垂向分布情况如图 3-64 所示。在吐丝阶段，覆膜玉米的单株总根长有显

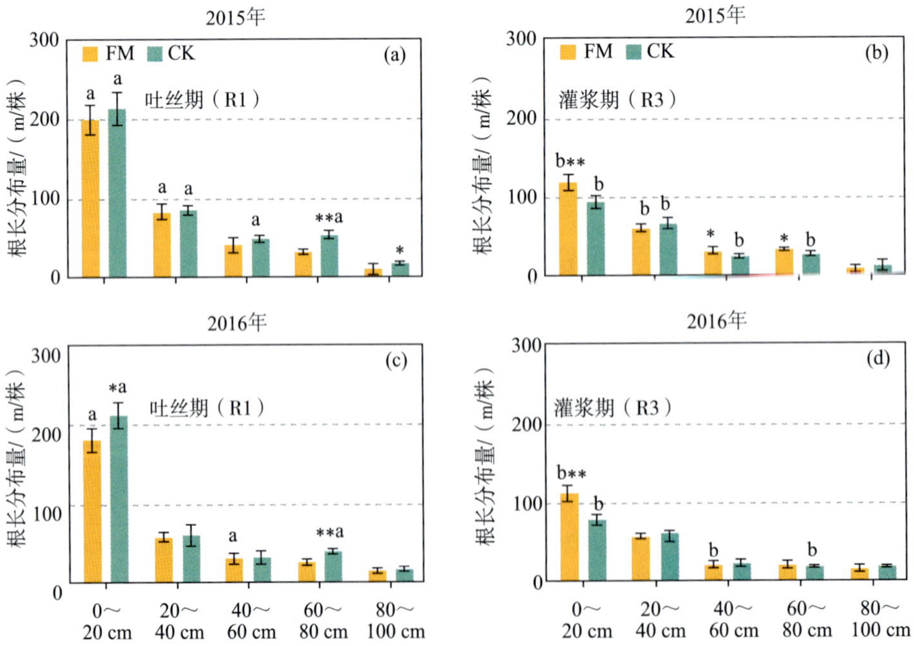

图 3-64　覆膜处理(FM)和对照处理(CK)玉米吐丝期和乳熟期不同土层根长分布量

著地降低；但在乳熟期，覆膜处理的单株总根长又显著地增加。具体地看，覆膜玉米单株总根长在 2015 年和 2016 年的吐丝阶段平均分别下降了 12.9% 和 13.7%，但在乳熟期又平均分别升高了 11.5% 和 12.1%。与根干重的情况类似，随土壤深度的增加玉米根长分布量急剧地下降。从吐丝至乳熟期，玉米田大多数土层的根长数值均有明显减少（衰减），但覆膜处理玉米田 0～20 cm 土体中根长衰减量有明显的降低。

3.4.3　覆膜春玉米高产体系的氮肥优化管理

1. 覆膜春玉米高产体系的适宜施氮量

合理的氮肥施用是保证作物产量、提高氮肥利用效率和降低氮素损失的基础。合理施用氮肥主要包括施肥量、施肥时期、施肥方法和肥料品种四个方面，国际上称为“4R”技术（right amount、right time、right place、right type）。为研究西北地区旱地覆膜春玉米的氮肥优化管理，我们从 2009 年开始在我国玉米西北主产区典型土壤黑垆土上开展了不同氮肥水平的长期定位试验（图 3-65）。8 年的定位试验结果初步显示，西北覆膜玉米长期的经济最佳施氮量平均为 204 kg/hm²（变异范围为 163～253 kg/hm²），对应平均产量为 14.5 t/hm²（变异范围为 13.6～16.9 t/hm²）。对于不施氮处理，多年平均的表观氮盈余（施氮量－作物吸氮量）为－74 kg/hm²，对于优化施氮处理（施氮量为 250 kg/hm²），多年平均的表观氮盈余为 14 kg/hm²，而对于过量施氮处理（施氮量为 400 kg/hm²），多年平均的表观氮盈余高达 149 kg/hm²。

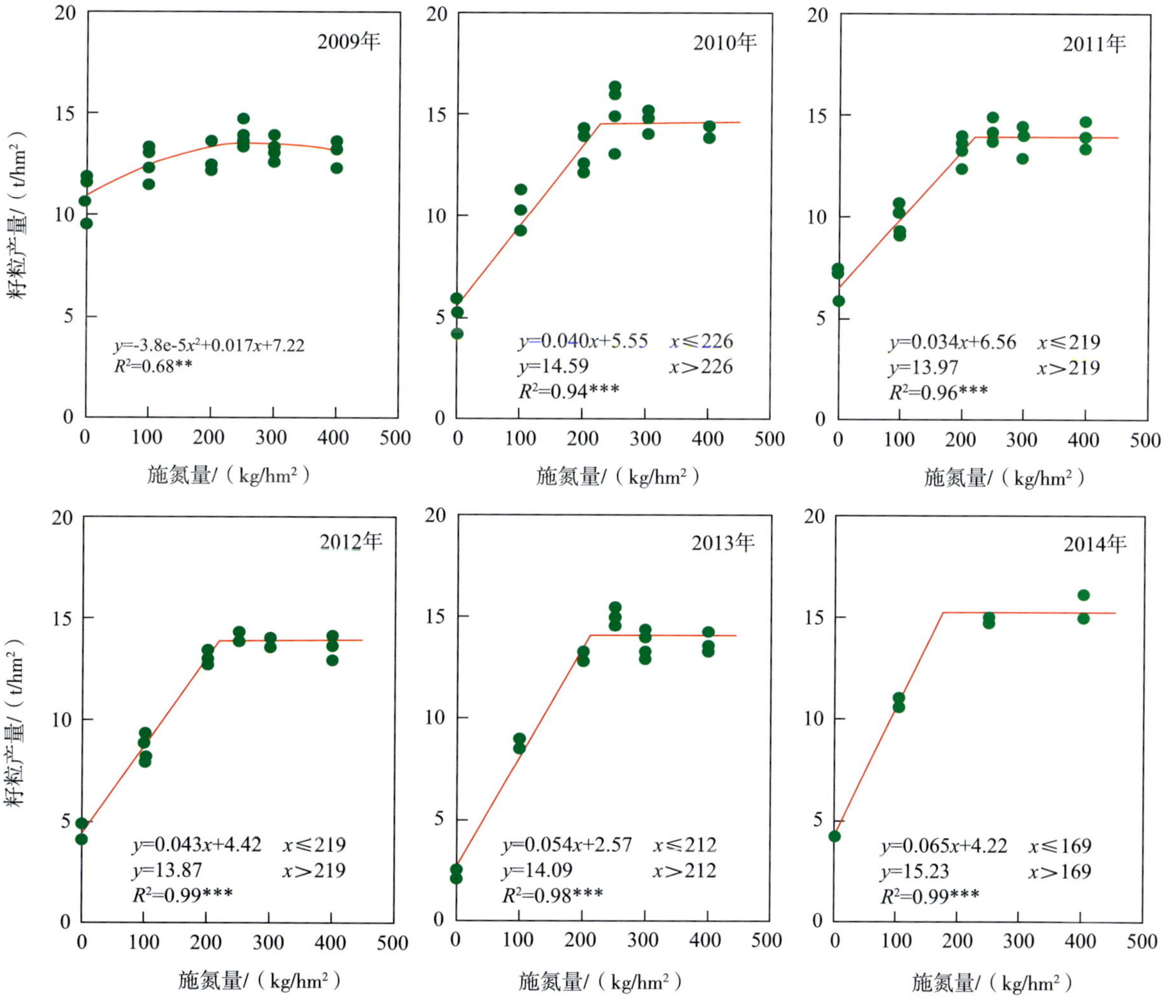

图 3-65

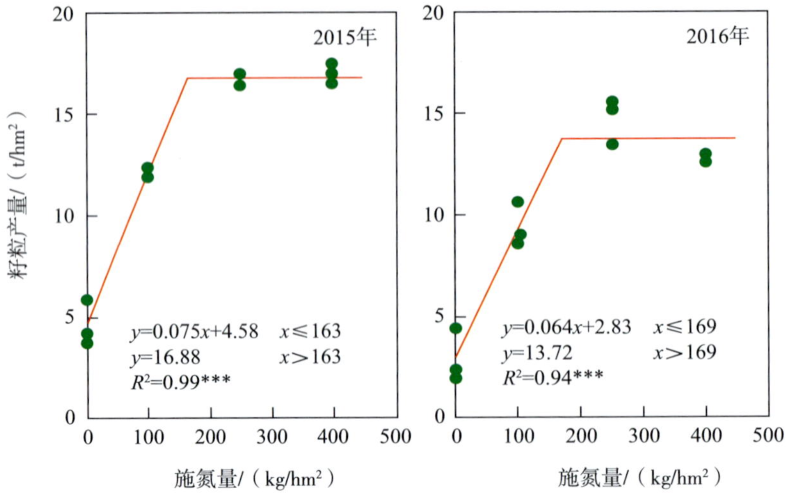

续图 3-65　不同施氮量对覆膜春玉米籽粒产量的影响

2. 氮肥施用时期对覆膜春玉米产量的影响

合理的施氮量与施肥时期是提高氮肥利用效率、减少氮损失的重要措施。在相同施氮量下，适宜的施用时期和基追比例能够促进作物对氮肥的高效利用。我们通过大田试验与田间微区试验相结合的研究方法，研究不同时期施用氮肥对玉米产量、氮肥利用效率等的影响，并结合^{15}N同位素示踪技术，对施入土壤中的肥料氮进行定向追踪，探索了覆膜春玉米体系基肥氮和不同时期追肥氮被作物利用情况及肥料氮在作物体内各器官中的分布规律，以及肥料氮去向。试验根据不同施氮时期共设 4 个处理：①不施氮对照(N0)；②全部氮肥作为基肥播前一次性施入(N1)；③基肥施入 40%，八叶期(V8)施入 60%(N2)；④基肥施入 40%，八叶期(V8)施入 30%，吐丝期(R1)施入 30%(N3)。

不同时期施用氮肥对产量的影响结果如表 3-17 所示。与不施氮(N0)相比，氮肥的施用显著增加玉米产量及植株地上部吸氮量，分次施氮的产量显著高于氮肥一次性施入，但 2 次施氮和 3 次施氮处理之间并无显著差异。氮肥的分次施用显著提高了氮肥的回收利用效率，其中 3 次施氮的回收利用效率最高。

表 3-17　分次施氮对春玉米产量、氮肥回收利用率和氮肥偏生产力的影响

年份	处理	籽粒产量/(t/hm²)	RE/%	PFP/(kg/kg)
2013	N0	10.6c		
	N1	12.8b	27.08c	57.0b
	N2	13.9a	37.23b	61.6a
	N3	14.3a	46.35a	63.6a
2014	N0	9.5c		
	N1	13.5b	44.5c	59.8b
	N2	14.3a	57.6b	63.6a
	N3	14.8a	65.2a	65.6a
2015	N0	4.7c		
	N1	13.9b	64.1c	61.9b
	N2	14.7a	75.6b	65.2a
	N3	14.8a	83.7a	65.6a

玉米成熟后植株中的氮分别有 26.3%～32.1%(2013)和 27.2%～32.8%(2014)来源于 ^{15}N 标记肥料。与 N1 相比,氮肥分次施用(N2、N3)显著增加了植株氮来源于肥料氮的量,N2 和 N3 处理间无显著差异。在 N2 处理中,植株氮来源于追肥氮的量几乎是来源于基肥氮的 2 倍;在 N3 处理中,尽管两次追肥(V8 和 R1)的量相同,但植株氮来源于 V8 时期所追氮肥的量要显著高于来自 R1 时期追施的氮。在两年当中植株氮有 67.9%～73.7%(2013)和 67.2%～72.8%(2014)来源于土壤,说明土壤仍然是作物吸收氮素的主要来源。

^{15}N 标记氮肥在植株各器官中的分布规律为:籽粒>叶>茎>穗轴>苞叶(图 3-66)。植株中的 ^{15}N 分别有 65.4%～71.5%(2013)和 66.5%～69.0%(2014)分布于籽粒当中。两年平均结果显示,追肥氮在籽粒中的量占其在整个植株中量的 69.9%～73.3%,显著高于基肥氮;然而在玉米秸秆中(叶+茎+穗轴+苞叶)的趋势则完全相反。这说明基肥氮有利于增加作物生长前期秸秆中氮的累积,而追肥氮则有利于增加生长后期籽粒中氮的累积。

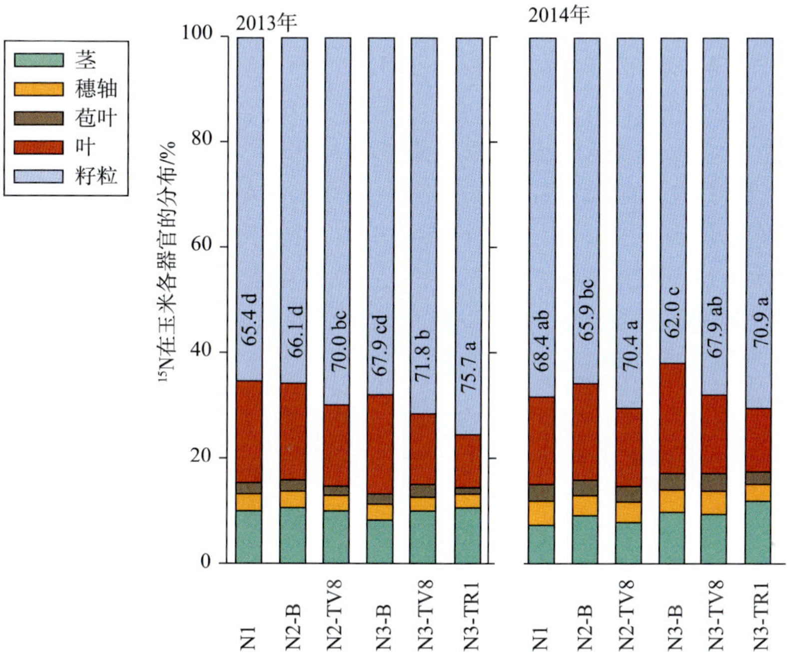

图 3-66　不同时期施用肥料氮在植株体内的分布

注:B 代表基肥,T_{V8}、T_{R1} 分别代表 8 叶期和吐丝期追肥。

^{15}N 标记氮肥在三季作物中总去向如表 3-18 所示。经过连续三季作物,施入土壤中的 ^{15}N 标记氮肥被作物总吸收量、土壤残留量及潜在损失量分别为 107.1～136.9 kg/hm^2、33.8～47.3 kg/hm^2 及 40.8～84.1 kg/hm^2,分别占 ^{15}N 总施入量的 47.6%～60.8%、15.0%～21.0%及 18.2%～37.4%。氮肥分次施入(N2、N3)显著增加了 ^{15}N 肥料在三季作物中的叠加利用率、土壤残留率,然而显著减少了潜在损失。在 N2 处理中,追肥氮的三季叠加利用率显著高于基肥氮,而其在土壤中残留率及潜在损失率则显著低于基肥氮。在 N3 处理中,V8 追施氮肥的三季叠加利用率高达 70.8%,显著高于基肥氮(49.5%),其土壤残留率及损失率则显著低于基肥氮;R1 追施氮肥的三季叠加利用率为 65.9%,显著高于基肥氮,比 V8 追施氮肥略低但差异不显著;N3 中 R1 追施氮肥的土壤残留率显著高于其他两次施肥,而其潜在损失率则最低,显著低于基肥氮和 V8 追肥氮。

综合考虑玉米产量、养分高效利用以及环境效应,分两次施氮更适合本地区旱作覆膜玉米生产。

表 3-18 ^{15}N 标记氮肥在三季作物中的去向

处理		施氮量 /(kg/hm²)	作物利用		土壤残留		潜在损失	
			/(kg/hm²)	/%	(kg/hm⁻²)	/%	/(kg/hm²)	/%
N1	B	225	107.1a	47.6c	33.8a	15.0d	84.1a	37.4a
N2	B	90	45.8c	50.9c	20.6c	22.9b	23.6b	26.2b
	T_{V8}	135	83.0b	61.5b	26.0b	19.3c	25.9b	19.2c
N3	B	90	44.6c	49.5c	19.8c	22.0b	25.7b	28.5b
	T_{V8}	67.5	47.8c	70.8a	10.5d	15.6d	9.2c	13.6d
	T_{R1}	67.5	44.5c	65.9ab	17.0c	25.2a	5.9d	8.8e
N1		225	107.1B	47.6B	33.8B	15.0B	84.1A	37.4A
N2		225	128.8A	57.3A	46.7A	20.8A	49.5B	22.0B
N3		225	136.9A	60.8A	47.3A	21.0A	40.8B	18.2B

注：B 代表基肥，T_{V8}、T_{R1} 分别代表 8 叶期和吐丝期追肥；同一列不同小写字母表示差异达显著水平($P<0.05$)，同一列不同大写字母表示差异达显著水平($P<0.05$)。

3. 掺混控释尿素一次施肥技术对覆膜春玉米产量的影响

前面研究结果表明，分两次施氮更适合本地区旱作覆膜玉米生产，但是对于覆膜玉米，特别是全膜覆盖的情况下，后期追肥只能人工追施，会耗费大量人力。针对覆膜玉米后期追肥耗费大量劳动力问题，研究了适宜覆膜体系的轻简施肥技术。即采用 1/3 控释尿素和 2/3 普通尿素掺混播前一次轻简施肥技术，既可以减少后期追肥人工投入，又可以避免玉米后期脱肥问题。四年的田间试验结果表明(图 3-67)，该技术不会影响玉米产量和氮肥生产效率。

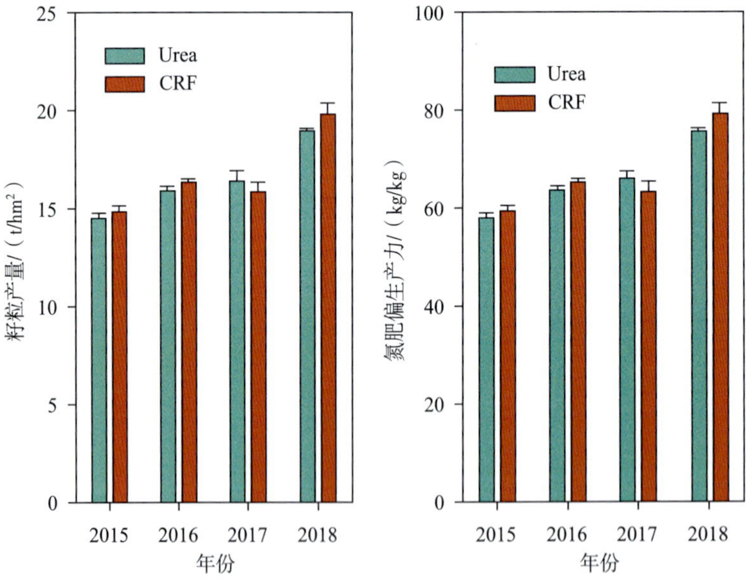

图 3-67 常规尿素分次施用(Urea)和轻简施肥技术(CRF)对产量的影响

3.4.4 覆膜春玉米高产体系的可持续性

前面的研究针对黄土高原旱作春玉米播种密度低及群体产量潜力开发不足，休闲期降雨未得到充分蓄纳，易发生春旱影响出苗及苗期生长等问题，通过 Hybrid-Maize 玉米专用模型对黄土高原玉米生产体系进行优化，构建与当地光温资源相匹配的理想群体，采用全膜双垄沟种植方式，建立实现水分限制条件下旱作覆膜春玉米高产体系，并对其氮肥施用进行了优化，实现了产量的提高。但是，这一体系在增加产量的前提下，对水分的消耗是否也会增加？覆膜改善了土壤水热状况是否会对该体系温室气体的排放产生影响？覆膜在增加产量的同时对土壤有机碳的影响是怎样的？该体系的净温室效应是增加还是减少？我们需要对该体系的可持续性进行评价。

1. 覆膜春玉米高产体系的产量和水分生产力

多年田间定位试验结果表明(图 3-68)，农户常规栽培模式(不覆膜，CK)平均产量为 9.0 t/hm^2，在地膜覆盖技术保水的基础上，利用 Hybrid-Maize 模型对密度、播期等进行优化之后的覆膜模式(FM)的平均产量达到 13.1 t/hm^2，在此基础上，进一步增加玉米的栽培密度(HY)，玉米产量会进一步提高至 15.6 t/hm^2。在增加产量的基础上，覆膜模式显著提高了氮素吸收和氮肥生产效率，其中覆膜条件下，氮肥生产效率的均值可达到 69 kg/kg，接近美国高产玉米的氮肥生产效率的最高纪录(73 kg/kg)。

覆膜体系在提高玉米产量的同时，耗水量无显著增加，显著提高了水分生产力(图 3-68)。在长武地区，3 种种植模式下，玉米生育期内的耗水量(ET)均在 400 mm 左右，农户常规栽培模式(不覆膜，CK)平均的水分生产力为 24.2 kg/(hm^2 · mm)，而覆膜条件下，水分生产力为 33.7 kg/(hm^2 · mm)，提高了 39%；在覆膜的基础上增加玉米播种密度，水分生产力会进一步提高至 37.0 kg/(hm^2 · mm)。这主要是因为和不覆盖相比，覆膜措施能在苗期减少土壤无效蒸发，提高了玉米蒸腾，支撑了高产群体的水分需求。

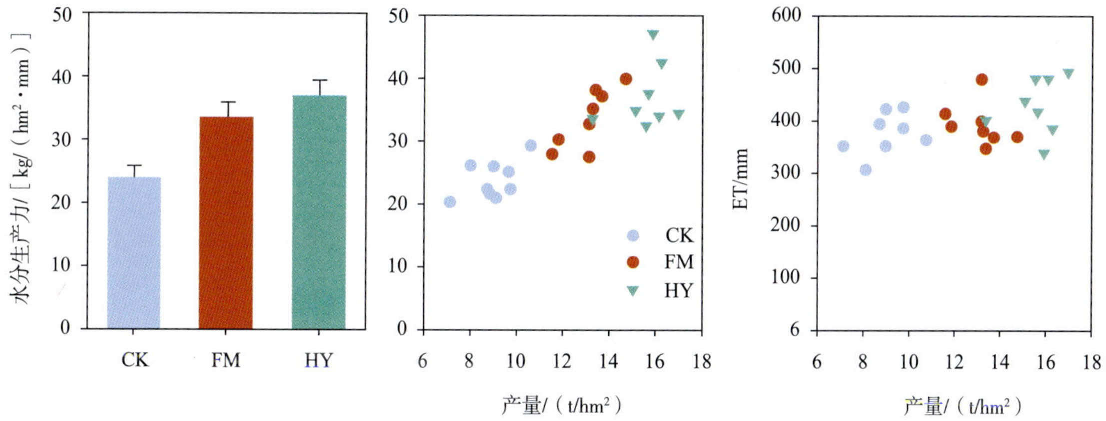

图 3-68　定位试验多年水分生产力和耗水量结果

旱地春玉米覆膜生产体系显著提高了产量、氮素吸收、氮肥生产效率和水分利用效率，实现了产量和效率的协同提高。在构建的覆膜春玉米高产高效栽培体系的基础上，制定了西北地区旱作覆膜春玉米氮肥减施增效技术规程，在陕西长武、旬邑、彬县、淳化县和甘肃庄浪等地大面积推广应用，取得了显著经济、生态和社会效益，获得了 2017 年度陕西省科学技术二等奖。

2. 覆膜春玉米高产体系的温室气体排放及碳足迹

(1)覆膜条件下玉米生长和氮肥投入对剖面温室气体浓度及扩散通量的影响

通过多端口-静态原位法监测了覆膜春玉米体系土壤剖面温室气体分布。与裸地处理相比，种植玉米显著提高土壤剖面 CO_2浓度和扩散通量(图 3-69)。种植玉米土壤剖面 0～50 cm 各土层 CO_2浓度和扩散通量与玉米生长过程密切相关：从玉米拔节期开始快速增加，在乳熟期达到最大值，之后随着玉米成熟逐渐降低。0～50 cm 各土层来源于植物的 CO_2扩散通量占总 CO_2扩散通量的比例也随玉米生长表现类似动态变化。各玉米生育期地上部生物量与对应的来源于植物的 0～50 cm 土层 CO_2总累积排放量线性相关。在种植玉米处理中，施氮使玉米生育期 0～50 cm 土壤总扩散通量增加 6%～18%，同时导致来源于植物的 CO_2扩散通量增加 20%和 29%。以上结果表明，土壤剖面 CO_2浓度和扩散通量不仅与玉米生长发育有关，也与施氮有关，施氮主要通过促进玉米生长，从而增加来源于植物(特别是生育后期)的 CO_2 扩散通量,促进地下土壤剖面总 CO_2 通量。

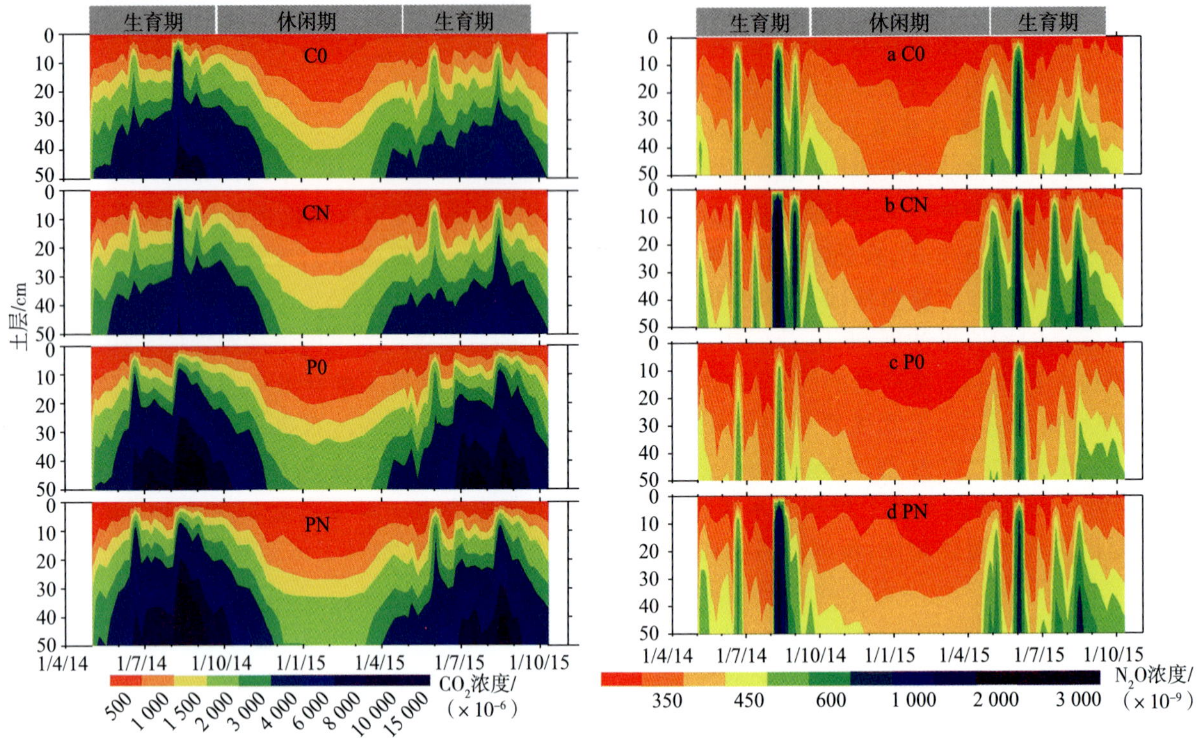

图 3-69　不同处理 0～50 cm 土层 CO_2(左图)和 N_2O(右图)浓度季节变化

注:C0,裸地不施氮;CN,裸地施氮;P0,种植玉米不施氮;PN,种植玉米施氮。

土壤剖面中 N_2O 浓度随着土壤深度增加而增加,氮肥的施入显著增加了土壤剖面的 N_2O 浓度;与裸地处理相比,种植玉米显著减少了 10～40 cm 剖面的 N_2O 浓度(图 3-69)。对于土壤剖面中的 N_2O 扩散通量,主要发生在 0～10 cm 和 10～20 cm 土壤剖面,降雨和施肥是主要控制因子,氮肥的施入显著促进了 N_2O 扩散通量。种植玉米显著减少了 0～10 cm 的 N_2O 扩散通量,在不施 N 处理中,种植玉米 N_2O 扩散通量减少 10%～43%;在施 N 处理中,种植玉米 N_2O 扩散通量减少 18%左右,这主要与种植玉米消耗了土壤中的水分和硝态氮有关。

(2)覆盖措施和施氮对地表 N_2O 排放的影响

为了研究施氮水平对覆膜春玉米高产体系 N_2O、CH_4 和 CO_2 排放的效应,在长武长期定位试验基础上,选取 0、100 kg/hm^2、250 kg/hm^2 和 400 kg/hm^2 等 4 个氮肥梯度处理,并在此基础上进行覆膜和不覆膜裂区,采用静态箱-气相色谱法田间原位测定农田土壤 N_2O、CH_4 和 CO_2 排放特征。结果表明,不管是覆膜还是不覆盖,N_2O 的排放随施氮量增加而增加,在相同施氮量条件下,覆膜和不覆盖处理相比,没有显著增加生育期内 N_2O 排放总量,但是,在生育期的不同阶段,覆膜和不覆盖对 N_2O 排放的影响不同(图 3-70)。

在播前—V10 和 V10—VT 生育期,覆膜显著促进了 N_2O 的排放,排放比例占总排放量的 56%～65%;而在 VT-R6 生育期,不覆盖显著促进了 N_2O 的排放,排放比例占总排放量的 55%～56%。

在覆膜条件下,氮肥分三次施入在玉米生育中后期降雨较多的情况下显著增加 N_2O 累积排放量以及单位产量 N_2O 排放量(图 3-71)。施肥与降雨的耦合是 N_2O 排放主要驱动因子。由于在黄土高原地区玉米生长发育中后期(7—9 月)常发生较强降雨,因此分三次施氮增加了 N_2O 排放风险。

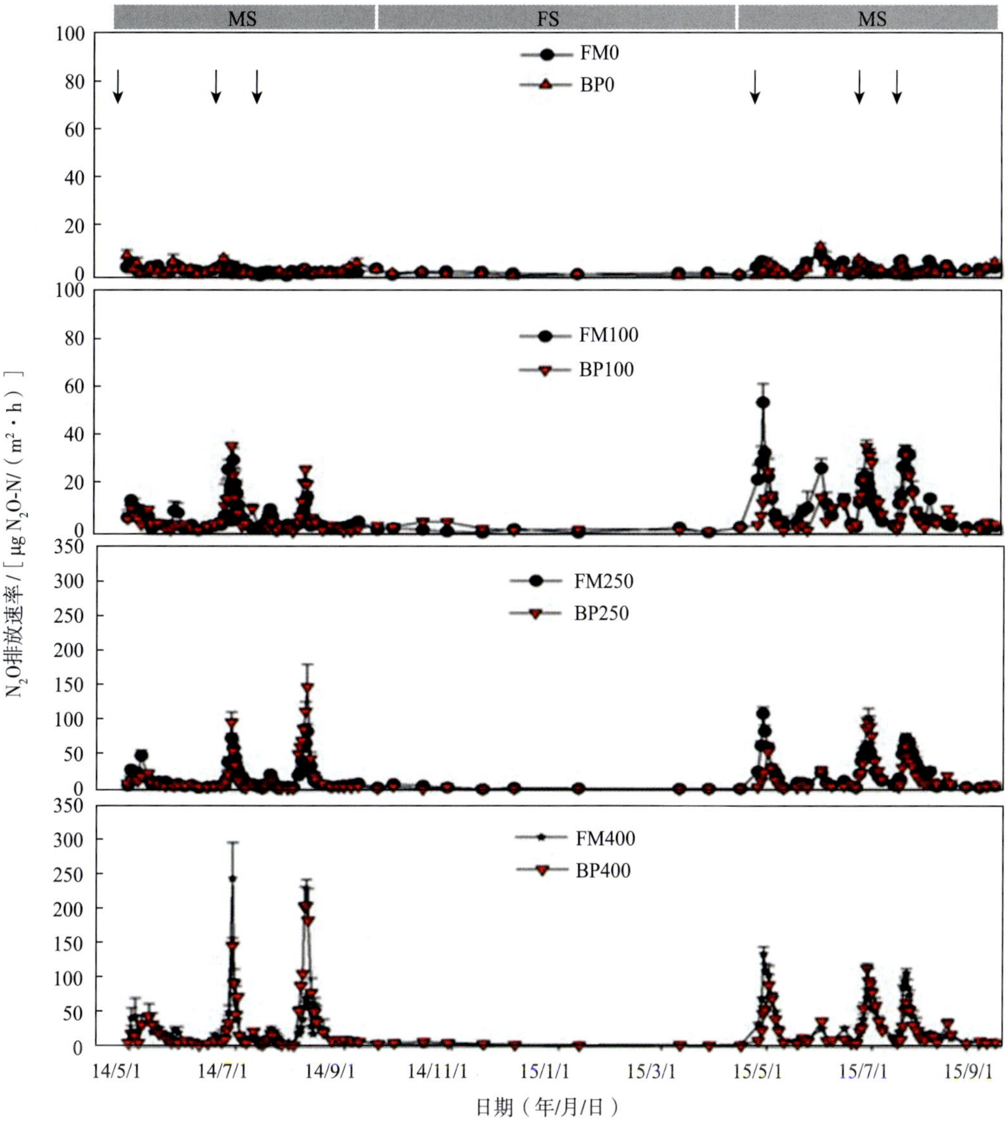

图 3-70　地膜覆盖和不覆盖条件下不同氮肥用量对 N_2O 排放速率的影响

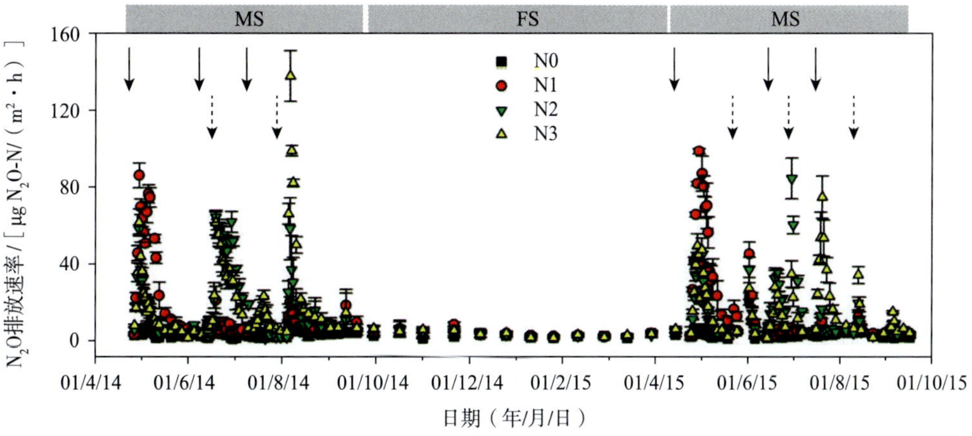

图 3-71　不同施氮处理土壤 N_2O 排放季节动态

注：N0，对照；N1，一次施肥；N2，两次施肥；N3，三次施肥。

在覆膜条件下，采用 1/3 控释尿素和 2/3 普通尿素掺混播前一次轻简施肥技术不会影响玉米产量和氮肥生产效率，而对于 N_2O 排放，该处理会降低全生育期内排放量，特别是玉米生育后期(图 3-72)。

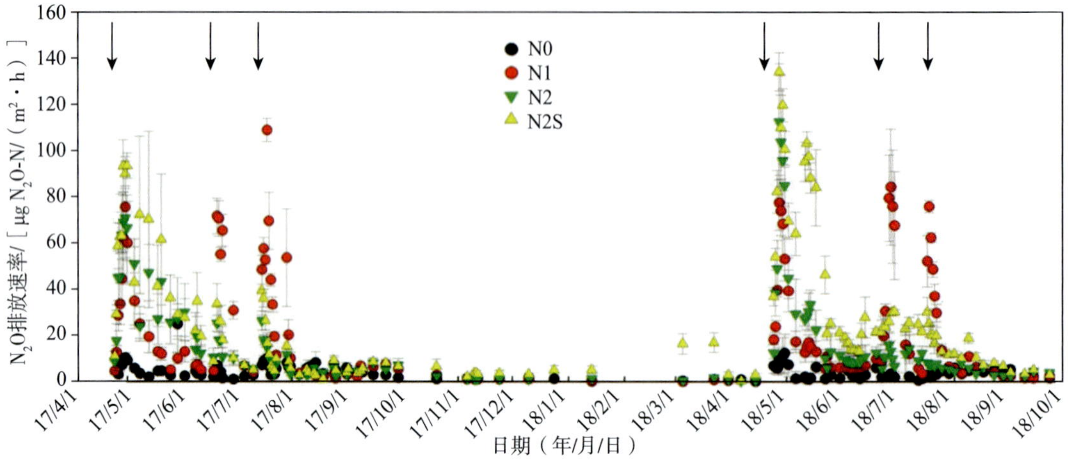

图 3-72　不同施氮处理土壤 N_2O 排放季节动态

注：N0，对照；N1，普通尿素 3 次施肥；N2，掺混控释尿素一次施肥；N2S，在 N2 基础上秸秆还田。

(3)覆膜春玉米高产体系的碳足迹

建立了基于 LCA 计算覆膜旱地玉米农田净温室效应的参数，对春玉米从原材料投入到玉米收获整个生命周期温室气体的排放进行了评价。

地膜覆盖(FM)增加了 0～40 cm 土壤有机碳储量(图 3-73)，地膜覆盖的碳库管理指数多年平均值与对照处理没有显著差异，地膜覆盖 5 年后对土壤全氮含量和贮量均无显著影响，这意味着地膜覆盖在提高玉米产量的同时保持土壤质量。而对于高产增密处理(HY)，由于有机肥的投入，进一步增加了土壤有机碳储量。

对于温室气体排放，以 N_2O 为例，地膜覆盖由于产量的增加显著降低了单位籽粒的 N_2O 排放强度(图 3-73)。对于该体系的碳足迹，虽然地膜的投入会增加一部分温室效应，但由于覆膜处理增加的土壤有机碳储量以及产量，导致该体系的碳足迹显著降低。

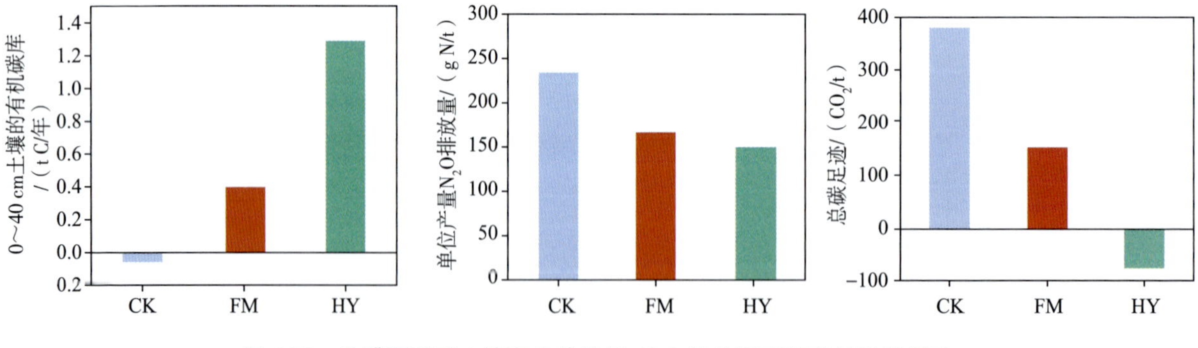

图 3-73　地膜覆盖对土壤有机碳储量、N_2O 排放强度和碳足迹的影响

3.5　水资源限制下的小麦根层调控机理与效应

雨养农业占据了全球 3/4 的耕地面积，是干旱地区主要的一种耕作体系，而由于干旱地区普遍存在着降水量不足、大气压差高、潜在蒸发量大等一系列不利的气候条件，其农作物产量始终被限制在较低水平。黄土高原横跨陕、甘、晋、宁、内蒙古、青六省区，是我国旱地雨养农业的主要实施区域，其耕地面积约为 1 600 万 hm^2(Li and Xiao，1992)。冬小麦是黄土高原地区主要的粮食作物之一，其种植面积可占该区域耕地面积的 44%左右(Jin et al.，2007)。冬小麦从 1954 年至今经历了四个时期的产量及水分利用效率增加阶段，总体表现为线性波动增长的趋势。在 1954—1962 年，此时期黄土高原农业生产整体处于地力水平低下、农技措施落后的状态，由此造成冬小麦整体产量水平较低，平均仅为 2 211 kg/hm^2；而在 1972—1993 年，黄土高原冬小麦平均产量和水分利用效率通过加大化肥施用量和改善农耕水平及品种更新而得到迅速的提高，分别达到了 3 745 kg/hm^2 和 10.24/(hm^2 · mm)；1994—2000 年，由于旱灾频发(王丹云等；2017)，黄土高原冬小麦整体产量有一定幅度的下降，但水分利用效率比上一时期有所增加；2001 年至今，随着农艺措施的进一步改良，例如深松耕和免耕等耕作技术的推广应用，黄土高原冬小麦整体产量得到了进一步的提升，其平均产量和水分利用效率分别可达 4 357 kg/hm^2 和 12.19 kg/(hm^2 · mm)(曹寒冰等，2017；魏欢欢，2017；Fan et al.，2005；Zhang et al.，2013a；Wei，2017)。虽然黄土高原冬小麦平均产量相比过去 60 年已提高至少一倍，但是，现有产量水平仍然不足其气候生产潜力的一半。作为典型的旱作农业区，在有限的水资源条件下是否能够进一步提高黄土高原冬小麦产量仍需进一步研究。

3.5.1 旱区小麦产量提升的限制因素及产量提高的途径

1. 旱区小麦产量提升的限制性因素

旱作农业也称为雨养农业，即天然降水是农业生产过程中的唯一水源。在黄土高原，降水量从东南部至西北部逐渐减少，东西方向可由 650 mm 减少至 450 mm，南北方向可由 650 mm 减至 250 mm；同时，该区域一年中约有 60%的降水集中发生在 7 月、8 月以及 9 月，而冬小麦生育期则为每年的 10 月至翌年的 6 月(Jin et al.，2007；Zhang et al.，2018)。不仅如此，黄土高原地区年际间降水量极为不稳定，每年干旱发生的概率可达 50%(Wang et al.，2015)。据统计，从 2001 年至 2016 年，有六年的年均降水量仅为 300～380 mm，另外六年则为 400～450 mm，而仅有四年的降水量达到 500～600 mm(Gao et al.，2017)。因此，降水量稀少以及雨季和冬小麦生育期在时间上的错位严重制约了该地区冬小麦生产。此外，由于较高的大气压差，黄土高原地区年蒸发量可达 865～1 274 mm，且每年土壤蒸发量可占冬小麦生育期耗水量的 1/3 以上，由此导致该地区同时存在降水利用效率低下的问题(李玉山等，1985；Li et al.，2012)。在这些不利气候环境的综合影响下，该地区的冬小麦平均产量依然还处于较低水平(Jin et al.，2018)。

有效水总量在很大程度上决定了旱区小麦产量的高低。在黄土高原，地下水水位在土壤 50 m 深度以下无法被小麦吸收利用，因此，储存在小麦根系附近的土壤水分成为小麦生长发育的关键水源。黄土高原唯一具有得天独厚的优势就是拥有深厚土层的黄土性土壤，其 0～2 m 土层内可容纳 550～610 mm 降水，0～3 m 土层内可容纳 616～820 mm 降水 (冯浩等，2007；Huang et al.，2003)。这也意味着一年中绝大部分降水，尤其是 7—9 月冬小麦休闲期内的降水能够全部被 0～3 m 土层接纳储存以供小麦在后期吸收利用。在丰水年，冬小麦整个生育期内的耗水有 60%左右来源于播前土壤水分，而在干旱年该比例可达 80% (Zhang et al.，2004)。土壤水库是连接降水和作物用水之间的纽带，有效的利用土壤水对提高黄土高原冬小麦产量至关重要。然而，在黄土高原的低中产乃至高产麦田中，每年收获期都残余了大量的土壤水没有得到有效利用，尤其在 1～2 m 深层土壤中其残留量可达上百毫米(Fang et al.，2014；Wang et al.，2011；Zhang et al.，2016a)。冬小麦生育后期正值籽粒灌浆，水分供应不足会严重损害这一过程，造成产量降低。如果把这些未被得到有效利用的深层水充分利用起来，就能适当缓解冬小麦这一时期水分匮缺的问题，从而提高水分利用效率，最终实现增产。

2. 旱区小麦产量水分利用效率提升的途径

降水在旱地农田中会历经三个过程：①储存，降水渗入土壤并在土壤中被保存；②消耗，储存在土壤中的降水通过作物吸收和土壤蒸发被消耗掉；③生产，作物所吸收的降水被用于生产光合同化物质及干物质。储存过程决定能够被作物所利用的有效水总量；消耗过程决定作物可以利用多少有效水；生产过程决定被作物吸收的有效水能够产出多少干物质及籽粒产量；调控以上任意过程均能影响旱地小麦降水利用效率。基于此，刘文兆(1997)提出了降水利用效率的统一性表达式，即降雨利用效率等于土壤贮水量/降水量、耗水量/土壤贮水量、蒸腾量/耗水量、干物质量/蒸腾量、籽粒产量/干物质量这五个比例的连续乘积，渐次使这五个比例值达到最大，即可使降水利用效率达到最大。也就是说，提高降水储存能力(土壤贮水量/降水量)，强化作物吸水能力(耗水量/土壤贮水量、蒸腾量/耗水量)，增强籽粒生产能力(干物质量/蒸腾量、籽粒产量/干物质量)是旱地小麦提高降水利用效率的有效途径。例如，通过覆盖集雨措施减少土壤蒸发所占比例，使更多的雨水被储存在土壤中，从而提高土壤贮水量/降水量；通过农艺措施改良增加根系在土壤中的分布密度，提高耗水量/土壤贮水量的同时提高蒸腾量/耗水量；通过培育新品种可提高蒸腾效率(干物质量/蒸腾量)，同时促使花后更多的干物质转运到籽粒中，提高籽粒产量/干物质量。

土壤有效水指位于田间持水量与土壤萎蔫系数间的水量，即可被作物有效利用的一部分土壤水。在黄土高原，由于浅层土壤的有效水分在冬小麦生育后期几乎被消耗殆尽，深层土壤中的有效水成为小麦籽粒形成发育的关键水源，并且在冬小麦生育后期，深层水主要用于小麦蒸腾作用而不是土壤蒸发，消耗更多的深层水将会高效地提升产量，因为小麦干物质量与总蒸腾量呈线性相关，增加作物用水量更容易实现高产。另一方面，在高的大气压差的影响下，黄土高原的土壤水分在一年的绝大部分时间中处于不断向上运移的状态，由于黄土性土壤具有较强的导水性，这种运移的影响深度可达 2～3 m，这为冬小麦利用深层有效水提供了有利条件(李玉山等，1985)。因此，如果能够更有效更多地利用深层有效水，该地区冬小麦产量仍具有极大的提高潜力，尤其在低产麦田中。据统计，在冬小麦收获期，当 1～2 m 深层土壤有效水残留量为 100～130 mm 时，冬小麦产量为 2 640～4 920 kg/hm^2，而当残留量降低到 30～70 mm 时，其产量可提升至 5 250～6 576 kg/hm^2。同样，深层水残留量也与水分利用效率显著相关，当残留量为 100～130 mm 时，水分利用效率仅为 0.93～1.38 kg/m^3，而当其降低到 30～70 mm 时，冬小麦水分利用效率可达 1.49～2.01 kg/m^3(Fang et al.，2014；Wang et al.，2011；Zhang et al.，2016a)。其他旱区同样有结果表明，当冬小麦籽粒产量为 840 kg/hm^2 时，土壤水分吸收被主要限制在 0.9 m 土层以内，同时在 2.1 m 的土壤中残留了 72 mm 的有效水分。而当产量提升至 2 300 kg/hm^2 时，2.1 m 土层内仅残余了 25 mm 的有效水分(Johnson and Davis，1980)。此外，也有研究表明，冬小麦生育后期深层土壤水分的消耗量与产量呈显著正相关，每增加 10.5 mm 的消耗量可多生产 620 kg/hm^2 的籽粒产量，其边际水分利用效率达到了 59 $kg/(hm^2 \cdot mm)$，更有甚者通过计算得出在少数品种下，其边际值可高达 73 $kg/(hm^2 \cdot mm)$(Kirkegaard et al.，2007；Sun et al.，2019)。在生育后期，大部分花后光合同化物直接被运送到籽粒中，同时，储存在营养器官的花前同化物也会被转运至籽粒中；此外，该时期土壤蒸发量只占到耗水量的很小一部分，此时小麦所消耗的深层土壤水分会绝大部分被用于蒸腾作用。因此，在冬小麦生育后期，深层土壤水分具有很高的边际利用效率也不足为奇，加大对其利用程度会极大地提升水分利用效率，最终实现增产。

3.5.2 旱区小麦根层调控措施及其对作物和土壤的影响

1. 旱区小麦根层调控措施

植物通过根系吸收土壤水分，根系在土壤中的分布是影响土壤水对植物有效性的一个重要因素，土壤水分的吸收与消耗方式均与根系分布紧密相关。在所有可种植作物中，冬小麦属于根系重量及长度最高的作物之一，每公顷总根重可达 20 t，且 1.5 t/hm^2 的根系就有着 300 000 km/hm^2 的根长(Barraclough et al.，1991)。除此之外，冬小麦平均最大根系深度在成熟期可达 2 m 左右，其扎根深度受土壤结构的显著影响。在重黏土中，冬小麦根系深度最多至 0.8 m 土层；而在黄土高原疏松的黄土性土壤中，有研究报道冬小麦最大根系深度可至 3.7 m 甚至 5 m 土层（马元喜，1987；苗果园和潘幸来，1987）。在越冬期开始前，冬小麦 80%的根系分布在 40 cm 浅层土壤中，在越冬期及之后的整个生育期，根系开始逐渐扎入更深层土壤中为小麦吸收深层土壤水分及养分。至成熟期，1 m 土层以下的根长可占到总根长的 15%左右（Zhang et al.，2004）。尽管深层根系所占比例较小，但是这部分根系对于深层土壤有效水分的吸收至关重要，尤其在较为干旱的年份。据报道，在黄土高原低产田中，60 cm 土层以下的土壤耗水量占了总耗水量的 60%左右，而在高产田中，该比例甚至上升到了 70%（苗果园和潘幸来，1987）。前一部分我们已经指出，在黄土高原，即使浅层土壤水分在冬小麦生育后期几近枯竭，大量的深层有效水分依然无法被冬小麦有效吸收利用。这也就意味着深层根系虽然可吸收一定的深层有效水，但是其吸收总量仍然因其在深层土壤中的分布密度低而受到限制。有研究报道，当冬小麦根长密度低于 0.8 cm/cm^3 时，根系成为土壤水分吸收的限制性因素。而在深层土壤尤其是 1 m 土层以下的冬小麦根长密度均显著低于该值，在 0.1～0.5 cm/cm^3 范围内上下浮动（Zhang et al.，2004）。因此，若想吸收利用更多的土壤深层水，就必须增加土壤深层的根系分布密度。需要注意的是，冬小麦营养生长阶段根系密度过大会在前期消耗过多的土壤水，造成后期生殖生长阶段土壤水分匮缺，即使有较高的根系密度也会导致水分供应不足，从而使得水分利用效率低下，产量降低。除此之外，过多的根系也会通过根呼吸消耗掉大量的同化物，减少转运到籽粒中的同化物总量，最终影响产量。有报道称，当冬小麦根系密度超过 0.8～1 cm/cm^3 时，根系不再是土壤水分吸收的限制性因素，而在浅层土壤中，冬小麦根系密度显著高于该值，可达 1～5 cm/cm^3（Zhang et al.，2004）。因此，适度降低浅层根系密度不仅不会降低产量，反而能够提高旱区小麦水分利用效率。而对于深层根系，可培育初生根木质部导管较细的小麦品种，从而减缓对深层土壤水分的吸收速率，避免营养期对深层土壤水分的过度消耗，更高效地利用好深层水分资源。

小麦根系生长和在土壤中的分布受多种因素影响，例如品种、土壤理化性质、灌溉制度、土壤水分以及施肥和耕作方式等等。其中，品种决定根系生长上限，在同等环境条件下，不同品种间小麦根系生长速率、最大根深、根系在不同土层中的分配比例、总根长、总根重、木质部导管直径、最大根冠比等一系列性状可能存在较大差异。而由于根系具有极大的可塑性，同一品种小麦根系在不同的种植密度及生长环境下根系性状也会发生不同程度的变异，从而影响其生理结构功能（Barraclough et al.，1991；Fageria and Moreira，2011；Shen et al.，2012；Nosalewicz and Lipiec，2014；Qian et al.，2016）。

播种密度是决定小麦地上群体总数的先决条件，而地上群体总数又与地下根系总量显著正相关。如果地上群体数过低，即使土壤养分及水分供应充足，小麦也难以构建庞大的根系。相反，如果地上群体数过高，在土壤养分较为贫瘠以及水分资源较为匮乏的地区，过高的地上群体及根系会在前期过度消耗土壤养分及水分，造成后期养分水分供应不足。因此，因地制宜地控制播种密度是构建小麦合理种群结构的前提。例如，适度增加播种密度能够增强小麦个体间对养分及水分的种内竞争，从而使得根系横向分布收缩，纵向分布加深，提高深层根系分布密度，在后期能够吸收更多的深层土壤养分水分以维持地上群体的良好发育（Bliss et al.，2002）。

根系可以感知并响应养分有效性的变化，包括养分供应强度和组成。这些响应包括根系形态和生理的一系列变化。例如，根系大小取决于土壤养分浓度，而根系分布与伸长则高度依赖于土壤养分的局部供应强度。土壤作为根系生长的承载体，某种程度上其性质决定了根系最终的形态生理特征。在田间条件下，氮肥是调节根系生长最常用的农艺措施，其施用总量（浓度）及施用时间（强度）均会显著影响根系的生长发育。当硝酸盐浓度超过 5 mmol/L 时，根系伸长就会受到抑制（Tian et al.，2008）。因此，投入过多的氮肥不仅不能促进根系生长，反而会抑制其发育，降低资源利用效率。相反，适度的氮亏缺在一定程度上能够促进根系生长，使其轴向根（初生根、种子根和次生根）更长，促使根系能够探索更大体积的土壤，提高不同层次土壤中氮的有效性。但是，长时间的氮亏缺也会导致养分供应不足，从而阻碍根系的发育（Shen et al.，2012）。基于以上两点，分期施氮（减少基肥投入并在生育后期追施）逐渐成为一种有效促进根系生长的氮肥管理模式。在冬小麦生育早期，幼小的根系及植株无法吸收利用太多的土壤养分，若基肥投入量过多，大量的土壤无机氮会通过反硝化作用损失或被雨水淋溶至深层土壤无法被小麦根系吸收利用，从而造成资源浪费，养分利用效率低下(Sinclair and Rufty，2012)。此外，过多的基肥也会抑制根及侧根的生长发育，具体表现为根冠比低、根系分布较浅。因此，适度减少基肥用量能够有效地避免资源浪费，同时减少无效分蘖数，有利于有效分蘖更好地利用旱区有限的土壤养分水分资源，为后期建立合理的种群结构创造良好的条件(Lopez-Bellido et al.，2005)。其次，适度减少基肥用量能够诱发根系的"觅食行为"，促使根系为了寻求更多的养分扎入更深层土壤，有利于增加深层根系分布密度，提高后期对深层土壤水分的吸收(Fageria and Moreira，2011)。从拔节期开始，冬小麦逐渐进入旺盛的营养生长及随后的生殖生长，此时冬小麦需要大量的养分及水分以维持地上群体的快速发育及籽粒的建成。因此，如果在拔节期进行追肥可以适时地满足小麦植株的营养需求以维持强健的个体及地上地下群体发育，增加根系干重和根系在深层土壤中的分布比例，间接提高对深层土壤水分的汲取能力，满足地上部对水分的需求。

有机肥本身含有多种养分，同时还包含有大量的微生物和酶。化肥配施有机肥可以使小麦生育前期土壤中的速效氮和肥料氮被土壤微生物所固定并在小麦养分需求量大的生长后期释放出来，既降低了氮素的损失，又能稳定持续地在整个生育期为小麦生长发育提供全面且均衡的养分(于昕阳等，2015)。化肥有机肥配施弥补了有机肥单施前期养分供应能力较弱的缺陷，同时延长了无机化肥的肥效，比单独使用化肥或有机肥更高效。由于提供良好的养分环境，有机无机配施能有效促进小麦根系在不同土层中的分布密度，增加根系长度及干重，提高小麦对不同土层水分及养分的吸收能力(熊淑萍等，2011)。生物炭是生物有机材料(生物质)在缺氧或绝氧环境中经高温热裂解后生成的固态产物，是一种多孔、低密度及富含碳的有机原料，拥有着较大的比表面积、发达的孔隙结构以及较强的离子吸附交换能力(Bayabil et al.，2015)。生物炭本身的矿质养分含量比较低，直接供给量有限，其主要是通过影响土壤微生物活性、土壤理化性质来间接影响土壤中养分的有效性(Oguntunde et al.，2008；Kolb et al.，2009)。由于生物炭具有很强的吸附功能，化肥配施生物炭同样也可以有效吸附土壤及肥料中硝态氮及铵态氮等矿质养分，减少养分流失，并在适宜条件下将其释放供作物吸收利用，发挥其缓释作用，为根系的生长发育提供良好的养分环境，使根系能够下扎到更深层土壤中，提高根系在深层土壤的分布密度(Laird et al.，2010；Qian et al.，2016)。除了土壤养分条件外，根系的生长和伸长同样也受到由土壤物理结构所决定的土壤机械阻力的影响。通过降低土壤容重、增加土壤总孔隙度或优化土壤团聚体特性等方法可有效改善土壤物理结构，从而促进根系更好的延伸，特别是向更深土层的纵向伸长。施加有机肥或生物炭均能对这些土壤物理特性有所改善(Al-Wabel et al.，2017；Mosaddeghi et al.，2009)。

2. 旱区小麦根层调控对产量和水分利用效率的影响

在黄土高原南部长武地区，其过去20年的年均降水量为534 mm。尽管该地区冬小麦生育期降水量最多只占年降水量的一半，但在其冬小麦播前0～300 cm土层内可容纳616～820 mm的土壤水分，理论上完全能够满足冬小麦350～450 mm的水分需求量，同时，这也意味着该地区水分条件能够满足冬小麦高产所需(Huang et al.，2003)。然而，由于田间管理技术并未达到最优水平，冬小麦收获期依然残留了大量的土壤深层水分未得到有效利用，从而导致该地区冬小麦整体产量依然处于较低水平。因此，优化农艺措施调控根层发育，进一步利用更多的深层土壤有效水可能具有较大的增产潜力。播量是构建合理种群结构的必要前提。在黄土高原，低播量造成的群体数过低时常会导致较低的冬小麦产量(Hu et al.，2018；Ren et al.，2019)。同时，不适当的氮肥投入模式是限制该区域冬小麦产量的另一个农艺因素。在对小农户进行调研后发现，仅有19.5%的农户施氮量较为合理，而剩余绝大部分农户施氮量既存在用量过多也存在用量不足的情况(曹寒冰等，2017)。除此之外，农户还习惯于将全部氮肥在冬小麦播前一次性施入土壤中，由此导致冬小麦生育后期氮素营养供应不足，最终降低产量(薛澄等，2011)。有机肥和生物炭由于其对土壤理化性质显著的改良效果，近年来逐渐受到越来越多农学家的青睐，用其替代部分化肥既能提高肥料的使用效率，同时还能减少过量施肥导致的环境问题(Cui et al.，2018；Jeffery et al.，2011；Zhang et al.，2016b)。基于此，通过提高播量、调控氮肥施用量及施用时间以及增施有机肥或生物炭，我们构建了四种冬小麦田间栽培模式(表 3-19)，包括一种农民传统栽培模式及三种综合农艺措施栽培模式，以期通过农艺措施改良促进根系生长，尤其是深层根系，从而利用更多的土壤深层水，进一步提高该地区冬小麦水分利用效率及籽粒产量。

表 3-19　不同栽培模式实验设计　　kg/hm²

栽培模式	播量	N	P_2O_5	有机肥	生物炭
农民模式	120	120	120		
高氮模式	150	120+90*	120		
有机肥高产高效模式	150	90+60*	120	10 000	
生物炭高产高效模式	150	120+60*	90		5 000

注：* 表示在拔节期(4 月 18 日)追施氮肥。

试验结果表明，农民模式、高氮模式、有机肥模式以及生物炭模式的平均产量分别为 4 752、5 133、5 830 以及 5 528 kg/hm²，相比于农民模式，高氮模式、有机肥模式以及生物炭模式下的产量分别提高了 8%、23%以及 16%(表 3-20)。有机肥模式的产量在每一年均为四种模式中最高，于 2015—2016 年甚至达到了 7 265 kg/hm²，而每年四种模式的产量水平从小到大排列均为农民模式<高氮模式<生物炭模式<有机肥模式。此外，我们发现，虽然 2015—2016 年干旱年有机肥模式和生物炭模式的产量最高，但是其相对于农民模式的增产比率却在 2016—2017 年更高。例如，在 2015—2016 年的增产率为

表 3-20　不同栽培模式对产量、水分利用效率和氮肥偏生产力的影响

年份	栽培模式	籽粒产量 /(kg/hm²)	水分利用效率 /(kg/m³)	氮肥偏生产力 /(kg/kg)
2014—2015	农民	3 714b	0.94a	30.9a
	高氮	4 060ab	1.04a	19.3b
	有机肥	4 300a	1.08a	28.7a
	生物炭	4 152ab	1.06a	23.1b
2015—2016	农民	5 946c	1.68c	49.6a
	高氮	6 336c	1.77bc	30.2c
	有机肥	7 265a	1.88a	48.4a
	生物炭	6 856b	1.83ab	38.1b
2016—2017	农民	4 596c	1.11b	38.3a
	高氮	5 002bc	1.21b	23.8c
	有机肥	5 927a	1.44a	39.5a
	生物炭	5 576ab	1.35a	31.0b
平均值	农民	4 752c	1.24c	39.6a
	高氮	5 133bc	1.34bc	24.4c
	有机肥	5 831a	1.47a	38.9a
	生物炭	5 528ab	1.41ab	30.7b

22.2%和15.3%，而在2016—2017年为29.0%和21.3%。由此表明有机肥模式和生物炭模式的增产效果在降雨量较多的年份更为显著。四种模式下，三年平均水分利用效率分别为1.24、1.34、1.46以及1.41 kg/m^3，相比于农民模式，高氮模式、有机肥模式以及生物炭模式的水分利用效率分别提高了8%、18%以及14%。与产量变异特征相似，尽管有机肥模式和生物炭模式的水分利用效率在干旱年达到最高，但是其相对于农民模式的增加比率依然在降雨量较多的2016—2017年更高。在四种模式中，高氮模式的氮肥偏生产力每年均为最低，比农民模式降低了38%，比有机肥模式和生物炭模式降低了20%～37%。因此，旱区小麦根层调控实现了对有限水分资源的高效利用，提高了水分利用效率，从而进一步增加了旱区小麦产量。

3. 旱区小麦根层调控对土壤养分及地上地下群体的影响

在冬小麦整个生育期，有机肥模式和生物炭模式下的土壤硝态氮含量始终高于农民模式和高氮模式，尤其在播前和拔节期的0～60 cm浅层土壤中（图3-74）。在开花期及收获期，由于冬小麦生殖生长需要消耗大量的养分，此时四种处理的土壤硝态氮含量均比较低，尤其在60 cm土层以下甚至可达接近于零的极低水平。旱区小麦根层调控措施在整个生育期改善了土壤养分供应水平，为根系及地上群体发育提供了良好的养分条件。

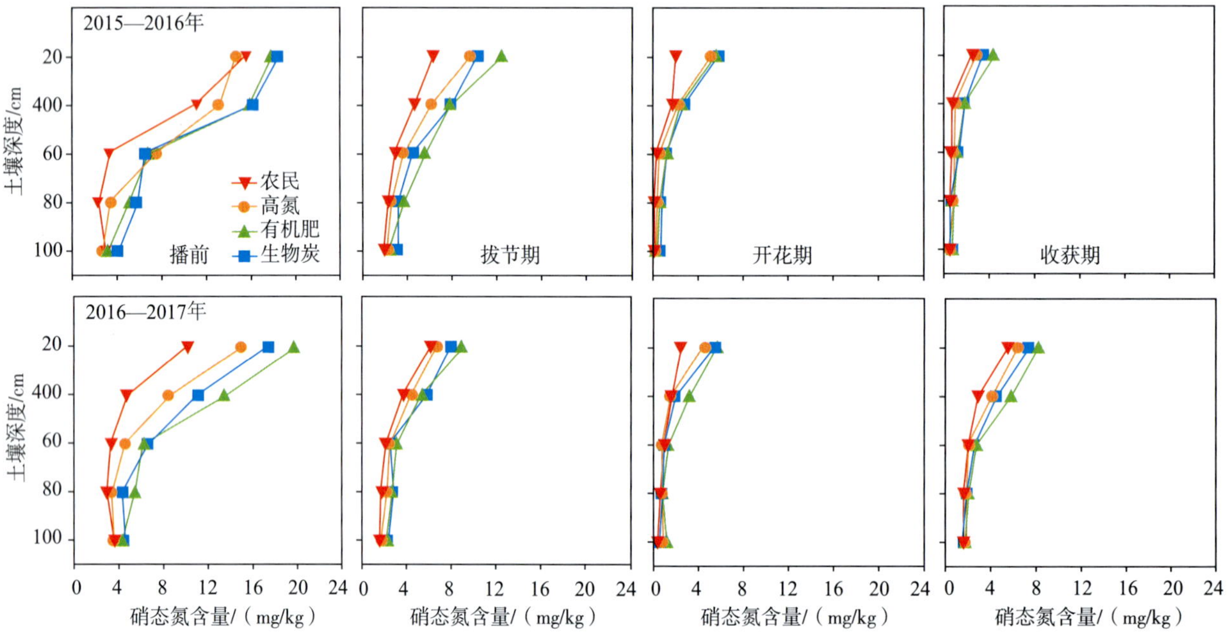

图3-74 不同栽培模式对土壤硝态氮含量的影响

不同栽培模式下的地上群体及地上生物量在冬小麦整个生育期均有显著差异，并且在各个生育期，其值均在有机肥模式和生物炭模式下较高而在农民模式和高氮模式下较低（图3-75）。在群体数最大的返青期，相比于农民模式，高氮模式、有机肥模式及生物炭模式的分蘖数在两年中分别提高了7%～12%、13%～26%以及17%～38%；而在无效分蘖消亡后的开花期，三种综合模式的分蘖数比农民模式分别提高了4%～10%、8%～26%和16%～31%。冬小麦开花期地上生物量达到最大值，相比于农民模式，地上生物量在高氮模式、有机肥模式及生物炭模式下分别增加了10%、22%和29%。旱区小麦根层调控措施下良好的土壤养分环境促进了地上群体发育，为产量的进一步提高提供了良好的物质基础。

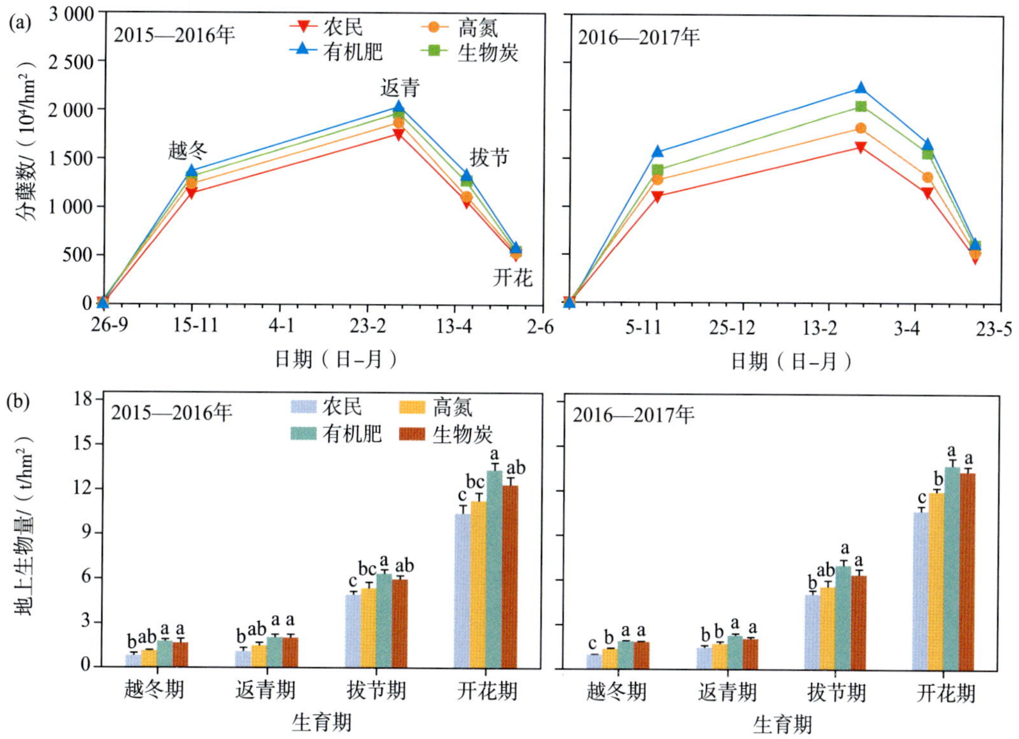

图 3-75　不同栽培模式对地上群体(a)及地上生物量(b)的影响

选取根长密度最大的开花期比较不同栽培模式对其的影响效果。结果表明，相比于农民模式，高氮模式并未显著提高根系在 0～200 cm 土层的分布密度，而有机肥模式和生物炭模式的根长密度在每一土层内均有所增加，尤其在 60 cm 以下的深层土壤其增加比率更多。在 0～60 cm 土层中，有机肥模式和生物炭模式的根长密度比农民模式增加了 32%～48%，在 60～100 cm 土层中增加了 22%～96%，在 100～200 cm 土层中增加了 44%～78%(图 3-76)。该结果也证明了增加播种密度，分期施氮以及适量氮肥配施有机肥或生物炭等根层调控措施促进了黄土高原冬小麦根系的生长发育，尤其提高了根系在深层土壤中的分布密度，从而使冬小麦能够在需水量高的生育后期吸收更多的土壤水分尤其是深层水分为其地上群体发育及产量形成供应更多的水分。此外，四种栽培模式在丰水年的根长密度均高于干旱年，表明良好的水分条件更有利于根系的生长。

4. 旱区小麦根层调控对土壤水分的影响

四种栽培模式下 0～300 cm 土壤含水率在播前、返青期及收获期的动态变化如图 3-77 所示。在 2015—2016 年的播前和返青期，四种栽培模式的土壤含水率在各土层间差异较小，而在成熟期，有机肥模式和生物炭模式在 100 cm 土层以下的含水率显著低于农民模式和高氮模式，表明返青期后这两种栽培模式消耗了更多的深层土壤水分。在 2016—2017 年，有机肥模式和生物炭模式在 100 cm 土层以下的含水率在播前期较低，但是到返青期后四种模式土壤含水率之间的差异被缩减至最小；而在成熟期，相比于农民模式和高氮模式，有机肥模式和生物炭模式下 100 cm 土层以下的含水率又重新回到较低水平。通过农艺措施改良进行根层调控实现了对深层土壤有效水分的进一步利用，为旱区小麦高产提供了良好的水分条件。

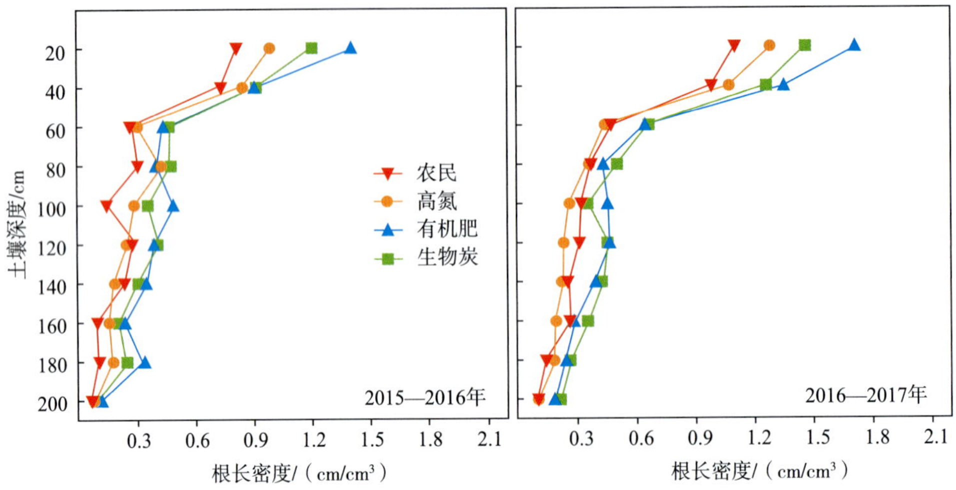

图 3-76　不同栽培模式对根长密度的影响

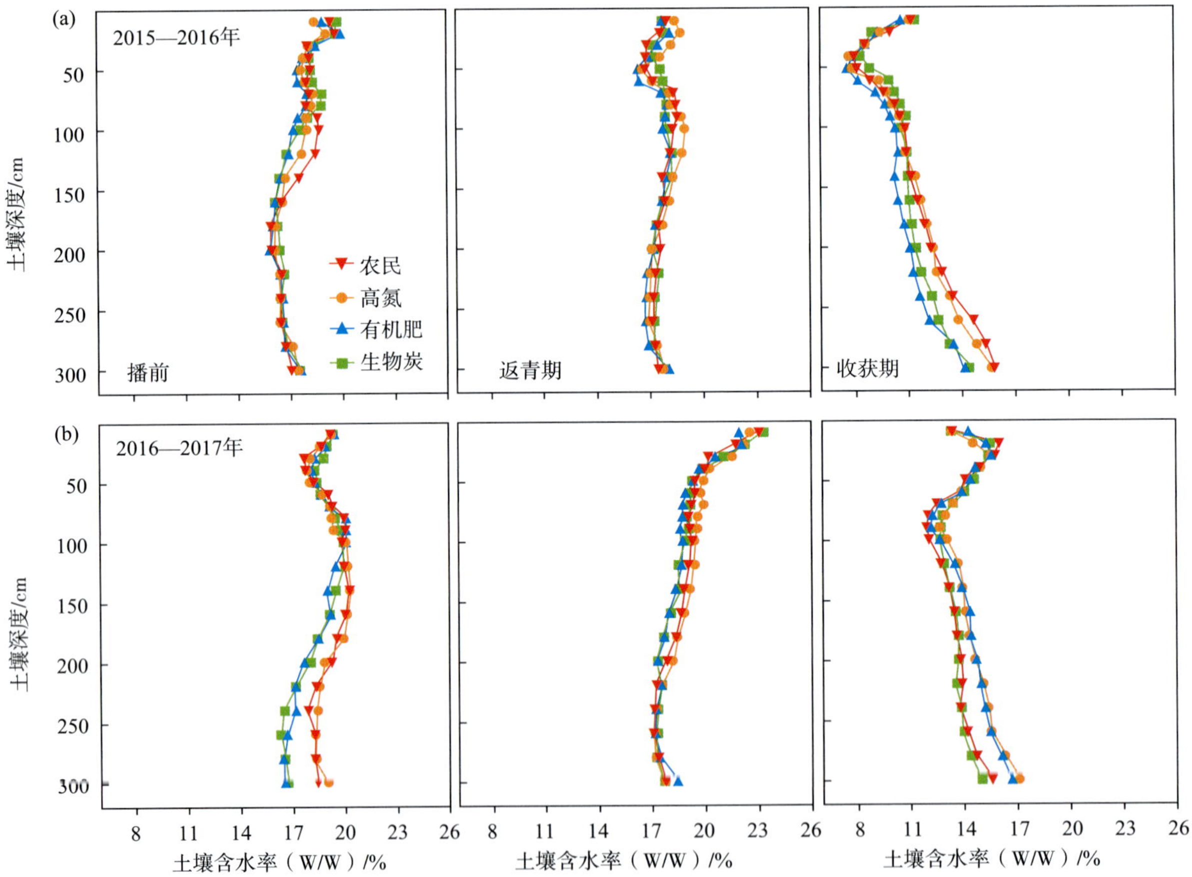

图 3-77　不同栽培模式对土壤含水率的影响

3.5.3　旱区小麦根层调控措施及效应

1. 旱区小麦根层调控对水分利用的时空调节机制

大量研究已经证实根系吸水能力与根系密度密切相关，高的根系密度意味着冬小麦拥有更大的根-土界面，从而能够在土壤中获取更多的有效水（Carvalho et al.，2014；Nosalewicz and Lipiec，2014；

White and Kirkegaard，2010）。表 3-21 表示不同栽培模式下土壤有效水分（ASWS）从播前—返青期及返青期—收获期在 0～100 cm、100～300 cm 土层内的变化情况，从表中可以看出在返青期—收获期之间，有机肥模式和生物炭模式比农民模式和高氮模式在 100～300 cm 深层土壤中多消耗了 21～35 mm 的 ASWS。前一部分已经提到，有机肥模式和生物炭模式比农民模式和高氮模式在整个 0～200 cm 土层，尤其在 100～200 cm 深层有着更高的根长密度。由此证明了增加深层根系分布密度能够在冬小麦生育后期吸收更多的深层 ASWS。根据 ASWS 在整个生育期内的变化特征（表 3-21），可将其划分为两个阶段：①补充阶段，从播前至返青期；②消耗阶段，从返青期至收获期。在补充阶段，100～300 cm 土层内的 ASWS 在农民模式和高氮模式下既有增加也有减少，而在有机肥模式和生物炭模式下增加或保持不变。例如，在 2015—2016 年的播前至返青期，100～300 cm 土层的 ASWS 均在四种模式下有所增加，增加了 15～27 mm；而在 2016—2017 年的播前至返青期，农民模式和高氮模式的 ASWS 在 100～300 cm 土层内减少了 31 mm，而在有机肥模式和生物炭模式下只减少了 2～7 mm，因此其 100～300 cm 土层内的 ASWS 在这一时期变化不大。在返青期至收获期的消耗阶段，相比于农民模式和高氮模式，有机肥模式和生物炭模式下 100～300 cm 深层 ASWS 的消耗量始终较高。值得注意的是，从播前至返青期，ASWS 在农民模式和高氮模式下存在降低的现象而在有机肥模式和生物炭模式下并未见到。在冬小麦生育前期，一则是未被冬小麦冠层所覆盖的裸地面积较大，二则是降水量稀少，从而导致该时期土壤蒸发量较高（Chen et al.，2010）。如果此时土壤含水率偏高则土壤蒸发量会被进一步增加（Yan et al.，2015）。从土壤含水率分布图（图 3-77）可知，农民模式和高氮模式在播前的土壤含水率均显著高于有机肥模式和生物炭模式。此外，有机肥模式和生物炭模式比其他两种模式更高的地上群体数意味着更高的冠层覆盖度，可以有效减少前期裸露的土地面积，一定程度上也能抑制前期土壤蒸发。在这两种因素的综合影响下，有机肥模式和生物炭模式的 ASWS 在播前至返青期并未有所减少。我们还注意到，当 100～300 cm 深层 ASWS 在冬小麦播前超过 300 mm 时，ASWS 将在播前至返青期这一阶段内损失约 30 mm；而当其值在 240～270 mm 时，ASWS 将在播前至返青期这一阶段内得到补

表 3-21　不同栽培模式对土壤有效水的影响

年份	栽培模式	土壤深度/cm	播前储水/mm	返青期储水/mm	收获期储水/mm	播前—返青耗水/mm	返青—收获耗水/mm
2015—2016	农民	0～100	144	135	30	−9	−105
		100～300	245	265	149	+20	−116
	高氮	0～100	141	139	32	−1	−106
		100～300	249	268	153	+19	−115
	有机肥	0～100	139	123	24	−8	−107
		100～300	239	261	112	+22	−149
	生物炭	0～100	146	124	34	−11	−101
		100～300	241	267	123	+26	−144
2016—2017	农民	0～100	153	166	85	+13	−81
		100～300	307	276	200	−31	−76
	高氮	0～100	151	171	86	+20	−85
		100～300	311	280	201	−31	−79
	有机肥	0～100	155	162	83	+7	−78
		100～300	273	271	172	−2	−100
	生物炭	0～100	154	166	87	+12	−79
		100～300	275	270	170	−5	−100

充。尽管仍需要研究 ASWS 的最低补偿点，但播种时的 ASWS 可以作为指导农田管理以避免黄土高原冬小麦生产过程中缺水的有效指标。

为了进一步明确不同栽培模式对冬小麦不同阶段耗水特征的影响，我们将麦田水分消耗分为三个时间段，并将五年数据进行平均，计算得出各栽培模式下休闲期至下一季返青期、返青期至收获期、休闲期+全生育期三个时间段内的冬小麦耗水量（表 3-22）。结果表明，相比于农民模式和高氮模式，有机肥模式和生物炭模式减少了返青期之前冬小麦耗水量但同时又增加了返青期之后的耗水量，两两相抵使得其周年耗水量（休闲期+生育期）与其他两种模式相比并没有显著差异。同时，从表 3-22 我们已经得知，四种模式在生育期内的耗水量也无太大差异。因此，有机肥模式和生物炭模式较高的水分利用效率是由于它们在同等耗水量的条件下比其他两种模式产出了更多的籽粒产量。由五年均值可知，四种模式年耗水量约为 440 mm，而该地区近 20 年年均降雨量为 534 mm，其降雨条件完全能够满足冬小麦高产的水分需求。因此，有机肥模式和生物炭模式在该区域是两种可持续的高产高效模式，其可以通过调控 ASWS 在时间和空间上的消耗特征从而提高冬小麦水分利用效率和籽粒产量。除此之外，在黄土高原较高的大气压差的影响下，土壤水分在一年中绝大部分时间处于不断向上运移的状态，而由于疏松多孔的黄土性土壤具有较强的导水性，这种水分运移过程能够影响到 200～300 cm 深层土壤中的有效水分（李玉山等，1985）。正是由于黄土高原这种特殊的气候环境及土壤特性才使我们能够通过改良农艺措施在空间尺度上调控冬小麦水分利用。

表 3-22　不同栽培模式对不同阶段冬小麦耗水的影响 mm

栽培模式	休闲期—播前—返青期	返青—收获期	休闲期+生育期	年降雨量
农民	142a	296b	438a	534
高氮	138ab	301ab	440a	
有机肥	127b	319a	446a	
生物炭	132ab	315a	447a	

2. 旱区小麦根层调控对水分转化效率的影响机制

关于降水在农田中的转化过程，刘文兆（1997）提出了降水利用效率的统一性表达式：$PUE=\frac{SW}{P}\times\frac{ET}{SW}\times\frac{T}{ET}\times\frac{Y}{T}$，其中，PUE 为降水利用效率；SW 为有效水总量，其值为生育初期土壤有效储水量与某一时间段有效降雨量之和；ET、T 及 Y 分别为蒸发蒸腾量、蒸腾量及籽粒产量。这四个比率中，SW/P（降水留存率）可代表降水储存过程，ET/SW（农田水分消耗率）及 T/ET（蒸腾比率）代表储存在土壤中的降水的消耗过程，而降水的生产过程可用 Y/T（蒸腾比率）来表示。降水的储存效率可以从两个方面来评价：①在某一时间段末，有多少降水能被储存在土壤中；②在下一时间段，土壤吸收并储存降水的能力有多强。基于此，SW/P 能够被进一步划分为两个比率：SWe/P 及 SW/SWe，其中，SWe 为某一时间段末土壤有效储水量，SWe/P 表示降水储存效率，SW/SWe 表示下一时间段降水可渗入比率。随着 SWe 的降低，降水储存效率降低，但土壤干燥度提高，SW/SWe 也随之提高。降水的生产效率同样也可以从两个方面来评价：①蒸腾作用所吸收的水分能够生产多少干物质；②有多少干物质能够被转运到籽粒中（Turner，2004；Siahpoosh and Dehghanian，2012）。基于此，Y/T 同样能够被进一步划分为两个比率：B/T 及 Y/B，其中，B 为某一阶段干物质产量，B/T 及 Y/B 分别表示蒸腾效率及收获指数。因此，上述统一性表达式可扩展为：$PUE=\frac{SWe}{P}\times\frac{SW}{SWe}\times\frac{ET}{SW}\times\frac{T}{ET}\times\frac{B}{T}\times\frac{Y}{B}$。基于该表达式，为了明确根层调控措施如何通过调控降水转化过程的六个比率从而影响降水利用效率及最终的小麦产量，我们探究了在农民模式、高氮模式及有机肥模式下这六个比率的变化特征。

两年结果表明，相比于农民模式，高氮模式的降水利用效率仅提高了 9%而产量并未显著提高，而有机肥模式下降水利用效率提高了 27%的同时产量也显著增加了 27%(表 3-23)。观察三种模式下各降水转化比率之间的差异我们发现，根层调控措施显著影响了降水储存过程及消耗过程而对降水生产过程影响较小。在降水储存过程中，在降雨量较少的 2015—2016 年，有机肥模式下的 SWe/P 比其他两种模式均显著降低，但是其 SW/SWe 显著升高。在旱区，冬小麦在高产的同时会消耗大量的土壤水分(Wang et al.，2018)，而有机肥模式下的小麦产量均高于其他两种模式。土壤越干燥，降水越容易入渗到土壤中，土壤对降水的吸收能力越强(Silva，2007)。因此，相比于其他两种模式，由于收获期更为干燥的土壤，有机肥模式下 SW/SWe 更高。在降水消耗过程中，三种栽培模式下 ET/SW 并无显著差异，而 T/ET 在有机肥模式下最高。群体数越高，小麦蒸腾量所占耗水量比例越高(Chen et al.，2010)。由图 3-75 可知，在三种栽培模式中，有机肥模式整个生育期都有着最高的群体数。综上所述，通过利用更多的土壤水分(SWe/P)，提高降水可入渗比率(SW/SWe)，在保持全年农田耗水率(ET/SW)不变的条件下增加蒸腾比率(T/ET)，根层调控措施显著提高了降水利用效率，从而实现了增产。

表 3-23　不同栽培模式对降水转化比率的影响

年份	栽培模式	有效降水/mm	SWe/P	SW/SWe	ET/SW	T/ET	B/T /[kg/(hm^2 · mm)]	Y/B (HI)	PUE /[kg/(hm^2 · mm)]	籽粒产量 /(kg/hm^2)
2015—2016	农民	307	0.58a	3.52b	0.72a			0.48a	19.18c	5 896c
	高氮		0.60a	3.44b	0.72a			0.48a	20.53b	6 312c
	有机肥		0.44b	4.60a	0.78a			0.47a	23.53a	7 234a
2016—2017	农民	519	0.55a	2.46a	0.60a	0.61c	45.98a	0.39a	8.80c	4 564c
	高氮		0.55a	2.46a	0.60a	0.68b	45.87a	0.38a	9.60bc	4 981bc
	有机肥		0.49a	2.57a	0.63a	0.77a	47.92a	0.40a	11.35a	5 886a

参考文献

曹寒冰，王朝辉，赵护兵，等.2017.基于产量的渭北旱地小麦施肥评价及减肥潜力分析.中国农业科学，50:2758-2768.

陈新平，张福锁.2006.小麦-玉米轮作体系养分资源综合管理理论与实践.北京:中国农业出版社.

邓燕.2015.集约化条件下小麦和玉米基于根际过程的根层磷素调控.北京:中国农业大学.

冯浩，赵西宁，吴普特.2007.黄土区农田作物降水利用效率影响因素及提高途径分析.中国农业科技导报，9:30-35.

李玉山，韩仕峰，汪正华.1985.黄土高原土壤水分性质及其分区.中国科学院西北水土保持研究所集刊(土壤水分与土壤肥力研究专集)，2:1-17.

梁政渊.2019.应用控释肥调控高产高效冬小麦/夏玉米群体的根层氮素供应.北京:中国农业大学.

刘文兆.1997.旱地作物雨水利用效率统一性表达式的构造及其意义.水土保持学报，3:62-66.

马元喜.1987.不同土壤对小麦根系生长动态的研究.作物学报，13:37-44.

孟庆锋.2012.玉米和小麦高产与养分高效协同实现的技术途径研究.北京:中国农业大学.

苗果园，潘幸来.1989.黄土高原旱地冬小麦根系生长规律的研究.作物学报，15:104-115.

史俊芳.2016.氮营养对冬小麦/夏玉米群体结构与功能的调控.北京:中国农业大学.

王丹云，吕世华，韩博，等.2017.近 30 年黄土高原春季降水特征与春旱变化的关系.高原气象，36:395-406.

王庆仁，李继云.1999.论合理施肥与土壤环境的可持续性发展.环境科学进展，7:117-125.

魏欢欢. 2017. 耕作措施对黄土高原旱地春玉米和冬小麦产量及水分利用效率影响的整合分析. 中国科学院大学(中国科学院教育部水土保持与生态环境研究中心).

熊淑萍，王小纯，李春明，等. 2011. 冬小麦根系时空分布动态及产量对不同氮源配施的响应. 植物生态学报，35:759-768.

薛澄，王朝辉，李富翠，等.2011. 渭北旱塬不同施肥与覆盖栽培对冬小麦产量形成及土壤水分利用的影响. 中国农业科学，44:4395-4405.

于昕阳，翟丙年，金忠宇，等. 2015. 有机无机肥配施对旱地冬小麦产量、水肥利用效率及土壤肥力的影响. 水土保持学报，29:320-324.

于振文，田卓奇，潘庆民，等. 2002. 黄淮麦区冬小麦超高产栽培的理论与实践. 作物学报，28:577-585.

颜鹏. 2015. 支撑夏玉米高产高效群体的根层氮素调控机制与途径. 北京：中国农业大学.

杨进，钟甫宁，陈志钢，等. 2016. 农村劳动力价格、人口结构变化对粮食种植结构的影响. 管理世界，1:78-87.

岳善超. 2013. 小麦玉米高产体系的氮肥优化管理. 北京：中国农业大学.

张福锁，王激清，张卫峰，等.2008. 中国主要粮食作物肥料利用率现状与提高途径. 土壤学报，45(5):915-924.

Akiyama H, Yan X Y, Yagi K. 2010. Evaluation of effectiveness of enhanced efficiency fertilizers as mitigation options for N_2O and NO emissions from agricultural soils: meta-analysis. Global Change Biology, 16:1837-1846.

Al-Wabel M L, Hussain Q, Usman A R A, et al. 2017. Impact of biochar properties on soil conditions and agricultural sustainability: a review. Land Degradation and Development, 29:2124-2161.

Angus J F, Herwaarden A F V. 2001. Increasing water use and water use efficiency in dryland wheat. Agronomy Journal, 93:290-298.

Asseng S, Ritchie J T, Smucker A J, et al. 1998. Root growth and water uptake during water deficit and recovering in wheat. Plant and Soil, 201:265-273.

Barraclough P B, Weir A H, Kuhlmann, H. 1991. Factors affecting the growth and distribution of winter wheat roots under UK field conditions. Developments in Agricultural Management and Forest Ecology, 24:410-417.

Bayabil H K, Stoof C R, Lehmann J C, et al. 2015. Assessing the potential of biochar and charcoal to improve soil hydraulic properties in the humid Ethiopian Highlands: the Anjeni watershed. Geoderma, 243:115-123.

Bliss K M, Jones R H, Mitchell R J, et al. 2002. Are competitive interactions influenced by spatial nutrient heterogeneity and root foraging behavior? New Phytologist, 154:409-417.

Bloom A J, Sukrapanna S S, Warner R L. 1992. Root respiration associated with ammonium and nitrate absorption and assimilation by barley. Plant Physiology, 99:1294-1301.

Bormann H, Klaassenm K. 2008. Seasonal and land use dependent variability of soil hydraulic and soil hydrological properties of two northern German soils. Geoderma, 145:295-302.

Borras L, Maddonni G A, Otegui M E. 2003. Leaf senescence in maize hybrids: plant population, row spacing and kernel set effects. Field Crops Research, 82:13-26.

Brekke B, Edwards J W, Knapp A D. 2011. Selection and adaptation to high plant density in the Iowa stiff stalk synthetic maize (*Zea mays* L.) population: Ⅱ. plant morphology. Crop Science, 51:2344-2351.

Britto D T, Kronzucker H J. 2002. NH_4^+ toxicity in higher plants: a critical review. Journal of Plant Physiology, 159:567-584.

Cakmak I, Hoffland E. 2012. Zinc for the improvement of crop production and human health. Plant and

Soil, 361:1-2.

Carvalho P, Azamali S, Foulkes M J. 2014. Quantifying relationships between rooting traits and water uptake under drought in Mediterranean barley and durum wheat. Journal of Integrative Plant Biology, 56:455-469.

Cassman K G, Dobermann A, Walters D T, et al. 2003. Meeting cereal demand while protecting natural resources and improving environmental quality. Annual Review of Environment and Resources, 28:315-358.

Chen B J, During H J, Anten N P. 2012. Detect thy neighbor: identity recognition at the root level in plants. Plant Science, 195:157-167.

Chen K, Kumudini S V, Tollenaar M, et al. 2015. Plant biomass and nitrogen partitioning changes between silking and maturity in newer versus older maize hybrids. Field Crops Research, 183:315-328.

Chen S, Zhang X, Sun H, et al. 2010. Effects of winter wheat row spacing on evapotranspiration, grain yield and water use efficiency. Agricultural Water Management, 97:0-1132.

Chen X, Cui Z, Fan M, et al. 2014. Producing more grain with lower environmental costs. Nature, 514: 486-489.

Chen X, Cui Z, Vitousek P M, et al. 2011. Integrated soil-crop system management for food security. Proceedings of the National Academy of Sciences of the United States of America, 108:6399-6404.

Chen X, Liu Y, Zhao Q, et al. 2020. Health risk assessment associated with heavy metal accumulation in wheat after long-term phosphorus fertilizer application. Environmental Pollution, 114348.

Chen X, Zhang W, Wang Q, et al. 2018. Zinc nutrition of wheat in response to application of phosphorus to a calcareous soil and an acid soil. Plant and Soil, 434:139-150.

Chen X, Zhang W, Liang X, et al. 2019. Physiological and developmental traits associated with the grain yield of winter wheat as affected by phosphorus fertilizer management. Scientific Reports, 9:16580.

Ciampitti I A, Camberato J J, Murrell S T, et al. 2013a. Maize nutrient accumulation and partitioning in response to plant density and nitrogen rate: I. Macronutrients. Agronomy Journal,105:783-795.

Ciampitti I A, Murrell S T, Camberato J, et al. 2013b. Physiological dynamics of maize nitrogen uptake and partitioning in response to plant density and N stress factors: I. Vegetative phase. Crop Science, 53: 2105-2119.

Ciampitti I A, Vyn T J. 2011. A comprehensive study of plant density consequences on nitrogen uptake dynamics of maize plants from vegetative to reproductive stages. Field Crops Research, 121:2-18.

Ciampitti I A, Vyn T J. 2012. Physiological perspectives of changes over time in maize yield dependency on nitrogen uptake and associated nitrogen efficiencies: a review. Field Crops Research, 133:48-67.

Ciampitti I A, Vyn T J. 2013c. Grain nitrogen source changes over time in maize: a review. Crop Science, 53:366.

Cordell D, Drangert J, White S. 2009. The story of phosphorus: global food security and food for thought. Global Environment Change, 19:292-305.

Cui Z, Chen X, Miao Y, et al. 2008a. On-farm evaluation of the improved soil N_{min}-based nitrogen management for summer maize in North China Plain. Agronomy Journal, 100:517-525.

Cui Z, Chen X, Zhang F, et al. 2010. Current nitrogen management status and measures to improve the intensive wheat-maize system in China. AMBIO: A Journal of the Human Environment, 39:376-384.

Cui Z, Zhang H, Chen X, et al. 2018. Pursuing sustainable productivity with millions of smallholder farmers. Nature, 555:363-366.

Cui Z, Zhang F, Chen X, et al. 2008b. On-farm evaluation of an in-season nitrogen management strategy based on soil N_{min} test. Field Crops Research, 105:48-55.

Da Silva P, Strieder M L, Coser R, et al. 2005. Grain yield and kernel crude protein content increases of maize hybrids with late nitrogen side-dressing. Scientia Agricola, 62:487-492.

Den Herder G, Van Isterdael G, Beeckman T, et al. 2010. The roots of a new green revolution. Trends in Plant Science, 15:600-607.

Deng Y, Feng G, Chen X, et al. 2017. Arbuscular mycorrhizal fungal colonization is considerable at optimal Olsen-P levels for maximized yields in an intensive wheat-maize cropping system. Field Crops Research, 209:1-9.

Donald C T. 1968. The breeding of crop ideotypes. Euphytica, 17:385-403.

Duvick D N. 2005. The contribution of breeding to yield advances in maize. Advance in Agronomy, 86: 83-145.

Duvick D N, Cassman K G. 1999. Post-green revolution trends in yield potential of temperate maize in the North-Central United States. Crop science, 39:1622-1630.

Duvick D N, Smith J, Cooper M. 2004. Long-term selection in a commercial hybrid maize breeding program. Plant Breeding Reviews, 24:109-152.

Dwyer L, Stewart D, Tollenaar M. 1991. Changes in plant density dependence of leaf photosynthesis of maize (*Zea mays* L.) hybrids, 1959 to 1988. Canadian Journal of Plant Science, 71:1-11.

Eberbach P, Pala M. 2005. Crop row spacing and its influence on the partitioning of evapotranspiration by winter-grown wheat in northern Syria. Plant Soil, 268:195-208.

Eissenstat D M. 1992. Costs and benefits of constructing roots of small diameter. Journal of Plant Nutrition, 15:763-782.

Fageria N K, Moreira A. 2011. The role of mineral nutrition on root growth of crop plants. Advances in Agronomy, 110:251-331.

Fan T, Stewart B A, Wang Y, et al. 2005. Long-term fertilization effects on grain yield, water-use efficiency and soil fertility in the dryland of Loess Plateau in China. Agriculture, Ecosystems & Environment, 106:313-329.

Fang Y, Xu B, Liu L, et al. 2014. Does a mixture of old and modern winter wheat cultivars increase yield and water use efficiency in water-limited environments? Field Crops Research, 156:12-21.

File A L, Murphy G P, Dudley S A. 2011. Fitness consequences of plants growing with siblings: reconciling kin selection, niche partitioning and competitive ability. Proceedings of the Royal Society B: Biological Sciences, 279:209-218.

Foyer C H, Noctor G. 2006. Photosynthetic nitrogen assimilation and associated carbon and respiratory metabolism. Springer Science and Business Media, 1-19.

Fuhrer J, Erismann K H. 1984. Steady-state carbon flow in photosynthesis and photorespiration in *Lemna minor* L.: the effect of temperature and ammonium Nitrogen. Photosynthetica, 18:74-83.

Gambín B L, Borrás L, Otegui M E. 2006. Source-sink relations and kernel weight differences in maize temperate hybrids. Field Crops Research, 95:316-326.

Gao K, Chen F, Yuan L, et al. 2015. A comprehensive analysis of root morphological changes and nitrogen allocation in maize in response to low nitrogen stress. Plant Cell and Environment, 38:740-750.

Gao X, Zhao Q, Zhao X, et al. 2017. Temporal and spatial evolution of the standardized precipitation evapotranspiration index (spei) in the Loess Plateau under climate change from 2001 to 2050. Science of the Total Environment, 595:191-200.

Gewins V. 2010. Food: an underground revolution. Nature, 466:552-553.

Girardin P. 1992. Leaf azimuth in maize canopies. European Journal of Agronomy, 1:91-97.

Girardin P, Tollenaar M. Effects of intraspecific interference on maize leaf azimuth. Crop science, 1994, 34:151-155.

Grassini P, Eskridge K M, Cassman K G. 2013. Distinguishing between yield advances and yield plateaus in historical crop production trends. Nature Communication, 4:1209-1210.

Grzesiak S, Hura T, Grzesiak M T, et al. 1999. The impact of limited soil moisture and waterlogging stress conditions on morphological and anatomical root traits in maize (*Zea mays* L.) hybrids of different drought tolerance. Acta Physiologiae Plantarum, 21:305-315.

Guingo E, Hebert Y. 1997. Relationships between mechanical resistance of the maize root system and root morphology, and their genotypic and environmental variation. Maydica, 42:265-274.

Guo J, Liu X, Zhang Y, et al. 2010. Significant acidification in major Chinese croplands. Science, 327: 1008-1010.

Guo J, Wang Y, Blaylock A D, et al. 2017. Mixture of controlled release and normal urea to optimize nitrogen management for high-yielding (>15 Mg/hm^2) maize. Field Crops Research, 204:23-30.

Guo S, Zhou Y, Shen Q, et al. 2007. Effect of ammonium and nitrate nutrition on some physiological processes in higher plants-growth, photosynthesis, photorespiration, and water relations. Plant Biology, 9: 21-29.

Hammer G L, Dong Z, McLean G, et al. 2009. Can changes in canopy and/or root system architecture explain historical maize yield trends in the US corn belt? Crop Science, 49:299-312.

Hashemi A M, Herbert S J, Putnam D H, et al. 2005. Yield response of corn to crowding stress. Agronomy Journal, 97:839-846.

Hecht V L, Temperton V M, Nagel K A, et al. 2016. Sowing density: a neglected factor fundamentally affecting root distribution and biomass allocation of field grown spring barley (*Hordeum vulgare* L.). Frontiers in Plant Science, 7:944.

Hirel B, Andrieu B, Valadier M H, et al. 2005. Physiology of maize Ⅱ: identification of physiological markers representative of the nitrogen status of maize (*Zea mays* L.) leaves during grain filling. Physiologia Plantarum, 124:178-18.

Hochholdinger F. 2016. Untapping root system architecture for crop improvement. Journal of Experimental Botany, 67:4431.

Hodge A. 2004. The plastic plant: root responses to heterogeneous supplies of nutrients. New Phytologist, 162:9-24.

Hoppe D, McCully M, Wenzel C. 1986. The nodal roots of zea: their development in relation to structural features of the stem. Canadian Journal of Botany, 64:2524-2537.

Hotz C, Brown K H. 2004. Assessment of the risk of zinc deficiency in populations and options for its control. Food and Nutrition Bulletin, 25:S101-112.

Hu C, Cheng Z, Sadras V O, et al. 2018. Effect of straw mulch and seeding rate on the harvest index, yield and water use efficiency of winter wheat. Scientific Reports, 8:8167.

Hu L, Liao W, Dawuda M M, et al. 2017. Appropriate NH^{4+}: NO_3 ratio improves low light tolerance of mini Chinese cabbage seedlings. BMC Plant Biology, 17:22-22.

Huang M, Dang T, Gallichand J, et al. 2003. Effect of increased fertilizer applications to wheat crop on soil-water depletion in the Loess Plateau, China. Agricultural Water Management, 58:267-278.

Hund A, Fracheboud Y, Soldati A, et al. 2008. Cold tolerance of maize seedlings as determined by root morphology and photosynthetic traits. European Journal of Agronomy, 28:178-185.

Hund A, Richner W, Soldati A, et al. 2007. Root morphology and photosynthetic performance of maize inbred lines at low temperature. European Journal of Agronomy, 27:52-61.

Hund A, Ruta N, Liedgens M. 2009. Rooting depth and water use efficiency of tropical maize inbred lines, differing in drought tolerance. Plant Soil, 318:311-325.

Imran M, Römheld V, Neumann G. 2013. Nutrient seed priming improves seedling development of maize exposed to low root zone temperatures during early growth. European Journal of Agronomy, 49:141-148.

Jeffery S, Verheijen F G A, Velde M V D, et al. 2011. A quantitative review of the effects of biochar application to soils on crop productivity using meta-analysis. Agriculture, Ecosystems & Environment, 144: 175-187.

Jin K, Cornelis W M, Schiettecatte W, et al. 2007. Effects of different management practices on the soil-water balance and crop yield for improved dryland farming in the Chinese Loess Plateau. Soil Tillage Research, 96:131-144.

Jin N, Ren W, Tao B, et al. 2018. Effects of water stress on water use efficiency of irrigated and rainfed wheat in the Loess Plateau, China. Science of The Total Environment, 642:1-11.

Johnson W C, Davis R G. 1980. Yield-water relationships of summer-fallowed winter wheat. A precision study in the Texas panhandle. Agricultural Research Results, Science and Education Administration, United States Department of Agriculture.

Kaack K, Schwarz K U, Brander P E. 2003. Variation in morphology, anatomy and chemistry of stems of Miscanthus genotypes differing in mechanical properties. Industrial Crops and Products, 17:131-142.

Kato Y, Abe J, Kamoshita A, et al. 2006. Genotypic variation in root growth angle in rice (*Oryza sativa* L.) and its association with deep root development in upland fields with different water regimes. Plant and Soil, 287:117-129.

Kirkegaard J A, Lilley J M, Howe G N, et al. 2007. Impact of subsoil water use on wheat yield. Crop & Pasture Science, 58:303-315.

Kolb S E, Fermanich K J, Dornbush M E. 2009. Effect of charcoal quantity on microbial biomass and activity in temperate soils. Soil Science Society of America Journal, 73:1173-1181.

Laird D, Fleming P, Wang B, et al. 2010. Biochar impact on nutrient leaching from a midwestern agricultural soil. Geoderma, 158:436-442.

Lambert R, Johnson R. 1978. Leaf angle, tassel morphology, and the performance of maize hybrids 1. Crop Science, 18:499-502.

Lee E A, Tollenaar M. 2007. Physiological basis of successful breeding strategies for maize grain yield. Crop Science, 47:S202-215.

Liao H, Rubio G, Yan X, et al. 2002. Effect of phosphorus availability on basal root s hallowness in common bean. Plant and Soil, 232:69-79.

Li H, Huang G, Meng Q, et al. 2011. Integrated soil and plant phosphorus management for crop and environment in China. Plant and Soil, 349:157-167.

Li S, Wang Z, Stewart B A. 2013. Responses of crop plants to ammonium and nitrate N. Advances in Agronomy, 118:205-397.

Li S, Xiao L. 1992. Distribution and management of drylands in the People's Republic of China. Advances in Soil Science, 18:148-293.

Li Z, Zheng F, Liu W. 2012. Spatiotemporal characteristics of reference evapotranspiration during 1961-2009 and its projected changes during 2011-2099 on the Loess Plateau of China. Agricultural and Forest Meteorology, 147-155.

Liu B, Chen X, Meng Q, et al. 2017. Estimating maize yield potential and yield gap with agro-climatic zones in China—distinguish irrigated and rainfed conditions. Agricultural and Forest Meteorology, 239: 108-117.

Liu B, Wu L, Chen X, et al. 2016. Quantifying the potentialyield and yield gap of Chinese wheat production. Agronomy Journal, 108:1890-1896.

Liu J, Han L, Chen F, et al. 2008. Microarray analysis reveals early responsive genes possibly involved in localized nitrate stimulation of lateral root development in maize (*Zea mays* L.). Plant Science, 175: 272-282.

Liu S, Song F, Liu F, et al. 2012. Effect of planting density on root lodging resistance and its relationship to nodal root growth characteristics in maize (*Zea mays* L.). Journal of Agricultural Science, 4:182.

Lin W, Liu W, Zhou S, et al. 2019. Influence of plastic film mulch on maize water use efficiency in the Loess Plateau of china. Agricultural Water Management, 224:105710.

Liu X, Zhang Y, Han W, et al. 2013. Enhanced nitrogen deposition over China. Nature, 494:459-462.

Liu Y, Mi G, Chen F, et al. 2004. Rhizosphere effect and root growth of two maize (*Zea mays* L.) genotypes with contrasting P efficiency at low P availability. Plant Science, 167:217-223.

Lopez-Bellido L, Lopez-Bellido R J, Redondo R. 2005. Nitrogen efficiency in wheat under rainfed Mediterranean conditions as affected by split nitrogen application. Field Crops Research, 94:86-97.

Lynch J. 1995. Root architecture and plant productivity. Plant physiology, 109:7.

Lynch J, Brown K. 1998. Regulation of root architecture by phosphorus availability. Current Topics in Plant Physiology, 19:148-156.

Lynch J P. 2007. Roots of the second green revolution. Australian Journal of Botany, 55:493-512.

Lynch J P, Brown K M. 2001. Topsoil foraging-an architectural adaptation of plants to low phosphorus availability. Plant and Soil, 237:225-237.

Ma D, Xie R, Liu X, et al. 2014. Lodging-related stalk characteristics of maize varieties in China since the 1950s. Crop science, 54:2805-2814.

Maddonni G, Otegui M, Bonhomme R. 1998. Grain yield components in maize: II. Postsilking growth and kernel weight. Field Crops Research, 56:257-264.

Maddonni G, Otegui M E, Cirilo A G. 2001. Plant population density, row spacing and hybrid effects on maize canopy architecture and light attenuation. Field Crops Research, 71:183-193.

Maddonni G A, Otegui M E, Andrieu B, et al. 2002. Maize leaves turn away from neighbors. Plant Physiology, 130:1181-1189.

Meghji M, Dudley J, Lambert R, et al. 1984. Inbreeding depression, inbred and hybrid grain yields, and other traits of maize genotypes representing three eras 1. Crop Science, 24:545-549.

Meister R, Rajani M, Ruzicka D, et al. 2014. Challenges of modifying root traits in crops for agriculture. Trends in Plant Science, 19:779-788.

Meng Q, Chen X, Lobell D, et al. 2016. Growing sensitivity of maize to water scarcity under climate change. Scientific Reports, 6:19605.

Meng Q, Cui Z, Yang H, et al. 2018. Establishing high-yielding maize system for sustainable intensification in China. Advance in Agronomy, 145:85-109.

Meng Q, Yue S, Hou P, et al. 2016. Improving yield and nitrogen use efficiency simultaneously for maize and wheat in China: a review. Pedosphere, 26:137-147.

Mi G, Chen F, Wu Q, et al. 2010. Ideotype root architecture for efficient nitrogen acquisition by maize in intensive cropping systems. Science China Life Sciences, 53:1369-1373.

Mi G, Chen F, Yuan L, et al. 2016. Ideotype root system architecture for maize to achieve high yield and resource use efficiency in intensive cropping systems. Advances in Agronom, 139:73-97.

Mohammad G K. 2011. Effect of bio-phosphate and chemical phosphorus fertilizer accompanied with foliar application of micronutrients on yield, quality and phosphorus and zinc concentration of maize. Journal of Agricultural Science, 4:22-29.

Monneveux P, Zaidi P, Sanchez C. 2005. Population density and low nitrogen affects yield-associated traits in tropical maize. Crop Science, 45:535-545.

Mosaddeghi M R, Mahboubi A A, Safadoust A, et al. 2009. Short-term effects of tillage and manure on some soil physical properties and maize root growth in a sandy loam soil in western Iran. Soil Tillage Research, 104:173-179.

Murphy G P, Van Acker R, Rajcan I, et al. 2017. Identity recognition in response to different levels of genetic relatedness in commercial soya bean. Royal Society Open Science, 4:160879.

Ning P, Li S, Yu P, et al. 2013. Post-silking accumulation and partitioning of dry matter, nitrogen, phosphorus and potassium in maize varieties differing in leaf longevity. Field Crops Research, 144:19-27.

Ning P, Liao C, Li S, et al. 2012. Maize cob plus husks mimics the grain sink to stimulate nutrient uptake by roots. Field Crops Research, 130:38-45.

Nosalewicz A, Lipiec J. 2014. The effect of compacted soil layers on vertical root distribution and water uptake by wheat. Plant Soil, 375: 229-240.

Oguntunde P G, Abiodun B J, Ajayi A E, et al. 2008. Effects of charcoal production on soil physical properties in ghana. Journal of Plant Nutrition & Soil Science, 171:591-596.

Paez-Garcia A, Motes C, Scheible W R, et al. 2015. Root traits and phenotyping strategies for plant improvement. Plants, 4:334-355.

Passioura J B. 1977. Grain yield, harvest index, and water use of wheat. Journal of the Australian Institute of Agricultural Science, 43:117-120.

Peng Z, Wang L, Xie J, et al. 2020. Conservation tillage increases yield and precipitation use efficiency of wheat on the semi-arid Loess Plateau of China. Agricultural Water Management, 231:106024.

Qian Xiao, Zhu L, Zhang H, et al. 2016. Soil amendment with biochar increases maize yields in a semi-arid region by improving soil quality and root growth. Crop and Pasture Science, 67:495.

Ren A, Sun M, Wang P, et al. 2019. Optimization of sowing date and seeding rate for high winter wheat yield based on pre-winter plant development and soil water usage in the Loess Plateau. Journal of Integrative Agriculture, 18:33-42.

Richardson A E, José-Miguel B, Mcneill A M, et al. 2009. Acquisition of phosphorus and nitrogen in the rhizosphere and plant growth promotion by microorganisms. Plant and Soil, 321:305-339.

Richardson A E, Lynch J P, Ryan P R, et al. 2011. Plant and microbial strategies to improve the phosphorus efficiency of agriculture. Plant and Soil, 349:121-156.

Robertson D J, Julias M, Lee S Y, et al. 2017. Maize stalk lodging: morphological determinants of stalk strength. Crop Science, 57:926-934.

Robertson D J, Lee S Y, Julias M, et al. 2016. Maize stalk lodging: flexural stiffness predicts strength. Crop Science, 56:1711-1718.

Pommel B, Gallais A, Coque M, et al. 2006. Carbon and nitrogen allocation and grain filling in three maize hybrids differing in leaf senescence. European Journal of Agronomy, 24:203-211.

Russell W. 1991. Genetic improvement of maize yields. Advances in Agronomy, 46:245-298.

Ryan M H, McInerney J K, Record I R. 2008. Zinc bioavailability in wheat grain in relation to phosphorus fertiliser, crop sequence and mycorrhizal fungi. Journal of the Science of Food and Agriculture, 88:

1208-1216.

Ryser P. 2006. The mysterious root length. Plant and Soil, 286:1-6.

Salsac L, Chaillou S, Morotgaudry J, et al. 1987. Nitrate and ammonium nutrition in plants. Plant Physiology and Biochemistry, 25:805-812.

Schimel D S. 2010. Drylands in the earth system. Science, 327:418-419.

Shao H, Shi D, Shi W, et al. 2019. Genotypic difference in the plasticity of root system architecture of field-grown maize in response to plant density. Plant and Soil, 439:201-217.

Shao H, Xia T, Wu D, et al. 2018. Root growth and root system architecture of field-grown maize in response to high planting density. Plant and soil, 430:395-411.

Sharp R E, Silk W K, Hsiao T C. 1988. Growth of the maize primary root at low water potentials : I. Spatial distribution of expansive growth. Plant Physiology, 87:50-57.

Shen J, Li C, Mi G, et al. 2013. Maximizing root/rhizosphere efficiency to improve crop productivity and nutrient use efficiency in intensive agriculture of China. Journal of Experimental Botany, 64:1181-1192.

Sher A, Khan A, Ashraf U, et al. 2018. Characterization of the effect of increased plant density on canopy morphology and stalk lodging risk. Frontiers in Plant Science, 9:1047.

Siahpoosh M R, Dehghanian E. 2012. Water use efficiency, transpiration efficiency, and uptake efficiency of wheat during drought. Agronomy Journal, 69:39-47.

Silva L. 2007. Fitting infiltration equations to centre-pivot irrigation data in a Mediterranean soil. Agricultural Water Management, 94:0-92.

Sinclair T R, Rufty T W. 2012. Nitrogen and water resources commonly limit crop yield increases, not necessarily plant genetics. Global Food Security, 1:94-98.

Singh V, van Oosterom E J, Jordan D R, et al. 2012. Genetic control of nodal root angle in sorghum and its implications on water extraction. European Journal of Agronomy, 42:3-10.

Stamp P, Kiel C. 1992. Root morphology of maize and its relationship to root lodging. Journal of Agronomy and Crop Science, 168:113-118.

Stanger T F, Lauer J G. 2007. Corn stalk response to plant population and the Bt-European corn borer trait. Agronomy Journal, 99:657-664.

Stewart W M, Dibb D W, Johnston A E, et al. 2005. The contribution of commercial fertilizer nutrients to food production. Agronomy Journal, 97:1-6.

Sun L, Wang R, Li J, et al. 2019. Reasonable fertilization improves the conservation tillage benefit for soil water use and yield of rain-fed winter wheat: a case study from the Loess Plateau, China. Field Crops Research, 242:107589.

Tang J, Zou C, He Z, et al. 2008. Mineral element distributions in milling fractions of Chinese wheats. Journal of Cereal Science, 48:821-828.

Teng W, Deng Y, Chen X, et al. 2013. Characterization of root response to phosphorus supply from morphology to gene analysis in field-grown wheat. Journal of Experimental Botany, 64:1403-1411.

Tian Q, Chen F, Liu J, et al. 2008. Inhibition of maize root growth by high nitrate supply is correlated with reduced IAA levels in roots. Journal of Plant Physiology, 165:942-951.

Tokatlidis I S. 2013. Adapting maize crop to climate change. Agronomy for Sustainable Development, 33:63-79.

Tollenaar M. 1989. Genetic improvement in grain yield of commercial maize hybrids grown in Ontario from 1959 to 1988. Crop Science, 29:1365-1371.

Tollenaar M. 1991. Physiological basis of genetic improvement of maize hybrids in Ontario from 1959 to

1988. Crop Science, 31:119-124.

Tollenaar M, Dwyer L, Stewart D. 1992. Ear and kernel formation in maize hybrids representing three decades of grain yield improvement in Ontario. Crop Science, 32:432-438.

Tollenaar M, Lee E A. 2006. Dissection of physiological processes underlying grain yield in maize by examining genetic improvement and heterosis. Maydica, 51:399-408.

Tollenaar M, Lee E A. 2002. Yield potential, yield stability and stress tolerance in maize. Field Crops Research, 75:161-169.

Tollenaar M, Wu J. 1999. Yield improvement in temperate maize is attributable to greater stress tolerance. Crop Science, 39:1597-1604.

Turner N C. 2004. Agronomic options for improving rainfall-use efficiency of crops in dryland farming systems. Journal of Experimental Botany, 55:2413-2425.

Unkovich M, Baldock J, Farquharson R. 2018. Field measurements of bare soil evaporation and crop transpiration, and transpiration efficiency, for rainfed grain crops in Australia-a review. Agricultural Water Management, 205:72-80.

Vance C P, Claudia U S, Allan D L. 2003. Phosphorus acquisition and use: critical adaptations by plants for securing a nonrenewable resource. New Phytologist, 157.

van Ittersum M K, Cassman K G, Grassini P, et al. 2013. Yield gap analysis with local to global relevance-a review. Field Crops Research, 143:4-17.

Varney G, McCully M. 1991. The branch roots of zea. II. Developmental loss of the apical meristem in field - grown roots. New Phytologist, 118:535-546.

Víctor O S, Garry J O, David K R. 2005. Crop responses to compacted soil: capture and efficiency in the use of water and radiation. Field Crops Research, 91:0-148.

Wahl S, Ryser P. 2000. Root tissue structure is linked to ecological strategies of grasses. New Phytologist, 148:459-471.

Wang J, Liu W, Dang T. 2011. Responses of soil water balance and precipitation storage efficiency to increased fertilizer application in winter wheat. Plant Soil, 347:41-51.

Wang L, Palta J A, Chen W, et al. 2018. Nitrogen fertilization improved water-use efficiency of winter wheat through increasing water use during vegetative rather than grain filling. Agricultural Water Management, 197:41-53.

Wang L, Zhu Q, Zhao W, et al. 2015. The drought trend and its relationship with rainfall intensity in the Loess Plateau of China. Natural Hazards, 77:479-495.

Wang P, Wang Z, Sun X, et al. 2019. Interaction effect of nitrogen form and planting density on plant growth and nutrient uptake in maize seedlings. Journal of Integrative Agriculture, 18:1120-1129.

Weiner J. 2003. Ecology-the science of agriculture in the 21st century. The Journal of Agricultural Science, 141:371-377.

Welch R M, Graham R D. 2004. Breeding for micronutrients in staple food crops from a human nutrition perspective. Journal of Experimental Botany, 55:353-364.

White R G, Kirkegaard J A. 2010. The distribution and abundance of wheat roots in a dense, structured subsoil-implications for water uptake. Plant Cell Environment, 33:133-148.

Wiesler F, Horst W. 1994. Root growth and nitrate utilization of maize cultivars under field conditions. Plant and Soil, 163:267-277.

Xu C, Huang S, Tian B, et al. 2017. Manipulating planting density and nitrogen fertilizer application to improve yield and reduce environmental impact in chinese maize production. Frontiers in Plant Science,

8:1234.

Xue J, Gou L, Zhao Y, et al. 2016a. Effects of light intensity within the canopy on maize lodging. Field Crops Research, 188:133-141.

Xue J, Zhao Y, Gou L, et al. 2016b. How high plant density of maize affects basal internode development and strength formation. Crop Science, 56:3295-3306.

Yan H, Zhang C, Oue H, et al. 2015. Study of evapotranspiration and evaporation beneath the canopy in a buckwheat field. Theoretical and Applied Climatology, 122:721-728.

Yan P, Pan J, Zhang W, et al. 2017. A high plant density reduces the ability of maize to use soil nitrogen. PLoS One, 12:e0172717.

Ying J, Lee E, Tollenaar M. 2000. Response of maize leaf photosynthesis to low temperature during the grain-filling period. Field Crops Research, 68:87-96.

York L M, Galindo-Castañeda T, Schussler J R, et al. 2015. Evolution of US maize (*Zea mays* L.) root architectural and anatomical phenes over the past 100 years corresponds to increased tolerance of nitrogen stress. Journal of Experimental Botany, 66:2347-2358.

Yuan Z, Shen Y. 2013. Estimation of agricultural water consumption from meteorological and yield data: a case study of Hebei, North China. PLoS One, 8:1-9.

Yue S, Meng Q, Zhao R. 2012. Change in nitrogen requirement with increasing grain yield for winter wheat. Agronomy Journal, 104:1687-1693.

Zhao R, Chen X, Zhang F. 2006. Fertilization and nitrogen balance in a wheat-maize rotation system in North China. Agronomy Journal, 98:938-945.

Zhang C, Ju X, Powlson D, et al. 2019. Nitrogen surplus benchmarks for controlling N pollution in the main cropping systems of China. Environment Science and Technology, 53:6678-6687.

Zhang D, Yao P, Na Z, et al. 2016a. Soil water balance and water use efficiency of dryland wheat in different precipitation years in response to green manure approach. Scientific Reports, 6.

Zhang F, Zhang W, Qi J, et al. 2018. A regional evaluation of plastic film mulching for improving crop yields on the Loess Plateau of China. Agricultural & Forest Meteorology, 248:458-468.

Zhang L, He X, Liang Z, et al. 2020a. Tiller development affected by nitrogen fertilization in a high-yielding wheat production system. Crop Science, 60:1-14.

Zhang L, Liang Z, He X, et al. 2020b. Improving grain yield and protein concentration of maize (*Zea mays* L.) simultaneously by appropriate hybrid selection and nitrogen management. Field Crops Research, 249:107754.

Zhang S, Sadras V, Chen X, et al. 2013a. Water use efficiency of dryland wheat in the Loess Plateau in response to soil and crop management. Field Crops Research, 151:9-18.

Zhang W, Dou Z, He P, et al. 2013b. New technologies reduce greenhouse gas emissions from nitrogenous fertilizer in China. Proceedings of the National Academy of Sciences of the United States of America, 110:8375-8380.

Zhang W, Cao G, Li X, et al. 2016. Closing yield gaps in China by empowering smallholder farmers. Nature, 537:671-674.

Zhang W, Chen X, Liu Y, et al. 2018. The role of phosphorus supply in maximizing the leaf area, photosynthetic rate, coordinated to grain yield of summer maize. Field Crops Research, 219:113-119.

Zhang W, Chen X, Liu Y, et al. 2017. Zinc uptake by roots and accumulation in maize plants as affected by phosphorus application and arbuscular mycorrhizal colonization. Plant and Soil, 413:59-71.

Zhang W, Liu D, Li C, et al. 2015. Zinc accumulation and remobilization in winter wheat as affected by phosphorus application. Field Crops Research, 184:155-161.

Zhang W, Liu D, Liu Y, et al. 2016. Zinc uptake and accumulation in winter wheat relative to changes in root morphology and mycorrhizal colonization following varying phosphorus application on calcareous soil. Field Crops Research, 197:74-82.

Zhang X, Chen S, Sun H, et al. 2008. Dry matter, harvest index, grain yield and water use efficiency as affected by water supply in winter wheat. Irrigation Science, 27:1-10.

Zhang X, Davidson E, Mauzerall D, et al. 2015. Managing nitrogen for sustainable development. Nature, 528:51-59.

Zhang X, Pei D, Chen S. 2004. Root growth and soil water utilization of winter wheat in the North China plain. Hydrological Processes, 18:2275-2287.

Zhang Y, Li C, Wang Y, et al. 2016b. Maize yield and soil fertility with combined use of compost and inorganic fertilizers on a calcareous soil on the North China plain. Soil & Tillage Research, 155:85-94.

Zhu J, Kaeppler S M, Lynch J P. 2005. Topsoil foraging and phosphorus acquisition efficiency in maize (*Zea mays*). Functional Plant Biology, 32:749-762.

Zhu L, Zhang D Y. 2013. Donald's ideotype and growth redundancy: a pot experimental test using an old and a modern spring wheat cultivar. PLoS One, 8:e70006.

陈新平　米国华　邹春琴　李世清　邓西平　岳善超　王仕稳　邵慧　王朋　张玲　陈秀秀　张亮

第4章 支撑作物高产群体的关键土壤过程及动态调控机理

4.1 概述

土壤是作物生产的基础，稳定发挥作物产量潜力、提高水肥保持和供应能力及减少损失的关键在于提高土壤质量。由于西方发达国家粮食压力不大，土壤质量又普遍较高，近 20 年来对土壤生产力的关注度越来越低，研究大多集中在土壤环境和生态服务功能方面。在关于 21 世纪土壤学研究热点的五大主题（调控生态系统功能，公众健康和人类福利，调节养分循环、运输和植物-土壤-微生物互作，土壤形成与退化和土壤信息系统）和 25 个重要课题中，没有提及土壤生产力这一重要课题。显然，近年来西方国家在土壤固碳减排、调节气候和生态服务方面的关注远远超越了土壤肥力与作物生产的研究。对于大多数其他国家，尤其是人口众多、水土资源紧张、生态环境问题突出且基础设施相对落后的发展中国家，改善土壤质量是进一步提高作物生产力、保障粮食安全和促进生态良性循环的可靠途径。

大量研究表明，在集约化种植条件下，秸秆还田、有机无机配合、轮作、保护性耕作和增加生物多样性等措施是提高土壤质量、实现作物持续高产、增强农田生态系统稳定性的有效措施，其核心机制在于通过提高土壤有机质的数量和品质，改善土壤结构和水肥气热条件等，从而增强作物根系的活性和水肥保持利用能力。对于密植高产群体而言，土壤水热、结构及其生物、化学过程与作物根系相互作用机制仍然不是很清楚；因此，需要进一步阐明支撑高产群体的土壤结构特征和关键土壤水肥气热过程，揭示土壤结构对关键水肥气热过程的影响机理，明确土壤关键水肥气热过程与高产群体需求的匹配机制，提出调控土壤结构和水肥气热过程的途径。以高产高效群体和对应的常规群体为研究对象，从不同尺度定量表征不同群体下土壤结构的动态特征，以及作物生育期土壤水、肥、气、热的动态变化；通过分析土壤结构与水肥气热过程的耦合机理，揭示支撑高产高效的关键土壤过程及匹配机理，明确高产高效的调控机制。通过不同生产水平土壤水肥气热过程的比较研究，明确高产高效的土壤结构特征及关键水肥气热过程，定量研究土壤结构特征；分析高产群体发育进程中土壤结构和关键水肥气热过程的动态变化规律，阐明土壤关键水肥气热过程与作物高产群体需求的匹配机制；探讨高产高效的土壤水肥气热关键过程的定向调控机理与途径。

本章具体研究内容主要表现在以下三个方面：①围绕支撑高产群体的土壤结构特征，以春玉米一熟（东北）、小麦/玉米（华北）和水稻/小麦两熟（南方）为研究区域，分析农田土壤基础生产力及其对作物高产与资源高效利用的影响；研究不同种植体系（当前体系、高产体系、高产高效体系和高产高效可持续体系）下的结构特征；探讨耕作和水肥措施对土壤结构动态的影响及其主要因素。②围绕土壤关键过程与作物高产群体的匹配机理，利用现代物理、化学和生物学的分析手段，开展土壤有机质、水分、养分、温度等主要因素的动态监测。在北方春玉米区，探讨春玉米高产群体需求与土壤水肥气热过程的匹配规律；在南方稻/麦区，研究土壤氮磷有效性与土壤结构的耦合规律，以及氮磷供应与作物氮磷需求的动态匹配关系。③围绕作物高产高效的土壤结构和过程调控，在阐明不同区域土壤结构形成机制的基础上，从有机物料投入、施肥、耕作和水分管理等方面提出调控土壤结构的措施；依据高产高效的关键过程及其匹配原理，建立调控土壤水肥气热过程的技术体系。通过以上研究内容，在多尺度土壤动态结构的量化表征及其与土壤肥力的耦合机制、不同区域支撑高产高效群体的关键土壤过程及其作用机制以及支撑高产高效群体的关键土壤过程的匹配原理及其调控机制等方面取得一些进展，并应用于农业生产实践，为现代农业发展做出了贡献。

4.2 稻田土壤脱氮过程及调控

4.2.1 引言

人类活动导致进入生态系统的活性氮增加，大量活性氮经各种途径损失进入环境并由此导致一系列问题，诸如大气污染和水体富营养化等（Vitousek et al.，1997）。化学氮肥是最大的活性氮源，在农业生产上它是一把双刃剑，一方面氮肥在提高作物产量和保持粮食安全方面极其重要；另一方面，化学氮肥的持续增加导致的一系列环境问题也日益严重。因此，如何最大限度地协调氮肥的农学效益与环境效应已成为我们目前亟待解决的问题。全面认识土壤中氮素的转化过程和规律并在此基础上提出合理施肥、提高氮肥利用率或促使多余的活性氮以惰性氮（N_2）形式回归大气的措施是解决此问题的关键。

在稻田生态系统中，土壤氮素的主要去向有水稻吸收、氨挥发、径流、淋洗和脱氮过程［反硝化和厌氧氨氧化（anaerobic ammonium oxidation，Anammox）］（Ishii et al.，2011）。其中氨挥发和脱氮过程是稻田氮素损失的主要途径，其损失比例约占稻田施氮量的 11% 和 47%（朱兆良，2000）。对于氨挥发，由于技术手段比较成熟，相关影响因素研究比较系统，因此，对该部分造成的氮损失量和比例可以很准确地定量，通过降低氨挥发的损失量来提高作物吸氮量的潜力已经挖掘殆尽。尽管土壤脱氮过程占据稻田氮素损失的绝大部分，但由于技术手段的限制（大气背景 N_2浓度高达 78%，很难准确定量土壤中脱氮产生的 N_2量），过去一直无法准确定量该部分造成的氮损失。通过降低该部分损失的氮来提高作物的吸氮量还有很大的挖掘潜力。以往采用的土壤脱氮研究方法包括差值法、乙炔抑制法和 ^{15}N 标记示踪法。这几种方法都有很明显的缺陷，对于差值法而言，所有其他氮素去向测定的误差都累计到了脱氮过程中（David et al.，2006），结果变异非常大；乙炔抑制法虽然简单快捷、成本低，但是会严重低估土壤脱氮量，并且特别不适用研究淹水环境脱氮过程；^{15}N 示踪法存在标记氮与土壤氮的交换、土壤微生物优先利用轻质同位素、标记 ^{15}N 和土壤本身^{15}N 混合不均匀等问题，所获取的结果只能定性解释氮的去向，而不能准确定量各种氮通量（Cornwell et al.，1999）。目前已知的土壤脱氮过程主要有反硝化和 Anammox。其中反硝化是厌氧条件下，反硝化微生物将硝酸根作为电子受体逐步将其还原为 N_2的过程；而 Anammox 是厌氧条件下，Anammox 细菌以亚硝酸根为电子受体将氨氧化为 N_2的过程。Anammox 是近年来新发现的氮素转化途径（Jetten，2001），对稻田氮素损失也具有实质性贡献。

如果无法准确量化稻田生态系统中的脱氮过程速率，也就无法准确评估稻田氮肥施加后的损失量以及准确评价稻田系统氮素的去向及环境效应。因此，亟待开发能准确测定稻田土壤脱氮过程速率的新方法。我们建立并完善基于膜进样质谱法（membrane inlet mass spectrometer，MIMS）的脱氮过程测定方法，量化了稻田土壤各该脱氮途径的速率、相对贡献及其关键影响因素，初步探明了稻田主导脱氮过程速率与水稻不同生育期氮素需求的动态匹配关系及其调控措施，为更加可靠地评价稻田氮素循环的环境效应提供了科学依据。

4.2.2　材料与方法

通过将 MIMS 与原位土柱培养装置联用，我们实现了通过直接测定水溶性 N_2 定量稻田土壤净脱氮速率的目的。在模拟稻田近似原位的密闭培养装置中，溶解性 N_2 浓度随时间呈现良好的线性关系（$R^2=0.94$），依据直线的斜率即可推知稻田土壤的净脱氮速率（图 4-1）。为了验证该方法的可靠性，我们比较了该方法测的脱氮速率与硝酸根消失法测的脱氮速率之间的关系，发现 MIMS 法的测定结果可以解释 76％的硝酸根消失量，并且基于 MIMS 法的测定数据变异明显小于硝酸根消失法的测定数据（图 4-2）。尽管硝酸根消失法能够在一定程度上表征净脱氮速率，但由于硝态氮除了被反硝化过程去除外，还可能被 Anammox 过程去除，也可被微生物同化及被异化还原成铵。因此硝酸根消失法只能表征净脱氮过程强弱，不能精确定量，而基于 MIMS 的方法通过直接测定水样的 N_2/Ar 值可以精确定量净脱氮的终端产物 N_2，不受其他硝态氮归趋的影响，因此能更精确定量稻田土壤的净脱氮速率。

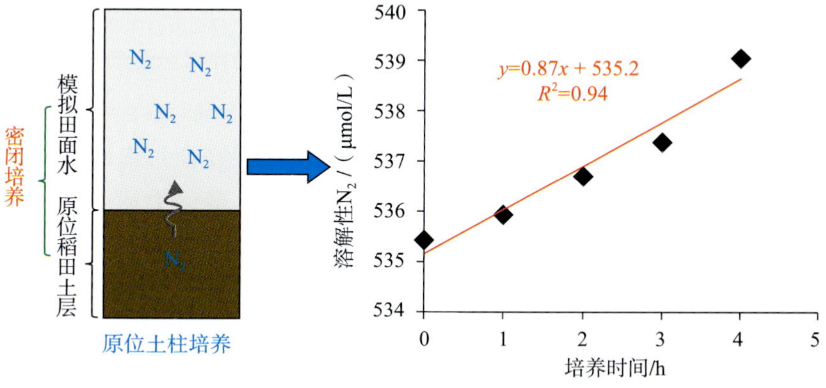

图 4-1　稻田土壤净脱氮速率测定培养系统示意图

稻田土壤中，对土壤净脱氮速率产生贡献的过程主要有反硝化和 Anammox，由于反硝化和 Anammox 终产物都是 N_2，要区分和测定反硝化和 Anammox 的速率，需采用 ^{15}N 同位素配对法，通过将 ^{15}N 同位素配对技术和 MIMS 联用，我们也实现了对稻田土壤反硝化和 Anammox 潜势的测定。具体为，采用稻田土壤泥浆微培养系统或原状稻田土壤和田面水密闭培养装置，预培养 48 h 以消耗系统内的背景 NO_3^- 和氧气。在相同的实验装置内，同时开展三组实验处理：①向系统加入 100 μmol/L 的 $^{15}NH_4^+$（丰度 98.2％）；②向系统加入 100 μmol/L $^{15}NH_4^+$（丰度 98.2％）和 100 μmol/L $^{14}NO_3^-$；③向系统加入 $^{15}NO_3^-$（丰度 99.3％）。其中，处理①的目的是验证预培养后，系统中背景 NO_3^- 是否已消耗完全；处理②的目的是证明 Anammox 过程是否发生；处理③用来监测系统中生成 N_2 的量和同位素组成（$^{28}N_2$、$^{29}N_2$ 和 $^{30}N_2$）。以处理③为例，预培养结束后，采集第一个水样作为 0 h 的样品，然后分别在 1 h、3 h、5 h、7 h、9 h 取样，每次 3 个重复，分析培养期间水样中溶解性 N_2 的量和同位素组成随时间变化趋势，并利用 N_2 产生过程的随机配对原则计算反硝化和 Anammox 的速率。利用该方法，我们研究了常熟站稻田土壤中反硝化和 Anammox 的速率潜势，发现该土壤的反硝化和 Anammox 潜势分别为 6.70 和 0.70 nmol N/(g・h)，其中，Anammox 脱氮量占总 N_2 产生量的比例为 9.4％

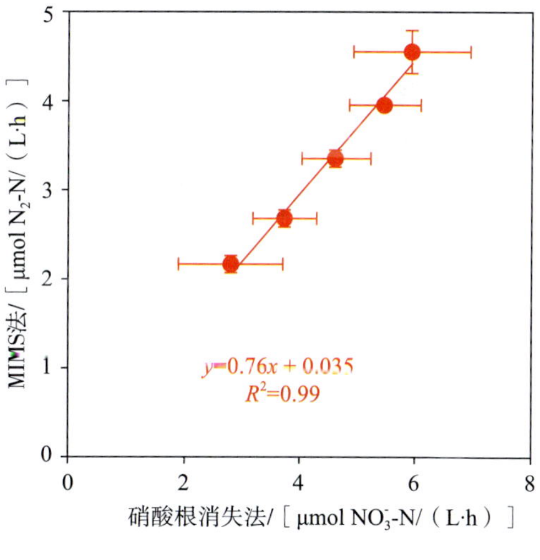

图 4-2　MIMS 测得的净脱氮速率与硝酸根消失法的相关关系

(图 4-3),表明反硝化过程是常熟站稻田土壤中脱氮过程的主导途径。同时该结果也说明了^{15}N同位素配对实验测得的反硝化速率会显著低估原位情况下稻田土壤的净脱氮速率。

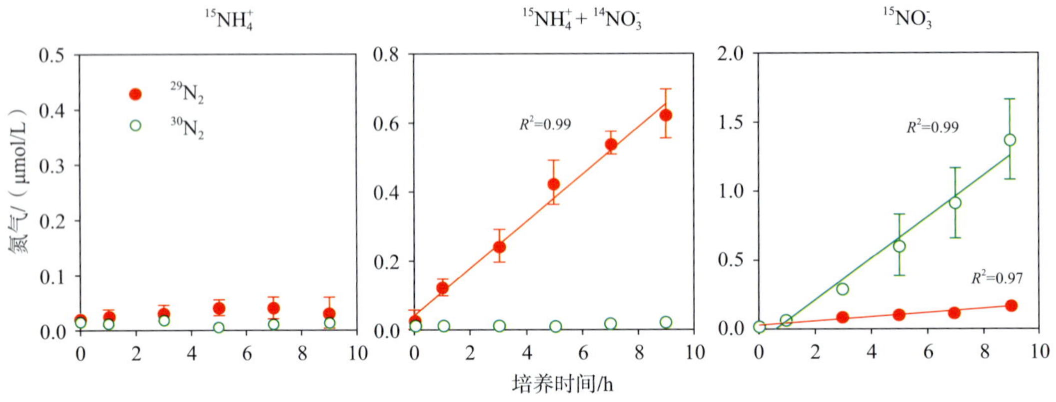

图 4-3 常熟站稻田土壤中反硝化和 Anammox 速率潜势示意图

目前,国际上用于测定并区分反硝化和 Anammox 潜势的方法是基于气相色谱-同位素比质谱法的^{15}N同位素配对技术,与基于气相色谱-同位素比质谱法的硝酸根还原过程研究方法相比,基于 MIMS 的研究方法可直接在线测定水样中的溶解性 N_2 及其同位素组分,避免了基于气相色谱-同位素比质谱法的复杂的脱气步骤可能带来的分析误差,同时 MIMS 还具有测定速度快(每小时测定约 20 个样品)和所需样品量少(<10 mL)等优点(李进芳等,2019)。因此,通过 MIMS 直接测定水样溶解性 N_2,以及将 MIMS 方法与^{15}N同位素配对相结合的方法,可实现对稻田净脱氮、反硝化和 Anammox 过程速率的准确定量,为下一步深入研究稻田生态系统土壤脱氮强度、区分几种典型脱氮过程(反硝化和 Anammox)的各自贡献提供了方法基础。

4.2.3 结果与讨论

1. 环境因子对稻田土壤脱氮过程速率的影响

利用我们建立的基于 MIMS 的方法体系,我们研究了 11 种典型中国稻田土壤中的反硝化和 Anammox 的速率、各自贡献和影响因素,并对室内泥浆^{15}N加标法测得的总 N_2 产生量和土柱近似原位培养法测得净脱氮速率进行了对比分析。结果发现,稻田土壤中反硝化速率介于 2.37~8.31 nmol N/(g·h),Anammox 速率介于 0.15~0.77 nmol N/(g·h),反硝化速率显著高于 Anammox 速率(图 4-4)。反硝化是稻田土壤脱氮过程的主导途径,对整个脱氮过程的贡献达 92.0%~95.3%,而 Anammox 对脱氮过程的贡献占比为 4.7%~8.0%。相关分析显示,土壤 NO_3^- 浓度、土壤有机碳含量和氧化亚氮还原酶功能基因(*nosZ*)丰度是影响稻田土壤反硝化和 Anammox 过程的关键因子。基于土柱近似原位培养法的测定结果与基于室内泥浆^{15}N加标法获取的结果呈现显著正相关关系($R^2=0.85$,$P<0.01$)(图 4-5),表明室内泥浆^{15}N加标法测得的脱氮速率可以一定程度上反应原位情况下稻田土壤的脱氮速率,但室内泥浆^{15}N加标法测得的总脱氮速率仅占土柱近似原位培养法测定结果的 30%,显著低估原位情况下稻田土壤的净脱氮速率。据估算,稻田土壤中因 Anammox 过程导致的氮素损失可达 4.06~21.24 g N/(m^2·y)。

反硝化和 Anammox 过程均是由微生物执行的过程,因此,能够对反硝化细菌和 Anammox 细菌生存和活性产生影响的因素均会影响两个过程的活性。在上述有关典型稻田脱氮过程的研究中也发现,土壤有机碳和硝态氮是影响反硝化和 Anammox 的关键因子,因此我们选取了包括碳源(葡萄糖和乙酸)、底物浓度(硝态氮和铵态氮)、温度和 pH 在内的环境因子,研究了这些因素对反硝化和 Anammox 过程的影响。

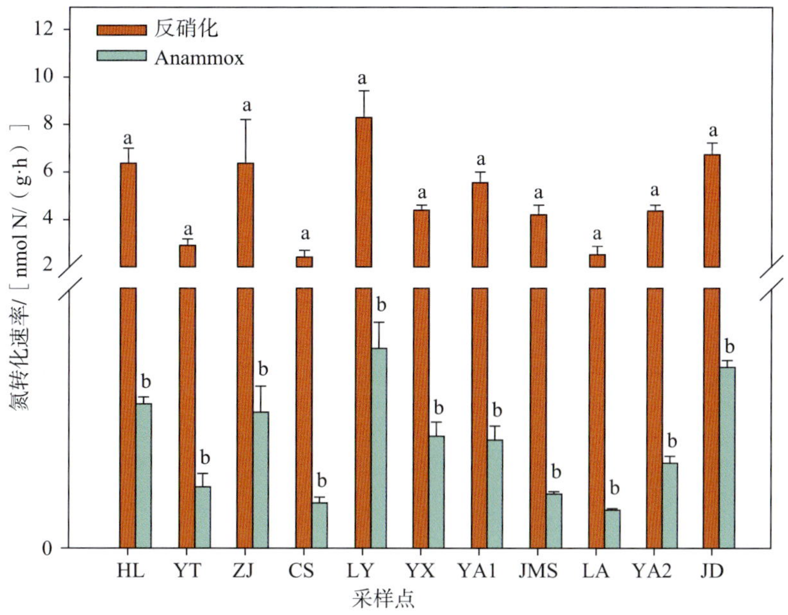

图 4-4　典型中国稻田土壤反硝化和 Anammox 发生速率

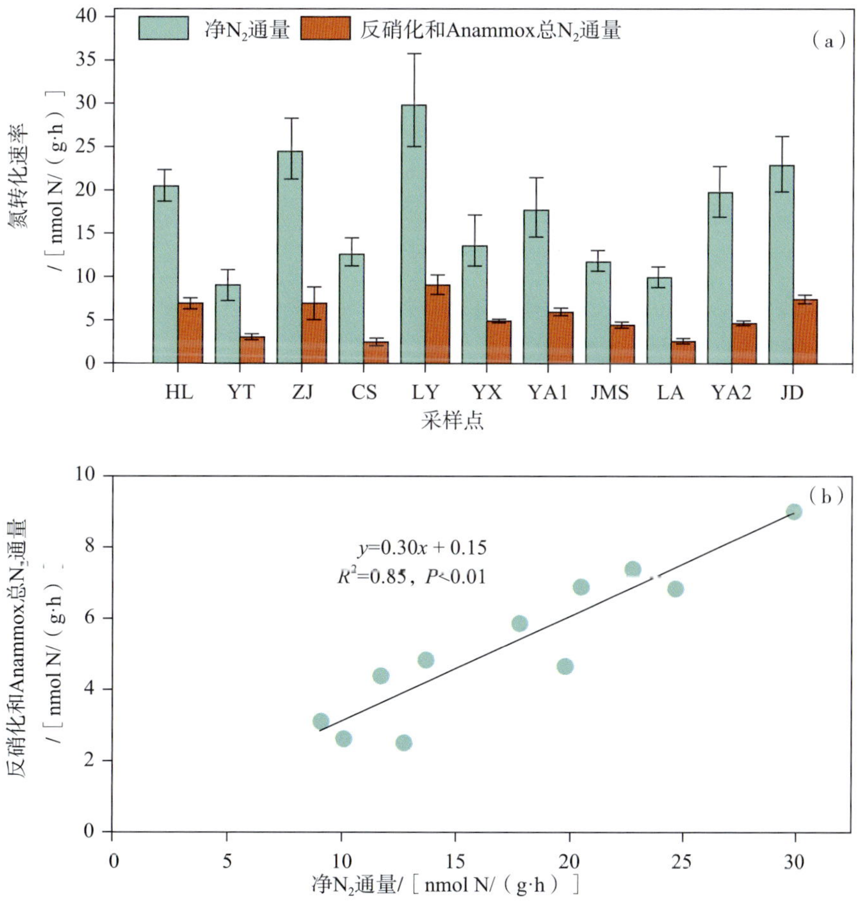

图 4-5　土柱近似原位培养法测得净脱氮速率与室内泥浆 ^{15}N 加标法测得总 N_2 产生量(a)及其相关关系(b)

2. 碳源对反硝化和 Anammox 速率的影响

在 25℃室内培养条件下研究了葡萄糖和乙酸两种碳源对反硝化和 Anammox 的影响(图 4-6)。随着外加碳源浓度的增加,土壤反硝化速率也随之增加,并且二者之间呈现显著的米氏方程关系($R^2=0.80$,$R^2=0.86$);而随着碳源浓度的增加,Anammox 速率被显著抑制,同时 Anammox 的占比也显著降低。反硝化过程是由异养微生物执行的过程(Tiedje,1988),需要有机物质作为能量来源,因此反硝化速率与碳源浓度呈现很好的米氏方程关系。而 Anammox 过程是自养过程,Anammox 细菌以 CO_2 为唯一碳源,外加小分子碳源(如葡萄糖、乙酸和甲醇等)会显著抑制 Anammox 细菌的活性(Jetten et al.,1999),因此随着碳源的增加,Anammox 速率显著受到抑制。另外,在外加碳源含量偏高时,异养型的反硝化细菌在生长和代谢上均远高于 Anammox 细菌(Costa et al., 2006; Strous et al., 1999),导致 Anammox 过程受到抑制。

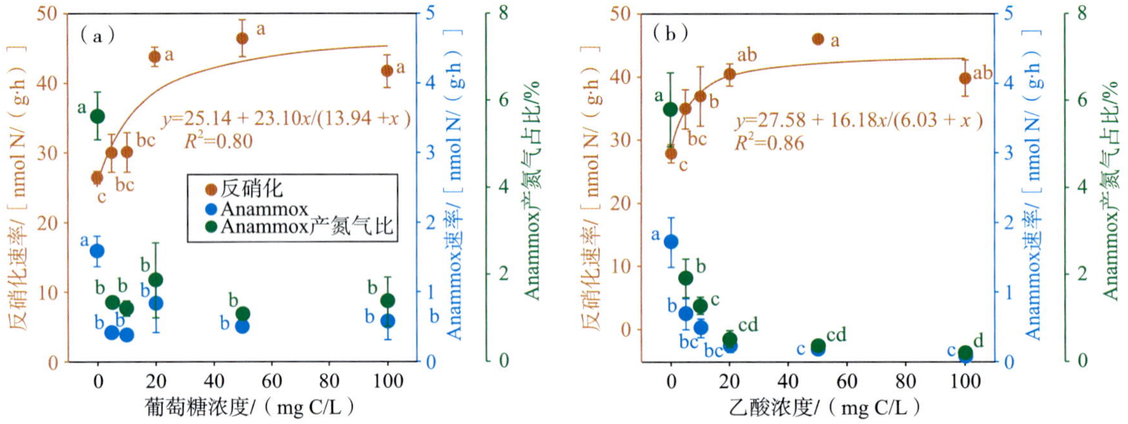

图 4-6 碳源添加对反硝化和 Anammox 速率及其各自占比的影响

注:相同颜色图例数据中,字母不同者表示差异显著($P<0.05$)。

3. 底物浓度对反硝化和 Anammox 速率的影响

硝态氮是反硝化和 Anammox 过程的共同底物,反硝化过程产生的亚硝酸根是 Anammox 过程的底物,同时反硝化过程和 Anammox 过程也存在对亚硝酸根的竞争关系。我们的研究发现,反硝化速率与硝态氮浓度之间呈现显著的米氏方程关系($R^2=0.97$)。而硝态氮对 Anammox 的影响与其浓度显著相关,表现为:低浓度硝态氮(0.5 mg/L)显著促进 Anammox 过程,高浓度硝态氮(15 mg/L)显著抑制 Anammox 过程(图 4-7),表明 Anammox 过程的发生需要合适的硝态氮浓度。与之类似,硝态氮对 Anammox 的影响同样表现为低浓度时促进和高浓度时抑制。有文献报道,在亚硝态氮含量很高时(>10 μmol/L),Anammox 过程会被不可逆地抑制(Strous and Jetten,2004)。铵态氮作为 Anammox 另一底物,随着铵态氮浓度的增加,Anammox 速率遵循米氏方程非线性增加(图 4-7)。然而,仅在低浓度(0.5 mg/L)条件下,铵态氮显著促进反硝化,其他添加浓度下对反硝化无显著影响。

4. 温度和 pH 对反硝化和 Anammox 的影响

在本研究的温度范围内(5~35 ℃),反硝化速率呈现指数增加($R^2=0.98$)。而 Anammox 过程的最适宜温度为 20~25 ℃,温度低于 15 ℃显著抑制了 Anammox 过程的活性,随着温度的升高,Anammox 产氮气占比显著下降(图 4-8)。大量文献报道反硝化可以适应较为宽泛的温度范围(0~75 ℃,Saggar et al., 2013),并且随着温度的升高反硝化速率呈现增加趋势,与本研究结果一致。室内培养实验表明,Anammox 细菌的适宜生长温度介于 6~43 ℃,最适宜生长温度为 35 ℃(Kuenen,2001)。自然生态系统中,在温度为−2~80 ℃的环境中均能检测到 Anammox 细菌,表明 Anammox 发生的最适温度与当地环境密切相关。海洋和河口沉积物相关研究显示,Anammox 发生的适宜温度介于 12~16 ℃),与本研究 Anammox 发生的最适温度接近。

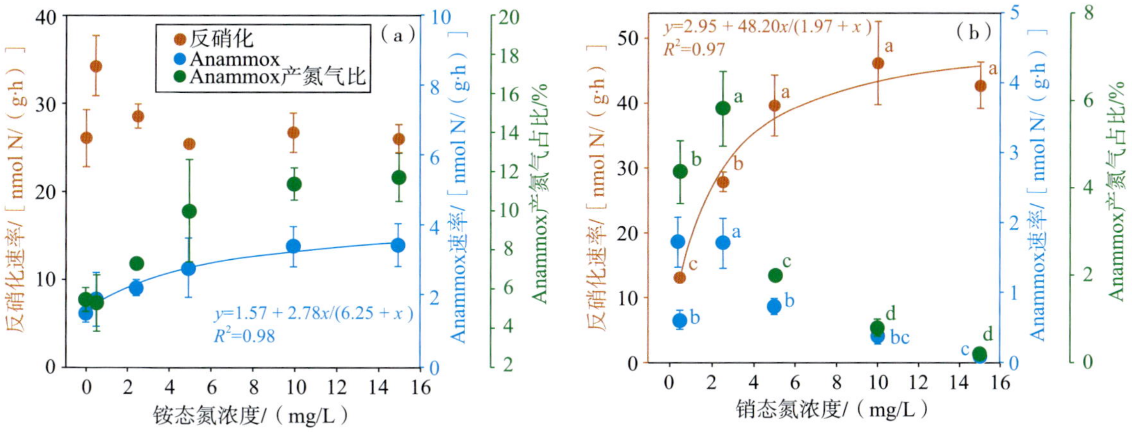

图 4-7　底物浓度(铵态氮和硝态氮)对反硝化和 Anammox 的影响

注：相同颜色图例数据中，字母不同者表示差异显著(P<0.05)。

研究发现，反硝化和 Anammox 发生的最适宜 pH 为 7.3，当土壤 pH 低于 6.6 和高于 8.0 时，反硝化和 Anammox 活性均受到显著抑制，Anammox 产氮气占比在 pH 4.8 时最高，pH 6.6 时最低(图 4-9)。pH 对反硝化和 Anammox 的影响较为复杂，作为酶促反应，有研究发现反硝化反应发生的最适 pH 为 7.0～8.0(George & Antoine，1982；Korom，1992)，与本研究结果吻合。当土壤 pH 较低时，氧化亚氮还原酶的活性受到抑制导致反硝化速率降低。但也有研究显示土壤反硝化速率与土壤 pH 之间没有显著相关性(Xu et al.，2013)。据文献报道，Anammox 细菌能够在 pH 6.7～8.3 的基质中生长，最适 pH 为 8.0，与本研究结果一致(Jetten et al.，2009)。

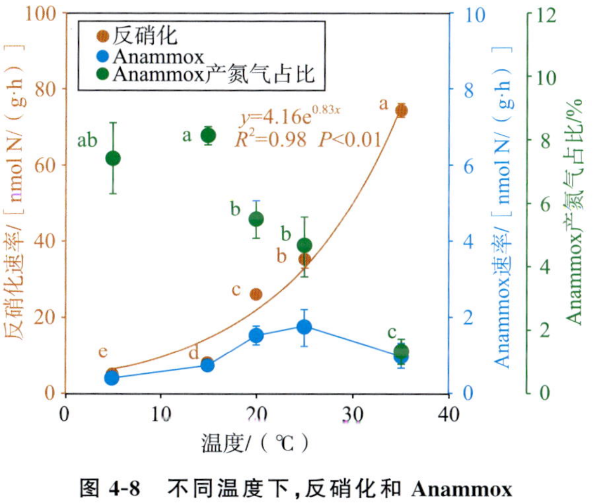

图 4-8　不同温度下，反硝化和 Anammox 过程的速率及 Anammox 产氮气占比

注：相同颜色图例数据中，字母不同者表示差异显著(P<0.05)。

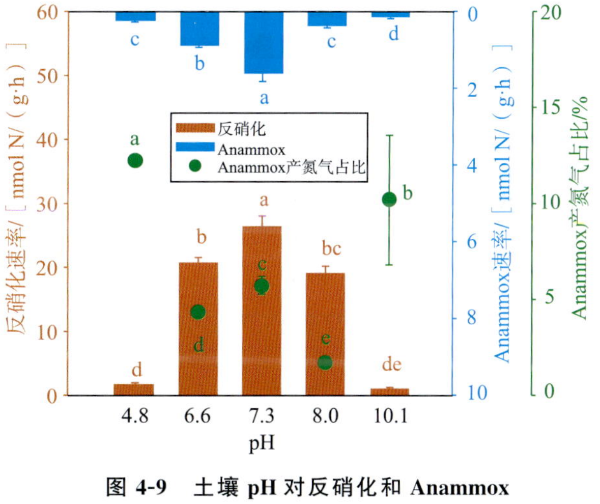

图 4-9　土壤 pH 对反硝化和 Anammox 速率及 Anammox 产氮气占比的影响

注：相同颜色图例数据中，字母不同者表示差异显著(P<0.05)。

5. 水稻生育期氮素损失动态与水稻氮素需求的耦合关系及相关调控措施

在前期室内研究的基础上，利用中国科学院常熟生态试验站设置的“4+X”大田实验平台，我们系统开展了为期两年的生物炭和硝化抑制剂调控措施研究。本项研究在 270 kg N/hm^2 施氮水平下，种植密度由常规的 25 穴/m^{2}增加到 33 穴/m^{2}的高产高效耕作管理方式下开展，设置了不施氮肥(CK)，只施氮肥(270 kg N/hm^2)，氮肥加生物炭(270 kg N/hm^2 +25 t/hm^2)和氮肥加硝化抑制剂(270 kg N/hm^2 +1.35 kg/hm^2)四个处理，利用我们上述建立的基于 MIMS 的方法体系，通过两年的大田实验探讨施用生物炭和硝化抑制剂对水稻产量及整个生长季反硝化过程和氨挥发的影响。两年的研究结果表明，施用生物炭和硝化抑制剂能提高水稻产量，产量分别达到 10.38～10.65 t/hm^2 和 10.48～10.97 t/hm^2，增产幅度为 4.2%～5.2%和 6.2%～7.3%。

生物炭可以通过改变土壤物理性质，利于作物根系生长来实现增产，硝化抑制剂通过降低氮肥损失来实现作物产量增加；整个稻季土壤反硝化速率介于 0.100～0.906 kg N/(hm^2 · d)，反硝化速率峰值出现在施肥后的 1～2 d 内（图 4-10），施用生物炭对稻田土壤反硝化速率起到促进作用，增幅介于 3.3%～9.7%之间，而施用硝化抑制剂能显著降低稻田土壤反硝化速率（$P<0.05$），降幅介于 9.7%～19.4%之间（表 4-1）。

整个稻季土壤氨挥发速率介于 0.017～3.896 kg N/(hm^2 · d)之间，氨挥发排放速率主要受氮肥施用影响，其峰值一般出现在施肥后的第一天，随后呈现下降趋势（图 4-11），施用生物炭和硝化抑制剂都能增加氨挥发排放通量，增幅分别为 8.6%～17.8% 和 0.4%～20.6%（表 4-1）。综上所述，生物炭能增加稻田土壤气态氮（N_2-N 和 NH_3-N）损失，每个水稻生长季增加了 6.2～10.6 kg N/hm^2 的损失，而施用硝化抑制剂能降低土壤气态氮（N_2-N 和 NH_3-N）损失，每个水稻生长季降低了 0.9～3.4 kg N/hm^2 的损失，其主要通过抑制反硝化降低 N_2-N 的损失来实现。

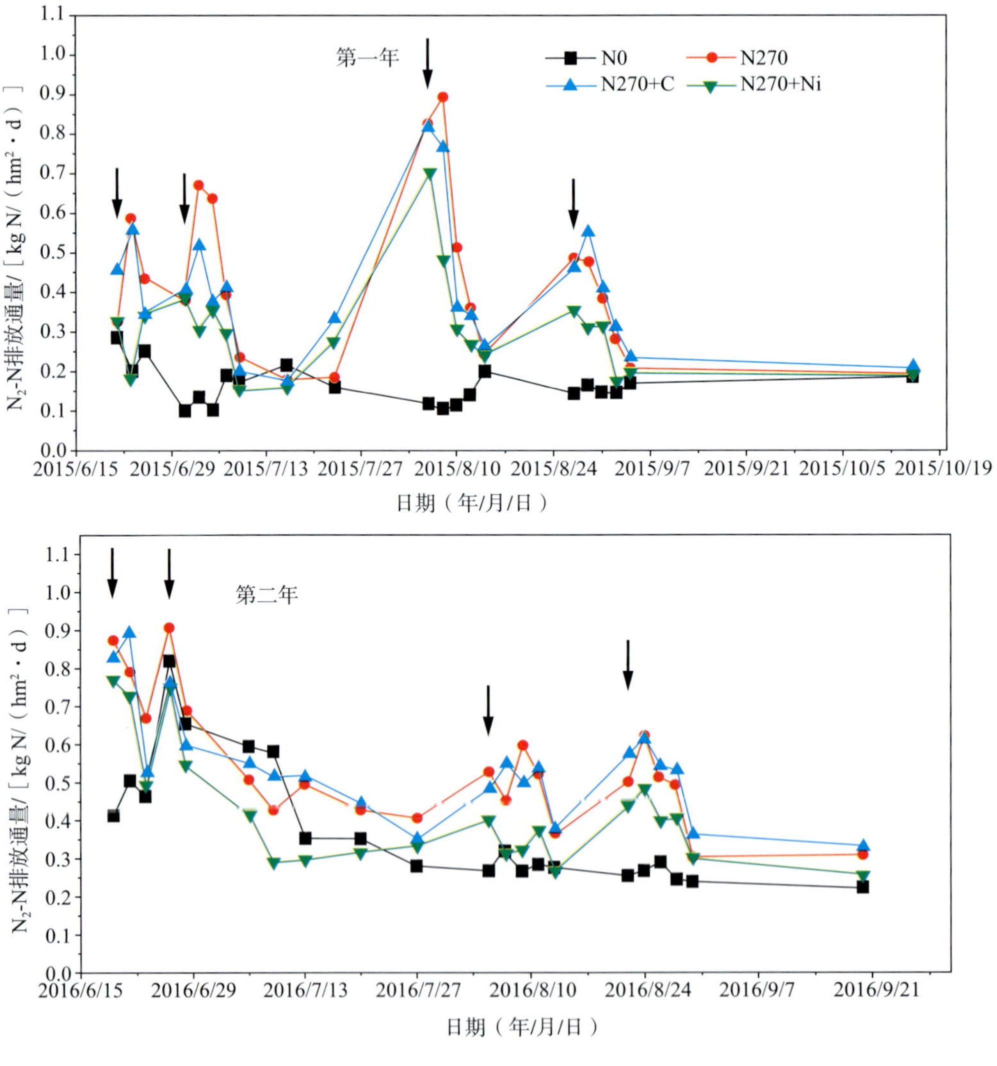

图 4-10　连续两年水稻生长季不同处理间反硝化速率动态变化

表 4-1　不同处理下水稻产量、脱氮速率和氨挥发速率对比

项目	年份	处理			
		N0	N270	N270+C	N270+Ni
产量/(t/hm²)	2015	7.34±0.27a	9.87±0.35b	10.38±0.60b	10.48±0.42b
	2016	7.65±0.17A	10.22±0.94B	10.65±0.96B	10.97±0.62B
脱氮速率/[kg N/(hm² · d)]	2015	0.164±0.040a	0.269±0.103b	0.295±0.080b	0.243±0.050c
	2016	0.319±0.010A	0.422±0.025B	0.436±0.017B	0.340±0.009A
氨挥发速率/[kg N/(hm² · d)]	2015	0.089±0.007a	0.233±0.010b	0.253±0.011b	0.234±0.017b
	2016	0.123±0.009A	0.364±0.020B	0.429±0.041C	0.439±0.019C

注：单列中不同小写字母和大写字母分别代表 2015 年和 2016 年处理之间的差异($P<0.05$)。

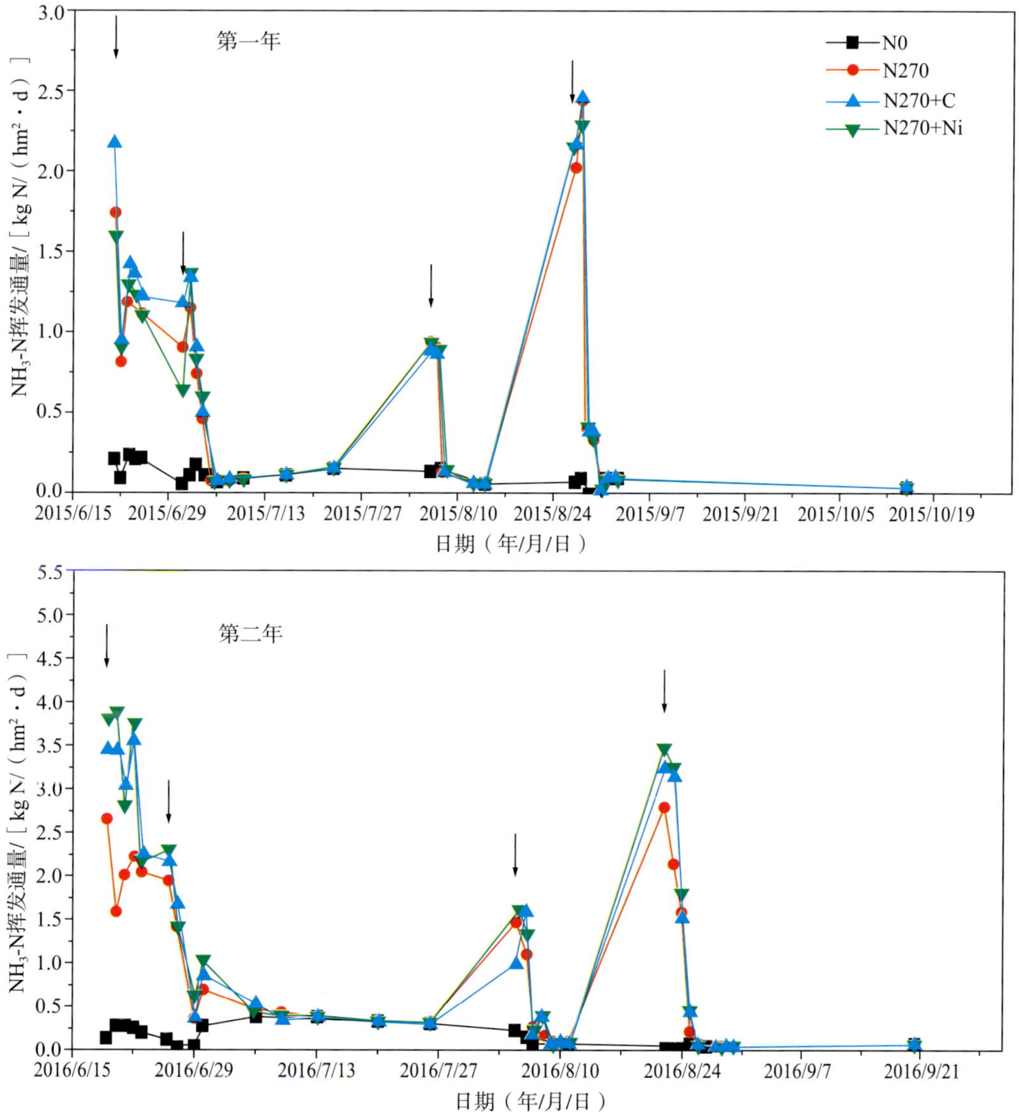

图 4-11　连续两年水稻生长季不同处理间氨挥发速率动态变化

4.2.4 小结

通过将膜进样质谱与 ^{15}N 同位素示踪手段联用，建立了稻田土壤净脱氮、反硝化和 Anammox 过程的测定方法体系，与同类方法相比，该方法具有测定速度快（每小时测定约 20 个样品）和所需样品量少（<10 mL）等优点。利用该方法体系对典型中国稻田土壤净脱氮过程的研究发现，稻田土壤反硝化速率介于 2.37～8.31 nmol N/(g · h)之间，Anammox 速率介于 0.15～0.77 nmol N/(g · h)之间，反硝化是稻田土壤脱氮过程的主导途径。反硝化速率随着温度的升高成指数型增加趋势，而 Anammox 发生的最适宜温度为 20～25℃；反硝化和 Anammox 过程的最适 pH 均为 7.3；随着碳源浓度的增加，反硝化速率也随之增加，呈现出很好的米氏方程关系，与此相反，Anammox 速率则显著被抑制。大田实验结果显示，整个水稻生育期，生物炭处理能增加稻田 N_2-N 和 NH_3-N 损失，而施用硝化抑制剂能降低 N_2-N 和 NH_3-N 损失，因此硝化抑制剂是更值得推荐的调控措施。

4.3 稻田土壤磷素供应过程及调控

4.3.1 引言

磷(P)作为自然生态系统中生命存在的必需元素，在生态系统中起着不可替代的作用。磷也是植物生长发育所必需的大量营养元素，是植物体中核酸、蛋白质、ATP 等生命物质的重要组成部分，同时参与调节植物体内大部分生理生化反应过程。植物所吸收利用的磷素主要来源于土壤。然而，在农田生态系统中，大部分磷都是以不能被植物吸收的形态存在的，土壤溶液中可被植物吸收的磷很少超过土壤总磷的 0.01%，因此农田土壤中磷的有效性低。土壤中大部分磷以有机磷、与钙结合的无机磷和与铁或铝结合的无机磷的形式存在，为土壤溶液缓慢地提供磷。土壤中磷的转化过程包括一系列复杂的化学和生物化学反应，例如有机磷的矿化和无机磷的生物固定过程，有效磷的固定和难溶磷的释放过程。因此，如何加速土壤磷素转化过程以及提高土壤磷素有效性越来越受到重视。

目前在农田生态系统，主要通过优化不同管理措施以及培育高效吸收利用磷素的作物品种等方式来提高磷肥利用率。其中有机物料投入是提高土壤磷素有效性的重要措施之一（Zhu et al.，2018；Menezes-Blackburn et al.，2018；Mayer et al.，2016）。生物炭作为一种重要的有机物料，是生物质高温厌氧热解所形成的产物，在应用于改良农田生态系统土壤质量的同时，能够显著提高土壤有效磷含量（Gao et al.，2019；Shaaban et al.，2018；Biederman et al.，2013）。研究表明，生物炭可能会通过以下途径直接或间接影响土壤磷素循环过程（Shaaban et al.，2018；Biederman et al.，2013；Gul et al.，2016）：①生物炭磷直接释放；②改变土壤 pH 影响磷的形态转化；③改变土壤磷的吸附解吸过程；④通过影响土壤酶活、菌根、微生物作用或者有机酸等改变土壤磷的溶解性。生物炭应用于农业土壤将会长期留存并参与到土壤磷素的生物地球化学循环中，但由于反应进程缓慢，施用到土壤中引起的反应需要经过长期的定位试验和系统分析。

稻田土壤是介于陆地生态系统和水生生态系统之间的一种重要生境，是可持续的湿地生态系统。水稻土是长江流域最重要的土壤资源，其主要特征是灌水淹育和排水疏干发生周期性干湿交替，导致氧化还原过程的发生，进而对土壤生态系统的结构和功能产生重大影响，调控其中元素的生物地球化学过程（Yi et al.，2013）。对于水稻土中磷素来说，磷也是稻田生态系统中限制性营养元素。稻田氧化还原条件的变化将改变磷在铁锰氧化物之间的平衡，进而影响铁磷(Fe-P)等无机磷的形态变化以及有机磷组分的转化过程。因此，研究有机物料投入调控措施下稻田土壤磷素供应过程非常重要。

4.3.2 材料与方法

1. 土壤样品采集

以华东典型稻麦轮作农田土壤作为研究对象，主要从有机物料投入和施肥等方面提出调控土壤养分的措施，依托常熟农业生态试验站宜兴基地长期秸秆炭化还田定位试验站(始于 2010 年度稻季)，该地区为典型水稻—小麦轮作种植区域。试验选取 4 个处理：常规施肥 (BC0)、常规施肥＋11.25 t/hm^2 秸秆生物炭 (BC5)、常规施肥＋22.5 t/hm^2 秸秆生物炭(BC10)以及常规施肥＋2.25 t/hm^2 秸秆还田(Straw)，分析研究了土壤磷素有效性与磷库变化，以及磷供应与作物磷需求的动态匹配关系。采集 2017 年度小麦收获期各处理表层土壤(0～20 cm)，经风干、研磨、过筛处理后供下一步使用。

2. 样品基本理化分析

植株及土壤样品全磷采用 H_2SO_4-H_2O_2 消煮提取-钼蓝比色法-紫外分光光度计(UVmini-1240)测定。

3. 土壤 ^{13}C 核磁共振光谱分析

土壤碳结构利用^{13}C 核磁共振光谱测定分析。50 mL HF(10%)将土壤处理 8 次，然后用过氧化氢处理 4 次。将处理后样品装入 4 mm 氧化锆转子中，并通过 Bruker Avance III 400 光谱仪(Bruker BioSpin，Rheinstetten，德国)以 6 kHz 的频率旋转，共振频率为 100.625 MHz 以获得 ^{13}C 信号。设置 1 000 μs 的接触时间，0.5 s 的循环延迟时间。化学位移的外标记物为六甲基苯(hexame-ylbenzene，HMB，甲基 17.33 mg/kg)。土壤有机碳主要的 ^{13}C 信号的化学位移所对应的碳结构如下：烷基碳[Alkyl-C，(0～45)×10^{-6}，C—C]，烷氧碳区[O-alkyl-C，(45～110)×10^{-6}，C—O]，芳香碳区[Aromatic-C，(110～160)×10^{-6}，C＝C]，羰基碳区[Carbonyl-C，(160～220)×10^{-6}，C＝O](Wang et al.，2017)，对谱峰曲线进行区域积分，获得各种碳化学组分的相对含量。此外，计算了 3 个表征土壤有机碳分解程度、分子结构的复杂性和疏水性的指标：①A/O-A：Alky-C/O-alkyl-C；②芳香度(aromaticity)：Aromatic-C/(Alkyl-C＋O-Alkyl-C＋Aromatic-C)；③疏水度(hydrophobicity，HI)：(Alkyl-C＋Aromatic-C)/(O-alkyl-C＋Carbonyl-C)(Shen et al.，2018；Xu et al.，2020；Zhang et al.，2019)。

4. 土壤微生物群落结构

采用磷脂脂肪酸(phospholipid fatty acid，PLFA)的方法测定土壤微生物群落结构，以氯仿-甲醇-柠檬酸缓冲液混合试剂(1∶2∶0.8，V/V/V；0.15 mol/L，pH 4.0)提取土壤 PLFAs (Wang et al.，2016；Frostegard et al.，1993)，分别将氯仿、丙酮和甲醇添加到润洗过的纯化柱中以溶出中性脂、糖脂以及产物磷脂。随后对样品进行皂化、甲基化、萃取，最后用 100 μL 色谱纯正己烷溶解样品进行测试。以标准 19∶0 脂肪酸甲酯比例计算各类标记物的含量，革兰氏阳性细菌(G^+)标记物为 i14∶0，i15∶0，a15∶0，i16∶0，i17∶0，a17∶0；革兰氏阴性细菌(G^-)标记物为 16∶1w7c，18∶1w7c，cy17∶0，cy19∶0；细菌(B)含量为 G^+、G^- 以及 15∶0 和 17∶0 的总和；真菌(F)标记物为 10Me16∶0，18∶2w6c 以及 18∶1w9c，AMF 标记物为 16∶1w5c (Frostegard et al.，1993；Zelles，1999；Bowles et al.，2014；Li et al.，2018)，并计算 F/B 和 G^+/G^- 表征土壤基质有效性以及群落生长(Orwin et al.，2018)。

5. 土壤酶活性

为了进一步量化土壤微生物的功能特性，分析测定一系列与土壤 C、N、P 循环相关的酶活性，包含六种水解酶，三种氧化还原酶。按照 Tabatabai 等(1994)的分析方法测定土壤酸性、碱性磷酸酶(ACP、ALP)活性。β-葡萄糖苷酶(β-GC)的活性通过比色法依托样品中所释放出的对硝基苯酚的量来计算(Eivazi & Tabatabai，1988)。如 Guan (1986) 所述，根据硫代硫酸钠滴定法和次氯酸盐-碱性苯酚法分析土壤蔗糖酶(SC)和脲酶(UE)的活性。比色法测定硝酸还原酶(NR)的活性。纤维素酶(CL)活性参考 Deng 和 Tabatabai(1994)所描述的方法。过氧化氢酶活性(CAT)通过测量 H_2O_2分解后释放的 O_2量进行分析 (Johnson & Temple，1964)，而多酚氧化酶(PPO)活性根据 Montgomery 和 Sgarbieri

(1975)的方法进行分析。以上土壤酶活性均以 μmol/(g·d)单位进行表征。此外,对所有酶活性以及水解酶、氧化还原酶活性计算几何平均值,公式如下:

$$\mathrm{Gmea}=\sqrt[9]{\mathrm{ACP}\times\mathrm{ALP}\times\beta\text{-}\mathrm{GC}\times\mathrm{CAT}\times\mathrm{NR}\times\mathrm{UE}\times\mathrm{SC}\times\mathrm{CL}\times\mathrm{PPO}}$$

$$\mathrm{GH}=\sqrt[6]{\mathrm{ACP}\times\mathrm{ALP}\times\beta\text{-}\mathrm{GC}\times\mathrm{UE}\times\mathrm{SC}\times\mathrm{CL}}$$

$$\mathrm{GOR}=\sqrt[3]{\mathrm{CAT}\times\mathrm{NR}\times\mathrm{PPO}}$$

6. 土壤磷素化学分级

采用 Tiessen 化学分级分析土壤磷库。称取 0.5 g 风干土壤连续经过阴离子交换树脂(Resin-P,国药集团化学试剂有限公司)、0.5 mol/L $NaHCO_3$ (pH 8.5,$NaHCO_3$-Pi, $NaHCO_3$-Po)、0.1 mol/L NaOH (NaOH-Pi, NaOH-Po) 以及 1 mol/L HCl (HCl-P),最后经 H_2SO_4-H_2O_2 消煮 (Residual-P),获得 7 种磷素形态 (Tiessen, 1993; Wang et al., 2016),分别代表特定磷库 (Hou et al., 2016)。添加每种提取剂后,将土壤样品以 180 r/min 的速度往复振荡 16 h,然后在 0 ℃ 以 8 000 r/min 的转速离心 10 min,上清液通过 Whatman No. 42 滤膜过滤。样品在 330 ℃ 下经 10 mL 0.45 mol/L H_2SO_4 和 0.5 g 过硫酸铵消化后测定总磷,上清液直接测得数值为 Pi,二者差值为该试剂提取的 Po 含量,即 $NaHCO_3$-Po 为 $NaHCO_3$-TP(TP 为总磷)减去 $NaHCO_3$-Pi; NaOH-Po 为 NaOH-TP 减去 NaOH-Pi。利用紫外分光光度计(UV 2500 日本)采用钼蓝法测定各形态磷含量 (Murphy & Riley, 1962)。其中,Resin-P 和 $NaHCO_3$-Pi 代表容易被作物吸收利用的可利用态磷库(available P, A-P),$NaHCO_3$-Po 和 NaOH-Po 代表有机磷库(organic P, Po),NaOH-Pi 为植物利用率较低的次生矿物磷库(secondary mineral P, S-P),HCl-P 代表与钙结合的通过风化过程释放的初生矿物磷库(primary mineral P, P-P),Residual-P 代表可溶性最低很难被作物利用的闭蓄态磷库(occluded-P, O-P)。

4.3.3 结果与讨论

1. 长期秸秆炭化还田对作物磷吸收的影响

图 4-12 为长期秸秆炭化还田处理对植株磷吸收的影响,研究结果表明:与常规施肥(BC0)相比,多年秸秆炭化还田显著增加了小麦植株对磷的吸收,对植株根系、秸秆及籽粒磷含量均有显著提高作用($P<0.05$),且作用效果随生物炭添加量的增加而增强,而秸秆直接还田处理(Straw)只显著提升籽粒磷含量。

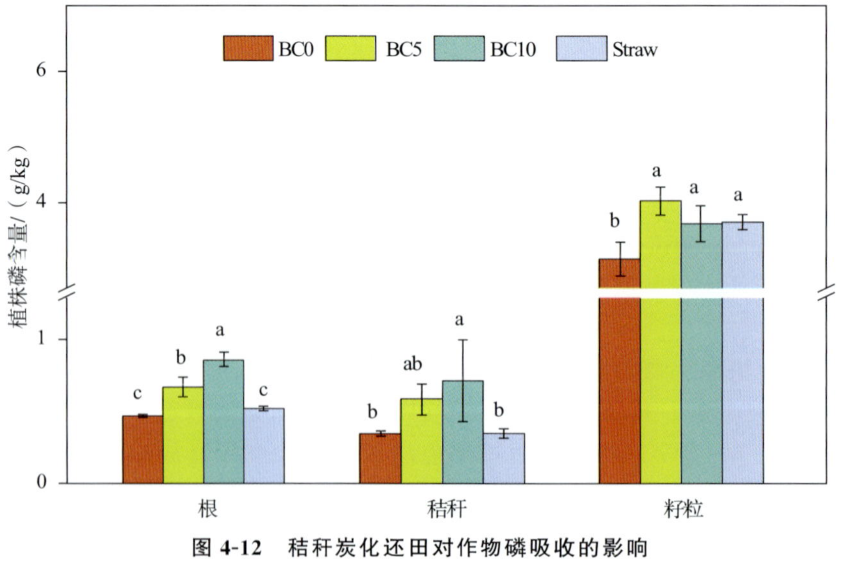

图 4-12 秸秆炭化还田对作物磷吸收的影响

注:BC0,常规施肥;BC5,常规施肥+11.25 t/hm² 秸秆生物炭;BC10,常规施肥+22.5 t/hm² 秸秆生物炭;Straw,常规施肥+2.25 t/hm² 秸秆还田。

2. 长期秸秆炭化还田对土壤碳结构及磷组分的影响

利用 ^{13}C 核磁共振光谱分析秸秆及其生物炭处理下土壤碳化学形态变化特征。结果表明长期秸秆炭化还田下稻麦轮作第七年麦季土壤碳组分的相对含量顺序为：O-alkyl-C＞Alkyl-C＞Aromatic-C＞Carbonyl-C，生物炭的施用主要增加了芳香族碳组分（Aromatic-C），脂肪碳结构（O-alkyl-C 和 Alkyl-C）相对含量降低（图 4-13）。Aromatic-C 通常来自木质素和单宁酸，并且相对耐分解（Baldock et al.，2004）。芳香度被认为是土壤有机碳结构复杂性的指标，被用来表明更高的稳定性以及生物和非生物降解性（Leng et al.，2019）。因此，芳香族碳组分占比的提高有助于土壤有机碳的固定。与 Zhang 等（2019）研究结果相似，该研究表明五年的小麦秸秆及其生物炭的施用通过提高顽抗性 Alkyl-C 和 Aromatic-C 来增强团聚体分级的物理生化保护。与常规化学施肥相比，秸秆及其生物炭处理 Alkyl-C 相对含量最低，使得表征土壤有机质分解程度的指标 A/O-A 降低（Shrestha et al.，2015），表明该处理下土壤分解程度最低。此外，秸秆及其生物炭添加均未改变土壤 Carbonyl-C 的相对丰度。

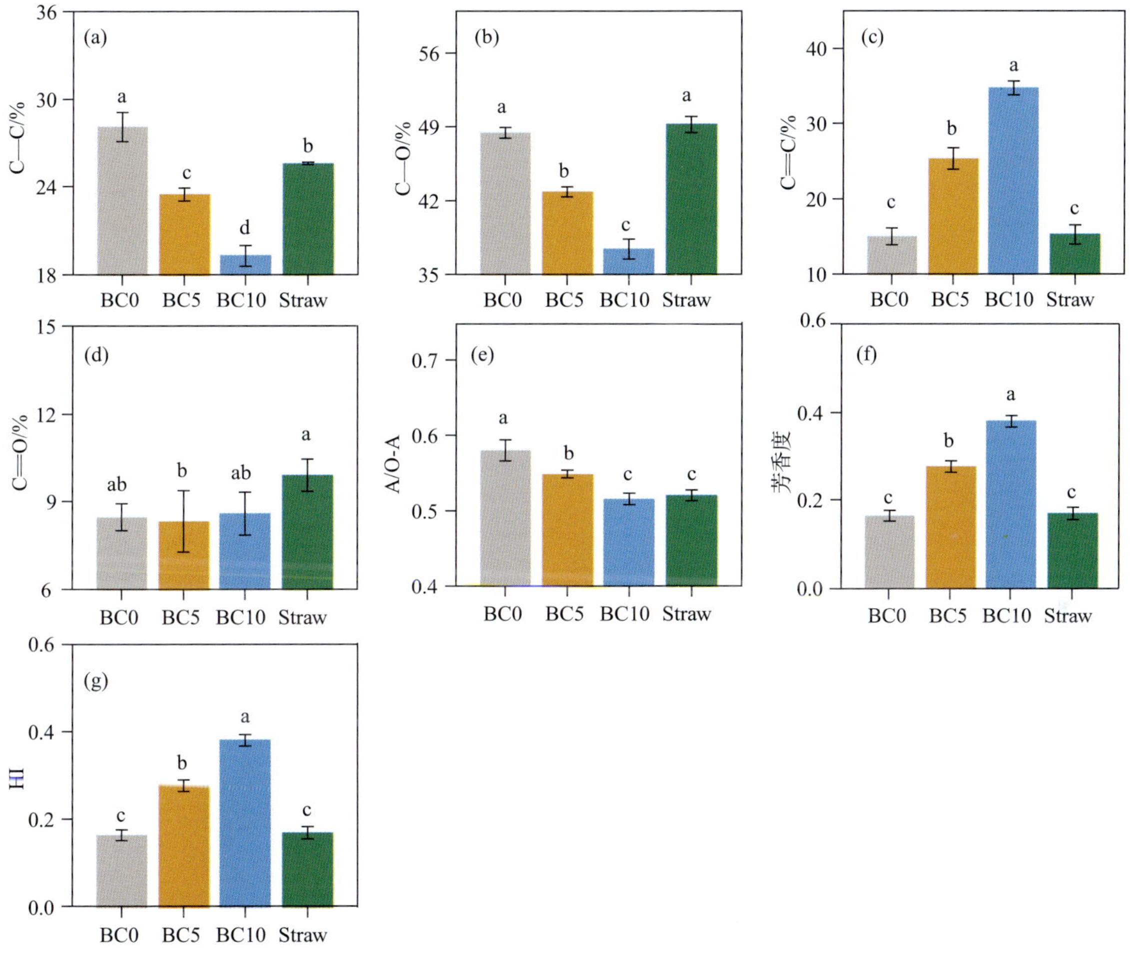

图 4-13　秸秆炭化还田对土壤碳结构的影响

注：BC0，常规施肥；BC5，常规施肥＋11.25 t/hm^2 秸秆生物炭；BC10，常规施肥＋22.5 t/hm^2 秸秆生物炭；Straw，常规施肥＋2.25 t/hm^2 秸秆还田；C—C，Alkyl-C，烷基碳区；C—O，O-alkyl-C，烷氧碳区；C ═C，Aromatic-C，芳香碳区；C ═O，Carbonyl-C，羰基碳区。

图 4-14 显示四种施肥方式下磷素赋存形态的差异变化。结果表明：高倍量生物炭添加(BC10)下土壤总磷含量最高，秸秆还田处理下(Straw)土壤总磷含量最低。不同施肥方式改变了土壤中磷素赋存形态。与常规施肥相比，秸秆还田处理降低土壤次生矿物磷 49.9%，提高土壤闭蓄态磷 14.8%；长期生物炭施用显著增加了土壤可溶性磷库(Resin-P)，提升土壤闭蓄态磷 26.7%，但显著降低土壤次生矿物磷库(NaOH-Pi)40.6%，且作用效果随生物炭添加量的增加而增强。与 meta 分析结果类似，整合不同生物炭裂解温度、施用量、土壤类型以及实验条件的研究结果表明生物炭的施用对土壤可利用磷有提升作用，并且在短期盆栽或温育实验条件下，土壤磷有效性的响应强于田间试验 (Gao et al., 2019; Glaser & Lehr, 2019)。生物炭的应用可以通过中和土壤酸性来促进铁和铝化合物中磷的释放 (Chintala et al., 2014)。Schneider & Haderlein (2016) 研究结果表明热解生物炭的主要磷形态是 HCl-P，它表示矿物中可利用性较小的 Ca-P。生物炭热解温度的升高促进了热稳定 C(主要是芳香碳)的积累，Ca 和 Mg 的大量添加引起 P 的吸附，从而降低土壤酸度 (Ngatia et al., 2017)。Chintala 等(2014) 研究结果表明生物炭对磷的吸附可能归因于溶液中 P 的阴离子与生物炭表面上的氧化官能团之间的交换。此外，随着热解温度的升高，生物炭生产原料中的有机磷逐渐转化为无机磷，这可能是本研究中有机磷库没有明显变化的原因 (Glaser & Lehr, 2019; Uchimiya et al., 2015)。

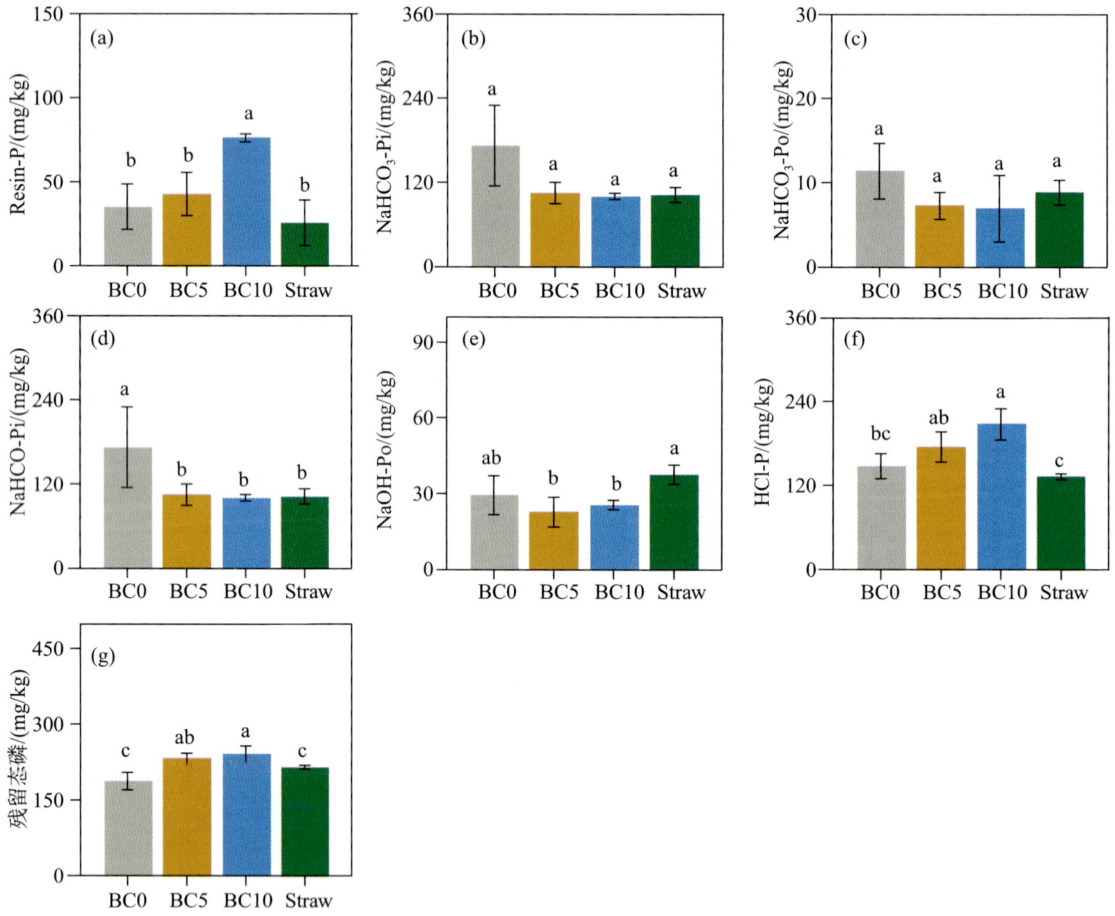

图 4-14　秸秆炭化还田对磷素赋存形态的影响

注：BC0，常规施肥；BC5，常规施肥+11.25 t/hm^2 秸秆生物炭；BC10，常规施肥+22.5 t/hm^2 秸秆生物炭；Straw，常规施肥+2.25 t/hm^2 秸秆还田。

3. 长期秸秆炭化还田下土壤 C、P 及微生物相关关系

土壤有机碳是土壤微生物群落的重要调控因素 (Li et al., 2018; Liu et al., 2019; Wei et al.,

2019)。生物炭本身就是一种稳定的碳，可以通过改善土壤理化特性和引入可代谢利用的不稳定 C 化合物进而调节土壤微生物的组成、能力和功能 (Palansooriya et al., 2019; Yuan et al., 2019)。土壤 C 的数量和结构都会影响利用不同形式 C 的土壤微生物 (Ng et al., 2014)。

有研究表明，当土壤养分有限时，真菌倾向于利用顽固的有机物 (Struecker & Joergensen, 2015; Yao et al., 2018)；与 G^{+} 相比，G^{-} 优先分解新鲜植物残渣作为可利用的碳源 (Smith et al., 2014)。添加生物炭可以通过改变土壤理化特性，如 pH、CEC 和持水量来改变微生物群落的结构和功能。例如，G^{-} 主要利用简单的碳基团(Holding，1960)，导致产生更多的顽固碳，尤其是土壤芳香碳。微生物又可以通过化学和生物学机制在不同形态 Pi 和 Po 的分解和矿化中发挥关键作用 (Jing et al., 2017)。Chen 等(2019)研究表明磷相关细菌组成的变化能够提高土壤磷的利用率。

借助冗余分析研究土壤微生物群落结构与碳组分、磷赋存形态的关系(图 4-15a，图 4-15b)。结果表明，生物炭改良处理后的土壤微生物群落组成与芳香碳相对丰度呈正相关，并且与烷基碳相对丰度呈负相关。微生物群落结构的变化进一步调节了土壤 P 组分的变化，真菌 PLFA 与 $NaHCO_3$-Po、NaOH-Pi 正相关，与 Residual-P 负相关。同样，F/B 与 $NaHCO_3$-Pi、NaOH-Pi 组分之间也存在正相关性。特别是受土壤碳结构调节的 F/B 和真菌生物量对 NaOH-P 组分的影响。然而本研究中没有发现 AMF 菌群在调控磷素形态变化方面的重要作用，可能由于 AMF 主要在缺磷的土壤中与作物根部形成共生体，从而促进固定磷资源向植物根际的转移 (Richardson et al., 2011; Li et al., 2015; Mader et al., 2000)。

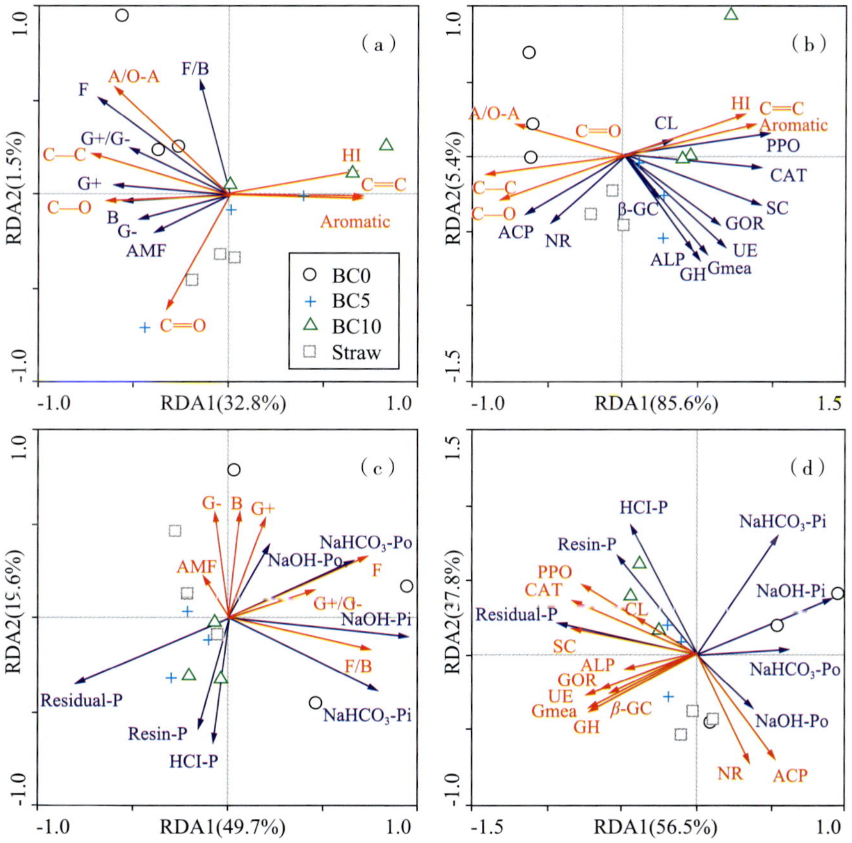

图 4-15　秸秆炭化还田下土壤碳结构对微生物及微生物对土壤磷结构的影响

注：BC0，常规施肥；BC5，常规施肥+11.25 t/hm²秸秆生物炭；BC10，常规施肥+22.5 t/hm²秸秆生物炭；Straw：常规施肥+2.25 t/hm²秸秆还田；C—C，alkyl-C，烷基碳区；C—O，O-alkyl-C，烷氧碳区；C=C，aromatic-C，芳香碳区；C=O，carbonyl-C，羰基碳区；F，真菌；B，细菌；G^{+}，革兰氏阳性菌；G^{-}，革兰氏阴性菌；ACP，酸性磷酸酶；ALP，碱性磷酸酶；β-GC，β-葡萄糖苷酶；SC，蔗糖酶；UE，脲酶；NR，硝酸还原酶；CL，纤维素酶；CAT，过氧化氢酶活性；PPO，多酚氧化酶。

土壤酶活性可以反映土壤养分的有效性（Sinsabaugh et al.，2008），与土壤有机质的转化、矿化和降解有关（Shi，2010；Sinsabaugh，2010），也在土壤磷素生物地球化学循环、无机磷增容以及有机磷的形成和矿化中起关键作用（Richardson & Simpson，2011；Liang et al.，2017）。Wang 等（2017）证明了酶活性的变化与土壤碳结构密切相关，特别是与烷基碳和酮醛碳密切相关，而与碳含量相关性较弱。同样，添加农作物秸秆和生物炭可以改变 SOC 的化学形式和分解过程（Zhang et al.，2019），导致土壤微生物多样性和群落结构发生变化（Chen et al.，2017；Lu et al.，2014）。磷酸酶可通过催化二酯和单酯的水解来促进特定 P 化合物的水解和矿化（Tian et al.，2016）。

结合冗余分析进一步研究土壤酶活性与碳组分、磷赋存形态的关系（图 4-15c，图 4-15d）。研究结果表明：在所有土壤碳形态中，土壤芳香碳和烷基碳的相对丰度是对酶活性变化影响最显著的因素。生物炭带入的芳香碳结构促进土壤 PPO 活性，使其与脂肪族碳结构（O-alkyl-C 和 alkyl-C）呈负相关关系。多酚氧化酶活性具有降解稳定性较高的芳香族化合物的能力，可以最大限度地降低酚类分子的毒性（Sinsabaugh，2010）。土壤碳组分的变化差异可以更多通过酶活性的变化而不是微生物群落组成来解释，因为碳结构对酶活性变异的解释度更高。酶活性的差异对土壤磷库产生进一步影响。同样，酶活性变化对土壤磷素赋存形态变异的解释度高于微生物群落组成，且水解酶与磷组分的相关性强于氧化还原酶，尤其土壤 ACP 活性。由于矿化分解作用（Meena et al.，2018），土壤酶对 NaOH-P 和 Residual-P 的影响更大。

综上所述，秸秆炭化后还田显著改变了土壤中碳结构，尤其显著增加了芳香碳，从而显著影响土壤微生物群落结构及酶活性，进一步土壤微生物群落结构及酶活性的改变对土壤各形态磷的转化产生显著影响。

4.3.4 小结

有机物料投入能够极大影响稻田土壤磷素的供给及周转过程，可以作为农田生态系统中提高土壤磷素有效性的重要措施之一。我们研究了长期秸秆炭化还田下旱作水稻土中不同的土壤磷库和碳组成，以及微生物群落及酶活性的变化。长期添加生物炭可以显著提升土壤中的芳香碳组分，使得土壤有机碳芳烃度和疏水性增强。由于减少了 A/O-A，秸秆还田和生物炭改良剂都降低土壤有机碳分解程度，利于土壤碳固存。土壤碳结构的变化影响微生物群落组成及酶活性。生物炭的施用增加了土壤可溶性磷，但也显著增加了闭蓄态磷库。F/B 和酸性磷酸酶活性可以调节土壤磷素赋存形态的变化。以上研究结果表明，生物炭改良剂可通过改变土壤碳调节微生物群落及酶活性来影响土壤磷的分配。研究结果为稻田土壤关键磷素过程的理解及调控措施提供了科学依据。

4.4 潮土有机碳影响作物高产高效的关键过程与调控

4.4.1 引言

土壤有机碳对维护生态系统功能和土壤健康起到了至关重要的作用（Batjes et al.，2014）。土壤有机碳通过影响水分、养分的供给能力，以及改善土壤结构来影响作物的生长发育和产量。研究发现在贫瘠土壤上每增加 1 t/hm² 土壤有机碳，每年会增加 20～70 kg/hm² 小麦；30～300 kg/hm² 玉米；10～50 kg/hm² 水稻（Lal.，2006）。另一方面，土壤有机碳对缓解全球气候变化有着较高的潜力，Batjes 等通过整合来自世界各地的数据估测出全球 1 m 深土壤的有机碳含量大约是 1 500 Gt，土壤有机碳库是全球陆地碳循环最大的碳库。因此，在 2015 年举行的巴黎气候大会上，法国提出了“千分之四”计划，即如果人类每年在 2 m 深土壤中固定 8.9 Gt 的碳，那么就可以完全抵消每年化石能源燃烧所排放的二氧化碳的量，这就要求 2 m 深土壤的固碳增加速率大约在每年的 4‰（Minasny et al.，2017），这对全球固碳减排起到了旗帜性的引领作用。

华北平原是我国重要的粮食生产基地，该地区小麦、玉米产量占全国小麦、玉米总产量的比重分别为 1/2 和 1/3，为我国的粮食供应提供了支持。但由于长期的高强度耕作，导致华北平原的土壤有机碳含量处于较低水平（Thomson et al.，2005）。近年的研究发现，由于实施了各种农业管理措施，过去 30 年中，华北平原的土壤有机碳含量显著增加，但华北平原土壤有机碳含量仍存在很大的时空变异性，总的来看，仍然是产量进一步增加的限制因子。

本节阐明了华北平原表层土壤有机碳含量的空间分布特征，定量化评价影响华北平原土壤有机碳累积的生物物理因素和管理因素，揭示土壤有机碳影响华北小麦-玉米体系高产高效的关键过程。

4.4.2　华北平原农田表层土壤有机碳累积的空间分布及累积效应的影响因素解析

1. 华北平原农田表层土壤有机碳累积的空间分布特征

华北平原农田土壤表层(0～20 cm)有机碳浓度(g/kg)表现出较大的空间变异。总体上来看：西部地区土壤有机碳浓度大于中部和东部地区，中部地区是主要的农作区(图 4-16)。华北平原农田土壤表层有机碳变化范围为 3.0～18.3 g/kg，平均为 8.7 g/kg，大多数农田土壤有机碳为 7.0～9.0 g/kg。

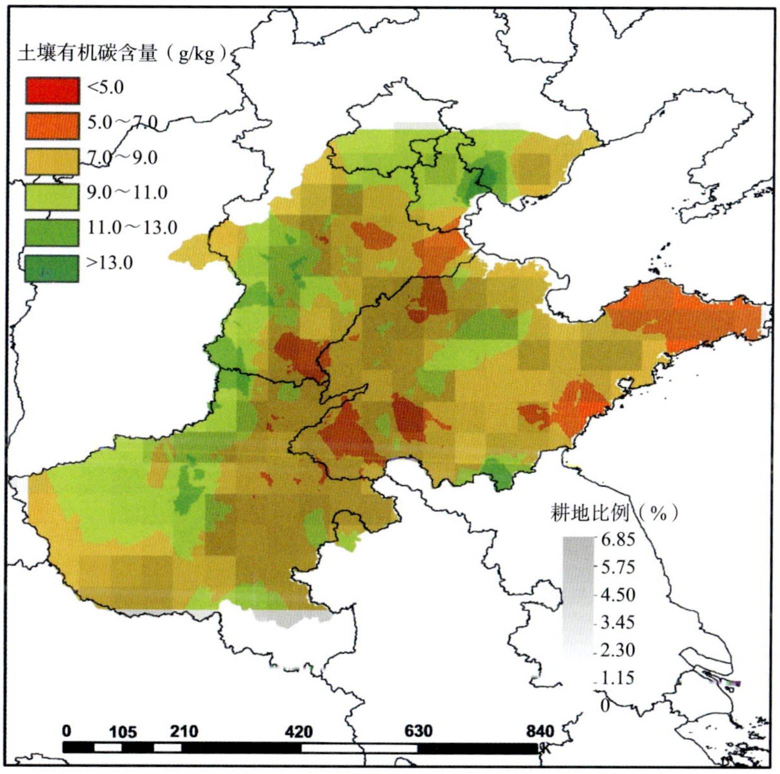

图 4-16　华北平原农田土壤表层(0～20 cm)土壤有机碳浓度(g·kg^{-1})的空间分布特征

从行政区分布特征来看：农田土壤表层有机碳浓度在北京、天津地区分布较高；在山东省，高有机碳浓度地区主要集中在中部，东部、东北以及西南部地区土壤有机碳浓度分布较低；河南省中部和北部地区农田土壤有机碳浓度总体高于东部和南部地区；河北省西北部地区农田土壤有机碳普遍高于中部和东南部地区。

2. 影响华北平原土壤有机碳累积效应的定量化分析

以华北平原 7 个长期定位试验(昌平、天津、辛集、衡水、禹城、封丘、郑州)作为研究对象，构建包括作物类型、产量、化肥用量、有机肥用量、种植年份、土壤有机碳含量、土壤全氮含量、土壤速效磷含量、土壤质地、气候和地形等参数的数据库，采用梯度提升回归树（gradient boosted regression trees，GBRT）模型定量化华北平原影响土壤有机碳累积效应的主要生物物理因素和管理驱动因素（刘悦，2021）。

不同因素对土壤有机碳变化率影响的贡献见图 4-17。从单变量影响程度来看，碳投入量是华北平原农田表层土壤有机碳变化的首要影响因素，贡献度为 20%，其次为平均日照时数，贡献度为 17%，有机碳初始含量贡献度为 10%，土壤碳氮比和碳磷比变量贡献度分别为 8%和 5%，平均最低温、最高温和平均降水量贡献度分别为 9%、7% 和 7%；粉粒含量贡献度为 3%，海拔高度贡献度为 8%，黏粒含量贡献度为 6%。总体来看，气候因素影响占比较大，共计 40%，土壤因素占比 32%，管理因素影响占比 20%，海拔因素占比 8%。

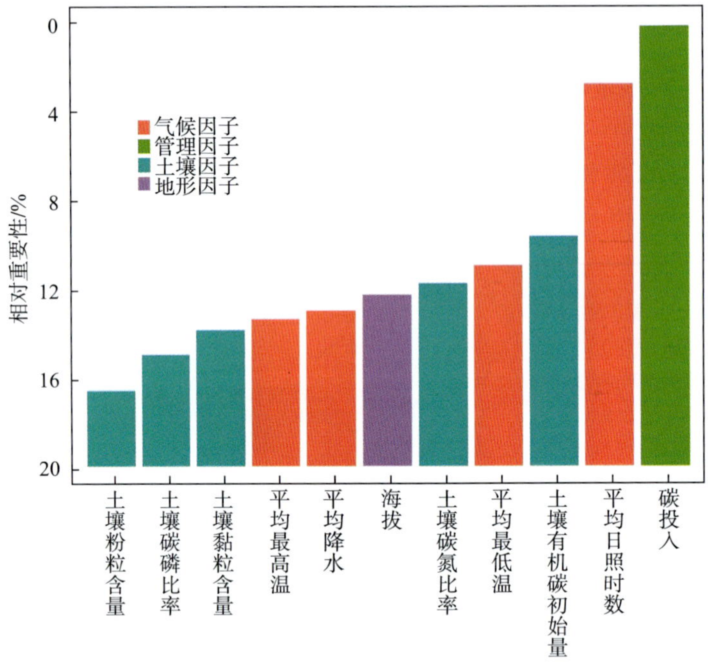

图 4-17　由 GBRT 模型预测的各影响因子对华北平原 SOC 含量变化率的相对重要性

随着碳投入量增加，土壤有机碳变化率总体呈现上升趋势（图 4-18）。当碳投入量在 0～10 000 kg/(hm² · 年）范围时，土壤有机碳增加幅度迅速上升，随后增加幅度减缓；当碳投入量大于 14 000 kg/(hm² · 年）时，土壤有机碳增加幅度又呈现显著上升趋势。

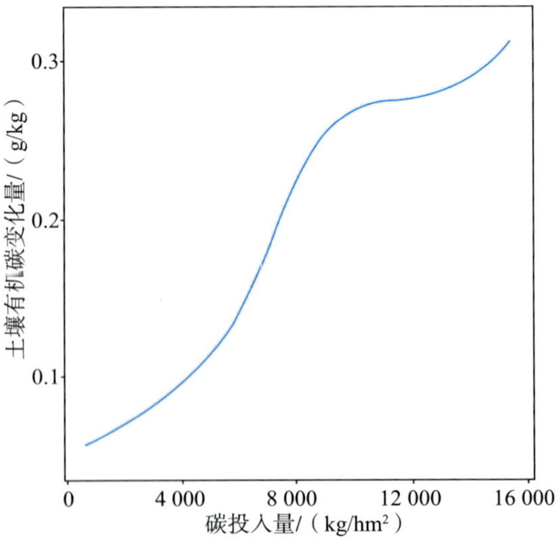

图 4-18　碳投入与华北平原农田表层土壤有机碳变化率的关系

主要气候因素对土壤有机碳变化率的偏相关关系如图 4-19 所示。平均最低温度、平均日照时数、平均年降水量与土壤有机碳变化率整体呈正相关关系，尤其是当平均最低温约大于 9.8 ℃，平均日照时数大于 6.5 h，土壤有机碳增加幅度呈现明显增加趋势。当年均降水量在 0～600 mm 范围内，土壤有机碳增长幅度最大。平均最高气温与土壤有机碳变化率呈现负相关关系，且平均最高气温高于 20 ℃后土壤有机碳的变化率将大幅度下降。

土壤有机碳初始值和土壤有机碳变化率总体呈负相关关系，土壤有机碳初始含量越高，土壤有机碳变化

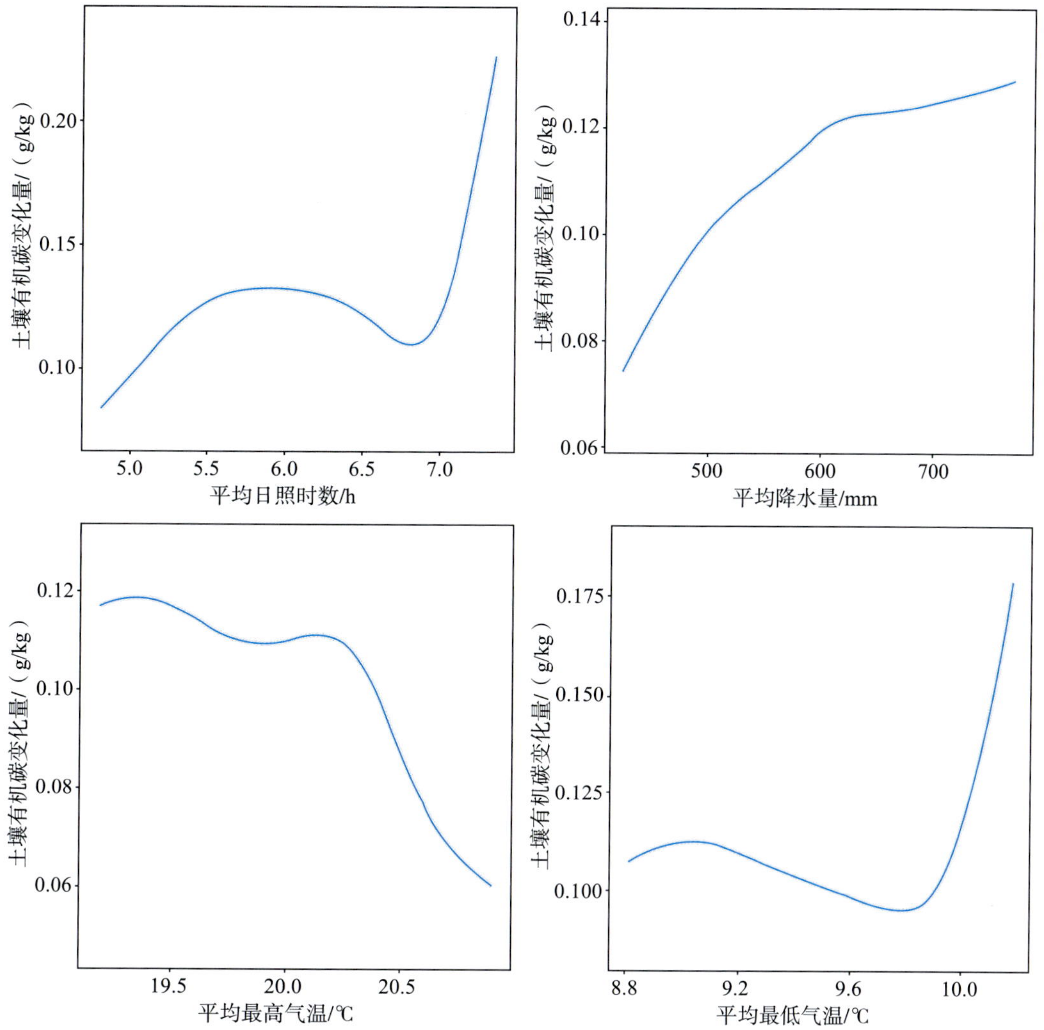

图 4-19　气候因素与华北平原农田表层土壤有机碳变化率的关系

率增长程度越小。土壤黏粒含量、土壤粉粒含量以及土壤碳磷比与土壤有机碳变化率没有显著的相关关系。

3. 华北平原农田表层土壤有机碳含量对作物产量的贡献

针对华北平原小麦和玉米 2 个主要粮食作物，利用 2006—2012 年开展的涵盖华北平原主产区的“3414”田间试验，并结合机器学习算法定量化评估主要作物系统影响产量变异的主要因素相对贡献，以及主控因素与产量的定量关系。

本研究中，华北平原小麦和玉米的产量（$Yield_{BMPs}$）均在当地最佳管理条件下（品种、施肥、灌溉、植保等）获得。利用梯度提升回归树模型探究生物物理因素对主要作物系统产量变异的影响。GBRT 算法是一种常用的机器学习算法，除具备较高的预测精度外，还可以计算出各个解释变量对产量变异的相对重要性（图 4-20），以及解释变量与作物产量的偏相关关系图（图 4-21）。结果表明，在冬小麦和夏玉米作物系统中，气候和土壤因素对产量的重要性均排在所有变量的前 8 位（图 4-20），说明气候和土壤因素是影响 $Yield_{BMPs}$ 变异的主要因素（Qiao et al.，2022）。

土壤有机质（SOM）被普遍认为是影响土壤质量和作物生产力的关键因素，在提高土壤养分供应能力、维持土壤结构、保持土壤水分和通气性能等方面具有重要作用。本研究中，SOM 对小麦和玉米产量的重要性均排在土壤因素的前 2～3 位，是影响产量变异的关键土壤因素（Qiao et al.，2022）。在华北

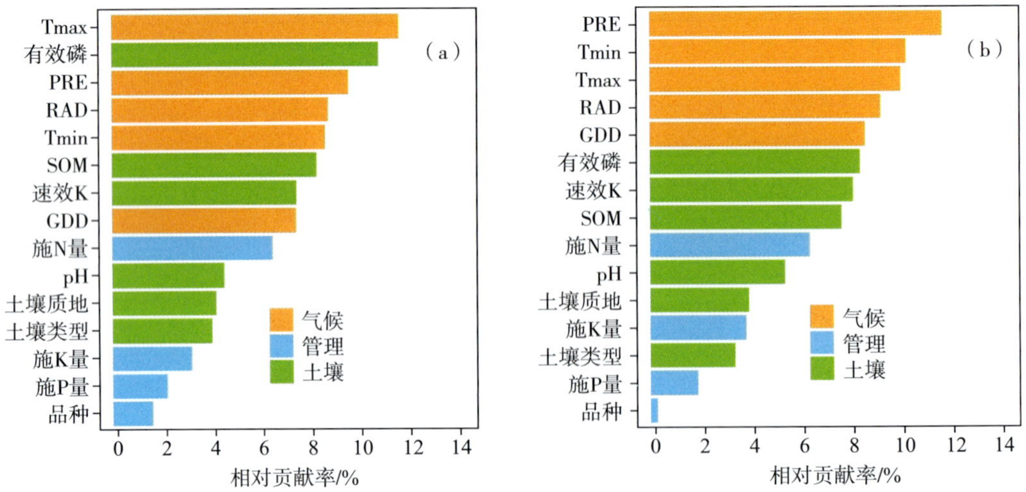

图 4-20　华北平原小麦(a)和玉米(b)最佳管理区产量影响因子的相对贡献率

地区,SOM 与小麦和玉米产量均呈现明显的正相关关系(图 4-21)。小麦和玉米产量随着 SOM 的增加表现出先增加后平台的变化规律,分别在 18 g/kg 和 21 g/kg 时达到最高产量。

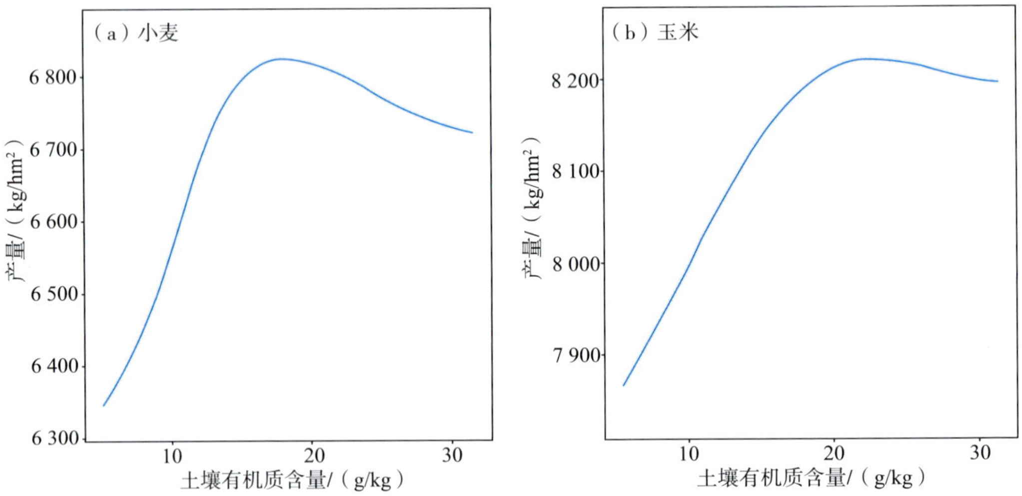

图 4-21　华北平原农田表层土壤有机质(SOM)含量与冬小麦(a)和夏玉米(b)产量的关系

4.4.3　土壤有机碳影响华北小麦-玉米体系高产高效的关键过程

基于不同有机资源归还(玉米秸秆(S)以及以玉米秸秆为主要原料生产的有机物料、生物炭(BC)、牛粪(M)、堆肥(C)和沼渣(BgR))形成的不同土壤有机碳含量处理,揭示有机资源归还条件下,土壤有机碳增加效应及其影响华北小麦-玉米体系高产高效的关键过程(魏文良,2018)。

1. 不同有机资源归还及其与氮肥配施对土壤有机碳和总氮含量的影响

不同有机资源归还及其与氮肥配施显著影响了 0～15 cm 土层的土壤有机碳(SOC)含量(图 4-22)。在施用有机物料 7 年后,与 CK 或仅施用化肥的处理(F)相比,不同有机资源循环利用均显著提高了 SOC 含量,其中,生物炭处理提高幅度最大,不施氮与优化氮肥管理处理下分别增加 231.5%和 219.3%,其次依次为堆肥、沼渣和牛粪处理,秸秆处理提高幅度最小,不施氮与优化氮肥管理处理下分别增加 43.6%和 42.8%。

不同有机资源循环利用对总氮(TN)含量的影响与土壤有机碳类似。在施用有机物料 7 年后,CK 和 F 处理的总氮含量均表现出下降的趋势。与 CK 处理相比不同有机资源循环利用均显著提高了总氮

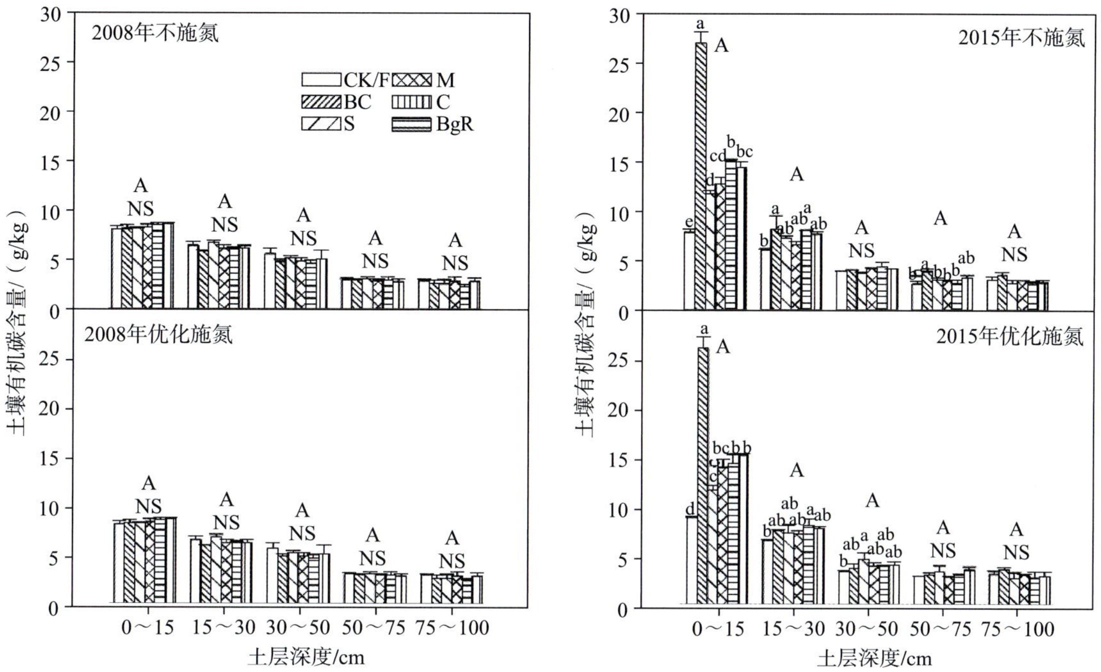

图 4-22　不同处理 0～100 cm 土壤深度的 SOC 含量变化

注：CK/F，对照/化肥氮；BC，生物炭；S，秸秆；M，牛粪；C，堆肥；BgR，沼渣；小写字母表示同一土层不同处理间的差异，大写字母表示同一土层不施氮与优化施氮处理间的差异。

含量，其中沼渣处理提高幅度最大，增幅为 37.8%，其次依次为：堆肥、牛粪>生物炭、秸秆>对照处理，秸秆处理提高幅度最小（10.2%）。与 F 处理相比，虽然总氮也得到不同程度的提升，但处理间的差异减小，其中沼渣处理提高幅度最大（37.8%），生物炭处理提高幅度最小（15.1%）（图 4-23）。

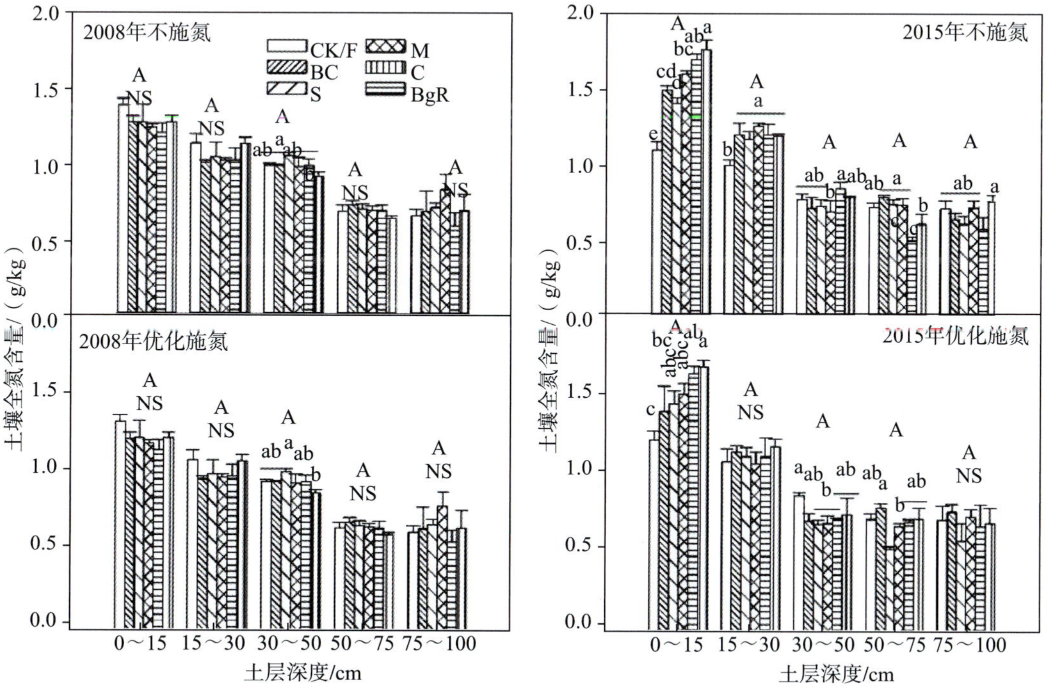

图 4-23　不同处理 0～100 cm 土壤深度的 TN 含量变化

2. 土壤有机碳增加对小麦、玉米产量的影响

0～15 cm 土层的土壤有机碳与总氮含量与小麦、玉米的籽粒产量做相关性分析发现：从整体上看，不施氮条件下的小麦和玉米产量均与 SOC 与 TN 含量表现出显著的相关关系（小麦季决定系数分别为 0.54 和 0.69；玉米季分别为 0.85 和 0.69）（图 4-24）。优化氮肥管理条件下的小麦产量与 SOC 与 TN 含量也表现出显著的相关关系（决定系数分别为 0.81 和 0.44），而玉米产量与 SOC 与 TN 含量无显著相关性。

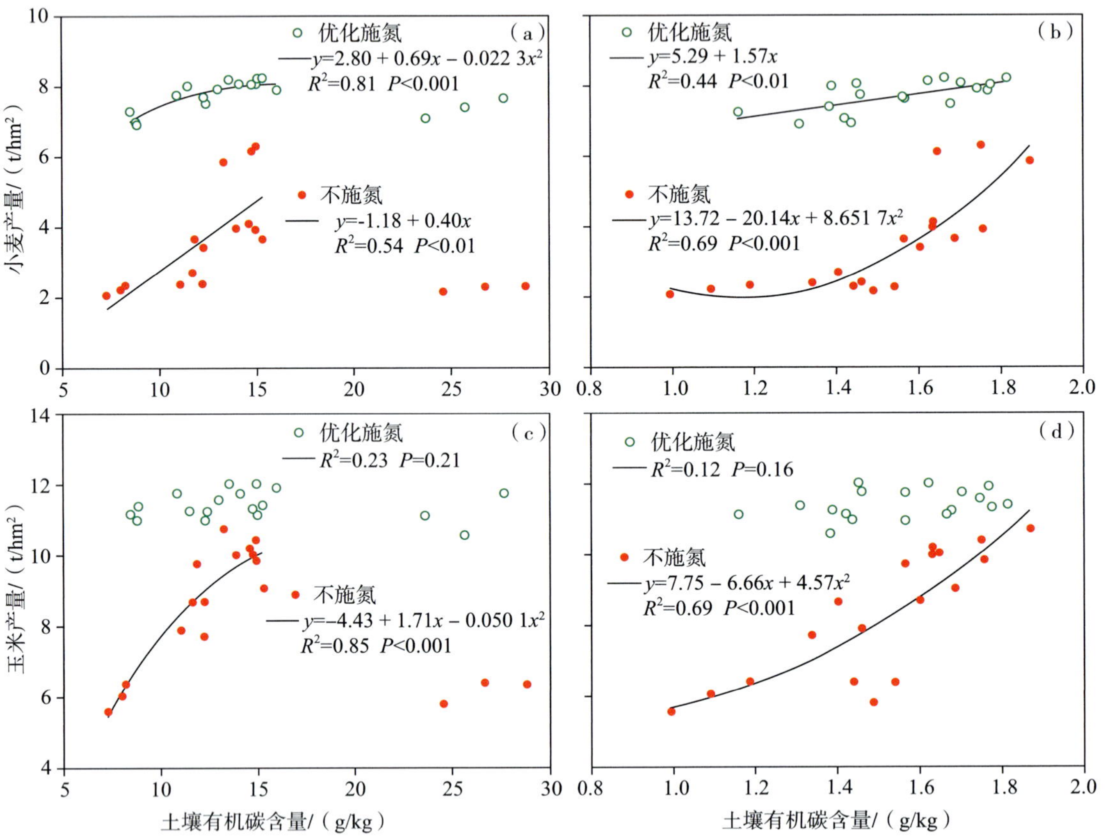

图 4-24　不同处理 0～15 cm 土层 SOC 和 TN 含量（BC 处理除外）与小麦（a、b），玉米（c、d）产量的相关性

3. SOC 对土壤无机氮供应、土壤含水量和土壤温度的影响及其对小麦产量的作用

（1）冬前分蘖形成阶段

不同有机资源循环及其配合优化氮肥管理的土壤无机氮浓度、土壤充水孔隙度（WFPS）和土壤温度相对 CK 与 F 处理的变化平均值如图 4-25 所示。与 CK 处理相比，有机资源循环的土壤无机氮浓度相对值平均为 172.6%，且不同有机资源间存在较大变异，具体表现为：BgR（306.5%）>C（212.4%）>M（156.4%）>S（110.8%）、CK 和 BC（76.8%）处理（图 4-25a）。有机资源循环处理的土壤 WFPS 相对值平均为 107.9%，且不同有机资源间也存在较大变异，依次为：BgR（110.7%）、C（110.2%）>S（108.4%）、M（107.6%）>BC（102.4%）>CK 处理（图 4-25b）。有机资源循环处理的土壤温度相对值平均为 103.3%，而不同有机资源间无显著性差异（图 4-25c）。与 F 处理相比，由于氮肥优化管理，所有处理的土壤无机氮含量相对比例均未表现出显著性差异，而土壤 WFPS 平均提高 8.0%，土壤温度平均提高 3.0%，且与不施氮表现出相同的趋势（图 4-25d，e，f）。

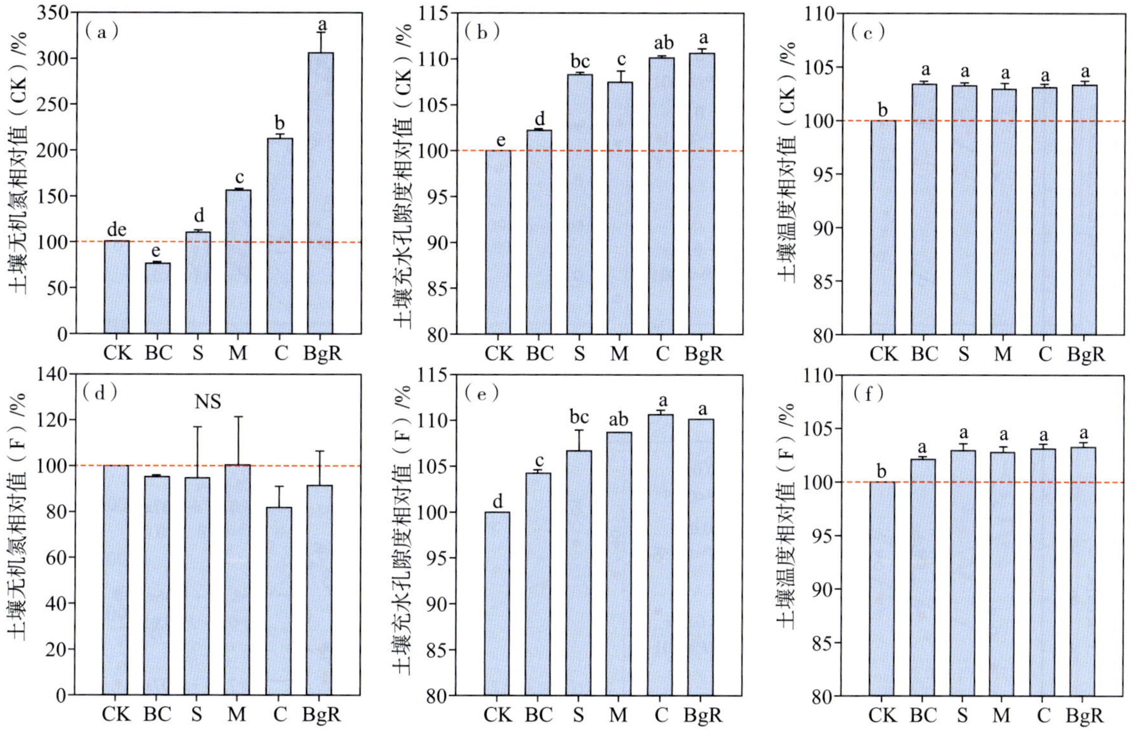

图 4-25　2013—2015 年小麦冬前阶段 0～15 cm 土壤无机氮浓度(a,N0;d,Nopt),0～15 cm 土壤充水孔隙度(b,N0;e,Nopt)及 0～5 cm 土壤温度(c,N0;f,Nopt)相对于对照处理的比例

有机资源循环能够使 0～15 cm 土层 SOC 含量得到显著提升，而 SOC 含量的提升显著增加了不施氮条件下各处理(除 BC 处理外)的土壤无机氮浓度、土壤 WFPS 和土壤温度(图 4-26a,c,e)，土壤无机氮浓度、土壤 WFPS 的变化与小麦冬前分蘖的增加数量在 3 年间均表现出显著的正相关关系(图 4-27a,c)，但是，土壤温度仅整体上与小麦冬前分蘖的增加数量表现出显著的正相关关系(图 4-27e)。即 SOC 含量的提升对于促进小麦冬前有效分蘖的增加，保障高产群体的建成发挥重要作用。优化氮肥管理条件下，SOC 含量的提升与土壤无机氮浓度未表现出显著的相关关系(图 4-26b)，且过高的土壤无机氮浓度还可能会抑制小麦冬前分蘖数量的增加(图 4-27b)。

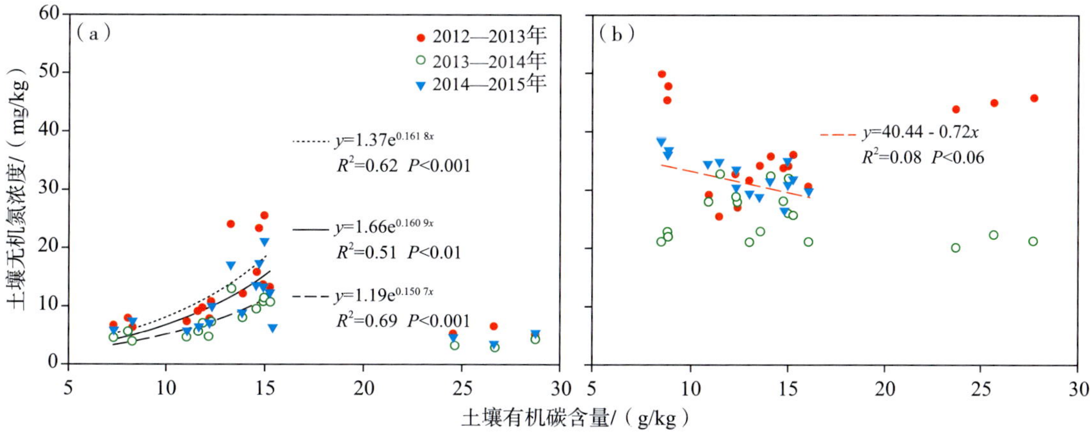

图 4-26

表 4-2　2013—2015 年不同处理小麦扬花—收获期 0～15 cm 与 0～100 cm 土壤无机氮浓度

处理	扬花期 0～15 cm 土壤无机氮/(mg/kg)			收获期 0～100 cm 土壤无机氮/(mg/kg)		
	2013	2014	2015	2013	2014	2015
不施氮						
CK	5.52±0.30b	2.89±0.34cd	4.37±0.30cd	1.50±0.24a	1.50±0.49a	1.71±0.57a
BC	6.35±0.26b	2.74±0.34d	3.52±0.40d	1.43±0.17a	1.40±0.37a	1.84±0.46a
S	5.62±0.38b	4.46±0.29ab	5.22±0.31bc	1.49±0.10a	1.59±0.13a	1.82±0.02a
M	7.44±0.49a	4.01±0.18ab	5.25±0.35bc	1.68±0.10a	1.75±0.27a	2.02±0.51a
C	8.09±0.19a	4.62±0.18a	5.85±0.18ab	1.54±0.22a	1.69±0.42a	1.63±0.23a
BgR	7.67±0.21a	3.68±0.24bc	6.32±0.43a	1.55±0.18a	1.47±0.19a	1.26±0.07a
优化施氮						
F	7.16±0.20e	5.33±0.06bc	10.73±0.39b	15.79±2.06a	16.93±2.95a	11.32±1.77a
BC	8.21±0.11de	4.80±0.14c	10.39±0.49b	11.58±0.46b	13.56±0.69ab	8.78±2.35ab
S	9.91±0.18cd	6.40±0.34b	11.31±0.14b	5.07±0.51c	7.98±0.54bc	4.60±0.94bc
M	9.35±0.09c	6.09±0.20bc	12.17±0.51ab	5.64±0.71c	8.09±3.83bc	7.38±1.77abc
C	11.52±0.37b	8.63±0.23a	11.52±0.15b	7.21±0.59c	6.69±1.57c	4.01±0.45c
BgR	13.31±0.26a	9.57±0.09a	13.91±0.93a	12.70±0.45b	14.51±0.94ab	5.93±0.38bc
		变异来源				
N	***	***	***	***	***	***
ORS	***	***	***	***	*	*
N * ORS	***	***	NS	***	**	*

注：数据表达为平均值±标准误。字母表示同一施氮水平的不同有机资源间的差异水平（$P<0.05$）。NS 表示没有显著性差异，* 表示 0.05 显著性水平，** 表示 0.01 显著性水平，*** 表示 0.001 显著性水平。

优化氮肥管理条件下，F 处理 0～100 cm 的土壤无机氮浓度最高，3 年分别为 15.79、16.93 和 11.32 mg/kg；而与有机资源循环配合优化氮肥管理处理相比，0～15 cm 的土壤无机氮浓度偏低，总体上也随着 SOC 的提升表现出增加的趋势（图 4-29d）。此外，所有处理的土壤无机氮浓度在年际间表现出较大差异，这可能与小麦拔节期追肥后的降雨量（3 年的累积降雨量分别为 65.9、90.3 和 52.0 mm）有关，即 0～15 cm 土层的土壤无机氮浓度随着降雨量的增加而降低。

通过小麦扬花—收获期 0～15 cm 土层的土壤无机氮浓度与不施氮条件下的单位面积穗数、穗粒数，与优化氮肥管理条件下的单位面积穗数的相关性分析发现，小麦生育后期耕层土壤无机氮浓度的增加促进了小麦产量构成要素的增加（图 4-29b，c，e），进而提高了小麦产量。

同时，与初始值（1.38 g/cm^3）及 CK（1.33 g/cm^3）和 F（1.35 g/cm^3）相比，有机资源循环显著降低了 0～15 cm 土层的土壤容重，且不同有机资源处理间的差异较小，在优化氮肥管理条件下均未达到显著水平。相关性分析发现，土壤容重与 SOC 表现出显著的负相关关系（图 4-30），即随着 SOC 的提升，土壤容重显著下降；而随着土壤容重的下降，小麦的产量呈现出增加的趋势。

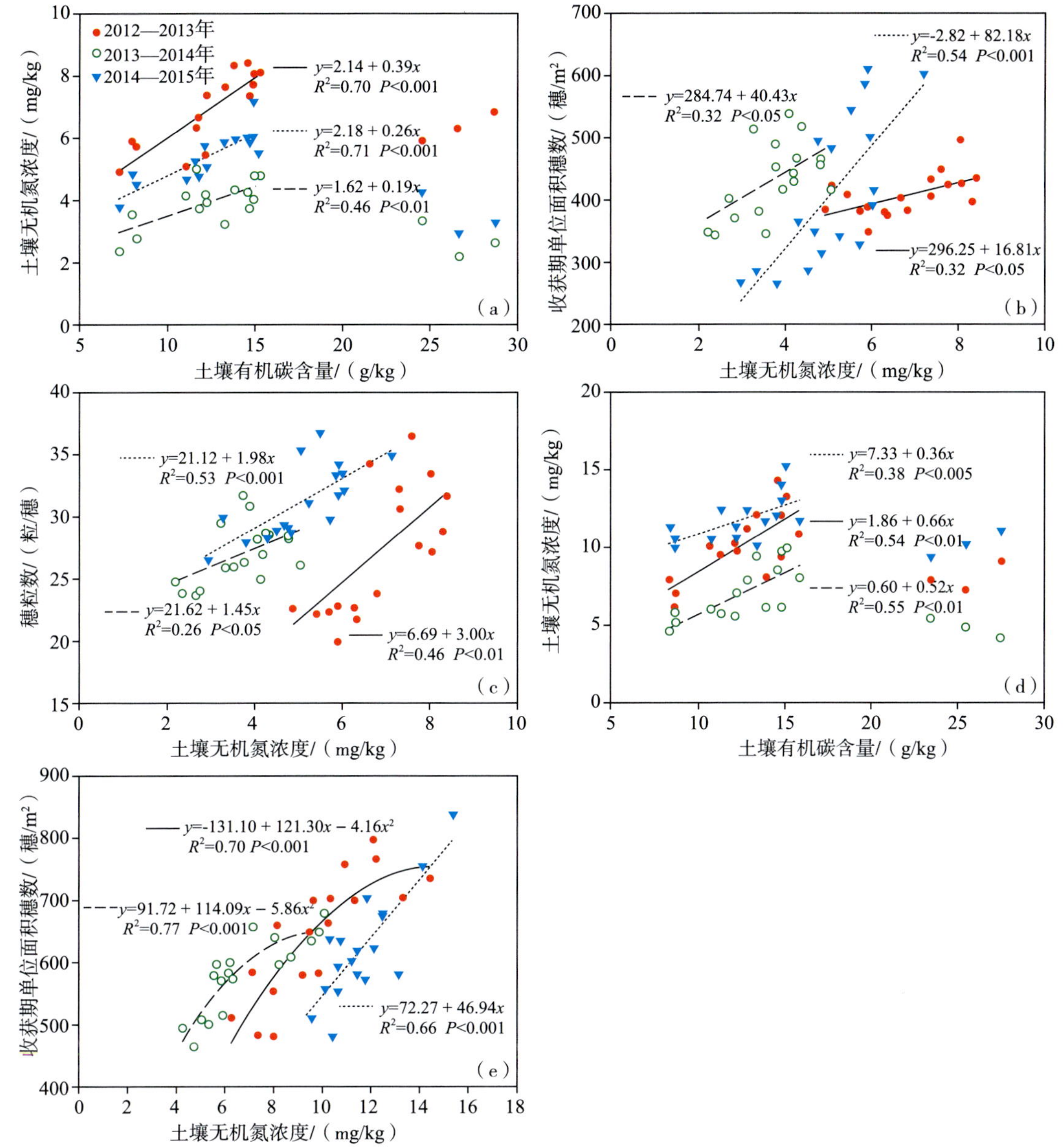

图 4-29　不同处理 0～15 cm SOC 与 0～15 cm 土壤无机氮浓度的相关关系(a,N0;d,Nopt)(BC 处理除外)，以及进一步对单位面积穗数(b,N0;e,Nopt)及穗粒数(c,N0)的影响

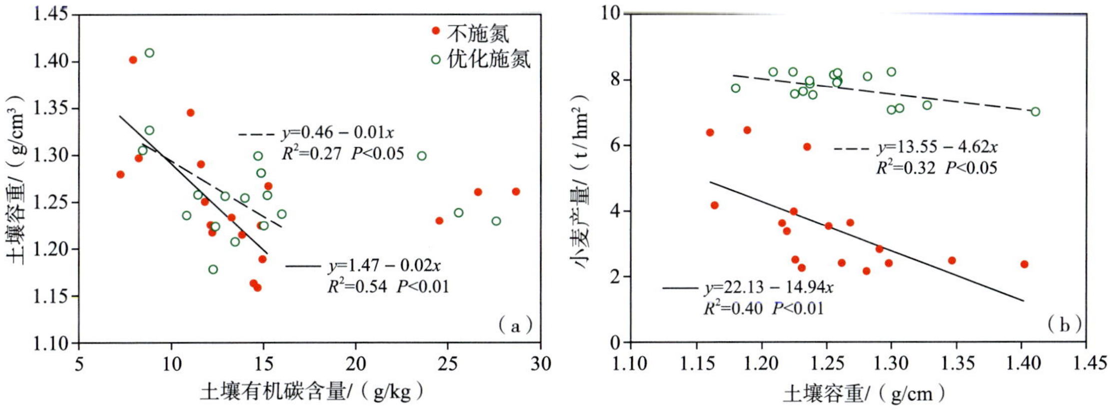

图 4-30　不同处理 0～15 cm 土层 SOC 与土壤容重(a)，以及土壤容重与小麦产量(b)的相关关系

另外，对小麦季土壤穿透阻力的测定发现，不施氮与优化施氮条件下，不同处理的土壤穿透阻力表现出相同的趋势：CK 与 F 处理的土壤穿透阻力高于有机资源循环利用的处理，且受到土壤含水量的影响，小麦返青期土壤穿透阻力强度整体较高，在 5.0 cm 时就已经达到限制作物根系生长（>2 kPa）的阈值，可能会严重限制小麦根系的生长，小麦收获期，CK 与 F 处理在 7.5 cm 时的土壤穿透阻力已经限制作物根系生长，而有机资源循环利用的处理达到 15.0 cm 时才达到这一阈值。灌水后所有处理的土壤穿透阻力均明显降低，并且 CK 与 F 和施用有机资源的处理达到影响根系生长临界值的土壤深度分别下降到 17.5 cm 和 25.0 cm。研究结果也证明了有机资源循环带来的 SOC 含量的提升有利于土壤物理结构的改善，但会受到土壤水分含量的影响。

综上所述，有机资源循环是提高作物产量的重要途径，可以显著提高土壤有机碳含量，而土壤有机碳增加改善了土壤质量，调节冬前土壤温度与水分，缓冲气候对小麦生长发育的负面影响，以及改善了小麦生育后期土壤氮的供应能力，从而提高小麦产量。

4.5 黑土区春玉米根层土壤水分运移过程及调控

4.5.1 引言

在雨养农业区，降雨是土壤水分的主要来源，作物生长和产量在很大程度上取决于降雨量的高低（Blum，2009）。过去的四十年里，受到全球气候变化的影响，降雨量在年内与年际间的变异性增大，干旱、洪涝等极端气候出现的频率增加（Piao et al.，2012；Yuan et al.，2015；Deitch et al.，2017），严重影响农业生产和国家粮食安全。东北黑土区是我国重要的粮食生产基地，以雨养农业为主。在极端降雨条件下，维持黑土根层水分稳定对于保障黑土区粮食丰产稳产有重要意义，探索土壤水分对降雨事件的响应过程和机理有助于进一步认识土壤水分的时空变异规律，并采取合理的应对措施。

影响土壤水对降雨响应的因素包括降雨强度、降雨频率、土地利用类型、根系分布等。Liu 等（2016）研究了内蒙古地区柠条田不同深度土壤含水量对降雨事件的响应。结果表明，0～100 cm 土层的含水量与降雨量的多少成正相关，0～60 cm 土层的含水量与降雨强度有正相关关系，0～20 cm 土层含水量与降雨的持续时间有正相关关系，而 0～40 cm 土层的含水量与降雨间隔天数成负相关关系。郭小娇等（2016）对岩溶山坡剖面中土壤含水量对降雨响应的分析表明，初始含水量、降雨强度以及地形地貌是影响土壤含水量对降雨响应差异的主要因素；在经过 30 d 长旱期后，引起土壤水分对降雨响应的降雨量阈值为 6 mm。李谦等（2014）对两种不同土地利用模式（菜地和林地）下土壤含水量对降雨的响应进行了研究。他们指出，林地各深度含水量响应模式基本一致，而菜地不同深度土层含水量对降雨响应的模式存在较大差异，表层含水量比深层含水量的响应更剧烈；受到冠层截留的影响以及地表的枯枝落叶对雨水的吸持作用，中小强度的降雨很难导致林地土壤对降雨产生响应。景建生等（2020）在石漠化治理区的研究表明，浅层土壤水分对降雨的响应与植被类型有关，降雨后浅层土壤含水量最高的是火龙果，其次是荒地。Zhu 等（2014）提出了太湖流域几种土地利用方式下山坡不同位置土壤水分对降雨响应的机制：坡顶、上坡与中坡土壤水分对降雨的响应具有相似特征，上坡和中坡处土壤含水量与降雨强度和降雨量存在正相关关系，下坡的土壤含水量的增加主要依靠横向地下流。董义凤等（2020）指出，土壤含水量对降雨的响应特征受到作物根系分布的影响：相比于地下生物量更少的多根葱，地下生物量更多的克氏针茅对土壤水分响应更敏感。虽然降雨频率一定程度上反映了一段时间内的干旱情况，但并不能很好地反映降雨事件的时间变异性。不少学者将降雨间隔天数作为变量，以分析各种降雨间隔天数的降雨事件下土壤含水量对降雨的响应，从而揭示降雨时间变异性与土壤含水量时间变异性之间的相互关系。徐冉等（2019）的研究表明，草原土壤含水量对降雨的响应规律受到干旱时间（即降雨间隔天数)的影响。

由于长期集约化种植、水土流失以及用养脱节等原因,东北黑土地有机质含量显著下降,黑土层变薄,土壤结构恶化,导致其持水能力下降(栾英颖等, 2018)。而国内外众多研究表明,免耕农作通过降低土壤扰动和周年秸秆覆盖可改善土壤物理结构、增强团聚体稳定性、减少降雨导致的水土流失,从而提高土壤肥力(Kassam et al., 2015;汪可欣等, 2016;Singh et al., 2020;胡锦昇等, 2019;陈强, 2016)。本研究利用东北黑土区免耕长期定位试验,探讨不同降雨条件下,免耕和垄作(传统技术)处理土壤含水量对降雨的响应规律,为黑土区制定合理耕作制度、提高雨养条件下降水利用率提供理论依据。

4.5.2 材料与方法

1. 研究区概况

土壤耕作长期定位试验位于中国农业大学吉林梨树实验站。实验站所在区域具有显著的大陆性气候特征,夏季高温多雨,冬季寒冷干燥。年平均降雨量为 577.2 mm,其中 5—9 月份降水量占 82.2%;年平均气温为 5.8 ℃,10 ℃以上(含 10 ℃)的积温为 3 078.5 ℃。试验区地势平坦,无明显的地形变化。土壤类型为黑土(mollisols,USDA)。试验地土壤的质地为粉质黏壤土,0~20 cm 土层的沙粒、粉粒和黏粒含量分别为 23.89%、45.21%和 30.90%;表层有机碳含量平均为 18 g/kg。

2. 试验设计

长期定位试验开始于 2010 年玉米收获后。设免耕(NT)和垄作(CT)两个耕作处理,小区面积为 31.5 m×21.6 m,3 个重复,随机排列。NT 处理不进行土壤耕作,在作物收获后留残茬高约 20 cm,将余下的玉米秸秆留在原地,利用免耕播种机一次性完成施肥、播种和镇压作业。CT 处理下玉米收获后地上部分被移出农田,残茬高度约为 5 cm。播种前使用旋耕机旋耕约 15 cm,然后起垄,在垄上进行机械化播种、施肥并镇压。

3. 降水数据

在中国农业大学梨树实验站内安装有自动气象站(距试验地约 30 m),由自记雨量计记录降水量动态,每 30 min 测定一次。同时,利用梨树县气象站的监测数据补充实验站缺失的少部分数据。

4. 土壤含水量

土壤含水量利用 TDR100(Campbell Scientific Inc., Logan, UT)系统测定,探头埋设深度分别为 5 cm、10 cm、20 cm 和 40 cm,由数据采集仪(CR3000,Campbell Scientific Inc., Logan, UT)控制,每小时自动记录一次。使用前,利用烘干法测定的土壤含水量对 TDR 设备进行校正。

5. 数据分析

本研究选取 3 个指标来表征土壤含水量对降水的响应情况,分别为土壤含水量累积增加量 ASWI、相邻土层含水量对降水响应的时间差 DRT_i 和土壤最大湿润速率 $S_{\max}$。

利用 Liang 等(2011)和 Tian 等(2019)提出的方法计算土壤含水量累积增加量,

$$\mathrm{ASWI}=\sum_{t=\mathrm{ST}}^{\mathrm{ET}}\Delta\theta_{t+}$$

式中,$\Delta\theta_{t+}=\begin{cases}\Delta\theta_t,\Delta\theta_t>0\\0,\Delta\theta_t\leqslant 0\end{cases}$,$\Delta\theta_t$是在 t 时段内土壤含水量的增加值,$\mathrm{cm}^3/\mathrm{cm}^3$。

相邻土层土壤含水量对降水响应的时间差为(Sun et al.,2015),

$$\mathrm{DRT}_i=ST_i-ST_{i-1}$$

式中,ST_i 和 ST_{i-1} 分别是第 i 层和第 $i-1$ 层土壤含水量对降水的响应时间($i=1,2,3,4$),DRT_i是二者之差。

Lozano-Parra 等(2016)提出了土壤最大湿润速率的计算公式，

$$S_{max}=\max\left(100\times\frac{\theta_{t+\Delta t}-\theta_t}{\Delta t}\right)$$

式中，θ_t 为 t 时刻的土壤含水量，cm^3/cm^3；Δt 为间隔时间(本研究中为 1 h，即 60 min)，S_{max} 是土壤湿润过程中的最大速率(体积分数变化/min)。

4.5.3 结果与分析

1. 玉米生育期总降水量及分布

本研究选取 2014 年(平水年)、2015 年(枯水年)和 2016 年(丰水年)作为代表年份进行分析，将 4—9 月的总降水量作为玉米生育期的降水量。2014 年是平水年，但 4 月份没有降水，5 月份降水量为 188.8 mm，是多年平均降水量的 3.32 倍，而 7 月份降水量仅为多年平均降水量的 40%，8 月降水量为多年平均的 82%，变异系数为 0.50。2015 年是枯水年，其中 5 月份降水量比多年平均降水量多 62%，但 7 月份的降水量仅为多年平均降水量的 15%，变异系数为 0.46。2016 年是丰水年，除了 7 月降水量比多年平均降水量低 16%外，各月份的降水量都高于多年平均值，其中 5 月份降水量是多年平均降水量的 3.18 倍，9 月份降水量是多年平均降水量的 2.54 倍，降水量的变异系数为 0.20。总体来看，无论何种降水年型，降水量在年内变异较大(图 4-31)。

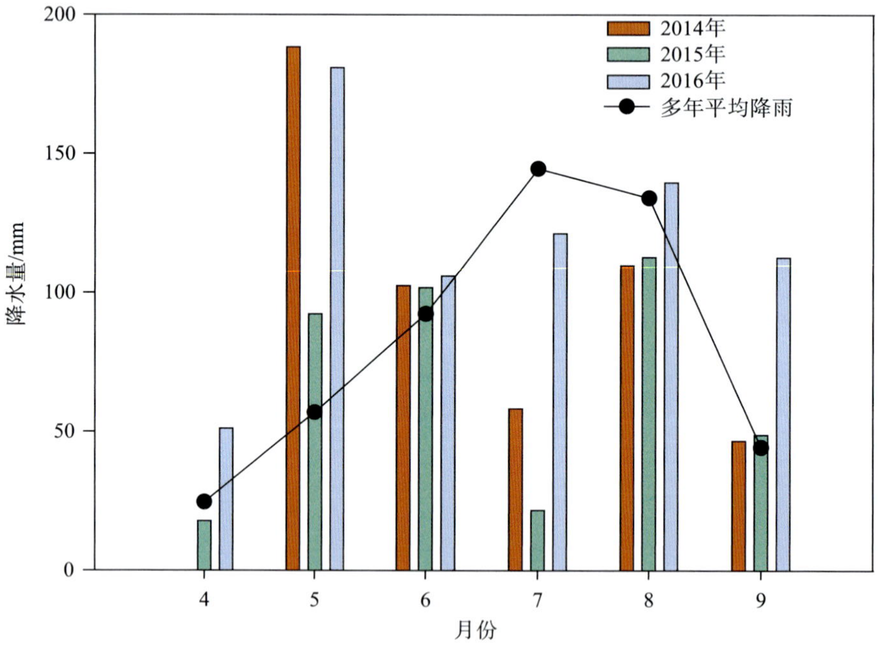

图 4-31　2014—2016 年玉米生长季月降水量分布

如果降水量过小，不会导致土壤中含水量增加，这种降水称为无效降水。参考前人的研究(Tian et al.，2019)，同时考虑到 TDR 探针本身的测量误差和农田蒸散等因素，本研究定义：在日尺度下，若当日降水后，次日表层的土壤体积含水量与当日表层的土壤体积含水量之差小于 0.00 cm^3/cm^3，或下层土壤体积含水量两日之差小于 0.01 cm^3/cm^3，则认为当日降水为无效降水。对 2014 年、2015 年以及 2016 年 3 个降水年以日降水量为单位的降水事件进行统计，并对无效降水事件中的降水量进行排序；本研究取无效降水事件的上四分位数的降水量作为无效降水量，即研究过程中不考虑 2 mm 以下的降水事件(表 4-3)。根据无效降水量条件，筛选出有效降水事件，并计算某次降水事件与前一次降水事件间隔的天数作为该降水事件的降水前的降水间隔天数。由国标 GB/T 28592—2012，根据 24 h 内降水量可对降水强度进行分级：0.1～9.9 mm 为小雨；10～24.9 mm 为中雨；25～49.9 mm 为大雨。

表 4-3　2014—2016 年无效降水事件统计　　mm

极差	最大值	最小值	中位数	下四分位数(25%)	上四分位数(25%)
25.2	25.3	0.1	0.4	0.2	2.0

2014—2016 年间的有效降水事件中，49% 为小雨，41% 为中雨，大雨占比 10%(图 4-32)。对占总降水量的比例进行分析显示，中雨事件的总降水量占比最多，占 3 年总降水量的 49%，其次是大雨，降水量占总降水量的 29%，小雨事件虽然次数多，但降水量占比最小，仅为 22%(图 4-33)。

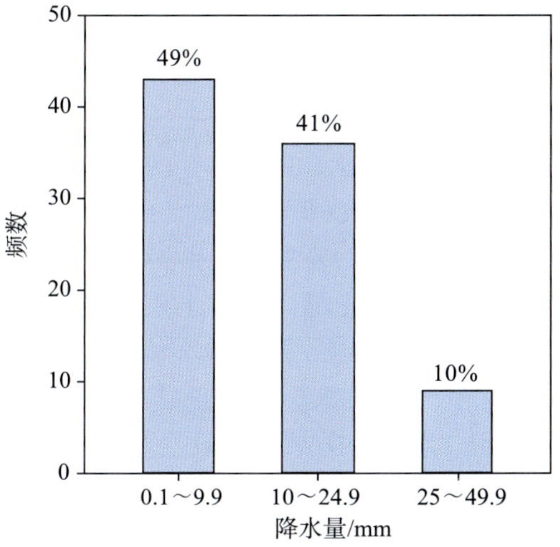

图 4-32　2014—2016 年间有效降水事件的次数

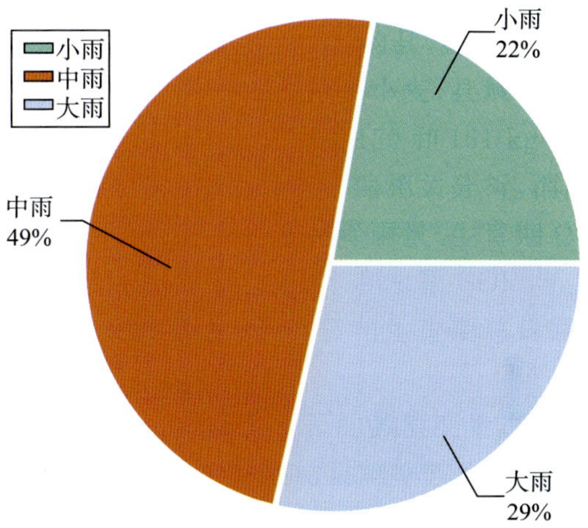

图 4-33　2014—2016 年间不同有效降水强度事件降水量占比

另一方面，降水的时间分布不均匀，降水间隔天数在 0～2 d 的事件占比 53%，降水间隔天数在 3～5 d 的占比 19%，降水前无降水天数大于 12 d 的事件占比 9%(图 4-34)。虽然无降水天数大于 12 d 的降水事件占比只有 9%，但这部分降水间隔天数占比较大，容易使作物产生不同程度的干旱胁迫，影响作物生长(齐伟等，2010)。

2. 免耕与垄作处理下土壤含水量对降水事件的响应

(1)大雨、短降水间隔天数的降水事件

2016 年 7 月 25 日降水量为 33.4 mm，降水间隔天数为 2 d，前一次降水事件的降水量为 6.4 mm，且 7 月 21—25 日 5 d 内总降水量超过 50 mm。根据降水特征，本文将该降水事件作为大雨、短降水间隔天数的代表降水事件。

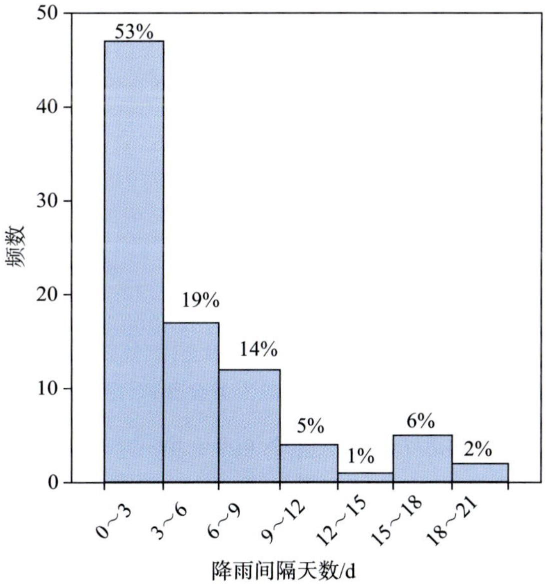

图 4-34　2014—2016 年降水事件前降水间隔天数统计

图 4-35 给出了 NT 和 CT 处理各土层含水量对此次降水的响应。在 0～5 cm 土层，降水前后 NT 处理土壤含水量始终高于 CT。在 12:00 出现明显降水后，1 h 内 NT 的含水量由 0.28 cm^3/cm^3 增加至 0.38 $cm^3/$

cm^3，涨幅为 36%，在整个降水过程中，NT 含水量最高为 0.40 cm^3/cm^3，但达到峰值后含水量下降。CT 处理土壤含水量在 12:00 出现明显降水后呈现缓慢上升的过程，并在 4 h 后达到了第一个峰值，含水量从 0.17 cm^3/cm^3 缓慢上升至 0.24 cm^3/cm^3，随后又缓慢上升至 0.26 cm^3/cm^3，然后缓慢下降(图 4-35a)。

在 5～10 cm 土层，NT 处理土壤含水量的变化趋势与 0～5 cm 土层相似，含水量在 1 h 内从 0.31 cm^3/cm^3 上升到 0.38 cm^3/cm^3，涨幅为 23%；随着降水继续，含水量出现些许波动后达到峰值 0.39 cm^3/cm^3，随后逐渐下降。CT 处理该土层中含水量的变化趋势不同于 0～5 cm 土层。在出现明显降水初期，含水量没有出现明显变化，直到后期土壤含水量由 0.15 cm^3/cm^3 增加至 0.21 cm^3/cm^3(图 4-35b)。与 0～5 cm 土层相比，NT 处理 5～10 cm 土壤含水量对降水的响应时间没有延迟，而 CT 处理 5～10 cm 土壤含水量对降水的响应延迟了 7 h(图 4-35b 和表 4-4)。

表 4-4　大雨短降水间隔条件下 NT 与 CT 管理的 DRT

处理	5～10 cm 与 0～5 cm	10～20 cm 与 5～10 cm	20～40 cm 与 10～20 cm
NT	0	0	1
CT	7	9	4

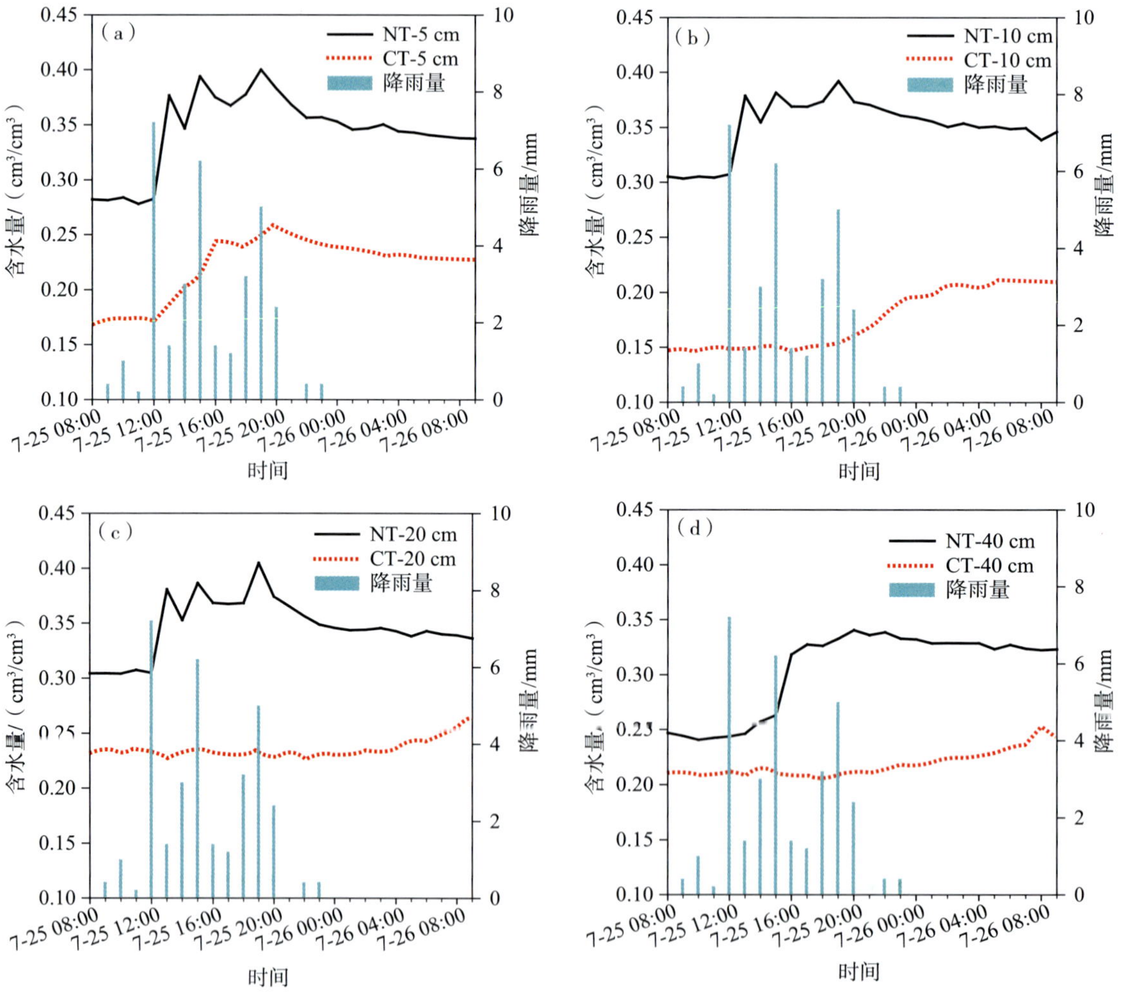

图 4-35　大雨、短降水间隔天数事件下 NT 与 CT 的含水量动态

在 10～20 cm 土层(图 4-35c),CT 处理的土壤含水量始终低于 NT。降水后 NT 含水量的变化趋势与上层土壤的变化趋势一致,含水量对降水的响应时间与 5～10 cm 土层相比没有延迟(表 4-4),含水量的峰值达到了 0.40 cm^3/cm^3,说明有充足的水分入渗到这一土层。CT 处理下,10～20 cm 土壤含水量变化幅度较小,在降水初期的 0.23 cm^3/cm^3 与 0.24 cm^3/cm^3 之间变化;降水全部结束后含水量呈逐渐增加趋势,显示该土层对降水的响应时间比 5～10 cm 土层延迟了 9 h。

在 20～40 cm 土层(图 4-35d),降水后 NT 处理土壤含水量的变化趋势与 10～20 cm 土壤含水量变化趋势出现差异:降水一段时间后含水量缓慢地从 0.24 cm^3/cm^3 增加至 0.34 cm^3/cm^3,与 10～20 cm 土壤含水量对降水的响应时间相比滞后了 1 h(表 4-4);20～40 cm 含水量增加至峰值后并未下降,而是进入稳定期,这可能是因为进入该层的雨水并未超过该层土壤的持水能力,因此含水量可以稳定一段时间。对于 CT 处理,其含水量变化趋势与 10～20 cm 土层含水量的变化趋势基本相似。

(2)中雨、短降水间隔天数降水事件

根据降水特征,选取 2014 年 9 月 7 日为中雨、短降水间隔天数的代表性降水事件。此次降水事件的降水间隔天数为 2 d,降水量为 13.6 mm。前一次降水事件在 9 月 4 日,日降水量为 5.4 mm。

图 4-36 给出 NT 和 CT 处理下各土层含水量对此次降水的响应。在 0～5 cm 土层,CT 和 NT 处理土壤含水量的变化趋势基本一致,但 NT 土壤含水量对降水的响应比 CT 滞后了 1 h。NT 的土壤含水量从 0.23 cm^3/cm^3 增加至 0.32 cm^3/cm^3,增加了 0.09 cm^3/cm^3;CT 的土壤含水量从 0.21 cm^3/cm^3 增加到 0.30 cm^3/cm^3,增加量也是 0.09 cm^3/cm^3。达到峰值后,NT 与 CT 中的含水量均出现下降趋势,但是 NT 含水量的下降过程比 CT 更平缓(图 4-36a)。

在 5～10 cm 土层,NT 处理土壤含水量的增加幅度和增加速度都小于 CT。CT 处理土壤含水量从 0.25 cm^3/cm^3 增加至 0.33 cm^3/cm^3,随后有缓慢下降趋势;NT 处理土壤含水量从 0.29 cm^3/cm^3 增加至 0.31 cm^3/cm^3,只增加了 0.02 cm^3/cm^3,然后基本稳定在 0.31 cm^3/cm^3,降水当日没有出现明显下降。在降水之前 CT 处理土壤含水量比 NT 处理低 0.04 cm^3/cm^3,降水后 CT 处理土壤含水量比 NT 处理高 0.02 cm^3/cm^3(图 4-36b)。与 0～5 cm 土层相比,NT 和 CT 处理 5～10 cm 土层含水量对降水的响应时间没有明显滞后(表 4-5)。

表 4-5　中雨、短降水间隔条件下 NT 与 CT 处理的 DRT

处理	5～10 cm 与 0～5 cm	10～20 cm 与 5～10 cm	20～40 cm 与 10～20 cm
NT	0	0	0
CT	0	1	—

在 10～20 cm 土层,降水前后 CT 处理土壤含水量都小于 NT(图 4-36c)。NT 处理土壤含水量在降水后从 0.32 cm^3/cm^3 平缓地上升至 0.35 cm^3/cm^3,没有出现急剧增加;CT 处理土壤含水量在降水后则出现了小幅度突增,在 1 h 内从 0.26 cm^3/cm^3 增加至 0.33 cm^3/cm^3。分析含水量对降水的响应时间,CT 处理比上层滞后了 1 h,NT 则无滞后现象(表 4-5)。

在 20～40 cm 土层,CT 处理土壤含水量对降水无明显响应,始终稳定在 0.27 cm^3/cm^3 附近,而 NT 处理土壤含水量却出现了小幅度的上升,从 0.31 cm^3/cm^3 上升至 0.35 cm^3/cm^3(图 4-36d)。这可能是由于 NT 处理具有较多性状规则的大孔隙,上层的水分沿大孔隙形成优先流从而使下层的土壤含水量增加。

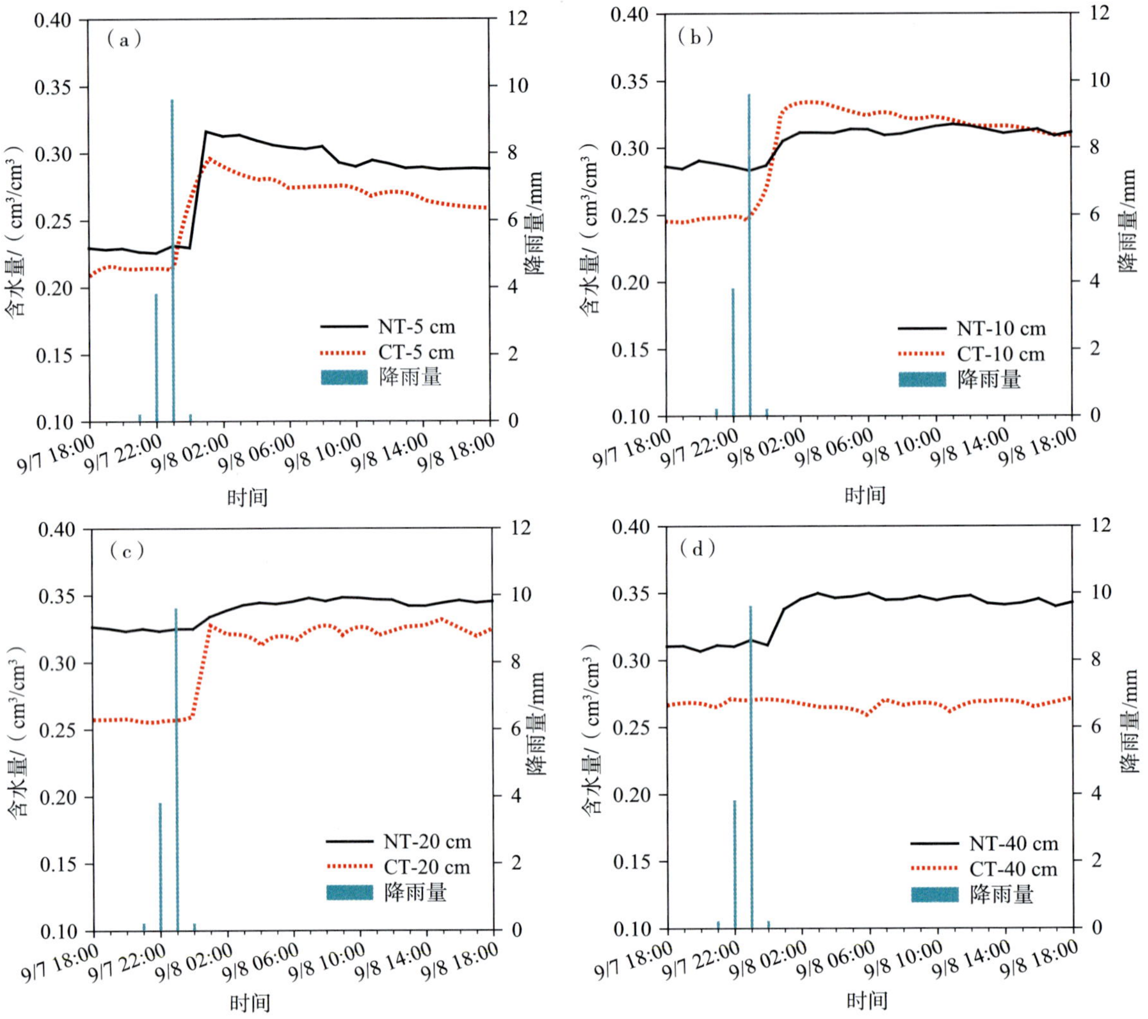

图 4-36　中雨、短间隔降水天数条件下 NT 与 CT 管理的含水量动态

(3)中雨、长降水间隔天数降水事件

根据降水特征，选取 2014 年 8 月 11 日为中雨、长降水间隔天数的代表性降水事件。此次降水事件的降水间隔天数为 20 d，降水量为 13.6 mm；前一次降水事件在 7 月 21 日，日降水量为 20.1 mm。

图 4-37 给出 NT 和 CT 处理不同土层土壤含水量对此次降水的响应。在 0～5 cm 土层中，降水前 NT 处理土壤含水量比 CT 处理高 0.04 cm^3/cm^3，降水后 CT 处理含水量高于 NT。降水后 CT 处理土壤含水量在 1 h 内由 0.15 cm^3/cm^3 增至 0.29 cm^3/cm^3，涨幅高达 93%，降水暂停的 4 h 内，含水量又迅速跌至 0.26 cm^3/cm^3，继续降水后含水量又增加了 0.05 cm^3/cm^3，降水结束后含水量又呈现下降趋势。NT 处理该土层土壤含水量增幅较小，在 1 h 内由 0.19 cm^3/cm^3 增加至 0.22 cm^3/cm^3，涨幅仅为 16%，随后含水量稳定在 0.22 cm^3/cm^3，波动幅度小于 0.01 cm^3/cm^3（图 4-37a）。

在 5～10 cm 土层，降水前 NT 处理土壤含水量高于 CT，降水后 CT 含水量高于 NT。CT 处理 5～10 cm 土层土壤含水量动态特征与 0～5 cm 土层含水量动态特征一致：降水后 1 h 内，由 0.17 cm^3/cm^3 增加到了 0.34 cm^3/cm^3，涨幅为 100%；17:00 降水暂停后，土壤含水量逐渐减小至 0.32 cm^3/cm^3；在 20:00 降水后，含水量又增加至 0.37 cm^3/cm^3，降水停止后含水量出现了明显的下降趋势（图 4-37b）。与 0～5 cm 土层相比，5～10 cm 土壤含水量对降水的响应没有滞后现象（表 4-6）。NT 的含水量在降水后没有出现明显的增加，稳定在 0.24 cm^3/cm^3 至 0.25 cm^3/cm^3 之间。

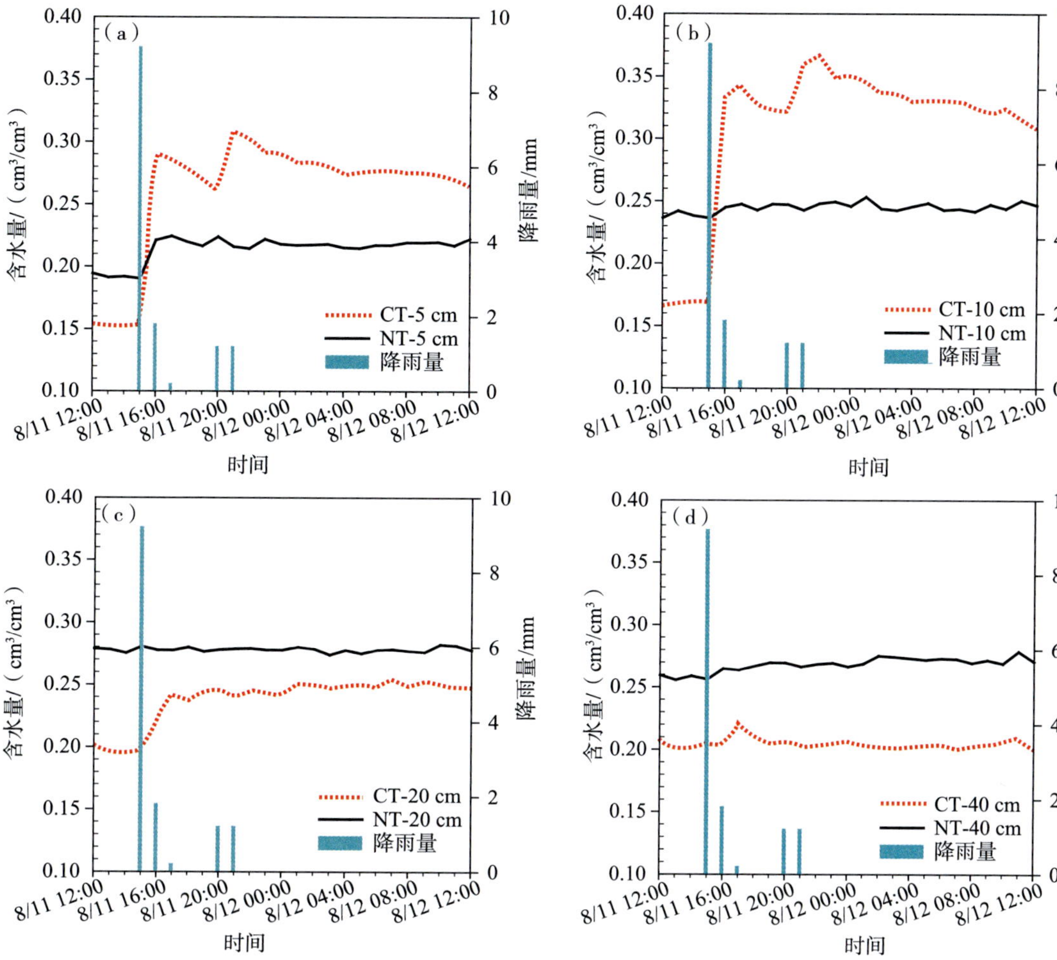

图 4-37　中雨、长间隔降水天数条件下 NT 与 CT 管理的含水量动态

表 4-6　中雨、长降水间隔条件下 NT 与 CT 处理的 DRT

处理	5～10 cm 与 0～5 cm	10～20 cm 与 5～10 cm	20～40 cm 与 10～20 cm
NT	—	—	—
CT	0	0	1

在 10～20 cm 和 20～40 cm 土层，降水前后 NT 处理的土壤含水量都高于 CT。在 10～20 cm 土层中，降水后 2 h 内 CT 的土壤含水量增加了 0.04 cm^3/cm^3（图 4-37c），含水量对降水的响应时间与上一土层相比没有滞后；在 20～40 cm 土层，CT 处理土壤含水量并未出现台阶式的增长，只是在降水后出现了微小响应（增加了 0.03 cm^3/cm^3，随即减小并逐渐平稳），响应时间比上一土层滞后 1 h（图 4-37d）。在 10～20 cm 土层和 20～40 cm 土层中，NT 的含水量没有对降水做出响应（表 4-6）。

3. 降水强度和耕作方式对 ASWI 和 S_{max} 的影响

我们进一步分析了降水间隔天数均为 2 d、降水量分别为 13.6 mm 和 33.4 mm 的情形下，免耕和垄作处理的土壤含水量累积增加量 ASWI 和最大湿润速率 S_{max}。结果表明，降水量为 33.4 mm 时，NT 各土层的 ASWI 均高于 RT。在 0～5、5～10、10～20 以及 20～40 cm 土层，NT 处理的 ASWI 分别为 0.17、0.12、0.15 和 0.10 cm^3/cm^3，分别是 CT 处理的 1.79、2.20、5.14 和 6.07 倍。随着深度增加，NT 与 CT 处理 ASWI 的比值逐渐增加，差距越来越大（图 4-38）。在垂直方向上，S_{max} 的变化趋势与 ASWI

基本一致。NT 处理 0～5 cm 土层的 S_{max} 为 0.16[100 cm³/(cm³ · min)]，S_{max} 随土壤深度呈现减小趋势，在 40 cm 土层，S_{max} 降低至 0.09[100 cm³/(cm³ · min)]，但在 20 cm 土层，S_{max} 增加了 0.01[100 cm³/(cm³ · min)]。对于 CT 处理，0～5 cm 土层的 S_{max} 为 0.05[100 cm³/(cm³ · min)]，到 40 cm 土层时减至 0.02[100 cm³/(cm³ · min)]。

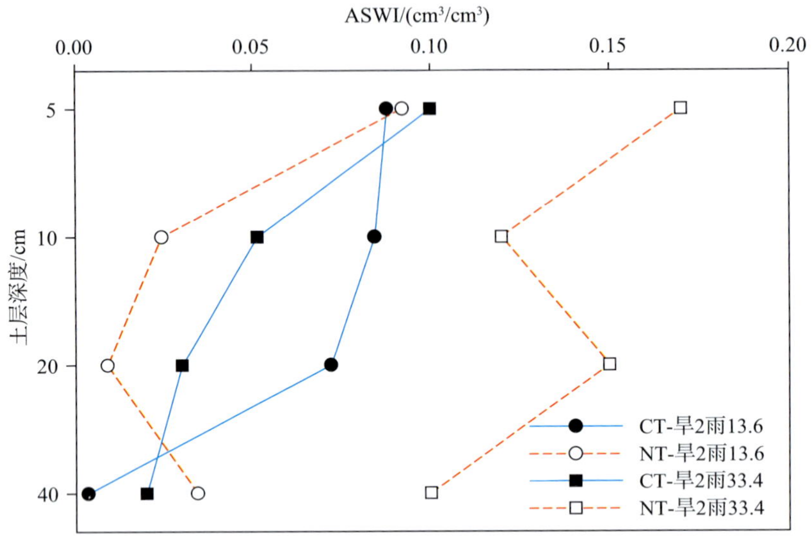

图 4-38　不同降水强度下 CT 与 NT 处理不同土层的累积增加含水量(ASWI)

在降水量为 13.6 mm 时，NT 处理 0～5、5～10、10～20 以及 20～40 cm 土层的 ASWI 分别为 0.09、0.02、0.01 和 0.03 cm³/cm³，CT 处理的对应值分别为 0.09、0.08、0.07 和 0.002 cm³/cm³(图 4-38)。NT 处理 0～5 cm 土层的 S_{max} 为 0.13[100 cm³/(cm³ · min)]，在 0～20 cm 内随土壤深度增加而降低，在 40 cm 土层，S_{max} 略有增加，达到 0.04[100 cm³/(cm³ · min)]。CT 处理的情况则不同：0～20 cm 土层内，S_{max} 随着深度增加而增加，由 0.085 增加至 0.12[100 cm³/(cm³ · min)]；在 20～40 cm 土层，S_{max} 减小至 0.02[100 cm³/(cm³ · min)](图 4-39)。

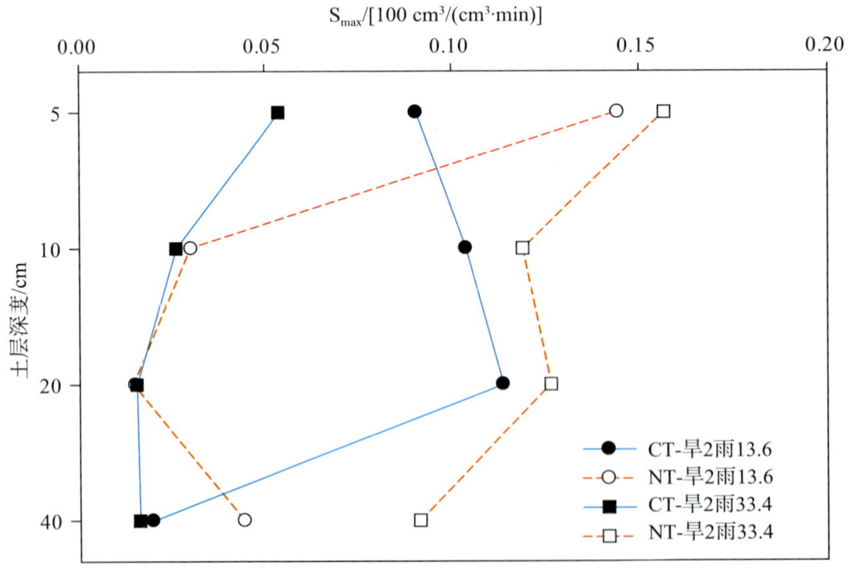

图 4-39　不同降水强度下 CT 与 NT 处理不同土层的最大湿润速率(S_{max})

如果将降水间隔天数为 2 d 作为前提条件，在 0～40 cm 土层中，降水量为 33.4 mm 时 NT 处理的

ASWI 均大于降水量为 13.6 mm 时的 ASWI，说明 NT 处理下降水量越大，土壤中累积增加的含水量越高。与此相反，CT 处理只有在 0～5 cm 土层出现了 ASWI 随降水量增加而增大的现象，下层土壤则出现了相反的趋势，即高降水量下的 ASWI 反而小于低降水量下的 ASWI(图 4-38)。

从土壤最大湿润速率 S_{max} 来看，降水间隔天数为 2 d 时，在 0～40 cm 土层，降水量越大，NT 处理的土壤 S_{max} 越大；CT 则相反：降水量越大，S_{max} 越小。另外，在每一土层，CT 处理降水强度导致的 S_{max} 差异要小于 NT 处理(图 4-39)。

4. 降水间隔和耕作方式对 ASWI 和 S_{max} 的影响

考虑到降水事件的随机性，我们进一步分析了日降水量为 13.6 mm 时，降水间隔天数对 NT 和 CT 处理 ASWI 和 S_{max} 的影响。当降水量为 13.6 mm 时，在 0～5、5～10、10～20 以及 20～40 cm 土层，NT 处理降水间隔 2 d 的 ASWI 比降水间隔 20 d 的 ASWI 分别高 0.06、0.02、0.01 和 0.03 cm^3/cm^3；CT 处理降水间隔 2 d 的 ASWI 比降水间隔 20 d 的 ASWI 分别高 −0.10、−0.14、0.01 和 −0.01 cm^3/cm^3(图 4-40)。降水间隔 20 d NT 处理的 S_{max} 分别比降水间隔 2 d 的 S_{max} 高 0.09、0.02、0.01 和 0.03[100 cm^3/(cm^3 · min)]；对于 CT 处理，降水间隔 20 d NT 处理的 S_{max} 分别比降水间隔 2 d 的 S_{max} 高 −0.14、−0.17、0.07 和 −0.01[100 cm^3/(cm^3 · min)](图 4-41)。

土壤含水量对降水事件的响应受很多因素的影响，如降水强度、地表植被特征、土壤水力学性状和初始含水量等(Tian et al.，2019)。杨凯悦等(2019)对高寒区土壤对降水事件响应的研究表明，5 mm 以下的降水量足以让 30 cm 以上土层对降水量产生响应。在本研究中，降水量为 13.6 mm 仍不足以让持续干旱 20 d 的 NT 小区 30 cm 以上土层产生响应，这可能与土壤质地、有机质含量和种植物类型有关。土壤质地和结构对水分入渗过程、土壤贮水潜力等有很大影响，而植物根系特征也影响水分的吸收和分布(刘柯渝等，2018)。

高露等(2020)探讨了草地生态系统中土壤水分对不同格局降水事件的响应。结果表明，土壤深度越浅、降水强度越大、降水前土壤含水量越高，土壤含水量水分对降水的响应越明显；降水间隔越短、降水强度越大，深层土壤含水量增加量越明显。本研究中，NT 处理下土壤含水量动态以及 ASWI 与高露等(2020)的结果相似，而在 CT 处理上得到了相反的结果。总体来看，在三种降水条件下，CT 处理 20～40 cm 土层的含水量受降水的影响均较小，降水后含水量未出现明显波动，特别是当降水强度较大时(如降水量为 33.4 mm，降水间隔 2 d 时)，CT 处理只有 0～5 cm 土层含水量波动较大。当降水量为 13.6 mm、降水间隔为 2 d 或 20 d 时，降水显著影响了 0～20 cm 土壤含水量，土壤 ASWI 和 S_{max} 均较大。对于 NT 处理，降水量越大、降水间隔天数越短、表层初始含水量越高，降水影响到的土层越深、ASWI 和 S_{max} 越大。这种现象发生的原因与两种土壤的结构和地表覆盖差异有关。尽管 NT 处理的土壤容重较大，但土壤中完整的生物孔隙较多，降水量较大时容易形成优先流，有利于降水入渗至深层土壤中。吕凯等(2020)研究表明，在降水强度相同时，地表秸秆覆盖能够显著增加土壤入渗率。NT 处理表面的秸秆可以减小降水对土壤的冲击力，减小对土壤结构的破坏，同时秸秆疏松的结构可以避免降水强度大时地表径流的形成，有利于降水缓慢入渗土壤。然而，如果降水量不大、间隔天数较长时，NT 处理的地表秸秆会吸收部分降水，导致进入土壤的水分减少，从而减弱土壤含水量对降水的响应，因此日降水量为 13.6 mm、降水间隔天数为 20 d 时，NT 处理下 ASWI 和 S_{max} 均较小(图 4-40 和图 4-41)。与 NT 处理比较，CT 处理具有降水前土壤含水量较低、非饱和导水率较低、土壤结构松散等特点。当降水量较大时，强降水导致土壤表面形成“黏闭”现象，不利于水分入渗，所以即使在降水量很大的情况下，只有 0～5 cm 土层的含水量有明显波动(图 4-35)，土壤剖面的 ASWI 和 S_{max} 都小于 NT 处理(图 4-38 和 4-39)。当降水量为中雨、瞬时降水较小时，CT 处理“黏闭”现象不明显，加上土壤总孔隙度较大、降水前土壤含水量较低，水分相对容易入渗，使 CT 处理 0～20 cm 土层 ASWI 和 S_{max} 均明显高于 NT 处理(图 4-40 和 4-41)。

Tian 等(2019)指出，不同地表植被覆盖条件下，黑河流域土壤剖面内相邻两层土壤含水量对降水

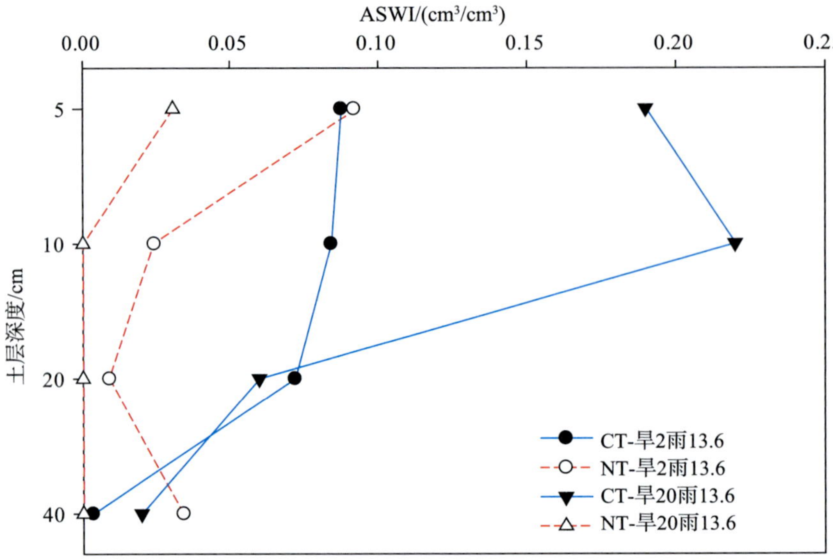

图 4-40　不同降水间隔天数下 CT 与 NT 处理不同土层的累积增加土壤含水量(ASWI)

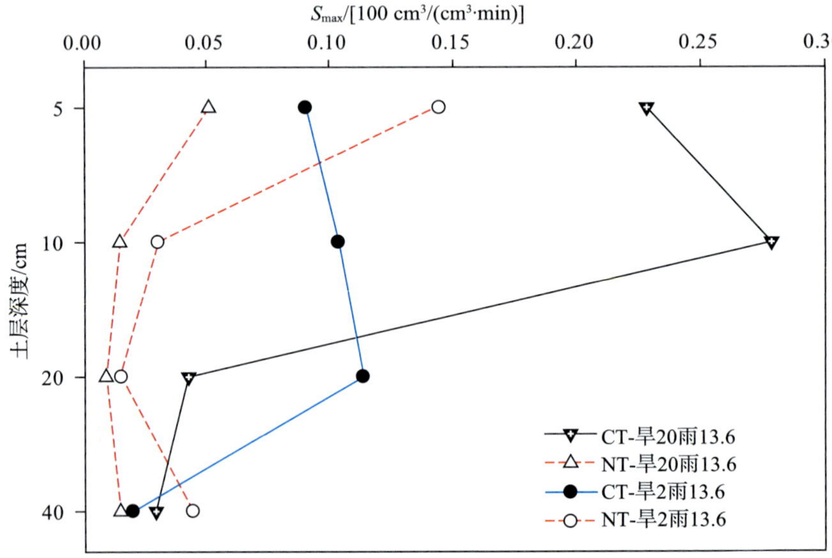

图 4-41　不同降水间隔天数下 CT 与 NT 处理不同土层的最大湿润速率(S_{max})

响应的时间差在 0～280 h 范围内变化。本研究中，在 0～40 cm 土壤剖面，不同降水事件下，两种耕作方式相邻两层土壤含水量对降水响应的时间差变化范围为 0～9 h，NT 处理相邻两层土壤含水量对降水响应极少存在时间差，CT 处理只有在强降水和短降水间隔天数的条件下或土层较深时，相邻两层土壤含水量对降水响应存在时间差。本研究结果与 Tian 等(2019)结果的差异可能与两地降水特征、土壤和植物水分利用的不同有关。

4.5.4　小结

利用三个典型降水事件为降水条件，研究了不同降水强度和不同降水间隔天数下，NT 与 CT 处理作物根层土壤含水量对降水事件的响应及机制。结果表明，NT 处理下，降水量越大、降水间隔天数越短，降水对土壤含水量的影响越大；CT 处理下，相对于大雨，中雨对土壤含水量的影响更大。在 0～5 cm 土层，降水后 NT 和 CT 处理土壤含水量达到峰值后都出现了随即减小的现象；在 20～40 cm 土层，NT 和 CT 处理的土壤含水量波动性较小，且达到峰值后不会立即减小，短期内处于相对稳定状态。在大雨、短降水间隔条件下，CT 处理下层土壤对降水的响应慢于上层土壤，即对降水的响应具有时间上的滞后性；而 NT 处理根层内上下相邻两层土壤含水量对降水的响应没有时间差。当降水强度为中雨时（日降水量为 13.6 mm），降水间隔天数增加不利于提高 NT 的土壤水分，但促进了 CT 处理下土壤含水量增加，干旱 20 d 后降水比干旱 2 d 后降水的 ASWI 高 0.10 cm^3/cm^3。当降水间隔天数一定（均为 2 d 时），日降水量越大，越有利于 NT 土壤水分增加；在 CT 处理下，日降水量过大只对 0～5 cm 土层水分有明显提升作用，对下层土壤水分增加影响不大。

4.6　水稻土孔隙结构特征及调控

4.6.1　概述

近年来，优质水稻土资源不断减少，维持和提高水稻土肥力对稳定农业生产具有重要作用。土壤结构对水稻土水分和养分的供应和保持具有决定作用，良好的土壤结构是土壤发挥其肥力、保证粮食高产稳产的基础。研究表明土壤结构不良是水稻高产的主要限制因子之一。只有正确地认识高产农田土壤结构特征并了解其形成机制，才能有针对性地采取措施培育、改良土壤结构，进而改善土壤质量。

土壤结构是土壤组成物质在各种黏结力作用下的有机组合。熊毅等(1965)早在 20 世纪 60 年代就指出，“土壤结构性不仅决定土壤中水、热、空气和生物状况，而且还左右土壤中植物营养元素的有效性和供应能力。因此，土壤结构性是土壤肥力基础的重要特征，是耕种土壤最重要的肥力指标之一。”水稻土一般具有耕作层、犁底层和心土层的土体构型，各层次结构不同，在土壤水分、养分的供应和保持中发挥不同的作用。高肥力土壤的结构多呈小块状或粒状，疏松多孔。这类土壤持水和透水性能好，耕性好。而低肥力的土壤，结构多呈较大的块状，棱角明显，坚实少孔，耕性差。水稻根系在发育结构好的土壤中穿插容易，发育好；而在块状紧实结构中，根系则很难进入土块内部，大多沿裂隙生长，形成“鸡爪状”。一方面，根系的分布状况决定了其吸收养分、水分和固定植株的能力；另一方面，土壤结构也影响自身养分、水分的释放和保持。因此，土壤结构特征对水稻生长具有重要的作用。

水稻土是典型的人为土壤，其结构的形成受到耕作、水分管理、水稻根系和有机物等多种因素的影响。我国老一代科学家较早开展了水稻土团聚体形成机制方面的研究。朱铭富(1964)发现黄泥土的团聚体稳定性和孔隙度均高于竖头乌山土。而竖头乌山土干时形成大块，孔隙度低，泡水时不易散开，根系难以插入土块，结构较差。姚贤良和于德芬(1985)发现无定形氧化铁对团聚体的发育和稳定性具有重要作用。在添加高量有机质后，水稻土团聚体内部孔隙发育，形成通气、透水的“交通网络”，而且孔隙壁附着铁质胶膜，起着稳定孔隙结构的作用(姚贤良和于德芬，1988)。近年来，我国学者在团聚体与有机质关系(周萍等，2008)和团聚体形成过程等方面开展了大量的研究。此外，稻田排水会引起土壤收缩，形成裂隙，裂隙进一步发展会促进团聚体的发育，但是这方面研究较少。综上所述，水稻土经历强烈的干湿交替(氧化还原)和人为扰动，其结构的形成受到多种因素的作用。虽然针对各种因素已经开展了大量的研究，但是尚未形成系统的理论。团聚体的形成受到各种生物、非生物和环境因素的影响，是一个长期的、动态的过程，往往需要通过长期定位试验或室内培养试验，才能对团聚体的形成过程及影响因素进行深入的分析(Six et al.，2004)。本节内容以水稻土为研究对象，基于显微 CT、微形态及其他原位分析方法，研究高产水稻土的三维结构特征和形成机制。

对水稻土结构好坏的评价，过去主要是根据其形态来定性地判断，如将其分为粒状、块状、棱柱状、片状等。以形态学评价为基础，结合土壤结构的部分力学性质和根系在土块内的分布状况，近年来国际上发展了“土壤结构可视化评价”(visualization evaluation of soil structure，VESS)方法，可以在田间快速评价土壤结构并进行打分。但这种方法仍然是定性的方法，更多的研究是从团聚体的角度来评价土壤结构。通过团聚体的稳定性来反映土壤的稳定性，通过团聚体的大小分布来反映土壤结构质量，例如大团聚体较多则说明结构状况好。同时，结合团聚体的分级研究有机质的含量和质量，可以更加综合地评价土壤质量。

从孔隙的角度研究、评价土壤结构在近年来迅速发展。土壤物质垒结的同时也就形成了一定的孔隙结构。孔隙是土壤水分、气体、养分运移的通道，也是土壤动物活动的场所。孔隙的数量、大小、连通性、弯曲度等性质决定了土壤中各种物理、化学和生物过程的进行。对于水稻土而言，孔隙结构尤其重要。例如，犁底层的孔隙结构决定了土壤透水、透气的能力。如果犁底层太过紧实，孔隙度低，则耕作层容易渍水，在还原条件下形成亚铁离子和有害气体（CH_4，H_2S）毒害根系，增强反硝化反应，氮肥以 N_2 或 N_2O 形式逸出。因而，需要改善犁底层孔隙结构，使其能够“爽水”。通过土壤孔隙的定量化，可以反映土壤结构质量。但是总体而言，对水稻土孔隙结构的研究还很少，评价方法、指标和标准等需要进一步完善。

CT 技术的发展为研究原状土壤三维结构提供了条件。一般医学 CT 或工业 CT 的分辨率较低（$>50\ \mu m$），可以用来研究土柱尺度的土壤结构，但是不能满足土壤团聚体结构研究的要求。近年来同步辐射显微 CT 快速发展，能够在微米分辨率上研究微团聚体的三维结构。如 Peth 等（2008）利用同步辐射显微 CT 获取了 5 μm 分辨率的三维团聚体结构图像，发现不同土地利用方式下的团聚体结构差异显著。Ananyeva 等（2013）研究了团聚体微结构对有机质的物理保护作用。Kravchenko 等（2013）分析了团聚体孔隙结构如何影响大肠杆菌在团聚体内的分布和数量。我国上海光源 2009 年开始运行，其显微 CT 装置分辨率最高为 0.37 μm，为我国土壤结构研究提供了很好的条件。自 2010 年开始利用上海光源显微 CT 装置开展了一系列实验，初步研究不同利用年限水稻土团聚体的结构特征（周虎等，2011）。2012 年实验室购置了工业纳米 CT，可以扫描 1 mm 至 10 cm 直径范围内的样品，可以满足不同尺度的研究需求。利用 CT 装置，可以结合长期定位实验和室内培养实验，分析原状土的结构特征及其动态变化，更准确地研究土壤结构的形成过程。

近年来，我国稻田普遍进行秸秆还田。大量研究表明秸秆还田有助于改善土壤结构。Yao 等（2015）发现稻田秸秆还田能够增加耕层有机碳含量，并改善干湿交替过程中土壤的恢复力。武际等（2012）发现水旱轮作条件下秸秆还田能够降低表层土壤的容重，提高表层土壤的含水量、有机碳和养分含量。然而，也有一些研究表明秸秆还田在不同情况下对土壤结构的影响不同。例如，安婉丽等（2016）报道秸秆还田对早稻田的团聚体分布及稳定性没有显著影响，但显著提高了晚稻田的团聚体稳定性及大团聚体的数量。张翰林等（2016）研究发现稻麦轮作制度下土壤结构与秸秆还田的年限有关，随着秸秆还田时间的增加，秸秆还田对土壤结构的影响才显现出来。总体而言，秸秆还田对水稻土结构的影响尚不明确。本部分重点研究秸秆还田对水稻土的孔隙结构、团聚体稳定性、团聚体有机碳分布有何影响。本研究基于长期定位秸秆还田试验，结合 X 射线 CT 扫描技术和传统的分析方法，研究稻麦轮作下秸秆还田对水稻土结构及有机碳分布的影响。

4.6.2 材料与方法

1. 试验区概况

长期定位试验位于中国科学院常熟生态试验站内（31°32′93″ N，120°41′88″ E）。土壤为湖积物发育的水耕人为土。土壤的沙粒、粉粒和黏粒的含量分别为 29.8%、39.1%和 31.1%。种植制度为小麦-水稻轮作。试验开始于 1990 年，设置 4 个处理：①秸秆不还田不施肥（CK）；②秸秆不还田施氮磷钾肥（NPK）；③半量秸秆还田加施氮磷钾肥（NPKS1），秸秆施用量为每季干重 2 250 kg/hm^2；④全量秸秆还田加施氮磷钾肥（NPKS2），秸秆施用量为每季干重 4 500 kg/km^2。每个处理 3 次重复，随机区组排列。每个小区的面积为 20 m^2（4 m×5 m），小区之间用水泥板隔离（地下 30 cm，地上 20 cm）。氮、磷、钾肥分别为尿素、过磷酸钙和氯化钾。氮肥施用量为每季 180 kg/hm^2，在水稻季，40%作基肥，40%分蘖期施用，20%抽穗期施用；在小麦季，40%作基肥，40%拔节期施用，20%抽穗期施用。磷肥和钾肥每季的施用量分别为 75 kg/hm^2 P_2O_5 和 150 kg/hm^2 K_2O，均在小麦和水稻种植前作基肥施入。

2. 土壤样品采集

于 2015 年 7 月水稻分蘖期采集土壤样品。在每个小区内用 PVC 环刀(高 3 cm，直径 3 cm)随机采集 3 个表层(0～5 cm)原状土样，用保鲜膜包裹防止水分蒸发。并在原状土采集点附近采集混合土壤样品(0～10 cm)，混合后放在铝盒中带回实验室。原状土置于压力膜仪中在 33 kPa 下，平衡后进行 CT 扫描。混合土壤样品在室温下风干，在含水量达到塑限含水量时，将土样掰成小于 10 mm 的团聚体。风干土样一部分用于土壤团聚体分析，一部分过筛用于土壤理化性质测定。

3. 土壤性质测定

利用 X 射线显微 CT(型号为 NanotomS)扫描原状土样品，重建后生成 1 900 张 2 283×2 284 体元的 8 位灰度图像，分辨率为 0.016 mm。为了避免采样过程对样品边缘的影响，仅选择中部的 900×900×900 体元作为感兴趣区域(region of interest，ROI)。利用 ImageJ 软件进行图像预处理，包括增加对比度和中值滤波。由于在后续图像分析过程中硬件、软件等条件限制，利用 ImageJ 软件将 ROI 图像分辨率调整为 0.032 mm，最终 ROI 为 450×450×450 体元，实际大小为 14.4 mm×14.4 mm×14.4 mm。利用克里格法进行图像分割，得到二值图像。图像孔隙度为二值图像中孔隙所占的比例，孔隙大小分布利用数学形态学的开运算计算。

CT 扫描后的原状土在 105℃下烘干，计算土壤容重。团聚体稳定性采用湿筛法，用平均质量直径(mean weigh diameter，MWD)来表示团聚体稳定性。每个处理 3 次重复。使用碳氮分析仪(Vario MAX，Elementar，德国)测定收集的各级团聚体和混合土样的有机碳(SOC)含量。

采用 SPSS19.0 对数据进行统计分析。方差分析采用 One-Way ANOVA，并用 LSD 法进行多重比较，显著性水平为 0.05。

4.6.3 结果与分析

1. 秸秆还田对水稻土容重和有机碳的影响

施用化肥和秸秆还田显著提高了土壤有机碳并降低了土壤容重($P<0.05$)(表 4-7)。与不施肥处理(CK)相比，单施化肥(NPK)提高了 19%的土壤有机碳含量；与单施化肥(NPK)相比，半量(NPKS1)和全量(NPKS2)秸秆还田分别提高了 9.5%和 19.4%的土壤有机碳含量。结果表明，秸秆与氮磷钾配合施用更利于土壤有机碳的积累，秸秆还田量与有机质增加量呈显著正相关关系，大量相关研究也证实了这一点。尧水红(2015)等在对红壤性水稻土的研究中发现在深耕和浅耕方式下，秸秆还田都能显著提高土壤有机碳的含量，且全量秸秆还田较部分秸秆还田的提高效果更为显著。Liu 等(2014)研究发现淹水、水旱轮作以及旱地等不同耕作制度下，秸秆还田均能显著提高土壤有机碳含量。秸秆本身是土

表 4-7 长期秸秆还田对土壤有机碳含量和容重的影响

处理	有机碳含量/(g/kg)	容重/(g/cm^3)
CK	22.5(0.04)d	1.29(0.03)a
NPK	26.0(0.03)c	1.12(0.02)b
NPKS1	28.6(0.05)b	1.11(0.02)b
NPKS2	32.0(0.06)a	1.04(0.02)c

注：同一列中不同小写字母代表 5%差异显著性，括号里的数值为均值的标准误差。

壤有机碳的一个重要来源(潘剑玲，2013)，因此秸秆还田会直接使土壤有机碳增加。另一方面，农作物

的秸秆中含有相当数量的植物必需的碳、氮、磷、钾等元素(Saothongnoi,2014),提高土壤肥力,进而提高农作物的地上地下生物量,间接增加了土壤中碳的投入。再者,秸秆还田增加了土壤中酶的活性,刺激了土壤中微生物的生长和繁殖,提高了土壤中活性炭的含量(胡乃娟,2015)。

与不施肥处理(CK)相比,单施化肥(NPK)显著降低了土壤容重($P<0.05$)。与单施化肥(NPK)相比,全量(NPKS2)秸秆还田显著降低了土壤容重($P<0.05$),而半量(NPKS1)则没有($P>0.05$)。结果表明秸秆还田的量是影响土壤容重的一个重要因素。秸秆还田降低土壤容重,也就是增加了土壤孔隙度,有效提高了土壤的通气性,为根系生长创造良好的物理条件(Naveed,2014)。

2. 秸秆还田对水稻土团聚体的影响

单施化肥或者秸秆还田均没有显著影响各级团聚体的比例($P>0.05$)(表 4-8)。与不施肥处理(CK)相比,单施化肥(NPK)提高了 20.6%的 0.25~2 mm 团聚体;而与 NPK 处理相比,全量秸秆还田(NPKS2)提高了 45.1%的>2 mm 团聚体。CK、NPK、NPKS1 和 NPKS2 处理的 MWD 依次为 0.82、0.83、0.80 和 1.02 mm,但处理间没有达到显著差异。结果表明,稻麦轮作区秸秆还田对团聚体分布和水稳定性没有产生显著影响。许多研究表明秸秆还田能够提高团聚体的水稳定性(尧水红,2015;Zhang,2016;Zhang,2014),与本研究结果不一致。Zhang 等(2014)的研究表明秸秆还田的量是影响土壤结构的一个重要因素,本研究中半量秸秆还田同化肥处理基本没有差异,而全量秸秆还田下团聚体稳定性则有所改善。另外,土壤结构是动态变化的,安婉丽等(2016)研究发现秸秆还田对早稻田团聚体稳定性没有显著影响,但显著提高了晚稻田团聚体稳定性。本研究中仅在水稻分蘖期采集了一次样品,为了更准确地评价秸秆还田对土壤结构的影响,今后需要开展结构的动态变化研究。

表 4-8 不同施肥处理土壤水稳性团聚体分布

处理	>2 mm	0.25~2 mm	0.05~0.25 mm	< 0.05 mm	MWD/mm
CK	0.15(0.04)a	0.38(0.03)a	0.10(0.02)a	0.36(0.01)a	0.82(0.19)a
NPK	0.14(0.02)a	0.46(0.04)a	0.11(0.02)a	0.29(0.05)a	0.83(0.14)a
NPKS1	0.13(0.02)a	0.45(0.02)a	0.13(0.02)a	0.29(0.01)a	0.80(0.13)a
NPKS2	0.21(0.04)a	0.38(0.01)a	0.08(0.01)a	0.33(0.07)a	1.02(0.29)a

注:同一级别团聚体的不同小写字母代表不同施肥处理间 5%差异显著性,误差线为均值的标准误差。

3. 秸秆还田对水稻土团聚体有机碳分布的影响

经过 25 年秸秆还田后,不同处理的团聚体有机碳分布表现出了明显的差异(图 4-42)。与 CK 相比,NPK 处理>2 mm 和 0.25~2 mm 两个级别的团聚体有机碳含量分别提高了 16.6%和 15.8%,而<0.25 mm 的两个粒级则没有显著变化($P>0.05$)。与 NPK 处理相比,NPKS1 处理 0.05~0.25 mm 团聚体有机碳提高了 15.8%,其他粒级没有显著变化($P>0.05$);NPKS2 处理 0.25~2 mm 级别的团聚体的有机碳含量提高 20.2%,增大幅度最大,说明对于 NPKS2 处理,由于秸秆还田而直接或间接增加的有机碳在土壤中经过一系列的循环和转化后在 0.25~2 mm 的团聚体中积聚得最多。这可能是由于在团聚体周转的过程中,较大的大团聚体(>2 mm)容易破碎,有机质较易分解,而微团聚体(<0.25 mm)结构稳定,有机碳含量也比较稳定,使得更多的有机碳进入 0.25~2 mm 这一级别。整体来看,不同处理的同一粒径范围的团聚体中有机碳含量的趋势为 NPKS2>NPKS1>NPK>CK(0.05~0.25 mm 除外),这与土壤有机碳含量呈相同的趋势。

秸秆还田能够有效提高土壤有机碳含量(刘世平,2006),同时增加作物地上地下生物量。添加的秸秆和作物根系参与土壤团聚体的周转过程,一部分被团聚体固持,提高了团聚体内有机碳含量。同一处理的各级团聚体中有机碳含量表现为>0.25 mm 团聚体有机碳含量明显高于<0.25 mm 团聚体有机碳含量,其中<0.05 mm 团聚体中有机碳含量最少,表明有机碳更趋向于分布在较大粒级团聚体中。陈晓芬等(2013)在对红壤性水稻土的研究中也发现了同样的规律,提出水稳性大团聚体

是有机碳的主要载体。Jastrow 等(1996)利用^{13}C 示踪法也证实了大团聚体比微团聚体含有更多的有机碳。总体来看,秸秆还田能够提高各级团聚体中有机碳的含量,特别是 0.25～2 mm 级别的大团聚体。

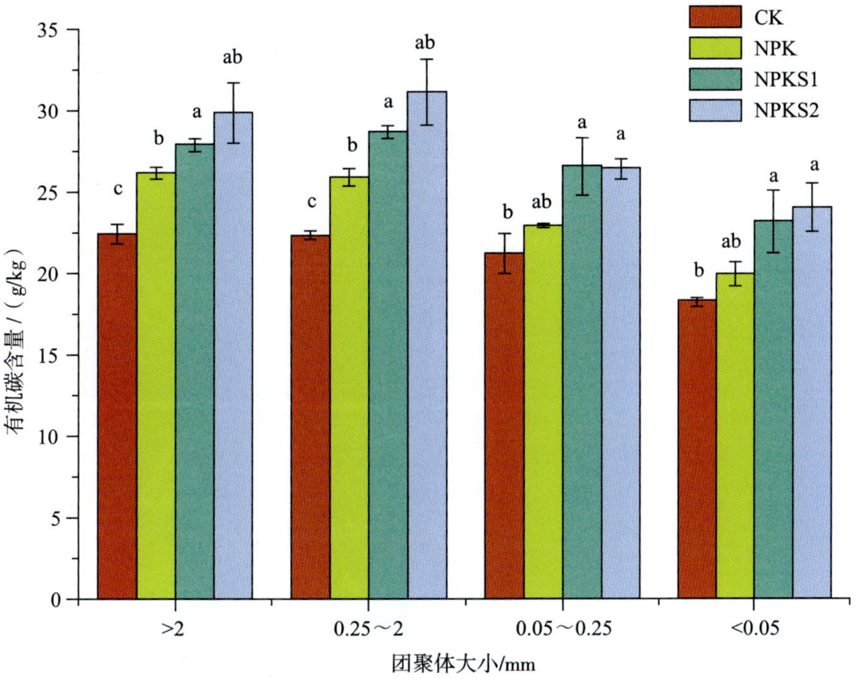

图 4-42　不同施肥处理水稻土各粒级团聚体中有机碳的分布

注:同一级别团聚体的不同小写字母代表施肥处理间 5%差异显著性,误差线为均值的标准误差。

4. 秸秆还田对水稻土孔隙结构的影响

图 4-43 为不同处理的二维灰度图像、二值图像和三维孔隙结构图像。灰度图中浅色部分为土壤基质,深色部分为孔隙;二值图像中白色代表孔隙,黑色代表土壤基质。从二维图像可以观察到 CK 和 NPK 处理的孔隙数量少,且以小孔隙居多。NPKS1 处理的孔隙数量相对增多,大孔隙的比例也有一定提升。NPKS2 处理的孔隙度则是显著提高,且孔隙的联通性较好,较大孔隙的比例也大幅度提升。从三维图像来看,CK 处理的内部孔隙较少,且多为细长的孔隙;与 CK 处理相比,NPK 的孔隙度有所提高,且孔隙直径有所增大;NPKS1 处理可明显看到内部秸秆残留产生的大孔隙以及生物孔隙,NPKS2 的孔隙则更多更复杂。由此可见,秸秆还田显著影响了土壤的孔隙结构,秸秆还田量越多,孔隙度增大越显著,孔隙结构越复杂。

由于分辨率的限制(0.032 mm),本研究中的图像中获取的孔隙均为大孔隙。CK、NPK、NPKS1 和 NPKS2 处理大孔隙度分别为 3.3%、3.7%、4.4%和 7.9%。与 CK 相比,NPK 处理没有显著提高土壤的大孔隙度。与单施化肥相比,NPKS1 没有显著提高土壤的大孔隙度,NPKS2 处理的大孔隙度则提高了 113.5%。孔隙大小分布如图 4-44 所示,随着孔隙当量直径的增大,四个处理的孔隙度的变化趋势大体一致,均在当量直径为 0.1～0.2 mm 时达到峰值,60%以上的孔隙分布在 0.032～0.5 mm 之间。对于当量直径<1.50 mm 的各粒级的孔隙度,NPK 处理与 CK 相比没有表现出显著差异;与 NPK 处理相比,NPKS1 没有表现显著差异,而 NPKS2 处理的孔隙度在各孔隙当量直径范围都有显著提高。当孔隙当量直径>1.50 mm 时,孔隙度表现为 NPKS1 >NPKS2 >CK >NPK。总体来说,单施化肥(NPK)并不能提高土壤各粒级孔隙的孔隙度;与单施化肥(NPK)相比,半量秸秆还田(NPKS1)处理各孔

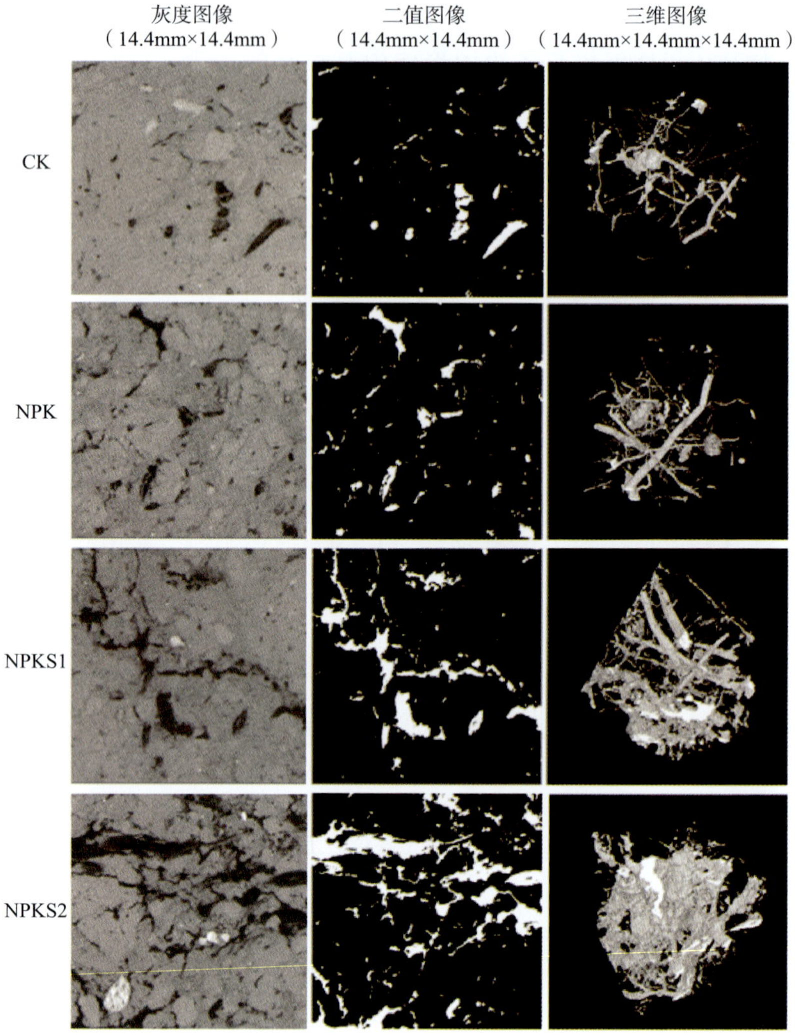

图 4-43　不同施肥处理水稻土的二维和三维特征

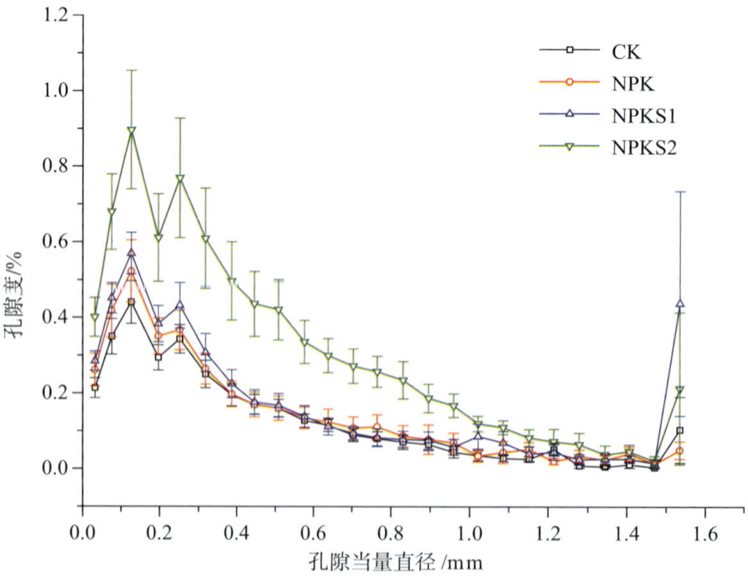

图 4-44　不同施肥处理水稻土孔隙大小分布

注：误差线代表均值的标准误差。

径范围的孔隙度虽然也有所增加，但并没有达到显著水平，全量秸秆还田处理（NPKS2）明显提高了各个孔径范围的孔隙度；结果表明秸秆还田能够改善土壤的大孔隙结构，但是需要秸秆还田达到一定量时才有显著效果，这与近些年的相关研究结论基本一致（丁奠元，2016；李凤博，2008）。

4.6.4　小结

秸秆还田能够显著提高土壤有机碳含量，降低土壤容重，增大土壤总孔隙度。秸秆还田对土壤团聚体分布和水稳定性没有显著影响，但是能有效提高各级团聚体中有机碳的含量，且使有机碳更趋向于分布在大团聚体中。全量秸秆还田显著增大了土壤的大孔隙度，改善了土壤的孔隙结构，而半量秸秆还田的效果则不显著，说明秸秆还田的量是影响土壤结构的重要因素，如果秸秆还田量低可能达不到显著改善土壤结构的效果。

4.7　典型农田土壤微观/介观结构特征及调控

4.7.1　概述

土壤是地球系统的组成部分，它能支持和调节生物圈中的生物过程，提供植物生长的必要条件（Du et al.，2009）。土壤肥力是评估土壤能够提供植物生长所需的各种养分的重要指标，也是土壤性质的综合表现，与土壤的多种性质有关。例如，土壤有机质（soil organic matter，SOM）的含量变化与土壤水分保持、土壤团聚体的形成有着密切的联系；SOM 可以促进土壤微生物的活动，从而改善土壤的结构，提高土壤保肥保水性能（Oades，1984）。此外，SOM 还可以通过腐殖化的过程保存养分，这些养分通过矿化作用释放供植物生长所需，为植物生长提供养分来源（Kononova，1961）。土壤矿物元素的组成与土壤肥力有着密切的联系，通过矿化作用，土壤矿物元素从矿物质中释放，为植物的生长提供养分。因此，快速表征土壤性质和养分含量是合理施肥的重要依据。

土壤的组成、质地和形成过程差异很大（Du et al.，2008），不同地区气候条件、施肥种类、作物类型、耕作模式、管理模式等也不尽相同，这造成农田土壤物理、生物和化学性质具有很大的时空变异性（Yu et al.，2016），因此需要经常性地进行测土（Frederick & Louis，2005）。足够精准的测土结果需要海量的土壤样本来支撑。然而，传统的土壤理化分析方法往往涉及复杂的土壤样品前处理和烦琐的测定过程，这大大增加了土壤分析的时间和经济成本。此外，有些土壤分析过程会使用大量有毒、有害的化学品，且有可能会排放废气和废液，造成环境的二次污染。因此，传统的土壤理化分析方法难以满足测土施肥的需求。

近些年来，土壤近距传感技术（soil proximal sensing）在土壤信息快速获取方面展现出巨大的潜力，其中红外光谱技术作为一种分子光谱技术，能够快速获取土壤分子结构信息，目前在土壤肥力测定方面已经得到长足的发展（Rossel et al.，2006；Stenberg et al.，2010）。然而红外光谱较难表征土壤的元素组成信息，特别是金属、类金属元素的组成信息。发展土壤原子光谱技术，与红外光谱相互补，可以实现土壤养分信息的全面获取。激光诱导击穿光谱（laser-induced breakdown spectroscopy，LIBS）作为一种新兴的原子光谱技术，其利用高能脉冲激光烧蚀样品，使材料表面的微量样品瞬间气化形成高温、高密度的等离子体，测量等离子体中原子发射光谱的谱线波长和强度，进而完成样品所含化学元素的定性和定量分析（Brech & Cross，1962）。因此，LIBS 技术可以对样品进行微损检测，且获得的光谱能较为全面地反映材料的元素组成。近些年来，LIBS 技术已逐步应用于土壤分析中，并展现出设备简单、检测速度快、信息获取全面等优势（Cremers et al.，2001；Ebinger et al.，2003；Martin et al.，2003；da Silva et al.，2008；Essington et al.，2009；Glumac et al.，2010；Martin et al.，2010；Dong et al.，

2013; Lu et al., 2013; Unnikrishnan et al., 2013; Tawfik et al., 2015)。

因此,本节使用 LIBS 光谱技术获取农田土壤原子光谱特征,构建基于 LIBS 光谱的土壤鉴定模型、土壤养分预测模型以及土壤肥力评估模型,并将 LIBS 光谱技术应用于田间测土配方施肥,为快速测土和养分精准调控提供新的技术支撑。

4.7.2 材料与方法

1. 土壤样品采集

采集四种我国典型农田区域的表层土壤(0~20 cm),采样点如图 4-45 所示。50 个潮土采集自山东禹城,该土壤发育于富含碳酸盐的河流冲积物土,属半水成土壤,土壤腐殖积累过程较弱;主要耕作模式为小麦和玉米轮作。50 个水稻土采集自江苏苏南地区,该种土壤是经过水耕熟化而形成的人为土;主要耕作模式是稻麦轮作。50 个红壤采集自江西东乡和余江,该土壤在高温多雨的条件下发育而来,含有较多的铁和铝,土壤黏重,酸性强,有机质含量较低;红壤的主要种植作物为水稻。50 个黑土采集自黑龙江海伦和北安,该土壤有机质含量高、土壤肥沃,腐殖化程度高;黑土种植作物为玉米和大豆。采集的土壤样品经风干、磨碎、过 0.15 mm 筛后,在 40 MPa 的压力下压片 2 min,供后续 LIBS 测量。

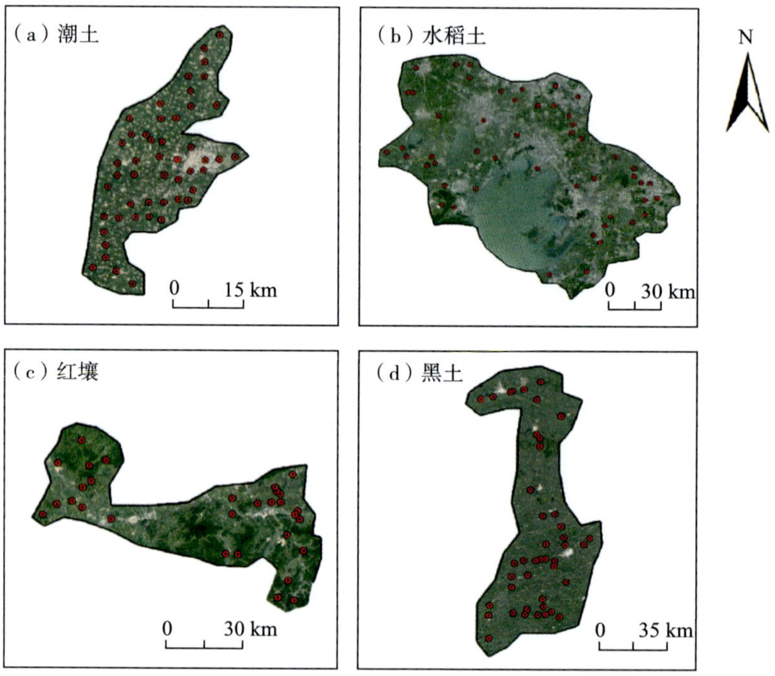

图 4-45 土壤采样点分布图

注:(a)山东禹城地区;(b)江苏环太湖地区;(c)江西东乡和余江地区;(d)黑龙江海伦和北安地区。部分红壤采样点位信息缺失。

2. 土壤样品基本理化分析

采用常规理化分析测得土壤属性和养分含量作为参考值。土壤 pH 使用 pH 计(PB-21, Sartorius, 德国)在土水比为 1∶2.5 条件下测定。采用重铬酸钾氧化比色法测定 SOM 含量(Walkley & Black, 1934)。土壤总氮采用硒粉-硫酸铜-硫酸消煮法(开氏法)测定(Pansu&Gautheyrou, 2007)。土壤总磷采用酸溶-钼锑抗比色法测定(Murphy & Riley, 1962)。土壤全钾采用氢氟酸-高氯酸消煮法测定(Hanway & Heidel, 1952)。对于潮土,土壤速效磷用碳酸氢钠溶液浸提(Olsen, 1954);对于水稻土、红壤和黑土,速效磷用盐酸-氟化铵浸提(Bray & Kurtz, 1945)。土壤速效钾用乙酸铵浸提,使用 ICP-AES 测定。土壤阳离子交换量(cation exchange capacity, CEC)采用乙酸铵浸提测定(Sumner & Miller, 1996)。供试 200 个土壤的基本理化性质如表 4-9 所示。潮土的 pH 较高,SOM 含量、总氮含量、

表 4-9　供试土壤的理化性质统计

土壤类型	统计参数	pH	有机质/(g/kg)	总氮/(g/kg)	总磷/(g/kg)	全钾/(g/kg)	速效磷/(mg/kg)	速效钾/(mg/kg)	CEC/(cmol/kg)
潮土	范围	8.07～8.65	6.15～24.21	0.16～1.42	0.58～1.36	18.93～25.24	3.98～38.03	39.13～307.88	4.55～21.21
	平均值	8.33	15.20	0.85	0.98	22.38	11.12	109.69	13.15
	SD	0.17	3.38	0.24	0.17	1.18	6.66	60.17	3.22
	CV（%）	2.06	22.27	28.14	17.68	5.28	59.86	54.86	24.47
水稻土	范围	5.04～8.08	21.1～44.16	1.07～2.34	0.38～0.92	6.92～19.19	1.59～29.84	47.7～144	4.31～23.24
	平均值	6.16	30.34	1.33	0.57	14.55	7.91	80.02	17.06
	SD	0.78	4.30	0.28	0.10	2.07	5.26	17.77	4.01
	CV（%）	12.61	14.18	17.05	18.50	14.19	66.45	22.20	23.52
红壤	范围	3.90～6.35	5.74～50.92	0.28～2.66	0.13～1.28	4.01～34.75	0.00～123.63	18.34～424.05	3.68～15.02
	平均值	4.95	23.36	1.33	0.48	15.41	18.85	109.58	8.20
	SD	0.41	10.36	0.62	0.23	8.46	24.09	75.64	2.37
	CV（%）	8.26	44.33	46.91	47.13	54.93	127.79	69.03	28.93
黑土	范围	5.51～6.85	32.26～97.41	1.86～4.66	0.96～2.31	15.73～24.24	3.29～126.25	108.41～289.22	17.22～38.15
	平均值	6.16	53.21	2.70	1.55	19.97	18.23	174.10	29.13
	SD	0.33	11.06	0.48	0.29	1.51	18.99	39.89	3.67
	CV（%）	5.38	20.79	17.87	18.71	7.54	104.19	22.91	12.61

注：SD 表示标准偏差；CV 表示变异系数。

速效磷含量较低;水稻土 pH 范围较大,SOM 和总氮含量中等,速效磷和速效钾含量较低;红壤 pH 较低,有机质和总氮含量中等;黑土 pH 偏中性,SOM 含量、总氮含量、CEC 较高。由此看来,土壤属性和肥力状况确实存在着巨大的时空变异性。

3. 土壤 LIBS 光谱获取和预处理

本实验所使用的 LIBS 系统示意图如图 4-46 所示。该 LIBS 系统由一套 MobiLIBS 硬件系统(IVEA,法国)和 AnaLIBS 软件系统组成。其激光器为四次谐波 Nd: YAG 激光器(Quantel,法国);激光的波长为 266 nm,脉冲间隔为 5 ns,能量为 16 MJ,频率为 20 Hz。土壤样本被放置在一个 *XYZ* 三轴手动/自动移动微平台。将片状土壤样品置于微平台,激光通过焦距为 15 cm 的透镜聚焦在样品表面,产生直径为 50 μm 左右的光斑。激光烧蚀样品表面产生等离子体,等离子体辐射通过 Mechelle 5000 Echelle 光谱仪(Andor Technology, Ltd,北爱尔兰)收集并分析;光谱仪测定的波长范围为 200～1 000 nm,分辨率为 0.116 nm;采用增强型电荷耦合器件(iStar, Andor Technology, Ltd.,北爱尔兰)记录衍射光,检测的延迟时间设置为 370 μs。

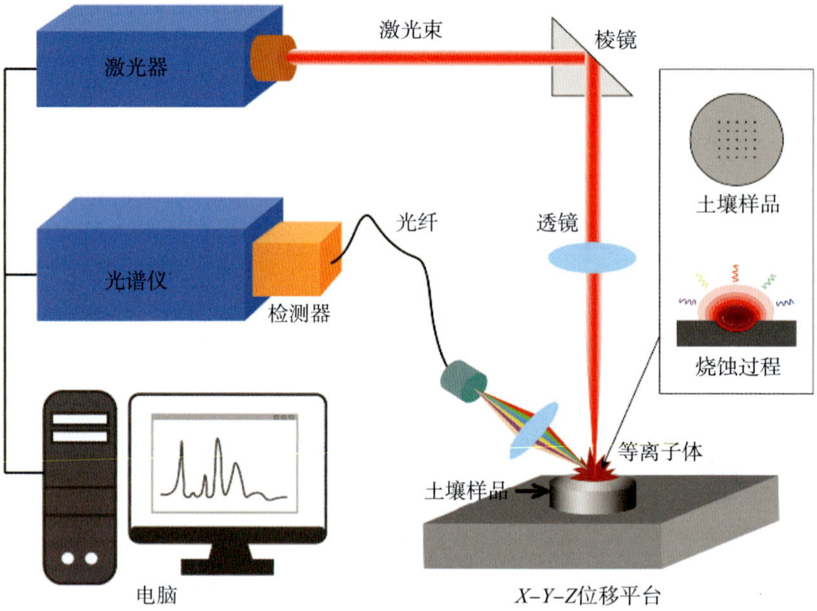

图 4-46　实验 LIBS 系统设备组成

采用形态加权惩罚最小二乘(MPLS)对土壤 LIBS 光谱进行基线校正(Li et al., 2013)。将基线校正后的光谱进行平均得到土壤样品的 LIBS 特征光谱,然后将土壤 LIBS 光谱归一化,以便后续定性定量分析。

4.7.3　结果分析

1. 土壤 LIBS 光谱的特征

不同类型土壤样品的 LIBS 光谱在不同波长(200～1 000 nm)上呈现出不同元素的特征线(图 4-47)。由于土壤 LIBS 光谱具有丰富的特征峰以及谱线之间存在干扰,识别这些元素特征峰是一项艰巨而复杂的任务。

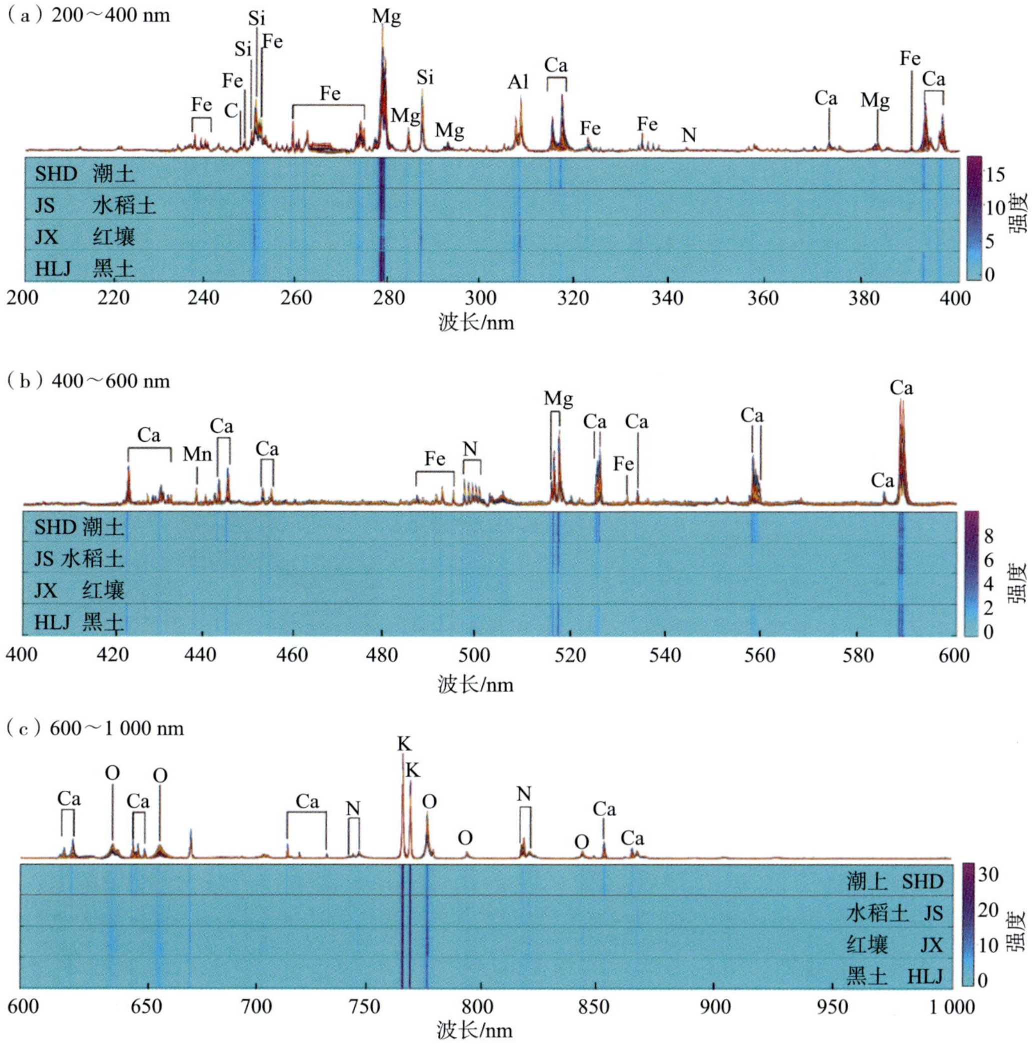

图 4-47　四种典型农田土壤的 LIBS 光谱

结合 NIST 原子光谱数据库(Kramida et al.)和已有的文献报道，对 LIBS 光谱特征峰进行识别。在 247. 8 nm(范围：247. 5～249. 5 nm)处的信号为 C 的发射峰(Cremers et al.，2001；Ebinger et al.，2003；Martin et al.，2003)；在 777. 1 nm(773. 4～782. 9 nm)、794. 6 nm(791. 6～801. 6 nm)、844. 6 nm(840. 2～848. 3 nm)处的三个信号为 O 的发射峰(Kramida et al.；Ji et al.，2010)；在 655. 6 nm(649. 7～664. 3 nm)处的峰为 H 的发射峰(Kramida et al.)；在 343. 75 nm(343. 2～344. 6 nm)和 460. 5 nm(459. 8～460. 9 nm)处的峰为 N 的发射峰(Harris et al.，2004)；在 739. 4～755. 3 nm 和 815. 6～828. 0 nm 处的连续峰也是 N 的发射峰(Martin et al.，2003；Harris et al.，2004；De Lucia Jr. & Gottfried，2010；Dong et al.，2013)；在 253. 7 nm(253. 1～254. 4 nm)和 440. 2 nm(439. 4～440. 6 nm)处的峰为 P 的发射峰(Sallé et al.，2005；Mansoori et al.，2011；Lu et al.，2013；Aras & Yalçın，2014)；在 766. 3、769. 8 nm(762. 6～772. 8 nm)处的信号为 K 的发射峰(Sallé et al.，2005；Mansoori et al.，2011)。此外，还观察到 Na、Ca、Mg、Al、Si、Fe 等元素的发射谱线。总体来看，四种土壤中 Mg 和 Ca 元素发射峰强度差异比较大。红壤的 Mg 发射峰强度要明显低于其他类型土壤，说明红壤中 Mg 含量比其他类型土壤低；水稻土和红壤的 Ca 元素发射峰比较弱，说明水稻土和红壤中 Ca 含量比其他类型土壤低。

2. 基于 LIBS 光谱的土壤类型鉴定

在实际生产过程中，根据不同的土壤类型，种植相应适宜的作物，可以提高作物产量和土地的利用率。建立合理的土壤分类方法和土壤类型评价系统对土壤的可持续利用具有重要意义。此外，由于土壤在时空上的差异，不同地区土壤的 LIBS 光谱差异可能很大，在对不同时空来源的土壤进行定量分析时，这种差异可能会影响定量的能力。因此，在对农田土壤 LIBS 光谱进行定量分析之前，开展基于 LIBS 光谱的典型农田土壤鉴定很有必要。

图 4-48 为 200 个土壤样品之间 LIBS 光谱欧氏距离的热图。明显可以看出同类土壤间的 LIBS 光谱欧氏距离小，而不同类型间的 LIBS 光谱欧式距离大。红壤和潮土之间的 LIBS 光谱欧氏距离最大，这说明这两种类型土壤 LIBS 光谱之间的差异最大。水稻土和黑土之间的 LIBS 光谱欧氏距离最小，说明这两种类型土壤 LIBS 光谱之间的差异最小。不同类型土壤 LIBS 光谱之间的差异大小排序为：红壤-潮土＞红壤-黑土＞潮土-水稻土＞水稻土-红壤＞潮土-黑土＞水稻土-黑土。四种类型土壤内部不同土壤样本 LIBS 光谱的欧式距离都比较小；红壤内部不同土壤样本间的 LIBS 光谱变异较其他类型土壤大。以上结果表明，根据土壤 LIBS 光谱间欧氏距离可以初步对土壤进行鉴定。

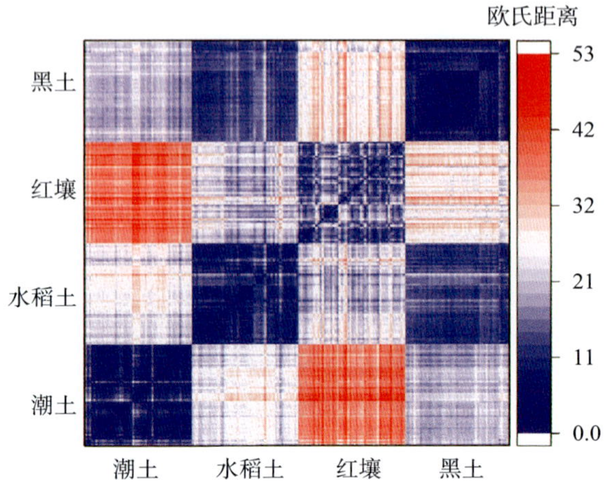

图 4-48　四种典型农田土壤 LIBS 光谱之间的欧氏距离(n=200)

虽然土壤 LIBS 光谱的欧式距离能够初步区分土壤类型，为了进一步分析土壤 LIBS 光谱对土壤类型的鉴定效果以及不同元素谱线在鉴定中的作用，对不同类型土壤 LIBS 光谱进行主成分分析。图 4-49 为土壤 LIBS 光谱的主成分分析结果。土壤 LIBS 光谱的前三个主成分的方差解释量分别为 71.18%、11.68%、5.65%，前三个主成分的累积方差解释量达到 88.51%。从第一主成分和第二主成分的散点图来看，潮土、红壤之间可以明显地区分开，而黑土和水稻土之间则较难区分，这与土壤光谱的欧式距离结果类似。从第一主成分和第三主成分的散点图来看，潮土、红壤、水稻土(或黑土)之间可以明显地区分，而水稻土和黑土之间则较难区分。从第二主成分和第三主成分的散点图来看，四种类型土壤均较难区分。由于土壤 LIBS 光谱反映的是土壤的原子组成信息，而无法反映土壤的分子结构信息。黑土和水稻土有较为相似的元素组成信息(表 4-9)，水稻土和黑土的 LIBS 光谱相似度较高，因此，土壤 LIBS 光谱较难区分水稻土和黑土。

为了更好地理解主成分分析中变量的解释性，分别绘制三个主成分的荷载图，如图 4-49 所示。水稻土、黑土和红壤的第一主成分得分为正值，潮土的第一主成分得分为负值。第一主成分正值荷载出现在 Fe、Si、Mg、N、H、O 等发射峰的位置；这说明水稻土、黑土和红壤中的 Fe、Si、Mg、N、H、O 等元素发射峰强度要高于其他类型土壤；进一步说明水稻土、黑土和红壤中的 Fe、Si、Mg、N、H、O 等元素含量较高。第一主成分负值荷载出现在 Ca 和 K 的发射峰位置；说明潮土中的 Ca 和 K 元素发射峰强度要高于其他类型土壤；进一步说明潮土中的 Ca 和 K 元素含量较高。这些结果说明，土壤 LIBS 光谱的主成分分析主要根据土壤中 Fe、Si、Mg、N、H、O、Ca、K 等元素发射峰的强弱进行土壤鉴定。

3. 基于土壤 LIBS 光谱的土壤属性和养分预测

从 200 个土壤样品中随机选择 150(75%)个土壤样品作为校正集用于训练偏最小二乘(PLS)模型，其余的 50(25%)个土壤样品作为验证集，用于验证模型的精度，从而评估土壤 LIBS 光谱对土壤属性和养分同时快速预测的效果。

(1)土壤 pH 和 CEC 的预测

土壤 pH 是调节土壤储存和供应养分能力的重要指标(Slessarev et al.，2016)，也是土壤微生物多

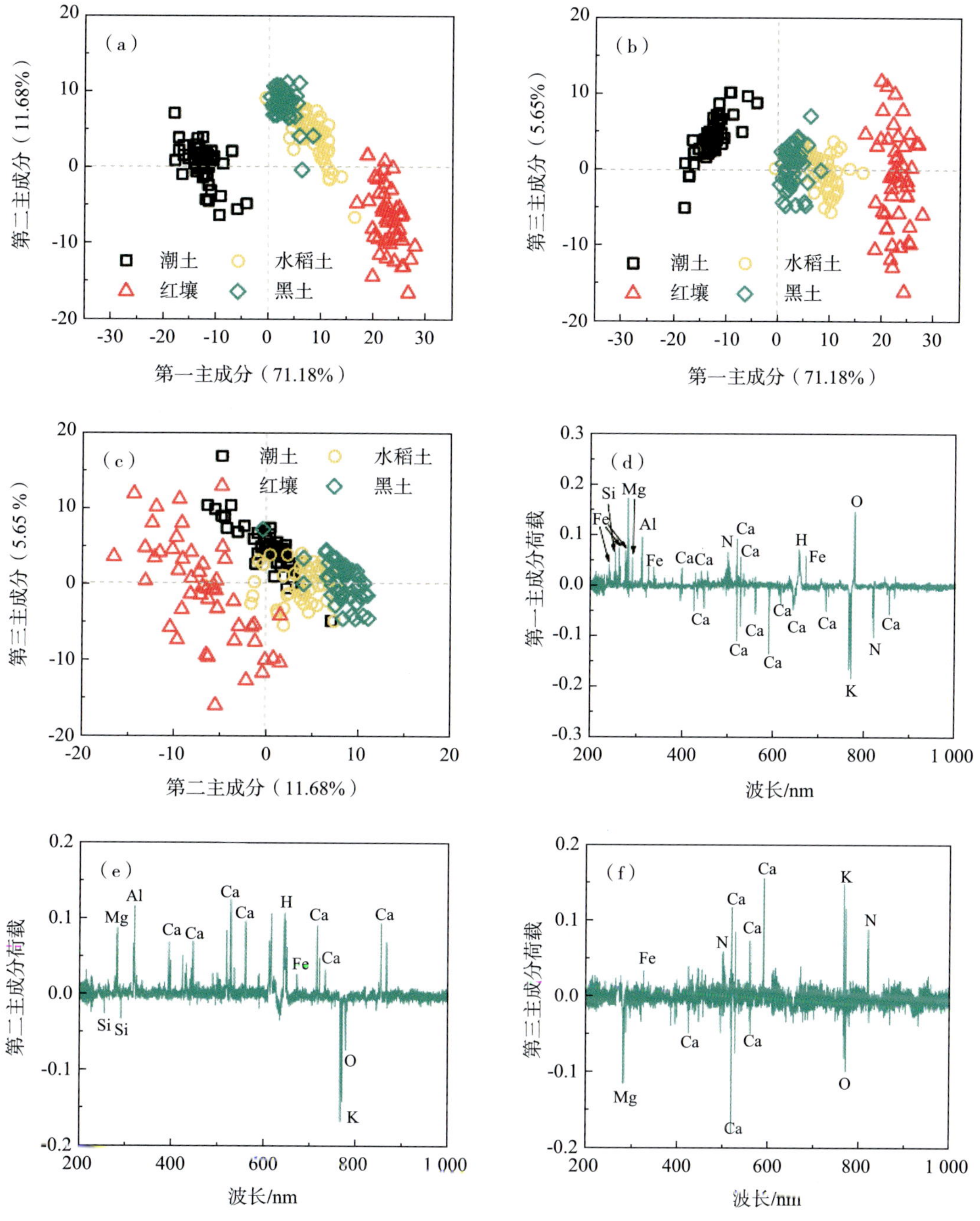

图 4-49　土壤 LIBS 光谱主成分分析（$n=200$）

样性的主要预测因子（Fierer & Jackson，2006；Lauber et al.，2008）。此外，土壤 pH 对植物化学元素的有效性和毒性起着重要的作用，因为它影响了这些元素在土壤中的生物有效性（Likar et al.，2015）。图 4-50a 为校正集和验证集中土壤 pH 预测值和实测值的散点图。校正集和验证集的散点均位于 1∶1 线附近，这表明 LIBS 全谱对土壤 pH 的预测具有较高的准确性。校正集和验证集的剩余预测偏差（RPD）分别为 4.691 和 2.940（表 4-10），这说明 LIBS 全谱对土壤 pH 具有卓越的预测能力。土壤酸化或碱化是通过 H^+ 迁移过程发生的，土壤的酸中和能力（ANC_S）可由土壤固相组分组成来估计，由总元素分析确定：$ANCs=6[Al_2O_3]+2[CaO]+2[MgO]+2[K_2O]+2[Na_2O]+2[MnO]+6[Fe_2O_3]+2[FeO]-2[SO_3]-2[P_2O_5]-[HCl]$，换言之，土壤 pH 通常是由土壤矿物质的平衡决定的（van Breemen et al., 1983)。这些矿物质溶解时消耗质子(H^+),沉淀时释放出 H^+,由此缓冲土壤的 pH(Sposito, 2008)。在本研究中,较高的变量投影重要性评分出现在矿物元素的发射线(如 K、Ca、Mg、Al、Si、Fe)和 O 发射峰处(图 4-51),土壤中的这些元素与 pH 息息相关。这一结果也表明,这些元素的发射峰有助于预测土壤的 pH,并提供了较高的变量解释性。

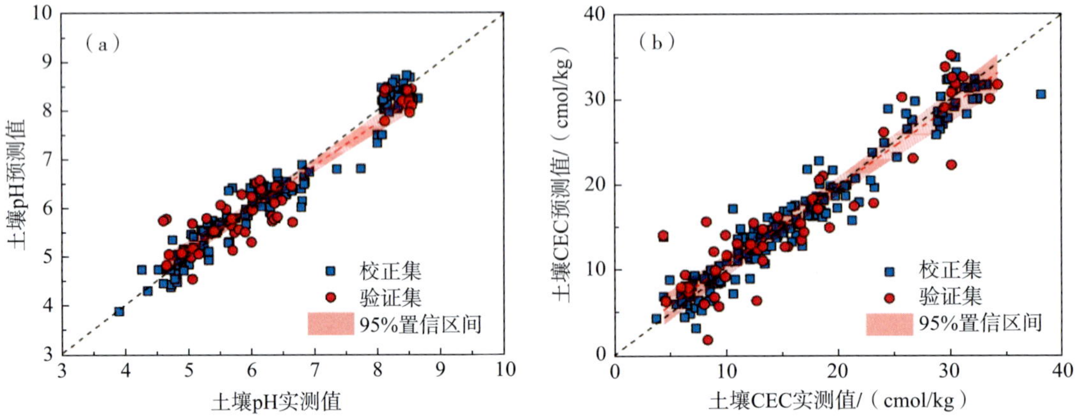

图 4-50 基于 LIBS 全谱的土壤 pH(a)和阳离子交换量(b)预测值和实测值的散点图

土壤 CEC 能反映土壤肥力状况,影响土壤结构稳定性、养分有效性、土壤 pH 和土壤化学平衡(Sharma et al., 2015; Shekofteh et al., 2017)。图 4-50(b)为校正集和验证集中 CEC 预测值和实测值的散点图,校正集和验证集的散点都接近 1∶1 线;校正集和验证集的 RPD 值分别为 3.826 和 2.507(表 4-10),决定系数(R^2)分别为 0.931 和 0.849;这些结果均说明 LIBS 全谱对土壤 CEC 具有卓越的预测能力。在 CEC 的预测模型中,变量重要性投影评分主要出现在土壤矿物发射谱线位置(如 K、Ca、Mg、Al、Si、Fe),这些元素的发射峰有助于土壤 CEC 的预测,并为 CEC 的预测提供了变量解释性(图 4-51)。

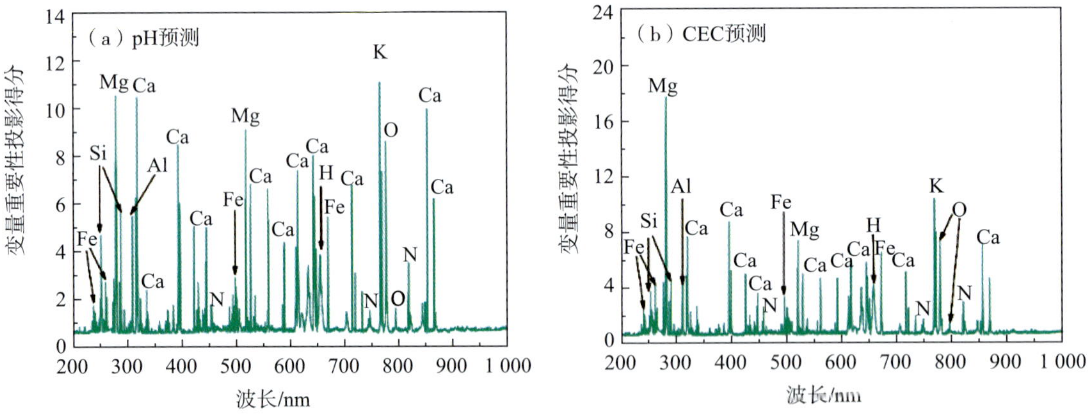

图 4-51 基于 LIBS 全谱的土壤 pH(a)和 CEC(b)预测模型的光谱变量投影重要性评分

(2)土壤有机质的预测

SOM 是影响土壤质量和农业可持续发展的重要因素,也是农业管理和全球变暖等环境变化的反馈。对于 SOM 的预测,基于 LIBS 全谱和 C 发射峰的模型对 SOM 均具有较好的预测性能,因为校准和验证集的散点接近 1∶1 线(图 4-52)。然而,在基于 LIBS 全谱的模型中,预测残差随 SOM 含量增加而增加,当 SOM 含量低于 40 g/kg 时,预测值和实测值有较好的相关性,当 SOM 含量高于 40 g/kg 时,预测值和实测值的相关性较差。相反,在基于 C 发射峰的模型中,在整个 SOM 变化范围内(0~100 g/kg),预测值和实测值都保持较好的相关性。这些结果表明,基于 C 发射峰的 SOM 预测模型更加稳健。

这主要是由于 LIBS 全谱中的冗余信息干扰了模型的预测能力，引入不相关的干扰谱线降低了模型的鲁棒性，因此预测精度随着 SOM 含量的变化而变化。与基于 LIBS 全谱的 SOM 预测模型相比，基于 C 发射峰的模型对验证集中 SOM 的预测精度更高，其预测的均方根误差（$RMSE_V$）值为 7.878g/kg，R_V^2 为 0.833，RPD_V 为 2.373（表 4-10）。本研究中 SOM 含量预测的准确性要优于其他技术对 SOC 和 SOM 预测的准确性，如红外光声光谱（$R^2=0.81$）（Xing et al.，2016）、可见近红外光谱（$R^2=0.74$、0.81）（Li et al.，2015；Shi et al.，2015）、近红外光谱（$R^2=0.47$）（Christy，2008）。

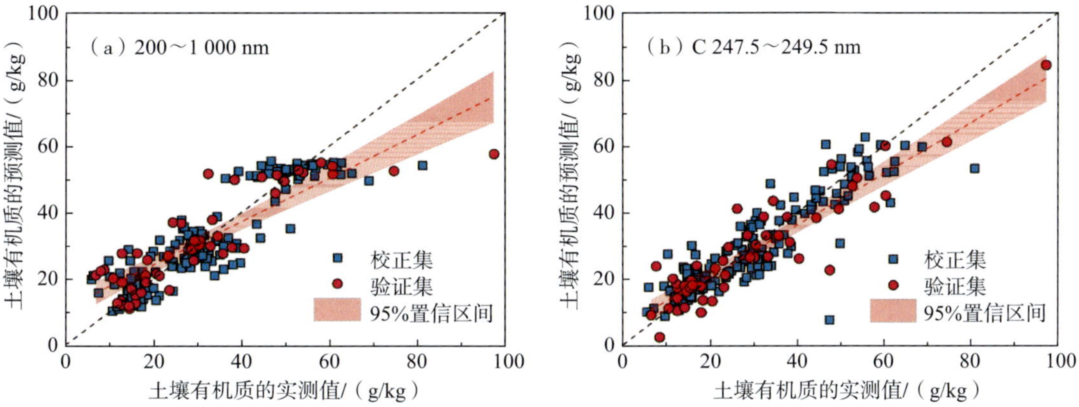

图 4-52　基于 LIBS 全谱(a)和 C 发射峰(b)的 SOM 预测值和实测值的散点图

(3)土壤总氮、总磷和全钾的预测

在农业生态系统中，土壤总氮、总磷和全钾是土壤肥力和质量的主要影响因素和指标，与土壤生产力密切相关（Wang et al.，2009）。因此，本研究评估并比较了基于 LIBS 全谱和特征谱线的土壤总氮、总磷和全钾的预测性能。

对于土壤总氮，基于 LIBS 全谱和 N 发射峰的模型中潜在变量数分别优化为 5 和 6（表 4-10）。基于 LIBS 全谱的模型对校正集和验证集预测的 RPD 值分别为 2.073 和 2.130，均在 2.0 以上，这说明预测性能卓越，而基于 N 发射峰的模型对验证集的预测 RPD 值为 1.849，预测能力稍弱于基于 LIBS 全谱的模型。与 SOM 的预测相似，在基于 LIBS 全谱模型中也观察到了预测偏差随土壤总氮含量的变化而变化（图 4-53），这表明 LIBS 全谱中的冗余信息干扰了总氮的预测。

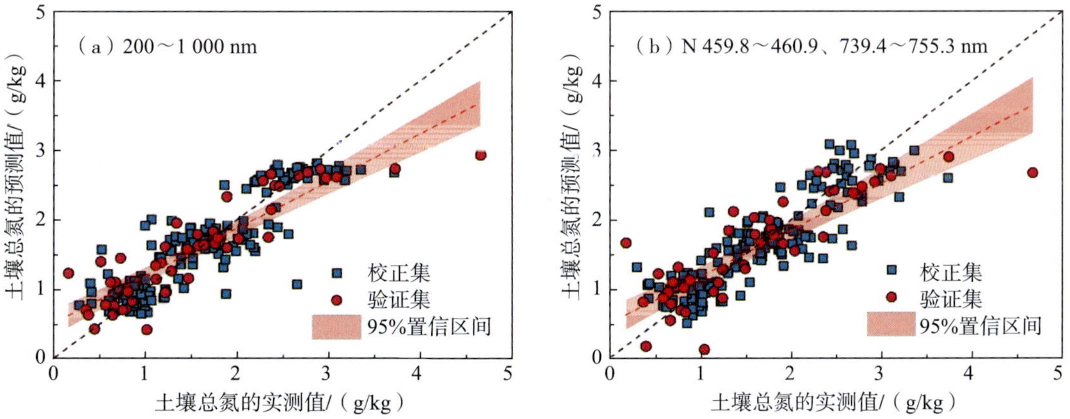

图 4-53　基于 LIBS 全谱(a)和 N 谱线(b)的土壤总氮预测值和实测值的散点图

对于土壤总磷，基于 LIBS 全谱和 P 发射峰的模型中潜在变量数分别优化为 4 和 3（表 4-10）。相比较于 LIBS 全谱模型，基于 P 发射峰的模型具有较高的 $RMSE_{CV}$、$RMSE_C$、$RMSE_V$ 值和较低的 R_{CV}^2、R_C^2、R_V^2、RPD_C、RPD_V 值，且预测值和实测值散点图中散点也远离 1∶1 线（图 4-54），这些结果说明，基于 P

发射峰的模型对土壤总磷的预测能力明显弱于基于 LIBS 全谱的模型。

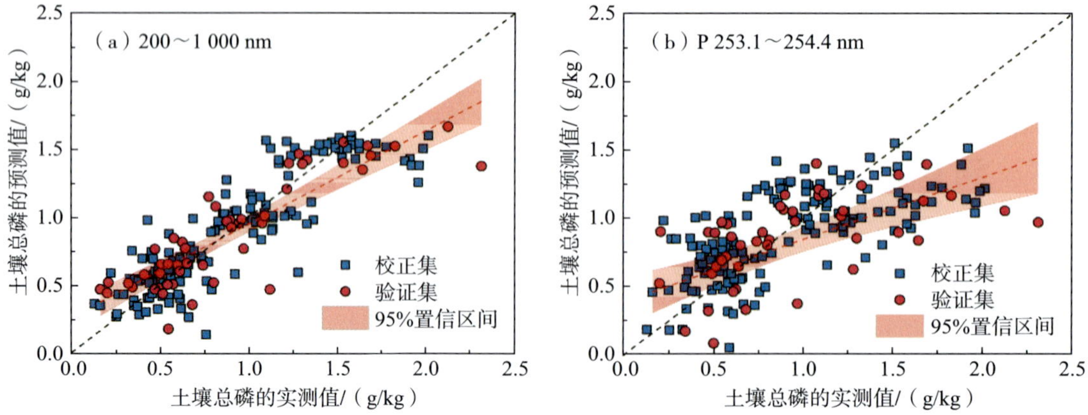

图 4-54 基于 LIBS 全谱(a)和 P 谱线(b)的土壤总磷预测值和实测值的散点图

对土壤全钾，基于 LIBS 全谱和 K 发射峰模型的最优潜在变量数分别为 6 和 5(表 4-10)。基于 LIBS 全谱的模型对全钾具有卓越的预测性能(图 4-55)，其预测的 $RMSE_V$、R_V^2、RPD_V 分别为 2.568 g/kg、0.821、2.323，然而，基于 K 发射峰的模型对全钾的预测性能则相对较差，其预测的 $RMSE_V$、R_V^2、RPD_V 分别为 3.180 g/kg、0.737、1.867(表 4-10)。预测偏差在两种模型中均不随土壤全钾含量的变化而变化，说明两种模型具有较强的鲁棒性。本研究中基于 LIBS 技术的全钾的预测精度明显高于其他文献报道的技术，如可见光谱(R^2=0.29)、近红外光谱(R^2=0.47)、中红外光谱(R^2=0.38)(Viscarra Rossel et al.，2006)。

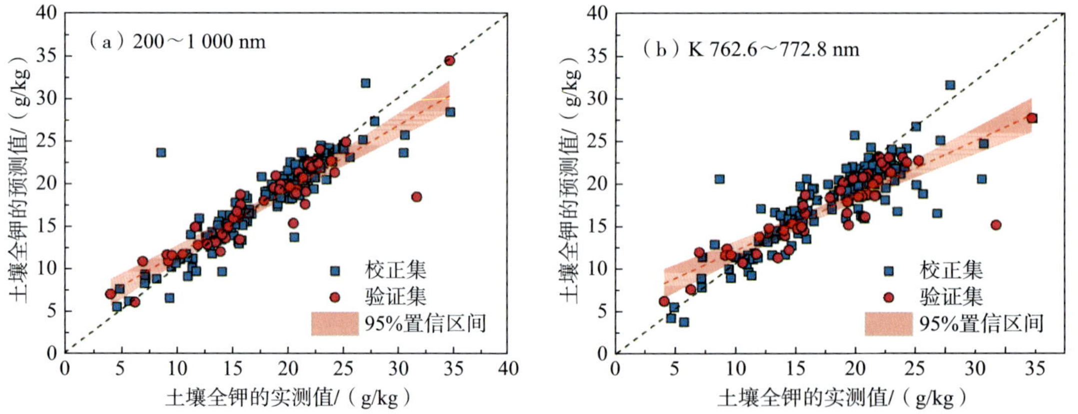

图 4-55 基于 LIBS 全谱(a)和 K 谱线(b)的土壤全钾预测值和实测值的散点图

(4)LIBS 技术对土壤多种性质同时快速测定的潜力

为了进行土壤质量评估和精确的土壤管理，需要快速便捷的土壤分析技术支撑。LIBS 是一种快速、方便、可多元素同时测定的技术。然而，激光脉冲能量、延迟时间和栅极宽度是 LIBS 的重要参数，它们的组合优化可以提高确定特定元素发射峰的强度和信背比，同时也可能会对其他元素发射峰强度和信背比造成影响，因此建立一个单一的最优测定条件满足多元素同时测定是非常困难的(Ferreira et al.，2009)。事实上，以往的研究多集中在针对土壤某一特性(如 pH、CEC、C、N、P、K 等)进行试验参数优化(Ferreira et al.，2015；Lin et al.，2016；Senesi et al.，2019)。为每个元素分别建立最优测定条件将使 LIBS 测定过程变得烦琐，难以满足精准农业的需要。本部分研究结果证明在单一优化条件下得到的土壤 LIBS 光谱对土壤多种性质的同时检测具有良好的预测性能，这对土壤养分精准管理，指导实际农业生产具有重要意义。

表 4-10　基于 LIBS 全谱(200～1 000 nm)和特征光谱的 PLSR 模型对土壤性质和养分的预测结果

土壤性质	变量范围/nm	潜在变量数	校正集(n=150)				验证集(n=50)			
			$RMSE_{CV}$	R^2_{CV}	$RMSE_C$	R^2_C	RPD_C	$RMSE_V$	R^2_V	RPD_V
pH	200～1 000	10	0.444	0.885	0.280	0.954	4.691	0.444	0.886	2.940
CEC/(cmol/kg)	200～1 000	10	3.157	0.857	2.185	0.931	3.826	3.492	0.849	2.507
有机质/(g/kg)	200～1 000	5	7.071	0.789	6.046	0.846	2.554	8.297	0.812	2.253
	247.2～248.0	3	7.431	0.767	7.081	0.788	2.181	7.878	0.833	2.373
总氮/(g/kg)	200～1 000	5	0.437	0.709	0.366	0.766	2.073	0.442	0.797	2.130
	459.8～460.9，739.4～755.3	6	0.451	0.645	0.369	0.763	2.059	0.510	0.710	1.849
总磷/(g/kg)	200～1 000	4	0.223	0.769	0.222	0.771	2.097	0.249	0.756	1.993
	253.1～254.5	3	0.360	0.395	0.338	0.468	1.376	0.413	0.364	1.201
全钾/(g/kg)	200～1 000	6	2.563	0.770	2.152	0.838	2.490	2.568	0.821	2.323
	765.4～770.3	5	2.863	0.713	2.667	0.751	2.010	3.180	0.737	1.876

注:RMSE 为均方根误差,RPD 为剩余预测偏差。

4. 基于土壤 LIBS 光谱的土壤肥力评价

目前,土壤综合肥力评价主要还是综合考虑土壤的基本理化性质和养分指标(李梅和张学雷,2011;包耀贤等,2012)。本节之前的研究结果显示,土壤 LIBS 光谱结合化学计量学算法对土壤诸多理化性质的预测能力很强。因此,本节使用土壤 LIBS 光谱结合化学计量学算法,将 LIBS 技术运用于农田土壤肥力评价。首先,使用改进后的内梅罗综合指数法对基于基本理化性质的土壤的肥力进行评价,选择的土壤理化指标有:pH、SOM、总氮、总磷、全钾、速效磷、速效钾、CEC。然后构建土壤 LIBS 光谱和农田土壤肥力之间的预测模型。

表 4-11 为基于土壤 LIBS 光谱的四种分类模型对土壤综合肥力等级鉴定精度,偏最小二乘判别分析模型交叉验证、校正集、验证集的土壤综合肥力等级鉴定准确率分别为 94.22%、100.00%、100.00%,支持向量机模型交叉验证、校正集、验证集的土壤综合肥力等级鉴定准确率分别为 92.00%、97.33%、84.00%,随机森林模型交叉验证、校正集、验证集的土壤综合肥力等级鉴定准确率分别为 91.33%、100.00%、76.00%,概率神经网络模型交叉验证、校正集、验证集的土壤综合肥力等级鉴定准确率分别为 85.33%、100.00%、74.00%。四种模型中,偏最小二乘判别分析模型对土壤综合肥力等级鉴定效果最好。

表 4-11　四种分类模型对土壤综合肥力等级鉴定精度

模型	参数	准确率		
		交叉验证	校正集	验证集
偏最小二乘判别分析	nLV=19	94.22%	100.00%	100.00%
支持向量机	$c=4,\gamma=2^{-7}$	92.00%	97.33%	84.00%
随机森林	ntree=350, mtry=266	91.33%	100.00%	76.00%
概率神经网络	spread=0.32	85.33%	100.00%	74.00%

注:nLV 为潜在变量数,c 为损失函数参数,γ 为核函数参数,ntree 为树数目,mtry 为节点分割数目,spread 为径向基函数的分布系数。

图 4-56 显示了四种模型对验证集中土壤综合肥力等级的鉴定结果。在偏最小二乘判别分析模型中,50 个土壤均被正确地划分。在支持向量机模型中,Ⅱ级(肥沃)土壤均被正确鉴定;Ⅲ级(一般)土壤中有 1 个土壤被错误地划分为Ⅳ级(贫瘠),有 3 个土壤被错误地划分为Ⅱ级(肥沃);Ⅳ级(贫瘠)土壤中有 4 个土壤被错误地划分为Ⅲ级(一般)。在随机森林模型中,有 3 个Ⅱ级(肥沃)土壤被错误地划分为Ⅲ级(一般);有 3 个Ⅲ级(一般)土壤被错误地划分为Ⅱ级(肥沃);有 6 个Ⅳ级(贫瘠)土壤被错误地划分为Ⅲ级(一般)。在概率神经网络模型中,有 2 个Ⅱ级(肥沃)土壤被错误地划分为Ⅲ级(一般);有 2 个Ⅲ级(一般)土壤被错误地划分为Ⅳ级(贫瘠);有 3 个Ⅲ级(一般)土壤被错误地划分为Ⅱ级(肥沃);有 6 个Ⅳ级(贫瘠)土壤被错误地划分为Ⅲ级(一般)。

5. 土壤 LIBS 光谱在测土施肥中的应用

将基丁 LIBS 光谱的土壤属性和养分预测模型以及土壤肥力评价模型应用于测土施肥中。实验场地位于江苏省南京市江宁区湖熟街道(118°59′ E, 36°03′ N)。实验分为小麦测土施肥和水稻测土施肥,种植前进行土地平整、肥力均匀、形状规整。分别在种植小麦和玉米前采集表层土壤(0～20 cm)进行 LIBS 光谱分析,得到土壤的基本性质和肥力状况。并根据土壤肥力状况设置施肥量,比较控释 BB 肥与常规施肥对产量的影响,评估 LIBS 光谱在测土施肥中的应用潜力。

(1)小麦测土施肥

对于种植小麦土壤,土壤 pH 为 6.15、总氮含量为 1.13 g/kg、总磷含量为 0.64 g/kg、全钾含量为 8.58 g/kg、有机质含量为 11.65 g/kg、速效磷含量为 19.80 mg/kg、速效钾含量为 142.5 mg/kg。

设置常规施肥(FF),常规施肥不施氮肥(FF-N)、不施磷肥(FF-P)和不施钾肥(FF-K)处理,同时设

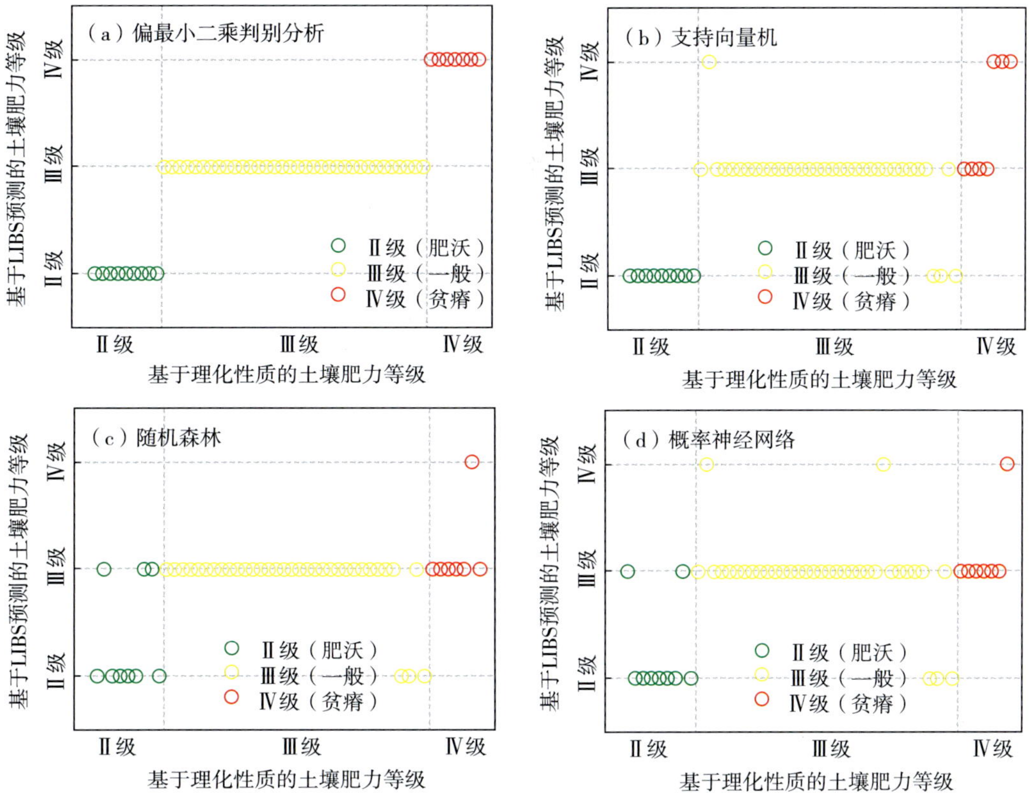

图 4-56　四种分类模型对验证集中土壤综合肥力等级鉴定结果

置配方施肥 RF(30%缓释肥)、配方施肥不施氮肥(RF-N)、配方施肥不施磷肥(RF-P)、配方施肥不施钾肥(RF-K)处理，共 8 个处理，每个处理重复 3 次，共计 24 个小区，随机区组设计。常规施肥基肥折纯量为 180 kg/hm²，拔节期追肥 60 kg/hm²，磷肥和钾肥作为基肥一次性施入。配方施肥氮肥用量为 210 kg/hm²，缓释氮肥由江苏艾萨斯新型肥料工程技术有限公司提供。

小麦测土施肥的产量结果如图 4-57 所示。施氮肥处理的小麦籽粒产量和秸秆产量显著高于不施氮肥处理。常规施肥不施磷肥处理的小麦籽粒和秸秆产量显著低于施氮肥处理。而配方施肥不施磷肥

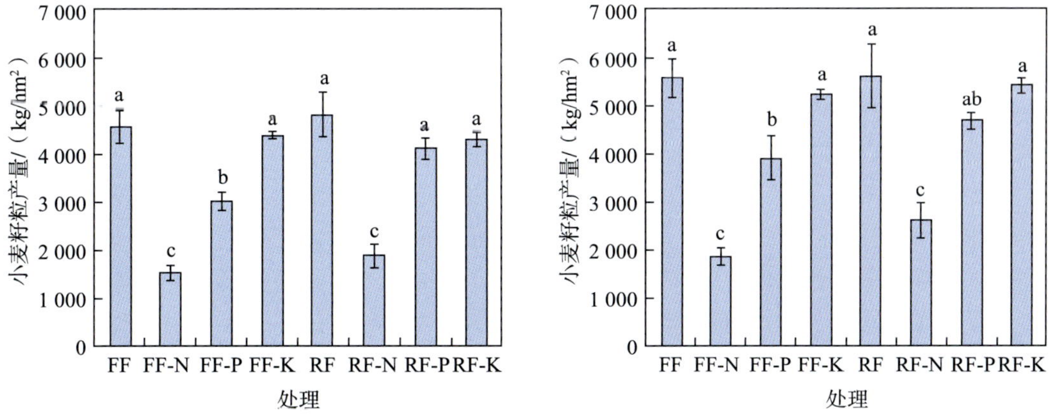

图 4-57　不同施肥处理小麦产量

注：FF，常规施肥；FF-N，常规施肥不施氮肥处理；FF-P，常规施肥不施磷肥处理；FF-K，常规施肥不施钾肥处理；RF，配方施肥(30%缓释肥)，RF-N，配方施肥不施氮肥；RF-P，配方施肥不施磷肥；RF-K，配方施肥不施钾肥。字母表示不同处理间在 $P<0.05$ 水平上的差异显著。

处理的小麦籽粒和秸秆产量与施氮肥处理之间没有显著差异。常规施肥和配方施肥不施钾肥处理的小麦籽粒和秸秆产量与施肥处理之间差异不显著。这说明在不施磷肥的情况下，配方施肥(30%缓释肥)可以维持小麦产量。

进一步计算不同处理下肥料的表观利用率、偏生产力和农学效率(图 4-58)。小麦的氮肥表观利用率最高，其次是钾肥，磷肥的利用率最低；磷肥和钾肥的偏生产力相当，而氮肥的偏生产力较低；钾肥的农学效率最低。配方施肥(RF)处理的氮肥和钾肥表观利用率比常规施肥(FF)分别提高 6.2% 和 3.8%。配方施肥(RF)处理的氮肥、磷肥、钾肥偏生产力相较于常规施肥(FF)分别提高 20.4%、17.3%、13.0%。

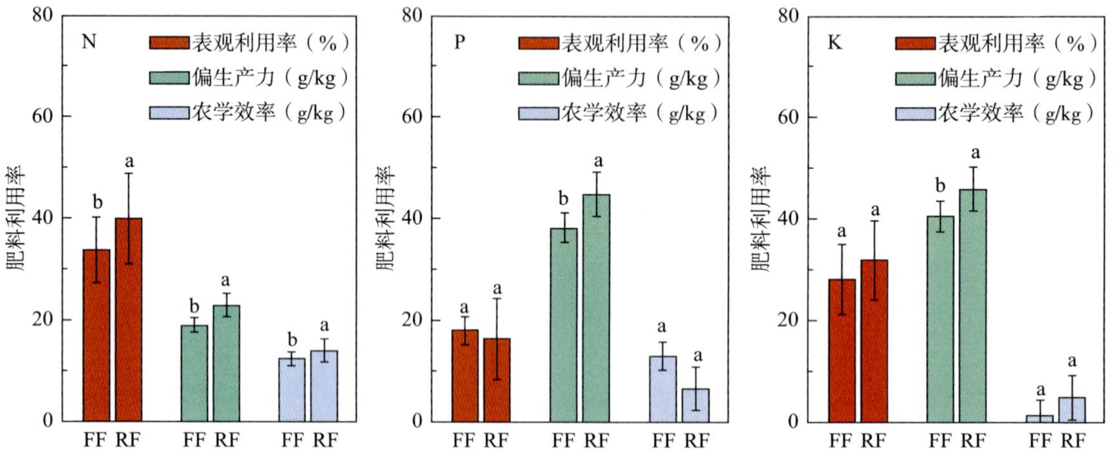

图 4-58　不同施肥处理对小麦肥料利用率的影响

注：FF，常规施肥；RF，配方施肥。字母表示不同处理间在 $P<0.05$ 水平上的差异显著。

(2)水稻测土施肥

供试土壤 pH 为 6.8、有机质含量为 24.65 g/kg、总氮含量为 1.72 g/kg、有效磷含量为 19.50 mg/kg、速效钾含量为 128.5 mg/kg。

设置不施肥(CK)、常规施肥(FF)、等氮量控释 BB 肥侧深施肥(RFSD)、减氮 10%控释 BB 肥侧深施肥(RFSD10)、减氮 20%控释 BB 肥侧深施肥(RFSD20)、减氮 10%控释 BB 肥撒施(RF10)，共 6 个处理，每个处理重复 3 次，共计 18 个小区，随机区组设计。常规施肥中，45%复混肥作基肥一次性施入，后期追施 46%尿素两次，氮肥施用比例为基肥：分蘖肥：穗肥 =7.5：1.5：1。其他处理均一次施肥。FF 处理施肥折纯量(N-P_2O_5-K_2O)为 255-64-77 kg/hm^2，RFSD 处理施肥折纯量为 191-64-77 kg/hm^2，RFSD10 和 RF10 处理施肥折纯量为 172-57-69 kg/hm^2，RFSD20 处理施肥折纯量为 153-51-61 kg/hm^2。缓释氮肥由江苏艾萨斯新型肥料工程技术有限公司提供。

表 4-12 为不同处理下水稻产量、氮素累积量、氮肥表观利用率情况。各施肥处理的水稻产量均显著高于对照，其中 RFSD 处理产量最高，相较于常规施肥(FF)增产 3.95%，这说明侧根深施 BB 肥能提高水稻产量。在侧根深施肥处理中，随着减氮量的增加，水稻的产量逐渐降低，但没有显著差异。RF10 处理相较于 RFSD10 处理水稻产量降低 5.05%，这说明侧根深施能有效提高水稻产量。各处理的水稻氮素累积量均显著高于 CK 处理，氮施肥处理之间则无显著差异，其中 RFSD 处理氮素累积量最高，而 RF10 处理最低。常规施肥(FF)的氮肥表观利用率最低，为 29.9%；RFSD20 处理氮肥表观利用率最高，为 50.0%。这说明适当地减氮侧根深施 BB 肥可以有效提高氮肥的表观利用率。此外，RFSD10 处理的氮肥表观利用率相较于 RF10 提高了 13.93%，这说明侧根深施相较于撒施能有效提高氮肥利用率。

表 4-12　不同处理下水稻产量、氮素累积量、氮肥表观利用率

处理	水稻产量/(kg/hm²)	氮素累积量/(kg/hm²)	氮肥表观利用率/%
CK	7 212.0b	183.60b	—
FF	11 077.5a	259.95a	29.9
RFSD	11 515.5a	275.70a	48.2
RFSD10	11 131.5a	255.45a	41.7
RFSD20	11 091.0a	260.10a	50.0
RF10	10 569.0a	246.60a	36.6

注：同一列数据后不同小写字母表示不同处理间在 $P<0.05$ 水平上的差异显著。

以上结果初步证明土壤 LIBS 光谱在测土配方施肥中可以实现土壤养分信息的快速获取，有助于了解土壤的肥力状况，进行土壤养分的精准管理，提高施肥决策的效率。

4.7.4　小结

使用 LIBS 技术可以实现农田土壤原子光谱信息的快速获取，土壤 LIBS 光谱能够较为全面地反映农田土壤的元素组成信息，如 C、H、O、N、K、Ca、Mg、Al、Fe、Si 等元素。计算土壤 LIBS 光谱之间的欧氏距离可以初步实现部分土壤类型的鉴定，红壤和潮土可以明显区分，而其他土壤类型较难区分。使用主成分分析对土壤 LIBS 光谱降维，前两个主成分就能表示土壤 LIBS 光谱的变异，前两个主成分可以区分潮土、红壤、水稻土(黑土)，而水稻土和黑土之间则较难区分。土壤 LIBS 光谱中 Fe、Si、Mg、N、H、O、Ca、K 等元素发射峰强度的差异在土壤类型鉴定中起决定作用。进一步构建土壤 LIBS 光谱与土壤属性和养分之间的偏最小二乘模型，用于预测土壤属性和养分状况。土壤 LIBS 全谱对土壤 pH、阳离子交换量、土壤有机质、总氮、全钾有卓越的预测效果，对土壤总磷有较好的预测效果；使用 LIBS 元素特征发射峰只提高了土壤有机质的预测精度，降低了总氮、总磷、全钾的预测精度。此外，构建了土壤 LIBS 光谱与土壤肥力等级之间的预测模型，为农田土壤肥力评价提供了新的思路。最后，将土壤 LIBS 光谱与土壤肥力预测模型应用于田间测土配方施肥，根据模型预测的土壤肥力进行适当的配方施肥能够提高小麦和水稻的产量和氮肥利用率。这对农田土壤养分精准管理，指导实际农业生产具有重要意义。

参考文献

安婉丽，高灯州，潘婷，等. 2016. 水稻秸秆还田对福州平原稻田土壤水稳性团聚体分布及稳定性影响. 环境科学学报，5:1833-1840.

包耀贤，徐明岗，吕粉桃，等，2012. 长期施肥下土壤肥力变化的评价方法. 中国农业科学，45(20)：4197-4204.

陈晓芬，李忠佩，刘明，等. 2013. 不同施肥处理对红壤水稻土团聚体有机碳，氮分布和微生物生物量的影响. 中国农业科学，46(5)：950-960.

丁莫元，冯浩，赵英，等. 2016. 氨化秸秆还田对土壤孔隙结构的影响. 植物营养与肥料学报，22(3)：650-658.

董义凤，阿斯哈，李平芳，等. 2020. 根系分布不同的两种共存草原植物对降水格局的响应差异. 绿色科技，(1)：7-10.

高露，张圣微，朱仲元，等. 2020. 干旱半干旱区退化草地土壤水分变化及其对降水时间格局的响应. 水土保持学报，34(1)：195-201.

胡锦昇，樊军，付威，等.2019.保护性耕作措施对旱地春玉米土壤水分和硝态氮淋溶累积的影响.应用生态学报，30(4):1188-1198.

胡乃娟，韩新忠，杨敏芳，等.2015.秸秆还田对稻麦轮作农田活性有机碳组分含量，酶活性及产量的短期效应.植物营养与肥料学报，21(2):371-377.

景建生，刘子琦，李渊，等.2020.石漠化治理区不同植被类型浅层土壤水分对降水的响应.灌溉排水学报，39(3):100-109.

李凤博，牛永志，高文玲，等.2008.耕作方式和秸秆还田对直播稻田土壤理化性质及其产量的影响.土壤通报，39(3):549-552.

李进芳，柴延超，陈顺涛，等.2019.利用膜进样质谱仪测定水稻土几种厌氧氮转化速率.农业环境科学学报，38:1541-1549.

李梅，张学雷.2011.基于GIS的农田土壤肥力评价及其与土体构型的关系.应用生态学报，22(1):129-136.

刘柯渝，司炳成，等.2018.黄土高原不同林龄苹果树根系吸水策略对降水的响应.水土保持学报，32(4):88-94,108.

刘世平，聂新涛，张洪程，等.2006.稻麦两熟条件下不同土壤耕作方式与秸秆还田效用分析.农业工程学报，22(7):48-51.

刘悦，2021.华北平原典型农田氮肥施用限量及土壤有机碳累积的主控因素研究.北京:中国农业大学.

吕凯，段颖丹，吴伯志，2020.降水强度和秸秆覆盖对坡耕地烤烟降水入渗特征的影响.灌溉排水学报，39(1):91-97.

栾英颖，郑德春，张国君，2018.吉林省黑土资源现状及治理对策.东北农业科学，43(5):41-42.

潘剑玲，代万安，尚占环，等.2013.秸秆还田对土壤有机质和氮素有效性影响及机制研究进展.中国生态农业学报，21(5):526-535.

孙建，刘苗，李立军，等.2010.不同耕作方式对内蒙古旱作农田土壤侵蚀的影响.生态学杂志，29(3):485-490.

汪可欣，付强，张中昊，等.2016.秸秆覆盖与表土耕作对东北黑土根区土壤环境的影响.农业机械学报，47(3):131-137.

魏文良，2018.华北平原小麦-玉米体系氮肥绿色增产增效综合调控途径效应研究.北京:中国农业大学.

武际，郭熙盛，鲁剑巍，等.2012.水旱轮作制下连续秸秆覆盖对土壤理化性质和作物产量的影响.植物营养与肥料学报，18(3):587-594.

熊毅，姚贤良，樊润威.1965.土壤结构的形态研究.土壤学报，13(4):411-417.

徐冉，张圣微，朱仲元，等.2019.放牧对典型草原区土壤水分及其对降水响应规律的影响.中国草地学报，41(3):59-66.

杨凯悦，贾志清，李清雪，等.2019.高寒沙地典型人工林土壤水分动态及其对降水的响应.生态环境学报，28(9):1757-1766.

姚贤良，于德芬.1985.关于集约农作制下的土壤结构问题Ⅰ有机物料及其利用方式对土壤结构的影响.土壤学报，22(3):241-250.

姚贤良，于德芬.1988.关于集约农作制下的土壤结构问题 Ⅲ不同培育条件下土壤结构的微形态特征.土壤学报，22(3):55-62.

张翰林，郑宪清，何七勇，等.2016不同秸秆还田年限对稻麦轮作土壤团聚体和有机碳的影响.水土保持学报，30(4):216-220.

周虎，彭新华，张中彬，等.2011.基于同步辐射微CT研究不同利用年限水稻土团聚体微结构特征.农业工程学报，27(12):343-347.

周萍，宋国菡，潘根兴，等.2008.南方三种典型水稻土长期试验下有机碳积累机制研究Ⅰ.团聚体物理保护作用. 土壤学报,45(6):1063-1071.

朱铭富. 1964. 太湖地区几种水稻土耕层团聚体的物理特性. 土壤通报,(4):1-17.

朱兆良. 2000. 农田中氮肥的损失与对策. 土壤与环境,9:1-6.

Ananyeva K, Wang W, Smucker A J M, et al. 2013. Can intra-aggregate pore structures affect the aggregate's effectiveness in protecting carbon? Soil Biology and Biochemistry, 57:868-875.

Aras N, Yalcin S. 2014. Rapid identification of phosphorus containing proteins in electrophoresis gel spots by laser-induced breakdown spectroscopy, LIBS. Journal of Analytical Atomic Spectrometry, 29(3): 545-552.

Baldock J A, Masiello C A, Gélinas Y, et al. 2004. Cycling and composition of organic matter in terrestrial and marine ecosystems. Mar Chem, 92:39-64.

Batjes N H. 1996. Total carbon and nitrogen in the soils of the world. European Journal of Soil Science, 47:151-163.

Biederman L A, Harpole W S. 2013. Biochar and its effects on plant productivity and nutrient cycling: a meta-analysis. GCB Bioenergy, 5(2):202-214.

Blum A. 2009. Effective use of water (EUW) and not water-use efficiency (WUE) is the target of crop yield improvement under drought stress. Field Crops Research, 112(2):119-123.

Bowles T M, Acosta-Martínez V, Calderón, et al. 2014. Soil enzyme activities, microbial communities, and carbon and nitrogen availability in organic agroecosystems across an intensively-managed agricultural landscape. Soil Biol Biochem, 68:252-262.

Bray R H, Kurtz L. 1945. Determination of total, organic, and available forms of phosphorus in soils. Soil Science, 59(1):39-46.

Brech F, Cross L. 1962. Optical microemission stimulated by a ruby laser. Applied Spectroscopy, 16(2):59.

Chen X, Jiang N, Condron L M, et al. 2019. Impact of long-term phosphorus fertilizer inputs on bacterial phoD gene community in a maize field, Northeast China. Science of the Total Environment, 669: 1011-1018.

Chen Z, Wang H, Liu X, et al. 2017. Changes in soil microbial community and organic carbon fractions under short-term straw return in a rice-wheat cropping system. Soil and Tillage Research, 165:121-127.

Chintala R, Schumacher T E, McDonald L M, et al. 2014. Phosphorus sorption and availability from biochars and soil/biochar mixtures. Clean-Soil, Air, Water, 42(5):626-634.

Christy C D. 2008. Real-time measurement of soil attributes using on-the-go near infrared reflectance spectroscopy. Computers and Electronics in Agriculture, 61(1):10-19.

Cornwell J C, Kemp W M, et al. 1999. Denitrification in coastal ecosystems: methods, environmental controls, and ecosystem level controls, a review. Aquatic Ecology, 33:41-54.

Costa E, Perez J, Kreft J U. 2006. Why is metabolic labour divided in nitrification? Trends Microbiol, 14:213-219.

Cremers D A, Ebinger M H, Breshears D D, et al. 2001. Measuring total soil carbon with laser-induced breakdown spectroscopy (LIBS). Journal of Environmental Quality, 30(6):2202-2206.

Da Silva R M, Milori D M B P, Ferreira E C, et al. 2008. Total carbon measurement in whole tropical soil sample. Spectrochimica Acta Part B, Atomic Spectroscopy, 63(10):1221-1224.

David M B, Wall L G, Royer T V, et al. 2006. Denitrification and the nitrogen budget of a reservoir in an agricultural landscape. Ecological Applications, 16:2177-2190.

De Lucia Jr F C, Gottfried J L. 2010. Characterization of a series of nitrogen-rich molecules using laser induced breakdown spectroscopy. Propellants, Explosives, Pyrotechnics, 35(3):268-277.

Deitch M J, Sapundjieff M J, Feirer S T. 2017. Characterizing precipitation variability and trends in the world's Mediterranean-climate areas. Water (Switzerland), 259:1-21.

Deng S P, Tabatabai M A. 1994. Cellulase activity of soils. Soil Biol Biochem, 26:1347-1354.

Dong D M, Zhao C J, Zheng W G, et al. 2013. Spectral characterization of nitrogen in farmland soil by laser-induced breakdown spectroscopy. Spectroscopy Letters, 46(6):421-426.

Du C, Linker R, Shaviv A. 2008. Identification of agricultural Mediterranean soils using mid-infrared photoacoustic spectroscopy. Geoderma, 143(1):85-90.

Du C, Zhou J, Wang H, et al. 2009. Determination of soil properties using fourier transform mid-infrared photoacoustic spectroscopy. Vibrational Spectroscopy, 49(1):32-37.

Ebinger M H, Norfleet M L, Breshears D D, et al. 2003. Extending the applicability of laser-induced breakdown spectroscopy for total soil carbon measurement. Soil Science Society of America Journal, 67(5):1616-1619.

Eivazi F, Tabatabai M A. 1988. Glucosidases and galactosidases in soils. Soil Biol Biochem, 20:601-606.

Essington M E, Melnichenko G V, Stewart M A, et al. 2009. Soil metals analysis using laser-induced breakdown spectroscopy (LIBS). Soil Science Society of America Journal, 73(5):1469-1478.

Ferreira E C, Anzano J M, Milori D M B P, et al. 2009. Multiple response optimization of laser-induced breakdown spectroscopy parameters for multi-element analysis of soil samples. Applied Spectroscopy, 63(9):1081-1088.

Fierer N, Jackson R B. 2006. The diversity and biogeography of soil bacterial communities. Proc Natl Acad Sci USA, 103(3):626-631.

Frederick R T, Louis M T. 2005. Soils and Soil fertility. Ames USA: Blackwell Publishing.

Frostegard A, Tunlid A, Baath. 1993. EPhospholipid fatty acid composition, biomass, and activity of microbial communities from two soil types experimentally exposed to different heavy metals. Appl Environ Microbiol, 59:3605-3617.

Gao S, DeLuca T H, Cleveland C C. 2019. Biochar additions alter phosphorus and nitrogen availability in agricultural ecosystems: a meta-analysis. Sci Total Environ, 654:463-472.

George U S, Antoine A D. 1982. Denitrification potential of a salt marsh soil: effect of temperature, pH and substrate concentration. Soil Biology and Biochemistry, 14:117-125.

Glaser B, Lehr V I. 2019. Biochar effects on phosphorus availability in agricultural soils: a meta-analysis. Sci Rep, 9(1):9338.

Glumac N G, Dong W K, Jarrell W M. 2010. Quantitative analysis of soil organic carbon using laser-induced breakdown spectroscopy, an improved method. Soil Science Society of America Journal, 74(6):1922-1928.

Guan Y S. 1986. The Determination of soil enzymatic activities: the study method of soil enzyme. Beijing: China Agriculture Press.

Gul S, Whalen J K. 2016. Biochemical cycling of nitrogen and phosphorus in biochar-amended soils. Soil Biol Biochem, 103:1-15.

Hanway J, Heidel H. 1952. Soil analysis methods as used in Iowa state college soil testing laboratory. Iowa Agriculture, 57:1-31.

Harris R D, Cremers D A, Ebinger M H, et al. 2004. Determination of nitrogen in sand using laser-induced breakdown spectroscopy. Applied Spectroscopy, 58(7):770-775.

Holding A J. 1960. The properties and classification of the predominant gram-negative bacteria occurring in soil. J Appl Bacteriol, 23:515-525.

Hou E, Chen C, Kuang Y, et al. 2016. A structural equation model analysis of phosphorus transformations in global unfertilized and uncultivated soils. Global Biogeochemical Cycles, 30(9):1300-1309.

Ishii S, Ikeda S, Minamisawa K, et al. 2011. Nitrogen cycling in rice paddy environments: past achievements and future challenges. Microbes and Environments, 26:282-292.

Jastrow J, Miller R, Boutton T. 1996. Carbon dynamics of aggregate-associated organic matter estimated by carbon-13 natural abundance. Soil Sci Soc Am J, 60(3):801-807.

Jetten M S M. 2001. New pathways for ammonia conversion in soil and aquatic systems. Plant and Soil, 230:9-19.

Jetten M S, Lv N, Strous M, et al. 2009. Biochemistry and molecular biology of anammox bacteria. Critical Reviews in Biochemistry and Molecular Biology, 44:65-84.

Jetten M S, Strous M, Pas-Schoonen K T, et al. 1999. The anaerobic oxidation of ammonium. FEMS Microbiology Reviews, 22:421-437.

Ji Z G, Xi J H, Mao Q N. 2010. Determination of oxygen concentration in heavily doped silicon wafer by laser induced breakdown spectroscopy. Journal of Inorganic Materials, 25(8):893-895.

Jing Z, Chen R, Wei S, et al. 2017. Response and feedback of C mineralization to P availability driven by soil microorganisms. Soil Biol Biochem, 105:111-120.

Johnson J L, Temple K L. 1964. Some variables affecting the measurement of "catalase activity" in soil1. Soil Sci Soc Am J, 28:207.

Kassam A, Friedrich T, Derpsch R, et al. 2015. Overview of the worldwide spread of conservation agriculture. Field Actions Science Reports, 8:1-11.

Kononova M M. 1961. Soil organic matter, its nature, its role in soil formation and in soil fertility. Oxford UK: Pergammon Press.

Koroms S F. 1992. Natural denitrification in the saturated zone: a review. Water Resources Research, 28:1657-1668.

Kramida A, Ralchenko Y, Reader J. 2018. NIST Atomic Spectra Database ver. 5. 6. 1.

Kravchenko A, Chun H C, Mazer M, et al. 2013. Relationships between intra-aggregate pore structures and distributions of *Escherichia coli* within soil macro-aggregates. Applied Soil Ecology, 63, 134-142.

Kuenen J G. 2001. Extraordinary anaerobic ammonium-oxidizing bacteria. Asm News, 67:456-463.

Lal R. 2006. Enhancing crop yields in the developing countries through restoration of the soil organic carbon pool in agricultural lands. Land Degradation & Development, 17(2):197-209.

Lauber C L, Strickland M S, Bradford M A, et al. 2008. The influence of soil properties on the structure of bacterial and fungal communities across land-use types. Soil Biology and Biochemistry, 40(9):2407-2415.

Leng L, Huang H, Li H, et al. 2019. Biochar stability assessment methods: a review. Sci Total Environ, 647:210-222.

Li J, Li Z, Wang F, et al. 2015. Effects of nitrogen and phosphorus addition on soil microbial community in a secondary tropical forest of China. Biol Fertil Soils, 51:207-215.

Li S, Shi Z, Chen S, et al. 2015. In situ measurements of organic carbon in soil profiles using vis-NIR spectroscopy on the Qinghai-Tibet Plateau. Environmental Science & Technology, 49(8):4980-4987.

Li W, Wu M, Liu M, et al. 2018. Responses of soil enzyme activities and microbial community composition to moisture regimes in paddy soils under long-term fertilization practices. Pedosphere, 28(2):323-331.

Li Z, Zhan D J, Wang J J, et al. 2013. Morphological weighted penalized least squares for background correction. Analyst, 138(16):4483-4492.

Liang W, Kosugi K, Mizuyama T. 2011. Soil water dynamics around a tree on a hillslope with or without rainwater supplied by stemflow. Water Resources Research, 47(2):2144-2150.

Liang X, Jin Y, He M, et al. 2017. Composition of phosphorus species and phosphatase activities in a paddy soil treated with manure at varying rates. Agric Ecosyst Environ, 237:173-180.

Likar M, Vogel-Mikuš K, Potisek M, et al. 2015. Importance of soil and vineyard management in the determination of grapevine mineral composition. Science of the Total Environment, 505:724-731.

Liu S L, Huang D Y, Chen A L, et al. 2014. Differential responses of crop yields and soil organic carbon stock to fertilization and rice straw incorporation in three cropping systems in the subtropics. Agriculture, Ecosystems & Environment. 184: 51-58.

Liu X, He Y, Zhao X, et al. 2016. The response of soil water and deep percolation under Caragana microphylla to rainfall in the Horqin Sand Land, Northern China. Catena, 139:82-91.

Liu Y, Ge T, Zhu Z, et al. 2019. Carbon input and allocation by rice into paddy soils: a review. Soil Biol. Biochem, 133:97-107.

Lozano-Parra J, Schaik N L M B V, Schnabel S, et al. 2016. Soil moisture dynamics at high temporal resolution in a semiarid Mediterranean watershed with scattered tree cover. Hydrol Process. 30:1155-1170.

Lu C, Wang L, Hu H, et al. 2013. Analysis of total nitrogen and total phosphorus in soil using laser-induced breakdown spectroscopy. Chinese Optics Letters, 11(5):053004.

Lu W, Ding W, Zhang J, et al. 2014. Biochar suppressed the decomposition of organic carbon in a cultivated sandy loam soil: a negative priming effect. Soil Biology and Biochemistry, 76:12-21.

Mader P, Edenhofer S, Boller T, et al. 2000. Arbuscular mycorrhizae in a long-term field trial comparing low-input (organic, biological) and high-input (conventional) farming systems in a crop rotation. Biol Fertil Soils, 31:150-156.

Mansoori A, Roshanzadeh B, Khalaji M, et al. 2011. Quantitative analysis of cement powder by laser induced breakdown spectroscopy. Optics and Lasers in Engineering, 49(3):318-323.

Martin M Z, Labbé N, André N, et al. 2010. Novel multivariate analysis for soil carbon measurements using laser-induced breakdown spectroscopy. Soil Science Society of America Journal, 74(1):87-93.

Martin M Z, Wullschleger S D, Garten C T, et al. 2003. Laser-induced breakdown spectroscopy for the environmental determination of total carbon and nitrogen in soils. Applied Optics, 42(12):2072-2077.

Mayer B K, Baker L A, Boyer T H, et al. 2016. Total value of phosphorus recovery. Environ Sci Technol, 50(13):6606-6620.

Meena M D, Narjary B, Sheoran P, et al. 2018. Changes of phosphorus fractions in saline soil amended with municipal solid waste compost and mineral fertilizers in a mustard-pearl millet cropping system. Catena, 160: 32-40.

Menezes-Blackburn D, Giles C, Darch T, et al. 2018. Opportunities for mobilizing recalcitrant phosphorus from agricultural soils: a review. Plant Soil, 427(1-2):5-16.

Minasny B, Malone B, McBratney A, et al. 2017. Soil carbon 4 per mille. Geoderma, 292:59-86.

Montgomery M W, Sgarbieri V C. 1975. Isoenzymes of banana polyphenol oxidase. Phytochemistry, 14:1245-1249.

Murphy J, Riley J P. 1962. A modified single solution method for the determination of phosphate in natural waters. Anal. Chim Acta, 27:31-36.

Naveed M, Moldrup P, Vogel H, et al. 2014. Impact of long-term fertilization practice on soil structure evolution. Geoderma, 217:181-189.

Ng E L, Patti A F, Rose M T, et al. 2014. Does the chemical nature of soil carbon drive the structure and functioning of soil microbial communities? Soil Biology and Biochemistry, 70:54-61.

Ngatia L Ws, Hsieh Y P, Nemours D, et al. 2017. Potential phosphorus eutrophication mitigation strategy: biochar carbon composition, thermal stability and pH influence phosphorus sorption. Chemosphere, 180: 201-211.

Oades J M. 1984. Soil organic matter and structural stability, mechanisms and implications for management. Plant and Soil, 76(1):319-337.

Olsen S R. 1954. Estimation of available phosphorus in soils by extraction with sodium bicarbonate. US Dept of Agriculture.

Orwin K H, Dickie I A, Holdaway, et al. 2018. A comparison of the ability of PLFA and 16S rRNA gene metabarcoding to resolve soil community change and predict ecosystem functions. Soil Biol Biochem, 117:27-35.

Palansooriya K N, Wong J T F, Hashimoto Y, et al. 2019. Response of microbial communities to biochar-amended soils: a critical review. Biochar, 1(1):3-22.

Pansu M, Gautheyrou J. 2007. Handbook of soil analysis, mineralogical, organic and inorganic methods. Springer Science & Business Media.

Peth S, Horn R, Beckmann F, et al. 2008. Three-dimensional quantification of intra-aggregate pore-space features using synchrotron-radiation-based microtomography. Soil Sci Soc Am J, 72:897-907.

Piao S, Ciais P, Huang Y, et al. 2010. The impacts of climate change on water resources and agriculture in China. Nature, 467:43-51.

Qiao L, Wang X, Smith P, et al. 2022. Soil quality both increases crop production and improves resilience to climate change. Nature Climate Change, 12:574-580.

Richardson A E, Simpson R J. 2011. Soil microorganisms mediating phosphorus availability update on microbial phosphorus. Plant Physiol, 156:989-996.

Risgaard-Petersen N, Meyer R L, Schmid M, et al. 2004. Anaerobic ammonium oxidation in an estuarine sediment. Aquatic Microbial Ecology, 36:293-304.

Rossel R A V, Walvoort D J J, Mcbratney A B, et al. 2006. Visible, near infrared, mid infrared or combined diffuse reflectance spectroscopy for simultaneous assessment of various soil properties, Geoderma, 131(1):59-75.

Saggar S, Jha N, Deslippe J, et al. 2013. Denitrification and N_2O:N_2 production in temperate grasslands: processes, measurements, modelling and mitigating negative impacts. Science of the Total Environment, 465:173-195.

Sallé B, Cremers D A, Maurice S, et al. 2005. Evaluation of a compact spectrograph for in-situ and stand-off laser-induced breakdown spectroscopy analyses of geological samples on Mars missions. Spectrochimica Acta Part B, Atomic Spectroscopy, 60(6):805-815.

Schneider F, Haderlein S B. 2016. Potential effects of biochar on the availability of phosphorus — mechanistic insights. Geoderma, 277:83-90.

Shaaban M, Van Zwieten, Bashir L, et al. 2018. A concise review of biochar application to agricultural soils to improve soil conditions and fight pollution. J Environ Manage, 228:429-440.

Sharma A, Weindorf D C, Wang D, et al. 2015. Characterizing soils via portable X-ray fluorescence spectrometer, 4. Cation exchange capacity (CEC). Geoderma, 239-240,130-134.

Shekofteh H, Ramazani F, Shirani H. 2017. Optimal feature selection for predicting soil CEC, Comparing the hybrid of ant colony organization algorithm and adaptive network-based fuzzy system with multiple linear regression. Geoderma, 298:27-34.

Shen D, Ye C, Hu Z, et al. 2018. Increased chemical stability but decreased physical protection of soil organic carbon in response to nutrient amendment in a Tibetan alpine meadow. Soil Biology and Biochemistry, 126:11-21.

Shi W. 2010. Agricultural and ecological significance of soil enzymes: soil carbon sequestration and nutrient cycling. In shukla G, varma A. Soil enzymology. Springer, Berlin: Heidelberg. 43-60.

Shi Z, Ji W, Viscarra Rossel R, et al. 2015. Prediction of soil organic matter using a spatially constrained local partial least suares regression and the Chinese vis-NIR spectral library. European Joumal of Soil Science, 66(4), 679-687.

Shrestha B M, Singh B R, Forte C, et al. 2015. Long-term effects of tillage, nutrient application and crop rotation on soil organic matter quality assessed by NMR spectroscopy. Soil Use and Management, 31(3): 358-366.

Singh S, Nouri A, Singh S, et al. 2020. Soil organic carbon and aggregation in response to thirty-nine years of tillage management in the southeastern US. Soil and Tillage Research, 197:1-9.

Sinsabaugh R L, Lauber C L, Weintraub M N, et al. 2008. Stoichiometry of soil enzyme activity at global scale: stoichiometry of soil enzyme activity. Ecol Lett, 11:1252-1264.

Sinsabaugh R L. 2010. Phenol oxidase, peroxidase and organic matter dynamics of soil. Soil Biol Biochem, 42: 391-404.

Six J, Bossuyt H, Degryze S, et al. 2004. A history of research on the link between (micro)aggregates, soil biota, and soil organic matter dynamics. Soil Till Res, 79:7-31.

Slessarev E W, Lin Y, Bingham N L, et al. 2016. Water balance creates a threshold in soil pH at the global scale. Nature, 540(7634):567-569.

Smith A P, Marín-Spiotta E, Graaff M A D, et al. 2014. Microbial community structure varies across soil organic matter aggregate pools during tropical land cover change. Soil Biol Biochem, 77:292-303.

Sposito G. 2008. The chemistry of soils. Oxford university press.

Stenberg B, Rossel R A V, Mouazen A M, et al. 2010. Visible and near infrared spectroscopy in soil science. Advances in Agronomy, 107, 163-215.

Strous M, Jetten M S M. 2004. Anaerobic oxidation of methane and ammonium. Annual Review of Microbiology, 58:99-117.

Strous M, Kuenen J G, Jetten M S. 1999. Key physiology of anaerobic ammonium oxidation. Applied and Environmental Microbiology, 65:3248-3250.

Struecker J, Joergensen R G. 2015. Microorganisms and their substrate utilization patterns in topsoil and subsoil layers of two silt loams, differing in soil organic C accumulation due to colluvial processes. Soil Biol Biochem, 91:310-317.

Summer M E, Miller W P. 1996. Methods of soil analysis. Part 3—chemical methods, 5. 3, Cation exchange capacity and exchange coefficients. In Sparks D L, Page A L, Helmke P A, et al. SSSA, ASA, Madison, 1201-1229.

Tabatabai M A. 1994. Soil enzymes. Methods of Soil Analysis: Part 2-Microbiological and Biochemical Properties, 775-833.

Tawfik W, Farooq W A, Al-Mutairi F N, et al. 2015. Monitoring of inorganic elements in desert soil using laser-induced breakdown spectroscopy. Lasers in Engineering, 32(1-2):129-140.

Teixeira C, Magalhaes C, Joye S B, et al. 2012. Potential rates and environmental controls of anaerobic ammonium oxidation in estuarine sediments. Aquatic Microbial Ecology, 66:23-32.

Thomson A, Izaurralde R, Rosenberg N, et al. 2005. Climate change impacts on agriculture and soil carbon sequestration potential in the Huang-Hai Plain of China. Agriculture, Ecosystems and Environment, 114 (2): 195-209.

Tian J, Wei K, Condron L M, et al. 2016. Impact of land use and nutrient addition on phosphatase activities and their relationships with organic phosphorus turnover in semi-arid grassland soils. Biol Fertil Soils, 52:1-9.

Tian J, Zhang B, He C, et al. 2019. Dynamic response patterns of profile soil moisture wetting events under different land covers in the Mountainous area of the Heihe River Watershed, Northwest China. Agricultural and Forest Meteorology, 271:225-239.

Tiedje J M. 1998. Ecology of denitrification and dissimilatory nitrate reduction to ammonium. Biology of anaerobic microorganisms, 717:179-244.

Tiessen H, Moir J O. 1993. Characterization of available P by sequential extraction. In: Carter M R. Soil sampling and methods of analysis. Can Soc Soil Sci Lewis Publishers, Boca Raton, FL.

Uchimiya M, Hiradate S, Antal M J. 2015. Dissolved phosphorus speciation of flash carbonization, slow pyrolysis, and fast pyrolysis biochars. ACS Sustainable Chemistry & Engineering, 3(7):1642-1649.

Unnikrishnan V K, Nayak R, Aithal K, et al. 2013. Analysis of trace elements in complex matrices (soil) by Laser Induced Breakdown Spectroscopy (LIBS). Analytical Methods, 5(5):1294-1300.

van Breemen N, Mulder J, Driscoll C T, et al. 1983. Acidification and alkalinization of soils. Plant and Soil, 75(3):283-308.

Vitousek P M, Aber J D, Howarth R W, et al. 1997. Human alteration of the global nitrogen cycle: sources and consequences. Ecological Applications, 7:737-750.

Walkley A, Black I A. 1934. An examination of the Degtjareff method for determining soil organic matter, and a proposed modification of the chromic acid titration method. Soil Science, 37(1):29-38.

Wang H, Nie Y, Butterly C R, et al. 2017. Fertilization alters microbial community composition and functional patterns by changing the chemical nature of soil organic carbon: a field study in a Halosol. Geoderma, 292:17-24.

Wang Y, Zhang X, Huang C. 2009. Spatial variability of soil total nitrogen and soil total phosphorus under different land uses in a small watershed on the Loess Plateau, China. Geoderma, 150(1):141-149.

Wang Y, Zhao X, Wang L, et al. 2016. Phosphorus fertilization to the wheat-growing season only in a rice-wheat rotation in the Taihu Lake region of China. Field Crops Research, 198:32-39.

Wei X M, Razavi B S, Hu Y J, et al. 2019. C/P stoichiometry of dying rice root defines the spatial distribution and dynamics of enzyme activities in root-detritusphere. Biol Fertil Soils, 55: 251-263.

Xing Z, Du C, Tian K, et al. 2016. Application of FTIR-PAS and Raman spectroscopies for the determination of organic matter in farmland soils. Talanta, 158:262-269.

Xu L, Wang M, Tian Y, et al. 2020. Relationship between macropores and soil organic carbon fractions under long-term organic manure application. Land Degradation & Development, 311(11):1344-1354.

Xu Y B, Xu Z H, Cai Z C, et al. 2013. Review of denitrification in tropical and subtropical soils of terrestrial ecosystems. Journal of Soils and Sediments, 13:699-710.

Yao S H, Teng X L, Zhang B. 2015. Effects of rice straw incorporation and tillage depth on soil puddlability and mechanical properties during rice growth period. Soil Tillage Res, 146:125-132.

Yao X D, Zhang N L, Zeng H, et al. 2018. Effects of soil depth and plant-soil interaction on microbial community in temperate grasslands of northern China. Sci Total Environ, 630:96-102.

Yi W J, You J H, Zhu C, et al. 2013. Diversity, dynamic and abundance of Geobacteraceae species in paddy soil following slurry incubation. Eur J Soil Biol, 56:11-18.

Yu K Q, Zhao Y R, Liu F, et al. 2016. Laser-induced breakdown spectroscopy coupled with multivariate chemometrics for variety discrimination of soil. Scientific Reports, 6(1):27574.

Yuan H Z, Zhu Z K, Wei X M, et al. 2019. Straw and biochar strongly affect functional diversity of microbial metabolism in paddy soils. Journal of Integrative Agriculture, 18(7):1474-1485.

Zelles L. 1999. Fatty acid patterns of phospholipids and lipopolysaccharides in the characterisation of microbial communities in soil: a review. Biol Fertil Soils, 29:111-129.

Zhang J, Bo G, Zhang Z, et al. 2016. Effects of straw incorporation on soil nutrients, enzymes, and aggregate stability in tobacco fields of China. Sustainability, 8(8):710.

Zhang J, Wei Y, Liu J, et al. 2019. Effects of maize straw and its biochar application on organic and humic carbon in water-stable aggregates of a Mollisol in Northeast China: a five-year field experiment. Soil and Tillage Research, 190:1-9.

Zhang P, Wei T, Jia Z K, et al. 2014. Soil aggregate and crop yield changes with different rates of straw incorporation in semiarid areas of northwest China. Geoderma, 230:41-49.

Zhu J, Li M, Whelan M. 2018. Phosphorus activators contribute to legacy phosphorus availability in agricultural soils: A review. Sci Total Environ, 612:522-537.

Zhu Q, Nie X, Zhou X, et al. 2014. Soil moisture response to rainfall at different topographic positions along a mixed land-use hillslope. Catena, 119:61-70.

单军　王书伟　汪玉　范明生　马煜卿　乔磊　魏文良　刘淑珍　高伟达　任图生　周虎
杜昌文　马菲

第5章 作物高产高效的栽培学机制与途径

5.1 概论

以我国粮食作物四大生产体系(东北春玉米、华北小麦-玉米、南方水稻、西北旱作)为研究对象,针对作物高产更高产条件下,产量构成因素间矛盾加剧、易发生倒伏、籽粒败育概率增加、肥水资源利用效率降低等突出问题,以足群体、壮个体为调控方向,通过理想群体和水肥调控设计,实现产量与资源利用效率大幅度提升。在我国四大粮食生产体系中构建协同实现作物增产与资源增效30%~50%的技术体系。

实现作物高产高效的栽培学机制与途径方面,华北小麦-玉米生产研究体系重点揭示了冬小麦宽幅播种的扩容潜力,进一步增密强化群体根系氮素吸收能力,延播优化碳氮营养分配提高氮素内在利用效率,挖潜节氮的栽培学机制与调控途径,探明了密植玉米群体花粒败育的关键因素及其调控途径。南方水稻生产体系重点揭示了稳定穗数基础上,大幅度增加总颖花量是实现水稻进一步高产高效的主攻方向。东北春玉米生产体系重点揭示了东北春玉米高产高效的4个群体特征,即密植条件下个体生产力保持稳定,群体质量改善;收获指数提高;地上地下协调,支撑地上群体抗倒延衰;肥料利用率提高,环境代价降低。西北旱作小麦重点明确了增加夏闲期降水集蓄量是西北旱地小麦增产增效的前提,增穗、增粒、增生物产量是增产增效的突破口,"种侧膜下定位施肥"是增产增效的关键技术措施。

华北小麦-玉米生产体系研究构建了以冬小麦宽幅密植、适期延播、减量施氮,夏玉米增密度、增整齐度、增成熟度为核心的小麦玉米轮作再高产高效技术模式。与农民习惯相比较,再高产高效模式冬小麦产量提高40.9%,夏玉米产量提高了29.2%,周年总产量提高33.7%。氮素表观利用率增加68%,氮肥偏生产力增加69%,农学利用效率增加188%。冬小麦季所施氮肥的残留回收率增加141%,夏玉米季所施氮肥的残留回收率增加238%。

南方水稻明确了要进一步实现增产增效30%~50%目标的科学突破口,是进一步扩大产量库容,即总颖花量需达到55 000/m²。其技术途径是:在增密、减氮的基础上,改常规灌溉为干湿交替灌溉、前氮后移、增施有机肥,群体、根层和土壤同步改善。再高产高效模式比农民习惯产量提高27.3%~31.2%,氮肥偏生产率提高41.4%~45.7%,农学利用效率提高110.7%~143.4%,灌溉水利用率提高47.9%~49.7%,温室气体排放量降低17.1%,单位产量温室气体排放量降低36.3%。

东北春玉米构建了"两增""两改""三优化"的再高产高效模式,即增密度构建密植高产群体;增施有机物料(秸秆、有机肥),构建合理耕层;改垄作为少免耕,改化肥表施为侧深施,构建合理根层;分次施肥,优化养分供应;双重化控,优化冠层结构功能;适期补充灌溉,优化水肥利用。产量和氮肥偏生产率分别提高33.1%和68.6%。

西北旱作小麦构建了播种前夏闲期种植绿肥、地表覆盖、培肥地力、增蓄降水,播种期选择节水高产品种和提高播种质量,生育期"因产施肥""种侧膜下定位施肥"提高水肥效率的再高产高效模式,增加单位面积粒数、增加生物产量，产量提高 43%，水分利用效率和氮肥偏生产力分别提高 28.9%、54.5%。

5.2 华北小麦-玉米高产高效的栽培学机制与途径

5.2.1 高产小麦壮秆抗倒伏机制与调控技术

高产高效是我国小麦生产绿色发展、保障粮食安全的必然选择。试验研究和生产实践证明，增密群体以增加单位面积穗数、增大氮肥追施比例以增加穗粒重是实现小麦高产高效的重要技术途径。然而，在小麦高产高效栽培实践中，倒伏已成为制约实现小麦高产高效的重要因素。黄淮海麦区每年约有 1/10 的麦田发生倒伏，重者倒伏面积可达 1/5 以上，严重倒伏麦田甚至有绝收风险。因此，增强小麦抗倒伏性的机制及栽培途径是实现小麦高产高效亟待研究的重要课题。

于 2014—2015 年，2015—2016 年和 2016—2017 年三个小麦生长季在山东省泰安市山东农业大学农学试验农场(36°9′N，117°9′E，海拔 128 m)进行田间试验。该试验点属于温带半湿润大陆性气候。试验田土壤属于棕壤土，试验地前茬作物为玉米，全部玉米秸秆还田。试验地耕层(0～20 cm)土壤含有机质 12.9 g/kg、全氮 1.0 g/kg、速效氮 87.2 mg/kg、速效磷 7.8 mg/kg、速效钾 76.7 mg/kg。

试验为三因素裂-裂区设计，主区为小麦品种，供试品种 2 个，分别为倒伏敏感型品种山农 16(SN16)和抗倒伏型品种山农 23(SN23)；裂区为氮肥处理，设 3 个氮肥水平，施氮量分别为 120 kg/hm^2(N1)、240 kg/hm^2(N2)、360 kg/hm^2(N3)；裂-裂区为密度处理，设 3 个密度水平，密度分别为 75 株/m^2(D1)、225 株/m^2(D2)、375 株/m^2(D3)。以尿素(含氮 46%)作氮肥，用量按照试验设计，总施氮量的 50%作基肥，剩余 50%于拔节期追施；所用磷、钾肥分别为过磷酸钙(P_2O_5 16%)、氯化钾(K_2O 60%)，用量分别为 105 kg/hm^2、75 kg/hm^2，磷、钾肥均以基肥形式一次性施入。小区面积为 3 m×3 m=9 m^2，行距 25 cm，根据小区面积、行距和出苗率计算每行播种粒数，进行人工开沟点播，三叶期定苗。每个处理重复 3 次。其他田间管理措施同一般高产田。

1. 木质素一级结构对茎秆抗折力的贡献

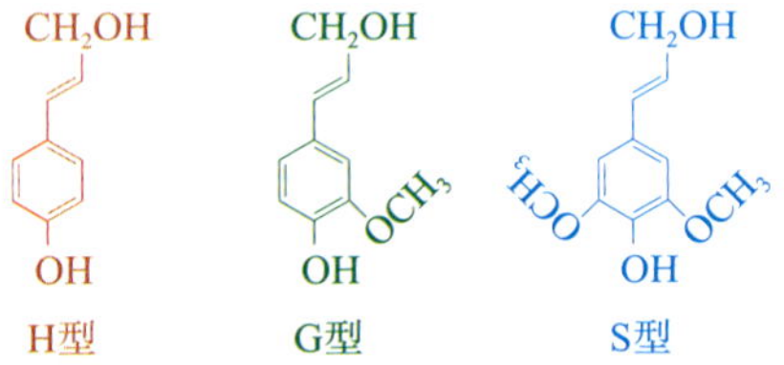

图 5-1 木质素三种单体的化学结构

木质素是植物细胞壁中的重要组成成分，使茎秆组织发生木质化，赋予组织以结构刚性，对茎秆的刚性和硬度具有重要的作用。小麦茎秆主要由纤维素、半纤维素、木质素等成分组成，其中，木质素总量占茎秆成分的 10%～20%。小麦茎秆木质素由三种单体聚合而成，分别为紫丁香基木质素(S)、愈创木基木质素(G)以及对羟苯基木质素(H)三种类型。小麦木质素单体(H、G 和 S)的含量及其比例(5∶52∶38)是小麦茎秆抗折力的基础，G/S 型木质素单体是小麦茎秆木质素的主要构成形式。H 型木质素不利于木质素线型分子分支，因而对抗折力贡献度小于 S 型和 G 型(图 5-1)。

2. 增密群体小麦茎秆厚壁组织和维管束的木质化程度降低

小麦茎秆节间横切面的解剖结构包括表皮、厚壁组织、薄壁组织、维管束和髓腔。小麦茎秆的表皮由一层细胞构成，表皮细胞的细胞壁发生部分木质化加厚变硬。向内是厚壁组织，该组织的细胞排列较紧密且细胞壁较厚，木质化程度较高。厚壁组织的细胞层数在拔节期已定型并不再继续分化。茎秆组织中的细胞壁越厚、木质化程度越高的品种，其茎秆机械组织发育良好、硬度大，因此，植株的抗倒性能越强。小麦茎秆中维管束分为大、小维管束，小维管束分布于厚壁组织中，大维管束散生于薄壁组织中。

随着生育期的推进，小麦茎秆木质素积累量增加，木质化程度提高。木质素主要沉积在小麦茎秆的表皮细胞、厚壁组织细胞、维管束鞘细胞及导管和管胞中。随着种植密度的增加，小麦茎秆木质化的部位减少、木质化程度降低。种植密度过高时，小麦茎秆仅表皮细胞、部分厚壁组织细胞及维管束鞘细胞发生木质化，且木质化程度显著低于低密度处理(图 5-2)。

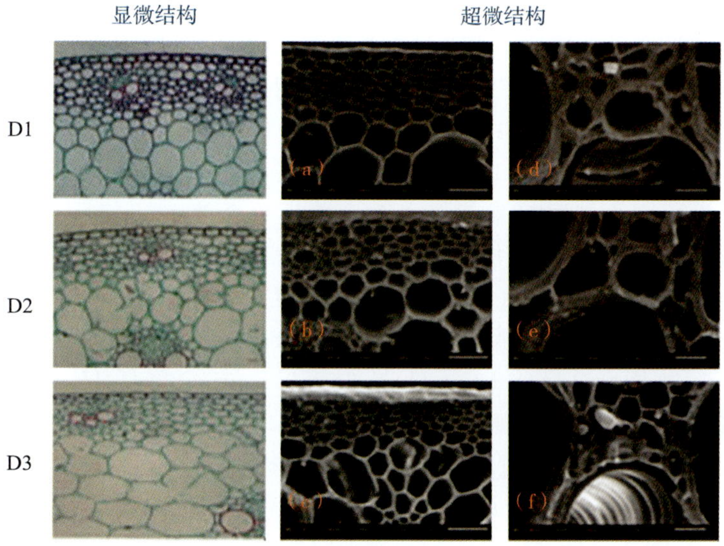

图 5-2　种植密度对小麦茎秆木质素化程度的影响

注：D1，5 万基本苗/亩；D2，15 万基本苗/亩；D3，25 万基本苗/亩。

3. 增密群体过量氮肥施用降低小麦茎秆机械强度

在大田生产中，增加氮肥投入及群体密度可通过增加群体生物量来提高产量。然而，过高的氮肥及群体密度导致分蘖过多，破坏群体结构，茎秆发育细弱，机械强度及韧性下降，容易发生倒伏，减产严重。

随着种植密度的提高，小麦茎秆抗折力降低(图 5-3)。种植密度每增加 10 万基本苗/亩，开花期(GS65)，

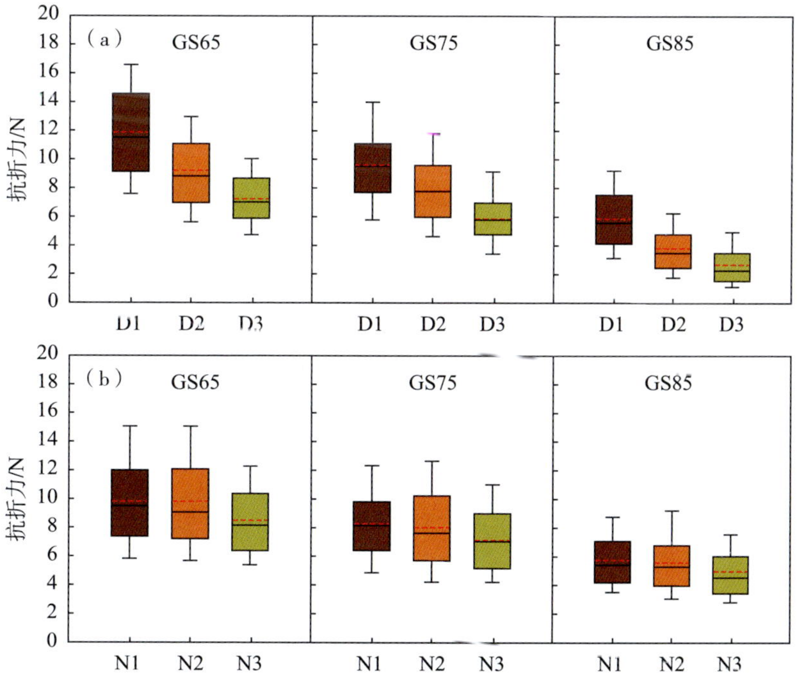

图 5-3　氮肥和密度对小麦茎秆抗折力的影响

注：GS65，开花期；GS75，乳熟期；GS85，蜡熟期；D1，5 万基本苗/亩；D2，15 万基本苗/亩；D3，25 万基本苗/亩；N1，120 kg/hm^2；N2，240 kg/hm^2；N3，360 kg/hm^2。

小麦茎秆抗折力降低 2.2 N,下降 21.2%;乳熟期(GS75),小麦茎秆抗折力降低 1.8 N,下降 20.8%;蜡熟期(GS85),小麦茎秆抗折力降低 1.6 N,下降 32.2%,蜡熟期密植群体下小麦茎秆抗折力下降值最小,但降低比例最高。取样的三个时期,种植密度每增加 10 万基本苗/亩,小麦茎秆抗折力平均降低 1.9 N,降低 23.3%。过量施氮会导致小麦茎秆抗折力显著降低,氮肥用量每增加 120 kg/hm^2,开花期(GS65),小麦茎秆抗折力降低 1.3 N,下降 12.9%;乳熟期(GS75),小麦茎秆抗折力降低 0.9 N,下降 11.2%;蜡熟期(GS85),小麦茎秆抗折力降低 0.8 N,下降 19.2%。取样的三个时期,氮肥用量每增加 120 kg/hm^2,小麦茎秆抗折力平均降低 1.0 N,降低 13.6%。

4. 氮密互作显著影响小麦不同时期茎秆木质素单体的含量

随着种植密度的提高,小麦茎秆抗折力显著降低,S 型单体含量、G 型单体含量、木质素总量(S+G+H)降低,H 型单体含量和比例提高(图 5-4)。种植密度每增加 10 万基本苗/亩,小麦茎秆 S 型单体含量减少 142.6 μg/g,降低 13.8%;G 型单体含量减少 98.4 μg/g,降低 10.8%;H 型单体含量增加 30.4 μg/g,提高 16.0%;木质素总量(S+G+H)减少 250.5 μg/g,降低 11.9%;H 型单体所占比例提高 1.2%。氮缺乏到正常施氮水平,氮肥用量每增加 120 kg/hm^2,小麦茎秆 S 型单体含量增加 115.9 μg/g,提高 13.0%;G 型单体含量增加 140.1 μg/g,提高 17.2%;H 型单体含量增加 56.1 μg/g,提高 40.4%;木质素总量(S+G+H)增加 312.1 μg/g,提高 16.9%。施氮量继续增加,氮肥用量每增加120 kg/hm^2,S 型单体含量降低 132.5 μg/g,降低 13.1%;G 型单体含量降低 129.8 μg/g,降低 13.6%;H 型单体含量增加 1.5 μg/g,提高 0.8%;木质素总量(S+G+H)降低 260.4 μg/g,降低 12.1%。

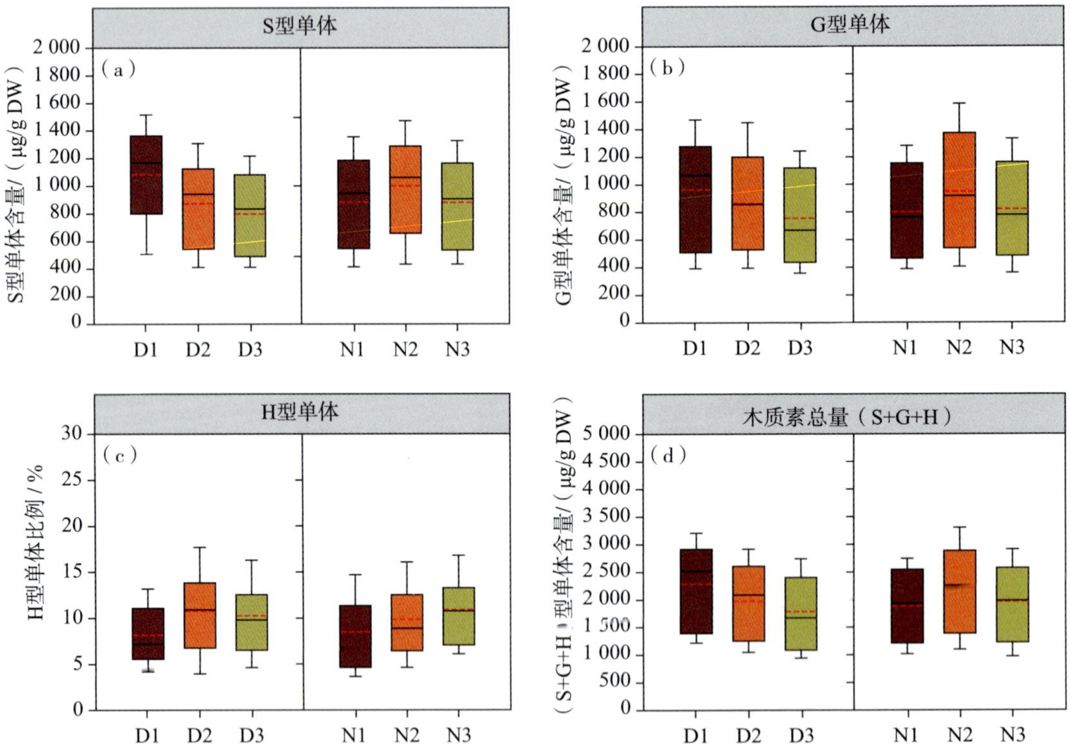

图 5-4　氮肥和密度对小麦茎秆木质素单体的影响

注:GS65,开花期;GS75,乳熟期;GS85,蜡熟期;D1,5 万基本苗/亩;D2,15 万基本苗/亩;D3,25 万基本苗/亩;N1,120 kg/hm^2;N2,240 kg/hm^2;N3,360 kg/hm^2。

5. 小麦茎秆木质素单体(H,G,S)的含量及比例是小麦茎秆抗折力的基础,H 型木质素单体比例提高不利于小麦茎秆高抗折力的形成

小麦茎秆抗折力与三种单体含量之和,G、S 型两种单体含量之和,S 型单体含量,G 型单体含量,H

单体含量呈极显著正相关关系($P<0.01$),而与 H 型单体所占比例呈极显著负相关关系($P<0.01$)。以上结果表明,H 型木质素单体比例提高不利于小麦茎秆高抗折力的形成(图 5-5)。

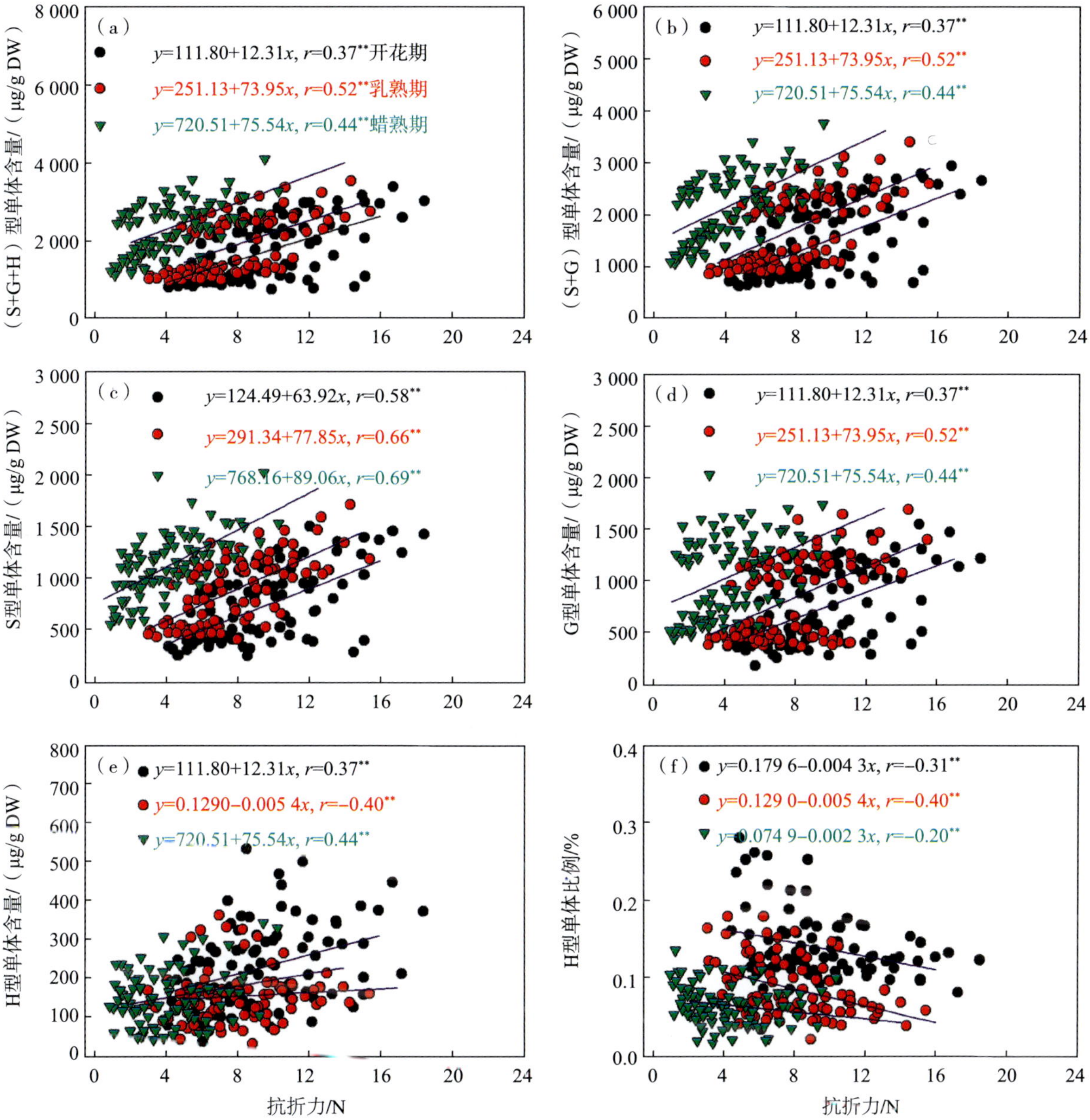

图 5-5　小麦茎秆抗折力与木质素单体含量及比例的相关关系

6. 小麦中木质素合成关键基因的时空表达特性和丰度存在差异,氮密互作对小麦木质素合成关键基因的表达量具有显著的调控效应

木质素合成途径中关键酶活性影响木质素的合成积累。在小麦生育进程中不同的木质素合成关键酶具有不同的活性模式(图 5-6)。苯丙氨酸解氨酶(PAL)活性随生育进程呈现逐渐降低的趋势,在基部第二节间形成后的 0 d 最高,7～21 d 缓慢降低,之后迅速下降。氮肥和密度处理对 PAL 活性具有显著的调控效应。相同的氮肥处理下,PAL 活性随密度的增加而降低。其中 N3 处理下增加种植密度后 PAL 活性降低幅度最大。相同密度条件下,随施氮量的增加,PAL 活性表现趋势存在差异。表现为 D1 处理下,PAL 活性随施氮量的增加呈现先增加后降低的趋势。D2 和 D3 处理,增加施氮量导致 PAL 活

性降低。香豆酸-3-羟化酶(C3H)活性随生育进程总体呈先升高后降低的趋势。在基部第二节间形成后的 21 d 达最大值。相同氮肥条件下,增加种植密度导致 C3H 活性的降低。D1 处理下,C3H 活性表现为 N2D1>N1D1>N3D1。D2 和 D3 处理下,表现为随施氮量的增加 C3H 活性降低。

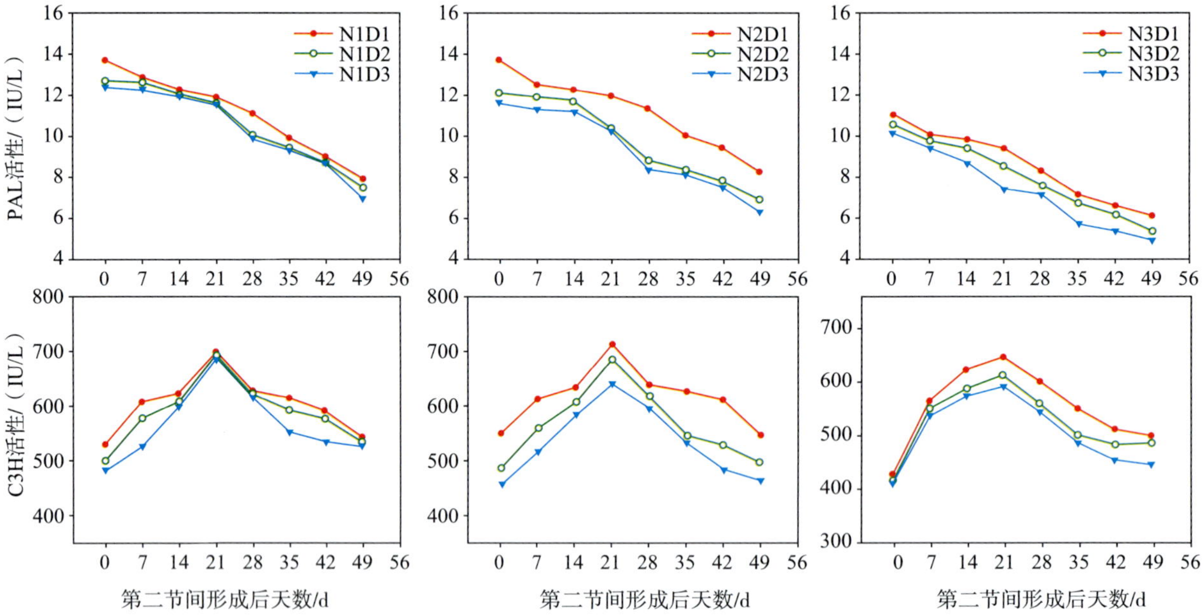

图 5-6 氮肥和密度处理对苯丙氨酸解氨酶(PAL)和香豆酸-3-羟化酶(C3H)的影响

阿魏酸-5-羟化酶(F5H)和咖啡酸-3-氧甲基转移酶(COMT)是 S 型木质素单体特异合成途径中的关键酶,其活性受到不同氮肥水平及种植密度的调控。由图 5-7 可知,F5H 活性在基部第二节间形成后的 0~28 d 呈相对稳定的水平,之后迅速下降。相同氮肥处理下,F5H 活性表现为 D1>D2>D3。N1 处理下,与 D1 相比,D2 和 D3 分别降低了 4.0%和 13.1%;N2 处理下分别降低了 17.9%和24.2%;N3 处理下分别降低了 4.6%和 17.7%。在 D1 处理下,F5H 活性表现为 N2>N1>N3。在 D2 和 D3 处理下,F5H 活性随施氮量的增加而降低。COMT 活性整体水平与其他酶活性相比处于相对较低的水平。随生育进程 COMT 活性变化呈"∧"形,在基部第二节间形成后的 21 d 达到最大值,之后逐渐降低。随密度增大,COMT 活性呈降低趋势。在低密度(D1)条件下,COMT 活性表现为 N2>N1>N3。与 N1D1 相比,N2D1 增加了 5.17%,N3D1 降低了 5.32%。中密度和高密度条件下,COMT 活性随施氮量的增加而降低。

肉桂酰辅酶 A 还原酶(CCR)和肉桂醇脱氢酶(CAD)是木质素特异合成途径中的关键酶。由图 5-8 可知,CCR 活性随生育进程呈先升高后降低的趋势。在基部第二节间形成后的 21 d 达最大值,之后逐渐降低。CAD 活性随生育进程呈现双峰曲线,在基部第二节间形成后的 14 d 和 49 d 分别达到高峰。各处理的表现趋势大体一致。氮肥和密度对 CCR 和 CAD 活性具有一定的调控效应。相同氮水平下,增加种植密度后,CCR 和 CAD 活性呈降低趋势,表现为 D3<D2<D1。不同密度水平下表现趋势存在差异。D1 处理下,CCR 和 CAD 活性随氮肥的增加呈先增加后降低的趋势。D2 和 D3 处理下随施氮量的增加而降低。结果表明,增加种植密度群体不利于木质素合成途径相关酶活性的提高。适当降低种植密度的前提下适量增加氮肥施用量可以通过提高木质素合成相关酶活性,进而促进木质素的合成与沉积,使茎秆坚实,提高茎秆抗倒性能。

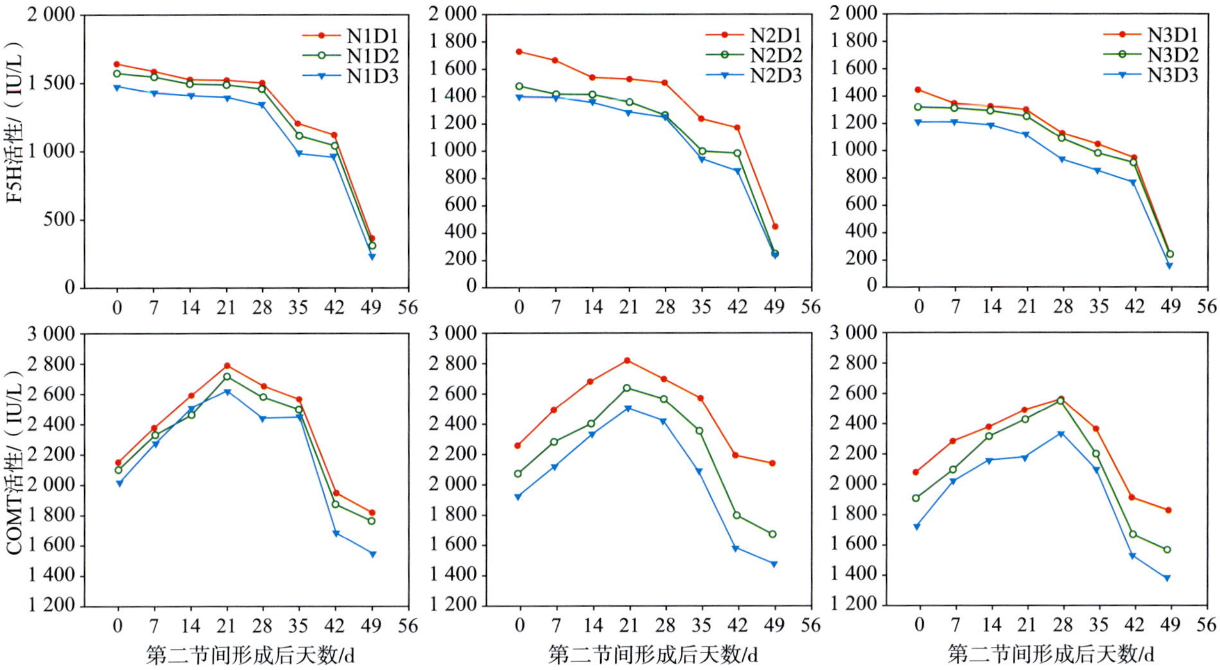

图 5-7　氮肥和密度处理对阿魏酸-5-羟化酶(F5H)和咖啡酸-3-氧甲基转移酶(COMT)的影响

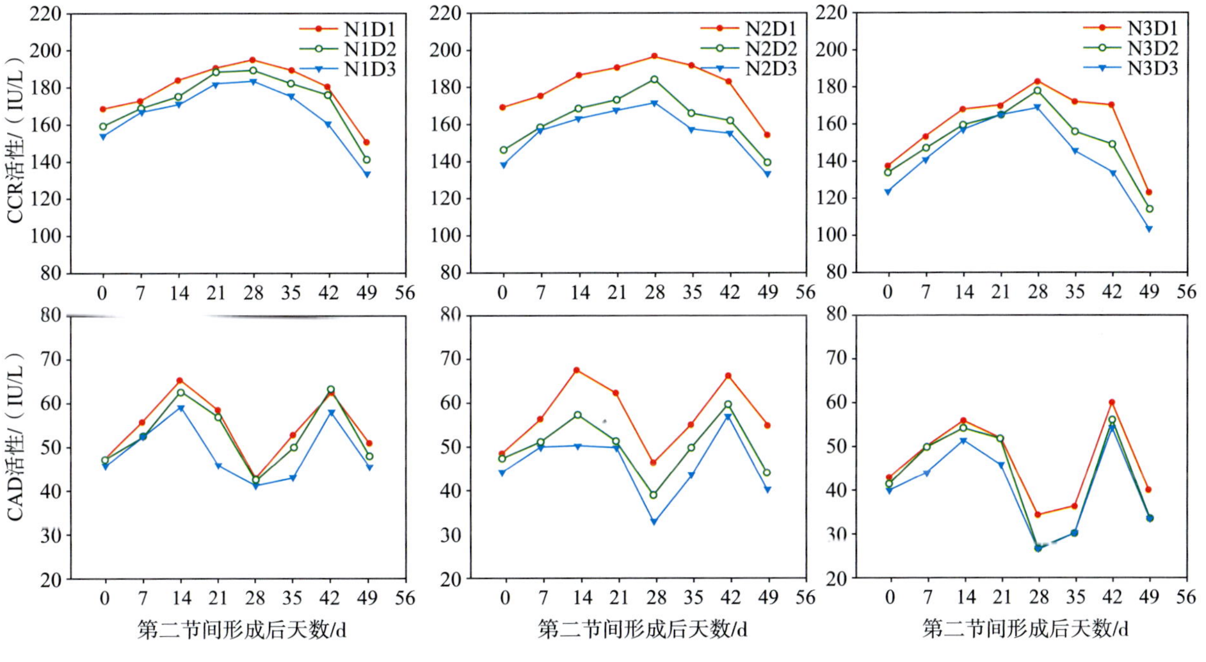

图 5-8　氮肥和密度处理对肉桂酰辅酶 A 还原酶(CCR)和肉桂醇脱氢酶(CAD)的影响

7. 外源生长调节剂通过影响内源 GA_3 及 IAA 含量调控木质素合成与积累，进而影响小麦茎秆机械强度

喷施多效唑显著提高了两品种自基部第二节间形成后的 7、14 d 茎秆的玉米素(ZT)含量，而喷施赤霉素降低了节间形成后的 0、7、14 d 的基部第二节间茎秆中的 ZT 含量(图 5-9)，表明多效唑能够促进内源 ZT 合成，而外源赤霉素则抑制 ZT 的合成。赤霉素(GA_3)及生长素(IAA)含量均呈单峰变化趋势，GA_3 在基部第二节间形成后 7 d 含量最高，而 IAA 含量在节间形成后 14 d 最高。外源赤霉素显著

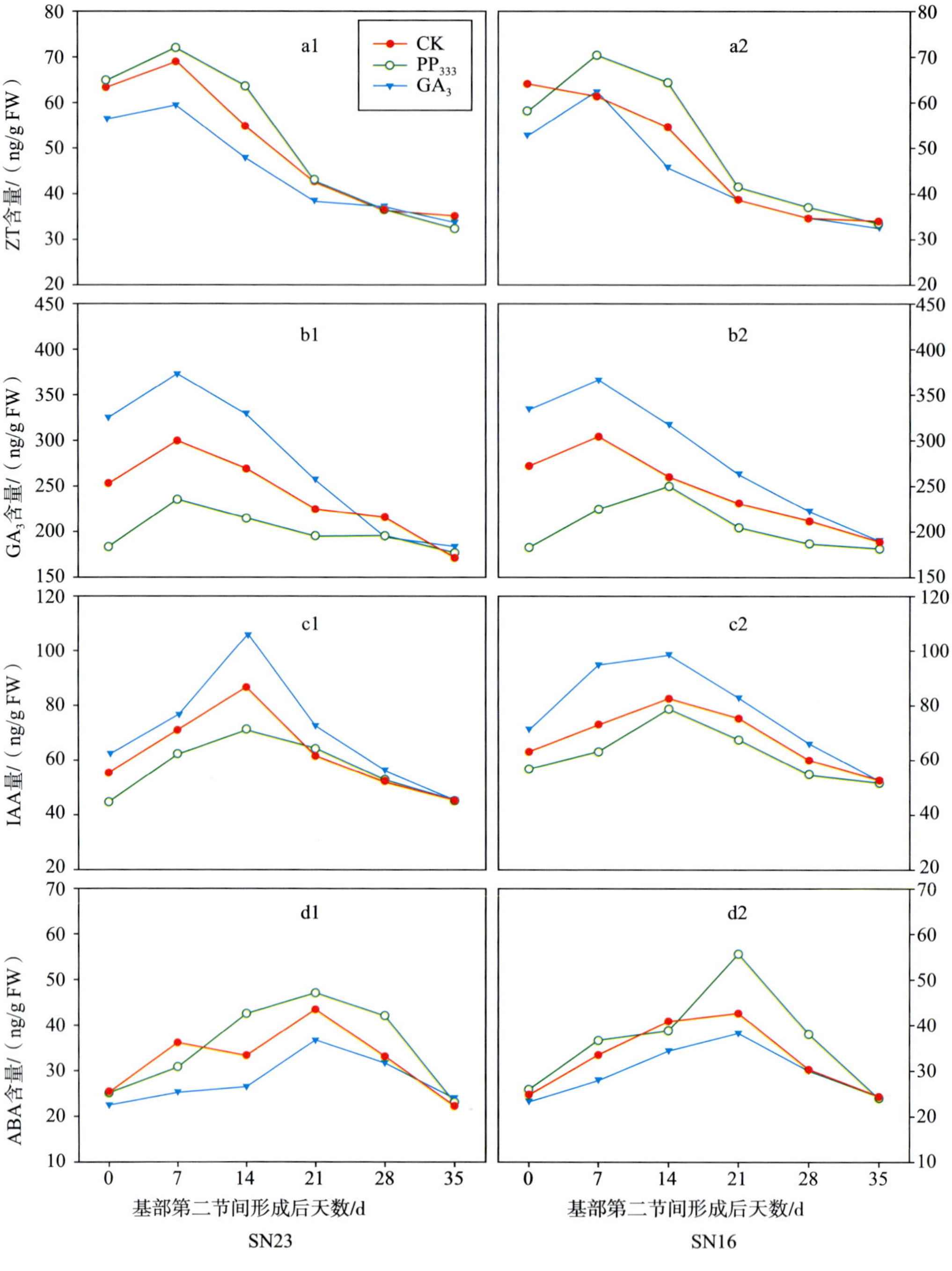

图 5-9　外源多效唑、赤霉素对小麦基部节间茎秆不同激素含量的影响

注：CK，拔节初期叶面喷施清水；PP_{333}，拔节初期叶面喷施 150 mg/L PP_{333}；GA_3，拔节初期叶面喷施 50 mg/L GA_3。

提高了节间形成后的 0、7、14、21 d 茎秆的 GA_3 与 IAA 含量，而多效唑的处理结果与之相反。各处理茎秆中的 ABA 含量变化趋势基本一致：在茎秆发育过程中 ABA 含量先表现出上升趋势，在节间形成后 21 d 含量达到最大，随后含量降低。喷施多效唑显著提高了自基部第二节间形成后的 7、14、21 d 及 28 d 茎秆的 ABA 含量，而外源赤霉素显著降低了茎秆中的 ABA 含量。在所有处理下，两品种小麦茎秆的 PAL 活性变化趋势基本一致，均随茎秆的生育进程呈下降的趋势，喷施多效唑和赤霉素对 PAL 活性的影响不同。与对照相比，多效唑显著提高了小麦茎秆 PAL 活性，而赤霉素降低了 PAL 活性（图 5-10a1，a2）。

从基部第二节间形成后，茎秆的 TAL 活性先升高随后降低，呈明显的“∧”形，且在基部第二节间形成后的 14 d 活性最高。与对照相比，茎秆中的 TAL 活性在多效唑处理后显著提高，而赤霉素处理后明显降低(图 5-10 b1,b2)。

两品种小麦茎秆的 CAD 活性在所有处理条件下变化趋势基本一致，均随着茎秆的生长过程先上升后下降，在基部第二节间形成后的 0～21 d 急剧升高，在基部第二节间形成后的 21 d 达到最高值后活性急剧降低。与对照相比，多效唑显著增加了茎秆中的 CAD 活性，赤霉素明显降低了 CAD 活性(图 5-10c1,c2)。

与酪氨酸解氨酶(TAL)活性变化的趋势一致，过氧化物酶(POD)活性随茎秆的生育进程先升高随后下降，呈明显的“∧”形(图 5-10 d1,d2)。POD 活性在基部第二节间形成后的 0～14 d 急剧升高，且在基部第二节间形成后的 14 d 活性达到最高值，然后在基部第二节间形成后的 14～21 d 活性快速降低，最后在基部第二节间形成后的 21～42 d 活性保持缓慢的降低。与对照相比，多效唑显著提高了茎秆中的 POD 活性，而赤霉素作用与之相反。

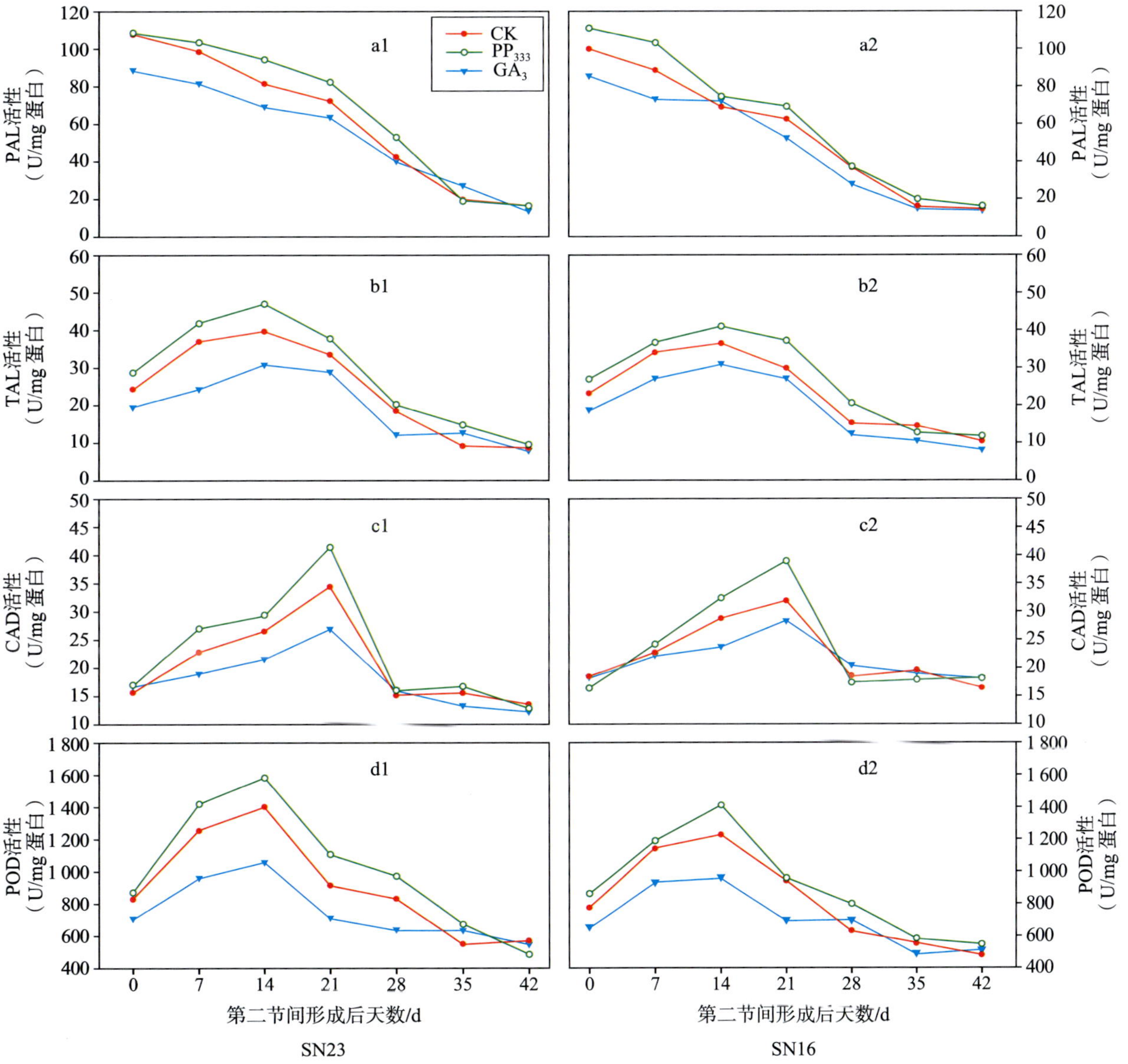

图 5-10 外源多效唑、赤霉素对小麦基部节间茎秆木质素合成关键酶活性的影响

注：CK：拔节初期叶面喷施清水；PP_{333}：拔节初期叶面喷施 150 mg/L PP_{333}；GA_3：拔节初期叶面喷施 50 mg/L GA_3。

5.2.2 推迟播期对冬小麦穗花发育、氮素内在利用效率、抗倒性能和产量的调控效应

针对我国北方冬麦区冬前积温增加，小麦无效分蘖和碳氮营养物质损耗增加，氮素内在利用效率降低的生产问题，选用广泛种植的冬小麦品种泰农 18(T18)和济麦 22(J22)为供试材料，设置了 9 月 24 日、10 月 1 日、10 月 8 日、10 月 15 日、10 月 22 日(分别用 S1～S5 表示)五个播期处理，研究了播期对冬小麦穗花发育、氮素吸收利用、产量和抗倒性能的影响。

1. 推迟播期对冬小麦产量和氮素利用率的影响

(1)推迟播期对冬小麦产量及产量构成因素的影响

推迟播期显著降低了单位面积穗数，但提高了穗粒数，而籽粒粒重在播期处理间无显著差异，由于单位面积穗数降低幅度与穗粒数增加幅度基本一致，两者相互弥补，从而使各播期间产量无显著差异，推迟播期仍保持了高产(表 5-1)。由此表明，推迟播期条件下小麦高产的维持主要是通过穗粒数的增加来实现的，解析推迟播期提高小麦穗粒数的生理机制，对于挖掘作物高产高效潜力具有重要意义。

表 5-1　播期对冬小麦单位面积穗数、穗粒数、粒重和产量的影响

年份	品种	处理	单位面积穗数/(万/hm²)	穗粒数/(粒/穗)	粒重/mg	产量/(t/hm²)
2014—2015	T18	S1	714.0a	40.4c	36.95a	9.66a
		S2	705.6ab	41.4c	37.12a	9.81a
		S3	686.9b	44.2b	37.20a	9.98a
		S4	665.1c	45.8ab	37.57a	10.10a
		S5	637.3d	46.1a	37.67a	9.90a
	J22	S1	747.8a	36.0b	38.21a	9.81a
		S2	719.3ab	37.7b	38.39a	9.96a
		S3	695.6bc	39.3a	38.43a	10.18a
		S4	674.9cd	40.0a	38.70a	10.14a
		S5	645.1d	40.7a	38.97a	9.98a
2015—2016	T18	S1	706.3a	37.5cd	37.86a	8.71a
		S2	692.9a	38.5c	38.06a	8.82a
		S3	681.9ab	39.6bc	38.44a	8.98a
		S4	670.7b	40.8a	38.61a	9.05a
		S5	634.0b	41.3a	38.79a	8.93a
	J22	S1	725.6a	33.0c	40.39a	8.57a
		S2	709.6ab	34.1c	40.92a	8.79a
		S3	688.1ab	35.4b	41.04a	9.06a
		S4	673.6bc	36.3a	41.46a	8.94a
		S5	639.8c	36.4a	41.61a	8.84a

(2)推迟播期对冬小麦氮素利用率及相关指标的影响

氮素利用率为籽粒产量和总氮供应量(土壤和肥料供应氮素总量)的比值。因不同播期处理的总氮供应量一致，所以氮素利用率的变化与籽粒产量的变化相一致，各播期处理间氮素利用率并无明显差异，推迟播期仍可获得较高的氮素利用率(表 5-2)。

表 5-2　播期对冬小麦氮素利用率及相关指标的影响

年份	品种	处理	氮素利用率/(kg/kg)	氮素吸收效率/%	氮素内在利用效率/(kg/kg)	氮素收获指数/%	籽粒含氮量/%
2014—2015	T18	S1	22.13a	79.68a	27.77d	75.18a	2.71a
		S2	22.47a	78.15ab	28.76c	75.31a	2.62ab
		S3	22.87a	75.47b	30.31b	75.01a	2.48b
		S4	23.14a	71.45c	32.38ab	74.37a	2.30c
		S5	22.67a	67.92d	33.38a	74.17a	2.22c
	J22	S1	22.46a	82.11a	27.77d	71.95a	2.64a
		S2	22.81a	78.54ab	28.76c	71.93a	2.48b
		S3	23.33a	75.57bc	30.31b	71.87a	2.32c
		S4	23.22a	72.23c	32.38b	71.86a	2.24cd
		S5	22.86a	68.20d	33.38a	71.74a	2.14d
2015—2016	T18	S1	20.88a	91.22a	22.89c	72.94a	2.63a
		S2	21.16a	86.55a	24.44c	73.80a	2.49ab
		S3	21.52a	81.41b	26.44b	74.63a	2.37b
		S4	21.71a	76.02b	28.55a	75.58a	2.22c
		S5	21.41a	70.59c	30.32a	76.31a	2.16d
	J22	S1	20.55a	82.50a	24.91c	74.36a	2.46a
		S2	21.09a	79.42a	26.55bc	74.74a	2.43a
		S3	21.72a	75.46ab	28.79bc	75.28a	2.42b
		S4	21.42a	71.27b	30.06b	75.71a	2.32c
		S5	21.20a	63.23c	33.53a	76.57a	2.25c

①推迟播期对冬小麦氮素吸收效率的影响

播期显著影响冬小麦的氮素吸收效率，两品种的氮素吸收效率均随播期的推迟而呈逐渐降低的趋势(表 5-2)。相比 S1 处理，T18 的 S2、S3、S4 和 S5 处理的氮素吸收效率分别降低 3.5%、8.0%、13.5% 和 18.7%，J22 的 S2、S3、S4 和 S5 处理的氮素吸收效率分别降低 4.0%、8.3%、12.8%和 20.2%。表明推迟播期显著降低了冬小麦的地上部氮素吸收能力，而且播期越晚氮素吸收能力降低越明显。

氮素吸收效率与成熟期地上部氮素积累量和总供氮量有关。由于各播期间总供氮量一致，所以地上部氮素积累量的差异是造成推迟播期后氮素吸收效率降低的原因。播期对全生育期冬小麦地上部氮素积累量动态变化的影响如图 5-11 所示。播期显著影响了冬小麦的地上部氮素积累量，且不同生育时期均表现为随播期推迟呈降低趋势。

在越冬期，相比 S1 处理，T18 的 S2、S3、S4 和 S5 处理的地上部氮素积累量分别降低 11.9%、42.7%、62.3%和 82.7%，J22 的 S2、S3、S4 和 S5 处理的地上部氮素积累量分别降低 20.4%、40.2%、61.1%和 88.5%。在拔节期，相比 S1 处理，T18 的 S2、S3、S4 和 S5 处理的地上部氮素积累量分别降低 7.3%、14.9%、22.4%和 39.0%，J22 的 S2、S3、S4 和 S5 处理的地上部氮素积累量分别降低 5.5%、18.2%、34.2%和 51.2%。在孕穗期，相比 S1 处理，T18 的 S2、S3、S4 和 S5 处理的地上部氮素积累量分别降低 2.4%、8.9%、17.8%和 22.7%，J22 的 S2、S3、S4 和 S5 处理的地上部氮素积累量分别降低 5.3%、13.9%、19.4%和 25.4%。在开花期，相比 S1 处理，T18 的 S2、S3、S4 和 S5 处理的地上部氮素积累量分别降低 3.6%、7.3%、10.9%和 16.4%，J22 的 S2、S3、S4 和 S5 处理的地上部氮素积累量分别降低 4.4%、8.8%、12.6%和 18.1%。在成熟期，相比 S1 处理，T18 的 S2、S3、S4 和 S5 处理的地上部氮素积累量分别降低 3.9%、7.9%、12.5%和 17.6%,J22 的 S2、S3、S4 和 S5 处理的地上部氮素积累量分别降低 4.1%、8.5%、13.0%和 20.0%。表明随生育进程的推进播期处理间地上部氮素积累量之间的差距逐渐缩小,但晚播处理的地上部氮素吸收能力始终低于早播处理,由此导致了氮素吸收效率的下降。

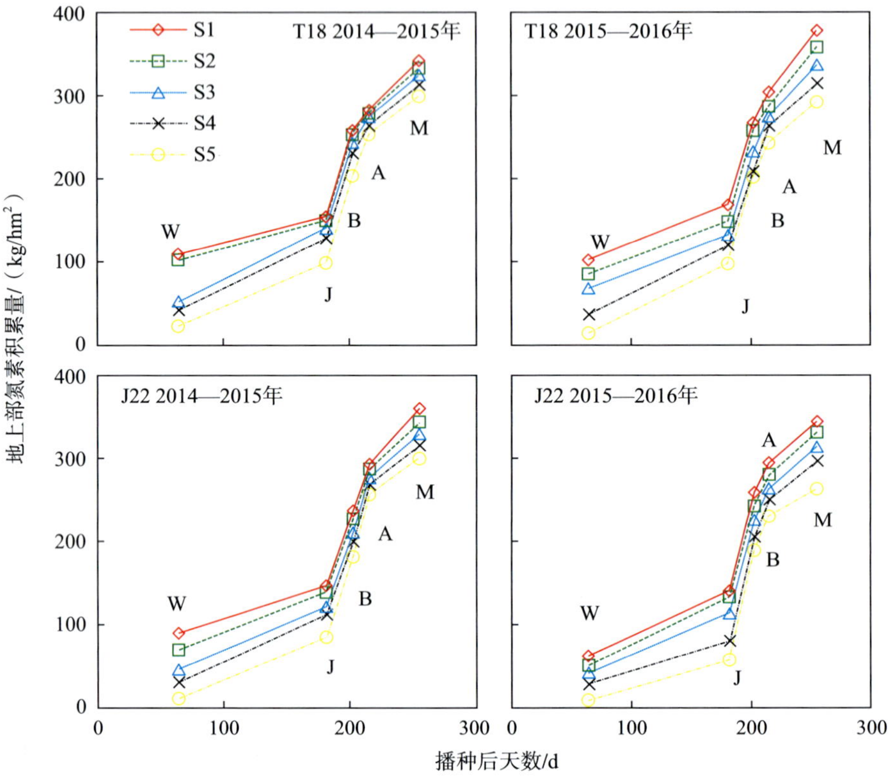

图 5-11　播期对冬小麦地上部氮素积累量的影响

注:W,冬前;J,拔节期;B,孕穗期;A,开花期;M,成熟期。

②推迟播期对冬小麦氮素内在利用效率的影响

播期显著影响了冬小麦的氮素内在利用效率(表 5-2)。相比 S1 处理,T18 的 S2、S3、S4 和 S5 处理的氮素内在利用效率分别提高 5.2%、12.3%、20.7%和 26.3%,J22 的 S2、S3、S4 和 S5 处理的氮素内在利用效率分别提高 5.1%、12.4%、18.6%和 27.4%。由于生产百千克籽粒所需氮素与氮素内在利用效率呈倒数关系,所以两品种的生产百千克籽粒所需氮素随播期的推迟呈降低趋势(图 5-12)。表明推迟播期显著提高了冬小麦利用地上部所吸收的氮素进行籽粒生产的能力。

两小麦生长季播期处理间的氮素收获指数在各播期间均无显著差异(表 5-2)。推迟播期显著影响了冬小麦籽粒含氮量,相比 S1 处理,T18 的 S2、S3、S4 和 S5 处理的籽粒含氮量分别降低 4.1%、9.1%、15.3%和 17.8%,J22 的 S2、S3、S4 和 S5 处理的籽粒含氮量分别降低 3.7%、7.0%、10.5%和 13.8%(表 5-2)。由此可见,推迟播期降低了地上部氮素积累量,因氮素收获指数并无显著变化所以籽粒氮素积累量相应降低,但是由于推迟播期维持了籽粒产量,从而产生的“稀释效应”导致籽粒含氮量的降低。同时,氮素内在利用效率可以表达为氮素收获指数与籽粒含氮量的比值,所以推迟播期亦是通过降低籽粒含氮量提高了氮素内在利用效率。

综合分析氮素利用率及其相关指标在不同播期间的变化,推迟播期后小麦氮素内在利用效率的提高可以弥补氮素吸收效率的下降,进而维持较高的氮素利用率。解析推迟播期提高小麦氮素内在利用效率的生理机制,对于挖掘作物高产高效潜力具有重要意义。

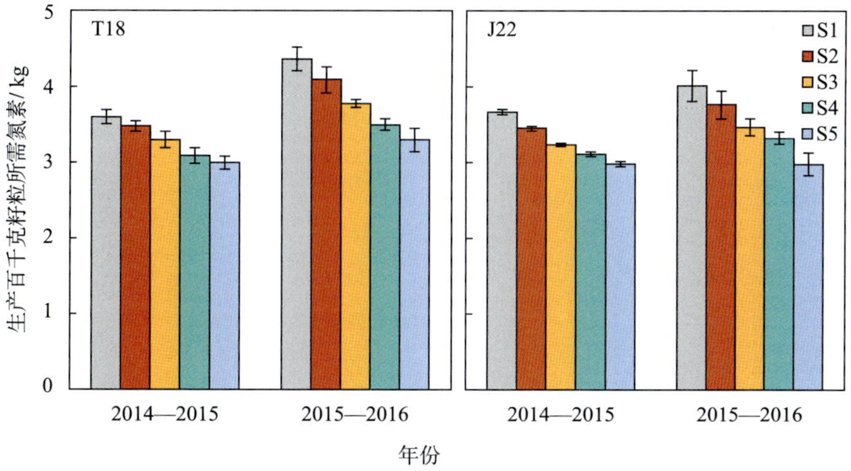

图 5-12　播期对冬小麦生产百千克籽粒所需氮素的影响

2. 推迟播期对冬小麦穗花发育的调控效应及其生理基础

为明确推迟播期提高小麦穗粒数实现高产稳产的生理基础，通过分析播期对冬小麦穗花发育动态、穗茎同化物分配和内源激素含量及其平衡关系的影响，明确了推迟播期对小麦小花发育及结实成粒的调控效应，探讨了小花发育过程中小花发育成粒与同化物积累分配间的关系，系统研究了小麦小花发育过程中不同茎蘖穗和茎秆内源激素变化，解析了内源激素含量及其平衡状况与同化物积累和分配的关系，明确了内源激素变化对同化物积累和分配的调控机制。

(1)推迟播期对冬小麦穗部小花分化特征的影响

①推迟播期对冬小麦小花发育和结实特性的影响

由表 5-3 和表 5-4 可以看出，播期对不同品种冬小麦的不同茎蘖的穗部小花分化发育和结实特性各指标影响显著。推迟播期导致总小穗数和最大小花数减少，可孕小花数、穗粒数和开花期穗干重增加，小花存活率和小花结实率明显提高。同时，不同茎蘖之间差异明显，主茎穗部各性状指标值均高于分蘖，且随分蘖位的升高逐渐减少。以 T18 为例，相比 S1 处理，T18 的 S2、S3、S4 和 S5 处理的主茎总小穗数分别减少 0.8、1.4、2.1 和 2.5 个/穗，总小花数分别减少 2.0、5.8、7.7 和 9.5 个/穗，可孕花数分别增加 1.4、3.5、5.4 和 6.0 个/穗，穗粒数分别增加 1.0、2.7、3.8 和 4.3 个/穗，小花存活率分别提高 1.6%、4.2%、6.1%和 6.6%，小花结实率分别提高 1.2%、3.4%、4.6%和 5.1%。可孕花结实率在各播期处理间无显著差异，说明花后小花的败育程度不受播期影响。品种间各特征指标也存在差异，其中，J22 的同一茎蘖的总小穗数、总小花数和可孕花结实率均高于 T18，但可孕小花数、穗粒数均低于 T18，因此造成小花存活率和小花结实率有所降低，说明大穗型品种 T18 的小穗和小花分化能力低于多穗型品种 J22，但是小花存活率、籽粒结实率和开花期穗干重高于多穗型品种。

相关分析结果表明(表 5-5)，穗粒数与可孕花数、小花存活率和小花结实率呈极显著正相关，而总小穗数和总小花数与穗粒数的相关性未达显著水平，说明穗粒数的增加是由于可孕花数的增加和小花存活率、小花结实率的提高来实现的，而小花结实率是小花存活率和可孕花结实率的乘积，小花结实率与小花存活率呈正相关，而与可孕花结实率呈负相关，所以小花存活率决定小花结实率，因此，推迟播期条件下穗粒数的增加是由可孕花数和小花存活率共同决定的。

总小穗数与总小花数呈极显著正相关，与可孕花结实率呈显著正相关，但与小花存活率和小花结实率呈极显著和显著负相关，说明总小穗数的增加有利于花后可孕花的结实，但不利于小花存活率和总小花结实率的提高；总小花数与可孕花结实率呈极显著正相关，与小花存活率和小花结实率呈显著负相关；可孕花与小花存活率和小花结实率呈极显著正相关；小花存活率与可孕花结实率呈显著负相关。

表 5-3　播期对冬小麦小花发育和结实特性的影响(2014—2015 年)

品种	主茎/分蘖	处理	总小穗数/(个/穗)	最大小花数/(个/穗)	可孕花数/(个/穗)	穗粒数/(粒/穗)	小花存活率/%	小花结实率/%	可孕花结实率/%	开花期穗干重/g
T18	主茎	S1	19.3a	119.0a	53.2b	48.3b	44.71c	40.62b	90.85a	0.396b
		S2	18.7a	118.0a	54.3b	49.1ab	46.02bc	41.58b	90.36a	0.402b
		S3	18.2ab	117.0a	56.2ab	50.5a	48.03ab	43.16ab	89.86a	0.416ab
		S4	17.9b	116.6a	58.8a	51.7a	50.42a	44.30a	87.87a	0.426a
		S5	17.3b	114.1a	59.4a	52.1a	52.05a	45.68a	87.76a	0.434a
	分蘖Ⅰ	S1	17.3a	97.7a	33.9c	30.1c	34.69c	30.84c	88.89a	0.256b
		S2	17.1ab	96.0a	35.0bc	31.0bc	36.46c	32.36bc	88.76a	0.261b
		S3	16.7ab	94.9ab	37.8ab	33.2ab	39.84bc	34.99b	87.83a	0.272ab
		S4	16.4b	92.5ab	40.1a	34.7ab	43.35ab	37.48ab	86.45a	0.282a
		S5	15.9b	90.5b	40.4a	35.7a	44.64a	39.47a	85.45a	0.289a
J22	主茎	S1	21.3a	121.8a	44.6c	42.1c	36.63c	34.55c	94.12a	0.310c
		S2	21.1a	120.7a	46.6bc	43.7c	38.60c	36.18bc	93.73a	0.319bc
		S3	20.3ab	118.2a	49.4ab	45.9bc	41.79bc	38.90ab	93.48a	0.332ab
		S4	20.2ab	116.1a	51.1a	47.5ab	44.00ab	40.93a	93.01a	0.341a
		S5	19.5b	114.5a	51.6a	48.0a	45.07a	41.93a	92.90a	0.350a
	分蘖Ⅰ	S1	20.6a	117.3a	42.8b	39.7b	36.46c	33.87b	92.90a	0.269c
		S2	20.0a	116.4a	43.6b	40.4ab	37.47bc	34.71b	92.64a	0.274c
		S3	19.5a	115.0a	44.2ab	40.8ab	38.43ab	35.45ab	92.17a	0.288bc
		S4	19.2ab	113.5a	46.1ab	42.4a	40.62ab	37.37a	91.71a	0.295ab
		S5	18.5b	112.5a	46.3a	42.6a	41.16a	37.87a	91.65a	0.306a
	分蘖Ⅱ	S1	19.7a	113.5a	34.6b	31.4b	30.48b	27.68b	92.43a	0.251b
		S2	19.4a	113.5a	35.6ab	32.1ab	31.34b	28.32b	92.19a	0.258b
		S3	18.9ab	112.8a	37.1a	33.2ab	32.90ab	29.47ab	91.89a	0.268ab
		S4	18.7b	110.0a	38.3a	34.2a	34.82a	31.08a	91.50a	0.277a
		S5	18.1b	109.0a	38.9a	34.7a	35.69a	31.82a	91.03a	0.283a
	分蘖Ⅲ	S1	19.0a	110.9a	29.6b	26.4b	26.70b	23.81b	91.97a	0.229c
		S2	18.8a	109.0a	30.6ab	27.2ab	28.07b	24.94b	91.72a	0.234bc
		S3	18.2ab	107.8a	31.2ab	27.7a	28.98ab	25.67ab	91.42a	0.241ab
		S4	17.5b	105.0ab	31.8a	28.1a	30.29a	26.79a	91.15a	0.245ab
		S5	17.0b	98.9b	32.3a	28.5a	32.67a	28.86a	90.94a	0.250a

表 5-4　播期对冬小麦小花发育和结实特性的影响(2015—2016 年)

品种	主茎/分蘖	处理	总小穗数/(个/穗)	最大小花数/(个/穗)	可孕花数/(个/穗)	穗粒数/(粒/穗)	小花存活率/%	小花结实率/%	可孕花结实率/%	开花期穗干重/g
T18	主茎	S1	21.1a	126.0a	48.7c	45.1b	41.10b	38.02c	90.85a	0.418d
		S2	20.2a	122.0a	50.3bc	46.2ab	43.55b	40.03bc	90.36a	0.431cd
		S3	19.5ab	118.8ab	52.7ab	48.3ab	48.35a	44.34ab	89.86a	0.448bc
		S4	18.3b	115.3b	53.9a	49.4a	51.09a	46.82a	87.87a	0.462ab
		S5	18.1b	114.2b	54.4a	49.8a	52.06a	47.66a	87.76a	0.471a
	分蘖Ⅰ	S1	18.7a	117.3a	33.4c	30.6c	32.03c	29.31d	88.89a	0.260c
		S2	18.1a	113.0a	34.5bc	31.5bc	33.99c	31.03cd	88.76a	0.267bc
		S3	17.6a	110.3a	36.1ab	32.9ab	36.46bc	33.20bc	87.83a	0.271bc
		S4	17.1ab	107.0ab	36.9a	33.5a	38.34ab	34.81ab	86.45a	0.282ab
		S5	16.6b	104.8b	37.7a	33.9a	40.55a	36.49a	85.45a	0.292a
J22	主茎	S1	22.3a	136.5a	44.1c	41.8b	32.33b	30.62d	94.12a	0.402b
		S2	21.8a	132.0a	45.4bc	42.9b	34.41b	32.47c	93.73a	0.407b
		S3	20.9a	129.5ab	46.5ab	43.7ab	35.92ab	33.72bc	93.48a	0.416ab
		S4	20.8a	126.5b	47.6a	44.5a	37.63a	35.15ab	93.01a	0.429a
		S5	20.0a	124.0b	48.4a	45.0a	38.99a	36.32a	92.90a	0.432a
	分蘖Ⅰ	S1	22.1a	130.5a	33.6c	31.0b	25.75c	23.78c	92.90a	0.306b
		S2	20.4ab	126.3a	34.4bc	31.6b	27.25c	25.06c	92.64a	0.313ab
		S3	20.2ab	123.0ab	36.1ab	33.2ab	29.35bc	26.96bc	92.17a	0.323a
		S4	19.9b	120.0b	37.4a	34.4a	31.17ab	28.64ab	91.71a	0.329a
		S5	19.5b	115.0b	38.7a	35.5a	33.65a	30.84a	91.65a	0.334a
	分蘖Ⅱ	S1	20.6a	127.5a	29.8c	27.2b	23.37c	21.33c	92.43a	0.286b
		S2	20.1a	124.5a	30.7c	27.9b	24.66c	22.43c	92.19a	0.293ab
		S3	19.7a	120.8ab	31.9bc	28.9ab	26.42bc	23.96bc	91.89a	0.298ab
		S4	19.5ab	117.8bc	33.1a	30.0a	28.11ab	25.48b	91.50a	0.302a
		S5	18.6b	110.0c	34.4a	31.0a	31.27a	28.22a	91.03a	0.306a
	分蘖Ⅲ	S1	20.2a	118.0a	24.7b	22.3b	20.93c	18.87c	91.97a	0.275b
		S2	19.3a	116.3a	25.6ab	23.1ab	22.02bc	19.84bc	91.72a	0.278b
		S3	19.1a	113.3ab	26.3ab	23.5a	23.22ab	20.78b	91.42a	0.285ab
		S4	18.6ab	110.8ab	27.2a	24.3a	24.56a	21.97ab	91.15a	0.291a
		S5	18.3b	105.5b	27.9a	24.9a	26.45a	23.58a	90.94a	0.294a

②推迟播期对冬小麦小花分化发育动态的影响

冬小麦小花分化发育进程随分化期的推进分别呈上升曲线和下降曲线的动态模式(图 5-13 和图 5-14)。小花分化的上升曲线模式说明,小花原基分化速率遵循“慢-快-慢”的变化规律,随播期的推迟不同茎蘖达到最大小花数所需时间缩短,S5 处理达最大小花数所需天数相比 S1 处理减少 4～6 d,说明最大小花数与分化时间有一定的正相关,且随着蘖位增加,小花分化持续时间缩短。

小花原基退化的下降曲线模式(图 5-13 和图 5-14)表明,小花原基退化速率同样遵循“慢-快-慢”的变化规律,但是与分化进程有差异,开始是相对较慢的退化,但是时间很短,紧接着是快速的下降过程,

表 5-5　冬小麦小花发育和结实特性相关指标的相关性分析

指标	总小穗数	最大小花数	可孕花数	穗粒数	小花存活率	小花结实率	可孕花结实率
最大小花数	0.91**						
可孕花数	0.09	0.18					
穗粒数	−0.17	0.04	0.99**				
小花存活率	−0.36**	−0.29*	0.85**	0.81**			
小花结实率	−0.29*	−0.24	0.88**	0.85**	0.99**		
可孕花结实率	0.84**	0.81**	−0.09	−0.03	−0.46**	−0.38**	
开花期穗干重	−0.28*	−0.39**	0.80**	0.81**	0.55**	0.58**	−0.02

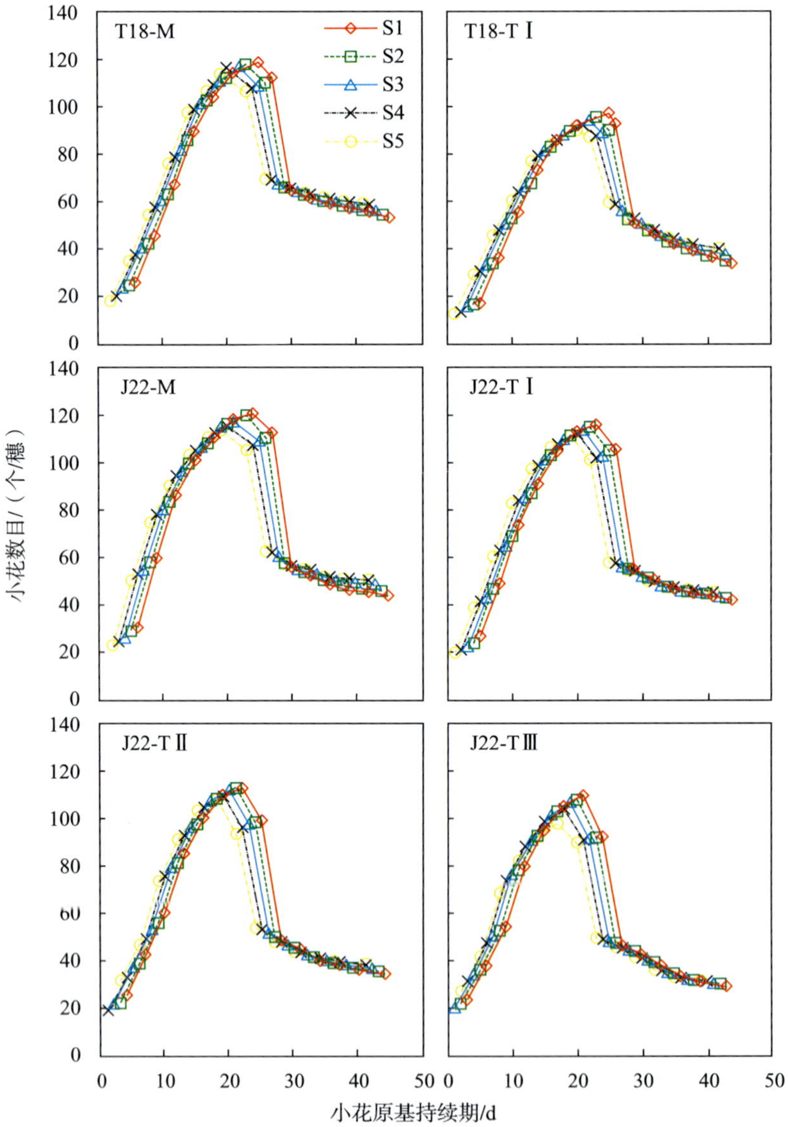

图 5-13　播期对冬小麦不同品种不同茎蘖小花数目动态变化的影响(2014—2015 年)

注：M，主茎；TⅠ，第一分蘖；TⅡ，第二分蘖；TⅢ，第三分蘖。

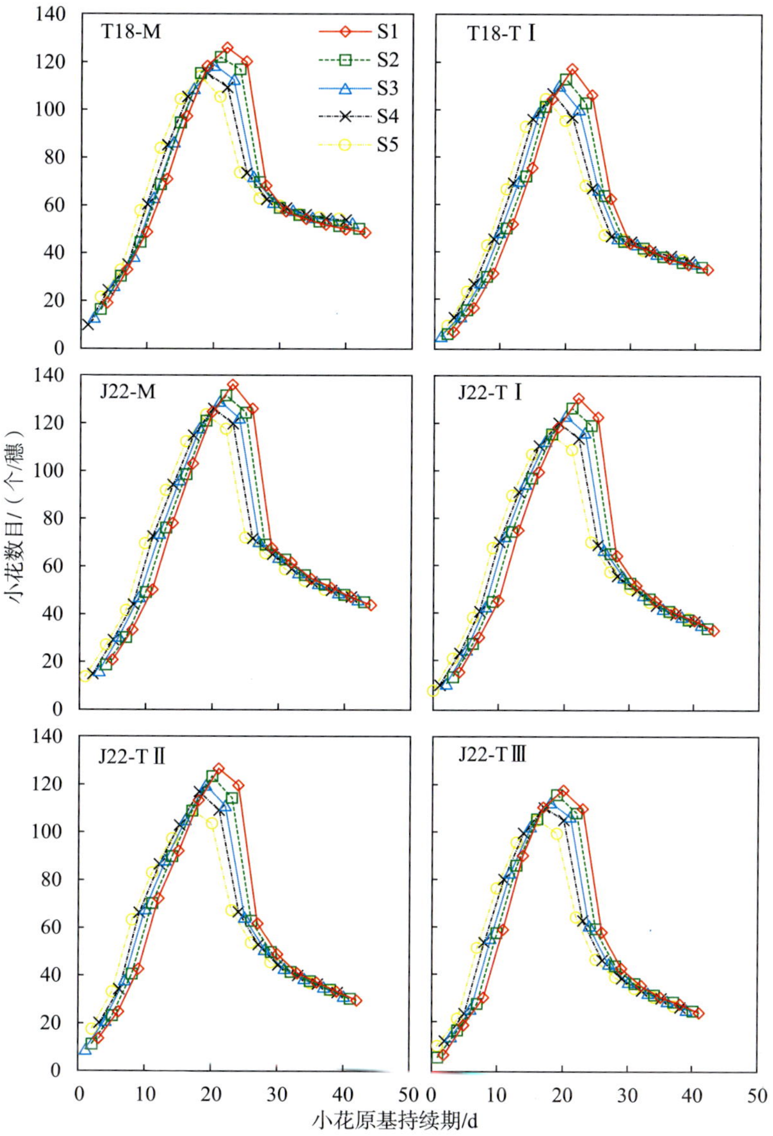

图 5-14　播期对冬小麦不同品种不同茎蘖小花数目动态变化的影响(2015—2016 年)

注：M，主茎；TⅠ，第一分蘖；TⅡ，第二分蘖；TⅢ，第三分蘖。

持续时间 6～7 d，随后进入一个近乎直线的平缓退化过程，直至开花期可孕花发育完整，不同播期处理间小花退化过程有差异，在最大小花数后 6 d 的退化过程中，早播处理相比晚播处理的退化下降过程较为剧烈，而晚播处理的退化过程较为缓慢，最终退化小花数量较少，存活率提高，可孕花数增加，说明小花存活率的提高是开花期可孕花数量增加的决定性因素，且多穗型品种 J22 小花退化过程相比大穗型品种 T18 较为剧烈，退化小花数较多，最终可孕花数较少，可孕花存活率和最终结实率较低，表明小花退化缓慢进而存活率提高是大穗型小麦结实率提高的重要基础，而且小麦花后干物质生产积累结果也表明，开花期可孕花数量会反馈调节源同化能力的增强，进一步提高库的物质积累能力。

③播期对小花发育过程中小花平均分化和退化速率的影响

小花分化和退化速率表现规律不一致(图 5-15)，在小花分化进程中，虽然分化最大小花数随播期推迟而减少，但由于晚播缩短了分化持续期，故小花平均分化速率随播期的推迟呈升高趋势，处理间均达显著差异水平。而在小花退化阶段，由于开花期存活可孕花数随播期推迟而增加，导致退化小花数明显减少，故各处理的平均退化速率随播期的推迟呈显著降低趋势。且随着蘖位的升高，小花平均分化速率相比主茎呈下降趋势，蘖位越高分化速率下降越明显；而小花平均退化速率表现与之相反。

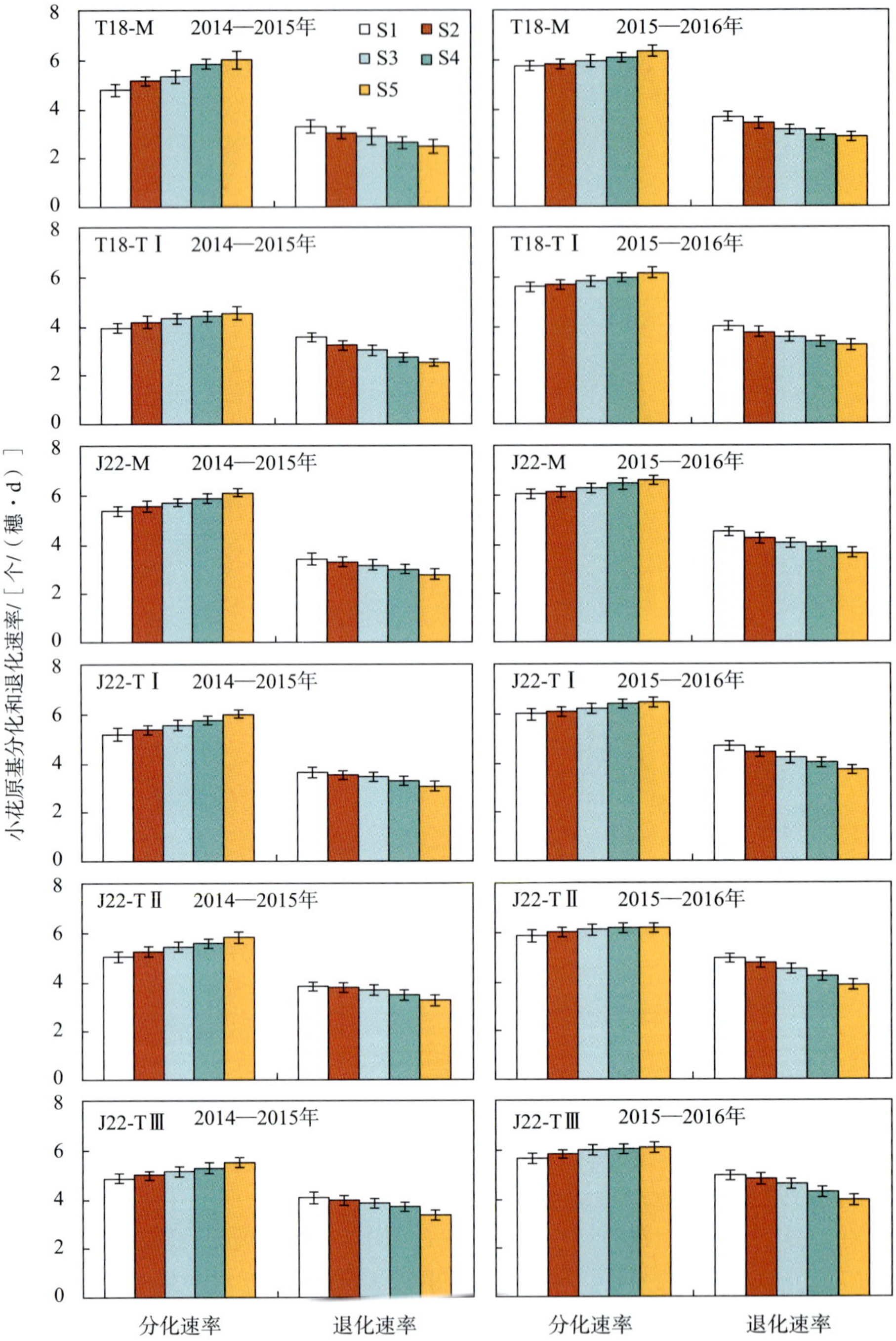

图 5-15 播期对小花发育过程小花平均分化和退化速率的影响

注：M，主茎；TⅠ，第一分蘖；TⅡ，第二分蘖；TⅢ，第三分蘖。

(2)推迟播期对同化物积累与分配的影响

开花期可孕花数与开花期穗干重、干物质穗茎比和氮素穗茎比均呈极显著正相关，这表明开花期可孕花数的存活数量不仅与穗器官干物质供给总量有关，而且与干物质在穗部和茎秆的分配比例密切相关。

①播期对冬小麦^{13}C同化物分配比例的影响

由图 5-16 可见，小花原基分化初期进行^{13}C标记后 3 d(开花前 39 d)取样，不同部位相比，茎秆的^{13}C分配率为 38.2%～44.2%，穗的^{13}C分配率为 0.04%～0.18%，穗茎比为 0.000 8～0.004；随播期的推迟，同一茎蘖穗的^{13}C分配率逐渐增加，穗茎比提高，但茎秆的^{13}C分配率逐渐降低。

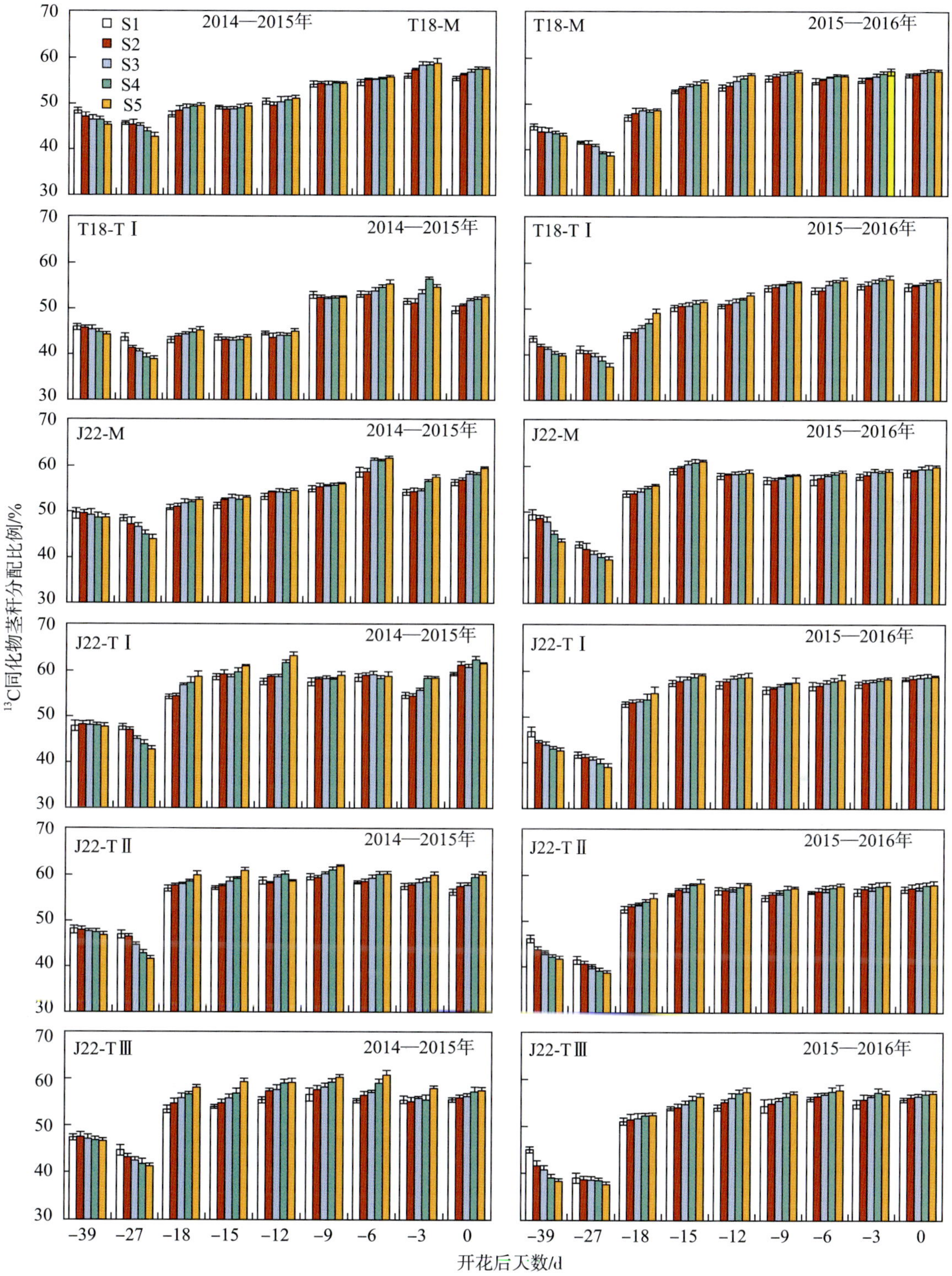

图 5-16　播期对不同茎蘖茎秆的^{13}C同化物分配率的影响

注：M，主茎；TⅠ，第一分蘖；TⅡ，第二分蘖；TⅢ，第三分蘖。

雌雄蕊分化期进行^{13}C标记后 3 d(开花前 27 d)取样(图 5-17),茎秆的^{13}C分配率为 37.5%～48.5%,穗的^{13}C分配率为 0.15%～0.45%,穗茎比为 0.003 6～0.01;与小花分化初期的规律一致,随播期的推迟,同一茎蘖穗的^{13}C分配率逐渐增加,穗茎比提高,但茎秆的^{13}C分配率逐渐降低。

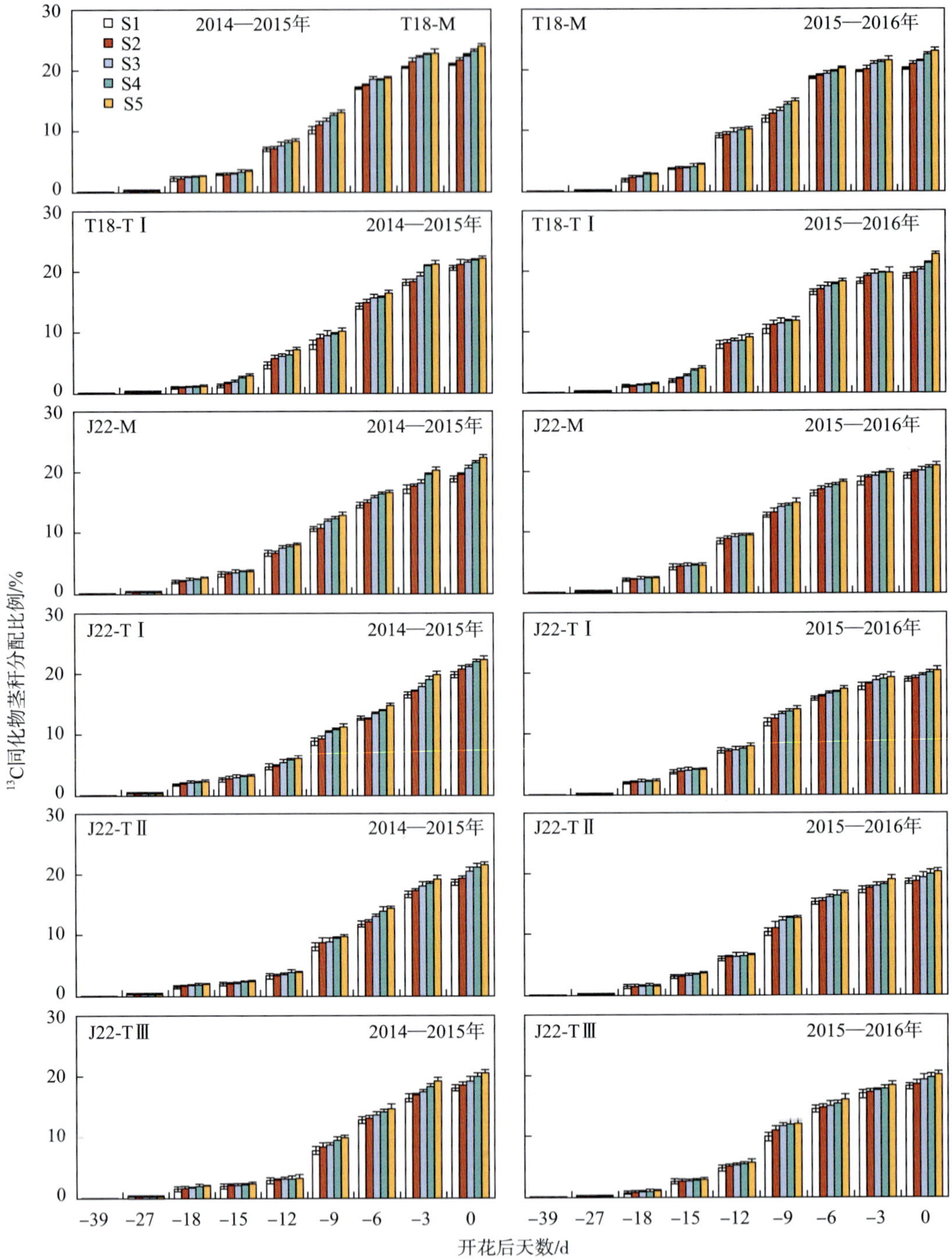

图 5-17 播期对不同茎蘖穗的^{13}C同化物分配率的影响

注:M,主茎;TⅠ,第一分蘖;TⅡ,第二分蘖;TⅢ,第三分蘖。

药隔形成期进行^{13}C标记后 3 d(开花前 18 d)取样(图 5-18),茎秆的^{13}C分配率为 44.2%～65.5%,穗的^{13}C分配率为 0.9%～2.7%,穗茎比为 0.018～0.052;随播期的推迟,同一茎蘖茎秆和穗的^{13}C分配率逐渐增加,^{13}C分配穗茎比提高。开花期,茎秆的^{13}C分配率为 54.7%～ 59.8%,穗的^{13}C分配率为

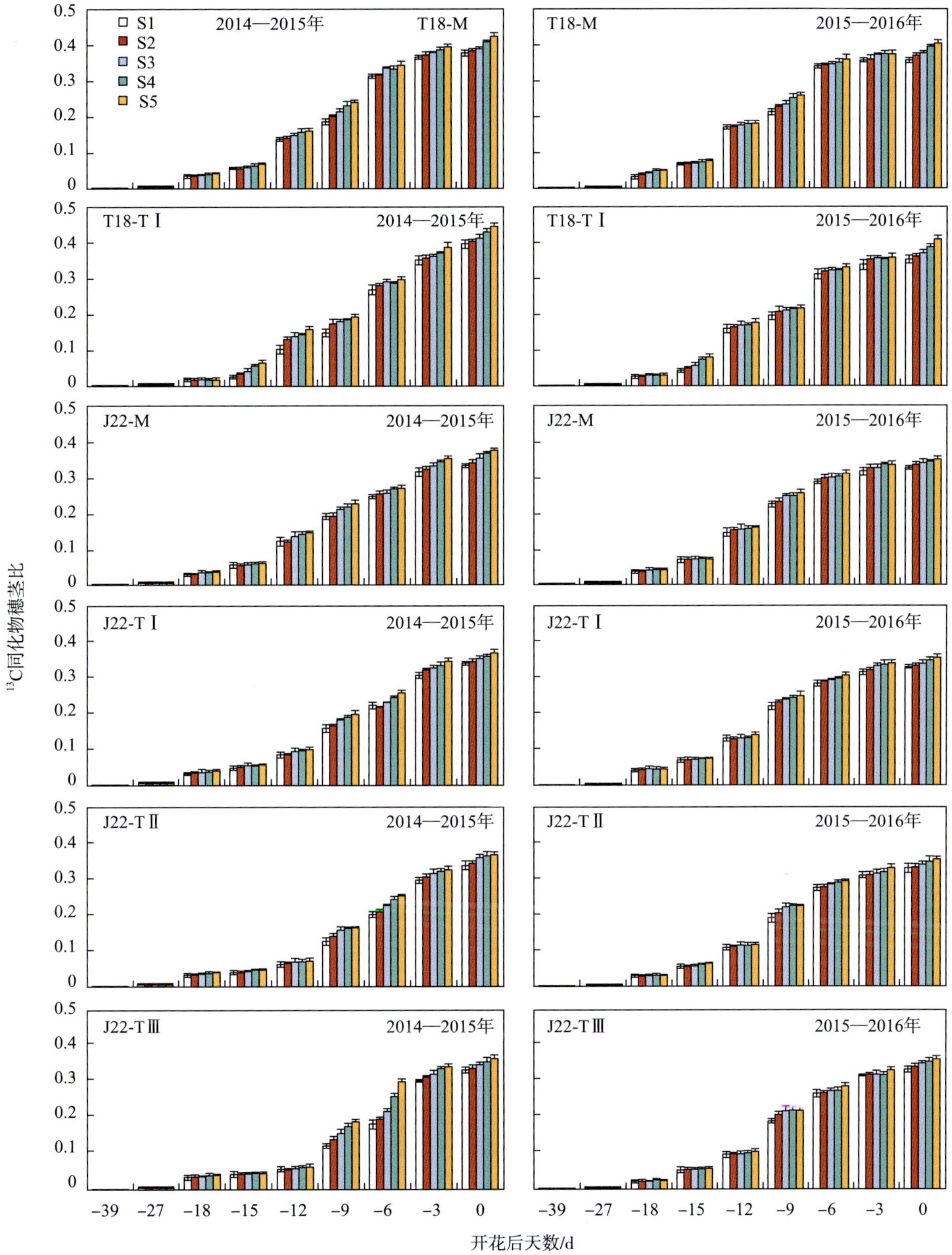

图 5-18　播期对不同茎蘖^{13}C 同化物穗茎比的影响

注:M,主茎;TⅠ,第一分蘖;TⅡ,第二分蘖;TⅢ,第三分蘖。

18.1%～23.1%,穗茎比为 0.324～0.411;随播期的推迟,同一茎蘖茎秆和穗的^{13}C 分配率逐渐增加。药隔形成期^{13}C 标记后 3 d 至开花期,茎秆的^{13}C 分配率呈先升高后略降低再升高的趋势,有 3.0%～10.5%的^{13}C 同化物分配到了茎秆中,穗的^{13}C 分配率呈逐渐增加的趋势,有 17.0%～21.3%的^{13}C 同化物分配到了穗中,虽然大部分^{13}C 同化物主要贮存于茎鞘中,但^{13}C 同化物转运累积量最大的器官部位在穗部。可见，推迟播期减少了茎秆的^{13}C同化物吸收与积累，而提高了穗部对^{13}C同化物的吸收与累积，从而保证了较大比例的叶片中^{13}C同化物转移至穗部。

②播期对冬小麦水溶性碳水化合物含量与分配的影响

随小麦小花发育过程的推进，穗内水溶性碳水化合物含量呈先上升后下降的趋势(图5-19)，在小花

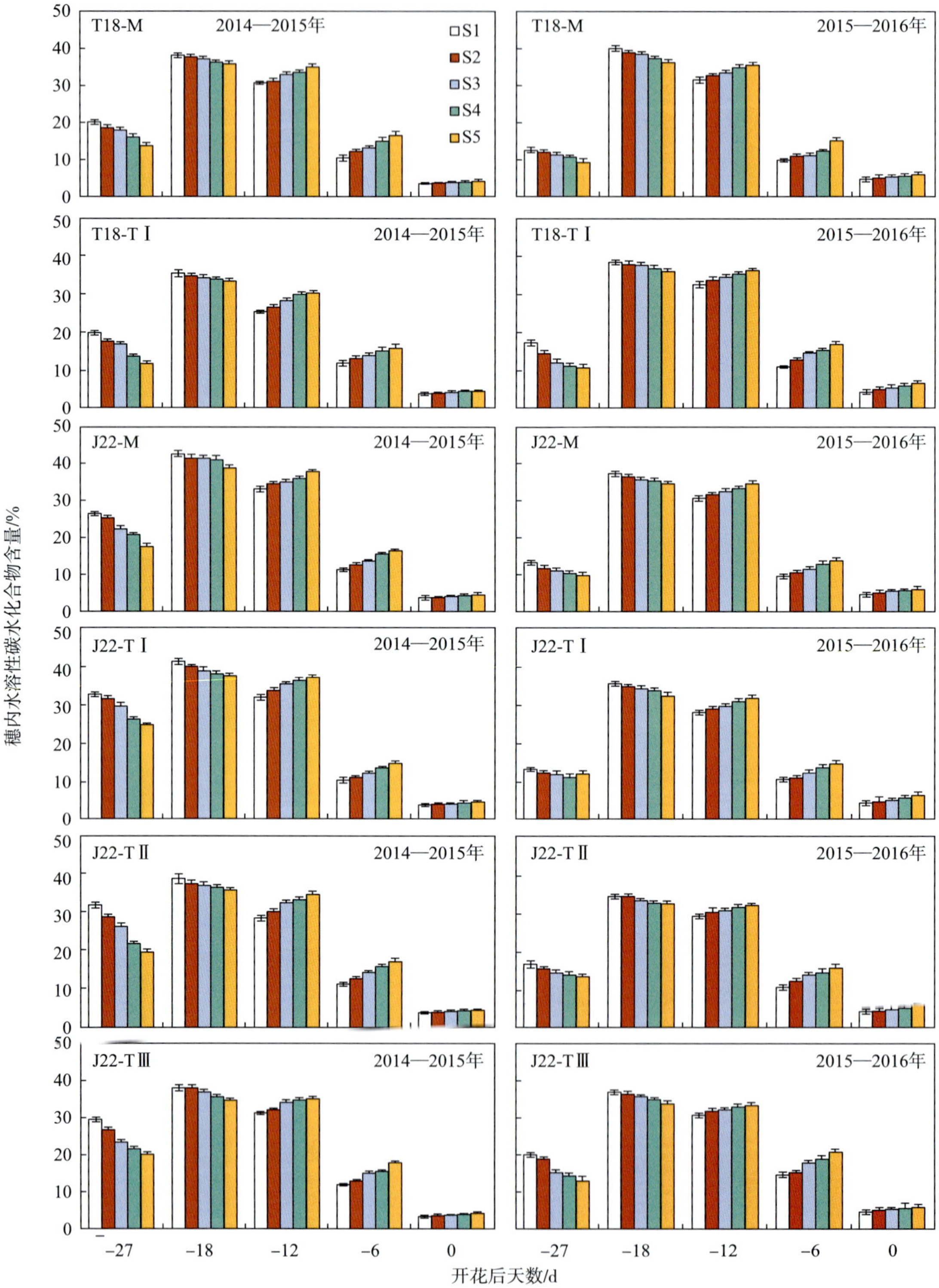

图5-19 播期对穗内水溶性碳水化合物含量的影响

注：M，主茎；TⅠ，第一分蘖；TⅡ，第二分蘖；TⅢ，第三分蘖。

发育前期，由于穗干重增长缓慢，小麦植株向幼穗转运的水溶性碳水化合物较多以积累形式存在，而在减数分裂期（挑旗期）后穗干重增长加快，较多的水溶性碳水化合物用于穗形态建成，从而导致水溶性碳水化合物含量的降低。不同小花发育时期，各处理之间穗内水溶性碳水化合物含量随播期的推迟表现规律不一，其中，在雌雄蕊分化期（花前 27 d）和药隔形成期（花前 18 d），各处理的穗内水溶性碳水化合物含量均随播期的推迟呈下降趋势，且处理差异明显；而从减数分裂期（花前 12 d）至开花期，各处理的穗内水溶性碳水化合物含量均随播期的推迟呈上升趋势。表明推迟播期延缓了前期生育进程，植株光合同化能力较低，导致前期转运至穗内的水溶性碳水化合物含量较低，而减数分裂期（挑旗期）后，随着晚播处理植株光合同化能力的提升，向穗内转运的水溶性碳水化合物含量随之增加。

在整个小花发育进程中，茎秆内水溶性碳水化合物含量表现出复杂的规律（图 5-20），两个生长季表现存在差异，且不同播期处理茎秆内水溶性碳水化合物含量在不同的小花发育时期表现出不同的差异。随小花发育进程的推进，水溶性碳水化合物含量穗茎比表现规律与穗内水溶性碳水化合物含量基本一致（图 5-21），且在同一小花发育时期，水溶性碳水化合物含量穗茎比均随播期的推迟而升高，在一定程度上反映了穗相比茎秆对碳水化合物分配的竞争力随播期推迟而提高。

③播期对小花分化发育过程中氮素含量与分配的影响

随小麦小花发育过程的推进，穗内氮含量呈不断下降的趋势（图 5-22）。不同小花发育时期，各处理之间穗内氮含量随播期的推迟表现规律不一致，其中，雌雄蕊分化期（开花前 27 d）至药隔形成期（开花前 18 d），各处理的穗内氮含量随播期的推迟呈上升的趋势，且处理间差异明显；小花退化期至开花期，处理的穗内氮含量均随播期的推迟呈下降趋势，各处理的穗内氮含量差异较小。

茎秆内氮含量随小麦小花发育进程的推进也呈下降的趋势（图 5-23），但降低幅度明显低于穗内氮含量。各处理之间茎秆内氮含量随播期的推迟表现规律不一致，其中，雌雄蕊分化期（开花前 27 d）至药隔形成期（开花前 18 d），各处理的茎秆内氮含量随播期的推迟呈上升的趋势，且处理间差异明显；而减数分裂期（开花前 12 d）至开花期，各处理的茎秆内氮含量均随播期的推迟呈下降趋势。

在整个小麦小花发育过程中，氮含量穗茎比的表现规律与穗内氮含量基本一致（图 5-24），均呈不断下降的趋势。在雌雄蕊分化期（开花前 27 d），各处理的氮含量穗茎比随播期的推迟呈下降的趋势，且处理间差异明显；从药隔形成期（开花前 18 d）至开花期，各处理的氮含量穗茎比随播期的推迟呈上升的趋势，处理间差异表现不一致。

④播期对小花发育过程中穗 C/N 值的影响

随小麦小花发育过程，穗内 C/N 值呈先上升后下降的趋势（图 5-25），各处理 C/N 最大值均出现在减数分裂期（开花前 12 d），这与水溶性碳水化合物含量的表现规律一致。在雌雄蕊分化期（开花前 27 d）和药隔期（开花前 18 d），由于推迟播期致使穗内水溶性碳水化合物含量降低和氮素含量的提高，各处理的穗内 C/N 值均随播期的推迟呈下降趋势；而从减数分裂期（开花前 12 d）至开花期，随着穗内水溶性碳水化合物含量的提高以及氮素含量的下降，各处理的穗内 C/N 值均随播期的推迟呈上升趋势，且处理间的 C/N 值差异均达显著水平。

⑤小花分化发育特性与同化物积累与分配的相关分析

相关分析结果表明（表 5-6），开花期可孕花数、平均小花分化速率与水溶性碳水化合物和氮素的含量以及相应穗茎比呈正相关，与小花分化过程中穗部氮素含量呈正相关，说明氮代谢有利于小花分化；可孕花数与小花退化过程中穗部水溶性碳水化合物含量和 C/N 值呈正相关，而平均退化速率与小花退化过程中穗部水溶性碳水化合物含量和 C/N 值呈负相关，说明碳代谢有利于小花发育和减少小花退化，而且较高的 C/N 值有利于小花的存活。

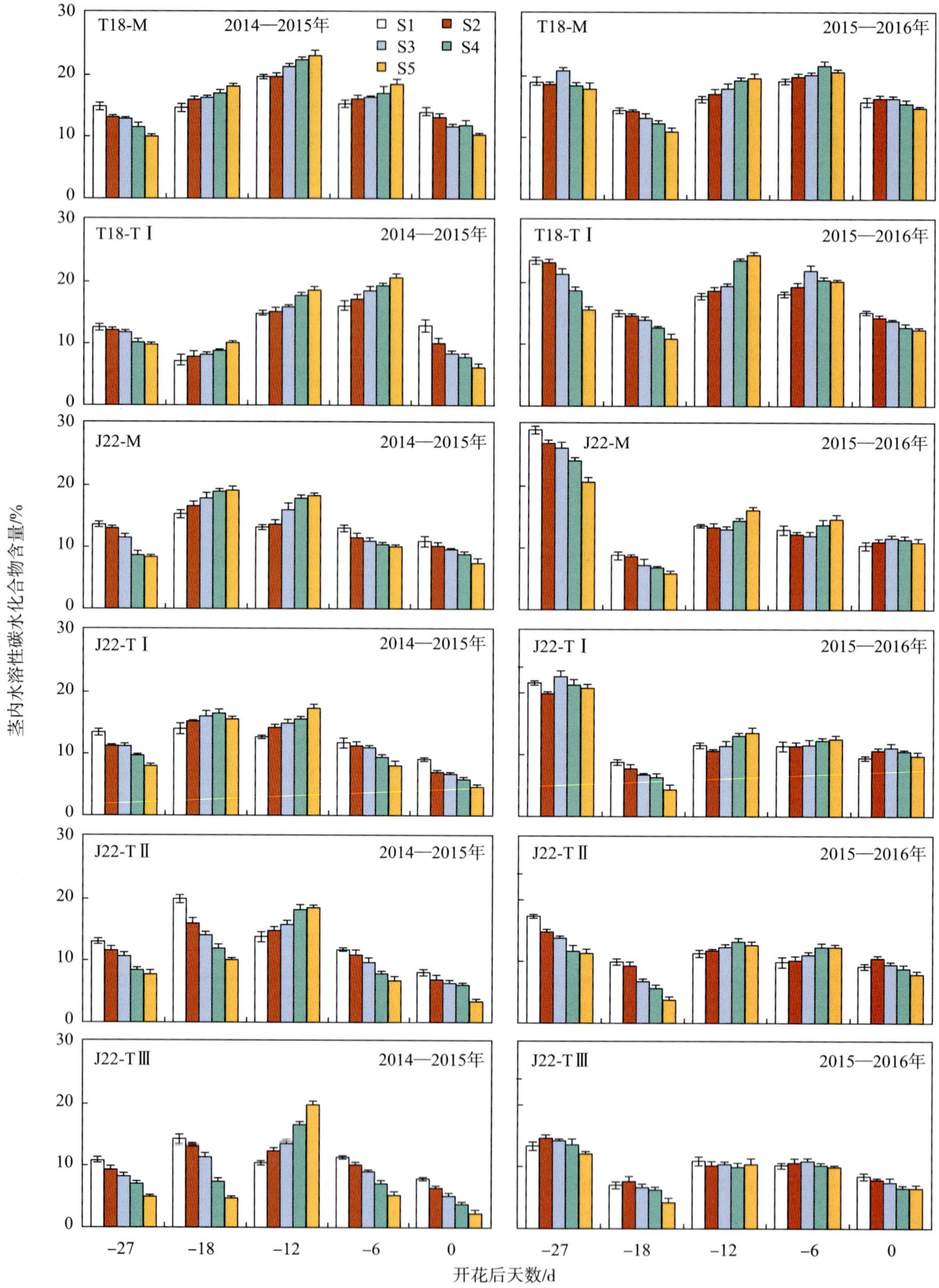

图 5-20 播期对茎水溶性碳水化合物含量的影响

注：M，主茎；TⅠ，第一分蘖；TⅡ，第二分蘖；TⅢ，第三分蘖。

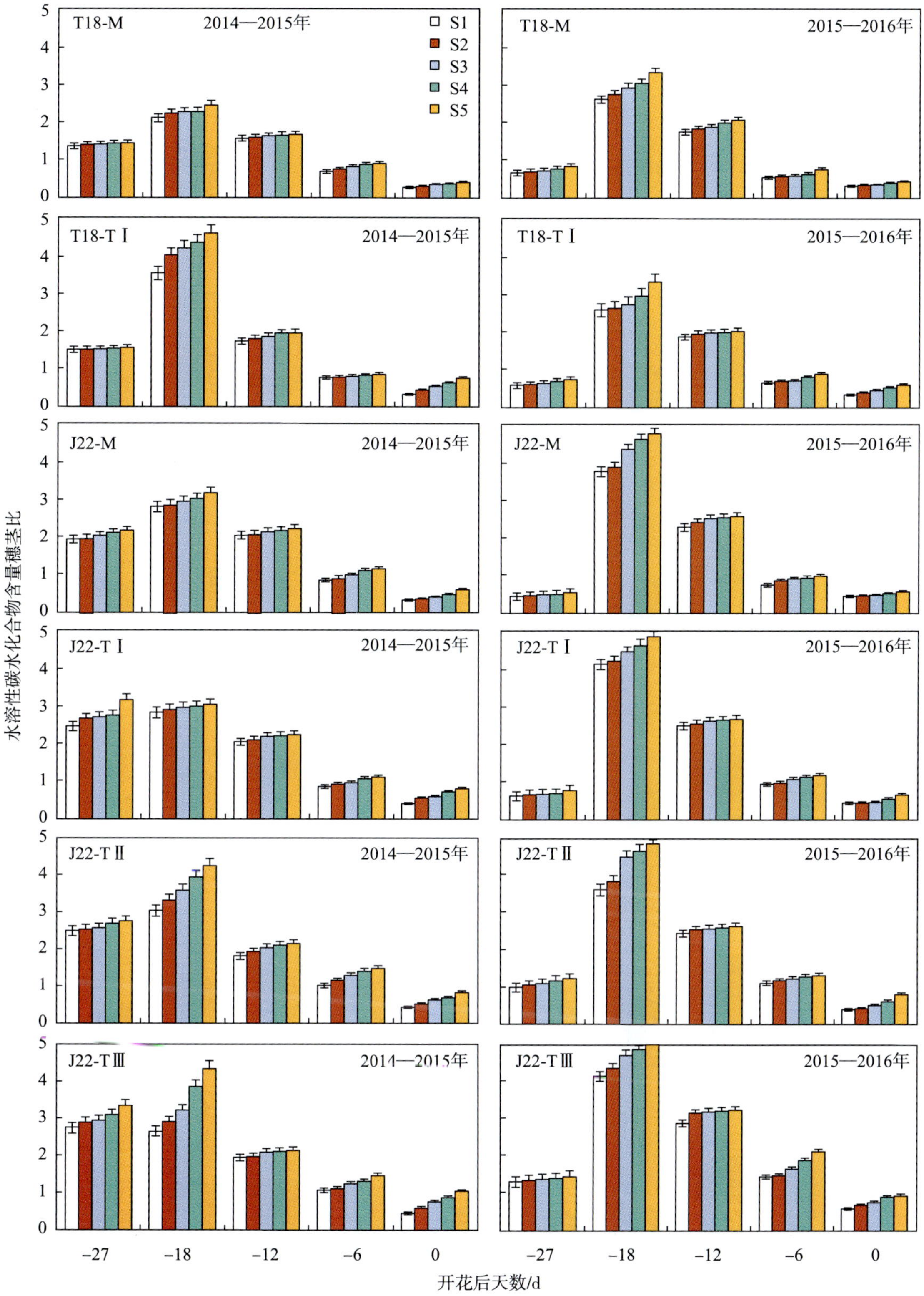

图 5-21　播期对水溶性碳水化合物含量穗茎比的影响

注：M，主茎；TⅠ，第一分蘖；TⅡ，第二分蘖；TⅢ，第三分蘖。

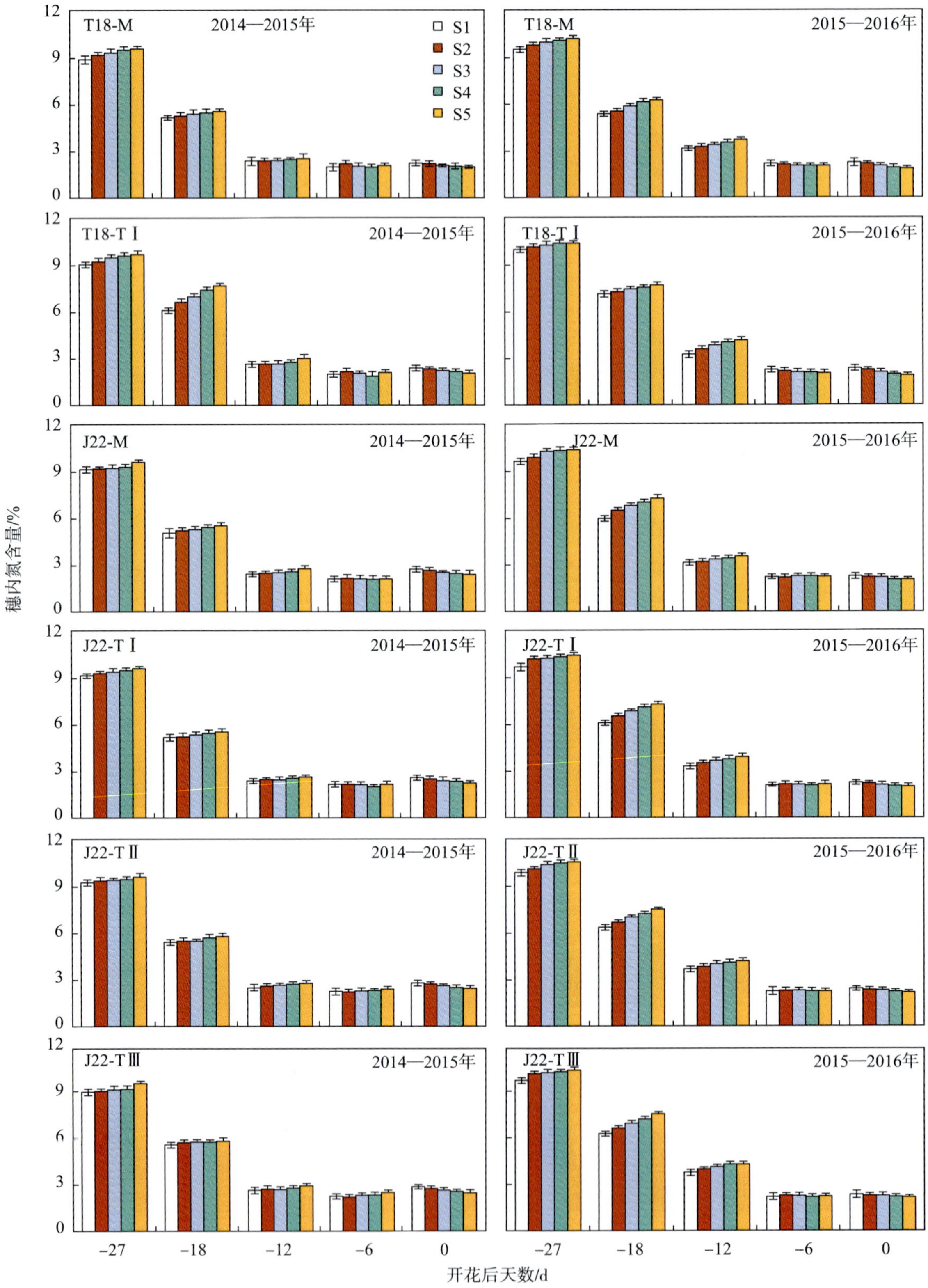

图 5-22　播期对穗内氮含量的影响

注：M，主茎；TⅠ，第一分蘖；TⅡ，第二分蘖；TⅢ，第三分蘖。

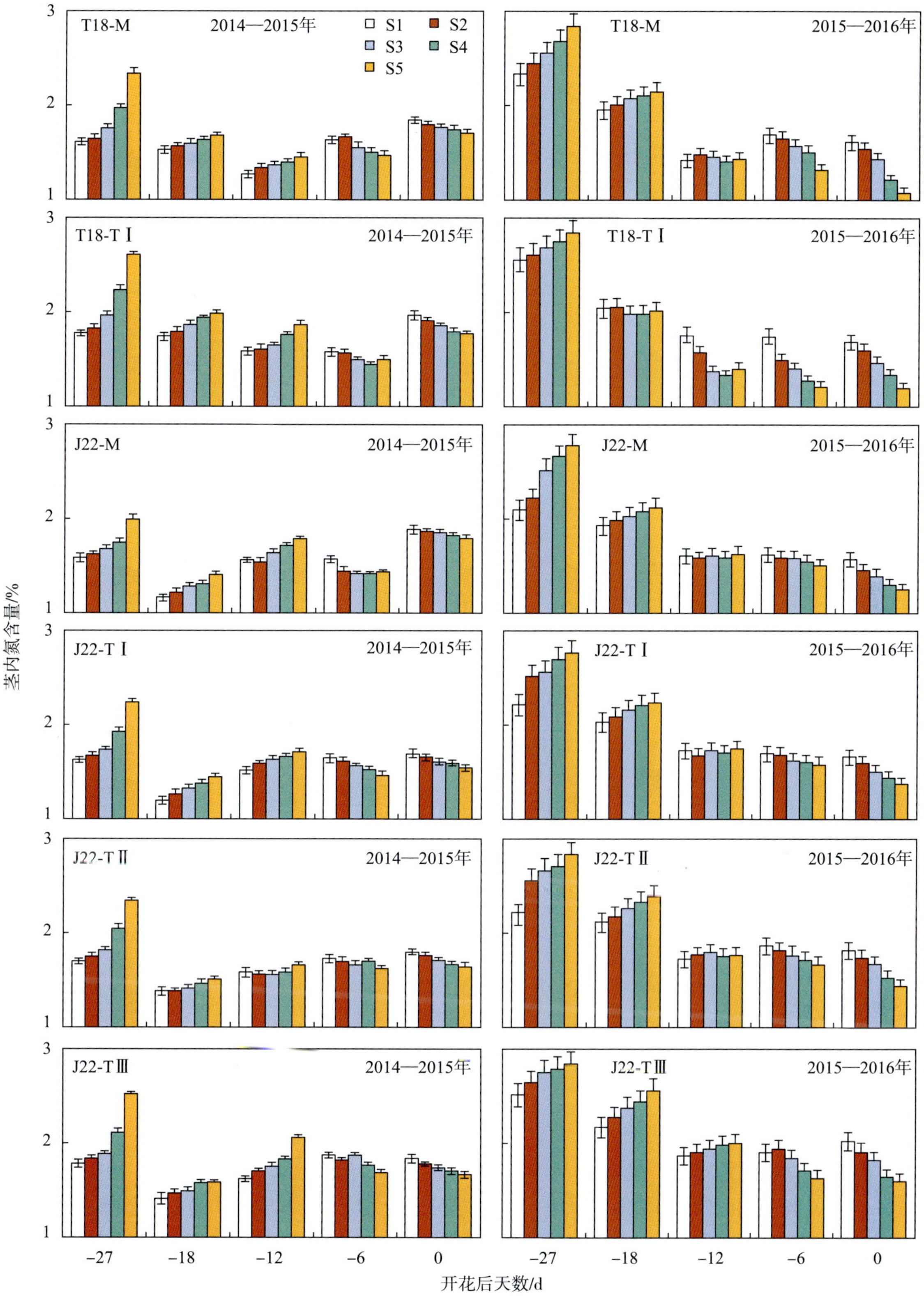

图 5-23　播期对茎内氮含量的影响

注：M，主茎；TⅠ，第一分蘖；TⅡ，第二分蘖；TⅢ，第三分蘖。

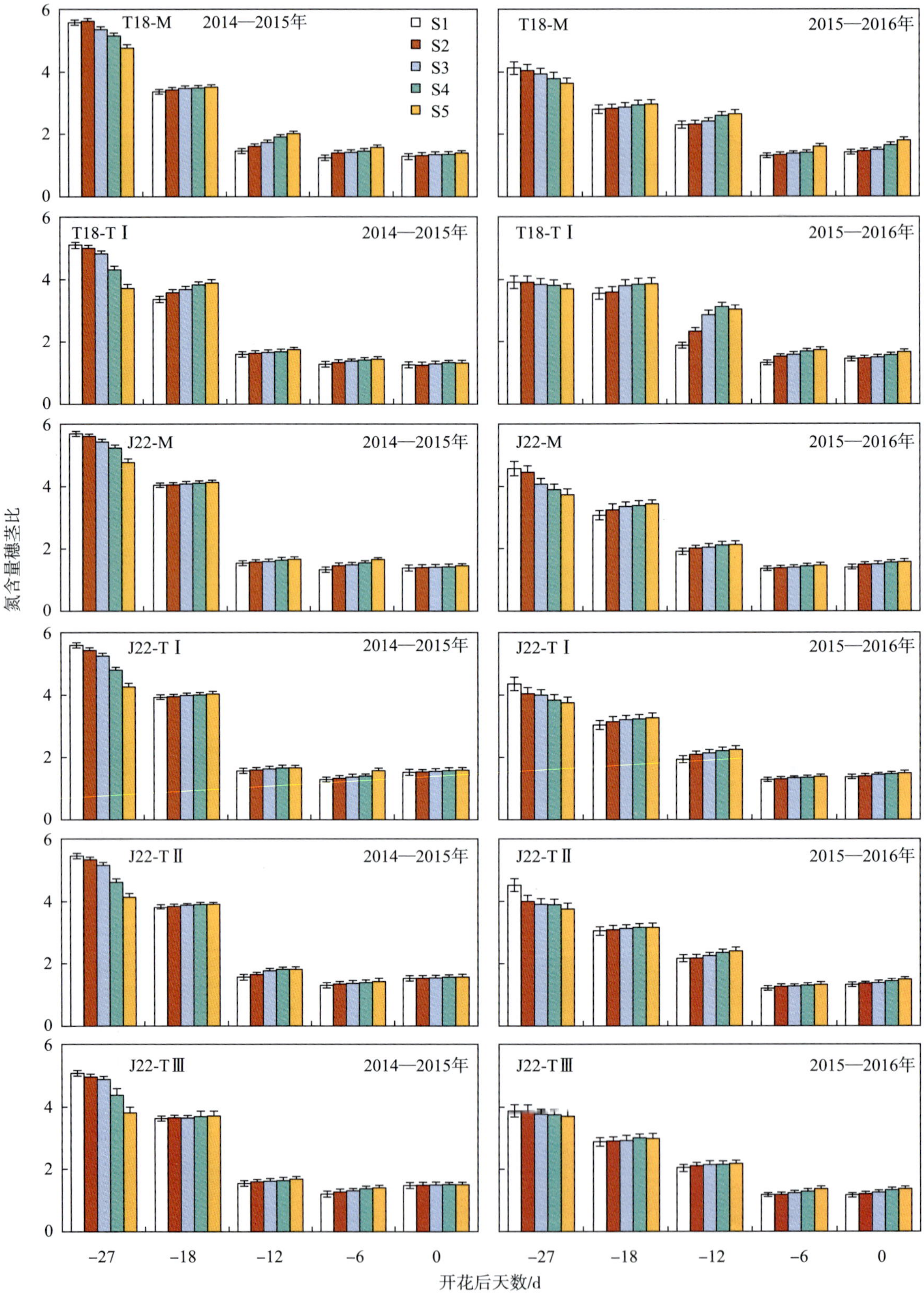

图 5-24　播期对氮含量穗茎比的影响

注：M，主茎；TⅠ，第一分蘖；TⅡ，第二分蘖；TⅢ，第三分蘖。

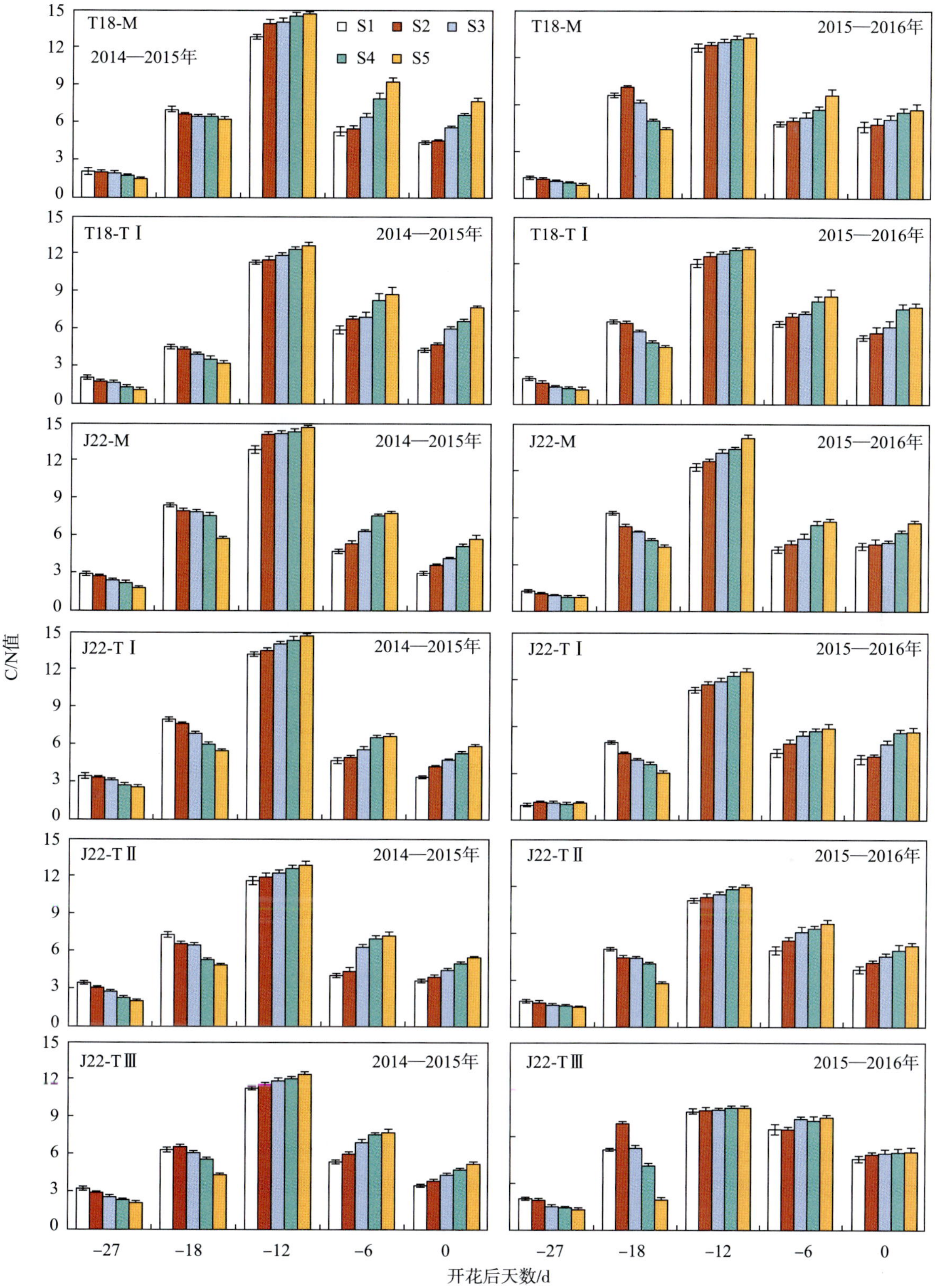

图 5-25 播期对穗 C/N 值的影响

注：M，主茎；TⅠ，第一分蘖；TⅡ，第二分蘖；TⅢ，第三分蘖。

表 5-6　冬小麦不同小花发育时期水溶性碳水化合物和氮素含量与小花平均分化和退化速率的相关性

指标	开花后天数/d				
	−27	−18	−12	−6	0
水溶性碳水化合物					
穗	−0.57*	−0.65*	−0.74**	−0.80**	−0.72**
穗茎比	0.71**	0.60*	−0.77**	−0.78**	−0.80**
氮素					
穗	0.58*	0.61*	0.59*	0.57*	0.62*
穗茎比	−0.70**	0.62*	−0.66*	−0.58*	−0.61*
C/N	−0.72**	−0.52*	−0.61*	−0.78**	−0.81**

(3)推迟播期对穗茎内源激素水平及平衡的影响

随播期的推迟，穗内源激素赤霉素(GA_3)、生长素(IAA)、玉米素核苷(ZR)和玉米素(Z)的含量均呈上升趋势，而脱落酸(ABA)含量表现为下降的趋势。穗内 GA_3/ABA、IAA/ABA 和(ZR＋玉米素)/ABA 比值均随播期推迟呈上升的趋势，这说明推迟播期有利于穗内 GA_3/ABA、IAA/ABA 和(ZR＋玉米素)/ABA 比值的提高。此外，GA_3、IAA、ZR 和玉米素的含量穗茎比值也随播期的推迟呈上升趋势，而 ABA 表现相反。

①播期对小麦不同茎蘖穗内源激素含量变化的影响

随着小花发育进程推进，穗内 IAA 含量表现为先升高后降低，最高峰出现在药隔形成期(开花前 18 d)(图 5-26)。主茎和分蘖各小花发育时期穗内 IAA 含量均表现为随播期推迟而增加，且处理间均存在显著差异，说明推迟播期具有促进幼穗内 IAA 积累的作用，有利于穗部的生长。

穗内 ABA 含量随小花发育进程推进呈下降趋势，且在各小花发育时期穗内 ABA 含量随播期的推迟而降低，主茎雌雄蕊分化期穗内 ABA 含量在处理间差异显著，而分蘖穗内 ABA 含量在处理间未达显著差异；在药隔形成期和减数分裂期，处理间穗内 ABA 含量均达显著水平(图 5-26)。由此可见，推迟播期有利于穗内 ABA 含量的减少，降低 ABA 对穗部生长的抑制作用。

穗内 GA_3 含量的表现规律与 IAA 基本一致，主茎和分蘖穗内 GA_3 含量均表现为随小花发育进程推进呈先升高后降低的趋势，最高峰出现在药隔期，且各小花发育时期 GA_3 含量均随播期的推迟而增加，处理间差异显著(图 5-26)，说明推迟播期有利于 GA_3 的积累，有利于穗部的伸长生长以形成大穗。

随小花发育进程推进，播期对小麦穗内 ZR 和玉米素含量有明显的调节作用。穗内 ZR 含量随小花发育进程的推进呈先升高后降低的趋势，而玉米素含量呈下降趋势。处理间穗内 ZR 和玉米素含量均随播期的推迟而显著升高(图 5-26)，较高的 ZR 和玉米素含量有利于促进穗部细胞分裂，促进穗部的伸长生长。

②播期对小麦不同茎蘖茎秆各内源激素含量变化的影响

随着小花发育进程的推进，茎秆内 IAA 含量表现为先升高后降低的趋势(图 5-27)，最高峰出现在药隔形成期，此期正值拔节中期，较高的 IAA 含量有利于茎秆的快速伸长生长，但在各发育时期处理间 IAA 含量表现规律不一致，在雌雄蕊分化期和减数分裂期，茎秆内 IAA 含量均随播期的推迟而升高，而在药隔形成期与之相反，IAA 含量随播期推迟而降低，但各时期处理间 IAA 含量均达显著差异。

茎秆内 ABA 含量随小花发育进程推进均呈降低趋势(图 5-27)，处理间主茎茎秆 ABA 含量在各发育时期表现随播期推迟先上升后下降，而分蘖茎秆 ABA 含量在雌雄蕊分化期和减数分裂期随播期推迟而升高，在药隔形成期随播期推迟先升高后降低。说明适当推迟播期有利于茎秆 ABA 含量的积累，从而在一定程度上起到抑制茎秆生长的作用。

茎秆内 GA_3 含量的表现规律与穗部表现规律基本一致(图 5-27)，主茎和分蘖茎秆内 GA_3 含量均表

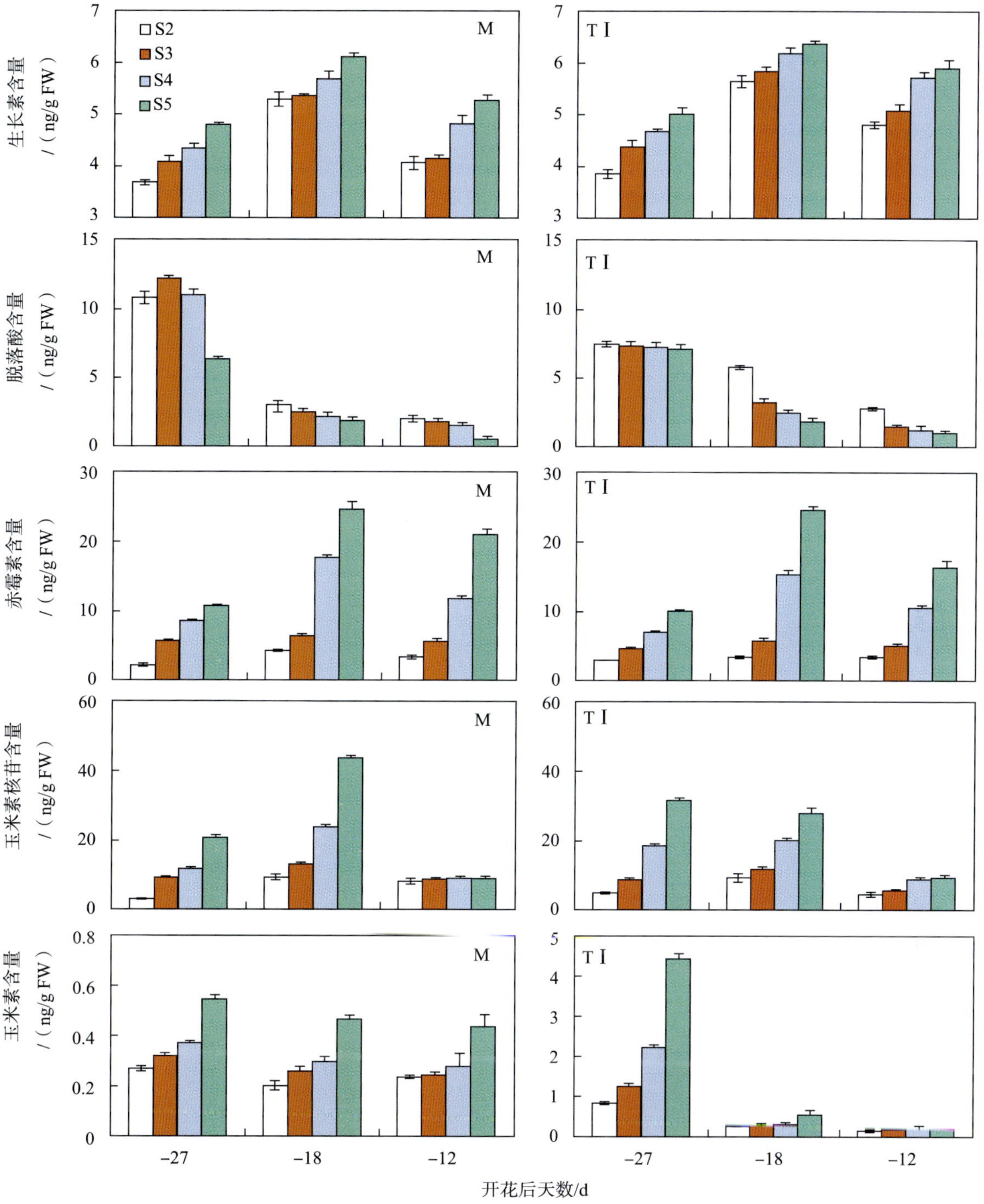

图 5-26　不同茎蘖小麦穗内源 IAA、ABA、GA_3、ZR 和玉米素含量的差异

M，主茎；TⅠ，第一分蘖。

现为随小花发育进程推进呈先升高后降低的趋势。各小花发育时期 GA_3 含量均随播期的推迟而增加，但 S2 和 S3 处理茎秆 GA_3 含量在三个小花发育时期的浓度变化较小，而 S4 和 S5 处理茎秆在药隔形成期和减数分裂期的 GA_3 含量浓度较雌雄蕊分化期有较大的涨幅，处理间差异显著。

茎秆内 ZR 和玉米素含量随小花发育进程的推进表现规律与穗部相似(图 5-27)。但在雌雄蕊分化期和药隔形成期茎秆的 ZR 含量随播期的推迟呈上升趋势，而到了减数分裂期茎秆内 ZR 含量表现相反，随播期推迟呈下降趋势。茎秆内玉米素含量在各小花发育时期均表现为随播期推迟而升高，处理间ZR和玉米素含量差异明显。

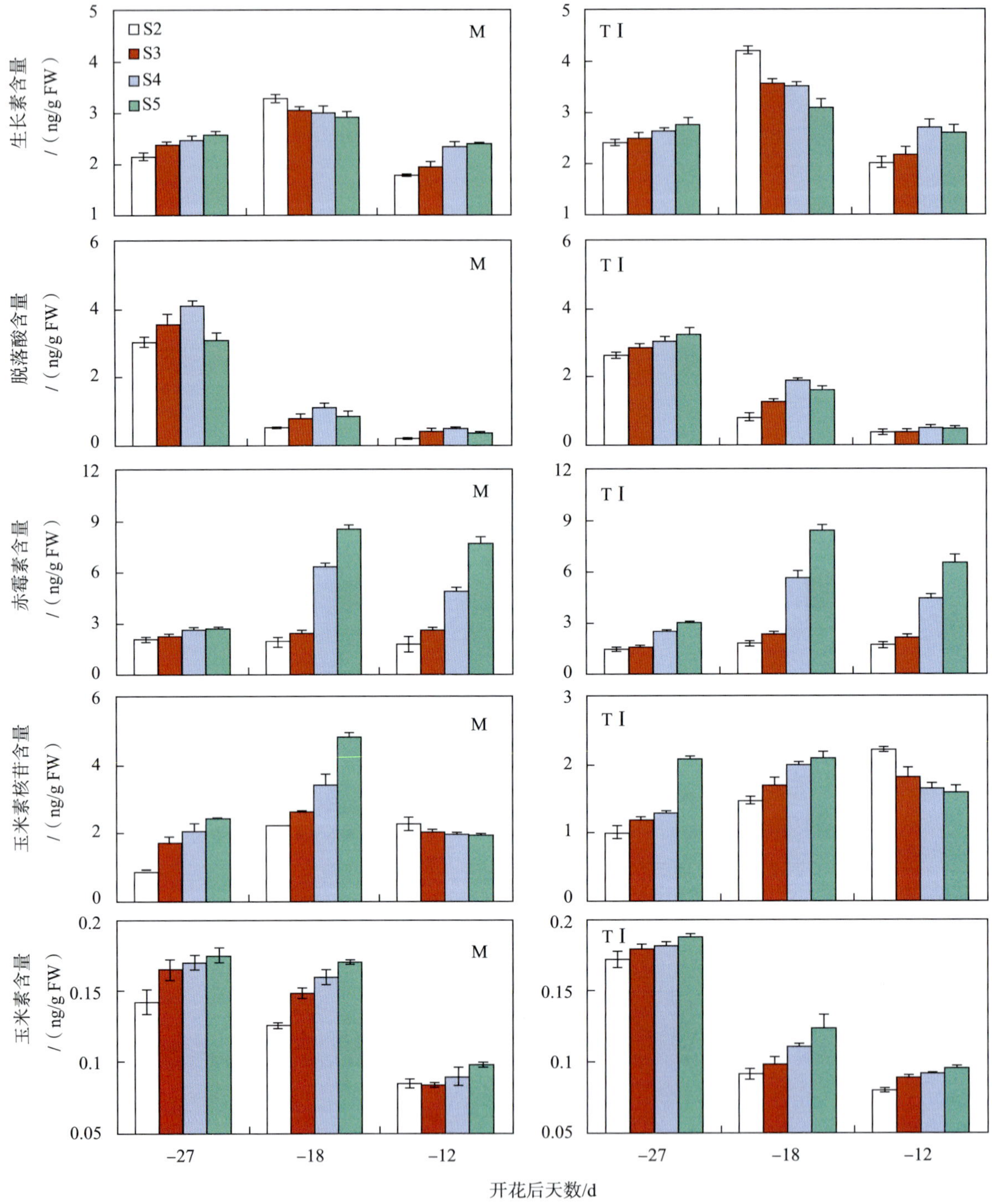

图 5-27 不同茎蘖小麦茎秆内源 IAA、ABA、GA_3、ZR 和玉米素含量的差异

注：M，主茎；T Ⅰ，第一分蘖。

③播期对小麦不同茎蘖穗内各内源激素含量比值的影响

穗内 IAA/ABA 和 GA_3/ABA 值随小花发育进程的推进呈上升趋势（图 5-28），（ZR＋Z）/ABA 值随小花发育进程的推进呈先升高后降低的趋势，但处理间穗部 IAA/ABA、GA_3/ABA 和（ZR＋Z）/

ABA 值在各发育时期均随播期推迟而升高，这说明，推迟播期有利于穗部 IAA/ABA、GA_3/ABA 和(ZR+Z)/ABA 值的提高，有利于穗部的生长和伸长。

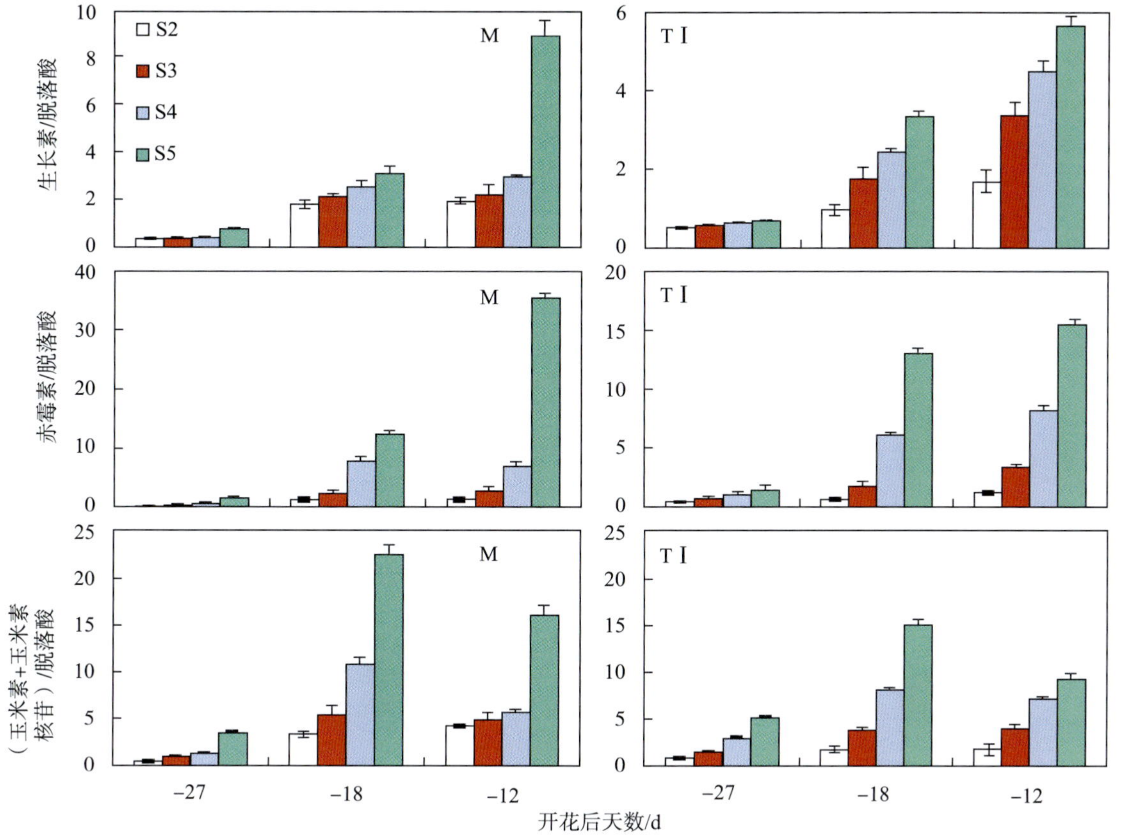

图 5-28 不同茎蘖小麦穗内源激素比值的差异

注：M，主茎；T Ⅰ，第一分蘖。

④播期对小麦不同茎蘖茎秆内各内源激素含量比值的影响

茎秆内 IAA/ABA、GA_3/ABA 和(ZR+Z)/ABA 值随小花发育进程的推进呈上升趋势(图 5-29)，在雌雄蕊分化期茎秆内 IAA/ABA、GA_3/ABA 和(ZR+Z)/ABA 值在播期处理间差异不明显，IAA/ABA 和(ZR+Z)/ABA 值在药隔形成期和减数分裂期均随播期推迟呈先下降后上升的趋势，而 GA_3/ABA 值随播期推迟而上升，推迟播期限制了发育后期 IAA/ABA 和(ZR+Z)/ABA 值的提高，有利于抑制茎秆的生长。

⑤播期对小麦不同茎蘖各内源激素含量穗茎比值的影响

IAA 穗茎比值在不同小花发育时期和播期处理间存在差异(图 5-30)。主茎的 S2 处理和分蘖的 S2、S3 处理的 IAA 穗茎比值随小花发育进程推进呈先降低后升高的趋势，而主茎的 S3、S4、S5 处理和分蘖的 S4、S5 处理的 IAA 穗茎比值随小花发育进程呈上升趋势。在雌雄蕊分化期和药隔形成期处理间的 IAA 穗茎比值随播期推迟而升高；在减数分裂期，处理间的 IAA 穗茎比值随播期推迟呈先降低后升高的趋势。

主茎和分蘖的 S2 和 S3 处理的 ABA 穗茎比值随小花发育进程推进呈上升趋势，而 S4 和 S5 处理的 ABA 穗茎比值随小花发育进程推进呈先降低后上升趋势，在各小花发育时期处理间的 ABA 穗茎比值均随播期推迟而降低，处理间存在显著差异。说明推迟播期显著降低了 ABA 穗茎比值，且随小花发育进程推进穗部 ABA 含量的降低幅度明显低于茎秆，反映了穗部受抑制程度显著小于茎秆。

除 S2 处理外，主茎和分蘖的 S3、S4 和 S5 处理的 GA_3 穗茎比值随小花发育进程的推进呈降低趋

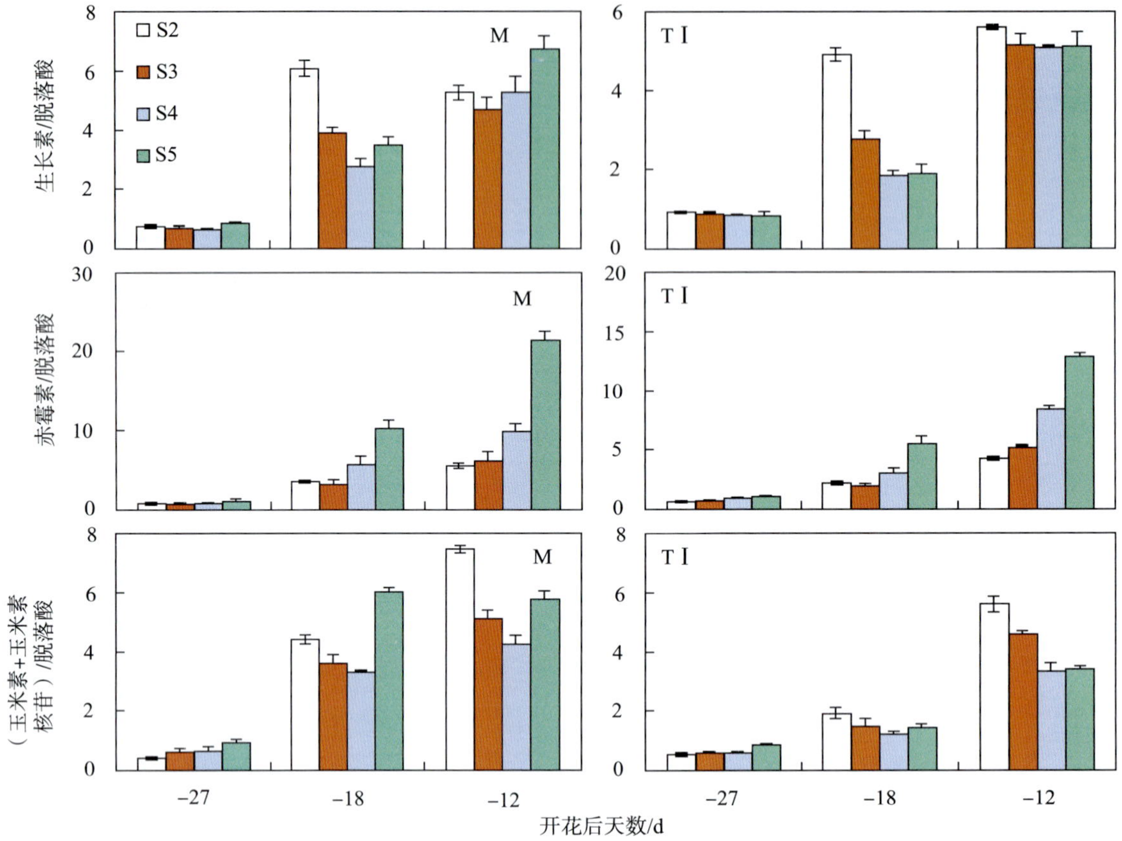

图 5-29　不同茎蘖小麦茎秆内源激素比值的差异

注:M,主茎;TⅠ,第一分蘖。

势。各处理的 GA_3 穗茎比值在不同小花发育时期均表现为随播期推迟而升高,说明推迟播期显著提高了 GA_3 穗茎比值,有利于穗部发育。

ZR 和玉米素穗茎比值在主茎和分蘖间表现存在差异。其中,主茎 S2、S4、S5 和分蘖的 S2 处理的 ZR 穗茎比值随小花发育进程推进呈先上升后下降的趋势,而主茎 S3 和分蘖 S3、S4、S5 处理的 ZR 穗茎比值随小花发育进程推进呈下降的趋势;各处理的 ZR 穗茎比值均随播期的推迟而升高,处理间差异明显。主茎的玉米素穗茎比值随小花发育进程推进呈先上升后下降趋势,且处理间的玉米素穗茎比值均随播期推迟而升高;而分蘖的玉米素穗茎比值随小花发育进程推进呈下降趋势,各处理的玉米素穗茎比值在雌雄蕊分化期差异明显,在药隔形成期和减数分裂期差异不显著。

⑥内源激素含量变化与小花发育特性、同化物积累与分配的相关分析

可孕小花数与穗内源激素含量与平衡关系的相关性分析(表 5-7)表明,开花期可孕花数与穗内 GA_3、IAA、ZR 和玉米素的含量以及相应的穗茎比值,GA_3/ABA、IAA/ABA 和(ZR+玉米素)/ABA 值均达到显著正相关,与穗内 ABA 含量以及相应穗茎比值呈负相关。这说明,播期推迟条件下,穗内 GA_3、IAA、ZR 和玉米素的含量越高,ABA 含量越低,结实粒数越多。穗内较高的 GA_3、IAA、ZR 和玉米素的含量和较低的 ABA 含量是形成较多结实粒数的重要生理基础。而且,较高的 GA_3/ABA、IAA/ABA 和(ZR+Z)/ABA 值有利于可孕花的存活。

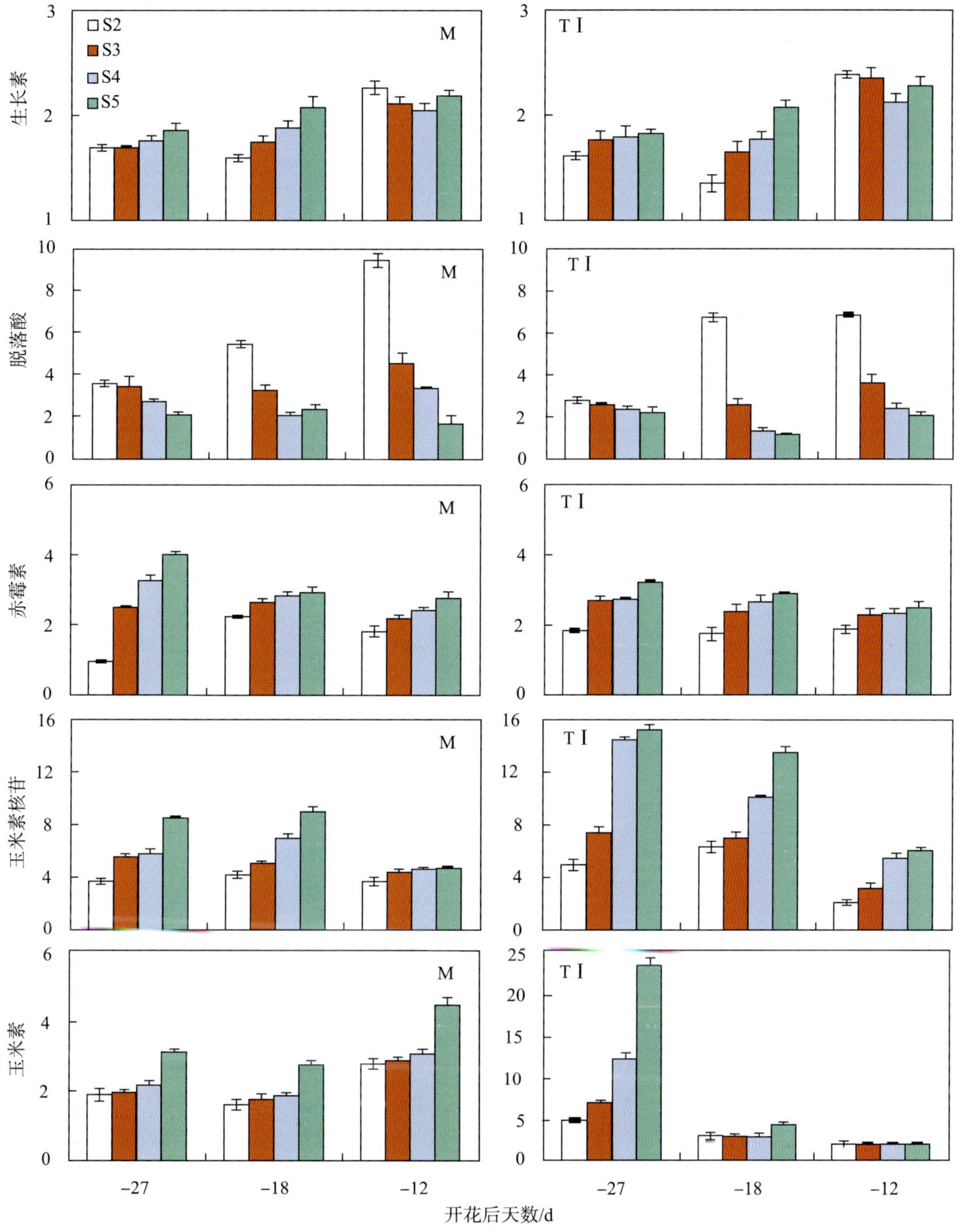

图 5-30 小麦不同茎蘖穗茎内源激素比值的差异

注:M,主茎;TⅠ,第一分蘖。

穗部同化物分配与内源激素含量与平衡关系的相关性分析(表5-8)表明,穗内^{13}C同化物和水溶性碳水化合物含量与IAA、GA_3、ZR+Z水平呈正相关,相应的穗茎比值和IAA/ABA、GA_3/ABA、(ZR+Z)/ABA比率也呈正相关。然而,穗内ABA含量与^{13}C同化物的分配比例和水溶性碳水化合物含量以及相应的穗茎比值之间呈负相关。这说明,穗内较高的GA_3、IAA、ZR和玉米素的含量和较高的GA_3/ABA、IAA/ABA和(ZR+Z)/ABA值有利于促使更多的同化物转运到穗中,而较低的ABA含量以及相应的穗茎比可缓解对同化物进入穗的抑制,为更多可孕小花的存活提供有利条件。

表 5-7　小麦可孕花数与穗、茎秆内源激素含量及相关比值的相关性分析

指标	穗			茎			穗茎比		
	−27	−18	−12	−27	−18	−12	−27	−18	−12
生长素(IAA)	0.90**	0.85**	0.83*	0.77*	−0.77*	0.76*	0.78*	0.86**	0.76*
脱落酸(ABA)	−0.76*	−0.91**	−0.79*	0.47	0.72*	0.36	−0.78*	−0.86**	−0.81*
赤霉素(GA_3)	0.91**	0.86**	0.84**	0.88**	0.84**	0.82*	0.95**	0.84**	0.83*
玉米素核苷+玉米素(ZR+Z)	0.88**	0.84**	0.77*	0.89**	0.80*	−0.74*	0.74*	0.79*	0.69*
IAA/ABA	0.78*	0.76*	0.73*	0.14	−0.87**	0.25	0.70	0.84**	0.66
GA_3/ABA	0.89**	0.81*	0.83*	0.76*	0.82*	0.81*	0.89**	0.82*	0.79*
(ZR+Z)/ABA	0.73*	0.74*	0.69*	0.25	0.01	−0.09	0.72*	0.66	0.45

注：−27，−18 和−12 分别代表开花前 27、18 和 12 d。*和**分别代表 5%($P<0.05$)和 1%($P<0.01$)显著水平。

表 5-8　穗内激素含量和平衡与^{13}C分布和水溶性碳水化合物含量以及相应的穗茎比之间的相关分析

指标	穗							穗茎比			
	IAA	ABA	GA_3	ZR+Z	IAA/ABA	GA_3/ABA	(ZR+Z)/ABA	IAA	ABA	GA_3	ZR+Z
^{13}C 分配											
穗	0.73**	−0.75**	0.77**	0.73**	0.61**	0.75**	0.46**	0.66**	−0.72**	0.70**	0.45**
穗茎比	0.77**	−0.76**	0.81**	0.77**	0.62**	0.78**	0.50**	0.49**	−0.71**	0.70**	0.50**
水溶性碳水化合物含量											
穗	0.39*	−0.42*	0.42*	0.41*	0.36*	0.43*	0.41*	0.36*	−0.39*	0.36*	0.40*
穗茎比	0.67**	−0.75**	0.77**	0.73**	0.63**	0.79**	0.47**	0.42*	−0.65**	0.66**	0.39*

注：IAA，生长素；ABA，脱落酸；GA_3，赤霉素；ZR，玉米素核苷；Z，玉米素。*和**分别代表 5%($P<0.05$)和 1%($P<0.01$)显著水平。

综合来看，推迟播期增强了同化物向穗状物的分配并改善了同化物的可用性，从而提高了穗粒数和可孕花数。同化物分配的这种改善是通过提高促使同化物转运至穗器官的激素水平，降低抑制同化物转运到穗器官的激素水平以及增加穗和茎秆之间的含量比来实现的。

3. 推迟播期对冬小麦氮素内在利用效率的影响及其生理机制

推迟播期，小麦氮素利用率的维持主要源于氮素内在利用效率的提高。为明确推迟播期提高冬小麦氮素内在利用效率的生理机制，在早播(9 月 24 日)、传统播期(10 月 8 日)和晚播(10 月 22 日)三个播期处理条件下研究了播期对冬小麦氮素分配、氮生产力和光合氮素利用率等指标的影响。

(1)推迟播期对冬小麦花前氮素营养指数的影响

播期显著影响了冬小麦花前氮素营养指数(图 5-31)。在越冬期和拔节期，三个播期的氮素营养指数均小于 1，即植株处于氮亏缺状态，暗示了拔节期应适当施用氮肥进行补充，在孕穗期和开花期，早播和正常播期处理的氮素营养指数均明显大于 1，即植株处于氮盈余状态，而晚播的氮素营养指数接近于 1，即处于氮素供需平衡状态。

(2)推迟播期对冬小麦开花期氮素分配的影响

播期显著影响了冬小麦的氮素分配。在开花期，虽然地上部氮素吸收总量随着播期推迟显著降低，但储藏氮中的可转运型氮量显著提高，而积累型氮量显著降低(表 5-9)。

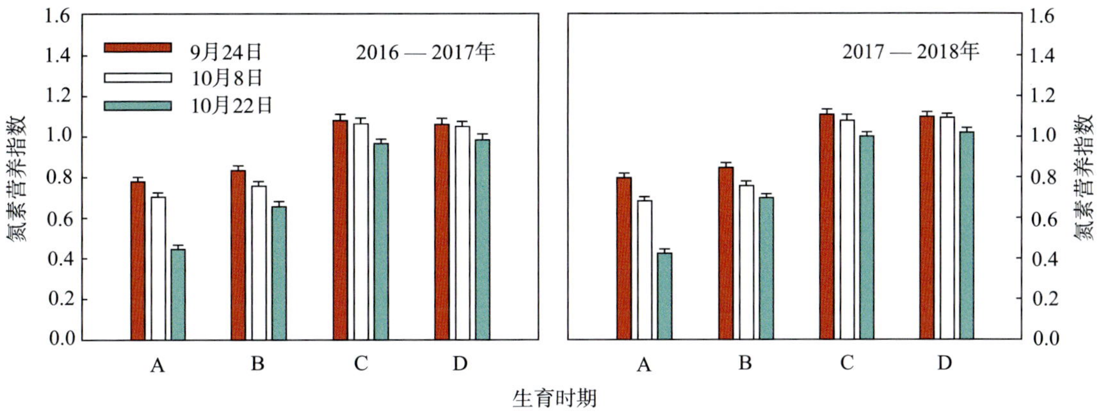

图 5-31　播期对各生育期氮素营养指数的影响

注：A，越冬期；B，拔节期；C，孕穗期；D，开花期。

表 5-9　播期对两个生育季开花期氮组分的影响　　kg/hm^2

生育季	播期	储藏氮	功能氮	可转运型储藏氮	积累型储藏氮	结构氮	光合氮
2015—2016 年	9 月 24 日	73.0a	152.6a	47.6c	25.5a	36.9a	115.7a
	10 月 8 日	73.7a	143.5b	52.0b	21.6b	37.1a	106.4b
	10 月 22 日	75.0a	126.9c	60.3a	14.7c	37.3a	89.6c
2016—2017 年	9 月 24 日	75.1a	153.8a	48.2c	26.9a	37.1a	116.7a
	10 月 8 日	75.7a	145.3b	52.8b	22.9b	37.4a	107.9b
	10 月 22 日	77.5a	125.5c	61.3a	16.2c	37.6a	87.9c

此外，推迟播期优化了氮素在单株上的分配（表 5-10），主要表现为：第一，提高了氮素向叶片的分配比例；第二，强化了氮素向上层叶片（旗叶和倒二叶）的分配，减少了氮素向下层叶片（倒三叶和倒四叶）的分配；第三，上层叶片的单位面积干重和含氮量提高，而下层叶片的单位面积干重和含氮量保持不变或者降低；第四，提高了氮素向上层叶片 Rubisco 酶中分配比例，而保持或者降低了氮素向下层叶片 Rubisco 酶中分配比例（表 5-11）；第五，提高了 Rubisco 酶中的氮素向活化 Rubisco 酶中的分配比例，而降低了非活化 Rubisco 酶中的分配比例（表 5-11）；第六，降低了氮素向各层叶片细胞壁中的分配比例。正是由于上述氮素的优化分配而导致了上层叶片的最大羧化效率显著提高，而下层叶片的最大羧化效率保持不变或者下降。另一方面，晚播优化了二氧化碳由大气向叶片羧化位点的扩散通路，主要是提高了叶片的气孔导度和叶肉导度。结合最大羧化效率以及提高的二氧化碳扩散能力，使得上层叶片的光饱和净光合速率显著提高。下层叶片光饱和净光合速率的提高主要归因于二氧化碳供应能力的加强。

由于延迟播期导致上层叶片单位叶面积光饱和净光合速率增加的比例高于氮素增加的比例，因此光合氮素利用率显著提高；下层叶片光合氮素利用率的提高则归因于单位叶面积上加强的净光合速率和降低的含氮量。从而在推迟播期后小麦吸收较少氮素的前提下，仍能获得与早播和正常播期一致的籽粒产量，最终显著地提高了氮素内在利用效率。

表 5-10　播期对小麦开花期冠层氮分配比例的影响　%

生育季	播期	穗	旗叶	倒二叶	倒三叶	倒四叶	茎	鞘
2015—2016 年	9 月 24 日	21.8	10.1	9.6	8.8	7.1	24.1	18.5
	10 月 8 日	22.5	11.1	10.7	8.3	6.5	23.0	17.9
	10 月 22 日	23.6	12.9	12.4	8.3	5.8	20.9	16.1
2016—2017 年	9 月 24 日	21.5	9.5	9.1	8.4	7.4	24.4	19.7
	10 月 8 日	21.9	10.8	10.1	8.1	6.7	23.8	18.6
	10 月 22 日	24.1	12.9	12.2	8.1	6.0	21.4	15.3

表 5-11　播期对开花期单位叶面积氮素分配到 Rubisco 酶的比例的影响　%

Rubisco 酶	播期	旗叶	倒二叶	倒三叶	倒四叶
总 Rubisco	9 月 24 日	27.5	23.2	25.6	19.2
	10 月 8 日	34.2	29.4	23.1	17.8
	10 月 22 日	37.3	33.8	21.1	16.6
活性 Rubisco	9 月 24 日	6.2	4.3	7.3	5.4
	10 月 8 日	9.5	8.2	6.4	5.1
	10 月 22 日	13.2	11.7	5.8	4.5
非活性 Rubisco	9 月 24 日	21.3	18.9	18.3	13.8
	10 月 8 日	24.7	21.1	16.8	12.7
	10 月 22 日	24.1	22.1	15.3	12.1

(3)推迟播期对冬小麦氮生产力的影响

播期显著地影响了冬小麦氮生产力(表 5-12)。随着播期推迟，从出苗到开花期，尽管地上部氮素积累量和干物质积累量差异显著，但氮生产力差异并不显著或略有差异，表明推迟播期并未影响此生育阶段的氮生产力，但显著降低了地上部氮素积累量和干物质积累量；从开花期到成熟期，推迟播期处理地上部氮素积累量、干物质积累量和氮生产力均差异显著，表明推迟播期虽然地上部氮素积累量有所减少，但显著提高了干物质积累量和氮生产力。

表 5-12　播期对两个生育季出苗到开花期和开花期到成熟期的地上部氮素积累量、干物质积累量和氮生产力的影响

生育季	播期	地上部氮素积累量/(kg/hm^2)		干物质积累量/(kg/hm^2)		氮生产力/(kg/kg)	
		出苗—开花	花期—成熟	出苗—开花	花期—成熟	出苗—开花	花期—成熟
2016—2017 年	9 月 24 日	225.6a	81.6a		5 879.0c	59.1a	72.0c
	10 月 8 日	217.2a	79.1a	12 469.1b	6 865.1b	57.4ab	86.8b
	10 月 22 日	201.9b	64.6b	11 291.4c	7 981.4a	55.9b	123.6a
2017—2018 年	9 月 24 日	228.9a	73.5a	12 943.3a	6 085.0c	56.5a	82.8c
	10 月 8 日	221.0a	71.1a	11 962.4b	7 110.4b	54.1ab	100.0b
	10 月 22 日	203.0b	57.7b	10 686.4c	8 330.4a	52.6b	144.4a

(4)推迟播期对冬小麦开花期冠层和叶片的光合氮素利用率的影响

①冠层的光合氮素利用率

播期显著影响了冬小麦开花期单位土地面积冠层绿色器官氮含量、单位土地面积冠层光合速率和冠层光合氮素利用率(表 5-13)。在 2016—2017 年生育季,晚播处理冬小麦开花期单位土地面积冠层绿色器官氮含量较早播和正常播期分别降低了 11.3%和 5.5%,单位土地面积冠层光合速率分别提高了 28.8%和 14.0%,冠层光合氮素利用率分别提高了 45.8%和 20.7%;在 2017—2018 年生育季,晚播处理冬小麦开花期单位土地面积冠层绿色器官氮含量较早播和正常播期分别降低了 11.6%和 5.1%,单位土地面积冠层光合速率分别提高了 31.1%和 13.3%,冠层光合氮素利用率分别提高了 48.0%和 19.4%。

表 5-13　播期对两个生育季开花期单位土地面积冠层绿色器官氮含量、单位土地面积冠层光合速率和冠层光合氮素利用率的影响

生育季	播期	冠层绿色器官氮含量 /(g/m^2)	冠层光合速率 /[$\mu mol\ CO_2/(m^2 \cdot s)$]	冠层光合氮素利用率 /[$\mu mol\ CO_2/(g\ N \cdot s)$]
2016—2017 年	9 月 24 日	19.4a	46.8c	2.4c
	10 月 8 日	18.2b	52.9b	2.9b
	10 月 22 日	17.2c	60.3a	3.5a
2017—2018 年	9 月 24 日	18.9a	47.3c	2.5c
	10 月 8 日	17.6b	54.7b	3.1b
	10 月 22 日	16.7c	62.0a	3.7a

②叶片的光合氮素利用率

播期显著影响了冬小麦开花期叶片光合氮素利用率(图 5-32)。在 2016—2017 年生育季,晚播处理的冬小麦开花期旗叶光合氮素利用率较早播和正常播期处理分别提高了 30.3%和 17.5%,倒二叶光合氮素利用率分别提高了 28.7%和 14.1%,倒三叶光合氮素利用率分别提高了 39.1%和 19.1%,倒四叶光合氮素利用率分别提高了 78.9%和 29.4%;在 2017—2018 年生育季,晚播处理的冬小麦开花期旗叶光合氮素利用率较早播和正常播期处理分别提高了 39.3%和 19.5%,倒二叶光合氮素利用率分别提高了 34.8%和 18.2%,倒三叶光合氮素利用率分别提高了 45.7%和 22.9%,倒四叶光合氮素利用率分别提高了 75.4%和 33.1%。

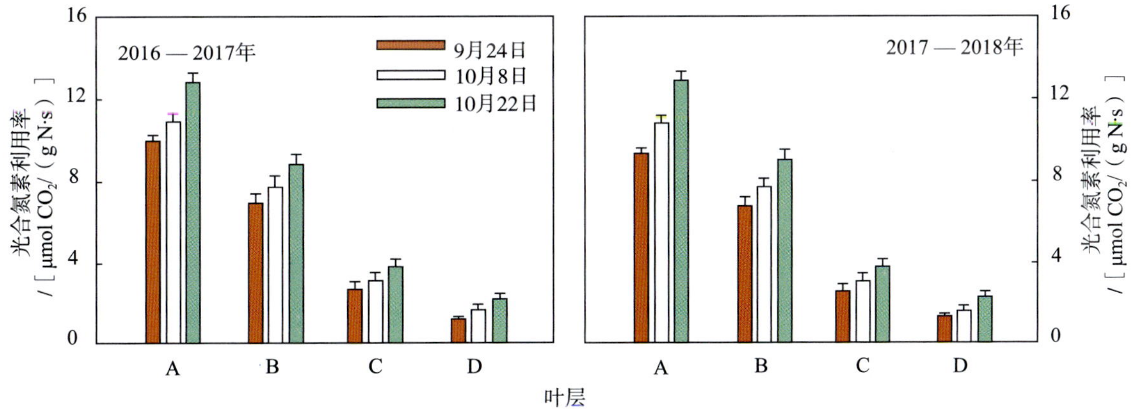

图 5-32　播期对开花期叶片光合氮素利用率的影响

注:A,旗叶;B,倒二叶;C,倒三叶;D,倒四叶。

总之，在同一年份的不同播期处理间，冬小麦开花期冠层光合差异显著，表明推迟播期显著降低了单位土地面积冠层绿色器官氮含量，显著提高了单位土地面积冠层光合速率，显著提高了冠层光合氮素利用率；冬小麦开花期叶片光合氮素利用率差异显著，表明推迟播期显著提高了旗叶、倒二叶、倒三叶和倒四叶的光合氮素利用率。

综合分析表明，推迟播期可以提高冬小麦氮素内在利用效率，弥补氮素吸收效率的降低并维持较高的氮素利用率。推迟播期条件下，小麦开花期氮素营养指数趋近于1，实现了氮素的供需匹配；降低了群体氮素含量，提高了单株、旗叶和倒二叶片以及旗叶和倒二叶片 Rubisco 酶的氮含量；降低了所有叶片细胞壁干物质量及氮含量，提高了叶片的气孔导度和叶肉导度，提高了细胞间隙 CO_2 浓度和叶绿体内 CO_2 浓度；提高了叶片净光合速率和光合氮素利用率。

总而言之，推迟小麦播期可通过优化氮素在冠层、单株、叶片以及 Rubisco 酶和细胞壁的分配，增强旗叶和倒二叶的最大羧化潜力，提高 CO_2 由大气向叶片羧化位点的流通能力，从而提高叶片净光合速率和光合氮素利用率，最终提高氮素内在利用效率。

5.2.3 宽幅播种与常规条播对不同播期小麦产量与氮素利用的影响

为明确推迟播期条件下小麦高产高效稳产的播种方式及其理论基础，采用宽幅播种和常规条播2种播种方式，设计10月3日（早播）、10日（传统播期）、17日和24日的晚播共4个播期处理（分别用D1、D2、D3、D4表示），研究了播种方式与播期互作对小麦产量和氮素吸收利用的影响。

1. 播种方式与播期互作对单株分蘖与成穗、群体分蘖和穗数的影响

播种方式与播期互作显著影响冬小麦越冬前、拔节前单株和群体分蘖数、成熟期单株成穗数和群体穗数（图5-33）。各播期下，宽幅播种的越冬前、拔节前单株和群体分蘖数、成熟期单株成穗数和群体穗数均显著高于常规条播。

2种播种方式下，越冬前、拔节前单株分蘖数和成熟期单株成穗数在D1、D2间均无显著差异，但D3、D4播期各指标均低于D1、D2播期。宽幅条件下越冬前、拔节前单株分蘖数和成熟期单株成穗数在D3播期较D1和D2播期平均值分别低23.85%、18.24%和4.26%，在D4播期较D1和D2播期平均值分别低47.10%、31.23%和8.46%；常规条播条件下越冬前、拔节前单株分蘖数和成熟期单株成穗数在D3播期较D1和D2播期平均值分别低17.74%、19.32%和6.48%，在D4播期较D1和D2播期平均值分别低44.55%、31.98%和14.20%。群体分蘖、穗数的变化与单株变化趋势一致。表明2种播种方式下推迟播期均会降低单株与群体分蘖数、成穗数。

2. 播种方式与播期互作对单茎生产力的影响

播种方式对小麦成熟期单茎质量和单穗籽粒质量无显著影响（图5-34），各播期条件下成熟期单茎质量和单穗籽粒质量在2种播种方式间均无显著差异。播期显著影响冬小麦成熟期单茎质量和单穗籽粒质量（图5-34），综合2种播种方式，虽然单茎质量和单穗籽粒质量在D1、D2播期间均无显著差异，但D3播期的单茎质量、单穗籽粒质量较前两播期平均值分别提高3.70%和3.97%，D4播期较前两播期平均值分别提高10.28%和9.59%。表明2种播种方式下推迟播期均可提高小麦成熟期单茎质量和单穗籽粒质量。

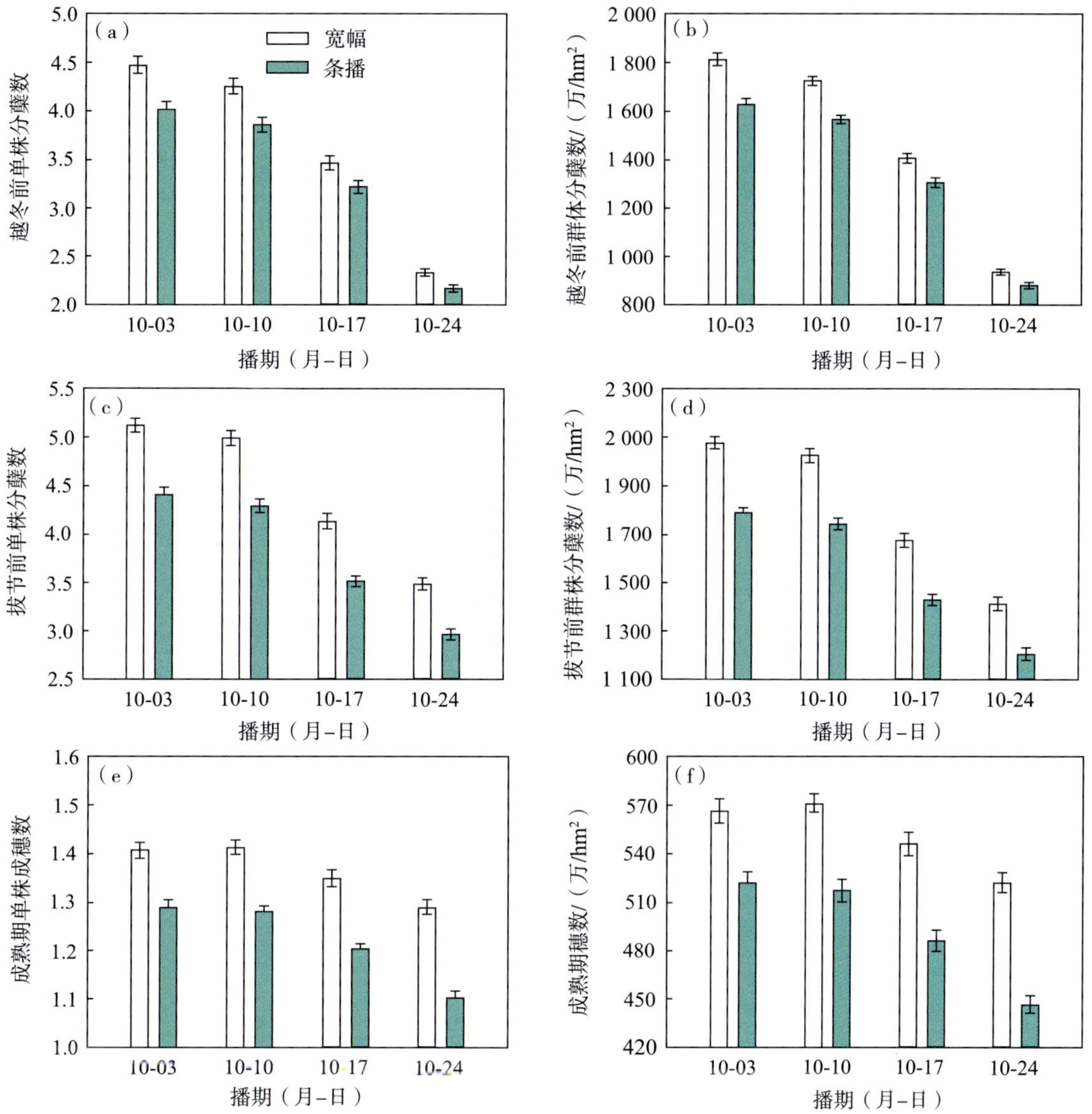

图 5-33　播种方式与播期互作对单株分蘖、单株成穗数和群体分蘖、穗数的影响

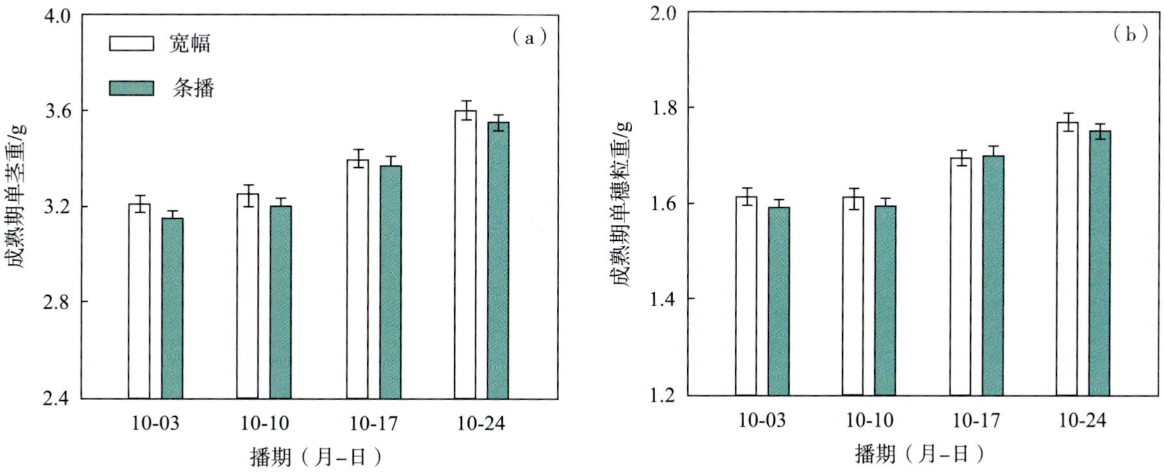

图 5-34　播种方式和播期互作对成熟期单茎质量和单穗籽粒质量的影响

3. 播种方式与播期互作对产量及产量构成因素的影响

播种方式与播期互作显著影响冬小麦产量及产量构成因素(表 5-14)。各播期条件下宽幅播种的产量均显著高于常规条播,且 2 种播种方式间的产量差异随着播期的延迟而增大。宽幅播种条件下,各播期间产量均无显著差异;常规条播条件下,产量在 D1、D2 间无显著差异,但 D3、D4 播期比 D1 分别低 4.54%和 7.57%,比 D2 分别低 4.03%和 6.62%,表明宽幅播种在 D1 至 D4 播期间能够实现稳产,而条播下推迟播期易导致减产。

如表 5-14 所示,各播期条件下,穗粒数在 2 种播种方式间均无显著差异。综合 2 种播种方式,穗粒数在 D1、D2 间无显著差异,但 D3、D4 播期的穗粒数较前两播期平均值分别提高 4.43%和 8.84%。粒重在各播期间或各播种方式间均无显著差异。

表 5-14　播种方式与播期对冬小麦产量及产量构成因素相关指标的影响

播种方式	播期	产量/(kg/hm²)	穗粒数/(粒/穗)	粒重/mg
宽幅	10 月 3 日	8 965.22a	41.68c	39.27a
	10 月 10 日	9 052.99a	42.25c	38.80a
	10 月 17 日	8 906.18a	43.39b	39.15a
	10 月 24 日	9 109.46a	45.21a	39.45a
条播	10 月 3 日	7 934.74b	41.36c	38.48a
	10 月 10 日	7 851.60bc	42.10c	38.24a
	10 月 17 日	7 613.97cd	44.01b	38.66a
	10 月 24 日	7 492.84d	44.96a	39.04a

注:同一列内不同的字母代表在 $P<0.05$ 水平差异显著。

4. 播种方式与播期互作对氮素利用率的影响

播种方式与播期互作显著影响冬小麦氮素利用率(图 5-35)。各播期条件下宽幅播种的氮素利用率均显著高于常规条播,且 2 种播种方式间的效率差异随着播期的延迟而增大。宽幅播种条件下,氮素利用率在各播期间均无差异;常规条播条件下,氮素利用率在 D1、D2 间无显著差异,但 D3、D4 播期比 D1 分别低 4.54%和 7.57%,比 D2 分别低 4.03%和 6.62%,表明宽幅播种在 D1 至 D4 播期间能够实现氮素利用率的稳定,而条播下推迟播期易降低氮素利用率。

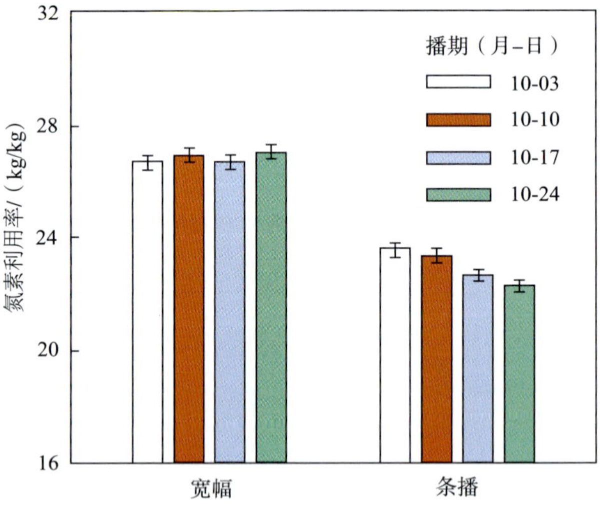

图 5-35　播种方式和播期对冬小麦氮素利用率的影响

5. 播种方式与播期互作对氮素吸收效率的影响

播种方式与播期互作显著影响冬小麦成熟期地上部氮素积累量和氮素吸收效率(图 5-36)。各播期条件下,宽幅播种的地上部氮素积累量和氮素吸收效率均显著高于常规条播。2 种播种方式下,冬小麦地上部氮素积累量在 D1、D2 间均无显著差异,但在宽幅条件下 D3、D4 播期较 D1 和 D2 播期平均值分别降低 9.98%和 18.47%,条播条件下 D3、D4 播期较 D1 和 D2 平均值分别降低 7.30%和 13.06%。氮素吸收效率与地上部氮素积累量表现出相似的规律,表明推迟播期不利于提高小麦氮素积累与吸收。

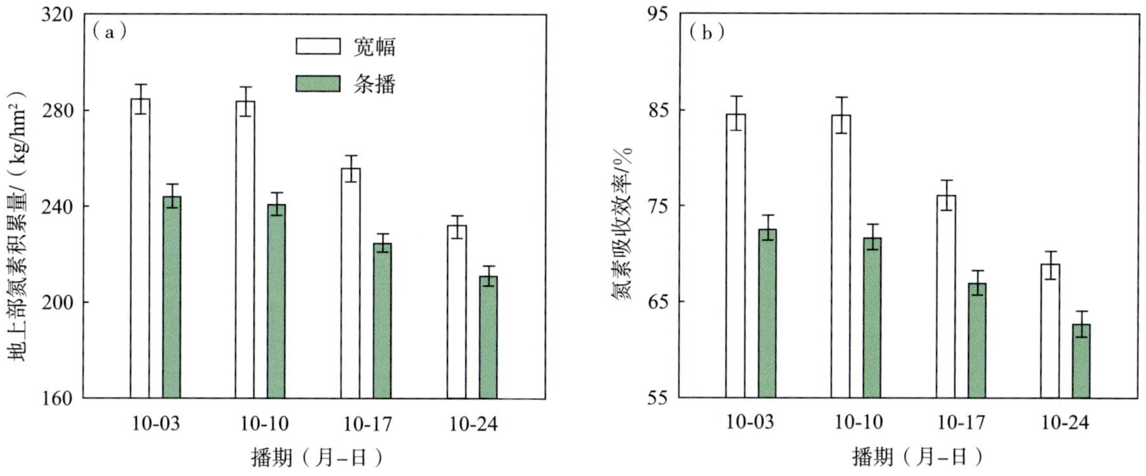

图 5-36 播种方式和播期对冬小麦地上部氮素积累量和氮素吸收效率的影响

6. 播种方式与播期互作对氮素内在利用效率及其相关指标的影响

播种方式与播期互作显著影响冬小麦氮素内在利用效率(图 5-37)。在 D1 至 D3 播期,2 种播种方式间的氮素内在利用效率无显著差异,但在 D4 条件下宽幅播种的氮素内在利用效率较条播提高 10.57%。2 种播种方式下,冬小麦氮素内在利用效率在 D1、D2 间均无显著差异,但在宽幅条件下 D3、D4 播期较 D1 和 D2 播期平均值分别提高 9.79%和 19.16%,条播条件下 D3、D4 播期较 D1 和 D2 播期平均值分别提高 4.05%和 9.22%,表明推迟播期有利于提高小麦氮素内在利用效率。

播种方式与播期互作对与氮素内在利用效率相关的氮素收获指数、籽粒氮素积累量、籽粒氮素含量亦有显著影响(图 5-37)。各播期条件下宽幅播种的氮素收获指数均显著高于常规条播,宽幅播种下氮素收获指数在各播期间无显著差异,而在常规条播下氮素收获指数随播期推迟呈下降趋势,表明宽幅播种下播期对氮素向籽粒的分配无影响,而条播下晚播会降低氮素向籽粒的分配。

各播期条件下宽幅播种的籽粒氮素积累量均显著高于常规条播(图 5-37)。2 种播种方式下冬小麦籽粒氮素积累量在 D1、D2 间均无显著差异,但在宽幅条件下 D3、D4 播期较 D1 和 D2 播期平均值分别降低 9.49%和 18.49%,条播条件下 D3、D4 播期较 D1 和 D2 播期平均值分别降低 8.40%和 14.81%,表明推迟播期不利于小麦籽粒氮素积累。

各播期条件下宽幅播种的籽粒氮素含量均显著高于常规条播(图 5-37)。2 种播种方式下冬小麦籽粒氮素质量分数在 D1、D2 间均无显著差异,但在宽幅条件下 D3、D4 播期较 D1 和 D2 播期平均值分别降低 3.09%和 7.45%,条播条件下 D3、D4 播期较 D1 和 D2 平均值分别降低 3.92%和 9.67%,表明推迟播期会降低籽粒氮素含量。

总而言之,相对于常规条播,宽幅播种通过提高单位面积分蘖数和穗数大幅度提高小麦产量(平均增产 1.29 t/hm^2),并通过提高氮素吸收效率、稳定或提高氮素内在利用效率,显著提高氮素利用率(平均增效 3.82 kg/kg)。晚播条件下宽幅播种可减小穗数下降的幅度,实现 9.00 t/hm^2 水平的高产稳产,并通过氮素内在利用效率的提升抵消氮素吸收效率的下降,稳定氮素利用率。常规条播处理因晚播下穗数下降幅度较大,形成减产(D3、D4 平均减产 0.34 t/hm^2),并由于氮素收获指数的下降导致氮素内在利用效率提升幅度较低,不能抵消大幅度下降的氮素吸收效率,进而降低氮素利用率(D3、D4 平均降低1.01 kg/kg)。相对于常规条播,小麦生产上采用宽幅播种,在高产和氮素高效利用的同时可以在推迟播期条件下实现产量和氮素利用率的稳定。

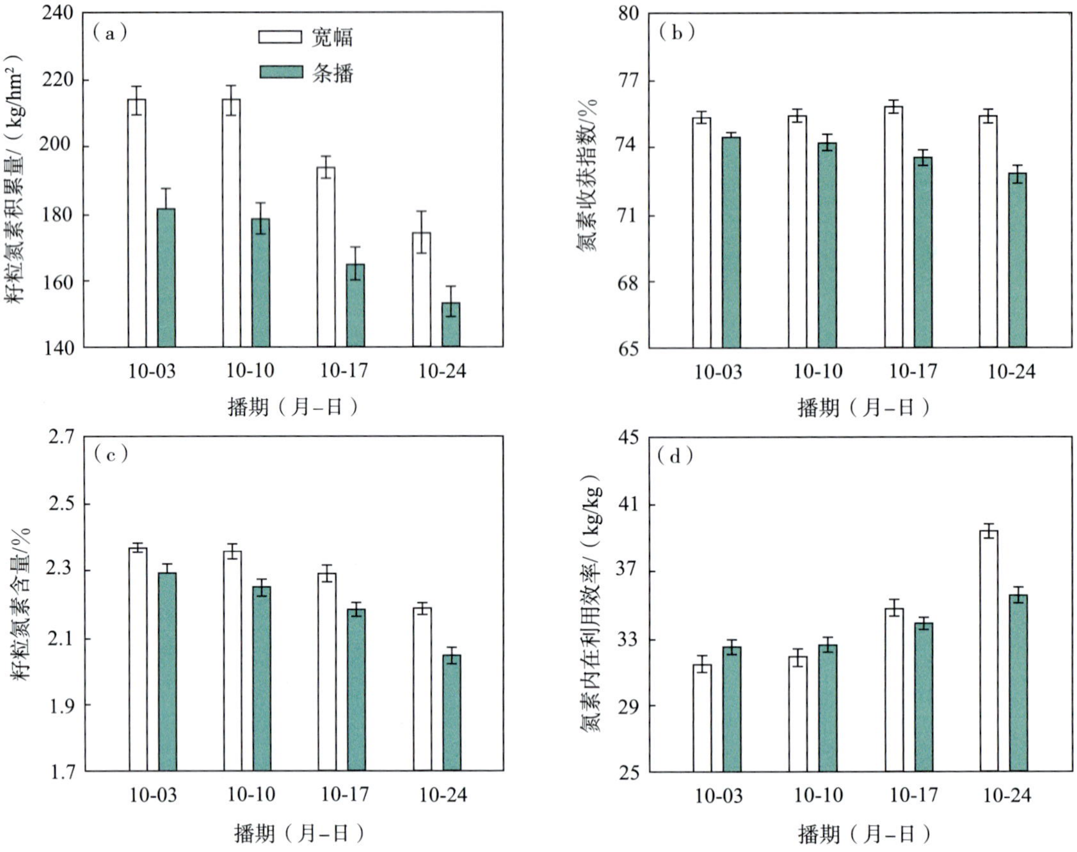

图 5-37　播种方式和播期对冬小麦籽粒氮素积累量、氮素收获指数、籽粒氮素含量和氮素内在利用效率的影响

5.2.4　施氮量对冬小麦干物质积累、产量和氮素吸收利用的影响

氮素是作物必需的大量营养元素之一，是限制作物产量和品质的重要因子。近年来，山东省的施肥状况向良性发展，但仍存在化肥投入量大、施用不合理(尤其是氮肥)等问题。选用鲁中地区栽培面积较广的泰农 18 号(T18)、临麦 4 号(L4)和汶农 5 号(W5)3 个小麦品种，设置 0、120、240 kg/hm^2 3 个施氮水平(分别用 N0、N120、N240 表示)，研究了不同小麦品种的干物质积累转运、产量及氮素利用效率等对施氮量的响应，筛选出当地冬小麦的最佳施氮量及氮高效小麦品种，为鲁中山区小麦高产栽培、品种选育及氮肥利用率的提高提供了科学依据。

1. 施氮量对冬小麦功能叶片光合色素含量的影响

由表 5-15 可见，3 个小麦品种的开花期旗叶光合色素含量均随施氮量的增加而增加，N240 水平下光合色素含量最高。与 N0 水平相比，W5 在 N120 和 N240 水平下的叶绿素 a 含量分别显著增加了 20.12%～29.34%和 27.89%～37.19%，L4 分别显著增加了 13.44%～21.95%和 20.63%～29.96%，T18 分别显著增加了 9.30%～15.97%和 17.89%～28.37%。叶绿素 b 和类胡萝卜素含量的变化趋势与叶绿素 a 一致，但处理间差异不显著。说明增施氮肥有利于小麦叶片光合色素的合成与积累，促进光合作用。其中，W5 的光合色素含量增幅最大，说明 W5 对氮素最为敏感，增施氮肥对 W5 光合作用的促进效果优于 L4 和 T18。

在相同氮水平下，3 个小麦品种的开花期旗叶光合色素含量表现为 T18＞L4＞W5。T18 在 N0 水平下的叶绿素 a 含量较 L4 和 W5 分别增加了 4.97%～6.30%和 13.55%～15.08%，在 N120 水平下分别增加了 1.10%～1.14%和 3.19%～3.32%，在 N240 水平下分别增加了 2.60%～4.99%和 4.67%～

7.68%。其中,3 个品种小麦的叶绿素 a 含量在 N0 水平下差异显著,在 N120 和 N240 水平差异不显著。叶绿素 b 和类胡萝卜素含量的变化趋势与叶绿素 a 一致。说明施氮量相同时,T18 的光合作用最强,可合成更多的碳水化合物,促进小麦生长。

表 5-15　施氮量对小麦开花期旗叶光合色素含量的影响　　mg/g FW

年份	品种	氮水平	叶绿素 a 含量	叶绿素 b 含量	类胡萝卜素含量
2016—2017	W5	N0	5.02f	2.34d	0.60b
		N120	6.03cd	2.62bcd	0.68ab
		N240	6.42abc	3.06ab	0.71ab
	L4	N0	5.43e	2.43cd	0.66ab
		N120	6.16bc	2.71bcd	0.64ab
		N240	6.55ab	3.10ab	0.70ab
	T18	N0	5.70d	2.46cd	0.66ab
		N120	6.23b	2.86abc	0.71ab
		N240	6.72a	3.18a	0.81a
2017—2018	W5	N0	4.84e	2.21d	0.56c
		N120	6.26cd	2.81cd	0.71b
		N240	6.64b	3.27ab	0.82ab
	L4	N0	5.24d	2.31d	0.62bc
		N120	6.39c	2.92bcd	0.73b
		N240	6.81ab	3.32ab	0.83ab
	T18	N0	5.57d	2.34d	0.64bc
		N120	6.46bc	3.16abc	0.76b
		N240	7.15a	3.42a	0.91a

注:表中数字后不同小写字母表示差异达 5%显著水平。下同。

2. 施氮量对冬小麦干物质积累的影响

由表 5-16 可见,小麦营养器官花前贮藏的干物质转运量和花后干物质生产量均随施氮量的增加而显著增加。与 N0 水平相比,W5 在 N120 水平和 N240 水平下的花前干物质转运量分别增加了 0.59～1.50 倍和 0.68～1.71 倍,花后干物质生产量分别增加了 1.43～2.66 倍和 2.12～3.45 倍;L4 在 N120 水平和 N240 水平下的花前干物质转运量分别增加了 0.53～1.48 倍和 0.61～1.65 倍,花后干物质生产量分别增加了 1.16～2.39 倍和 1.71～2.99 倍;T18 在 N120 水平和 N240 水平下的花前干物质转运量分别增加了 0.47～1.24 倍和 0.56～1.35 倍,花后干物质生产量分别增加了 0.86～1.64 倍和 1.36～2.11 倍。说明增施氮肥可以促进小麦营养器官花前贮藏的干物质向籽粒的转运和花后干物质的生产,有利于小麦产量的形成。其中,W5 的干物质转运和生产增幅最大,对氮素最敏感。小麦营养器官花前贮藏的干物质转运量对籽粒的贡献率随施氮量的增加而显著降低,对氮的响应度减小,而花后干物质生产对籽粒的贡献率呈相反的变化趋势,且花后干物质生产的贡献率高于花前干物质转运的贡献率,说明花后生产的干物质是小麦产量的主要来源。

施氮量相同时,3 个小麦品种的花前干物质转运量和花后干物质生产量均表现为 T18>L4>W5,且品种间差异显著。T18 在 N0 水平下的花前干物质转运量较 L4 和 W5 分别增加了 13.71%～22.98%和 29.81%～39.78%,花后干物质生产量分别增加了 17.99%～29.66%和 39.43%～

44.89%；在N120水平下的花前干物质转运量较L4和W5分别增加了9.65%～11.01%和20.22%～25.34%，花后干物质生产量分别增加了0.95%～1.60%和4.47%～6.74%；在N240水平下的花前干物质转运量较L4和W5分别增加了9.11%～10.53%和20.93%～21.30%，花后干物质生产量分别增加了1.03%～2.87%和1.29%～5.52%。说明施氮量相同时，T18的花前干物质转运能力和花后干物质生产能力最强，对产量形成贡献最大。

表 5-16　施氮量对小麦花前干物质转运及花后干物质生产的影响

年份	品种	氮水平	花前干物质转运量/(kg/hm²)	花前转运干物质对产量贡献率/%	花后干物质生产量/(kg/hm²)	花后生产干物质对产量贡献率/%
2016—2017	W5	N0	1 913.74h	51.23a	1 821.57h	48.77f
		N120	3 047.65e	40.78c	4 425.61e	59.22cd
		N240	3 208.77de	36.10e	5 680.44c	63.90a
	L4	N0	2 184.79g	50.37a	2 152.67g	49.63f
		N120	3 341.18d	41.81 c	4 649.33e	58.19d
		N240	3 510.68c	37.60d	5 826.98b	62.40b
	T18	N0	2 484.26f	49.45 a	2 539.84f	50.55f
		N120	3 663.75b	43.68b	4 723.74d	56.32e
		N240	3 880.39a	39.30cd	5 994.15a	60.70c
2017—2018	W5	N0	1 205.52i	48.05a	1 303.59g	51.95e
		N120	3 012.38f	38.68cd	4 776.12d	61.32bc
		N240	3 267.57e	36.01e	5 806.84b	63.99a
	L4	N0	1 370.24h	48.47a	1 456.71f	51.53e
		N120	3 401.24d	40.76c	4 942.72d	59.24c
		N240	3 632.72c	38.42d	5 821.48b	61.58b
	T18	N0	1 685.08g	47.15a	1 888.76e	52.85e
		N120	3 775.59b	43.07b	4 989.68c	56.93d
		N240	3 963.59a	40.26c	5 881.54a	59.74c

3. 施氮量对冬小麦产量及其构成因素的影响

由表5-17可见，3个小麦品种的产量均随施氮量的增加而显著增加，N240水平下产量达到最大值。与N0水平相比，W5在N120和N240水平下的产量分别增加了1.00～2.10倍和1.38～2.62倍，L4在N120和N240水平下的产量分别增加了0.84～1.95倍和1.15～2.34倍，T18在N120和N240水平下的产量分别增加了0.67～1.45倍和0.97～1.75倍。小麦穗数、穗粒数变化趋势与产量一致，且差异显著；千粒重随施氮量的增加先增加后减少。说明增施氮肥有利于小麦产量构成因素的形成，从而显著提高小麦产量。其中，W5的产量增幅最大，说明增施氮肥对提高W5产量的效果优于其他两个品种，W5对氮素最敏感。

在相同氮水平下，3个小麦品种的产量及其构成因素均表现为T18>L4>W5，其中，产量和穗数在处理间差异显著。T18在N0水平下的产量较L4和W5分别增加了15.83%～26.42%和34.50%～42.43%，在N120水平下分别增加了4.97%～5.05%和12.23%～12.54%，在N240水平下分别增加了4.13%～5.75%和8.49%～11.08%。说明施氮量相同时，T18更易获得高产。

表 5-17　施氮量对小麦产量及其构成因素的影响

年份	品种	氮水平	产量/(kg/hm²)	穗数/(万/hm²)	穗粒数/(粒/穗)	千粒重/g
2016—2017	W5	N0	3 735.31i	425.78i	23.00f	42.18b
		N120	7 473.26f	467.67f	36.40d	43.90ab
		N240	8 889.21c	509.11c	40.50abc	43.80ab
	L4	N0	4 337.46h	439.67h	24.71ef	42.66b
		N120	7 990.51e	478.89e	37.75cd	44.20ab
		N240	9 337.66b	515.33b	41.11ab	43.30ab
	T18	N0	5 024.10g	453.89g	26.86e	42.71b
		N120	8 387.49d	490.35d	38.29bcd	44.40a
		N240	9 874.54a	523.89a	42.89a	43.10ab
2017—2018	W5	N0	2 509.11i	360.17i	17.14g	40.15b
		N120	7 788.50f	479.17f	36.89e	44.05a
		N240	9 074.41c	512.83c	40.64bc	43.61ab
	L4	N0	2 826.95h	369.67h	18.71g	40.84b
		N120	8 343.96e	487.50e	38.57de	44.36a
		N240	9 454.20b	520.33b	41.83b	43.21ab
	T18	N0	3 573.84g	384.83g	22.44f	41.35b
		N120	8 765.27d	498.17d	39.14cd	44.94a
		N240	9 845.13a	530.17a	43.39a	43.43ab

4. 施氮量对冬小麦氮素吸收利用的影响

由表 5-18 可见，小麦的氮素利用率、氮素吸收效率、氮素利用效率、氮肥偏生产力及氮肥农学利用效率均随施氮量的增加而显著降低。与 N120 水平相比，W5 在 N240 水平下的氮素利用率、氮素吸收效率、氮素利用效率、氮肥偏生产力和氮肥农学利用效率分别降低了 13.49%～15.28%，9.61%～10.60%，4.30%～5.23%，40.53%～41.74% 和 31.08%～38.72%，L4 分别降低了 15.02%～17.57%，10.80%～12.81%，5.48%～6.76%，41.57%～43.35%和 31.57%～39.95%，T18 分别降低了 16.39%～18.29%，11.03%～13.14%，3.42%～6.00%，42.93%～43.84%和 32.36%～39.60%。说明增施氮肥降低了小麦吸收氮素并转化为籽粒的能力。其中，W5 的降幅最低，说明增施氮肥更有利于 W5 对氮素的吸收利用，W5 对氮素最敏感。

施氮量相同时，3 个小麦品种的氮素利用率、氮素吸收效率、氮素利用效率、氮肥偏生产力均表现为 T18＞L4＞W5，且品种间差异显著。其中，T18 在 N120 水平下的氮素利用率较 L4 和 W5 分别增加了 5.06%～7.49% 和 12.53%～14.95%，在 N240 水平下分别增加了 4.14%～5.75% 和 8.54%～11.09%。氮素吸收效率、氮素利用效率和氮肥偏生产力变化趋势与氮素利用率一致。说明施氮量相同时，T18 对氮素的吸收利用能力最强。氮肥农学利用效率则表现为 W5＞L4＞T18，表明 W5 对氮素敏感，具有较大的增产潜力。

表 5-18　施氮量对小麦氮素吸收利用的影响

年份	品种	氮水平	氮素利用率/(kg/kg)	氮素吸收效率/%	氮素内在利用效率/(kg/kg)	氮肥偏生产力/(kg/kg)	氮肥农学利用效率/(kg/kg)
2016—2017	W5	N120	23.35c	61.27c	38.12c	62.28c	31.15a
		N240	20.20f	55.38f	36.48e	37.04f	21.47d
	L4	N120	24.97b	63.23b	39.49b	66.59b	30.44b
		N240	21.22e	56.40e	36.82e	38.91e	20.83e
	T18	N120	26.84a	66.25a	40.51a	69.90a	28.03c
		N240	22.44d	58.94d	38.08d	39.89d	18.96f
2017—2018	W5	N120	24.34c	62.95c	38.66b	64.90c	46.69a
		N240	20.62f	56.28f	36.64e	37.81f	28.61d
	L4	N120	26.07b	65.89b	39.57ab	69.53b	45.98b
		N240	21.49d	57.45e	37.40d	39.39e	27.61e
	T18	N120	27.39a	68.85a	39.78a	73.04a	43.26c
		N240	22.38c	59.80d	38.42c	41.02d	26.13f

增施氮肥可以增加小麦叶片光合色素的合成与积累，促进光合作用，从而提高小麦的干物质积累及其向籽粒的转运；有利于小麦群体的构建，提高穗数、穗粒数，促进产量形成；随着施氮量的增加，小麦对氮肥的响应度减小，氮素吸收、利用效率和氮肥偏生产力、农学效率显著降低。本研究中，240 kg/hm^2 为最佳施氮量。

施氮量相同时，品种差异对小麦生长及产量有显著影响。本研究中，小麦单株分蘖数、光合色素含量、干物质积累与转运量、产量、氮素吸收与利用效率均表现为泰农 18 号＞临麦 4 号＞汶农 5 号，泰农 18 号具有更强的氮素吸收、利用能力，而汶农 5 号对氮素最为敏感，具有较大的增产潜力，可为鲁中地区小麦选育栽培提供依据。

5.2.5　包膜脲酶抑制剂增效尿素对小麦生长的影响及其机理研究

氢醌(hydroquinol，HQ)是一种酚类脲酶抑制剂，能够有效减少氮肥的损失量和提高作物产量。但是，有研究发现 HQ 对尿素水解的抑制作用随时间的延长迅速减弱。因此，提高 HQ 对土壤中脲酶活性抑制作用的持效期，已成为 HQ 增效尿素研究中亟待解决的科学问题。本研究将肥料包膜技术应用到 HQ 上，以延长 HQ 的持效期，对 HQ 进行部分或全部包膜与普通尿素进行掺混制备了增效尿素。于 2017 年 10 月至 2018 年 6 月在山东农业大学资源与环境学院实验站(36.16°N，117.15°E)进行盆栽试验，共设 5 个处理：①不施氮肥(CK)；②普通尿素(U)；③U＋普通脲酶抑制剂 HQ(SRU1)；④U＋100%包膜 HQ(SRU2)；⑤U＋30%普通 HQ＋70%包膜 HQ(SRU3)，研究了不同 HQ 增效尿素对小麦生长、产量的影响及对土壤不同形态氮素含量和脲酶活性的影响，明确了 HQ 全部或部分包膜与普通尿素掺混对 HQ 抑制尿素水解的影响及其机理。

1. 包膜脲酶抑制剂增效尿素对小麦生长及产量的影响

(1)包膜脲酶抑制剂增效尿素对小麦生长的影响

由表 5-19 可知，脲酶抑制剂增效尿素可促进小麦生长，与 U 相比，SRU1、SRU2、SRU3 处理的株高在小麦返青期分别增加了 33.77%、24.52%、55.17%，拔节期分别增加了 3.02%、13.62%、0.69%，说明包膜脲酶抑制剂增效尿素对小麦前期株高的影响优于普通脲酶抑制剂增效尿素。小麦生长期间各施肥处理的叶片 SPAD 值均普遍高于 CK，除灌浆期外，脲酶抑制剂增效尿素可不同程度提高小麦功能叶片的 SPAD 值，其中与 U 相比，返青期 SRU1、SRU2、SRU3 处理分别提高叶片 SPAD 值的 7.37%、11.81%、27.73%；拔节期叶片 SPAD 值以 SRU3 处理最高，较其他处理增幅分别为 20.16%、0.94%、2.31%、2.50%，说明包膜脲酶抑制剂增效尿素可提高小麦叶片的叶绿素含量，从而有利于光合作用的进行和小麦的生长发育。表 5-19 还显示，与对照相比，施氮处理可增加小麦的有效分蘖数，其中包膜脲酶抑制剂增效尿素对增加小麦分蘖的影响更显著，与 SRU1 相比，SRU2、SRU3 处理分蘖数分别增加 28.91%、40.63%。说明包膜脲酶抑制剂增效尿素能够促进小麦生长，提高叶片叶绿素含量，增加小麦分蘖数，有利于小麦构建良好的群体，其中以 SRU3 处理效果最优。

表 5-19　包膜脲酶抑制剂增效尿素对小麦生长指标的影响

处理	株高/cm			SPAD			有效分蘖数
	返青期	拔节期	灌浆期	返青期	拔节期	灌浆期	
CK	8.36c	25.04c	40.70ab	46.69b	44.30b	39.25c	1.13b
U	8.32c	33.47b	41.72a	44.11b	52.73a	51.22a	1.35b
SRU1	11.13b	34.48b	37.91c	47.36b	52.00a	47.95ab	1.28b
SRU2	10.36b	38.03a	38.49bc	49.32b	51.90a	49.23ab	1.65a
SRU3	12.91a	33.70b	37.66c	56.343a	53.23a	46.50b	1.80a

注：不同字母表示差异达 5%显著水平，下同。

由表 5-20 可知，小麦拔节期至灌浆期，地上部鲜、干重逐渐增加，与 CK 相比，各施肥处理地上部鲜、干重均有所提高。拔节期，与 U 相比，SRU1、SRU2、SRU3 的小麦鲜重分别增加了 68.38%、56.21%、84.94%，干重分别增加了 50.25%、55.16%、70.40%，说明 HQ 与尿素掺混施用能够显著增加小麦拔节期地上部物质积累，促进小麦生长，其中以 SRU3 处理对小麦生长的促进作用最大。灌浆期，SRU1 处理小麦地上各部位鲜、干重均低于普通尿素处理，而 SRU2、SRU3 与 U 相比，分别增加小麦茎干重的 73.36%、19.36%；叶干重的 39.94%、0.74%；穗干重的 10.30%、40.78%。说明 HQ 部分或全部包膜与普通尿素掺混施用能够显著增加小麦灌浆期地上部干重，促进小麦后期干物质的积累，其中 SRU2 处理的小麦茎、叶鲜干重显著高于其他处理，说明包膜 HQ 能促进小麦灌浆期茎叶的生长，而 SRU3 处理增加了小麦穗的质量，说明 HQ 部分包膜更能促进小麦后期干物质向籽粒的转运，从而促进小麦增产。

表 5-20　不同时期小麦地上部鲜重和干重　　g/盆

处理	拔节期		灌浆期					
			茎		叶		穗	
	鲜重	干重	鲜重	干重	鲜重	干重	鲜重	干重
CK	39.56b	11.06b	41.38b	18.46b	6.73b	4.15b	49.86a	26.50a
U	41.56b	11.82b	63.55ab	25.41b	13.14ab	6.76ab	61.23a	28.74a
SRU1	69.98a	17.76a	56.97ab	25.25b	11.20b	5.32b	57.85a	26.01a
SRU2	64.92a	18.34a	87.59a	44.05a	18.57a	9.46a	65.12a	31.70a
SRU3	76.86a	20.14a	68.71ab	30.33b	13.23ab	6.81ab	80.47a	40.46a

(2)包膜脲酶抑制剂增效尿素对小麦产量及氮素利用率的影响

从表 5-21 中可以看出，与 CK 相比，各施肥处理增产幅度均大于 24.84%，说明施用尿素能够增加小麦产量。与 U 相比，SRU2、SRU3 分别增产 25.04%、45.30%，说明将脲酶抑制剂 HQ 进行部分或全部包膜与尿素掺混一次性基施，能够促进小麦增产；SRU1 与 U 相比减产 7.18%，说明在本试验条件下，普通脲酶抑制剂 HQ 与尿素掺混一次性基施效果不好。

从产量构成因素来看，各处理间千粒重差异不显著，穗数和穗粒数是引起产量差异的关键因素，与 SRU1 相比，SRU2、SRU3 处理穗数分别增加 16.48%、23.08%；穗粒数分别增加 15.38%、31.87%，其中穗粒数与穗长正相关，各处理中穗越长，穗粒数越多。说明将 HQ 进行部分或全部包膜与尿素掺混施用，是通过增加小麦穗数和穗粒数来增加小麦产量的，其中 SRU3 处理将 HQ 进行 70%部分包膜与尿素掺混施用，对增加小麦穗数和穗粒数的影响最显著，获得产量最高，表明将 HQ 部分包膜添加到尿素中对尿素的增效作用更加明显。

表 5-21　小麦产量及其构成因素

处理	穗长/cm	穗数	穗粒数	千粒重/g	产量/(g/盆)
CK	5.30c	21.25b	20.00c	36.95a	15.74c
U	5.80bc	23.50b	23.75b	38.00a	21.17b
SRU1	5.50c	22.75b	22.75bc	37.93a	19.65bc
SRU2	6.10ab	26.50a	26.25b	37.83a	26.47a
SRU3	6.60a	28.00a	30.00a	36.50a	30.76a

氮素利用率是籽粒产量与供氮量的比值，本试验施氮处理的施氮量相同，小麦的氮素利用率与产量变化相一致。由表 5-22 可见，SRU1 处理的氮素利用率最低，而与 U 相比，SRU2 和 SRU3 分别提高了氮素利用率的 25.02%和 45.26%，说明包膜 HQ 与尿素掺混施用能够显著提高小麦氮素利用率，其中以 70%部分包膜 HQ 与尿素掺混的氮素利用效果最优。

从氮肥的农学利用率、偏生产力及产量贡献率来看，SRU3 较其他处理的氮肥农学利用率分别提高 176.52%、284.02%、39.93%；氮肥偏生产力分别提高 45.28%、56.51%、16.19%；氮肥产量贡献率分别提高 86.42%、148.21%、21.86%，均从不同程度反映 SRU3 处理对小麦的增产效果最优，说明 HQ 部分包膜添加到尿素里面效果最好。

表 5-22　包膜脲酶抑制剂增效尿素对小麦氮素利用率的影响

处理	氮肥农学利用率/(kg/kg)	氮素利用率/(kg/kg)	氮肥偏生产力/(kg/kg)	氮肥产量贡献率/%
U	10.86bc	26.14bc	42.34bc	25.63b
SRU1	7.82c	24.26c	39.30c	19.25b
SRU2	21.46ab	32.68ab	52.94ab	39.21a
SRU3	30.03a	37.97a	61.51a	47.78a

2. 包膜脲酶抑制剂增效尿素对土壤氮含量的影响

(1)包膜脲酶抑制剂增效尿素对土壤 NH_4^+-N 和 NO_3^--N 含量的影响

如图 5-38a 所示，各处理中土壤 NH_4^+-N 含量均明显高于 CK 处理；除普通尿素处理 U 拔节期追肥，使其灌浆期土壤中 NH_4^+-N 含量明显升高外，其他处理土壤 NH_4^+-N 含量基本呈前期逐渐下降，趋于稳定后又下降的趋势。在小麦返青期，SRU1、SRU2 和 SRU3 处理与 U 相比土壤 NH_4^+-N 含量分别降低了 15.98%、4.57%和 9.91%，说明脲酶抑制剂 HQ 能够抑制尿素水解，降低土壤中 NH_4^+-N 含量。小麦拔节期，与 U 相比，SRU1、SRU2 和 SRU3 处理分别提高土壤 NH_4^+-N 含量的 26.24%、12.47%和 20.96%，说明脲酶抑制剂 HQ 能够延缓尿素的水解进程。在灌浆期，与 SRU1 相比，SRU2、SRU3 土壤 NH_4^+-N 含量分别增加了 6.65%、13.77%，说明与普通 HQ 相比，将 HQ 进行部分或全部包膜与尿素掺混施用能够延长 HQ 的作用时间，增加小麦生育后期土壤中 NH_4^+-N 含量。其中 SRU3 处理在小麦生长前期能够有效抑制尿素水解，后期能够延缓尿素的水解进程，延长 HQ 的作用时间，与尿素掺混的作用效果最好。

如图 5-38b 所示，土壤中 NO_3^--N 含量在小麦灌浆期前呈下降趋势，灌浆期后 NO_3^--N 含量有所上升，各处理 NO_3^--N 含量均高于 CK。小麦生长前期，各处理间虽存在一定差异，但 HQ 对土壤 NO_3^--N 含量的影响不明显，未能减少土壤的 NO_3^--N 含量；小麦拔节期，SRU3 与 U 相比降低土壤 NO_3^--N 含量的 23.62%；小麦生长后期各处理土壤中 NO_3^--N 含量无明显差异。说明脲酶抑制剂 HQ 在小麦生长前期未能减少对土壤氨的氧化，后期对尿素氮的硝化过程抑制作用不明显。

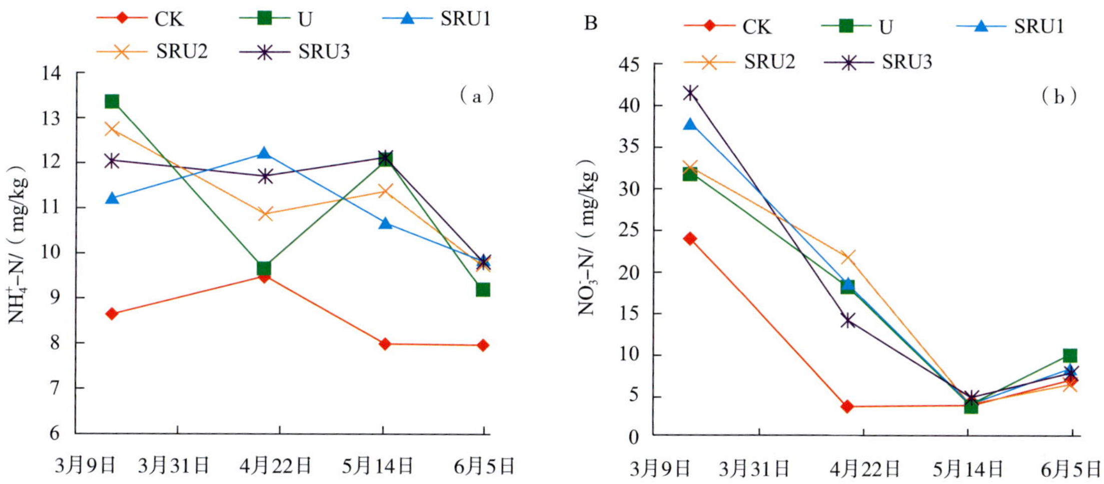

图 5-38　小麦不同生育时期土壤 NH_4^+-N 和 NO_3^--N 含量的变化

(2)包膜脲酶抑制剂增效尿素对土壤有效氮含量的影响

如图 5-39 所示，在小麦生育期内，土壤有效氮含量呈现出前期逐渐下降，成熟期趋于稳定的趋势；与 CK 相比，各施肥处理均明显提高了土壤有效氮含量。在小麦返青期，与 U 相比，SRU1、SRU2、SRU3 处理分别降低土壤中有效氮含量的 8.55%、4.61%、6.25%，说明脲酶抑制剂增效尿素前期能够抑制尿素水解，减少土壤中有效氮含量；到小麦拔节期，U 处理土壤中有效氮含量降低幅度最大，与 U 相比，SRU1、SRU2、SRU3 处理分别提高土壤中有效氮含量的 2.97%、7.24%、8.42%；在小麦生长后期，U 处理在拔节期进行追肥，引起灌浆期土壤有效氮含量有所增加，与 SRU1 相比，SRU2 对土壤有效氮含量的影响不明显，SRU3 分别在小麦灌浆期和成熟期提高土壤有效氮含量的 9.50%、2.46%，说明将 HQ 进行部分包膜与尿素掺混施用，能增加小麦后期土壤中有效氮含量，减缓小麦的衰老进程，为小麦后期生长提供充足的氮源。

3. 包膜脲酶抑制剂增效尿素对土壤脲酶活性的影响

由图 5-40 可见，小麦生育期内土壤脲酶活性随小麦生长呈逐渐降低的趋势且各处理脲酶活性均低于普通尿素处理，各处理脲酶活性在 3 月 16 日至 4 月 18 日及 5 月 14 日至 6 月 4 日期间下降明显，在 4 月 18 日至 5 月 14 日期间趋于平缓。其中与 U 相比，SRU1、SRU2、SRU3 处理土壤脲酶活性在返青期分别降低 15.18%、2.66%、5.50%，在拔节期分别降低 15.37%、17.97%、13.20%，在灌浆期分别降低 9.66%、9.43%、3.91%，说明脲酶抑制剂 HQ 与普通尿素掺混施用可以有效抑制土壤脲酶活性，降低尿素水解速率。其中将 HQ 进行包膜与尿素掺混施用，在小麦生长前期能够有效抑制土壤脲酶活性，后期能够延长 HQ 的作用时间使土壤脲酶活性保持在较低水平，从而延缓尿素的转化进程，减少损失，提高肥效。

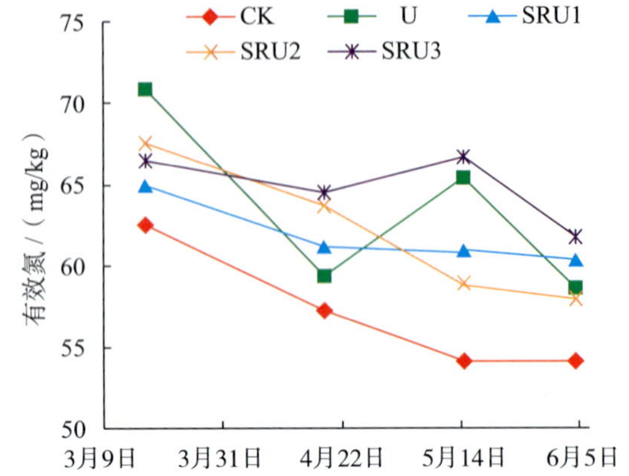

图 5-39 小麦不同生育时期土壤中有效氮含量的变化

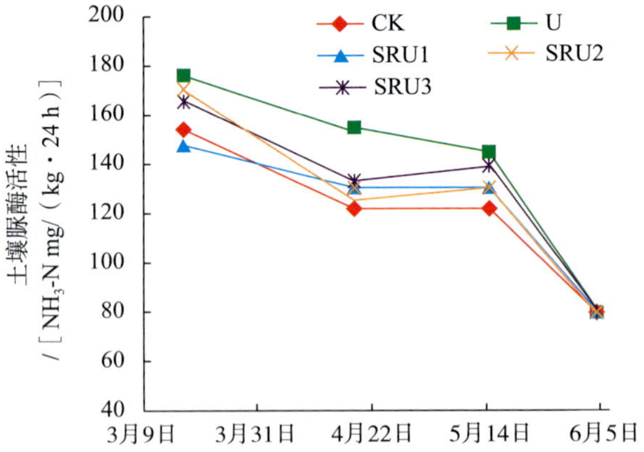

图 5-40 小麦不同生育时期土壤脲酶活性的变化

综合分析，与普通 HQ 相比，将 HQ 进行部分或全部包膜与尿素掺混一次性施用能够促进小麦生长，改善小麦产量结构，增加小麦产量，并提高氮素利用率。将 HQ 全量的 70%进行包膜与尿素掺混施用，前期能够有效降低土壤中脲酶的活性，抑制尿素水解，维持土壤中 NH_4^+-N 的适宜浓度，而后期包膜处理的 HQ 能有效延长 HQ 对脲酶的作用时间，保证土壤中较高的 NH_4^+-N 含量，减少氮素损失，增加土壤中有效氮的含量，提高土壤有效氮的持续供应能力，提高土壤的供氮潜力和小麦产量。研究表明，HQ 部分包膜与尿素掺混施用在增强土壤供氮能力和提高小麦产量方面效果最优，表明 HQ 部分包膜与尿素掺混施用优于 HQ 不包膜处理和 100%包膜处理，但 HQ 最优包膜比例的确定将是下一步筛选研究的重点。

5.2.6 冬小麦高产高效群体的年际间稳产性能

以冬小麦品种泰农 18 为试验材料，设置传统农民管理习惯的农户模式(T1)、不计肥水和人工等投入以获得高产的高产模式(T2)和优化种植密度、播期、肥水管理运筹的高产高效模式(T3)3 种种植模式，研究了不同种植模式小麦主茎与分蘖成穗特性，不同年份的光合有效辐射截获、利用，光合产物分配等光能利用特性和产量差异，结合年际间的光、温、水等生态因子分布差异，分析了高产高效群体的稳产性能。

1. 不同种植模式间的冬小麦主茎穗与分蘖穗比例

通过栽培措施的调控，成熟期冬小麦穗数中主茎成穗和分蘖成穗所占比例在 3 种模式间存在较大差异(图 5-41)。T1、T2、T3 群体构建模式主茎穗的比例分别为 38.85%、58.68%、66.92%，T2、T3 模式较 T1 模式分蘖成穗分别减少了 32.52%和 46.03%。表明 T1、T2、T3 模式在茎蘖成穗方面，分别是以分蘖穗为主、以主茎穗和分蘖穗并重、以主茎穗为主。

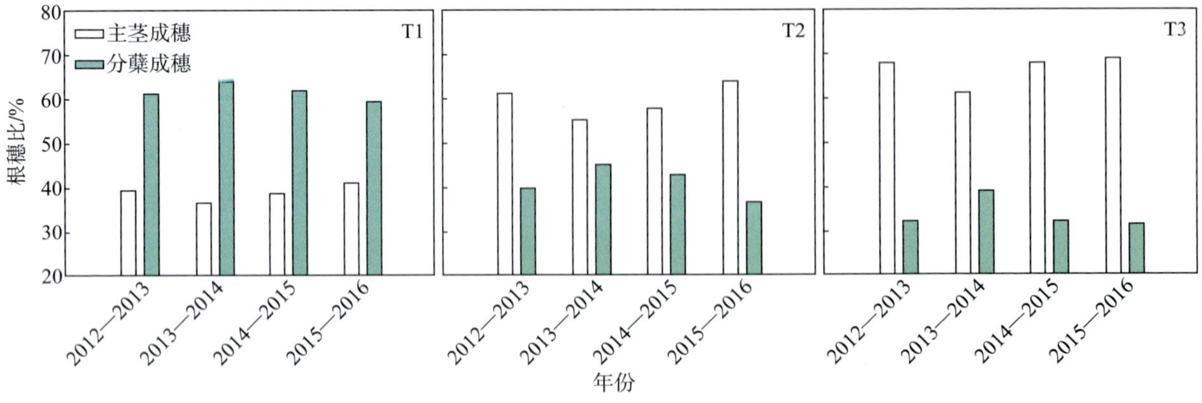

图 5-41 不同栽培措施下主茎穗和分蘖穗的比例

2. 不同种植模式下的冬小麦年际间最大分蘖数与成穗率分析

3 种种植模式下，各生育季群体最大分蘖数、无效分蘖数均表现为 T2＞T3＞T1，其标准差均表现为 T2＞T1＞T3(表 5-23)。最大分蘖数的变异系数为 T1＞T2＞T3，无效分蘖数的变异系数为 T2＞T1＞T3。成穗率为 T3＞T1＞T2，但其标准差和变异系数均以 T2 最高，T1 和 T3 模式较低。各项指标变异系数均以 T3 模式最低，表明以分蘖成穗的 T1 模式变异性最大，以主茎成穗为主的 T3 模式最大分蘖和无效分蘖中等，但成穗率最高，且在年际间变异最小，由此可见，T3 模式在确保足穗方面具有较强的稳定性。

表 5-23 年际间冬小麦分蘖数的差异性分析

处理	指标	春季最大分蘖数/(万/hm²)	无效分蘖数/(万/hm²)	成穗率/%
T1	平均值	1 628.62	1 045.31	35.86
	标准差	112.66	86.69	1.35
	变异系数/%	6.92	8.29	3.76
T2	平均值	2 059.04	1 417.27	31.25
	标准差	125.19	126.18	2.50
	变异系数/%	6.08	8.90	8.00
T3	平均值	1 845.96	1 163.01	37.00
	标准差	95.57	67.01	1.33
	变异系数/%	5.18	5.76	3.59

3. 不同种植模式下的冬小麦年际间叶面积指数、光能截获率和截获量分析

由图 5-42 可知，3 种种植模式下，各生育季叶面积指数(LAI)均在挑旗期达到最大。越冬—拔节 T3 显著低于 T1 和 T2，拔节后 T3 显著高于 T1 模式。在 LAI 下降过程中，T3 模式下降速率较低，使花后 14 天开始 T3 模式 LAI 高于 T2 模式。从年际间 LAI 变化分析，T1 模式在越冬期变异较大，且高于 T2 和 T3 模式；拔节至开花期 3 种模式 LAI 变异均较小；花后随着生育进程推进各模式变异系数逐渐增大，总体趋势为 T1＞T2＞T3。光能截获率与叶面积指数在种植模式和年际间表现相似(图 5-43)。开花前 T1、T2 模式光能截获量无显著差异，但均显著高于 T3 模式；花后光能截获量表现为 T3＞T2＞T1；T3 模式下光能截获量在全生育的变异系数均小于 T1、T2 模式(表 5-24)。以主茎成穗为主的 T3 模式其花后 LAI、光能截获率和光能截获量较高，且均相对稳定，有利于稳定灌浆过程中干物质生产。

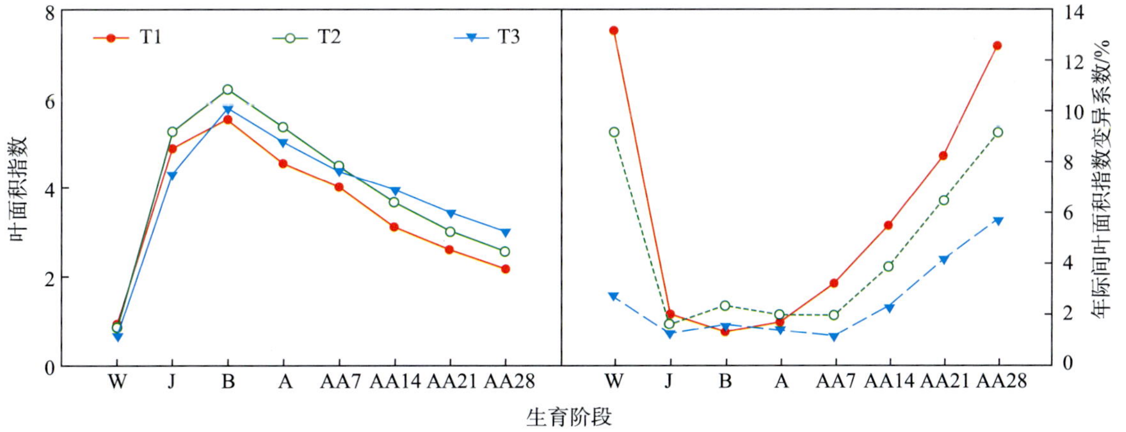

图 5-42 年际间叶面积指数的变异性分析

注：W，越冬期；J，拔节期；B，孕穗期；A，开花期；AA，开花后。

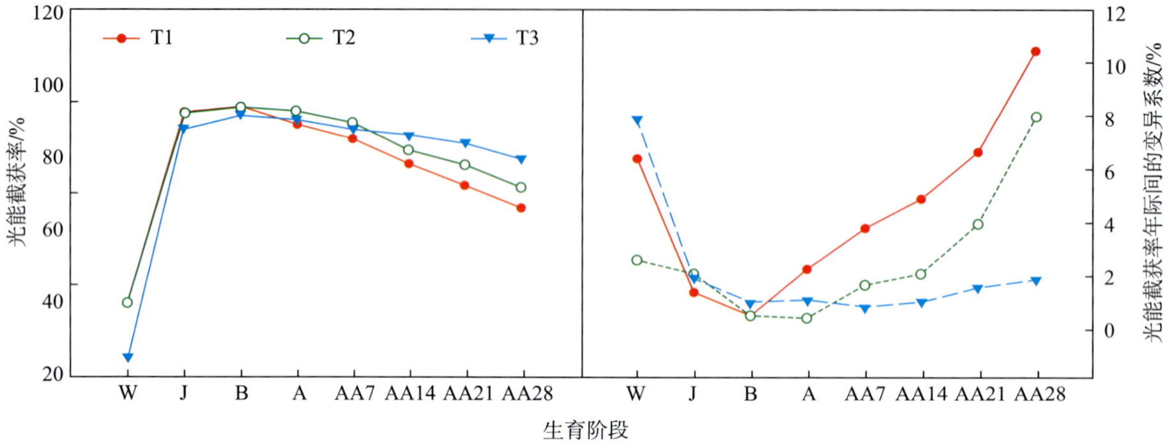

图 5-43　年际间光能截获率的变异性分析

注：W，越冬期；J，拔节期；B，孕穗期；A，开花期；AA，开花后。

表 5-24　年际间光能截获量的变异性分析

生育阶段	均值			标准差			变异系数/%		
	T1	T2	T3	T1	T2	T3	T1	T2	T3
S-W	24.98	24.66	15.43	7.21	5.32	2.63	28.86	21.58	17.03
W-J	291.87	290.97	249.28	30.54	30.06	24.03	10.46	10.33	9.64
J-B	116.49	116.46	112.25	21.57	20.4	18.43	18.51	17.51	16.42
B-A	131.89	134.79	130.95	26.01	26.55	25.22	19.72	19.7	19.26
A-A7	56.21	58.81	57.23	9.63	10.03	9.75	17.13	17.06	17.03
A7-A14	48.45	51.01	51.49	8.36	8.92	8.73	17.25	17.48	16.95
A14-A21	51.28	54.42	57.73	5.63	4.60	4.00	10.98	8.46	6.93
A21-A28	44.43	47.91	52.65	4.64	4.69	4.82	10.45	9.78	9.15
A28-M	24.99	26.76	29.36	13.81	14.54	15.19	55.28	54.34	51.72
BA	565.23	566.88	507.92	67.91	66.82	57.98	12.02	11.79	11.42
AA	225.36	238.92	248.46	26.93	23.29	19.53	11.95	9.75	7.86
WP	790.59	805.8	756.38	41.29	43.66	38.53	5.22	5.42	5.09

注：S-W，出苗至越冬阶段；W-J，越冬至拔节阶段；J-B，拔节至孕穗阶段；B-A，挑旗至开花阶段；A-A，花后每 7 d 一个阶段；A28-M，花后 28 d 至成熟阶段；BA，开花前；AA，开花后；WP，全生育期。

4. 不同种植模式下的冬小麦年际间群体光合速率分析

如图 5-44 所示，自孕穗开始，T1 的群体光合速率就显著低于 T2 模式；自开花期开始 T1 的群体净光合速率就显著低于 T3 模式；自花后 14 d，T2 模式的群体光合速率显著低于 T3 模式。在孕穗至开花期，三种模式群体净光合速率的年际间变异系数差异较小，从花后 7 d 开始表现为 T1＞T2＞T3，且随着生育进程的推进模式间变异系数的差异逐渐增加。表明以主茎成穗为主的 T3 模式在灌浆后期不仅能保持较高的光合能力，同时年际间的变化幅度远低于其他两种模式。

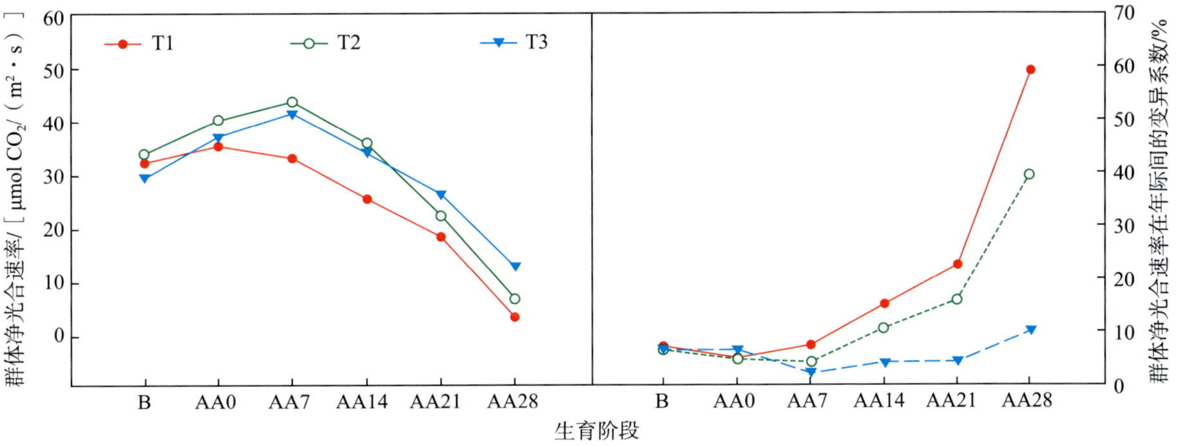

图 5-44 年际间群体净光合速率的变异性分析

注:W,越冬期;J,拔节期;B,孕穗期;A,开花期;AA,开花后。

5. 不同种植模式下的冬小麦年际间生物产量、产量及收获指数

同一种植模式不同生育季下的干物质存在显著差异(图 5-45),但各生育季均表现为 T2>T3>T1,其标准差和变异系数均表现为 T1>T2>T3;各生育季收获指数及其标准差、变异系数均表现为 T3>T2>T1;产量的变化趋势及变异与生物产量的表现相一致(表 5-25)。同一模式下将年际间的产量、生物产量和收获指数进行相关分析表明,产量与生物产量呈显著正相关关系(T1、T2、T3 模式 R2 分别为 0.95*、0.96**、0.99**;* 和 ** 分别表示在 $P<0.05$ 和 $P<0.01$ 水平显著),与收获指数无显著相关性(T1、T2、T3 模式 R2 分别为 0.64、0.72、−0.74),表明以主茎成穗为主的 T3 种植模式获得稳产的关键是其生物产量的稳定。

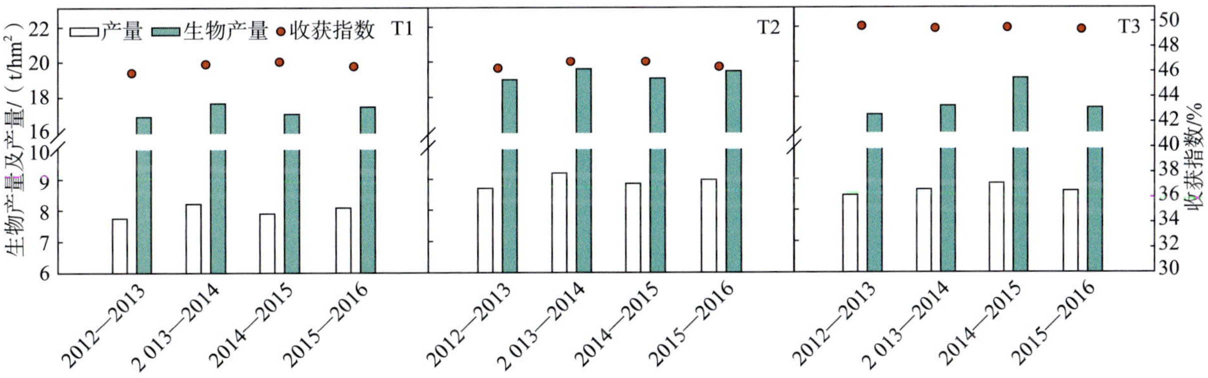

图 5-45 年际间冬小麦生物产量、产量及收获指数的比较

冬小麦不同生育季内的光、温、降水等生态因子的总量及各生育时期的分布均存在较大的变异。以适当“增密、降氮、延播”为核心技术构建的冬小麦高产高效群体,能有效应对年际间气候变化并实现稳产的关键是通过增加主茎成穗所占比例,并维持年际间变异较小的叶面积指数、光能截获率和截获量以及光合速率进而形成稳定的生物产量。

表 5-25 年际间生物产量、产量、收获指数的变异性分析

指标	处理	均值	极差	标准差	变异系数/%
生物产量/(t/hm²)	T1	17.27	0.74	0.36	2.08
	T2	19.25	0.66	0.31	1.61
	T3	17.34	0.42	0.19	1.10
产量/(t/hm²)	T1	8.01	0.46	0.20	3.10
	T2	8.95	0.43	0.18	2.02
	T3	8.56	0.30	0.08	0.90
收获指数/%	T1	46.38	0.86	0.37	0.80
	T2	46.47	0.65	0.31	0.67
	T3	49.39	0.18	0.12	0.25

5.2.7 综合农艺管理对夏玉米根系生理特性和养分利用效率的影响

为了获得更高的产量，黄淮海区域普遍存在过量施肥的情况，该地区平均氮效率仅 10%。更高的施氮量导致更低的氮效率，造成了资源浪费和环境污染。农艺措施首先作用于根系生长建成、时空分布和吸收性能等，进而影响产量形成。因此，迫切需要合适的农田管理措施和施肥策略，以促进根系生长和提高氮素利用效率和产量。本试验设置了综合农艺管理试验：农民习惯（CK，与当地农户种植管理方式一致）、高产高效处理（Opt-1，在 CK 的基础上增加种植密度，减少施氮量，优化施氮时期，延迟收获，以期初步提高产量和氮效率）、超高产处理（HY，在 Opt-1 的基础上提高种植密度，增加施氮量和磷钾肥比例，延后施氮时期，以期挖掘品种高产潜力）和再高产高效处理（Opt-2，在 HY 的基础上，降低施氮量，优化施氮时期，降低种植密度，以期协同提高产量和氮效率），研究了综合农艺管理对夏玉米根系生长发育特性及氮素利用效率的影响。

1. 养分利用效率

2013—2017 年，Opt-2 处理产量低于 HY，但较 CK 和 Opt-1 处理分别提高了 27.6%～37.9%和 19.2%～31.9%。CK 处理的产量显著低于其他处理（图 5-46）。Opt-2 处理的平均氮肥偏生产力分别比 CK 和 HY 高 62.0%和 125.2%，磷肥偏生产力表现相似趋势；Opt-2 处理的平均钾肥偏生产力较 CK 和 Opt-1 下降了 64.0%～66.8%，这可能是因为籽粒中积累的钾元素在相当程度上依赖营养器官中钾元素的活化和再分配，而其较低的干物质转运效率和贡献率在一定程度上阻滞了转运（表 5-26）。

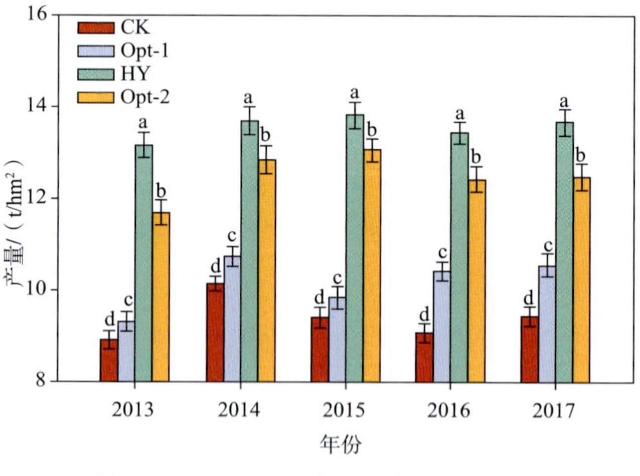

图 5-46 2013—2017 年夏玉米籽粒产量

因此，综合农艺管理优化了栽培措施和肥料运筹，增加了夏玉米干物质和氮、磷、钾养分积累量，实现了产量和效率协同提高。与传统种植模式相比，再优化模式减氮 18.0%，增产 27.6%～37.9%，氮、磷肥效率提高了 47.5%～67.6%，基本实现高产高效。但是，再优化模式在花后干物质转运和钾素利用效率方面有待进一步提升。

表 5-26　综合农艺管理对夏玉米氮、磷和钾偏生产力的影响　　kg/kg

指标	处理	年份					平均
		2013	2014	2015	2016	2017	
PEPN	CK	39.8±1.25c	45.2±1.16b	42.1±1.40c	40.5±1.40c	42.2±1.01b	42.0b
	Opt-1	58.4±1.22b	67.1±2.15a	61.7±1.75b	65.2±2.00a	66.0±1.56a	63.7a
	HY	29.3±1.32d	30.5±2.12c	30.8±1.87d	29.9±1.97c	30.4±1.05c	30.2c
	Opt-2	63.7±1.33a	70.0±2.33a	70.8±1.68a	67.6±1.33a	67.8±1.48a	68.0a
PFPP	CK	198.9±6.64b	226.0±7.94a	210.4±6.69b	202.7±6.67c	211.1±5.99c	209.8b
	Opt-1	208.4±6.49a	239.3±7.40a	220.0±7.78a	232.4±6.47a	235.6±6.79a	227.1a
	HY	87.9±6.24c	91.5±6.77b	92.3±6.17c	89.7±6.98d	91.3±7.56d	90.5c
	Opt-2	211.7±7.11a	232.8±8.50a	235.3±9.67a	224.7±9.30b	225.2±6.28b	225.9a
PFPK	CK	119.3±4.42a	135.6±3.75a	126.3±4.96a	121.6±3.73b	126.7±4.44b	125.9a
	Opt-1	125.1±4.35a	143.6±5.56a	132.0±5.36a	139.5±3.86a	141.3±4.39a	136.3a
	HY	43.9±2.00c	45.7±4.60c	46.2±4.13c	44.8±4.98d	45.7±6.03d	45.3c
	Opt-2	90.0±3.37b	99.0±3.95b	100.1±4.46b	95.6±3.65c	95.8±3.63c	96.1b

2. 根系干重

Opt-2 的单株根干重最高。在 V6、VT、R3 和 R6，Opt-2 根干重分别比 CK 高 45.1%、6.2%、17.7% 和 18.2%。从 R3 到 R6，CK、Otp-1、HY 和 Opt-2 的根干重分别降低了 14.8%、12.6%、10.0% 和 9.8%，即与其他处理相比，Opt-2 成熟期的根干重最大。施氮量显著影响根系干重，在抽雄期，N1、N2 和 N3 的根系干重分别比 N0 增加了 62.7%、87.8% 和 63.5%，N2 显著高于其他处理(图 5-47)。

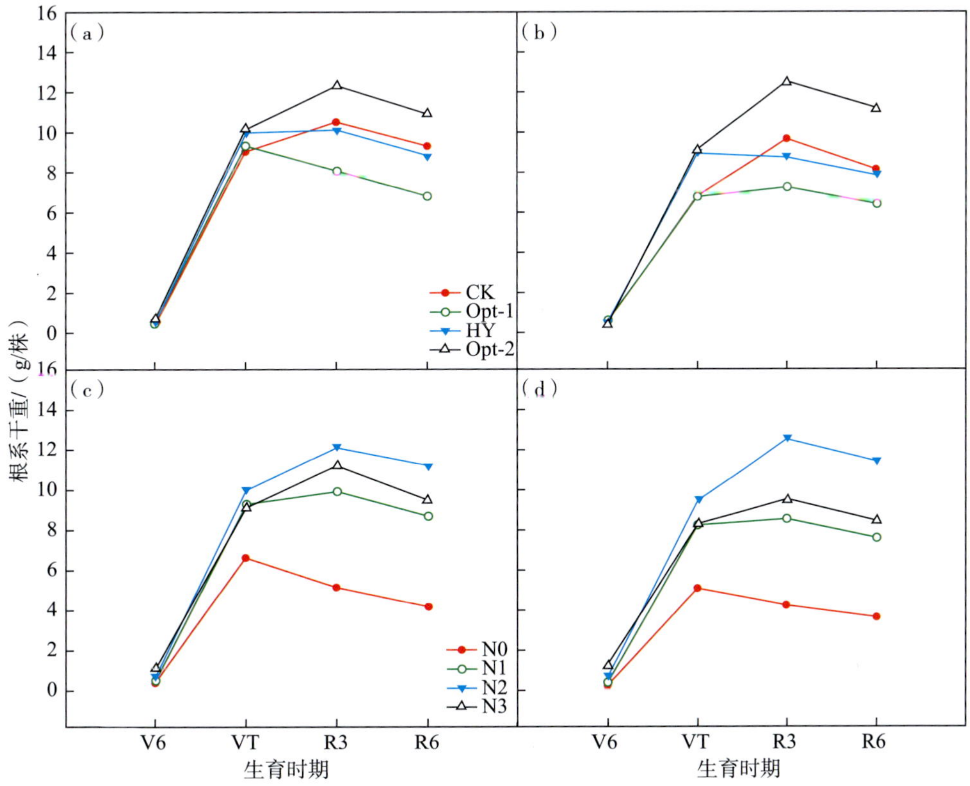

图 5-47　综合农艺管理对夏玉米根系干重的影响(Lit et al., 2017)

3. 根冠比

拔节期，CK 的根冠比显著高于其他处理。抽雄期，HY 和 Opt-2 根冠比分别比 CK 高 23.6%和 14.5%。拔节期，N0 的根冠比显著高于其他处理，但是在其他生育时期都显著低于其他处理。成熟期，N1、N2 和 N3 的根冠比分别比 N0 的高 15.4%、71.8%和 25.6%(图 5-48)。

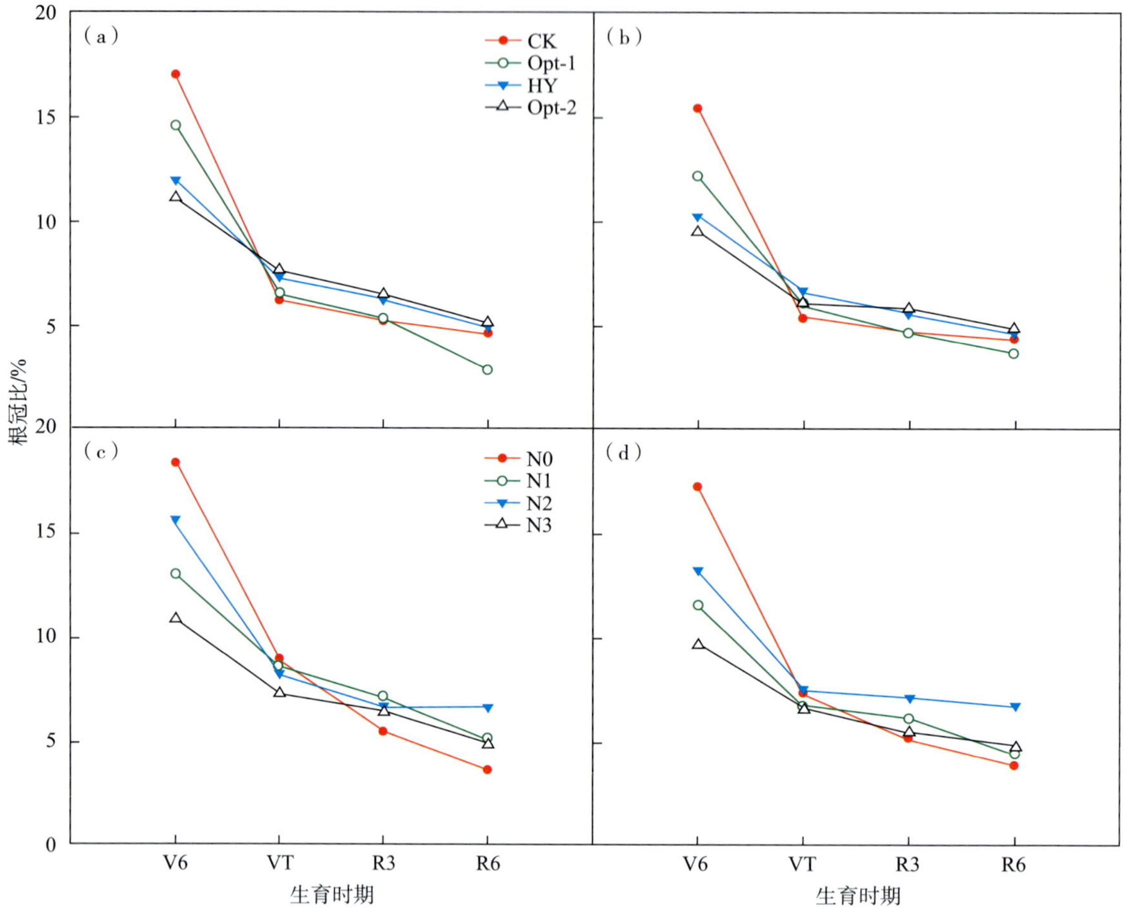

图 5-48　综合农艺管理对夏玉米根冠比的影响

4. 根系体积、表面积和根长密度

V6 时期，超过 98%的根系分布在 0～30 cm 土层。Opt-1、HY 和 Opt-2 处理的根系表面积、体积和根长密度显著高于 CK；VT 时期，Opt-1 的根表面积和根长密度最大。R3 和 R6 时期，Opt-2 的根表面积和体积最大，然后是 HY、Opt-1 和 CK(表 5-27)。

5. 单位叶面积的根干重、根长和根系吸收面积

拔节期，Opt-2 的根重/叶面积(图 5-49)、根长/叶面积(图 5-50)、根系吸收面积/叶面积(图 5-51)分别比 CK 高 27.9%、11.7%、24.4%；VT 时分别高 36.2%、15.6%、15.2%；R3 时分别高 29.9%、13.9%、47.3%；R6 时分别高 87.0%、83.9%、124.3%。乳熟期，N2 的根重/叶面积、根长/叶面积、根系吸收面积/叶面积分别比 N0 高 106.1%、114.6%、109.5%；R6 时分别高 193.3%、193.0%、159.0%。

表 5-27　综合农艺管理对夏玉米根表面积、根体积和根长密度的影响

土层/cm	处理	根表面积/(cm^2/株)				根体积/(cm^3/株)				根长密度/(mm/cm^3)			
		V6	VT	R3	R6	V6	VT	R3	R6	V6	VT	R3	R6
0～30	CK	64.51b	459.10c	396.09c	320.16c	6.25c	58.12b	63.23c	48.64c	0.129c	0.90b	0.71c	0.57c
	Opt-1	77.31a	595.49a	409.17c	335.15c	7.50b	56.68b	62.13c	46.74c	0.186b	1.72a	0.82c	0.71c
	HY	77.86a	503.68b	467.78b	400.56b	7.25b	70.87a	88.80b	62.76b	0.233a	1.42a	1.18b	1.02b
	Opt-2	83.78a	568.92a	642.97a	558.68a	10.90a	73.26a	96.34a	86.52a	0.216a	1.56a	1.34a	1.33a
	N0	48.72c	356.45c	246.55d	198.82d	3.95d	37.24b	32.80d	24.43d	0.121d	0.81b	0.51c	0.41c
	N1	61.31b	577.61a	496.22c	410.42c	6.55c	77.72a	54.77c	45.47c	0.158c	1.18a	1.03b	0.89b
	N2	129.28a	539.39ab	647.09a	559.93a	14.68a	78.52a	81.80a	68.64a	0.343a	1.30a	1.61a	1.40a
	N3	111.23a	468.74b	600.83b	492.32b	11.50b	71.26a	72.14b	60.75b	0.291b	1.13a	1.45b	1.00b
30～60	CK	1.78b	91.34a	174.97a	122.20a	0.30a	6.60a	6.63a	5.33a	0.006b	0.24a	0.52a	0.42a
	Opt-1	1.27c	82.42a	92.19c	66.05c	0.05b	4.20a	5.23b	3.80b	0.004c	0.29a	0.30b	0.25b
	HY	3.80a	59.70b	57.23d	41.63d	0.01c	4.20a	3.99c	2.18c	0.006b	0.28a	0.19b	0.16b
	Opt-2	3.54a	71.21ab	131.67b	93.38b	0.05b	5.10a	6.76a	4.75ab	0.012a	0.24a	0.48a	0.42a
	N0	0.00d	105.77a	47.69d	33.31d	0.00d	6.30b	2.99c	1.82c	0.000b	0.43a	0.15c	0.12d
	N1	0.37c	83.99b	85.60b	61.65b	0.05c	3.90c	3.12b	2.44b	0.001b	0.29b	0.34b	0.28b
	N2	3.42b	108.90a	127.33a	95.26a	0.25b	7.80a	6.33a	5.14a	0.011a	0.39a	0.41a	0.35a
	N3	3.89a	91.19ab	68.01c	49.58c	0.60a	6.30b	5.79a	2.76b	0.017a	0.31b	0.39a	0.16c
60～90	CK	—	46.42a	73.01a	53.78b	—	3.90a	4.24b	3.33a	—	0.12a	0.24a	0.18ab
	Opt-1	—	5.47b	38.29c	24.56c	—	0.90b	2.17c	1.27b	—	0.02b	0.10b	0.08b
	HY	—	4.38b	55.92b	35.58bc	—	0.60b	3.32c	1.69b	—	0.02b	0.20ab	0.16ab
	Opt-2	—	7.90b	78.62a	65.47a	—	0.90b	5.12a	3.74a	—	0.03b	0.27a	0.22a
	N0	—	117.46a	43.31c	26.75b	—	4.80a	2.12c	1.14c	—	0.38a	0.12c	0.09b
	N1	—	22.74c	87.05b	67.74a	—	1.50bc	3.44b	2.60b	—	0.08b	0.22b	0.18a
	N2	—	32.36b	104.32a	83.28a	—	3.00b	5.02a	3.90a	—	0.12b	0.37a	0.30a
	N3	—	4.30d	40.73c	22.40b	—	1.20c	2.29c	0.94c	—	0.02b	0.18c	0.07b

注：同一列同一土层内不同小写字母表示 $P<0.05$ 水平差异显著。

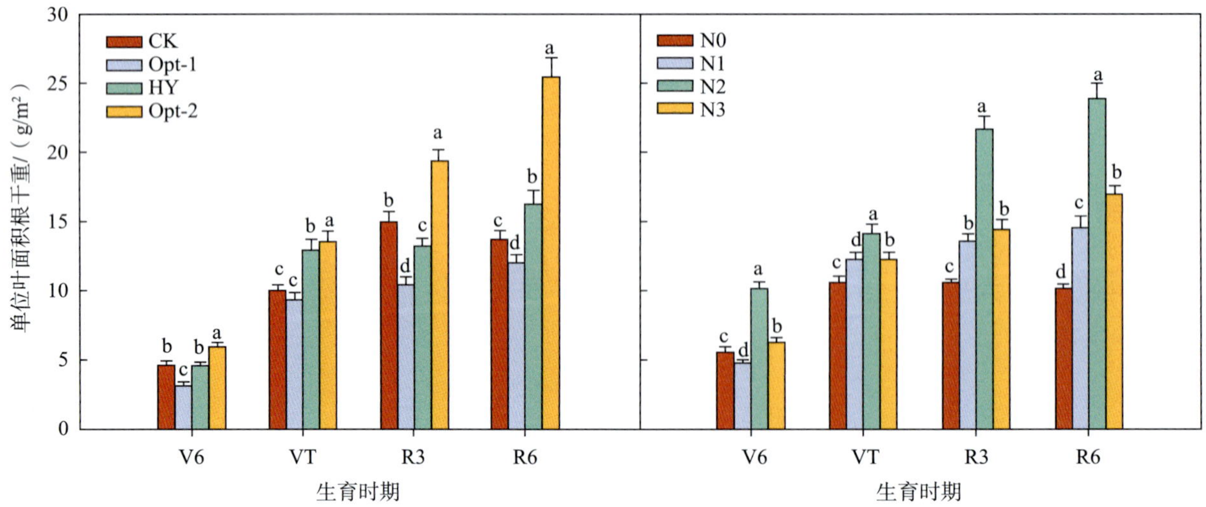

图 5-49　综合农艺管理对夏玉米单位叶面积的根干重的影响

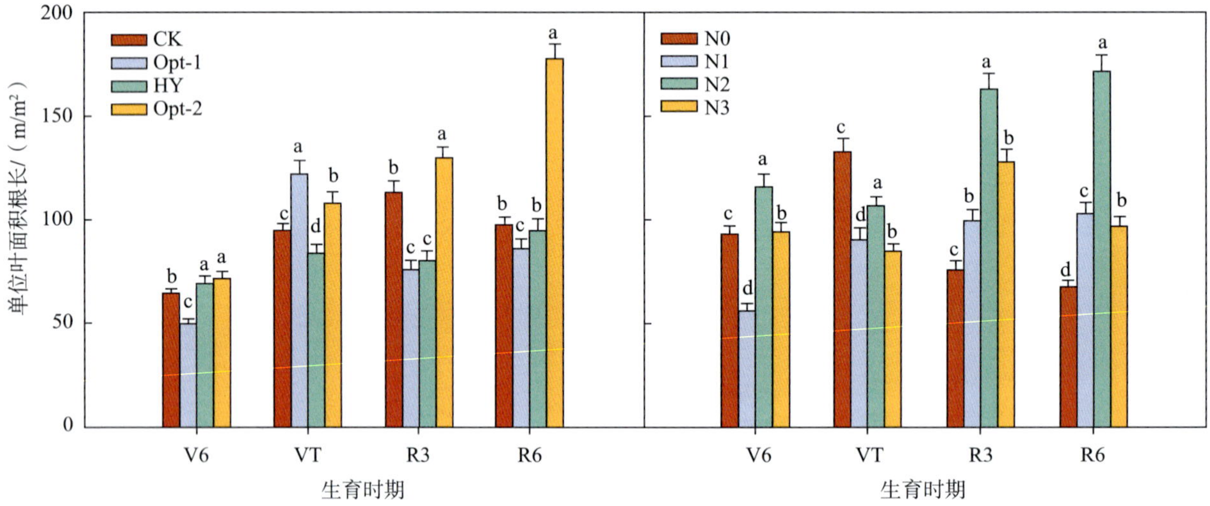

图 5-50　综合农艺管理对夏玉米单位叶面积的根长的影响

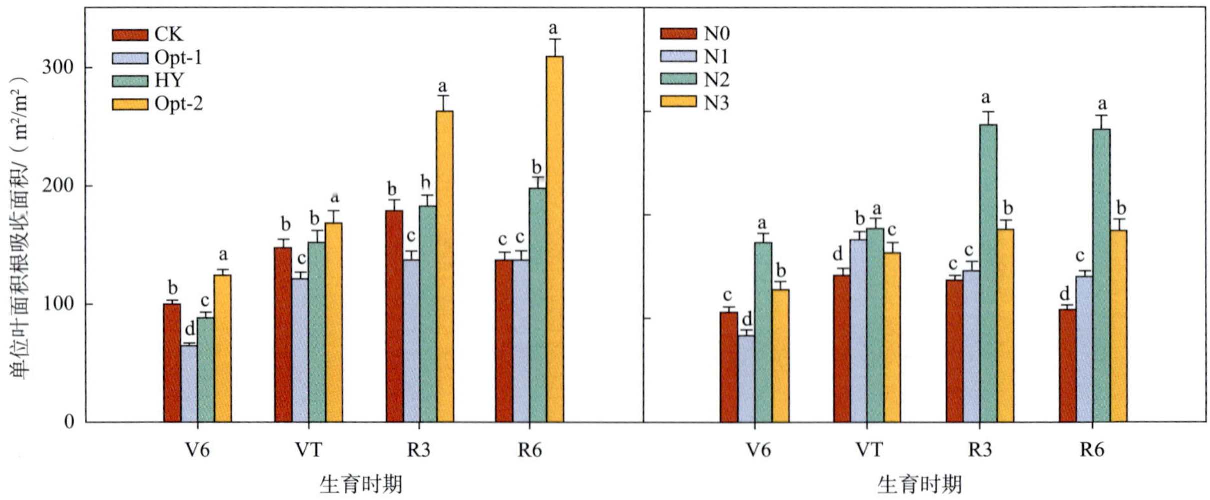

图 5-51　综合农艺管理对夏玉米单位叶面积的根系吸收面积的影响

5.2.8　施氮量对土壤理化特性的影响

施氮量超过作物吸收利用范围，冗余的氮肥通过硝化或反硝化作用流失，降低肥料利用效率，对农业可持续发展和土壤质量带来不利影响。因此，调整施氮量，配合其他农艺管理措施避免氮肥的不科学施用，对农业生态环境和高产高效生产非常必要。因此，本研究设置施氮量试验[0(N0)、129(N1)、165(N2)和 184.5(N3) kg N/hm^2]和恢复施氮处理(2012 年 N0 恢复 184.5 kg N/hm^2 的施氮量)，研究了施氮量对土壤理化特性的影响。

1. 土壤养分含量

2009 年试验开始前，地力均匀一致，各处理养分含量无显著差异。2012 年，与 N0 相比，N2 有机质含量增加 11%，全氮增加 5%，全钾和速效钾降低约 10%，全磷和速效磷无显著差异。2016 年，N0 的有机质、全氮和全磷分别比 N2 低 12%、5%和 7%，但是比 2009 年增加了 17%、33%和 6%(表 5-28)。

表 5-28　施氮量对土壤养分含量的影响

年份	处理	有机质/(g/kg)	全 N/(g/kg)	全 P/(g/kg)	全 K/(g/kg)	速效 P/(mg/kg)	速效 K/(mg/kg)
2009	N0	12.8a	0.83a	0.84a	18a	20a	126a
	N1	12.5a	0.84a	0.86a	18a	20a	125a
	N2	12.4a	0.82a	0.85a	19a	20a	126a
	N3	12.6a	0.83a	0.85a	19a	19a	126a
	RN	—	—	—	—	—	—
2012	N0	14.3b	0.95b	0.90a	21a	20a	141a
	N1	14.7b	0.97ab	0.93a	20a	20a	139a
	N2	15.9a	1.00a	0.91a	18b	20a	125b
	N3	14.8b	0.96b	0.91a	18b	20a	125b
	RN	14.3b	0.95b	0.92a	21a	20a	139a
2016	N0	15.0c	1.10b	0.89b	21a	21a	135a
	N1	15.9b	1.09b	0.87b	21a	21a	138a
	N2	17.0a	1.16a	0.96a	19c	20b	121b
	N3	16.0b	1.01c	0.96a	20b	22a	134a
	RN	17.2a	1.10b	0.91b	20b	22a	121b

注：同一列同一土层内不同小写字母表示 $P<0.05$ 水平差异显著。

2. 土壤硝态氮含量

与 N0 相比，N1、N2 和 N3 的 0～30 cm 土层硝态氮残留量分别增加了 130%、169%和 308%；30～60 cm 土层分别增加了 170%、339%和 478%；在 60～90 cm 土层分别增加了 107%、193%和 226%。N2 和 RN 间无显著差异。N0 的 60～90 cm 土层硝态氮残留量显著高于 30～60 cm 土层(图 5-52)。

3. 土壤容重

N0 和 N3 土壤容重显著高于其他处理，N2 和 RN 间无显著差异。随施氮量增加，表层平均土壤容重从 1.3 g/cm^3 逐渐上升到 1.4 g/cm^3。在 30～90 cm 土层，处理间土壤容重存在差异，但未达到显著水平(图 5-53)。

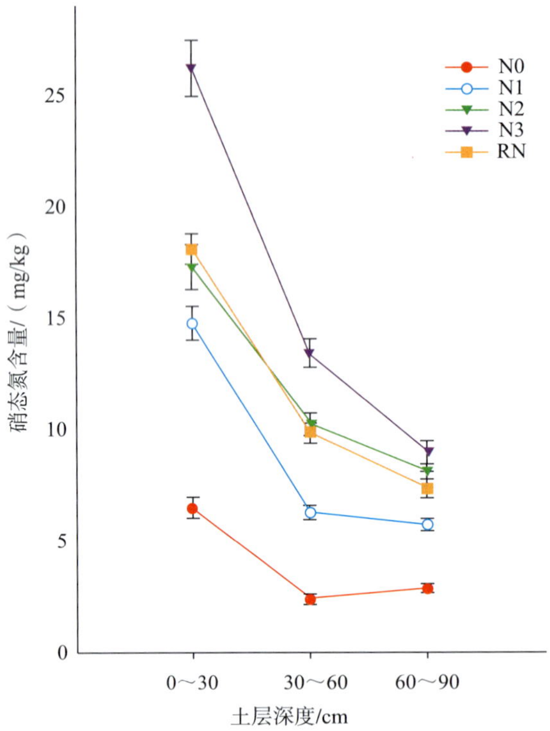

图 5-52　施氮量对土壤硝态氮含量的影响

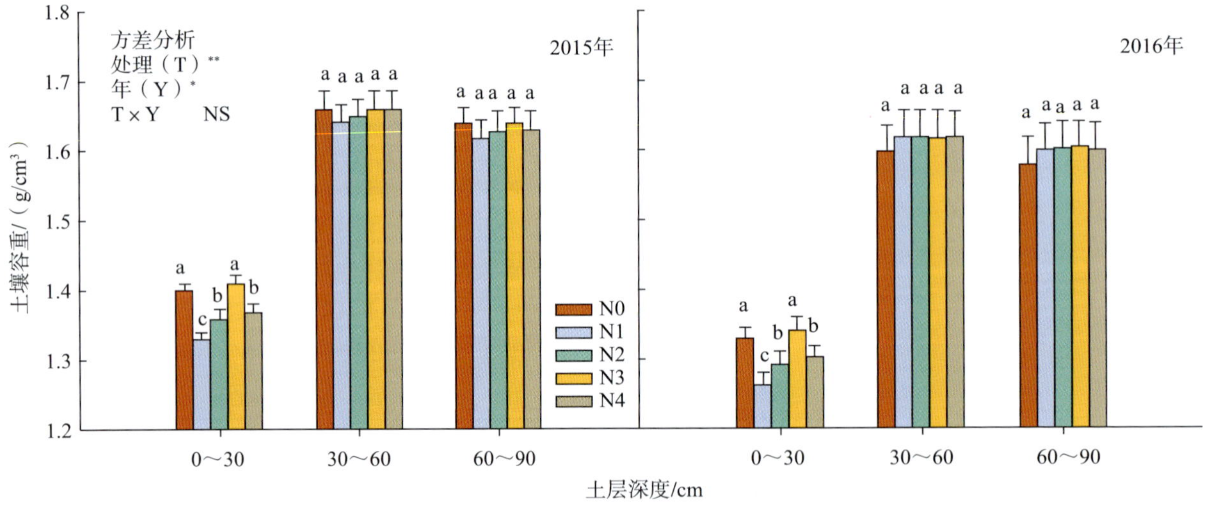

图 5-53　施氮对土壤容重的影响

4. 土壤水稳性团粒分布

施氮量显著影响 0～60 cm 土层的水稳性团粒质量分布。随施氮量增加，水稳性团粒质量分数逐渐上升，过量施氮导致其迅速降低，0～30 cm 和 30～60 cm 土层有相似的变化趋势。过量氮肥可能对土壤有机质分布产生消极影响，进而降低了水稳性团粒质量分数。60～90 cm 土层处理间存在差异，但未达到显著水平(图 5-54)。

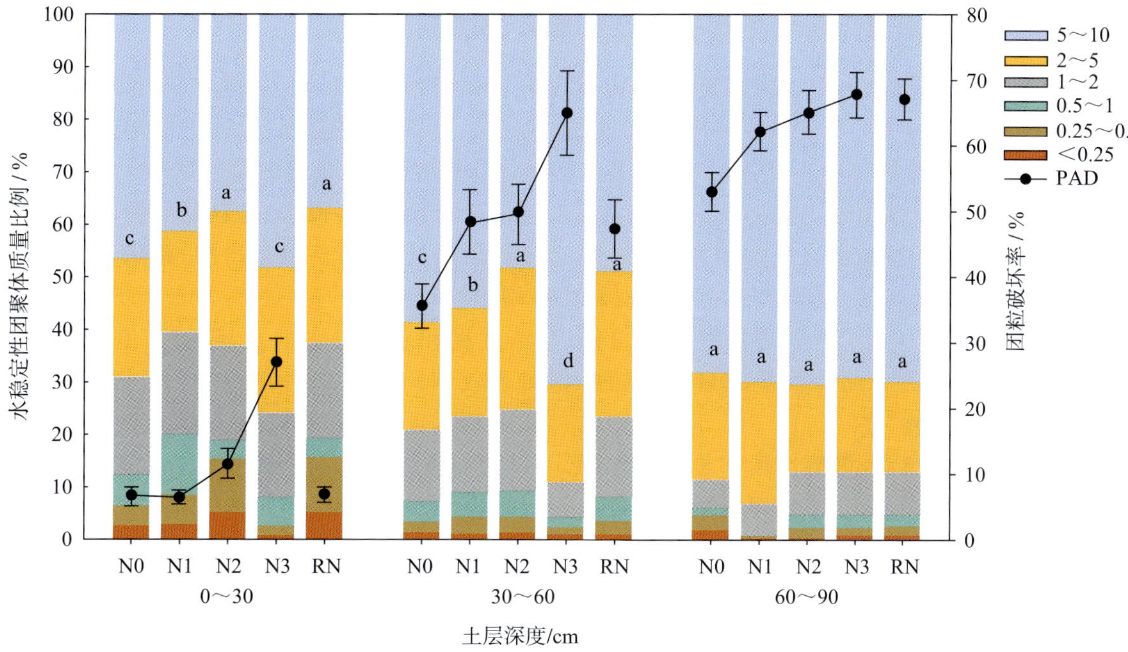

图 5-54　施氮量对土壤水稳性团粒分布的影响

5. 土壤脲酶活性

随生育进程土壤脲酶活性先上升后下降，随土层加深逐渐降低。0～30 cm 土层的脲酶活性随施氮量增加上升，过量施氮导致活性降低；在 30～60 cm 土层，N0 脲酶活性显著高于其他处理(表 5-29)。

表 5-29　施氮量对土壤脲酶活性的影响　　μg NH_3-N/(g·h)

土层深度/cm	处理	V6	VT	R6
0～30	N0	60c	64c	58c
	N1	74b	83b	74b
	N2	79a	87a	81a
	N3	51d	55d	50d
	RN	79a	87a	80a
30～60	N0	43a	48a	45a
	N1	40b	45b	41b
	N2	33c	37c	32c
	N3	32c	35c	33c
	RN	43a	47b	43a
60～90	N0	38a	38a	36a
	N1	37a	38a	37a
	N2	38a	40a	35b
	N3	38a	40a	38a
	RN	37a	40a	37a

注：同一列同一土层内不同小写字母表示 $P<0.05$ 水平差异显著。

5.2.9 施氮量对夏玉米籽粒灌浆特性和营养品质的影响

合理增施氮肥可有效提高夏玉米产量，同时也是改善玉米品质的重要途径。施氮量过低，灌浆速率下降，营养器官氮素向籽粒中的转运减少，籽粒干重降低，籽粒品质下降。施氮量过高可能导致玉米贪青晚熟，减少营养物质向籽粒的转运进而降低籽粒品质。因此，本试验设置 4 个施氮量[0(N0)、129(N1)、165(N2)和 184.5(N3) kg N/hm^2]处理，研究了施氮量对夏玉米籽粒灌浆特性和籽粒品质的影响。

不施氮处理玉米的籽粒灌浆受抑制，粒重减小，产量显著降低；随着施氮量增加，两品种的籽粒平均灌浆速率增加，粒重及产量显著增加，N1 处理较 N0 增产 16.44%～57.24%，N2 处理较 N0 增产 35.8%～65.1%(表 5-30)。N0 处理的籽粒粗蛋白、可溶性糖和总淀粉含量及其支/直值降低，粗脂肪含量增加；增施氮肥后籽粒品质改善，DH518 品种 N2 处理较 N0 和 N1 处理的粗蛋白、可溶性糖和总淀粉含量分别增加 32.5%、6.5%，19.9%、9.5%和 8.9%、5.2%，且支/直值升高；ZD958 品种 N2 处理较 N0 和 N1 处理的粗蛋白质、可溶性糖和总淀粉含量分别增加 16.9%、7.8%，30.5%、14.8% 和 11.5%、5.7%，支/直值升高；两品种 N2 处理的粗脂肪含量较 N0 和 N1 的降低 4.8%～12.3%。但是，过量施氮较 N2 处理夏玉米产量降低，籽粒品质下降。可见，合理施氮，可促进籽粒灌浆，增加粒重，提高产量，改善品质(表 5-31)。

表 5-30 施氮量对夏玉米籽粒灌浆的影响

年份	品种	处理	吐丝期	灌浆期有效积温/℃	百粒重/g	平均灌浆速率/(mg/℃)	籽粒最大含水率的百粒重/g	籽粒最大含水率到收获的灌浆速率(mg/℃)
第 1 年	DH518	N0	8/5	683.6	28.8c	42.1	9.21c	73.8
		N1	8/3	733.8	31.5b	42.9	12.02b	73.4
		N2	7/30	765.2	32.9a	43.0	12.38a	77.3
		N3	7/30	765.2	32.7a	42.7	12.16b	77.4
	ZD958	N0	8/6	672.3	31.0c	46.1	8.62c	84.4
		N1	8/4	683.6	31.7b	46.4	9.29b	84.5
		N2	8/3	699.7	33.7a	48.2	10.14a	88.8
		N3	8/3	699.7	33.5a	47.9	10.29a	87.5
第 2 年	DH518	N0	8/6	829.4	33.7c	40.6	11.12b	62.5
		N1	8/3	846.0	34.8b	41.1	11.98b	63.2
		N2	8/2	862.4	35.9a	41.6	12.54a	64.7
		N3	8/2	862.4	35.7a	41.4	12.44a	64.4
	ZD958	N0	8/8	754.5	33.8c	44.8	9.36b	67.7
		N1	8/5	771.7	34.9b	45.2	10.54a	67.5
		N2	8/4	785.9	35.8a	45.6	10.84a	69.1
		N3	8/4	785.9	35.6a	45.3	10.92a	68.3

表 5-31 籽粒含水量与籽粒品质的相关性分析

相关性分析	籽粒含水量	总淀粉含量	可溶性糖含量	粗脂肪含量
籽粒含水量	1			
总淀粉含量	−0.995**	1		
可溶性糖含量	−0.982*	0.988*	1	
粗脂肪含量	0.998**	−0.993**	−0.970*	1

注：表中数据后 ** 和 * 分别表示相关性达 1%和 5%显著水平。

5.2.10 土壤生产力持续提升关键技术研究

黄淮海地区农作物秸秆的理论产量约为 2.5 亿 t，冬小麦和夏玉米产生秸秆数量较多，占秸秆总量的 39%和 37%。作物秸秆中含有丰富的碳、氮、磷、钾等营养元素，因地制宜的秸秆还田措施能够改善土壤物理性状，提高土壤养分含量，增加作物产量。在黄淮海地区冬小麦-夏玉米轮作体系下，研究周年秸秆还田模式对土壤团聚结构、养分含量及作物产量的影响，有助于区域土壤生产力提升模式的科学构建和区域秸秆还田模式的合理优化。

1. 试验设计

试验地点位于山东省泰安市山东农业大学农学实验站，属温带大陆性半湿润季风气候区，年平均太阳辐射总量为 121.6 kcal/cm^2，年平均日照数为 2 627 h。年均气温为 12.9 ℃，年均≥0 ℃积温 4 731 ℃，≥10 ℃积温 4 213 ℃，无霜期 195 d。年均降水量为 697 mm，多集中于 7—9 月份，雨热同季。试验设置 4 个处理：双季秸秆不还田（NS）、小麦秸秆还田（WS）、玉米秸秆还田（MS）、双季秸秆还田（DS），采取随机区组设计。供试冬小麦品种为济麦 22，种植密度为 2.25×10^6 株/hm^2，行距 25 cm，于 2016 年 10 月 9 日、2017 年 10 月 8 日播种。各处理施肥量均为纯氮 225 kg/hm^2，耕地时施入 50%氮肥（尿素）、105 kg/hm^2 P_2O_5（过磷酸钙）和 105 kg/hm^2 K_2O（氯化钾），其余氮肥于拔节期开沟追施。供试夏玉米品种为郑单 958，种植密度为 6.75×10^4 株/hm^2，于 2017 年 6 月 11 日、2018 年 6 月 9 日播种，各处理施肥量均为纯氮 180 kg/hm^2、120 kg/hm^2 P_2O_5（过磷酸钙）和 96 kg/hm^2 K_2O（氯化钾），50%氮肥和全部磷、钾肥于播种前施入，其余氮肥于大喇叭口期追施。耕作方式为冬小麦季旋耕（10～12 cm），夏玉米季免耕。其他管理措施同高产田。还田秸秆均为上季作物残茬，小麦秸秆含氮量 4.75 g/kg，有机碳含量 313.44 g/kg，碳氮比为 66.04；玉米秸秆含氮量 7.57 g/kg，有机碳含量 363.77 g/kg，碳氮比为 48.05。

2. 秸秆还田调控土壤物理属性

（1）秸秆还田模式对土壤容重的影响

土壤容重是土壤重要的物理性状，能够有效地调控土壤水肥气热变化，是影响作物根系下扎和吸收养分的关键因素。与不还田处理相比，秸秆还田有效降低了 0～30 cm 土层土壤容重，两年分别降低 3.8%、2.5%、2.2%和 6.1%、4.3%、2.9%（图 5-55）。其中，以小麦玉米双季秸秆还田效果最为显著，两年分别平均降低 5.0%和 6.1%。

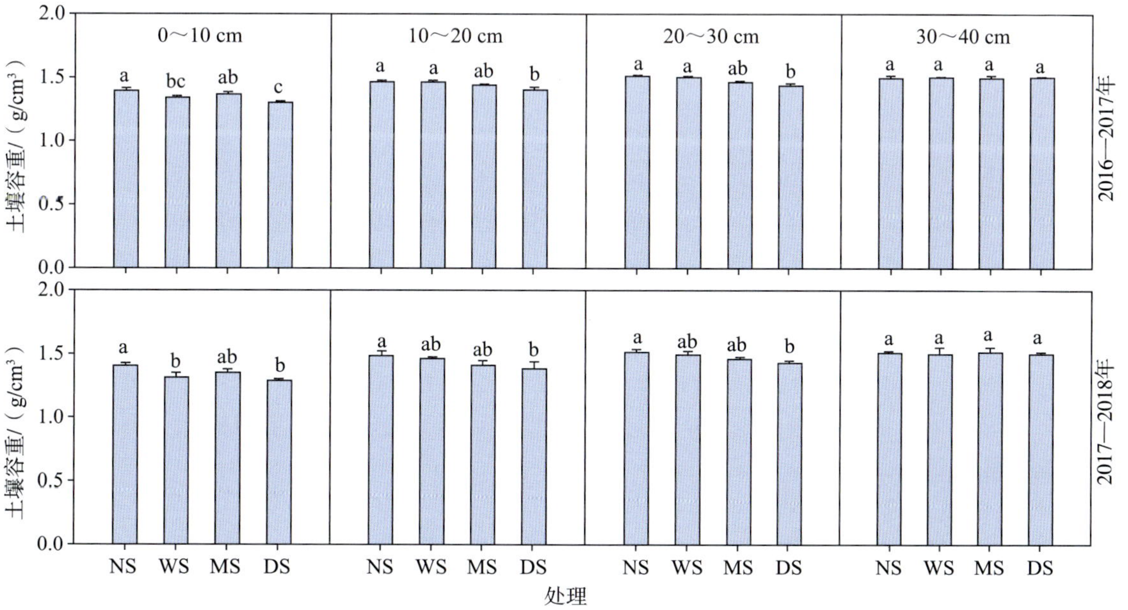

图 5-55　不同秸秆还田模式对 0～40 cm 土层土壤容重的影响

(2)秸秆还田模式对土壤团聚体分布的影响

与不还田相比,秸秆还田对土壤团聚体分布的影响主要表现为:大团聚体质量比例提高,微团聚体比例减少,两年规律表现一致(图5-56)。2016—2017年度试验中,在0~10 cm土层,各秸秆还田处理均提高>5 mm和1~0.5 mm粒级团聚体质量比例,分别平均提高121%和31%;在10~20 cm土层,>5 mm和5~2 mm粒级团聚体分别平均提高98%和27%;在20~30 cm土层中,5~2 mm、2~1 mm和1~0.5 mm粒级团聚体分别平均提高72%、49%和18%。同时,1~0.5 mm粒级团聚体在3个土层中分别平均占24.3%、26.5%和23.9%,显著高于其他粒级团聚体质量比例,为优势团粒结构。在30~40 cm土层中,两年试验中各处理间差异不显著。

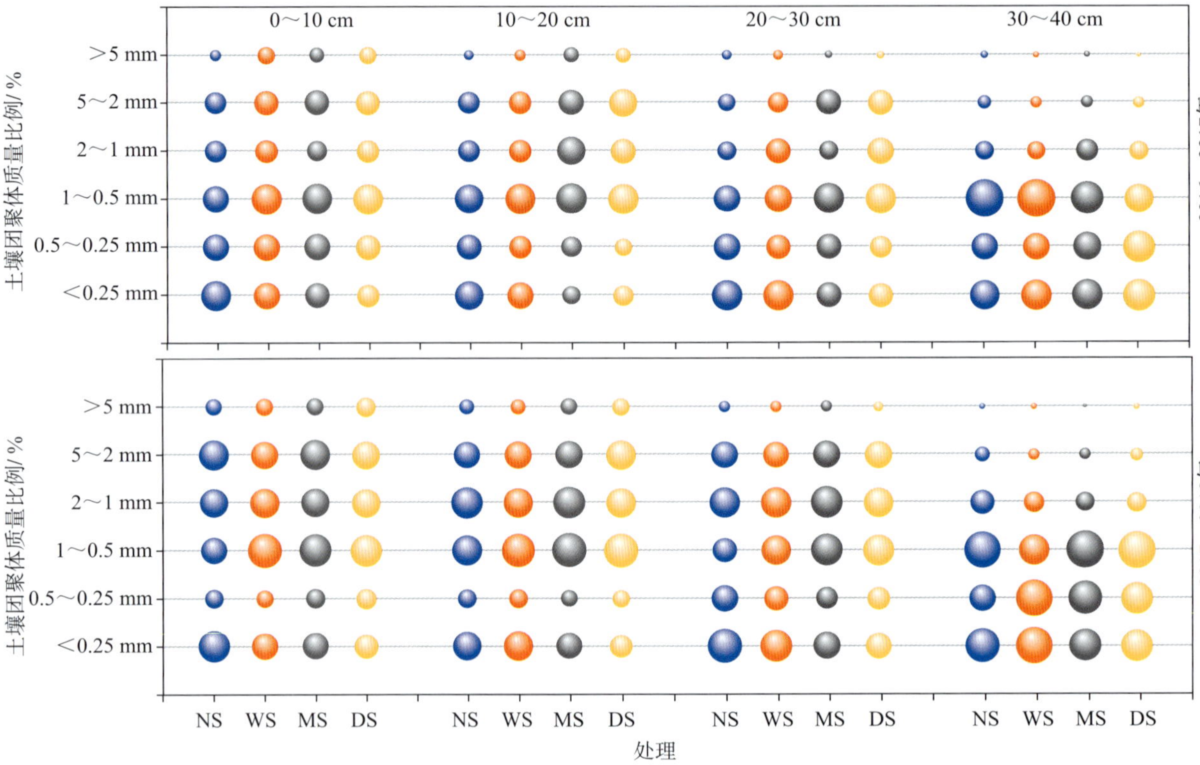

图5-56 不同秸秆还田模式对0~40 cm土壤团聚体分布的影响

3.秸秆还田调控土壤有机碳

(1)秸秆还田模式对土壤有机碳含量的影响

不同秸秆还田模式均显著提高了0~30 cm各土层中有机碳含量(SOC)(图5-57)。与NS相比,DS提升幅度最大,增幅为10.6%~35.8%;各秸秆还田处理SOC在不同土层表现出不同趋势,在0~10 cm土层,SOC表现为DS>WS>MS>NS;而在20~30 cm土层中则表现为DS>MS>WS>NS。30~40 cm土层中,各处理间SOC含量无显著性差异。从不同土壤层次来看,秸秆还田处理下0~10 cm和10~20 cm土层中有机碳含量显著高于20~30 cm和30~40 cm土层,说明秸秆还田主要促进表层有机碳积累。与2016—2017年度试验相比,2017—2018年试验结束后,不还田处理下0~30 cm土层土壤有机碳含量均呈下降趋势,而WS和MS处理则维持该土层土壤有机碳含量平衡,DS处理则提高了土壤有机碳含量。

(2)秸秆还田模式对土壤有机碳储量的影响

土壤有机碳储量是土壤中碳的总量,反映了土壤截留碳的能力。4个土层中,以10~20 cm土层中土壤有机碳储量最高,其他依次为0~10 cm、20~30 cm和30~40 cm(图5-58)。在2016—2017年度试验中,在0~40 cm各土层中,不同处理间土壤有机碳储量差异不显著,可能是由于还田年限较短造成

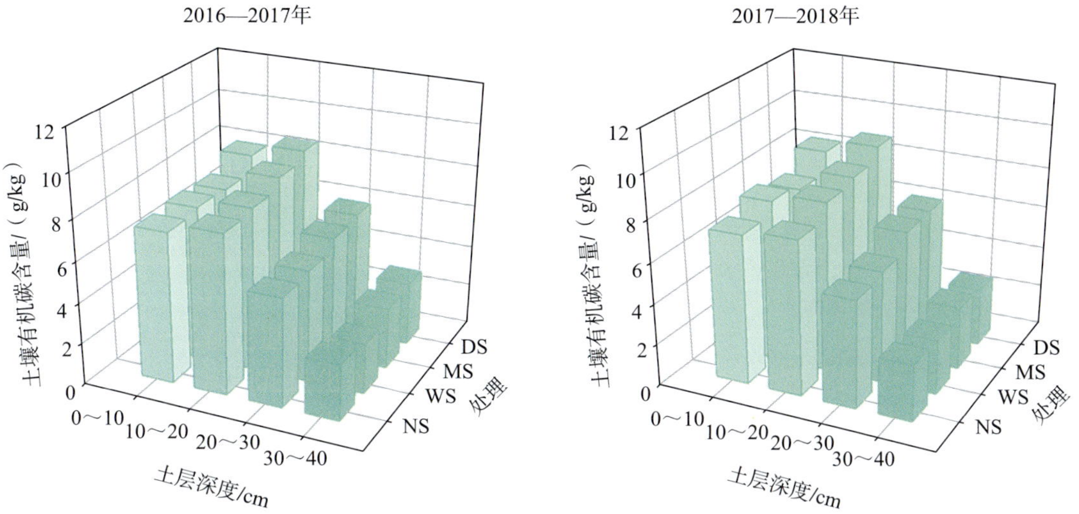

图 5-57　秸秆还田对 0～40 cm 土层土壤有机碳含量的影响

的。在 2017—2018 年度试验中，秸秆还田的年际效应得到了体现，与不还田相比，各还田处理均显著提高了 10～20 cm 和 20～30 cm 土层中土壤有机碳储量，有机物料的投入是有机碳储量提高的主要因素。在 10～20 cm 土层中，WS、MS 和 DS 处理有机碳储量分别提高 7.9%、12.0%和 19.5%；在 20～30 cm 土层中，3 种还田模式分别提高 21.9%、22.9%和 28.8%；在 0～10 cm 土层中，秸秆还田对土壤有机碳储量略有提升，但差异不显著；在 30～40 cm 土层中，各处理间差异不显著，说明秸秆还田没有影响到该层土壤有机碳储量。

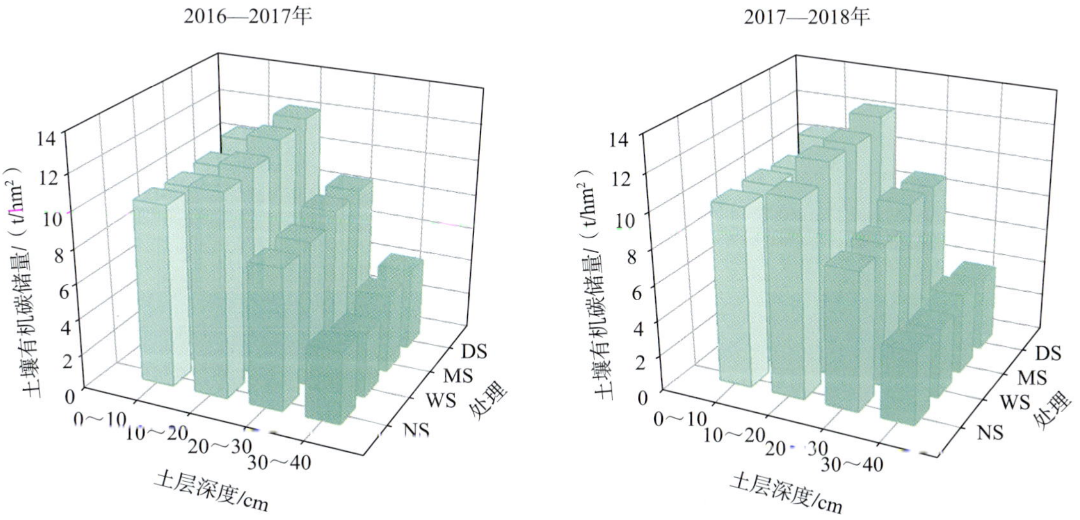

图 5-58　秸秆还田对 0～40 cm 土层土壤有机碳储量的影响

(3)秸秆还田模式对土壤团聚体有机碳含量的影响

0～40 cm 各土层中有机碳含量均随团聚体粒级的减小逐渐减少，两年试验表现一致(表 5-32)。10～20 cm 土层中各粒级团聚体有机碳含量最高，其他土层依次为 0～10 cm、20～30 cm、30～40 cm。与秸秆不还田处理相比，各秸秆还田处理对所有粒级团聚体中有机碳含量均有不同程度的提高；各处理效果总体表现为 DS＞MS＞WS，WS 处理下各粒级团聚体 SOC 含量平均分别提高 6.1%、11.6%、8.8%、6.8%、11.2%、6.0%；MS 处理下平均分别提高 9.4%、14.8%、14.6%、12.4%、18.1%、19.6%；DS 处理下平均分别提高 16.7%、16.9%、20.3%、19.5%、23.9%、25.1%。

表 5-32 不同秸秆还田模式对 0～40 cm 土层各粒级团聚体有机碳含量的影响

年份	土层深度/cm	处理	不同粒级团聚体有机碳含量/(g/kg)					
			>5 mm	5～2 mm	2～1 mm	1～0.5 mm	0.5～0.25 mm	0.25～0.053 mm
2016—2017	0～10	NS	6.45ab	5.59c	5.29c	4.96b	4.78b	4.50b
		WS	6.69ab	6.68ab	5.80b	5.68a	5.58ab	4.62b
		MS	6.99b	6.57b	6.16a	5.88a	5.78a	5.57a
		DS	7.54a	7.45a	6.16a	6.00a	5.77a	5.69a
	10～20	NS	6.51c	6.24a	5.88b	5.84b	5.03d	4.96c
		WS	6.96bc	6.49a	6.22b	6.17ab	5.98c	5.40bc
		MS	7.34ab	7.24a	6.91a	6.54ab	6.53b	5.55b
		DS	7.51a	7.30a	7.17a	6.89a	6.70a	6.29a
	20～30	NS	5.12b	4.76a	4.40b	4.09b	3.01b	2.57b
		WS	5.70b	5.09a	4.38b	4.17b	3.78ab	2.99b
		MS	6.06ab	5.52a	5.08a	4.50ab	4.24a	4.21a
		DS	6.81a	5.05a	5.00a	4.81a	4.58a	4.47a
	30～40	NS	—	2.40c	1.98b	1.95d	1.95b	1.53c
		WS	—	2.95b	2.90a	2.26c	2.01b	1.95b
		MS	—	3.04b	2.88a	2.82b	2.52ab	2.32a
		DS	—	3.28a	3.20a	3.15a	3.12a	2.59a
2017—2018	0～10	NS	6.30a	5.92b	5.88b	5.55a	5.53a	5.24a
		WS	6.76b	6.54ab	6.24ab	5.89a	5.92a	5.43a
		MS	6.56ab	6.42ab	5.92ab	5.58a	5.61a	5.25a
		DS	6.87a	6.71a	6.41a	6.03a	5.93a	5.43a
	10～20	NS	7.05a	6.19b	6.10b	5.93a	5.73a	5.43a
		WS	7.11a	6.59ab	6.44ab	6.13a	5.96a	5.67a
		MS	7.42ab	6.63ab	6.51ab	6.29a	5.96a	5.64a
		DS	7.77a	7.02a	6.92a	6.37a	5.95a	5.85a
	20～30	NS	4.92c	3.75a	3.72c	3.57c	3.34b	3.18a
		WS	5.36b	4.64a	4.02bc	3.79bc	3.58b	3.20a
		MS	5.40b	4.71a	4.48ab	4.03b	3.94ab	4.09a
		DS	5.93a	4.01a	4.94a	4.74a	4.53a	4.05a
	30～40	NS	—	2.50a	2.30b	2.18b	2.07a	1.96a
		WS	—	2.66a	2.61ab	2.27b	2.12a	1.87a
		MS	—	2.74a	2.80ab	2.71a	2.57a	2.51a
		DS	—	2.87a	2.93a	2.81a	2.38a	2.35a

(4)秸秆还田模式对土壤团聚体固碳能力的影响

各土层土壤固碳能力强弱顺序为:10～20 cm≈0～10 cm>20～30 cm>30～40 cm(图 5-59)。与不还田处理相比,秸秆还田显著提高了 0～30 cm 各土层土壤总固碳能力,第二年试验的提升效果显著高于第一年试验,平均分别提升 7.2%、8.7%和 21.4%。在 0～10 cm 土层,秸秆还田主要提高了>5 mm 和 1～0.5 mm 粒级土壤团聚体的固碳能力,平均分别提高为 0.22 g/kg 和 0.57 g/kg;其中 DS 处理效果最显著(图 5-60)。在 10～20 cm 土层,与不还田处理相比,>5 mm 和 5～2 mm 粒级团聚体固碳能力显著提高，平均分别提高 0.21 g/kg 和 0.39 g/kg。在 20～30 cm 土层，各秸秆还田处理则主要提高了 5～2 mm、2～1 mm 和 1～0.5 mm 粒级团聚体固碳能力，平均分别为 0.22 g/kg、0.27 g/kg 和 0.41 g/kg。但秸秆还田降低了 0～30 cm 土层中 0.5～0.25 mm 和＜0.25 mm 粒级团聚体固碳能力，平均分别降低 0.05 g/kg 和 0.63 g/kg。总体来看，DS 处理下土壤固碳能力增幅最大，说明双季秸秆还田最利于土壤有机碳的固定。

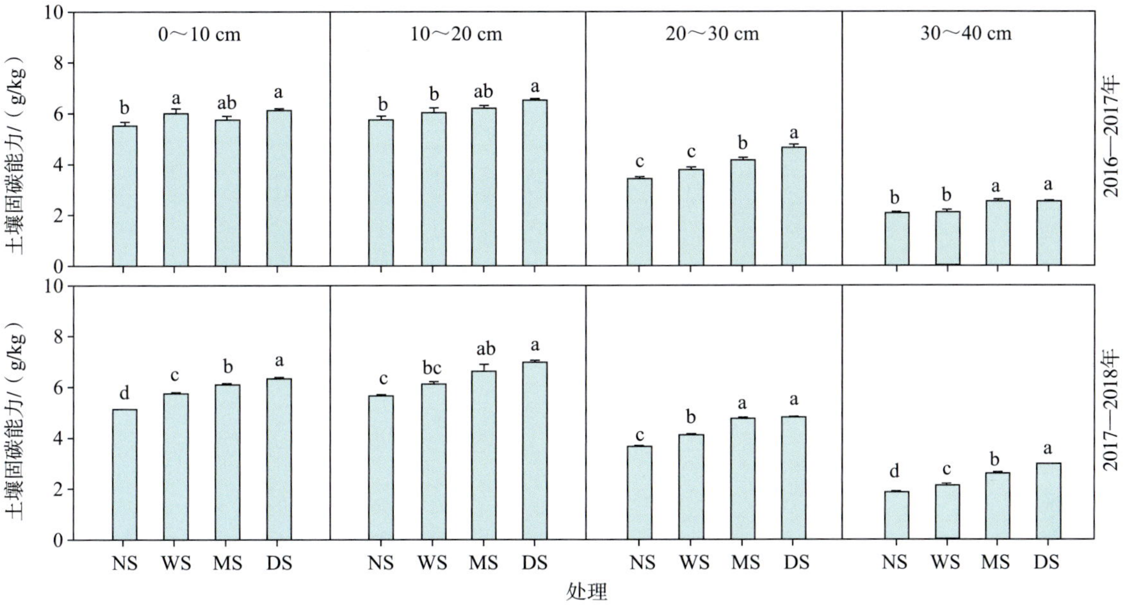

图 5-59　不同秸秆还田模式对土层深度 0～40 cm 土壤总固碳能力的影响

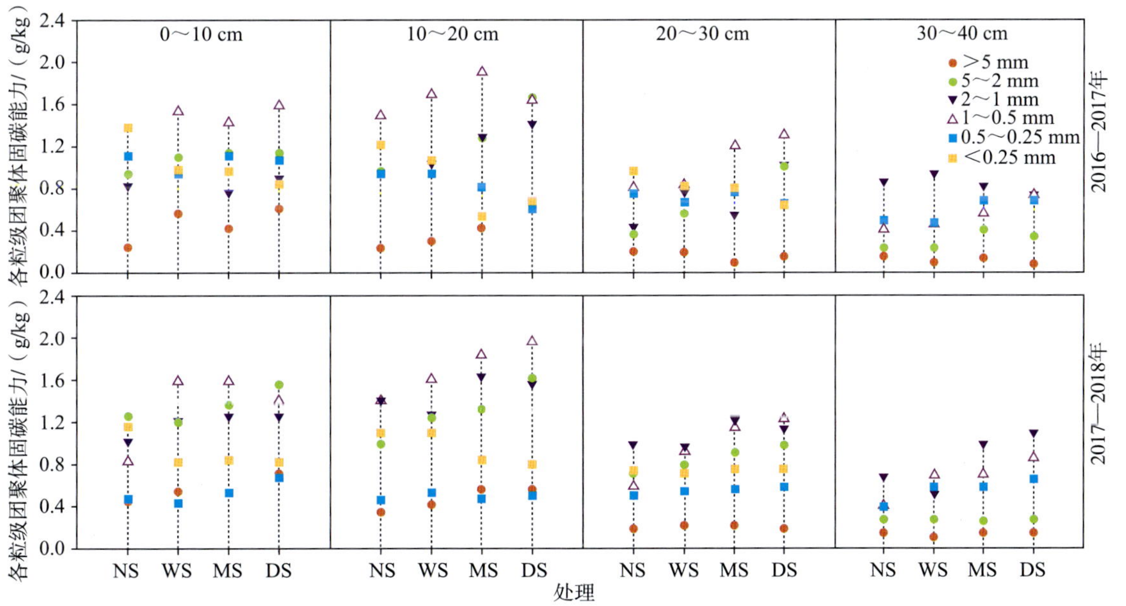

图 5-60　不同秸秆还田模式对土层深度 0～40 cm 各粒级团聚体固碳能力的影响

4. 秸秆还田调控土壤氮磷钾营养

(1)秸秆还田模式对土壤全氮含量的影响

土壤全氮是土壤中所有形态氮素的总称，是衡量土壤肥力水平的重要指标之一。土壤全氮含量随土层加深呈逐渐降低的趋势，两年结果表现一致（图 5-61）。与 NS 相比，WS、MS 和 DS 处理在两年试验中均显著提高耕层(0～20 cm)土壤全氮含量,各处理两年分别平均增加 16.8%、20.8%和 42.6%。在 20～40 cm 土层中,各处理间差异不显著,说明秸秆腐解释放养分主要集中在表层,对更深层土壤作用不明显。与第一年试验相比,不还田处理下 0～20 cm 土层中全氮含量呈下降趋势,而秸秆还田处理下土壤全氮含量则稳中有升;20～30 cm 和 30～40 cm 土层中土壤全氮含量均呈现下降趋势,说明秸秆还田能有效地维持并持续提高耕层土壤全氮含量,利于土壤养分的恢复。

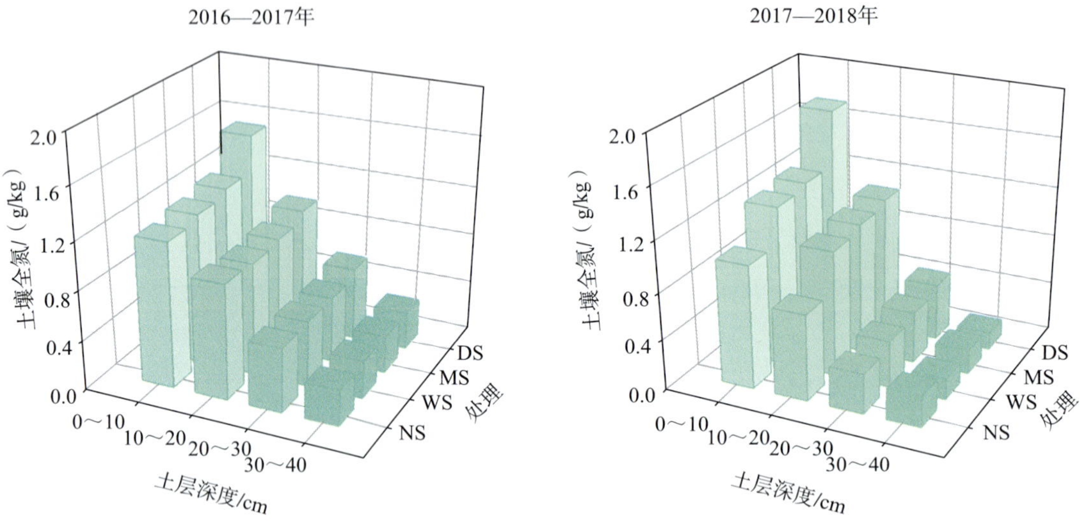

图 5-61　不同秸秆还田模式对 0～40 cm 土层土壤全氮含量的影响

(2)秸秆还田模式对土壤速效磷含量的影响

两年的试验结果表明,速效磷含量随土层的加深呈显著降低的趋势(图 5-62)。在 2017—2018 年度试验,0～10 cm 土层中,WS、MS 和 DS 处理显著提高了土壤速效磷含量,10～20 cm 土层中也有小幅度提升。2016—2017 年度试验各土层以及 2017—2018 年度 20～40 cm 土层中各处理间差异不显著。与第一年试验相比,第二年试验结束后土壤速效磷含量变化不明显,说明无论还田与否,土壤速效磷在土壤中均能维持一定的含量。

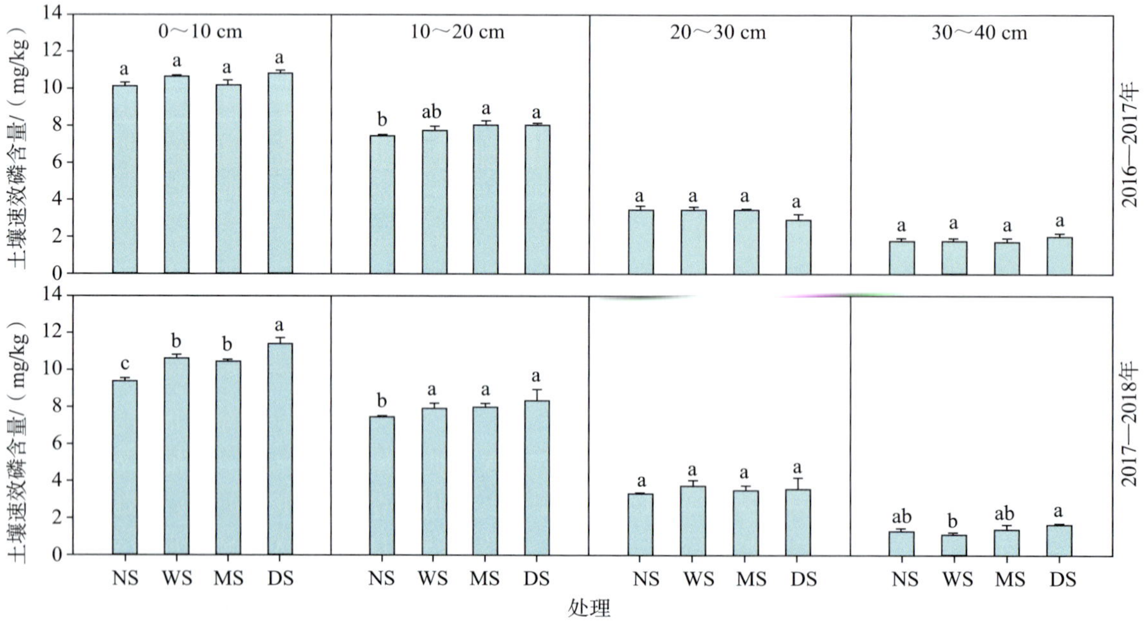

图 5-62　不同秸秆还田模式对 0～40 cm 土层土壤速效磷含量的影响

(3)秸秆还田模式对土壤速效钾含量的影响

土壤速效钾含量随土层加深呈显著降低趋势,两年规律表现一致(图 5-63)。秸秆还田对土壤速效钾含量的影响主要集中在 0～20 cm 土层,WS、MS 和 DS 处理两年分别平均提升 11.6%、17.7%和 28.2%。随试验年限的推移,不还田处理下土壤速效钾含量呈持续下降趋势,秸秆还田则有效地提升了 0～20 cm 土层中土壤速效钾含量,说明土壤速效钾受秸秆还田的影响具有年际效应,年际越长,效果越显著。在 20～40 cm 土层中,各处理间土壤速效钾含量差异不显著,说明秸秆还田对该层土壤速效钾影响不大。

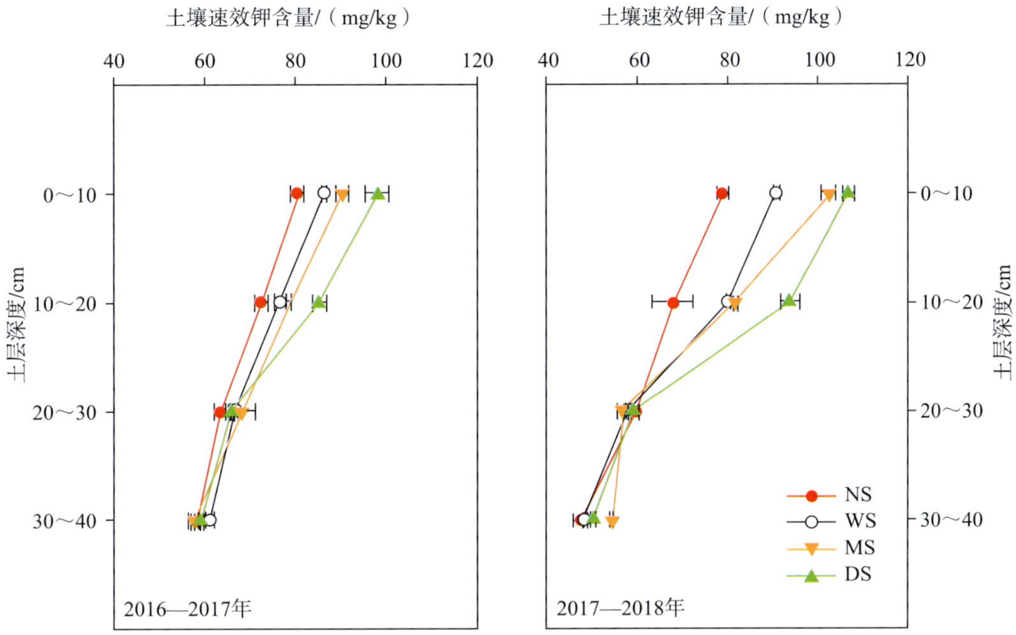

图 5-63　不同秸秆还田模式对 0～40 cm 土层土壤速效钾含量的影响

(4)土壤养分含量变化

与试验开始前相比,不还田处理的土壤全氮、速效钾、有机碳含量逐年降低,均低于基础地力值,两年平均减少 15.1%、8.3%和 2.6%(图 5-64)。两种单季还田模式均能够有效地维持土壤养分的原有水平,并且随还田年限的延长缓慢提高,具体表现为 MS 处理效果优于 WS 处理,WS 处理下第一年土壤全氮降低 4.6%,速效钾降低 0.3%,有机碳提高 0.2%,第二年分别提高 0.6%、4.7%和 4.7%;MS 处理下第一年提高－0.8%、4,4%和－0.9%,第二年分别提高 3.6%、17.8%和－0.3%。DS 处理则最为显著提高了土壤各养分含量,两年平均分别提高土壤全氮 29.6%、速效钾 18.1%、有机碳 11.2%,说明双季还田模式最利于土壤养分的恢复。

与 2016—2017 年相比,各处理下 20～40 cm 土层中土壤全氮、速效钾含量均呈降低趋势,说明秸秆还田没有对深层土壤全氮、速效钾起到良好的补充作用;在 20～30 cm 土层中,DS 和 MS 处理下土壤有机碳含量得到小幅度提升;在 30～40 cm 土层中,各处理均能维持有机碳原有水平(图 5-65)。

5. 秸秆还田调控周年产量及其构成因素

秸秆还田显著提高了冬小麦、夏玉米的籽粒产量(表 5-33),两年规律表现一致,虽然 2017—2018 年小麦产量整体下降,但秸秆还田对产量的提升作用依然显著。与秸秆不还田相比,秸秆还田显著提高了冬小麦籽粒产量,两年试验规律表现一致,平均提升 11.1%,其增产的主要贡献来自有效穗数(7.2%,$P<0.05$)和穗粒数(6.4%,$P<0.05$)的显著提高;夏玉米产量对秸秆还田响应显著,两年平均提升 7.4%,从产量构成因素来看,穗粒数(9.9%,$P<0.05$)的提高是其增产的主要原因。

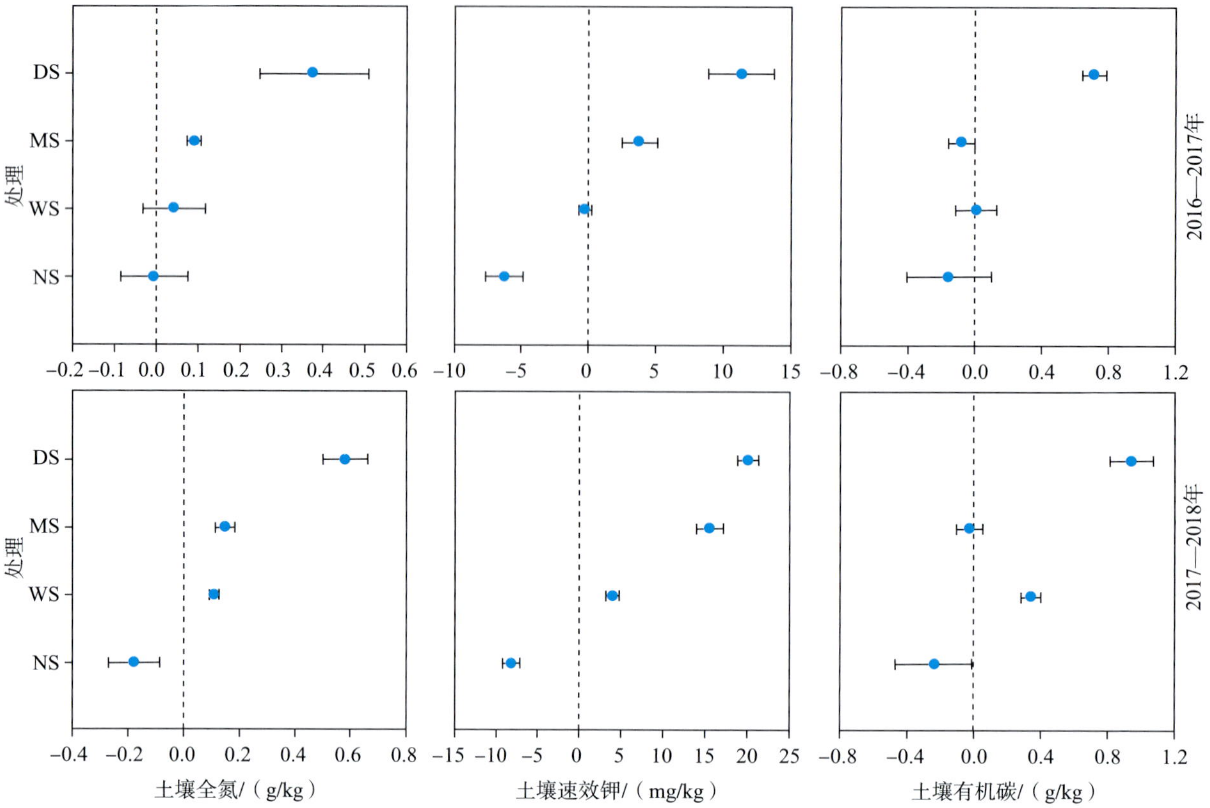

图 5-64 耕层土壤养分含量变化(与试验开始前相比)

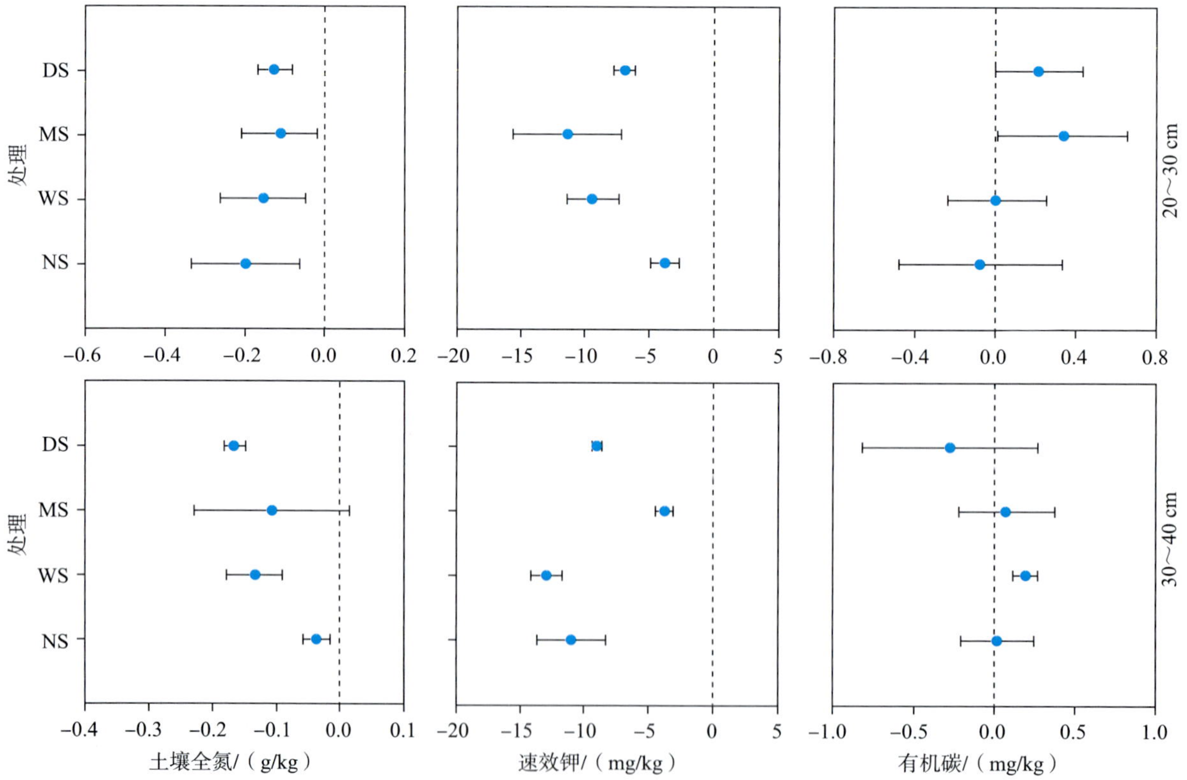

图 5-65 深层 20～40 cm 土壤养分含量变化

表 5-33　不同秸秆还田模式对冬小麦和夏玉米产量的影响

作物类型	年份	处理	公顷穗数/(小麦×10^4，玉米×10^2)	穗粒数	千粒重(小麦)，百粒重(玉米)/g	产量/(kg/hm^2)
冬小麦	2016—2017	NS	668b	36.27b	42.37a	8 302.20b
		WS	642b	36.39b	42.97a	8 610.80b
		MS	705a	37.6a	43.16a	9 902.50a
		DS	735a	37.69a	44.08a	10 340.80a
	2017—2018	NS	588c	34.03c	40.62a	7 186.20c
		WS	621b	37.34b	40.38a	7 303.93c
		MS	667a	37.31b	40.37a	7 696.10b
		DS	671a	37.92a	40.42a	7 759.90a
夏玉米	2016—2017	NS	675a	471.82b	30.92a	9 257.65b
		WS	675a	518.16a	31.46a	9 975.31ab
		MS	675a	462.54b	32.38a	9 763.41ab
		DS	675a	513.26a	31.84a	10 491.05a
	2017—2018	NS	675a	434.24c	31.70a	9 505.57b
		WS	675a	503.86ab	31.34a	9 897.48ab
		MS	675a	466.39bc	32.35a	9 729.75ab
		DS	675a	523.04a	31.75a	10 622.24a

综上所述，秸秆还田显著改善 0～30 cm 土层土壤物理性状，构造适宜作物生长的土壤结构。2 个周年的试验中，与秸秆未还田处理相比，双季秸秆还田模式最利于降低土壤容重(3.2%～8.5%)；同时，提高土壤大团聚体质量比例，减小微团聚体含量，优化土壤团粒分布并增强其稳定性。秸秆还田优化耕层(0～20 cm)土壤养分分布。与未还田处理相比，双季秸秆还田模式最显著提高了土壤有机碳(10.6%～38.5%)、全氮(7.5%～76%)和速效钾(17.5%～38.4%)含量，为作物生长提供充足的营养；速效磷含量变化不显著可能与秸秆还田年限较短有关。秸秆还田增强土壤固碳能力(10.0%～35.1%)，保证农田土壤的可持续发展。同时，各粒级团聚体有机碳含量均有不同程度的提升，土壤碳的固持能力进一步增强。秸秆还田利于作物增产。冬小麦、夏玉米籽粒产量对双季还田模式响应最显著，两个周年的生产中，与不还田处理相比，冬小麦产量提高 11.1%，夏玉米产量提高 7.7%。

5.2.11　综合农艺管理对冬小麦-夏玉米周年产量和氮效率的影响

设置综合农艺管理试验(MT)和施氮量试验(NT)，研究了综合农艺管理对冬小麦-夏玉米周年产量和氮效率的影响。综合农艺管理试验将播期、收获期、种植密度、肥料施用量和施用时期进行系统性组合，设置 4 个试验处理。传统栽培处理(T1)：与当地农户种植管理方式一致。高产高效处理(T2)：增加密度，减少传统栽培处理的施氮量，优化施氮时期，延迟夏玉米收获时间和冬小麦播种时间，以期初步提高产量和氮效率。超高产处理(T3)：在 T2 的基础上提高种植密度，增加施氮量和磷钾肥比例，延后夏玉米施氮时期，提高冬小麦追氮比例，以期挖掘品种高产潜力。再高产高效处理(T4)：在 T3 的基础上，降低施氮量，优化施氮时期，夏玉米降低种植密度，冬小麦提高播种量进一步延迟播期，以期协同提高产量和氮效率，实现高产和高效。每处理 4 次重复，小区面积为 240 m^2，随机区组设计。具体栽培管理和肥料运筹见表 5-34。在综合农艺管理试验的基础上另设裂区试验，冬小麦-夏玉米周年均不施氮(WM-N0)、冬小麦不施氮(W-N0)、夏玉米不施氮(M-N0)，小区面积为 60 m^2。

表 5-34　综合农艺管理试验的栽培方式

处理		耕作方式	种植密度	播期	收获期	肥料施用量及使用时期/(kg/hm²)				
			/(×10⁴粒/hm²)	(月/日)	(月/日)	肥料	播前	拔节	抽雄期	抽雄后1周
T1	冬小麦	播前旋耕	225	10/5	6/12	N	157.5	157.5		
						P	120			
						K	30			
	夏玉米	直播	6	6/15	9/20	N		225		
						P		45		
						K		75		
T2	冬小麦	秸秆还田;播前旋耕	300	10/8	6/12	N	96	144		
						P	150			
						K	75			
	夏玉米	秸秆还田;播前旋耕	6.75	6/15	10/1	N	45	115.5		
						P	45			
						K	45	30		
T3	冬小麦	秸秆还田;播前旋耕	375	10/8	6/12	N	94.5	220.5		
						P	180			
						K	120			
	夏玉米	秸秆还田;播前旋耕	8.7	6/15	10/1	N		135	225	90
						P	60	90		
						K	150	150		
T4	冬小麦	秸秆还田;播前旋耕	450	10/12	6/12	N	72	168		
						P	150			
						K	72	48		
	夏玉米	秸秆还田;播前旋耕	7.5	6/15	10/1	N	30	90	64.5	
						P	30	25.5		
						K	30	70.5	30	

注:玉米播前 T3 基施 $ZnSO_4$ 30 kg/hm²;小麦播前 T3 基施 $ZnSO_4$ 30 kg/hm²,T4 基施 $ZnSO_4$ 15 kg/hm²。

1.冬小麦-夏玉米周年产量及其构成因素

由表 5-35 和表 5-36 可知,综合农艺管理对冬小麦-夏玉米周年产量有显著影响。与 T1 相比,T2、T3 和 T4 处理冬小麦产量分别提高了 27.2%、52.8%和 40.9%,夏玉米产量分别提高了 15.9%、41.1%和 29.2%,周年总产量分别提高了 20.3%、45.7%和 33.7%。从产量构成来看,公顷穗数、穗粒数和千粒重对产量提升均有贡献,T3 和 T4 获得高产则以公顷穗数贡献最大。

冬小麦当季不施氮肥(W-N0)T1、T2、T3 和 T4 产量分别较 CK 降低了 18.2%、19.6%、13.9%和 12.6%。夏玉米当季不施氮肥(M-N0)T1、T2、T3 和 T4 产量分别较 CK 降低了 13.8%、14.7%、10.9%和 13.5%。但与周年均不施氮(WM-N0)相比,W-N0 各处理仍分别增加了 6.7%、36.6%、85.9%和 81.5%,M-N0 各处理仍分别增加了 11.2%、15.9%、20.8%和 22.0%。从周年产量来看,W-N0 各处理较 CK 分别降低了 6.9%、12.3%、7.1%和 8.9%,较周年均不施氮处理分别增加了 20.8%、29.9%、48.5%和 47.7%;M-N0 各处理较 CK 分别降低了 8.5%、8.8%、6.4%和 7.9%,较周年均不施氮处理分别增加了 18.6%、35.0%、49.6%和 49.6%。

表 5-35　综合农艺管理和氮肥运筹对冬小麦-夏玉米周年产量的影响

处理		2013 年			2014 年		
		冬小麦	夏玉米	总计	冬小麦	夏玉米	总计
CK	T1	5.51d	8.95de	14.45ef	6.63d	10.17cde	16.80cd
	T2	7.17c	10.38c	17.55c	8.24c	11.77b	20.02b
	T3	8.81a	13.18a	21.99a	9.66a	13.72a	23.38a
	T4	8.04b	11.75b	19.79b	9.01b	12.92a	21.92a
W-N0	T1	4.62e	8.99de	13.61fgh	5.27e	10.21cde	15.47de
	T2	5.72d	9.62cd	15.34de	6.68d	10.95bcd	17.63c
	T3	7.23c	12.91a	20.14b	8.71bc	13.35a	22.05a
	T4	6.79c	11.26b	18.05c	8.14c	11.79b	19.93b
M-N0	T1	5.51d	8.02fg	13.81fgh	6.60d	8.43f	15.03e
	T2	7.17c	8.90def	16.08d	8.21c	9.99de	18.20c
	T3	8.81a	11.50b	20.31b	9.70a	13.24a	22.94a
	T4	8.04b	10.23c	18.27c	9.06ab	11.11bc	20.17b
WM-N0	T1	4.28ef	7.39g	11.67i	5.00ef	7.40g	12.39g
	T2	4.22ef	8.00fg	12.22hi	4.86efg	8.29fg	13.15fg
	T3	4.08ef	9.93c	14.01efg	4.48fg	9.92e	14.40ef
	T4	3.97f	8.65ef	12.62ghi	4.24g	8.84f	13.08fg

注:同列数据后不同小写字母表示品种间差异达 5%显著水平,下同。

表 5-36　综合农艺管理对冬小麦-夏玉米周年产量及其构成的影响

处理		冬小麦				夏玉米			
		公顷穗数	穗粒数	千粒重/g	籽粒产量/(t/hm²)	公顷穗数	穗粒数	千粒重/g	籽粒产量/(t/hm²)
第 1 年	T1	513.6	31.3	34.3	5.51	56 486.0	522.5	303.2	8.95
	T2	571.2	33.6	37.4	7.17	62 350.7	546.6	304.6	10.38
	T3	610.0	35.6	40.6	8.81	75 709.4	572.4	304.2	13.18
	T4	581.0	34.6	40.1	8.04	69 273.0	555.6	305.4	11.75
第 2 年	T1	533.0	32.2	38.6	6.63	65 519.5	520.8	298.2	10.17
	T2	579.6	35.2	40.4	8.24	69 000.0	547.4	311.7	11.77
	T3	601.6	37.8	42.5	9.66	85 126.4	540.6	298.1	13.72
	T4	588.2	36.3	42.2	9.01				

2. 综合农艺管理对冬小麦-夏玉米周年氮素利用效率的影响

由表 5-37 和图 5-66 可知,综合农艺管理对冬小麦-夏玉米周年氮素利用效率有显著影响。与 T1 处理相比,T2、T3 和 T4 处理 RE_N 分别增加了 44%、40%和 68%,PFP_N 分别增加了 73%、3%和 69%,AE_N 分别增加了 149%、78%和 188%。上季作物所施氮肥残留在下季作物中仍有较大的回收率,且其受综合农艺管理影响显著。T1、T2、T3 和 T4 夏玉米季所施氮肥残留在冬小麦季的回收率 4 年平均分别为 8%、10%、14%和 27%,冬小麦季所施氮肥残留在夏玉米季的回收率分别为 7%、13%、20%和 17%。冬小麦 T1、T2、T3 和 T4 的总氮回收率分别为 33%、43%、51%和 70%,夏玉米 T1、T2、T3 和 T4 的总氮回收率分别为 31%、52%、52%和 61%。与 T1 相比,T2、T3 和 T4 的夏玉米季所施氮肥的残留回收率分别增加了 29%、74%和 238%，冬小麦季所施氮肥的残留回收率分别增加了 86%、186%和 141%。

表 5-37　综合农艺管理对冬小麦和夏玉米季当季、残留和总氮素回收率的影响　%

年份	处理	冬小麦			夏玉米		
		当季氮素回收率	残留氮素回收率	总氮素回收率	当季氮素回收率	残留氮素回收率	总氮素回收率
2015	T1	23.6d	11.4b	35.0d	24.5c	11.2b	35.8c
	T2	31.8c	12.2b	44.0c	37.6b	13.6b	51.3b
	T3	36.2b	15.5b	51.7b	32.6bc	18.1a	50.8b
	T4	43.6a	28.3a	72.0a	42.8a	17.3a	59.9a
2016	T1	28.3d	5.6c	34.0d	24.5c	4.9c	29.4d
	T2	34.8c	8.2c	43.0c	42.1a	15.3b	57.5b
	T3	39.1b	12.5b	51.7b	31.9b	21.5a	53.4c
	T4	44.4a	25.2a	69.7a	44.4a	17.8b	62.2a

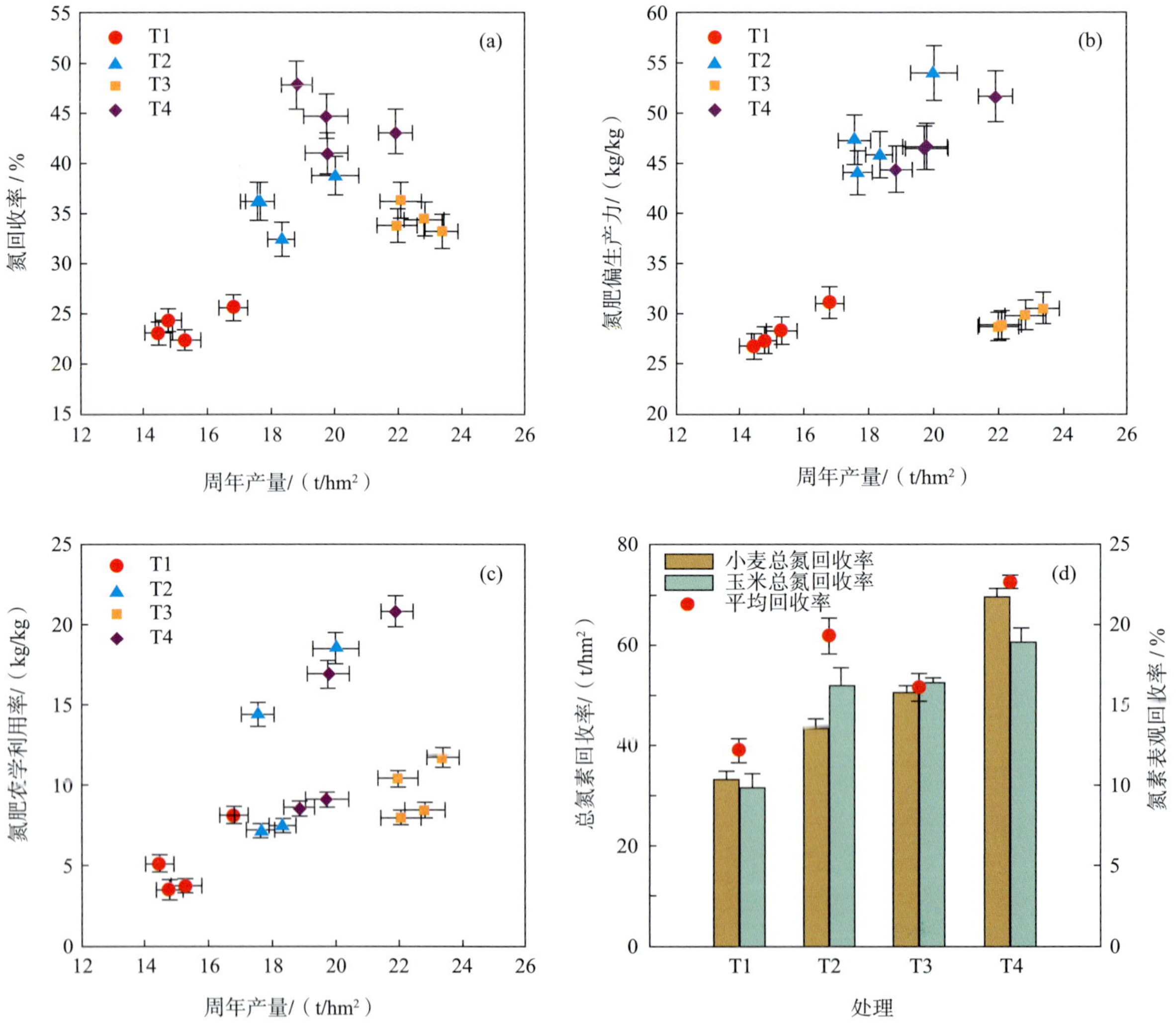

图 5-66　综合农艺管理对冬小麦-夏玉米周年氮素回收效率、氮肥偏生产力和氮肥农学利用率的影响

由表 5-38 可知，W-N0 和 M-N0 各处理 RE_N、PFP_N和 AE_N较 CK 均显著增加。W-N0 各处理 RE_N分别较 CK 增加了 19%、10%、17%和 46%，PFP_N分别增加了 125%、108%、61%和 108%，AE_N分别增加了 69%、44%、39%和 75%。M-N0 各处理 RE_N分别较 CK 增加了 27%、34%、66%和 30%，PFP_N分别增加了 57%、63%、129%和 63%，AE_N分别增加了 9%、29%、100%和 42%。

表 5-38 综合农艺管理对冬小麦-夏玉米周年氮素回收效率、氮肥偏生产力和氮肥农学利用率的影响

年份	处理		氮素回收率 RE_N/%	氮肥偏生产力 PFP_N/(kg/kg)	氮肥农学利用率 AE_N/(kg/kg)
2015	CK	T1	22.4e	28.3e	3.8f
		T2	32.4c	45.7d	7.5d
		T3	34.5c	29.8e	8.5c
		T4	44.7b	46.5d	9.1c
	W-N0	T1	29.9d	63.5c	4.6e
		T2	39.7bc	111.2a	15.9a
		T3	42.1b	45.1d	8.8c
		T4	59.9a	102.8a	16.9a
	M-N0	T1	29.9d	44.0d	1.9g
		T2	42.5b	67.1bc	3.4f
		T3	55.3a	63.7c	11.8b
		T4	58.2a	75.3b	9.3bc
2016	CK	T1	24.3g	27.3e	3.5e
		T2	36.2de	44.1d	7.2c
		T3	36.3d	28.9e	8.0c
		T4	47.8c	44.4d	8.6c
	W-N0	T1	26.9f	61.7c	4.5d
		T2	37.3d	106.1a	14.1a
		T3	38.8d	43.3d	8.1c
		T4	70.9a	98.6a	16.2a
	M-N0	T1	32.9e	42.7d	1.8f
		T2	49.0c	64.9bc	3.4e
		T3	59.0b	61.3c	10.8b
		T4	58.8b	72.5b	9.1bc

综合农艺管理显著影响土壤含氮量、籽粒含氮量和肥料氮素损失量(图 5-67)。2012 年夏玉米收获后，T2 和 T3 处理的土壤含氮量分别比 T1 处理高 3%和 20%，T4 和 T1 处理无显著差异。随时间推移，CK 区的土壤含氮量逐渐上升而 WM-N0 区的土壤含氮量逐渐下降，并且土壤含氮量的变化幅度在冬小麦季较大，在夏玉米季较小。与 2012 年 10 月相比，2016 年 10 月 CK 区 T1、T2、T3 和 T4 处理的土壤含氮量分别上升了 8%、7%、3%和 10%，WM-N0 区各处理分别下降了 5%、3%、6%和 3%。T3 和 T4 处理的籽粒含氮量显著高于其他处理。肥料氮素损失量从高到低顺序是 T3>T1>T2>T4。所有处理的肥料氮素损失量都随试验年份的增加而逐渐上升。夏玉米季的肥料氮素损失量显著高于冬小麦季。

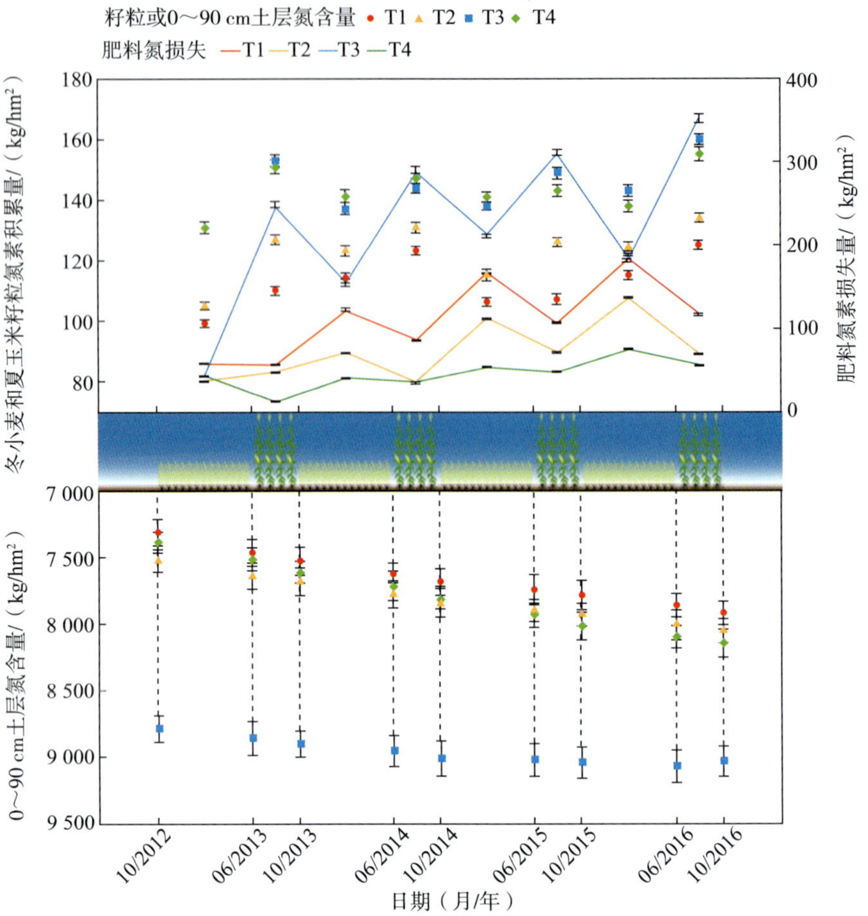

图 5-67　综合农艺管理对土壤含氮量(SN)、籽粒含氮量(GN)和肥料氮素损失量(FNL)的影响

3. 综合农艺管理对土壤理化特性的影响

(1)土壤容重

图 5-68 所示结果为 2015 年和 2016 年试验平均值。综合农艺管理显著影响 0～30 cm 土壤容重，各处理 30～60 cm 和 60～90 cm 土壤容重无显著差异。T1 处理土壤容重显著高于其他处理。VT 时期 T3 处理土壤容重上升 25% 达到 1.36 g/cm³，T2 和 T4 的土壤容重显著低于其他处理。从 V6 到 R6，T1 处理土壤容重上升 11% 达到 1.45 g/cm³，T2 处理上升 14% 达到 1.28 g/cm³，T3 处理上升 28% 达到 1.40 g/cm³，T4 处理上升 10% 达到 1.22 g/cm³。T4 处理土壤容重最低且随生育进程上升幅度最小。

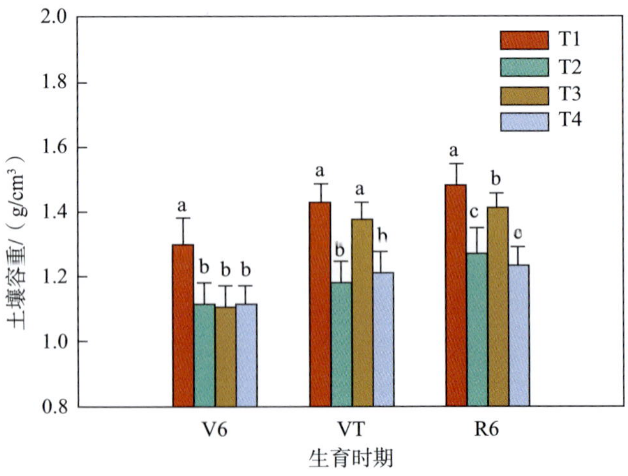

图 5-68　综合农艺管理对 0～30 cm 土层容重的影响

(2)土壤水稳性团粒质量分布

综合农艺管理显著影响水稳性团粒质量分布及团粒破坏率(图 5-69)。处理间 0～30 cm 和 30～60 cm 土层水稳性团粒质量分数存在显著差异，但在 60～90 cm 土层中无显著差异。30～60 cm 土层水稳性团粒质量分数显著低于 0～30 cm 土层。T1 处理 0～30 cm 土层水稳性团粒质量分数超过

60%，显著高于其他处理。T3 处理的 0～30 cm 土层水稳性团粒最少。在 0～30 cm 土层中，与 T2、T3 和 T4 处理相比，T1 处理 5～10 mm 水稳性团粒的质量分数增加了 83%、695%和 84%；2～5 mm 水稳性团粒质量分数增加了 220%、445%和 83%。T2 和 T4 处理的 1～2 mm 水稳性团粒质量分数显著高于其他处理。在 30～60 cm 土层中，T2 和 T4 处理具有更多的 0.25～0.5 mm 和 0.5～1 mm 的水稳性团粒，所以其总质量分数显著高于 T1 和 T3 处理。在 0～30 cm 土层中，T3 处理的团粒破坏率比 T1、T2 和 T4 处理高 327%、66%和 178%。在 30～60 cm 土层中，T4 处理的团粒破坏率比 T1、T2 和 T3 处理低 49%、37%和 52%，同时 T1 和 T3 处理的团粒破坏率无显著差异。两年试验结果趋势一致。

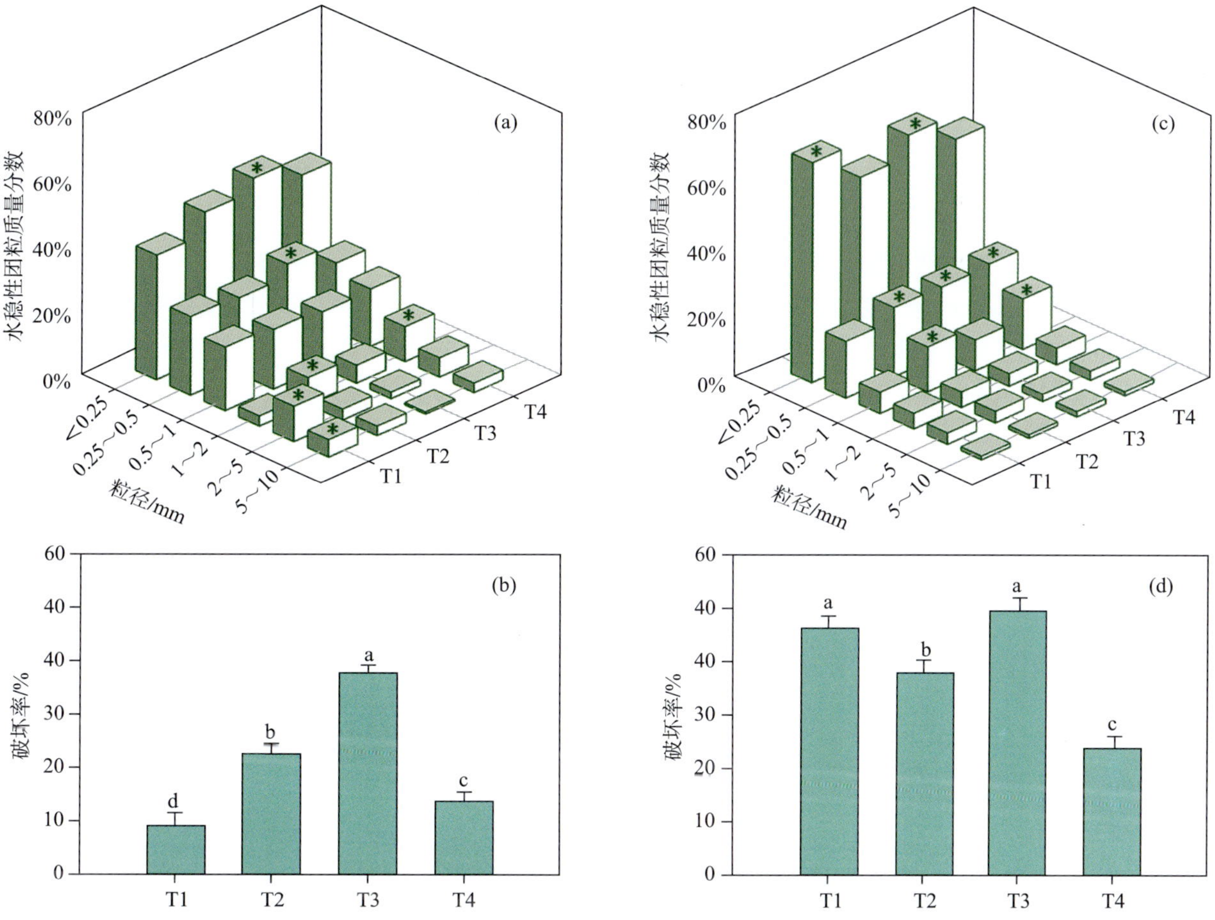

图 5-69　综合农艺管理对 0～30 cm(a,b)和 30～60 cm(c,d)土层水稳性团粒质量分布和团粒破坏率的影响

(3)土壤有机质和养分含量

综合农艺管理显著影响 0～30 cm 土层有机质和养分含量(表 5-39)。与 T1、T2 和 T3 处理相比，T4 处理的土壤有机质含量分别增加了 30%、7%和 5%，而且 T2 和 T3 处理间无显著差异。T3 处理的土壤全氮和硝态氮含量最高，全氮含量比 T1、T2 和 T4 处理分别高 8%、17%和 14%；硝态氮含量分别高 97%、70%和 67%。T2 和 T4 处理的全氮及硝态氮含量无显著差异。各处理的全钾和有效磷含量无显著差异。T4 处理的有效钾和全磷含量显著高于其他处理，T3 处理的有效钾和全磷含量相对较低。

表 5-39 综合农艺管理对 0～30 cm 土层土壤有机质和养分含量的影响

年份	处理	土壤有机质/(g/kg)	全氮/(g/kg)	硝态氮/(mg/kg)	全钾/(g/kg)	有效钾/(mg/kg)	全磷/(g/kg)	有效磷/(mg/kg)
2015	T1	12.7c	1.14b	14.3c	19.7a	122.4c	0.86b	19.4a
	T2	15.2b	1.04c	17.0b	19.9a	127.2b	0.88b	19.6a
	T3	15.7b	1.23a	28.1a	19.5a	122.3c	0.81c	19.8a
	T4	16.4a	1.08c	16.9b	20.2a	132.2a	0.95a	19.3a
2016	T1	12.5c	1.15b	14.8c	19.7a	119.3c	0.84b	19.6a
	T2	15.3b	1.08c	16.8b	20.0a	127.7a	0.90a	19.8a
	T3	15.6b	1.24a	29.3a	19.5a	122.2b	0.81b	19.9a
	T4	16.3a	1.08c	17.4b	20.2a	129.5a	0.94a	19.5a

(4)土壤脲酶和蔗糖酶活性

土壤脲酶和蔗糖酶活性随生育进程先上升后下降，VT 时期的活性显著高于 V6 和 R6。各处理在 0～30 cm 和 30～60 cm 土层存在显著差异。T3 和 T4 处理显著高于 T1 和 T2 处理。V6、VT 和 R6 时期 T4 处理的脲酶活性分别比 T1 处理高 64%、53%和 66%；分别比 T2 处理高 39%、35%和 38%。蔗糖酶活性的变化规律与脲酶相似，但是，在 0～30 cm 和 30～60 cm 土层中 T2 和 T4 处理的蔗糖酶活性显著高于其他处理，各处理 60～90 cm 土层蔗糖酶活性无显著差异。两年试验结果趋势一致(表 5-40)。

表 5-40 综合农艺管理对土壤脲酶和蔗糖酶活性的影响

土层深度/cm	处理	脲酶活性/[μg NH_3-N/(g·h)]			蔗糖酶活性/[mg 葡萄糖/(g·h)]		
		V6	VT	R6	V6	VT	R6
0～30	T1	50c	58c	50c	1.30b	1.57b	1.35b
	T2	59b	66b	60b	1.54a	1.70ab	1.59a
	T3	77a	82a	77a	1.34b	1.58b	1.38b
	T4	82a	89a	83a	1.63a	1.71a	1.52a
30～60	T1	31b	36b	34b	0.76c	0.88b	0.83c
	T2	34b	37b	36b	1.02a	1.38a	1.15a
	T3	42a	47a	44a	0.88b	1.08b	0.95b
	T4	44a	48a	45a	0.99a	1.37a	1.14a
60～90	T1	23a	22a	23a	0.30a	0.33a	0.30a
	T2	21a	23a	23a	0.34a	0.31a	0.29a
	T3	22a	22a	21a	0.29a	0.29a	0.32a
	T4	23a	21a	24a	0.31a	0.28a	0.31a

5.3 南方水稻高产高效的栽培学机制与途径

中国是世界上最大的水稻生产国和消费国，粮食持续增产对保障中国乃至世界粮食安全具有极其重要的作用(Chen et al.，2014；Zhang，2007)。在过去的半个世纪里，由于水稻矮秆基因的利用、半矮秆品种的选育与应用、杂种优势的利用和现代栽培技术的发展，水稻产量大幅度增加(Peng et al.，

1999；Zhang，2011）。中国水稻平均单产也从 1960 年的 2.0 t 提高到现在的 6.0 t 以上，比世界平均水平高出 65%（FAOSTAT，2012）。然而，在过去的 10 年里，中国和其他国家的水稻产量增速缓慢，产量的年均增幅降至 1%以下（Katsura et al.，2007；Normile，2008）。同时，我国水稻生产也形成了高投入、高产出、高污染、低效益的"三高一低"生产格局，给社会、经济和环境带来了巨大压力。我国水稻平均施氮量为 180 kgN/hm^2，比全球平均水平高 75%。据报道，在太湖地区，氮肥用量达到 360 kg N/hm^2，氮肥使用效率低下（Ju et al.，2015；Miao et al.，2010；Zhao et al.，2012；杨建昌等，2018）。同时，水稻也是所有作物中用水量最大的，大约消耗了亚洲灌溉淡水资源总量的 80%（Tuong et al.，2005）。水质下降和水资源短缺正在威胁水稻生产系统的可持续性。持续提高作物产量是否必须依赖于水肥资源的大量投入？作物高产与资源高效能否协同？这一直是国内外关注的热点，也是学术界仍在争论的重大科学命题。发达国家在这个问题上往往采用环境优先的原则，而我国人多地少、资源紧缺，持续提高作物单产，同时高效利用有限的资源，是农业可持续发展的必由之路。为此，深入研究协同提高水稻产量和水氮利用效率的栽培学机制和途径，对于实现我国农业绿色发展有重要意义。

5.3.1　水稻高产高效协同的关键制约因素

1. 水稻高产高效协同的突破口

（1）水稻产量构成因素关系解析

水稻产量包括单位面积穗数、每穗颖花数、结实率和产量，水稻产量由 8.7 t/hm^2 增产 15%～20%后达到 10.7 t/hm^2，主要得益于总颖花量（单位面积穗数×每穗粒数）的增加，即总颖花量由 35 000 个/m^2增加到 45 000 个/m^2；通过调查、实地取证和试验，已明确限制单季水稻增产增效 15%～20%的主要因素是栽培措施不当，即秧苗素质差、栽插密度过稀、施肥量大、大水漫灌等直接影响了群体质量和造成资源浪费；品种的耐肥性太强和大穗型品种弱势粒充实差也是影响水稻高产高效的重要原因。但是，随着总颖花量的进一步增加容易激化源库矛盾，导致水稻弱势粒灌浆差，结实率和粒重下降明显，产量水平难以提高（图 5-70）。

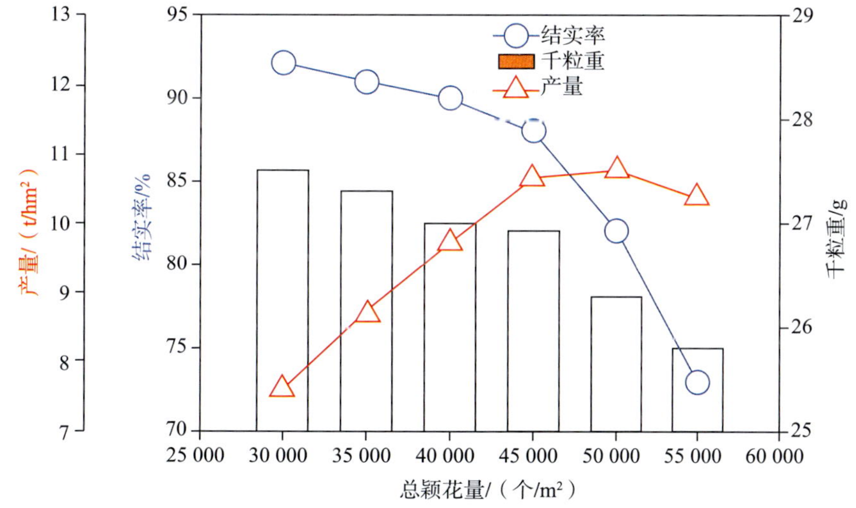

图 5-70　水稻产量构成因素关系解析图

（2）水稻超高产栽培调控关系解析

水稻要进一步实现增产增效 30%～50%目标的科学突破口，在进一步扩大产量库容，即总颖花量需达到 55 000 个/m^2（图 5-71）；针对高产条件下水稻群体与个体矛盾加剧，易发生籽粒结实性能差、肥水资源利用效率降低等突出问题，重点从根冠互作机制、冠层光氮匹配机制、源库协调机制等途径稳定水稻结实率及充实度，最大限度地发挥品种的超高产潜力。

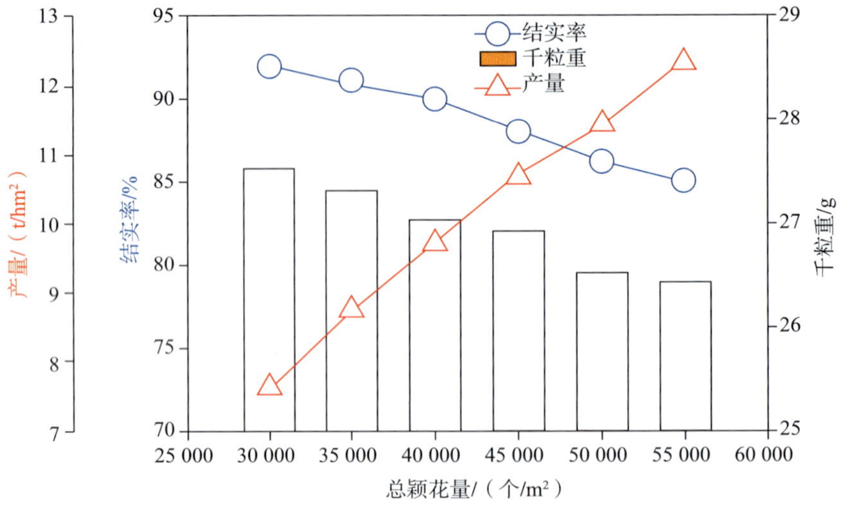

图 5-71 水稻超高产栽培调控关系解析图

2. 水稻颖花发育的生理机制

水稻产量决定于单位面积穗数、每穗颖花数、结实率和粒重 4 个因素。在这 4 个因素中，单位面积穗数受空间资源限制，存在一定的饱和度；单个籽粒重或千粒重更多地受到遗传力控制，具有相对稳定性；结实率则受到抽穗以后的养分水分供应和温光条件的调节；每穗颖花数具有较大的变异性和可调性，增加的潜力较大，因此一直是水稻高产或超高产的主攻方向（Vriet et al.，2012；王志敏等，2011；Yang and Zhang，2010）。每穗颖花数的多寡不仅取决于分化的颖花数，还决定于退化的颖花数。在一般情况下，水稻退化颖花数占总分化颖花数的 15%～20%，有些品种或在减数分裂期前后遇到高温或干旱等不良条件，退化的颖花数可达到 50%～60%。水稻颖花退化是限制产量的一个重要因子，但目前对于水稻颖花退化的机理尚不清楚。

多胺和乙烯是重要的植物生长调节物质，在植物的生长发育、形态建成以及对环境胁迫的响应过程中发挥着重要的调控作用（Liu and Liu，2010；Tomosugi et al.，2006；Kasukabe et al.，2004）。腐胺（Put）、亚精胺（Spd）、精胺（Spm）是植物体中最为常见的 3 种多胺。多胺能够调控细胞膜的稳定性，以使干旱胁迫对细胞造成的伤害最小化；高含量水平的 Spd 和 Spm 与玉米籽粒的形成与发育呈极显著正相关，能够极显著地促进水稻和小麦籽粒的灌浆。与多胺相反，外源施用高浓度乙烯或干旱诱导过量乙烯释放会导致玉米籽粒的败育，使作物粒重减小（Chen et al.，2013；Feng et al.，2011；Narayana et al.，1991）。但对于多胺和乙烯对水稻颖花分化和退化的调控作用及其机理缺乏研究。

（1）试验处理

选用当地生产上大面积使用的两个水稻品种甬优 2640（籼粳杂交稻）和扬稻 6 号（常规籼稻）为材料，5 月 11—12 日大田播种，播种后 30 d 移栽于盆钵，每盆 3 穴，双本栽插。每个盆钵（高 30 cm，直径 25 cm，谷积 14.72 L）内装过筛沙壤土 13 kg。盆钵内装土为取自大田表层的沙壤土，含有机质 2.02%，有效氮为 105.0 mg/kg，速效磷 34.2 mg/kg，速效钾 68.0 mg/kg。两个品种均在 8 月 10—15 日抽穗（50%穗子伸出剑叶叶鞘），10 月 5—6 日收获。自移栽至穗分化始期（叶龄余数 3.5）之前盆钵内一直保持 1～2 cm 水层。按照高产栽培进行肥料运筹，全生育期施用尿素折合纯氮 180 kg/hm²（0.84 g N/盆），按基肥∶分蘖肥∶促花肥∶保花肥 4∶2∶2∶2 施用。播种前一次性施过磷酸钙（含 P_2O_5 13.5%），折合纯磷 90 kg/hm²（0.42 g P/pot）和氯化钾（含 K_2O 52%）折合纯钾 90 kg/hm²（0.42 g K/pot）。全生育期严格控制病虫草害。

自穗分化始期（叶龄余数 3.5）至花粉完熟期（抽穗前 2 d），设置 3 种土壤水分处理：①供水充足（WW，well-watered，保持 1～2 cm 水层）；②轻度土壤干旱（MD，moderate soil drought，土壤水势为

－10～－15 kPa)；③重度土壤干旱(SD，severe soil drought，土壤水势为－25 ～ －30 kPa)。本试验中划分轻度干旱和重度干旱的标准，主要是根据在预备试验中土壤干旱对水稻产量有无显著影响。与供水充足相比，如果土壤干旱对产量无显著影响甚至还有所提高，这种干旱定义为轻度干旱或适度干旱；如果土壤干旱显著降低了产量，这种干旱定义为重度干旱。盆钵内安装真空表式负压计(中国科学院南京土壤研究所生产)监测土壤水势(用土壤水势作为指标可以克服土壤类型的差异)。负压计陶土头埋设深度为离土表 15～20 cm。下雨时用可移动式塑料大棚挡雨。每天 6:00—7:00、12:00—13:00、17:00—18:00 时记录负压计读数，当读数达到设计阈值时，每盆浇水 0.35 L(MD)和 0.15 L(SD)，每个处理 100 盆。

采用以下公式计算颖花退化率：

一次颖花退化率＝一次颖花退化数/一次颖花分化数×100％

二次颖花退化率＝二次颖花退化数/二次颖花分化数×100％

(2)结果与分析

①叶片和幼穗渗透压

与 WW 处理相比，两种土壤干旱处理均显著提高了叶片渗透压，以 SD 处理为最高；MD 处理虽提高了叶片渗透压，但其早晨(06:00)的叶片渗透压与 WW 处理无差异，表明 MD 处理植株的水分状况在夜间可以恢复正常。SD 处理早晨的叶片渗透压显著高于 WW 和 MD 处理，表明 SD 处理植株的水分状况在夜间不能恢复到正常状态；MD 处理对幼穗的渗透压无明显影响，但 SD 处理显著提高了幼穗的渗透压，表明 MD 处理下，植株仍然具备相对丰富的水分以优先供给幼穗等新生或重要的器官，SD 处理则不能(图 5-72)。

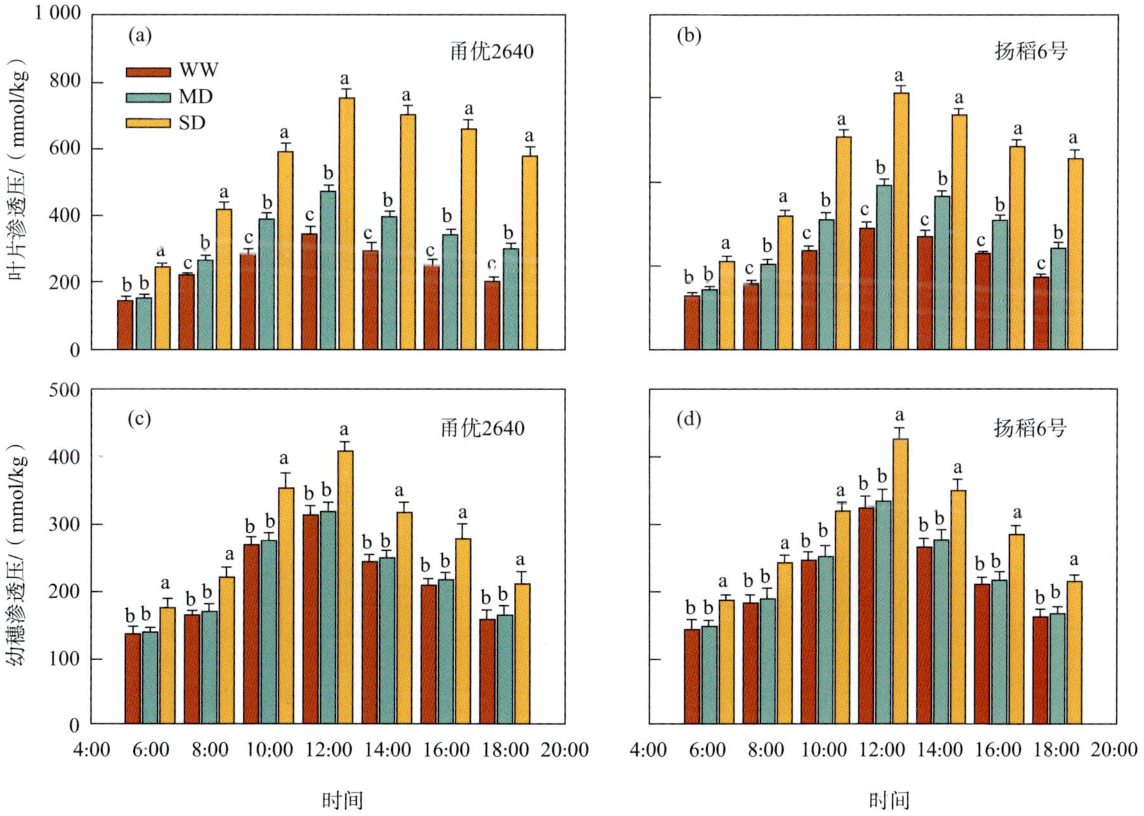

图 5-72 水稻最上部展开叶片和幼穗渗透压日变化(Zhang et al.，2017)

注：WW，供水充足；MD，土壤轻度落干；SD，土壤重度落干。不同字母表示在 0.05 水平上差异显著，相同测定时期比较。

②幼穗中多胺变化

与 WW 处理相比，MD 处理显著增加了幼穗中亚精胺（Spd）和精胺（Spm）含量以及 Spd/Put 和 Spm/Put 的比值，SD 处理显著降低了幼穗中 Spd、Spm 含量以及 Spd/Put 和 Spm/Put 的比值。在穗分化过程中，SD 处理均显著增加幼穗中腐胺（Put）的含量，但 MD 处理下幼穗中 Put 的含量与 WW 处理无明显变化（图 5-73、图 5-74）。

③幼穗中乙烯和 ACC 变化

与 Spd 和 Spm 在处理间的变化相反，与 WW 处理相比，MD 处理显著减少了幼穗中乙烯释放速率和 1-氨基环丙烷-1-羧酸（ACC）含量，SD 处理大幅度提高了幼穗中乙烯释放速率和 ACC 含量（图 5-75）。

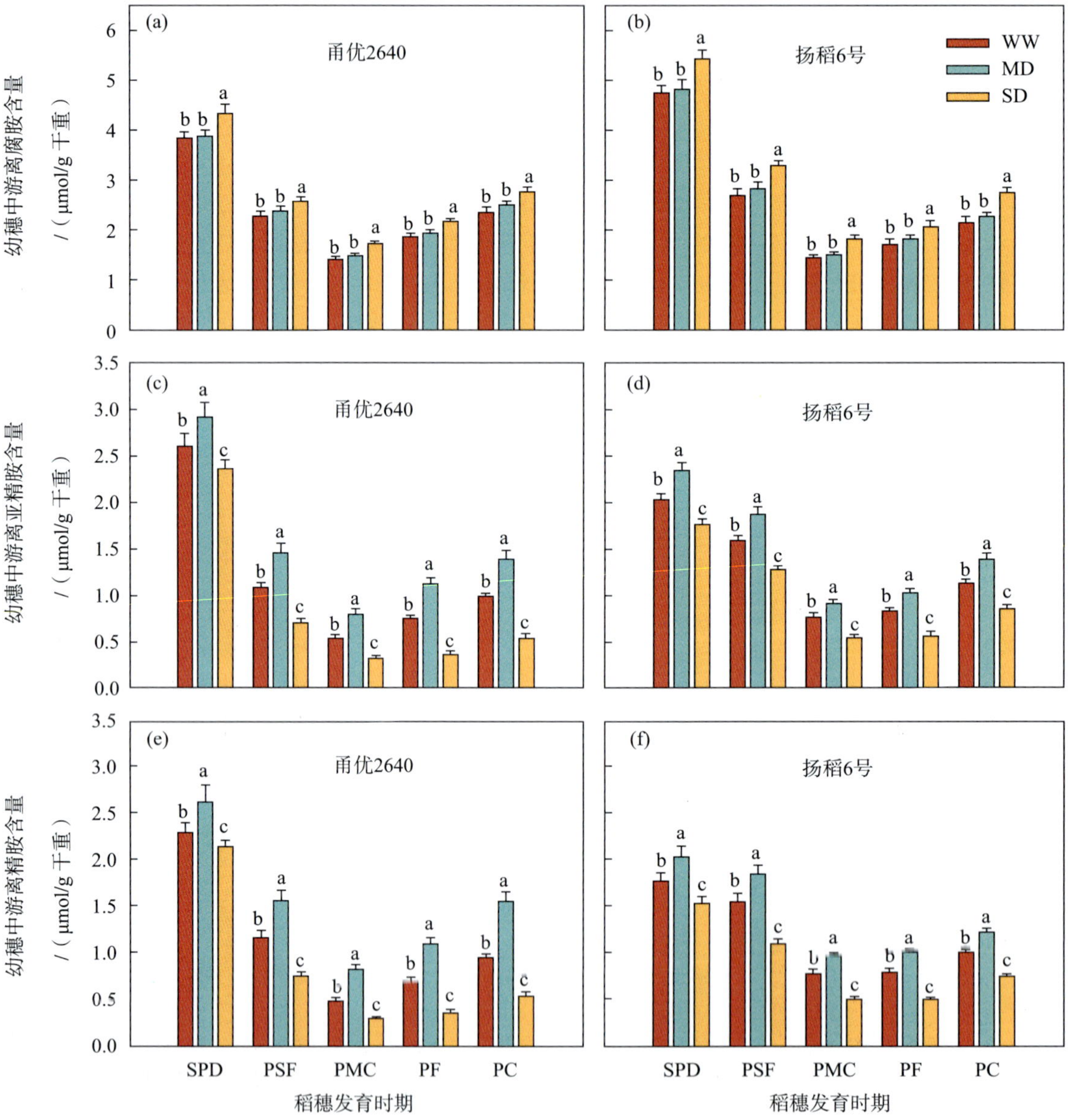

图 5-73　水稻幼穗中游离腐胺、亚精胺和精胺含量变化（Zhang et al.，2017）

注：WW，供水充足；MD，土壤轻度干旱；SD，土壤重度干旱；SPD，颖花原基分化期；PSF，雌雄蕊形成期；PMC，花粉母细胞减数分裂期；PF，花粉内容物充实期；PC，花粉完熟期。不同字母表示在 0.05 水平上差异显著，相同测定时期比较。

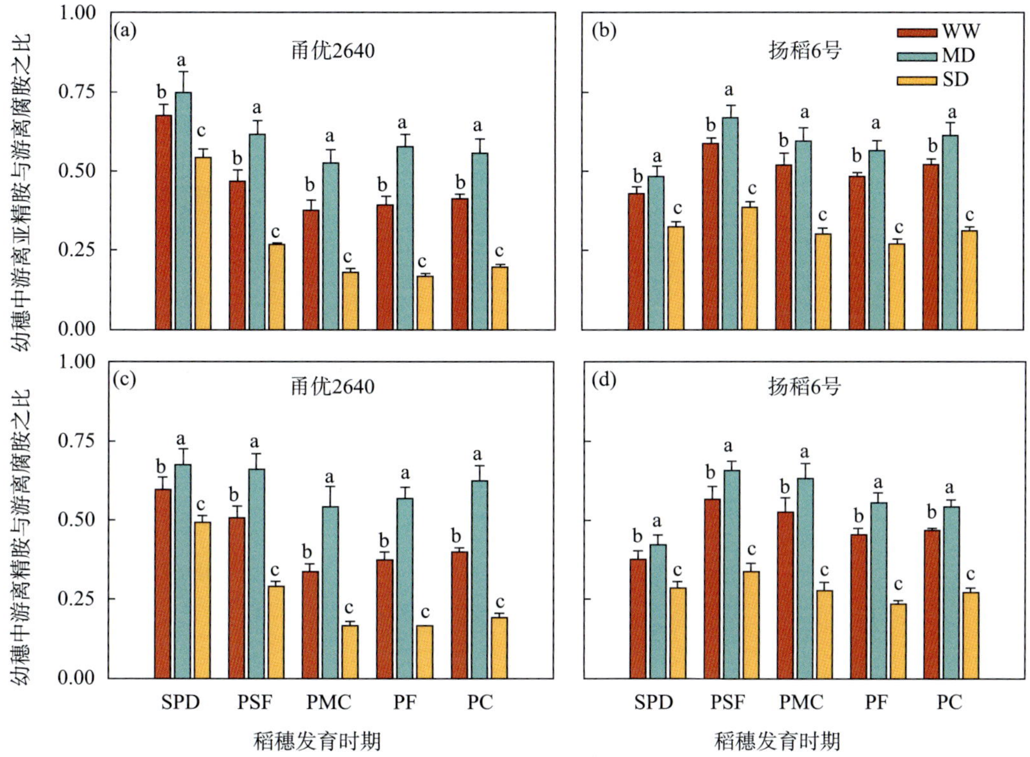

图 5-74　水稻幼穗中游离亚精胺和精胺与腐胺比值变化(Zhang et al.，2017)

注：WW，供水充足；MD，土壤轻度干旱；SD，土壤重度干旱；SPD，颖花原基分化期；PSF，雌雄蕊形成期；PMC，花粉母细胞减数分裂期；PF，花粉内容物充实期；PC，花粉完熟期。不同字母表示在 0.05 水平上差异显著，相同测定时期比较。

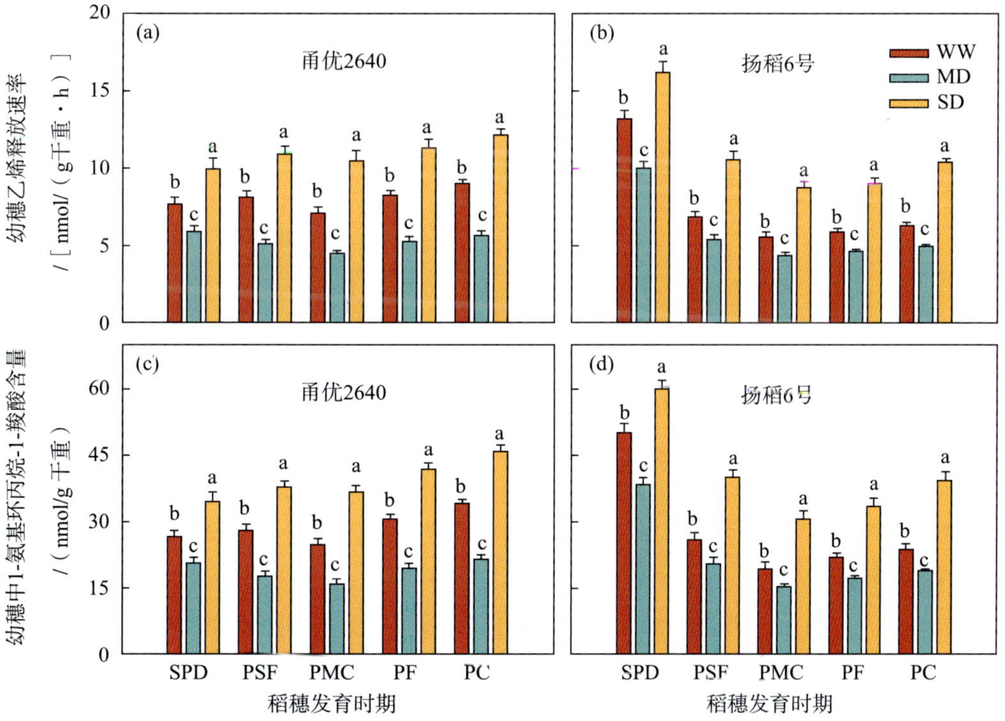

图 5-75　水稻幼穗中乙烯释放速率和 1-氨基环丙烷-1-羧酸含量变化(Zhang et al.，2017)

注：WW，供水充足；MD，土壤轻度干旱；SD，土壤重度干旱；SPD，颖花原基分化期；PSF，雌雄蕊形成期；PMC，花粉母细胞减数分裂期；PF，花粉内容物充实期；PC，花粉完熟期。不同字母表示在 0.05 水平上差异显著，相同测定时期比较。

④多胺与 ACC 比值变化

与 Spd 和 Spm 在处理间的变化相似，相较之 WW 处理，MD 处理显著提高了幼穗中 Put/ACC、Spd/ACC 和 Spm/ACC 的值，SD 处理降低了 Put/ACC、Spd/ACC 和 Spm/ACC 的值(图 5-76)。

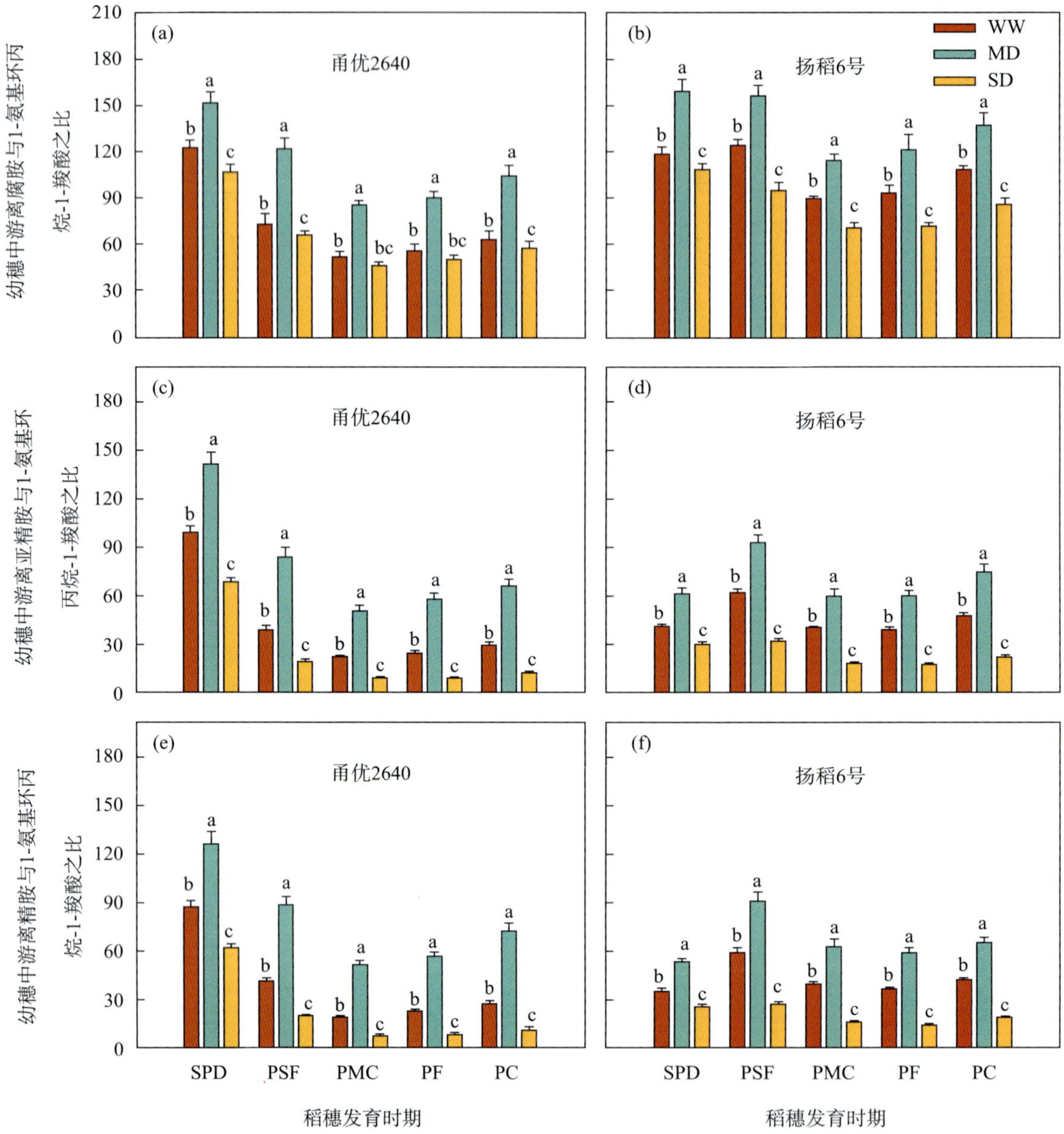

图 5-76　水稻幼穗中游离腐胺、亚精胺和精胺与 1-氨基环丙烷-1-羧酸比值变化(Zhang et al., 2017)

注：WW，供水充足；MD，土壤轻度干旱；SD，土壤重度干旱；SPD，颖花原基分化期；PSF，雌雄蕊形成期；PMC，花粉母细胞减数分裂期；PF，花粉内容物充实期；PC，花粉完熟期。不同字母表示在 0.05 水平上差异显著，相同测定时期比较。

⑤颖花发育和产量

与对照 WW 相比，MD 处理显著增加了颖花分化数，减少了颖花退化和败育率，提高了每穗粒数和结实率，进而提高了产量，SD 处理结果相反。土壤水分处理对水稻千粒重和一次颖花发育的影响较小，对二次颖花发育的影响较大(表 5-41、表 5-42)。

表 5-41　土壤水分处理对水稻颖花发育的影响(Zhang et al.，2017)

品种处理	每穗颖花		一次颖花		二次颖花	
	分化数	退化率	分化数	退化率	分化数	退化率
甬优 2640						
供水充足(WW)	319.52±2.48b	13.70±0.17b	100.53±3.73a	3.15±0.48a	219.00±1.65b	18.55±0.20b
土壤轻度落干(MD)	337.64±2.61a	11.90±0.15c	105.26±2.46a	2.66±0.75a	232.38±1.24a	16.09±0.22c
土壤重度落干(SD)	296.34±1.46c	17.27±0.22a	89.20±1.96b	3.48±0.41a	207.13±1.36c	23.22±0.29a
扬稻 6 号						
供水充足(WW)	194.28±3.99b	11.88±0.24b	57.30±2.21a	1.08±0.17a	136.98±2.15b	16.41±0.34b
土壤轻度落干(MD)	211.11±4.34a	9.54±0.20c	62.32±2.44a	0.83±0.27a	148.79±2.03a	13.19±0.27c
土壤重度落干(SD)	181.05±1.97c	14.36±0.30a	51.20±1.51b	1.34±0.43a	129.86±1.49c	19.49±0.40a

表 5-42　水分处理对水稻产量和构成因素的影响(Zhang et al.，2017)

品种处理	每盆穗数	每穗粒数	败育率/%	瘪粒率/%	饱粒率/%	粒重/(mg/粒)	产量/(g/盆)
甬优 2640							
供水充足(WW)	17.7±0.50a	271±5.76b	8.30±0.18b	11.4±0.79a	80.3±0.88b	25.5±0.24a	98.3±4.25b
土壤轻度落干(MD)	17.5±0.54a	286±6.08a	3.40±0.07c	11.1±1.09a	86.5±1.05a	25.4±0.32a	109±5.45a
土壤重度落干(SD)	17.2±0.70a	252±6.19c	17.9±0.38a	11.8±0.69a	70.3±0.66c	25.6±0.36a	77.6±3.49c
扬稻 6 号							
供水充足(WW)	19.5±0.34a	166±2.60b	5.70±0.12b	7.50±1.10a	86.8±1.08b	28.4±0.43a	80.6±4.03b
土壤轻度落干(MD)	19.3±0.44a	180±2.76a	2.90±0.06c	6.80±1.19a	90.3±1.16a	28.2±0.45a	89.3±5.31a
土壤重度落干(SD)	19.0±0.28a	152±2.14c	17.3±0.30a	7.10±1.32a	75.6±1.06c	28.4±0.50a	62.8±3.48c

注:不同字母表示在 $P=0.05$ 水平上差异显著,同一列内同一品种间比较。

⑥籽粒多胺含量与颖花发育的关系

相关分析表明，颖花分化数与SPD时期幼穗中多胺(Spd和Spm)含量，以及Spd/Put和Spm/Put的值和多胺与ACC的比值(Put/ACC,Spd/ACC和Spm/ACC)呈显著正相关，与乙烯释放速率和ACC含量呈显著负相关，颖花退化率和败育率与PSF～PC时期幼穗中多胺(Spd和Spm)含量、Spd/Put和Spm/Put的值以及多胺与ACC的比值(Put/ACC,Spd/ACC和Spm/ACC)呈显著负相关，与乙烯释放速率和ACC含量呈显著正相关(表5-43)。

(3)讨论

关于内源多胺和乙烯调节植物生长发育、形态建成和对环境逆境响应方面的研究，国内外已有较多的报道(Bias et al.，2002；Rossetto et al.，2015)，但对于水稻内源多胺和乙烯对土壤水分的响应及其与颖花发育关系的研究较少。本研究结果表明，与WW处理相比，MD处理显著促进颖花分化，减少颖花退化和败育率，进而提高产量，SD处理的结果则相反。在不同土壤水分处理条件下颖花发育状况与幼穗中多胺和乙烯水平的增加或降低密切相关；在花粉母细胞减数分裂期对幼穗施用Spd或AVG(ACC合成酶抑制剂)可以显著增加幼穗中内源Spd或Spm含量，显著减少乙烯释放速率和ACC含量，减少颖花退化和败育率；施用Spd和Spm合成抑制剂MGBG或ACC则结果相反。表明多胺和乙烯对水稻颖花发育有重要的调控作用。MD处理或SD处理通过调控水稻幼穗中多胺和乙烯的生物合成，实现对颖花发育的调控，同时也进一步验证了水稻幼穗的多胺和乙烯水平与其抗旱性密切相关，较高的Spd和Spm含量能够拮抗干旱对水稻生长发育的抑制作用。

水稻穗分化过程中多胺的作用机理，目前尚不明确。本课题组以往的研究表明，在灌浆初期喷施Spd或Spm可以显著增强水稻弱势粒中蔗糖-淀粉代谢途径的关键酶活性，喷施Put的作用则相反。另一方面，多胺能直接参与植株活性氧清除，植株体内较高的Spd和Spm含量能够显著提高抗氧化酶活性、降低活性氧含量(张木清等，1996；徐仰仓等，2001；李璟等，2006；Maiale et al.，2004)。由此推测，不同土壤水分处理通过改变内源多胺的含量，进而调节抗氧化酶活性，实现对颖花发育的调控。

从多胺的生物合成途径分析，Spd和Spm的合成分别通过亚精胺合成酶和精胺合成酶在腐胺上按一定顺序加上由S-腺苷-*L*-甲硫氨酸脱羧酶(SAMDC)催化S-腺苷-*L*-甲硫氨酸(SAM)生成的氨丙基单位。S-腺苷-*L*-甲硫氨酸(SAM)同时也是乙烯合成的前体，SAM在ACC合成酶和ACC氧化酶催化作用下合成1-氨基环丙烷-1-羧酸(ACC)进而合成乙烯。有研究表明，乙烯可以增强细胞分裂素的分解，而细胞分裂素在保持胚乳的细胞分裂方面起着重要作用。籽粒中较高的乙烯水平能抑制胚乳细胞分裂，导致较低的籽粒灌浆速率和粒重，水稻灌浆期土壤轻度落干处理能促进籽粒中Spd和Spm的合成并能显著抑制乙烯的生物合成(Yang et al.，2002；Chen et al.，2013；Bouchereau et al.，1999)。本研究也观察到，MD处理显著增加幼穗中Spd和Spm含量的同时也显著降低了幼穗中ACC含量和乙烯释放速率。这些结果表明，MD处理可能通过增强Spd和Spm的合成，抑制乙烯的产生，进而促进颖花分化，减少颖花退化和败育。有关多胺和乙烯调控水稻颖花发育的机理有待进一步深入研究。

国内外关于Put在植物体内的生理作用的报道有很多，但结论尚不统一。在正常生长条件下，Put作为Spd和Spm合成的供体，较高的Put有利于Spd和Spm的合成，进而促进植物生长发育，但过多的游离Put在器官中的累积会产生毒害作用(Maiale et al.，2004；Chen et al.，2013)。本研究也观察到，SD处理显著提高了幼穗中游离Put的含量，使颖花分化减少，颖花退化和败育率增加；幼穗中游离Put含量与颖花分化数和受精率呈极显著的负相关；通过施用Put或MGBG提高幼穗Put含量，颖花退化率和败育率显著增加。再次表明游离Put在籽粒中的过度积累，会对籽粒产生毒害作用，从而不利于颖花发育。

激素往往不是单项地发挥作用，而是通过与其他激素相互作用、平衡最终共同决定植物的生长发育，即所谓的协同或拮抗作用。本研究观察到，水稻颖花分化和退化不仅与穗分化过程幼穗中游离多胺和乙烯的水平密切相关，同时还与Spd/Put和Spm/Put的值和多胺与ACC的比值密切相关；在MD处

表 5-43　多胺、乙烯和 1-氨基环丙烷-1-羧酸(ACC)与颖花发育的关系(Zhang et al.，2017)

项目	穗分化阶段						
	SPD			PSF，PMC，PF，PC			
	一次枝梗颖花数	二次枝梗颖花数	总颖花数	一次枝梗颖花数	二次枝梗颖花数	总颖花数	败育率
乙烯释放速率	−0.87**	−0.87**	−0.85**	0.55	0.92**	0.91**	0.97**
1-氨基环丙烷 1-羧酸	−0.92**	−0.90**	−0.88**	0.53	0.93**	0.93**	0.98**
游离腐胺	−0.91**	−0.92**	−0.91**	0.002	0.3	0.3	0.72*
游离亚精胺	0.88**	0.88**	0.87**	−0.41	−0.97**	−0.97**	−0.89**
游离精胺	0.91**	0.90**	0.89**	−0.25	−0.91**	−0.92**	−0.89**
游离腐胺/1-氨基环丙烷 1-羧酸	0.03	0.02	0.03	−0.65	−0.87**	−0.88**	−0.55
游离亚精胺/1-氨基环丙烷 1-羧酸	0.89**	0.86**	0.87**	−0.27	−0.92**	−0.89**	−0.87**
游离精胺/1-氨基环丙烷 1-羧酸	0.89**	0.87**	0.88**	−0.20	−0.86**	−0.87**	−0.87**
游离亚精胺/游离腐胺	0.92**	0.90**	0.91**	−0.30	−0.94**	−0.94**	−0.94**
游离精胺/游离腐胺	0.93**	0.92**	0.92**	−0.20	−0.91**	−0.90**	−0.96**

注：*，** 表示在 $P=0.01$ 和 $P=0.05$ 水平上显著。SPD，颖花原基分化期；PSF，雌雄蕊形成期；PMC，花粉母细胞减数分裂期；PF，花粉内容物充实期；PC，花粉完熟期。

理下幼穗中 Spd/Put 和 Spm/Put 的值和多胺与 ACC 的比值(Put/ACC、Spd/ACC 和 Spm/ACC)增大,颖花分化增加,颖花退化和败育率减少。相反,SD 处理显著降低了 Spd/Put 和 Spm/Put 的值以及多胺与 ACC 的比值(Put/ACC、Spd/ACC 和 Spm/ACC),导致颖花分化减少,颖花退化和败育率增加。这一结果表明,水稻内源游离多胺(Put、Spd 和 Spm)及其与乙烯间的平衡对水稻颖花发育有重要调控作用,较高的多胺(Spd 或 Spm)含量及其与 ACC 的比值,有利于水稻颖花发育,提高产量。

(4)结论

水稻穗分化期轻度土壤干旱能提高颖花分化数,降低颖花退化率和败育率。在轻度干旱下,增加的颖花分化数和减少的颖花退化率与幼穗中增加的游离亚精胺和精胺生物合成的增加及乙烯生物合成的减少密切相关。在重度干旱下乙烯合成的增加和游离亚精胺、精胺合成的减少,导致了颖花分化数的减少、退化率和败育率的增加。多胺(精胺和亚精胺)与乙烯的生物合成对于土壤干旱的响应存在着代谢互作并调控水稻颖花的发育。

3. 水稻弱势粒充实差的激素调控原理

水稻产量的高低水平主要取决于库容的大小以及籽粒灌浆充实的程度(Fu et al., 2011)。为了提高产量以及产量潜力,育种家们主要通过培育大穗型品种以增加每穗粒数,从而有效地扩大了产量库容,例如国际水稻研究所培育的新株型品种、我国培育的亚种间杂交稻、超级杂交稻或超级稻品种等。然而,由于结实率较低和结实率不稳定等问题,尽管这些大穗型品种在生产上得到了大面积的推广应用,它们的增产潜力并没有充分发挥(Kato et al., 2007; Cheng et al., 2007; Peng et al., 2008)。

水稻籽粒的充实状况和粒重的高低与颖花在穗上着生的部位有密切关系。一般而言,着生在水稻穗中上部早开花的强势粒,灌浆快、充实好、粒重高;着生在水稻穗下部迟开花的弱势粒,灌浆慢、充实差、粒重低。在大穗型超级稻品种上这种强、弱势粒灌浆的差异性表现尤为突出(Peng et al., 1999; 陈婷婷等, 2012; 顾世梁等, 2001; 朱庆森等, 1988)。充实度差和粒重低的弱势粒不能形成有效的经济产量,这不仅限制了水稻产量潜力的发挥,而且还严重影响水稻品质。因弱势粒在生长发育过程中需要消耗大量的水分及养分,故弱势粒充实差和粒重低同时也严重影响了作物水分和养分的高效利用(Yang and Zhang, 2010; 杨建昌等,2010)。因此,充分了解水稻弱势粒灌浆差的机理与调控途径,对于指导水稻高产、优质、水分和养分高效利用的育种与栽培有重要的意义。

(1)试验处理

水稻供试材料:AZU 大粒突变体(AZU 突)、ZF802 小粒突变体(ZF802 突)及其各自对照(野生型:AZU、ZF802)。各材料由浙江大学提供。同一组突变体及其对照的生育期基本相同。小区面积 5.6 m×3.5 m=19.6 m^2,重复 3 次,随机区组排列,小区间筑田埂,用塑料薄膜包裹。

水稻湿润育秧,5 月 18 日大田播种,6 月 15 日移栽,单本栽插,株行距为 16 cm×25 cm。水稻全生育期施纯氮 240 kg/hm^2,作基肥(移栽前 1 d 施)、分蘖肥(移栽后 6 d 施)、穗肥(枝梗分化期,叶龄余数 2.1)3 次施用。各期的比例为 4∶2∶4。施用过磷酸钙 240 kg/hm^2,氯化钾 240 kg/hm^2,均作基肥一次施用。除秧苗移栽至返青田间保持浅水层外,其余时间进行湿润灌溉,严格控制病虫草害。

(2)结果与分析

①强、弱势粒胚乳细胞数目和增殖速率

对照 AZU 强、弱势粒胚乳细胞数目分别在花后 14~15 d 和 24~25 d 达到最大值,强势粒峰高于弱势粒;AZU 大粒突变体强、弱势粒胚乳细胞数目在花后 11~13 d 达到最大值,细胞数目增殖表现同步。对照 ZF802 强、弱势粒胚乳细胞数分别在 8~9 d 和 24~25 d 达到最大值,强势粒峰值较大;ZF802 突变体强、弱势粒胚乳细胞数均在花后 8~10 d 达到最大,细胞数目增殖表现同步(图 5-77)。

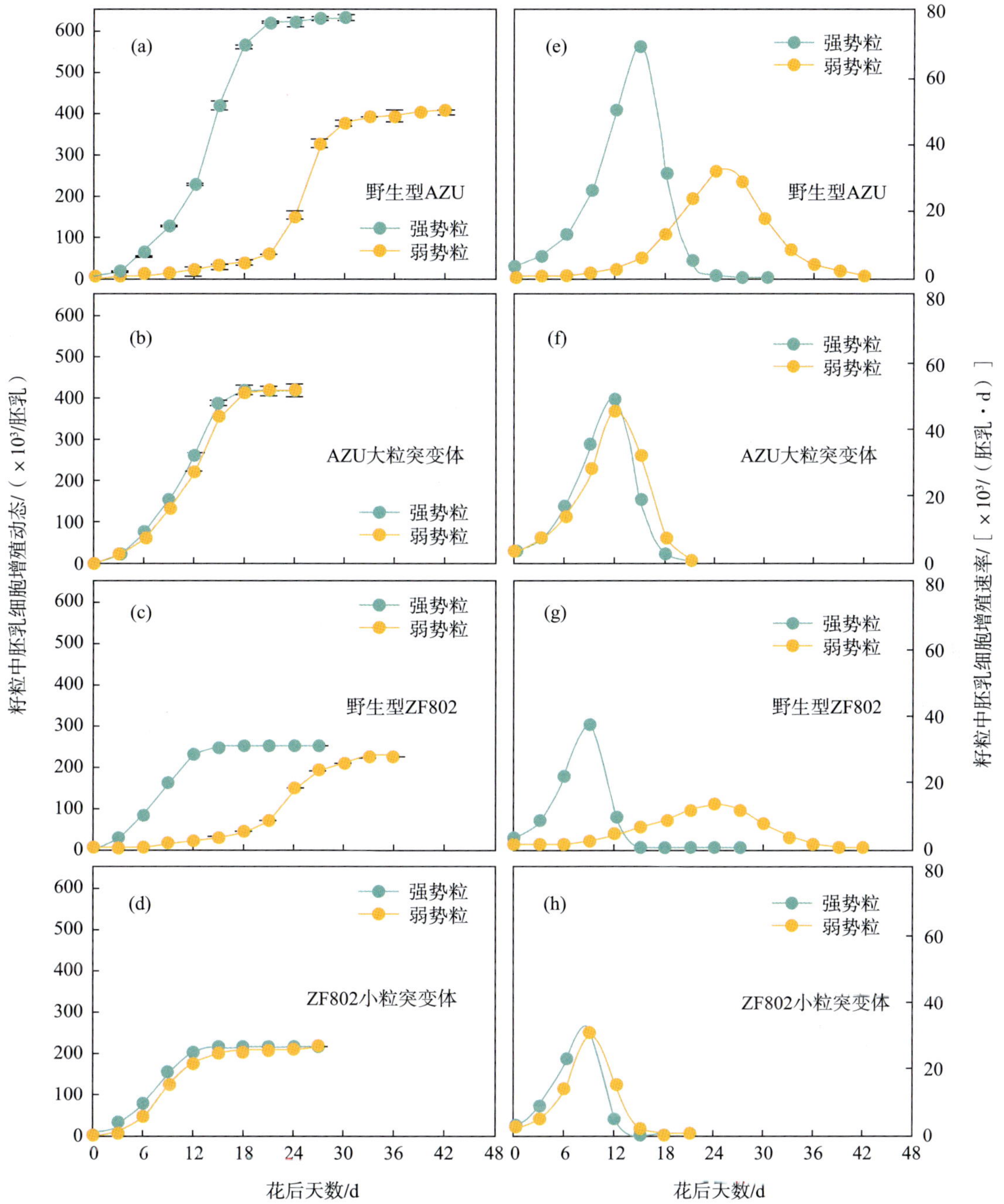

图 5-77　水稻强、弱势粒胚乳细胞数目和增殖速率的变化(Zhang et al.，2016)

②强、弱势粒粒重和籽粒灌浆速率

各材料强、弱势粒粒重均呈 S 形曲线，都是呈现先增加后稳定的趋势。对照 AZU 强势粒在花后 14～16 d 灌浆速率到达最大值，对照 AZU 弱势粒在花后 24～25 d 达到最大值，其中强势粒的峰值较高。AZU 大粒突变体强、弱势粒粒重变化曲线和籽粒灌浆速率曲线基本一致，强、弱势粒籽粒灌浆速率均在花后 11～13 d 最高。对照 ZF802 强势粒在花后 8～10 d 灌浆速率达到最高峰，弱势粒在花后 23～25 d 达到最高峰，强势粒的峰值较高。ZF802 突变体强、弱势粒粒重变化曲线和籽粒灌浆速率曲线基本一致，在花后 9～12 d 达到最大值(图 5-78)。

③强、弱势粒内源激素含量变化

图 5-79 至图 5-82 分别为各材料强、弱势粒中赤霉素(GA_{1+4})、吲哚-3-乙酸(IAA)、玉米素+玉米素核苷(Z+ZR)、脱落酸(ABA)的含量变化。从图中可以看出,籽粒中 Z+ZR、IAA 和 ABA 的含量均是呈现先增加后降低的趋势,各对照材料前期强势粒的含量显著高于弱势粒,后期弱势粒显著高于强势粒。与各自对照相比,各突变体材料内源 Z+ZR、IAA 和 ABA 含量在强、弱势粒间差异较小,这与胚乳细胞增殖速率和籽粒灌浆速率变化的趋势一致。GA_{1+4} 含量在灌浆初期较高,随着灌浆进行呈逐步下降的趋势,对照 AZU 和 ZF802 弱势粒中的 GA_{1+4} 含量显著高于强势粒;AZU 大粒突变体和 ZF802 小粒突变体中 GA_{1+4} 含量在强、弱势粒间的差异很小。

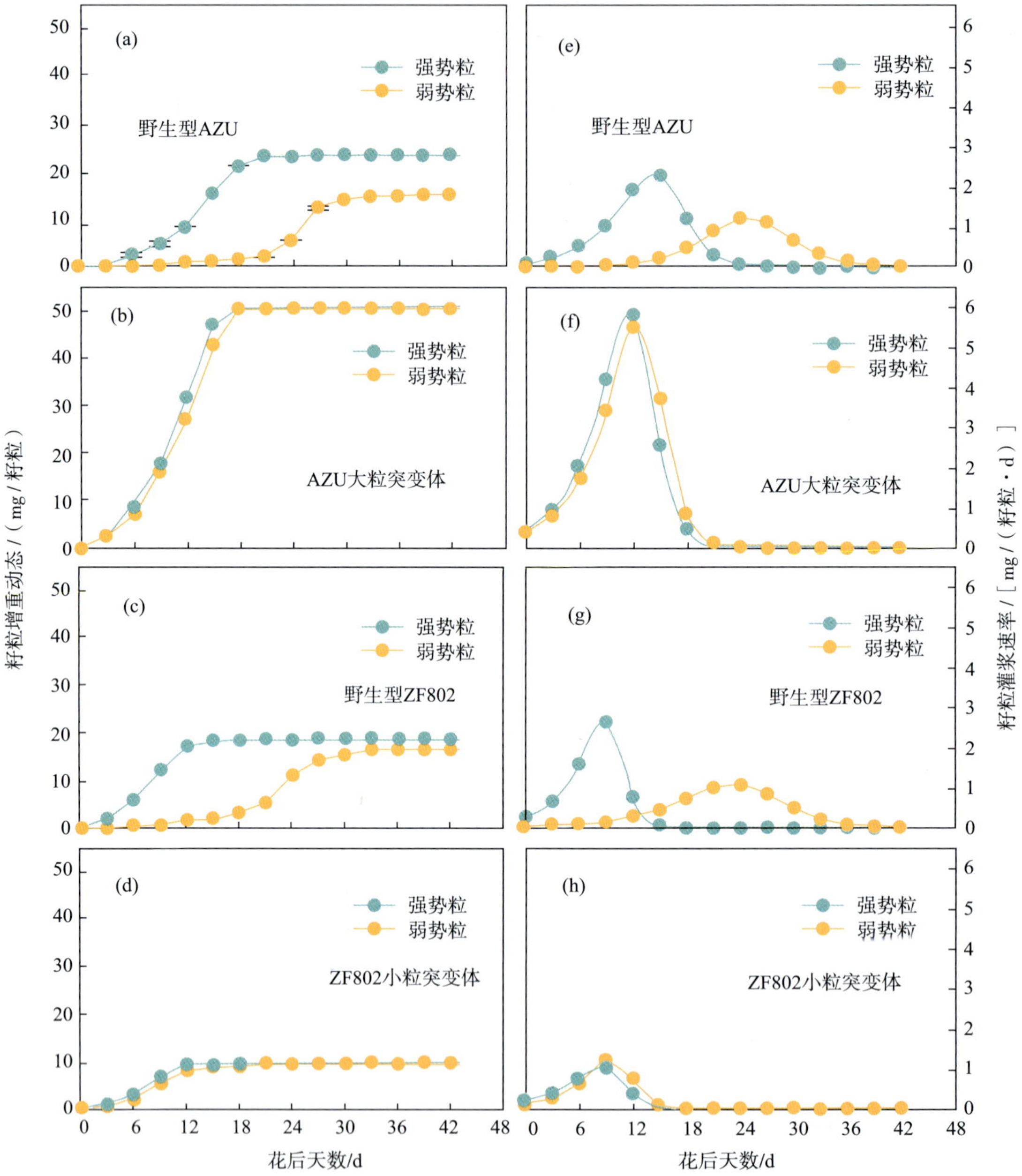

图 5-78　水稻强、弱势粒粒重和籽粒灌浆速率的变化(Zhang et al., 2016)

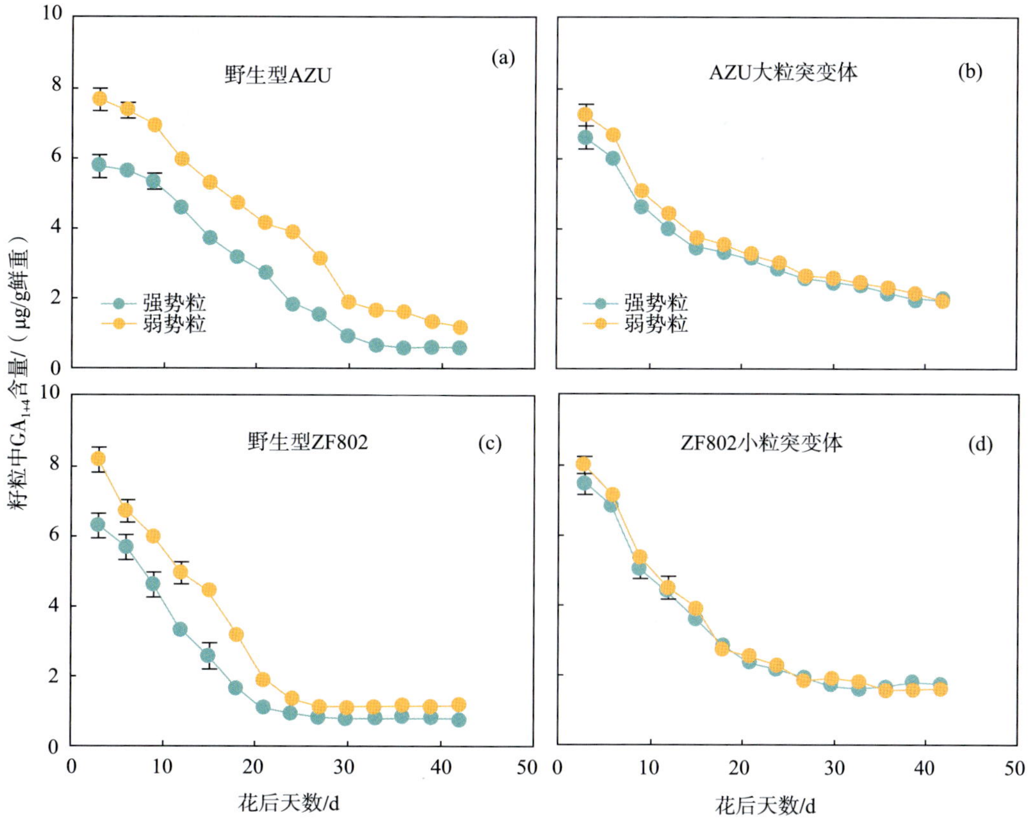

图 5-79　水稻强、弱势粒赤霉素含量的变化(Zhang et al.，2016)

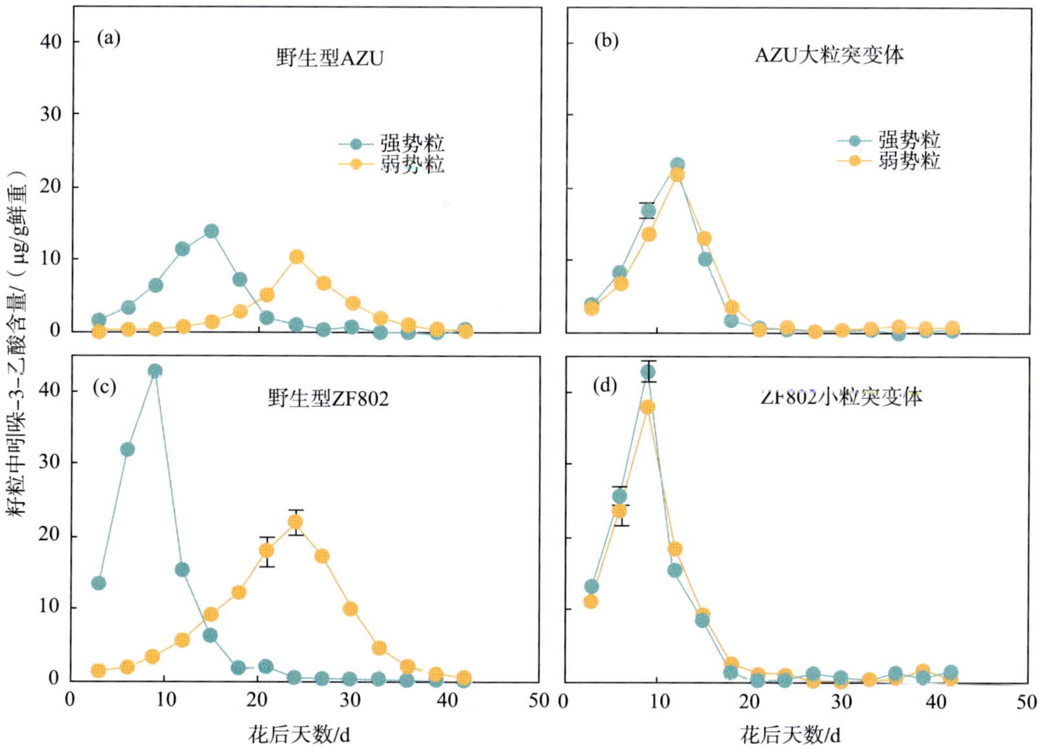

图 5-80　水稻强、弱势粒吲哚-3-乙酸含量的变化(Zhang et al.，2016)

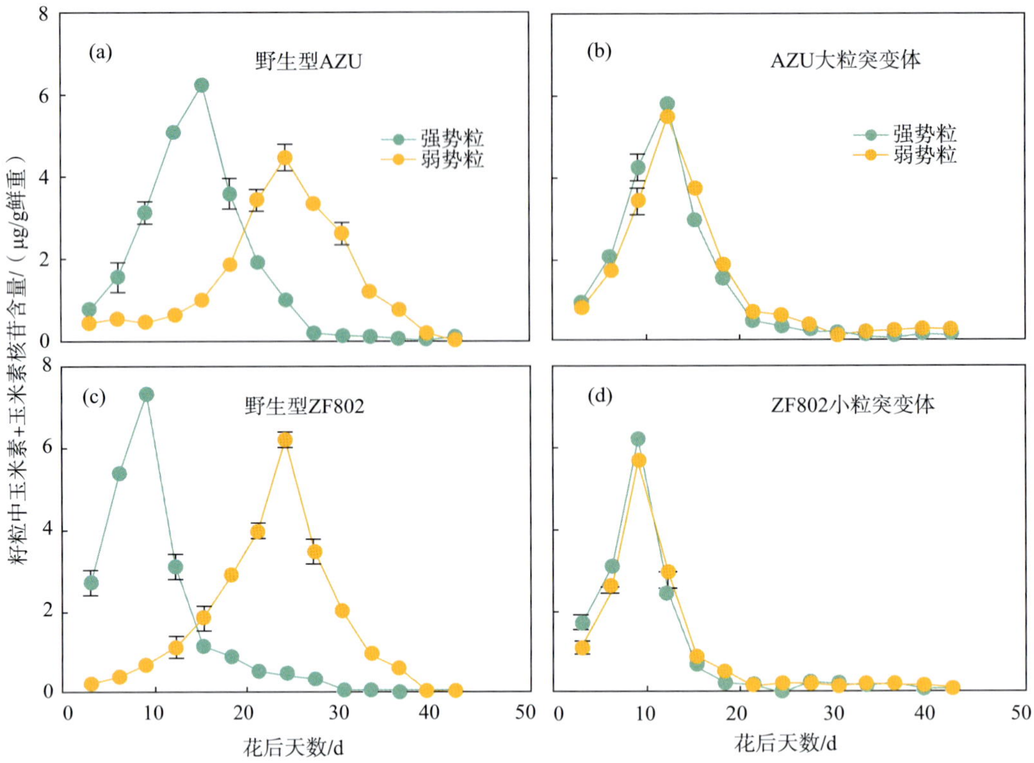

图 5-81　水稻强、弱势粒中玉米素＋玉米素核苷含量的变化（Zhang et al.，2016）

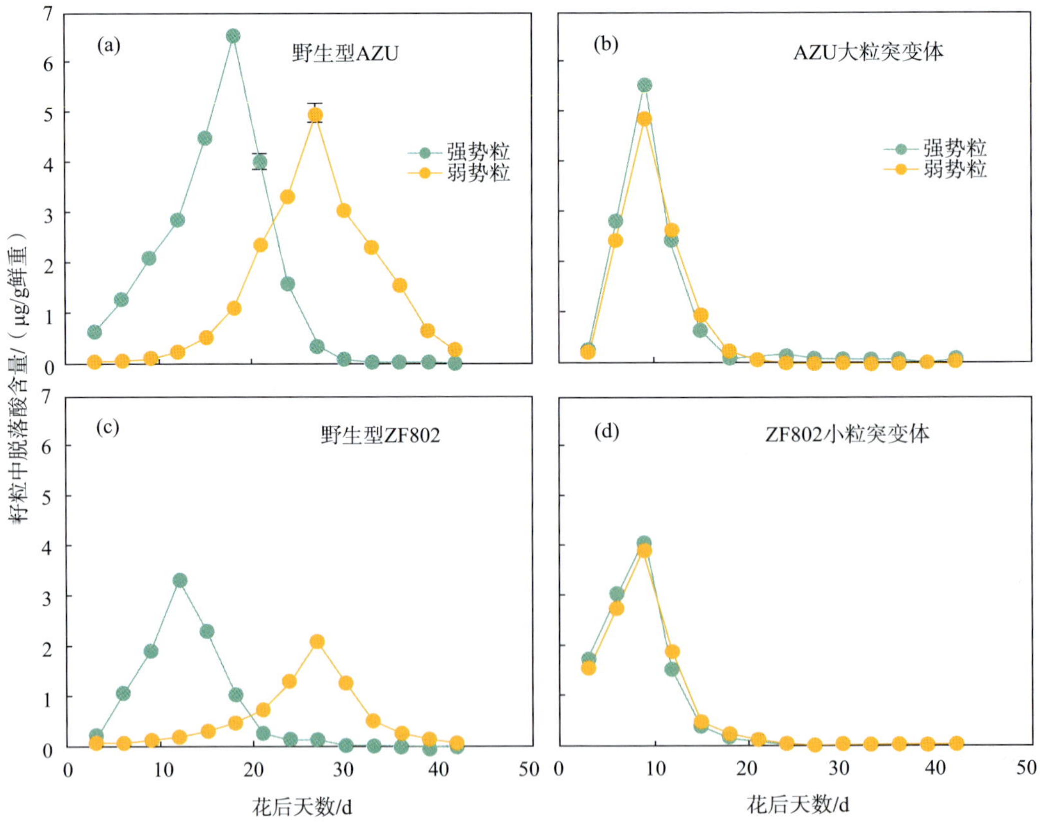

图 5-82　水稻强、弱势粒中脱落酸含量的变化（Zhang et al.，2016）

④强、弱势粒多胺含量变化

多胺含量表现为随籽粒灌浆进程逐渐增加，后期呈现逐渐下降的趋势。在灌浆前期，强势粒多胺含量大于弱势粒，在灌浆后期弱势粒多胺含量大于强势粒，Put 弱势粒峰显著高于强势粒，Spd 和 Spm 强势粒峰值高于弱势粒峰值。与各自对照相比，突变体内源多胺含量在强、弱势粒间差异较小，这与籽粒灌浆的变化趋势一致(图 5-83)。

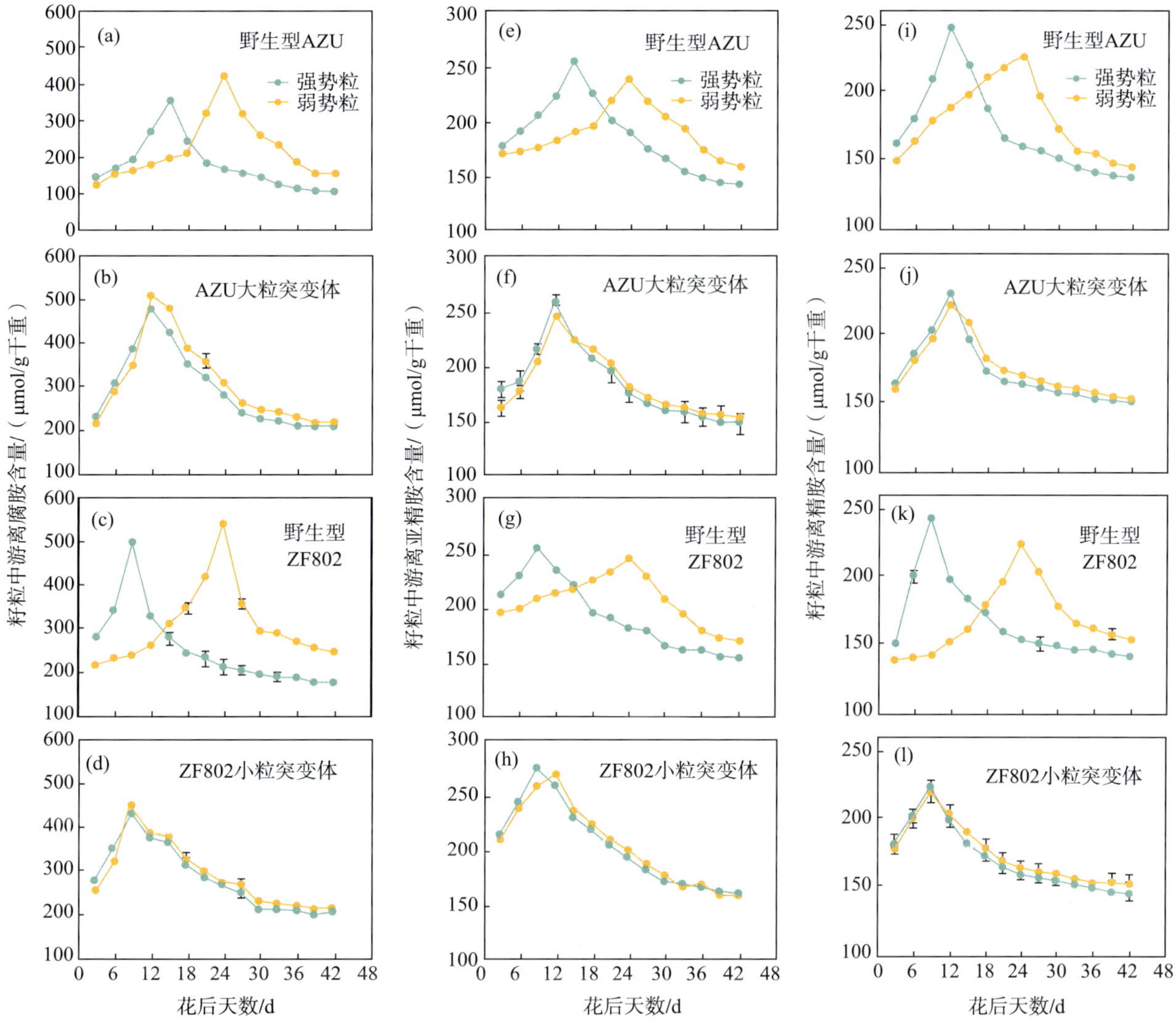

图 5-83　水稻强、弱势粒中腐胺、亚精胺和精胺含量的变化(Zhang et al.，2016)

⑤内源激素含量与籽粒灌浆速率及胚乳细胞增殖速率的关系

相关分析表明，籽粒中 Z+ZR、IAA 和 ABA 的含量与籽粒灌浆速率呈显著正相关(r=0.51～0.86，P<0.01)与胚乳增殖速率的相关也极显著(r=0.46～0.68，P<0.01)。GA_{1+4} 与籽粒灌浆速率和胚乳增殖速率相关性不显著(r=0.19～0.211，P>0.05)。籽粒中 Put、Spd 和 Spm 含量与籽粒灌浆速率和胚乳增殖速率均呈显著正相关(r=0.657～0.76，P<0.01)(图 5-84 至图 5-85)。

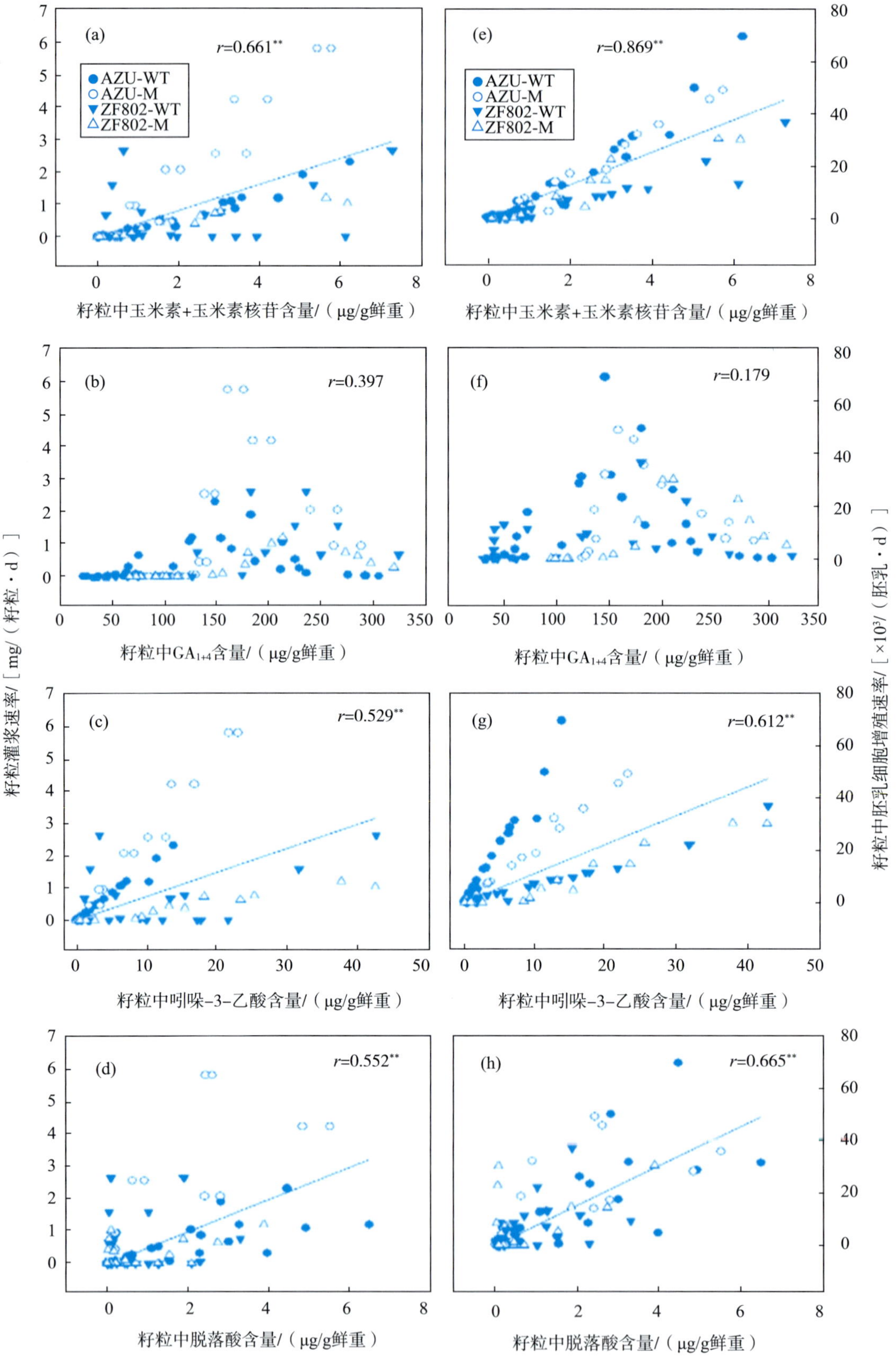

图 5-84　水稻籽粒中玉米素＋玉米素核苷、赤霉素、吲哚-3-乙酸、脱落酸含量与籽粒灌浆速率及胚乳细胞增殖速率间的关系(Zhang et al.，2016)

注：** 表示在 $P=0.01$ 水平上显著。

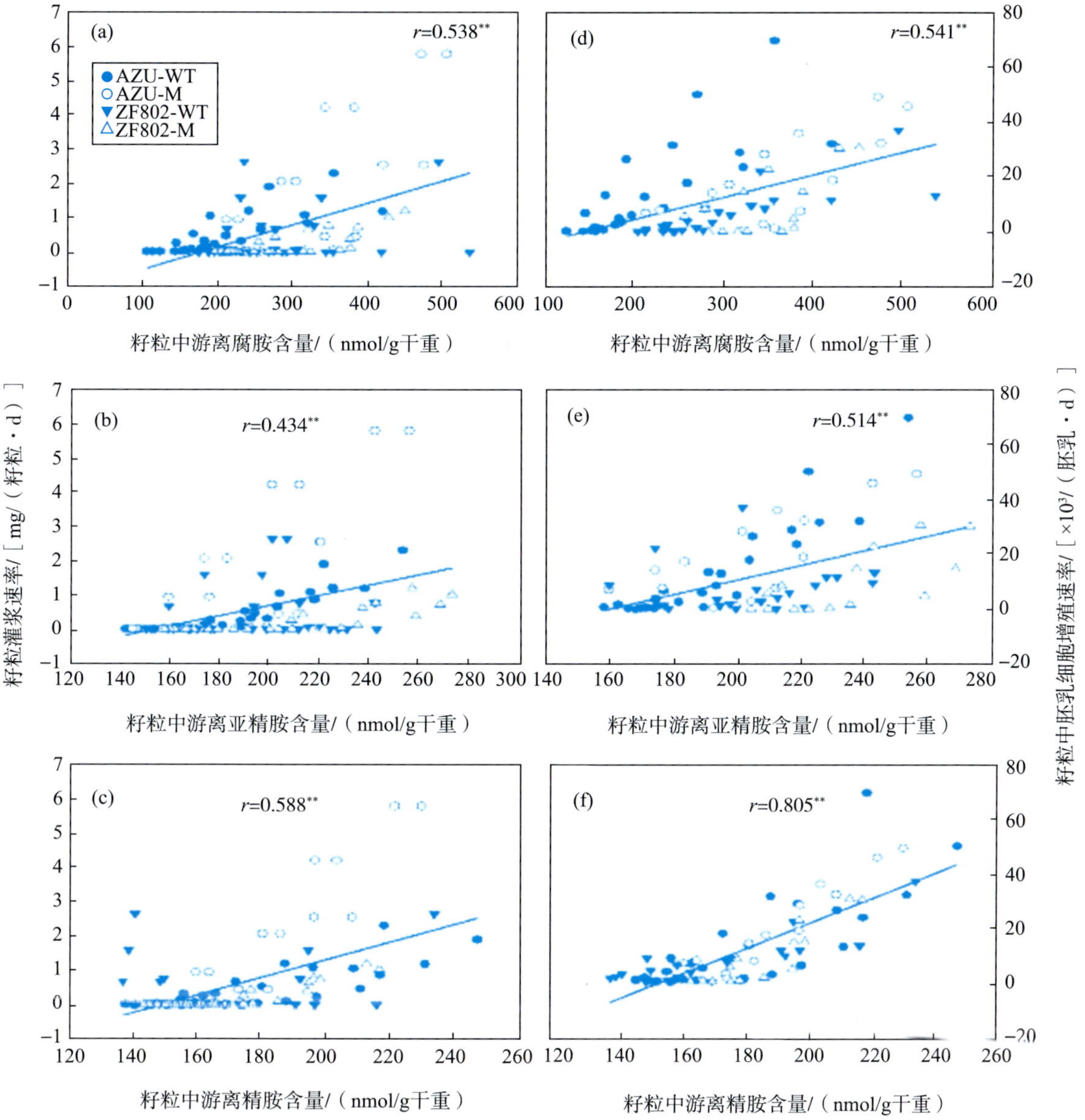

图 5-85　水稻籽粒中腐胺、亚精胺和精胺含量与籽粒灌浆速率及胚乳细胞增殖速率间的关系(Zhang et al.，2016)

注：** 表示在 $P=0.01$ 水平上显著。

(3)讨论

大多水稻品种的千粒重为 22～30 g。本试验选用的 AZU 大粒突变体千粒重达 63 g 左右，较其对照(野生型)高出 1 倍多，而 ZF802 小粒突变体千粒重只有 12 g 左右，较其对照粒重低 50%。两种突变体的每穗颖花数与其对照无显著差异，但其结实率均显著低于对照，因而其产量均显著低于对照。从物质生产方面分析其原因，AZU 大粒突变体和 ZF802 小粒突变体的干物质积累显著低于对照。从单位叶面积的光合能力分析，这两种突变体的叶片叶绿素含量显著高于对照，其叶片光合速率也显著高于对照。但两个突变体的叶面积指数显著低于对照。AZU 大粒突变体的叶面积指数小，主要由于其分蘖能力弱，单位面积有效茎蘖数和穗数少；ZF802 小粒突变体叶面积指数小主要是由于单株有效叶面积小。群体生长量小造成了这两个突变体材料的物质生产能力不足，导致了产量降低。本研究表明，AZU 大粒突变体和 ZF802 小粒突变体结实率低，主要是受精率低、空粒多，秕粒率与其对照无显著差异。为什么两个突变体的受精率低？我们观察到，田间小区边行 AZU 大粒突变体的结实率与其野生型 AZU 无显著差异；施用粒肥，明显提高了 AZU 大粒突变体的受精率和结实率，说明 AZU 大粒突变体的受精率低并非是遗传障碍。笔者推测，AZU 大粒突变体的籽粒库太大，受精时需要的能量或同化物质供应不能满足受精的需要，因而造成受精率低和结实率低。我们还观察到，ZF802 小粒突变体在开花时，部分颖花内、外颖张开后不闭合，这可能是其受精率低和结实率低的主要原因。对于 AZU 大粒突变体和 ZF802 小粒突变体受精率低和结实率低的深层次原因，还有待深入分析。

水稻穗上不同部位粒位灌浆有显著差异。稻穗中上部的强势粒开花早、灌浆快、充实好，稻穗下部的弱势粒开花晚、灌浆慢、充实度不足。同步灌浆类型品种的强、弱势粒灌浆速率和充实度差异小，异步灌浆类型的强、弱势粒灌浆充实度差异大。本研究选用的 AZU 大粒突变体和 ZF802 小粒突变体，与其对照相比，突变体的胚乳细胞增殖速率、籽粒灌浆速率、胚乳细胞数和粒重在强、弱势粒间差异很小，表现为同步灌浆，而其对照表现为异步灌浆。为什么突变体的强、弱势粒灌浆表现为同步灌浆？从源库关系分析，AZU 大粒突变体和 ZF802 小粒突变体因受精率低，灌浆期的库较小，每个籽粒特别是弱势粒得到的同化物质相对较多，因而有利于弱势粒的灌浆。

稻米的胚乳约占糙米重的 90%。因此，水稻的胚乳重量决定了粒重的大小。而胚乳重决定于胚乳细胞数和单个胚乳细胞重。以往研究认为，水稻胚乳重和粒重的大小主要决定于胚乳细胞数的多寡，与单个胚乳细胞重的关系不大（Yang et al.，2002）。但本研究观察到，AZU 大粒突变体强、弱势粒的胚乳细胞数显著少于对照 AZU 强势粒的胚乳细胞数，与对照 AZU 弱势粒的胚乳细胞数无显著差异，AZU 大粒突变体的粒重大主要在于单个胚乳细胞的重量大。与对照 ZF802 相比，ZF802 小粒突变体强、弱势粒的胚乳细胞数和单个胚乳细胞重均显著较少、较轻。说明水稻粒重的高低既决定于胚乳细胞的发育状况（胚乳细胞数），也决定于胚乳细胞的充实状况（单个胚乳细胞重）。

本研究观察到，这些激素含量的变化趋势与胚乳细胞增殖速率和籽粒灌浆速率的变化趋势非常吻合；籽粒中 Z+ZR、IAA 和 ABA 含量与胚乳细胞增殖速率及籽粒灌浆速率呈显著正相关；AZU 大粒突变体、ZF802 小粒突变体的籽粒中激素含量的变化特点调控了其胚乳发育和籽粒灌浆特征。有关细胞分裂素（如 Z+ZR）和 IAA 对籽粒灌浆的调控作用相对比较清楚。在灌浆早期，Z+ZR 和 IAA 可协同促进胚乳细胞分裂；在灌浆中后期，Z+ZR 则可以延缓植株衰老，延长籽粒灌浆时间（朱庆森等，1997；杨建昌等，2006）。IAA 还可产生顶端优势，对细胞分裂素等产生“拉力”，进而促进籽粒灌浆（萧浪涛等，2002；张蜀秋等，1999）。对于 ABA 促进胚乳细胞分裂和籽粒灌浆速率的机制还不清楚。许多研究指出，ABA 促进了光合同化产物向籽粒中的运转。有关 ABA 促进水稻籽粒灌浆的机理，尚需深入研究。有研究表明，在灌浆早期，强、弱势粒中 GAs（GA_{1+4}）的含量都较高并与胚的快速扩增有关（Yang et al.，2001）。本研究观察到，水稻弱势粒中 GAs 含量高于强势粒，灌浆期 GA_{1+4} 含量变化与胚乳细胞的分裂以及籽粒灌浆速率的相关性不显著。Zhang 等（2009）和 Yang 等（2001）也有类似研究结果。这些结果表明，虽然 GAs 在水稻胚形成过程中发挥重要作用，但在花后籽粒发育过程中，GAs 对水稻胚乳细胞分裂和籽粒灌浆的调控作用较小。本研究观察到，灌浆期籽粒中 Put、Spd 和 Spm 的含量，强势粒高于弱势粒；籽粒 Put、Spd 和 Spm 含量与胚乳细胞增殖速率和籽粒灌浆速率呈极显著正相关。说明多胺对水稻胚乳发育和籽粒灌浆也起调控作用。笔者推测，内源多胺通过调节籽粒蔗糖-淀粉代谢途径关键酶活性，实现对籽粒灌浆的调节。

（4）结论

两个突变体的强、弱势粒的灌浆速率和胚乳细胞增殖速率无显著差异。然而，这些特征在两个野生型材料强、弱势粒之间有显著差异。强势粒灌浆更快，且粒重显著高于弱势粒。IAA、Z+ZR、ABA 和 PAs（精胺和亚精胺）浓度的变化与两种类型突变体及其野生型强、弱势粒灌浆速率和胚乳细胞增殖速率一致。外源化学喷施实验也证实了 IAA、ABA 和 PAs 在植物籽粒灌浆中的作用。水稻弱势粒灌浆差主要归咎于籽粒中较低 Z+ZR、IAA、ABA、PA 含量，导致胚乳细胞增殖速率小，胚乳细胞数量较少，籽粒灌浆速率慢，因而籽粒容重小。

4. 水稻籽粒灌浆对土壤水分的响应

水稻等谷类作物在结实期遭受干旱胁迫，会使籽粒灌浆期缩短，粒重减轻，从而导致减产（Kobata and Takami，1983；Rahman and Yoshida，1985）。作物产量减少主要是由于籽粒灌浆速率和（或）灌浆持续时间的降低和减少，究其原因是库器官（籽粒）量的减少和（或）库活性的降低。脱落酸（ABA）和乙烯被认为是植物对逆境做出响应的主要激素。土壤干旱可以促进玉米败育籽粒中 ABA 的积累（Ober et al.，1991）。水分胁迫下小麦授粉不良和粒重减少与 ABA 浓度的提高有密切关系（Ahmadi and Baker，1999；Saini and Aspinall，1982）。但也有许多报道指出，ABA 可以促进库器官干物质的积累，而且 ABA 的浓度与籽粒或果实的生长速率密切相关（Kato et al.，1993；Yang et al.，2000；Schussler et al.，1991）。水分胁迫能引起 1-氨基环丙烷-1-羧酸（ACC）合成酶的增加，从而导致干旱条件下 ACC 的增加和乙烯的大量释放（陈益民等，1988；宋凤斌等，2002）。有研究报道，干旱可诱导乙烯过量的释放并导致棉花的花蕾败育和小麦粒重的降低（许振柱等，1995）。但也有不同的研究结论，Morgan 等观察到，在干旱胁迫下植物释放的乙烯不是增加了，而是减少了（Morgan and Drew，1997）。近年来，Yang 等和王维等研究表明，如果在水稻和小麦灌浆的中后期进行适度的土壤干旱（或土壤落干，Soil-drying）处理，即植株的水分状况在第二天早晨得以恢复，光合作用不受到严重抑制，则这种适度的干旱可促进籽粒灌浆（Yang and Zhang，2006；王维等，2004）。但有关适度干旱或土壤落干促进籽粒灌浆的生理机制，缺乏深入的研究。

（1）试验处理

供试品种为扬稻 6 号（籼稻）和武运粳 8 号（粳稻），种植于盆钵。盆栽土有机质含量 2.42%，有效氮 110 mg/kg，速效磷 34.6 mg/kg，速效钾 66.6 mg/kg。5 月 8—10 日播种，大田育秧，6 月 8—10 日移栽至盆钵。每盆栽 3 穴，双本栽。移栽前每盆施尿素 2 g 和磷酸二氢钾 0.5 g。分别于移栽后 7 d、穗分化始期（叶龄余数 3.5）和破口期（10%植株抽穗）每盆施尿素 0.5 g、1 g 和 0.8 g。自移栽至抽穗后9 d，盆钵内保持 1～2 cm 水层。

自抽穗后 9 d 至成熟，进行 3 种土壤水分处理：①保持浅水层（土壤水势为 0 kPa，WW）；②土壤轻度落干（土壤水势保持在 −30～−10 kPa，MD）；③土壤重度落干（土壤水势保持在 −60～−40 kPa，SD）。盆钵内安装真空表式负压计（中国科学院南京土壤研究所生产）监测土壤水分，塑料大棚挡雨。每天 6:00—7:00、12:00—13:00、17:00—18:00 时记录负压计读数，当读数达到设计值时，每盆浇水 0.4 L（MD）和 0.2 L（SD），每处理重复 40 盆。

（2）结果与分析

①土壤水分对水稻籽粒灌浆速率的影响

MD 提高了籽粒灌浆速率，缩短了灌浆期。但由于灌浆速率增加之得大于光合作用减少灌浆期缩短之失，其结果使得粒重明显较 WW 的粒重增加。SD 处理既明显降低了灌浆速率，又缩短了灌浆期，其结果导致粒重显著下降（图 5-86）。

②土壤水分对水稻籽粒中过氧化氢酶（CAT）、过氧化物酶（POD）和超氧化物歧化酶（SOD）活性的影响

水稻籽粒中 CAT、POD 和 SOD 活性均呈单峰曲线，即随开花后的天数不断增加，达到最大值后下降。CAT 和 SOD 活性变化趋势与籽粒灌浆速率相吻合，且峰值大概出现在籽粒灌浆速率最大时；POD 活性峰值比籽粒最大灌浆速率有所提前。与保持浅水层（WW）相比，土壤轻度落干（MD）处理提高了上述 3 种酶的活性；在土壤重度落干（SD）处理下，这 3 种酶活性在处理前期显著提高，但在处理后期酶活性显著降低。弱势粒中 CAT、POD 和 SOD 活性灌浆前期低于强势粒，灌浆后期则相反。弱势粒中酶活性的峰值出现的时间要比强势粒出现迟，且受土壤水分的影响要大于强势粒。CAT 酶活性的最大值在强、弱势籽粒间无显著差异；SOD 酶活性的最大值，弱势籽粒略低于强势粒；而 POD 酶活性的最大值，弱势籽粒显著高于强势粒（图 5-87）。

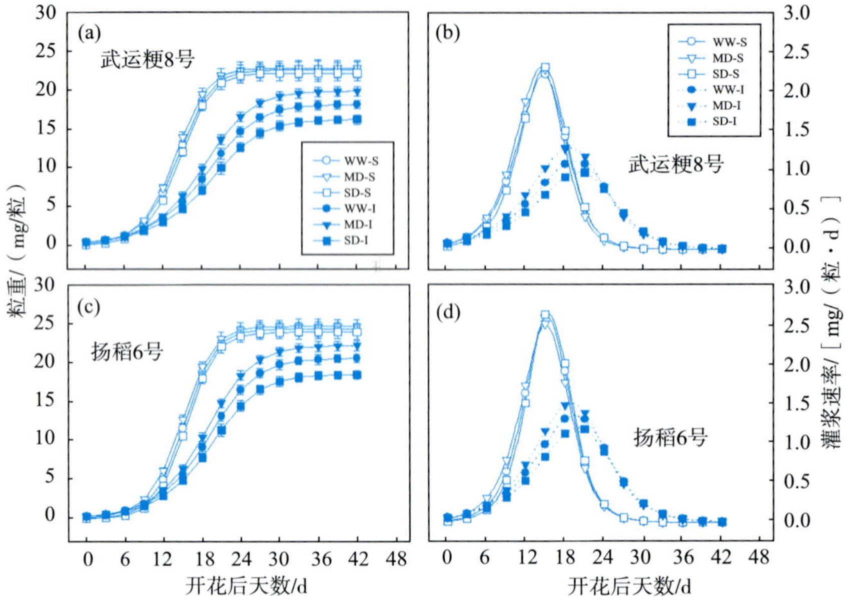

图 5-86 水稻粒重和籽粒灌浆速率的变化(Zhang et al.，2015)

注：WW，保持浅水层；MD，土壤轻度落干；SD，土壤重度落干。S，强势粒；I，弱势粒。

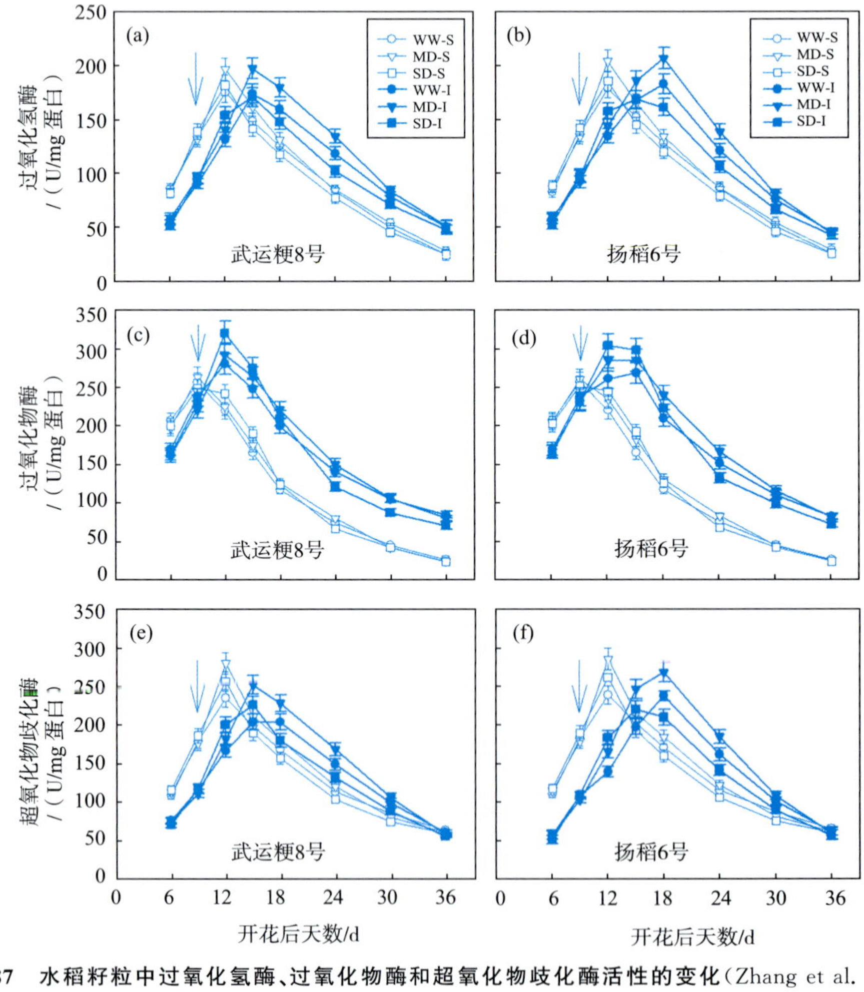

图 5-87 水稻籽粒中过氧化氢酶、过氧化物酶和超氧化物歧化酶活性的变化(Zhang et al.，2015)

注：WW，保持浅水层；MD，土壤轻度落干；SD，土壤重度落干。S，强势粒；I，弱势粒。

③土壤水分对水稻籽粒中超氧阴离子($O_2^{\cdot -}$)和丙二醛(MDA)含量的影响

水稻籽粒中超氧阴离子的生成速率在灌浆初期变化较小,随籽粒灌浆进程而增大。与 WW 处理相比,MD 处理籽粒中超氧阴离子的生成速率略有提高,但差异不显著;SD 处理显著提高了籽粒中超氧阴离子的生成速率。值得注意的是,在灌浆即将结束时 SD 处理超氧阴离子的生成速率增加显著降低,这可能与胚乳细胞膜结构发生变化有关。超氧阴离子的生成速率在强、弱势籽粒间差异不显著,但土壤水分对弱势粒的影响大于强势粒。籽粒中 MDA 含量与超氧阴离子的生成速率变化趋势一致。与 WW 处理相比,SD 处理显著提高了籽粒 MDA 含量,MD 处理的 MDA 含量与 WW 处理差异不显著。在各土壤水分处理下 MDA 含量在强、弱势籽粒差异也不显著,但土壤水分对弱势粒的影响大于强势粒(图 5-88)。

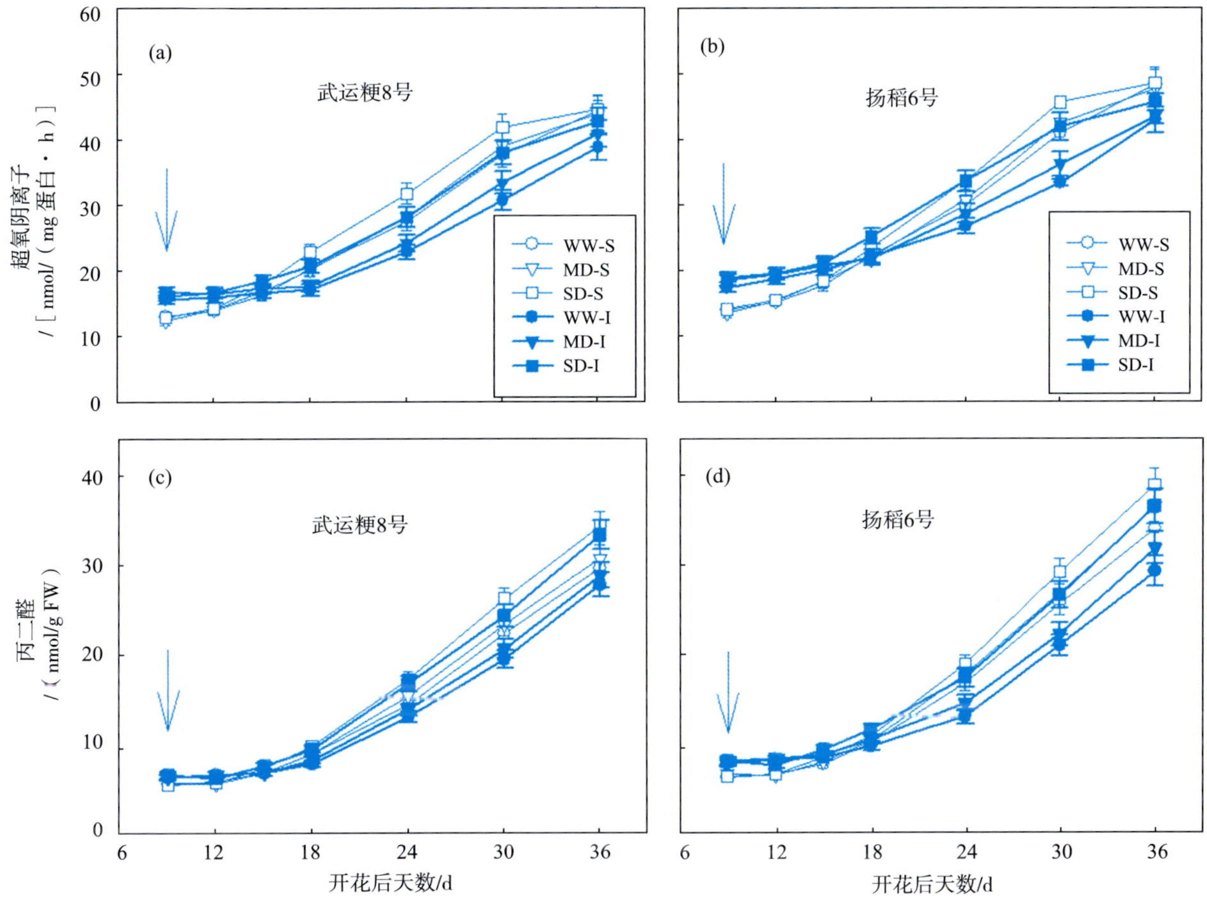

图 5-88 水稻籽粒中超氧阴离子和丙二醛含量的变化(Zhang et al., 2015)

注:WW,保持浅水层;MD,土壤轻度落干;SD,土壤重度落干。S,强势粒;I,弱势粒。

④土壤水分对水稻籽粒中脱落酸(ABA)、乙烯和 1-氨基环丙烷-1-羧酸(ACC)浓度的影响

在籽粒灌浆的起始阶段,ABA 含量较低,随着籽粒生育进程而不断增加,达到最大值后下降。ABA 浓度随土壤水分的降低而增加。籽粒中乙烯的释放速率在灌浆早期很高,随灌浆天数的增加而迅速降低。与 WW 处理相比,MD 处理使籽粒的乙烯释放速率降低,SD 处理则使籽粒的乙烯释放速率增加。籽粒中 ACC 浓度的变化与籽粒的乙烯释放速率的变化趋势一致。MD 处理使籽粒中 ACC 浓度降低,SD 处理则使籽粒中 ACC 浓度增加。两品种表现一致(图 5-89)。

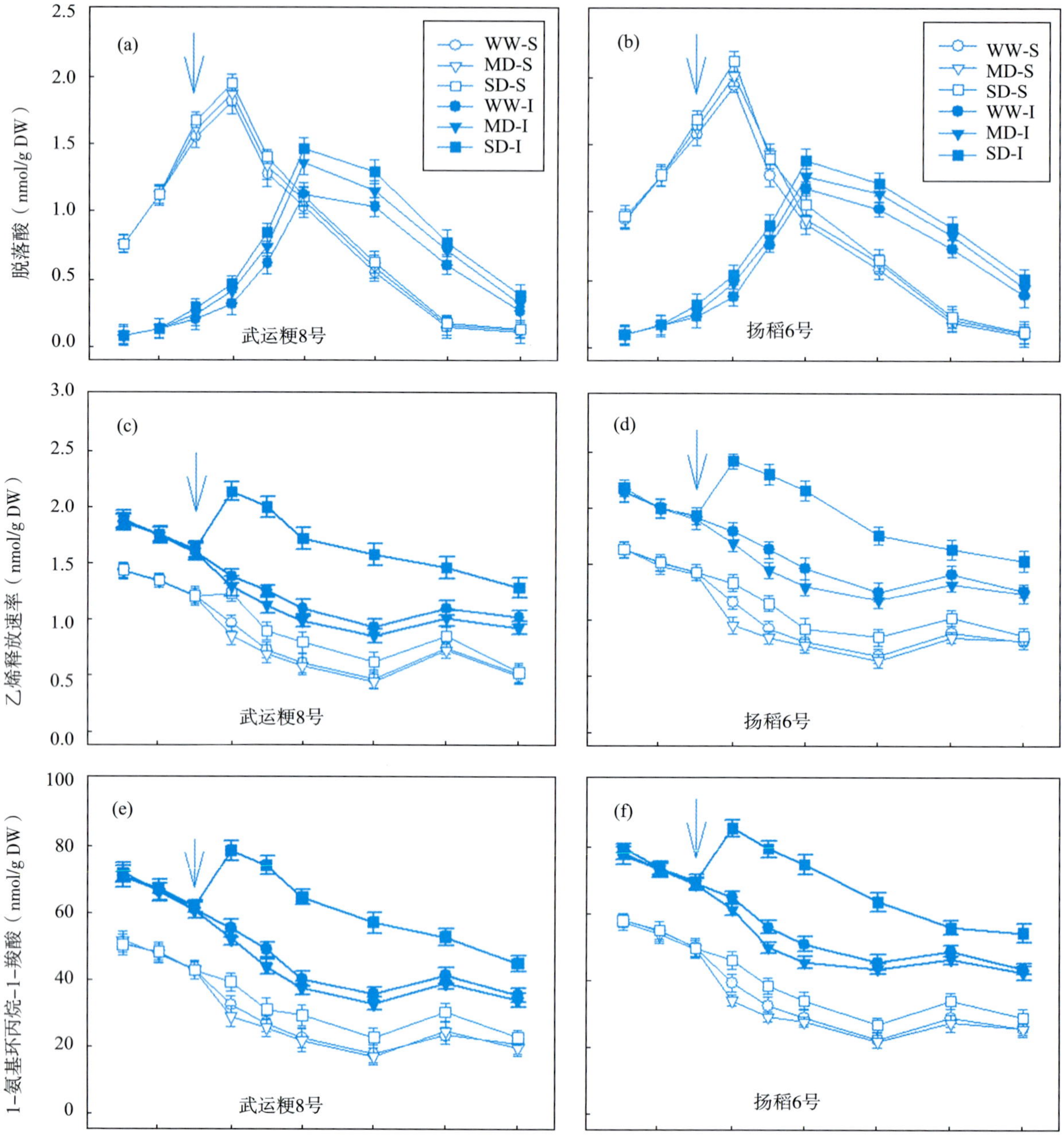

图 5-89　水稻籽粒中脱落酸、乙烯和 1-氨基环丙烷-1-羧酸浓度的变化(Zhang et al.，2015)

注：WW，保持浅水层；MD，土壤轻度落干；SD，土壤重度落干。S，强势粒；I，弱势粒。

⑤土壤水分对水稻籽粒中脱落酸与 1-氨基环丙烷-1-羧酸的比值(ABA/ACC)的影响

与 WW 相比，在花后 9～18 d 或 9～24 d，MD 处理增加了 ABA 与 ACC 的比值，而 SD 处理则在灌浆中后期降低了 ABA 与 ACC 的比值。说明在土壤重度落干状况下虽 ABA 和乙烯释放速率均增加，但籽粒中乙烯水平的增加超过 ABA 浓度的增加(图 5-90)。

⑥水稻籽粒中 ABA、乙烯及 ACC 与膜脂过氧化的关系

籽粒灌浆速率与 SOD 及 CAT 活性呈极显著或显著正相关，与 DNA 和 RNA 含量也呈极显著或显著正相关，与 MDA 含量呈显著负相关。表明较高 SOD 和 CAT 活性可以更有效地清除活性氧，提高胚乳细胞生理活性，促进籽粒灌浆。ABA 与 SOD 活性及 CAT 活性呈极显著或显著正相关，与 MDA 含量呈显著负相关。乙烯释放速率及 ACC 含量与 SOD 活性呈显著负相关，与超氧阴离子生成速率呈显

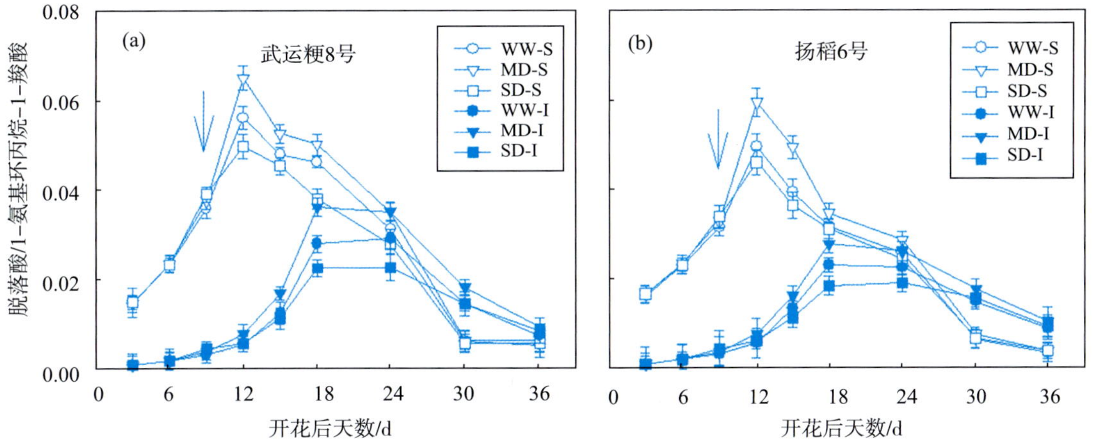

图 5-90 水稻籽粒中脱落酸与 1-氨基环丙烷-1-羧酸的比值变化(Zhang et al.，2015)

注：WW，保持浅水层；MD，土壤轻度落干；SD，土壤重度落干。S，强势粒；I，弱势粒。

著正相关。ABA/ACC 值与 SOD 呈极显著正相关。说明 ABA 有利于提高 SOD 和 CAT 活性，增强清除自由基的能力；而乙烯则促进活性氧系统的生成，增加自由基的产生。较高的 ABA 与 ACC 的比值有利于提高籽粒胚乳细胞生理活性，抑制或减缓胚乳细胞的衰老(表 5-44)。

表 5-44 水稻籽粒灌浆速率、脱落酸和 1-氨基环丙烷-1-羧酸浓度、乙烯释放速率及脱落酸与 1-氨基环丙烷-1-羧酸的比值与膜脂过氧化的相关性(Zhang et al.，2015)

项目	灌浆速率	脱落酸	乙烯	1-氨基环丙烷-1-羧酸	脱落酸与 1-氨基环丙烷-1-羧酸的比值
过氧化氢酶	0.485*	0.576*	−0.305	−0.298	0.006
超氧化物歧化酶	0.710**	0.787**	−0.426*	−0.544*	0.530**
过氧化物酶	0.243	0.381	−0.243	−0.217	0.186
丙二醛	−0.476*	−0.463*	0.229	0.316	−0.013
超氧阴离子	−0.278	−0.314	0.418*	0.407*	0.264
灌浆速率	0.442*	0.451*	0.236	−0.236	0.009

注：*，0.05 水平上显著；**，0.01 水平上显著。

(3)讨论

以往的研究表明，结实期遭受土壤干旱会降低籽粒灌浆速率、缩短灌浆时间，从而导致结实率和粒重的降低(Kobata and Takami，1983；Rahman and Yoshida，1985)。本研究的土壤重度落干处理(SD)也得到了类似的结果。但本研究观察到，结实期进行土壤轻度落干(MD)处理，即在开花受精的敏感期后，土壤水势保持在−30～−10 kPa，植株的水分状况在夜间得以恢复，则这种土壤落干处理可以促进同化物向籽粒的运转，促进籽粒灌浆，提高结实率和粒重。这与 Yang 等和王维等研究结果相一致。他们的研究表明，结实期适度的土壤干旱提高了茎鞘中蔗糖磷酸合成酶(SPS)、α-/β-淀粉酶活性，增强了库的受容活性和茎鞘中淀粉的水解和蔗糖的合成，从而促进了茎中碳水化合物向籽粒的运转，提高了茎鞘物质输出率和转化率；同时这种干旱处理还提高了籽粒中蔗糖-淀粉代谢途径的关键酶的活性，虽然缩短了灌浆期，但显著提高了籽粒灌浆速率，结果使同化物再调运增加和灌浆速率加快之得超过了灌浆期缩短之失，从而增加了结实率、粒重和产量(Yang and Zhang，2006；王维等，2004)。不仅如此，结实期适度的土壤干旱或干湿交替灌溉还可以改善稻米的品质(杨建昌等，2005；蔡一霞等，2002)。据此，建议将土壤水势−30～−10 kPa 可作为结实期(开花受精后)水稻高产、优质灌溉的低限土壤水势指标。

有关土壤水分对SOD、CAT和POD 3种酶活性的影响，前人研究结果不一。蒋明义等在水稻幼苗上发现，在轻度水分胁迫下SOD、CAT、POD 3种酶活性随时间的延长不断增加，在重度水分胁迫下SOD、POD有升高现象(Jiang et al.，1991)。王贺正等报道轻度水分胁迫下，水稻剑叶SOD、CAT和POD 3种酶活性逐渐增强，以后随着时间的延长和胁迫程度的增加，3种酶活性均下降(Wang et al.，2007)。本研究表明，水稻灌浆过程中籽粒中CAT、POD和SOD活性均呈单峰曲线。MD处理能增强CAT、POD和SOD活性；在SD处理下，处理前期3种酶活性显著提高，但在处理后期酶活性则显著降低；弱势粒中CAT、POD和SOD活性灌浆前期低于强势粒，灌浆后期则相反。说明土壤水分对上述3种酶的活性的影响因土壤落干的程度、测定的时间及强、弱势粒的不同而有很大差异。

本试验结果表明，籽粒中ABA浓度的积累与籽粒灌浆速率变化趋势一致，且呈显著正相关。在MD处理下，随着籽粒中ABA浓度的增加，籽粒灌浆速率也随之提高。表明WW处理下，籽粒中较低的ABA浓度是籽粒灌浆较慢的主要原因，说明籽粒中较高的ABA浓度有利于维持较高的籽粒灌浆速率。以往对乙烯在水分胁迫条件下是增加还是减少，存在着很大的争议(Morgan and Drew，1997)。本研究表明，籽粒乙烯释放速率在土壤轻度落干处理下降低，在土壤重度落干下明显增加。由此推测，在干旱条件下植株体内乙烯产生的增加或减少取决于土壤水分胁迫的程度。即乙烯释放速率在轻度的水分胁迫条件下会下降，在严重水分胁迫条件下则增加。本试验还观察到，灌浆期籽粒中乙烯释放速率的变化与籽粒中ACC浓度的变化趋势一致，它们呈极显著正相关；籽粒中ACC浓度的变化动态还与根系伤流液中ACC浓度的变化动态相一致，两者之间高度正相关。与根系伤流液相类似，MD处理根系中ACC浓度较低，SD处理根系中ACC浓度较高。表明作为乙烯合成的前体物质ACC，土壤重度落干下，根系中ACC可能作为根源信号(Root-sourced signal)输送到籽粒中，诱导籽粒中乙烯的合成，进而限制籽粒灌浆。

Davies指出，植物激素间可以起相互协同作用或起相互拮抗作用，正是促进和抑制物质之间的相互平衡最终决定植物的生长发育(Davies，2004)。本研究发现，籽粒灌浆速率不仅与ABA浓度和乙烯的释放速率有关，且与ABA和ACC的比值有关，籽粒灌浆速率与ABA/ACC值呈极显著正相关。土壤重度落干下，籽粒中ABA浓度和乙烯释放速率均明显增加，但ABA/ACC则显著下降。这表明在土壤重度落干条件下籽粒中乙烯释放速率的增加要大于ABA浓度的增加。应当指出的是，籽粒中ABA浓度过高也会产生灌浆期缩短、粒重降低等不利影响。综上所述，结实期进行土壤轻度落干处理，可以提高水稻籽粒灌浆速率。籽粒灌浆速率的提高与籽粒中ABA增加和乙烯减少有着密切关系。在土壤重度落干条件下，由于籽粒中乙烯的增加大于ABA的增加，导致籽粒灌浆速率和粒重减少。ABA和乙烯对水稻籽粒灌浆的调控不仅取决于两者的浓度，还取决于两者的平衡。籽粒中较高的ABA与乙烯的比值有利于促进水稻籽粒灌浆。ABA和乙烯对籽粒灌浆的调控作用，可能通过调控籽粒中蔗糖-淀粉代谢途径关键酶活性而实现，其机理有待深入研究。

(4)结论

与WW相比，MD处理增加了强弱势粒的灌浆速率及CAT、POD、SOD活性，而SD处理降低了。2个土壤落干处理都增加了籽粒中ABA、$O_2^{\cdot-}$和MDA含量，尤其在SD处理下增加更多。与WW相比，MD处理降低而SD处理增加了乙烯释放速率和1-氨基环丙烷-1-羧酸(ACC)浓度。在3个土壤水分处理中，ABA与ACC的比值(ABA/ACC)在MD处理下达到最大，而在SD处理下达到最小。ABA含量，CAT、POD、SOD活性以及ABA/ACC与籽粒灌浆速率呈极显著正相关关系；而乙烯、ACC、$O_2^{\cdot-}$浓度以及MDA含量与籽粒灌浆速率呈显著负相关关系。在灌浆早期，喷施硝酸钴或ABA，显著降低了籽粒中$O_2^{\cdot-}$浓度以及MDA含量，而增加了CAT、POD、SOD活性和籽粒灌浆速率，而喷施乙烯利或氟草酮的作用则相反。本研究结果说明，在花后适度土壤干旱条件下，籽粒中ABA含量的增加和乙烯释放速率的减少使籽粒中抗氧化酶活性增强和自由基减少，进而促进了水稻籽粒灌浆速率。

5. 水稻颖花发育对氮肥的响应

穗型大小是水稻重要的农艺性状，很大程度上决定了水稻产量。穗型大小取决于每穗颖花量，增加每穗颖花量是提高水稻库容和产量潜力的重要途径，因此一直是水稻高产或超高产的主攻方向（Zhang et al.，2017；Wang，1981）。每穗颖花数的多寡不仅取决于分化的颖花数，而且决定于退化的颖花数。"顶端退化"和"基部退化"是水稻颖花退化的普遍现象（Sikder and Gupta，1976；Murty and Murty，1982）。水稻颖花的退化不仅严重影响产量，也是水分养分高效利用的重要限制因素。如何减少水稻颖花的退化？这既是重要的科学问题，也是高产栽培实践需要经常面对的重要技术问题。但目前对于水稻颖花退化的机理缺乏深入认识。

水稻穗型的大小是由基因和环境共同决定的。氮素是决定作物产量的最重要因素，也是人为调控最频繁、影响力度最大的作物生长环境因子，其合理的管理对提高粮食产量和减少对环境的负面影响至关重要（Ntamatungiro et al.，1999；Tylaran et al.，2009）。生产上，在穗分化始期和颖花分化期合理施用氮肥能有效地促进颖花分化、减少颖花退化（Yoshida et al.，2006；Zhang et al.，2013）。然而，氮肥调控水稻颖花分化和退化的机理尚不清楚。

（1）试验处理

扬稻 6 号品种为材料。5 月 11—12 日大田播种，播种后 30 d 移栽于大田，株行距为 16 cm×25 cm，双本栽插。大田土壤含有机质 2.02%，有效氮 105.0 mg/kg，速效磷 34.2 mg/kg，速效钾 68.0 mg/kg。

设置 5 种穗肥处理：不施穗肥作为对照（CK），穗分化始期施肥（PI）（N1），颖花原基分化期施肥（SPD）（N2），花粉母细胞减数分裂期施肥（PMC）（N3），PI、SPD 和 PMC 分别施肥（N4）。所有处理均施基肥（移栽前 1 d）（PT）尿素折合纯氮 48 kg/hm^2 和分蘖肥（移栽后 7 d）（ET）尿素折合纯氮 36 kg/hm^2。播种前一次性施过磷酸钙（含 P_2O_5 13.5%），折合纯磷 90 kg/hm^2 和氯化钾（含 K_2O 52%），折合纯钾 90 kg/hm^2（穗肥处理详见表 5-45）。小区面积为 5 m×6 m，完全随机区组排列，重复 3 次。两个品种均在 8 月 10—15 日抽穗（50%穗子伸出剑叶叶鞘），10 月 10—15 日收获。全生育期严格控制病虫草害。

表 5-45　氮素穗肥处理设置（Zhang et al.，2019）

处理	氮素穗肥处理	施氮时期与施氮量/(kg/hm^2)				
		PT	ET	PI	SPD	PMC
CK	不施穗肥	48	36	0	0	0
N1	穗分化时期施肥(PI)	48	36	96	0	0
N2	颖花原基分化期(SPD)	48	36	0	96	0
N3	花粉母细胞减数分裂期(PMC)	48	36	0	0	96
N4	PI、SPD、PMC	48	36	32	32	32

注：PT，移栽前基肥；EF，分蘖早期（移栽后 7 d）。

（2）结果与分析

①幼穗中 BRs 含量的变化

在 3 个穗分化阶段中的相同氮处理下，穗上部 24-表油菜素甾酮和 28-高油菜素内酯含量均显著高于穗下部。相同穗部位内源 BRs 含量因施肥方式和穗分化阶段而异。SPD 期 N1 处理、PMC 期 N2 处理、PF 期 N3 处理在所有处理中 24-表油菜素甾酮和 28-高油菜素内酯含量最高。与对照相比，N4 处理也可以显著提高 SPD、PMC 和 PF 时期幼穗中 24-表油菜素甾酮和 28-高油菜素内酯含量。两品种在处理间的趋势一致（图 5-91）。

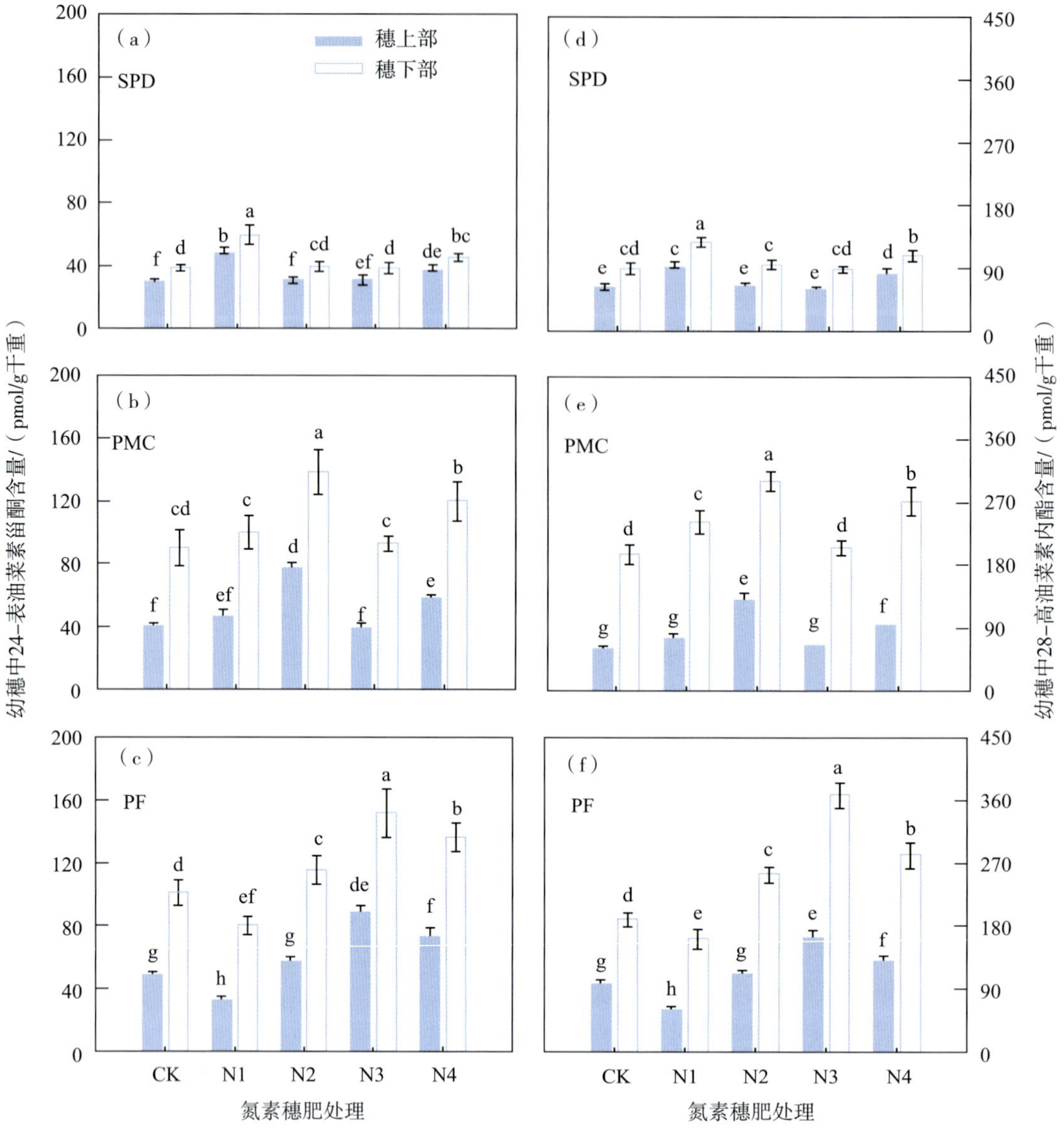

图 5-91 水稻幼穗中 24-表油菜素甾酮和 28-高油菜素内酯含量的变化(Zhang et al.,2019)

注:CK,不施穗肥作为对照;N1,穗分化始期施肥(PI);N2,颖花原基分化期施肥(SPD);N3,花粉母细胞减数分裂期施肥(PMC);N4,PI、SPD 和 PMC 分别施肥;PF,花粉内容物充实期。不同字母表示差异显著($P=0.05$)。

②油菜素甾醇(BRs)相关基因表达水平的变化

OsD2 和 *OsD11* 为 BRs 合成通路中两个限速酶的合成基因,*OsBRI1*(油菜素甾醇受体蛋白 1),*OsBZR1*(芸苔素唑抗性蛋白 1)和 *OsBAK1*(油菜素甾醇受体激酶 1)为 BRs 信号转导通路中关键受体蛋白(酶)的合成基因,其变化趋势与 24-表油菜素甾酮和 28-高油菜素内酯含量的变化趋势相一致。*OsGSK1* 和 *OsGSK2* 在各处理间的变化趋势与 24-表油菜素甾酮和 28-高油菜素内酯含量的变化趋势相反:在所有的穗分化阶段中相同氮处理下,*OsGSK1* 和 *OsGSK2* 在穗上部表达水平均显著低于穗下部。SPD 期 N1 处理、PMC 期 N2 处理、PF 期 N3 处理在所有处理中 *OsGSK1* 和 *OsGSK2* 表达水平最低。与对照相比,N4 处理也可以显著降低 SPD、PMC 和 PF 时期幼穗中 *OsGSK1* 和 *OsGSK2* 表达水平(图 5-92)。

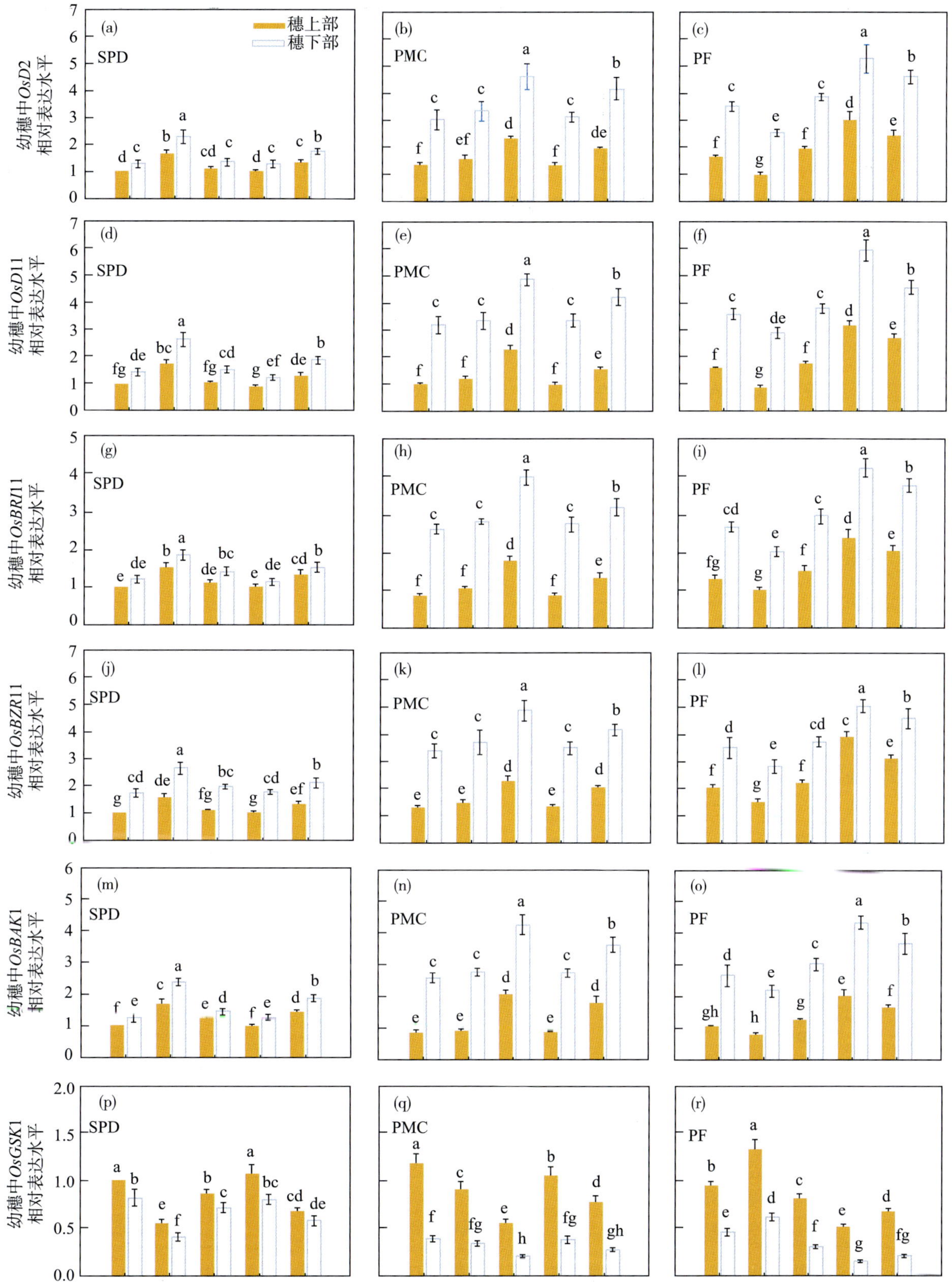
穗上部
穗下部
幼穗中OsD2相对表达水平
幼穗中OsD11相对表达水平
幼穗中OsBRI1相对表达水平
幼穗中OsBZR1相对表达水平
幼穗中OsBAK1相对表达水平
幼穗中OsGSK1相对表达水平
SPD
PMC
PF

图 5-92

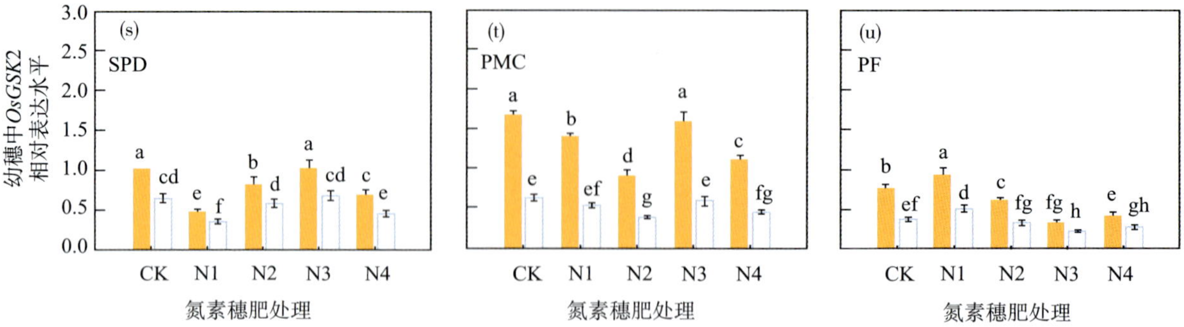

续图 5-92 水稻幼穗中油菜素甾醇合成和信号转导通路关键基因表达水平的变化(Zhang et al., 2019)

注:CK,不施穗肥作为对照;N1,穗分化始期施肥(PI);N2,颖花原基分化期施肥(SPD);N3,花粉母细胞减数分裂期施肥(PMC);N4,PI、SPD 和 PMC 分别施肥;PF,花粉内容物充实期。不同字母表示差异显著($P=0.05$)。

③质膜 ATP 酶(H^+-ATPase)活性 ATP 含量、能荷水平

幼穗中 ATP 含量、能荷水平和 H^+-ATPase 酶活性在各处理间的变化与 24-表油菜素甾酮和 28-高油菜素内酯含量变化趋势一致:在所有的穗分化阶段中相同氮处理,穗上部 ATP 含量、能荷水平和 H^+-ATPase 酶活性水平均显著低于穗下部。SPD 期 N1 处理、PMC 期 N2 处理、PF 期 N3 处理在所有处理中 ATP 含量、能荷水平和 H^+-ATPase 酶活性水平最高。与对照相比,SPD、PMC 和 PF 时期幼穗中 ATP 含量、能荷水平和 H^+-ATPase 酶活性水平在 N4 处理下也显著提高(图 5-93)。

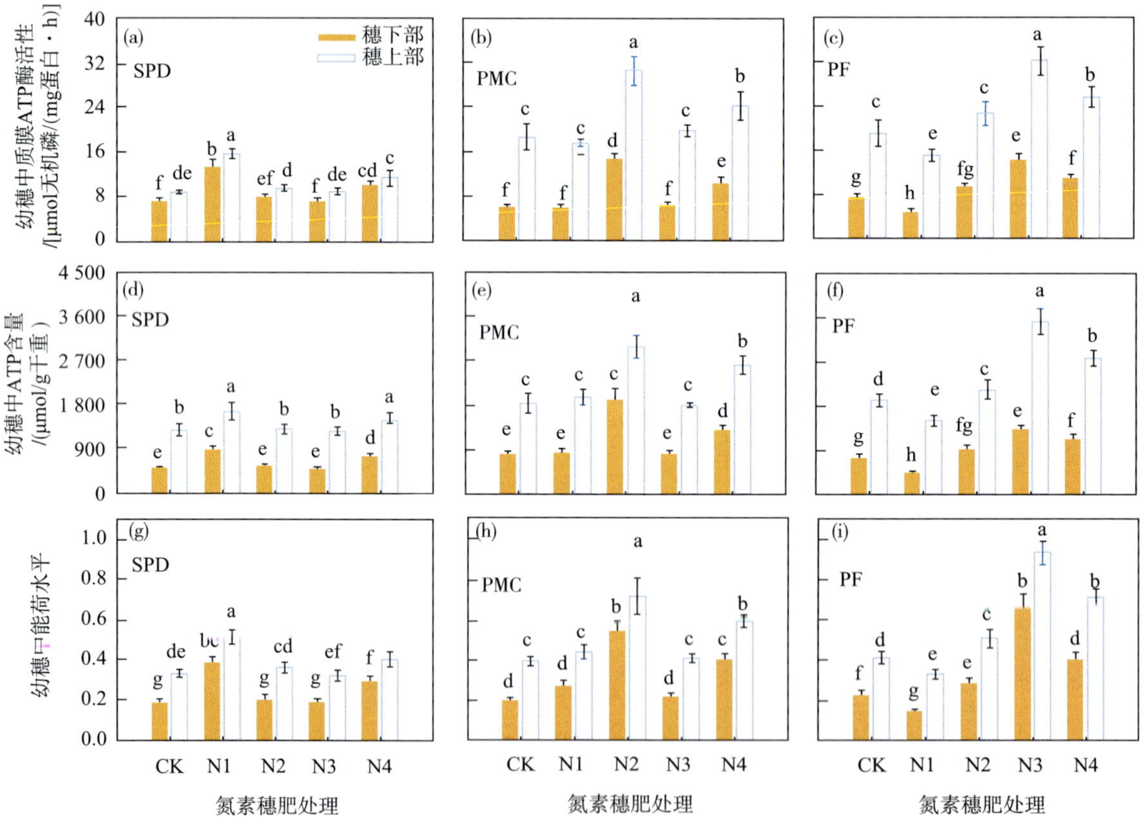

图 5-93 水稻幼穗中质膜 ATP 酶活性、腺嘌呤核苷三磷酸(ATP)含量和能荷水平的变化(Zhang et al., 2019)

注:CK,不施穗肥作为对照;N1,穗分化始期施肥(PI);N2,颖花原基分化期施肥(SPD);N3,花粉母细胞减数分裂期施肥(PMC);N4,PI、SPD 和 PMC 分别施肥;PF,花粉内容物充实期。不同字母表示差异显著($P=0.05$)。

④幼穗中抗氧化能力和 H_2O_2、MDA 含量

幼穗中 SOD、CAT 活性和 AsA 含量及能荷水平与 24-表油菜素甾酮和 28-高油菜素内酯含量在处理间变化趋势一致：在 SPD 期 N1 处理下，PMC 期 N2 处理下，PF 期 N3 处理下，幼穗中的 SOD、CAT 活性和 AsA 含量在所有处理中水平最高。幼穗中 H_2O_2、MDA 含量与 SOD、CAT 活性和 AsA 含量变化趋势相反：在 SPD 期 N1 处理下，PMC 期 N2 处理下，PF 期 N3 处理下，H_2O_2、MDA 含量水平在所有处理中最低；与对照相比，N4 处理下 SPD、PMC 和 PF 时期幼穗中 H_2O_2、MDA 含量显著降低（图 5-94）。

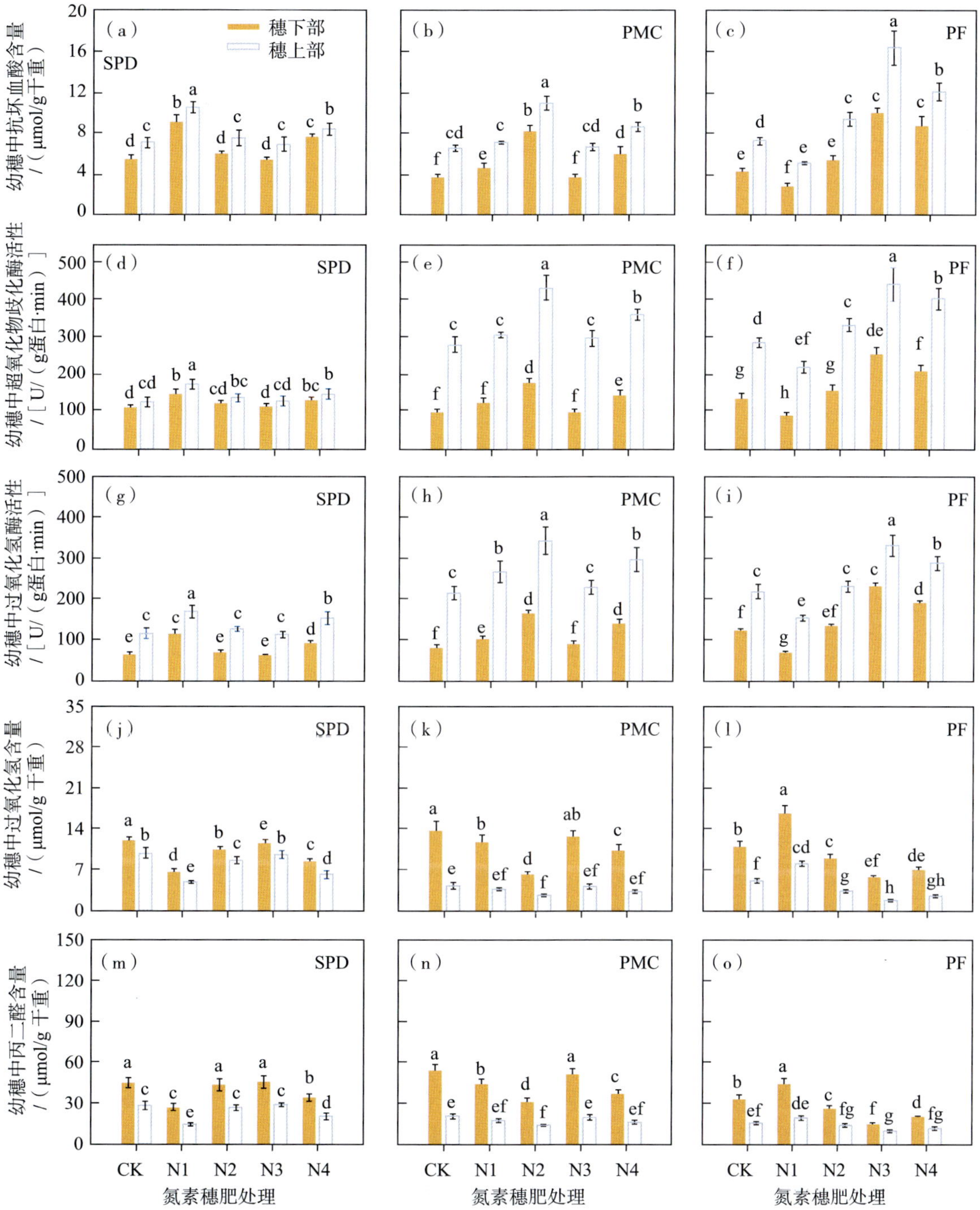

图 5-94　水稻幼穗中抗坏血酸含量、超氧化物歧化酶活性、过氧化氢酶活性、过氧化氢和丙二醛含量的变化（Zhang et al.，2019）

注：CK，不施穗肥作为对照；N1，穗分化始期施肥（PI）；N2，颖花原基分化期施肥（SPD）；N3，花粉母细胞减数分裂期施肥（PMC）；N4，PI、SPD 和 PMC 分别施肥；PF，花粉内容物充实期。不同字母表示差异显著（$P=0.05$）。

⑤颖花分化与退化和产量

在相同氮处理下，穗上部比穗下部表现出更多的颖花分化数、更高的花粉育性、更低的颖花退化率和败育率。表明这两个品种穗上部的颖花发育状况优于穗下部。与对照相比，N1 和 N4 处理显著增加了颖花分化数，N2、N3 和 N4 处理显著提高了颖花育性，这与幼穗中 BRs 含量趋势一致。N1、N2 和 N4 处理显著减少了颖花退化率，N2、N3 和 N4 处理显著减少了颖花败育率。与穗上部相比，氮肥对穗下部颖花退化和败育的影响较大(图 5-95)。

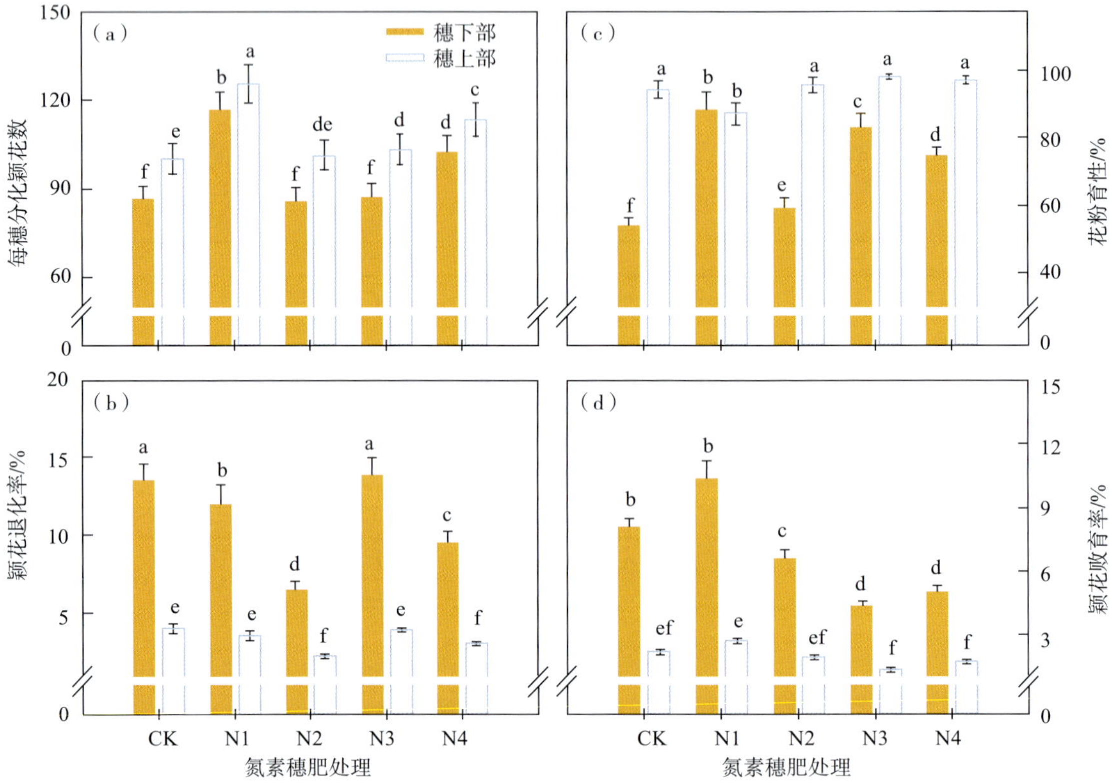

图 5-95　水稻颖花发育变化(Zhang et al.，2019)

注：CK，不施穗肥作为对照；N1，穗分化始期施肥(PI)；N2，颖花原基分化期施肥(SPD)；N3，花粉母细胞减数分裂期施肥(PMC)；N4，PI、SPD 和 PMC 分别施肥；PF，花粉内容物充实期。不同字母表示差异显著($P=0.05$)。

在相同氮处理下，与穗下部相比，穗上部具有更高的产量优势。与对照相比，各种穗肥策略均可显著提高产量，其中以 N4 处理增产幅度最大，N3 处理增产幅度最小。产量的提高主要得益于：N1、N2 和 N4 处理显著提高了颖花量，N1、N2 和 N4 处理显著提高了结实率(表 5-46)。

⑥油菜素甾醇(BRs)与颖花发育的相关分析

颖花分化数与颖花原基分化期(SPD)幼穗中 24-表油菜素甾酮和 28-高油菜素内酯含量呈极显著正相关($r=0.958\sim0.961$)；颖花退化率与花粉母细胞减数分裂期(PMC)幼穗中 24-表油菜素甾酮和 28-高油菜素内酯含量呈衰减指数函数($D=2.07+31.8\ e^{-0.02x_1}$ 或 $D=3.47+38.7\ e^{-0.01x_2}$，$D$ 代表颖花退化率，x_1，x_2 分别代表花粉母细胞减数分裂期幼穗中 24-表油菜素甾酮和 28-高油菜素内酯含量；$R^2=0.953\sim0.958$)；花粉育性与花粉内容物充实期(PF)幼穗中 24-表油菜素甾酮和 28-高油菜素内酯含量呈 S 形函数的关系($P=27.5+71.0/[1+e^{-(x_3-55.3)/18.6}]$；$P=34.03+62.9/[1+e^{-(x_4-116)/26.0}]$，$P$ 代表花粉育性，x_3，x_4 分别代表花粉内容物充实期幼穗中 24-表油菜素甾酮和 28-高油菜素内酯含量；$R^2=0.849\sim0.892$)。颖花败育率与花粉内容物充实期(PF)幼穗中 24-表油菜素甾酮和 28-高油菜素内酯含

表 5-46　氮素穗肥对水稻产量和构成因素的影响(Zhang et al., 2019)

项目	氮素穗肥处理				
	CK	N1	N2	N3	N4
穗上部					
每穗粒数	71.8±3.29d	102±4.65a	88.2±4.64c	72.2±3.31d	94.8±5.23b
结实率/%	61.7±2.01d	56.3±2.88e	64.6±1.55c	70.9±1.43a	67.6±2.00b
粒重/(mg/粒)	20.1±0.30b	19.3±0.47c	20.5±0.54ab	20.8±0.52a	20.9±0.31a
产量/(g/盆)	0.88±0.03d	1.09±0.03c	1.16±0.06b	1.07±0.05c	1.33±0.05a
穗下部					
每穗粒数	92.3±4.23c	124±9.02a	110±5.04b	93.2±3.78c	116±5.31b
结实率/%	94.0±0.35d	93.1±0.47e	94.4±0.34c	95.5±0.36a	94.8±0.21b
粒重/(mg/粒)	29.7±0.98bc	28.8±0.71c	30.2±0.45ab	30.8±1.02a	30.7±0.82a
产量/(g/盆)	2.59±0.18d	3.34±0.29a	3.14±0.16b	2.76±0.18c	3.39±0.22a
单穗产量/(g/穗)	3.47±0.21d	4.43±0.31b	4.30±0.22b	3.82±0.24c	4.72±0.27a

注:CK,不施穗肥作为对照;N1,穗分化始期施肥(PI);N2,颖花原基分化期施肥(SPD);N3,花粉母细胞减数分裂期施肥(PMC);N4,PI、SPD 和 PMC 分别施肥。不同字母表示 $P=0.05$ 水平上差异显著,同栏内比较。

量呈衰减指数函数($S=1.77+21.0e^{-0.03x_3}$ 或 $S=1.60+23.1\ e^{-0.02x_4}$,$S$ 代表颖花退化率,x_3,x_4 分别代表 24-表油菜素甾酮和 28-高油菜素内酯含量;$R^2=0.929\sim0.931$)。此外,幼穗中 24-表油菜素甾酮或 28-高油菜素内酯含量与 ATP、AsA、能荷水平和 H^+-ATPase、SOD 和 CAT 活性呈极显著正相关($r=0.802\sim0.978$),与 H_2O_2 和 MDA 含量呈衰减指数函数($R^2=0.891\sim0.916$)(图 5-96、图 5-97、图 5-98)。

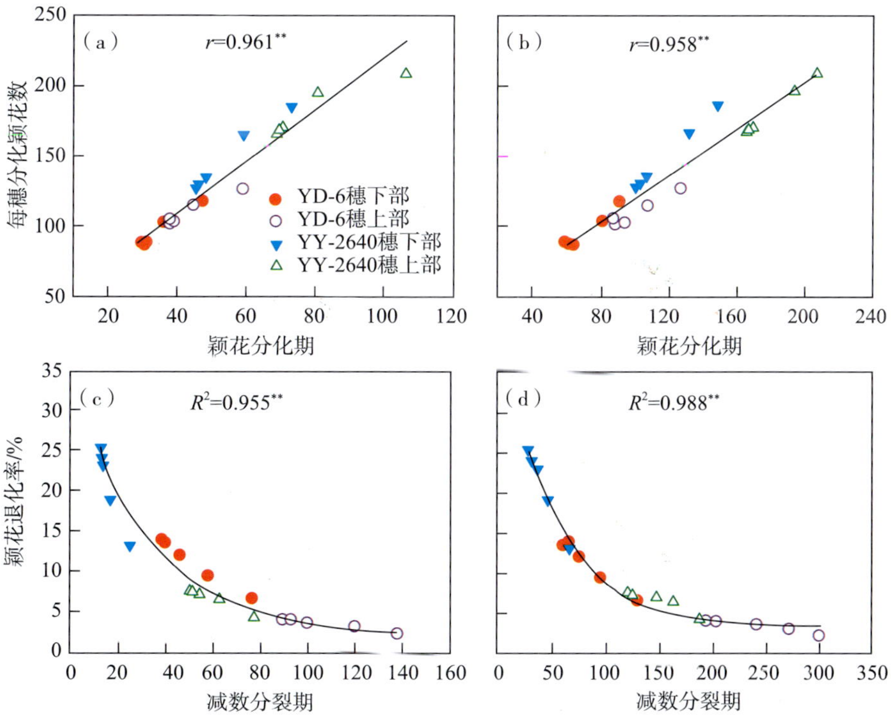

图 5-96

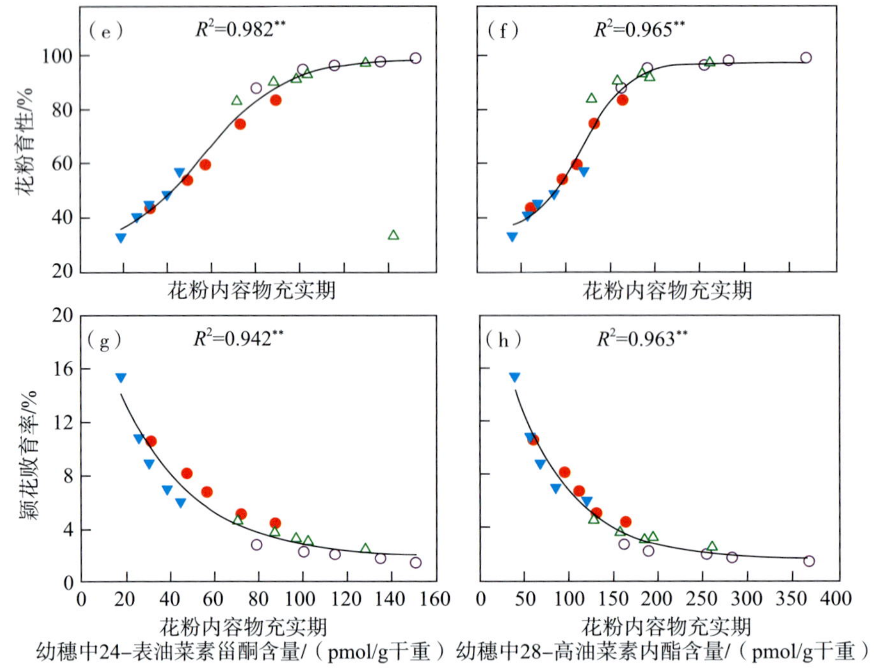

续图 5-96　水稻幼穗中 24-表油菜素甾酮和 28-高油菜素内酯含量与颖花发育间的关系(Zhang et al.，2019)

注：** 表示在 $P=0.01$ 水平上显著。

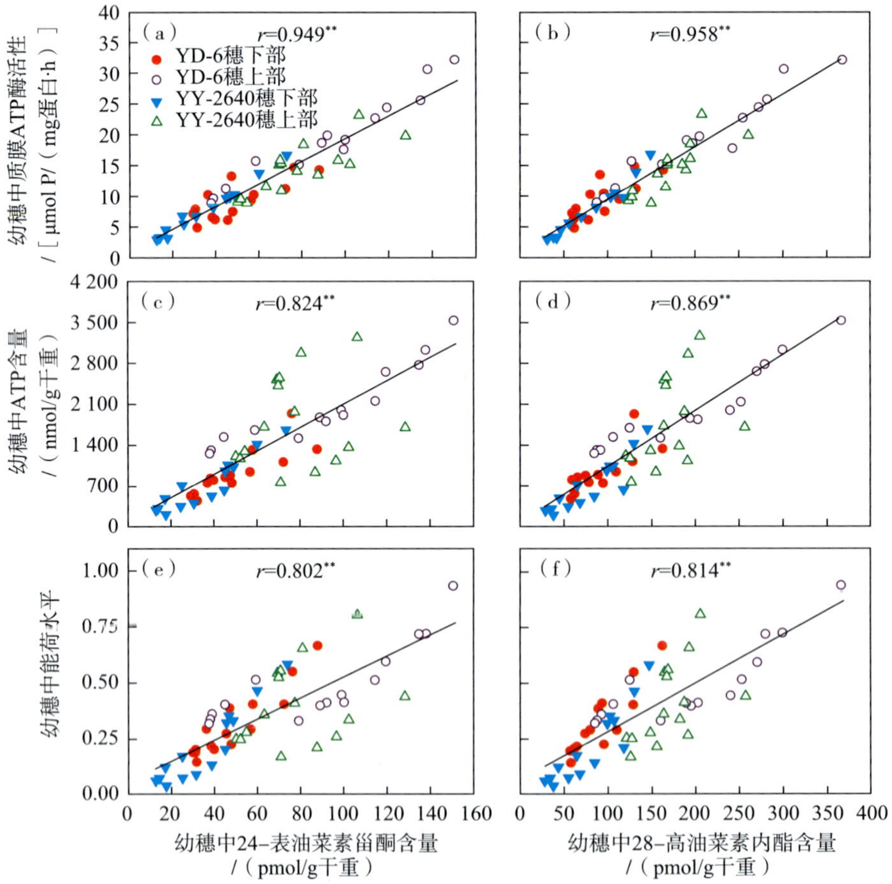

图 5-97　水稻幼穗中 24-表油菜素甾酮和 28-高油菜素内酯含量与质膜 ATP 酶活性、腺嘌呤核苷三磷酸(ATP)含量和能荷水平间的关系(Zhang et al.，2019)

注：** 表示在 $P=0.01$ 水平上显著。

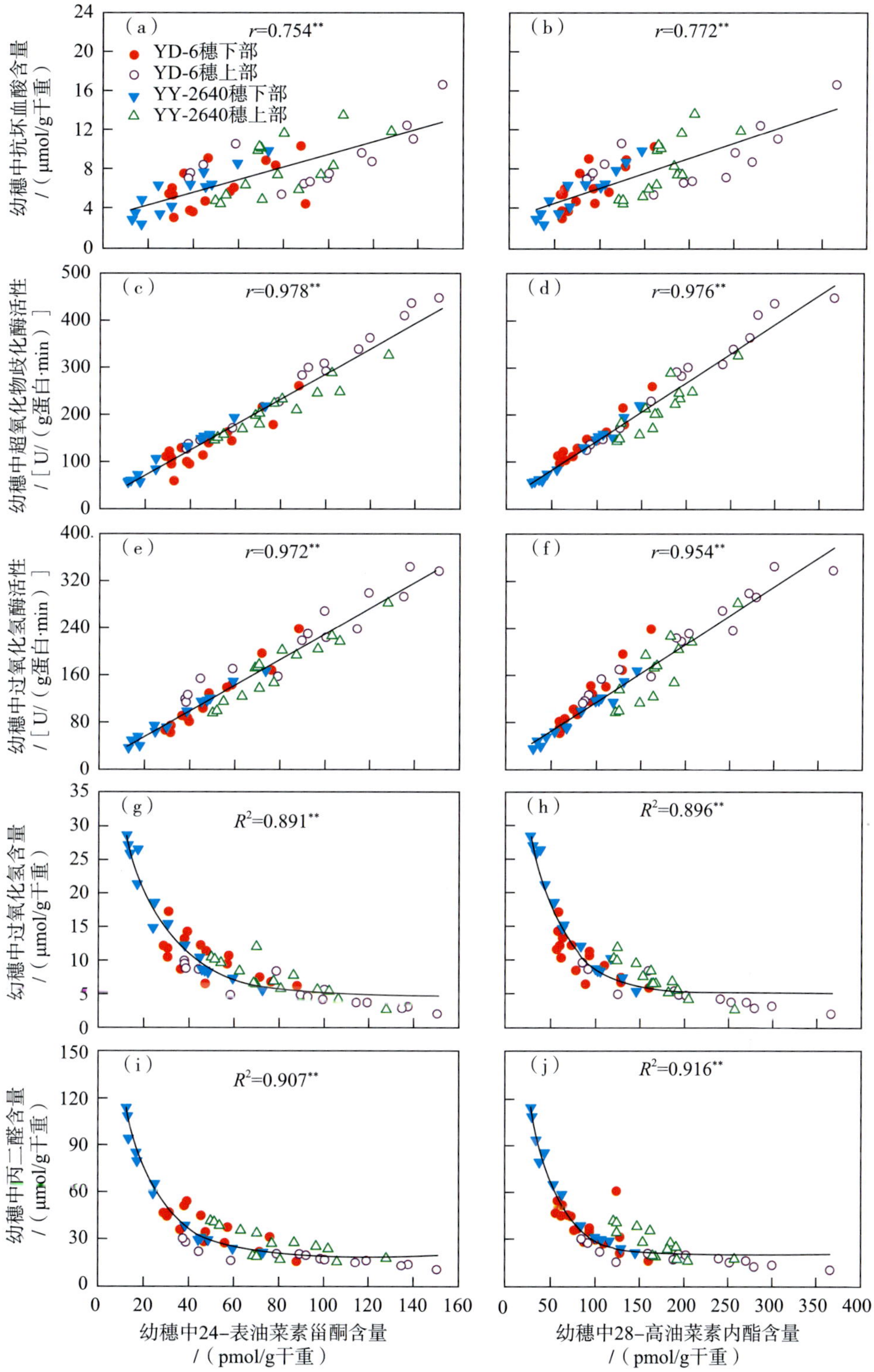

图 5-98 水稻幼穗中 24-表油菜素甾酮和 28-高油菜素内酯含量与幼穗中抗坏血酸含量、超氧化物歧化酶活性、过氧化氢酶活性、过氧化氢和丙二醛含量间的关系(Zhang et al.,2019)

注:** 表示在 $P=0.01$ 水平上显著。

(3)讨论

提高产量库容是提高水稻产量的重要途径,在生产上主要通过增加穗数或增加每穗粒数来提高产量库容。但群体颖花量过大的背景下,单位面积每穗粒数与穗数通常呈现出显著负相关,穗数的增加往往伴随着每穗粒数的减少(张洪程等,2012),增加穗数还是增加每穗粒数来提高产量库容?是进一步高产和育种首先要考虑的问题。氮肥是水稻增产的重要因素,其合理的运筹可以有效提高水稻的产量库容。本研究观察到,每盆总颖花量随着施氮量的增加而提高,但产量以 MN 水平下最高、HN 次之、LN 最低。HN 处理下产量降低的主要原因是结实率的下降。与 LN 相比,MN 和 HN 处理产量的增加主要得益于总颖花量的增加。品种间比较发现,相同氮水平下中穗型品种扬稻 6 号的分蘖能力(穗数)明显比大穗型品种甬优 2640 强(多),且在高氮水平下表现更明显,但产量在同等氮水平下甬优 2640 显著高于扬稻 6 号。表明在适宜穗数的基础上,主攻大穗来增加库容,是进一步高产的重要技术途径。

大穗形成的机理是什么?氮肥是如何调控库容形成的?其机理尚不清楚。本研究观察到,增施氮肥可以增加植株的总氮积累量,在同等施氮水平下甬优 2640 显著高于扬稻 6 号。穗分化期单茎的含氮量或氮花比在处理和品种间存在明显的互作效应:在 SPD 期扬稻 6 号的单茎氮积累量显著低于甬优 2640,且随着施氮量的增加差异变大,在 PMC 和 PF 时期扬稻 6 号的氮花比显著高于甬优 2640,且随着施氮量的增加差异减小;颖花分化数与 SPD 期茎鞘中的氮积累量在处理间的变化趋势一致,颖花退化率与 PMC 期氮花比在处理间的趋势相反,颖花败育率与 PF 期的氮花比在处理间的趋势相反。表明颖花的发育状况与茎鞘中的氮水平密切相关,但氮调控颖花发育的机理不清楚。

油菜素甾醇(BRs)作为一种新型植物激素,一直是植物科学研究的热点。BRs 应用在农业上,可以增加作物生长发育速度和种子活力,促进水稻等作物分蘖、增加营养体收获量,提高坐果率,促进果实肥大,提高结实率,提高籽粒质量,增强作物抵抗生物和非生物胁迫等(Ryu and Cho,2015;Huo et al.,2014)。*OsD*2 和 *OsD*11 基因属于细胞色素 P450 家族,在水稻的 BRs 生物合成途径中发挥着重要作用(Azevedo et al.,2008)。适当地过表达 *OsD*2 和 *OsD*11 可以增加水稻的粒重、每穗粒数和产量(Huber SC,Huber,1996;Taneja et al.,2014)。本研究观察到,24-表油菜素甾酮和 28-高油菜素内酯浓度的变化与水稻穗中 *OsD*2 和 *OsD*11 的表达水平显著正相关($r=0.946\sim0.991$),且与 SPD 期茎鞘中的氮积累量、PMC 和 PF 时期的氮花比在处理间的变化趋势一致。在 SPD 阶段外源施用 24-表油菜素甾酮或 28-高油菜素内酯,颖花退化率和败育率显著降低,颖花分化数、花粉育性、每穗粒数和单穗产量显著提高。喷施 BRZ(BRs 合成抑制剂)则结果相反。这些结果表明,24-表油菜素甾酮和 28-高油菜素内酯及其生物合成对氮肥存在着响应并在调节水稻颖花发育过程中发挥着重要的作用。

前人研究发现,*OsBRI*1、*OsBAK*1、*OsBZR*1、*OsGSK*1 和 *OsGSK*2 等基因在水稻 BRs 信号转导通路中发挥着关键作用(Zhang et al.,2014)。本研究观察到,*OsBRI*1、*OsBAK*1、*OsBZR*1、*OsGSK*1 和 *OsGSK*2 的表达水平的增加或降低与分化颖花数、颖花退化率和败育率的增加或降低密切相关,表明这些基因可能通过对水稻中 BRs 信号转导的调控,在水稻颖花发育过程中起着重要的作用。*OsGSK*1 和 *OsGSK*2 是 GSK3/SHAGGY-like 蛋白激酶基因家族的一个成员。有研究表明,*OsGSK*1 在发育中的穗中表达量最高,敲除 *OsGSK*1 的株系比野生型对逆境有更强的忍耐力;过表达 *OsGSK*1 的植株发育迟缓。*OsGSK*2 的过表达导致了水稻出现典型的 BR 功能缺失的表型(Koh et al.,2007;Tong et al.,2012)。本研究观察到,幼穗中 *OsGSK*1 和 *OsGSK*2 的表达状况与颖花分化数和育性状况相反,与颖花退化率和败育率状况一致。这些结果表明,与 *OsBRI*1、*OsBAK*1 和 *OsBZR*1 相反,*OsGSK*1 和 *OsGSK*2 可能在 BR 信号途径中起负调控作用,从而抑制了颖花的发育。

细胞内的能量供应是驱动细胞内生化反应,促进生长发育的动力。ATP 酶在能量代谢过程中发挥着重要的作用,它可以催化 ATP 分解为二磷酸腺苷(ADP),释放能量。质膜 ATP 酶(H^+-ATPase)水解产生的能量,把细胞内的 H^+ 向膜外泵出,使细胞膜内外产生电位差,是植物体内蔗糖进入细胞内的主要动力(Heyes and Townsend,1992)。在本研究中,幼穗中 ATP 的含量、能荷水平和 H^+-ATPase 酶活性的提高或降低与颖花分化数、退化率和败育的增加或减少密切相关。在SPD阶段外源施用24-表油菜素甾酮或28-高油菜素内酯，显著提高幼穗中ATP的含量、能荷水平和H^+-ATPase酶活性，施用BRZ(BRs合成抑制剂)则结果相反。表明穗肥增加了幼穗中BRs含量，进而增加能量供应，这可能是穗肥促进颖花分化、减少颖花退化，提高产量的一个重要的生理原因。

(4)结论

颖花的发育状况与幼穗中油菜素甾醇(24-表油菜素甾酮和28-高油菜素内酯)的含量密切相关。提高穗分化期的氮花比或施用氮素穗肥可以显著增加穗分化时期幼穗中24-表油菜素甾酮和28-高油菜素内酯含量和信号，提高能量水平和抗氧化能力、减少活性氧的积累，进而促进颖花的分化、减少颖花的退化和败育，提高产量。

5.3.2 水稻高产高效的栽培学机制与途径

为了研究水稻高产高效群体生长发育、物质生产与根冠互作机制、冠层光氮匹配机制、源库协调机制，设置了以下几个栽培方式处理：前茬作物均为小麦。土壤质地为沙壤土，含有机质24.4 g/kg、碱解氮106 mg/kg、速效磷34.5 mg/kg、速效钾为68.5 mg/kg；甬优2640(Y-2640)每穴2苗，武运粳24(W-24)每穴3苗。试验设置以下6种栽培方式，每处理重复3次，裂区设计，以处理为主区，品种为副区(小区)，小区面积30 m^2，小区之间筑田埂并用塑料薄膜覆盖，以防肥水串灌。

①氮空白(0N)　不施氮肥。施磷量(过磷酸钙，含P_2O_5 13.5%)90 kg/hm^2，于移栽前作基肥一次性施入。施钾量(氯化钾，含K_2O 63%)120 kg/hm^2，分基肥和拔节肥(促花肥)两次施用，前后两次的比例为6∶4。栽插株行距为13.3 cm×30 cm。除生育中期排水搁田外，其余时期保持水层至收获前一周断水。

②当地常规栽培(对照)　总施氮量(纯氮，以下同)为300 kg/hm^2，按基肥(移栽前)∶分蘖肥(移栽后5～7 d)∶促花肥(叶龄余数3.5)∶保花肥(叶龄余数1.2)=5∶2∶2∶1，栽插株行距为13.3 cm×30 cm。磷、钾肥的施用时间和施用量及水分管理方式同①处理。

③增密减氮栽培(调群体，增密20%，减氮10%，常规灌溉)　氮肥较②处理减10%，即270 kg/hm^2。水分管理方式同①处理。采用以下关键栽培技术。

增密：栽插株行距为10.7 cm×30 cm。

前氮后移：氮肥按基肥(移栽前)∶分蘖肥(移栽后5～7 d)∶促花肥(叶龄余数3.5)∶保花肥(叶龄余数1.2)=4∶2 ∶2∶2施用。磷、钾肥的施用时间和施用量同①处理。

④精确灌溉栽培(调群体、调根层，增密20%，减氮10%，精确灌溉)　氮肥较②处理减10%，即270 kg/hm^2。采用以下关键栽培技术。

增密：栽插株行距为10.7 cm×30 cm。

前氮后移：同③处理中前氮后移。

精确灌溉：从移栽至返青建立浅水层；返青至有效分蘖临界叶龄期($N-n$)前2个叶龄期($N-n-2$)进行间隙湿润灌溉，低限土壤水势为-10 kPa；($N-n-1$)叶龄期至($N-n$)叶龄期进行排水搁田，低限土壤水势为-20 kPa，并保持1个叶龄期；($N-n+1$)叶龄期至二次枝梗分化期初(倒三叶开始抽出)进行干湿交替灌溉，低限土壤水势为-10 kPa；二次枝梗分化期(倒三叶抽出期)至出穗后10 d进行间隙湿润灌溉，低限土壤水势为-10 kPa；抽穗后11 d至抽穗后45 d进行干湿交替灌溉，低限土壤水势为-15 kPa。各生育期达到上述指标即灌2～3 cm浅层水，用水分张力计监测土壤水势。

⑤施有机肥栽培(调群体、调根层、调土壤，增密20%，减氮10%，精确灌溉，增施菜籽饼)　氮肥较②处理减10%，即270 kg/hm^2。采用以下关键栽培技术。

增密：栽插株行距为10.7 cm×30 cm。

前氮后移：同③处理中前氮后移。磷、钾肥的施用时间和施用量同①处理。

精确灌溉：同④处理中精确灌溉。

基肥增施菜籽饼肥（含 N 5%）2 250 kg/hm²。

⑥深翻栽培（调群体、调根层、调土壤、调耕层，增密 20%，增氮 20%，精确灌溉，增施菜籽饼，深翻，增施硅锌肥） 氮肥较②处理增加 20%，即 360 kg/hm²。采用以下关键栽培技术。

增密：栽插株行距为 12.8 cm×25 cm。

前氮后移：同③处理中前氮后移。磷、钾肥的施用时间和施用量同①处理。

精确灌溉：同④处理中精确灌溉。

基肥增施菜籽饼肥（含 N 5%）2 250 kg/hm²。

深翻 20 cm（试验地人工挖）。

基肥增施硅肥 225 kg/hm²，锌肥 15 kg/hm²。

1. 水稻高产高效的根冠互作机制与途径

高产高效（氮肥利用率和水分利用效率）是当前农业生产的迫切要求，尤其是在发展中国家。在水稻生产中，通过整合和优化栽培技术，能否获得较高的产量和较高的 NUE 和 IWP（灌溉水生产力）？虽然已经有关于整合和优化作物栽培管理的研究，但这些研究主要集中在作物综合管理与当前农民实践之间的水稻产量和农艺表达（Tilman et al.，2002；Martin and Malcolm，2010；Sui et al.，2013；Xue et al.，2013；Chen et al.，2014；Wang et al.，2016），对于水稻高产高效的根冠互作机制研究较少。

（1）试验处理

处理名称 0 N，LFP，ICM1，ICM2 和 ICM3 分别代表氮空白（0 N），当地常规栽培方式，增密减氮栽培方式、精确灌溉栽培方式、施有机肥栽培方式。

（2）结果与分析

①分蘖数和叶面积指数（LAI）

在穗分化期、抽穗期和成熟期，与 LFP 相比，ICM1 使武运粳 24（W-24）和甬优 2640（Y-2640）的分蘖数分别增加 2.9%、10.6%和 10.5%与 3.2%、9.1%和 5.6%。与 ICM1 相比，ICM2 在抽穗期和成熟期分别使 W-24 和 Y-2640 的分蘖数分别增加 3.2%、1.5%、4.4%和 6.5%。与 ICM2 相比，ICM3 使 W-24 和 Y-2640 的分蘖数分别增加了 6.8%、7.1%、1.1%和 5.5%与 2.6%、6.8%、1.1%和 2.5%。与 LFP 相比，ICM1 处理 W-24 和 Y-2640 的成穗率分别提高 7.2%和 2.7%，ICM2 处理的成穗率分别比 ICM1 处理提高 4.2%和 10.0%。然而，与 ICM2 相比，在 ICM3 条件下，W-24 和 Y-2640 的成穗率分别降低了 1.6%和 3.9%。叶面积指数从分蘖中期开始增加，抽穗期达到最大值，然后下降。在分蘖中期、穗分化期、抽穗期和成熟期，ICM1 下 W-24 和 Y-2640 的叶面积指数分别比 LFP 下提高 4.8%、19.2%、20.0%和 86.7%与 3.8%、13.7%、14.0%和 93.4%。W-24 和 Y-2640 的 LAI，ICM2 比 ICM1 分别提高 4.6%、18.2%、6.2%和 5.2%，4.6%、17.3%、5.4%和 5.1%，W-24 和 Y-2640 的 LAI，ICM3 比 ICM2 分别提高 24.0%、21.5%、21.5%和 16.5%，16.5%，Y-2640 分别为 19.8%、15.0%、6.7%和 11.7%。然而，与 ICM2 相比，ICM3 下 W-24 和 Y-2640 的有效叶面积指数分别降低了 2.2%和 0.9%（表 5-47、表 5-48）。

②叶面积持续期（LAD）和作物生长速率（CGR）

LAD 随生育进程逐渐增加。从移栽到分蘖中期，5 种栽培方式处理的 LAD 差异不显著。与 LFP 相比，在分蘖中期至穗分化期、穗分化期至抽穗期、抽穗至成熟期，W-24 和 Y-2640 在 ICM1、ICM2 和 ICM3 下的 LAD 均增加或显著增加（图 5-99）。CGR 从移栽到分蘖中期、从分蘖中期到穗分化期、从穗分化期到抽穗期呈上升趋势，在穗分化期到抽穗期达到高峰，之后下降。从移栽到分蘖中期，4 种栽培方式处理的 CGR 差异不显著。与 LFP 相比，在分蘖中期至穗分化期、穗分化期至抽穗期、抽穗至成熟期，W-24 和 Y-2640 在 ICM1、ICM2 和 ICM3 下的 CGR 均增加或显著增加。分蘖中期至穗分化期、穗分化期至抽穗期、抽穗期至成熟期，Y-2640 的 CGR 均高于 W-24（图 5-100）。

表 5-47　不同栽培方式处理水稻的茎蘖动态（Zhang et al.，2018）

品种	处理	每平方米茎蘖数				茎蘖成穗率/%
		分蘖中期	穗分化期	抽穗期	成熟期	
武运粳 24	氮空白	60c	185d	171d	153d	83.1a
	当地常规	108a	324c	242c	237c	73.3c
	增密减氮	104b	333b	267b	262b	78.6b
	精确灌溉	103b	326c	276a	266b	81.9ab
	施有机肥	110a	349a	279a	281a	80.6ab
甬优 2640	氮空白	78c	151c	130d	121d	80.5a
	当地常规	143a	235b	166c	160c	67.8d
	增密减氮	136b	243ab	181b	169b	69.6d
	精确灌溉	134b	235b	189a	180a	76.6b
	施有机肥	138b	251a	191a	184a	73.6c

注：不同字母表示在同一列同一品种内比较。

表 5-48　不同栽培方式处理水稻的叶面积指数（LAI）（Zhang et al.，2018）

品种	处理	分蘖中期	穗分化期	抽穗期			成熟期
				总叶面积	有效叶面积		
					LAI	/%	
武运粳 24	氮空白	0.57e	1.53e	2.51e	2.34e	93.4a	0.94d
	当地常规	0.84d	3.42d	5.61d	4.80d	85.7d	1.54c
	增密减氮	0.88c	4.08c	6.73c	5.97c	88.8c	2.88b
	精确灌溉	0.92b	4.82b	7.14b	6.73b	94.3a	3.03b
	施有机肥	1.14a	5.85a	8.27a	7.62a	92.2b	3.53a
甬优 2640	氮空白	0.60c	1.26e	2.16e	2.05e	94.9a	0.89d
	当地常规	1.05b	3.41d	5.49d	4.81d	87.5c	1.44c
	增密减氮	1.09b	3.87c	6.26c	5.66c	90.4b	2.78b
	精确灌溉	1.14b	4.54b	6.60b	6.22b	94.2a	2.92b
	施有机肥	1.36a	5.22a	7.04a	6.58a	93.4a	3.26a

注：不同字母表示在同一列同一品种内比较。

③根干重和根长

Y-2640 的根干重在整个生长季都高于 W-24。与 LFP 相比，ICM1 在分蘖中期、穗分化期、抽穗期和成熟期分别使 W-24 和 Y-2640 的根干重增加 34.7%、5.0%、3.0%和 0.3%与 37.1%、10.2%、9.8%和 2.9%。与 ICM1 相比，ICM2 使 W-24 和 Y-2640 的根干重分别增加 2.7%、1.4%、2.0%和 7.6%与 4.2%、0.1%、1.8%和 2.9%。与 ICM2 相比，ICM3 使 W-24 和 Y-2640 的根干重分别增加 7.9%、6.2%、10.5%和 10.6%与 8.6%、9.8%、5.7%和 0.6%（图 5-101）。与根干重相似，从分蘖中期到成熟期，随着单项栽培技术的逐步引入，根长增加或显著增加（图 5-101）。

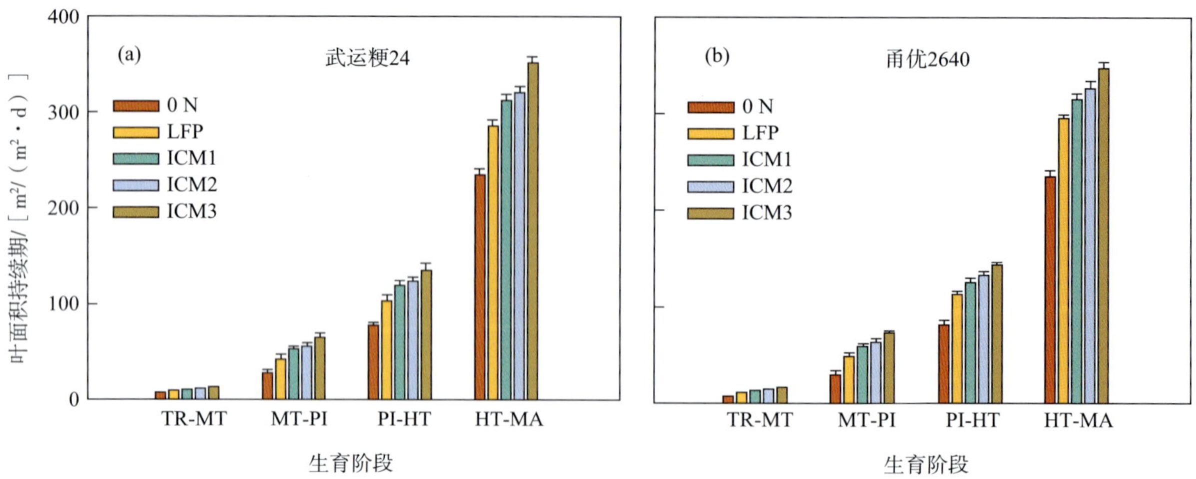

图 5-99　不同栽培方式处理水稻的叶面积持续期(Zhang et al.，2018)

注:0 N,氮空白;LFP,当地常规栽培处理;ICM1,增密减氮栽培处理;ICM2,精确灌溉栽培处理;ICM3,施有机肥栽培处理;TR-MT,移栽期至分蘖中期;MT-PI,分蘖期至穗分化期;PI-HT,穗分化期至抽穗期;HT-MA,抽穗期至成熟期。

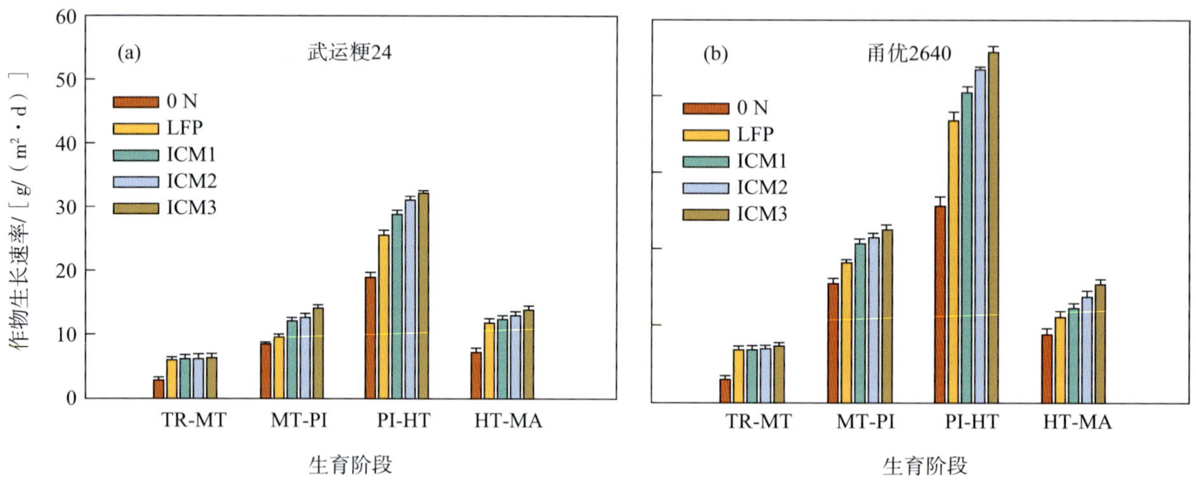

图 5-100　不同栽培方式处理水稻的作物生长速率(Zhang et al.，2018)

注:0 N,氮空白;LFP,当地常规栽培处理;ICM1,增密减氮栽培处理;ICM2,精确灌溉栽培处理;ICM3,施有机肥栽培处理;TR-MT,移栽期至分蘖中期;MT-PI,分蘖期至穗分化期;PI-HT,穗分化期至抽穗期;HT-MA,抽穗期至成熟期。

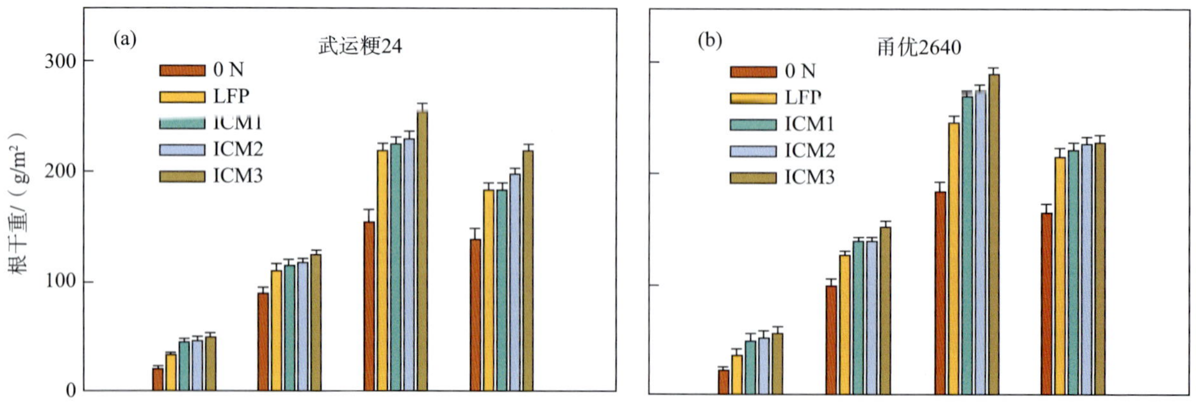

图 5-101

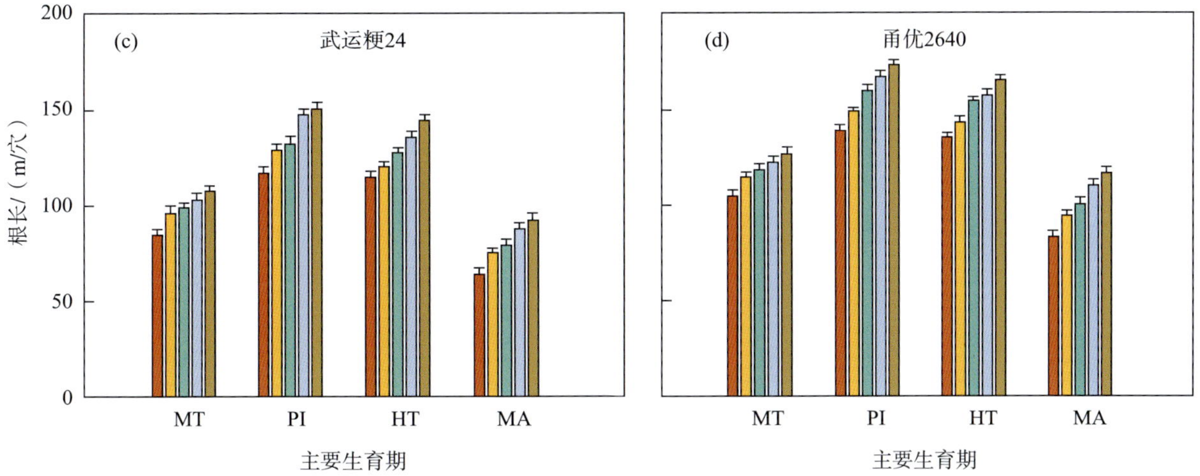

续图 5-101　不同栽培方式处理水稻的根干重与根长(Zhang et al.，2018)

注：0 N，氮空白；LFP，当地常规栽培处理；ICM1，增密减氮栽培处理；ICM2，精确灌溉栽培处理；ICM3，施有机肥栽培处理；MT，分蘖中期；PI，穗分化期；HT，抽穗期；MA，成熟期。

④叶片光合速率、根系氧化活性(ROA)和伤流以及根和叶片中玉米素(Z)和玉米素核苷(ZR)的含量

叶片光合速率从分蘖中期到抽穗期呈上升趋势，抽穗期达到最大值，之后下降。与 LFP 相比，ICM1 在分蘖中期、穗分化期、抽穗期和成熟期分别使 W-24 和 Y-2640 的叶片光合速率提高 7.3%、12.1%、3.2%和 11.2%与 8.5%、7.7%、2.2%和 4.7%。与 ICM1 相比，ICM2 分别使 W-24 和 Y-2640 的叶片光合速率提高 8.0%、1.9%、3.7%和 1.7%与 5.6%、3.4%、2.5%和 4.0%。与 ICM2 相比，ICM3 使 W-24 和 Y-2640 的叶片光合速率分别提高 2.8%、3.6%、5.4%和 13.0%与 6.5%、5.4%、3.6%和 6.4%(图 5-102)。

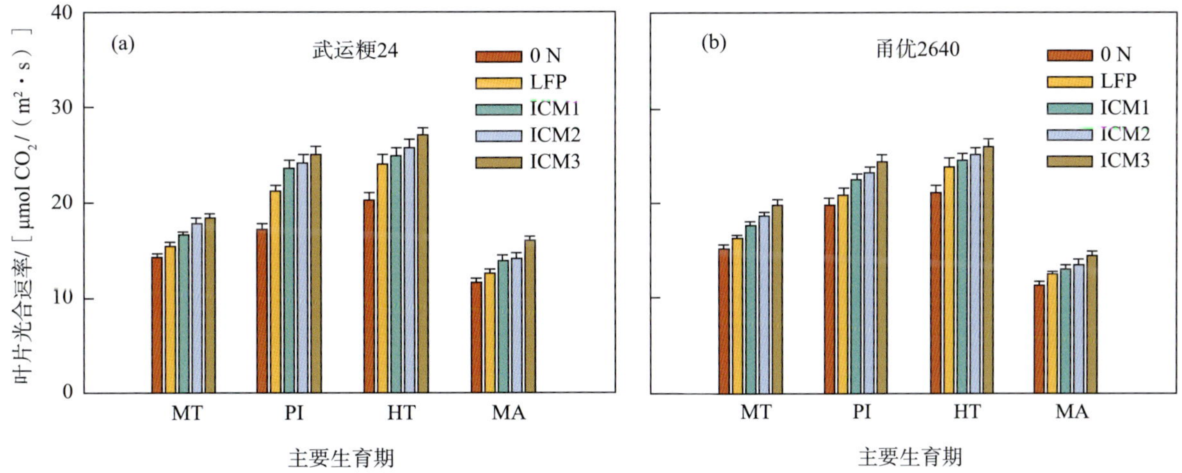

图 5-102　不同栽培方式处理水稻的叶片光合速率(Zhang et al.，2018)

注：0 N，氮空白；LFP，当地常规栽培处理；ICM1，增密减氮栽培处理；ICM2，精确灌溉栽培处理；ICM3，施有机肥栽培处理；MT，分蘖中期；PI，穗分化期；HT，抽穗期；MA，成熟期。

在整个生长季，ROA 和根系伤流量的结果非常相似。从分蘖中期到成熟期，随着单项栽培技术的逐步引入，根系活力增加或显著增加。Y-2640 在各生育期的 ROA 和根系伤流量均高于 W-24(图 5-103)。

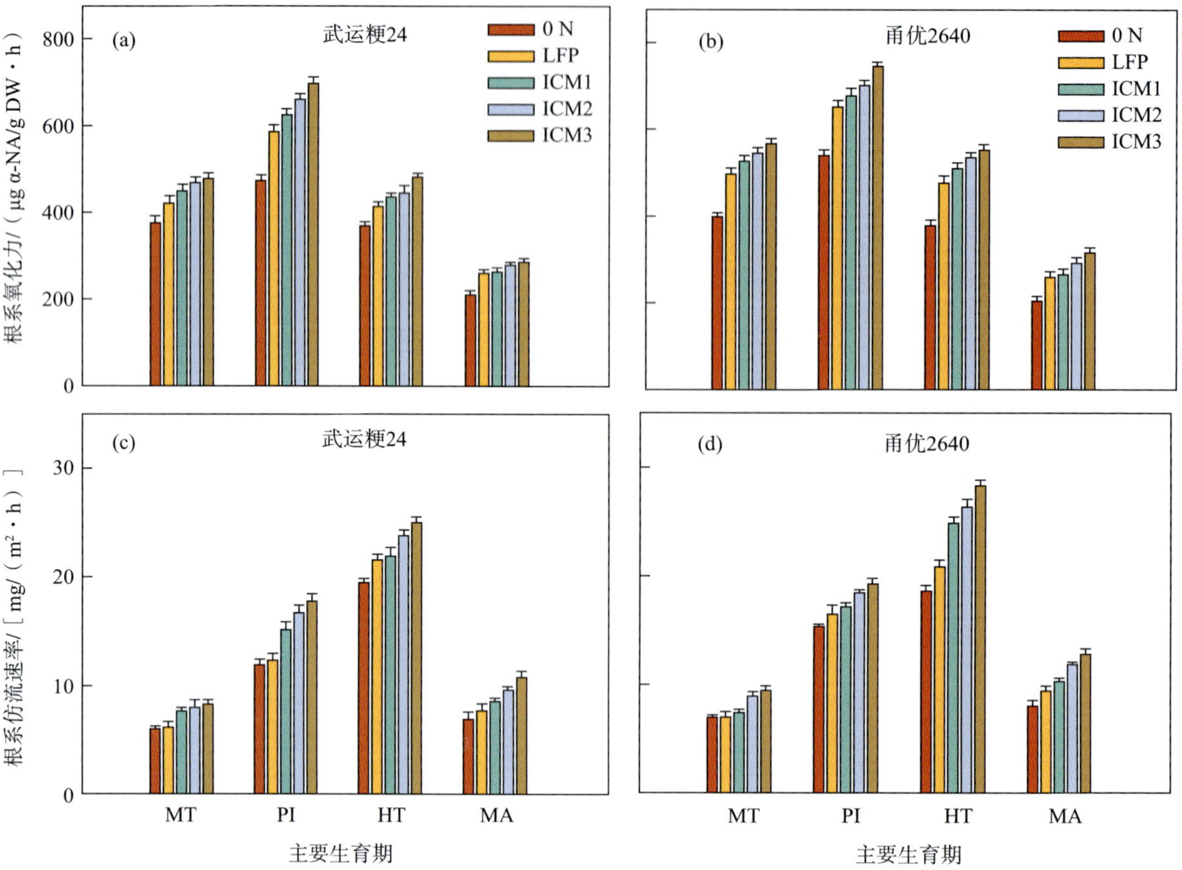

图 5-103　不同栽培方式处理水稻的根系氧化力和根系伤流量(Zhang et al.，2018)

注：0 N，氮空白；LFP，当地常规栽培处理；ICM1，增密减氮栽培处理；ICM2，精确灌溉栽培处理；ICM3，施有机肥栽培处理；MT，分蘖中期；PI，穗分化期；HT，抽穗期；MA，成熟期。

Y-2640 各生育期根系中 Z＋ZR 含量均高于 W-24。在分蘖中期、穗分化期、抽穗期和成熟期，ICM1 处理的 W-24 和 Y-2640 的根系 Z＋ZR 含量分别比 LFP 处理提高 6.0％、4.6％、13.7％和 15.8％与 3.6％、7.2％、12.0％和 14.5％。根中 Z＋ZR 含量 ICM2 比 ICM1 分别提高 14.3％、15.0％、13.2％和 40.1％，Y-2640 分别提高 5.6％、8.4％、10.2％和 18.0％。W-24 和 Y-2640 的根系 Z＋ZR 含量分别比 ICM2 增加 1.9％、6.4％、12.2％和 6.6％，而 Y-2640 分别增加 7.4％、8.1％、10.2％和 7.3％。叶片中 Z＋ZR 含量也观察到类似的变化规律。根中 Z＋ZR 含量明显高于叶中 Z＋ZR 含量(图 5-104)。

⑤茎鞘中非结构性碳水化合物(NSC)的转运

随着单项栽培技术的逐步引入，抽穗期和成熟期茎中 NSC 积累量显著增加。与 LFP 相比，ICM1 下 W-24 和 Y-2640 的 NSC 转运率分别增加 13.6％和 11.9％。ICM2 下 W-24 和 Y-2640 的 NSC 转运率分别增加 15.7％和 10.6％。然而，与 ICM2 相比，在 ICM3 条件下，W-24 和 Y-2640 的 NSC 对籽粒贡献率分别降低了 5.1％和 10.6％(表 5-49)。

⑥产量与水氮利用效率

随着单项栽培技术的逐步引入，产量显著提高。与 LFP 相比，W-24 和 Y-2640 在 ICM1 下显著增产 9.0％和 11.3％。与 ICM1 相比，ICM2 显著提高了 W-24 和 Y-2640 的产量 12.8％和 12.1％。与 ICM2 相比，ICM3 显著增加了 W-24 和 Y-2640 的产量 3.7％和 6.0％。3 种栽培方式处理下产量较高的主要原因是库容较大，穗数较大，因此产量较高。在 ICM2 或 ICM3 下，结实率和粒重的增加也有助于提高产量(表 5-50)。

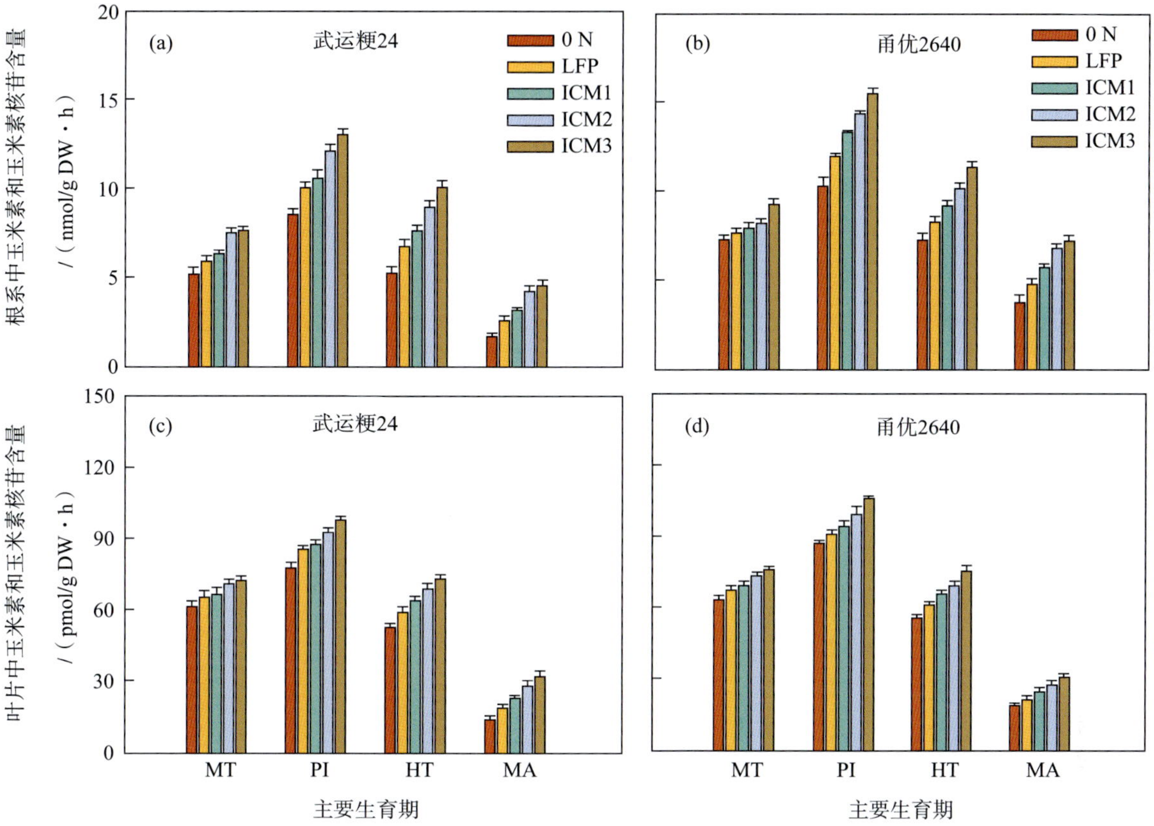

图 5-104　不同栽培方式处理水稻根和叶片中玉米素(Z)和玉米素核苷(ZR)的含量(Zhang et al.，2018)

注：0 N，氮空白；LFP，当地常规栽培处理；ICM1，增密减氮栽培处理；ICM2，精确灌溉栽培处理；ICM3，施有机肥栽培处理；MT，分蘖中期；PI，穗分化期；HT，抽穗期；MA，成熟期。

表 5-49　不同栽培方式处理水稻茎鞘中非结构性碳水化合物(NSC)的运转(Zhang et al.，2018)

品种	处理	抽穗期 NSC/(t/hm^2)	成熟期 NSC/(t/hm^2)	NSC 的运转率/%	NSC 对籽粒贡献率/%
武运粳 24	氮空白	1.43e	0.62d	56.9a	13.2b
	当地常规	2.07d	1.28c	38.5d	8.8d
	增密减氮	2.30c	1.30c	43.8c	10.2c
	精确灌溉	2.99b	1.48b	50.6b	13.7a
	施有机肥	3.81a	2.29a	40.0d	13.0b
甬优 2640	氮空白	1.59e	0.63d	60.7a	13.5a
	当地常规	2.34d	1.45c	37.9d	9.2c
	增密减氮	2.40c	1.38c	42.4c	9.5c
	精确灌溉	3.62b	1.92b	46.9b	14.2a
	施有机肥	4.20a	2.59a	38.5d	12.7b

注：茎鞘中 NSC 运转率(%)＝(抽穗期茎鞘中 NSC 量－成熟期茎鞘中 NSC 量)/抽穗期茎鞘中 NSC 量×100%；NSC 对籽粒的贡献率(%)＝(抽穗期茎鞘中 NSC 量－成熟期茎鞘中 NSC 量)/籽粒重量×100%。不同字母表示在同一列同一品种内比较。

与籽粒产量相似，随着单项栽培技术的逐步引入，氮肥利用率显著提高。在 ICM1 下，W-24 的氮素利用率（IE_N）、氮素农学利用率（AE_N）、氮素生理利用率（PE_N）、氮素偏生产力（PFP_N）和氮素吸收利用率（RE_N）分别比 LFP 处理提高 3.7%、43.2%、16.8%、21.1%和 22.3%，对 Y-2640 分别提高 4.8%、60.0%、28.2%、24.0%和 24.9%；与 ICM1 相比，ICM2 分别提高了 W-24 和 Y-2640 的上述氮利用指标的 10.8%、34.6%、30.3%、13.0%和 3.2%，10.6%、36.7%、32.9%、13.1%和 2.5%；而与 ICM2 相比，ICM3 分别提高了 W-24 和 Y-2640 的上述氮指标的－3.4%、8.2%、－4.2%、3.5%和 13.3%，－6.3%、14.7%、－7.8%、4.9%和 24.6%（表 5-51）。

表 5-50　不同栽培方式处理水稻的产量及其构成因素（Zhang et al.，2018）

品种	处理	产量/(t/hm²)	每平方米穗数	每穗粒数	结实率/%	粒重/mg
武运粳 24	氮空白	6.18eb	153d	174b	85.4a	27.1b
	当地常规	9.03d	237c	174b	80.6d	27.2b
	增密减氮	9.85c	262b	175b	79.2e	27.2b
	精确灌溉	11.1b	266b	182a	83.8b	27.4a
	施有机肥	11.5a	281a	183a	82.1c	27.4a
甬优 2640	氮空白	7.15e	121d	272c	86.7a	25.1b
	当地常规	9.63d	160c	303b	79.8bc	25.0b
	增密减氮	10.7c	169b	322a	78.9c	25.1b
	精确灌溉	12.0b	179a	324a	81.7b	25.3a
	施有机肥	12.7a	184a	337a	81.0bc	25.4a

注：不同字母表示在同一列同一品种内比较。

表 5-51　不同栽培方式处理水稻的氮肥利用效率（Zhang et al.，2018）

品种	处理	施氮量/(kg N/hm²)	吸氮量/(kg N/hm²)	氮素利用率/(kg 籽粒/kg N)	氮素农学利用率/(kg 籽粒/kg N)	氮素生理利用率/(kg 籽粒/kg N)	氮肥偏生产力/(kg 籽粒/kg N)	氮素吸收利用率/%
武运粳 24	氮空白	0	81e	76.0a	—	—	—	—
	当地常规	300	170d	53.1d	9.5d	32.1d	30.1d	29.6d
	增密减氮	270	179c	55.0cd	13.6c	37.5c	36.5c	36.2c
	精确灌溉	270	182b	61.0b	18.3b	48.9a	41.2b	37.4b
	施有机肥	270	196a	58.9bc	19.8a	46.8b	42.7a	42.3a
甬优 2640	氮空白	0	88e	81.3a	—	—	—	—
	当地常规	300	175d	55.1d	8.3d	28.6d	32.1d	29.0c
	增密减氮	270	186c	57.8cd	13.2c	36.6c	39.8c	36.2b
	精确灌溉	270	188b	63.9b	18.1b	48.7a	45.0b	37.1b
	施有机肥	270	213a	59.9bc	20.7a	44.9b	47.2a	46.2a

注：不同字母表示在同一列同一品种内比较。

与 LFP 相比，干湿交替灌溉技术（AWMD）在 W-24 和 Y-2640 上分别减少了 16.5%和 15.4%的灌溉水投入。与 LFP 相比，ICM1 使 W-24 和 Y-2640 的 IWP（谷物产量/灌水量）分别提高了 9.0%和 11.3%。与 ICM1 相比，ICM2 分别提高了 35.2%和 32.4%的 IWP。与 ICM2 相比，ICM3 分别增加了 3.7%和 6.0%（图 5-105）。

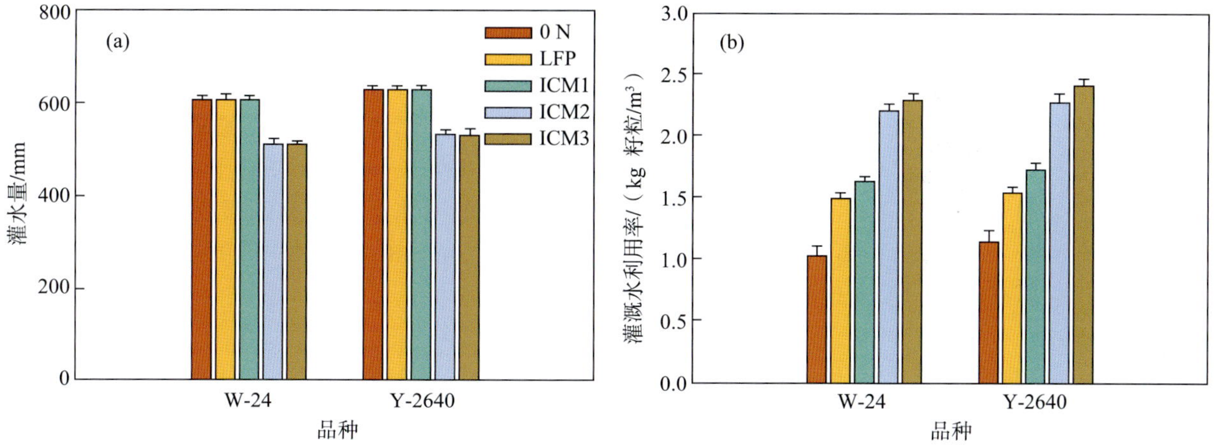

图 5-105 不同栽培方式处理水稻灌溉水量和灌溉水生产力(IWP)(Zhang et al., 2018)

注:0 N,氮空白;LFP,当地常规栽培处理;ICM1,增密减氮栽培处理;ICM2,精确灌溉栽培处理;ICM3,施有机肥栽培处理;W-24,武运粳 24;Y-2640,甬优 2640。

(3)讨论

尽管土壤-作物系统综合管理、改善作物管理或优化营养管理对水稻产量、农艺表现、NUE 或 IWP 的影响已经被研究过(Yao et al., 2012; Zhang et al., 2012a,b; Xue et al., 2013; Sui et al., 2013; Chen et al., 2014),但关于渐进式的综合优化栽培管理对水稻农艺和生理特征的影响知之甚少。结果表明,与 LFP 相比,综合优化栽培管理(ICM1、ICM2 和 ICM3)不仅能增加产量、NUE 和 IWP,而且还能提高农艺和生理表现,包括更多的分蘖数和分蘖成穗率、整个生育期的叶面积指数(LAI)和抽穗期有效叶面积百分比、分蘖中期到成熟期的 LAD 和 CGR、根和叶中 Z+ZR 含量,较大的抽穗期和成熟期茎中 NSC 积累量以及较高的 NSC 对籽粒的贡献率。随着单项栽培技术的逐步引进,这些农艺性状和生理指标逐渐改善。

增加库容量是实现更高产量的前提(Ma et al., 2004; Zhang et al., 2013)。一般说来,大穗型品种与籽粒充实率呈负相关(Mohapatra and Sahu, 1991; Fageria, 2007)。然而,在本研究中,我们观察到,与 LFP 相比,ICM2 和 ICM3 不仅可以增加库容量,而且还可以提高籽粒结实率。库容量和结实率的同步提高可能是由于 ICM2 和 ICM3 在灌浆期提高了有效分蘖、根系生物量和根长、LAI、LAD、CGR、地上部活性(叶片光合速率和叶片 Z+ZR)和根系活性(ROA、根系伤流量和 Z+ZR),以及灌浆期 NSC 在茎中的积累和 NSC 向籽粒的转运。值得注意的是,ICM3 的增产幅度仅为 ICM2 的 3.7%～6.0%,远低于 LFP 到 ICM1 或 ICM1 到 ICM2 的增产幅度,说明降低施氮量、增加种植密度和采用 AWMD 可以显著提高籽粒产量。但在上述 3 种综合优化栽培方式的基础上,随着有机肥的施用,增产幅度较小。

据报道,叶片光合特性与根系生理活性密切相关,且地上部和根系之间存在相互依存的关系(Ju et al., 2015; Wang et al., 2016)。活跃的光合作用能够保证根系获得充足的同化物供应,从而发展和维持活跃的根系功能。相反,旺盛的根系活力通过向地上部提供足够的养分、水分和激素来确保高的光合作用速率。改善根系生长和根冠互作对作物获得更高产量至关重要(Samejima et al., 2004; Yang et al., 2004)。Chu 等(2013)指出,改良的根系形态和生理有利于地上部的生理过程。我们以往的研究表明,地上部和根中细胞分裂素(Z+ZR)水平的增加可能有助于籽粒灌浆速率和粒重的增加。与 LFP 相比,ICM 处理提高了叶片光合速率、ROA、根系伤流量和根系 Z+ZR 含量,且在整个生育期随着单项栽培技术的逐步引入,这些地上部和根系活性参数均有提高的趋势,说明更强的地上部和根系生理活性是 ICM 处理获得较高产量、NUE 和 IWP 的重要生理基础。

ICM处理如何改善作物的农艺性状和生理特性，提高产量和资源利用效率的呢？在本研究中，相关的关键栽培技术如下：①增加种植密度。与LFP处理相比，ICM处理的植株密度提高了20%。增加种植密度可以减少生育前期施氮量，同时使单位面积穗数达到最高，从而减少氮素损失，提高籽粒产量和氮肥利用率。②减少施氮量，增加后期施氮量。与LFP处理相比，ICM处理全氮减少10%，后期施氮量增加，可有效减少无效分蘖，提高茎蘖成穗率，促进中期植株生长，提高开花后干物质生产，从而提高NUE。③采用干湿交替灌溉技术(AWMD)；④施用菜籽饼肥条件下，AWMD都能促进地上部和根系的生长，有利于生理过程，提高产量和IWP。有机肥补充了土壤的有机质、NPK的含量，起到了缓释肥的作用。然而，有机肥的投入也增加了生产成本。

(4)结论

与当地常规栽培相比，综合优化栽培管理不仅增加了产量和水肥利用效率，而且改善了植株的农艺与生理性状，同时也提高了经济效益。随单项栽培技术的引入，产量、水肥利用效率以及农艺和生理性状呈递增增加趋势。综合栽培管理技术增加了产量库容(总颖花量)、分蘖成穗率、叶面积指数和光合势、作物群体生长速率、非结构性碳水化合物的积累和转运、叶片光合速率、根系干重、根长、根系氧化力、根系伤流量以及根系和叶片中的玉米素和玉米素核苷含量。结果表明，优化综合栽培管理技术通过改善农艺和生理性状，尤其是增加库容和促进根冠生长，可以达到增产增效的双重目标。

2. 水稻高产高效的冠层光氮匹配机制与途径

作物对氮素的吸收和分配随着生育进程呈现出明显的阶段性，一般在抽穗以前以吸收分配为主，抽穗后以再分配为主。所以，氮素在水稻体内具有很大的移动性和再利用能力。有研究显示，水稻幼叶中有64%的氮素来自成熟衰老叶片中的氮素转移(Mae et al.，1983)；对于穗部灌浆，其中64%的氮素来源于叶片，20%来自茎秆，16%来自叶鞘(Mae and Ohira，1981)。而籽粒的灌浆物质主要来自光合作用的合成，所以光合作用对于N素的转移和利用有着重要的作用。光是绿色植物进行光合作用的能量来源，同时光还能为氮代谢过程提供能量。作物冠层是完成光合作用的场所，冠层结构影响着光在冠层中的分布，是决定作物群体光能高效利用与光合氮素利用效率的重要因素。通常，在高光照条件下冠层顶部光辐射强，叶片处于“光饱和”；基部叶片光辐射弱，叶片处于“光饥饿”，光合效率低。在“理想株型”育种中，直立株型作为其中一个重要的农艺选择性状，是因为直立株型的品种叶片夹角小，有利于光在冠层中的透射，使冠层基部受到更多光照，一定程度上缓解了“光饱和”与“光饥饿”现象，从而提高冠层光合同化能力(Peng et al.，2008)，对提高N素利用效率和作物产量具有重要意义。因此，可以通过栽培管理或者品种选育等措施来优化冠层结构，优化光氮分布，提高光合效率以达到提高产量和氮素利用效率的目的。

(1)试验处理

处理名称CK、LFP、T1、T2、T3、T4分别代表氮空白(0 N)，当地常规栽培，增密减氮栽培，精确灌溉栽培，施有机肥栽培，深翻栽培。

(2)结果与分析

①冠层光分布与氮分布及其与氮素利用效率的关系

在开花期、花后15 d(15DAA)花后30 d(30DAA)考察了冠层生理生态数据包括叶面积指数、冠层光分布与氮素分布(表5-52)。在高吸氮量条件下，叶面积指数也较大。开花后各处理叶面积指数下降。图5-106与图5-107分别为冠层不同深度累积叶面积指数与光透射率，冠层不同深度累积叶面积指数与叶片氮含量图。同时通过冠层光的指数分布公式与氮的指数分布公式估算冠层光衰减系数(K_L)与氮衰减系数(K_N)。K_L随着叶面积指数增加而减小。K_N在0 kg N/hm^{2}处理下达到最大，而在T4处理中最小。灌浆期，K_L与K_N逐渐增加。栽培措施对冠层性状各参数的影响不同。氮肥运筹、增加密度、水分管理和有机肥的施用显著增加叶面积指数和冠层顶部叶片氮含量(N_o)，但是降低K_L。氮

表 5-52 冠层光分布参数(K_L,m^2/m^2)与氮素分布参数(K_N,m^2/m^2)(Gu et al., 2017)

年份	品种	处理	开花期					花后 15 d					花后 30 d				
			LAI	K_L	N_o	K_N	K_N/K_L	LAI	K_L	N_o	K_N	K_N/K_L	LAI	K_L	N_o	K_N	K_N/K_L
2014	甬优 2640	CK	1.86d	0.756a	1.590e	0.402a	0.532	—	—	—	—	—	—	—	—	—	—
		LFP	5.21c	0.532b	2.305c	0.137c	0.257	—	—	—	—	—	—	—	—	—	—
		T1	6.04b	0.512b	2.384bc	0.148b	0.290	—	—	—	—	—	—	—	—	—	—
		T2	6.24b	0.464c	2.412b	0.154b	0.331	—	—	—	—	—	—	—	—	—	—
		T3	6.84a	0.417d	2.395b	0.127d	0.303	—	—	—	—	—	—	—	—	—	—
		T4	7.10a	0.409d	2.571a	0.101e	0.247	—	—	—	—	—	—	—	—	—	—
	平均		5.55	0.52	2.23	0.18	0.33										
	武运粳 24	CK	2.14f	0.661a	1.932c	0.471a	0.713										
		LFP	5.97e	0.443b	1.988c	0.109d	0.245	—	—	—	—	—	—	—	—	—	—
		T1	6.97d	0.439b	2.029c	0.116c	0.265	—	—	—	—	—	—	—	—	—	—
		T2	7.14c	0.409c	2.101b	0.151b	0.370	—	—	—	—	—	—	—	—	—	—
		T3	7.79b	0.388d	2.121ab	0.108d	0.278	—	—	—	—	—	—	—	—	—	—
		T4	8.82a	0.252e	2.176a	0.066e	0.264	—	—	—	—	—	—	—	—	—	—
	平均		6.47	0.43	2.09	0.17	0.36										
2015	甬优 2640	CK	2.10d	0.779a	1.551e	0.374a	0.480	1.74d	1.077a	1.077e	0.576a	0.534	1.50d	0.958a	0.979f	0.642a	0.670
		LFP	5.50c	0.683b	2.152cd	0.137d	0.201	3.54c	0.804b	1.631d	0.183c	0.227	2.97c	0.865b	1.056e	0.166e	0.191
		T1	6.25b	0.489c	2.114d	0.148c	0.303	4.56b	0.637c	1.768c	0.190c	0.299	4.07b	0.827bc	1.176d	0.217c	0.263
		T2	6.57b	0.463cd	2.301b	0.171b	0.367	4.50b	0.565d	1.923b	0.258b	0.456	4.12b	0.799cd	1.381c	0.265b	0.332
		T3	6.97ab	0.420de	2.206c	0.134d	0.318	5.08b	0.549de	1.891b	0.180c	0.328	4.33b	0.757d	1.437b	0.199d	0.264
		T4	7.45a	0.409e	2.384a	0.103e	0.252	6.12a	0.490e	2.023a	0.147d	0.301	5.75a	0.672e	1.636a	0.141f	0.210
	平均		5.81	0.54	2.12	0.18	0.32	4.26	0.69	1.72	0.26	0.36	3.79	0.81	1.28	0.27	0.32
	武运粳 24	CK	2.55e	0.680a	1.635e	0.397a	0.584	1.84e	0.787a	1.213e	0.385a	0.489	1.47d	0.908a	0.704f	0.652a	0.718
		LFP	5.62d	0.532b	1.661de	0.088d	0.165	4.75d	0.619b	1.533e	0.158c	0.256	3.21c	0.843b	0.868e	0.187e	0.222
		T1	6.74c	0.465c	1.683d	0.081de	0.175	5.92c	0.516c	1.701c	0.159c	0.308	4.02b	0.796bc	1.017d	0.241c	0.303
		T2	7.12c	0.428cd	1.880c	0.120b	0.281	6.52bc	0.509c	1.775b	0.184b	0.361	4.17b	0.757c	1.138c	0.369b	0.488
		T3	8.23b	0.389de	1.957b	0.107c	0.276	7.12b	0.430d	1.785b	0.120d	0.278	4.45b	0.597d	1.150b	0.217d	0.363
		T4	9.25a	0.359e	2.012a	0.071e	0.197	8.21a	0.369e	1.844a	0.098e	0.265	6.07a	0.565d	1.259a	0.121f	0.215
	平均		6.59	0.48	1.80	0.14	0.28	5.73	0.54	1.64	0.18	0.33	3.90	0.74	1.02	0.30	0.38

注:CK,LFP,T1,T2,T3,T4 分别代表氮空白(0 N),当地常规栽培,增密减氮栽培,精确灌溉栽培,施有机肥栽培,土壤深翻栽培。不同字母表示在同一列同一品种内比较。

肥运筹和水分管理措施提高 K_N(T1 vs LFP，T2 vs T1)。但是由于施用了有机肥，增加了氮肥供给，在 T3 与 T4 处理中 K_N 降低。K_N/K_L 的变化趋势与 K_N 一致(表 5-52)。

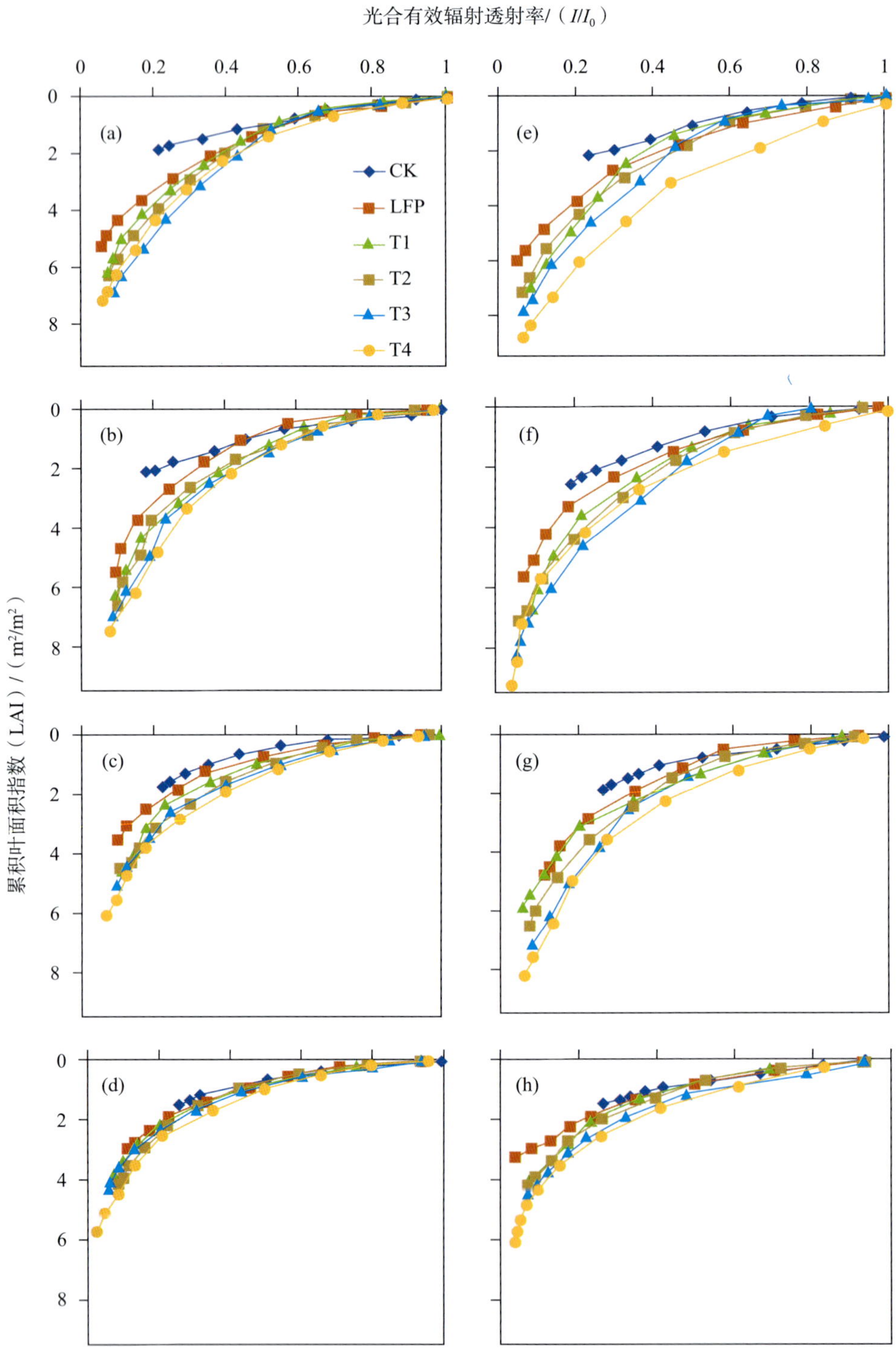

图 5-106　累积叶面积指数与冠层光透射的关系(Gu et al.，2017)

注：a、b、c、d 为品种甬优 2640，e、f、g、h 为品种武运粳 24 号，a、e、b、f 为开花期，c、g 为花后 15 d，d、h 为花后 30 d。

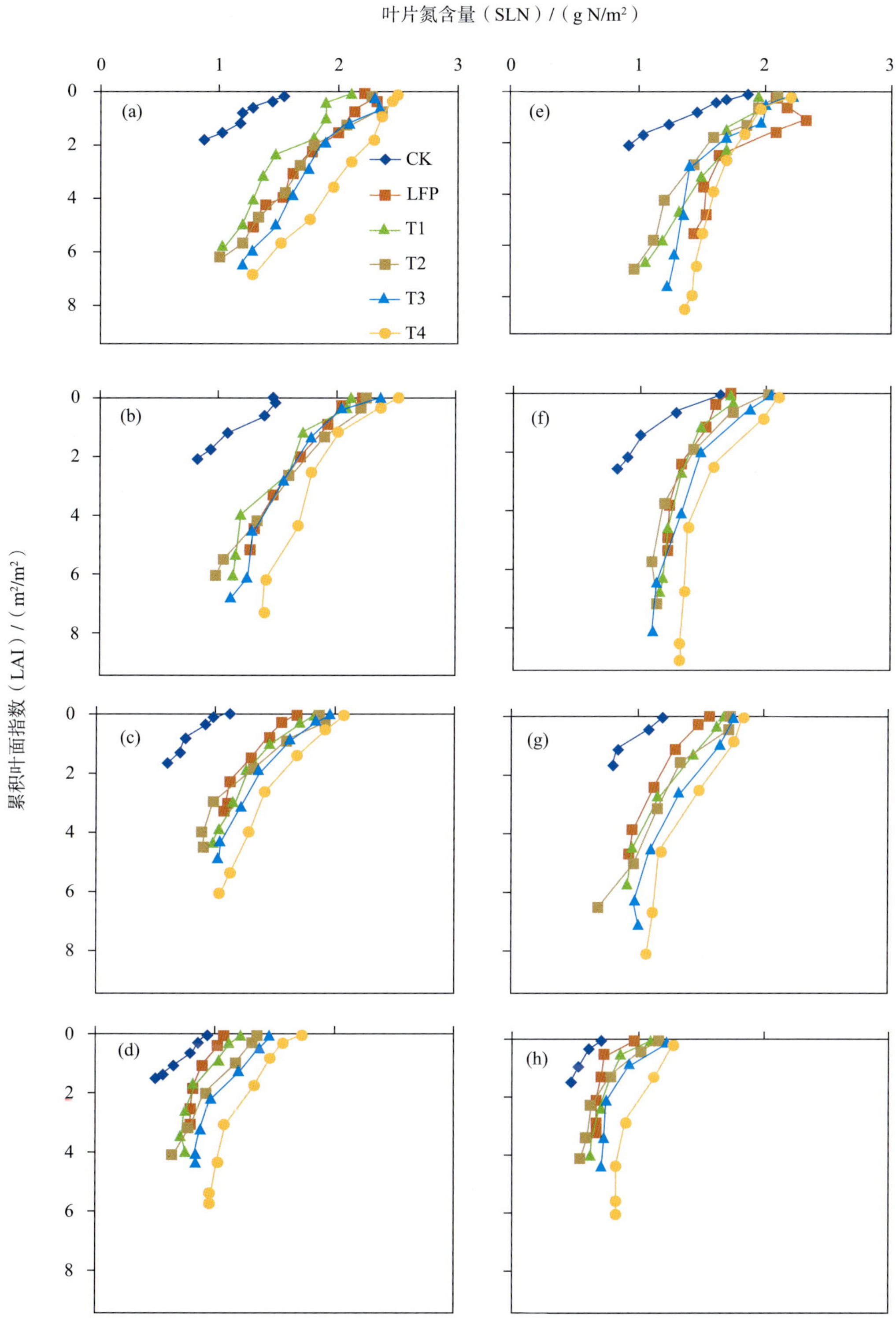

图 5-107　累积叶面积指数与冠层氮素分布梯度的关系（Gu et al.，2017）

注：a、b、c、d 为品种甬优 2640，e、f、g、h 为品种武运粳 24 号，a、c、b、f 为开花期，c、g 为花后 15 d，d、h 为花后 30 d。

②冠层氮素与光衰减系数比例(K_N/K_L)与氮素利用率的关系

参数 K_N/K_L是一个指示光与氮素在冠层中分布梯度的参数。在低氮条件下,K_N/K_L值高;在高氮条件下,K_N/K_L值低。参数 K_N/K_L也受栽培措施的调控。例如,即使处理 T4 中氮肥使用量显著高于处理 LFP,但是通过栽培措施调控,T4 中 K_N/K_L通常也高于 LFP 处理中 K_N/K_L的值。K_N/K_L与氮素利用率 IE_N紧密相关(图 5-108)。

③产量与氮素利用率的关系

氮素利用率与产量呈负相关关系。其回归直线为 $y=-2.95x+92.90$,其决定系数为 0.37。但在同等或类似氮肥投入量下(处理 LFP、T1、T2),栽培调控措施可以同时提高产量与氮素利用率,其回归直线 $y=3.95x+16.89$,其决定系数为 0.98(图 5-109)。

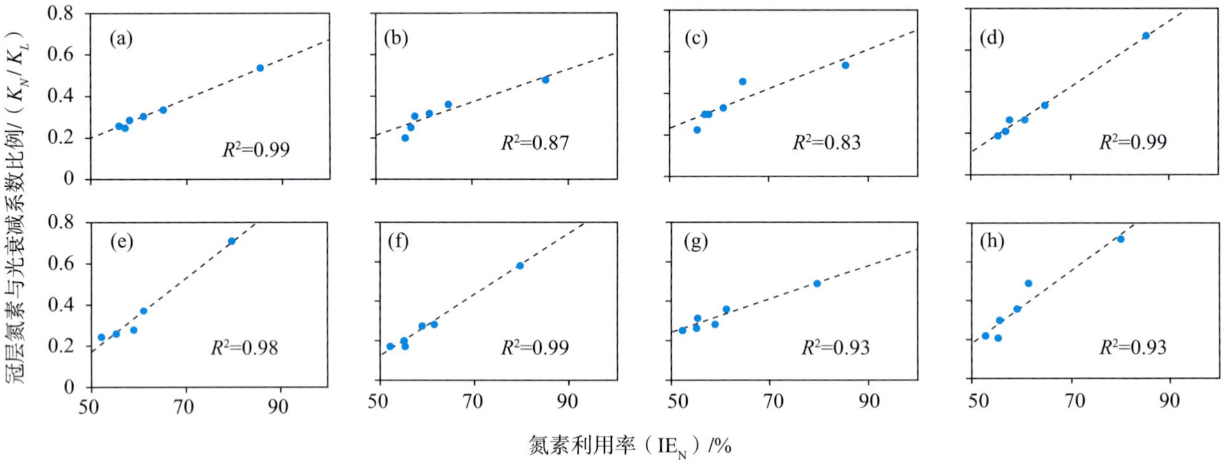

图 5-108 冠层氮素与光衰减系数比例(K_N/K_L)与氮素利用率的关系(Gu et al.,2017)

注:a、b、c、d 为品种甬优 2640,e、f、g、h 为品种武运粳 24 号,a、e、b、f 为开花期,c、g 为花后 15 d,d、h 为花后 30 d。

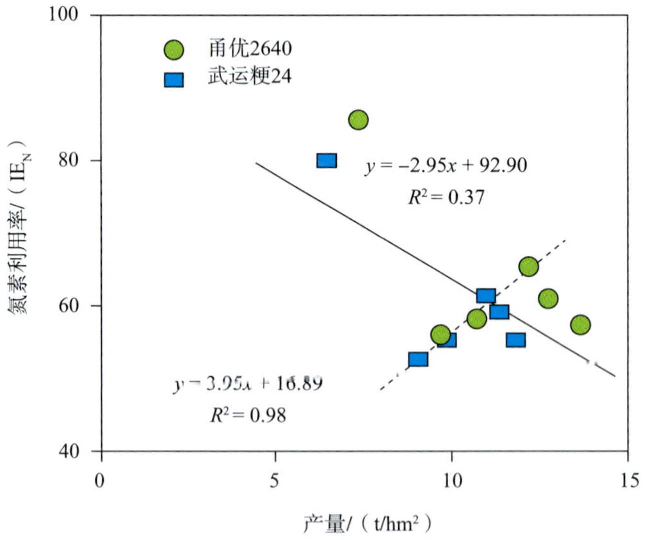

图 5-109 产量与氮素利用率的关系(Gu et al.,2017)

(3)讨论

可以通过提高冠层光分布提高群体产量。在"理想株型"育种中,直立株型是育种家选择的重点,因为这种株型允许更多的光在群体中的透射,改善冠层光合(Peng et al.,2008)。通过降低冠层叶绿素含量也可以改善冠层光分布(Ort et al.，2015；Gu et al.，2017)。这些例子中冠层光分布改善往往体现在光衰减系数 K_L 变小。K_L 与叶面积指数 LAI 呈负相关。

叶片中的氮素主要用来合成光合作用相关的 Rubisco 酶、叶绿素蛋白复合体等。许多研究表明氮素与光合值线性相关(Lawlor，2002；Gu et al.，2012)。其生理机制是叶片氮与光合参数紧密相关，如 RuBP 最大羧化效率、最大电子传递效率、叶肉导度与气孔导度。为了最大化冠层光合，氮素应该向光照强度大的上部叶片转移。冠层中的氮素分布是决定冠层光合氮素利用效率的一个重要因素。CK 处理中 K_N 值较大与其冠层中较少的氮含量有关。同样的，在生殖生长阶段，大量的氮素向籽粒中转移，会减少冠层中的氮含量，这会增加 K_N 值。

冠层中观测到的氮分布梯度能够有效地提高冠层光合作用(Hirose and Werger，1987)。然而，氮的分布远远没有达到最优(最优的分布时，$K_N/K_L \geq 1$)。许多研究表明，生理或物理的一些限制因素限制了光氮分布达到最优(Buckley et al.，2013；Coble and Cavaleri，2015)，例如结构限制、水压限制、叶肉导度限制。在本试验中平均的 K_N/K_L 为 0.34，但是其变异较大(0.165～0.718)。而且水稻的氮素利用率与 K_N/K_L 正相关。在本试验中，我们关注于冠层性状，以及它们与氮素利用效率的关系。

氮肥的施用量是影响作物氮肥使用效率的主要因素。在本试验的两个品种中，当氮肥投入增加，产量增加，但氮肥使用效率下降。然后在一定或类似氮肥投入下(处理 LFP、T1、T2)，通过栽培措施可以同时提高产量与氮素利用效率。产量与氮素利用效率同时提高与冠层中的光与氮素分布匹配相关。参数 K_N/K_L 在 T2 处理中最高，高于 T1 与 LFP 处理。为了研究其机理，我们研究了根系氧化力与叶片细胞分裂素含量。

根系氧化力 ROA 被认为是一个重要的根系活力的指标(Ju et al.，2015)。ROA 在 T1 与 T2 处理中显著高于 LFP 处理。根系是细胞分裂素合成的部位。ROA 越高，叶片中细胞分裂素含量越高。高的细胞分裂素会调控氮素向上部叶片转运，合成光合相关的酶(Flores and Tobin，1988)。在处理 T1 与 T2 中参数 K_N 值就较高。细胞分裂素调控冠层氮分配的机制曾被 Boonman 等(2007)报道过。根据以上结果，我们提出一个假设，即栽培措施增加根系活力，增加细胞分裂素的合成，通过水分蒸腾流运转(Aloni et al.，2005；Boonman et al.，2007)并在剑叶中积累。这样细胞分裂素就提高了冠层光合与冠层光合氮素利用效率。

(4)结论

氮空白处理下植株的氮肥利用效率最高，随着氮肥施用量的增加，氮肥利用效率降低。然而在同等氮肥水平下，可以通过栽培措施同时提高水稻产量与氮肥利用效率。研究表明，冠层氮分布与光分布特点(氮的衰减系数 K_N，光的衰减系数 K_L，及他们之间比例 K_N/K_L)与水稻产量与氮肥利用效率有关系。栽培措施改善冠层生理生态性状，即较小的 K_L，较大的 K_N 和 K_N/K_L，协调冠层中光与氮素的分布，最大化冠层光合，从而获得较高的产量与氮肥利用效率。其相关的生理机制是：栽培措施增加根系活力，从而增加细胞分裂素的合成和在剑叶中的积累，这将调控氮素向冠层顶部叶片的转运和分配。这些结果表明，冠层生理生态性状参数 K_N/K_L 是反映冠层质量的一个指标，它的值与作物产量和氮肥利用效率紧密相关，并受栽培调控措施调控。

3. 水稻高产高效的源库协调机制与途径

Mason 和 Maskell(1928)提出了理解作物产量和品质形成机理的“源-库理论”，分析了光合产物在生产、分配、运输和转运中的积累过程及其相互作用。源是作物合成和输出有机物的组织或器官，典型的代表是具有光合生产能力的成熟叶片。源的大小通常用功能叶面积或叶面积指数(LAI)来表示，而源的活性则用每叶面积的净光合速率(Pn)来表征。库是作物生长发育过程中转运或储藏光合产物的组织或器官，其典型代表是果实和种子。库器官接收同化物的能力表示为库强度，它是活性和储藏能力的乘积。作物产量、品质和资源利用效率受到作物源与库及其关系的影响。优化源库关系可以促进物质积累、运输和产量形成。许多研究报告了通过调节源库关系来实现高产的理论和技术(Zhang et al.，

2011；Bobeica et al.，2015）。然而，这些研究大多集中在单项肥料或灌溉制度对作物库、源的影响及其关系上（Zhang et al.，2011；Bobeica et al.，2015）。当前，在我国农业绿色发展的背景下，农业高产高效迫在眉睫。虽然在水稻生产中通过整合和优化栽培技术可以达到高产和高效的目的，但对整合和优化栽培管理对水稻源、库的影响及其相互关系的研究还较少。

（1）试验处理

供试品种为武运粳24（W-24），处理名称0 N、LFP、ICM1、ICM2和ICM3分别代表氮空白（0 N）、当地常规栽培、增密减氮栽培、精确灌溉栽培、施有机肥栽培。

（2）结果与分析

①地上部和根系生物量

综合优化栽培方式处理的抽穗期和成熟期地上部和根系干重均显著高于LFP。与LFP相比，ICM1、ICM2和ICM3在抽穗期的地上部生物量平均提高11.1%、21.5%和33.9%，成熟期分别提高9.0%、16.3%和33.9%。与LFP相比，ICM1、ICM2和ICM3在抽穗期根系生物量平均提高6.4%、10.5%和21.1%，成熟期分别提高10.1%、19.9%和31.9%。根冠比从抽穗期到成熟期显著降低。除0 N处理抽穗期和成熟期根冠比最高外，LFP和3种综合优化栽培方式的根冠比差异不显著（图5-110）。

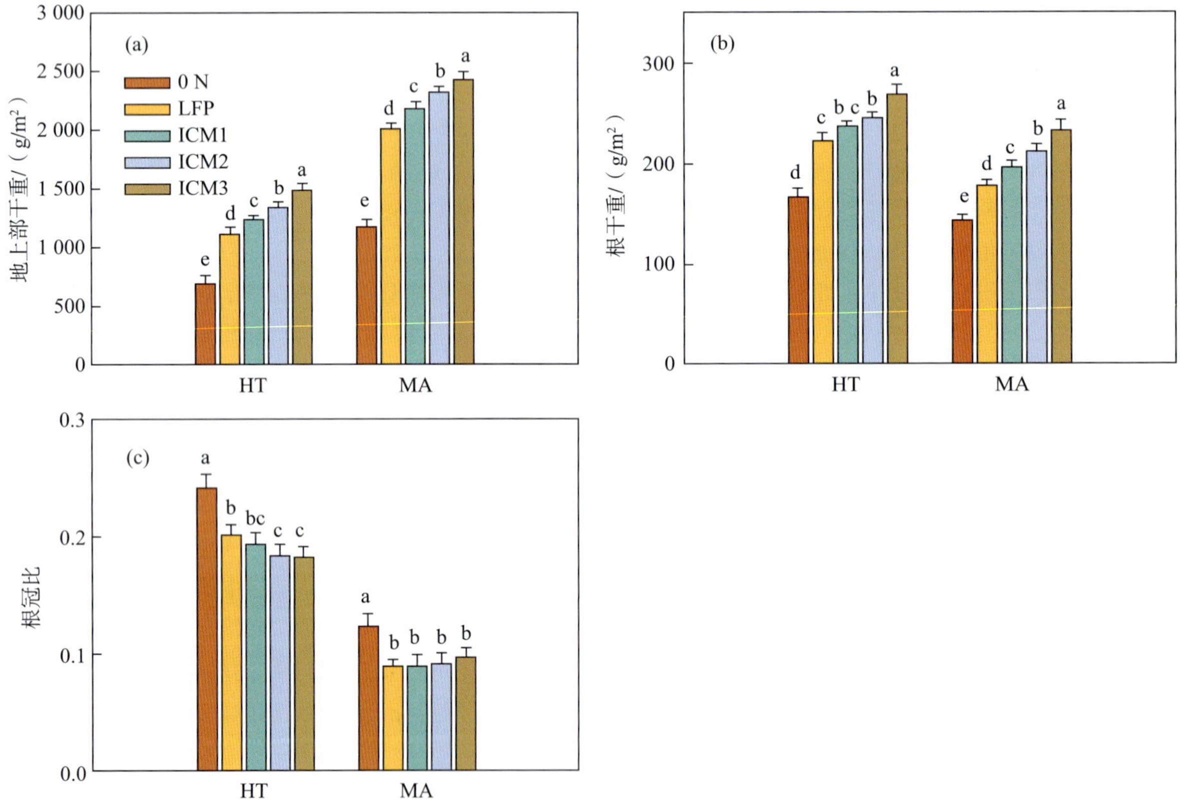

图5-110　不同栽培方式处理地上部生物产量、根干重和根冠比（Zhang et al.，2021）

注：0 N，氮空白；LFP，当地常规栽培处理；ICM1，增密减氮栽培处理；ICM2，精确灌溉栽培处理；ICM3，施有机肥栽培处理；HT，抽穗期；MA，成熟期。不同字母表示在同一指标同一时期内在0.05水平上差异显著。

②叶面积指数（LAI）与粒叶比

综合优化栽培方式处理对抽穗期叶面积指数和粒叶比有显著影响。3种综合优化栽培方式的叶面积指数和粒叶比均高于或极显著高于LFP的叶面积指数和粒叶比。与LFP相比，ICM3提高了总叶面积指数、有效叶面积指数、高效叶面积指数。粒叶比（颖花粒叶比、实粒数粒叶比、粒重粒叶比）也显著提高(表 5-53)。

表 5-53　不同栽培方式处理抽穗期叶面积指数和粒叶比(Zhang et al.,2021)

处理	叶面积指数			粒叶比		
	总叶面积指数	有效叶面积指数	高效叶面积指数	颖花粒叶比/(个/cm²)	实粒粒叶比/(个/cm²)	粒重粒叶比/(mg/cm²)
氮空白	5.47e	4.93e	3.36d	0.42b	0.38c	10.6d
当地常规	7.67d	6.42d	4.32c	0.57a	0.48ab	12.8c
增密减氮	8.07c	7.07c	4.66b	0.55a	0.47b	12.6c
精确灌溉	8.41b	7.79b	5.55a	0.56a	0.49a	13.0b
施有机肥	8.82a	8.01a	5.45a	0.57a	0.50a	13.2a

注:不同字母表示在同一列内在 0.05 水平上差异显著。

③叶角和截获的辐射

栽培管理方式改变了抽穗期顶 3 叶的平均角度。上部 3 叶的平均角度,0N 处理为 10.4°,LFP 处理为 10.1°,ICM1 处理为 13.2°,ICM2 处理为 14.6°,ICM3 处理为 12.4°。综合优化栽培方式处理显著提高了抽穗期的辐射截获率。与 LFP 相比,ICM1、ICM2 和 ICM3 在两年的平均辐射截获率分别显著提高了 3.4%、7.2%和 8.2%(图 5-111)。

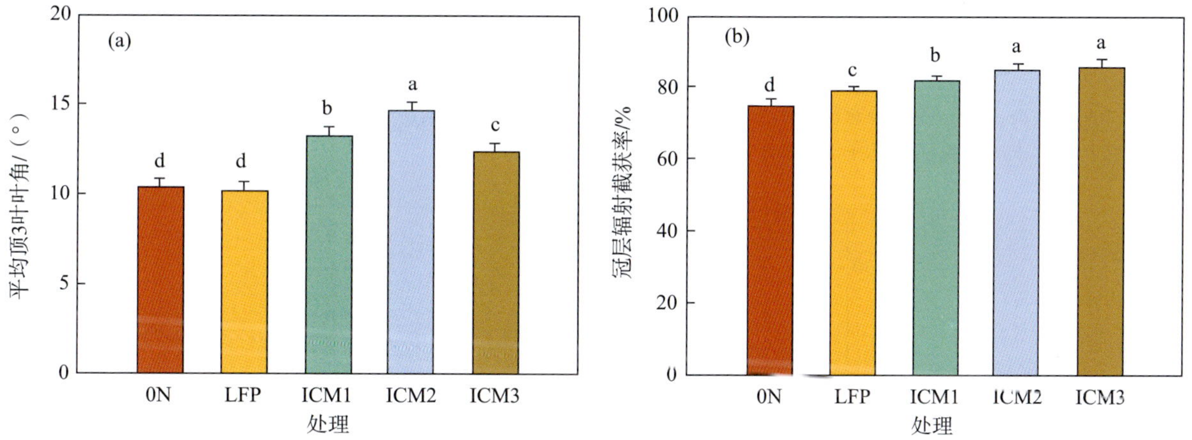

图 5-111　不同栽培方式处理抽穗期顶 3 叶叶角和冠层辐射截获率(Zhang et al.,2021)

注:0 N,氮空白;LFP,当地常规栽培处理;ICM1,增密减氮栽培处理;ICM2,精确灌溉栽培处理;ICM3,施有机肥栽培处理。不同字母表示在同一指标内在 0.05 水平上差异显著。

④叶片光合作用

抽穗期比叶含氮量(SLNC)、叶片光合速率和光合氮素利用率(PNUE)如图所示。抽穗期 ICM3 处理的 SLNC 高于其他栽培方式处理,但 LFP、ICM1 和 ICM2 之间的 SLNC 差异不显著。与 LFP 相比,ICM2 和 ICM3 在两年的抽穗期叶片光合速率分别平均提高 16.6%和 23.2%。在 PNUE 中也观察到了类似的结果。与 LFP 相比,ICM2 和 ICM3 两年抽穗期 PNUE 分别比 LFP 显著提高 11.2%和 10.6%(图 5-112)。

同时,3 种优化栽培措施显著提高了灌浆期叶片光合速率。以 ICM3 处理的叶片光合速率最高。与 LFP 相比,ICM3 在灌浆前期、灌浆中期和灌浆后期分别显著提高叶片光合速率 28.3%、27.8%和 32.5%(图 5-113)。

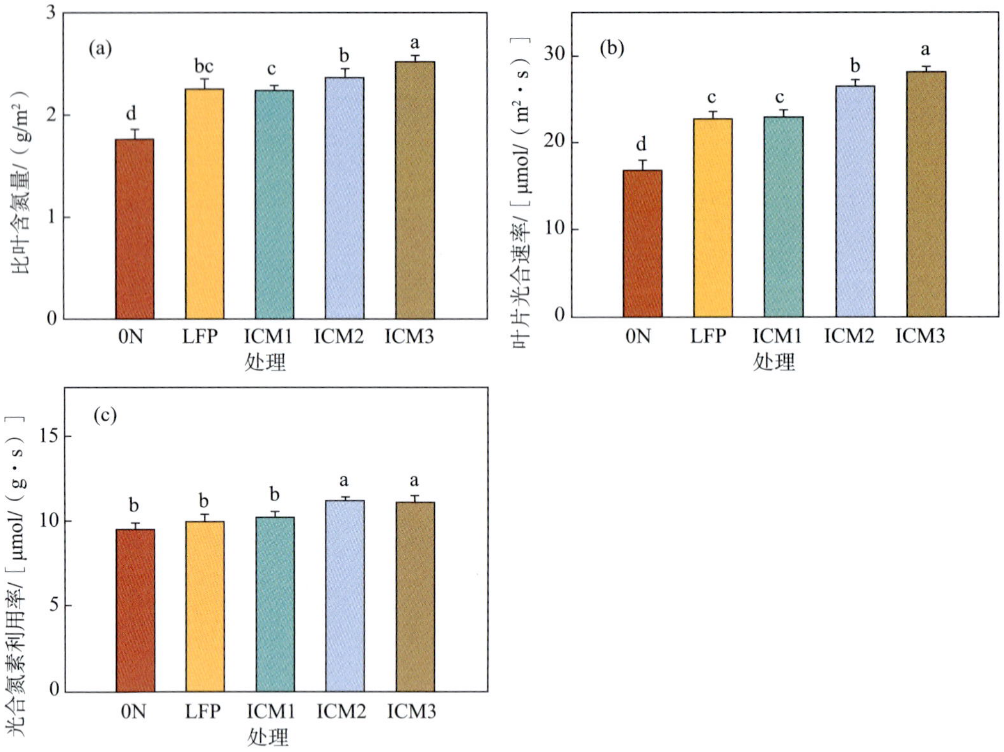

图 5-112 不同栽培方式处理抽穗期比叶含氮量、叶片光合速率和光合氮素利用率（Zhang et al.，2021）

注：0 N，氮空白；LFP，当地常规栽培处理；ICM1，增密减氮栽培处理；ICM2，精确灌溉栽培处理；ICM3，施有机肥栽培处理。不同字母表示在同一指标内在 0.05 水平上差异显著。

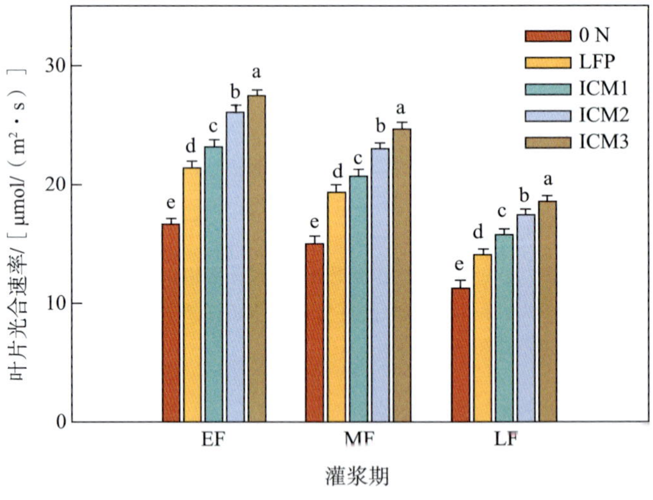

图 5-113 不同栽培方式处理灌浆期叶片光合速率（Zhang et al.，2021）

注：0 N，氮空白；LFP，当地常规栽培处理；ICM1，增密减氮栽培处理；ICM2，精确灌溉栽培处理；ICM3，施有机肥栽培处理；EF，灌浆早期；MF，灌浆中期；LF，灌浆后期。不同字母表示在同一时期内在 0.05 水平上差异显著。

⑤穗、叶和根中的玉米素（Z）＋玉米素核苷（ZR）

灌浆期不同栽培方式的穗部、叶片和根部 Z＋ZR 含量差异显著。随着灌浆的进程，不同器官中 Z＋ZR 含量逐渐降低。根中Z＋ZR 含量高于穗部和叶片。综合优化栽培方式（ICM1、ICM2、ICM3）显著提高了穗部、叶片和根部的 Z＋ZR 含量。灌浆期，与 LFP 相比，ICM1、ICM2、ICM3 的根、穗、叶中 Z＋ZR 含量分别平均增加 12.5%、4.9%和 8.4%，34.7%、12.1%和 19.8%，46.8%、17.6%和 29.6%。不同器官中 Z+ZR 含量的年变化趋势是一致的(图 5-114)。

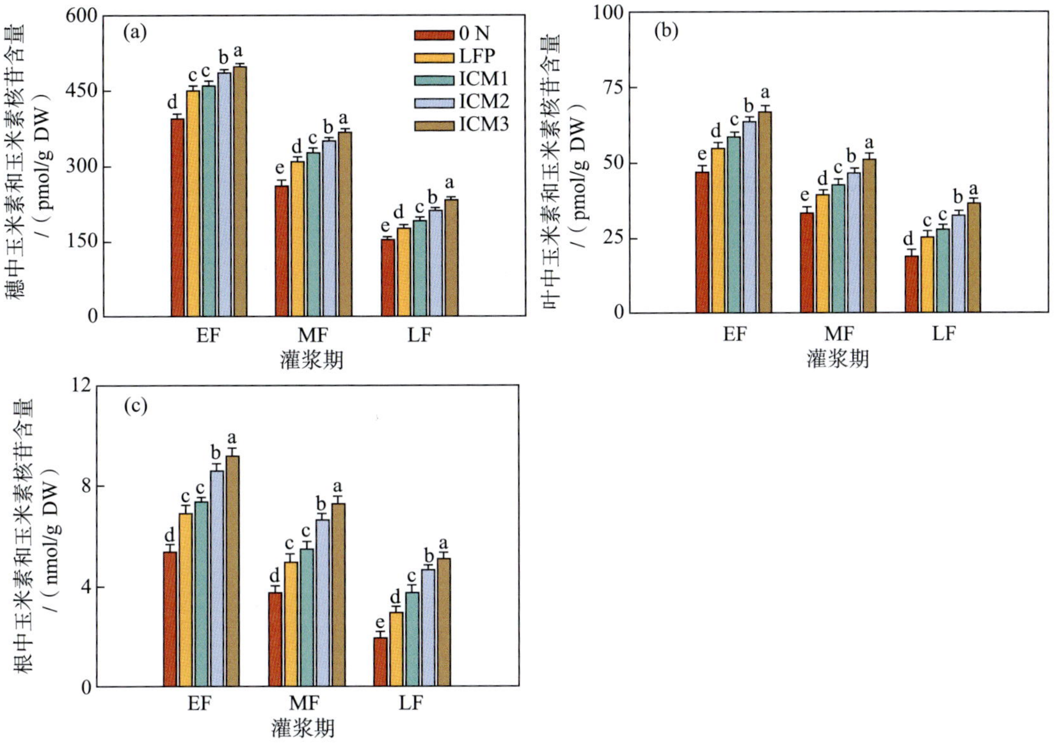

图 5-114　不同栽培方式处理灌浆期穗、叶和根中的玉米素和玉米素核苷含量(Zhang et al.，2021)

注:0 N,氮空白;LFP,当地常规栽培处理;ICM1,增密减氮栽培处理;ICM2,精确灌溉栽培处理;ICM3,施有机肥栽培处理;EF,灌浆早期;MF,灌浆中期;LF,灌浆后期。不同字母表示在同一时期同一指标内在 0.05 水平上差异显著。

⑥颖花根活量

灌浆期颖花根活量的变化与各器官中 Z+ZR 含量的变化相似。颖花根活量最大值出现在灌浆前期,灌浆期 3 种综合优化栽培方式的颖花根活量均显著高于 LFP。在各处理中,ICM3 的颖花根活量最高。与 LFP 相比,ICM3 在两年内平均提高颖花根活量 26.8%(图 5-115)。

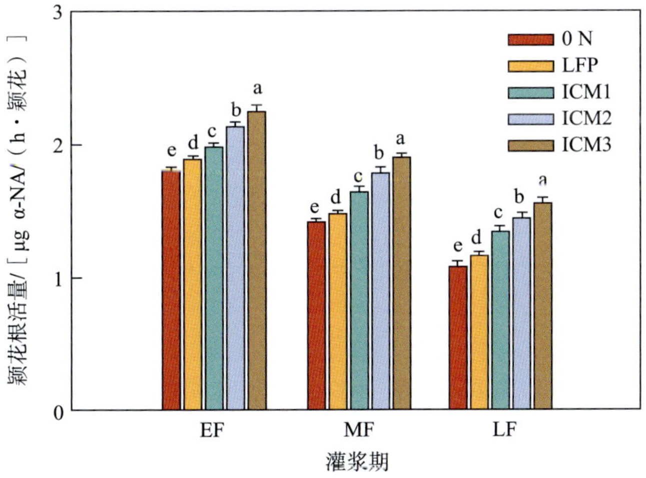

图 5-115　不同栽培方式处理灌浆期颖花根活量

(Zhang et al.，2021)

注:0 N,氮空白;LFP,当地常规栽培处理;ICM1,增密减氮栽培处理;ICM2,精确灌溉栽培处理;ICM3,施有机肥栽培处理;EF,灌浆早期;MF,灌浆中期;LF,灌浆后期。不同字母表示在同一时期内在 0.05 水平上差异显著。

⑦源库特性与产量和资源利用效率的相关性

LAI(总的、有效、高效 LAI)、粒重/叶值、辐射截获率、SLNC、抽穗期叶片光合速率和 PNUE、抽穗期和成熟期地上部和根系生物量、抽穗至成熟期地上部生物量、灌浆期叶片光合速率、各器官 Z+ZR 含量和颖花根活量与产量、PFP、AE、WUE、RUE 和 TUE 呈显著或极显著正相关关系。抽穗期和成熟期根冠比与产量、WUE、RUE 和 TUE 呈显著或极显著负相关关系(表 5-54)。

表 5-54 库、源特征与产量和资源利用效率的关系(Zhang et al., 2021)

生育期	相关	产量	氮肥偏生产力	氮肥农学利用率	灌溉水利用效率	辐射利用效率	积温利用效率
抽穗期	总叶面积指数	**	**	**	**	**	**
	有效叶面积指数	**	**	**	**	**	**
	高效叶面积指数	**	**	**	**	**	**
	颖花粒叶比	**	—		**	**	**
	实粒数粒叶比	**			**	**	**
	粒重粒叶比	**	*	*	**	**	**
	生物量	**	**	**	**	**	**
	根量	**	**	**	**	**	**
	根冠比	−**	−**	−**	−**	−**	−**
	叶角				*		
	冠层辐射截获率	**	**	**	**	**	**
	比叶含氮量	**	*	**	**	**	**
	叶片光合速率	**	**	**	**	**	**
	光合氮素利用率	**	*	**	**	**	**
成熟期	生物量	**	**	**	**	**	**
	抽穗至成熟干物质积累量	**	*		**	**	**
	根量	**	**	**	**	**	**
	根冠比	−**	*	**	−*	−**	−**
灌浆期	叶片光合速率	**	**	**	**	**	**
	穗中玉米素和玉米素核苷	**	**	**	**	**	**
	叶中玉米素和玉米素核苷	**	**	**	**	**	**
	根中玉米素和玉米素核苷	**	**	**	**	**	**
	颖花根活量	**	**	**	**	**	**

注:*,** 分别代表在 0.05 和 0.01 水平上差异显著。

(3)讨论

实现高产高效生产是我国集约化农业系统面临的一项长期而巨大的挑战。合理的氮肥和灌溉管理是提高粮食产量和资源利用效率的关键。水稻高产高效栽培技术已有不少报道,包括群体质量栽培、精量施氮和灌溉技术。在前人研究的基础上,我们的综合优化栽培方式试图通过调节群体、增强根系和土壤生产力来达到提高粮食产量和氮肥、水分利用率的双重目标。在本研究中,我们的研究结果表明,施有机肥对水稻产量和资源利用效率有显著影响。与 LFP 相比,ICM3 不仅使两年的产量、PFP、AE 和 WUE 分别提高 19.2%、32.5%、63.8%和 44.2%,而且使 RUE 和 TUE 分别提高 19.7%、18.7%。结果表明，采用 ICM 可以同时提高产量和温、光、水、肥的资源利用率。

水稻物质积累可分为抽穗前和抽穗后两个阶段。籽粒产量主要来源于抽穗前茎鞘贮藏碳水化合物，一般占 10%～30%，抽穗后光合产物占 70%～90%。因此，抽穗至成熟期的光合产物在水稻增产中起着关键作用。据报道，水稻产量与成熟期和抽穗至成熟期干物质积累量呈线性关系（Gu et al.，2012）。在本研究中，我们观察到，ICM 显著提高抽穗期和成熟期地上部生物量，分别平均提高 11.1%～33.9%和 9.0%～33.9%。同时，与 LFP 相比，ICM 条件下 NSC 对籽粒的贡献率平均提高 26.3%～45.8%。相关分析还表明，抽穗期、成熟期和抽穗至成熟期的地上部生物量与产量和资源利用效率呈显著或极显著相关。说明抽穗至成熟期物质积累的增加是实现高产高效的重要基础。

叶源质量对光合物质生产，特别是抽穗后的光合物质生产起着直接而重要的作用。叶片光合功能的降低是影响叶片同化能力的决定性因素，进而影响抽穗后的光合产物和籽粒灌浆（Venkateswarlu and Visperas，1987；Gu et al.，2012）。叶片功能取决于叶源的数量（LAI、叶绿素含量）和质量（光化学效率、光合速率、PNUE）。在本研究中，我们观察到，与 LFP 相比，ICM 在抽穗期总叶面积指数、有效叶面积指数、高效叶面积指数平均提高了 14.9%、24.7%、26.3%。同时，ICM3 还提高了抽穗期的 SLNC 和 PNUE，以及灌浆期的叶片光合速率。结果表明，ICM 显著改善了叶源的数量和质量，尤其是 ICM3，这可能有助于抽穗后物质积累的增加。

值得一提的是，ICM 改变了顶部 3 叶的平均角度，武运粳 24 的角度为 13°。在此株型条件下，与 LFP 相比，ICM 显著提高了辐射截获率，平均提高 3.4%～8.2%。据报道，栽培措施可以改善冠层生态生理特性，协调光和氮在冠层内的分布，最大限度地提高冠层光合作用，从而获得较高的产量和 NUE（Gu et al.，2017；Yin et al.，2015）。通过改善冠层光分布可以显著提高冠层生产力。育种者倾向于选择顶部叶片直立的品种，以使阳光透过作物冠层的透光率更大，最大限度地减少上部叶片的饱和和下部叶片的轻度饥饿（Peng et al.，2008）。在本研究中，我们观察到在所有处理中，ICM3 处理获得了最高的 RUE。因此，我们推测 ICM 提高了作物冠层对光的透射率，提高了冠层生产力。

根系对植物的生长发育、促进土壤中水分和养分的吸收以及对生物和非生物胁迫的响应是必不可少的。据报道，根系的形态和生理特性与地上部的生长、产量形成以及水分和氮肥的吸收利用密切相关。然而，在综合优化栽培方式下，根系在高产高效中的作用却知之甚少。本研究观察到抽穗期和成熟期根系生物量与地上部生物量的变化趋势是一致的。与 LFP 相比，ICM 处理的抽穗期根系生物量平均提高 6.4%～21.1%，成熟期根系生物量平均提高 10.1%～31.9%，其中 ICM3 根系生物量最高。结果表明，LFP 与 3 种综合优化栽培方式在灌浆期的根冠比差异不显著。结果表明，在 ICM 条件下，根系和地上部生长的同步改善有助于提高籽粒产量。以前的研究表明，细胞分裂素的代谢和信号通过维管系统从植物的根转移到地上部，与氮的有效性密切相关，氮素可以协调地上部和根的生长发育。我们观察到，在灌浆期，ICM3 处理的根系 Z+ZR 含量比 LFP 平均增加 12.5%～46.8%。相关分析表明，灌浆期根系生物量和根系 Z+ZR 含量与籽粒产量和资源利用效率呈极显著正相关。说明在 ICM 条件下，与地上部同步根系性状改良，有利于实现高产高效。

充足的碳水化合物供应可以促进库器官的生长或形成新的库。库的大小或活性决定碳水化合物的利用，因此对源活性具有反馈效应（Krahmer et al.，2018；Burnett et al.，2016）。一般认为粒叶比是反映水稻群体源库协调性的重要指标。在本研究中，武运粳 24 在 ICM 下总颖花量达到（4.5～5.0）×10^8个/hm^2。在大颖花量情况下，与 LFP 相比，ICM3 的籽粒产量增加，伴随着总叶面积指数、有效叶面积指数以及粒叶比的增加。说明在适宜的叶面积指数条件下，ICM 通过协调源库关系获得了较高的籽粒产量。同时，我们还观察到，在大颖花量情况下，ICM 显著提高了灌浆期的颖花根活量。说明灌浆期强大的根系通过协调根系源库关系为高产提供了保障。我们注意到，在灌浆期，在 ICM 下，包括根、叶和穗部在内的不同器官的 Z+ZR 含量都有所增加。上述内容说明源库协调是获得高产和资源利用效率的关键。

(4)结论

农民常规栽培不能充分发挥水稻生产的产量潜力和资源利用率。通过优化密度、优化氮肥管理和优化灌溉管理、提高土壤肥力等栽培管理措施,可以达到提高粮食产量和提高氮肥、灌溉水、辐射和温度利用效率的双重目标。ICM处理的增加主要归因于改善了整个灌浆期的库容大小和强度,增强了叶源和根源,协调了叶源和根源之间的关系。

4.水稻高产高效的环境减排机制

农业是温室气体主要的排放源之一,甲烷(CH_4)和氧化亚氮(N_2O)的排放主要来源于农业生产活动。农田温室气体排放总量分别占人类活动CH_4和N_2O氮排放量的52%和84%(Smith et al.,2008)。我国水稻面积巨大,面积仅次于印度,居世界第二位,总产量居第一位,因此研究我国农田温室气体对控制气候变暖,保护环境具有积极意义。

CH_4是仅次于CO_2的重要的温室气体,稻田生态系统在CH_4排放中占有举足轻重的地位,水稻是最主要的CH_4人为排放源,大气中CH_4的温室效应是CO_2的25倍(Pachauri,2007)。稻田甲烷的排放是土壤甲烷产生、氧化及传输3个过程相互作用的结果,甲烷是在厌氧条件下产甲烷菌把有机物被分解成的CO_2、H_2O、甲酸等进一步转化而形成的,因此水分及厌氧条件为甲烷产生提供了良好的温床(张玉铭等,2011)。干湿交替节水灌溉技术,田面水层较浅,有利于土壤气体交换,抑制CH_4细菌活性,加速CH_4的氧化速率,减少CH_4产生和排放;水稻有效分蘖临界期搁田,可以大大改善土壤通气状况,大幅度降低CH_4的排放。CO_2、N_2O和CH_4的净交换之间的平衡构成了全球增温潜势(GWP)。然而,ICM对稻田温室气体排放的影响,特别是对主要排放气体CH_4的影响机理尚不清楚。

(1)试验处理

处理名称0 N,LFP,ICM分别代表氮空白(0 N),当地常规栽培方式,施有机肥栽培方式(ICM,综合优化栽培管理)。

(2)结果与分析

①地上部生物产量、根系生物量和根冠比

ICM的地上部和根系生物量明显大于LFP。在分蘖中期、穗分化期、抽穗期和成熟期,ICM的平均根系生物量分别比LFP高33.5%、8.9%、9.8%和9.3%,在4个主要生长期,ICM的地上部生物量分别比LFP高41.9%、18.9%、20.5%和21.9%。在各生育期,Y-2640的地上部生物量和根系生物量均高于或显著高于W-24(图5-116)。

②根长和根数

根长和根数的变化如图5-117所示。在整个生长季节中,ICM的根长和根数都大于或显著大于LFP。最大根长和最大根数分别出现在穗分化期和抽穗期。两个水稻品种的最大根长为每穴平均160.6~162.5 m^2,分别比对照增加16.2%和17.7%。在最大根数方面,两个水稻品种平均为10.1×10^3,比LFP高7.6%。

③根系氧化力(ROA)和根系伤流量

同根长相同,ROA的最大值出现在穗分化期,ICM的ROA显著大于LFP。根系伤流速率的变化与根数的变化基本一致。最大根系伤流速率出现在抽穗期,ICM的伤流速率均显著大于LFP。在各个生育期,Y-2640在所有栽培方式处理下的ROA和根系伤流速率均高于或显著高于W-24(图5-118)。

④根系总吸收表面积和活性吸收表面积

根系总吸收表面积和活跃吸收表面积最大值均出现在抽穗期。除LFP和ICM的根系总吸收表面积在分蘖中期无显著差异外,ICM的这两个参数在整个生长季节均显著大于LFP。在穗分化期、抽穗期和成熟期,两个水稻品种ICM处理的平均根系总吸收表面积分别比LFP大14.5%、11.8%和11.3%。在4个主要生育期,ICM分别比LFP高24.3%、27.2%、23.8%和23.3%。Y-2640在各生育期的根系总吸收表面积和活跃吸收表面积均大于W-24(图5-119)。

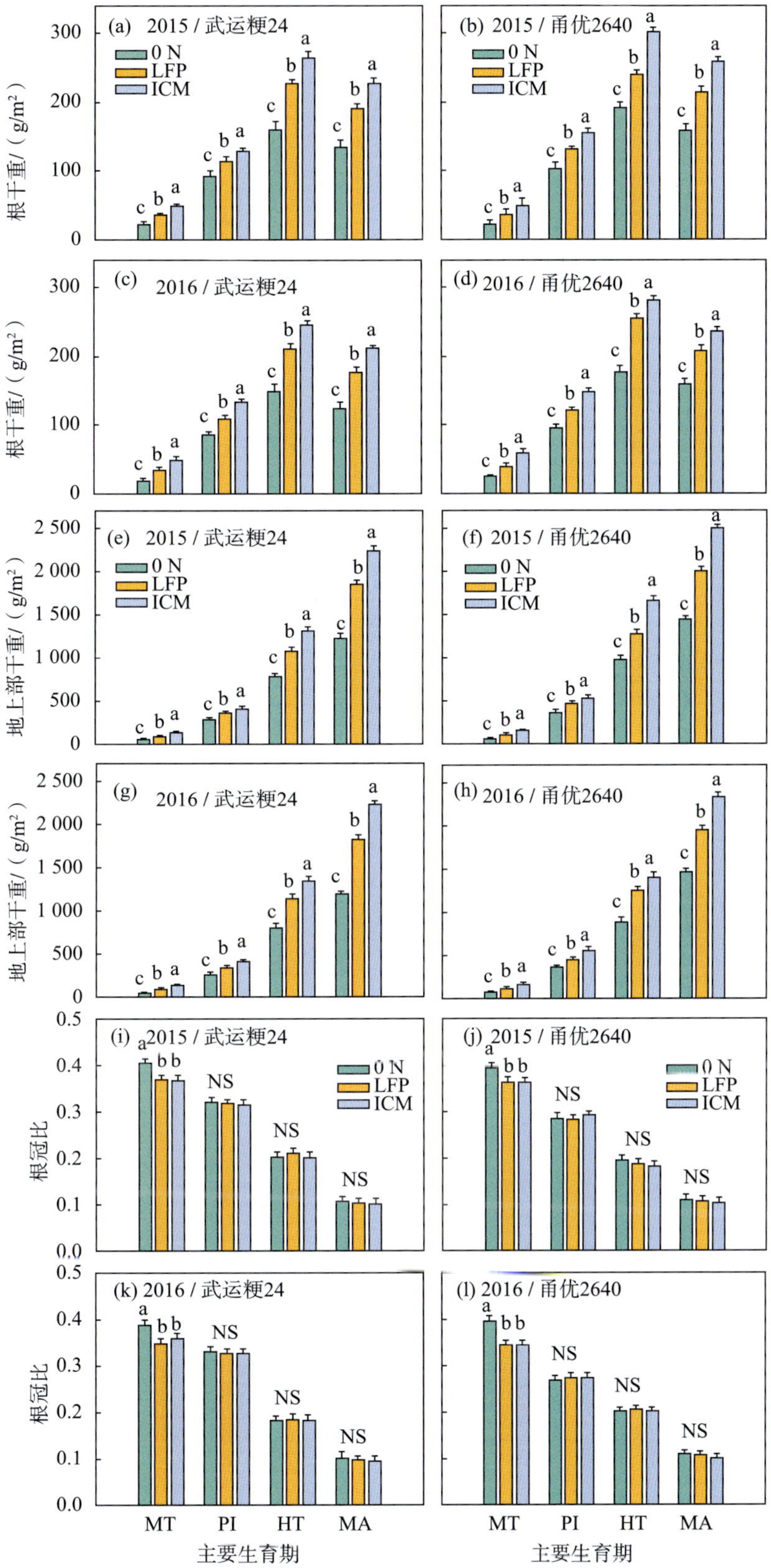

图 5-116　不同栽培方式处理水稻根系干重、地上部干重和根冠比(Zhang et al.，2019)

注：0 N，氮空白；LFP，当地常规；ICM，综合优化栽培管理。MT，分蘖中期；PI，穗分化期；HT，抽穗期；MA，成熟期。不同字母表示在同一指标同一年份同一品种同一时期内在 0.05 水平上差异显著。NS 表示在 0.05 水平上无显著差异。

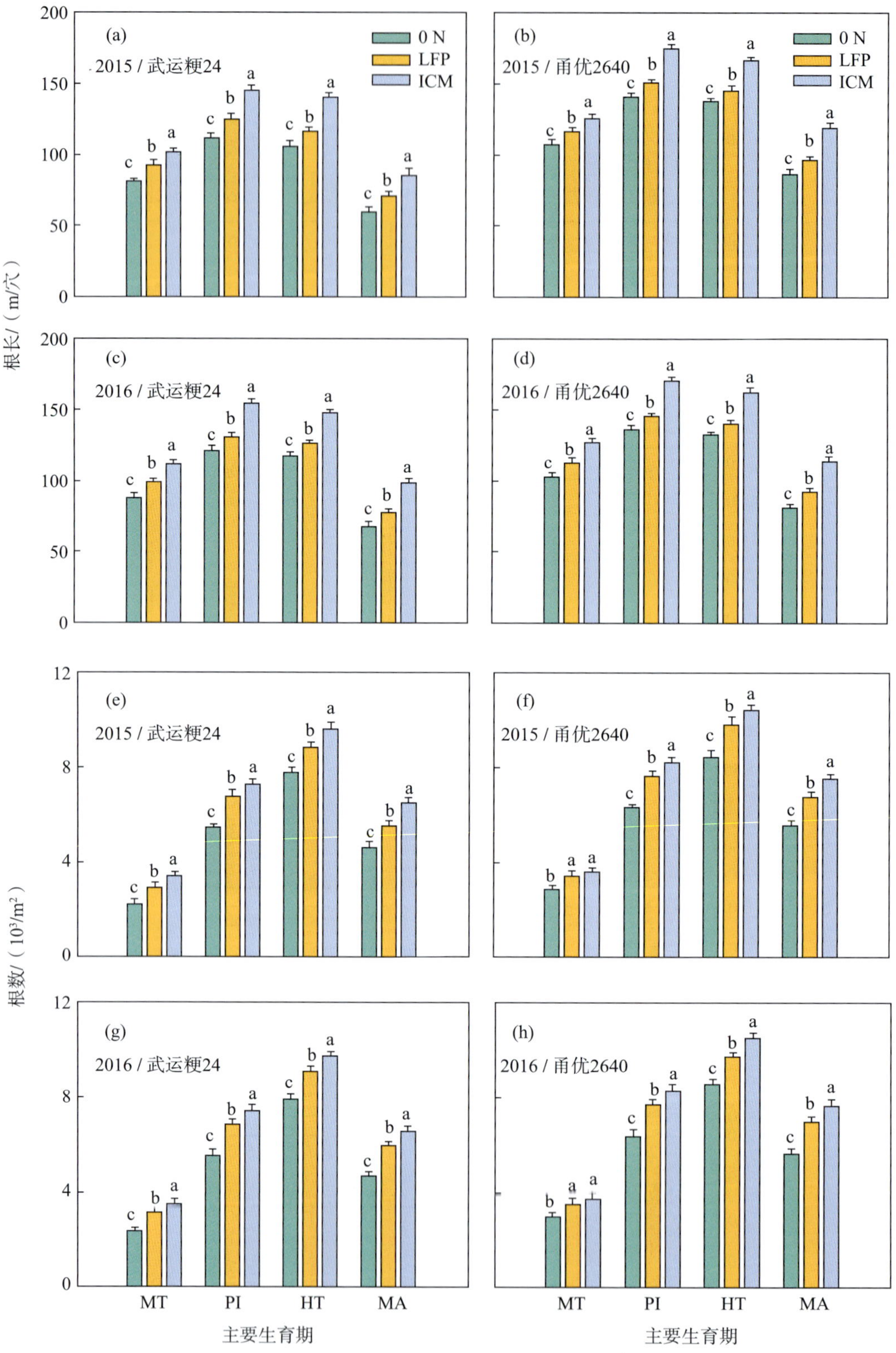

图 5-117　不同栽培方式处理水稻根长和根数(Zhang et al.，2019)

注：0 N，氮空白；LFP，当地常规；ICM，综合优化栽培管理。MT，分蘖中期；PI，穗分化期；HT，抽穗期；MA，成熟期。不同字母表示在同一指标同一年份同一品种同一时期内在 0.05 水平上差异显著。

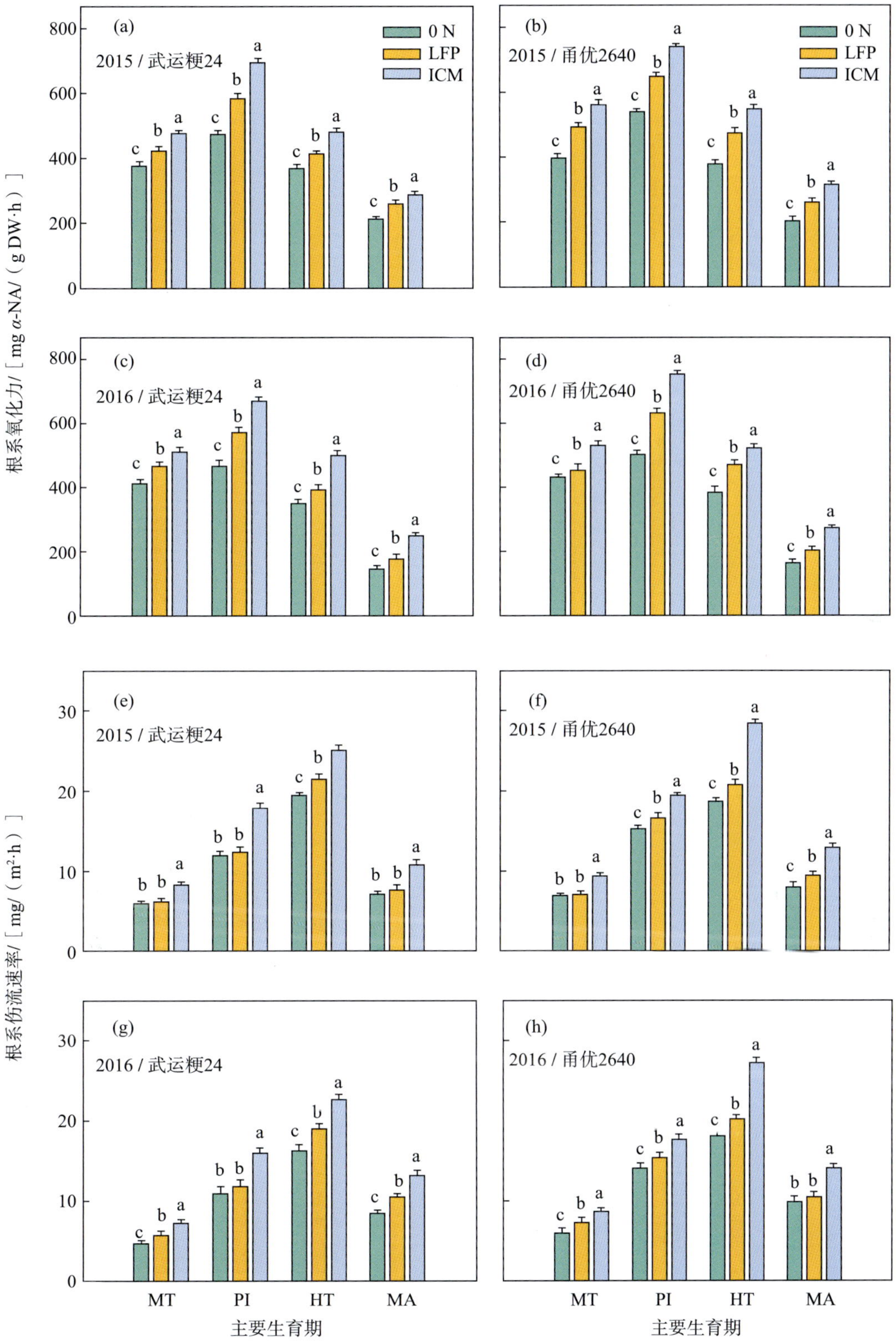

图 5-118　不同栽培方式处理水稻根系氧化活性和根系伤流量（Zhang et al.，2019）

注：0 N，氮空白；LFP，当地常规；ICM，综合优化栽培管理。MT，分蘖中期；PI，穗分化期；HT，抽穗期；MA，成熟期。不同字母表示在同一指标同一年份同一品种同一时期内在 0.05 水平上差异显著。

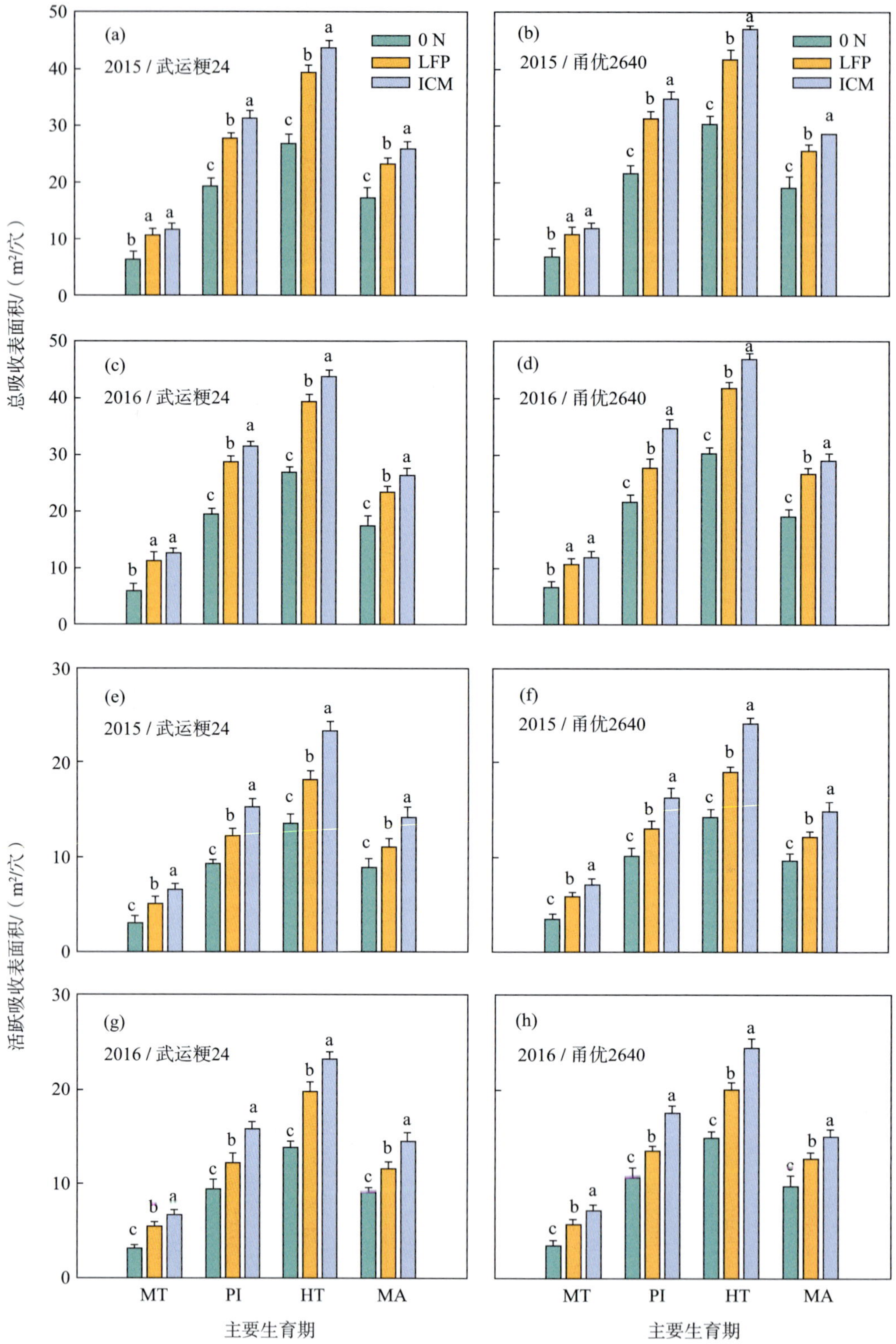

图 5-119　不同栽培方式处理水稻根系总吸收表面积和活跃吸收表面积(Zhang et al.，2019)

注:0 N,氮空白;LFP,当地常规;ICM,综合优化栽培管理。MT,分蘖中期;PI,穗分化期;HT,抽穗期;MA,成熟期。不同字母表示在同一指标同一年份同一品种同一时期内在 0.05 水平上差异显著。

⑤稻田温室气体排放

与 LFP 相比，ICM 显著降低了全球增温潜势和单位产量的全球增温潜势（表 5-55）。作为稻田主要排放的温室气体 CH_4，在整个水稻生长季，所有处理的 CH_4 排放都表现出类似的趋势。CH_4 的排放量在水稻移栽时增加，在移栽后 30 d 达到峰值，此后逐渐下降。另一个小高峰出现在移栽后 63 d。与 0 N 相比，LFP 和 ICM 在两个排放峰值处都显著提高了 CH_4 排放峰值。然而，与 LFP 相比，ICM 显著降低了 CH_4 排放峰值。Y-2640 的 CH_4 排放峰值均低于 W-24（图 5-120）。

表 5-55　不同栽培方式处理稻田温室气体排放（Zhang et al.，2019）

年份/品种	处理	产量/(t/hm²)	甲烷排放量/(kg/hm²)	氧化亚氮排放量/(g/hm²)	全球增温潜势(t/hm²)	单位产量全球增温潜势/(kg/kg)
2015/武运粳 24	氮空白	6.31c	300.83c	36.71c	7.53c	1.19b
	当地常规	9.07b	517.66a	1 415.07a	13.36a	1.47a
	施有机肥	11.54a	422.71b	830.98b	10.82b	0.94c
2015/甬优 2640	氮空白	7.29c	316.54c	201.26c	7.97c	1.09b
	当地常规	9.75b	483.97a	1 597.07a	12.58a	1.29a
	施有机肥	12.79a	395.91b	1 486.76b	10.34b	0.81c
2016/武运粳 24	氮空白	6.05c	274.53c	40.07c	6.88c	1.14b
	当地常规	8.99b	481.73a	1 659.21a	12.54a	1.39a
	施有机肥	11.50a	414.33b	1 005.99b	10.66b	0.93c
2016/甬优 2640	氮空白	7.01c	302.37c	235.17c	7.63c	1.09b
	当地常规	9.51b	459.01a	1 899.46a	12.04a	1.27a
	施有机肥	12.69a	376.60b	1 730.82b	9.93b	0.78c

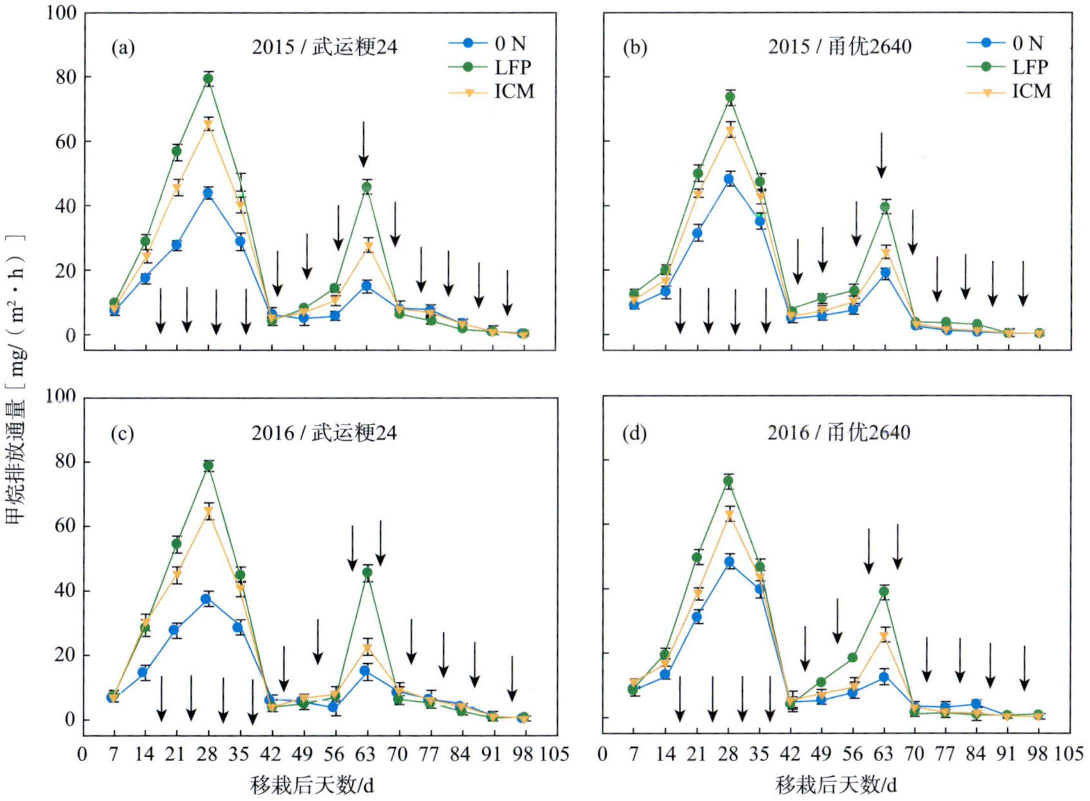

图 5-120　不同栽培方式处理水稻甲烷排放情况（Zhang et al.，2019）

注：0 N，氮空白；LFP，当地常规；ICM，综合优化栽培管理。

⑥根系性状与产量和 CH_4 总排放量的相关性

根系形态和生理性状与产量呈极显著正相关，而根长、比根长（根长/根干重）、ROA、根系总表面积和活跃吸收表面积与 CH_4 总排放量呈显著或极显著负相关。抽穗期苹果酸和乙酸浓度以及抽穗期琥珀酸和乙酸浓度与 CH_4 总排放量呈显著正相关（图 5-121）。

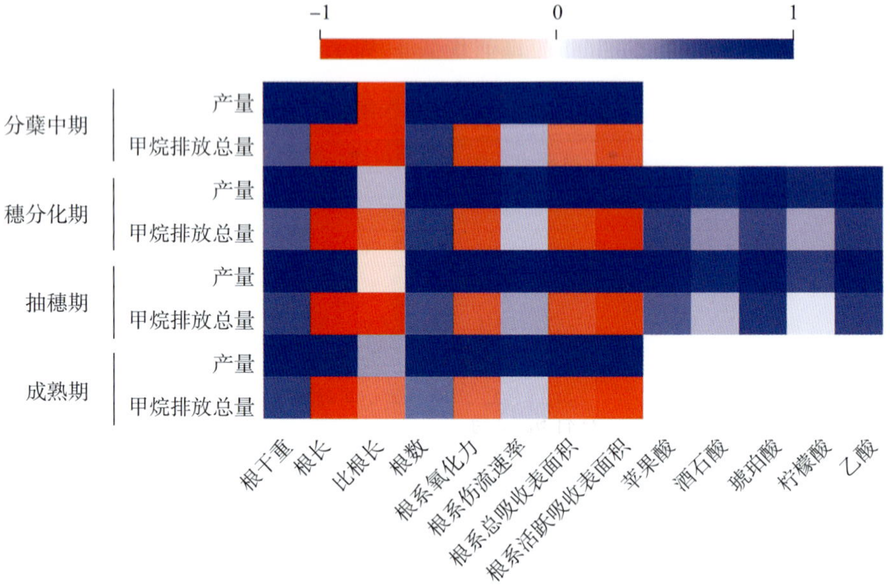

图 5-121 水稻根系性状与产量和甲烷排放总量的相关性（Zhang et al.，2019）

（3）讨论

要实现高产优质、氮肥和水分高效利用以及环境友好的目标是一个巨大的挑战，而高产往往伴随着高氮肥投入。能否同时实现高产和氮肥、水分的高效利用率？这是一个国内外的研究课题。我们早期的工作表明，综合优化栽培方式可以达到提高产量和氮肥、水分的利用率的双重目标。本研究中，与当地常规栽培（LFP）相比，综合优化栽培方式（ICM）显著提高了两个水稻品种的产量。结果表明，水稻采用 ICM 不仅可以减少施氮量，而且可以提高产量。

ICM 是如何提高作物产量，而减少氮肥和水分投入的？有报道表明，ICM 改善了水稻地上部的农艺性状和生理性状（Sui et al.，2013；Xue et al.，2013）。然而，对 ICM 对根系形态和生理特性的影响知之甚少。我们的结果表明，与 LFP 相比，ICM 可以改善根系形态（增加了根系生物量、根长和根数）和生理（提高了 ROA、根系伤流速率、根系总表面积和活性吸收表面积）。人们对水稻根系性状与产量形成的关系进行了大量研究（Yang et al.，2008；Samejima et al.，2005）。根系生物量和 ROA 被认为是根系形态和生理上最重要的两个性状。根系生物量与根系吸收能力和地上生物量密切相关，高 ROA 是维持根系和地上部生长和养分吸收的必要条件（Samejima et al.，2005；Huang et al.，2015）。根系伤流量与根系的主动吸水密切相关，反映了根系的生理活性。我们发现根系形态和生理性状与籽粒产量呈极显著正相关，表明改善根系形态和生理有助于提高稻谷产量。分蘖中期以后，各处理间根冠比差异不显著。众所周知，根系和地上部是相互依赖的：地上部为根系提供足够的碳水化合物以发展和维持根系功能，而根系为地上部提供养分、水分和植物激素以提高地上部生物量生产力。因此，ICM 条件下，根系和地上部生长的同步改善，是籽粒产量提高的重要原因。

有机酸作为根系分泌物的重要组成部分，参与了许多根际过程，包括矿物质释放和养分吸收等（Sun et al.，2016）。常二华等（2007）认为根系分泌物中有机酸的组成和浓度随环境而变化。据报道，根系分泌的有机酸也与籽粒品质有关：根系分泌的苹果酸和琥珀酸与淀粉谱中的崩解值呈显著正相关，与消减值呈显著负相关。然而，栽培管理方式对根系分泌物中有机酸成分和浓度的影响知之甚少。在本研究中，与 LFP 相比，ICM 显著增加了苹果酸、琥珀酸和乙酸的浓度。酒石酸和柠檬酸在 3 种综合栽培管理处理之间的浓度差异不显著。说明栽培管理方式可以改变根系有机酸的分泌。然而，有关有机酸调节根际环境和植物生长的机制还有待进一步研究。

CH_4从稻田中排放是水稻植株与土壤微生物复杂相互作用的结果。稻田的渍水引发了一系列反应，涉及有机底物在无氧条件下的厌氧降解，导致发酵产物的产生，最终推动 CH_4的形成(Smith et al.，2008)。稻田高达 90%的 CH_4 排放是通过叶片、叶鞘、茎秆和根系通路排放到大气中的(Schutz and Seiler，1989)。为了减少稻田 CH_4的产生和排放，前人已经开展了许多实践，包括选择低 CH_4排放的水稻品种，平衡施肥，调整有机肥添加的时机，以及在生长季节进行一次或几次的排水(Smith et al.，2008)。在本研究中，与 LFP 相比，ICM 显著减少了 CH_4的排放。一个主要原因是 AWMD 灌溉避免了将水稻置于缺氧条件下，从而严重抑制了产甲烷细菌的活性，减少了 CH_4的产生。另外，根系较强的氧化释氧能力和较高的根际氧化还原状态抑制了产甲烷细菌的活性，而甲烷氧化菌的活性增强，促进了 CH_4的氧化，减少了 CH_4的排放。根长、比根长、ROA、根系总吸收表面积和活性吸收表面积与 CH_4 排放总量呈显著或极显著负相关。抽穗期苹果酸和乙酸浓度以及抽穗期琥珀酸和乙酸浓度与 CH_4 排放总量呈显著正相关。由于 CH_4 排放主要由产甲烷菌和甲烷氧化菌之间的平衡决定，任何影响这些微生物的因素都可能影响 CH_4的代谢。有关有机酸与 CH_4 排放的关系研究需要进一步深入分析。

(4)结论

以往的研究表明，综合优化栽培管理可以促进水稻的地上部生长和增加产量。然而，关于 ICM 对水稻根系生长和甲烷排放的影响却知之甚少。结果表明，与 LFP 相比，ICM 处理下产量提高主要得益于总颖花数的增加。ICM 提高了根系和地上部的生物量、根系长度、根系数量、根系氧化力、根系伤流量、根系总吸收和活跃吸收表面积。ICM 下根系分泌物中的苹果酸、琥珀酸和乙酸的浓度显著高于 LFP。同时，ICM 降低了甲烷排放的速率和总量。上述根系形态—生理性状与籽粒产量呈显著正相关，而根长、比根长、根系氧化力和根系总吸收和活跃吸收表面积与甲烷总排放量呈显著负相关。表明综合优化栽培管理可以通过改善水稻根系形态和生理特征达到增产和减少温室气体效应的双重目的。

5.3.3 水稻高产高效的技术集成与成效

1. 三因养分管理技术

该技术可概括为因地(基础地力)、因色(叶色)、因种(品种类型)的“三因”养分管理技术。技术参数确定方法：

(1)因地 根据基础地力和目标产量确定总施氮量。

总施氮量＝(目标产量－基础地力产量)/氮肥农学利用率

①目标产量 参考在正常栽培下当地或田块收到的实际产量，确定目标产量。

②氮肥利用效率 目前，单季粳稻的氮肥农学利用率[施用每千克 N 增加的稻谷产量(AE)]，粳稻为 8～11 kg，籼稻为9～12 kg；根据试验结果，应用实地氮肥管理技术，AE 可达 14～18 kg，因此，在试验和示范应用中，AE 确定为 15 kg 稻谷/kg N。

③基础地力产量(不施氮区产量) 根据 161 个田块的氮空白区试验，根据产量水平将地力分为以下 3 类(表 5-56)。

地力较差：正常栽培下产量＜7.5 t/hm^2，基础地力产量粳稻为 4.2 t/hm^2，籼稻为 4.60 t/hm^2；

地力中等：正常栽培下产量≥7.5 t/hm^2，＜9.0 t/hm^2，基础地力产量粳稻为 4.95 t/hm^2，籼稻为 5.25 t/hm^2；

基础地力好：正常栽培下产量≥9.0 t/hm^2，基础地力产量粳稻为 6.30 t/hm^2，籼稻为6.55 t/hm^2。

如果在中等地力的田块需要达到 9.0 t/hm^2 产量，则粳稻施氮量＝(9 000－4 950)/15＝270 kg/hm^2；籼稻施氮量＝(9 000－5 250)/15＝250 kg/hm^2。

如果在较好地力的田块上要获得 9.0 t/hm² 产量，则粳稻施氮量＝(9 000－6 300)/15＝180 kg/hm²；籼稻施氮量＝(9 000－6 550)/15＝163 kg/hm²。

(2)因色　根据叶色对追肥使用量进行调节。

通过田间试验和大田调查等方式，对 32 个粳稻品种和 14 个籼稻品种产量在 6 t/hm² 以上不同生育期的叶色值(叶绿素仪测定值，SPAD)和叶色卡(LCC)叶色值进行了测定，确定了分蘖肥、穗肥粒肥施用的 SPAD 值，粳稻分别为 40、39 和 38，对应的 LCC 值为 3.5～4.0；籼稻的分蘖肥、穗肥粒肥施用的叶色临界值 38、37 和 36，对应的 LCC 值为 3.0～3.5(表 5-57)。

(3)因种　根据品种源库特征或穗型大小确定穗肥施用策略。

研究表明，在相同的叶色情况下，品种的类型不同，穗肥的施用对产量有明显影响。根据研究结果，得出结论：穗数型品种(每穗颖花数≤130 粒)重施促花肥；大穗型品种(每穗颖花数≥160 粒)保(花肥)、粒(肥)结合；中穗型品种(130＜每穗粒数＜160 粒)促(花肥)、保(花肥)结合(表 5-58)。

表 5-56　不同地块基础地力基础产量(不施氮的产量)

地点	施氮区产量/(t/hm²)	地力分类	田块数	粳稻产量/(t/hm²)		籼稻产量/(t/hm²)	
				变幅	平均	变幅	平均
连云港	＜7.5	低	12	3.45～4.50	4.20	3.90～4.95	4.65
	≥7.5，＜9.0	中	31	4.35～5.25	4.95	4.65～5.60	5.25
	≥9.0	高	14	4.95～6.60	6.30	5.20～6.80	6.50
扬州	＜7.5	低	11	3.42～4.52	4.22	3.85～4.98	4.60
	≥7.5，＜9.0	中	37	4.25～5.18	4.86	4.50～5.65	5.21
	≥9.0	高	12	4.90～6.65	6.21	5.15～6.75	6.45
无锡	＜7.5	低	8	3.52～4.58	4.25	3.95～4.98	4.67
	≥7.5，＜9.0	中	22	4.45～5.32	5.01	4.74～5.70	5.29
	≥9.0	高	14	5.08～6.75	6.36	5.28～6.95	6.58
平均	＜7.5	低	31	3.42～4.58	4.20	3.85～4.98	4.60
	≥7.5，＜9.0	中	90	4.25～5.32	4.95	4.50～5.70	5.25
	≥9.0	高	40	4.90～6.75	6.30	5.15～6.95	6.55

表 5-57　产量 9.0 t/hm² 以上不同生育期叶色值

类型	生育/叶龄期	叶绿素仪测定值		叶色卡叶色值	
		范围	平均	范围	平均
粳稻	分蘖期(1)	38.4～43.2	40.2	3.3～4.0	3.56
	倒 4 叶	36.8～41.3	38.7	3.0～3.7	3.48
	倒 3 叶	37.2～42.5	39.3	3.2～3.9	3.52
	倒 2 叶	37.5～43.8	39.2	3.2～3.9	3.51
	破口期(2)	36.1～39.6	37.7	3.0～3.7	3.47
籼稻	分蘖期(1)	35.6～40.5	38.4	2.8～3.5	3.21
	倒 4 叶	34.4～39.5	37.2	2.6～3.5	3.10
	倒 3 叶	35.5～39.3	37.4	2.7～3.6	3.13
	倒 2 叶	35.6～39.4	37.2	2.7～3.6	3.15
	破口期(2)	34.6～39.1	36.1	2.5～3.2	2.94

注：(1)机插秧或抛秧稻移栽后 12～15 d 测定；(2)全田 10%抽穗。

表 5-58　不同类型品种施用穗肥对产量的影响

品种类型	施肥期	颖花数 (×10⁴朵/m²)	结实率/%	千粒重/g	产量/(t/hm²)
大穗型	不施穗肥	4.08c	77.5c	27.4a	8.69d
每穗颖花数≥160	倒 4 叶[1]	5.09a	70.35	26.5b	9.49c
(两优培九、连稻 6	倒 3 叶	4.76b	75.7d	26.8b	9.66bc
号、常优 3 号)	倒 2 叶	4.67b	82.4b	27.9a	10.74a
	破口期[2]	4.10c	86.5a	27.5a	9.75b
小穗型	不施穗肥	3.48d	88.5a	27.5a	8.47d
每穗颖花数≤130	倒 4 叶[1]	4.05a	87.8a	27.4a	9.74a
(武 2635、徐稻 3 号、	倒 3 叶	3.87b	88.2a	27.6a	9.42b
徐稻 5 号)	倒 2 叶	3.75c	88.5a	27.7a	9.22b
	破口期[2]	3.50d	89.6a	27.8a	8.72c
中穗型	不施穗肥[1]	3.92b	82.5c	26.8a	8.67c
130<每穗颖花数<160	倒 4 叶	4.48a	82.1d	26.7a	9.82a
(淮稻 11、盐粳	倒 3 叶	4.27a	84.1	26.5a	9.52a
30237、宁粳 3 号)	倒 2 叶	4.32a	84.1a	26.6a	9.66a
	破口期[2]	3.95b	84.5b	26.7a	8.91c

注:(1)每期施用尿素 150 kg/hm^2;(2)全田 10%抽穗,倒 4 叶为促花肥,倒 2 叶为保花肥,破口期为粒肥。同栏同品种类型内不同字母者表示在 $P=0.05$ 水平上差异显著。

2. 磷钾肥的施用

磷钾肥采用年度恒量监控技术,即根据目标产量水平,土壤有效磷、钾含量,推荐施用磷、钾肥用量(表 5-59、表 5-60)。中微量元素做到因缺补缺(表 5-61)。依据上述原理和技术参数指标,建立了水稻因种实地氮肥管理模式(表 5-62、表 5-63)。

3. 全生育期轻干湿交替灌溉技术

根据水稻不同生育期需水特点,确定了各生育期节水灌溉的低限土壤水势指标(图 5-122),并建立了全生育期轻干湿交替灌溉技术:

(1)从移栽至返青建立浅水层;

(2)返青—有效分蘖临界叶龄期前 2 个叶龄期($N-n-2$),进行间隙湿润灌溉,低限土壤水势为 −5～−15 kPa;

(3)$N-n-1$ 叶龄期—$N-n$ 叶龄期,进行排水搁田,低限土壤水势为 −15～−25 kPa 并保持 1 个叶龄期;

(4)$N-n+1$ 叶龄期—二次枝梗分化期初(倒 3 叶开始抽出),进行干湿交替灌溉,低限土壤水势为 −20～−30 kPa;

(5)从二次枝梗分化期(倒 3 叶抽出期)—出穗后 10 d,进行间隙湿润灌溉,低限土壤水势为 −5～−15 kPa;

(6)从抽穗后 11 d—抽穗后 45 d,进行干湿交替灌溉,低限土壤水势为 −10～−20 kPa。

各生育期达到上述指标即灌 2～3 cm 浅层水,地下水位低、沙土地及穗数型粳稻品种取上限值,地下水位高、黏土地及大穗型杂交籼稻等取下限值;常规籼稻和杂交粳稻取中间值。

表 5-59 长江流域土壤磷分级及水稻磷肥用量

产量水平/(kg/hm^2)	肥力等级	有效磷/(mg/kg)	磷肥用量/($kg\ P_2O_5/hm^2$)
7 500	极低	<5	60
	低	5～10	45
	中	11～20	30
	高	21～30	0
	极高	>30	0
9 000	极低	<5	90
	低	5～10	70
	中	11～20	50
	高	21～30	30
	极高	>30	0
10 500	极低	<5	120
	低	5～10	95
	中	11～20	70
	高	21～30	45
	极高	>30	15

表 5-60 长江流域土壤钾分级及水稻钾肥用量

产量水平/(kg/hm^2)	肥力等级	速效钾(mg/kg)	钾肥用量/($kg\ K_2O/hm^2$)
7 500	极低	<50	135
	低	50～100	105
	中	101～130	75
	高	131～160	45
	极高	>160	0
9 000	极低	<50	170
	低	50～100	130
	中	101～130	90
	高	131～160	50
	极高	>160	0
10 500	极低	<50	205
	低	50～100	165
	中	101～130	125
	高	131～160	85
	极高	>160	45

表 5-61　土壤微量元素丰缺指标及对应用肥量(因缺补缺)

元素	提取方法	临界指标/(mg/kg)	基施用量/(kg/hm^2)	施用方法
锌	二乙三胺五乙酸法(DTPA)浸提法	0.5	硫酸锌:15～30	基肥、种肥、叶面肥
硼	沸水	0.5	硼砂:8～12	基肥、种肥、叶面肥

表 5-62　产量 9 t/hm^2 以上粳稻因种实地氮肥管理模式

总施肥量确定方法	根据目标产量、基础地力产量和氮肥农学利用率(15 kg 稻谷/kg N)确定总施氮量(纯氮 180～300 kg/hm^2);磷、钾肥采用年度恒量监控技术,建议施用 P_2O_5 50～70 kg/hm^2,K_2O 90～130 kg/hm^2。磷肥和钾肥分基肥和拔节肥(促花肥)两次施用,前后两次的比例为:磷肥 7∶3;钾肥 5∶5。			
基肥	总施氮量的 40%左右 (75～105 kg N/hm^2)			
追肥	施氮量范围/(kg N/hm^2)	SPAD 值	LCC 值	施氮量/(kg N/hm^2)
分蘖肥(小苗移栽分两次施用)	45±15	≥40 38<SPAD<40 ≤38	≥4.0 3.5<LCC<4 ≤3.5	30 45 60
穗肥(促花肥、保花肥)	90±15	≥37 37<SPAD<39 ≤37	≥4.0 3.5<LCC<4.0 ≤3.5	75 90 105
		穗数型品种以促花肥为主,大穗型品种保花肥、粒肥结合,中穗型品种促花肥、保花肥结合。		
粒肥	0～30	≥38 (大穗型品种) <38 (大穗型品种) ≥38 (中穗型品种) <38 (中穗型品种) 穗数型品种	≥3.5 (大穗型品种) <3.5 (大穗型品种) ≥3.5 (中穗型品种) <3.5 (中穗型品种) 穗数型品种	15 30 0 15 0

表 5-63　产量 9 t/hm^2 以上籼稻因种实地氮肥管理模式

总施肥量确定方法	根据目标产量、基础地力产量和氮肥农学利用率(15 kg 稻谷/kg N)确定总施氮量(纯氮 150～270 kg/hm^2);磷、钾肥采用年度恒量监控技术,建议施用 P_2O_5 50～70 kg/hm^2,K_2O 90～130 kg/hm^2。磷肥和钾肥分基肥和拔节肥(促花肥)两次施用,前后两次的比例为:磷肥 7∶3;钾肥 5∶5。			
基肥	总施氮量的 40%左右 (60～90 kg N/hm^2)			
追肥	施氮量范围/(kg N/hm^2)	叶绿素仪测定值(SPAD 值)	叶色卡(LCC)叶色值	施氮量/(kg N/hm^2)
分蘖肥(小苗移栽分两次施用)	45±15	≥38 36<SPAD<38 ≤36	≥3.5 3.0<LCC<3.5 ≤3.0	30 45 60
穗肥(促花肥、保花肥)	75±15	≥37 35<SPAD<37 ≤35	≥3.5 3.0<LCC<3.5 ≤3.0	60 75 90
		穗数型品种保花肥、粒肥结合,大穗型品种保花肥、粒肥结合,中穗型品种促花肥、保花肥结合。		

续表 5-63

粒肥	0～30	≥36(大穗型品种) ＜36(大穗型品种) ≥36(中穗型品种) ＜36(中穗型品种) 穗数型品种	≥3.0(大穗型品种) ＜3.0(大穗型品种) ≥3.0(中穗型品种) ＜3.0(中穗型品种) 穗数型品种	15 30 0 15 0

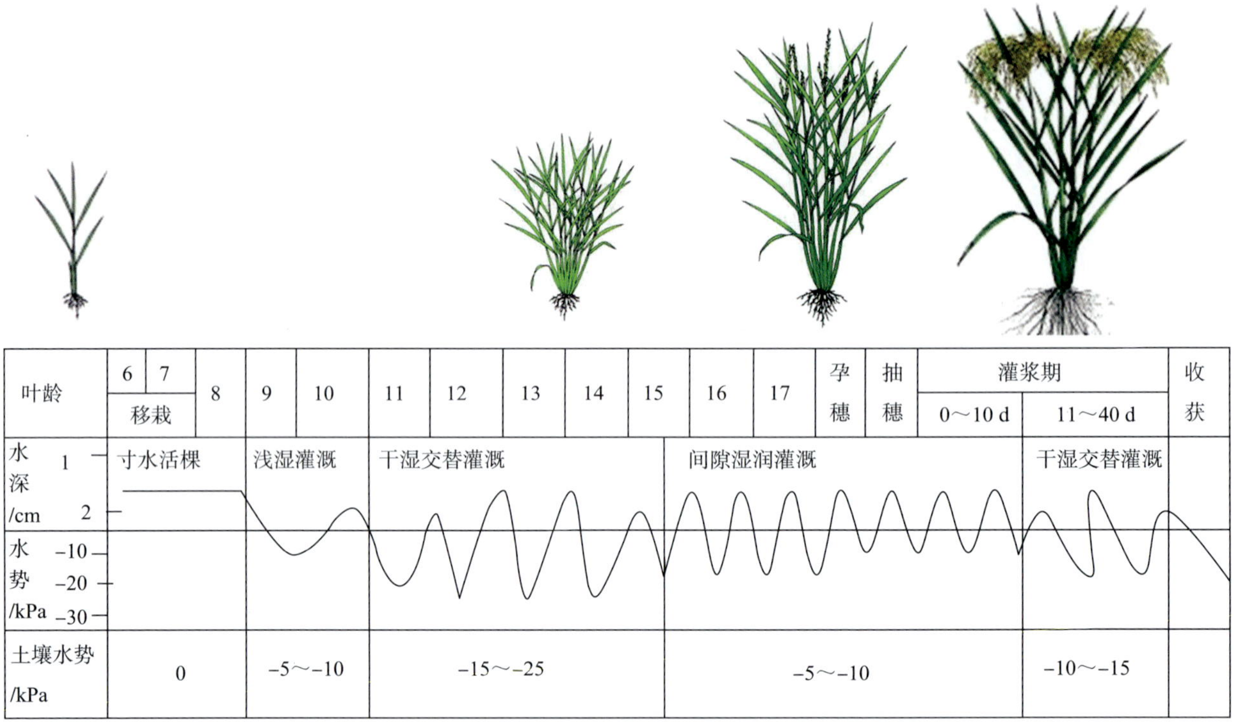

图 5-122　水稻高产高效灌溉模式

注：(1)各生育期达到上述指标即灌 3～5 cm 浅层水，地下水位低、沙土地及穗数型粳稻品种取上限值，地下水位高、黏土地及大穗型杂交籼稻等取下限值；(2)籼稻和杂交粳稻取中间值。

4. 其他技术

(1)机插壮苗培育与足穗移栽技术　技术要点：①精播匀播，软盘或硬盘育秧，每盘播干谷 100 g，秧大田比 1∶80；②大田整平，耱田 18～24 h 后进行机插秧；③秧龄控制在 20 d 内，栽足基本苗，株行距 30 cm×11.7 cm，每亩 1.6 万～1.8 万穴，每穴 3～4 株苗，每亩基本苗 7 万～8 万株。

(2)麦秸秆全量还田技术　技术要点：收割机收割麦子时将秸秆切碎并均匀铺撒在田里，上水后用拖拉机将秸秆旋入土中，耱平并表土沉实后用插秧机插秧。

(3)叶面肥喷施技术　技术要点：在乳熟期叶面喷施 KH_2PO_4 促进籽粒灌浆，浓度为 5 g/L，用量 1 500 L/hm^2。促进籽粒充实，提高结实率和弱势粒粒重。

(4)病虫害综防低毒低残留农药使用技术　技术要点：水稻病虫害区域性预测预报，使用低毒、低残留、高效、安全、环保型化学农药与生物农药协同利用技术。重点推广应用防治稻螟、纵卷叶螟等重大虫害的生物农药“阿楝”及检测绿黄隆、克百威、三唑磷残留的酶联免疫速测技术(含试剂盒)。

以“因地、因色、因种养分管理技术”“全生育期干湿交替精确灌溉技术”为核心技术、以“壮秧培育与足穗移栽技术”“麦秸秆全量还田技术”“叶面肥喷施技术”和“病虫害综防低毒低残留农药使用技术”为配套技术，建立水稻高产高效栽培技术体系。

为在生产上应用，绘制了适合江苏省不同区域的水稻高产高效栽培技术模式图（图5-123、图5-124、图5-125）。

5. 以“三因”养分管理和全生育期干湿交替灌溉为核心技术的水稻高产高效技术连续5年在百亩示范方推广应用

（1）建立了长江流域水稻高产高效技术体系

①“三因”养分管理技术：因地（依据基础地力和目标产量确定总施氮量），因色（根据叶色对追肥施用量进行调节），因种（根据品种类型确定穗肥施用策略）。

②浅-轻-干节水灌溉技术：移栽返青期和孕穗-开花期田间保持浅水层；分蘖末期轻搁田；其余时期干湿交替灌溉。

③壮秧培育与小苗移栽技术：“2控1密”，控制播种量、控制秧龄期、密植。

④麦秸秆全量还田技术：收割机收割麦子时将秸秆切碎并均匀铺撒在田里，上水后用拖拉机将秸秆旋入土中，耱平后栽/抛秧。

⑤叶面肥喷施技术：在乳熟期叶面喷施 KH_2PO_4（浓度为5 g/L，用量1 500 L/hm），促进籽粒充实，提高结实率和弱势粒粒重。

⑥病虫害综防低毒低残留农药使用技术：水稻病虫害区域性预测预报，低毒、低残留、高效、安全、环保型化学农药与生物农药协同利用技术。

（2）高产高效栽培技术的示范推广（百亩方）

①示范地点　江苏省连云港东海农场。

②示范方案（主要栽培技术）　选用当地高产品种连粳7号；机插壮秧培育技术；三因养分管理技术；轻干湿交替灌溉技术；麦秸秆全量还田技术；叶面肥喷施技术；病虫害综合防治技术。在丰产片邻近定5块田（约15亩）作为对照，对照田栽培技术管理按当地高产栽培。

③示范规模　5年累计示范推广面积合计556亩（2015年105亩，2016年107亩，2017年108亩，2018年115亩，2019年121亩）。

④主要结果　以“三因”养分管理和全生育期干湿交替灌溉为核心技术的水稻高产高效技术连续5年在百亩示范方推广应用，与当地农民习惯相比，产量平均提高31.3%，氮肥偏生产力平均提高54.1%，取得了良好的经济、社会和生态效益（表5-64）。

表5-64　示范方产量及其构成因素与氮肥利用效率（2015—2019年）

处理	穗数 /($\times10^4$/hm^2)	每穗粒数	结实率 /%	千粒重 /g	产量 /(t/hm^2)	施氮量 /(kg N/hm^2)	收获指数	氮肥偏生产力 /(kg/kg N)
示范方	351.0a	125.0a	89.47a	26.6a	10.44a	262.5c	0.517a	39.78a
当地高产	324.0b	120.0b	88.52b	26.5a	9.12b	300b	0.498b	30.40b
农民习惯	303.6c	112.5c	86.17c	26.3a	7.95c	308a	0.487c	25.81c

注：氮肥偏生产力（kg/kg N）=产量/施氮量。

<table>
<tr><td>适宜区域</td><td colspan="6">该技术操作规程适用于江苏省太湖稻区水稻亩产700 kg以上的机插地区推广应用</td></tr>
<tr><td>高产高效目标</td><td colspan="6">水稻产量≥700 kg/亩；氮肥吸收利用率≥40%</td></tr>
<tr><td>时期</td><td>秧田期
5月底至6月中下（秧龄18～20 d）</td><td>整地移栽
6月下</td><td>分蘖期
6月下至7月下</td><td>拔节长穗期
7月底至8月下</td><td>灌浆结实期
9月初至10月中下</td><td>收获期
10月下</td></tr>
<tr><td>生育期图片</td><td colspan="6"></td></tr>
<tr><td>主攻目标</td><td>机插育秧：精选种子，提高秧田整地、秧盘装土和播种质量，确保苗全、苗齐、苗壮。</td><td>提高大田整地和栽插质量，施好基肥。</td><td>早发、稳长、适时够苗。</td><td>保证足穗，主攻大穗，促进物质积累，稳健生长。</td><td>养根保叶、提高结实率与粒重、改善品质。</td><td>适时收获。</td></tr>
<tr><td>生育指标</td><td>按每盘湿种子140～160 g（或干重100～120 g）匀播在盘内。播后在秧盘上撒0.3 cm营养土盖种。</td><td>4叶期内移栽。</td><td>高峰茎蘖数24万～26万/亩。</td><td>每亩20万～22万（成穗率≥80%）。</td><td colspan="2">穗数：19万～21万/亩，粒数：170粒以上/穗，结实率：80%以上，千粒重：26 g左右。</td></tr>
<tr><td>主要技术措施</td><td>1. 品种选择：选用丰产性好、高抗条纹叶枯病和黑条矮缩病品种，如常优5号、武运粳23、武粳15等。
2. 种子处理：播种前晒种、精选种子，并浸种与消毒。消毒多为药剂或1%三石灰澄清液浸种，或用多功能专用浸种剂浸种。药剂浸种后需用清水洗净，待吸足水分后再催芽。
3. 秧田准备：①播前清理前茬。②用腐熟农家肥1 500 kg/亩，复合肥35 kg/亩，化肥均匀地撒施在表土。③旋耕碎土。④秧板宽1.4 m、沟宽0.3 m、沟深0.15 m，并灌水验平。
4. 摆放秧盘与装土：在播种前先将软盘平放于秧板上，秧盘接头部两两靠紧，按每板两张放盘、摆盘时秧板上要有一层泥浆。
5. 撒播营养土：土层厚2.5 cm。用平板将盘内土层刮平，与秧盘两边一样高。
4. 盘土吸足水分：可洒水浇灌。吸水后盘内土层厚度下降到2 cm。
6. 播种：将已浸种的种子按每盘湿种子160～180 g（或干重120～140 g）匀播在盘内。2～3粒种子/cm²。播种后在秧盘上撒0.3 cm营养土盖种，盘内土层总厚度2.5 cm。
7. 秧田管理：齐苗后，在第一叶完全抽出0.8～1.0 cm时揭膜炼苗。根据病虫草害发生情况，做好防治。</td><td>1.提高大田整地质量：做到田平、泥软、肥匀。沉淀1～2 d才机插。机插带土小苗水深应在1～2 cm。
2.施用基肥：每亩5 kg N（折合尿素11 kg）、3 kg P_2O_5［过磷酸钙（12.5%）24 kg］和3 kg K_2O［折合氯化钾（60%）5 kg］。
3. 重视起秧、装秧和栽秧技术：起秧运秧时确保秧块完整无伤，装秧时秧块与秧箱配套。缺棵（穴）率控制在5%以内。株行距30 cm × 11.7 cm，每亩1.6万～1.8万穴，每穴3～4苗，基本苗7万～8万。</td><td>1.施用分蘖肥（移栽后1周内配合化除施用）：4.6 kg氮/亩（尿素10 kg）。
2.水分管理：移栽-返青保持浅水层，无效分蘖期多次轻搁田。
3. 病虫草害防治：根据预测预报重点防治条纹叶枯病、稻纵卷叶螟和水稻螟虫。</td><td>1. 肥料管理：
促花肥（7月底）：
群体大，叶色深（LCC>4），3 kg N/亩（尿素6.5 kg）；群体适中，叶色中等（3.5<LCC<4），4 kg N/亩（尿素8.7 kg）；
群体小，叶色浅（LCC<3.5），5 kg N/亩（尿素10.9 kg）
另施15 kg/亩45%复合肥
保花肥（8月中）：
叶色深（LCC>4），1 kg N/亩（尿素2.2 kg）；
叶色中等（3.5<LCC<4），2 kg N/亩（尿素4.3 kg）；
叶色浅（LCC<3.5），3 kg N/亩（尿素6.5 kg）；
2. 水分管理：间隙湿润灌溉（灌浅水层-自然落干-灌浅水层-自然落干）
3. 病虫害防治：根据预测预报重点防治二代纵卷叶螟和纹枯病等。
注：LCC，叶色卡。</td><td>1. 水分管理：间隙湿润灌溉（灌浅水层-自然落干-灌浅水层-自然落干）。
2. 病虫害防治：根据预测预报重点防治稻瘟病、稻曲病、稻飞虱、四代纵卷叶螟和纹枯病。</td><td>90%谷粒和穗枝梗变黄。</td></tr>
</table>

图 5-123　江苏太湖稻区高产高效模式图

适宜区域	该技术操作规程适用于江苏省里下河稻区、沿海稻区水稻亩产650 kg以上的机插地区推广应用					
高产高效目标	水稻产量≥650 kg/亩；氮肥吸收利用率≥40%					
时期	秧田期 5月下至6月中（秧龄18～20 d）	整地移栽 6月中	分蘖期 6月中至7月中	拔节长穗期 7月下至8月下	灌浆结实期 8月下至10月中	收获期 10月中
生育期图片						
主攻目标	机插育秧：精选种子，提高秧田整地、秧盘装土和播种质量，确保苗全、苗齐、苗壮。	提高大田整地和栽插质量，施好基肥。	早发、稳长、适时够苗。	保证足穗，主攻大穗，促进物质积累，稳健生长。	养根保叶、提高结实率与粒重、改善品质。	适时收获。
生育指标	按每盘湿种子140～160 g（或干重100～120 g）匀播在盘内。播后在秧盘上撒0.3 cm营养土盖种。	4叶期内移栽。	高峰苗每亩茎蘖数28万～30万。	每亩22万～24万（成穗率≥80%）。	穗数：21万～23万/亩，粒数：125粒以上/穗，结实率：90%以上，千粒重：27 g左右。	
主要技术措施	1. 品种选择：选用丰产性好，高抗条纹叶枯病和黑条矮缩病品种，如扬辐粳4038号、南粳49和武运粳24等。 2. 种子处理：播种前晒种、精选种子，并浸种与消毒。消毒多为药剂或1%生石灰澄清液浸种，或用多功能专用浸种剂浸种。药剂浸种后需用清水洗净，待吸足水分后再催芽。 3. 秧田准备：①播前清理前茬。②用腐熟农家肥1 500 kg/亩，复合肥35 kg/亩，化肥均匀地撒施在表土。③旋耕碎土。④秧板宽1.4 m、沟宽0.3 m、沟深0.15 m，并灌水验平。 4. 摆放秧盘与装土：在播种前先将软盘平放于秧板上，秧盘接头部两两靠紧，按伍板两张放盘、摆盘时秧板上要有一层泥浆。 5. 撒播营养土：土层厚2.5 cm。用平板将盘内土层刮平，与秧盘两边一样高。 4. 盘土吸足水分：可洒水浇灌。吸水后盘内土层厚度下降到2cm。 6. 播种：将已浸种的种子按每盘湿种子160～180 g（或干重120～140 g）匀播在盘内。2～3粒种子/cm²。播种后在秧盘上撒0.3 cm营养土盖种，盘内土层总厚度2.5 cm。 7. 秧田管理：齐苗后，在第一叶完全抽出0.8～1.0 cm时揭膜炼苗。根据病虫草害发生情况，做好防治。	1.提高大田整地质量：做到田平、泥软、肥匀。沉淀1～2 d才机插。机插带土小苗水深应在1～2 cm。 2.施用基肥：每亩8 kg N（折合尿素17.4 kg）、3 kg P_2O_5［过磷酸钙（12.5%）24 kg］和3 kg K_2O［折合氯化钾（60%）5 kg］。 3. 重视起秧、装秧和栽秧技术：起秧运秧时确保秧块完整无伤，装秧时秧块与秧箱配套。缺棵（穴）率控制在5%以内。株行距30 cm × 11.7 cm，每亩1.6万～1.8万穴，每穴3～4苗，基本苗7万～8万 。	1.施用分蘖肥：移栽后1周内配合化除施用第一次分蘖肥：施氮3.5 kg/亩（尿素7.6 kg）；第二次（移栽后第二周）施氮4.6 kg（尿素10 kg）。 2.水分管理：移栽–返青保持浅水层，无效分蘖期多次轻搁田。 3. 病虫草害防治：根据预测预报重点防治条纹叶枯病、稻纵卷叶螟和水稻螟虫。	1. 肥料管理： 促花肥（7月下）： 群体大，叶色深（LCC>4），3 kg N/亩（尿素6.5 kg）； 群体适中，叶色中等（3.5<LCC<4），4 kgN/亩（尿素8.7 kg）； 群体小，叶色浅（LCC<3.5），5 kgN/亩（尿素10.9 kg）另施6 kg K_2O（氯化钾10 kg） 保花肥（8月上）： 叶色深（LCC>4），1 kg N/亩（尿素2.2 kg）； 叶色中等（3.5<LCC<4），2 kg N/亩（尿素4.3 kg）； 叶色浅（LCC<3.5），3 kgN/亩（尿素6.5 kg）； 2. 水分管理：间隙湿润灌溉（灌浅水层–自然落干–灌浅水层–自然落干） 3. 病虫害防治：根据预测预报重点防治二代纵卷叶螟和纹枯病等。 注：LCC，叶色卡。	1.水分管理：间隙湿润灌溉（灌浅水层–自然落干–灌浅水层–自然落干）。 2.病虫害防治：根据预测预报重点防治稻瘟病、稻曲病、稻飞虱、四代纵卷叶螟和纹枯病。	90%谷粒和穗枝梗变黄。

图 5-124　江苏里下河稻区高产高效模式图

适宜区域	该技术操作规程适用于江苏省淮北稻区水稻亩产650 kg以上的人工栽秧地区推广应用					
高产高效目标	水稻产量≥650 kg/亩；氮肥吸收利用率≥40%					
时期	秧田期 5月中至6月中（秧龄28～30 d）	整地移栽 6月中	分蘖期 6月中至7月中	拔节长穗期 7月下至8月中	灌浆结实期 8月下至10月上	收获期 10月中
生育期图片						
主攻目标	旱育秧：培肥苗床，提高播种质量，确保苗全、苗齐、苗壮。	提高大田整地和栽插质量，施好基肥。	早发、稳长、适时够苗。	保证足穗，主攻大穗，促进物质积累，稳健生长。	养根保叶、提高结实率与粒重、改善品质。	适时收获。
生育指标	苗床土浇透水(5～10 kg/m²)，播芽谷小苗200 g/m²，中苗180 g/m²，大苗50 g/m²，多蘖壮秧30 g/m²。	适时移栽、浅栽。	高峰苗每亩茎蘖数30万～32万。	每亩24万～26万（成穗率≥80%）。	穗数：23万～25万/亩，粒数：120粒以上/穗，结实率：90%以上，千粒重：26 g左右。	
主要技术措施	1. 品种选择：选用丰产性好、高抗条纹叶枯病和黑条矮缩病品种，如连粳6号、徐稻5号、宁粳4号、连粳7号等。 2. 种子处理：播种前晒种、精选种子。消毒可用药剂、1%生石灰澄清液或庄多功能专用浸种剂浸种。药剂浸种后需用清水洗净，待吸足水分后再催芽。 3.床土培肥与整地：要求在苗床地于头年10月底前，施用碎稻草、牲畜粪和适量过磷酸钙，经翻耕后种上蔬菜。播种前3～5 d施足底肥，氮、磷、钾配合。精心平整厢面。 4. 苗床浇水与消毒：播种前对整好的苗床土要浇透水，使5 cm以上的土层湿透，然后用少量过筛细土填平厢面。同时用敌克松粉剂进行土壤消毒。 5. 播量：每平方米播破胸芽谷小苗秧200 g，中苗秧180 g，大苗秧50 g，长龄多蘖壮秧30 g。 6. 苗床管理：①播种至出苗期：以保温保湿为主；②出苗至1叶1心期：膜内温度应控制在25 ℃左右如温度高，可用稻草秸秆等覆盖在膜上。③1叶1心至2叶1心期：膜内温度应控制在20 ℃左右。 ④2叶1心至3叶1心期：晴天、白天打开地膜通风炼苗，2叶1心时应施促苗肥；⑤3叶1心以后：要保持苗床湿润，每长1叶追施一次肥，以清粪水为主，配搭少量化肥。	1.提高大田整地质量：田平整、土壤膨软，土肥相融，无杂草残茬，无大土块。 2.施用基肥：每亩8 kg N(折合尿素17.4 kg)、3 kgP_2O_5［过磷酸钙（12.5%）24 kg］和3 kgK_2O［折合氯化钾（60%）5 kg］。 3. 人工栽秧：株行距20 cm×15 cm，每亩2.14万穴，每穴2苗，基本苗9万。	1. 肥料管理：分蘖肥：4.6 kg氮/亩（折合10 kg尿素）。 2.水分管理：移栽-返青保持浅水层，无效分蘖期多次轻搁田。 3. 病虫草害防治：根据预测预报重点防治灰飞虱、条纹叶枯病、白叶枯病和纹枯病等。	1. 肥料管理： 促花肥（7月下施用）： 群体大，叶色深（LCC>4），3 kg N/亩（尿素6.5 kg）；群体适中，叶色中等（3.5<LCC<4），4 kg N/亩（尿素8.7 kg）；群体小，叶色浅（LCC<3.5），5 kg N/亩（尿素10.9 kg）另施10 kg/亩45%复合肥+3 kg/亩K_2O（折合氯化钾5 kg） 保花肥（8月上施用）： 叶色深（LCC>4），1 kg N/亩（尿素2.2 kg）； 叶色中等（3.5<LCC<4），2 kg N/亩（尿素4.3 kg）； 叶色浅（LCC<3.5），3 kg N/亩（尿素6.5 kg） 2. 水分管理：间隙湿润灌溉（灌浅水层-自然落干-灌浅水层-自然落干） 3. 病虫害防治：根据预测预报防治二代二化螟、稻纵卷叶螟、稻飞虱和纹枯病。 注：LCC，叶色卡。	1. 水分管理：间隙湿润灌溉（灌浅水层-自然落干-灌浅水层-自然落干）。 2. 病虫害防治： 根据预测预报防治穗颈瘟、稻曲病、四代稻纵卷叶螟、白叶枯病和稻飞虱。	适时收获：90%谷粒和穗枝梗变黄。

图 5-125　江苏淮北稻区高产高效模式图

5.4 东北春玉米高产高效的栽培学机制与途径

5.4.1 东北春玉米生产现状与发展趋势

1. 东北春玉米生产现状

东北地区的玉米播种面积与产量分别占全国的 33%和 35%以上。2010—2018 年黑龙江、吉林及辽宁的玉米年播种面积分别为 536.2 万 hm^2、361.3 万 hm^2、232.9 万 hm^2，年总产量分别为 3 200.5 万 t、2 680.0 万 t、1 444.3 万 t，单产则分别为 5 941.1 kg/hm^2、7 419.3 kg/hm^2、6 193.0 kg/hm^2，此外，内蒙古东部地区(包括呼伦贝尔市、兴安盟、通辽市和赤峰市)玉米总产量达到 1 617.4 万 t。各省份玉米单产均高于全国平均水平的 5 896.3 kg/hm^2(表 5-65)。

表 5-65 东北地区分省区春玉米生产情况(2010—2018 年平均值)

省区	播种面积/万 hm^2	总产量/万 t	单产/(kg/hm^2)
黑龙江	536.2	3 200.5	5 941.1
吉林	361.3	2 680.0	7 419.3
辽宁	232.9	1 443.3	6 193.0
合计	1 130.3	7 323.8	6 464.9

从地区尺度来看，东北地区玉米种植范围主要分布在黑龙江南部、吉林中西部、辽宁南部及内蒙古东部的东南部地区，主要包括了哈尔滨、齐齐哈尔、绥化、长春、四平、松原等，年播种面积均超过 50 万 hm^2；其次则为大庆、佳木斯、牡丹江、吉林、白城、沈阳、锦州、铁岭等，年播种面积均在 30 万 hm^2 以上(表 5-66)。玉米总产与播种面积的区域分布呈相同的趋势，绥化、哈尔滨、齐齐哈尔、长春、四平及通辽年总产在 600 万 t 以上，围绕上述盟市周边的地区总产次之(表 5-66)。玉米单产则以四平最高，达到了 9 053.9 kg/hm^2，其次为哈尔滨、大庆、绥化、铁岭等，单产均在 8 000 kg/hm^2 以上，单产较低地区主要分布在北部与东部，包括丹东、本溪、黑河、白山、伊春、延边等，单产低于 6 000 kg/hm^2(表 5-66)。总体来看，东北地区玉米种植区域以吉林中东部为核心向四周扩散，而北部地区无论播种面积、总产还是单产水平均为最低。

表 5-66 东北地区分地市玉米生产情况(2010—2018 年平均值)

省区	地市	播种面积/万 hm^2	总产量/万 t	单产/(kg/hm^2)
黑龙江	哈尔滨	113.5	944.6	8 354.2
	齐齐哈尔	125.0	796.8	6 398.5
	鸡西	21.7	152.0	7 054.9
	鹤岗	6.3	35.7	5 733.5
	双鸭山	24.3	187.1	7 697.6
	大庆	48.7	410.3	8 371.9
	伊春	4.8	25.9	5 556.1
	佳木斯	44.7	331.2	7 483.2
	七台河	11.6	69.1	5 962.7

续表 5-66

省区	地市	播种面积/万 hm^2	总产量/万 t	单产/(kg/hm^2)
黑龙江	牡丹江	30.4	198.5	6 574.9
	黑河	25.2	122.0	5 297.0
	绥化	120.0	1 003.9	8 330.0
	大兴安岭	0.5	3.4	6 325.2
吉林	长春	101.4	754.5	7 428.6
	吉林	46.3	289.9	6 250.8
	四平	77.5	699.3	9 053.9
	辽源	19.3	129.9	6 820.7
	通化市	16.7	104.0	6 239.9
	白山市	3.1	19.8	6 350.2
	松原市	74.9	562.7	7 571.4
	白城市	45.0	236.6	5 285.1
	延边州	17.8	88.4	4 949.0
辽宁	沈阳	35.9	250.3	6 987.2
	大连	18.8	97.5	5 185.5
	鞍山	16.9	99.2	5 867.4
	抚顺	7.4	44.9	6 050.1
	本溪	3.7	20.7	5 536.6
	丹东	10.4	53.8	5 188.9
	锦州	30.5	194.3	6 370.0
	营口	4.7	23.8	5 085.6
	阜新	28.0	191.6	6 945.1
	辽阳	8.6	53.4	6 206.7
	盘锦	1.5	12.1	7 816.5
	铁岭	38.5	309.3	8 037.8
	朝阳	30.0	209.3	6 998.5
	葫芦岛	15.5	79.3	5 135.3
内蒙古东部	呼伦贝尔	—	317.7	—
	兴安盟	—	323.6	—
	通辽	—	600.5	—
	赤峰	—	375.6	—

注:内蒙古东部地区无分地市播种面积与单产数据。

2. 东北春玉米增产增效潜力

(1)东北春玉米增产潜力

①光温生产潜力

从时间上看(图 5-126),光合生产潜力呈现下降趋势,而光温生产潜力波动上升。太阳辐射量的减少可能是导致光合生产潜力下降的主要原因,另外由于平均温度的波动上升可能抵消了太阳辐射量减少带来的光温生产潜力的下降，使光温生产潜力缓慢地波动上升，各地区光温生产潜力与多年平均值相比有较为明显的上升。20世纪七八十年代年光温生产潜力变化较缓慢，从20世纪90年代开始上升幅度较大（图5-127）。20世纪90年代与21世纪以来光温生产潜力较20世纪70年代分别增加了1 838 kg/hm^{2}和1 914 kg/hm^2，主要原因与近20年来温度迅速上升有关。

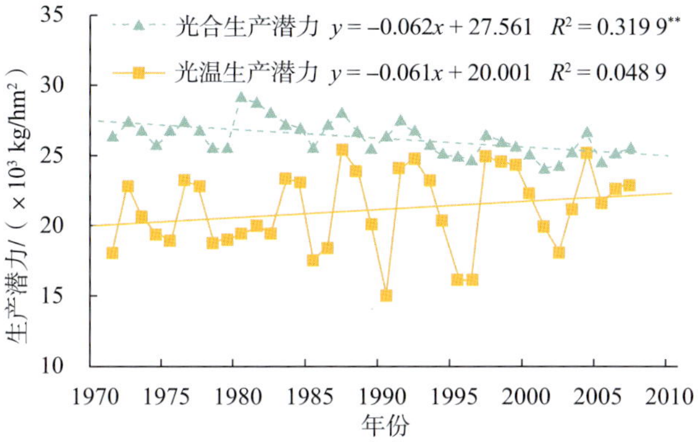

图5-126 东北地区春玉米逐年光合生产潜力与光温生产潜力（1971—2007年）

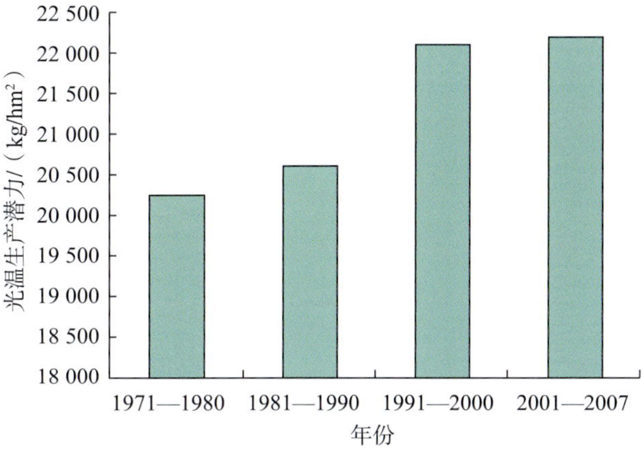

图5-127 东北地区春玉米不同年代光温生产潜力

空间分布上看，温度较高的南部地区光温生产潜力较高，温度较低的北部地区如漠河一带的光温生产潜力较低，呈由南向北逐渐降低的趋势，且北部地区光温生产潜力的变化幅度比南部地区大。光温生产潜力最高区可达$(2.5\sim2.6)\times10^4$ kg/hm^2，位于辽宁南部，最低只有$(0.7\sim0.9)\times10^4$ kg/hm^2，位于漠河一带，南北差异较大。从不同年代上看，21世纪以来较20世纪70年代光温生产力潜力全区域上升，平均增加0.2×10^4 kg/hm^2，而在21世纪以来等值线相对20世纪70年代来说向北移动近200 km。光温生产潜力的增加说明在东北地区气候变暖有利于春玉米的生产，可以充分利用光温资源增加的趋势，促进春玉米的持续增产。

②气候生产潜力

气候生产潜力与光温生产潜力相比加入了水分因子，其变化较为复杂。从时间上看，1971—2007年东北春玉米气候生产潜力震荡变化，总体呈增加趋势（图5-128）。20世纪70年代和80年代气候生产潜力较低，90年代有较大幅度的上升，21世纪以来有所下降（图5-129）。空间分布上，东北地区春玉米气候生产潜力由南向北依次减少，最高地区为辽宁南部，最低为漠河一带，最高值可达2.3×10^4 kg/hm^2，而最低区只有0.6×10^4 kg/hm^2，南北部地区差异较大。21世纪以来和20世纪70年代相比，中部和西部地区增加较明显，北部无明显变化，南部减少。

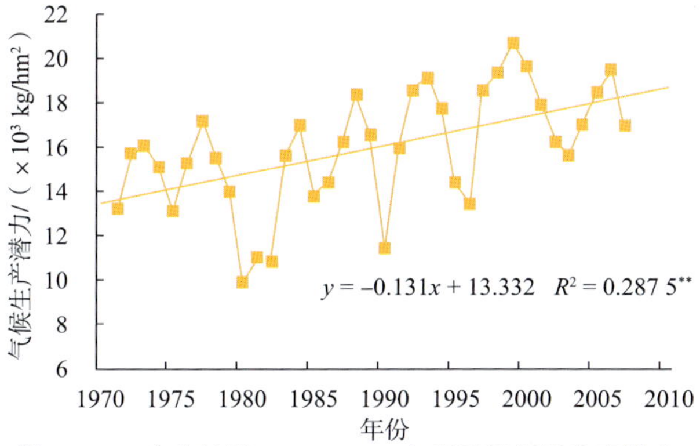

图5-128 东北地区1971—2007年春玉米气候生产潜力

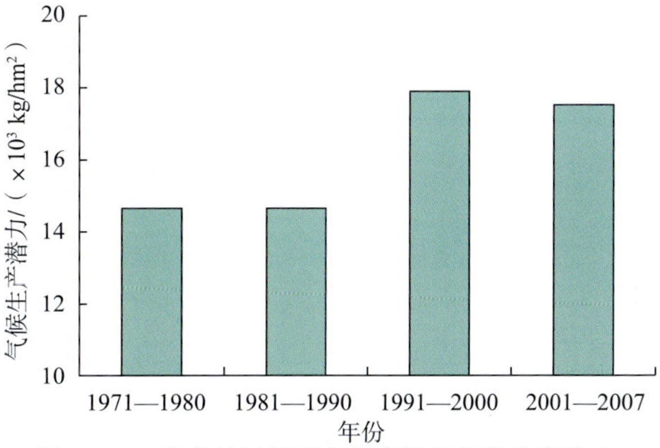

图5-129 东北地区不同年代春玉米气候生产潜力

(2)东北春玉米肥料效率提升潜力

①东北肥料投入历年变化

在作物生产中,随着产量的日益提高,肥料用量也在迅速增加,目前中国的化肥使用量已经居于世界的首位,达到年投入 5 653 万 t 以上。东北三省(黑龙江、吉林、辽宁)的化肥总投入量呈现出逐年递增的趋势,在 2016 年后略有下降,2018 年达 504.2 万 t,比 1995 年增加 175.8%,其中,黑龙江用量 213.5 万 t、吉林用量 182.8 万 t、辽宁用量 100.5 万 t,分别比 1995 年增加了 281.3%、124.8%和 137.9%(图 5-130)。

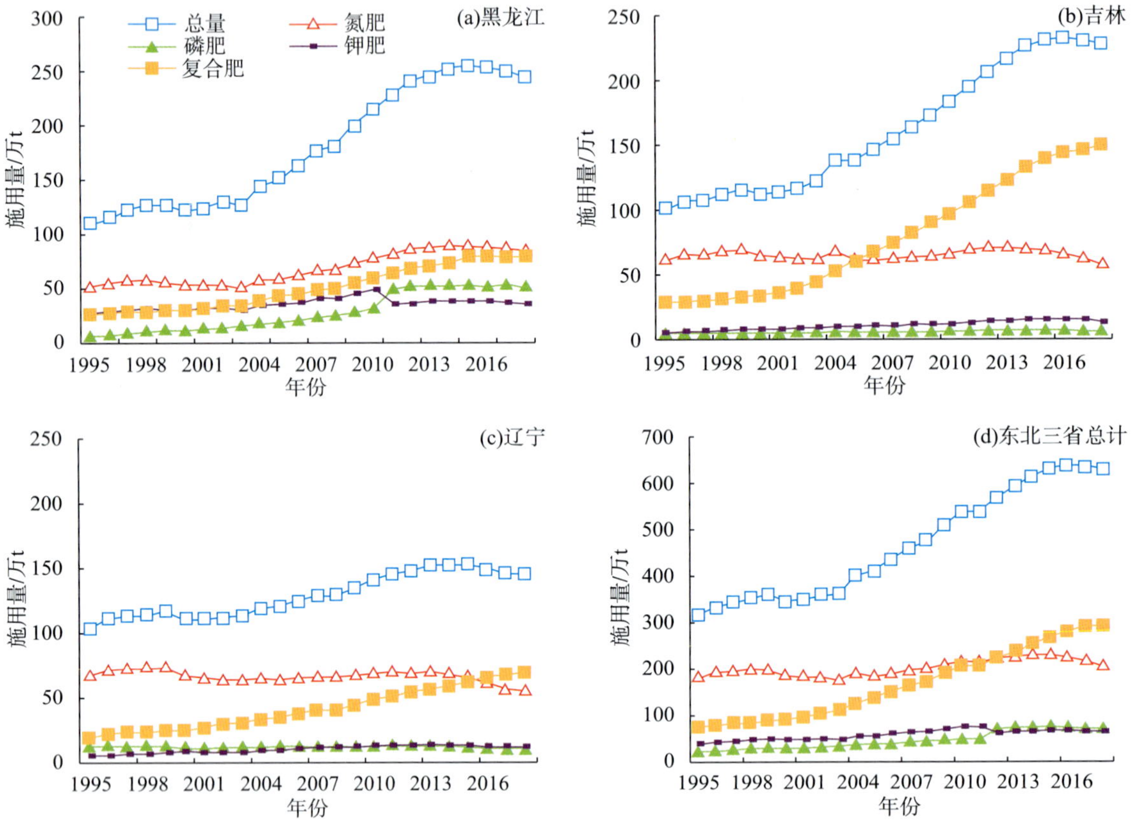

图 5-130　东北地区 1995—2018 年化肥使用量变化(《全国农产品收益汇编》,1995—2018 年数据)

从图 5-130 中还可以看出,不同种类化肥投入也存在显著变化。氮肥投入除黑龙江表现为增加的趋势外,辽宁与吉林氮肥投入均无显著增加,甚至略有降低。从磷肥投入来看,黑龙江增加迅速,2018 年施用量比 1995 年增加了近 10.8 倍;吉林次之,近 24 年增加了 26.0%;而辽宁磷肥投入则逐年降低。钾肥投入量增加比较迅速,黑龙江、吉林、辽宁近 24 年分别增加了 25.7%、204.3%和 162.2%。而复合肥是东北地区投入量增加最快的肥料,2018 年黑龙江、吉林和辽宁的施用量分别达到了 77.9 万 t、149.6 万 t 和 68.4 万 t,分别比 1995 年增加了 205.5%、405.4%和 265.8%。总体来看,2018 年东北三省的氮、磷、钾和复合肥投入量分别为 205.7 万 t、69.1 万 t、62.4 万 t 和 290.5 万 t,分别比 1995 年增加了 14.0%、212.7%、70.0%和 293.6%。

②东北玉米肥料投入与利用效率变化

在粮食生产化肥投入量总体增加的背景下,东北玉米生产的化肥投入也呈现出增加的趋势(图 5-131)。东北三省(黑龙江、吉林和辽宁)玉米生产的化肥投入量在 2018 年达到了 504.2 万 t,比 1995 年增加 175.8%,其中黑龙江、吉林和辽宁三省投入量分别为 213.5 万 t、190.2 万 t 和 100.5 万 t,比 1995 年分别增加了 281.3%、124.8%和 137.9%。

而与化肥投入量不断增加相对应的则是玉米的肥料利用效率不断降低(图 5-131)。2011—2018 年黑龙江、吉林和辽宁的肥料利用效率分别为 19.6 kg/kg、17.5 kg/kg 和 16.3 kg/kg,分别比 2001—2010 年平均值降低了 2.8%、11.5%和 16.1%。

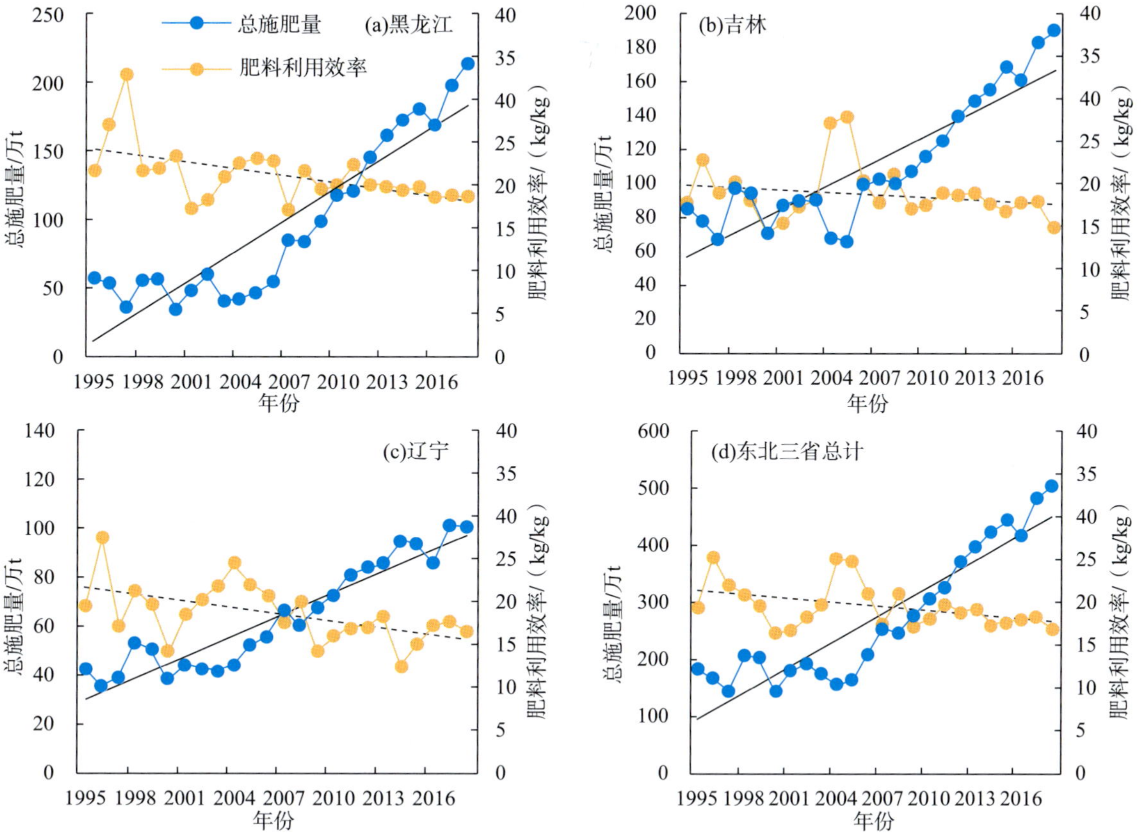

图 5-131　东北地区 1995—2018 年玉米肥料投入与利用效率比较(《全国农产品收益汇编》,1995—2018 年数据)

作为化肥中用量最大的氮肥,近年来也呈增加的趋势(图 5-132)。其中,黑龙江省玉米氮肥用量从 2004 年的 26.3 万 t 增加到 2018 年的 115.8 万 t,增幅达 340.3%;而吉林则从 40.9 万 t 增加到 72.0 万 t,增幅为 76.0%;辽宁从 28.7 万 t 增加到 40.7 万 t,增幅为 41.8%。总体来看,东北三省的氮肥用量在 2018 年达到了 228.5 万 t,增幅为 138.5%。随着氮肥用量增加,黑龙江省和吉林省玉米氮肥利用效率则呈降低趋势,其中尤以吉林省下降幅度最大,2004—2018 年氮肥利用效率降低 12.0%,其次为黑龙江省,降幅为 3.8%,而辽宁省氮肥利用率则在 2014 年后呈现上升趋势,2014—2018 年氮肥利用率增加 8.4%。总体来看,2004—2018 年黑龙江、吉林、辽宁的氮肥利用效率分别为 35.39 kg/kg、39.77 kg/kg 和 32.48 kg/kg,三省平均值则为 35.99 kg/kg。

(3)东北玉米肥料利用效率提高潜力

化肥的使用有利于促进东北玉米产量的大幅度提高。然而,随着化肥的大量应用,肥料利用效率低下的问题日益突出。目前,东北地区玉米化肥利用效率与氮肥利用效率多年平均值为 20.5 kg/kg 和 33.1 kg/kg 左右,与世界发达国家的利用效率存在较大差距。特别是氮肥利用效率,目前发达国家已经达到 70.0 kg/kg,我国东北地区的平均水平与之相比相差达 2.1 倍左右。造成目前东北地区玉米肥料利用效率低的原因主要有以下几个方面:一是肥料施用量过高;二是肥料运筹方式不合理,当前东北地区玉米种植多采用“一炮轰”式施肥方法,即在播种玉米前一次性将所有肥料施入,后期则不再施肥;三是有机肥用量不断降低,据调查,东北地区玉米种植中施用有机肥的农户比例不足 6%,同时有机肥用量也在不断减少,如目前吉林省有机肥平均用量为 3 600 kg/hm^2,仅为 20 世纪 90 年代的 27%。

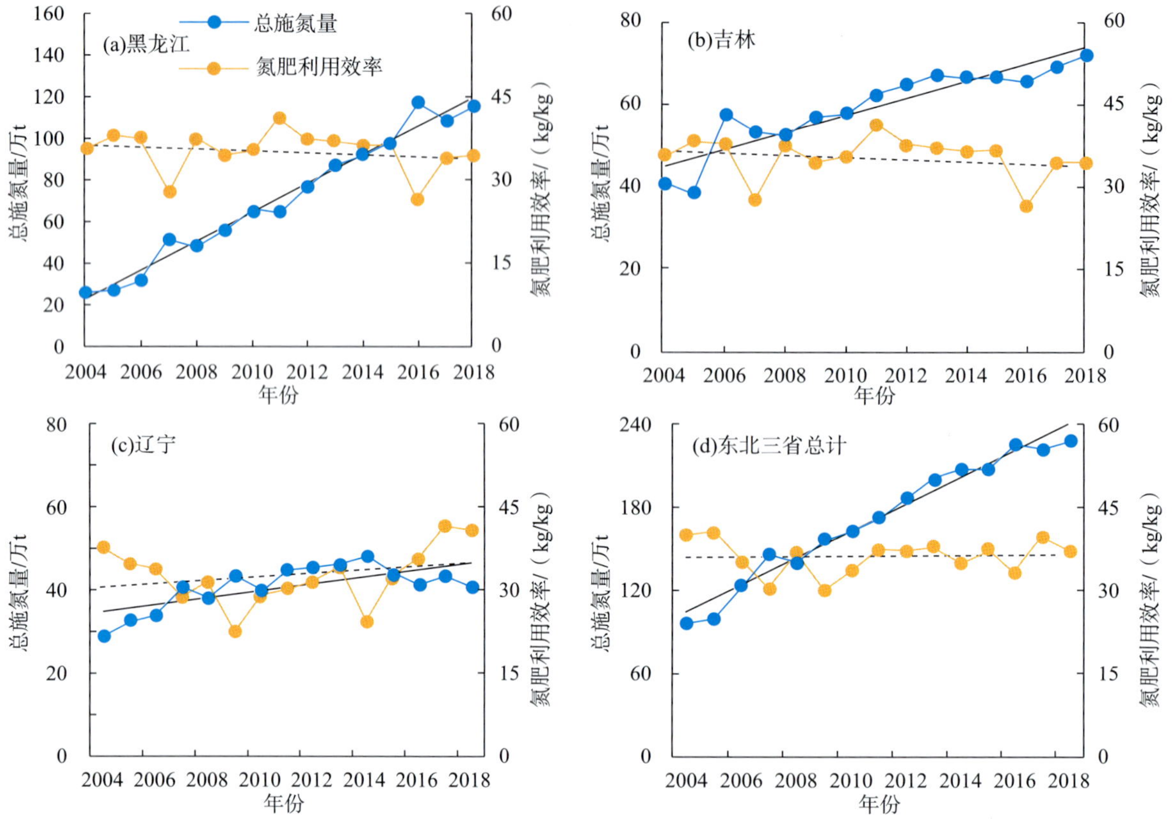

图 5-132　东北地区 2004—2018 年玉米氮肥投入与利用效率比较（《全国农产品收益汇编》，2004—2018 年数据）

为探索玉米肥料利用效率提高的潜力，众多学者开展了大量的田间试验。借助现有的田间试验数据和区域生产数据，对东北玉米肥料利用效率的提高潜力进行了估算。由表 5-67 可见，东北三省不同地区高产高效种植模式下的肥料利用效率，黑龙江省双城与鹤岗试验点的总肥料利用效率和氮肥利用效率分别为 24.8～30.5 kg/kg 和 55.5～58.2 kg/kg，吉林省公主岭与梨树试验点则分别为 30.6～31.0kg/kg 和 51.1～54.8 kg/kg，辽宁台安和沈阳分别为 21.8～22.0 kg/kg 和 40.1～46.5 kg/kg。由此可见，东北地区的平均肥料利用效率（表 5-68）与高产高效模式相比存在较大提升空间。其中，黑龙江省玉米总的肥料与氮肥利用效率分别可提高 26.5%～55.6%和 50.7%～63.9%，吉林省分别可提高 74.9%～77.1%和 25.5%～34.6%，辽宁省则可分别提高 33.7%～35.0%和 20.8%～40.1%。

表 5-67　东北三省高产高效种植模式下的玉米肥料利用效率（韩志勇，2011）

地点	化肥用量/(kg/hm²)	氮肥用量/(kg/hm²)	产量/(kg/hm²)	肥料利用效率/(kg/kg)	氮肥利用效率/(kg/kg)
黑龙江双城	352.5	185.0	10 743	30.5	58.2
黑龙江鹤岗	419.8	194.9	10 427	24.8	53.5
吉林公主岭	352.5	201.0	10 916	31.0	54.8
吉林梨树	334.0	200.0	10 214	30.6	51.1
辽宁台安	475.0	225.0	10 458	22.0	46.5
辽宁沈阳	441.5	240.0	9 613	21.8	40.1

表 5-68 东北三省省域水平下的玉米肥料利用效率(《全国农产品收益汇编》,2010—2018 年数据)

区域	化肥用量/(kg/hm²)	氮肥用量/(kg/hm²)	产量/(kg/hm²)	肥料利用效率/(kg/kg)	氮肥利用效率/(kg/kg)
黑龙江	338.0	170.0	5 941	19.6	35.5
吉林	449.4	183.0	7 419	17.5	40.7
辽宁	370.5	189.2	6 193	16.3	33.2
东北三省平均	380.2	180.7	6 518	18.1	36.4

3. 东北春玉米生产发展趋势

近 10 年来,我国玉米生产得到了快速发展。但玉米的增产主要靠的是面积扩大,单产递增的贡献还有待进一步提升。在国内玉米总产翻番的同时,2010 年我国也成为玉米净进口国,而且近年来进口量呈现快速增长趋势。根据我国人口增长和经济发展趋势,玉米需求仍将呈现快速增长态势。2030 年中国玉米需求量预计将会达到 2.85 亿 t,国内玉米的供求缺口巨大。即使按玉米自给率 85%估算,2030 年我国仍需要生产玉米 2.42 亿 t,总产还要进一步增长。但是,我国水土等资源非常有限,难以继续支撑玉米播种面积的大幅度扩大。同时,我国粮食作物复种指数持续下降,因此,玉米播种面积难以保持增长。虽然在不同的统计口径下,我国耕地总面积呈递增趋势,但耕地非农化趋势难以逆转。2009 年全国耕地面积为 13 538.46 万 hm^2,2012 年下降到 13 515.85 万 hm^2,仅 2013 年全国耕地面积就净减少 8.02 万 hm^2。在全球气候变暖的趋势下,季节性干旱呈现递增趋势,可用水资源也很难支撑玉米生产面积的进一步扩大。可见,为了保障国家粮食安全,玉米增产的根本出路在于农业科技创新,以稳定提高单产。

在粮食不断增产的情况下,不能忽视增产过程中水肥药等农用物资的大量投入。化肥的大量投入,不仅增加了作物生产成本,影响粮食增产的可持续性,还带来了日益凸显的环境污染问题,严重影响到食品安全和生态安全。在粮食大面积持续增产的大好形势下,玉米增产必须走资源节约的路子。氮肥是作物生产中的最主要投入之一,通过提高氮肥利用效率,逐步减少施肥量,是玉米生产可持续发展的必然趋势。

玉米高产可以通过增加施肥等资源投入来获得,肥料高效也可以通过降低玉米产量来实现。通过大量的资源投入,在我国特定生态区小面积上已经多次打破世界玉米单产纪录。在巴西等国家,在维持最佳经济效益的玉米产量水平上,氮肥当季利用率达到 50%以上,但单产水平仅为 5 t/hm^2左右。鉴于我国粮食安全和资源环境状况,不能再走只顾产量不问资源环境代价的增产老路,也不能简单采纳资源丰富国家只顾高效不问粮食安全的发展路子,而必须开拓出一条高产与高效相协调的新路。玉米高产与氮肥高效的协调有多条途径,包括品种创新、肥料创新、农艺创新等。在近期内,要实现"一控两减三基本"的目标,最有效的途径是农艺创新,尤其是栽培技术创新。最新研究表明,在我国目前玉米产量和氮肥效率基础上,选用合适的高产耐密品种,通过栽培技术创新可以大面积实现玉米增产 15%~20%,氮肥增效 20%以上。因此,在选用优良品种的基础上,进行栽培技术创新和模式集成,可以实现玉米增产与氮肥增效的协同。

5.4.2 东北春玉米高产高效的关键限制因素

1. 区域水热因子的影响

东北地区 1971—2007 年春玉米生长季气温呈波动上升趋势(图 5-133),从趋势线来看,每 10 年增温 0.42 ℃,高于中国近 50 年平均地表气温的上升速率(0.22 ℃/10 年),同时也明显高于全球或北半球同期平均增温速率(0.13 ℃/10 年),说明该区域在玉米生长季增温也较明显。从增温的时间来看,气温上升明显是从 20 世纪 80 年代末期开始,并一直持续到目前,还有保持继续加速上升的趋势。东北地区春玉米生长季有效积温空间分布从南到北逐渐降低，范围为 3 239～1 750 ℃。玉米为喜温作物，≥10 ℃积温在 2 000 ℃以上可满足其需求，东北地区除最北部不能种植春玉米外，其他地区均能满足其积温需求。

1971—2007 年东北地区春玉米生长季太阳辐射总量呈波动变化态势，但有下降趋势（图 5-134），辐射值在 2 500～2 800 MJ/m^{2}之间波动下降。从趋势线来看，每 10 年减少辐射量为 12 MJ/m^2。从春玉米生长季太阳辐射的空间分布来看，太阳辐射由西向东逐渐减少，最低值位于东部和北部，为 2 500 MJ/m^{2}左右，最高值位于西部地区，达 2 800 MJ/m^{2}左右，而中部地区辐射量大约 2 650 MJ/m^2。

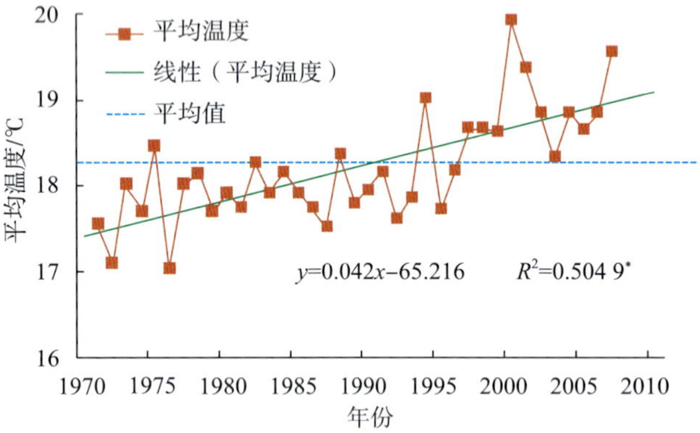

图 5-133　东北地区 1971—2007 年春玉米生长季平均气温变化趋势

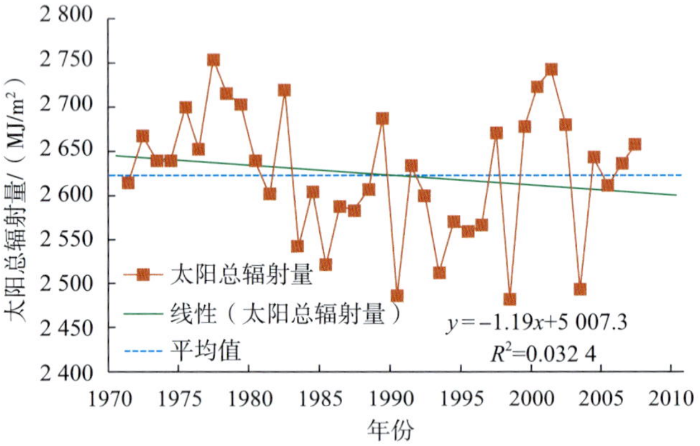

图 5-134　东北地区 1971—2007 年春玉米生长季太阳总辐射量变化趋势

玉米生长季降水量总体上呈现震荡变化趋势（图 5-135），年际间变化较大，变异系数为 14.0%，并有减少的趋势。该区域 37 年来的玉米生长季平均降水量为 433 mm，但 21 世纪以来的平均降水量为 383 mm，低于整个时期的平均降水量。全年自然降水量 400～800 mm 基本能满足玉米生长发育的需要，生长期降水量为 400 mm 的地区适宜玉米生长。从年降水总量来看东北地区基本满足春玉米生长所需水分。春玉米生长季降水量空间分布表明，东北西部地区较为干旱，降水在 350 mm 以下，不适合春玉米种植，而东部地区降水均在 400 mm 以上，可以满足玉米的需水量。

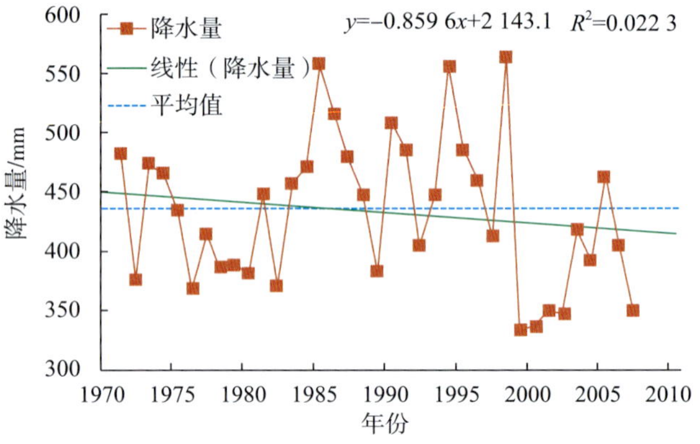

图 5-135　东北地区 1971—2007 年春玉米生长季降水量变化趋势

东北地区玉米种植区降水总量能达其总需求量，但降水的年际变化大，近年来呈下降趋势，可能对玉米产量的形成有潜在的影响。气候变化仍在继续，温度升高的同时，土壤水分的蒸散量也加大，一些作物可利用的水资源会减少，这种热量资源增加的有利因素可能会由于水资源的匮乏而无法得到充分利用。

由此可见，气候变暖虽然对东北玉米生产存在正效应，但气候变率的增加，特别是最低温度变幅增大和旱涝天气的增加，导致区域水热与玉米生育进程不协调，是影响玉米高产稳产的关键限制因子之一。

2. 耕层土壤因子的影响

长期以来，东北地区的种植制度与耕作方式发生了很大的变化。由于大豆的种植面积逐年减少，玉米-大豆轮作模式逐年降低，目前基本以玉米的持续连作为主，此外，化肥的大量使用导致农家肥、有机肥的施用比例降低，加之机械化作业的大面积应用，造成了农田耕层变浅。另一方面，农田耕层结构也呈现恶化的趋势。调研发现，东北三省耕层土壤容重平均为 1.47 g/cm^3 左右，而合理的耕层容重一般为1.2 g/cm^{3}左右。此外，目前的土壤总孔隙度仅为 52%，与开垦初期的 67%相比，降低了 15%。土壤有机质状况变化同样不容乐观，随着开垦年限的增加，土壤有机质含量下降迅速。综上所述，由于长期的玉米连作加之不合理的耕作栽培制度，导致耕层质量变差，土壤水肥供应不足，限制了玉米的持续高产高效。

3. 现有品种特性的影响

虽然采用紧凑型玉米品种、提高种植密度是未来玉米高产高效的发展方向，东北地区玉米生产也在沿着这一方向发展，但由于大面积采用的品种耐密性差及没有配套的耕作栽培技术，目前的耐密种植还存在很多问题。例如，不同品种获得高产的密度与育种、栽培研究人员推荐的种植密度并不相符，也就是说，现有品种的密植栽培潜力没有被很好地挖掘，导致玉米的产量潜力还没有被深入挖掘。另一方面，配套的栽培技术不到位也限制了玉米产量的进一步提升。此外，种植密度增加后也容易导致玉米在生育中后期由于密度过大、养分供应不足、田间郁闭现象严重，出现大面积的倒伏早衰。

4. 耕作栽培因子的影响

采用合理的耕作栽培措施可以协调土壤中的水、肥、气、热之间的关系，创造适宜作物生长发育的环境，是保证作物持续高产、稳产的关键措施之一。然而，长期以来东北地区春玉米种植中一般采用春季整地、旋耕、起垄的耕作方式，在养分管理上，多采用春季一次性施肥方式。由此造成的春季播种期水分散失严重，玉米出苗困难，出苗后遭遇低温天气幼苗易遭冷害；生育中期遇旱涝天气，土壤保墒排涝能力弱，后期养分供应不足，玉米易脱肥早衰，遇大风天气倒伏增加。

综上所述，东北地区春玉米高产高效的关键限制因子在于密植条件下品种类型与区域水热特性、密植群体与耕层水热特性、密植群体与品种耐密性等关系不协调，特别是配套耕作栽培技术的不合理加重了上述因素对玉米高产高效的制约。

5. 东北玉米高产高效关键因子的综合影响

东北玉米高产高效的关键限制因子并非单独作用，往往是多个因子共同作用，并且东北春玉米生态区跨度较大，春玉米生产气候、土壤、管理方式等条件迥异，因而限制春玉米增产增效的限制因子在不同区域间存在明显差异。为此，我们在东北不同生态类型区 136 个地点开展了调研活动，通过组织当地专家、典型农户，发放统一调查问卷，对关键限制因子及其影响程度进行了分类与排序。

调查问卷主要包括了以下几个方面内容：①农业气候，包括温度、降水、无霜期；②土壤条件，包括耕层厚度、耕层结构、土壤肥力等；③作物因素，包括品种类型、抗倒衰能力、抗病虫草害能力等；④配套管理技术，包括栽培技术、施肥技术、耕作技术等。根据专家访谈，不同的限制因子被赋予不同的权重系数，结果见图 5-136 和图 5-137。

由图中可以看出，黑龙江单产较低，农业气候是限制高产高效的最大因素，限制程度超过 45%，其中生长期温度与降水不足(春、伏旱)因素分占 53%和 36%；配套高产高效管理技术限制程度达 21%，土壤耕层浅障碍远高于供肥能力不足障碍约占 12.6%，此外，春玉米在该区域的增产增效约 18.4%源于现有品种增产潜力有限。

吉林产量最高，农业气候(无霜期短、生长期积温不足、春低温危害和伏涝)和配套技术(栽培、施肥和耕作技术落后)是影响春玉米产量继续增加的较大限制因子，分占 30%和 28.5%，土壤生产条件(土壤贫瘠、保肥性差、耕层浅)和作物综合表现(区域高产品种缺乏、倒伏严重、早衰)限制均占 20%以上；与黑龙江不同之处在于，吉林农业气候限制 70%源于降水问题；土壤耕性下降与供肥能力不足分占土壤生产限制的 40.8%和 21.4%；作物的生长表现比品种问题更多地限制玉米高产。

辽宁省的玉米生产占到东北产量的 18%以上，该区域配套高产高效技术(栽培、耕作与施肥技术)的缺失是主要限制因子，限制程度高达 47.8%，农业气候(伏涝)和作物生产(倒伏、品种)限制分别约占

22%和 23%，土壤问题不足 8%；降水问题是最主要农业气候问题，而土壤耕层浅与供肥性差也是辽宁的主要土壤问题。

东北中部灌区主要为内蒙古东部通辽区域，限制玉米增产的主要因素是土壤生产条件（耕层浅）和配套技术（栽培、施肥技术落后）约各占 30%，而农业气候（季节性干旱严重）与作物生产条件分占 20%左右，耕作问题、高产高效技术缺失、降水问题和作物生长的综合表现问题是具体的主要问题。

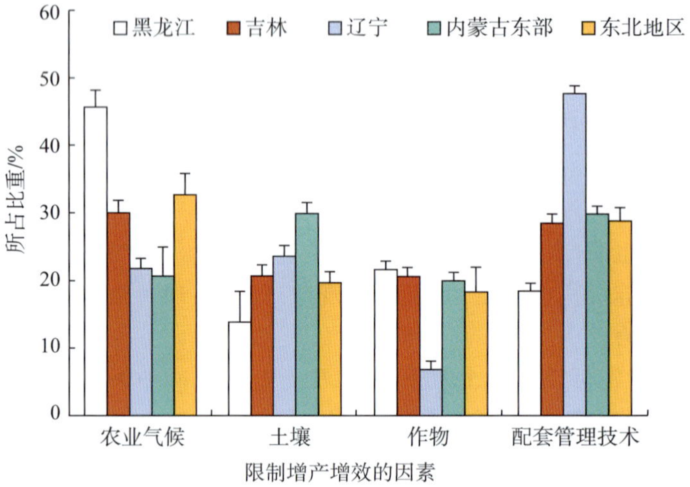

图 5-136　东北地区限制春玉米增产增效的主要因素及其权重分析

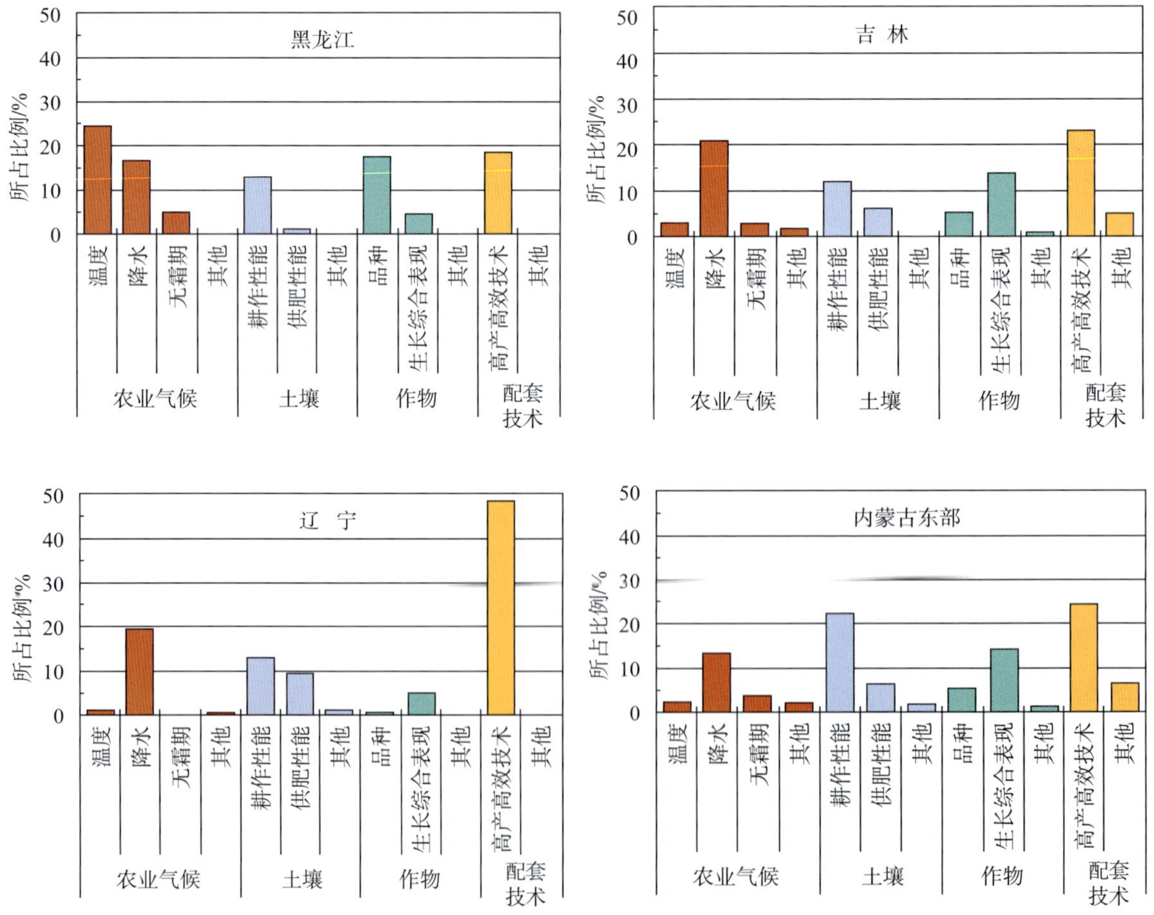

图 5-137　不同生产区域限制春玉米增产增效的因子排序

基于区域玉米生产对总产的贡献大小，综合分析区域限制因子发现，农业气候仍是东北地区玉米增产增效的主要限制因子，限制程度达到了 33%，生产高产配套技术缺失限制达到 26%，而土壤与作物问题分别占到了 20%和 18.5%；农业气候限制主要为降水与温度问题，但降水影响更大；耕作造成的问题是土壤生产障碍的主要问题；而品种与生长综合表现问题约各占到作物生产的 50%，是作物生产中必须考虑的问题。

5.4.3　东北春玉米品种对密植的响应

1. 品种与密植对春玉米产量的影响

(1)试验设计

为明确品种与密植对春玉米产量的影响，于 2013 年和 2014 年在中国农业科学院作物科学研究所公主岭试验站设置试验。2013 年供试品种为中单 909(ZD909，中小穗型品种)和吉单 209(JD209，大穗型品种)，2014 年供试品种为 ZD909 和内单 4 号(ND4，大穗型品种)。试验设 4.50、6.75、9.00、11.25 和 13.50 万株/hm^2 共 5 个种植密度，裂区设计，品种为主区，密度为副区，小区面积 108 m^2，3 次重复，共 30 个小区。

(2)结果与分析

①产量

两年结果表明品种与种植密度对产量影响趋势一致(表 5-69)。单位面积籽粒产量随密度提高先增

表 5-69　玉米品种与密植对春玉米产量的影响

年份	品种	密度/(万株/hm^2)	籽粒产量/($\times10^3$ kg/hm^2)	单株产量/(g/株)	单穗籽粒产量/(g/穗)
2013	中单 909	4.5	10.4b	232.0a	238.6a
		6.75	11.0b	162.9b	193.4b
		9	13.1a	145.5b	182.5b
		11.25	11.4b	101.7c	135.2c
		13.5	11.4b	84.1d	139.6c
	吉单 209	4.5	9.1c	201.9a	237.2a
		6.75	11.7a	172.7b	195.5b
		9	10.4b	115.2c	150.4c
		11.25	10.1b	89.8d	136.3d
		13.5	9.9bc	73.1e	238.6a
2014	中单 909	4.5	13.2a	294.3a	279.3a
		6.75	13.8ab	204.1b	263.6a
		9	14.2ab	157.9c	219.3c
		11.25	12.8bc	113.5d	181.5c
		13.5	11.9c	87.9e	160.4d
	内单 4 号	4.5	10.2a	225.5a	290.1a
		6.75	10.2a	150.7b	220.1b
		9	8.0b	88.4c	182.3c
		11.25	7.2b	68.6d	159.5d
		13.5	7.4b	54.8d	152.2d

后降，但单株及单穗产量呈直线下降趋势。虽然3个品种的变化趋势基本一致，但各自受种植密度影响的程度差异不同，中小穗型品种ZD909各指标所受影响小于大穗型品种JD209和ND4。ZD909在9.00万株/hm^2时获得最高产量(13.7×10^3 kg/hm^2)，JD209和ND4在6.75万株/hm^2时取得最大产量，分别为11.7和10.2×10^3 kg/hm^2。相对于4.50万株/hm^2，6.75万～13.50万株/hm^2，2013年ZD909分别升高5.8%、26.0%、9.6%和9.6%，JD209分别升高28.6%、14.3%、11.0%和8.8%，2014年ND4在9万～13.5万株/hm^2分别降低21.6%、29.4%和27.5%。单株产量ZD909在各个种植密度下均高于JD209和ND4，相对于4.50万株/hm^2，6.75～13.50万株/hm^2，2013年ZD909分别降低29.8%、37.3%、56.2%和63.8%，JD209分别降低14.5%、42.3%、55.6%和63.8%，2014年ZD909分别降低30.6%、6.3%、61.4%和70.1%，ND4分别降低33.2%、60.8%、69.6%和75.7%。2014年，除4.50万株/hm^2处理，其他各密度下ZD909单穗籽粒产量均高于ND4。

②产量相关性状

随着种植密度的增加，各品种穗长、穗粗均呈降低的趋势(表5-70)。有效穗数随着密度的提高而呈增高的趋势，而百粒重则随着种植密度的增大而显著降低。就穗长而言，相对于4.50万株/hm^2，从6.75万～13.50万株/hm^2，2013年ZD909分别降低9.5%、15.1%、25.6%和27.1%，JD209分别降低7.2%、14.9%、23.2%和25.8%，2014年ZD909分别降低2.6%、11.9%、17.0%和19.6%，ND4分别

表5-70　品种与种植密度对产量相关性状的影响

年份	品种	密度/(万株/hm^2)	穗长/cm	秃尖长/cm	穗粗/mm	穗数/(万穗/hm^2)	百粒重/g
2013	中单909 ZD909	4.50	19.9a	0.8c	50.0b	5.3a	28.1ab
		6.75	18.0b	0.9bc	48.5bc	6.6a	29.6a
		9.00	16.9b	1.3b	47.86c	8.6b	26.9bc
		11.25	14.8c	1.5b	45.7d	9.8c	24.5cd
		13.50	14.5c	1.9a	45.9d	10.1d	24.1d
	吉单209 JD209	4.50	19.4a	0.2c	51.5ab	4.5d	33.9a
		6.75	18.0b	0.5bc	50.1b	6.7c	30.8b
		9.00	16.5c	0.8b	47.8c	7.9b	27.4c
		11.25	15.2d	1.3a	46.5cd	8.2b	25.3cd
		13.50	14.4d	1.7a	45.5d	9.4a	24.0d
2014	中单909 ZD909	4.50	19.4a	1.0c	52.3a	7.0c	31.1a
		6.75	18.9a	1.4bc	51.5ab	7.4c	29.2b
		9.00	17.1b	1.5bc	49.7bc	9.4b	27.1c
		11.25	16.1c	1.8ab	47.7cd	10.7a	26.3cd
		13.50	15.6c	2.2a	47.3d	11.6a	25.0d
	内单4号 ND4	4.50	24.8a	1.0a	48.0a	4.7c	32.3a
		6.75	22.4b	0.9a	45.1b	6.4b	28.1b
		9.00	19.3c	0.7a	44.0bc	6.7b	25.3c
		11.25	18.8c	0.8a	43.0c	7.7a	23.5c
		13.50	18.7c	1.0a	42.9c	7.8a	25.6c

注：同列同品种不同种植密度下的不同小写字母表示在0.05水平下差异显著。

降低 9.7%、22.2%、24.2%和 25.8%。穗粗在 6.75、9.00、11.25 和 13.50 万株/hm^2下比在 4.5 万株/hm^2下，2013 年 ZD909 分别降低 3.0%、4.3%、8.6%和 8.2%，JD209 分别降低 2.8%、7.4%、10.0%和 12.0%；2014 年 ZD909 分别降低 1.6%、5.2%、9.2%和 10.0%，ND4 分别降低 1.6%、5.2%、9.2%和 10.0%；秃尖长随着种植密度的增大呈增大的趋势，在 6.75、9.00、11.25 和 13.50 万株/hm^2比 4.5 万株/hm^2下，2013 年 ZD909 分别增大 12.5%、62.5%、67.5%和 137.5%，JD209 分别增大 150.0%、300.0%、550.0%和 750.0%，2014 年 ZD909 分别增大 40.0%、50.0%、80.0%和 120.0%，表现在穗数上，ZD909 在 9.00、11.25 和 13.50 万株/hm^2下分别比 JD209 高 8.9%、21.4%和 7.5%，比 ND4 高 40.3%、39.0%和 40.3%，而且大穗型品种 ND4 穗数随种植密度的增加的幅度要显著小于 ZD909。

(3)讨论与结论

玉米是对种植密度反应最敏感的作物之一，密度对产量及产量构成有显著影响，但对每一种生产系统都有一个最适宜的种植密度，依靠单株产量的提高已经没有多大挖掘潜力，主要依靠加大种植密度提高群体产量，本研究表明，3 个品种的籽粒产量均随种植密度的增大先增后降，中小穗型品种 ZD909 在各密度下的产量均高于大穗型品种 JD209 和 ND4，ZD909 在 9.00 万株/hm^2下达到最高产量，JD209 和 ND4 在 6.75 万株/hm^2下达到最高产量。通常情况下，随着种植密度的增大，单株竞争越来越激烈，对光照、温度、水分、肥料等的竞争加剧，尤其是植株本身具有的避荫效应会导致植株的营养生产过快，密度增加到一定程度时单株性能变差，因此，当密度增加带来的正效应小于单株产量下降所带来的负效应时，群体产量就会下降。本研究表明，随着密度增加，单位面积有效穗数、穗长、穗粗和籽粒百粒重均显著下降。

总之，产量随着种植密度的增大先增大后降低。随着密度的提高，有效穗数显著增加，但是百粒重显著降低，导致单株籽粒产量显著降低，群体优势不能弥补单株劣势，导致群体产量在超过一定密度后下降。穗部性状包括穗长、穗粗和百粒重都随种植密度的增大而显著降低，秃尖长则随着种植密度的增大呈增大的趋势。不同品种间，3 个品种各自受密度影响的程度差异显著，中小穗型品种 ZD909 各指标所受影响显著小于大穗型品种 JD209 和 ND4。

2. 品种与遮阴对春玉米产量的影响

(1)试验设计

本研究选取相对耐阴型品种中单 909(ZD909)和不耐阴型品种沈玉 21(SY21)为供试品种，种植密度为 6.75 万株/hm^2，每个品种设置 4 个光照处理，分别为不遮阴处理(CK)、拔节期到雄穗开花期遮阴处理(S1)、雄穗开花期到成熟期遮阴处理(S2)和拔节期到成熟期遮阴处理(S3)。其中 2015 年的拔节期和雄穗开花期开始遮阴时间分别为 6 月 24 日(播种后 53 d)和 7 月 23 日(播种后 82 d)，2016 年分别为 6 月 22 日(播种后 44 d)和 7 月 21 日(播种后 73 d)。采用黑色遮阴网进行遮阴处理，遮阴可使玉米冠层光照强度下降 65%左右。随玉米生长高度变化对遮阴网高度进行调节，始终保持遮阴网距离冠层高度为 1.5 m 左右。试验采取随机区组设计，设置 3 个重复，每个小区面积 39.6 m^2(11 行×6 m×0.6 m)。

(2)结果与分析

①植株性状

遮阴对玉米的株高有显著影响，不同时期遮阴对株高影响存在差异(图 5-138)。ZD909 的 S1 和 S3 处理倾向于增加株高，但两处理间无显著差异，而年际间存在差异。2015 年 ZD909 的 S1 和 S3 较之 CK 分别使株高增加 8.42%和 3.53%，SY21 的 S1 和 S3 较之 CK 使株高分别增加 6.88%和 3.95%。2016 年 S1 和 S3 较之 CK 使株高有所降低但差异不显著。不同于 S1 和 S3，S2 对株高无显著影响，且年际间表现一致。

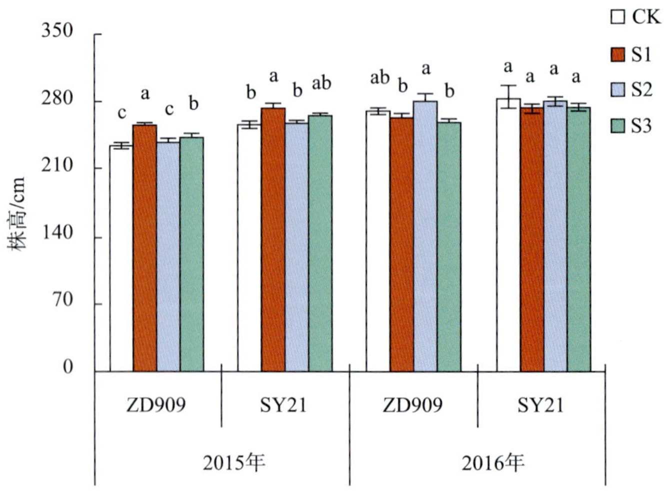

图 5-138 遮阴对春玉米株高的影响

注:CK,不遮阴处理;S1,拔节期到雄穗开花期遮阴处理;S2,雄穗开花期到成熟期遮阴处理;S3 拔节期到成熟期遮阴处理。

遮阴对穗位高也有显著影响,且和对株高影响类似,不同时期遮阴对穗位高的影响存在差异(图 5-139)。2015 年,ZD909 的 S1 和 S3 较之 CK 分别使穗位高增加 12.59%和 11.64%,SY21 的 S1 和 S3 较之 CK 使穗位高分别增加 9.16%和 5.84%,而 S2 和 CK 处理下穗位高没有显著差异。2016 年,品种和处理间未表现出明显的规律性。

茎粗受遮阴的影响显著,且同样表现为 S1 和 S3 对其影响较大,显著降低玉米茎粗,而 S2 处理下较之 CK 无显著差异,年际间表现一致(图 5-140)。2015 年 S1 和 S3 遮阴较之 CK 使 ZD909 的茎粗分别减少 17.54%和 16.76%,使 SY21 的茎粗分别减少 11.49%和 10.52%;2016 年 S1 和 S3 分别使 ZD909 的茎粗减少 7.78%和 7.41%,使 SY21 减少 9.68%和 9.75%。

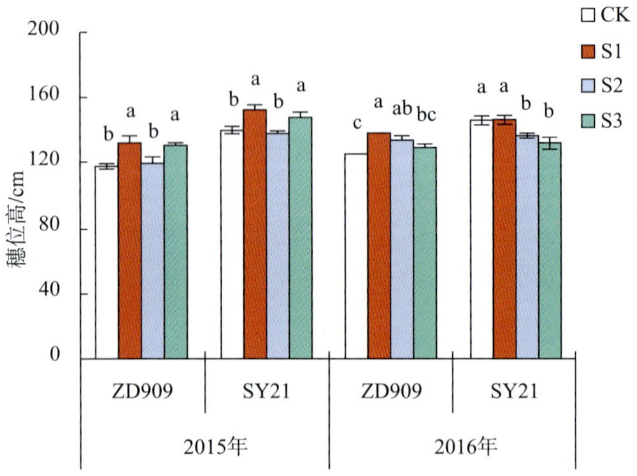

图 5-139 遮阴对春玉米穗位高的影响

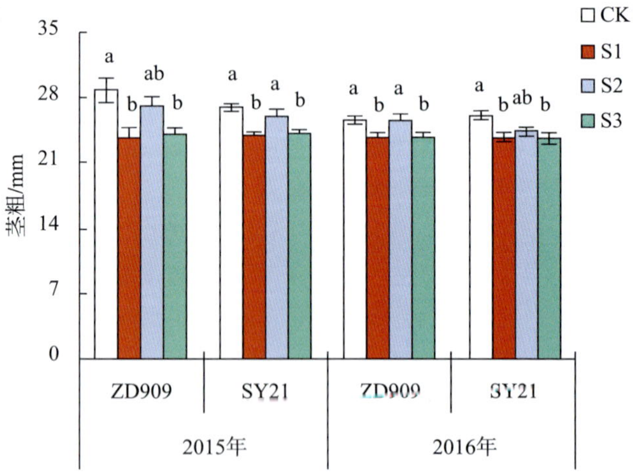

图 5-140 遮阴对春玉米茎粗的影响

叶面积在生育期内均表现为先增加后降低,各处理在开花期叶面积达到最大值(图 5-141)。前期遮阴对叶面积影响较小,到开花期时各处理叶面积无明显差异(除 2015 年 SY21),但开花后不同遮阴处理均降低了叶面积。2015 年, S1、S2 和 S3 较之 CK 分别使 ZD909 乳熟期叶面积降低 6.72%、6.84%和 7.14%,使 SY21 分别降低 3.01%、7.44%和 10.63%;2016 年,S1、S2 和 S3 较之 CK 分别使 ZD909 乳熟期叶面积降低 9.39%、7.48%和 11.58%,使 SY21 分别降低 5.25%、1.18%和 1.65%。

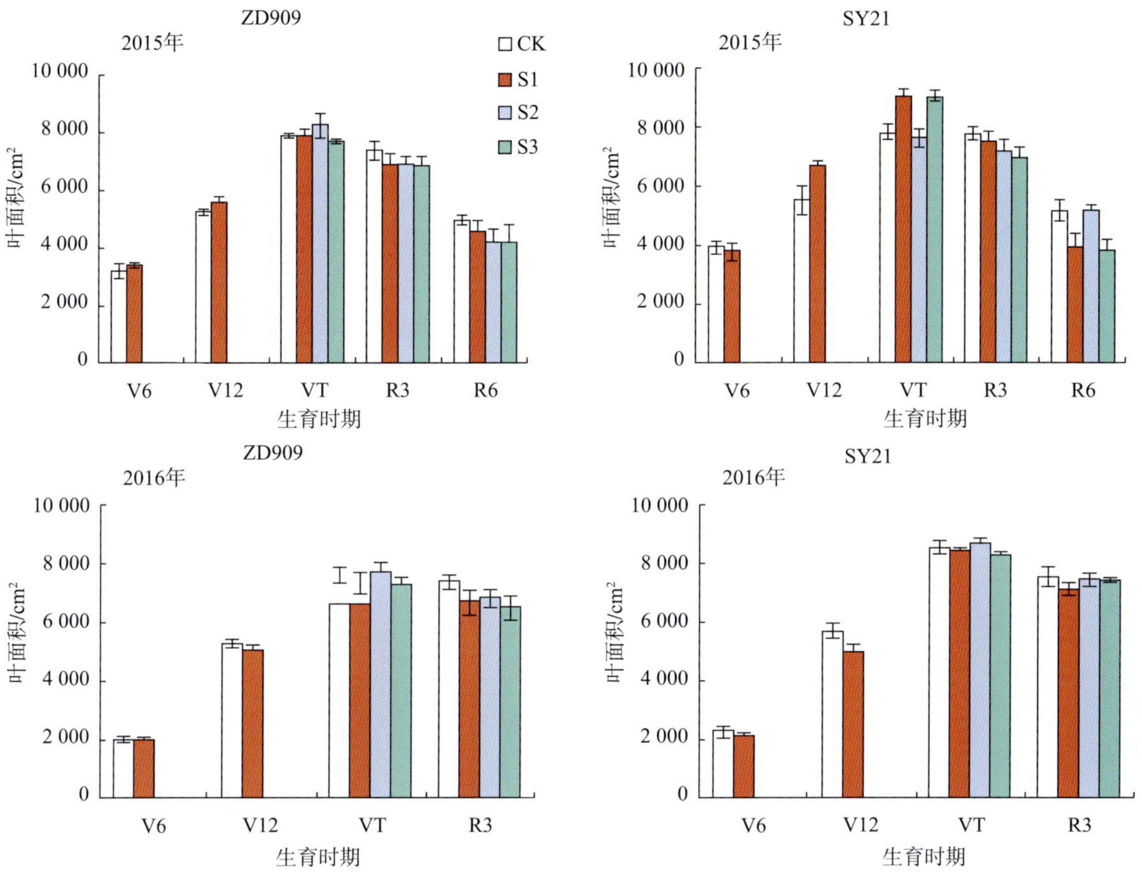

图 5-141　遮阴对春玉米叶面积的影响

注：V6，拔节期；V12，大喇叭口期；VT，开花期；R3，乳熟期；R6，收获期。

遮阴对干物质积累量、收获指数和干物质花前花后分配比例均有显著影响（表 5-71）。随生育进程的推进，干物质积累量逐渐增加，但不同时期遮阴均显著降低干物质积累量。2015 年，由于前期高温干旱，正常光照条件下的植株生长受到较大影响，导致 CK 和 S1 处理没有显著差异。而 S2 和 S3 分别使 ZD909 在成熟期的地上部干物质积累量减少 42.29％和 36.17％，使 SY21 减少 36.84％和 47.25％；2016 年，ZD909 的 S1、S2 和 S3 的成熟期地上部干物质积累量较 CK 分别减少 8.65％、48.53％和 60.25％，SY21 的 S1、S2 和 S3 分别较 CK 减少 17.95％、48.97％和 56.08％。各处理对干物质积累量的影响总体表现为 S3＞S2＞S1。同时，遮阴显著影响玉米收获指数。2015 年 S1 收获指数略高于 CK，但不同时期遮阴间收获指数表现为 S1＞S2＞S3；2016 年 S1、S2 和 S3 处理分别使 ZD909 的收获指数较 CK 降低 9.40％、16.99％和 47.79％，使 SY21 分别降低 13.68％、22.59％和 47.51％，收获指数在处理间总体表现为 CK＞S1＞S2＞S3。S1 较 CK 增加干物质在花后的积累比例，而 S2 和 S3 均降低花后的积累比例，S2 较 S3 影响更大，处理间花后干物质积累比例的大小表现为 S1＞CK＞S3＞S2。

遮阴显著影响玉米产量及其相关性状，表现为降低公顷穗数、穗粒数和百粒重，同时空秆率和倒伏率显著增加，处理间对产量的影响总体表现为 S3＞S2＞S1＞CK，两年结果基本一致（表 5-72）。2015 年由于前期高温干旱，导致 ZD909 的 S1 和 CK 产量及其相关性状无明显差异，SY21 的 S1 和 CK 产量也没有明显差异，但 S1 的公顷穗数和百粒重显著低于 CK，而穗粒数和空秆率、倒伏率显著高于 CK。S2 和 S3 对其影响和总体趋势一致。以 2016 年为例，ZD909 的 S1、S2 和 S3 分别使产量降低 20.73％、57.70％和 84.68％，公顷穗数降低 3.27％、14.49％和 60.05％，穗粒数降低 12.36％、45.04％和 78.61％，百粒重降低 1.90％、21.95％和 8.87％，倒伏率增加 5.94％、9.41％和 5.17％，S3 使空秆率显

表 5-71　遮阴对春玉米地上部干物质积累和分配的影响　　g/株

年份	品种	处理	生育时期					收获指数/%	花后积累比例/%
			V6	V12	VT	R3	R6		
2015	中单 909 ZD909	CK	41.86a	90.96a	164.96a	286.77a	363.60a	44.00a	54.63
		S1	38.16a	65.68b	140.39ab	310.37a	363.23a	53.22a	61.35
		S2			136.73b	199.46b	209.84b	44.16a	34.84
		S3			107.62c	188.17b	232.08b	33.49a	53.63
	沈玉 21 SY21	CK	51.38a	86.62a	156.09a	286.39a	360.37a	35.80a	56.69
		S1	39.96a	73.53a	136.41ab	310.57a	395.43a	44.24a	65.50
		S2			121.09b	195.89b	227.62b	40.70a	46.80
		S3			120.44b	159.52b	190.10b	36.63a	36.64
2016	中单 909 ZD909	CK		109.58a	133.64a	283.80a	401.28a	58.63a	66.70
		S1		68.51b	81.14a	251.29a	366.57a	49.22ab	77.87
		S2			137.01b	179.56b	206.53b	41.64b	33.66
		S3			81.82b	132.80c	159.50b	10.84c	48.70
	沈玉 21 SY21	CK		108.81a	138.76a	288.77a	421.69a	57.61a	67.09
		S1		66.06b	90.54a	248.61b	346.00b	43.93ab	73.83
		S2			130.51b	163.19c	215.20c	35.02b	39.35
		S3			76.65b	128.22c	185.19c	10.10c	58.61

注：同列同一品种不同字母表示不同光照处理下差异显著($P<0.05$)。

表 5-72　遮阴对春玉米产量及其构成因素的影响

年份	品种	处理	公顷产量/(kg/hm²)	公顷穗数/(万株/hm²)	穗粒数	百粒重/g	空秆率/%	倒伏率/%
2015	中单 909 ZD909	CK	10 555.54a	6.19a	416.4a	37.93a	5.71c	17.75b
		S1	12 000.92a	6.28a	440.1a	37.46a	4.76c	28.33b
		S2	7 580.58b	5.57b	347.6b	35.86b	16.43b	27.58b
		S3	6 125.99b	4.54c	327.7b	38.00a	32.27a	53.49a
	沈玉 21 SY21	CK	9 600.90a	6.25a	356.6b	36.81a	6.38d	21.21c
		S1	9 808.40a	5.35b	511.9a	31.89b	16.32c	39.17b
		S2	6 212.19b	4.93b	356.7b	33.55b	28.02b	23.80b
		S3	4 105.88c	3.24c	373.7b	33.11b	50.34a	60.64a
2016	中单 909 ZD909	CK	16 168.04a	6.60a	692.6a	37.31a	7.94b	1.91a
		S1	12 815.86b	6.39a	607.0a	36.60ab	7.85b	7.85a
		S2	6 839.16c	5.65a	380.7b	29.12c	5.97b	11.32a
		S3	2 477.18d	2.64b	148.2c	34.00b	52.88a	7.08a
	沈玉 21 SY21	CK	14 962.47a	6.30a	716.0a	37.07a	1.82b	6.96b
		S1	9 035.87b	5.51a	481.7b	37.34ab	24.02a	28.10a
		S2	4 361.64c	4.26b	304.8c	30.48b	30.57a	3.60b
		S3	2 843.70c	3.19b	95.3d	35.67ab	38.53a	9.00ab

注：同列同一品种不同字母表示不同光照处理下差异显著($P<0.05$)。

著增加 44.93%；SY21 的 S1、S2 和 S3 分别使产量降低 39.61%、70.85%和 80.99%，公顷穗数降低 12.50%、32.35%和 49.26%，穗粒数降低 32.73%、57.44%和 86.69%，百粒重在 S2 和 S3 处理下分别降低 17.78%和 3.78%，而 S1 对其影响较小。SY21 的空秆率在 S1、S2 和 S3 处理下较 CK 分别增加 22.20%、28.75%和 36.71%。

遮阴对春玉米的穗部性状有显著影响，穗长、穗粗、行数和行粒数均显著降低，且影响大小同样表现为 S3＞S2＞S1，两年结果基本一致（表 5-73）。以 2016 年为例，S1、S2 和 S3 处理分别使 ZD909 的穗长降低 8.13%、24.59%和 31.89%，穗粗降低 4.02%、9.71%和 12.22%，行数降低 1.26%、3.77%和 21.59%，行粒数降低 8.52%、31.02%和 37.66%；使 SY21 的穗长分别降低 3.80%、39.13%和 51.36%，穗粗降低 3.94%、10.18%和 9.45%，行数降低 2.75%、5.98%和 16.32%，行粒数降低 5.52%、49.57%和 59.02%。

表 5-73　遮阴对春玉米穗部性状的影响

年份	品种	处理	穗长/cm	穗粗/mm	行数	行粒数
2015	中单 909 ZD909	CK	14.33a	52.00a	15.5b	26.9a
		S1	14.75a	51.91a	16.3a	27.1a
		S2	12.53b	49.40b	15.3b	22.8b
		S3	12.23b	49.73b	14.3c	23.0b
	沈玉 21 SY21	CK	14.28a	53.47a	17.0ab	21.0b
		S1	15.63a	52.04ab	17.2a	29.8a
		S2	11.83b	50.56bc	16.1b	22.2b
		S3	12.15b	49.82c	16.3ab	22.8b
2016	中单 909 ZD909	CK	20.29a	53.67a	15.9a	39.4a
		S1	18.64b	51.51b	15.7a	36.1a
		S2	15.30c	48.46c	15.3a	27.2b
		S3	13.82c	47.11c	12.5b	24.6b
	沈玉 21 SY21	CK	21.03a	54.63a	16.7a	38.1a
		S1	20.23a	52.48ab	16.3a	36.0a
		S2	12.80b	49.07bc	15.7a	19.2b
		S3	10.23b	49.47c	14.0b	15.6c

注：同列同一品种下不同字母表示不同光照处理下差异显著（$P<0.05$）。

②雌穗分化进程

雄穗开花期遮阴可影响雌穗分化进程（图 5-142）。2015 年遮阴 13 d（7 月 7 日）后，正常光照条件下的 ZD909 雌穗下部已进入小花分化阶段，而遮阴条件下的雌穗下部依然处于小穗分化阶段。而在遮阴 19 d（7 月 13 日）后，在正常光照条件下的 SY21 雌穗底部进入性器官发育形成期，柱头开始伸长，而遮阴条件下的雌穗底部仍处于小花分化期。2016 年遮阴 14 d（7 月 6 日）后，正常光照下的 ZD909 雌穗中下部处于小花分化期，甚至有些底部已处于性器官发育形成期，而遮阴条件下的雌穗中部仍处于小穗分化期。遮阴 19 d（7 月 11 日）后，正常光照条件下的 SY21 雌穗顶部处于小花分化期，而遮阴条件下的仍处于小穗分化期。2 个品种间，ZD909 的雌穗分化进程略快于 SY21，2016 年遮阴后 4 d（6 月 26 日）ZD909 雌穗已处于小穗分化期，小穗原基形成，而 SY21 尚处于生长锥伸长期。

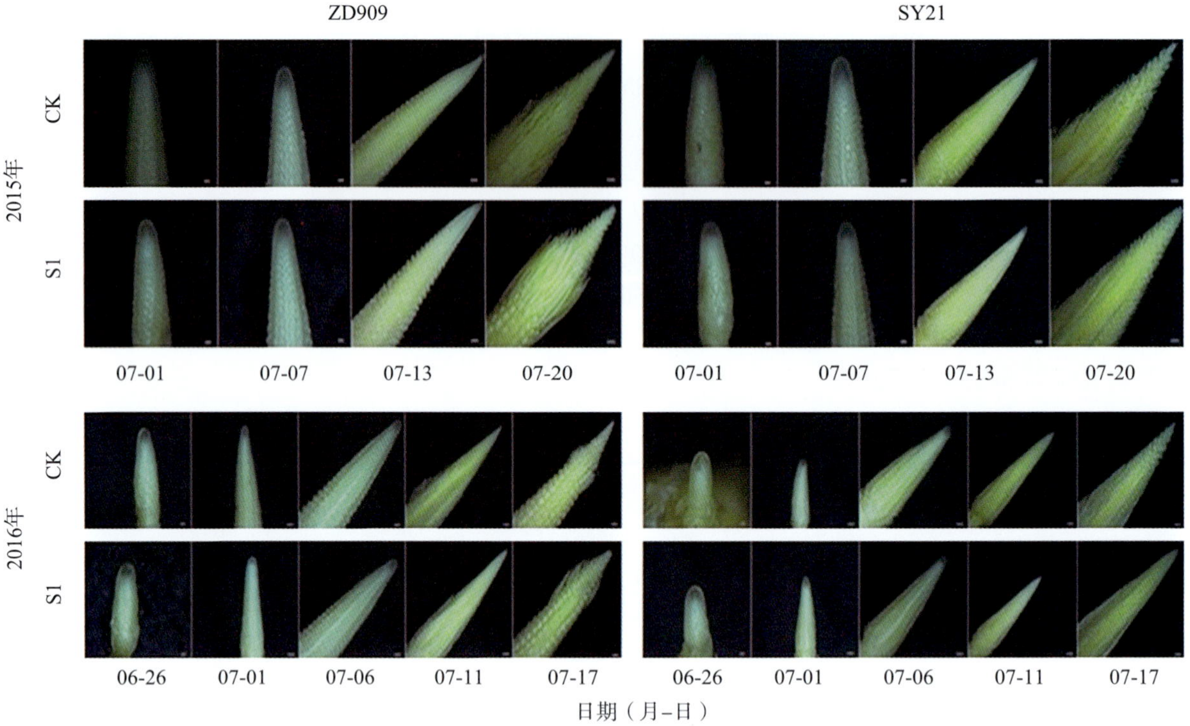

图 5-142　遮阴对春玉米雌穗分化进程的影响

注：ZD909，中单 909；SY21，沈玉 21。CK，自然光照处理；S1，拔节期到雄穗开花期遮阴处理。2015 年拔节期遮阴开始于 6 月 24 日，2016 年开始于 6 月 22 日。

③雌穗分化形态特征

遮阴对雌穗的穗长有显著影响(图 5-143)。遮阴处理的雌穗穗长显著小于自然光照处理，且随时间推移差异不断增大，当雌穗长度稳定后而不再变化，穗长处理间表现为 CK＞S1＞S2＞S3。2015 年在播种后 145 d，ZD909 的 S2 和 S3 雌穗穗长分别比 CK 减少 9.35％和 19.59％；SY21 的 S2 和 S3 分别比 CK 减少 21.18％和 34.16％。但 2015 年的自然光照处理(CK)和拔节期到开花期遮阴处理(S1)的雌穗长度无显著差异，这可能和 2015 年前期高温干旱气候条件有关。2016 年在播种后 141 d，ZD909 的 S1、S2 和 S3 的雌穗穗长分别比 CK 减少 15.10％、38.11％和 50.46％；SY21 的 S1、S2 和 S3 分别比 CK 减少 27.58％、35.73％和 57.41％。2 个品种间表现为 SY21 受遮阴影响更显著。

④雄穗分化形态特征

不同时期遮阴对雄穗长度影响存在差异，表现为雄穗开花前遮阴对雄穗长度影响较大而开花后遮阴对其影响较小甚至无影响(5-144)。2015 年 ZD909 的 S1、S2 和 S3 分别比 CK 的雄穗长度降低 9.97％、6.03％和 6.93％，SY21 的 S1、S2 和 S3 分别比 CK 的雄穗长度降低 10.51％、3.60％和6.20％；2016 年 ZD909 的 S1 和 S3 分别比 CK 雄穗长度降低 14.73％和 12.81％，而 SY21 的 S1 和 S3 分别比 CK 的雄穗长度降低 15.64％和 9.27％。遮阴对雄穗长的影响总体表现为拔节期到开花期遮阴(S1)和拔节期到成熟期遮阴(S3)显著降低雄穗穗长，但两者之间无显著性差异，开花后遮阴(S2)对雄穗穗长影响较小。此外，雄穗分枝数在不同遮阴处理间没有显著性差异，分枝数均在 14 个左右(图 5-145)。

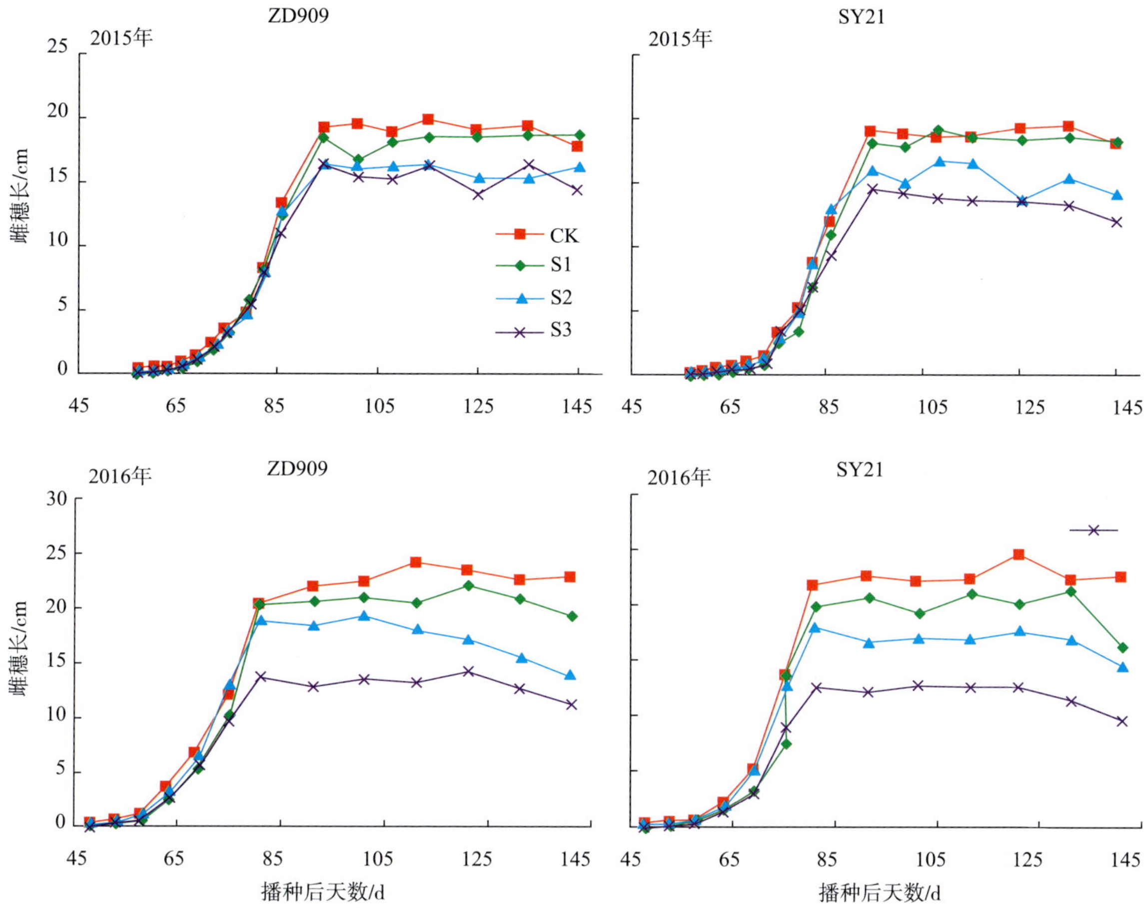

图 5-143　遮阴对春玉米雌穗长度的影响

注:CK,自然光照处理;S1,拔节期到雄穗开花期遮阴处理;S2,雄穗开花期到成熟期遮阴处理;S3,拔节期到成熟期遮阴处理。2015 年拔节期和雄穗开花期遮阴分别开始于播种后 53 d 和 82 d,2016 年分别开始于播种后 44 d 和 73 d。

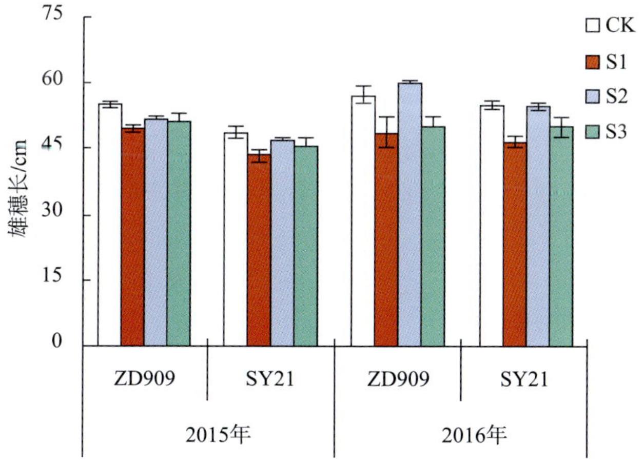

图 5-144　遮阴对春玉米雄穗长度的影响

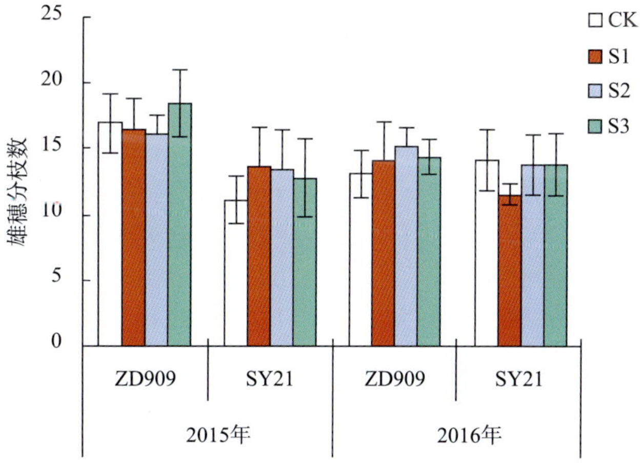

图 5-145　遮阴对春玉米雄穗分枝数的影响

(3)讨论与结论

株高、穗位高和茎粗等是表征植株形态特征的重要农艺性状,合理的植株形态对调节群体冠层分布及抗倒伏具有重要意义。对于遮阴对株高和穗位高的影响,这与前人研究结果有所不同。有部分研究认为，早期遮阴会降低植株高度，遮阴开始时间越晚，影响越小(张吉旺等，2006)。也有研究认为，遮阴增加了玉米的株高和穗位高(王洋等，2008)。而本实验研究表明，开花前遮阴倾向于增加玉米的株高和穗位高，影响幅度在品种和年际间存在差异，而开花后遮阴对株高和穗位高没有显著影响。叶面积表征玉米的光合能力，一定程度上决定了光合产物的多少和产量的高低。本研究表明，不同遮阴处理均显著降低了开花后玉米的叶面积，玉米光合生产能力降低。

干物质积累是产量形成的基础，提高生物学产量并尽可能增加干物质在经济器官中的分配比例是增加产量的基本途径。前人研究表明，遮阴延缓玉米生长，降低干物质积累(张吉旺等，2006)。崔海岩等(2013)认为遮阴影响花前花后的物质分配比例。本试验结果表明，不同时期遮阴均显著降低干物质积累量，且各个处理对干物质积累量的影响总体表现为 S3＞S2＞S1，花后遮阴对干物质积累的影响大于花前遮阴。花前遮阴之后恢复光照(S1)会增加花后物质分配比例，但花后遮阴(S2)和持续遮阴(S3)均降低花后积累比例，且花后遮阴(S2)降低幅度更大。遮阴降低玉米的收获指数，且收获指数大小表现为 CK＞S1＞S2＞S3。

作为植株的重要器官，根系的生长状况对地上部生长以及产量形成均具有重要影响。王洋等(2008)研究表明遮阴降低根系的干物质积累量和分配率。史建国(2015)研究花粒期光照对夏玉米根系的影响表明，遮阴后根系的生长受阻，根系直径和根长密度均显著下降，根系吸收能力减弱。本试验研究表明，遮阴降低了各个层次的玉米根系干重和根系长度，且各个处理间根系干重受影响大小总体表现为 S3＞S2＞S1＞CK。但不同于史建国(2015)花粒期遮阴后植株根冠比降低的结果，本试验结果表明，花前遮阴显著降低根冠比，但花后遮阴对其没有显著影响。

关于遮阴对玉米产量的影响，国内外已做过不少研究。前人关于不同遮阴时期对玉米产量影响的研究均表明，花粒期遮阴对产量影响最大，其次为穗期遮阴而苗期遮阴影响最小，且遮阴程度越高对产量影响越大(王洋等，2008)。不同时期遮阴导致减产的原因存在一定差异，穗期遮阴主要影响穗粒数，而花粒期遮阴导致的粒重减少是产量降低的主要原因，遮阴时期对玉米产量的影响显著地大于遮阴程度(张吉旺等，2006)。本试验研究结果表明，遮阴显著影响玉米产量及其相关性状，表现为降低公顷穗数、穗粒数和百粒重，且穗粒数的降低幅度大于百粒重，而 S2 处理百粒重受遮阴影响最大。同时遮阴导致空秆率和倒伏率显著增加，穗长、穗粗、行数和行粒数均显著降低，处理间对产量的影响总体表现为 S3＞S2＞S1＞CK。

关于遮阴对玉米雌雄穗分化和发育的影响前人做过一些相关研究。研究发现遮阴推迟了雌雄花的生长发育，盛花期延迟，花期和雌雄间隔期延长。且遮阴显著降低雌穗穗长和穗粗，遮阴使抽雄吐丝日期推迟，导致雌雄穗花期不协调进而影响雌穗正常的授粉受精，造成结实性下降甚至出现空秆。不同品种对遮阴的响应存在差异。本试验研究表明，遮阴对东北春玉米穗分化的影响和夏玉米一致。开花前遮阴推迟雌穗的分化进程。遮阴显著降低了雌穗的穗长和穗粗，且表现为开花后遮阴对其影响更大，开花前和开花后遮阴对其的影响具有叠加效应。不同时期遮阴对雄穗长度的影响存在差异，拔节到开花期遮阴可显著降低雄穗的长度，但开花后遮阴对其无显著影响。不同于张吉旺等(2006)认为遮阴降低雄穗分枝数，本研究结果表明遮阴对雄穗分枝数没有显著影响。2 个品种间，ZD909 较 SY21 穗分化进程、雌穗形态特征受遮阴影响更小，表明前者具有更强的耐阴性。

遮阴对玉米形态指标具有显著影响。雄穗开花前遮阴增加玉米株高和穗位高，降低茎粗，但花后遮阴对其影响较小。遮阴主要降低花后的叶面积，导致光合生产能力降低。同时遮阴显著降低干物质积累，影响花后干物质积累比例并显著降低玉米收获指数。遮阴限制根系的生长，导致根系干重降低、根长下降。前期遮阴使根冠比显著下降，但花后遮阴对根冠比没有显著影响。遮阴导致春玉米产量显著降低，穗数、穗粒数和百粒重均显著下降，空秆率和倒伏率显著增加，除穗期遮阴(S2)的百粒重受影响最大外，处理间对产量及其性状的影响总体表现为 S3＞S2＞S1＞CK。

3. 东北春玉米品种演变对产量与氮肥利用效率的影响

(1)试验设计

为明确东北春玉米品种演变对产量与氮肥利用效率的影响,本研究主要选取 3 个试验点(黑龙江省双城市幸福乡永支村、吉林省柳河县五道沟镇大青沟村、辽宁省台安县台北区王家村)同时进行。试验以东北三省 1970 年以来各个年代大面积推广应用的代表性玉米单交种为试验材料,见表 5-74。试验采取裂-裂区设计,3 次重复,2009 年设置 3 个密度处理(30 000、52 500、75 000 株/hm^2)和 3 个氮肥处理(0、150、300 kg N/hm^2),2010 年根据 2009 年试验结果,增加 1 个密度(97 500 株/hm^2)和 1 个氮处理(450 kg N/hm^2)。试验以密度为主区,氮肥处理为裂区,品种为再裂区。每个小区 5 行,行长 4 m,小区面积 13 m^2。

表 5-74　供试材料信息

试验地点	杂交种	父母本	育成单位	审定年份	主推年代
黑龙江省	龙单 1	甸 11×Bup 44	黑龙江省农业科学院	1978	70
	嫩单 3	甸 11×早大黄	黑龙江省农业科学院	1975	70
	嫩单 4	甸 11×7010	黑龙江省农业科学院	1982	80
	龙单 5	甸骨 11A×红玉米	黑龙江省农业科学院	1984	80
	东农 428	东 46×东 237	东北农业大学	1987	90
	四单 19	444×Mo17	吉林省四平农业科学院	1992	90
	兴垦 3	167-1×改良 Mo17	兴安盟农垦种业有限公司	2002	00
	吉单 27	四 287×四 144	吉林省四平农业科学院	2002	00
吉林省	丹玉 6	旅 28×自 330	辽宁省丹东农业科学院	1979	70
	四单 10	系 14×吉 63	吉林省四平农业科学院	1980	70
	丹玉 13	$MO17^{Ht}$×E28	辽宁省丹东农业科学院	1985	80
	铁单 4	吉 63×自 330	辽宁省铁岭市农业科学院	1981	80
	吉单 180	吉 853×Mo17	吉林省农业科学院	1995	90
	四单 19	444×Mo17	吉林省四平农业科学院	1992	90
	吉单 261	W9706×吉 853	吉林吉农高新技术发展股份有限公司	2004	00
	先玉 335	PH6WC×PH4CV	美国先锋公司	2005	00
辽宁省	丹玉 6	旅 28×自 330	辽宁省丹东农业科学院	1979	70
	丹玉 9	334-1×旅 28	辽宁省丹东农业科学院	1975	70
	丹玉 13	$MO17^{Ht}$×E28	辽宁省丹东农业科学院	1985	80
	沈丹 7	5003×E28	辽宁省沈阳农业科学院	1988	80
	铁单 10	C8605×丹 340	辽宁省铁岭市农业科学院	1994	90
	掖单 13	掖 478×丹 340	山东省莱州农业科学院	1994	90
	丹玉 39	C8605-2×丹 598	辽宁省丹东农业科学院	2001	00
	郑单 958	郑 58×昌 7-2	河南农业科学院	2005	00

(2)结果与分析

两年试验结果表明,不同年代品种株高、穗位、穗位高与株高比值、单株叶面积、棒三叶面积和棒三叶面积所占比例的差异均达到极显著水平。节间长度的差异在两年试验中表现不同,2009 年第一节间长度差异不显著,2010 年第一节间长度差异达显著水平,第二节间长度差异达极显著水平。以上结果说明,东北春玉米品种演替过程中植株形态发生显著变化(表 5-75)。

表 5-75　不同年代玉米品种植株形态性状方差分析结果

年度	自由度	株高	穗位	穗位高/株高	单株叶面积	棒三叶面积	棒三叶面积/单株叶面积	第一节间长	第二节间长
2009	3	**	**	**	**	**	**	ns	—
2010	3	**	**	**	**	**	**	*	**

注：* 和 ** 分别表示在 $P=0.05$ 和 $P=0.01$ 水平达到显著，ns 表示在 $P=0.05$ 水平未达显著。

两年试验结果表明，不同年代品种主要形态性状存在显著差异(表 5-76)。2009 年试验结果中株高和穗位低于 2010 年的试验结果，2009 年的叶面积大于 2010 年。综合两年试验结果，20 世纪 90 年代和 21 世纪初品种的株高、穗位，以及穗位与株高的比值均显著高于 80 年代以前的品种。不同年代间株高与穗位的增长幅度不同，20 世纪 80 年代品种较 70 年代品种株高和穗位分别增加 1.99%和 4.25%，90 年代品种较 80 年代品种株高和穗位分别增加 8.25%和 11.9%，21 世纪初品种较 20 世纪 90 年代品种株高降低 0.95%，而穗位增加 1.2%。以上结果说明，在 1970—2000 年期间，90 年代品种株高、穗位增幅最大，进入 2000 年以后，株高基本没有变化，穗位略有上升。东北春玉米品种改良 40 年间，株高和穗位分别提高 9.37%和 18.05%，分别以 5.5 cm/10 年和 4.5 cm/10 年的速度上升。穗位与株高的比值随年代推进有上升的趋势，说明玉米植株重心有上移趋势。单株叶面积与棒三叶面积随年代推进呈显著递增趋势。20 世纪 80 年代以后品种的叶面积显著大于 70 年代品种，80 年代品种较 70 年代品种单株叶面积和棒三叶面积分别增加 13.94%和 9.85%，90 年代品种较 80 年代品种分别下降 1.66%和 2.24%，21 世纪初品种较 20 世纪 90 年代品种分别增加 6.25%和 1.48%。与 70 年代的老品种相比，21 世纪初品种的单株叶面积与棒三叶面积分别增加 19.13%和 8.86%，上升速率分别为 307 cm^2/10 年和 47 cm^2/10 年。该结果说明，现代品种比过去老品种更繁茂，但棒三叶面积在单株叶面积中所占的比重呈下降趋势。植株基部节间长度与抗倒伏性能相关，本研究结果表明，不同年代品种植株第一节间长与第二节间长演变趋势不同，20 世纪 80 年代品种较 70 年代品种第一节间长下降 0.55%，第二节间长增加 1.14%；90 年代品种较 80 年代品种第一节间长和第二节间长分别增加 3.96%和 6.23%；21 世纪初品种较 20 世纪 90 年代品种第一节间长和第二节间长分别下降 3.95%和 4.16%。以上结果说明，21 世纪初以后选育的玉米品种比过去品种具有更大的营养个体，光合绿叶面积增加，有利于生产更多的光合产物，植株个体重心有上移趋势，有可能增加倒伏风险，但植株基部节间长度有缩短趋势，该性状有利于抗倒伏。

表 5-76　不同年代玉米品种植株形态性状

年度	年代	株高/cm	穗位/cm	穗位高/株高	单株叶面积/cm^2	棒三叶面积/cm^2	棒三叶面积/单株叶面积	第一节间长/cm	第二节间长/cm
2009	70	226C	92C	0.41B	6 400C	2 167C	0.37A	7.06A	—
	80	235B	99B	0.42B	7 944B	2 496A	0.33B	6.84A	—
	90	262A	113A	0.43A	7 836B	2 464AB	0.33B	6.99A	—
	00	257A	113A	0.44A	8 367A	2 429B	0.30C	6.52A	—
2010	70	259B	113C	0.44C	6 533C	2 010B	0.32A	5.48B	11.42B
	80	259B	114C	0.44C	6 778B	2 101A	0.32A	5.59AB	11.55B
	90	272A	125B	0.46B	6 645BC	2 034B	0.32A	5.91A	12.27A
	00	272A	128A	0.47A	7 025A	2 123A	0.30B	5.84AB	11.76AB

注：同一列中大写字母表示在 $P=0.01$ 水平达到显著。

两年试验结果表明，不同年代品种群体籽粒产量、群体生物产量、单株籽粒产量、单株生物产量、千粒重和出籽率的差异均达到极显著水平。穗粒数的差异在两年试验中表现不同，2009 年穗粒数差异达极显著水平，2010 年穗粒数差异不显著。各年代品种收获指数未发生显著变化(表 5-77)。

表 5-77　不同年代玉米品种产量性状方差分析结果

年度	自由度	群体籽粒产量	群体生物产量	单株籽粒产量	单株生物产量	穗粒数	千粒重	出籽率	收获指数
2009	3	**	**	**	**	**	**	**	ns
2010	3	**	**	**	**	ns	**	**	ns

注：* 和 ** 分别表示在 $P=0.05$ 和 $P=0.01$ 水平达到显著，ns 表示在 $P=0.05$ 水平未达显著。

随着年代推进品种更替，东北春玉米品种的群体和个体的生物产量与籽粒产量均呈显著递增趋势。20 世纪 80 年代品种群体生物量和群体籽粒产量分别较 70 年代品种提高 21.09%和 19.66%，90 年代品种较 80 年代品种分别提高 9.36%和 15.26%，21 世纪初品种较 20 世纪 90 年代品种分别提高了 9.07%和 5.06%，1970—2000 年期间，东北春玉米品种群体生物产量和群体籽粒产量分别以 2 168.5 kg/(hm^2 · 10 年)和 936 kg/(hm^2 · 10 年)的速度递增。20 世纪 80 年代品种单株生物产量和单株籽粒产量较 70 年代品种分别提高 20.44%和 21.19%，90 年代品种较 80 年代品种分别提高 11.33%和11.90%，21 世纪初品种较 20 世纪 90 年代品种分别提高 11.26%和 4.44%，1970—2000 年期间，东北春玉米品种单株生物产量和单株籽粒产量分别以 43.95 g/(株 · 10 年)和 17.86 g/(株 · 10 年)的速度递增(图 5-146)。

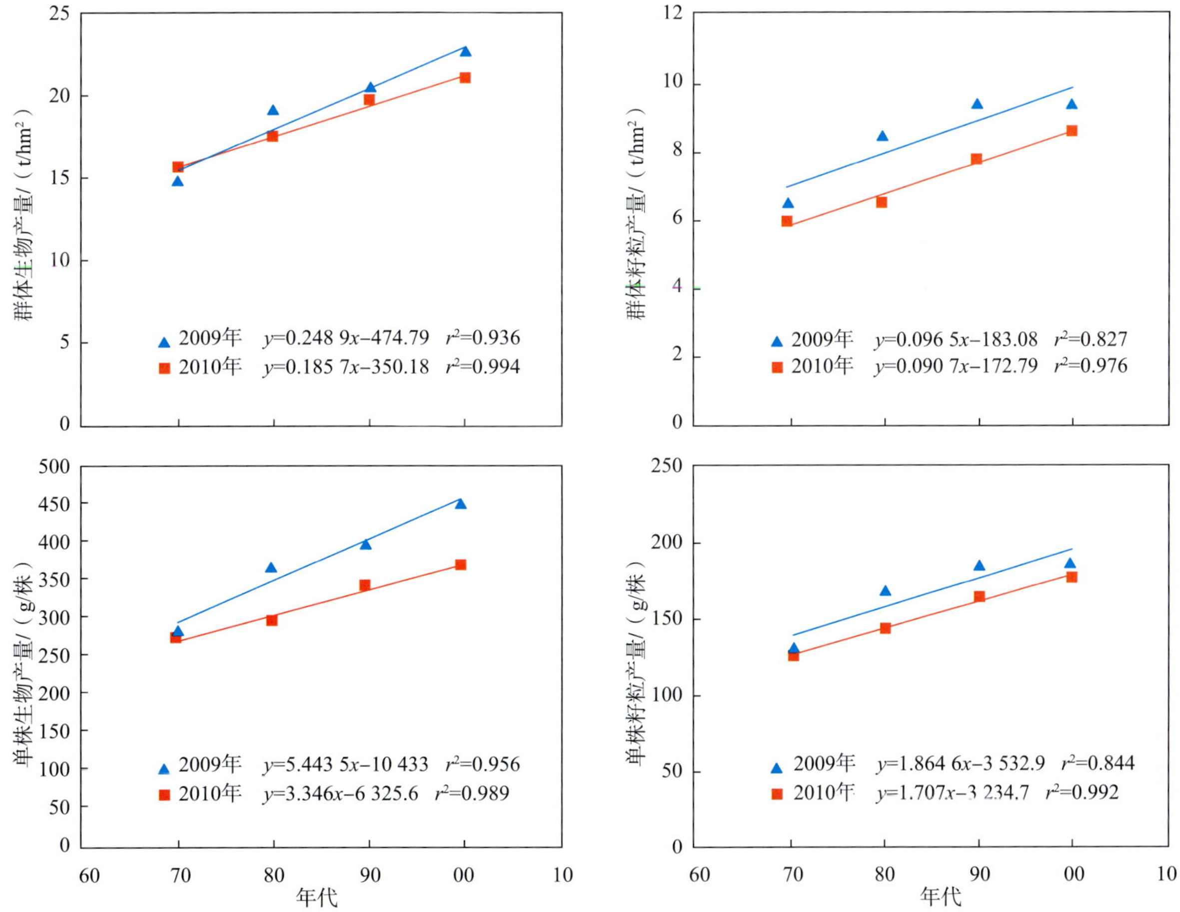

图 5-146　不同年代玉米品种生物产量与籽粒产量的年代演变趋势

不同年代群体籽粒产量和单株籽粒产量增幅差异表明(图 5-146),20 世纪 80 年代品种较 70 年代品种单株籽粒产量增幅(21.19%)大于群体籽粒产量增幅(19.66%),说明 80 年代品种改良更注重单株生产潜力改进。90 年代品种群体生产力和单株生产力较 80 年代品种的增幅分别为 15.26% 和 11.90%,说明进入 90 年代以后,东北春玉米育种充分重视了依靠群体增产的育种理念,育种者注重了群体生产力的改进。21 世纪初品种群体生产力和单株生产力较 90 年代品种增幅分别为 5.06% 和 4.44%,群体产量增幅与单株产量增幅相当,单株产量和群体产量同步提高。

两年试验结果显示,不同年代品种千粒重随年代推进呈显著增加趋势,不同年代间品种收获指数差异不显著(表 5-78)。千粒重的递增趋势在不同年代间存在差异,20 世纪 80 年代品种较 70 年代品种千粒重增加 11.35%,90 年代品种较 80 年代品种增加 11.18%,21 世纪初品种较 20 世纪 90 年代品种增加 4.19%;1970—2000 年期间,东北春玉米品种千粒重平均以 19.55 g/10 年的速度递增。两年试验结果穗粒数和出籽率的变化趋势不同,2009 年试验中穗粒数随年代推进呈显著上升趋势,2010 年各年代品种穗粒数差异不显著。出籽率的变化年代间没有规律性。以上结果说明,穗粒数增加和千粒重提高是玉米单株产量提高的主要原因。

表 5-78 不同年代玉米品种产量性状(2009 年和 2010 年)

年度	年代	穗粒数	千粒重	出籽率	收获指数
2009	70	542D	250.71D	83.67A	49.77A
	80	593C	291.11C	80.56B	50.76A
	90	618B	322.25B	83.07A	50.66A
	00	632A	335.05A	79.22C	49.06A
2010	70	518A	296.93D	84.96A	44.87A
	80	525A	316.51C	83.37B	43.74A
	90	515A	353.41B	83.98B	45.01A
	00	527A	368.97A	84.86A	45.12A

注:同一列中大写字母表示在 $P=0.01$ 水平达到显著。

2009 年试验结果中不同年代品种氮肥偏生产力差异达极显著水平,氮肥农学效率差异不显著。2010 年试验结果显示,不同年代品种氮肥偏生产力、氮肥农学效率、氮肥吸收利用率和氮肥生理利用率差异均达到极显著水平(表 5-79)。花期茎 N 含量与成熟期茎、叶、籽粒各器官 N 含量,以及氮收获指数的差异均达到极显著水平。说明不同年代品种对氮的吸收利用能力存在显著差异。

表 5-79 不同年代玉米品种氮肥效率方差分析结果

年度	自由度	PFP	NAE	NRE	NPE	花期茎 N 含量	花期叶 N 含量	成熟期茎 N 含量	成熟期叶 N 含量	籽粒 N 含量	氮收获指数
2009	3	**	ns	—		—	—	—	—	—	—
2010	3	**	*	**	*	**	ns	**	**	**	**

注:* 和 ** 分别表示在 $P=0.05$ 和 $P=0.01$ 水平达到显著,ns 表示在 $P=0.05$ 水平未达显著。PFP,氮肥偏生产力;NAE,氮肥农学效率;NRE,氮肥吸收利用率;NPE,氮肥生理利用率。

1970—2000 年氮肥偏生产力呈极显著递增趋势(图 5-147),平均以 3.28 kg/(kg·10 年)的速度递增。但不同年代间增长幅度存在差异。20 世纪 80 年代较 70 年代提高 20.39%,90 年代较 80 年代提高 15.95%,21 世纪初较 20 世纪 90 年代提高 3.94%,可见,品种改良过程中氮肥偏生产力在 80 年代和 90 年代得到了显著提升。

各年代间氮肥农学效率也存在极显著差异(图 5-147),其中 20 世纪 90 年代品种氮肥农学效率最

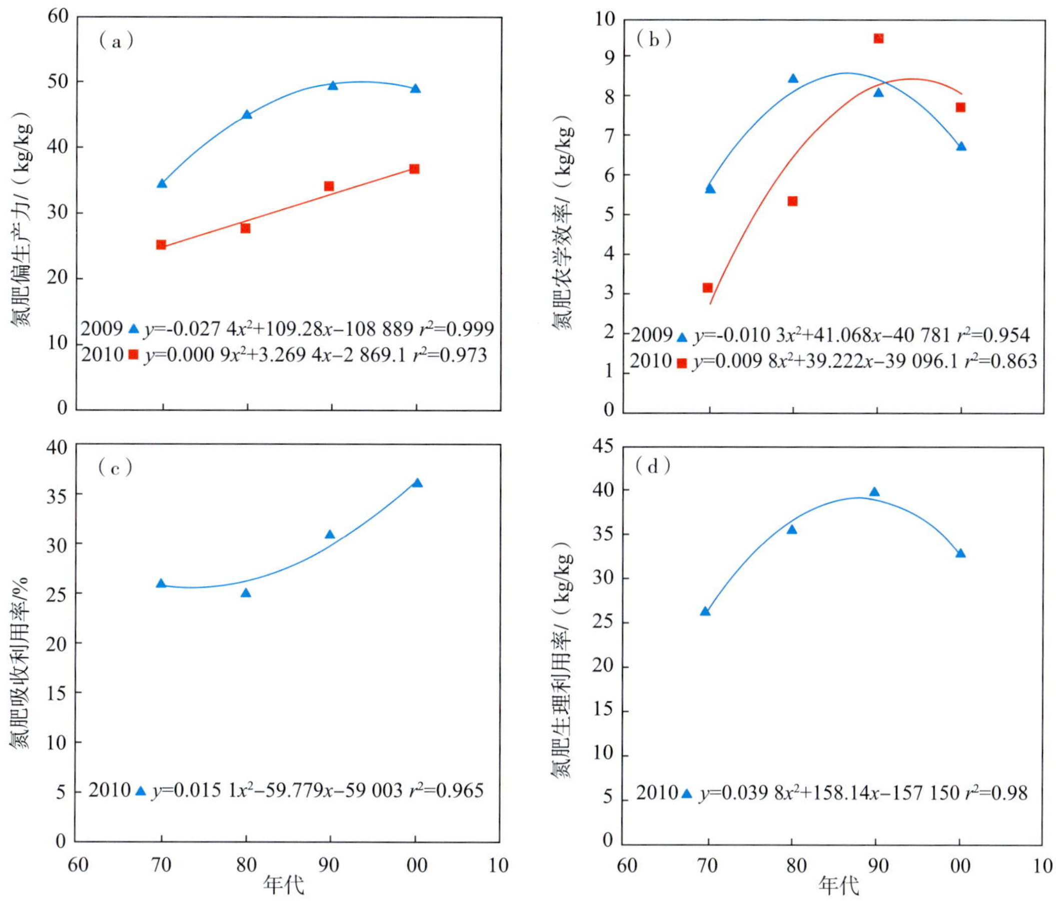

图 5-147　不同年代玉米品种氮肥效率的年代演变趋势

高，平均达 8.78 kg/kg，分别比 70 年代、80 年代和 21 世纪初提高 99%、28%和 22%，说明 90 年代品种施肥增产效果最明显，80 年代和 21 世纪初品种次之；80 年代和 21 世纪初品种氮肥农学效率虽没有显著差异，但二者在不同施氮水平下的产量存在显著的差异，21 世纪初品种较其他年代品种耐瘠薄，在不施氮的情况下也有较好的产量，增施氮肥增产效果不明显，属于耐低氮高效类型，80 年代品种则属于喜高氮高效型，1970—2000 年期间，东北春玉米品种农学效率平均增幅为 0.70 kg/(kg · 10 年)。

随年代推进，尤其是 90 年代以后，氮肥吸收利用率呈显著递增趋势(图 5-147)，21 世纪初品种氮肥吸收利用率最高，达 36.18%，1970—2000 年期间，氮肥吸收利用率以每 10 年 2.5 个百分点的速度递增。

各年代间氮肥生理利用率存在极显著差异(图 5-147)，其中 90 年代品种氮肥生理利用率最高，达 39.76 kg/kg，分别比 70 年代、80 年代和 21 世纪初品种提高 50%、11.81%和 20.78%。以上结果说明，黑龙江省玉米品种更替过程中，产量与氮肥效率得到了显著提高。

表 5-80 显示，玉米苗期氮素含量随年代推进呈显著递增趋势，说明现代品种具有较强的氮素吸收能力。花期各器官氮素含量年代间有显著差异，花期茎氮含量表现为随年代推进呈显著递减趋势，而花期叶氮含量年代间变化不明显。不同年代品种籽粒氮含量随品种更替表现为明显的下降趋势，1970—2000 年平均每 10 年下降 0.05 个百分点；成熟期茎氮含量随年代推进呈下降趋势，其中 70 年代和 80 年代品种茎氮含量最高，显著高于 21 世纪初品种；成熟期叶片氮含量随年代推进呈显著递增趋势，1970—2000 年平均每 10 年提高 0.04 个百分点；氮收获指数随年代推进呈显著下降趋势，1970—2000 年平均每 10 年下降 0.91 个百分点。

表 5-80 不同年代玉米品种不同器官氮素含量

年代	苗期氮含量/%	花期茎氮含量/%	花期叶氮含量/%	成熟期籽粒氮含量/%	成熟期茎氮含量 N/%	成熟期叶氮含量 N/%	氮收获指数/%
70	2.85b	1.17A	2.43A	1.60A	0.68AB	1.41C	64.02A
80	2.78c	1.18A	2.50A	1.55B	0.73A	1.46BC	60.88C
90	2.88b	1.01B	2.53A	1.40C	0.65BC	1.48B	62.04B
00	2.90a	1.04B	2.47A	1.39C	0.61C	1.55A	60.38C

注:同一列中大写字母表示在 $P=0.01$ 水平达到显著;同一列中小写字母表示在 $P=0.05$ 水平达到显著。

(3)讨论与结论

玉米品种演进过程中,植株的形态性状发生了较大的变化。美国玉米品种随着年代的推进,株高没有明显变化,但穗位高有降低趋势,下降速度为 3 cm/10 年,穗位的变化比株高的变化更为明显。本研究结果表明,东北春玉米品种更替过程中,1970—1990 年期间,玉米品种株高、穗位呈上升趋势,进入 2000 年以后,株高基本没有变化,但穗位略有上升,东北春玉米品种改良 40 年间,株高和穗位分别提高 9.37%和 18.05%,分别以 5.5 cm/10 年和 4.5 cm/10 年的速度上升。可见,东北春玉米品种的形态演变特征不同于国外品种,也不同于国内其他地区品种。关于叶面积的变化,加拿大的研究结果表明,近代品种叶面积指数大于老品种(Ressell, 1984),而美国研究结果表明,不同年代品种叶面积指数没有明显变化(Duvick et al., 2004)。本研究中结果表明,东北春玉米品种单株叶面积随年代推进呈现增加趋势,由此可见,由于各国学者所用试验材料不同,其研究结果也各异,因而对品种演进过程中叶面积指数的变化尚无一致结论。

关于不同年代玉米品种产量的演变特征,国内外开展了大量的研究,阿根廷 1979—1998 年间玉米产量增益 107 kg/(hm^2·年),巴西 1963—1993 年间玉米产量增益 123 kg/hm^2,美国 1930—2001 年间玉米产量增益 77 kg/(hm^2·年),我国 1970—2000 年间玉米产量增益 84～124 kg/(hm^2·年)。上述研究得出基本一致的结论,即随着年代推进与品种更替,玉米产量逐年增加。本研究结果表明,东北春玉米 1970—2000 年玉米产量提高 44%,平均增益 93.6 kg/(hm^2·年),对比国外产量增益,东北三省玉米品种改良的增产潜力巨大。国外诸多研究结果还表明,现代品种与老品种相比单株生产力没有明显差异,而本研究结果不同。东北三省品种更替过程中,单位面积产量大幅度提高的同时,单株生产力也明显提高,与 20 世纪 70 年代相比,现代品种单株产量提高了 41%,平均增益 17.86/(g·10 年)。可见,东北春玉米品种单株产量演变特征与国外明显不同,这可能与东北三省玉米育种策略相关。东北三省育种过程中充分注重提高单株生产潜力,以选育稀植大穗型品种为主导方向,而国外育种者更注重品种对逆境的适应以及对资源投入的积极响应,倾向密植型。

氮素作为作物生长和产量形成的重要营养元素,在农业生产中施用量快速递增,而氮肥利用效率却呈现下降趋势。本研究结果表明,东北春玉米品种演替过程中,氮肥效率明显提高,21 世纪初氮肥偏生产力与吸收利用率明显高于其他年代品种,但氮肥农学利用率和氮肥生理利用率却是 21 世纪初品种最高。分析其中原因可发现,21 世纪初品种在低氮(0 kg/hm^2)水平下也有较强的氮素利用能力,说明现代品种更耐瘠薄。从现有国内外研究结果来看,有关不同年代品种对氮素的反应机制仍需要进一步研究。

在玉米品种演进过程中,抗逆性的提高是品种增产的一个重要因素。倒伏和空秆是逆境下出现的结果,因此,对倒伏抗性和空秆抗性的评价与外界环境有很大的关系,如果没有雨和风的综合作用,或是种植密度较低时,则倒伏抗性很难判断,因为在适宜环境下,抗倒与不抗倒的品种的不倒伏率都在 95% 以上。而空秆率既与品种基因型有关,也与外界环境有关,如氮素水平、种植密度、花期降雨情况等。因此,关于倒伏与空秆的研究需要人为设置一定的逆境。本研究中设置了不施肥与 97 500 株/hm^2密度的逆境压力，研究结果表明，1970—2000 年东北春玉米抗倒伏能力显著提升，空秆率明显下降。与 Duvick 等(2004)研究结果一致，美国近代品种比过去的老品种对根倒有更好的抗性。但也有研究表明，某些年代品种抗倒伏性并未表现出随年代推进而增强。如美国 20 世纪 30 年代至 70 年代，玉米抗倒伏性提高，而到了 80 年代，与过去相比，抗倒伏性则没有明显改进，而且，有研究显示，不倒伏率达到 95%时，似乎不再提高(Duvick et al, 2004)。因此，从整体趋势来看，抗倒伏性不断得到改善，但这种进步是渐停渐进的。

5.4.4 养分管理对东北春玉米高产高效的调控效应

1. 长期养分管理方式对春玉米产量的影响

(1)试验设计

本研究借助国家黑土肥力与肥料效益监测基地，于吉林省公主岭市吉林省农业科学院试验地内(东经 124°48′33.9″，北纬 43°30′23″)进行，黑土肥力与肥效长期试验始于 1990 年，选择其中 9 个处理进行试验研究，包括：CK、N、NP、NK、PK、NPK、M_1NPK、SNPK 和 M_2NPK，具体施肥管理见表 5-81。试验不设重复，小区面积 400 m^2，为了减少无重复的缺陷，在每个小区选取 3 个有代表性的点进行调查和采样，区间由 2 m 宽过道相连，供试作物为玉米和大豆，种植玉米品种：1990—1993 年为丹育 13，1994—1996 年为吉单 222，1997—2005 年为吉单 209，2006—2014 年为郑单 958，于 4 月末播种，9 月末收获，按常规进行统一田间管理。

表 5-81 不同处理的施肥量 kg/hm^2

处理	氮肥 N		磷肥 P_2O_5	钾肥 K_2O
	化肥 N	有机肥 N		
CK	0	0	0	0
N	165	0	0	0
NP	165	0	82.5	0
NK	165	0	0	82.5
PK	0	0	82.5	82.5
NPK	165	0	82.5	82.5
M_1NPK	50	115	82.5	82.5
SNPK	112	53	82.5	82.5
M_2NPK	165	150	82.5	82.5

注：M_1 和 M_2 为有机肥(猪粪)，S 为玉米秸秆。

(2)结果与分析

①玉米产量变化

由于玉米产量的波动掩盖了施肥的长期效应，根据滑动平均法计算 3 年的平均产量(Drury et al.，1995)。如图 5-148 中 1991 年的产量是 1990—1992 年玉米的平均产量，1992 年的产量是 1991—1993 年的平均产量，依此类推。从图 5-148 可以看出，CK、PK、N 和 NK 玉米产量呈缓慢下降趋势，NP 和 NPK 处理呈缓慢上升趋势。CK 和 PK 处理玉米产量最低，两个处理间产量没有差异，PK 处理平均产量(1990—2014 年)为 3 852 kg/hm^2，表明氮肥对玉米产量有着重要影响。在施化肥处理中，NPK 处理玉米产量最高，平均产量(1990—2014 年)达到 9 300 kg/hm^2，NP 与 NPK 处理之间差异不显著，说明施钾对玉米增产效果不明显。各处理平均产量(1990—2014 年)大小顺序为 NPK＞NP＞NK＞N＞PK、CK。

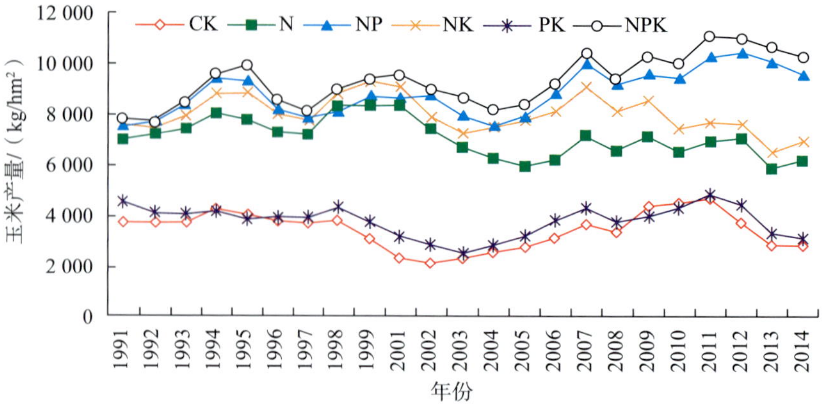

图 5-148 长期不施肥和施化肥玉米产量的变化趋势

从图 5-149 中可以看出，经过 25 年的培肥，M_2NPK 处理的玉米产量最高，玉米平均产量(1990—2014 年)为 10 206 kg/ hm^2；等氮量施肥处理 M_1NPK、SNPK 和 NPK 的玉米平均产量差异不显著，总体是前 11 年(1990—2000 年)NPK 玉米产量高于 SNPK 和 M_1NPK 处理，后 14 年(2001—2014 年)SNPK 和 M_1NPK 处理玉米产量高于 NPK。用 23 年的平均产量计算农学效率，M_2NPK 与 NPK 处理比较，1 kg 有机氮肥(粪肥)的农学效率为 6.04 kg。总体上，施用有机肥和秸秆还田具有长期的养分累积效应，对培肥土壤和农业可持续发展具有重要意义。

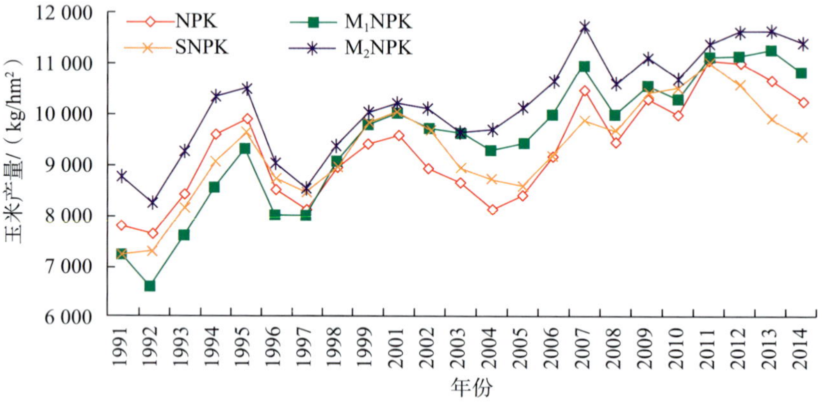

图 5-149 长期有机无机肥配施玉米产量的变化趋势

②玉米产量的可持续性与稳定性

国内外的研究表明，产量可持续性指数(SYI)是评价不同养分管理系统可持续性的一个重要指标。为了避免由于种植不同玉米品种造成的误差或影响，本文按照玉米品种分成 2 个时间段来分析玉米产量的可持续性特征和变异系数，1997—2005 年种植品种为吉单 209，2006—2014 年种植品种为郑单 958，长期不同施肥下玉米 SYI 不同(表 5-82)，有机无机配施能显著提高玉米 SYI 值。不同施肥玉米 SYI 值大小顺序 1997—2005 年为 SNPK、M_2NPK＞M_1NPK＞NP、NPK＞NK＞N、PK＞CK；2006—2014 年为 M_1NPK＞SNPK、M_2NPK＞NPK、NP＞NK＞PK＞N＞CK。总体上，不同处理的 SYI 值可分为 3 类：CK、N、PK 和 NK 处理玉米 SYI 值低(0.317～0.586)，产量可持续性差；NP 和 NPK 处理的 SYI 值在 0.649～0.692 之间，可持续性居中；M_1NPK、SNPK 和 M_2NPK 处理的 SYI 值大于 0.692，产量可持续性好。上述结果表明，有机无机配施处理的 SYI 值高，作物产量可持续性好。

玉米生产稳定性以统计学上变异系数(coefficient of variation, CV)来表示，不同处理玉米生产稳定性的变异系数越低，表示作物产量生产的稳定性越高。由表 5-82 可知，不同施肥间玉米产量的 CV 有差别，CK、PK、N 或 NK 处理产量变异系数较大，1997—2005 年分别为 34.7%、23.5%、21.3%和

18.5%;2006—2014 年分别为 36.9%、25%、23%和 21.2%,而有机无机配施处理相对较小都在 11.1%~14.1%之间。单施 N 和 NK 配施的肥料年际间变化幅度均较大,但 NP 增产效果较明显,NPK 及 NPK 与有机肥配合施用增产效果更加稳定和显著。表明有机无机肥配施可明显减少作物产量的年际波动,具有较好的稳产性。

表 5-82　长期不同施肥下玉米产量的变异系数和可持续指数

处理	1997—2005 年			2006—2014 年		
	产量平均值/(kg/hm²)	变异系数/%	产量可持续指数	产量平均值/(kg/hm²)	变异系数/%	产量可持续指数
CK	2 796	34.7	0.462	3 273	36.9	0.317
N	7 279	21.3	0.548	6 852	23.0	0.514
NP	8 157	13.7	0.685	9 057	15.8	0.692
NK	8 128	18.5	0.586	7 885	21.2	0.556
PK	3 485	23.5	0.537	3 722	25.0	0.533
NPK	8 655	16.5	0.649	9 547	17.1	0.671
M_1NPK	9 313	13.0	0.712	10 102	13.6	0.742
SNPK	9 074	11.1	0.767	9 599	12.0	0.705
M_2NPK	9 579	11.7	0.759	10 526	14.1	0.694

③株高

株高是体现玉米生长情况的一个重要指标。由图 5-150 可知,从拔节期至灌浆期各处理的株高逐渐升高,拔节期和大喇叭口期 5 个处理的株高差异显著,化肥(NPK)处理最高,长期不施肥(CK)处理最低;抽丝期,M_1NPK 和 NPK 处理较其他处理显著提高玉米植株高度;灌浆期 M_1NPK 显著高于其他处理,SNPK 和 NPK 两个处理株高差异不显著,但二处理显著高于 N 和 CK 处理。

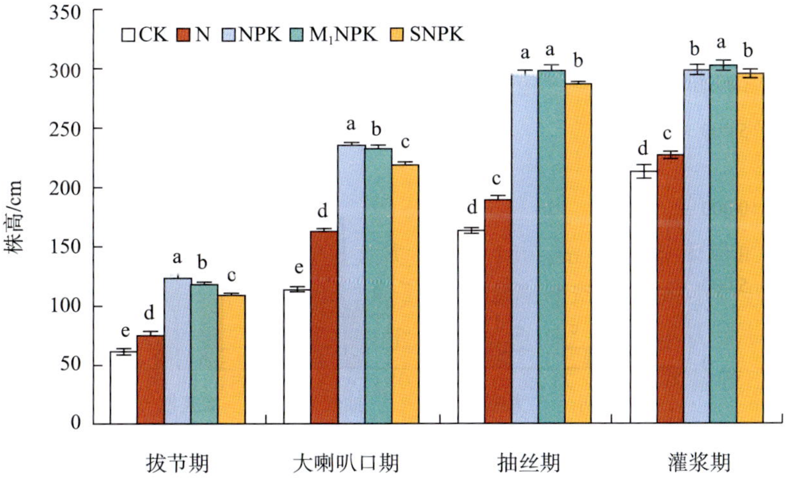

图 5-150　各生育期株高的动态变化

④叶面积指数

叶面积指数(LAI)是衡量作物群体结构优劣的重要指标,是决定群体吸收光能及对光能利用效率的重要影响因素。本研究结果表明,各处理 LAI 随生育期的进程总体变化趋势基本一致(图 5-151),在拔节期和大喇叭口期,5 个处理的 LAI 差异显著,化肥(NPK)处理最高,不施肥(CK)处理最低。在玉

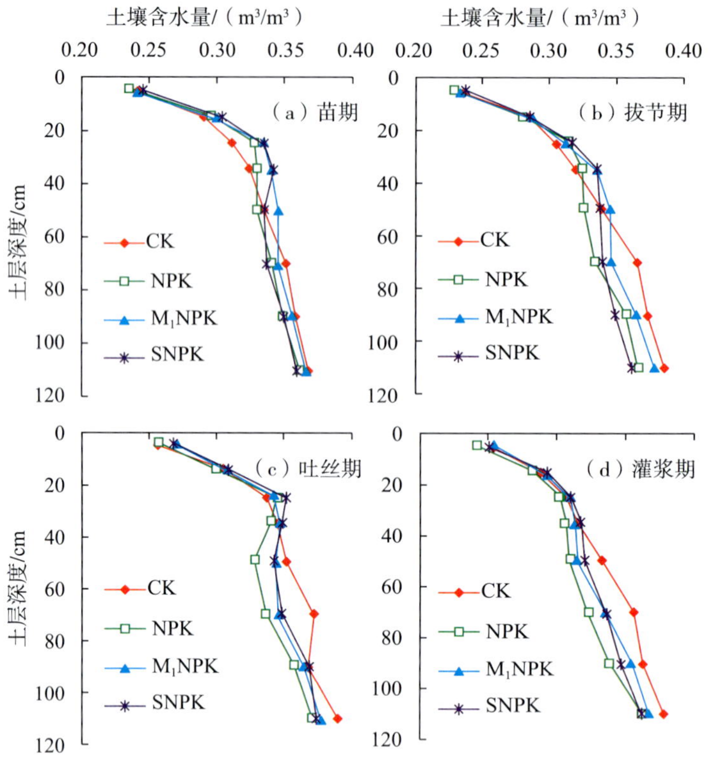

图 5-153　2011 年不同施肥方式下剖面土壤含水量变化

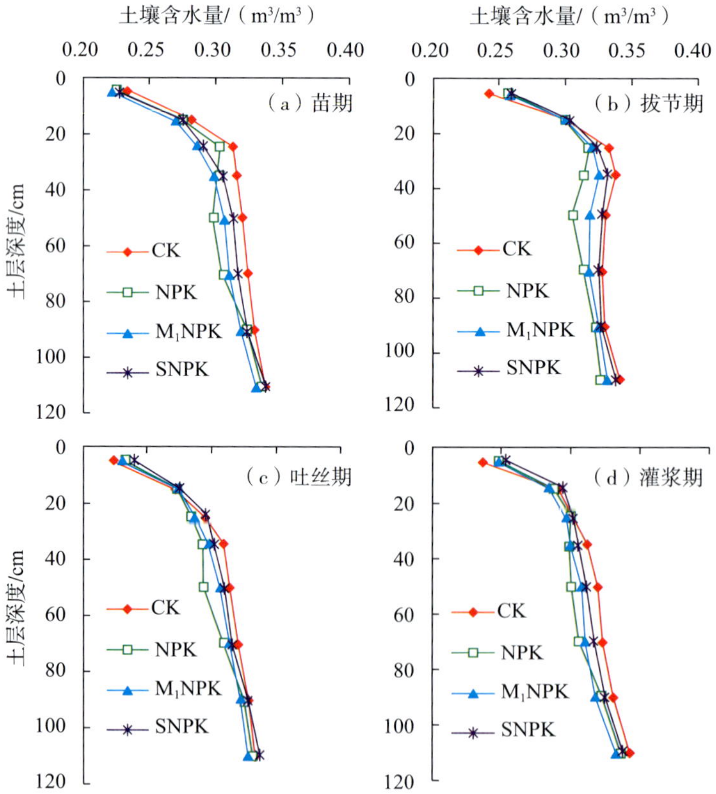

图 5-154　2012 年不同施肥方式下剖面土壤含水量变化

②土壤有机碳

由图 5-155 可知，各处理剖面土壤有机碳含量随土层加深而呈逐渐下降趋势，表层有机碳含量较高，差异较大，底层则相反。0～10 cm 土层，有机无机配施（M_2NPK）处理有机碳含量最高，达到 44.89 g/kg，CK 和 N 处理最低，其中 M_2NPK、M_1NPK 和 SNPK 等 3 个处理间土壤有机碳差异显著；有机无机配施处理土壤有机碳含量显著高于化肥 N、NP 和 NPK 处理（$P<0.05$）；化肥 NPK 和 NP 处理土壤有机碳显著高于 N 和 CK 处理，而 CK 处理与 N 处理差异不显著。10～20 cm 土层，各处理土壤有机碳差异水平与 0～10 cm 土层一致。20～40 cm 土层，M_2NPK 处理有机碳最高，CK 和 N 处理最低；有机无机配施 M_2NPK、M_1NPK 和 SNPK 3 处理土壤有机碳呈差异显著水平，并且 3 个处理显著高于其他处理；各化肥 N、NP 和 NPK 处理间土壤有机碳差异不显著。40 cm 土层下各处理有机碳含量差异不显著。表明施用有机肥和玉米秸秆明显增加 0～40 cm 土壤有机碳含量，对维持及提高剖面土壤有机碳水平具有重要意义。

③全氮

如图 5-156 所示，剖面土壤全氮的变化与剖面有机碳的变化规律基本一致，随土层加深，各处理土壤全氮均呈逐层锐减趋势，表层土壤全氮含量最高，底层最小。0～10 cm 土层，有机无机配施（M_2NPK）处理全氮含量最高，不施肥（CK）处理最低，其中 M_2NPK、M_1NPK 和 SNPK 3 个处理间土壤全氮含量差异显著；有机无机配施处理土壤全氮含量显著高于化肥 N、NP 和 NPK 处理（$P<0.05$）；化肥 N、NP 和 NPK 等 3 个处理间土壤全氮含量差异不显著，但 3 个处理全氮含量显著高于 CK 处理。10～20 cm 土层，M_2NPK、M_1NPK 和 SNPK 3 个处理间土壤全氮含量差异显著；有机无机配施处理（M_2NPK 和 M_1NPK）土壤全氮含量显著高于化肥其他处理（$P<0.05$）；SNPK 处理土壤全氮含量与 NP、NPK 等 2 个处理差异不显著，但显著高于 N 和 CK 处理。20～40 cm 土层，M_2NPK 处理土壤全氮含量显著高于其他处理，N、NP、NPK、M_1NPK 和 SNPK 处理差异不显著，但上述处理土壤全氮显著高于 CK 处理。40 cm 土层以下各处理全氮含量差异不显著。本研究表明，施用有机肥和秸秆可明显增加 0～20 cm 土层全氮含量，对维持及提升土壤全氮水平具有重要作用。

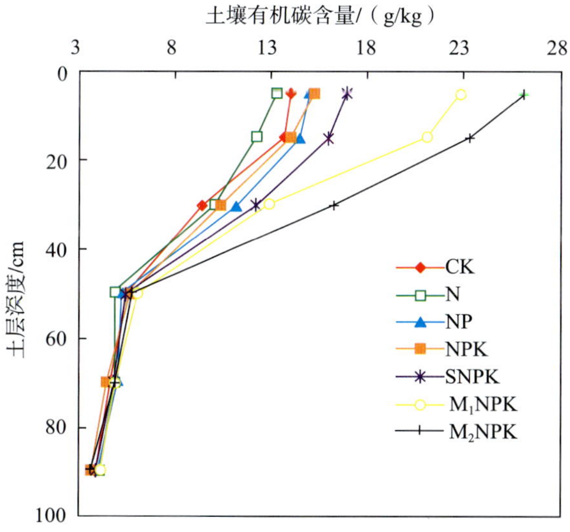

图 5-155　剖面土壤有机碳含量的变化（2012 年）

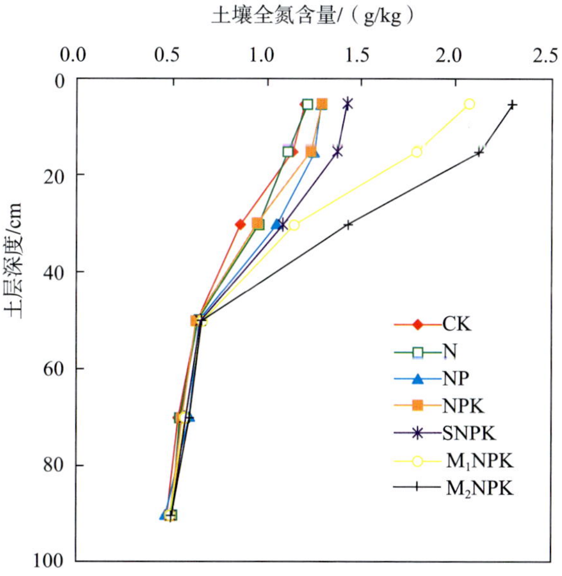

图 5-156　剖面土壤全氮含量的变化（2012 年）

④土壤硝态氮

玉米收获后各处理土壤剖面硝态氮分布特征如图 5-157 所示，土壤硝态氮随施氮量增加而增加，剖面土壤硝态氮累积量最高值出现在 0～20 cm 土层。随土层的加深，M_2NPK、NP 和 N 处理土壤硝态氮累积量呈先减少，之后在 40～60 cm 有所增加（形成硝态氮累积层），再减少的趋势。总体上，40 cm 土层以下，与 NPK 处理比较，M_2NPK、NP 和 N 处理硝态氮累积量有所增加，而等氮量施肥的 M_1NPK 和 SNPK 处理硝态氮累积量有所减少，尤其秸秆还田处理在 0～100 cm 土层硝态氮累积量都明显小于化肥 NPK 处理。0～10 cm 土层硝态氮含量表现为 M_2NPK＞NP＞M_1NPK＞N、NPK＞SNPK、CK，其中 M_2NPK 和 NP 处理硝态氮含量显著高于其他处理（$P<0.05$），秸秆还田和 CK 处理硝态氮含量最低。10～20 cm 土层硝态氮含量表现为 M_2NPK＞M_1NPK＞NP、N、NPK＞SNPK、CK，其中 M_2NPK 和 M_1NPK 处理硝态氮含量显著高于其他处理。20～40 cm 土层硝态氮含量表现为 M_2NPK＞NP、N、M_1NPK、NPK＞SNPK、CK，其中 M_2NPK 处理硝态氮含量显著高于其他处理。40～60 cm 土层 M_2NPK、NP 和 N 等 3 个处理硝态氮累积量显著高于其他处理，其他处理间没有显著差异。60 cm 土层以下各处理间土壤硝态氮累积量没有显著差异。上述研究表明过量施氮和不平衡施肥会造成土壤硝态氮的大量累积，而适宜施用有机肥替代化肥方式可明显抑制土壤硝态氮的大量淋溶。

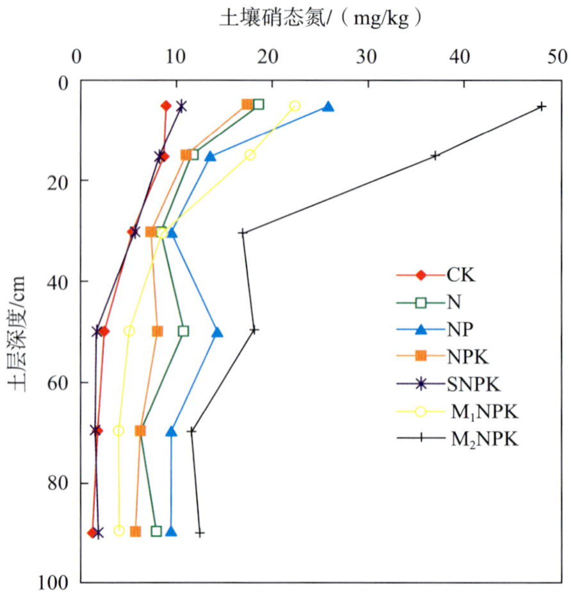

图 5-157　剖面土壤硝态氮含量的动态变化（2012 年）

⑤土壤微生物量碳氮

由图 5-158 可分析出，在 0～10 cm、10～20 cm 土层中，NP 处理土壤微生物量碳（SMB-C）显著低于其他处理（$P<0.05$）。在 0～10 cm 和 10～20 cm 土层中，有机无机配施处理 M_2NPK、M_1NPK 和 SNPK 土壤微生物量碳显著高于不施肥 CK 和单施化肥处理，而 CK 处理 10～20 cm 土层微生物量碳显著高于单施化肥处理。在 20～40 cm 土层中，有机无机配施处理 M_2NPK 和 SNPK 处理显著高于 M_1NPK和 NPK 处理；而 M_1NPK 和 NPK 处理又显著高于 NP、N 和 CK 处理；NP、N 和 CK 处理间土壤微生物量碳没有显著差异。总体上，各处理微生物量碳依次顺序为：SNPK、M_1NPK、M_2NPK＞CK＞NPK、N、NP。上述研究表明，与不施肥相比，有机肥与化肥配合施用显著提高了土壤微生物量碳，而单施化肥显著降低了土壤微生物量碳。

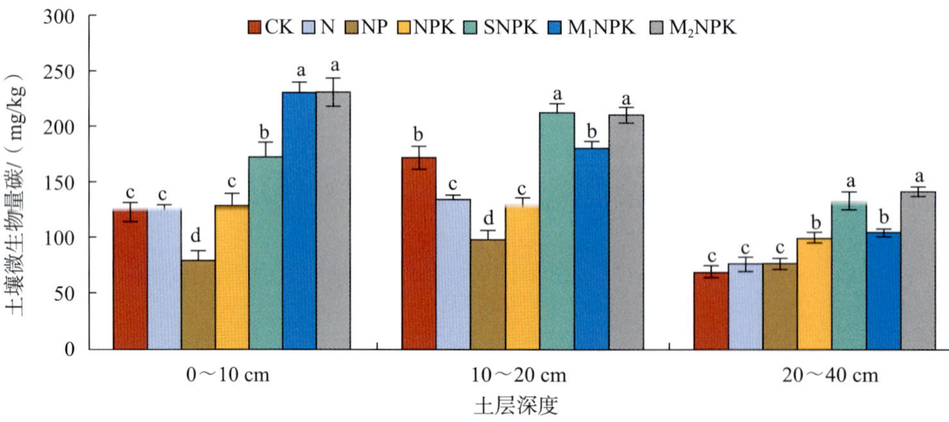

图 5-158　长期不同施肥下土壤微生物量碳的变化（2012 年）

土壤微生物量氮的变化如图 5-159 所示，在 0～10 cm 土层中，SNPK 和 M_2NPK 处理土壤微生物量氮最高，NP 处理土壤微生物量氮最低；有机无机配施处理 M_2NPK、M_1NPK 和 SNPK 土壤微生物量氮显著高于不施肥(CK)处理($P<0.05$),而不施肥 CK 显著高于单施化肥处理。在 10～20 cm 土层中,有机无机配施 M_2NPK 和 SNPK 处理土壤微生物量氮显著高于其他处理;不施肥(CK)显著高于单施化肥处理;各处理微生物量氮依次顺序为 SNPK、M_2NPK>M_1NPK>CK>单施化肥。在 20～40 cm 土层中,各处理微生物量氮依次顺序为:SNPK、M_2NPK>M_1NPK>CK、单施化肥,其中,CK 处理土壤微生物量氮与单施化肥处理间没有差异。上述结果表明,与不施肥(CK)相比,有机肥与化肥配合施用显著提高了土壤微生物量氮,单施化肥显著降低了土壤微生物量氮。

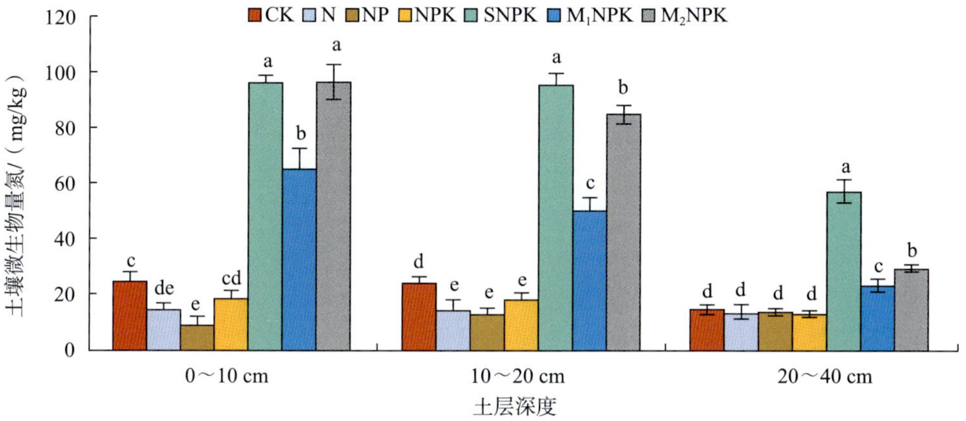

图 5-159 长期不同施肥下土壤微生物量氮的变化(2012 年)

⑥土壤 pH

在 0～20 cm 土层,与初始值(1989 年)比较,2012 年单施化肥(N、NP 和 NPK)处理土壤 pH 平均下降了 1.8 个单位左右;CK、M_1NPK、M_2NPK 和 SNPK 四个处理土壤 pH 变化不大,基本稳定,其中秸秆还田处理土壤 pH 最高,SNPK 处理(2012 年)土壤 pH 比 NPK 处理高 2.17 个单位。在 2005—2007 年,土壤 pH 也表现了同样的变化规律,只是下降幅度较小,单施化肥土壤 pH 较初始值平均下降了 1.3 个单位左右。表明单施化肥可明显导致土壤酸化,有机无机肥配施具有防止土壤酸化的作用,尤其秸秆还田抑制土壤酸化效果更为显著(表 5-83)。

表 5-83 不同施肥方式下土壤 pH 的变化特征

处理	0～100 cm 土层剖面土壤 pH(2012 年)						2005—2007 年 0～20 cm 土层平均值
	0～10 cm	10～20 cm	20～40 cm	40～60 cm	60～80 cm	80～100 cm	
CK	7.33b	7.23b	7.43b	7.71ab	7.82a	7.98a	7.64
N	5.72c	5.98c	6.60c	7.44b	7.48a	7.66a	6.61
NP	5.41c	5.82c	6.59c	7.36b	7.57a	7.75a	6.04
NPK	5.66c	5.78c	6.52c	7.26b	7.4a	7.74a	6.19
SNPK	7.88a	7.91a	8.00a	8.15a	8.15a	8.12a	7.80
M_1NPK	6.97b	7.05b	7.40b	7.66ab	7.79a	7.84a	7.20
M_2NPK	7.28b	7.33ab	7.78ab	8.09a	8.12a	8.06a	7.48

(3)讨论与结论

有机无机配施通过降低土壤容重和提高土壤总孔隙度,从而提高土壤含水量。本研究结果表明,CK 处理 0～20 cm 表层土壤含水量低于其他处理,但 30～90 cm 层次土壤含水量明显高于其他处理($P<0.05$),这是由于不施肥(CK)处理玉米植株矮小导致裸露表层土壤水分蒸发较快,同时较少的根系也减少了植株对深层土壤水分吸收的缘故。有机无机配施处理(M_1NPK 和 SNPK)较化肥(NPK)处

理能显著增加土壤含水量。

长期不平衡施用化肥(N 和 NP)处理表层土壤有机碳和活性有机碳含量均呈不同程度下降趋势,而农家肥和化肥配施处理均呈现增加趋势。长期不施肥和不平衡施肥仅依靠作物根茬和根系分泌物难以维持土壤的有机碳水平,而有机肥与化肥配施显著增加了土壤有机物质的输入,也增加了残茬和根向土壤的输入。长期有机肥和无机肥配施能维持和提高红壤、水稻土、紫色土的全氮和碱解氮含量。曹莹菲等(2010)研究认为,有机肥配合化肥施用可以明显地提高𪨶土全氮和碱解氮含量,单施化肥处理和不施肥处理(CK)使土壤全氮、碱解氮含量明显降低。本试验结果也发现,不施肥和不平衡施肥(N,NP)处理黑土土壤的全氮和碱解氮均有不同程度的下降,化肥(NPK)处理土壤供氮水平基本稳定。秸秆还田处理土壤全氮没有由于施用化肥氮量减少而下降,但土壤碱解氮略有减少。与 NPK 处理比较,M_2NPK、NP 和 N 处理深层土壤硝态氮累积量有所增加,而等氮量施肥的 M_1NPK 和 SNPK 处理土壤硝态氮累积量有所减少,尤其秸秆还田处理在 0～100 cm 土层硝态氮累积量都明显小于化肥(NPK)处理。

有机无机配施处理显著提高了 0～20 cm 土层土壤微生物量碳氮含量,单施化肥处理显著降低了土壤微生物量碳氮含量。化肥与有机肥配合施用给土壤补充了大量有机碳源,促进了土壤微生物的活动和繁殖,从而使土壤微生物量碳氮增加;长期单施化肥使土壤 pH 下降,土壤团聚体受到破坏,微生物自下而上环境变劣,很可能是土壤微生物量碳氮降低的原因之一。

总之,本试验结果表明,在玉米生育期间,CK 处理 0～20 cm 表层土壤含水量低于其他处理,但 30～90 cm 层次土壤含水量明显高于其他处理($P<0.05$);有机无机配施处理(M_1NPK 和 SNPK)较化肥(NPK)处理能显著增加剖面 30～90 cm 层次土壤含水量。农家肥和化肥配施处理(M_1NPK 和 M_2NPK)显著提高了表层土壤有机碳、活性有机碳、微生物量碳氮、全氮和碱解氮含量;秸秆还田(SNPK)处理土壤有机碳含量总体波动不大,维持在原有水平,但其土壤活性有机碳较试验初显著增加了36.8%,秸秆还田能维持和提高土壤全氮水平,但没有显著提升土壤碱解氮供应水平;不施肥(CK)和不平衡施用化肥处理(N 和 NP)表层土壤有机碳、全氮和碱解氮含量均呈下降趋势;秸秆还田处理表层 0～20 cm 土壤微生物量碳氮最高,有机肥和化肥配施处理土壤微生物量碳氮显著高于单施化肥处理;有机无机配施处理土壤有机碳和全氮的增加主要集中在 0～40 cm 土层;过量施氮和不平衡施肥会造成土壤硝态氮的大量累积,而适宜施用有机肥替代化肥方式(如 SNPK 和 M_1NPK)可明显抑制土壤硝态氮大量淋溶。

3.长期养分管理方式对春玉米田环境效应的影响

(1)试验设计

长期土壤肥力监测始于 1990 年,于 2016 年和 2017 年选择其中 5 个处理进行气体取样和测定,即 CK、N、NPK、MNPK 和 SNPK。肥料管理方式见表 5-81。

(2)结果与分析

①土壤 N_2O 排放

土壤 N_2O 的产生主要是在微生物的参与下,通过硝化和反硝化作用完成的。这些过程受土壤通气状况、土壤水分、温度和土壤氮含量等的影响。从图 5-160 可以看出,不同处理土壤 N_2O 排放通量有一定的差异;N_2O 排放通量随不同生长季节的变化而变化,播种后 N_2O 的排放通量长时间处于较低的水平,但随着时间的增加,到拔节期追肥后 7 d 时,达到最高峰值,最大为 M_2NPK,可能是由于刚追施氮肥,土壤中的硝态氮和铵态氮含量比较大,有利于形成 N_2O;随后土壤 N_2O 排放通量迅速下降,到成熟期,不同处理土壤 N_2O 排放量均最低,各处理无差异。与不施肥相比,施肥增加了 N_2O 的排放量,在玉米生长季,2016 年与 2017 年两年的平均 N_2O 排放趋势为:MNPK>NPK>N>SNPK>CK。总体上,土壤 N_2O 排放量主要集中在玉米拔节期—抽丝期。不施肥(CK)处理土壤 N_2O 排放量一直处于较低的水平,该处理土壤 N_2O 排放量没有随生长季节的变化而变化;与施用化肥处理(N 和 NPK)相比,农家肥的施用(MNPK)显著增加了土壤 N_2O 的排放($P<0.05$)，过量施用有机肥会导致土壤 N 素的大量积累。

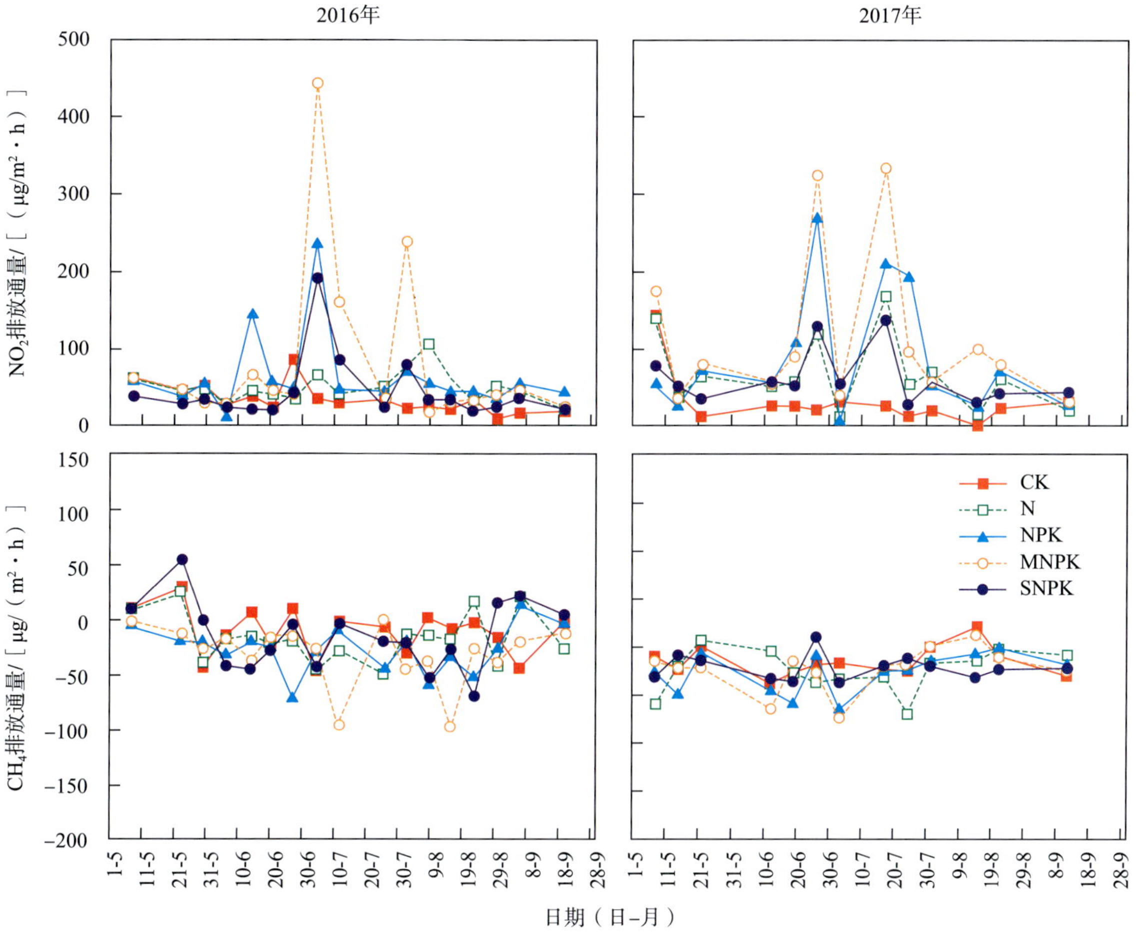

图 5-160　不同施肥下 N_2O 和 CH_4 排放通量的季节变化

②土壤 CH_4 排放

不同施肥模式 CH_4 排放通量均随时间表现出明显的变化，通量值有正有负，表明土壤既有 CH_4 的排放，也有对 CH_4 的吸收，但对于旱田玉米以吸收为主。在苗期，CH_4 的净吸收量处于较低的水平，在拔节期，CH_4 的净吸收量达到最高峰值，其中秸秆还田(SNPK)处理达到－84.3 μg/(m^2·h)。拔节期后各施肥处理 CH_4 排放通量基本稳定。不同施肥处理对 CH_4 累积排放的影响有差异。有机无机肥配施(M_2NPK 和 SNPK)处理土壤 CH_4 净吸收量较高，不施肥(CK)处理土壤 CH_4 净吸收量最低，表现为 MNPK＜NPK＜N＜SNPK＜CK(图 5-160)。

③土壤 N_2O、CH_4 累积排放量

与不施肥(CK)相比，N、NPK、SNPK 和 MNPK 处理生育期土壤 N_2O 累积排放量分别增加了 30.9%、76.2%、84.7%和 228.6%，以 MNPK 处理最高，达到 3.42 kg/hm^2(表 5-84)。氮肥的施用显著增加了 N_2O 的排放量($P<0.05$)。在等氮施用量条件下，即秸秆还田(SNPK)与 NPK 相比较，N_2O 排放减少了 29.2%，秸秆还田显著降低了土壤 N_2O 的累计排放量。

有机无机肥配施(MNPK 和 SNPK)处理土壤 CH_4 净吸收量显著高于不施肥(CK)和 N 处理($P<0.05$)，与 CK 处理相比，N、NPK、SNPK 和 MNPK 处理生育期土壤 CH_4 累积吸收量两年内分别平均增加了 32.8%，73.7%，79.9%和 133.4%(表 5-84)。

④温室效应

由表5-84还可以看出，各处理中有机无机配施处理对农田综合温室效应(global warming potential,GWP)贡献最大达846.6 kg CO_2/kg，其次是NPK(652.1 kg CO_2/kg)，N(480.4 kg CO_2/kg)和SNPK(459.0 kg CO_2/kg)。与不施肥(CK)比较，单施化肥N和NPK处理综合温室效应分别增加了89.1%和156.9%；在产量差异明显的情况下，温室气体排放强度(greenhouse gas intensity,GHGI)呈现出和GWP不一样的变化趋势。比较不同施肥处理下GHGI排序为M_2NPK＞CK＞N＞NPK＞SNPK。排放强度GHGI是由GWP和产量共同决定的，有机无机配施处理土壤温室气体排放强度高于其他处理，但差异不显著，SNPK处理土壤温室气体排放强度显著低于其他处理。因此，从农田温室气体减排角度出发，有机无机肥配施的施肥模式在东北黑土区的推广应用是可行的。

表5-84 不同施肥下玉米田N_2O和CH_4累积排放量、综合温室效应(GWP)及气体排放强度(GHGI)

年份	处理	N_2O 排放因子/%	N_2O /(kg N_2O-N/kg)	CH_4 /(kg/kg)	GWP /(kg CO_2/kg)	产量 /(Mg/hm^2)	GHGI /(kg CO_2/kg)
2016	CK	—	0.92d	−8.8a	265.2d	4.1d	0.065a
	N	0.18c	1.38c	−12.9a	398.3c	7.8c	0.051ab
	NPK	0.34b	1.80b	−17.0ab	518.3b	11.8b	0.044bc
	MNPK	0.58a	2.43a	−24.3b	699.0a	12.8a	0.055ab
	SNPK	0.15c	1.31c	−11.5a	379.0cd	11.5b	0.033c
2017	CK	—	0.87d	−13.0a	246.8d	3.3d	0.074a
	N	0.41c	1.94c	−15.6ab	562.6c	8.5c	0.066a
	NPK	0.71b	2.70b	−20.2ab	785.9b	12.2ab	0.065a
	MNPK	0.98a	3.42a	−24.8b	994.2a	13.1a	0.076a
	SNPK	0.38c	1.86c	−16.7ab	538.9c	11.1b	0.049b
变异来源(*P*值)							
处理(T)		0.01	＜0.001	0.022	＜0.001	＜0.001	＜0.001
年份(Y)		0.006	＜0.001	0.114	＜0.001	0.826	＜0.001
T×Y		0.414	0.019	0.956	0.014	0.228	0.700

(3)讨论与结论

各施肥处理农田土壤N_2O排放最高峰出现时间出现在拔节期追肥后第7天。因为试验区追肥是土壤表层追肥和马犁覆土，应该改变追肥方式，如肥料深施等。施用氮肥处理土壤N_2O排放量明显高于不施肥(CK)处理，平衡施肥(NPK)土壤N_2O排放量显著高于单施N处理，这与许多学者研究结果一致(李梦雅等，2009)。一般而言，氮肥施用对农业土壤N_2O排放具有显著的贡献，平衡施肥可以增加作物生物量，进而通过稻秆、根系残叶等生物量输入土壤中促进土壤微生物氮的活性，进而会增加N_2O的排放。秸秆还田(SNPK)处理土壤N_2O排放量显著小于化肥NPK和N处理，一方面原因是秸秆还田施化肥氮量少于其他处理，另一方面原因可能是有机物质在腐解过程中能产生化感物质，可明显抑制土壤N_2O的释放。进一步比较不同施肥方式土壤N_2O排放强度发现，平衡施肥(NPK)和秸秆还田(SNPK)处理都明显低于单施N肥和有机无机配施(MNPK)处理，表明不平衡施肥和过量施氮会增加土壤N_2O排放强度。

本研究中，不同施肥处理土壤中观察到的CH_4排放通量既有正值也有负值，与来自耕地或草地土壤的其他一些研究结果一致。整个生育期的累积排放量为负值，表明土壤为CH_4的净吸收汇。本研究发现，有机无机肥配施处理土壤对 CH_4 吸收量大于施化肥处理，而施肥处理土壤对 CH_4 吸收量大于不施肥处理。这可能是由于各处理土壤容重的不同导致土壤对 CH_4 吸收量的差异，CK 处理土壤容重明显大于其他施肥处理。李晓密等（2014）研究发现，小麦田施肥土壤对 CH_4 吸收通量大于不施肥；但有些研究者持相反结论，施用有机肥或有机无机肥配合施用抑制了旱田土壤对 CH_4 的吸收（杨芊葆等，2010）。在旱田上，有关施化肥和有机肥土壤对 CH_4 吸收量影响结果不尽一致，还需进一步深入研究。

全球温室潜势（GWP）常用来评估不同温室气体对气候变化的潜在效应。本研究表明，有机肥与化肥配施（MNPK）对全球增温潜势的贡献最大，但与其他处理相比差异不显著，这主要是由于 MNPK 处理下，土壤有机碳储量显著增加，不仅有利于增加土壤肥力，而且通过将大气中的 CO_2 固定在土壤中，减缓了对气候变化的影响。因此，平衡施肥和有机无机肥配施，不仅能降低温室气体排放强度，还能增加土壤有机碳，是较为理想的固碳减排措施。

本试验研究表明，土壤温室气体 N_2O 的排放高峰出现在拔节期，所以应改进玉米拔节期追肥方式。有机无机肥配施（SNPK 和 MNPK）处理土壤 N_2O 排放通量显著高于施化肥处理。施用化肥处理土壤 N_2O 排放量明显高于不施肥（CK），而农家肥和化肥配施（MNPK）处理土壤 N_2O 排放量明显高于单施化肥处理；秸秆还田（SNPK）处理土壤 N_2O 排放量小于平衡施肥（NPK）处理。有机无机肥配施（MNPK和 SNPK）处理土壤 CH_4 净吸收量显著高于不施肥（CK）和 N 处理（$P<0.05$）。从土壤综合温室效应和总的温室气体强度可分析出，为同步实现较高的玉米产量和较低的温室气体强度，有机无机肥配施是东北黑土区较为理想的土壤培肥方式。

5.4.5　耕作方式对东北春玉米高产高效的调控效应

1. 深松对春玉米产量与土壤性状的影响

土壤压实是一个广泛存在的问题，在一系列土壤和气候条件下均有发生。下层土壤（即定期翻耕的表土下面的土层）含有大量养分，可以被作物根系吸收。土壤中约 50%的全氮（N）和 25%～70%的全磷（P）储存在底土中。即使在干旱条件下，底土也能保持土壤水分以满足作物需求。因此，有效利用底土资源有利于作物生长和产量的提高。然而，土壤的压实往往限制根系的增殖和分布，从而限制了底土中养分和水资源对作物的可利用性。这个问题与土壤中自然形成的限制性层有关，同时也与不当的土壤管理相关，如过度使用机械、密集种植、短轮作和密集放牧。其中，耕作方式和强度对土壤压实有重要影响。长期常规耕作，密集使用机械，会增加土壤容重，降低表土层厚度，导致在底上形成犁底层（Mu et al.，2016）。在这种情况下，阻碍了作物根系的增殖和分布，降低了根系对底土养分和水分的吸收，降低了农艺产量（Ma et al.，2015）。此外，在不利天气条件下，底土的不利特性还会降低蓄水能力，增加干旱的发生率和严重程度。

垄作可以增加土壤蓄水量，促进根系下扎，提高底土资源有效性（Liu et al.，2016）。与深翻相比，深松在不翻动或混合土层的情况下，改善了土壤结构，降低了底土的容重。因此，它可以节省能源和降低成本（Sun et al.，2017）。先前的研究表明，与传统耕作方式（如翻耕）相比，在土层较深的土壤中，由于土壤强度降低，根系更长、更重（Cai et al.，2014）。关于根系水平分布，特别是与土壤资源吸收和作物抗倒伏能力有关的研究资料很少。此外，关于土壤耕作对作物产量的影响的现有数据是可变的和不确定的。与传统耕作相比，深松对作物产量的影响范围为－11%～104%。这种不一致的结果可能与土壤质地、天气、年份和作物等因素有关。因此，需要进行更细致的研究来评估土壤耕作对根系垂直和水平分布以及农艺产量的影响。

中国东北是世界上最大的三个黑土地区之一。该地区是我国最重要的玉米产区。该地区黑土覆盖面积约 590 万 hm^2，主要分布在辽宁、吉林和黑龙江三省。20 世纪 80 年代中期以来，玉米连作以及耕作方式不当（如浅耕、过度使用化肥、清除作物残茬）加剧了土壤退化。2009 年在中国东北地区开展的一项调查表明，平均表层土壤深度仅为 13.2 cm，土壤容重为 1.47 g/cm^3。随着时间的推移，在下层形成的犁底层逐渐变厚。这些不利的土壤特性限制了根系的增殖，减少了土壤对养分和水分的吸收，降低了玉米产量。考虑到土壤压实的不利影响，为了该地区玉米生产的可持续性，迫切需要优化耕作作业。为此，在东北地区进行了几种耕作处理试验。旨在探讨在东北地区不同耕作方式对土壤性质、玉米根系垂直和水平分布、玉米干物质和产量的影响。

(1)材料和方法

①实验地点

大田试验于2008年在中国农业科学院作物研究所公主岭实验站进行(43°30′23″N，124°48′34″E，海拔220 m)。试验场地土壤为中层黑土。表层土壤(0～20 cm)有机质含量为28.10 g/kg，有效氮(AN)143.34 mg/kg，有效磷(AP)66.49 mg/kg，有效钾(AK)150.84 mg/kg，总氮(TN)1.61 g/kg，pH为7.6。

②试验设计与田间管理

试验采用完全随机区组设计，采用两种耕作制度，重复3次。旋耕(RT)是该地区的传统耕作方式。深松(ST)是最近引入和推荐的耕作管理。典型的RT系统操作程序包括：秋季作物收获后清除地上生物量，用旋耕机将残茬和根系混入土壤，用圆盘耙平整土地；春季用旋耕机再耕至土壤深度约15 cm，垄高约15 cm；5月下旬在垄上播种，施基肥；按要求使用苗前、苗后除草剂；6月中下旬拔节期侧施氮肥；9月下旬收获玉米。ST系统的典型操作序列包括：秋季作物收获后清除地上生物量，用旋耕机将残茬和主根并入土壤，用圆盘耙平整土地；春季用旋耕机再耕至土壤深度约15 cm，垄高约15 cm；5月上旬在垄上播种，施化肥；按要求使用苗前、苗后除草剂；6月中下旬在玉米6叶期用深松机深松土壤，深度为30 cm，同时侧施氮肥；在9月下旬收获玉米。小区面积240 m^2(12 m×20 m)，玉米20行，行距0.6 m。耕作处理自2008年春季开始实施。此外，本试验前试验田为玉米连作轮作田。

分别于2011年5月1日和2012年5月4日以60 000株/hm^2的密度播种，2011年9月24日和2012年9月25日收获。根据当地农艺措施，基肥施用化肥为56.2 kg N/hm^2、82.5 kg P_2O_5/hm^2和82.5 kg K_2O/hm^2。在玉米V6时期，补施氮肥168.8 kg N/hm^2。除了耕作处理，所有处理的田间作业均相同，包括为控制病虫害和杂草而投入的肥料和使用的杀虫剂。试验是在雨养条件下进行，没有任何补充灌溉。

(2)试验结果

①土壤物理性质

表5-85中的数据显示了土壤容重(BD)受耕作处理和土壤深度影响的平均值和方差分析。不同耕作方式的土壤容重差异显著，在不同土壤深度和年限上，ST处理的土壤容重平均比RT处理低6.3%。0～15 cm土层深度的土壤BD值显著低于15～30 cm土层深度和30～45 cm土层深度，分别降低11.9%和14.3%。此外，两年中ST处理下土壤BD值均较RT处理显著降低(表5-86)。0～15 cm、15～30 cm和30～45 cm土层ST处理下土壤BD值均比RT处理下低8.6%、5.8%和3.7%。

土壤穿透阻力(PR)受耕作处理和土壤深度的显著影响(表5-85)。在不同土壤深度和不同年份，ST处理的土壤穿透阻力比RT处理显著降低了12.0%。0～15 cm土层的土壤穿透阻力显著低于15～30 cm土层和30～45 cm土层，分别降低了52.5%和57.3%。15～30 cm土层的土壤穿透阻力显著低于30～45 cm土层的，降低了9.9%。另一方面，耕作处理对不同土壤深度土壤穿透阻力的影响不同(表5-86)。2011年和2012年，0～15 cm土层下RT和ST处理土壤穿透阻力差异不显著。2011年和2012年，15～30 cm和30～45 cm土层深度下，ST处理的土壤穿透阻力平均值显著低于RT处理，分别为11.5%和21.6%。

表 5-85　耕作处理和土壤深度对玉米开花期土壤特性的影响

主因素	容重/(g/cm³)	穿透阻力/MPa	土壤含水量/%	全氮/(g/kg)	速效氮/(mg/kg)
耕作处理					
RT	1.43a	1.08a	30.2a	0.96b	95.06b
ST	1.34b	0.95b	30.5a	1.04a	102.00a
土层深度/cm					
0～15	1.26b	0.56c	27.0d	1.62a	166.15a
土层深度/cm					
15～30	1.43 a	1.18 b	29.7 c	1.38 b	138.60 b
30～45	1.47 a	1.31 a	32.4 a	1.11c	103.64 c
45～60	—	—	30.9 b	0.74 d	81.22 d
60～75	—	—	30.5 b	0.61e	53.89 e
75～90	—	—	31.7 a	0.53 f	47.69 f
统计方差分析(*P* 值)					
耕作 (T)	<0.001***	0.019*	0.083	<0.001***	<0.001***
土层深度(D)	<0.001***	<0.001***	<0.001***	<0.001***	<0.001***
T×D	0.494	0.013*	0.518	0.016*	0.009**

注:RT 为旋耕,ST 为深松;不同处理间不同字母表示在 $P<0.05$ 水平差异显著;*** $P<0.001$,** $P<0.01$,* $P<0.05$。

表 5-86　玉米开花期不同耕作处理 0～45 cm 土壤容重和穿透阻力

年份	土层深度/cm	土壤容重/(g/cm³)		穿透阻力/MPa	
		RT	ST	RT	ST
2011	0～15	1.30b	1.26a	0.43a	0.52a
	15～30	1.47b	1.43a	1.07a	0.95b
	30～45	1.48b	1.45a	1.36a	0.99b
2012	0～15	1.34b	1.15a	0.61a	0.68a
	15～30	1.48b	1.35a	1.44a	1.27b
	30～45	1.51b	1.43a	1.56a	1.31b

②土壤水分含量

由表 5-87 可以看出,耕作方式对土壤含水量的影响主要出现在 VE—V3 以及 VT—R3 期间,且对不同土层的土壤含水量影响存在差异,其中,ST 处理下 30～45 cm 和 75～90 cm 土层的土壤含水量显著高于 RT 处理。此外 30～45 cm 和 75～90 cm 深度的土壤含水量分别比 0～15 cm 深度高 20.0%和 17.4%。

不同土壤深度和不同生育期耕作处理对玉米土壤含水量(MC)的影响见表 5-87。2011 年和 2012 年各耕作处理在 0～90 cm 深度下的平均土壤含水量差异不显著,但在某些土层上各耕作处理间存在显著差异。总体而言,2011 年和 2012 年,从玉米出苗期(VE,5 月初)到泌乳期(R6,8 月中旬),耕作处理对 30～75 cm 土层深度土壤含水量的影响如下:2011 年和 2012 年,在 30～45 cm、45～60 cm 和 60～75 cm 土层深度,ST 处理的平均土壤含水量比 RT 处理的平均分别高 2.3%～5.2%和 2.0%～3.2%。下土后,在 30～45 cm 和 45～60 cm 土层深度,ST 组抽雄(VT)期的土壤含水量比 RT 组高 4.8%～5.7%,在 R3 期的土壤含水量比 RT 组高 1.4%～2.4%。在作物成熟期(R6),不同耕作处理间的土壤含水量差异不显著。

表 5-87 不同耕作处理不同玉米生育期 0～90 cm 土层土壤水分含量

土层深度 /cm	VE (5 月初)		V3 (5 月中旬)		V6 (6 月中旬)		VT (7 月中旬)		R3 (8 月中旬)		R6 (9 月底)	
	RT	ST	RT	ST	RT	ST	RT	ST	RT	ST	RT	ST
2011 年												
0～15	25.9a	25.6a	27.0a	26.9a	25.1a	24.6a	29.2a	28.6a	26.0a	25.5a	25.0a	24.5a
15～30	30.1a	30.1a	30.7a	30.7a	28.5a	28.0a	30.4a	31.3a	28.6a	27.9a	27.7a	27.4a
30～45	33.3b	35.4a	34.3b	35.5a	32.4a	32.1a	33.3b	35.1a	28.5a	28.5a	27.5a	27.5a
45～60	33.2a	33.9a	32.9b	33.8a	32.4a	32.6a	30.7b	32.9a	27.1b	28.3a	27.0a	27.5a
60～75	31.8b	33.4a	31.5b	33.5a	31.9a	33.0a	30.9a	30.7a	27.3b	29.3a	27.7a	28.4a
75～90	33.2b	34.2a	32.9a	33.9a	33.8a	34.4a	31.8a	32.0a	28.7b	30.1a	29.4a	29.3a
0～90	31.3a	32.1a	31.6a	32.4a	30.7a	30.8a	31.1a	31.8a	27.7a	28.3a	27.4a	27.4a
2012 年												
0～15	26.7a	26.9a	24.7a	25.2a	29.7a	29.8a	28.4a	29.2a	28.8a	29.3a	27.2a	27.9a
15～30	29.7a	30.2a	28.3a	28.9a	31.4a	31.7a	29.7a	30.2a	30.0a	30.3a	29.8a	30.1a
30～45	31.6b	32.9a	31.8b	32.7a	36.4a	35.8a	30.4b	32.2a	31.4b	32.3a	32.6a	33.2a
45～60	28.2b	29.5a	30.2a	30.6a	34.2b	35.1a	29.8b	30.5a	29.8a	29.9a	31.4a	31.4a
60～75	27.4a	27.3a	29.4a	29.0a	33.8b	34.8a	30.2a	30.3a	29.1a	29.2a	30.5a	30.5a
75～90	30.3a	27.8b	31.5a	29.9b	33.7a	34.5a	33.2a	31.8a	31.5a	30.0b	32.2a	31.3a
0～90	29.0a	29.1a	29.3a	29.4a	33.2a	33.6a	30.3a	30.7a	30.1a	20.2a	30.6a	30.7a

注：RT，旋耕；ST，深松；不同处理不同层次和年份间不同字母表示在 $P<0.05$ 水平差异显著。VE，出苗期；V3，3 叶期；V6，6 叶期；VT，抽穗期；R3，灌浆期；R6，成熟期。

③土壤氮的有效性

耕作处理和土壤深度对土壤全氮含量的影响显著(表 5-88)。在不同土壤深度和不同年份，ST 处理的全氮含量比 RT 处理高 8.3%。全氮含量范围为 0.53～1.62 g/kg，与耕作处理和耕作年限无关，从表层到底土(即 0～90 cm)呈逐渐下降趋势。而在 15～60 cm 土层深度下，各耕作处理的全氮均存在显著差异。在 15～30 cm、30～45 cm 和 45～60 cm 土层深度下，ST 处理的全氮均显著高于 RT 处理，平均分别高出 20.2%、23.0%和 10.9%。

在耕作方式和土壤深度上，土壤速效氮存在显著差异(表 5-88)。在不同土壤深度和年份上，ST 处理的土壤速效氮比 RT 处理的速效氮高 6.8%。土壤速效氮在不同土壤深度的分布与全氮相似，表明在耕作处理和耕作年限中，随着土壤深度从 0 到 90 cm 的增加，土壤速效氮从 166.2 mg/kg 急剧下降到 47.7 mg/kg。然而，耕作处理对土壤速效氮的显著影响一般发生在 0～60 cm 土层深度(表 5-88)。2011 年和 2012 年，ST 在 0～15 cm、15～30 cm、30～45 cm 和 45～60 cm 土层深度分别比 RT 增加了 3.2%、2.9%、20.4%和 17.8%。

表 5-88　不同耕作处理玉米开花期不同层次土壤全氮和速效氮含量

年份	土层深度/cm	全氮含量/(g/kg)		速效氮含量/(mg/kg)	
		RT	ST	RT	ST
2011	0～15	1.54a	1.61a	162.40b	169.78a
	15～30	1.22b	1.45a	133.52a	135.76a
	30～45	0.99b	1.19a	86.98b	108.16a
	45～60	0.61b	0.75a	65.47b	77.67a
	60～75	0.55a	0.61a	49.87a	50.65a
	75～90	0.51a	0.53a	47.79a	43.63a
2012	0～15	1.70a	1.65a	164.65b	167.75a
	15～30	1.36b	1.50a	139.56b	145.18a
	30～45	1.08b	1.16a	101.39b	118.02a
	45～60	0.78b	0.84a	83.77b	97.98a
	60～75	0.61a	0.66a	56.36a	58.69a
	75～90	0.55a	0.54a	48.98a	50.37a

注:RT,旋耕;ST,深松;不同处理间不同字母表示在 $P<0.05$ 水平差异显著。

④玉米根系分布

表 5-89 数据显示了玉米根长密度的均值和方差分析。耕作方式、土壤深度和行距对根长密度有显著影响。例如,从土壤深度、行距和年份来看,ST 下的根长密度比 RT 下高 13.0%。随着土层深度的增加,根长密度也急剧下降。0～60 cm 土层深度的玉米根系占整个土壤剖面(即 0～90 cm 土层深度)根总数的 88.0%。此外,根长密度受到行距的强烈影响。7.5 cm 处的根长密度较15 cm 处高 25.8%,较 30 cm 处高 42.7%。

2011 年和 2012 年,根长密度的垂直分布受行距和耕作处理的影响(图 5-161)。总体而言,在 0～45 cm 土层深度,ST 处理的根长密度高于 RT 处理。在 2011 年,0～15 cm 土层深度玉米的根长密度在 ST 和 RT 处理间差异显著,ST 处理 0～15 cm 土层深度玉米的根长密度比 RT 处理高 14.8%。2012 年,ST 处理 0～15 cm、15～30 cm、30～45 cm 深度玉米根长密度分别比 RT 处理高 19.1%、29.8%、和 36.2%。在 45～90 cm 土层,RT 和 ST 处理的根长密度在两年内无显著差异。

2011 年和 2012 年,不同耕作处理的根长密度也受行距的影响(图 5-162)。在行内 45 cm 土壤深度上,RT 处理的根长密度均高于 ST 处理。相反,ST 处理根长密度高于 RT 处理根长密度。例如,在距离行 15 cm 处,ST 处理 0～15 cm、15～30 cm 和 30～45 cm 深度根长密度分别比 RT 处理高 56.6%、26.4%和 36.3%。

根系直径在不同年份和土层深度差异显著,而在不同耕作处理和距行距离间则无差异(表 5-89)。但是在 2011 年,耕作方式、行距和土壤深度对根系直径的影响比 2012 年高 27.8%。从 15 cm 到 90 cm,根系直径随土壤深度的增加呈轻微下降趋势。

表 5-89　不同耕作处理根长密度和平均根系直径

项目	根长密度/(cm/cm³)	平均根系直径/mm
耕作处理		
RT	0.92b	0.42a
ST	1.04a	0.42a
土层深度/cm		
0～15	2.37a	0.42ab
15～30	1.27b	0.46a
30～45	0.89c	0.43ab
45～60	0.64d	0.44ab
60～75	0.47e	0.40ab
75～90	0.24f	0.39b
取样距离/cm		
距行距离	1.00b	0.43a
7.5	1.17a	0.43a
15.0	0.93c	0.42a
30.0	0.82d	0.41a
统计方差分析(*P* 值)		
耕作/T	0.040*	0.700
土层深度/D	<0.001***	0.197
距行距离/R	0.001**	0.770
T×D	0.381	0.973
T×R	0.011*	0.936
D×R	0.747	0.940
T×D×R	0.309	1.000

注:RT,旋耕;ST,深松;不同处理间不同字母表示在 *P*<0.05 水平差异显著。

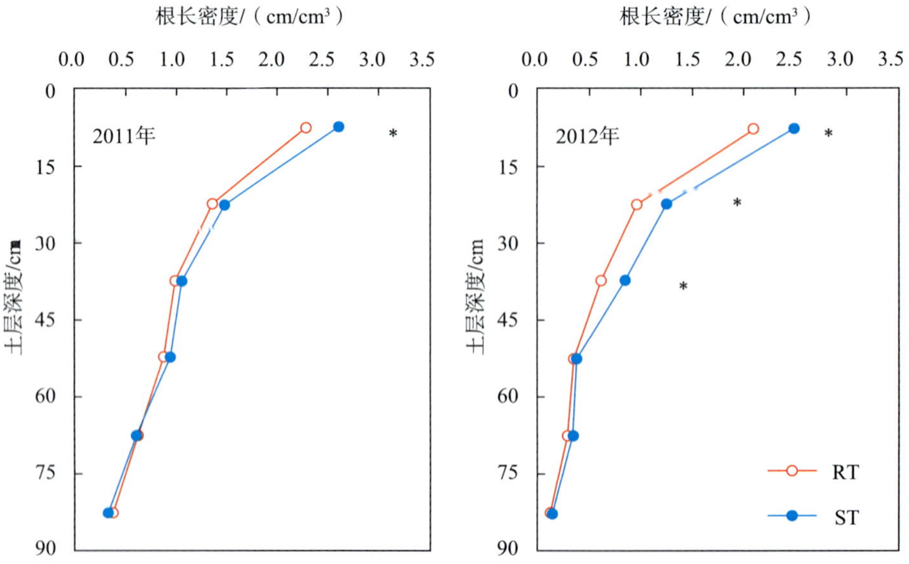

图 5-161　玉米花期不同耕作处理 0～90 cm 土层深度根长密度

不同耕作处理在不同年份、不同距行距离和不同深度根系直径无显著差异，不同耕作处理的根系直径受年份和距行距离的影响。例如，在 2011 年，0～15 cm 深度距行 15 cm 处 ST 处理根系直径显著高于 RT 处理。然而，在 2012 年结果则相反(图 5-163)。

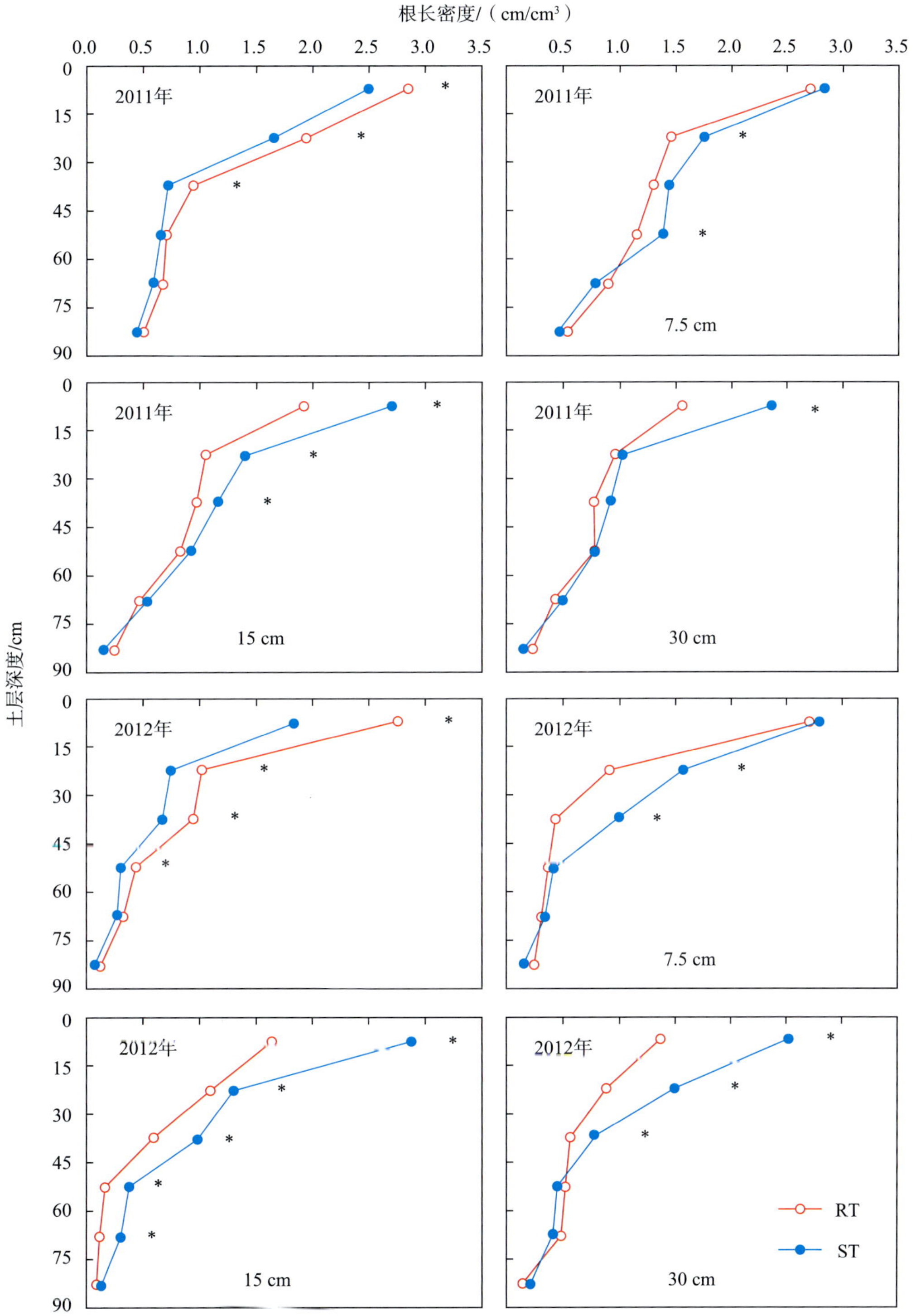

图 5-162　玉米花期不同耕作处理距玉米种植行不同位置 0～90 cm 土层深度根长密度

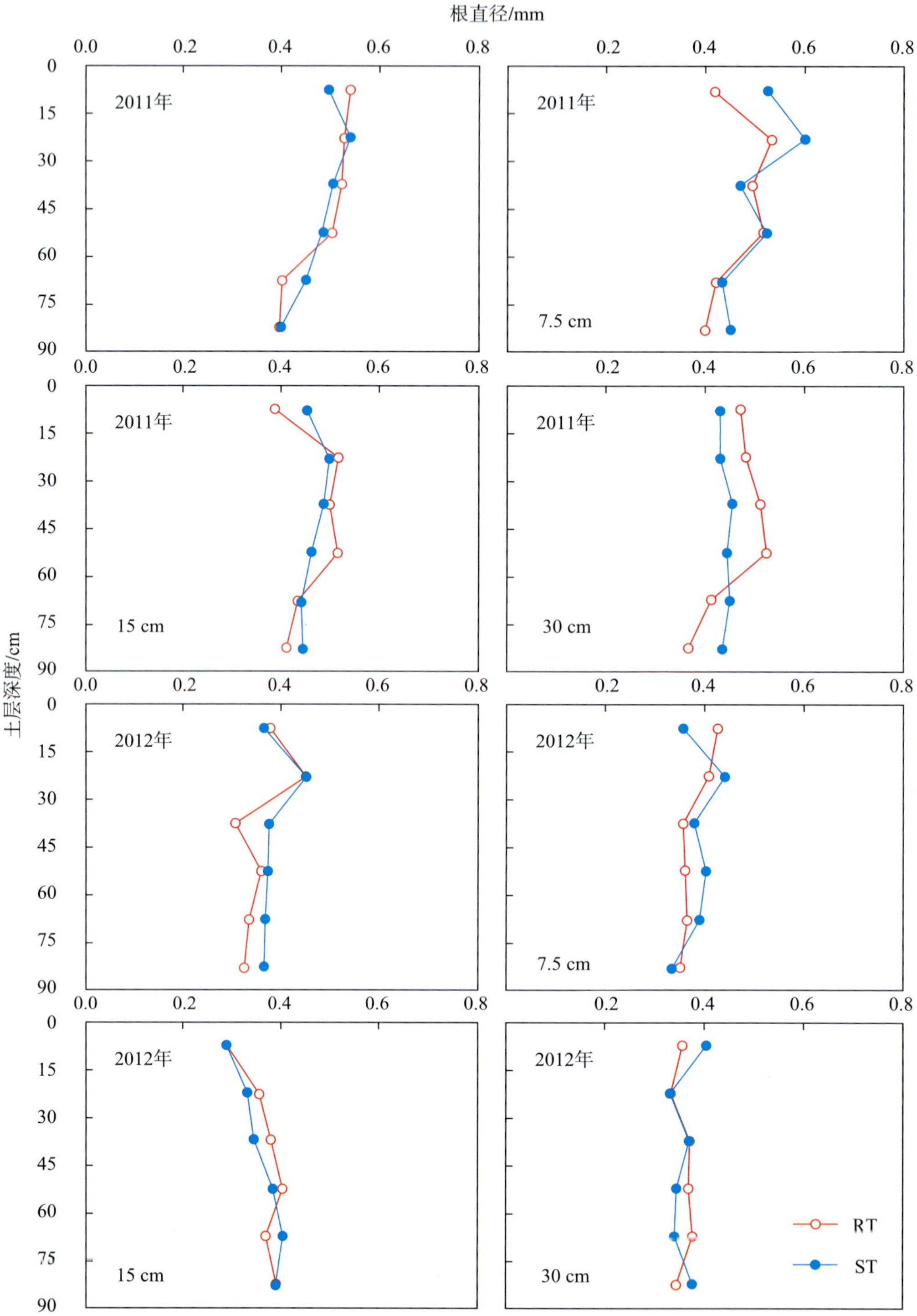

图 5-163　玉米花期不同耕作处理 0～90 cm 根系直径

⑤作物产量和产量构成因素

2011 年和 2012 年，不同耕作处理籽粒产量和干物质存在显著差异（表 5-90）。ST 处理与 RT 处理相比，玉米平均籽粒产量和干物质重分别增加 6.3%和 3.7%。这主要是由于 ST 处理公顷穗数和百粒重高于 RT 处理导致。然而，不同耕作处理间穗粒数和收获指数则无差异。

表 5-90 不同耕作处理玉米产量和产量构成因素

年份	耕作方式	籽粒产量/(kg/hm²)	干物质积累量/(kg/hm²)	公顷穗数/(穗/hm²)	穗粒数	百粒重/g	收获指数/%
2011	RT	10 838b	25 038b	54 250b	608a	33.9b	43.3a
	ST	11 517a	26 069a	55 833a	610a	34.8a	44.2a
2012	RT	11 206b	25 601b	53 750b	618a	34.5b	43.8a
	ST	11 912a	26 435a	55 000a	624a	35.5a	45.1a
平均	RT	11 122b	25 319b	54 000b	613a	34.2b	43.6a
	ST	11 714a	26 252a	55 417a	617a	35.2a	44.6a

注:RT,旋耕;ST,深松;不同处理间不同字母表示在 $P<0.05$ 水平差异显著。

(3)讨论

玉米根长密度受耕作处理影响显著。从土壤剖面上看,在 0～45 cm 土层深度下,ST 处理根长密度比 RT 处理高 13.0%,且在整个年份和距行距离上,ST 处理根长密度显著高于 RT 处理。因此,本研究结果表明,增加地下土层根长密度可以改善 ST 处理下玉米根系的垂直分布。这些结果与他人报道的结果一致(Mosaddeghi et al.,2009)。本文结果的不同之处在于,耕作制度对土壤养分水平分布也有显著影响。例如,在距玉米种植行 7.5 cm、15 cm 和 30 cm 处,ST 处理玉米根长密度显著高于 RT 处理,表明 ST 处理根系水平伸长增加。而 RT 处理行带位置根长密度则高于 ST 处理,特别是在 0～60 cm 土层深度处根长密度分布更为明显。换句话说,更多的根分布在 ST 处理的行间,而不是行内,这可以提高水分和养分的吸收,减少对玉米的胁迫,提高粮食产量和总产量。不同于对根长密度的影响,耕作处理和土层深度对根系直径的影响较小。土壤含水量随土层深度的增加而下降的趋势不明显。一般而言,除特定年份和离行距离外,各耕作处理间的根系直径差异不显著。除了耕作处理的影响之外,土壤水分的变化也可能受到天气条件和土壤质地的影响。因此,本研究根系直径与以往研究的不一致可能是由于土壤质地、天气条件以及耕作方式的不同导致。

ST 处理玉米根系分布的改善可能与良好的土壤物理性质有关。首先,ST 处理降低了土壤的容重和穿透阻力,降低了土壤的压实度,从而改善了根系在土壤剖面中的渗透。2008 年以来 4 年的栽培过程中,ST 处理 0～45 cm 土壤容重比 RT 处理低 6.3%,说明犁底层打破。在 45 cm 土层深度,ST 处理除了降低土壤容重外,穿透阻力同样比 RT 处理低 12.0%。因此,土壤容重和穿透阻力的改善增加了根系向下层的伸长。其次,良好的土壤水分条件是根系分布改善的另一个原因。虽然本研究的结果表明,在 0～90 cm 土层的平均土壤含水量没有显著差异,但在玉米生长季,ST 处理比 RT 处理显著增加了底土层(即 30～75 cm 土层)的土壤水分含量。ST 处理对土壤的疏松作用增强了土壤入渗能力,增加了底层土壤的水有效性。此外,尽管试验场地夏季出现了一些强降雨,但在 ST 处理下的土壤中未观察到淹水或渍水现象。因此,本文结果表明,ST 处理可以改善土壤水分储存,缓解干旱胁迫,同时在强降雨期间也可以改善排水,避免涝渍。

植株有效养分的良好分布加上根系在底土中的伸长增殖,可以增加玉米对养分的吸收。在 15～60 cm 土层中,ST 处理速效氮含量比 RT 处理高 2.9%～20.1%。ST 处理玉米氮素吸收较高,可能与根系在垂直和水平方向上的增殖能力较好有关。然而,较高的底土速效氮也可能加剧更深土层的淋滤,污染地下水。因此,评估 ST 处理对氮渗滤和地下水污染风险的影响也很重要。

(4)结论

深松可以使土壤松弛,打破犁底层,增加土壤水分和氮在底土层的有效性和入渗性,改善玉米根系在土壤中的垂直和水平分布。同时,良好的土壤物理条件和养分吸收提高了玉米籽粒产量。因此,在中国东北黑土区,深松是一种很有前途的土壤管理方法。此外,在今后的生产实践中,应进一步注意深松耕作模式下氮素渗透到深层的风险。

2. 耕作与秸秆还田对玉米产量与土壤性状的影响

东北是我国重要的粮食主产区，对保证粮食安全起着重要作用。然而，该地区玉米生产上长期浅耕作业、忽视土壤培肥，导致土壤结构破坏、土壤肥力下降，严重制约作物稳产和高产。因此，通过合理耕作与秸秆还田来改善土壤结构、稳定作物产量，对东北地区粮食生产具有重要意义。

通过合理的耕作能疏松土壤、提高雨水利用率，并影响土壤中的团聚体组成和转化，从而对土壤结构和抗侵蚀能力造成影响。此外，秸秆中含丰富的有机碳及 N、P、K 和一些微量营养元素，秸秆还田有助于土壤团聚体的形成，从而改善土壤结构。土壤团聚体是土壤中的重要成分和基本单元，能够贮藏水分、为微生物活动提供场所，对种子发芽、作物生长及土壤中有机碳含量有着重要作用，并且土壤团聚过程也是固碳的重要途径之一。

近年来通过土壤耕作与培肥措施改变土壤团聚体及有机碳含量研究是学者们普遍关注的热点问题。一些研究通过不同耕作方式处理分析微团聚体和大团聚体间的转化和分布(Lal and Kimble，1997)。还有研究认为秸秆还田能使土壤表层的有机碳含量得到一定程度的恢复(Puget et al.，2000)。但迄今为止，东北地区耕作方式和秸秆还田对土壤团聚体组成和有机碳含量的研究相对较少。本试验研究了耕作方式和秸秆还田对不同粒级土壤团聚体质量百分比、稳定性、土壤中有机碳含量和产量等指标的影响，旨在为东北旱作区秸秆还田提供理论依据与技术支撑。

(1)材料与方法

①试验地基本情况：试验于 2015—2017 年在沈阳农业大学农学院试验基地进行(E123°33′，N41°49′，海拔 43 m)。土壤类型为棕壤，雨养种植栽培方式，2015—2017 年玉米生长季总降雨量分别为 378 mm、929 mm、388 mm(图 5-164)。试验地 0～20 cm 土层基本理化性状为：全氮 0.91 g/kg、全磷 0.82 g/kg、含水量 22.22%、土壤容重 1.41 g/cm^3、pH 为 5.60。

(2)结果与分析

①玉米产量

2015—2017 年的玉米产量，不同年份处理间表现出不同变化趋势(图 5-165)。2015 年，产量依 CK1、CK2、RT、PT 次序降低，且 CK1 处理显著高于 RT 和 PT 处理，可见秸秆还田初期降低了玉米产量。2016 年雨水充足，各处理产量虽无显著差异，但分别较 2015 年高 16.36%、33.09%、34.88%和 42.99%。2017 年各处理玉米产量高于 2015 年，产量高低顺序为：RT>PT>CK1>CK2，与 2016 年相比，玉米产量降低，4 个处理降幅分别为 12.13%(CK1)、10.84%(CK2)、9.72%(PT)、8.57%(RT)，秸秆还田处理玉米产量降幅低于秸秆不还田处理。

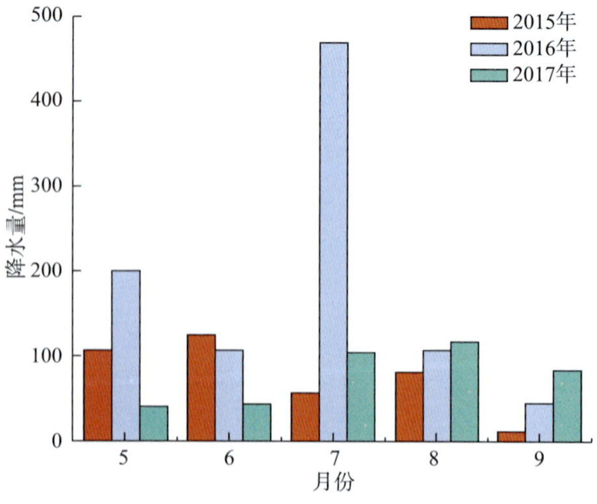

图 5-164　2015—2017 年玉米生长季降雨量

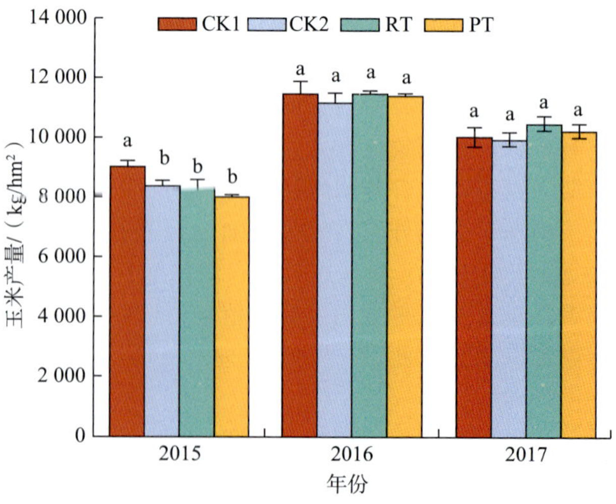

图 5-165　秸秆还田和耕作措施对玉米籽粒产量的影响

注：不同字母表示处理间在 5%水平的差异显著。

②土壤水稳性团聚体含量

土壤水稳性团聚体的组成随土层加深各粒级的团聚体呈现不同分布趋势，＞2 mm 粒径大团聚体含量随土层加深而降低，＜0.053 mm 粒径粉＋黏团聚体含量随土层加深而增加。比较不同粒径在相同土层中的质量分数发现，2～0.25 mm 粒径团聚体含量较高(66.71%～45.87%)，＞2 mm 粒径大团聚体含量较低(9.52%～1.32%)，0.053～0.25 mm 微团聚体含量在 17.92%～11.84%之间。分析不同土层可知，各土层处理间＜0.053 mm 粉＋黏团聚体含量变化趋势一致，均表现为 RT＜PT＜CK1＜CK2。在 0～20 cm 土层，RT 处理＞2 mm 粒径大团聚体和 2～0.25 mm 粒径中间团聚体含量高于 PT 处理，在 20～30 cm 土层则表现出 PT 高于 RT 处理的趋势，在 30～40 cm 土层，除大团聚体外，其他粒径水稳性团聚体含量处理间差异不显著。总体来看，在 0～40 cm 各土层内，秸秆还田处理提高了大团聚体和中间团聚体含量，降低了粉＋黏团聚体含量，表层土壤中 RT 处理效果更显著(图 5-166)。

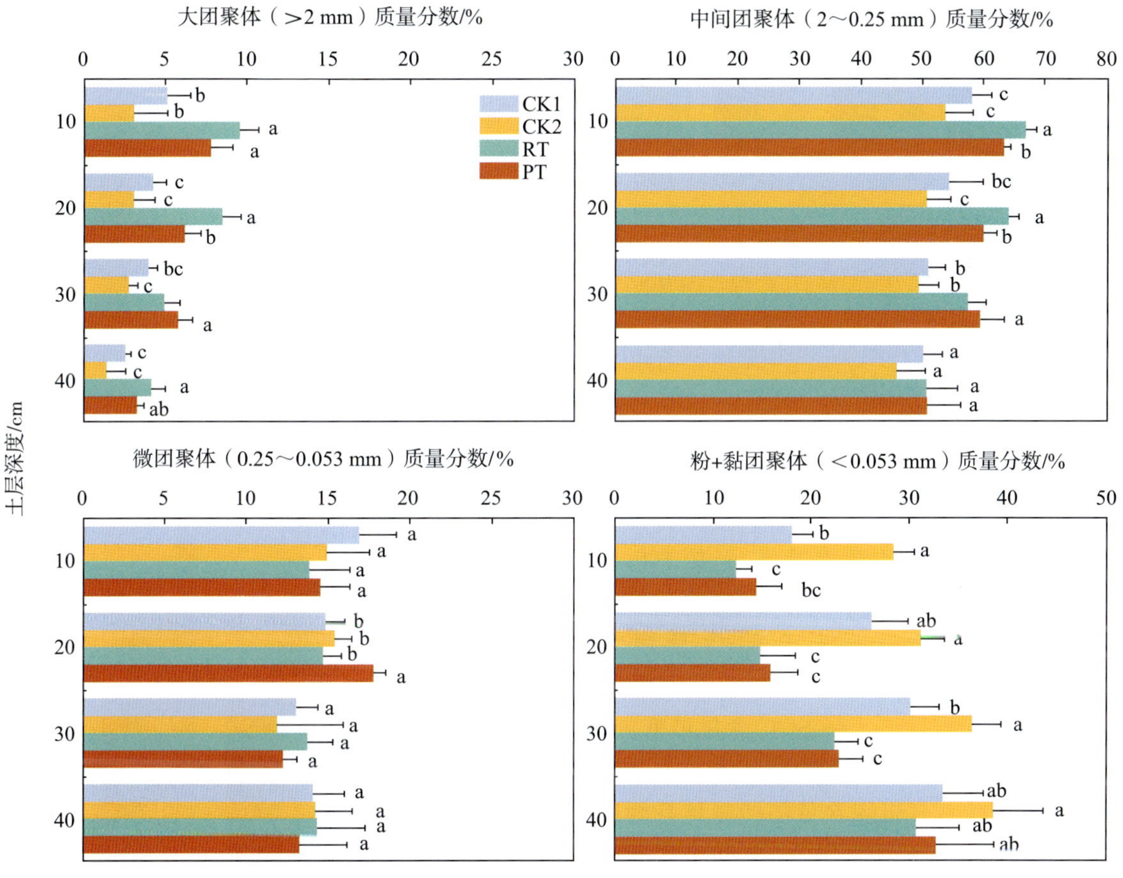

图 5-166　不同处理间土壤各粒径团聚体质量分数

注：不同字母表示处理间在 5%水平的差异显著。

③土壤水稳性团聚体稳定性

土壤团聚体平均重量直径(MWD)是衡量土壤团聚体稳定性的重要指标。由图 5-167 看出，不同处理间 MWD 均随土层加深而降低。秸秆还田处理 MWD 值高于秸秆不还田处理，秸秆不还田处理间 CK1 高于 CK2，但差异不显著($P<0.05$)，各秸秆还田处理 MWD 值在不同土层变化趋势不同，在 0～10 cm 土层中 RT 高于 PT 处理，20～30 cm 土层中 PT 显著高于 RT 处理，分别提高 16.85%和 18.29%。总体来看，在 0～20 cm 土层，MWD 值的顺序为 RT＞PT＞CK1＞CK2；在 20～30 cm 土层，PT 处理 MWD 值显著高于其他处理；而在 30～40 cm 土层，处理间无显著差异。

由图 5-168 可知，处理间土壤不稳定团粒指数（E_{LT}）变化存在差异。在 0～40 cm 土层，CK1 和 CK2 处理 E_{LT} 值高于 RT 和 PT 处理，除 RT 处理外，其余处理 E_{LT} 值均随土层深度增加而增大。在 0～10 cm 土层，E_{LT} 值大小顺序为 PT＜RT＜CK2＜CK1；在 10～20 cm 土层，CK2 处理 E_{LT} 值增大，高于其他处理；在 20～30 cm 和 30～40 cm 土层中处理间 E_{LT} 值大小顺序均表现为：RT＜PT＜CK1＜CK2。

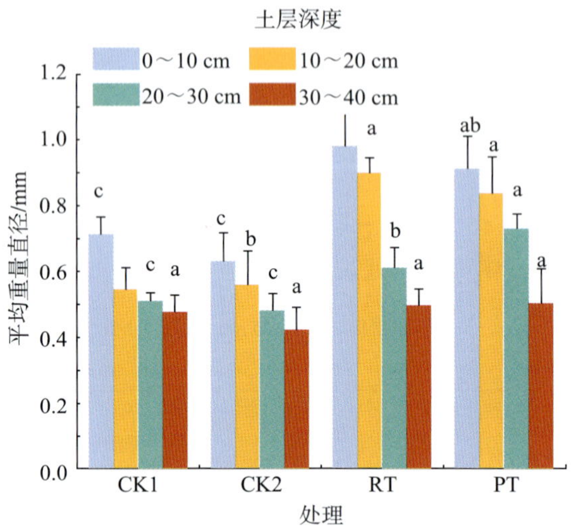

图 5-167　土壤团聚体平均重量直径（MWD）

注：不同字母表示处理间在 5%水平的差异显著。

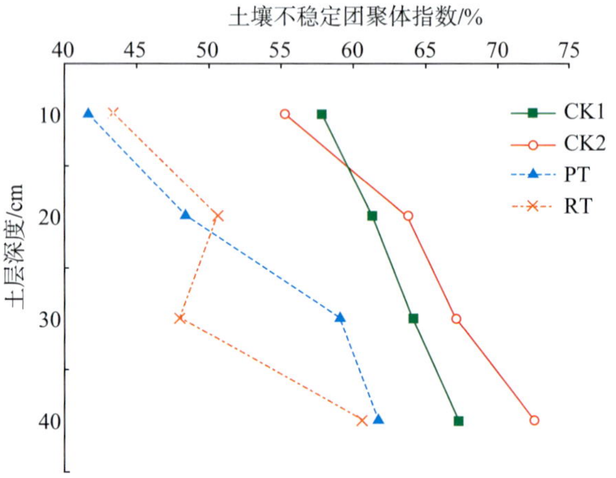

图 5-168　土壤不稳定团粒指数/%

④水稳性团聚体中 SOC 和土壤总 SOC 分布

由图 5-169 可知，秸秆还田处理显著提高了各土层的土壤总 SOC（$P<0.05$）。但秸秆还田处理 RT 和 PT 处理的 SOC 含量近似，CK1 和 CK2 的 SOC 含量差异不显著。分析各土层发现，在 0～10 cm 土层，RT 处理 SOC 含量最高，较 PT、CK1 和 CK2 处理分别提高了 5.93%、11.10% 和 15.78%。在 20～30 cm 土层，SOC 含量顺序为 PT＞RT＞CK1＞CK2。在 30～40 cm 土层，不同处理间无显著差异，且该土层 SOC 含量最低。

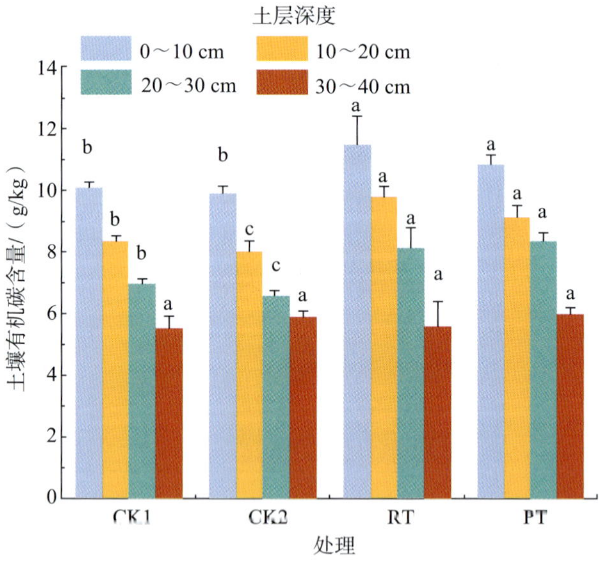

图 5-169　不同处理间各土层总有机碳含量

各处理土壤团聚体有机碳含量的变化范围是 14.69～4.50 g/kg，有机碳含量随团聚体粒级降低和土层的加深而减少（表 5-91）。不同土层各处理＞2 mm 和 2～0.25 mm 粒径水稳性团聚体 SOC 含量表现出一定差异，在 0～10 cm 土层，秸秆还田处理高于秸秆不还田处理，RT 处理显著高于 PT 处理，CK1 处理高于 CK2 处理。在 20～30 cm 土层，PT 处理 2～0.25 mm 粒径水稳性团聚体 SOC 含量增加，比 10～20 cm 土层提高 6.23%。相同耕作方式下，在 0～40 cm 各土层内 2～0.25 mm 粒径中间团聚体 SOC 含量 RT 处理显著高于 CK1 处理，增幅依次为 11.97%、8.69%、2.46%和 11.02%，PT 处理显著高于 CK2 处理，分别提高 5.06%、6.62%、32.96%和 22.85%。总体上，RT 处理提高 0～20 cm 土层内＞2 mm 和 2～0.25 mm 粒径水稳性团聚体 SOC 含量，PT 处理提高 20～30 cm 土层中2～0.25 mm 粒径团聚体 SOC 含量。

表 5-91　不同处理间土壤各粒径水稳性团聚体有机碳含量

水稳性团聚体粒径/mm	处理	土层深度/cm			
		0～10	10～20	20～30	30～40
>2	CK1	12.24c	10.99b	9.68b	7.14a
	CK2	12.42c	10.79b	10.02b	7.03a
	RT	14.69a	12.75a	11.14a	7.09a
	PT	13.24b	12.43a	11.26a	7.28a
2～0.25	CK1	11.53bc	10.47b	8.83c	6.17b
	CK2	11.05c	9.51c	8.10d	5.34c
	RT	12.91a	11.38a	9.15b	6.85a
	PT	11.61b	10.14b	10.77a	6.56a
0.25～0.053	CK1	9.83b	8.10c	6.45c	6.04ab
	CK2	9.31b	8.36c	6.33c	5.08b
	RT	10.89a	9.22a	8.40a	6.79a
	PT	10.36a	8.86b	7.27b	5.36b
<0.053	CK1	8.47a	6.21bc	5.07b	4.73a
	CK2	8.64a	5.98c	4.37c	4.50a
	RT	8.01a	7.10a	5.65a	4.52a
	PT	7.80a	6.89ab	5.55a	4.54a

注：不同字母表示相同土层不同处理达 5%水平的显著差异性。

(3)讨论

土壤团聚体是组成土壤结构的基本单位，主要由颗粒和黏合物组成，是作物高产的必要土壤条件。Sodhi 等(2009)研究发现，秸秆还田能够显著增加土壤中大团聚体的含量及其稳定性。本研究结果表明，秸秆还田处理对土壤结构改善有积极作用，秸秆还田处理可促进>0.25 mm 粒径土壤团聚体形成，其中>2 mm 粒级大团聚体增加比例最高，粉＋黏团聚体(<0.053 mm)含量降低。在 0～10 cm、10～20 cm、20～30 cm、30～40 cm 土层中，不同处理间水稳性团聚体表现出不同的分布趋势，随着土层加深，水稳性团聚体呈现逐渐向小粒级扩大的趋势，在 30～40 cm 土层中粉＋黏团聚体最多，翻耕秸秆不还田处理尤为突出。秸秆作为有机物料施入可增加微团聚体的团聚性能，利于促成小粒径团聚体聚合成大团聚体，使得秸秆还田处理大团聚体含量升高。不同耕作措施下，翻耕处理土壤扰动程度大，更容易破坏土壤团粒结构，对>0.25 mm 大团聚体破坏率最大，大团聚体破碎后直接形成小粒径团聚体，导致土壤中小粒径团聚体含量上升。土壤团聚体平均重量直径(MWD)与大团聚体含量变化规律相似，随土层加深 MWD 值变小，除 20～30 cm 土层外，其他土层土壤稳定性均表现为 RT>PT>CK1>CK2，说明秸秆还田处理不仅增加了土壤大团聚体数量，也有利于提高土壤结构的稳定性。在 20～30 cm 土层，PT 处理高于 RT 处理，这可能是因为翻耕秸秆还田处理下秸秆主要分布在 20～30 cm 土层，秸秆腐解促进土壤中产生对土壤团聚体形成十分重要的胶结物质(有机胶结物质、无机胶结物质、有机无机复合体)，此外，翻耕处理疏松深层土壤，增强根系生长及土壤微生物活性，使土层中根系分泌物和残留量提高，根系分泌物产生的高分子黏质对土壤颗粒有黏结作用，有助于大团聚体的形成和土壤结构稳定。而 CK2 处理稳定性低于 CK1 处理，说明秸秆还田对大团聚体的促进作用优于根系分泌物等的作用，改善土壤结构和培肥地力效果更显著。

土壤有机碳与土壤团聚体关系密切，土壤有机碳含量的增加主要体现在表层大粒径团聚体(>0.25 mm)有机碳增加。经过 3 年秸秆还田处理，SOC 含量在各土层中显著增加，在 0～20 cm 土层增加幅度较大，随土层加深 SOC 含量增幅下降，说明秸秆还田更利于表层土壤的改善。Barreto 等(2009)认为土壤耕层有机碳含量不仅与秸秆还田有关，还受耕作方式的影响。本研究发现，秸秆不还田情况下，翻耕处理造成土壤有机碳的降低，翻耕处理使土壤翻转，增加了土壤与外界的接触面积，加速了土壤的矿化，且常年翻耕易造成水土流失，使得土壤中的有机碳也随之流失。在秸秆还田情况下，在 0～20 cm 土层旋耕秸秆还田有机碳含量高于翻耕秸秆还田，主要是由于旋耕耕作扰动深度浅，主要疏松表层土壤，对大团聚体的破坏程度低于翻耕处理，并且土层中的秸秆可通过分解补充土壤碳库，因而旋耕秸秆还田处理土壤表层有机碳含量更高。

秸秆还田对作物产量的影响与年限直接相关，有研究表明秸秆还田初期作物籽粒产量下降了 0.6%～7.1%，但随着年限的增加籽粒产量有增产趋势(Wang et al.，2015)。但本研究中连续 3 年的玉米籽粒产量并没有随着秸秆还田年限的增加而增加，2017 年秸秆还田处理玉米产量低于 2016 年，造成这种现象的原因可能与降雨量有关，正如 Turmel 等(2015)的研究表明，分析秸秆还田处理对土壤指标及作物产量的影响时，还需考虑气候、土壤质地、试验年限和取样方法等非生物因素。2017 年，秸秆还田处理的玉米产量高于秸秆不还田处理，RT 处理高于 PT 处理，产量变化规律与土壤表层大团聚体和有机碳含量相似，可能由于玉米根系主要分布在 0～20 cm 土层内，表层土壤结构与作物产量更具相关性(李静等，2017)。经过 3 年的秸秆还田处理，虽玉米产量未逐年提升，但土壤中大团聚体和有机碳含量增多，改善了耕层土壤条件，相似降雨量年份间有一定增产效果。当年际间降雨量减少时，秸秆还田处理因土壤结构稳定，有机碳储量多，为玉米生长提供了相对良好的土壤条件，从而使得秸秆还田处理籽粒产量降幅低于秸秆不还田处理，旋耕秸秆还田处理籽粒产量降幅低于翻耕秸秆还田处理，说明在降雨量不足年份秸秆还田处理有稳产作用，旋耕秸秆还田优于翻耕秸秆还田。

(4)结论

通过 3 年的定位试验结果表明，秸秆还田有利于增加土壤中大团聚体及有机碳含量，提高土壤水稳性团聚体结构水平和稳定性，使土壤结构趋于改善。在降雨量较少年份秸秆还田处理有稳产保收作用。综合耕作因素分析旋耕后对土壤扰动幅度适中，既能疏松土壤又不易使土壤有机碳流失，表现出增产趋势。因此，在东北旱作区应推广秸秆还田处理，且在短期秸秆全层还田条件下，较适宜推广旋耕秸秆还田方式。

5.4.6 化学调控对东北春玉米高产高效的调控效应

玉米冠层结构是影响群体内光分布与光合特性的重要因素，密度显著影响冠层结构。随密度增加，植株间竞争加剧，叶片分布更加紧密，密度过高会削弱冠层中下部的光照条件，造成叶片光合能力降低，影响产量潜力的发挥。在生产中常通过调整株型和叶片的方位等来影响冠层结构，从而改善光的有效截获，提高群体生产力。研究表明，合理的宽窄行种植可以使玉米形态结构得到优化，利于光能的截获和利用；选择高矮差别大的品种或玉米与大豆间作也可以塑造良好的冠层结构，提高玉米群体光合生产效率。此外，肥料的使用也影响冠层结构。化学调控作为调节冠层结构的手段也越来越受到重视，以乙烯利为主成分的调节剂，通过调节株高、节间长度、穗位高、叶倾角等形态指标，调控玉米的冠层结构，但也严重影响了雌穗的发育，表现为穗长缩小、穗粒数降低，在风调雨顺的年份增产效果不明显。本试验设计双重化控(DCT)，即分别于 6 叶期和 9 叶期叶面喷施 ECK(主成分为乙烯利)和 PKN(主成分为细胞分裂素)，以实现抗倒伏和增产的双重效应，为东北春玉米密植群体资源高效利用栽培实践提供技术支持，并完善相关调节剂应用的理论基础。

1. 材料与设计

(1)试验设计

试验于 2012—2013 年在吉林省公主岭市中国农业科学院作物科学研究所公主岭试验站(43°29′55″N，124°48′43″E)进行。试验地耕层土壤(0～20 cm)pH 6.0，含有机质 2.62%、全氮 0.13%、速效氮

125.8 mg/kg、速效磷 24.46 mg/kg、速效钾 187.74 mg/kg。播种前基施玉米专用肥 600 kg/hm^2（N、P_2O_5、K_2O 含量分别为 26%、12%、12%），拔节期分别追施纯 N、P_2O_5、K_2O 91.5 kg/hm^2、25.5 kg/hm^2 和 48 kg/hm^2。供试品种为京单 28（JD28）和先玉 335（XY335），裂区试验设计，主区为调节剂处理（TR）和清水对照（CK），副区为密度，分别为 4.5 万（D1）、6.0 万（D2）、7.5 万（D3）、9 万（D4）和 10.5 万株/hm^2（D5），等行距种植，行距为 60 cm，3 次重复。分别于 6 叶期喷施膦酸胆碱合剂（ECK）和 9 叶期喷施聚糠萘合剂（PKN），叶面喷施，浓度均为 200 mg/kg，CK 喷施等量的清水。调控剂均由中国农业科学院作物科学研究所提供。

（2）测定项目与方法

①S 叶面积调查　于拔节后 0、10、20、35、45、70、90 d 取样，逐叶测量，叶面积＝长×宽×系数，未展开叶系数为 0.5，展开叶系数为 0.75，棒三叶为中部，其上为上部，其下为下部，所有叶片叶面积相加为该层次的叶面积（不包括已经衰老的叶片）。

②茎秆测定　于吐丝期、灌浆 20 d、灌浆 40 d、灌浆 60 d 测量多株株高、穗位高、茎节长度（棒三叶茎秆总长度为中部，其上为上部，其下为下部），取平均值。

③透光率测定　于 9 叶期、12 叶期、吐丝期、灌浆中期、成熟期，日落前后利用 LAI-2000 型冠层分析仪测定群体的基部（第 1 节间）、下部（穗下第 4 叶）、穗部、上部（穗上第 3 叶）的光分布，MTA 为平均叶倾角，以 DIFN（天空可见度）代表透光率。

④测产与考种　在每处理 3 小区中选取 15 m^2 称重计产，并选取 20 个平均穗考种，测定穗行数、行粒数和千粒重。

2. 结果与分析

（1）双重化控对春玉米不同密度群体叶面积指数（LAI）的影响

如图 5-170 所示，两个品种 LAI 随生育期呈单峰曲线变化，吐丝期达最大，且随密度增加而增加。

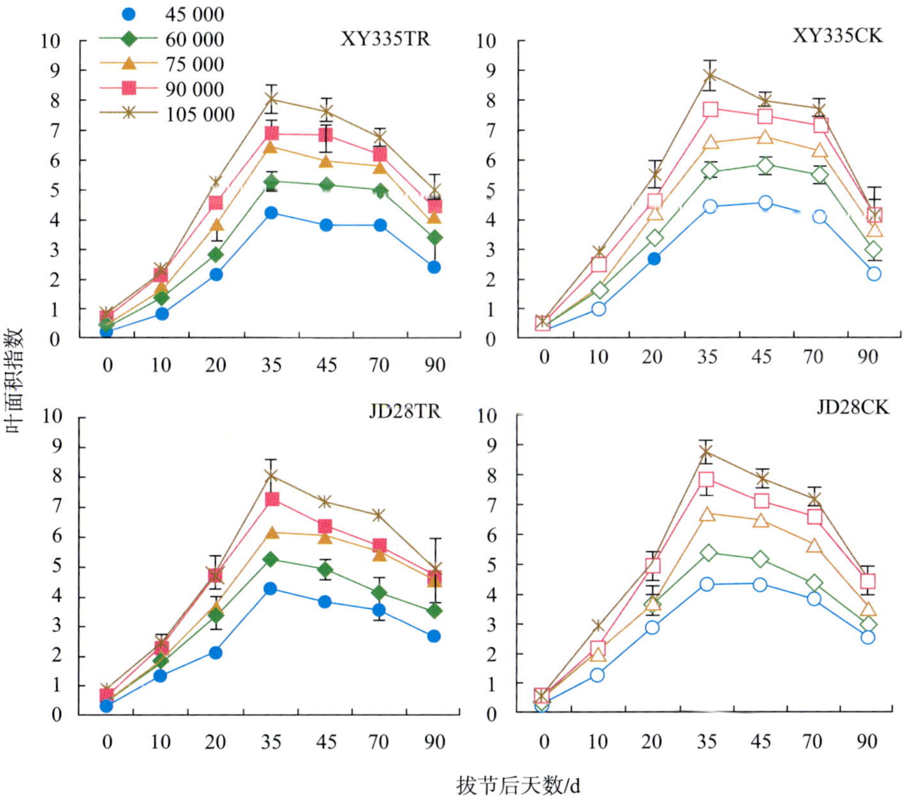

图 5-170　不同密度下叶面积指数随生育时期的变化

LAI 的衰老随密度增加而加快，从吐丝期到成熟期，JD28 减小了 1.72～4.28，XY335 减小了 2.25～4.70。双重化控处理(DCT)降低了各密度的 LAI，在吐丝期两个品种 LAI 比 CK 平均降低了 6.77%和 8.70%；JD28 在 D3～D5 密度下达显著水平，XY335 在 D4～D5 密度下达显著水平。DCT 处理延缓了 LAI 下降趋势，从吐丝期到成熟期，JD28TR 平均下降了 34.00%，XY335TR 下降了 39.41%，CK 分别下降了 44.64%和 48.4%。

(2)双重化控对春玉米不同密度群体各层次叶面积分布的影响

如图 5-171 所示，两个品种叶面积在各层次分布分别表现为 JD28 下部>中部>上部，XY335 下部>上部>中部。相同部位间比较，随密度的增加，两个品种下部百分比先降后升，中部上升，上部先升后降，D3 密度是下部和上部叶面积百分比的转折点。DCT 降低了下部叶面积百分比，提高上部叶面积的百分比，中部变化不明显；下部叶面积降幅 JD28 为 1.55%～5.57%，XY335 为 2.74%～6.18%；上部叶面积增幅 JD28 为 1.17%～6.18%，XY335 为 2.47%～6.50%，均在 D4～D5 密度达显著水平。

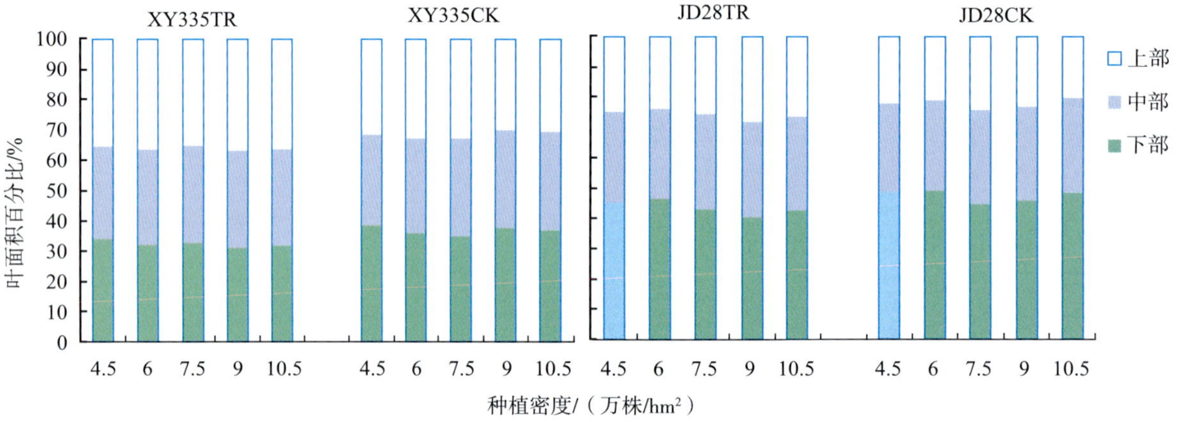

图 5-171　吐丝期不同层次叶面积百分比的变化

(3)双重化控对春玉米不同密度群体平均叶倾角(MTA)的影响

如图 5-172 所示，两个品种 MTA 均表现为上部>中部>下部>基部，且各层次 MTA 随密度的增加而增大。DCT 处理降低低密度(D1～D2)的 MTA，增大高密度(D3～D5)的 MTA；低密度下，JD28 降幅为 0.63%～6.087%，XY335 降幅为 1.84%～5.56%；高密度下，JD28 增幅为 2.92%～6.63%，XY335 增幅为 2.10%～6.22%。

(4)双重化控对春玉米不同密度群体茎秆分配的影响

①株高和穗位高　如图 5-173 所示，JD28 的株高和穗位高均随密度的增加而升高，到 D4 密度达显著水平；XY335 株高随密度没有显著变化，穗位高到 D4 密度显著升高。DCT 处理显著降低两个品种穗位高，JD28 穗位高降低 5.39%～7.16%，XY335 降低 3.78%～8.48%，对株高没有明显影响。

②穗高系数　如图 5-174 所示，随密度的增加，穗高系数逐渐升高，JD28 升高 9.03%，XY335 升高 13.37%。DCT 处理降低了两个品种的穗高系数，JD28 降低了 2.64%～6.14%，D3～D5 密度达显著水平；XY335 降低了 4.14%～8.86%，均达显著水平。

③各层次茎节长度　如图 5-175 所示，随密度增加，两个品种中、下部茎节增长，上部茎节缩短，D1 与 D4、D5 密度差异显著。DCT 处理显著缩短下部茎节，拉伸上部茎节(JD28 的 D1～D2 密度除外)，中部变化不明显；下部降幅 JD28 为 6.19%～12.49%，XY335 为 5.74%～8.48%；上部增幅 JD28 为 8.87%～11.22%，XY335 为 7.52%～10.30%。

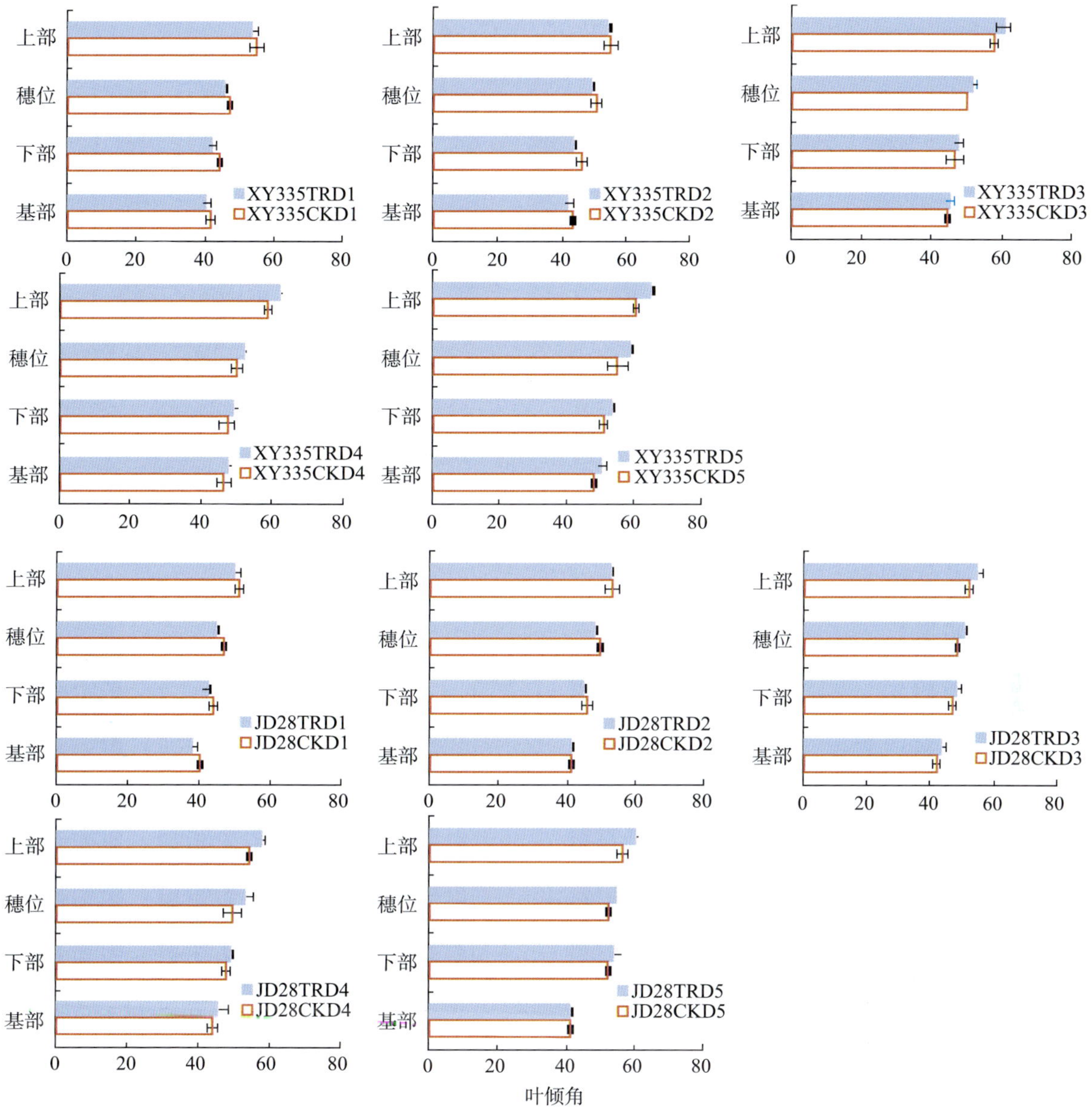

图 5-172　吐丝期不同部位叶倾角的变化

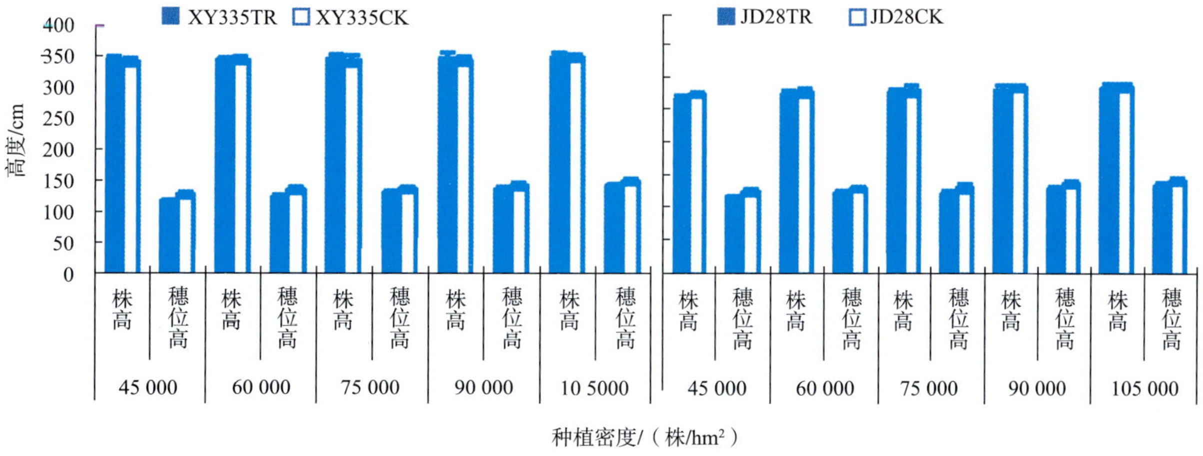

图 5-173　吐丝期不同密度下株高和穗位高的变化

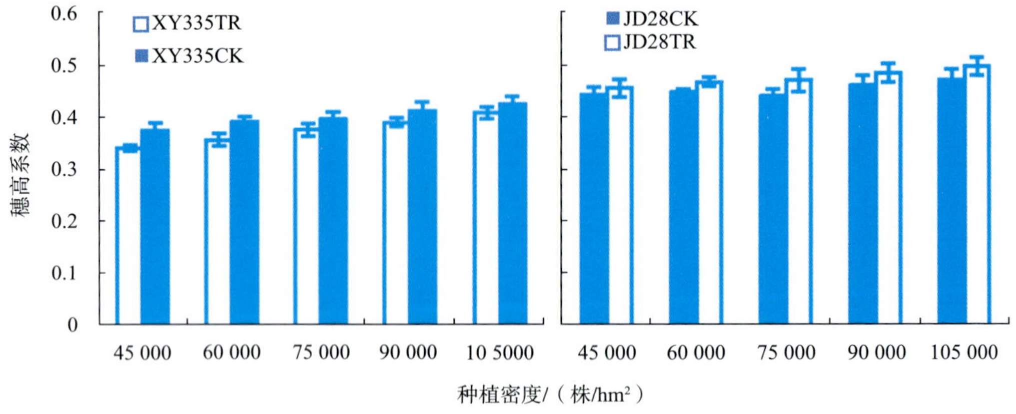

图 5-174　吐丝期不同密度下穗高系数的变化

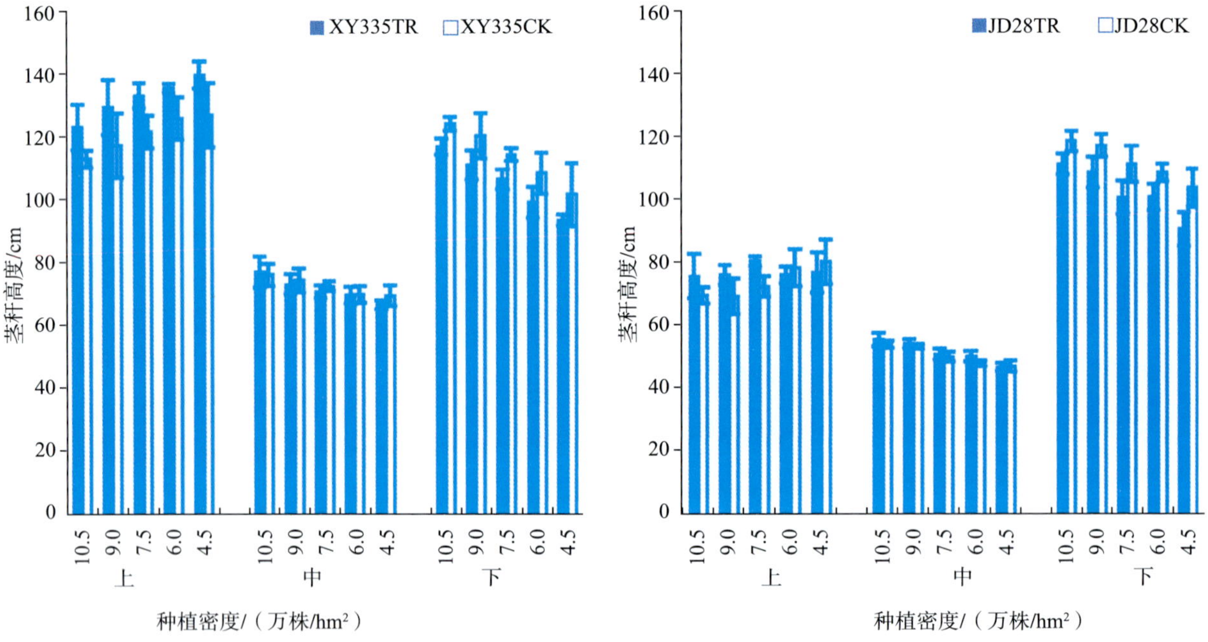

图 5-175　吐丝期不同密度下茎秆高度的变化

(5)双重化控对春玉米不同密度群体透光率的影响

如图 5-176 所示，两个品种各层次透光率均随密度增加而降低。在整个生育期中，吐丝期最低，灌浆中期回升；冠层内表现为上部＞中部＞下部＞基部。DCT 处理提高了两个品种各层次的透光率，在吐丝期，JD28 基部、下部、穗部和上部分别提高了 9.50％～30.30％、7.39％～26.83％、8.16％～39.22％和 4.63％～22.60％；XY335 分别提高了 12.50％～33.33％、3.54％～16.36％、12.53％～39.34％和 5.17％～21.67％。

(6)双重化控对春玉米不同密度群体产量的影响

如图 5-177 所示，两个品种产量均随密度增加而先增后降，在 D3 密度达到最高，显著高于其他密度(D4 除外)。DCT 处理提高两个品种各密度的产量，且随密度增加，增幅也增大，JD28 在 D1～D5 密度下分别增加 2.46％、4.31％、9.76％、13.00％和 12.25％；而 XY335 则分别增加 2.04％、3.93％、10.95％、11.97％、12.08％，其中，在 D3～D5 密度差异达显著水平。

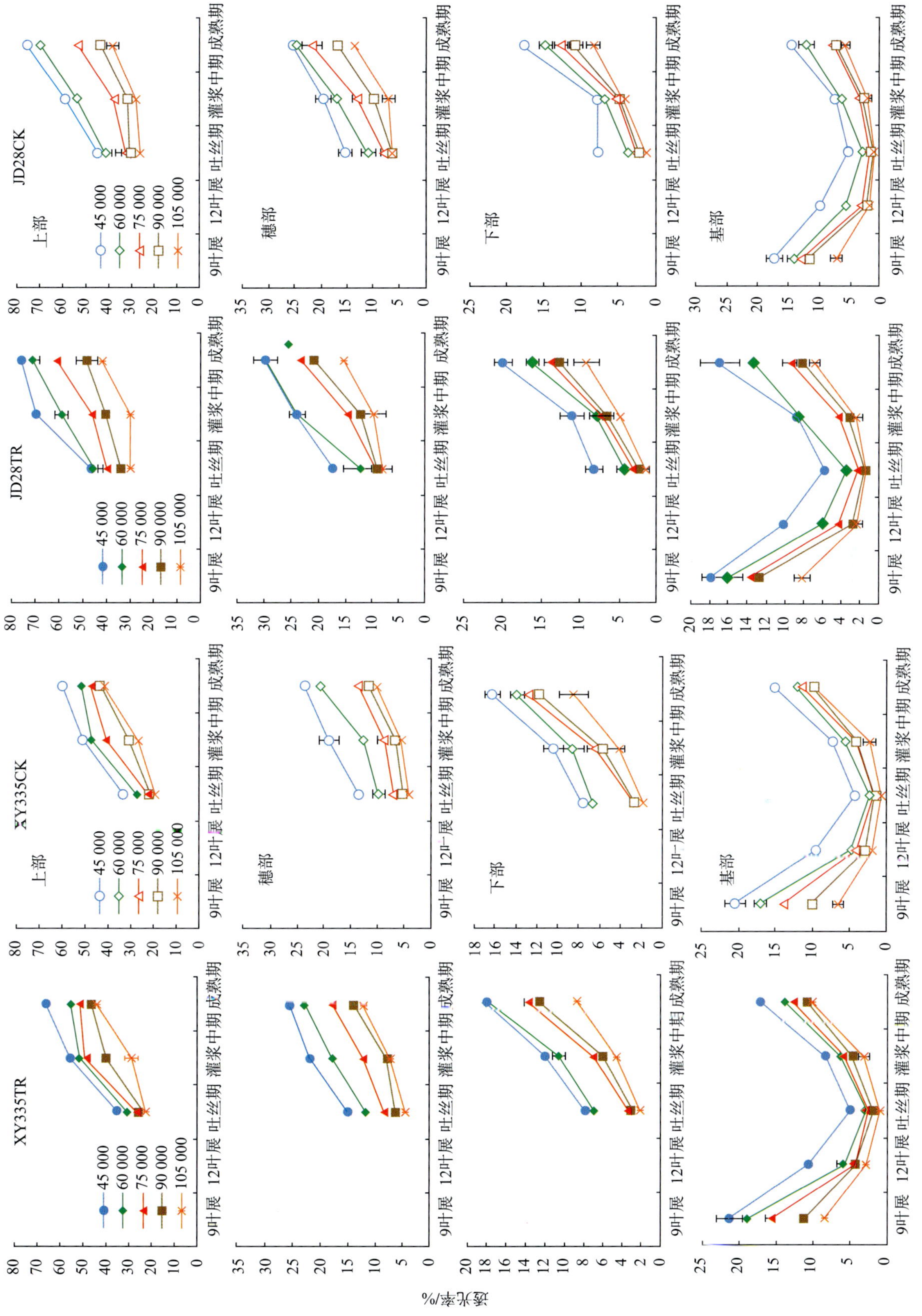

图 5-176　不同密度下透光率的变化

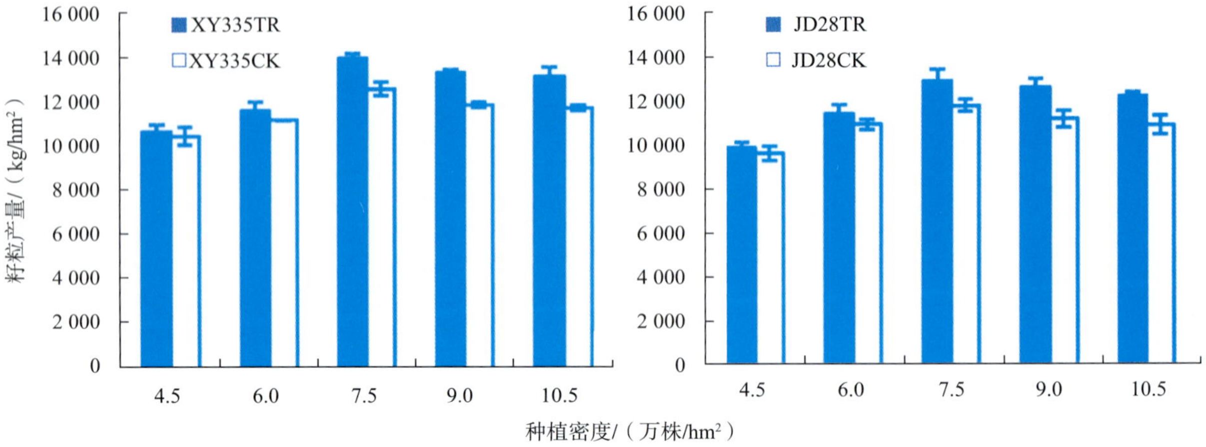

图 5-177　不同密度下玉米产量的变化

3. 结论与讨论

叶片在冠层中的分布是反映作物冠层结构性能的重要指标，穗下叶片出叶早、快，衰老也快，特别是高密度下，生育后期衰老现象更加明显。本研究表明，在 D1～D3 密度范围内，随密度增加，JD28 和 XY335 穗下叶面积比例降低，穗上叶面积比例增加，有利于提高下层的通风性，以防止下层叶片的早衰，同时有利于上层光的截获，充分利用光能；当密度超过 D3 时，穗下叶面积比例增加，穗上叶面积比例反而下降，可能是由于高密度下植株单株生产力较小，光合产物无法满足上部叶片生长。双重化控降低了 LAI，透光率提高，同时显著降低了 D4～D5 密度的下部叶面积比例，提高了上部叶面积比例，这样就提高了下部的通透性，避免了密植条件下底层叶片光照不足而早衰，该结果与黄收兵等(2012)的结果有差异，这可能与化控剂成分不同有关，与郝梦波等(2010)的剪叶试验结论相符合。化学调控剂对冠层有较好的调控效果，如改变株高、穗位高、叶夹角等使光照在冠层内合理分布，使穗位层的光照截获能力增强，同时提高玉米抗倒伏的能力。本研究采用双重化控手段，两个品种穗位高及穗下节间缩短，穗上节间拉伸，这样改善了中上部冠层结构，使群体在高密下透光良好，而且穗位高的降低能有效防止茎秆的倒伏；另一方面，DCT 处理降低低密度(D1～D2)下 MTA，有助于充分利用光能；增大高密度(D3～D5)下 MTA，有利于通风透光，防止下部叶片的衰老。一般来说，产量随密度增加而增加，但是密度增加到一定程度时单株性能变差，当密度增加所带来的正效应小于单株产量下降所带来的负效应时，产量就会下降。本试验结果 JD28 和 XY335 产量均在 D3 密度最高，分别为 11 929 kg/hm² 和 12 679 kg/hm²。DCT 处理显著提高行粒数、千粒重，降低了由于密度增加带来的负效应，显著提高了高密度(D3～D5)的产量，两个品种增幅分别为 9.76%～13.00% 和 10.95%～12.08%。DCT 处理改善玉米冠层结构、提高产量的原因可能为 ECK 在拔节时喷施，可以矮化穗位，提高玉米抗倒能力，同时降低下部叶面积，改善冠层内的光分布，但若使用不当，极易缩穗，造成减产；PKN 在穗分化期喷施，可以达到扩穗的作用，同时可以延缓叶片的衰老，维持叶片较高的光合持续期，使玉米叶片的光合产物能够大量转移到籽粒中去，从而提高玉米的产量。

5.4.7　东北春玉米高产高效的模式集成与验证

1. 高产高效模式集成

(1)“两增两改三优化”的增产增效耕作栽培调控方向

为实现东北玉米大面积增产增效，课题组集成了耕作、栽培、土壤、肥料、品种、化控等多学科技术，提出了区域“两增两改三优化”的耕作栽培技术方向，即“两增”，合理增加种植密度构建密植高产群体，增施有机物料(秸秆、有机肥)，构建合理耕层；“二改”，改垄作为少免耕，改化肥表施为侧深施肥，构建合理根层;“三优化”,化肥分次施用,优化养分供应;双重化学调控,优化冠层功能;适期补充灌溉,优化水肥利用。

(2)区域高产高效的耕作栽培技术模式集成

针对东北高产高效的主要限制因素,在明确总体耕作栽培突破途径与方向的基础上形成了技术突破方向,即通过采用群体管理技术(构建密植群体,拔节期化控壮秆强根,花后化控抗倒延衰,促进籽粒灌浆)、耕层管理技术(秋整地春平播,拔节期深松(30～35 cm)、水肥管理技术(基肥施用 33%,拔节期深施肥 33%,花后深施肥 33%,并适期补充灌溉)等措施解决了耕层浅实、春夏季易干旱及土壤供肥能力差等问题。

2. 高产高效模式的产量效应

(1)试验设计

试验开始于 2009 年,在吉林公主岭和黑龙江哈尔滨长期定位试验基地进行,试验设置 4 个处理,分别为农户模式,再高产模式,高产高效模式,再高产高效模式,其中农户模式(FM)是在调查当地农户习惯种植的各项生产管理措施上设置的,再高产模式(HY)是提高产量 30%的目标设置的,高产高效模式(OPT)是在农户模式的基础上,考虑能否通过对现有技术进行优化组合设计的,目标是提高粮食产量和氮肥利用效率,同时降低温室气体排放;再高产高效模式(CSA)的目标是提高粮食产量,增加土壤固碳量,同时降低农田土壤温室气体排放(表 5-92)。试验采用随机区组设计,每个处理 4 次重复,共 16 个小区,小区面积 6 m×23 m=138 m^2。

表 5-92　吉林公主岭和黑龙江哈尔滨不同种植方式田间管理措施

项目	农户模式	高产模式	高产高效模式	再高产高效模式
公主岭				
种植密度/(株/hm^2)	50 000	60 000	70 000	70 000
种植品种	先玉 335	中单 909	中单 909	中单 909
耕作技术	春整地	春整地	春整地	秋整地+苗期行间深松 35 cm+中耕深松 35 cm
	氮、磷、钾	氮、磷、钾	氮、磷、钾、中微肥	氮、磷、钾、中微肥、有机肥
肥料运筹/(kg/hm^2)	N 300、P_2O_5 90、K_2O 90	N 300、P_2O_5 120、K_2O 120、中微肥 97.5	N 195、P_2O_5 90、K_2O 90、中微肥 75	N 195、P_2O_5 90、K_2O 90、中微肥 75、有机肥 1 500
	底肥一次施入	N、P、K:基-追,中微肥基肥	N、P、K:基-追-追,中微肥基肥	N、P、K:基-追-追,中微肥、有机肥基肥
灌溉	无	生育后期全垄灌溉	生育后期隔垄灌溉	生育后期隔垄灌溉
化学防控	无	花前花后双重化控	花前花后双重化控	花前花后双重化控
病虫害防治	赤眼蜂	赤眼蜂+白僵菌	赤眼蜂+白僵菌	赤眼蜂+白僵菌
哈尔滨				
种植密度/(株/hm^2)	48 000	67 500	75 000	75 000
种植品种	军单 28	先玉 335	先玉 335	先玉 335
耕作技术	春整地	春整地	春整地+苗期行间深松 35 cm+中耕深松 35 cm	秋整地+苗期行间深松 35 cm+中耕深松 35 cm

续表 5-92

项目	农户模式	高产模式	高产高效模式	再高产高效模式
肥料运筹/(kg/hm^2)	氮、磷、钾	氮、磷、钾	氮、磷、钾	氮、磷、钾、有机肥
	N 228、P_2O_5 60、K_2O 60	N 228、P_2O_5 60、K_2O 60	N 168、P_2O_5 50、K_2O 90	N 168、P_2O_5 50、K_2O 90、有机肥 1 000
	底肥一次施入	N、P、K：基-追	N、P、K：基-追-追	N、P、K：基-追-追，中微肥、有机肥基肥
灌溉	无	无	无	无
化学防控	无	花前花后双重化控	花前花后双重化控	花前花后双重化控
病虫害防治	赤眼蜂	赤眼蜂＋白僵菌	赤眼蜂＋白僵菌	赤眼蜂＋白僵菌

(2)结果与分析

各管理模式下春玉米产量变化如表 5-93 和表 5-94 所示，公主岭和哈尔滨试验点 2015—2018 年产量变化趋势一致。与农民习惯模式相比，高产模式、高产高效以及再高产高效管理模式产量均有不同程度的提高，春玉米产量均表现为 CSA＞SH＞OPT＞FM，4 年结果表明，再高产高效模式(CSA)春玉米产量显著高于农民习惯模式(FM)，公主岭和哈尔滨春玉米平均增产 32.2%和 19.5%。各管理模式下春玉米氮肥利用效率存在差异。2015—2018 年春玉米氮肥利用效率变化趋势存在差异，与农民习惯模式相比，其余各管理模式 PFP 均有不同程度的提高，春玉米 PFP 均表现为 CSA＞OPT＞SH＞FM，4 年结果表明，再高产高效模式(CSA)春玉米 PFP 均显著高于农民习惯模式(FM)。

表 5-93　公主岭不同管理模式下产量及氮肥生产效率

年份	处理	播种密度/(万株/hm^2)	产量/(t/hm^2)	增产/%	施 N 量/(kg/hm^2)	氮肥生产效率/(kg/kg)	增效/%
2015	FM	5.00	9.0	—	300	30.0	—
	OPT	6.00	12.7	41.4	195	65.1	117.1
	SH	7.00	12.0	33.3	300	40.0	33.3
	CSA	7.00	12.8	42.2	195	65.6	118.8
2016	FM	5.00	11.0	—	300	36.7	—
	OPT	6.00	13.8	25.5	195	70.8	93.0
	SH	7.00	14.0	27.3	300	46.7	27.2
	CSA	7.00	14.6	32.7	195	74.9	104.1
2017	FM	5.00	10.6	—	300	35.3	—
	OPT	6.00	12.6	18.9	195	64.6	82.9
	SH	7.00	13.4	26.4	300	44.7	26.4
	CSA	7.00	13.1	23.6	195	67.2	90.1
2018	FM	5.00	9.6	—	300	32.0	—
	OPT	6.00	11.7	21.9	195	60.0	87.5
	SH	7.00	11.9	24.0	300	39.7	24.0
	CSA	7.00	12.5	30.2	195	64.1	100.3

注：FM 为农户模式，OPT 为高产高效模式，SH 为再高产模式，CSA 为再高产高效模式。

表 5-94　哈尔滨不同管理模式下产量及氮肥生产效率

年份	处理	播种密度 /(万株/ hm^2)	产量 /(t/hm^2)	增产/%	施 N 量 /(kg/hm^2)	氮肥生产效率 /(kg/kg)	增效/%
2015	FM	4.53	10.6	—	228	46.5	—
	OPT	5.94	11.0	3.7	168	65.5	40.8
	SH	5.60	11.3	6.6	228	49.6	6.6
	CSA	6.37	11.4	7.5	168	67.9	46.0
2016	FM	4.53	10.1	—	228	44.3	—
	OPT	5.94	11.5	13.9	168	68.5	54.5
	SH	5.60	11.6	14.9	228	50.9	14.9
	CSA	6.37	12.3	21.8	168	73.2	65.3
2017	FM	4.53	10.6	—	228	46.5	—
	OPT	5.94	12.4	17.0	168	73.8	58.8
	SH	5.60	11.5	8.4	228	50.4	8.5
	CSA	6.37	13.1	23.6	168	78.0	67.8
2018	FM	4.53	10.9	—	228	47.8	—
	OPT	5.94	12.8	17.4	168	76.2	59.4
	SH	5.60	13.7	25.7	228	60.1	25.7
	CSA	6.37	13.6	24.8	168	81.0	69.3

(3)讨论与结论

挖掘作物产量潜力是实现作物高产高效的前提，而目前为提高粮食产量，农民普遍采用的措施就是盲目增加化学肥料的投入。高产高效模式和再高产高效模式在减少氮肥施用量的基础上，增加了拔节期追肥，增加了有效穗数和穗粒数，提高了肥效和产量。通过优化栽培技术，使用抗逆、耐密和广适的优良杂交种，合理增加种植密度，培肥地力，氮磷肥配合施用，氮肥分次施用，可实现玉米产量和水肥利用效率同时提高 10%～15%。本研究结果表明高产高效模式较其他模式相比，虽然实现了氮肥的高效利用，但产量并未达到最大，而再高产高效模式虽然较高产高效模式产量有所提高，但氮肥利用效率并未达到最大。

高产高效可持续模式的产量与氮肥利用效率与农户模式相比显著提高，基本实现增产增效 30%～50%的目标，综合其栽培耕作途径，主要存在以下经验：一是采用耐密品种，合理增加种植密度，适时播种，保证苗齐苗壮；二是肥料分次深施，保障玉米养分需求与供应相匹配；三是化学防控，优化玉米冠层结构，促进玉米个体生产水平；四是增施有机肥，进行苗期玉米深松，改善土壤结构，保障玉米根系生长，实现玉米地上地下协调生长。总之，高产高效持续模式还有增产潜力，如能进一步了解密植下玉米个体生产力的保持机制及其调控途径，可为玉米持续增产提供借鉴。

3. 高产高效模式的环境效应

(1)试验设计

试验于 2009 年在吉林公主岭长期定位试验基地进行，于 2017 年和 2018 年进行取样。试验设置 4 个处理，分别为农户模式、再高产模式、高产高效模式、再高产高效模式，其中农户模式(FM)是在调查当地农户习惯种植的各项生产管理措施上设置的，再高产模式(HY)是提高产量 30%的目标设置的，高产高效模式(OPT)是在农户模式的基础上，考虑能否通过对现有技术进行优化组合设计的，目标是提高粮食产量和氮肥利用效率，同时降低温室气体排放；再高产高效模式(CSA)的目标是提高粮食产量，增加土壤固碳量，同时降低农田土壤温室气体排放。试验采用随机区组设计，每个处理 4 次重复，共 16

个小区，小区面积 6 m×23 m=138 m^2。

(2)结果与分析

土壤 N_2O 的产生主要是在微生物的参与下，通过硝化和反硝化作用完成的。这些过程受土壤通气状况、土壤水分、温度和土壤氮含量等的影响。从图 5-178 可以看出，2016 年和 2017 年不同处理土壤 N_2O 排放通量有一定的差异；N_2O 排放通量随不同生长季节的变化而变化，播种后 N_2O 的排放通量长时间处于较低的水平，但随着时间的增加，到拔节期追肥后达到最高峰值，最大为高产高效模式(CSA)，可能是由于刚追施氮肥，土壤中的硝态氮和铵态氮含量比较大，有利于形成 N_2O；随后土壤 N_2O 排放通量迅速下降，到成熟期，不同处理土壤 N_2O 排放量均最低，各处理无差异。总体上看，土壤 N_2O 排放量主要集中在玉米拔节期—灌浆期。两年研究发现土壤 N_2O 排放量在农户模式下一直处于较低的水平，该处理土壤 N_2O 排放量没有随生长季节的变化而变化；与农户模式相比，高产高效模式(OPT)和再高产高效模式(CSA)显著增加了土壤 N_2O 的排放($P<0.05$)，过量使用有机肥会导致土壤 N 素的大量积累。

不同施肥模式 CH_4 排放通量均随时间表现出明显的变化(图 5-178)，通量值有正有负，表明土壤既有 CH_4 的排放，也有对 CH_4 的吸收，但对于旱田玉米以吸收为主。在苗期，CH_4 的净吸收量处于较低的水平，在拔节期—灌浆期，CH_4 的吸收量达到峰值。拔节期后各施肥处理 CH_4 排放通量基本稳定。不同施肥处理对 CH_4 累积排放的影响有差异。再高产高效模式(CSA)处理土壤 CH_4 净吸收量较高，农民习惯模式(FM)处理土壤 CH_4 净吸收量最低。

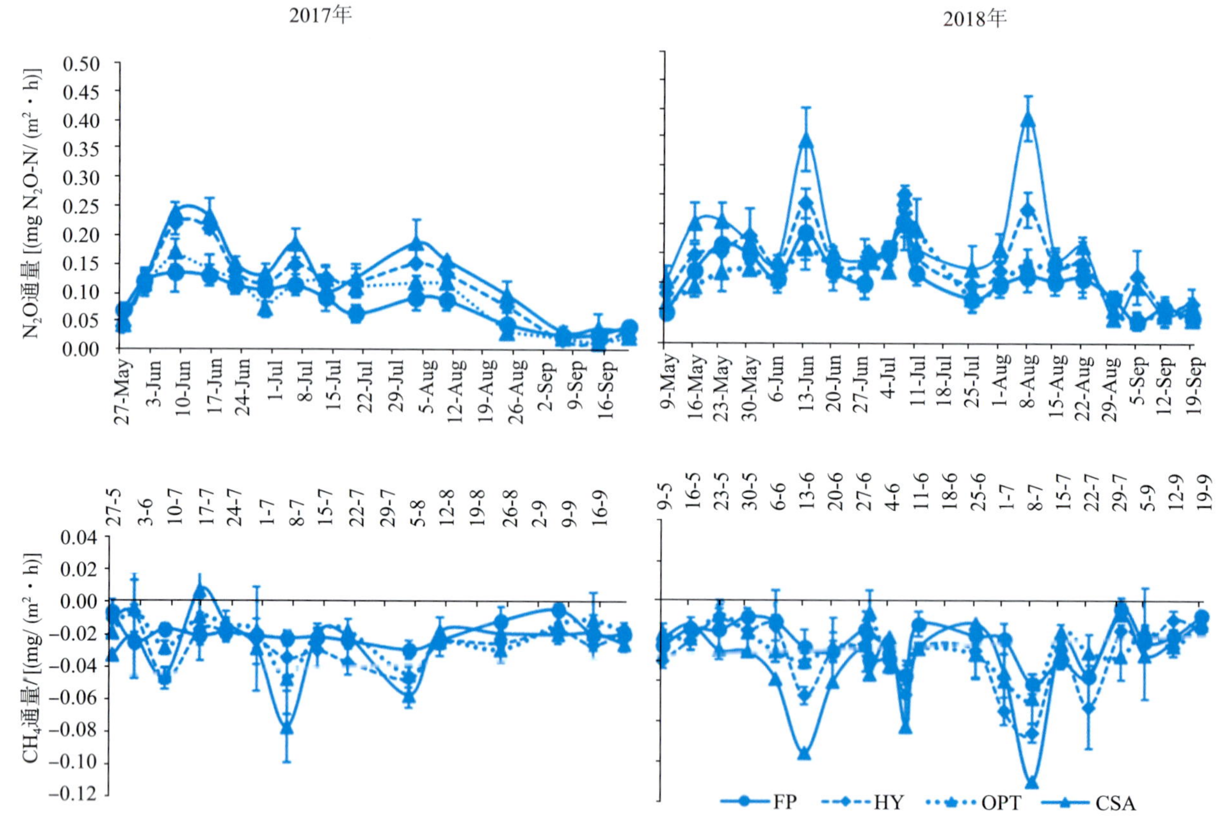

图 5-178　不同管理模式下 N_2O 和 CH_4 排放通量的季节变化

进一步比较不同管理模式下的综合温室效应(图 5-179)。在各处理中，再高产高效模式(CSA)处理综合温室效应贡献最大；高产高效模式(OPT)处理综合温室效应最小。2016 年与农户模式(FM)比较，再高产模式和再高产高效模式综合温室效应(global warming potential，GWP)分别增加了 25.2%和

44.6%，表现为差异显著性，高产高效模式综合温室效应提高了 1.3%；但与农户模式相比差异不显著。2017 年与农户模式（FM）比较，再高产、高产高效模式和再高产高效模式综合温室效应分别增加 31.5%、16%和 18%，再高产模式和再高产高效模式与农户模式相比差异显著。

在产量差异明显的情况下，GHGI（greenhouse gas intensity）呈现出和 GWP 不一样的变化趋势。比较不同施肥处理下温室气体的排放强度（GHGI）可以发现，2016 年和 2017 年 GHGI 变化趋势一致，与农户模式相比，再高产模式和高产高效模式的排放强度均增加但未表现出显著性差异，再高产高效模式两年分别增加 12.2%和 12.8%。排放强度（GHGI）是由 GWP 和产量共同决定的。从产量提高和减排角度考虑再高产高效模式在东北黑土区的推广应用是可行的。

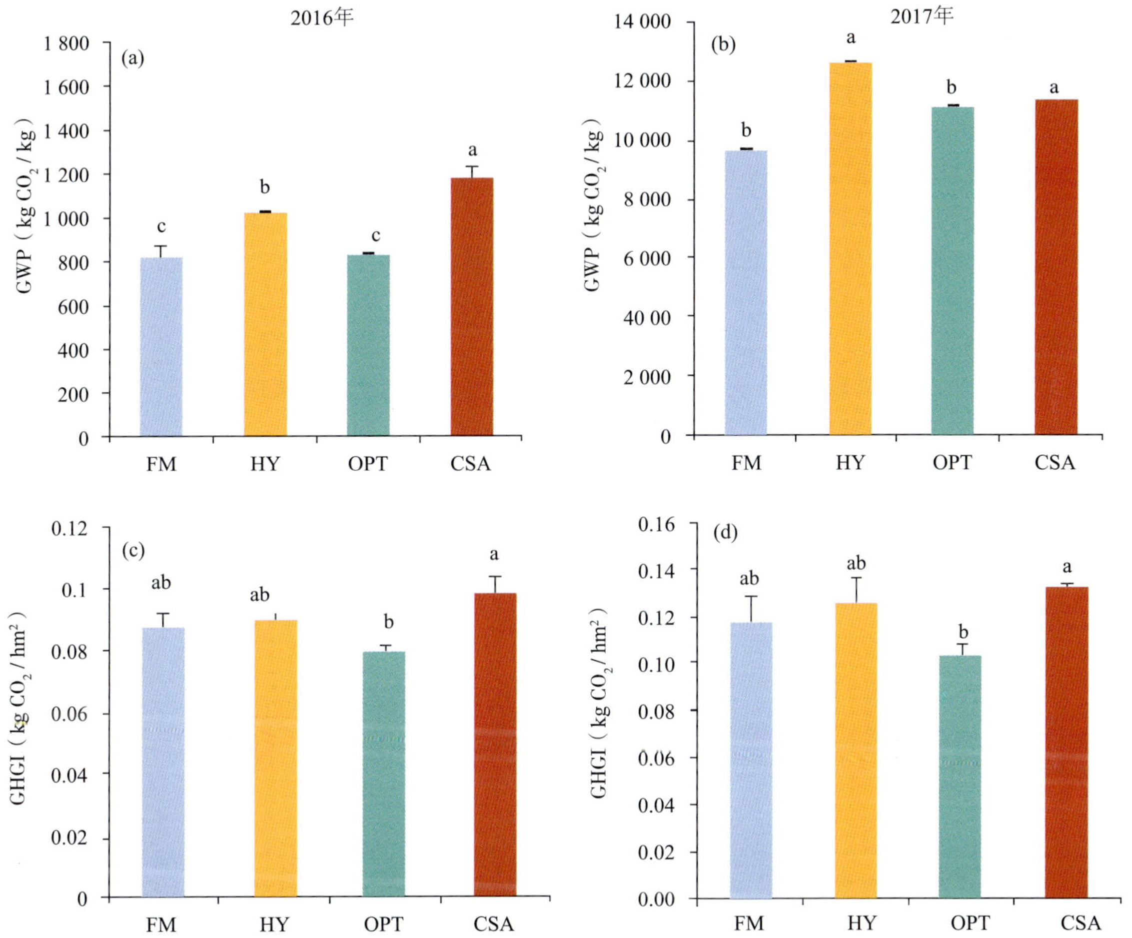

图 5-179　不同管理模式下的综合温室效应和排放强度

（3）讨论与结论

本文所提供的数据表明，管理模式的优化能够通过改变种植密度、耕作方式、施肥方式等来提高玉米产量，降低玉米农田温室气体排放。前人研究结果表明农业生产的投入（氮肥等）、储存和运输造成的温室气体排放占总排放的比例范围在 45.0%～54.6%之间（Song et al.，2019）。在这些农业投入因素中，氮肥施用最为重要，表明大幅度降低氮肥施用量可以显著降低温室气体排放。Song 等（2019）的研究结果表明，适度施用氮肥，与农户模式相比，OPT 和 CSA 体系比 FM 体系可减少温室气体排放。Mosier 等（2006）的研究结果也表明通过调节管理措施可以减少 10%～30%的温室气体。本研究结果表明在大田试验中，由于施肥和耕作措施，OPT 和 CSA 体系的温室气体排放高于 FM 体系。然而，与 FM 体系下施用氮肥相比，高产高效模式（OPT）和再高产高效模式（CSA）体系下土壤沉降导致的温室气体排放增加对温室气体排放总量的影响较小。从产量和温室气体排放两方面因素考虑，CSA 模式和 OPT 模式更适合东北玉米的生产。另外，玉米农田温室气体排放与柴油燃烧和机械使用有关，平均占温室气体排放总量的 21.3%，不同的农作管理造成的温室气体排放在 15.4%～26.5%之间。除了施氮量，其他影响农业系统中 N_2O 排放的因素包括土壤特性、种植模式、耕作方式和天气条件（Wang et al.，2018）。然而，在这种综合农艺管理体系下，如何确定耕作方式、土壤性质和其他因素对土壤 N_2O 排放的影响是一个挑战。

4. 高产高效模式的主要特征

（1）干物质

不同管理模式干物质积累量如图 5-180 所示，与农户模式相比，再高产模式、高产高效模式干物质积累均高于农户模式，从生长发育阶段来看，这种差异主要表现在吐丝之后，但这些模式之间差异不显著。干物质是产量形成的物质基础，干物质积累是以遗传特性为基础，受生态环境和栽培技术的共同影响，表现为干物质的生产和积累，玉米生产的实质就是其干物质积累的过程。玉米籽粒产量来源于两部分的干物质：一部分是玉米开花后干物质的积累，另一部分是开花前玉米植株暂时贮藏在营养器官中的干物质向籽粒的转移，玉米籽粒产量形成的实质就是干物质的积累与转运。本研究中，玉米干物质积累表现为再高产高效模式的较高，是其较农户种植模式增产的重要物质基础和生理原因，也是实现玉米高产高效的生理基础。

（2）植株养分含量

从收获后植株地上部分的养分含量来看，再高产高效模式的地上部氮素吸收量显著高于农户模式，略高于高产模式和高产高效模式，无显著性差异（图 5-181）。

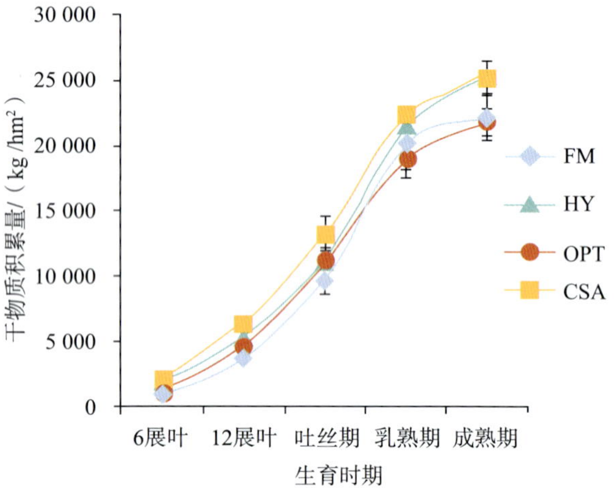

图 5-180　不同管理模式下干物质积累量（2016 年）

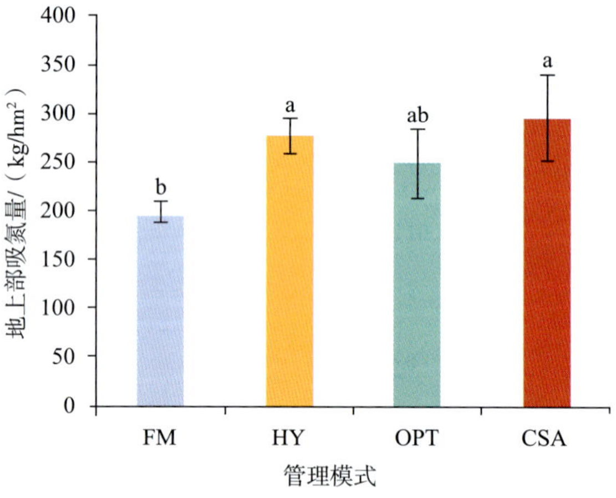

图 5-181　不同管理模式下地上部氮素吸收量（2016 年）

（3）土壤速效氮含量

氮肥在施入土壤后，其转化与运移是十分复杂的物理-化学-生物学的过程。而 NH_4^+-N 在土壤剖面中的分布更直接地决定于作物生长、气候条件、灌溉方式以及土壤性质等因素。王西娜等认为土壤铵态氮的数量不因种植与否而异，只是随时间变化存在高低变化。试验结果表明（图 5-182），不同土层深度及栽培模式下，土壤表层，即 0～20 cm 土层深处，各处理土壤铵态氮含量表现为再高产＞农户模式＞高产高效＞再高产高效＞无肥区，除前三者铵态氮含量呈现出“上高下低”的趋势外，再高产高效在 20～40 cm、40～60 cm 土层深处表现为土壤铵态氮含量远远低于同土层深度其他栽培模式。

土壤中硝态氮含量的高低不仅取决于土壤中氮素的多寡，还受到诸多其他因素的影响，如土壤的氧化还原条件，土壤的水分含量和土层深度都是影响其含量的重要因素。土壤中 NO_3^--N 易随水移动，如果向下淋移出土体，不仅会造成 N 素肥料的损失，同时也污染地下水，对环境及人畜健康造成危害。全世界施入土壤中的氮肥，有 10%～40%经土壤淋溶进入地下水。国内外相关研究均表明，化肥使用与浅层地下水 NO_3^--N 浓度升高具有明显的相关性。从图 5-183 可见，不同栽培模式的土壤硝态氮含量均呈现出“上高下低”的趋势，即具有表聚特点，0～60 cm 土层的土壤硝态氮更易变化，随着土层深度的不断加深，其各处理的土壤硝态氮含量亦逐渐趋于平缓，其中，再高产表层土壤硝态氮含量最高。

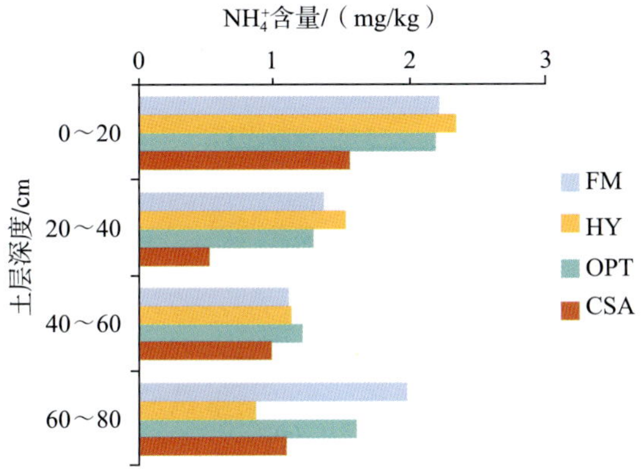

图 5-182　不同管理模式下剖面土壤的铵态氮含量

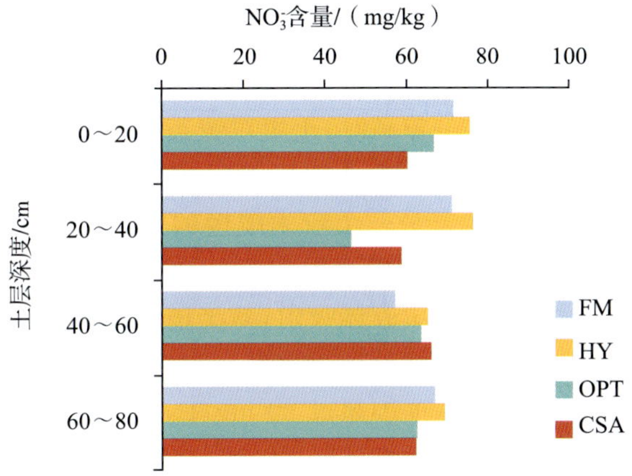

图 5-183　不同管理模式下剖面土壤的硝态氮含量

（4）土壤有机碳含量

各管理模式下土壤有机碳含量如图 5-184 所示，与农民习惯模式相比，其余各管理模式产量均有不同程度的提高，有机碳含量表现为 CSA＞HY＞OPT＞FM，再高产高效模式（CSA）土壤有机碳含量显著高于农民习惯模式（FM）和高产高效模式（OPT），分别提高 25.6%和 16.6%。

（5）土壤全氮含量

各管理模式下土壤全氮含量如图 5-185 所示，与农民习惯模式相比，其余各管理模式产量均有不同程度的提高，有机碳含量表现为 CSA＞HY＞OPT＞FM，再高产高效模式（CSA）土壤全氮含量显著高于农民习惯模式（FM），提高 30.2%。

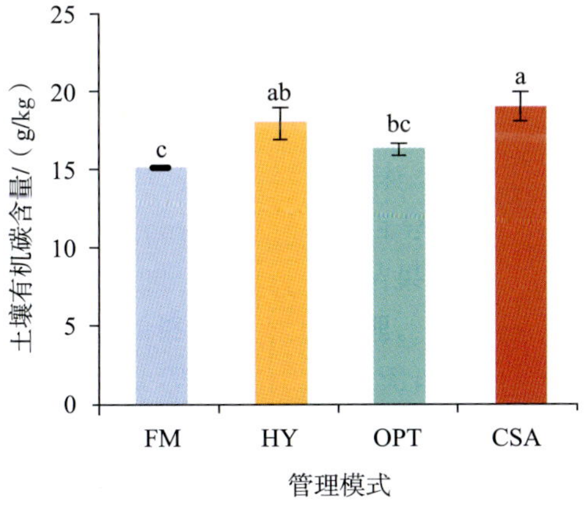

图 5-184　不同管理模式下土壤的有机碳含量

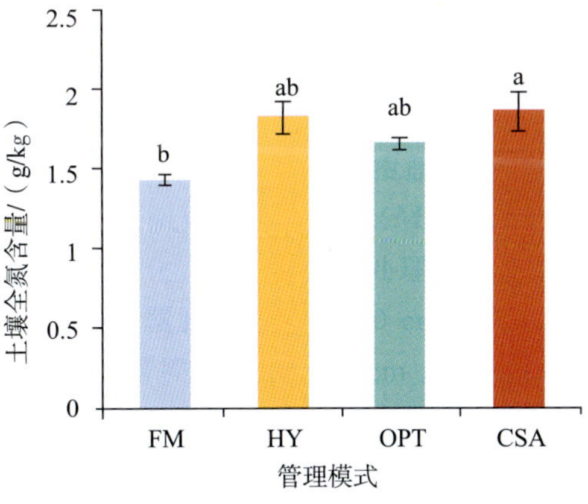

图 5-185　不同管理模式下土壤的全氮含量

（6）土壤含水量

各管理模式下土壤含水量如图 5-186 所示，与农民习惯模式相比，其余各管理模式产量均有不同程度的提高，土壤含水量表现为 CSA＞HY＞OPT＞FM，高产模式和再高产高效模式（CSA）土壤含水量显著高于农民习惯模式(FM),分别提高 10.8%和 12.0%。

(7)讨论与结论

淋溶损失是养分从土壤植物生态系统流失的主要途径之一,由此带来了肥料浪费、环境污染等问题。本研究表明,在降雨作用下,大部分以可溶性的硝态氮形式淋溶到土壤下层,铵态氮的淋溶与氮肥的施用量无显著相关关系,淋失量很少,说明氮素以硝态氮形式淋失是田间土壤氮素淋失的主要形式。铵态氮进入土壤中后大部分被吸附、固定在土壤颗粒中,只有当氮肥施入量较高时,土壤对铵态氮的吸附达到饱和,铵态氮在大量入渗水流的作用下发生少量淋失,因此玉米田间土壤铵态氮的淋失是一个较为缓慢的过程,且存在一个导致铵态氮淋失的氮肥施用临界阈值。与铵态氮相比,硝态氮不易被土壤颗粒和土壤胶体吸附,易于遭雨水淋洗而迅速渗漏。玉米成熟期后各施肥处理土壤淋溶水平均硝态氮质量浓度在 1.59~32.19 mg/L,而我国饮用水质量标准为硝态氮质量浓度不超过 20 mg/L,WHO 颁布的相应标准为 10 mg/L,说明在本试验条件下,硝态氮的淋溶对地下水已构成威胁。

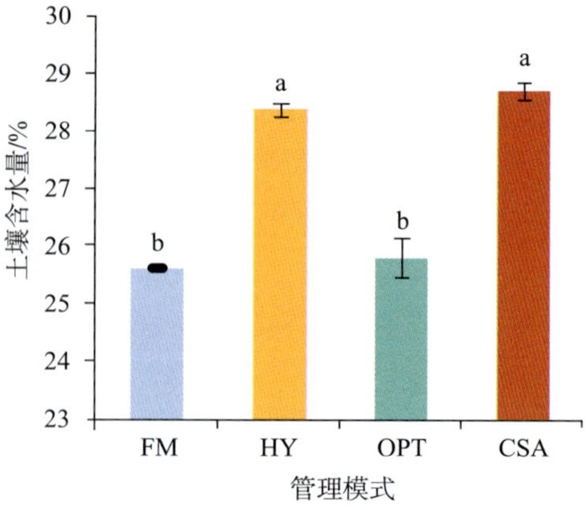

图 5-186　不同管理模式下土壤含水量

综上所述,高产高效模式土壤碳氮增幅较小,再高产及再高产高效增幅较大,即高产高效模式以较小的土壤碳氮增幅从而能够获得较高的产量增幅,再高产高效模式较农户模式通过改善耕层结构、调控根系建成、促进养分吸收、改进群体质量,增产增收增效,且其群体质量更好,吸收养分更多,产量更高,温室气体排放更低,可实现产量与环境效益的双赢。

5.5　西北旱地小麦高产高效的栽培学机制与途径

西北旱地农业区东西以太行山、中条山为界,南北以昆仑山—秦岭—淮河一线为界,区内千沟万壑,沟谷密度在 3~5 km/km^2 以上,沟谷面积占流域面积的 30%~50%,沟谷下切深度为 50~100 m,大于 15°的地面占 60%~70%,小于 10°的不超过 10%。小麦是西北旱地最主要的粮食作物,也是该区居民最主要的口粮和膳食营养来源,因而小麦产业的发展状况直接关系到西北旱地乃至国家的粮食安全。黄土高原是西北旱地小麦的最主要产区,包括河南西部(豫西)黄土丘陵旱作冬麦区、山西中南部黄土丘陵旱作冬麦区、陕西渭北旱塬及延安市黄土丘陵旱作冬麦区,并向西延伸至甘肃东部及宁夏固原黄土丘陵旱作冬麦区,是我国主要旱地小麦大范围连片产区,面积超过 200 万 hm^2,约占全国小麦种植面积的 8.5%。然而,由于西北旱地特殊的地理位置及地形特征,水分不足、土壤贫瘠、甚至部分地区热量资源不足是西北旱地小麦生产的主要限制因子,在传统栽培条件下不仅普遍存在着小麦产量、水肥效率、种植效益低而不稳,止严重影响着小麦产业发展的问题,而且因过量施肥等不合理的栽培措施已引发了严重的资源浪费、环境污染等问题。因此,探讨西北旱地小麦高产高效的栽培学机制并优化其栽培途径,对促进西北旱地小麦产业的可持续发展和保证我国粮食安全具有重要意义。

5.5.1　西北旱地小麦高产高效的关键限制因子

1. 水分

(1)气候特征、降水均值及降水分布

西北旱地属于典型的大陆季风气候,其气候特征可主要概括为降水量少且干湿季节明显,冬干、春旱现象明显,热量条件比较优越,日光充足、日照时数多、无霜期较长、蒸发量大。年均降水量 150~

750 mm，大部分地区年均降水量不足 500 mm，多数地区只能满足一年一熟种植。

降水少且时空分布不均是西北旱地的降水特征。如西北典型旱地区域陕西长武多年降水数据(图 5-187)所示，同一年份不同月份降水不均，一般情况下，60%以上的降水集中在与冬小麦生长季错位的 3～4 个月的夏休闲季，而在长达 8～9 个月的冬小麦生长季，降水多数低于 200 mm，远低于小麦生育期需水量 400～500 mm。某一月份不同年际间的降水也存在很大差异，如在小麦需水关键期的 4—5 月份，最多相差 70 mm，在夏季最高最低相差 200 mm。从区域层面考虑，降水总体从东到西逐渐减少。如河南洛阳的年平均降水 605 mm，陕西洛川的年均降水量为 582 mm，甘肃定西的年均降水量为 362 mm，新疆吐鲁番的年均降水量仅为 142 mm(何刚，2016)。总之，旱地降水少且分布不均的基本情况，使得水分成为提高西北旱地小麦生产力、实现小麦高产高效生产的主要限制因子。

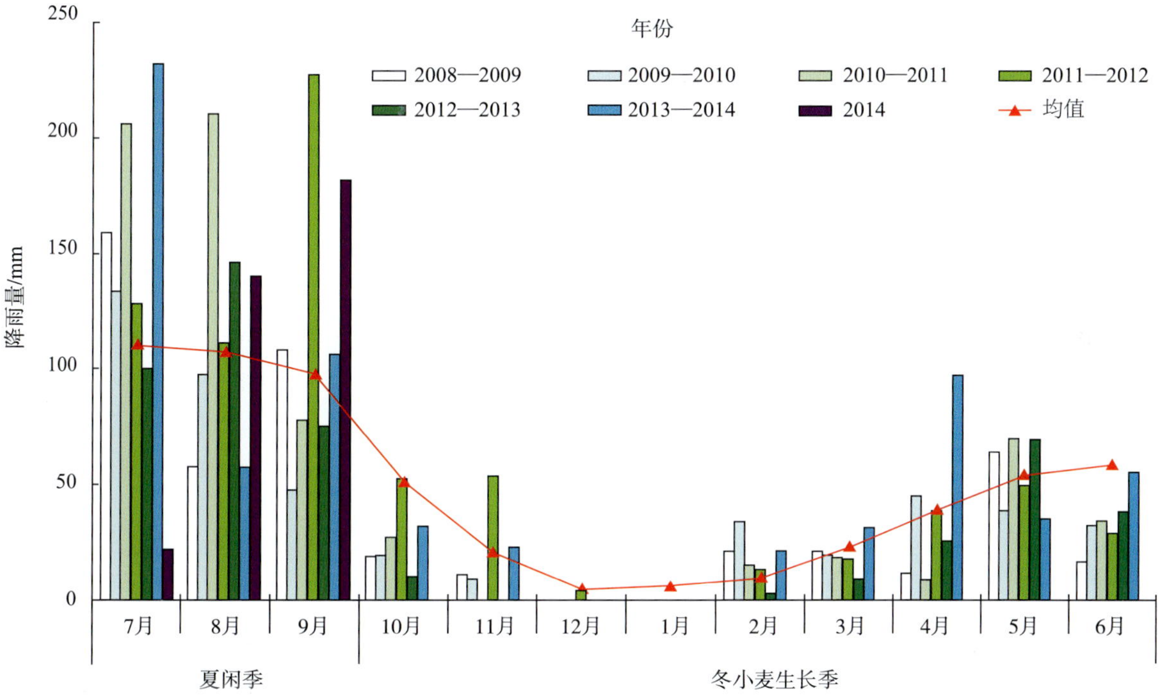

图 5-187　长武试验站降水分布特征

(2)降水和产量的关系

由于水分是旱地作物生产的主要限制因子，加上西北旱地的地下水位深且地表水缺乏，小麦生产过程中很难有灌溉条件，致使降水成为西北旱地冬小麦生产中唯一的水分来源，因此该地区小麦产量和效率的高低主要取决于降水多少或降水适时与否。通过本课题组的研究结果和文献集萃，分析西北旱地降水量和小麦产量的关系(图 5-188)时发现，夏季降雨量、年雨量、生育期降雨量和夏季+拔节前降雨量与产量均呈显著的先升高后降低的抛物线关系，其关系式分别为 $y=-0.0200x^2+25.89x-2367.32$，$y=-0.0092x^2+18.25x-3232$，$y=-0.1398x^2+69.75x-3547$ 和 $y=-0.0148x^2+23.38x-3178.64$，相关系数分别为 0.59、0.50、0.38 和 0.69。夏闲季+拔节前降雨量与产量的相关性最好，其次是夏闲季降雨量。说明，夏闲季降水是决定小麦产量的关键因素，增加夏季降水的集蓄是西北旱地小麦增产增效的重要途径，特别是在拔节前有较为充足的降雨的条件下效果更突出。

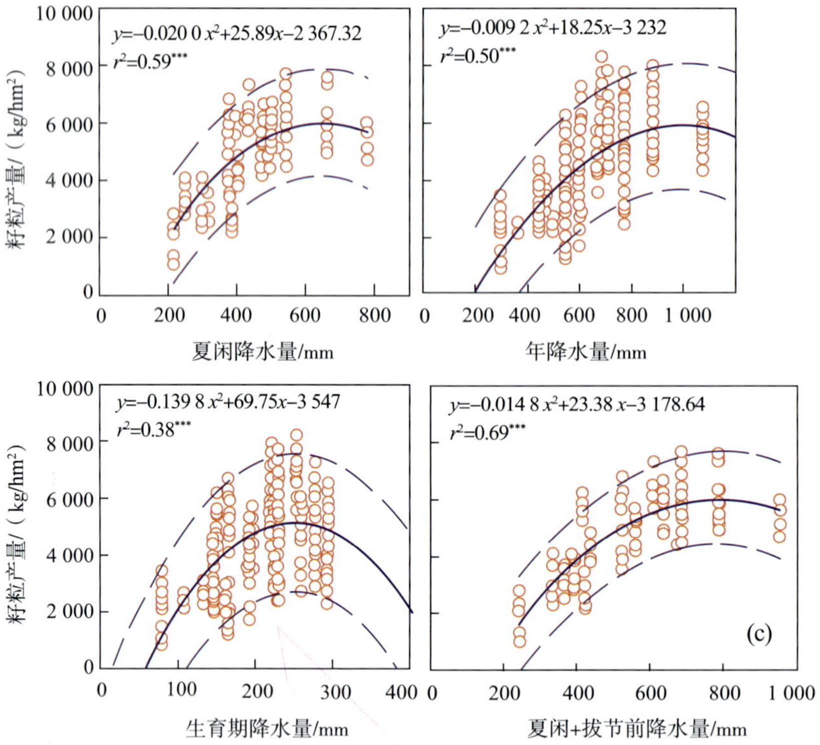

图 5-188　降水量与小麦产量的关系

(3)土壤水分和产量的关系

土壤中的水分是西北旱地小麦生长发育所需水分的又一来源，与小麦产量关系密切。设置在陕西长武，始于 2008 年的定位试验结果表明，0～300 cm 土层播前土壤蓄水量与产量极显著正相关，播种前每多蓄水 1 mm，产量增加 13.9 kg(图 5-189a)，特别是播前土壤蓄水量＋生育期降水量与产量的相关性更高(图 5-189b)，说明增加土壤水蓄积可以提高旱地小麦产量。然而，孟晓瑜等(2012)在陕西杨凌的试验结果(表 5-95)却表明，小麦产量仅在生育期降水量相当的年份才随播前土壤蓄水量的增加而提高，而在播前土壤蓄水量为 597 mm 和 603 mm 的 2008 年度和 2006 年度，由于生育期降水量低，在小麦生育后期仍会干旱缺水，严重影响小麦群体构建和干物质生产，并不能获得高产，特别是生育期降水量最低(118 mm)的 2006 年，产量仅为 4 507 kg/hm^2。说明，在旱作农业区传统栽培条件下，播前土壤

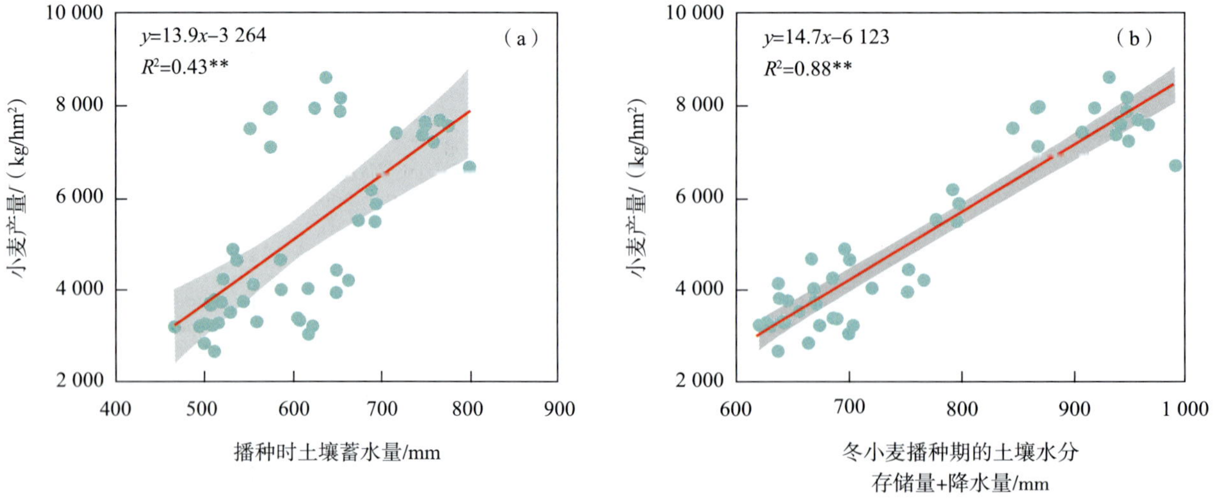

图 5-189　土壤水分和小麦产量的关系

表 5-95　不同年份播前土壤蓄水量与生育期降水对冬小麦产量的影响

年份	播前土壤蓄水量/mm	生育期降水量/mm	产量/(kg/hm²)
2005	544	187	6 193ab
2006	603	118	4 507c
2007	470	175	5 353bc
2008	597	159	6 567a
2009	532	181	5 658ab

水分状况是冬小麦产量形成的关键因素，但由于蒸发量大，如果没有一定量的生育期降水，也难以实现高产，在小麦栽培优化中需要不断提高土壤蓄墒保水能力或采取覆盖等防蒸发措施尽最大可能地蓄积土壤水分。

除播前土壤水分状况外，不同生育时期的土壤水分状况也会影响西北旱地小麦产量，其调节效应因年份、生育时期、土层和研究地点而异，总体表现为土壤水分对小麦产量的影响效应生育前期大于生育后期，生育前期浅层土壤作用较大，生育后期深层土壤作用大。例如，党占平等(2008)在陕西省彬县进行的研究结果(表 5-96)表明，不同土层土壤含水量与产量之间的相关系数在不同生育时期均达到极显著水平。其中，从不同生育时期看，耕层(0～40 cm)、中层(40～100 cm)、深层(100～200 cm)均以越冬期土壤含水量对产量的作用最大，其次耕层为播种期、中深层为返青期；从不同土层看，播种期和越冬期以耕层土壤水分与产量的相关性高，返青期、拔节孕穗期和灌浆期以中层土壤水分与产量的相关性高。雷妙妙等(2017)在晋南旱地不同保墒措施下的研究结果(表 5-97)却表明，0～300 cm 各土层土壤水分与产量的相关性因生育时期而异，越冬期 0～300 cm、拔节期 0～300 cm、孕穗期 0～20 cm 和 40～300 cm 各土层土壤蓄水量与产量均显著或极显著相关，而开花期除 220～240 cm、成熟期除 240～260 cm 土层外，均无显著相关关系。说明在晋南旱地条件下，孕穗前各生育时期土壤水分与产量显著相关，而开花后土壤水分对小麦产量形成的作用减小，这可能是因为生育后期土壤含水量降低，难以被小麦吸收利用造成的。

不同生育阶段的土壤贮水减少量(耗水量)也对西北旱地小麦产量具有显著的调节作用。孙敏等(2014)在山西南部旱地的研究结果(表 5-98)表明，播种至拔节期和拔节至开花期 60～180 cm、240～300 cm，开花至成熟期 120～240 cm 土层土壤贮水减少量与产量呈显著或极显著正相关，特别是拔节—开花期 60～120 cm、开花—成熟期 120～180 cm 与产量的相关系数最大，这说明生育阶段的土壤耗水量不仅会显著影响小麦籽粒产量，而且可以在一定程度上反映小麦根系对土壤水分特别是深层土壤水分的吸收利用能力。因此，改善小麦对土壤水分的吸收利用能力对提高旱地小麦产量有重要作用，特别是在生育后期，需要提高小麦根系对深层土壤水的利用能力。

表 5-96　不同生育时期不同土层与冬小麦产量的关系(党占平等，2008)

土层深度/cm	播种期	越冬期	返青期	拔节孕穗期	灌浆期
耕层(0～40 cm)	0.749**	0.876**	0.659**	0.743**	0.745**
中层(40～100 cm)	0.788**	0.838**	0.828**	0.747**	0.747**
深层(100～200 cm)	0.776**	0.810**	0.808**	0.721**	0.462**

表 5-97　各生育时期 0～300 cm 各土层土壤蓄水量与产量的关系(雷妙妙等,2017)

土层深度/cm	越冬期	拔节前	孕穗期	开花期	成熟期
0～20	0.836 0*	0.993 4**	0.786 6*	0.049 3	0.204 3
20～40	0.947 1**	0.970 6**	0.627 0	0.080 4	−0.165 1
40～60	0.959 5**	0.995 1**	0.831 4*	0.347 9	0.390 9
60～80	0.980 3**	0.964 0**	0.935 8**	0.188 0	−0.252 9
80～100	0.904 1**	0.999 3**	0.928 2**	0.188 4	−0.079 1
100～120	0.974 1**	0.999 3**	0.833 2*	−0.023 7	0.437 2
120～140	0.982 5**	0.991 4**	0.900 0*	0.090 5	0.444 4
140～160	0.973 4**	0.979 3**	0.884 9**	0.329 4	0.475 7
160～180	0.954 7**	0.973 3**	0.847 0*	0.620 7	0.052 8
180～200	0.950 9**	0.887 5**	0.841 0*	0.668 6	0.151 5
200～220	0.974 4**	0.975 1**	0.938 9**	0.539 8	0.195 6
220～240	0.992 5**	0.970 1**	0.860 3*	0.795 1*	0.731 3
240～260	0.977 3**	0.981 4**	0.858 8**	0.653 2	0.756 2*
260～280	0.951 9**	0.954 3**	0.920 9**	0.594 2	0.675 5
280～300	0.984 8**	0.890 2**	0.841 1*	0.712 6	0.533 8

表 5-98　各生育阶段不同土层土壤耗水量与产量的关系(孙敏等,2014)

土层深度/cm	播种—拔节	拔节—开花	开花—成熟
0～60	0.563 2	0.060 4	−0.007 8
60～120	0.791 9**	0.865 2**	0.572 0
120～180	0.764 6**	0.741 0**	0.883 9**
180～240	0.395 5**	0.591	0.652 9*
240～300	−0.790 1	0.712 9*	0.429 2

2. 土壤

土壤是作物生产的基础,西北旱地小麦生长发育过程中所需养分、水分基本上都直接或间接地来源于土壤,因而土壤特性特别是土壤肥力状况是影响西北旱地小麦生长发育、群体构建、干物质生产和产量形成的又一重要因素。然而,由于西北旱地水土流失严重,加上地广人稀的特殊人文条件,土壤中被作物生产移出的土壤养分得不到有效补充,使得该区土壤肥力低下闻名于世。第二次土壤普查结果表明,黄土高原 67%的土壤有机质含量低于 11.0 g/kg,平均土壤全氮含量仅 0.70 g/kg。虽然近年来广大农技科研工作者围绕土壤培肥开展了一系列工作,使西北旱地土壤有机质含量有所提升,但与其他地区以及作物高产所需要的土壤肥力水平相比还存在较大差距,这都会限制旱地小麦高产高效生产。为了探索影响旱地小麦产量的关键土壤肥力因素,为西北旱地小麦高产高效生产提供理论基础,我们于 2014—2016 年对分布在西北黄土高原地区的山西、陕西、甘肃旱地小麦主产区的 372 个农户麦田 0～100 cm 土壤和小麦植株进行了取样分析。2 年 6 县的调研结果(图 5-190)表明,西北旱地小麦产量平均为 3 815 kg/hm^2,不同

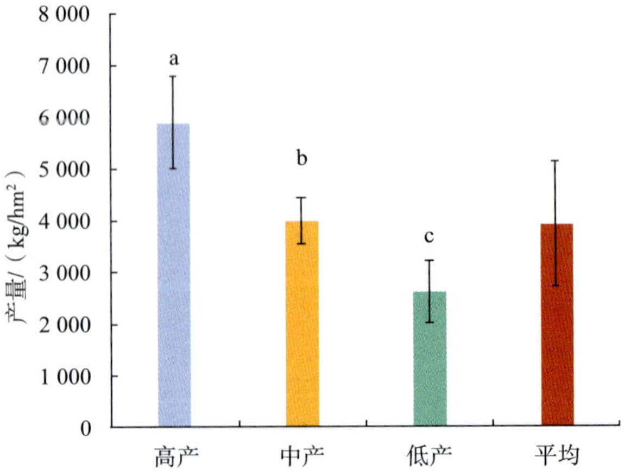

图 5-190　黄土高原旱地农户田块间的冬小麦产量差异

田块间的产量差异显著，最高与最低产量相差 8 倍。其中，高、中、低产组的产量分别介于 4 557～9 154、3 220～4 553、1 143～3 217 kg/hm^2，中、低产组分别比高产组低 32%和 57%。为了进一步分析研究旱地小麦产量差异与栽培及主要土壤肥力因素的关系，用两倍标准差法剔除异常值，共得到 183 个农户的数据。其中覆膜栽培为 90 户，为山西省洪洞刘家塬 23 户、垣曲鲁家坡 23 户、闻喜邱家岭 26 户、甘肃通渭常河 18 户；传统栽培为 93 户，为山西省洪洞刘家塬 3 户、垣曲鲁家坡 11 户、闻喜邱家岭 7 户，陕西省合阳合家庄 24 户、耀州区寺沟 27 户、永寿御驾宫 21 户。将数据按传统栽培和覆膜栽培分成两组，每组按产量高低排序，覆膜栽培模式高、中、低产组各 30 户，传统栽培模式高、中、低产组各 31 户。其主要结果如下：

(1)土壤有机质含量

图 5-191 结果表明，西北旱地麦田土壤有机质含量随着土层的加深而降低，0～20、20～40 和 40～100 cm 土层的平均值传统栽培下分别为 12.0、8.6 和 6.0 g/kg，覆膜栽培较传统栽培有所降低，分别为 11.1、8.1 和 5.5 g/kg，其中仅 60～80 cm 土层显著低 12.6%。传统栽培条件下高、中、低产组的有机质含量在 0～100 cm 各土层中并没有显著差异，但覆膜栽培 0～20 cm 土层有机质含量高、中、低产组平均值分别为 12.0、11.2、10.0 g/kg，高产组比低产组显著高 20.8%。说明传统栽培条件下，土壤有机质含量高低不是产量差异的决定因素，而在覆膜栽培条件下，0～20 cm 土壤有机质是引起产量差的重要原因，有机质含量高时，产量也高。

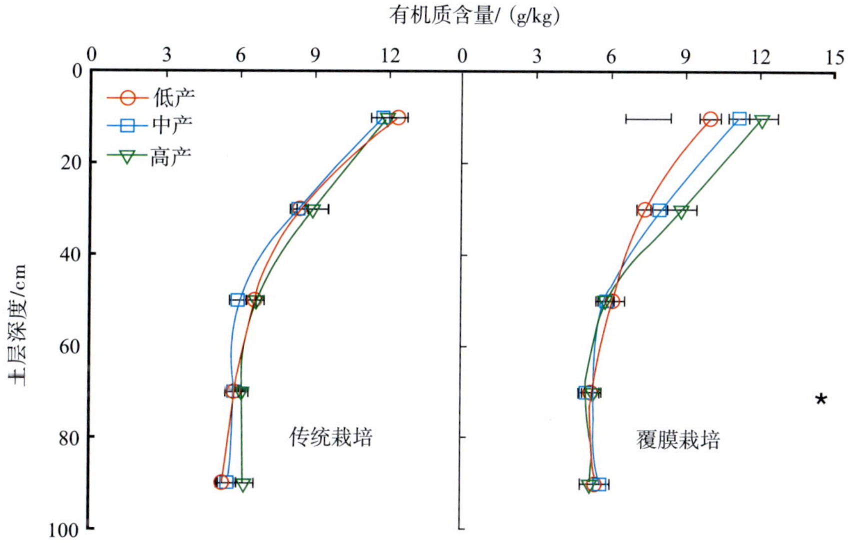

图 5-191 传统与覆膜栽培条件下高、中和低组 0～100 cm 不同土层深度的有机质含量

(2)土壤养分含量

①土壤全氮含量

分析西北旱地小麦不同产量水平下 0～100 cm 各土层的全氮含量(图 5-192)表明，传统栽培高、中、低产组间 40～80 cm 土层全氮含量存在显著差异，其中 40～60 cm 土层的平均值分别为 0.47、0.44 和 0.40 g/kg，高产比中、低产组分别高出 7.5%和 18.6%；60～80 cm 土层分别为 0.43、0.39 和 0.37 g/kg，高产比中、低产组分别高出 9.6%和 15.4%。覆膜栽培高、中、低产组 0～60 cm 土层的全氮含量也存在显著差异，0～20 cm 土层的平均值分别为 0.76、0.74 和 0.66 g/kg，高产比中、低产组分别高 3.2%和 14.2%；20～40 cm 土层分别为 0.59、0.55 和 0.5 g/kg，高产比中、低产组分别高 7.4%和 19.2%；40～60 cm 土层分别为 0.47、0.43 和 0.40 g/kg，高产比中、低产组分别高 7.6%和 17.9%。两种栽培模式间，传统栽培 0～20 cm 土层全氮含量较覆膜栽培显著高 9.7%，其他土层差异不显著，20～100 cm 的平均值分别为 0.45 和 0.44 g/kg。说明土壤全氮含量是形成产量差的主要因素之一，40～80 cm 土壤全氮含量对传统栽培条件下的小麦产量影响较大，而 0～60 cm 全氮含量对覆膜栽培小麦产量的影响较大，全氮含量高者，产量也高。

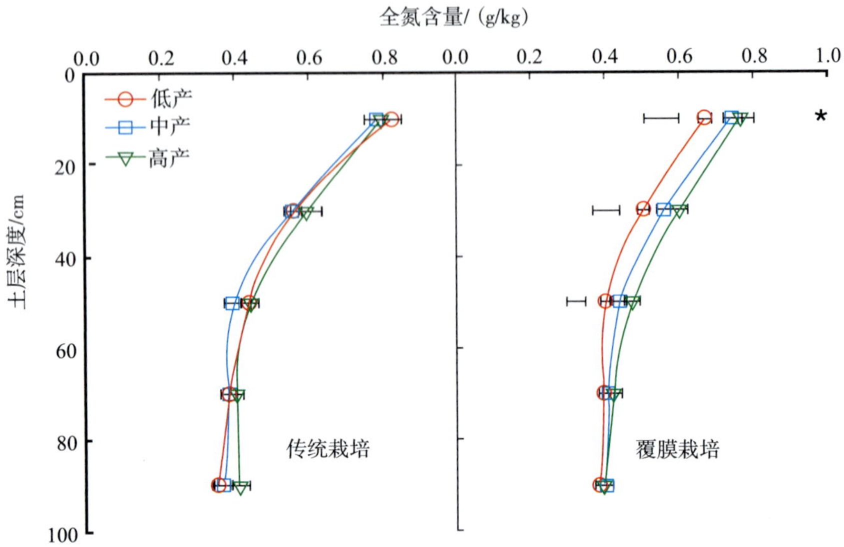

图 5-192　传统与覆膜栽培条件下高、中和低组 0～100 cm 土层深度全氮含量

②土壤矿质氮含量

以硝态氮和铵态氮之和计算土壤矿质氮的结果(图 5-193)表明，小麦收获期，矿质氮含量在 0～100 cm 土壤剖面中变异较大，传统栽培高、中、低产组 0～100 cm 土层的矿质氮含量无显著差异，0～20、20～40、40～100 cm 的平均值分别为 15.3、11.3、7.0 mg/kg，随着土层的加深而降低。覆膜栽培 80～100 cm 土层存在显著差异，高、中、低产组矿质氮含量分别为 10.4、7.2 和 4.0 mg/kg，高产比低产组高出 1.6 倍，比中产组高 44.0%，0～20 cm 土层的平均值分别为 30.3、32.5 和 22.2 mg/kg，20～80 cm 土层的平均值为 7.3、6.7 和 4.1 mg/kg。覆膜栽培 0～20 cm 土层的矿质氮含量较传统栽培显著高 85%，平均值分别为 28.3 和 7.7 mg/kg，20～40 cm 土层的矿质氮含量较传统栽培显著高 46.8%，平均值分别为 15.3 和 11.3 mg/kg，40～60 cm 土层的矿质氮含量较传统栽培显著高 43.7%。由此可见，在相同栽培条件下，土壤的矿质态氮不能解释旱地小麦产量之间的差异，但覆膜栽培 0～20、20～40 和 40～60 cm 土层的矿质氮显著高于传统栽培，这可能是覆膜栽培提高产量的原因。

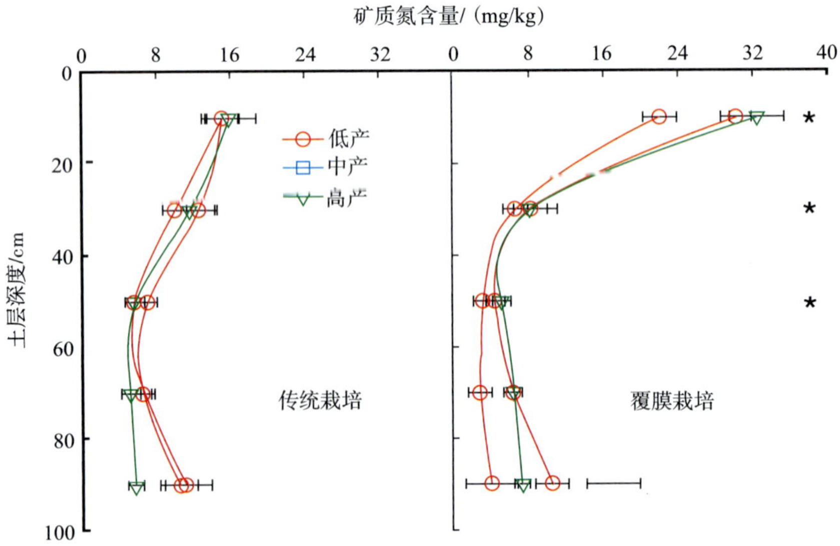

图 5-193　传统与覆膜栽培条件下高、中和低产组 0～100 cm 土层深度矿质氮含量

(3)土壤速效磷含量

如图 5-194 所示,西北旱地麦田土壤速效磷含量随着土层的加深迅速降低,传统栽培条件下 0～20 cm 土层高中低产组的平均值分别为 23.3、13.4 和 12.5 mg/kg,20～40 cm 土层的平均值为 7.6、5.9 和 4.4 mg/kg,40～100 cm 土层差异不显著,平均值仅为 1.5 mg/kg。覆膜栽培不同产量组间无显著差异,0～20、20～40 和 40～100 cm 土层的平均值分别为 11.5、3.5 和 1.5 mg/kg。传统栽培高、中、低产组间 0～40 cm 土层速效磷含量存在显著差异,其中 0～20 cm 土层高产组的平均值比中、低产组分别高 74.3%和 86.9%,20～40 cm 土层高产组比中、低产组分别高 28.3%和 74.3%。两种栽培模式速效磷含量最高值均出现在 0～20 cm 土层,且传统栽培中含量高者产量也高。与覆膜栽培相比,传统栽培的高产组 0～20、20～40 cm 土层速效磷平均含量较覆膜栽培分别显著高出 42.4%和 69.0%。除此之外,传统栽培 20～40 cm 土层也是速效磷含量高者产量较高,表明传统栽培条件下 0～20 和 20～40 cm 土层速效磷含量是引起产量差的重要原因,而引起覆膜栽培产量差的原因主要在于 0～20 cm 土层的速效磷含量。

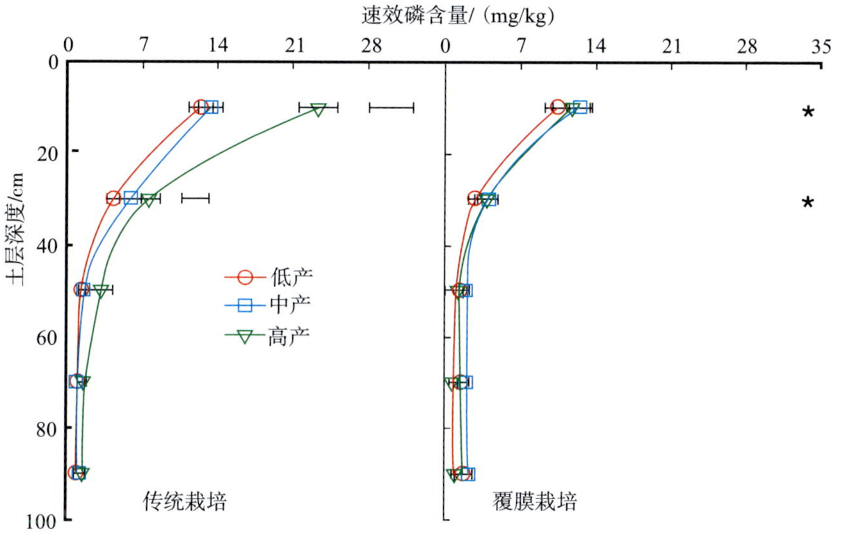

图 5-194　传统与覆膜栽培条件下高、中和低产组 0～100 cm 土层深度速效磷含量

(4)土壤速效钾含量

不同产量水平地块成熟期土壤速效钾含量的测定结果表明(图 5-195),土壤速效钾含量随着土层的加深而降低,其中传统栽培 0～20、20～40、40～60、60～100 cm 土层的平均值分别为 122.9、92.3、77.6 和 73.8 mg/kg;覆膜栽培 0～20、20～40、40～100 cm 土层的平均值分别为 135.0、99.0、79.7 mg/kg。传统栽培高产组 40～60 cm 土层速效钾含量比中、低产组分别高 22.5%和 16.0%,而覆膜栽培高、中、低产组不同土层的速效钾含量均无显著差异。覆膜栽培 40～60、60～80 cm 土层的土壤速效钾含量较传统栽培分别显著提高 8.6%和 10.2%。可见,表层 0～40 cm 土壤速效钾与产量高低没有明确的关系,40 cm 以下的深层土壤速效钾提高,有利于旱地覆膜栽培小麦产量的提高。

综合水分和土壤与小麦产量关系的分析发现,水分是西北旱地小麦高产高效栽培的最主要因素,在有限的降雨条件下,采取有效的栽培途径,尽最大可能地蓄积降水并减少土壤水蒸发,在小麦生育中后期保持较高的土壤水分含量,是实现西北旱地小麦高产高效的关键。虽然不同土壤肥力指标对小麦产量影响不同,且敏感土层的深度也不一致,但土壤肥力低下都会在一定程度上限制西北旱地小麦产量的提升,因此采取有效的培肥土壤技术,提高西北旱地土壤肥力仍是旱地农业发展需要长期坚持的工作。值得一提的是,在西北旱地,水分和土壤对小麦生产的影响存在极强的互作效应。水分不足导致小麦生长发育过程中干旱胁迫,养分吸收利用、干物质生产和籽粒产量形成的能力显著降低,土壤肥力低下不

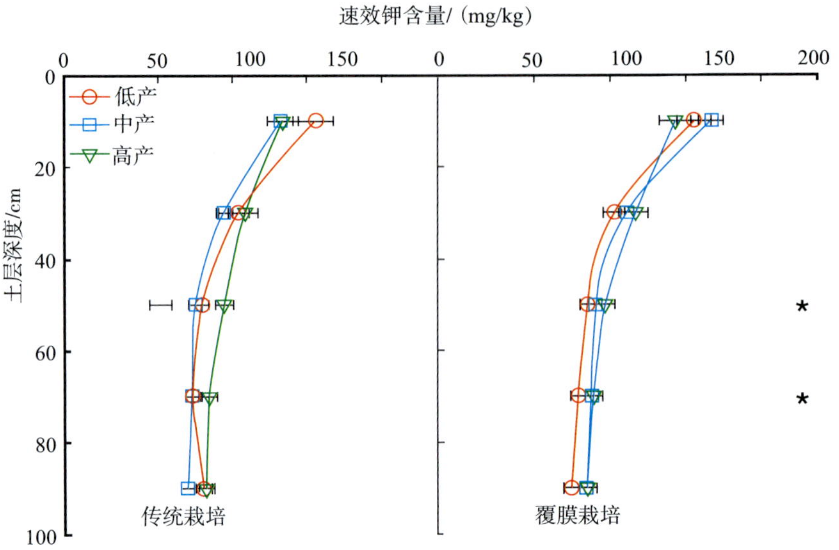

图 5-195　传统与覆膜栽培条件下高、中和低产组 0～100 cm 土层深度速效钾含量

仅影响小麦生长发育，还会导致有限的水资源不能被充分利用，故在西北旱地小麦生产中有“收与不收在于水、收多收少在于肥”的说法。然而，大量生产实践和科学研究证实，通过优化栽培措施可有效改善因降水不足和土壤肥力低下对西北旱地小麦生产所引起的负面影响，从而提高产量和水肥利用效率，最终实现小麦高产高效生产。总之，如何通过栽培措施的优化、集成，协同改善小麦生育期的水分和养分供应，最大限度地挖掘品种或环境的生产潜力，使小麦生长发育过程中的水、肥、气、热、光达到和谐状态，从而构建合理的群体，提高水肥利用效率以保证较高的干物质生产和籽粒产量形成的能力，是实现西北旱地高产高效的关键。

3. 养分与产量的关系

长期定位试验结果表明，施氮量对旱地小麦产量和生物量有显著影响(图 5-196)。与不施氮相比，施 N80、160、240 和 320 kg/hm² 处理产量和生物量平均分别提高 61.9%、70.3%、71.6%、64.6% 和 48.8%、57.8%、55.7%、45.8%。回归分析表明，3 年平均产量和生物量均随施氮量增加呈抛物线变化，施 N 215 和 198 kg/hm² 时，达最高产量 6 587 kg/hm² 和最大生物量 14 344 kg/hm²。收获指数随施氮量增加呈显著二次函数变化，施 N 320 kg/hm² 时，收获指数最大，为 46.7%。长期不同施磷量对旱地小麦产量有显著影响(图 5-196)。3 年的平均产量随施磷量增加呈抛物线变化，施磷 144 kg/hm² 时，

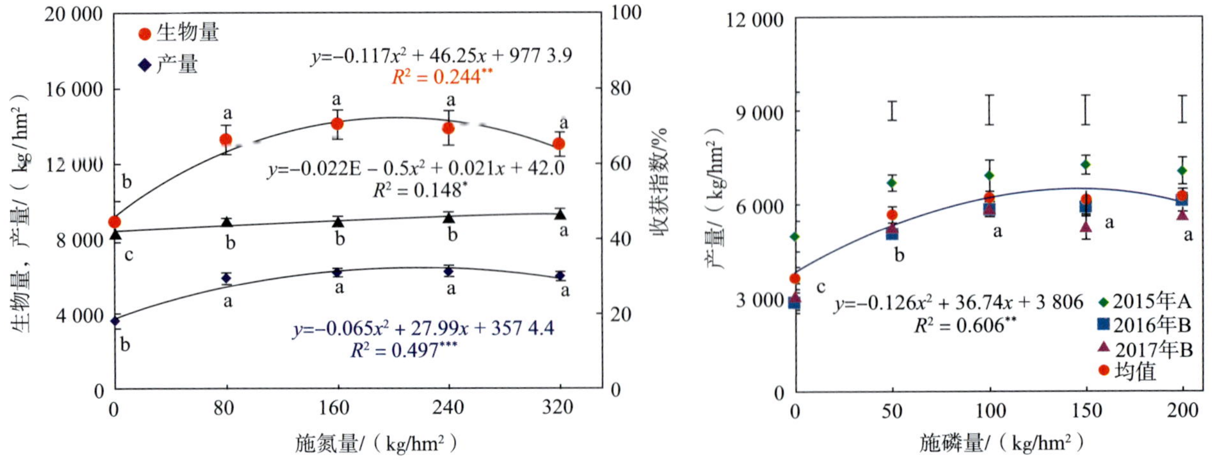

图 5-196　施氮量(左)和施磷量(右)对西北旱地冬小麦产量的影响

达最高产量 6 465 kg/hm²。与不施磷相比，施磷显著提高了小麦产量，施磷 50、100、150 和 200 kg/hm² 平均分别增产 55.9%、70.6%、68.8%和 71.9%；施磷超过 100 kg/hm² 时，各施磷处理间差异不显著。可见，施氮、施磷都会显著增加小麦产量，但施 N 量超过 80 kg/hm²、施磷量超过 100 kg/hm² 时，产量不再显著增加。说明在西北旱地条件下，小麦籽粒产量对施氮量和施磷量的响应都存在一定的阈值。

分析不同土层硝态氮累积量与产量的关系(图 5-197)发现，0～20 cm 土层累积的硝态氮与小麦产量无显著相关，但随着土层逐渐加深，即由 0～20 cm 逐步加深到 0～40、0～60、0～80、0～100 cm，硝态氮累积量与对照小麦产量呈显著或极显著相关；土层越深，关系越密切。0～100 cm 深度累积的硝态氮可解释籽粒产量 87%的变异，这表明在其他条件(品种、耕作、前作、土壤水分等)相对一致的情况下，这一深度土壤所累积的硝态氮是决定小麦产量的主要因素。

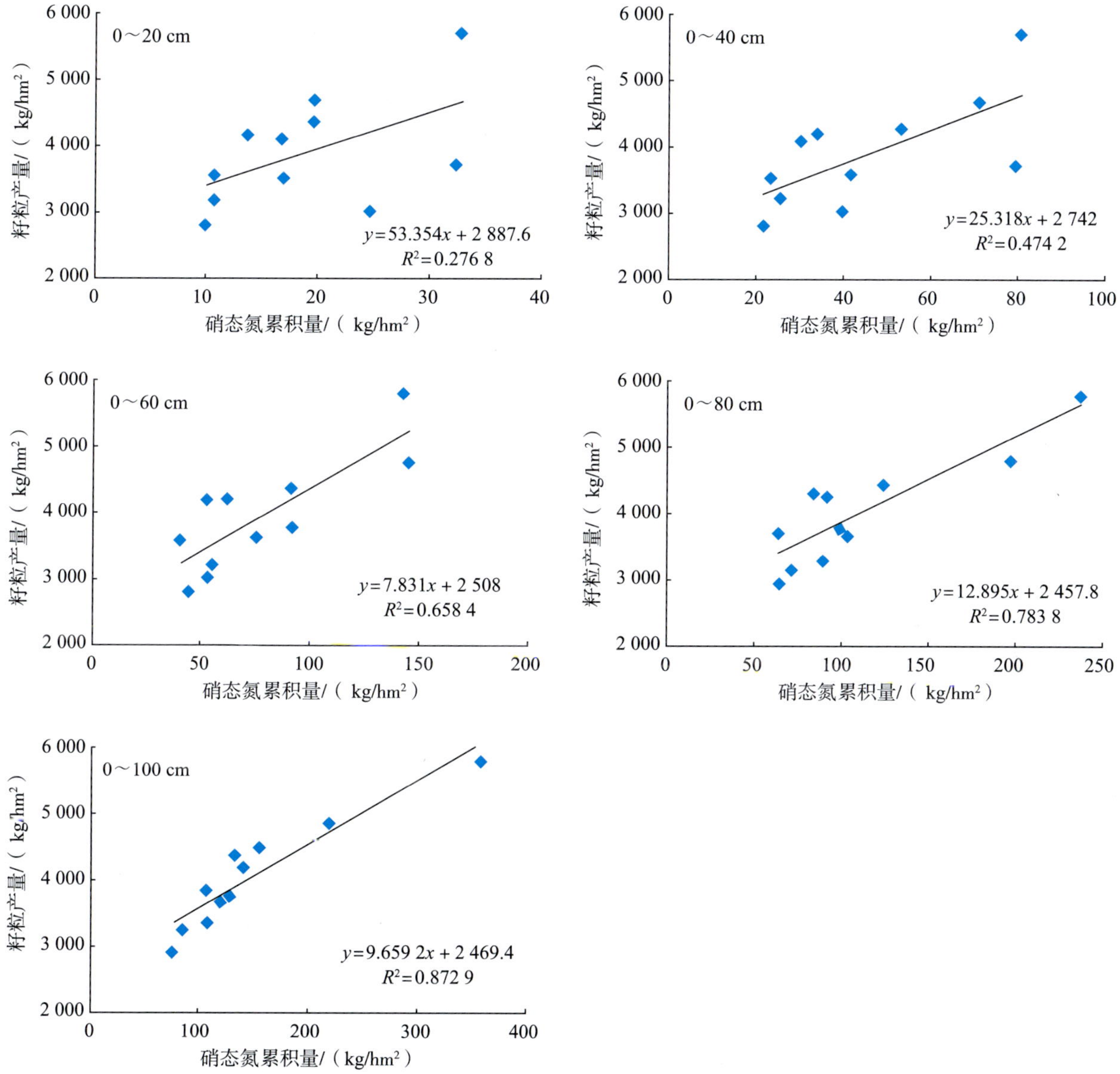

图 5-197 小麦产量与不同土层硝态氮累积量的关系

作物生产是以养分吸收为基础的，一定的养分吸收量是小麦籽粒产量形成的基础。针对不同农户的调查结果(图 5-198)表明，小麦产量水平与其氮磷钾吸收利用能力关系密切，高、中、低产量组间小麦的地上部氮、磷、钾吸收量存在显著差异，使地上部吸收更多的氮、磷、钾养分是西北旱地小麦产量提高的必要条件。其中,高、中、低产量组小麦的地上部吸氮量分别为 112～246、64～165 和 28～131 kg/hm²,平均值分别为 152、110 和 75 kg/hm²,中、低产组比高产组分别低 28% 和 51%;吸磷量分别为 10～33、2～7 和 3～17 kg/hm²,平均值分别为 18、12 和 8 kg/hm²,中、低产组较高产组分别低 32% 和 55%;吸钾量分别为 42～174、37～141 和 18～84 kg/hm²,平均值分别为 87、63 和 43 kg/hm²,中、低产组较高产组显著低 28% 和 50%。可见,从低产到高产,需要提高小麦地上部氮磷钾吸收量。因此,西北旱地小麦的氮磷钾养分吸收、转移能力决定着籽粒产量的高低,养分吸收量高、向籽粒转移多的地块产量亦高。

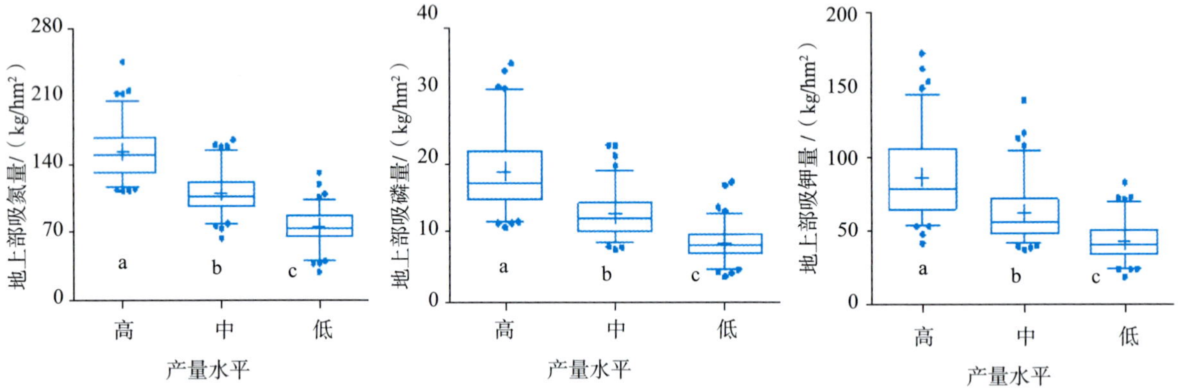

图 5-198　黄土高原旱地农户田块间小麦地上部养分吸收量差异

注:盒子中间的横线表示中数,加号表示平均数。盒子的下边界和上边界分别表示第 25 和 75 中位数,下、上盒须分别表示第 5 和 95 中位数,下面和上面的点分别表示小于 5 和大于 95 分位数。

5.5.2　西北旱地小麦高产高效的栽培学机制

1. 构建合理群体是基础

小麦产量是群体产量,受群体特征影响,因而构建在不同生育时期都具有适宜群体茎蘖数、光合生产能力和物质积累转运能力的群体,是实现小麦高产高效的基础。其中,不同生育时期地上部的群体茎蘖数是最为关键的群体指标,其直接或间接地决定着小麦地上部的个体特征、物质积累转运特征以及地下部根系特性,并最终共同调控着群体质量。生产实践和研究结果表明,群体构建的过程是各项农艺措施综合作用的结果,这给通过优化栽培措施构建合理群体、提高小麦产量效率提供了机会。对于旱地小麦而言(图 5-199、图 5-200),地上部群体(茎蘖数)随着生育进程的推进呈先增后降再稳的趋势,一般情况下越冬期达到最大,返青—拔节或拔节—抽穗期迅速下降,抽穗后基本维持稳定,因此在返青、拔节期构建一定量的群体并减少分蘖衰亡是保证西北旱地小麦群体的关键。此外,群体茎蘖数变化动态还能反映个体发育状况,也与小麦产量形成关系密切,适宜、健壮的群体有利于水肥吸收利用以及干物质生产,协调产量构成三要素,最终获得高产;过高(过旺)群体会造成养分过多消耗、物质转运能力降低,甚至会引发病虫害或倒伏,过低(过弱)的群体会导致成熟期穗数不足,这对小麦的产量形成均会造成不利影响。在西北旱地水肥资源紧张的条件下,小麦生育前期的群体不宜过大过旺,否则会引起生育前期土壤中水分养分的过度消耗,导致生育中后期缺水缺肥,影响产量形成甚至减产。

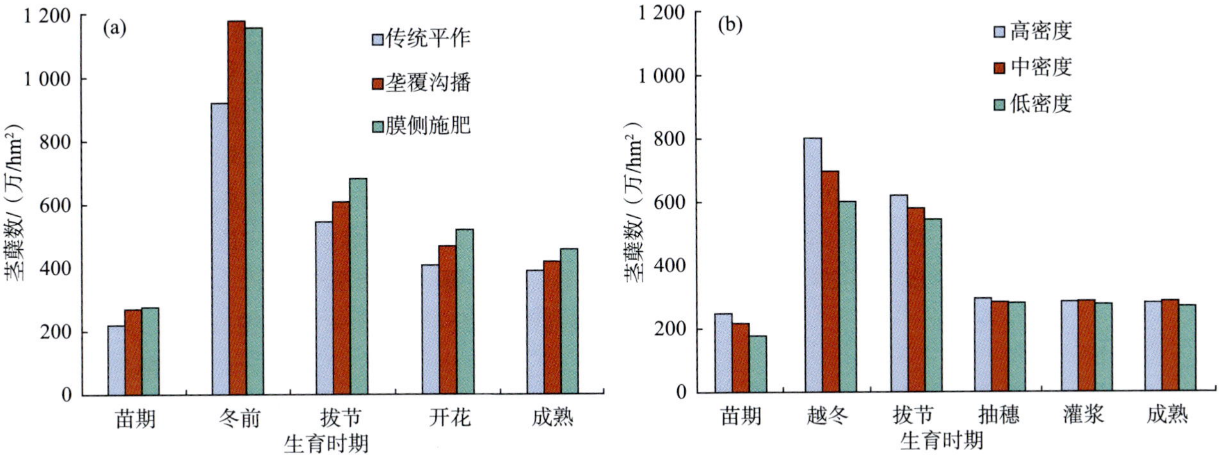

图 5-199　西北旱地不同栽培模式(a)和密度(b)下的小麦群体茎蘖数变化动态（刘俊梅等，2014）

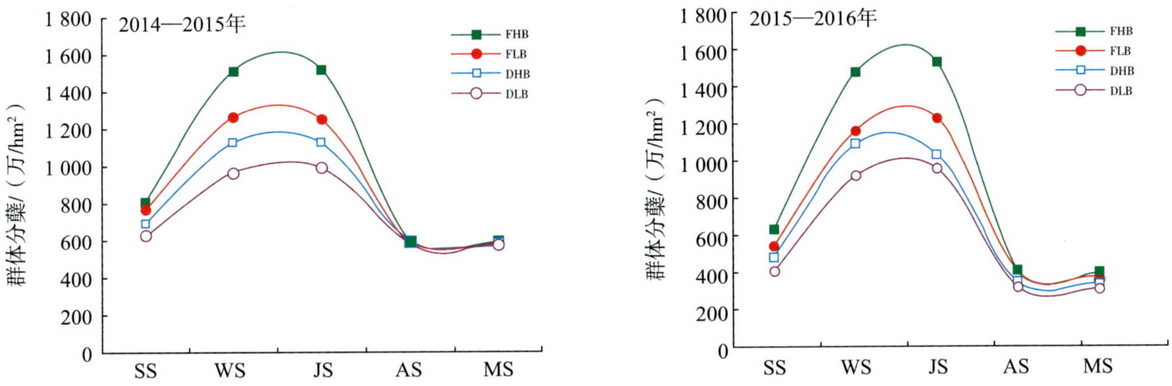

图 5-200　西北旱地冬小麦膜际条播和播量群体分蘖数变化趋势（尹璐等，2019）

注：FHB，膜际条播高密度；FLB，膜际条播低密度；DHB，常规条播高密度；DLB，常规条播低密度。SS，苗期；WS，越冬期；JS 拔节期；AS 开花期；MS 成熟期。

（1）群体数量与产量的关系

适宜的群体数量是保证小麦产量的基础，特别是对于旱地小麦，有效穗数对其籽粒产量形成的贡献最大，群体对产量形成的作用就更大。山西农业大学的研究结果（表 5-99）表明，旱地小麦各生育期群体茎数与产量间均呈极显著正相关，意味着不同生育时期的群体数量越大，籽粒产量越高，这不仅是因为群体茎数与穗数、穗粒数均呈显著正相关，还因为合理的群体有利于改善小麦产量显著正相关的单株叶面积，从而优化群体结构，提高群体质量，最终实现小麦干物质量和产量的协同提高。

表 5-99　旱地不同生育期的群体特性与产量的相关性（王毅等，2014）

生育时期	群体数量/（万/hm²）	单株叶面积/cm²
越冬期	0.957 6**	0.952 5**
返青期	0.989 2**	0.973 2**
拔节期	0.971 6**	0.957 0**
孕穗期	0.961 7**	0.936 1**
成熟期	0.918 3**	0.936 7**

(2)生物量和产量的关系

小麦产量形成是一定生态环境条件下生物量与收获指数协调、平衡的结果。在西北旱地,较高的干物质形成是小麦获得高产的基础(图 5-201)。对不同农户、不同栽培模式地块的调查结果表明,虽然不同地块的小麦籽粒产量差异较大,但其均与生物量呈极显著的正相关,这也就意味着旱地小麦的收获指数相对稳定,获得高产需要以较高的生物量为基础。总体来看,冬小麦干物质每增加 1 000 kg/hm²,籽粒产量增加 425 kg/hm²。对于传统、覆膜栽培而言,干物质每增加 1 000 kg/hm²,籽粒产量分别增加 404 kg/hm² 和 446 kg/hm²,覆膜栽培小麦生物量转化成为经济产量的潜力较传统栽培提高 10.4%。

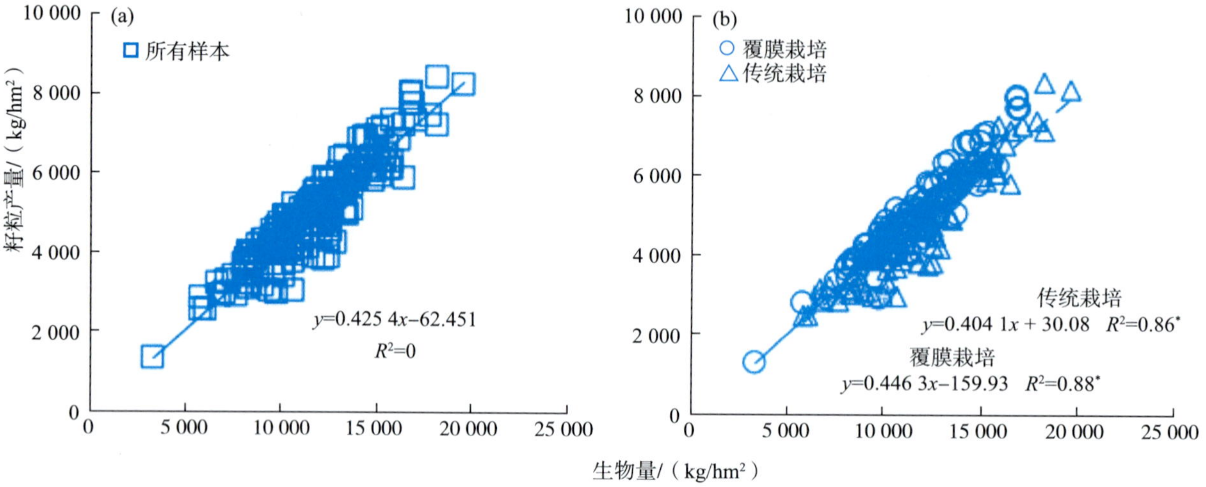

图 5-201　农户冬小麦籽粒产量与生物量(a)及不同栽培模式下籽粒产量与生物量(b)的关系

后续于 2014—2016 年连续 2 年的 123 个小麦品种的田间定位试验(图 5-202)也发现,在西北旱地,随生物量和收获指数的提高,籽粒产量逐渐提高,且相关系数均达到显著水平,说明具有较高的生物量和收获指数,能将累积的干物质更多地转移到籽粒形成经济产量,是提高西北旱地小麦产量的重要前提。

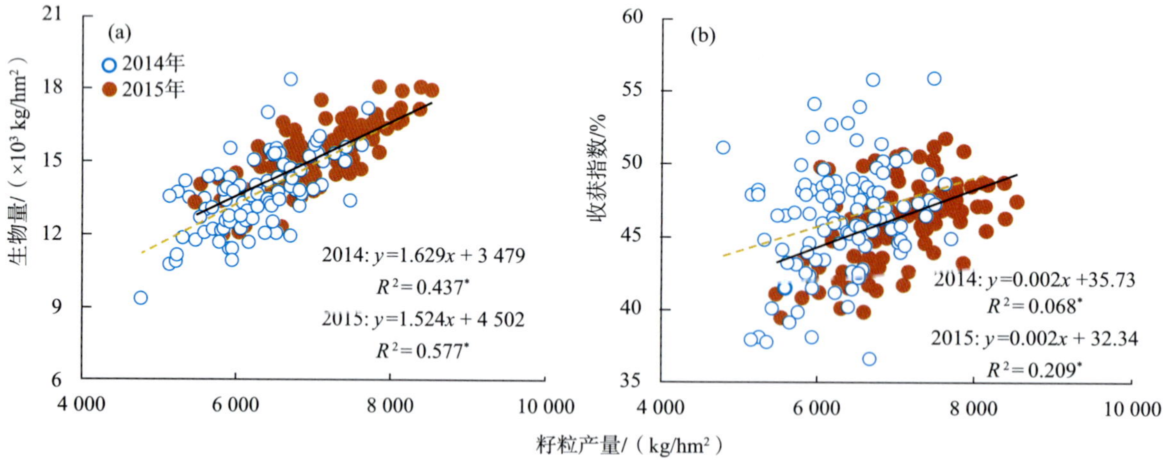

图 5-202　冬小麦品种间籽粒产量与生物量(a)及收获指数(b)的关系

(3)根系特性与产量的关系

根系是小麦吸收土壤水分养分的最主要部分,旱地小麦根系生长发育状况在很大程度上决定着地上部生长发育、产量高低,因此根系也一直被认为是重要的群体指标之一。王建永等(2015)分析了小麦根系生物量与产量的散点分布图(图 5-203)发现,在西北旱地,单株籽粒产量并未随根系生物量的增加而一直增加,在根系生物量较大时,产量反而呈下降趋势,这主要是因为旱地小麦生产中普遍存在根系冗余,大量的去根试验也验证了减少根系的冗余可以显著提高旱地作物产量。已有研究表明,干旱胁迫下,拔节期深层根生物量和总根生物量与产量呈正相关关系。除了开花期深层根生物量、成熟期表层根生物量,开花期根系性状均与产量呈正相关,成熟期根系性状与产量呈负相关(表 5-100)。说明在拔节期和开花期维持较高的根系生物量或根长密度有利于产量提高,而在成熟期时干物质向根系的分配必然减少光合产物在籽粒中的分配。因此,通过品种筛选或栽培措施优化,减少成熟期总根长密度,增加拔节期深层根生物量有利于提高冬小麦产量。

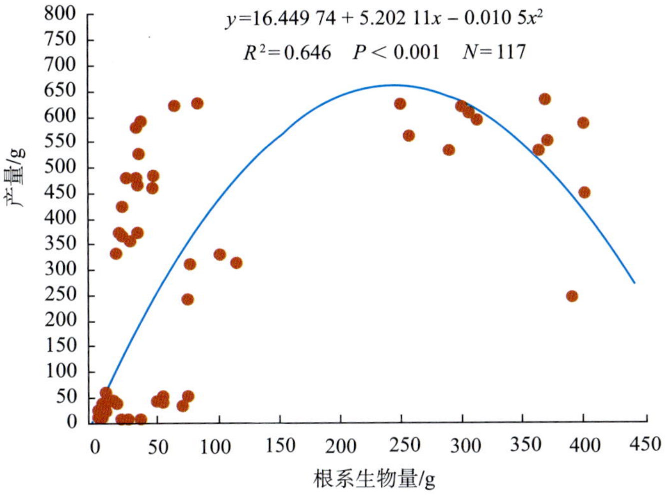

图 5-203　旱地小麦根系生物量与产量的关系

(王建永等,2015)

2. 合理的产量构成是关键

(1)产量构成因素与产量的关系

单位面积穗数、穗粒数和千粒重是构成小麦产量的基本要素,小麦生产最终都会归结到这 3 个因素中,然而三者之间存在着矛盾与竞争,只有三因素协调发展,才能使小麦真正实现高产高效。通过分析黄土高原不同省份不同农户田块穗数、穗粒数、千粒重与产量的关系(图 5-204)发现,在西北旱地,小麦产量三要素中穗数和穗粒数与籽粒产量之间的相关性达极显著水平,单位面积穗数、穗粒数较高的地块产量亦高,其中穗数与产量的相关性最高,其关系式为 $y=11.454x-122.45$,穗粒数与产量之间相关性其次,关系式为 $y=91.344x+1\ 520.5$,而千粒重与产量无显著关系。进一步分析不同产量组间的关系(表 5-101)发现,不同产量水平间的穗数、穗粒数存在显著差异,中、低产组穗数分别较高产组低 15%和 31%;穗粒数分别低 19%和 41%。高、中、低产组的千粒重差异不显著。可见,在西北旱地,高中产田块千粒重降低正是其穗数和穗粒数提高引起的结果,增加单位面积穗数和穗粒数是西北旱地实现高产的关键。

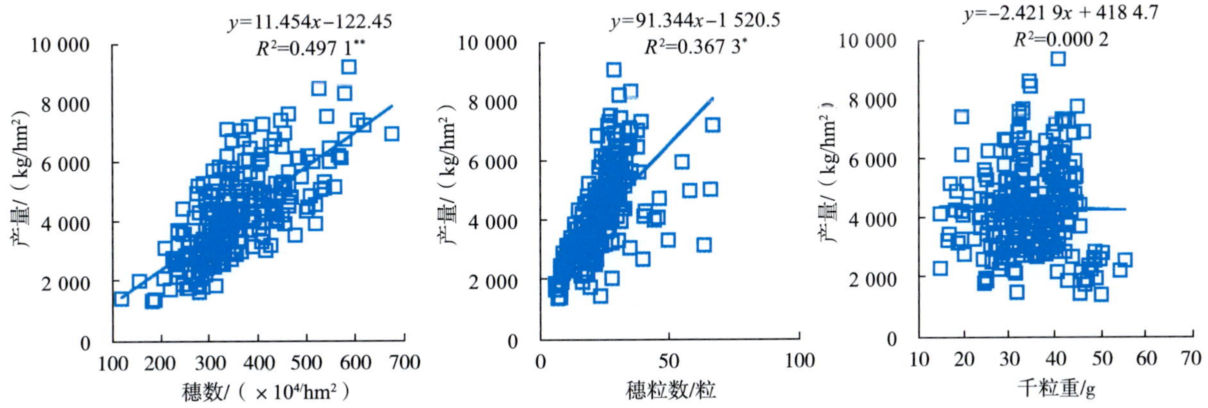

图 5-204　产量构成因素与产量的关系

表 5-100　干旱胁迫下不同生育期冬小麦根系性状与产量的相关系数(方燕等,2019)

性状	X1	X2	X3	X4	X5	X6	X7	X8	X9	X10	X11	X12	X13	X14	X15	X16	X17	X18	Y
X1	1																		
X2	−0.06	1																	
X3	0.79**	0.57	1																
X4	0.82**	−0.01	0.67*	1															
X5	−0.79**	0.51	−0.34	−0.74*	1														
X6	−0.19	0.74*	0.3	0.1	0.60*	1													
X7	0.91**	0.19	0.86**	0.83**	−0.58*	0.13	1												
X8	0.19	0.05	0.19	0.03	−0.56	−0.06	0.04	1											
X9	0.91**	0.19	0.87**	0.79**	−0.4	0.11	0.95**	0.33	1										
X10	0.83**	0.38	0.92**	0.70**	0.02	0.24	0.94**	0.1	0.92*	1									
X11	0.49	0.25	0.56	0.3	−0.85**	0.39	0.66*	0.21	0.69**	0.71*	1								
X12	0.81**	0.38	0.91**	0.68*	0.42	0.26	0.94**	0.12	0.92**	1.00**	0.77*	1							
X13	0.61*	−0.29	0.32	0.66*	0.01	−0.46	0.35	−0.01	0.33	0.23	−0.33	0.17	1						
X14	−0.74*	0.02	−0.59*	−0.60*	0.42	−0.1	−0.83**	−0.23	−0.85**	−0.82**	−0.85**	−0.85**	−0.01	1					
X15	−0.41	−0.1	−0.4	−0.26	0.62*	−0.29	−0.60*	−0.21	−0.63*	−0.64*	−0.91**	−0.69*	0.42	0.9**	1				
X16	−0.77**	−0.07	−0.68*	−0.70*	0.46	−0.21	−0.87**	−0.18	−0.88**	−0.85**	−0.84**	−0.87**	−0.09	0.95**	0.82**	1			
X17	−0.82**	0.13	−0.59*	−0.79**	−0.04	−0.02	−0.87**	0.05	−0.81**	−0.81**	−0.68*	−0.82**	−0.31	0.9**	0.68*	0.93**	1		
X18	−0.79**	−0.04	−0.67*	−0.72*	0.46	−0.19	−0.88**	−0.14	−0.88**	−0.85**	−0.82**	−0.87**	−0.13	0.95**	0.81**	1.00**	0.95**	1	
Y	0.56	0.69*	0.89**	0.54	−0.04	0.58	0.80**	0.07	0.78	0.70*	0.72*	0.91**	−0.06	−0.67*	−0.63*	−0.74	−0.60*	−0.73**	1

注:X1,拔节期表层根生物量;X2,拔节期深层根生物量;X3,拔节期总根生物量;X4,拔节期表层根长密度;X5,拔节期深层根长密度;X6,拔节期总根长密度;X7,开花期表层根生物量;X8,开花期深层根生物量;X9,开花期总根生物量;X10,开花期表层根长密度;X11,开花期深层根长密度;X12,开花期总根长密度;X13,成熟期表层根生物量;X14,成熟期深层根生物量;X15,成熟期总根生物量;X16,成熟期表层根长密度;X17,成熟期深层根长密度;X18,成熟期总根长密度;Y,产量;* 表示显著($P<0.05$),** 表示极显著($P<0.01$)。

表 5-101　西北旱地农户田块的不同产量水平冬小麦的产量构成因素的差异

产量水平	穗数/($\times10^4$/hm^2)	穗粒数/粒	千粒重/g
高产	430±91a	34.9±8.4a	39.8±6.8a
中产	364±68b	28.1±6.0b	38.5±7.1a
低产	298±57c	20.5±8.9c	40.2±9.5a
平均	355±82	27.1±9.4	39.3±7.9

(2)影响产量构成因素的主要因素

①播期播量与产量构成因素

在西北旱地，小麦多为等雨播种，播期很难确定，在此情况下，早播由于地温较高，个体生育前期生长旺盛，可以增加单株分蘖数，有利于获得较高的穗数，但容易造成麦苗旺长消耗土壤水分和养分，且易遭虫害，甚至使小麦冬前生育进程加快而受冻，进而影响穗粒数和千粒重的提高；晚播缩短了冬前生长时间，使得单株平均分蘖减少，难以形成壮苗，穗分化时间缩短，以致穗小粒少，从而使产量降低。同样，播量过大会使小麦群体过大，造成植株性状变差，后期倒伏等；播量过小则会使小麦群体降低，最终影响穗数，同样影响产量。早播若播量过大会导致群体分蘖数过大，同时也会增加生育前期土壤水分和养分消耗，往往引起生育后期养分不足而导致早衰，不仅会影响个体质量，对穗粒数和千粒重的形成不利，而且会使成穗率降低，从而导致单位面积穗数不足，最终使产量下降；晚播若不增加播量会因分蘖数少而导致穗数不足，最终影响产量。因此，人们常根据播期调节播量，充分利用光、热、水资源，培育冬前壮苗，从而实现群个体协调发展，进而调节穗数和穗粒数，最终获得理想产量。研究表明，播期播量对西北旱地小麦穗数的影响存在显著的互作效应(表 5-102)，早播低量、中播适量、晚播高量可以获得最高的穗数，从而提高产量。此外，在保水栽培条件或优化施肥改善小麦生育后期肥水条件下，往往需要适量增加播量，如深松条件下适当增加播量，穗数提高(72～83)$\times10^4$/hm^2，但达到最适播量后(90 kg/hm^2)再增加播量(112.5 kg/hm^2)，穗数的增幅并不显著(雷妙妙等，2017)。甚至还有研究表明，不同播量条件下的小麦穗数并无显著差异(刘俊梅等，2014)。因此，在西北旱地，应根据播期调整播量，或者采用夏闲季深松/翻、轮耕、地表覆盖以及养分管理等措施调整播量，从而调控小麦生长期间的水肥供应状况，促进小麦生长发育和物质吸收利用生产，进而构建合理的产量构成因素，最终实现西北旱地小麦高产高效。

表 5-102　播量对穗数的影响

试验地点	试验年份	栽培方式	播期(月-日)	适宜播量/(kg/hm^2)	适宜比对照提高穗数(百分比)/($\times10^4$/hm^2)(%)	参考文献
山西闻喜	2013	平作	9-20	67.5	46.5(14)	(薛玲珠，2017)
山西闻喜	2013	平作	10-1	90.0	90.3(25)	(薛玲珠，2017)
山西闻喜	2013	平作	10-10	112.5	82.3(23)	(薛玲珠，2017)
山西闻喜	2012—2014	深松	9-29	90.0	72～83	(薛玲珠，2017)

②水分与产量构成因素

水分是旱地小麦生长发育过程中的最主要的限制因素，势必会影响小麦的群体构建和产量构成因素。山西闻喜旱地的研究表明，越冬期和拔节期 0～300 cm、孕穗期 40～300 cm 各土层土壤蓄水量与穗数呈显著或极显著相关关系(表 5-103)。其中越冬期 20～300 cm、拔节期 0～300 cm、孕穗期 60～100 cm 和 200～280 cm 土层相关性极显著。拔节期 0～300 cm、孕穗期 0～300 cm 各土层土壤蓄水量与穗粒数呈显著或极显著相关关系，开花期 160～300 cm 土层土壤蓄水量与穗粒数无显著性关系。开花期 220～240 cm 土层土壤蓄水量与千粒重呈显著相关关系，开花期 160～300 cm 土层土壤蓄水量与千粒重无显著性关系。说明西北旱地小麦开花前各生育时期的土壤水分状况与穗数和穗粒数显著相关，其中深层土壤水分的作用总体优于表层土壤，特别是生育后期的深层土壤水分对穗数形成的作用突出。

表 5-103　关键生育时期 0～300 cm 各土层土壤蓄水量与产量构成因素的关系

土层深度	穗数/(×10⁴/hm²)			穗粒数/粒		
	越冬期	拔节期	孕穗期	拔节期	孕穗期	开花期
0～20	0.870 7*	0.970 7**	0.666 2	0.966 0**	0.816 9*	−0.228 3
20～40	0.989 7**	0.957 7**	0.652 7	0.942 1**	0.832 1*	−0.182 6
40～60	0.959 3**	0.959 6**	0.783 6*	0.929 9**	0.960 0**	0.118 2
60～80	0.988 0**	0.937 1**	0.902 2**	0.991 8**	0.924 0**	−0.078 5
80～100	0.953 8**	0.971 4**	0.928 4**	0.953 9**	0.877 3**	−0.082 7
100～120	0.991 7**	0.970 5**	0.765 2*	0.933 9**	0.946 3**	−0.293 3
120～140	0.959 0**	0.964 2**	0.793 1*	0.974 3**	0.904 8**	−0.202 7
140～160	0.956 8**	0.985 7**	0.814 0*	0.969 4**	0.969 8**	0.105 5
160～180	0.987 9**	0.969 6**	0.758 6*	0.983 9**	0.942 2**	0.542 7
180～200	0.986 5**	0.941 7**	0.783 0*	0.943 2**	0.924 6**	0.455 5
200～220	0.976 6**	0.950 8**	0.891 5**	0.986 7**	0.987 3**	0.300 9
220～240	0.984 5**	0.978 3**	0.878 5**	0.979 2**	0.936 2**	0.681 4
240～260	0.982 9**	0.973 3**	0.876 6**	0.977 2**	0.977 4**	0.490 6
260～280	0.961 5**	0.913 2**	0.890 9**	0.983 0**	0.981 2**	0.341 9
280～300	0.981 1**	0.904 8**	0.867 1	0.982 4**	0.960 3**	0.446 6

③养分与产量构成因素

始于 2004 年设置在陕西杨凌的长期定位氮磷用量试验的多年均值结果(表 5-104)表明，施氮、施磷对小麦产量三要素都有显著影响。与对应的不施氮、不施磷相比较，施氮 80、160、240 和 320 kg/hm² 的小麦穗数分别增加 31%、38%、36%和 26%，施磷 50、100、150 和 200 kg/hm² 分别增加 43%、64%、74%和 76%；施氮 160 kg/hm² 穗数最高，显著高于施氮 320 kg/hm²，施磷超过 100 kg/hm² 后穗数不再发生显著变化。同样，施氮、施磷提高了小麦穗粒数，不施氮、不施磷小麦穗粒数平均为 24、31 粒/穗，施氮 80、160、240 和 320 kg/hm² 时穗粒数分别为 31、34、35 和 36 粒/穗，施磷 50、100、150 和 200 kg/hm² 时，穗粒数分别为 34、34、33 和 33 粒/穗，总体表现为穗粒数随施氮量的增加而增加，随施磷量的增加先增加后稳定。小麦千粒重随施氮量、施磷量的增加而降低，施氮 80 kg/hm²、施磷 50 kg/hm² 的降幅不显著，施氮 160、240 和 320 kg/hm² 较不施氮降低 8.6%、8.5%和 8.7%；施磷 100、150 和 200 kg/hm² 较不施磷降低 5.7%、9.4%和 9.6%。总之，施用氮磷肥增加了小麦穗数和穗粒数，降低了小麦千粒重。施氮超过 160 kg/hm²、施磷超过 100 kg/hm² 时，穗数不再显著增加甚至降低，穗粒数无显著差异，千粒重显著降低。

表 5-104　氮磷肥施用量对小麦穗数、穗粒数和千粒重的影响

施氮量/(kg/hm²)	穗数/(×10⁴/hm²)	穗粒数/粒	千粒重/g	施磷量/(kg/hm²)	穗数/(×10⁴/hm²)	穗粒数/粒	千粒重/g
0	374c	24c	40a	0	313c	31b	39a
80	488b	31b	39ab	50	449b	34a	38ab
160	515a	34a	36c	100	514a	34a	36bc
240	508ab	35a	36c	150	545a	33a	35c
320	470b	36a	36c	200	551a	33a	35c

3. 高产高效群体的水肥需求特征

(1)水分需求特征

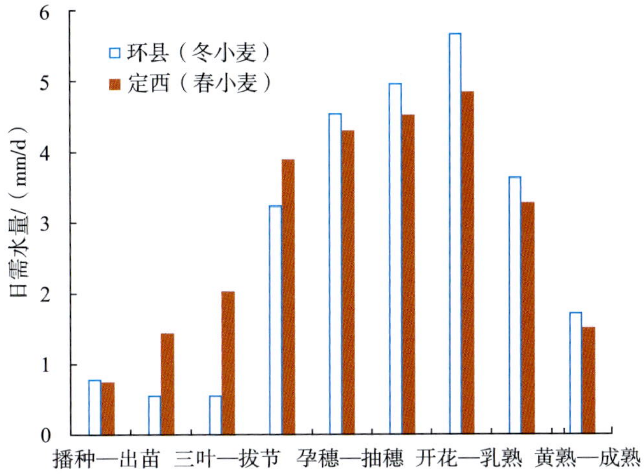

图 5-205　小麦各生育阶段日平均需水量(张旭东等,1999)

作物的水分需求特征是科学、合理地利用有限水资源的重要参考指标。其中,需水量作为水分需求特征的重要指标,可反映某种农作物的水分需求。联合国粮农组织(FAO)定义作物需水量为"一种作物生长在开阔的田地中,土壤条件(水、肥)不受限制,在给定的生长环境中充分发挥生产潜力的状况下,满足作物蒸散耗水所需的水分"。在农业气候学中认为作物需水量就是作物蒸腾量与作物棵间蒸发量之和。张旭东等(1999)分析小麦不同生育阶段的日需水量(图 5-205)发现,虽然小麦全生育期的需水总量由于区域降水量以及不同降水年型相差较大,但需水规律是基本一致的。播种—拔节时段需水量虽然占总需水量的比重较大,但由于经历越冬期,蒸发量相对较小,生育时段较长,生育时段内平均日需水量最小,仅为 0.5 mm 左右,拔节期至乳熟期,不同生育时段的日需水量逐渐增加,以开花至乳熟期平均日需水量最高,甚至高达 3.9～5.6 mm,是需水量最大的生育时段,乳熟之后日耗水量又降低。

然而,由于西北旱地小麦特殊的生产条件,小麦生长发育过程中所需水分并不能按照理论需求供给。因此,人们常用小麦生长发育过程中的实际耗水特征或土壤水分的变化动态代替水分需求特征指导栽培技术调控过程。前人对不同生育时期(图 5-206)以及全年(图 5-207)的土壤蓄水量变化动态测定结果表明,虽然土壤蓄水变化动态在不同年份和不同地点的表现并不完全相同,但总体呈现为播种至返青期或拔节期土壤水变化缓慢,这意味着植株耗水较少,从拔节期开始,随着植株生长需水增加,土壤水分迅速降低,特别是从孕穗期开始小麦进入生长需水最多的阶段,土壤耗水量也迅速增加。在西北旱地小麦实际生产过程中,通过覆膜或休闲期耕作等栽培措施可以在一定程度上调节土壤蓄水变化动态,改善小麦生长发育过程中耗水特性,维持较优的水分供应,最终促进产量形成。

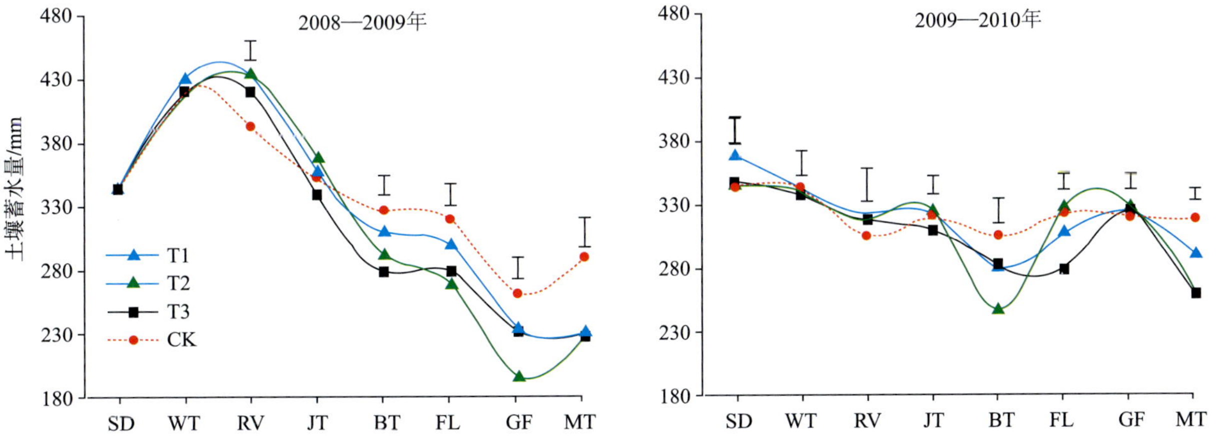

图 5-206　小麦生育期 0～200 cm 土壤水分变化动态(柴守玺等,2015)

注:SD,播种期;WT,越冬期;RV,返青期;JT,拔节期;BT,孕穗期;FL,开花期;GF,灌浆期;MT,成熟期。

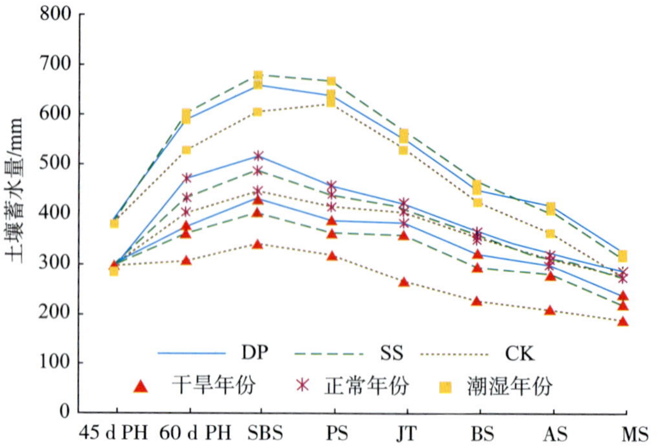

图 5-207　不同降水年型 0～300 cm 全年土壤蓄水量变化动态(孙敏等，2014)

注：45dPH，收获后 45 d；60dPH，收获后 60 d；SBS，播种期；PS，越冬期；JT，拔节期；BS，孕穗期；AS，开花期；MS，灌浆和成熟期。

(2)养分需求特征

籽粒产量形成的养分需求量作为指导小麦施肥的关键参数，近年来日益受到人们的关注。由于西北旱地特殊的农业生产条件，在小麦生育期很难实现追肥，因而养分需求特征多关注整个生育期的情况。2014—2016 年，在黄土高原典型旱作雨养农业区种植来自我国不同主产区和当地的 123 个小麦品种，分析冬小麦产量与养分需求量的关系时发现(图 5-208)，不同小麦品种的籽粒产量与地上部吸氮量(图 5-208a)呈显著正相关，与生产 1 000 kg 籽粒需氮量呈显著负相关(图 5-208b)。相同品种两年平均地上部吸氮量介于 159～231 kg/hm^2，生产 1 000 kg 籽粒需氮量介于 23.7～35.1 kg/t，籽粒产量每增加 1 000 kg/hm^2，地上部吸氮量平均增加 16.2 kg/hm^2，需氮量平均降低 1.95 kg/t。可见，随籽粒产量增加地上部吸氮量增加，生产 1 000 kg 籽粒需氮量降低，这表明小麦高产需要吸收更多氮素，并利用单位数量的氮形成更多的籽粒产量，有着较高的氮素吸收和利用效率。

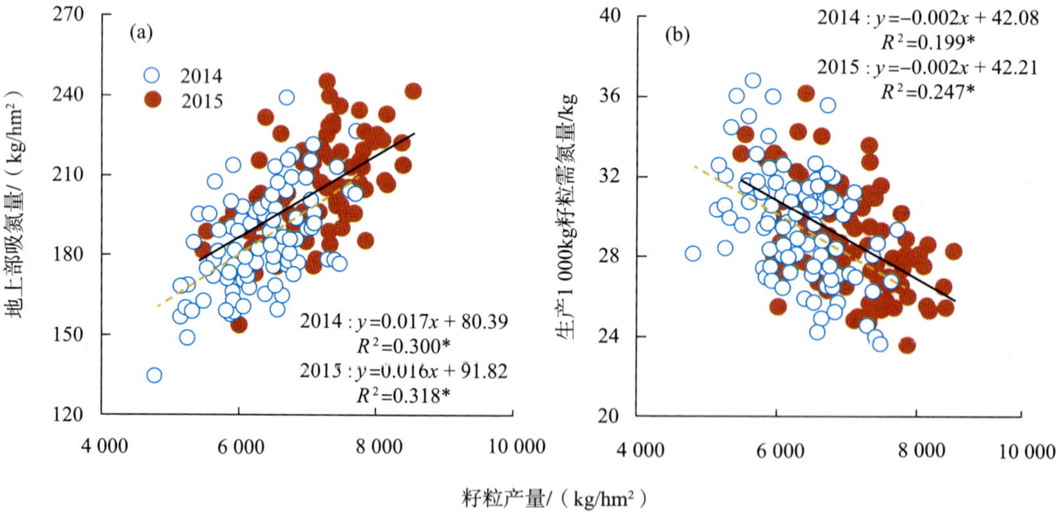

图 5-208　小麦籽粒产量与地上部吸氮量(a)和需氮量(b)的关系

图 5-209 表明，虽然不同小麦品种的地上部吸磷量、生产 1 000 kg 籽粒需磷量存在较大差异，但籽粒产量也与地上部吸磷量呈显著正相关，与生产 1 000 kg 籽粒需磷量呈显著负相关关系，且相关系数表现为地上部吸磷量＞生产 1 000 kg 籽粒需磷量。相同品种两年平均地上部吸磷量介于 21.3～

29.5 kg/hm²之间，高低相差 38%，生产 1 000 kg 籽粒需磷量 3.2～4.5 kg，高低相差 41%。回归分析表明，籽粒产量每增加 1 000 kg/hm²，地上部吸磷量增加 2.5 kg/hm²，生产 1 000 kg 籽粒需磷量均降低 0.2 kg。可见，随小麦籽粒产量提高，吸磷量增加，需磷量降低，说明小麦高产需要吸收更多的磷素，并且能利用单位数量的磷形成更多的籽粒产量，有着较高的磷素吸收和利用效率。

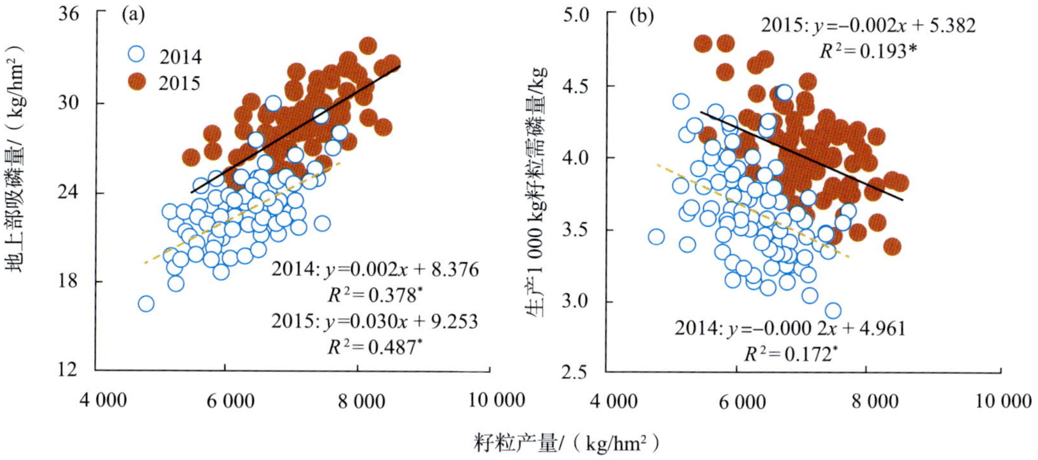

图 5-209　小麦籽粒产量与地上部吸磷量(a)和需磷量(b)的关系

不同小麦品种的产量与地上部吸钾量也呈显著正相关，但与钾需求量无显著相关性(图 210a)。相同品种两年平均介于 79.1～136.9 kg/hm² 之间，高低相差 73%。回归分析表明，籽粒产量每增加 1 000 kg/hm²，两年平均吸钾量增加 12.8 kg/hm²。随籽粒产量的增加，生产 1 000 kg 籽粒钾需求量呈降低趋势，但二者的相关性并不显著(图 210b)。可见，随小麦产量增加，地上部吸钾量增加，需钾量降低，钾收获指数增加，说明高产小麦品种能吸收更多的钾。

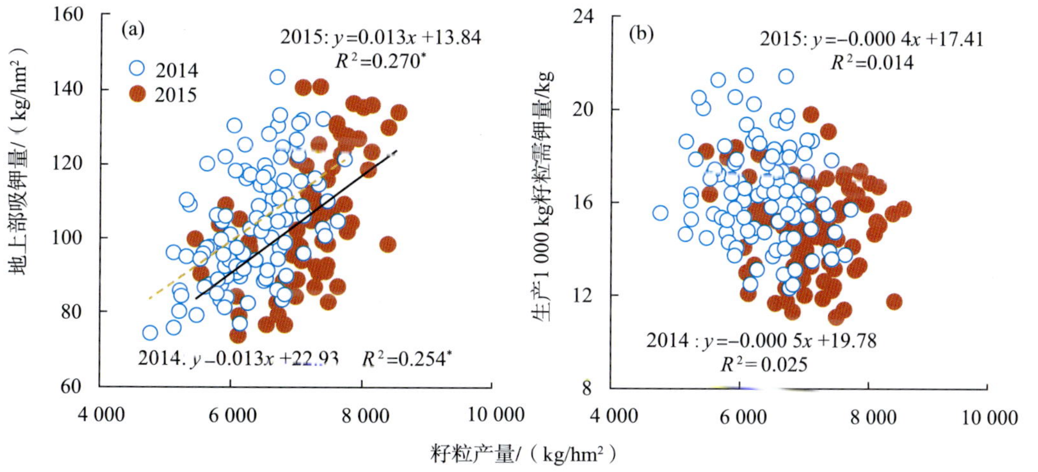

图 5-210　小麦籽粒产量与地上部吸钾量(a)、需钾量(b)的关系

分析产量形成的干物质需求量(图 5-211)发现，高产品种较低产品种能更高效地利用光合产物形成籽粒产量，回归分析表明，小麦籽粒产量每增加 1 000 kg/hm²，两年干物质需求量平均减少 93.3 kg/t。

分析西北旱地不同产量水平农户田块的氮磷钾养分需求量(表 5-105)发现，小麦生产 1 000 kg 籽粒的需氮量介于 17.4～34.8 kg 之间，需磷量介于 2.1～4.8 kg 之间，需钾量介于 9.3～29.1 kg 之间。高中低产量水平的小麦需氮量存在显著差异，高产组需氮量较中、低产组分别低 5%和 12%，而不同产量水平小麦的需磷量和需钾量并无显著差异。说明在西北旱地高产条件下形成单位小麦产量需要养分氮的数量要比低产条件下少。

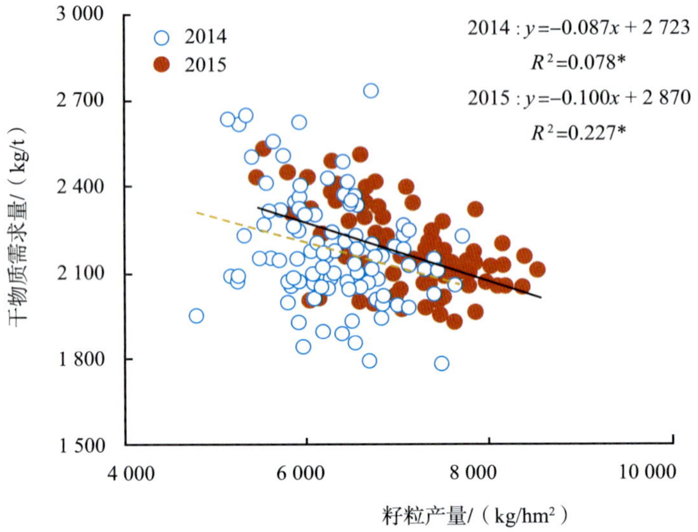

图 5-211　小麦籽粒产量与地上部干物质需求量的关系

表 5-105　西北旱地农户田块间小麦生产 1 000 kg 籽粒的养分需求量　kg

产量水平	N	P	K
高产	26.7±3.2c	3.1±0.6a	15.2±4.4b
中产	28.1±4.5b	3.1±0.7a	16.0±4.6b
低产	30.4±6.0a	3.2±0.7a	17.8±5.2a
平均	28.6±5.0	3.1±0.7	16.4±4.9

不同栽培模式对小麦百千克籽粒氮磷需求量具有显著调节作用，但对百千克籽粒需钾量无影响（表 5-106）。与传统平作相比，垄覆沟播前后 3 年氮需求量分别降低 7.1%、11.8%和 9.3%，但两处理的磷钾生理效率和百千克籽粒磷钾需求量差异不显著；膜侧施肥不影响百千克籽粒氮磷钾需求量。与垄覆

表 5-106　不同处理对小麦百千克籽粒氮磷钾需求量　kg/kg

年度	处理	N	P_2O_5	K_2O
2013—2014 平水年	传统平作	3.52a	1.01a	2.39a
	垄覆沟播	3.27b	0.97a	2.43a
	膜侧施肥	3.63a	0.99a	2.43a
2014—2015 丰水年	传统平作	4.24a	1.09b	2.71a
	垄覆沟播	3.74b	1.01b	2.53a
	膜侧施肥	4.50a	1.26a	2.90a
2015—2016 欠水年	传统平作	2.68a	0.61ab	1.48a
	垄覆沟播	2.43b	0.59b	1.44a
	膜侧施肥	2.70a	0.63a	1.42a
年度平均	传统平作	3.33a	0.84ab	2.02a
	垄覆沟播	3.04b	0.80b	1.98a
	膜侧施肥	3.43a	0.88a	2.04a

注：同一年份或年份间平均数据后的不同小写字母表示处理间差异在 $P<0.05$ 水平显著。

沟播相比，膜侧施肥的 3 年平均百千克籽粒氮磷需求量提高 12.8%和 10.0%，其中，百千克籽粒需氮量在不同降雨年型的差异均显著，百千克籽粒需磷量在丰水年和欠水年的差异也达到显著水平。

综上所述，西北旱地小麦籽粒产量与氮磷需求量、干物质需氮量呈显著负相关，与钾需求量无显著关系，即产量越高，氮、磷养分需求量越低。此外，栽培模式试验证实可以通过优化栽培在一定程度上进一步优化小麦的养分需求特性。因此，在实际生产中，不仅要选育高产高效小麦品种，提高生物量，协调籽粒产量与生物量、养分吸收量的关系，也要根据高产品种的养分需求特征，结合区域土壤养分供应能力和气候特点，优化栽培技术措施，科学合理施肥，保证作物有充足的养分吸收量，并向籽粒高效转移，最终实现西北旱地小麦高产高效生产。

5.5.3　西北旱地小麦高产高效的调控途径

1. 优化品种

品种优化一直被看作是使小麦高产高效的最经济途径。在西北旱地，周玲等(2012)结合方差分析多重比较的结果，将 9 个旱地小麦品种分为高中低产 3 组的研究结果(表 5-107、表 5-108)表明，高产品种的籽粒产量显著高于其他品种，主要是因为其具有明显高于中产和低产品种的生物量以及花后较高的叶绿素水平、光合速率和干物质累积量，且对养分投入的敏感程度明显高于低产品种。同时，高产品种具有较高的单位面积穗数、穗粒数。说明较高的生物量、穗数、穗粒数，花后较高的叶绿素水平、光合速率和干物质积累量，是西北旱地小麦实现高产高效的重要品种特征，并且对养分投入的敏感响应是养分投入提高后高产品种产量提高的主要原因。后续于 2014—2016 年进行了连读 2 年的 123 个小麦品种的田间定位试验，将试验中两年籽粒平均产量排在前四位的品种与当地品种比较(表 5-109)，发现高产品种的平均产量均显著高于当地的小麦品种，主要是因为高产品种的生物量和收获指数高于当地品种，干物质需求量和氮、磷、钾需求量低于当地品种，而且在高产品种和当地品种之间，也呈现出产量越高干物质和养分需求量越低的趋势，这都有利于提高小麦的物质生产效率和养分利用效率。可见，选择并应用优良品种是西北旱地进一步提高冬小麦产量和效率的重要途径。

表 5-107　不同冬小麦品种对产量、生物量的影响及其对养分投入的响应

品种	产量/(kg/hm^2)			生物量/(kg/hm^2)		
	无投入	低投入	高投入	无投入	低投入	高投入
西农 88	3 497c(a)	4 680b(a)	5 406a(a)	8 325c(a)	10 733b(a)	12 163a(a)
小偃 22	3 295b(abc)	4 111ab(b)	4 720a(b)	8 314b(b)	9 975ab(ab)	11 401a(b)
旱丰 902	3 161b(abc)	3 973a(b)	4 192a(c)	7 551b(ab)	9 115a(bc)	9 724a(cd)
西农 9871	3 406b(ab)	3 949a(b)	4 234a(c)	7 548b(ab)	9 088a(bc)	9 838a(c)
西农 2000	2 895a(c)	3 721a(bc)	3 739a(d)	6 947a(b)	8 410a(cde)	8 415a(e)
武农 148	2 896c(c)	3 708b(bc)	5 197a(a)	6 911c(b)	8 792b(cd)	12 118a(a)
西农 979	2 991b(bc)	3 401b(cd)	4 139a(c)	7 180b(b)	7 418b(ef)	9 095a(d)
西农 2611	2 900b(c)	3 109b(de)	4 211a(c)	7 014c(b)	7 843b(de)	465a(cd)
九丰 9812	2 994a(abc)	2 884a(e)	3 307a(e)	6 732a(b)	6 727a(f)	7 463a(f)

注：括号外不同小写字母表示养分投入水平间的差异达 5%显著水平，括号内的不同字母表示品种间的差异达 5%显著水平。高产组品种为西农 88；中产组品种为小偃 22、旱丰 902、西农 9871、西农 2000、武农 148；低产组为西农 979、西农 2611、九丰 9812。

表 5-108　不同冬小麦品种对产量构成因素的影响及其对养分投入的响应

品种	穗数/(万/hm²)			穗粒数/粒			千粒重/g		
	无投入	低投入	高投入	无投入	低投入	高投入	无投入	低投入	高投入
西农 88	329ca	417ba	461aa	27.1bb	28.2abb	30.2aab	38.3aef	39.8aef	39.5acd
小偃 22	329ba	355aba	406ac	24.7bcd	28.2ab	25.bcd	40.8bdef	40.9bde	45.3ab
旱丰 902	282bbc	307bc	341ae	23.9ad	25.7ab	23.9ad	46.8ba	50.2aa	51.9aa
西农 9871	289cab	329bbc	365ade	26.4bbc	31.7aa	28.1bbc	44.8ab	38.2bef	42.6abbcd
西农 2000	300aab	321abc	341ae	24.8bcd	28.0ab	25.7abcd	38.6bf	41.5abde	42.7abcd
武农 148	285bb	330bbc	433ab	23.4bd	26.4abb	30.9aab	43.5abc	43.1acd	39.4bd
西农 979	312bab	324bbc	373ad	22.8bd	22.6bc	26.0acd	41.3cde	47.1aab	43.4abbc
西农 2611	322cab	353bb	403ac	20.6be	19.3bd	23.7ad	43.7bbc	46.4abc	44.3abb
九丰 9812	241bc	241bd	258af	29.7aa	32.7aa	31.1aa	41.9acd	36.1bf	41.4abcd

注：括号外不同小写字母表示养分投入水平间的差异达 5%显著水平，括号内的不同字母表示品种间的差异达 5%显著水平。高产组品种为西农 88；中产组品种为小偃 22、旱丰 902、西农 9871、西农 2000、武农 148；低产组为西农 979、西农 2611、九丰 9812。

表 5-109　高产小麦品种与当地品种的产量、生物量、收获指数、干物质与养分需求量的比较

指标	高产品种			当地品种		
	运旱 22-33	隆平 203	偃展 4110	新麦 26	晋麦 47	长 6359
籽粒产量/(kg/hm²)	7 890a	7 878a	7 813a	7 606a	6 398b	6 639ab
生物量/(kg/hm²)	16 996a	16 492ab	16 997a	16 072ab	14 289c	15 133bc
收获指数/%	46.5abc	47.9a	46.0abc	47.2ab	45.1bc	44.0c
干物质需求量/(kg/t)	2 152bc	2 088c	2 130abc	2 120bc	2 224ab	2 275a
需氮量/(kg/t)	26.9b	26.2b	29.7a	28.0ab	29.6a	29.0ab
需磷量/(kg/t)	3.4c	3.7ab	3.8ab	3.5bc	3.9a	3.6abc
需钾量/(kg/t)	12.8c	14.4bc	17.2a	16.8ab	15.6ab	16.3ab

2. 优化播种

西北旱地小麦生产上经常出现等雨播种的情况，有可能早播，也可能晚播，早播引起旱地小麦群体分蘖多、植株无效生长，浪费土壤水分；晚播造成旱地小麦冬前个体偏弱，群体分蘖减少，土壤水分不能充分利用，因而根据播期优化播量，提高播种质量是旱地小麦高产高效生产的重要栽培措施。山西农业大学在晋南旱地进行的系统研究(表 5-110)表明，旱地小麦生育前期干物质积累量随播期推迟而降低，生育中后期随播量增加而提高，早播低量(9 月 20 日、67.5 kg/hm²)、适期适量(10 月 1 日、90 kg/hm²)和晚播高量(10 月 10 日、112.5 kg/hm²)播种可获得较高的干物质积累量，从而增加穗数、穗粒数，进而提高产量，尤其以适期适量效果较好。早播较晚播增产 5%～26%，水分利用效率提高幅度达 2%～21%，氮素吸收效率提高 3%～36%，氮素利用效率表现为低播量显著降低、高播量显著增加，氮素收获指数最高提高 11%(表 5-111)。播量对产量、水分利用效率和氮素效率的影响因播期而异，产量和水分利用效率早播条件下以低播量最高，与中、高播量相比增加 8.6%～11.1%和 10.2%～14.0%；晚播条件下以高播量最高，与低、中播量相比分别增加 11.2%～19.9%和 10.7%～15.0%。不同播量之间的氮素效率比较，在早播条件下，氮素吸收效率和氮素收获指数以低播量最高、中播量最低，而氮素利用效率以低播量最低、中播量最高；在晚播条件下，氮素吸收效率随播量增加而显著增加，氮素利用效率以高播量条件下最低，氮素收获指数随播量增加而增加。可见，在西北旱地，增加播量会降低早播条件下的小麦产量、水分利用效率、氮素吸收效率、氮素收获指数和晚播条件下的氮素利用效率，增加早播条件下的氮素利用效率和晚播条件下的旱地小麦产量、水分利用效率、氮素吸收效率、氮素收获指数。因此，在西北旱地可以根据不同的播种时间，调整播量来构建合理群体，从而提高旱地小麦籽粒产量和水氮利用效率，最终实现旱地小麦高产高效。

表 5-110　播期播量对旱地小麦产量及其构成因素的影响(田欣等，2019)

播期	播量	穗数/(×10^4/hm^2)	穗粒数/粒	千粒重/g	产量/(kg/hm^2)	水分利用效率/[kg/(hm^2·mm)]
D1	R1	415.75a	35.93a	44.98a	5 316.30a	11.69a
	R2	387.00b	35.62a	44.86a	5 034.30a	11.05b
	R3	369.25b	34.50a	42.91b	4 853.28a	10.64c
D2	R1	383.75b	34.5a	44.13a	5 070.10b	11.15b
	R2	449.25a	35.10a	45.37a	5 653.05a	12.41a
	R3	359.00c	33.67a	40.01b	4 695.75b	10.31c
D3	R1	354.00b	32.35a	43.15a	4 582.35b	10.08c
	R2	357.00b	33.17a	43.02a	4 790.65ab	10.54b
	R3	436.25a	33.75a	42.96a	5 032.35a	11.07a

注：D1，早播(9 月 20 日)；D2，适期(10 月 1 日)；D3，晚播(10 月 10 日)；R1，低量(67.5 kg/hm^2)；R2，适量(90 kg/hm^2)；R3，高量(112.5 kg/hm^2)。

表 5-111　播期播量对旱地小麦产量、水分利用效率和氮素利用效率的影响(田欣等，2019)

年份	播期	播量	产量/(kg/hm^2)	水分利用效率/[kg/(hm^2·mm)]	氮素吸收效率/(kg/kg)	氮素利用效率/(kg/kg)	氮素收获指数/(kg/kg)
2015—2016	EB	LD	3 950a	8.38a	1.04a	25.43d	0.87a
		MD	3 556c	7.35c	0.84c	28.37a	0.83ab
		HD	3 603c	7.36c	0.89b	26.87c	0.85ab
		LD	3 145c	6.91d	0.76d	27.54bc	0.82b
	LB	MD	3 393d	7.18c	0.81c	27.86ab	0.83ab
		HD	3 772b	7.95b	0.99a	25.48d	0.86ab
2016—2017	EB	LD	5 808a	11.92a	1.13a	34.38cd	0.83a
		MD	5 303c	10.77c	0.99d	35.58b	0.80c
		HD	5 350c	10.82c	1.03c	34.77c	0.81bc
		LD	4 812c	10.36d	0.84f	38.17a	0.75c
	LB	MD	4 951d	10.43d	0.92c	35.95b	0.77d
		HD	5 560b	11.54b	1.09b	33.93d	0.83ab

注：EB，早播；LB，晚播；LD，低密度；MD，中密度；HD，高密度。

在西北旱地，小麦的播量还应该根据蓄水保墒措施进行调整，在休闲期或生育期有蓄水保墒措施的条件下，适当提高播量可以提高产量和水氮利用效率，最终实现西北旱地小麦高产高效生产。山西农业大学在休闲季蓄水保墒措施的基础上，设置的不同播量试验结果(表 5-112)表明，深松条件下增加播量，氮素吸收效率、氮肥生产效率提高，但 90 kg/hm^2 和 112.5 kg/hm^2 两处理间的氮肥生产效率差异不显著；在未深松的条件下增加播量，氮素吸收效率、氮肥生产效率以 90 kg/hm^2 播量处理最高，显著高于 67.5 kg/hm^2 和 112.5 kg/hm^2 播量处理，以 112.5 kg/hm^2 播量处理较低。

表 5-112 休闲期深松和播量对旱地小麦水分利用效率和植株氮素效率的影响(田欣等,2019)

年度	耕作	播量	水分利用效率 /[kg/(hm² · mm)]	氮素吸收效率 /(kg/kg)	氮素利用效率 /(kg/kg)	氮素生产效率 /(kg/kg)
2012—2013	SS	R67.5	7.63c	0.72c	29.34a	21.24b
		R90	8.87a	0.84a	30.10a	25.30a
		R112.5	7.78b	0.86a	29.71a	25.46a
	CK	R67.5	6.78e	0.65d	26.20b	16.92d
		R90	7.25d	0.77b	22.75d	17.48c
		R112.5	6.46f	0.62d	24.63c	15.36e
2013—2014	SS	R67.5	8.49c	1.00c	32.64a	32.62b
		R90	9.69a	1.12b	31.42c	35.29a
		R112.5	8.86b	1.15a	31.18c	35.74a
	CK	R67.5	7.81f	0.92d	30.26d	27.72d
		R90	8.37d	0.99c	30.29d	30.11c
		R112.5	7.95e	0.83e	33.03b	26.68d

注:SS,深松;CK,对照;R67.5、R90 和 R112.5 分别表示播种量 67.5、90 和 112.5 kg/hm²。

3. 优化夏闲期地表管理

水分缺乏和土壤贫瘠是制约西北旱地农业生产的关键因素。该地区广泛采用冬小麦—夏休闲的种植制度。始于 2008 年在西北典型旱地区域陕西长武进行的,常规裸地栽培以及地膜覆盖、秸秆覆盖、种植绿肥和秸秆覆盖+种植绿肥(图 5-212)5 种地表管理模式的田间定位试验发现,采用合理的夏闲期地表覆盖措施能改善土壤水分环境和土壤肥力,从而提高作物生产力。

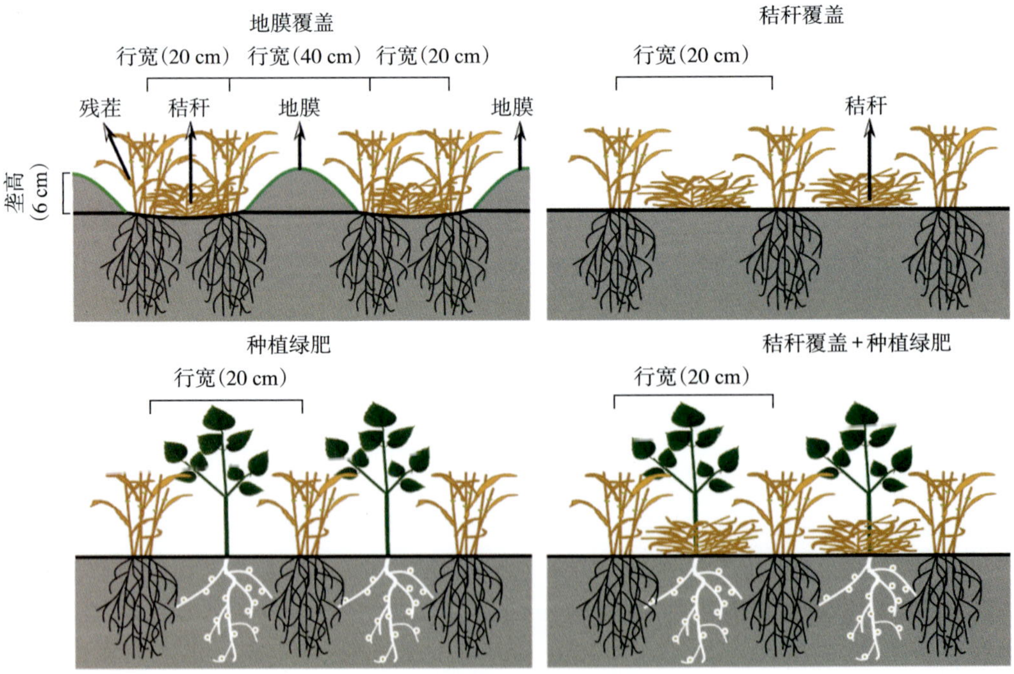

图 5-212 田间试验不同处理示意图

(1)地表管理对产量的影响

休闲季地表管理能够改变旱地冬小麦籽粒产量,且不同年际间效应不同(表 5-113)。与对照相比,地膜覆盖的籽粒产量在平水年显著提高，在丰水年无显著差异，在特别干旱的年份反而降低 16%。秸秆覆盖的籽粒产量在前三年无显著影响，而在后面的 2011—2012、2012—2013 和 2013—2014 年分别降低 8%、24%和 3%。种植绿肥和秸秆覆盖＋种植绿肥的籽粒产量在丰水年和平水年无显著影响，种植绿肥的籽粒产量在欠水的 2009—2010 年和 2012—2013 年分别降低 12%和 37%，秸秆覆盖＋种植绿肥的籽粒产量在欠水的 2012—2013 年也降低 31%。

表 5-113 地表管理对冬小麦籽粒产量的影响 kg/hm^2

处理	2008—2009	2009—2010	2010—2011	2011—2012	2012—2013	2013—2014	平均
对照	3 301b	3 365ab	5 070b	7 639ab	3 877a	7 799ab	5 175b
地膜覆盖	4 741a	3 646a	5 751a	7 278bc	3 243b	8 141a	5 467a
秸秆覆盖	3 342b	3 145bc	5 021b	7 032c	2 931bc	7 535b	4 834c
种植绿肥	3 342b	2 973c	4 958b	8 086a	2 448d	7 667ab	4 912c
秸秆覆盖＋种植绿肥	3 342b	3 067bc	5 190b	7 712ab	2 673cd	7 650b	4 939c
平均	3 614C	3 239D	5 198B	7 549A	3 035D	7 759A	
年降水类型	平水年	欠水年	平水年	丰水年	欠水年	丰水年	

注：同列的不同小写字母表示不同地表覆盖处理的差异达到 5%显著水平；同排的不同大写字母表示不同年份的差异达到 5%的显著水平。下同。

(2)地表管理对夏季土壤蓄水和水分利用效率的影响

与对照的 6 年平均夏闲期土壤集水相比，地膜覆盖增加 12%，秸秆覆盖无显著差异，种植绿肥和秸秆覆盖＋种植绿肥分别减少 20%和 16%(表 5-114)。然而，由于夏闲期降水在年际的差异，使地表覆盖对夏闲期土壤集水的影响也有所差异。与对照相比，地膜覆盖的土壤集水在丰水的 2010 年和 2011 年夏闲分别增加 22%和 13%，在平水的 2014 年夏闲增加 26%，在欠水夏闲无显著差异。秸秆覆盖在丰水的 2010 和 2011 年夏闲分别增加 21%和 8%，在平水夏闲无显著差异，在欠水的 2012 年夏闲甚至减少 34%。在欠水和平水夏闲期，种植绿肥和秸秆覆盖＋种植绿肥均降低土壤集水。种植绿肥和秸秆覆盖＋种植绿肥在 2009 年分别降低 23%和 15%，在 2012 年分别减少 58%和 46%，在 2013 年分别减少 57%和 56%。对于两个丰水夏闲季，仅种植绿肥在 2011 年夏闲季使土壤集水降低 13%。

表 5-114 夏闲期不同地表覆盖措施对夏闲期 0～300 cm 土层土壤蓄水量的影响 mm

处理	2009	2010	2011	2012	2013	2014	平均
对照	132ab	227b	259b	117a	178a	195b	185b
地膜覆盖	145a	277a	294a	99ab	178a	246a	206a
秸秆覆盖	128ab	274a	281a	77bc	160a	207b	188b
种植绿肥	101c	256ab	226c	50c	76b	177b	148c
秸秆覆盖＋种植绿肥	112bc	249ab	254bc	63bc	79b	178b	156c
平均	124B	257A	263A	81C	134B	200B	
夏闲期降水类型	欠水夏闲	丰水夏闲	丰水夏闲	欠水夏闲	平水夏闲	平水夏闲	

从冬 6 年平均水分利用效率来看，除秸秆覆盖比对照降低 6%，其他处理间无显著影响(表 5-115)，但在不同降水年型的表现并不相同。与对照相比，地膜覆盖的水分利用效率在平水的 2008—2009 年增加 39%，其他年无显著差异。秸秆覆盖的水分利用效率在欠水的 2009—2010 年减少 12%，其他年无显著差异。种植绿肥和秸秆覆盖＋种植绿肥的水分利用效率在平水的 2011—2012 年分别增加 16%和 11%，在欠水的 2012—2013 年生育期分别减少 22%和 16%，其他年无显著差异。

表 5-115 夏闲期不同地表覆盖措施对西北旱地冬小麦水分利用效率的影响 [kg/(hm² · mm)]

处理	2008—2009 年	2009—2010 年	2010—2011 年	2011—2012 年	2012—2013 年	2013—2014 年	平均
对照	9.1b	11.6a	13.4a	14.2b	12.1a	15.5a	12.7a
地膜覆盖	12.7a	11.8a	13.8a	13.9b	10.5ab	16.0a	13.1a
秸秆覆盖	9.4b	10.2b	12.5a	13.6b	10.5ab	15.4a	11.9b
种植绿肥	9.4b	10.3ab	12.9a	16.5a	9.5b	17.7a	12.7a
秸秆覆盖+种植绿肥	9.4b	10.6ab	12.7a	15.7a	10.2ab	17.3a	12.7a
平均	10.0D	10.9D	13.1C	14.8B	10.6D	16.4A	
生育期降水类型	平水	欠水	欠水	平水	欠水	丰水	

(3)地表管理对养分生理效率的影响

地表管理对小麦籽粒产量形成的氮磷钾生理效率的影响不同,且因降水年型而异(表 5-116)。与对照相比,地膜覆盖和秸秆覆盖的 6 年平均氮生理效率分别提高 11%和 7%,种植绿肥和秸秆覆盖+种植绿肥分别降低 7%和 5%。其中,与对照相比,地膜覆盖在欠水的 2009—2010 年和 2012—2013 年分别提高 14%和 27%,在平水的 2010—2011 年和丰水的 2011—2012 年分别提高 10%和 9%;秸秆覆盖在欠水的 2012—2013 年和丰水的 2013—2014 年分别提高 10%和 22%,种植绿肥和秸秆覆盖+种植绿肥在丰水的 2011—2012 年分别降低 15%和 12%、在欠水的 2012—2013 年分别降低 11%和 8%。秸秆

表 5-116 地表覆盖对西北旱地冬小麦养分生理效率的影响

处理	2008—2009	2009—2010	2010—2011	2011—2012	2012—2013	2013—2014	平均
籽粒产量形成氮生理效率/(kg/kg)							
对照	35.3a	32.3b	33.5b	49.9b	38.5c	38.1bc	37.9c
地膜覆盖	34.0a	36.9a	36.8a	54.3a	49.0a	40.6b	41.9a
秸秆覆盖	34.8a	32.2b	36.2ab	51.4ab	42.5b	46.4a	40.6b
种植绿肥	34.8a	30.9b	33.6b	42.5c	34.4d	36.1c	35.4d
秸秆覆盖+种植绿肥	34.8a	33.0b	33.1b	43.8c	35.3cd	35.1c	35.9d
平均	34.8C	33.0D	34.6C	48.4A	39.9B	39.3B	
籽粒产量形成磷生理效率/(kg/kg)							
对照	339a	425a	351ab	411ab	405a	333ab	377a
地膜覆盖	372a	417ab	366a	437a	347b	309b	375ab
秸秆覆盖	351a	353c	342ab	374c	346b	349a	352c
种植绿肥	351a	364c	337ab	397bc	361b	352a	360bc
秸秆覆盖+种植绿肥	351a	386bc	325b	377bc	358b	343ab	357c
平均	353BC	389A	344C	399A	364B	337C	
籽粒产量形成钾生理效率/(kg/kg)							
对照	50.8a	46.5a	67.1a	66.0a	72.5a	40.6ab	57.2a
地膜覆盖	44.8b	48.8a	61.9ab	59.9b	64.0b	35.9b	52.6b
秸秆覆盖	46.3ab	47.3a	61.3b	56.3bc	68.0ab	44.2a	53.9b
种植绿肥	46.3ab	45.6a	64.6ab	53.8c	64.3b	44.2a	53.1b
秸秆覆盖+种植绿肥	46.3ab	47.7a	64.9ab	51.2c	63.7b	41.3ab	52.5b
平均	46.9D	47.2D	64.0B	57.4C	66.5A	41.2E	
年降水类型	平水年	欠水年	平水年	丰水年	欠水年	丰水年	

覆盖、种植绿肥和秸秆覆盖＋种植绿肥的籽粒产量形成的磷生理效率均值分别比对照降低 7%、5%和5%，地膜覆盖无显著差异。其中，与对照相比，秸秆覆盖、种植绿肥和秸秆覆盖＋种植绿肥在欠水的2009—2010 年和 2012—2013 年均显著降低；地膜覆盖在欠水的 2012—2013 年也降低 14%。地膜覆盖、秸秆覆盖、种植绿肥和秸秆覆盖＋种植绿肥钾生理效率均值分别比对照降低 8%、6%、7%和 8%。其中，与对照相比，地膜覆盖在丰水的 2011—2012 年、平水的 2008—2009 年和欠水的 2012—2013 年分别降低 9%、12%和 12%。秸秆覆盖的钾生理效率在丰水的 2011—2012 年和平水的 2010—2011 年分别降低 15%和 9%。种植绿肥和秸秆覆盖＋种植绿肥的钾生理效率在丰水的 2011—2012 年分别降低18%和 22%，在欠水的 2012—2013 年分别降低 11%和 12%。

4. 优化施肥

在保水栽培的基础上优化养分管理也是实现西北旱地小麦高产高效的主要途径。在优化氮磷钾肥用量的基础上，采用覆膜施肥播种一体机一次性完成施肥起垄覆膜播种，在现有垄覆沟播栽培技术的基础上将氮磷钾肥定位条施于播种行侧、膜下、种侧下 5 cm 处，建立了小麦膜侧施肥栽培技术。于 2013年 9 月—2016 年 9 月，在黄土高原中部典型旱地，设置传统平作（不覆盖＋均匀施肥）、垄覆沟播（垄上覆膜＋垄间沟播＋均匀施肥）和膜侧施肥（垄上覆膜＋垄间沟播＋播种行侧膜下定位施肥）3 种栽培模式（图 5-213），比较了不同栽培模式对小麦产量、水分养分利用和种植效益的影响。

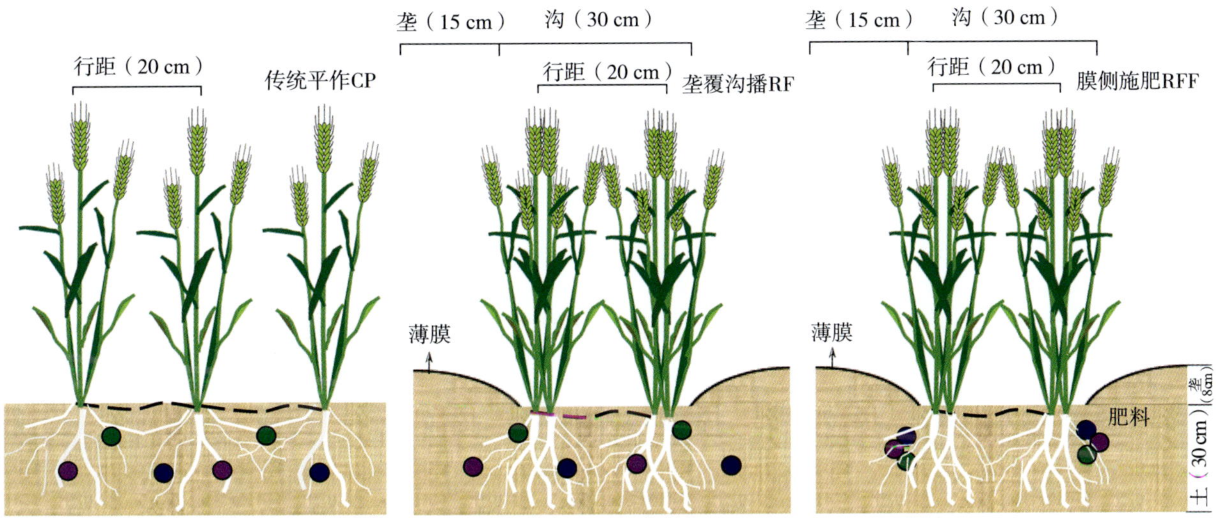

图 5-213　田间试验不同处理示意图

注：CP，传统平作；RF，垄覆沟播；RFF，膜侧施肥。

（1）膜侧施肥对小麦产量和生物量的影响

栽培模式对小麦地上部生物量和籽粒产量影响极显著（$P<0.01$），对产量的影响主要来自穗数的变化，而穗粒数和千粒重不同处理间差异不显著（表 5-117）。在偏湿润的 2014—2015 年度，垄覆沟播的生物量和产量较传统平作略有增加，但差异不显著，而在另外两年（偏干旱）则表现为显著增加，3 年平均生物量和产量分别提高 6.7%和 8.3%。膜侧施肥较传统平作，3 年地上部生物量、穗数和籽粒产量均显著增加，其中生物量和籽粒产量平均提高 17.2%和 20.1%。从 3 年平均值来看，膜侧施肥的地上部生物量、穗数和籽粒产量显著高于垄覆沟播，分别提高 9.8%、10.5%和 10.9%，尤以偏旱的 2013—2014 年和 2015—2016 年度增产效果达显著水平（$P<0.05$）。说明膜侧施肥通过提高小麦生物量和穗数，最终实现增产，在偏旱年份，特别是灌浆期降水偏少的年份，增产效果更突出。

表 5-117　膜侧施肥对小麦籽粒产量和生物量的影响

年度	处理	地上部生物量 /(kg/hm²)	穗数 /(万/hm²)	穗粒数	千粒重 /g	籽粒产量 /(kg/hm²)
2013—2014	传统平作	9 365±991c	333±19c	25.8±1.3a	45.2±1.4a	4 373±281c
	垄覆沟播	10 197±697b	361±40b	26.2±2.3a	44.9±0.6a	4 789±265b
	膜侧施肥	11 710±929a	429±24a	23.6±1.2a	46.1±1.4a	5 193±350a
2014—2015	传统平作	12 438±1 358b	471±37b	30.6±4.2a	32.2±2.9a	5 249±1 171a
	垄覆沟播	13 175±914ab	483±22ab	31.0±2.3a	33.9±4.5a	5 545±916a
	膜侧施肥	13 700±554a	521±30a	30.1±4.6a	32.3±6.0a	5 564±1 232a
2015—2016	传统平作	9 723±651b	326±31b	33.5±3.6a	46.1±2.8a	5 620±241b
	垄覆沟播	10 264±959b	412±23a	28.1±1.7b	45.8±1.7a	5 973±505b
	膜侧施肥	11 526±1 021a	440±20a	30.5±2.2 ab	45.7±1.7a	6 901±467a
年度平均	传统平作	10 508±665c	377±20c	30.0±0.9a	41.2±1.5a	4 955±454c
	垄覆沟播	11 212±463b	419±19b	28.4±0.3a	41.5±1.4a	5 368±360b
	膜侧施肥	12 312±650a	463±13a	28.1±2.0a	41.4±2.3a	5 953±386a

(2)膜侧施肥对不同生育时期茎蘖数、干物质积累量和氮磷钾吸收量的影响

垄覆沟播和膜侧施肥的基本苗 3 年均无差异，但较传统平作分别提高 26.2%和 28.6%(图 5-214)。3 年总体来看，垄覆沟播和膜侧施肥的群体茎蘖数和干物质积累量的差异，开花之前不显著，开花期达到显著水平，并且在所有测定生育时期都显著高于传统平作，其中开花期比传统平作分别高 17.1%和 22.9%，比垄覆沟播高 9.0%和 10.5%。可见，膜侧施肥模式的群体水平优于其他两处理，其优势体现在开花期后，是获得高产的原因之一。

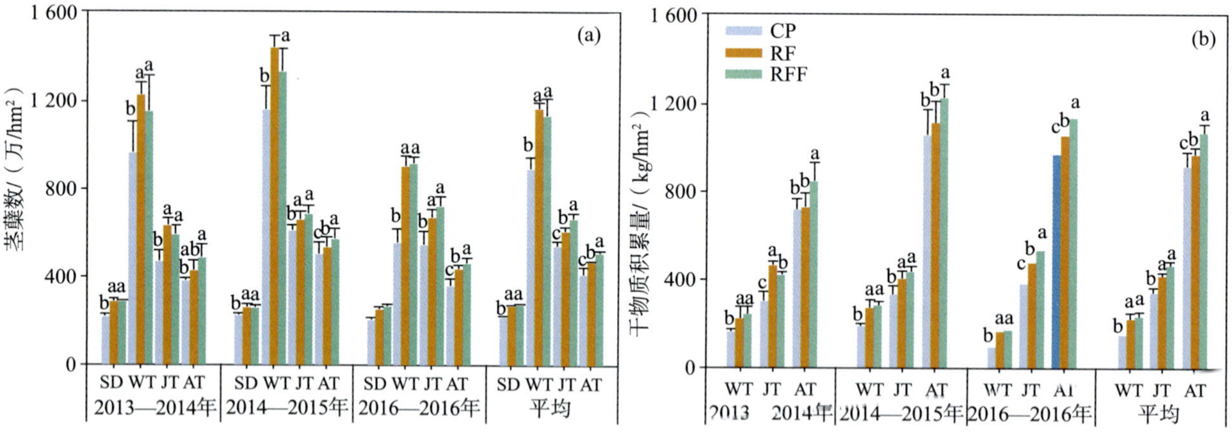

图 5-214　膜侧施肥对小麦群体茎蘖数(a)和地上部干物质积累量(b)的影响

注：CP，传统平作；RF，垄覆沟播；RFF，膜侧施肥。SD，苗期；WT，越冬期；JT，拔节期；AT，开花期；MT，成交期。误差线表示标准差，其上标注的不同字母表示同一生育期内处理间差异显著($P<0.05$)。下同。

旱地小麦地上部氮磷吸收量随生育进程的推进逐渐增加，钾吸收量开花期达到峰值后降低，栽培模式对氮磷钾吸收量的调节效应在不同降雨年型基本一致，但在不同生育时期表现不同(图 5-215)。与传统平作相比，在越冬和拔节期，垄覆沟播和膜侧施肥的氮磷钾吸收量均显著提高；在开花和成熟期，垄覆沟播的氮磷钾吸收量不再提高，而膜侧施肥均显著提高(除开花期的钾吸收量在欠水年增幅不显著外)，3 年平均氮磷钾吸收量在开花期分别提高 23.8%、18.9%和 15.6%，在成熟期分别提高 18.8%、21.9%和 17.1%。与垄覆沟播相比，膜侧施肥的氮磷钾吸收量，越冬期无显著变化，除平水年拔节期钾

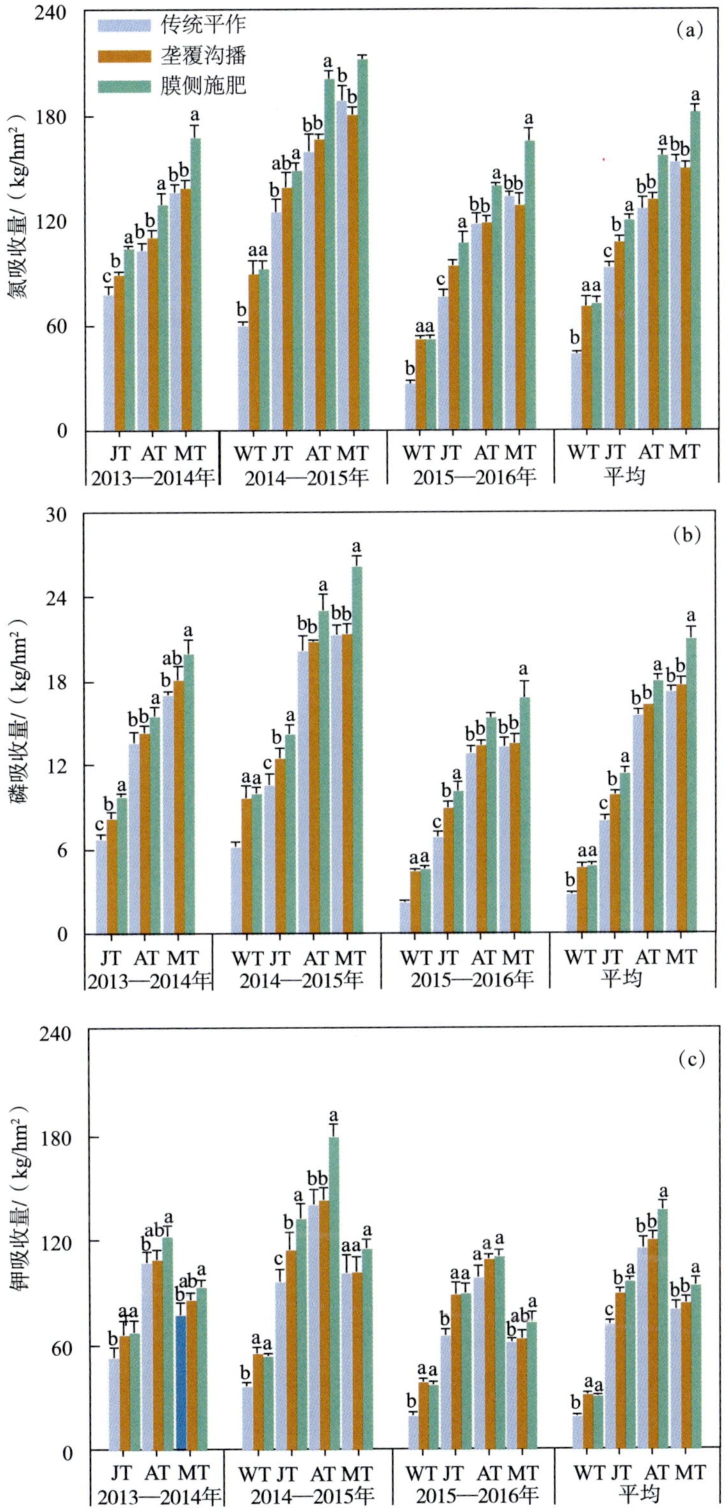

图 5-215 不同处理对小麦不同生育时期氮磷钾吸收量的影响

吸收量和成熟期磷吸收量以及欠水年拔节期钾吸收量和成熟期磷钾吸收量的增幅不显著外，拔节、开花、成熟期的小麦氮磷钾吸收量在不同降水年型均显著提高。3 年总体来看，在拔节、开花和成熟期，膜侧施肥的氮吸收量较垄覆沟播分别提高 11.7%、19.0%和 21.6%，磷吸收量提高 41.2%、10.9%和 11.7%，钾吸收量提高 31.2%、14.2%和 21.0%。进一步分析小麦不同生育时段的氮磷钾吸收量（表 5-

118)发现，垄覆沟播与传统平作相比，拔节至开花期的3年平均氮磷钾吸收量分别降低26.0%、18.0%和30.1%，开花至成熟期的氮吸收量也降低32.6%，从而使拔节至成熟期的氮磷吸收量降低30.1%和14.3%，说明垄覆沟播不利于拔节后小麦对氮磷钾的吸收。膜侧施肥较传统平作，拔节至开花期的氮磷钾吸收量维持稳定，开花至成熟期的氮吸收量无显著变化，磷吸收量提高76.5%，钾吸收量损失20.6%。与垄覆沟播相比，膜侧施肥提高了拔节至成熟期的氮磷吸收量，其中拔节至开花期的3年平均氮吸收量提高47.6%，开花至成熟期的磷吸收量增加1.0倍。可见，膜侧施肥促进了小麦氮磷钾吸收，从而使氮磷钾吸收量在各个生育时期均最高。

表 5-118　不同处理对小麦不同生育时段氮磷钾吸收的影响　kg/kg

年度	处理	N			P			K		
		JTA	ATM	JTM	JTA	ATM	JTM	JTA	ATM	JTM
2013—2014 平水年	传统平作	25.2a	33.7a	58.9ab	6.9a	3.4a	10.3a	54.5a	−29.9a	24.5a
	垄覆沟播	21.7a	28.7a	50.4b	6.1a	3.7a	9.8a	43.1a	−22.9a	20.2a
	膜侧施肥	25.6a	37.9a	63.5a	5.7a	4.4a	10.1a	54.8a	−28.9a	25.9a
2014—2015 丰水年	传统平作	34.2ab	29.7a	63.9a	9.6a	1.2b	10.7ab	44.4a	−39.4b	5.0a
	垄覆沟播	27.1b	14.2b	41.3b	8.3b	0.5b	8.9b	28.7b	−41.5b	−12.8b
	膜侧施肥	52.7a	11.1b	63.8a	8.8ab	3.1a	12.0a	46.7a	−64.2a	−17.5b
2015—2016 欠水年	传统平作	42.1a	15.8b	57.8a	5.9a	0.5b	6.4a	33.6a	−37.2a	−3.6a
	垄覆沟播	24.3b	10.4c	34.7b	4.4b	0.2b	4.6b	20.5b	−45.8a	−25.3b
	膜侧施肥	32.5ab	25.9a	58.4a	5.2ab	1.5a	6.6a	21.3b	−38.0a	−16.6b
年度平均	传统平作	33.8a	26.4a	60.2a	7.5a	1.7b	9.1a	44.1a	−35.5b	8.6a
	垄覆沟播	25.0b	17.8b	42.1b	6.3b	1.5b	7.8b	30.8b	−36.7ab	−6.0a
	膜侧施肥	36.9a	25.0ab	61.9a	6.6ab	3.0a	9.6a	40.9ab	−43.7a	−2.7a

注 JTS，拔节—开花；ATM，开花—成熟；JTM，拔节—成长。

(3)膜侧施肥对生育期土壤水分消耗和水分利用效率的影响

从3年的平均值来看，垄覆沟播和膜侧施肥对土壤水分消耗的影响不显著，但年度间有变化。在偏湿润的2014—2015年度，两覆膜处理生育期内0～200 cm土层的水分消耗量较传统平作分别减少8.1%和12.2%，垄覆沟播主要使0～200 cm土层的耗水量降低，而膜侧施肥还使更深层土壤(100～200 cm)的水分消耗量减少；在偏旱的2015—2016年度，膜侧施肥100～200 cm土层的土壤水分消耗量较传统平作高7.1%，与垄覆沟播无显著差异(表5-119)。与传统平作相比，垄覆沟播和膜侧施肥显著提高了旱地小麦水分利用效率，平均提高8.1%和16.1%；膜侧施肥比垄覆沟播的水分利用效率高，尤其在偏旱的2013—2014年和2015—2016年显著增加。

(4)膜侧施肥对氮磷钾吸收效率和肥料偏生产力的影响

栽培模式对小麦氮磷钾吸收效率和肥料偏生产力具有显著的调节作用(表5-120)。与传统平作相比，垄覆沟播的3年平均氮磷钾肥偏生产力分别提高7.1%、8.1%、6.7%，但两处理的氮磷钾吸收效率差异不显著。膜侧施肥较传统平作，3年平均氮磷钾吸收效率分别提高18.4%、22.1%和16.4%，氮磷钾肥偏生产力提高16.0%、16.8%和15.6%，其中，前后3年的氮吸收效率分别提高22.9%、13.0%和21.8%，磷吸收效率提高15.5%、22.9%和27.3%，平水年和欠水年的钾吸收效率分别提高19.9%和20.3%，氮肥偏生产力提高19.9%和20.3%，磷肥偏生产力提高17.4%和25.3%，钾肥偏生产力提高18.4%和23.4%。膜侧施肥与垄覆沟播相比，显著提高了各年的氮吸收效率，丰水年和欠水年的磷吸收效率，以及欠水年的钾吸收效率和氮磷钾肥偏生产力，3年平均氮磷钾吸收效率分别提高20.8%、18.0%和12.1%，氮磷钾偏生产力提高8.3%、8.1%和8.4%。

表 5-119 膜侧施肥对小麦生育期土壤水分消耗和水分利用效率的影响

年度	处理	播前底墒/mm	土壤水分消耗/mm			水分利用效率/[kg/(hm² · mm)]
			0～100 cm	100～200 cm	0～200 cm	
2013—2014	传统平作	396±33a	81±15a	26±9a	106±23a	12.1±1.4c
平水年	垄覆沟播	396±33a	83±20a	27±15a	110±23a	12.8±0.4b
	膜侧施肥	396±33a	86±12a	26±8a	112±15a	13.7±1.3a
2014-2015	传统平作	529±35a	156±8a	67±48a	222±55a	11.2±2.2b
丰水年	垄覆沟播	522±31a	136±14b	69±43a	204±37ab	12.2±2.0a
	膜侧施肥	539±24a	137±10b	58±42b	195±37b	13.1±2.9a
2015—2016	传统平作	451±19ab	153±10a	59±12b	212±20b	13.8±1.1b
欠水年	垄覆沟播	446±16b	143±15a	72±7ab	220±20ab	15.0±1.8b
	膜侧施肥	468±8a	150±10a	86±4a	227±14a	16.5±1.1a
年度平均	传统平作	456±13b	130±6a	51±15a	170±15a	12.4±1.0c
	垄覆沟播	454±20b	122±8b	56±17a	166±12a	13.4±1.0b
	膜侧施肥	468±12a	124±4ab	57±15a	170±12a	14.4±1.0a

注：数据为 4 个地块的平均值±标准差，同一年度或年度平均数据后的不同小写字母表示处理间差异显著($P<0.05$)。* 和 ** 分别表示方差在 $P<0.05$ 和 $P<0.01$ 水平显著。

表 5-120 不同处理对小麦氮磷钾吸收效率和氮磷钾肥偏生产力的影响 kg/kg

年度	处理	吸收效率			偏生生产力		
		N	P	K	N	P_2O_5	K_2O
2013—2014	传统平作	0.83b	0.84b	2.67b	26.7b	97.8b	124.7b
平水年	垄覆沟播	0.85b	0.89ab	2.93ab	29.2ab	107.7ab	135.9ab
	膜侧施肥	1.02a	0.97a	3.20a	31.7a	114.8a	147.6a
2014—2015	传统平作	1.23b	1.09b	3.73a	34.4a	116.8a	156.7a
丰水年	垄覆沟播	1.18b	1.10b	3.72a	36.4a	125.5a	165.1a
	膜侧施肥	1.39a	1.34a	4.17a	36.6a	124.9a	164.6a
2015—2016	传统平作	0.87b	0.66b	2.17b	36.4b	128.1b	164.8b
欠水年	垄覆沟播	0.86b	0.68b	2.26b	38.7b	136.9b	174.8b
	膜侧施肥	1.06a	0.84a	2.61a	44.8a	160.5a	203.4a
年度平均	传统平作	0.98b	0.86b	2.86b	32.5c	114.2c	148.7c
	垄覆沟播	0.96b	0.89b	2.97b	34.8b	123.4b	158.6b
	膜侧施肥	1.16a	1.05a	3.33a	37.7a	133.4a	171.9a

(5)膜侧施肥对种植效益的影响

栽培模式对小麦种植效益的影响因降雨年型而异，在平水年和欠水年，调节效应达到显著水平，在丰水年，由于降水充足，垄覆沟播和膜侧施肥的增产作用减小，不同栽培模式间差异不显著(表 5-121)。与传统平作相比，在平水年和欠水年，垄覆沟播产出分别提高 9.5%和 6.3%，经济效益未显著增加，成本收益率略有降低；膜侧施肥的产出分别提高 18.8%和 22.8%，经济效益提高 32.3%和 33.1%，成本收益率提高 11.9%和 15.7%。3 年总体来看，膜侧施肥与垄覆沟播相比，产出、经济效益、成本收益率分别提高 15.9%、21.5%、14.6%，其中，平水年分别提高 8.4%、24.0%、14.5%，欠水年提高 15.5%、30.1%、22.6%，丰水年两处理间无显著差异。进一步分析发现，膜侧施肥的 3 年平均新增纯收益率较垄覆沟播提高 4.0

倍，边际成本收益率提高 3.5 倍。可见，垄覆沟播的种植效益较低，膜侧施肥在降低生产成本的情况下显著增加了产出，实现了经济效益和技术效益的大幅度提高。

表 5-121 不同处理对小麦种植效益的影响

年度	处理	总投入/(元/hm²)	产出/(元/hm²)	经济效益/(元/hm²)	成本收益率/(元/元)	新增纯收益率/(元/元)	边际成本收益率/(元/元)
2013—2014 平水年	传统平作	4 969	9 621c	4 652b	1.94b	—	—
	垄覆沟播	5 569	10 535b	4 966b	1.89b	0.07b	1.52b
	膜侧施肥	5 269	11 425a	6 156a	2.17a	0.33a	6.01a
2014—2015 丰水年	传统平作	4 889	11 548a	6 659a	2.36a	—	—
	垄覆沟播	5 489	12 200a	6 711a	2.22a	0.05a	1.09a
	膜侧施肥	5 189	12 241a	7 052a	2.35a	0.07a	2.31a
2015—2016 欠水年	传统平作	4 752	12 363b	7 611b	2.60b	—	—
	垄覆沟播	5 352	13 140b	7 788b	2.45b	0.02b	1.29b
	膜侧施肥	5 052	15 183a	10 131a	3.01a	0.34a	9.40a
年度平均	传统平作	4 870	11 177c	6 307b	2.30b	—	—
	垄覆沟播	5 470	11 958b	6 488b	2.19c	0.05b	1.30b
	膜侧施肥	5 170	12 950a	7 780a	2.51a	0.25a	5.91a

综上所述，垄覆沟播与传统平作相比可以提高小麦产量、水分利用效率、氮磷钾肥偏生产力和氮生理效率，有利于降低百千克籽粒需氮量。膜侧施肥较传统平作能够提高产量和水分利用效率、维持氮磷钾生理效率和百千克籽粒氮磷钾需求量稳定，并提高氮磷钾吸收效率、氮磷钾肥偏生产力和种植效益。在垄覆沟播的基础上，进行膜侧施肥显著提高小麦水分利用效率，不仅有利于提高小麦的拔节后氮磷钾吸收量和成熟期籽粒氮磷钾吸收量，还提高了经济效益、氮磷钾吸收效率、氮磷钾肥偏生产力，但降低了氮磷收获指数和氮磷生理效率，使百千克籽粒氮磷需求量增加，且在偏旱年份显著提高籽粒产量。因此，膜侧施肥能够促进小麦对氮磷钾养分的吸收，提高小麦产量、水分利用效率、养分吸收效率、肥料偏生产力和种植效益，是实现旱地小麦增收增效的有效途径。

参考文献

蔡一霞，朱庆森，王志琴，等. 2002. 结实期土壤水分对稻米品质的影响. 作物学报，28(5):601-608.

曹莹菲，刘庆芳，刘克，等. 2010. 长期不同施肥对塿土碳氮含量的影响. 干旱地区农业研究，28(2):187-190.

柴守玺，杨长刚，张淑芳，等. 2015. 不同覆膜方式对旱地冬小麦土壤水分和产量的影响. 作物学报，41(5):787-796.

常二华，张耗，张慎凤，等. 2007. 结实期氮磷营养水平对水稻根系分泌物的影响及其与稻米品质的关系. 作物学报，33(12):1949-1959.

陈金，庞党伟，韩明明，等. 2017. 耕作模式对土壤生物活性与养分有效性及冬小麦产量的影响. 作物学报，43(8):1245-1253.

陈涛. 2017. 遮阴对东北春玉米穗分化和籽粒灌浆的影响. 中国农业科学院硕士学位论文.

陈婷婷，谈桂露，褚光，等. 2012. 超级稻花后强、弱势粒灌浆相关蛋白质表达的差异. 作物学报，38(8):1471-1482.

陈益民，余叔文. 1988. 不同方式干旱胁迫对小麦乙烯释放、ACC 和 MACC 含量的影响. 植物生理学报，14：281-288.

崔海岩，靳立斌，李波，等. 2013. 遮阴对夏玉米干物质积累及养分吸收的影响. 应用生态学报，24(11)：3099-3105.

党占平，刘文国，张建昌，等. 2009. 渭北旱地冬小麦不同生育期土壤水分与产量关系研究. 陕西农业科学，(2)：51-52.

方燕，闵东红，高欣，等. 2019. 不同抗旱性冬小麦根系时空分布与产量的关系. 生态学报，39(8)：2922-2934.

顾世梁，朱庆森，杨建昌，等. 2001. 不同水稻材料籽粒灌浆特性的分析. 作物学报，27：7-14.

韩志勇. 2011. 吉林地区春玉米高产高效最佳养分管理技术研究. 长春：吉林农业大学硕士学位论文.

郝梦波，王空军，董树亭，等. 2010. 高产玉米叶片冗余及其对产量和光合特性的影响. 应用生态学报，21(2)：344-350.

黄收兵，徐丽娜，陶洪斌，等. 2012. 株型调控对夏玉米冠层结构及生理性状的影响. 中国农业大学学报，17(1)：40-45.

惠晓丽，马清霞，王朝辉，等. 2020. 基于旱地小麦高产优质的氮肥用量优化. 植物营养与肥料学报，26(2)：233-244.

雷妙妙，孙敏，高志强，等. 2017. 休闲期深松蓄水适期播种对旱地小麦产量的影响. 中国农业科学，50(15)：2904-2915.

李昊昱，孟兆良，庞党伟，等. 2019. 周年秸秆还田对农田土壤固碳及冬小麦-夏玉米产量的影响. 作物学报，45(6)：893-903.

李静，周正朝，张强，等. 2017. 黄土区不同退耕年限草地土壤分离速率及其理化性质. 干旱区研究，43(3)：504-510.

李梦雅. 2009. 长期施肥下红壤温室气体排放特征及影响因素的研究. 中国农业科学院.

李晓密，伦小秀. 2014. 施肥与不施肥措施下小麦田的 CO_2、CH_4、N_2O 排放日变化特征. 生态环境学报，23(1)：178-182.

李霞，任佰朝，范霞，等. 2015. 冬小麦-夏玉米生产体系中播前耕作对夏玉米产量形成的影响. 中国农业科学，48(6)：1074-1083.

李霞，张吉旺，任佰朝，等. 2015. 冬小麦-夏玉米播前耕作对夏玉米叶片衰老特性的影响. 应用生态学报，26(5)：1397-1403.

刘俊梅，曲超，杨学云，等. 2014. 播种密度对秸秆覆盖旱地冬小麦产量和土壤水分的影响. 西北农业学报，23(9)：36-43.

刘璐，王朝辉，刁超朋，等. 2018. 旱地不同小麦品种产量与干物质及氮磷钾养分需求的关系. 植物营养与肥料学报，24(3)：599-608.

李秀英，李燕婷，赵秉强，等. 2006. 褐潮土长期定位不同施肥制度土壤生产功能演化研究. 作物学报，32(5)：683-689.

李忠芳，徐明岗，张会民，等. 2009. 长期不同施肥模式对我国玉米产量可持续性的影响. 玉米科学，17(6)：82-87.

马小龙，佘旭，王朝辉，等. 2016. 旱地小麦产量差异与栽培、施肥及主要土壤肥力因素的关系. 中国农业科学，49(24)：4757-4771.

马小龙，王朝辉，曹寒冰，等. 2017. 黄土高原旱地小麦产量差异与产量构成及氮磷钾吸收利用的关系. 植物营养与肥料学报，23(5)：1135-1145.

马鑫，代兴龙，王晓婧，等. 2017. 冬小麦高产高效群体的年际间稳产性能. 应用生态学报，28(12)：3926-3934.

孟晓瑜，王朝辉，李富翠，等. 2012. 底墒和施氮量对渭北旱塬冬小麦产量与水分利用的影响. 应用生态学报，23(2)：369-375.

庞党伟，陈金，唐玉海，等. 2016. 玉米秸秆还田方式和氮肥处理对土壤理化性质及冬小麦产量的影响. 作物学报，42(11)：1689-1699.

史建国. 2015. 不同光照对夏玉米产量及其根系生理特性的影响. 山东农业大学硕士学位论文.

石玉华，初金鹏，尹立俊，等. 2018. 宽幅播种提高不同播期小麦产量与氮素利用率. 农业工程学报，34(17)：127-133.

宋凤斌，戴俊英. 2002. 水分胁迫下玉米叶片乙烯释放和多胺含量的变化及其与玉米耐旱性的关系. 东北农业大学学报，33(4)：345-352.

孙敏，温斐斐，高志强，等. 2014. 不同降水年型旱地小麦休闲期耕作的蓄水增产效应. 作物学报，40(8)：1459-1469.

田欣，孙敏，高志强，等. 2019. 播期播量对旱地小麦土壤水分消耗和植株氮素运转的影响. 应用生态学报，30(10)：3443-3451.

万菲菲，林琪，刘树堂，等. 2008. 长期定位施肥对冬小麦光合性状及产量的影响. 青岛农业大学学报，25(3)：203-206.

王建永，李朴芳，程正国，等. 2015. 旱地小麦理想株型与生长冗余. 生态学报，35(8)：2428-2437.

王维，张建华，杨建昌，等. 2004. 水分胁迫对贪青迟熟水稻茎贮藏碳水化合物代谢及产量的影响. 作物学报，30(3)：196-204.

王洋，齐晓宁，邵金锋，等. 2008. 光照强度对不同玉米品种生长发育和产量构成的影响. 吉林农业大学学报，(6)：769-773.

王毅，任爱霞，孙敏，等. 2014. 休闲期深翻覆盖配施氮磷肥对旱地小麦群体动态、叶面积的影响及其与产量的相关性. 山西农业科学，42(3)：242-246.

王志敏. 2011. 作物产品器官退化和败育的机理与调控. 载："10 000 个科学难题"农业科学编委会，10 000 个科学难题. 农业科学卷. 北京：科学出版社.

萧浪涛，王若仲，丁君辉，等. 2002. 内源激素与亚种间杂交稻籽粒灌浆的关系. 湖南农业大学学报(自然科学版)，28(4)：269-273.

许振柱，于振文，亓新华，等. 1995. 土壤干旱对冬小麦旗叶乙烯释放、多胺积累和细胞质膜的影响. 植物生理学报，21(3)：295-301.

杨建昌. 2010. 水稻弱势粒灌浆机理与调控途径. 作物学报，36(12)：2011-2019.

杨建昌，常二华，张文杰，等. 2006. 根系化学信号与稻米品质的关系. 中国农业科学，39(1)：38-47.

杨建昌，袁莉民，唐成，等. 2005. 结实期干湿交替灌溉对稻米品质及籽粒中一些酶活性的影响. 作物学报，31(8)：1052-1057.

杨建昌，展明飞，朱宽宇. 2018. 水稻绿色性状形成的生理基础. 生命科学，30(10)：1137-1145.

杨芊葆，范分良，王万雄，等. 2010. 长期不同施肥对暗棕壤甲烷氧化菌群落特征与功能的影响. 环境科学，31(11)：2756-2762.

尹璐，高志强，孙敏，等. 2019. 膜际条播和播量对旱地冬小麦土壤水分及产量的影响. 山西农业大学学报(自然科学版)，39(6)：19-25.

于宁宁，任佰朝，赵斌，等. 2019. 施氮量对夏玉米籽粒灌浆特性和营养品质的影响. 应用生态学报，11：3771-3776.

张洪程，戴其根，霍中洋，等. 2012. 水稻超高产栽培研究与探讨. 中国稻米，18：1-14.

张吉旺，董树亭，王空军，等. 2006. 遮阴对夏玉米产量及生长发育的影响. 应用生态学报，17(4)：657-662.

张蜀秋，魏惠利. 1999. 蚕豆叶片气孔对生长素和脱落酸的反应. 中国农业大学学报，4(3)：43-47.

张旭东，柯晓新，杨兴国，等. 1999. 甘肃河东小麦需水规律及其分布特征. 干旱地区农业研究，17(1)：39-44.

张玉铭，胡春胜，张佳宝，等. 2011. 农田土壤主要温室气体(CO_2、CH_4、N_2O)的源/汇强度及其温室效应研究进展. 中国生态农业学报，19(4)：966-975.

周玲，王朝辉，李富翠，等. 2012. 不同产量水平旱地冬小麦品种干物质累积和转移的差异分析. 生态学报，32(13)：4123-4131.

周玲，王朝辉，李生秀. 2010. 旱地条件下冬小麦产量和农艺性状对养分投入的响应. 作物学报，36(7)：1192-1197.

朱庆森，曹显祖，骆亦其. 1988. 水稻籽粒灌浆的生长分析. 作物学报，14：182-192.

朱庆森，张祖建，杨建昌，等. 1997. 亚种间杂交稻产量源库特征. 中国农业科学，30(3)：52-59.

朱元刚，肖岩岩，初金鹏，等. 2019. 不同播期冬小麦小花发育特性与同化物代谢的相关性. 植物营养与肥料学报，25(3)：370-381.

Ahmadi A, Baker D A. 1999. Effects of abscisic acid on grain filling processes in wheat. Plant Growth Regulation, 28: 187-197.

Aloni R, Langhans M, Aloni E, et al. 2005. Root-synthesized cytokinin in Arabidopsis is distributed in the shoot by the transpiration stream. Journal of Experimental Botany, 56: 1535-1544.

Azevedo I G, Oliveira J G, da Silva M G, et al. 2008. P-type H^+-ATPases activity membrane integrity, and apoplastic pH during papaya fruit ripening. Postharvest Biology and Technology, 48: 242-247.

Barreto R C, Madari B E, Maddock E L, et al. 2009. The impact of soil management on aggregation, carbon stabilization and carbon loss as CO_2 in the surface layer of a Rhodic Ferralsol in Southern Brazil. Agr Ecosyst, Environ, 132(3): 243-251.

Bobeica N, Poni S, Hilbert G, et al. 2015. Differential responses of sugar, organic acids and anthocyanins to source-sink modulation in Cabernet Sauvignon and Sangiovese grapevines. Frontiers in Plant Science, 6: 1-13.

Boonman A, Prinsen E, Gilmer F, et al. 2007. Cytokinin import rate as a signal for photosynthetic acclimation to canopy light gradients. Plant Physiology, 143: 1841-1852.

Buckley T N, Cescatti A, Farquhar G D, et al. 2013. What does optimization theory actually predict about crown profiles of photosynthetic capacity when models incorporate greater realism? Plant Cell and Environment, 36: 1547-1563.

Burnett A C, Rogers A, Rees M, et al. 2016. Carbon source-sink limitations differ between two species with contrasting growth strategies. Plant Cell and Environment, 39: 2460-2472.

Cai H, Ma W, Zhang X, et al. 2014. Effect of subsoil tillage depth on nutrient accumulation, root distribution, and grain yield in spring maize. The Crop Journal, 2: 297-307.

Chen J, Zheng M J, Pang D W, et al. 2016. Straw return and appropriate tillage method improved grain yield and nitrogen effciency of winter wheat. Journal of Integrative Agriculture, 16: 1708-1719.

Cheng S H, Zhuang J Y, Fan Y Y, et al. 2007. Progress in research and development on hybrid rice: a super-domesticate in China. Annals of Botany, 100: 959-966.

Chen T T, Xu Y J, Wang J C, et al. 2013. Polyamines and ethylene interact in rice grains in response to soil drying during grain filling. Journal of Experimental Botany, 64: 2523-2538.

Chen X, Cui Z, Fan M, et al. 2014. Producing more grain with lower environmental costs. Nature, 514: 486-489.

Chu G, Chen T, Wang Z, et al. 2013. Morphological and physiological traits of roots and their relationships with water productivity in water-saving and drought-resistant rice. Field Crops Research, 165: 36-48.

Coble A P, Cavaleri M A. 2015. Light acclimation optimizes leaf functional traits despite height-related constraints in a canopy shading experiment. Oecologia, 177: 1131-1143.

Dai X L, Wang Y C, Dong X C, et al. 2017. Delayed sowing can increase lodging resistance while maintaining grain yield and nitrogen use efficiency in winter wheat. The Crop Journal, 5: 541-552.

Davies P J. 2004. Introduction. In: Davies P J. Plant Hormones, Biosynthesis, Signal Transduction, Action!. The Netherlands: Kluwer Academic Publishers, 1-35.

Duvick D N, Smith J S C, Cooper M. 2004. Long-term selection in a commercial hybrid maize breeding program . Plant Breeding Reviews, 24: 109-151.

Fageria N K. 2007. Yield physiology of rice. Journal of Plant Nutrition, 30: 843-879.

FAOSTAT. 2012. Statistical databases of the food and agriculture organization (FAO) of the United Nations. FAOSTAT. http://www.fao.org/faostat/en.

Feng H Y, Wang Z M, Kong F N, et al. 2011. Roles of carbohydrate supply and ethylene, polyamines in maize kernel set. Journal of Integrative Plant Biology, 53: 388-398.

Flores S, Tobin E M. 1988. Cytokinin modulation of LHCP mRNA levels: the involvement of post-transcriptional regulation. Plant Molecular Biology, 11: 409-415.

Fu J, Huang Z, Wang Z, et al. 2011. Pre-anthesis non-structural carbohydrate reserve in the stem enhances the sink strength of inferior spikelets during grain filling of rice. Field Crops Research, 123: 170-182.

Gao F, Li B, Ren B Z, et al. 2019. Effects of residue management strategies on greenhouse gases and yield under double cropping of winter wheat and summer maize . Science of the Total Environment, 687: 1138-1146.

Gu J, Chen Y, Zhang H, et al. 2017. Canopy light and nitrogen distributions are related to grain yield and nitrogen use efficiency in rice. Field Crops Research, 206: 74-85.

Gu J, Yin X, Stomph T J, et al. 2012. Physiological basis of genetic variation in leaf photosynthesis among rice (Oryza sativa L.) introgression lines under drought and well-watered conditions. Journal of Experimental Botany, 63: 5137-5153.

He G, Wang Z H, Cao H B, et al. 2018. Year-round plastic film mulch to increase wheat yield and economic returns while reducing environmental risk in dryland of the Loess Plateau. Field Crops Research, 225: 1-8.

Heyes J A, Townsend J A. 1992. ATPase activity of mesocarp membranes during post-harvest ripening of nectarines. Australian and New Zealand Journal of Public Health, 20: 125-131.

Hirose T, Werger M J A. 1987. Maximizing daily canopy photosynthesis with respect to the leaf nitrogen allocation pattern in the canopy. Oecologia, 72: 520-526.

Huang M, Chen J, Cao F, et al. 2015. Root morphology was improved in a late-stage vigor super rice cultivar. PLoS One, 10: e0142977.

Huber S C, Huber J L. 1996. Role and regulation of sucrose-phosphate synthase in higher plants. Annual Review of Plant Physiology & Plant Molecular Biology, 47: 431-444.

Huo K, Lu W, Li X, et al. 2014. Recent progress in understanding extracellular ATP signal molecule in plants. Chinese Bulletin of Botany, 49: 618-625.

Jiang M, Jing J, Wang S. 1991. Effect of osmotic stress on membrane-lipid peroxidation and endogenous protective systems in rice seedlings. Acta Phytophysiol Sinica 1: 80-84.

Ju C, Buresh R J, Wang Z, et al. 2015. Root and shoot traits for rice varieties with higher grain yield and higher nitrogen use efficiency at lower nitrogen rates application. Field Crops Research, 175: 47-55.

Kasukabe Y, He L, Nada K, et al. 2004. Overexpression of spermidine synthase enhances tolerance to multiple environmental stress and up-regulates the expression of various stress-regulated genes in transgenic Arabidopsis thaliana. Plant and Cell Physiology, 45: 712-722.

Kato T, Sakurai N, Kuraishi S. 1993. The changes of endogenous abscisic acid in developing grains of two rice cultivars with different grain size. Japanese Journal of Crop Science, 62: 456-461.

Kato T, Shinmura D, Taniguchi A. 2007. Activities of enzymes for sucrose-starch conversion in developing endosperm of rice and their association with grain filling in extra-heavy panicle types. Plant Production Science, 10: 442-450.

Katsura K, Maeda S, Horie T, et al. 2007. Analysis of yield attributes and crop physiological traits of Liangyoupeijiu, a hybrid rice recently bred in China. Field Crops Research, 103: 170-177.

Kobata T, Takami S. 1983. Grain production and dry matter partitioning in rice (*Oryza sativa* L.) in response to water deficits during the whole grain filling period. Japanese Journal of Crop Science, 53: 283-290.

Koh S, Lee S C, Kim M K, et al. 2007. T-DNA tagged knockout mutation of rice OsGSK1, an orthologue of Arabidopsis BIN2, with enhanced tolerance to various abiotic stresses. Plant Molecular Biology, 65: 453-466.

Krahmer J, Ganpudi A, Abbas A, et al. 2018. Phytochrome, carbon sensing, metabolism, and plant growth plasticity. Plant Physiology, 176: 1039-1048.

Lal R, Kimble J M. 1997. Conservation tillage for carbon sequestration. Nutr Cycl Agroecosys, 49(1-3): 243-253.

Liu Y E, Liu P. 2010. Hormonal changes caused by the Xenia effect during grain filling of normal corn and high-oil corn crosses. Crop Science, 50: 215-221.

Liu Z D, Qin A Z, Ning D F, et al. 2016. Subsoiling effects on grain yield and water use efficiency of spring maize in northern China. Int Agr Eng, 25: 9-19.

Liu Z, Gao J, Gao F, et al. 2018. Integrated agronomic practices management improve yield and nitrogen balance in double cropping of winter wheat-summer maize. Field Crops Research, 221: 196-206.

Liu Z, Zhu K L, Dong S T, et al. 2017. Effects of integrated agronomic practices management on root growth and development of summer maize. European Journal of Agronomy, 84: 140-151.

Luo Y L, Ni J, Pang D W, et al. 2019. Regulation of lignin composition by nitrogen rate and density and its relationship with stem mechanical strength of wheat. Field Crops Research, 241: 107572.

Mae T, Makino A, Ohira K. 1983. Changes in the amount of ribulose bisphosphate carboxylase synthesized and degraded during the life span of rice leaf (*Oryza sativa* L.). Plant and Cell Physiology, 24(6): 1079-1086.

Mae T, Ohira K. 1981. The remobilization of nitrogen related to leaf growth and senescence in rice plants (*Oryza sativa* L.). Plant and Cell Physiology, 22(6): 1067-1074.

Manna M C, Swarup A, Wanjari R H, et al. 2007. Long-term fertilization, manure and liming effects on soil organic matter and crop yields. Soil Till Res, 94: 397-409.

Ma R, Peng S, Akita S, et al. 2004. Effect of panicle size on grain yield of IRRI released indica rice cultivars in the wet season. Plant Production Science, 3: 271-276.

Martin A, Malcolm J. 2010. Food security: increasing yield and improving resource use efficiency. Plant Production Science, 4: 592-600.

Mason T G, Maskell E J. 1928. Studies on the transport of carbohydrates in the cotton plant. I. A study of diurnal variation in the carbohydrates of leaf, bark, and wood and of the effects of ringing. Annals of Botany, 42: 189-253.

Ma S, Yu Z, Shi Y, et al. 2015. Soil water use, grain yield and water use efficiency of winter wheat in a long-term study of tillage practices and supplemental irrigation on the North China Plain. Agr Water Manage, 150: 9-17.

Miao Y, Stewart B A, Zhang F. 2010. Long-term experiments for sustainable nutrient management in China. A review. Agronomy for Sustainable Development, 1-18.

Mohapatra P, Sahu S. 1991. Heterogeneity of primary branch development and spikelet survival in rice panicle in relation to assimilates of primary branches. Journal of Experimental Botany, 42: 871-879.

Morgan P W, Drew M C. 1997. Ethylene and plant responses to stress. Physiologia Plantarum, 100: 620-630.

Mosaddeghi M R, Mahboubi A A, Safadoust A. 2009. Short-term effects of tillage and manure on some soil physical properties and maize root growth in a sandy loam soil in western Iran. Soil Till Res, 104: 173-179.

Mosier A R, Halvorson A D, Reule C A. 2006. Net global warming potential and greenhouse gas intensity in irrigated cropping systems in northeastern Colorado. J Environ Qual, 35: 1584-1598.

Murty P S S, Murty K S. 1982. Spikelet sterility in relation to nitrogen and carbohydrate contents in rice. Indian Journal of Plant Physiology, 25: 40-48.

Mu X, Zhao Y, Liu K, et al. 2016. Responses of soil properties, root growth and crop yield to tillage and crop residue management in a wheat-maize cropping system on the North China Plain. Eur J Agron, 78: 32-43.

Normile D. 2008. Reinventing rice to feed the world. Science, 321: 330-333.

Ntamatungiro S, Norman R J, McNew R W, et al. 1999. Comparison of plant measurements for estimating nitrogen accumulation and grain yield by flooded rice. Agronomy Journal, 91: 676-685.

Ober E S, Setter T L, Madison J T, et al. 1991. Influence of water deficit on maize endosperm development. Enzyme activities and RNA transcripts of starch and zein synthesis, abscisic acid, and cell division. Plant Physiology, 97: 154-164.

Ort D R, Merchant S S, Alric J, et al. 2015. Redesigning photosynthesis to sustainably meet global food and bioenergy demand. Proceedings of the National Academy of Sciences of USA, 112: 8529-8536.

Pachauri A R R K. 2017. Climate change 2007: synthesis Report. Contribution of working groups I, II and III to the fourth assessment. Speculum, 77(2): 586-588.

Peng S B, Khush G S, Virk P, et al. 2008. Progress in ideotype breeding to increase rice yield potential. Field Crops Research, 108: 32-38.

Peng S, Cassman K G, Virmani S S, et al. 1999. Yield potential trends of tropical since the release of IR8 and its challenge of increasing rice yield potential. Crop Science, 39: 1552-1559.

Puget P, Chenu C, Balesdent J. 2000. Dynamic of soil organic matter associated with particle-size fractions of water-stable aggregate. Eur J of Soil Sci, 51: 595-605.

Rahman M S, Yoshida S. 1985. Effect of water stress on grain filling in rice. Soil Science and Plant Nutrition, 31: 497-511.

Ressell W A. 1984. Agronomic performance of maize cultivars representing different eras of breeding. Maydica, 29: 375-390.

Ryu H, Cho Y J. 2015. Plant hormones in salt stress tolerance. Journal of Plant Biology, 58:147-155.

Saini H S, Aspinall D A. 1982. Sterility in wheat (Triticumaestivum L.) induced by water deficit or high temperature: possible mediation by abscisic acid. Australian Journal of Plant Physiology, 9:529-537.

Samejima H, Kondo M, Ito O, et al. 2004, Root-shoot interaction as a limiting factor of biomass productivity in new tropical rice lines. Soil Science and Plant Nutrition, 50; 545-554.

Samejima H, Kondo M, Ito O, et al. 2005. Characterization of root systems with respect to morphological traits and nitrogen-absorbing ability in new plant type of tropical rice lines. Journal of Plant Nutrition, 28: 845-850.

Schussler J R, Brenner M L, Brun W A. 1991. Relationship of endogenous abscisic acid to sucrose level and seed growth rate of soybeans. Plant Physiology, 96: 1308-1313.

Schutz H, Seiler W R. 1989. Conrad, Processes involved in formation and emission of methane in rice paddies. Biogeochemistry, 7: 33-53.

Sikder H P, Gupta D K D. 1976. Physiology of grain in rice. Indian Agriculture, 20: 133-141.

Smith P, Martino D, Cai Z, et al. 2008. Greenhouse gas mitigation in agriculture. Philosophical Transactions of the Royal Society of London, 363(1492): 789-813.

Sodhi G P, Beri V, Benbi D K. 2009. Soil aggregation and distribution of carbon and nitrogen in different fractions under long-term application of compost in rice-wheat system. Soil Till Res, 103(2): 412-418.

Song Z, Feng X, Lal R, et al. 2019. Optimized agronomic management as a double-win option for higher maize productivity and less global warming intensity: a case study of Northeastern China. Adv Agron, 157: 251-292.

Sui B, Feng X, Tian G, et al. 2013. Optimizing nitrogen supply increases rice yield and nitrogen use efficiency by regulating yield formation factors. Field Crops Research, 150: 99-107.

Sun L, Lu Y F, Yu F W, et al. 2016. Biological nitrification inhibition by rice root exudates and its relationship with nitrogen-use efficiency. New Phytologist, 212: 646-656.

Sun X, Ding Z, Wang X, et al. 2017. Subsoiling practices change root distribution and increase post-anthesis dry matter accumulation and yield in summer maize. PloS One, 12: e0174952.

Taneja D, Das N. 2014. Molecular cloning, sequence analyses and expression studies of sucrose-phosphate synthase in the potato (*Solanum tuberosum* L.) cultivars. Acta Physiologiae Plantarum, 36: 2253-2269.

Tilman D K, Cassman K G, Matson P A. 2002. Agricultural sustainability and intensive production practices. Nature, 418: 671-678.

Tomosugi M, Ichihara K, Saito K. 2006. Polyamines are essential for the synthesis of 2-ricinoleoyl phosphatidic acid in developing seeds of castor. Planta, 223: 349-358.

Tong H G, Liu L C, Jin Y, et al. 2012. Acts as a direct downstream target of a GSK3/SHAGGY-like kinase to mediate brassinosteroid responses in rice. The Plant Cell, 24: 2562-2577.

Tuong T P, Bouman B A M, Mortimer M. 2005. More rice, less water-integrated approaches for increasing water productivity in irrigated rice-based systems in Asia. Plant Production Science, 8: 231-241.

Turmel M S, Speratti A, Baudron F, et al. 2015. Crop residue management and soil health: a systems analysis. Agriculture Systems, 134: 6-16.

Tylaran R D, Ozawa S, Miyamoto N, et al. 2009. Performance of a high-yielding modernrice cultivar Takanari and several old and new cultivars grown with and without chemical fertilizer in a submerged paddy field. Plant Production Science, 12: 365-380.

Venkateswarlu V B, Visperas R M. 1987. Source-sink relationships in crop plants. International Rice Research Paper Series, Philippine: International Rice Research Institute, 125: 1-19.

Vriet C, Russinova E, Reuzeaua C. 2012. Boosting crop yields with plant steroids. The Plant Cell, 24: 842-857.

Wang H, Ma J, Li X, et al. 2007. Effects of water stress on active oxygen generation and protection system in rice during grain filling stage. Sci Agric Sin 7: 1379-1387.

Wang J Z, Wang X J, Xu M G, et al. 2015. Crop yield and soil organic matter after long-term straw return to soil in China. Nutr Cycl Agroecosys, 102(3): 371-381.

Wang Y. 1981. Effectiveness of supplied nitrogen at the primordial panicle stage on rice characteristics and yields. International Rice Research News Letter, 6: 23-24.

Wang Y, Guo J, Vogt R D, et al. 2018. Soil pH as the chief modifier for regional nitrous oxide emissions: new evidence and implications for global estimates and mitigation. Glob Change Biol, 24: 617-626.

Wang Z, Zhang W, Beebout S, et al. 2016. Grain yield, water and nitrogen use efficiencies of rice as influenced by irrigation regimes and their interaction with nitrogen rates. Field Crops Research, 193: 54-69.

Wu C Y, Trieu A, Radhakrishnan P, et al. 2008. Brassinosteroids regulate grain filling in rice. The Plant Cell, 20: 2130-2145.

Xue Y, Duan H, Liu L, et al. 2013. An improved crop management increases grain yield and nitrogen and water use efficiency in rice. Crop Science, 53: 271-284.

Xu H C, Dai X L, Chu J P, et al. 2018. Integrated management strategy for improving the grain yield and nitrogen-use effciency of winter wheat. Journal of Integrative Agriculture, 17(2):315-327.

Xu X, Pang D W, Chen J, et al. 2018. Straw return accompany with low nitrogen moderately promoted deep root. Field Crops Research, 221: 71-80.

Yang C M, Yang L Z, Yang Y X, et al. 2004. Rice root growth and nutrient uptake as influenced by organic manure in continuously and alternately flooded paddy soils. Agricultural Water Management, 70: 67-81.

Yang J, Peng S, Romeo M V, et al. 2000. Grain filling pattern and cytokinin content in the grains and roots of rice plants. Plant Growth Regulation, 30: 261-270.

Yang J, Zhang J, Wang Z, et al. 2001. Hormonal changes in the grains of rice subjected to water stress during grain filling. Plant Physiology, 127: 315-323.

Yang J, Zhang J. 2006. Grain filling of cereals under soil drying. New Phytologist, 169: 223-236.

Yang J C, Zhang J H, Huang Z L, et al. 2002. Correlation of cytokinin levels in the endosperms and roots with cell number and cell division activity during endosperm development in rice. Annals of Botany, 90: 369-377.

Yang J C, Zhang J H. 2010. Grain filling problem in "super" rice. Journal of Experimental Botany, 61: 1-5.

Yang L X, Wang Y L, Kobayashi K, et al. 2008. Seasonal changes in the effects of free-air CO_2 enrichment (FACE) on growth, morphology and physiology of rice root at three levels of nitrogen fertilization. Global Change Biology, 14: 1844-1853.

Yin L J, Dai X L, He M R. 2018. Delayed sowing improves nitrogen utilization efficiency in winter wheat without impacting yield. Field Crops Research, 221:90-97.

Yin L J, Xu H C, Dong S X. 2019. Optimised nitrogen allocation favours improvement in canopy photosynthetic nitrogen-use efficiency: evidence from late-sown winter wheat. Environmental and Experimental Botany, 159: 75-86.

Yin X, Struik P C. 2015. Constraints to the potential efficiency of converting solar radiation into phytoenergy in annual crops: from leaf biochemistry to canopy physiology and crop ecology. Journal of Experimental Botany, 66: 6535-6549.

Yoshida H, Horie T, Shiraiwa T. 2006. A model explaining genotypic and environmental variation of rice spikelet number per unit area measured by cross-locational experiments in Asia. Field Crops Research, 97: 337-343.

Yu N N, Zhang J W, Liu P. 2020. Integrated agronomic practices management improved grain formation and regulated endogenous hormone balance in summer maize (*Zea mays* L.). Journal of Integrative Agriculture, 19: 1768-1776.

Zhang C, Bai M Y, Chong K. 2014. Brassinosteroid-mediated regulation of agronomic traits in rice. Plant Cell Reports, 33: 683-696.

Zhang H, Chen T, Liu L, et al. 2013. Performance in grain yield and physiological traits of rice in the Yangtze river basin of China during the last 60 yr. Journal of Integrative Agriculture, 1: 57-66.

Zhang H, Tan G, Yang L, et al. 2009. Hormones in the grains and roots in relation to post-anthesis development of inferior and superior spikelets in japonica/indica hybrid rice. Plant Physiology and Biochemistry, 47: 195-204.

Zhang J H. 2011. China's success in increasing per capita food production. Journal of Experimental Botany, 11: 3707-3711.

Zhang Q F. 2007. Strategies for developing green super rice. Proceedings of the National Academy of Sciences of USA, 104: 16402-16409.

Zhang W Y, Chen Y J, Wang Z Q, et al. 2017. Polyamines and ethylene in rice young panicles in response to soil drought during panicle differentiation. Plant Growth Regulation, 82: 491-503.

Zhang Z J, Chu G, Liu L J, et al. 2013. Mid-season nitrogen application strategies for rice varieties differing in panicle size. Field Crops Research, 150: 9-18.

Zhao X, Zhou Y, Min J, et al. 2012. Nitrogen runoff dominates water nitrogen pollution from rice-wheat rotation in the Taihu Lake region of China. Agriculture Ecosystem and Environment, 156: 1-11.

Zheng M J, Chen J, Shi Y H, et al. 2017. Manipulation of lignin metabolism by plant densities and its relationship with lodging resistance in wheat. Scientific Reports, 7: 41805.

Zhu Y G, Chu J P, Dai X L, et al. 2019. Delayed sowing increases grain number by enhancing spike competition capacity for assimilates in winter wheat. European Journal of Agronomy, 104: 49-62.

贺明荣　张吉旺　张　耗　宋振伟　王朝辉　董元杰　李勇　代兴龙　任佰朝　黄明　顾骏飞
张伟杨　刘立军　王志琴　蔡鸿光　董志强　冯晓敏　高洪军　郭金瑞　郝玉波　齐华　任军
钱春荣　孙涛　王志刚　于洋　张卫建　朱平　杨建昌　王振林

第6章 区域作物高产高效的限制因子与实现途径

6.1 区域作物高产高效研究技术

6.1.1 科技小院作物高产高效自下而上研究方法

中国是一个农业大国，拥有着14亿的人口，“三农”问题是国家社会经济发展的重心。确保粮食安全一直是我国经济发展、社会稳定和国家美丽富强的基础，更是直接关系到脱贫攻坚、国计民生的大事。由于小农户种植经营模式在相当长的时间内仍是我国主要的农业生产主体，知识不足、信息和资源缺乏、服务支撑不够、土地产权制约、抗风险能力差是制约我国农业发展的重要因素，科技进步难以转化为农户的生产力和农民收益。基于小农户这一特殊而复杂的群体，依托“自下而上”的研究思路，即深入生产一线剖析限制小农户实现高产高效的限制因子，通过科学家与农民参与式的方式共同制定解决方案以适应传统的小农户生产经营模式是一种行之有效的解决途径。实现小农户经营模式下的农业可持续生产不仅是我国农业发展面临的巨大挑战，也是全球小农户生产转型的最大难题。为解决这一难题，“自下而上”和“自上而下”是开展研究工作的两种思路，与以往传统的“自上而下”模式相比，“自下而上”的思路给予了农民更多方案制定的权力，让农民有机会参与到科学研究中，也让科学家更好地了解农民的问题与需求，避免“自上而下”过程中由科学家制定解决方案时出现不了解农民的实际需求而使农民采纳解决方案的主动性不强的情况。在方案制定时多主体的参与模式考虑了更多利益相关者的需求，农民根据自己的意愿制定方案可以提高农民实施方案的积极性，同时也提高了方案制定的科学性和合理性。

1. 国际“自下而上”研究方法进展

国际上多位科学家依托“自下而上”的研究思路开展了多种行之有效的研究工作。Rusike 等(2005)为解决撒哈拉以南非洲的小农户面临的严重土壤肥力危机问题，采用母子试验的方法来设计土壤水分和肥料管理技术。科研人员认为可获得的技术与农民的资源禀赋、投资重点和风险偏好并不匹配，需要农民参与式研究来开发更适合小农户条件的技术，从而更容易使农民接受以及采纳。母子试验方法是一种农民参与式研究，遵循“自下而上”的研究思路，用于引入和测试一系列适合于不同地区的技术选项。它包括三个层次的母亲试验、婴儿试验和农民试验(图6-1)，科研人员在试验站或农场进行母亲试验以测试一系列的技术

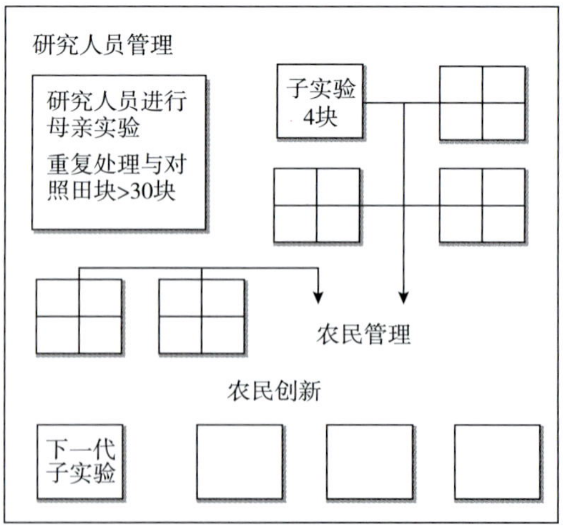

图6-1 马拉维使用的典型母子试验布局
(Rusike et al., 2005)

和研究假设，婴儿试验是多个在农民和农场管理的情况下进行的，每次试验都将一到四种技术与农民试验中的技术或种植系统进行比较。通过这种“自下而上”的试验设计具有多种功能：生成关于替代技术性能的数据，并为研究人员—农民对话创建基础，以细化所测试的选项，并鼓励农民试验。该方法用于帮助确定农民风险管理战略的特征，将技术目标对准特定群体（如妇女农民），并提供如何扩大采用的经验教训（赵鹏飞，2016）。

通过农民参与式的方式来制定技术方案是非常有效的，要进一步提高农民的生产水平，在“自下而上”的研究中，首先要精准地找出农民实际生产中的限制因子，Bellec 等（2012）提出了一个分析作物管理决定因素的框架，该框架基于作物管理序列的愿景，浓缩为种植技术的逻辑组合。这一分析框架应用于瓜德罗普岛柑橘生产的案例，使用了 41 个生产者的代表性样本。实施此分析框架需要三个阶段（图 6-2）：第一阶段，通过专家分析，确定了作物栽培措施的逻辑和有序组合，基于对农民的作物栽培措施和参考作物管理的栽培措施之间的偏差的测量，建立了一个种植方式的类型；第二阶段，利用相关指标对农户作物经营绩效进行评价；第三阶段，确定了决定生产者种植方式的限制因素（与环境或整个农场管理有关），以便与利益相关者一起提出进一步技术改进的建议结果。作物管理序列被浓缩为五个作物栽培措施。然后在进行多对应因子分析之前，确定每个生产者的技术概况。它确定了两组技术状况截然不同的生产者。对这些结果的集体分析指出，“杂草管理”是种植制度的一个主要制约因素，揭示了在不可能实现机械化的情况下，区域合作管理是不充分的。此分析方法将复杂的种植技术序列重组为五种合理的技术组合，可以与参考作物管理进行比较。农民和社会利益相关者以及研究人员共同制定了种植制度的限制条件和进一步改进的目标，其结果为农民参与式方法提供了良好的基础（陈广锋，2018）。

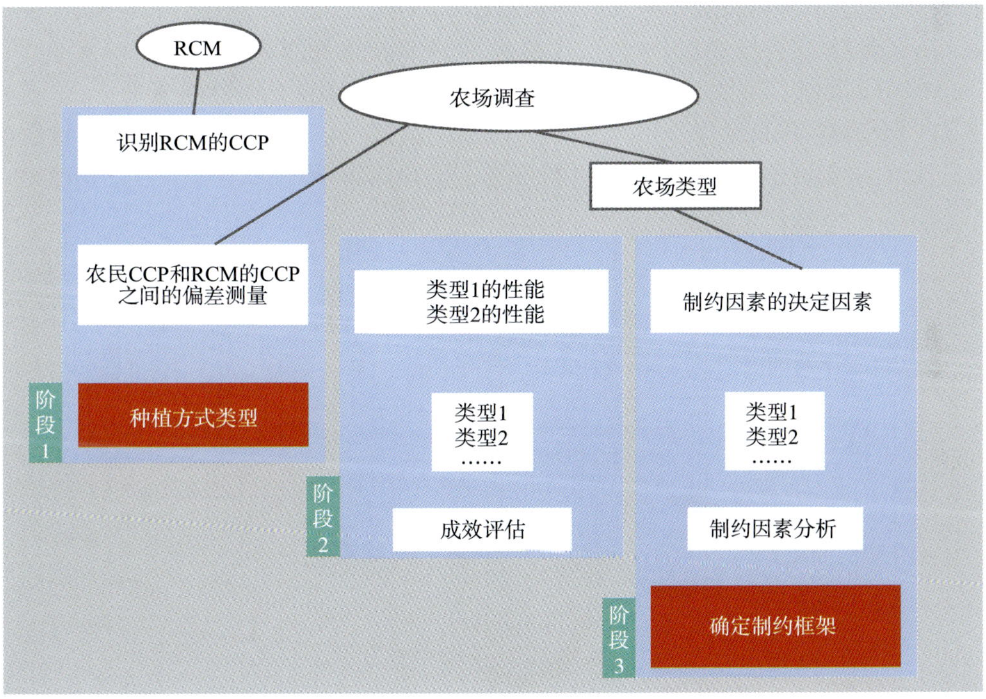

图 6-2　分析框架的三个阶段（Bellec et al.，2012）

与传统的“自上而下”的农业创新方法相比，Bellec 等（2012）通过实施多尺度、多利益相关者的参与式方法，以传统的原型方法为基础，设计了“参与式重新设计和评估创新种植系统”的 DISCS 方法。此方法分为五步：第一步为诊断，具有分析现有农艺状况和产生多方利益相关者互动的双重目的；第二步是由区域尺度上对区域问题的公开辩论过渡到田块尺度规划设计创新种植制度原型；第三步中，研究人员在一个试验站实现并测试原型；经过验证后，在第四步，选定的原型将“转移”给试点农民，并根据现有的耕作制度进行调整，在第三步和第四步之间来回移动(图 6-3)，直到一种新的耕作制度被研究者和农民所描述和验证并在农场上实施；第五步是进行技术的扩散，并将技术的应用效果进行再评估。结果表明，参与试验的农户主动将新技术转移到自己的农场，自发地成为试点农户，圆盘法是农民和研究人员共同设计过程的结果。DISCS 方法在农业和公共利益相关者之间建立了一种持续的动态关系，以构建一个可以不断调整以满足利益相关者期望的解决方案(Bellec et al.，2012)。

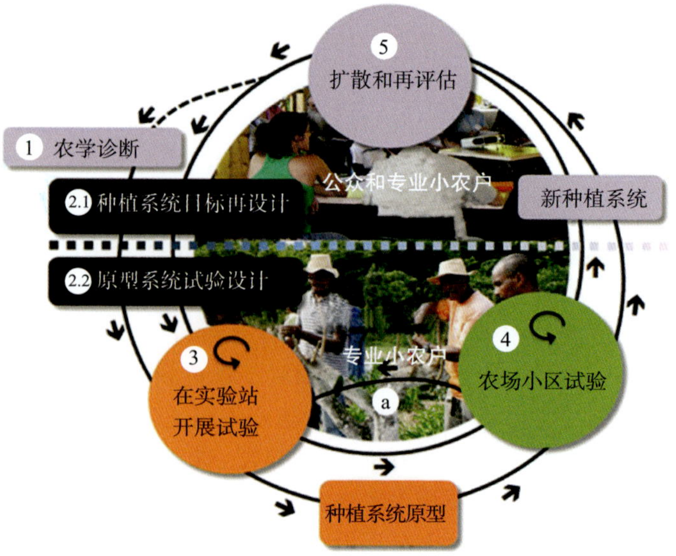

图 6-3　圆盘法(Bellec et al.，2012)

Lancon 等(2007)开发了一种方法来设计和评估适应特定约束条件的可持续作物管理系统。基于原型法，该方法充分利用了棉花免耕、覆盖作物、品种和生长调节剂等棉花种植技术的专业知识，这些技术具有创新潜力，但尚未被实际作物模型正确模拟。此方法包括四个连续的步骤(图 6-4)：①确定影响作物生产的当地约束条件，并选择可持续性评估的相关标准；②制定适合目标约束集的种植系统原型及其评估指标；③对原型进行站点评估和调整；④原型机的田间评价与调整。结果表明，这种模式在 2002 年和 2003 年分别使农民收入提高了 35%和 20%，劳动生产率提高了 5%到 20%，取得了令人满意的环境性能，但此原型仍然需要额外的劳动力、技能和资金来实现，因此需要进一步调整(Fabrice et al.，2011)。此方法通过“自下而上”的方式剖析制约当地棉花产量的限制因子，针对限制因子确定技术组合并且考虑了农户因素，但是没有实现技术的落地。

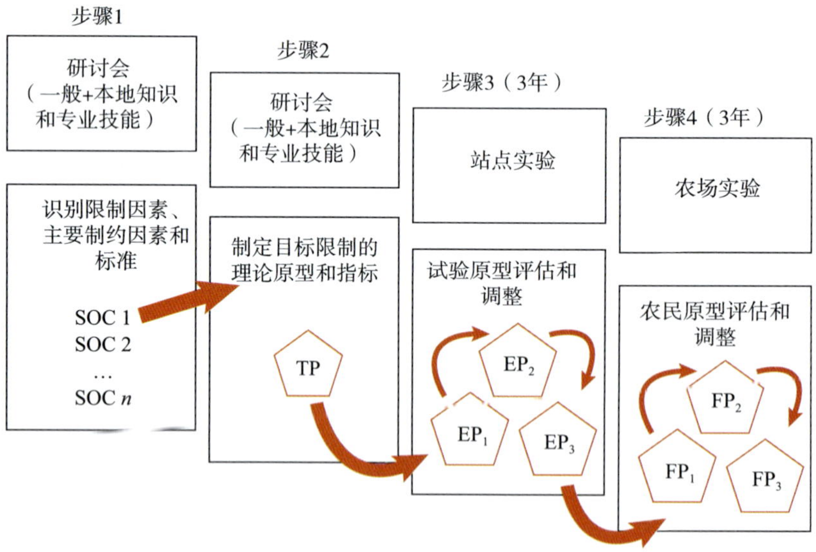

图 6-4　作物管理系统原型方法的四个步骤(Lancon et al.，2007)

Ronner 等(2019)依托“DEED”的研究方法，第一步，通过田间观测、农户调研等途径描述农民生产现状，第二步对农户生产现象及生产问题进行解释，第三步设计试验解决生产问题并进行探索和评估，第四步通过农民参与式的方式设计以及重新设计试验方案以解决生产问题，四步形成循环实现了技术的本地化应用。协同设计过程包括三个迭代周期，遵循契约循环的不同阶段(图 6-5)。在这项研究中评估了一个迭代协同设计过程的有用性，为农民的多样性生成一揽子相关的选择。这项研究展示了农民如何使用多种评价标准，而产量只是其中之一。迭代过程，包括实施和反馈农民共同签署的做法，允许产生和选择更相关的技术替代品。多个利益相关者的参与拓宽了实验的选择范围。这一过程还揭示了用户偏好的多样性。最后，共同设计过程显示了为贫困农民制定选择方案的困难，因为他们面临多重约束。因此，技术发展应与制度创新同步进行，以缓解对这些农民的制约(Ronner et al.，2019)。

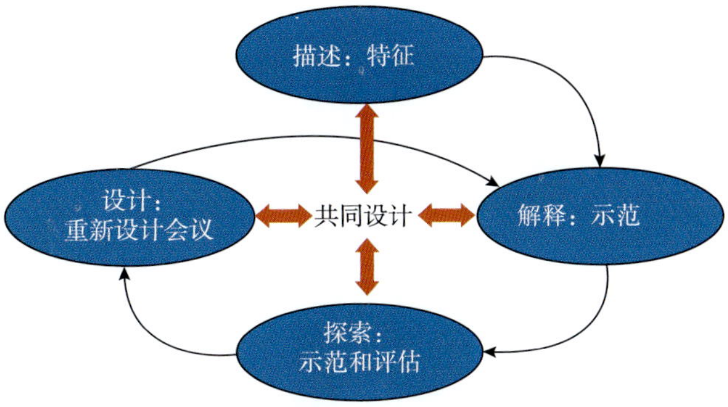

图 6-5　协同设计过程的迭代循环(DEED)
(Ronner et al.，2019)

2. 科技小院利用“自下而上”的研究方法实现小农户高产高效

科技小院围绕“自下而上”的研究思路，在实现小农户高产高效、降低资源利用效率、实现农业可持续发展中发挥了重要作用。Zhang 等(2016)和 Cui 等(2018)在 *Nature* 发表文章，阐述了科技小院利用科学家与农民参与式研究的创新模式，深入生产一线，发现农民实际生产问题，共同制定解决方案，实现技术向小农户的转移，通过科技小院的创新模式帮助农民在实现高产的同时，最大限度地减少了资源的投入，为中国农业绿色发展奠定了基础。

赵鹏飞(2016)依托科技小院平台探索出了一条农业技术从基础研究到技术验证再到技术应用的有效途径，“自下而上”的知识和技术传播方式在充分理解生产问题的基础上可以更有效地提高技术到位率，提出农民培训和组织＋培训的技术传播途径可以提高技术到位率，最终实现冬小麦 6.5%～23.9%的产量提升，12.0%～38.2%的效率提升，实现夏玉米 1.9%～21%的产量提升，3.0%～21.0%的效率提升。

陈广锋(2018)依托科技小院“1351”研究平台，利用“DEED”的研究方法通过对华北平原不同区域农户进行连续两年的冬小麦-夏玉米生产情况跟踪(图 6-6)，了解小农户的真实生产状况、产生的环境代价和主要的农业生产问题(D)；利用植物营养学及栽培学等学科知识对农户现存生产问题进行尝试解释、理解产生问题的原因。利用边界线等分析方法对造成产量差和效率差的主要限制因素进行定量化分析(E)；通过“自下而上”研究思路及利用农学诊断分析方法明确对产量影响较大的产量组成，分析管理措施和关键产量组成之间的关系。为了方便比较，小麦/玉米穗粒数及收获密度的乘积得到的单位面积粒数和千粒重作为组成小麦/玉米产量的两个产量构成指标。确定关键产量构成指标后，通过分析管理因素与该产量构成指标的关系，设计出管理措施的优化值，集成夏玉米高产高效技术体系(E)，并与农户讨论其可行性；根据集成的优化技术体系结果，由农户为主体实施，验证该优化技术体系在不同区域、不同地块的增产增效效果，根据试验效果在农户参与的情况下继续优化体系，并同时通过培训宣传等途径对优化技术体系宣传推广，实现更大面积的应用(D)。结果表明，基于农户生产数据“自下而上”思路所设计的小麦/玉米高产高效优化体系有助于缩小农户管理措施上的变异并实现了在区域上的增产增效。分别在小麦/玉米上增产 18.4%和 7.1%。增加氮肥偏生产力 31.1%和 35.6%。同时可大幅度降低氮盈余量和活性氮排放强度。但在农户地块尺度上，优化体系效果随着农户常规处理下产量的增加而降低，不同区域上的增效措施应更有针对性。通过对优化体系的评估，限制农户采纳该优化体系的主要原因是农户本身的认知水平差和劳动力的缺乏。

	措施	产量/(t/hm²)	产量差/(t/hm²)	氮肥偏生产力/(kg/kg)	氮肥偏生产力差/(kg/kg)
小麦	农户常规	7.7	1.2	23	18
	优化管理	8.9		41	
玉米	农户常规	7.8	6.4	21	35
	优化管理	14.2		56	

图 6-6　科技小院“DEED”研究思路和“1351”研究体系理论框架

本课题组成员安志超等设计了“IDEA”研究方法(图 6-7)，遵循“从农户中来，再到农户中去”的基本原则，以解决农户的实际生产问题为目标。此方法分为四步，第一步调查(investigate)，通过田间观测、入户调研以及专家座谈等形式描述小农户的实际生产状况，诊断产量差的主要限制因素；第二步设计(design)，基于大田小区试验，针对影响产量差的主要限制因素设计基于小农户的优化技术体系；第三步评价(evaluate)，评价小农户所采纳优化技术体系的应用效果；第四步应用(apply)，提出优化技术体系大面积应用的途径。通过“IDEA”方法可以有效地缩减产量差，该方法融合了多层次、多学科的理论和方法，成功地将影响产量差的直接和间接因素结合起来，实现了由生产向产品的转变。

综上所述，科技小院模式下的“自下而上”研究方法最大的优势是可以实现技术的落地，发现农户实际生产中的主要问题，与农户一起制定解决方案，并在区域尺度上实现农户高产高效。所以，进一步理解、明确当前小农户种植生产条件下高产高效的主要限制因素，“自下而上”地利用农户实际生产数据设

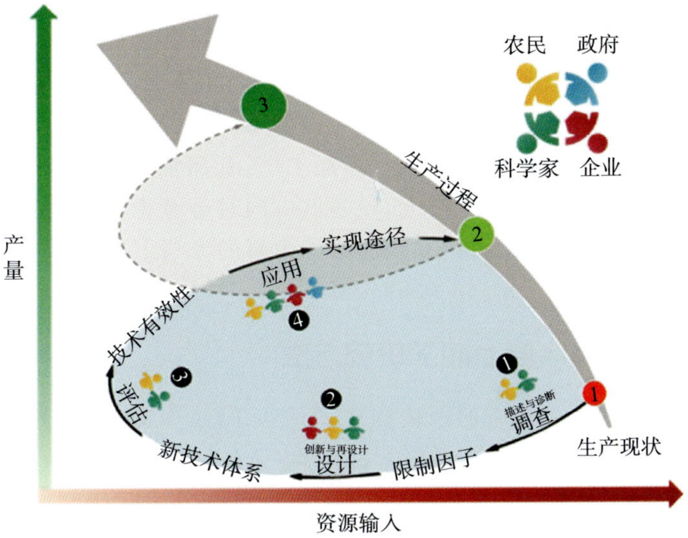

图 6-7　IDEA 研究方法模式图

计其可以操作及推广应用的优化生产技术体系，并验证在农户地块的增产增效能力，有助于我国农业政策制定者、科学研究人员及小农户等更好地理解如何在大区域尺度上协同实现粮食增产与资源的高效利用。

未来研究的重点和方向：

(1)保姆式的技术创新与转化

农业生产过程是一个非常复杂的过程，涉及作物从种到收的各个方面。新时代，对农业的期望，由以前的吃得饱向吃好、营养、健康、增收等多目标转变。这些目标的实现需要一系列技术的创新，技术与技术之间也存在一系列的相互作用。同时，目标之间也存在着一系列的协同与权衡。然而对于小农户而言，由于资源禀赋、知识水平等能力的差异，要实现这些技术的落地需要科学家和农户的共同参与和设计。比如，以玉米增产为例，对于华北平原而言，提高种植密度是实现玉米增产的有效措施之一。然而，要实现玉米的增密，首先需要解决农民认知的问题，让农民知道目标产量下的最优种植密度是什么，同时还需要做好密度与玉米品种、养分管理、耕地质量控制的搭配；其次是要解决好高密玉米种植的农机参数问题，使得农机手知道播种的量的同时，要调整好机械的参数；最后还要解决好种子质量的问题，实现种子的质量与农机的耦合。为此，未来科技小院在技术创新方面需要协调不同参与主体的力量，建立作物从种到收的全生育期技术规程和相应的标准。

(2)系统解决方案

农业生产是一个系统，在这个系统里面，不仅仅涉及土壤－作物，要想在大面积上实现技术的转化和应用，更多的是要考虑从事农业生产活动的主体特征与需求。比如，农民的特征与需求。对小农户而言，由于技术本身的原因，需要专业的人员进行操作。首先要解决农民认知的问题，在农民知道这项技术以后，要考虑为什么采用这项技术，还要考虑如何应用这个技术。在农业系统里面，要考虑到技术本身的互作，技术与技术实施主体的互作。因此，对于科技小院而言，我们需要开展系统的解决方案，能够满足技术本身落地的条件和标准，同时也要考虑技术实施主体对技术的接纳过程。

(3)技术在大面积上的应用与转化

农业是社会经济发展的基础，是推动经济发展的重要产业之一。农业生产技术是提高农业产业可持续性的重要手段。提高技术在大面积上的应用，其中一个很有效的方式是与产业结合。基于产业的需求开发满足产业需求的技术及其技术组合。同时借助产业的力量，比如合作社、公司＋农户等的形式，将技术向大面积转化和利用。在这个过程中，要考虑到产业对农业生产过程的指标要求，围绕具体的指标要求，考虑不同的参与主体的融合，同时考虑满足不同参与主体需求的耦合标准，建立农业生产过程的技术体系以及监测体系。以曲周小麦生产产业为例，通过市场调研，小麦产业的需求是在给消费者提供充足的食物的同时，要满足消费者对食物多样性的要求（馒头、面包、花卷等），同时还要满足消费者健康营养的需求（富硒、全麦等），在这些需求下，对应的不同参与主体包括小麦种植户、面粉加工厂、食品加工厂和合作社等。消费者的需求反馈到食品加工厂，食品加工厂就要考虑满足消费者需求的手段。在众多措施里，面粉的供应是核心环节。面粉的供应同时会考虑食品加工的需求，将信息传递给种植小麦的合作社或者农户。在科学家、农户和企业多方力量的参与下，实现小麦种植技术向大面积的应用与转化。

6.1.2 区域作物高产高效自上而下研究方法

当前世界农业的发展面临前所未有的严峻挑战，既要保障粮食安全，又需要进一步提高资源的利用效率，减少农业生产对生态环境的负效应。在关注粮食安全的同时，国际上也高度关注农业发展过程中带来的资源环境问题，建立和发展高产高效的现代农业已经成为国际研究的热点。在理论观点方面，Vitousek 等（2009）分析了农业不同发展阶段养分投入的农学效应和环境代价，指出农业可持续发展必须解决好养分高效利用问题；Burney 等（2010）和 Tilman 等（2011）在美国科学院院刊（PNAS）上发表文章，指出未来解决粮食安全及环境保护协调问题的关键是发展高产高效现代农业，而不是土地扩张或不计成本的高投入。近年来我国和美国分别开展了高产高效现代农业的探索。Chen 等（2011）阐述了通过土壤一作物系统综合管理实现高产高效的研究结果，成为国际上高产高效现代农业的一个典型案例；随后 Grassini 和 Cassman（2012）对美国西部玉米带高产体系的环境效应进行了综合评价，指出作物高产的环境代价可以显著降低。

本节围绕“自上而下”的主线开展，创建了从可持续食物链视角（Ma et al.，2010）研究高产高效农业大面积实现的贡献及其资源环境代价的研究方法，为国际可持续食物系统/农业研究提供了标准的定量方法。从粮食安全和资源环境安全相协调的目标出发，自上而下从宏观层面研究我国粮食主产区未来大面积高产高效的潜力及其资源环境效应，与国家需求目标结合紧密，体现了“顶天”的特色。以食物链养分流动模型（nutrient flows in food chain environmental and resources，NUFER）为基础，扩展了土壤一作物系统高产高效综合管理与资源环境评价等功能，以养分在“土壤—作物生产—畜牧业生产—食品加工—家庭消费”系统的氮磷足迹、流动特征和各养分库之间流动和转化为理论核心；利用自上而下（top-down）的方法，以人类营养需求为目标，建立了高产高效农业与耕地、水、化肥等资源需求和氮磷环境排放、温室气体排放等环境代价的定量关系，探索了未来高产高效养分管理的途径；开发了中国“全农场”养分流动模型（NUFER-farm），开展了我国农户尺度氮、磷素利用和未来潜力的研究。研究结果不但为我国粮食主产区实现大面积高产高效提出了可行策略，也为国际集约化可持续农业的探索提供了范例。

1. 我国农业生产和食物生产消费系统氮、磷足迹和优化调控研究

通过氮足迹研究模型（N-Calculator）和食物链养分流动模型（NUFER），建立了中国食物氮足迹研究方法，并定量化 1961—2010 年中国主要食物氮足迹变化，以及食物生产过程中不同形式的氮损失，阐明了中国主要食物系统的氮磷足迹历史变化。

Guo 等（2017）的研究结果表明，食物氮足迹包括食物消耗氮足迹和食物生产氮足迹，人均食物氮足迹从 20 世纪 60 年代的 4.7 kg N/（人・年）增加到 21 世纪初期的 21 kg N/（人・年），中国的国家食用氮足迹从 20 世纪 60 年代的 3.4 百万 t N/年增加到 21 世纪初期的 28 百万 t N/年（图 6-8）。在此期间，动物源性食物氮足迹的比例从 37%上升到 54%。食品生产氮足迹在 21 世纪初期占全国食品氮足迹的 84%，而在 20 世纪 60 年代为 62%。为了生产足够的粮食来满足日益增长的人均粮食消费，粮食生产体系中增加了更多的活性氮含量。粮食产量造成的全国氮损失从 20 世纪 60 年代的 6 百万 t N/年

增加到 21 世纪初期的 23 百万 t N/年。氮素以四种方式损失到环境中：通过反硝化排放到环境中 NH_3 和 N_2(各占近 40%)，水系统中的氮损失(20%)和 N_2O 排放损失(1%)。与 20 世纪初期的发达国家相比，中国人均食物氮足迹较高(图 6-9)。为了减少中国的食物氮足迹，减少食物生产过程中的活性氮损失和调整饮食结构是极为重要的，例如转向以植物为基础的饮食结构。

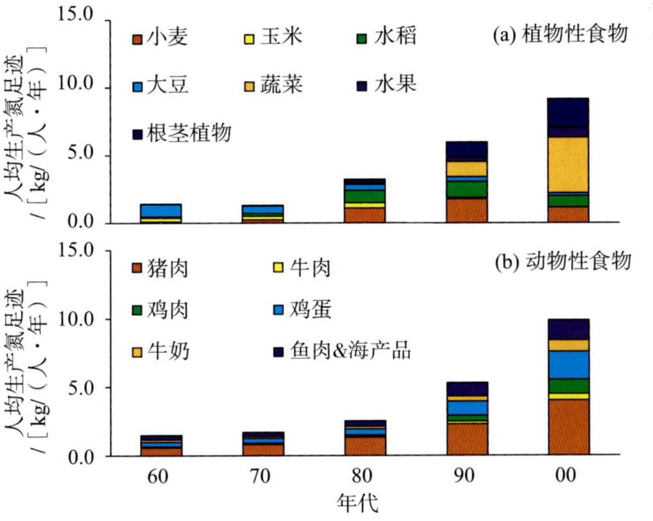

图 6-8　1961—2010 年中国主要食物人均氮足迹

(Guo et al.，2017)

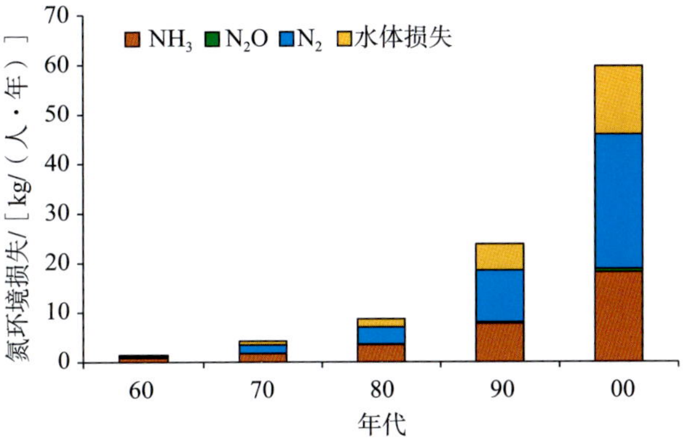

图 6-9　1961—2010 年中国人均食物生产过程氮损失

(Guo et al.，2017)

Bai 等(2016)利用食物链养分流动(NUFER)模型，定量分析了 1950—2010 年间中国食物生产—消费链条磷素利用和损失情况，以及它们与社会经济指标之间的关系，探讨了不同优化措施对 2030 年食物链磷可持续利用的影响，揭示了 1950—2010 年食物链系统磷流动特征及 2030 年优化潜力。结果表明，我国农田土壤磷库经历了耗竭到累积的过程，在 1950—2010 年间，土壤磷库净累积总量达到 79 百万 t，其中将近 50%的累积是发生在后 10 年中的(图 6-10)。过去 60 年中，食物链系统向地表水磷排放量快速增长，从 1950 年的 0.2 百万 t 增加到 2010 年的 2.4 百万 t。1950—2010 年间食物链系统累积向水体排放 48 百万 t 磷。与土壤磷累积类似，水体磷排放量中约一半(45%)也是发生在后 10 年。向水体排放的磷，大多数在小溪、河流、湖泊和沿海海域沉积。由作物生产系统造成的磷损失量 60 年增加了 10 倍，从 1950 年的 0.04 百万 t 增长到 2010 年的 0.4 百万 t。而动物生产中磷的损失量增长更快，在过去的 60 年间从几乎没有增加到 2.0 百万 t；从 20 世纪 90 年代末起，动物生产成为磷损失的最大来源(图 6-10)。2030 年基准情景下，磷肥的使用量增加至 6.4 百万 t，将较 2010 年增加 5%。由于动物产品、蔬菜和水果消费量增加，食物链系统磷利用效率(PUEf)预计将降低至 6%，比 2010 年减少 18%。作物生产环节磷利用效率(PUEc)与畜禽养殖环节磷利用效率(PUEa)几乎保持不变。此外，总磷损失量预计在 2030 年增加到 5.1 百万 t，较 2010 年增加 66%。通过情景分析，研究发现综合情景(S5)可使食物链磷利用效率从 2010 年的 6%提高到 2030 年的 26%。而磷肥总施用量将会减少 69%，同时磷损失量减少 68%。其对降低磷肥投入、提高食物链磷使用率和减少磷损失的优化效果要明显优于单一优化措施(图 6-11)。

过去的 60 年，中国种植业化肥消费快速增加带来了严重的环境问题。Chen 等(2018)剖析了导致中国种植业化肥消费增加的主要驱动因素并利用 NUFER 肥料分配模型估算了 1950—2010 年 16 种作物的单位面积化肥用量。导致种植业化肥用量增加的主要驱动因素是作物总播种面积(TA)、单位面积化肥用量(FPA)和各作物占总面积的比例(即种植结构，CT)。1950 年中国种植业化肥消费 0.07 百万 t，2010 年增加至 49.64 百万 t，化肥消费净增加 49.57 百万 t。其中总播种面积的增加对该时期化肥

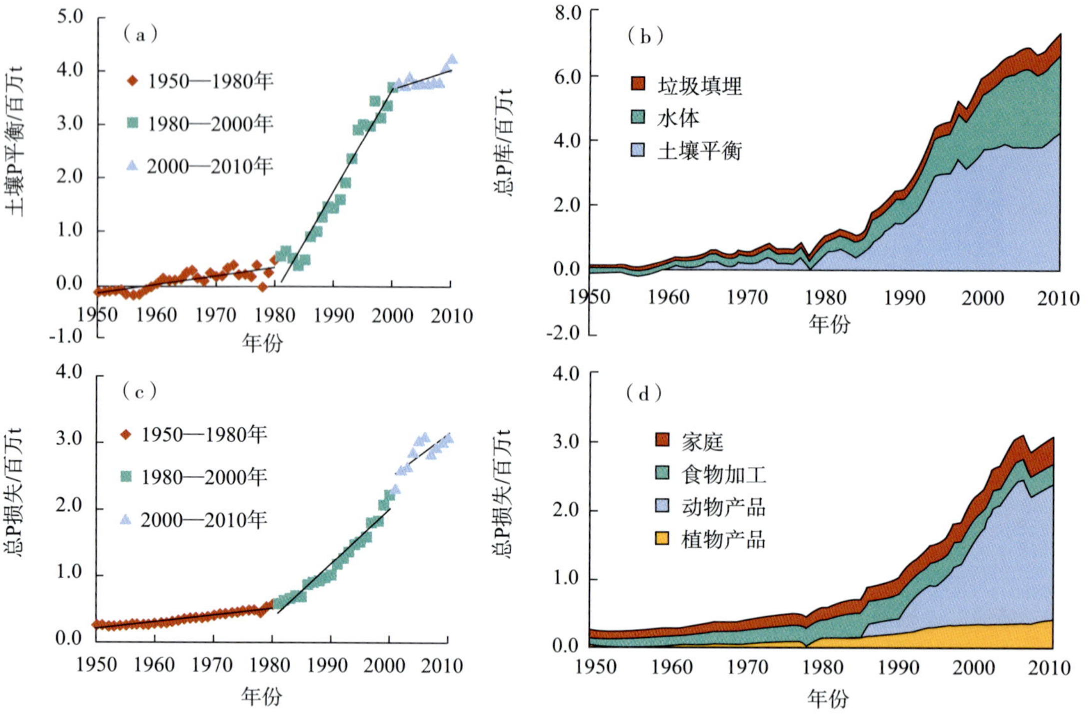

图 6-10　1950—2010 年间磷损失量及库的变化(Bai et al., 2016)

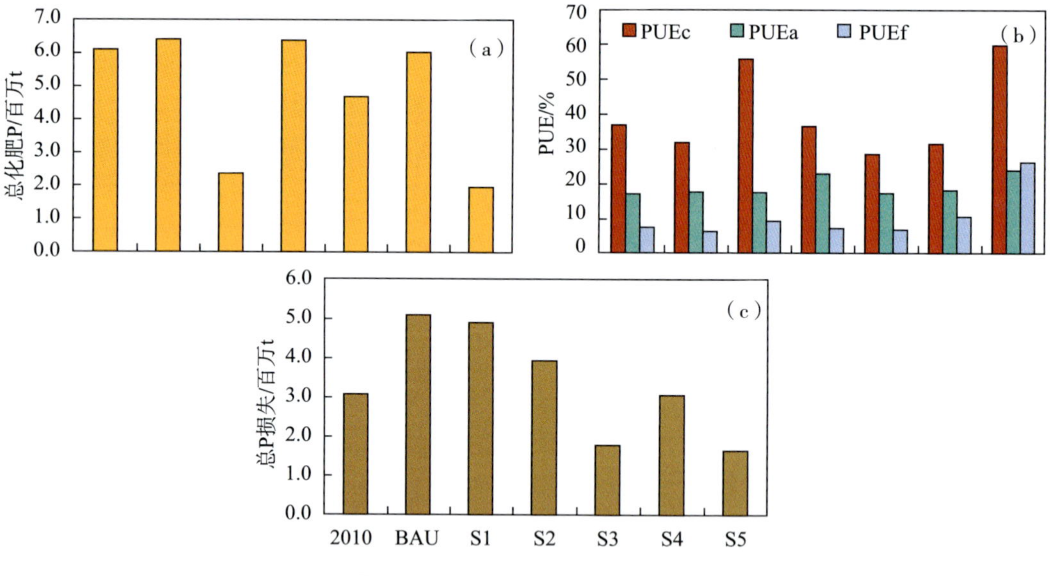

图 6-11　2030 年磷肥施用量、磷利用效率和损失量的情景分析(Bai et al., 2016)

总量增加的贡献率为 0.05%,单位面积肥料用量的变化贡献率为 74.68%,种植结构的改变贡献率为 25.27%。且单位面积肥料用量的变化对化肥总量变化的贡献率不断减小(20 世纪 50 年代为 98.29%,21 世纪初为 65.64%),相反总面积的增加以及种植结构的变化对化肥总量增加的贡献率在不断增大(20 世纪 50 年代分别为 0.90%和 0.81%,21 世纪初为 17.52%和 16.84%)。20 世纪 80 年代之前水稻、玉米和小麦是主要的化肥消费作物,80 年代之后玉米、水果和蔬菜成为主要的化肥消费作物。20 世纪 90 年代和 21 世纪初,玉米、水果和蔬菜 3 种作物贡献了 59.58%和 90.57%的该时期化肥增加量(图 6-12)。结果表明未来作物单位面积化肥用量以及种植结构的改变将成为影响中国种植业化肥消费的关键，而传统的作物养分资源综合管理(过去主要倾向于粮食作物)需要更多地转向水果和蔬菜。

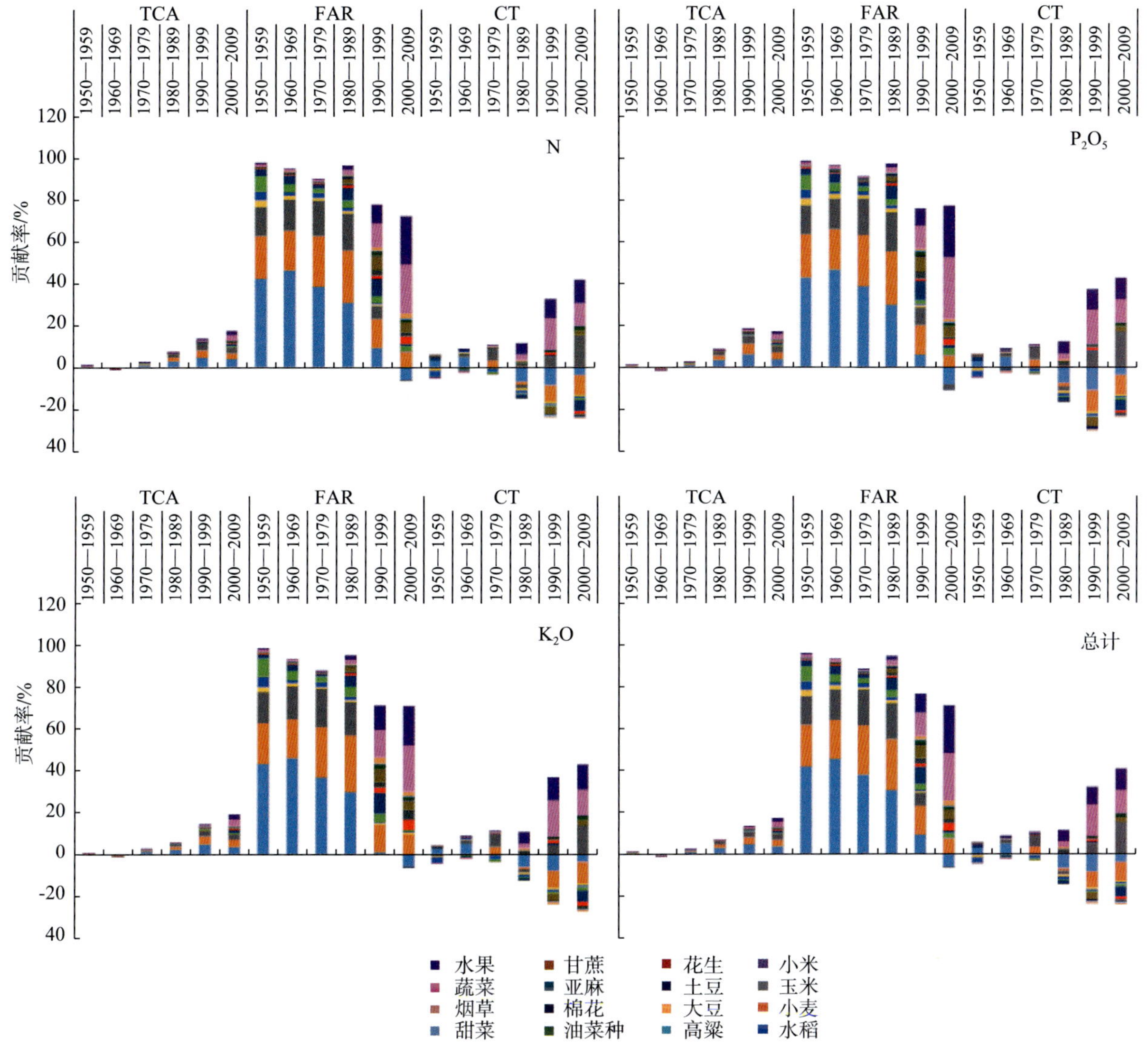

图 6-12　种植面积(TCA),施肥量(FAR)和种植结构(CT)的变化对中国化肥使用量的贡献(Chen et al.，2018)

2.探索未来我国农业高产高效的养分管理潜力

中国食物生产中的低氮(NUE)、磷(PUE)使用效率导致了大量的氮、磷损失并对环境产生了很大的影响。低使用效率的主要原因是农业生产中的过度施肥，中国政府制定了化肥零增长政策，该政策的目标是确保 2020 年后化肥用量的零增长并且确保国家的食品安全。Wang 等(2018)运用 NUFER 模型分析了中国目前实施的化肥零增长政策的效果，并探索了高效的养分管理措施如何提高养分利用效率和减少食物生产的营养损失。

研究结果表明，2013 年全国 NUE(20%)和 PUE(24%)在各省之间差异很大(NUE 为 12%～33%，PUE 为 10%～53%)。2013 年 N 和 P 在大气(N 为 14 百万 t)和水体(N 为 12 百万 t，P 为 2 百万 t)的损失较高。针对 2020 年和 2050 年进行了三种情景分析，假设养分管理为常态(BAU)趋势，2020 年的肥料(ZF)零增长以及改进的营养管理(INM)，以探索 NUE 和 PUE 的未来趋势。在 BAU 情景中，NUE 和 PUE 大致维持在 2013 年的低水平，而农业的养分投入却在增加。因此，2013—2050 年间，N 的空气损失增加了 37%，N 的水体损失增加了 40%，P 的水体损失增加了 48%。2050 年，在 ZF 情景中，NUE 和 PUE 比 BAU 高出几个百分点。相关的 N 和 P 水体损失比 BAU 低 8%～16%，但仍高于中国 2013 年的水平。INM 情景下，2050 年改善的营养管理可能会将 NUE 和 PUE 提高到 33%和 59%。与此同时，2050 年 N 和 P 水体损失率也比 2013 年降低 47%和 83%，N 的空气损失降低 20%。

因此，化肥零增长政策是一个好的开始，但还不足以有效减少中国养分污染。为了大幅度降低氮磷损失需要进一步改善养分管理措施，不仅要做到减肥增效，而且要改进粪便管理和动物生产的方式，做到畜禽粪尿资源化利用。

富营养化是中国河流和海域的一个严重问题，主要是由于农业的氮(N)和磷(P)损失不断增加造成的。中国农业生产一直被认为是低产低效的。前人研究表明，肥料投入减少的同时可提高作物产量，即高产高效农业(DHA)。Li 等(2017)使用 NEWS2(global nutrient export from watersheds 2)模型模拟了 2050 年改善养分管理措施对中国河流氮磷输出及相应的滨海富营养化程度的影响。开发了四种情景：①改善管理手段(IP)，假设相对于基础情景，化肥使用减少 20%，作物产量增加 15%；②综合土壤-作物系统管理(ISSM)，假设合成肥料减少 30%，作物产量增加 30%；③改善管理措施，增加粪尿循环率(IP-MR)，假定在情景 1 的情况下，增加粪尿循环利用率；④综合土壤-作物系统管理，增加粪尿循环率(ISSM-MR)，除了增加粪尿循环之外，还假定使用土壤-作物系统综合管理。结果表明，高产高效农业加之优化畜禽粪尿管理，可以减少水体可溶性无机氮和可溶性无机磷浓度 20%～35%。

3. 完善中国“全农场”养分流动模型(NUFER-farm)，建立了农户养分流动特征的定量方法

农户/场是我国农业生产的主体，也是农业养分管理的最小单元，在很大程度上决定了区域尺度上的农业养分流动特征及其环境效应。因此，以农场尺度为切入点的农业养分管理研究有助于加深对微观农业养分管理的理解，为提高农业养分利用效率、防控农业环境污染提供最根本的依据。Zhao 等(2017)研究开发了中国“全农场”养分流动模型(NUFER-farm)，基于“Bottom-up”的方法，该模型可定量作物类型、畜禽类型和全农场等多个尺度详细的氮磷流动特征(图 6-13)。

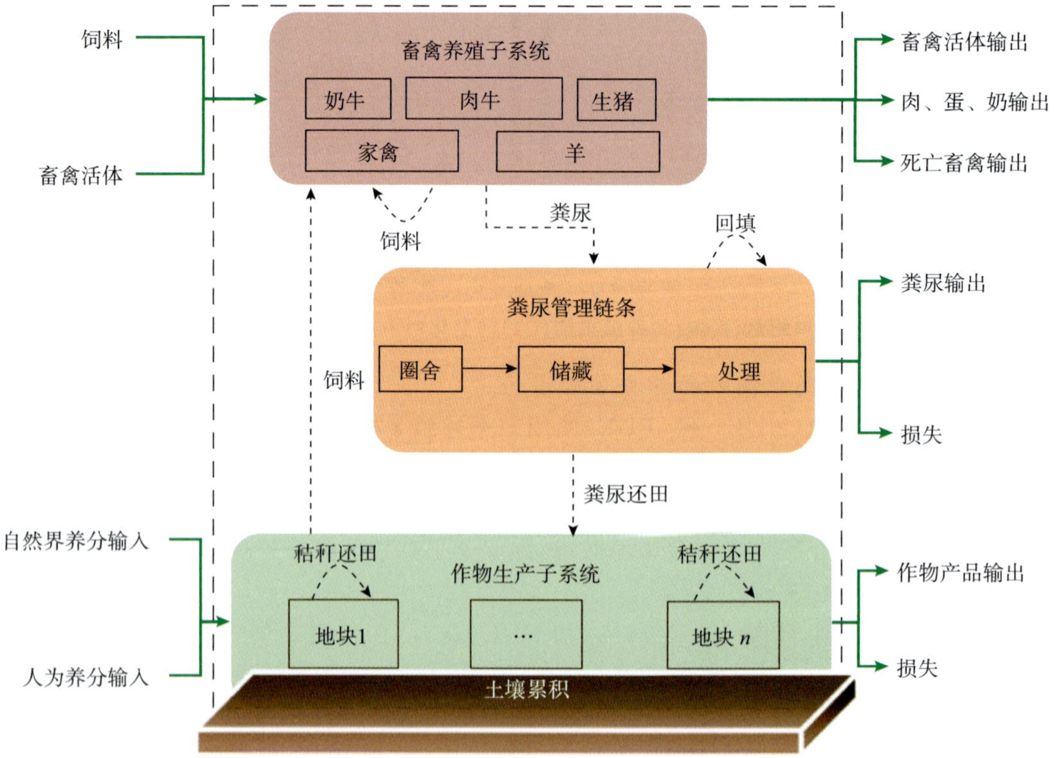

图 6-13 “全农场”NUFER-farm 模型 (Zhao et al., 2017)

就作物生产环节而言，种养结合奶牛场具有最高的氮素利用效率(NUEc)(67%)和磷素利用效率

(PUEc)(68%),同时具有相对最低的氮、磷盈余(149 kg N/(hm^2 · 年),6 kg P/(hm^2 · 年))(图 6-14)。就畜禽养殖环节而言,种养结合猪场较集约化猪场的 NUEa 和 PUEa 分别高 5%和 9%;种养结合猪场和鸡场的畜禽粪尿氮、磷损失分别较相应集约化农场低 20%~42%和 69%~78%(图 6-15)。显然,种养结合农场较农户和集约化农场的养分利用效率高。

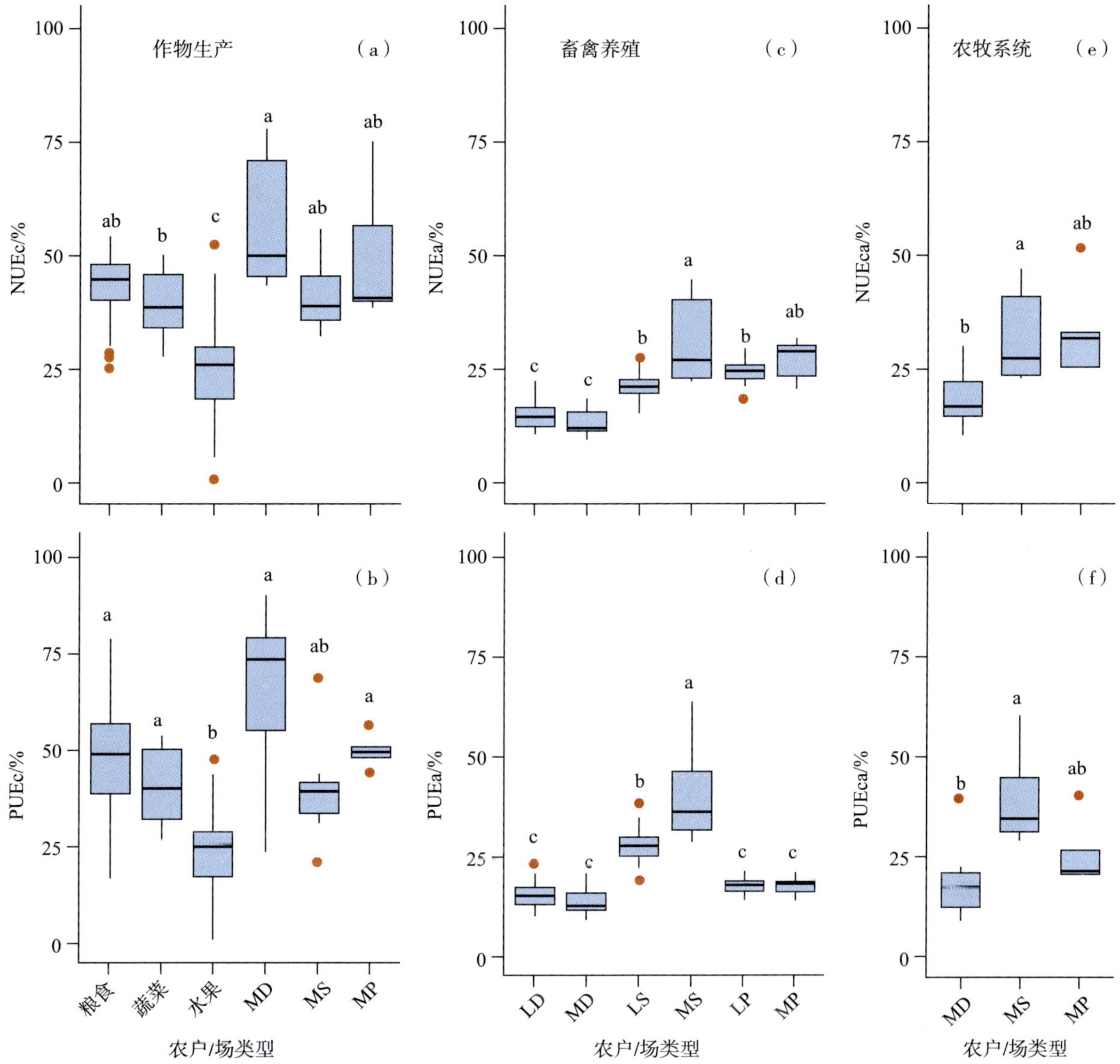

图 6-14　作物生产子系统的氮(a)、磷利用效率(b),畜禽养殖子系统的氮(c)、磷利用效率(d)和种养结合农场的氮(e)、磷利用效率(f)分布(Zhao et al., 2017)

注:MD,种养结合奶牛场;MS,种养结合猪场;MP,种养结合鸡场;LD,集约化奶牛场;LS,集约化猪场;LP,集约化鸡场;a,b 表示农户类型间的差异显著性(显著性水平 $\alpha=0.05$)。

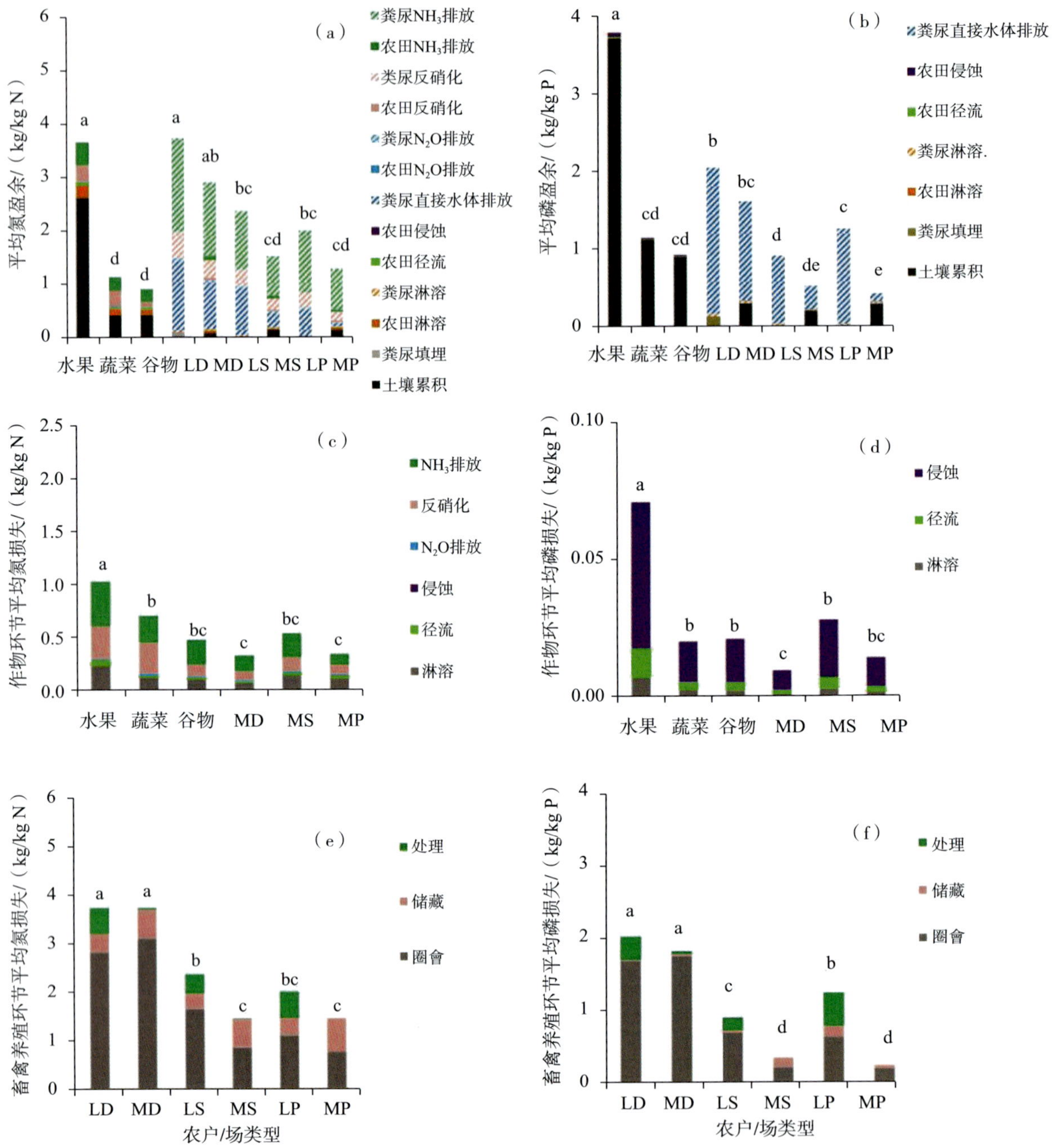

图 6-15 各农户/场类型平均的氮磷盈余去向(Zhao et al.，2017)

注：MD，种养结合奶牛场；MS，种养结合猪场；MP，种养结合鸡场；LD，集约化奶牛场；LS，集约化猪场；LP，集约化鸡场；a，b 表示农户类型间的差异(显著性水平 $\alpha=0.05$)

研究结果进一步表明，优化畜禽粪尿管理是减少海河流域农牧系统氮、磷环境排放的关键；适度的养殖规模可使农场畜禽粪尿的收集和处理更为方便，更利于控制氮、磷损失；区域畜禽粪尿配置策略和相应的基础设施建设补贴将有利于缓解海河流域农牧系统养分环境排放及其对环境的压力。

6.2 区域作物产量差、效率差和技术差及其影响因素

6.2.1 东北春玉米产量差、效率差和技术差及其影响因素

在全国四个玉米主产区中，虽然东北地区农户的平均单产最高，达到 9.3 t/hm^2，然而与此同时，东北地区的产量潜力在全国四个主产区中也最高，因此，农户只实现了产量潜力的 60%左右，与模型模拟的产量潜力相比较，还存在较大的产量差(Meng et al.，2013；张卫建，2015)。在资源投入方面，近十年来我国东北地区化肥施用量呈上升趋势，其中吉林省化肥施用强度最高，其氮肥使用量也处于较高水平。苏效坡等(2015)在吉林省梨树县的研究也显示，农户施氮量在适宜区间内(160～240 kg/hm^2)的比例为 40.8%，有 54.1%的农户过量施用氮肥(>240 kg/hm^2)，氮肥利用效率低。东北地区作为我国中等耕地尺度的典型代表，仍然以小农户生产为主。区域是大量农户的集合，区域内各个农户的表现最终要影响整个区域高产高效的状况。本节内容将以吉林省梨树县为代表，研究东北地区的产量差、效率差和技术差及其影响因素。

1. 东北春玉米产量差及其限制因子

表 6-1 列出了用农户跟踪法连续监测 3 年(2015—2017 年)的 60 个梨树县农户地块玉米产量的统计分析结果。2015—2017 年的降雨量分别为 365 mm、711 mm 和 550 mm，属于较为典型的干旱年、丰水年和平水年。2017 年虽然总体上降水较高，但是前期降水尤其是播种期降水仍然不足，所以前期仍然较为干旱。

从平均产量来看，2015—2017 年 3 年的平均产量分别为 10.5 t/hm^2、12.0 t/hm^2 和 11.5 t/hm^2，其中 2015 年的平均产量显著低于 2016 年和 2017 年，3 年之间差异显著。3 个年份的最低产量之间差异较大，2015 年的最低产量最小，为 5.3 t/hm^2，2017 年的最低产量最高，为 8.7 t/hm^2。但是 3 年的最高产量相近，分别为 15.0 t/hm^2、14.8 t/hm^2 和 14.5 t/hm^2，最高产量之间无显著差异。

表 6-1　2015—2017 年各级产量差和产量变异情况

年份	样本量	平均值/(t/hm^2)	最小值/(t/hm^2)	最大值/(t/hm^2)	极差/(t/hm^2)	标准差	变异系数
2015	60	10.5c	5.3	15.0	9.7	1 698	16.2
2016	60	12.0a	7.9	14.8	6.9	1 448	12.0
2017	58	11.5b	8.7	14.5	5.8	1 151	10.0
2015—2017	178	11.3	5.3	15.0	9.7	1 581	14.0

注：不同小写字母表示平均产量年际之间差异显著($P<0.05$)。

通过改变输入 Hybrid-Maize 模型的各种管理措施，模拟出 2015—2017 年水分限制的产量潜力分别为 16.8 t/hm^2，16.8 t/hm^2 和 18.5 t/hm^2。因此，2015—2017 年的一级产量差(YG1，表示模型模拟的有水分限制的产量潜力 Ywp 和农户可获得的最高产量 Yatt 之间的产量差，)分别为 1.8 t/hm^2、2.0 t/hm^{2}和 4.0 t/hm^2，平均为 2.6 t/hm^2，二级产量差(YG2，表示农户可获得的最高产量和农户实际产量 Ya 之间的产量差)分别为 4.5 t/hm^2、2.8 t/hm^{2}和 3.0 t/hm^2，平均为 3.4 t/hm^2(图 6-16)。总产量差(YG) 分别为 6.3 t/hm^2、4.8 t/hm^2 和 7.0 t/hm^2，平均为 6.0 t/hm^2，农户可获得的最高产量平均实现了模型模拟产量潜力的 85.1%，而农户的实际产量平均实现了模型模拟产量潜力的 65.4%。

这些产量差的存在是由于气候条件、土壤条件和农户的作物管理以及他们之间的相互作用共同造成的。已有研究表明，东北地区玉米产量差的限制因子中，农学因素贡献最大，占比达 40%，其次是社

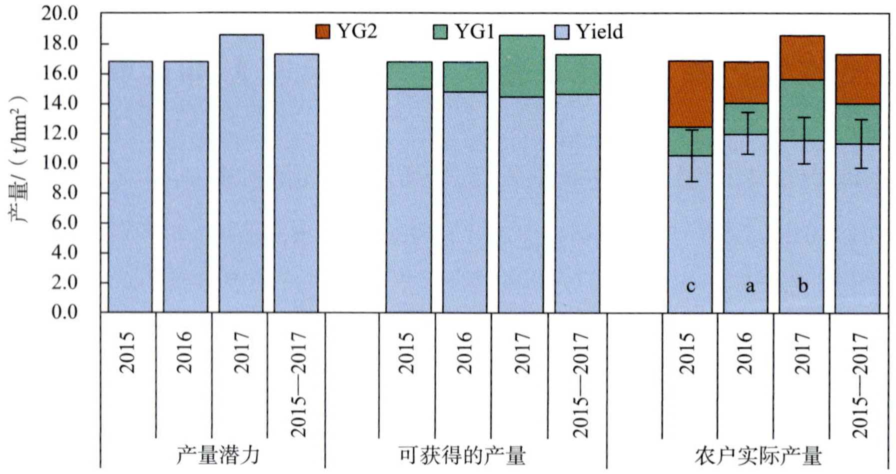

图 6-16　梨树县农户 2015—2017 年产量潜力及产量差

会经济因素和环境因素，分别占 16%和 18%(Liu et al.，2016)。而在农学因素中，约 5%、12%和 18%的玉米潜在产量损失归因于土壤物理特性、品种选择和管理实践，通过改善土壤物理特性、改种成熟期较长的品种和改进整个地区的管理措施，增产潜力分别为 0.6、1.5 和 2.2 t/hm²，增产幅度为 9%、23%和 34%(Liu et al.，2016)。同时研究也发现，通过改变品种和改善管理得到的增产在不同地区之间差异较大(分别为 0.4～2.2 t/hm² 和 0.9～4.5 t/hm²)，这与东北不同气候区间生长期温度和降水的空间变化有关，即管理对不同地区的产量差的贡献差异较大，可见大尺度的研究虽然能够为宏观的管理提供基础，但是要想真正克服产量差，还需针对具体区域进行更加细致的考虑，因为管理只是一类农事操作的总称，包括整地方式、播种方式、除草方式、种植密度、养分投入、病虫害管理、灌溉等一系列措施，土壤特性也包括物理、化学和生物等一系列变量，只有在具体的研究区域弄清楚到底是哪一种管理或者土壤变量对产量差的影响相对较大，才能真正有效地指导小农户从而关闭产量差。

产量差的解释需要较为全面的气候、土壤和作物管理数据(Beza et al.，2016)，也需要适当的方法。边界线方法(boundary line approach，BLA)是一种流行且重要的产量差限制因素的研究方法，最初来自 R. A. Webb，他认为生物学材料在给定的环境下总是有一个发展或者响应的上限，因此，在多数情况下，对于给定环境下自变量的每一个水平，因变量都会有一个最大的响应值或称为最佳表现，即边界点；当数据样本足够时，一条由每个自变量水平下对应的边界点构成的线就会出现，由于这条线出现在数据群体的边缘，因此将其命名为边界线(Webb，1972)。

边界线方法刚提出之初，最先在植物生理领域应用，主要用于制定诊断各类作物组织营养状况盈缺标准的临界值(Walworth，1986)，随后在农学、植物学、土壤学、林学、环境科学和生态学以及许多交叉学科等领域得到广泛使用，主要用于分离单个因素对因变量的影响，从而进行多个因素影响的比较(Zhang et al.，2017)，作物产量差限制因素的定量化研究是其最广泛的应用之一。目前，已成功地应用于多种作物的产量差限制因子分析，例如小麦玉米等谷类作物(Casanova et al.，1999；Casanova et al.，2002；Imhoff et al.，2010)，木薯(Kintche et al.，2017；Fermont et al.，2009)，油菜(Zhang et al.，2017)，香蕉(Wairegi et al.，2010；Okumu et al.，2011；Ndabamenye et al.，2013；van Asten et al.，2011)，咖啡(Wang et al.，2015)，葡萄(Zhang et al.，2017；Li et al.，2016)。因此，在本节研究中将采用边界线方法定量各个作物管理操作和土壤肥力因子对玉米产量差 GAP2 的贡献。

由图 6-17 和图 6-18 可见，从产量构成要素的角度，不同年份中对产量差影响最大的产量构成要素不同。在 2015 年和 2017 年，即干旱年和平水年，百粒重对产量差的影响最大，分别有 57%和 43%的地块因为百粒重过低而获得最低预测产量。但在 2016 年，湿润年份，有 42%的地块由于公顷穗数低而获得了最低的预测产量，因而单位面积穗数是限制玉米产量差的最重要的产量构成要素，尽管在 2016 年百粒重并不是最大限制因子，但仍有 40%的农民因为百粒重低而获得最低预测产量，可见在 2016 年单位面积穗数和百粒重对产量差的影响较大。2015 年和 2016 年受穗粒数影响的农户所占的比例最小，分别只有 20%和 18%的地块因为穗粒数低而获得最小预测产量，由于 2017 年农户的平均密度有所提升，因而 2017 年公顷穗数是对产量差影响最小的产量构成要素。

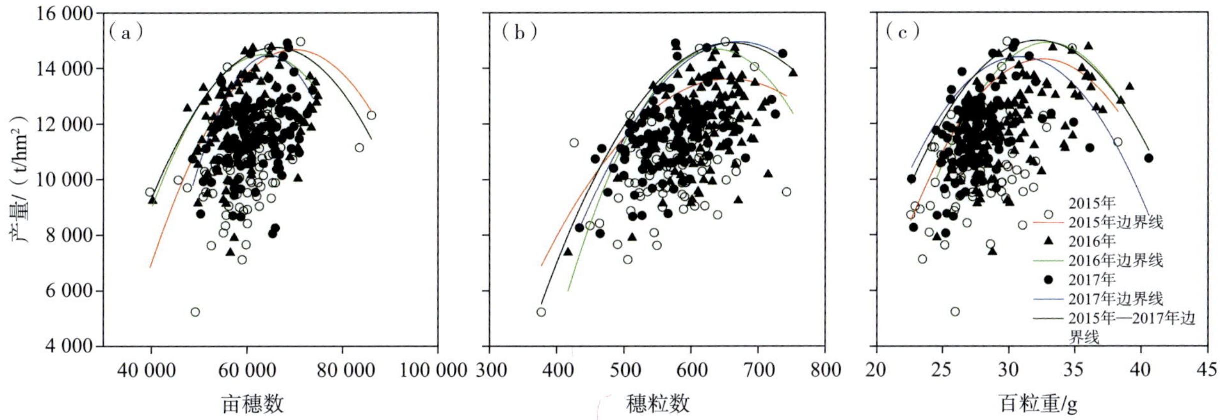

图 6-17　2015—2017 年各产量构成要素与产量之间的边界线分析

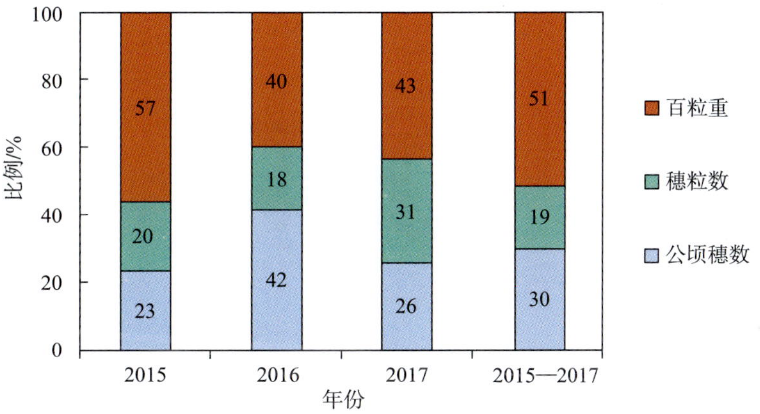

图 6-18　不同年份产量构成要素对产量差的贡献

为明确各个年份产量差的限制因子，将每年操作管理变量和土壤肥力变量分别与产量直接建立边界线分析（图 6-19），通过计算每个农户在各个管理变量和土壤肥力变量下对应的预测产量找到最小预测产量所对应的变量即视为每个农户的最大限制因子，并分别计算 2015—2017 年中各个限制因子所占的比例。

如图 6-20 所示，产量差最大限制因子因年而异。2015 年有 30%的地块最大限制因素是土壤有机碳，即 30%的地块由于土壤有机碳含量低而获得了最低预期产量，其次是土壤交换性钾（22%）和病株率（13%），土壤全氮（13%）和密度（7%），这五个限制因素加起来一共贡献了 82%。

2016 年中，以植株密度、土壤全氮和土壤有效磷为最大限制因素的农户所占的比例均为 15%，并列成为对 2016 年产量差贡献最大的三个因素。其次是施氮量和播种日期，这两个因素分别解释了最低预期产量的 12%。因此，前五个限制因素加起来共解释了最低预期产量的 68%。

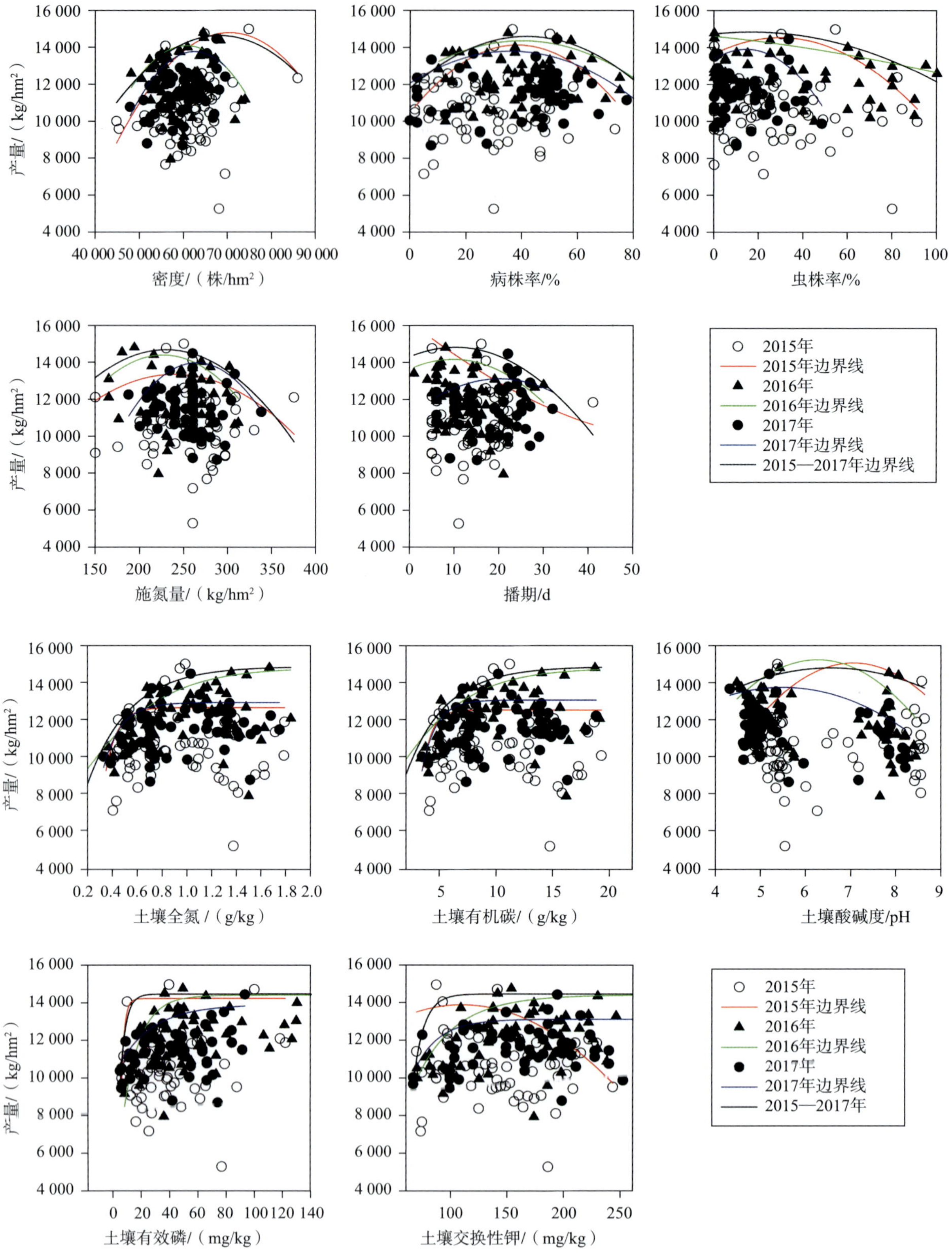

图 6-19　2015—2017 年作物管理与土壤肥力变量与产量之间的边界线分析

2017 年中，播期的贡献率最大，22%的地块因为播期不合适而获得最低预期产量，其次是土壤全氮（19%）、土壤 pH（16%）、土壤有效磷（14%）和植物密度（9%），这五大限制因素加起来占农户最低预期产量的 79%。

因此，每年的前五个变量平均解释了 75%以上的最小预期产量，即其余 5 个因素的贡献平均小于 5%。同时，在 2015 年干旱和 2017 年平水年下，最大限制因素很容易找到，但在湿润的 2016 年，因为前三个限制因素所贡献的比例相似，因此很难找到一个影响最大的限制因子。

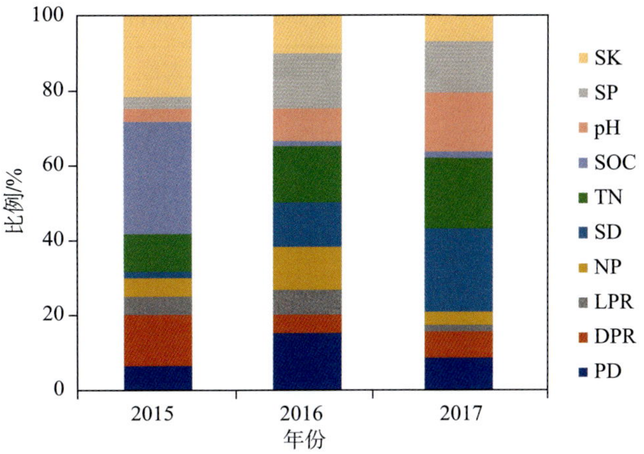

图 6-20 不同年份各个管理和土壤肥力变量对产量差的相对贡献率

注：PD、DPR、LPR、NP、SD、TN、SOC、pH、SP 和 SK 分别表示植株密度、病株率、虫株率、施氮量、播期、土壤全氮、有机碳、酸碱度、有效磷和交换性钾含量。

由以上分析结果可知，年际之间影响产量差的产量构成因素不一定是相同的，那么影响产量差的管理和土壤变量也很可能是不同的。将每年前五位中对产量差贡献最大的因子定义为最大限制因子，其余为主要限制因子，2015 年的最大限制因子是土壤有机碳，2016 年中植株密度、土壤全氮和土壤有效磷并列为对产量差贡献最大的三个因素，而在 2017 年中，播期是最大的限制因子。产量是基因型、气候、土壤和作物管理相互作用的结果，因而限制因子在年际之间的变化主要受气候、管理、土壤以及它们之间的互作所影响（Anderson，2010；van Ittersum et al.，2013）。

通过产量-产量构成要素-管理/土壤变量这种间接分析得到的限制因素和通过产量-土壤/管理变量这种直接分析得到的限制因素部分一致。在间接边界线结果中，例如在 2016 年，从产量构成角度，最大的产量构成限制因素是公顷穗数，而对公顷穗数影响最大的是密度，对百粒重影响最大的是土壤全氮，这与产量和管理/土壤变量的直接边界线分析得到的结果一致。但也有一些对于产量构成要素很重要的限制因素可能因为因素之间的相互作用没能在最终的产量边界线分析中体现出来，或者没有表现得那么重要，尽管如此，这种通过先产量构成要素后产量的间接方法，可以帮助我们理解限制因素作用的时期、过程和机制，避免直接用产量和变量来分析，会掩盖掉一些中间过程，而无法使得一些变量的作用凸显出来。

2. 东北春玉米效率差及限制因子

氮肥偏生产力与产量成正比，与施氮量成反比，是产量和施氮量互相权衡之后的结果，常用来作为评估氮肥效率的指标（黄少辉等，2016；曹红竹，2018；An et al.，2018）。农户三年的氮肥偏生产力平均为 46.2 kg/kg，氮肥效率年际之间差异显著，其中 2015 年的平均氮肥偏生产力（42.2 kg/kg）显著低于 2016 年（50.4 kg/kg）和 2017 年（45.9 kg/kg）。2015 年的最低氮肥偏生产力（20.3 kg/kg）远小于 2016 年（34.4 kg/kg），但其最高值与 2016 年相当，分别为 80.6 kg/kg 和80.7 kg/kg。

将每年中氮肥效率最高的前五位农户的氮肥偏生产力平均值定义为氮肥效率潜力，2015—2017 年的氮肥效率潜力分别为 63.8 kg/kg、75.2 kg/kg 和 59.6 kg/kg，效率差分别为 21.6 kg/kg，24.8 kg/kg 和 13.7 kg/kg，三年分别实现了效率潜力的 66.2%、67.0%和 77.0%。将三年中的前五位最高氮肥偏生产力平均值作为总氮肥效率潜力，则三年总体上的氮肥效率差为 31.8 kg/kg，农户平均实现了效率潜力的 59.2%。见表 6-2。

从年际之间来看，由于气候条件的变化和农户管理措施改变造成的产量变化以及施氮量的改变，年际之间的效率变异必然存在，不同农户年际之间氮肥偏生产力的变异系数存在很大差异，变异系数在 3.0%～53.0%之间，平均为 15.6%。

表 6-2　2015—2017 年梨树县农户氮肥效率差和效率变异情况

年份	平均值/(kg/kg)	最小值/(kg/kg)	最大值/(kg/kg)	极差/(kg/kg)	标准差	变异系数	效率差	平均效率/效率潜力(%)
2015	42.2c	20.3	80.6	60.3	10.2	24.1	21.6	66.2
2016	50.4a	34.4	80.7	46.3	10.4	20.7	24.8	67.0
2017	45.9b	30.2	65.3	35.1	7.4	16.2	13.7	77.0
2015—2017	46.2	20.3	80.7	60.4	10.0	21.6	31.8	59.2

注：不同小写字母表示平均产量年际之间差异极显著($P<0.01$)。

本研究中的氮肥偏生产力与当前研究中的结果相比偏高。王蒙在吉林半干旱区春玉米膜下滴灌处理中最高氮肥偏生产力为 51 kg/kg(王蒙，2017)。伍大利在吉林春玉米上的滴灌施肥处理最高可以获得 66 kg/kg 的氮肥偏生产力(伍大利，2018)，与本研究结果比较接近。Qiu 等(2015)的研究结果显示，当施氮量为 140 kg/hm^2 时，偏生产力最高可以达到 73.9 kg/kg，但是当施氮量提高到最优施氮量(210 kg/hm^2)时，其偏生产力最高能达到 52.4 kg/kg。可见，以最优施氮量下可以达到的最高偏生产力(50.0 kg/kg)作为目前高效的标准较为合理，而以此为标准，农户目前还有较大的增效潜力。

比较增产和增效潜力，可以发现增产潜力略高于增效潜力，因此今后的主要目标是在不增加氮肥的情况下通过改善其他农学管理措施来实现高产进而带动高效(Gao et al.，2012；Xu et al.，2017)。同时，通过以上分析还可发现，若以 50.0 kg/kg 作为高效和低效的标准，则实现高产的农户的比例低于实现高效的农户比例(图 6-21)，但是高产农户中有 74%的农户实现高效，而低产农户中则只有 20%的农户实现了高效。由此可见，对于东北梨树农户来说，同时实现高产高效还有一定难度，但高产是获得高效的重要前提。

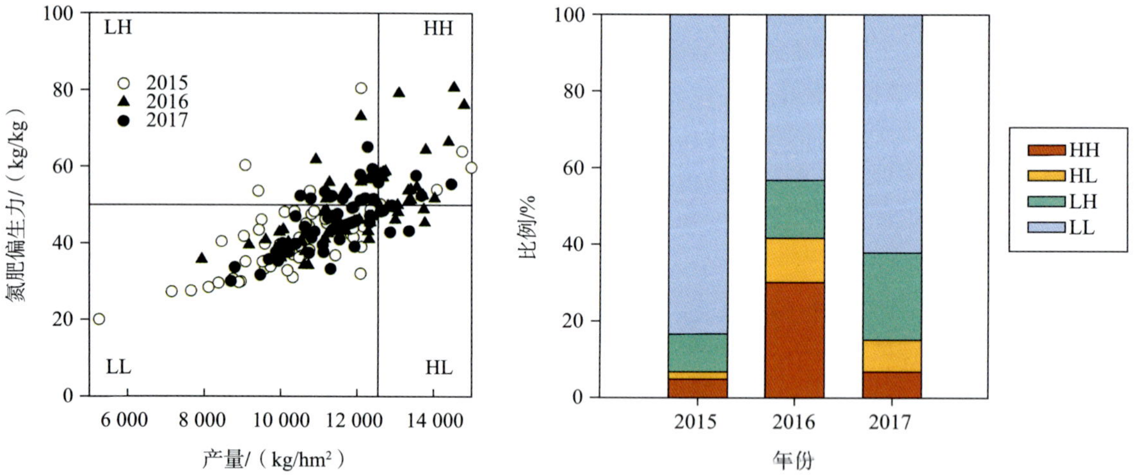

图 6-21　2015—2017 年农户春玉米产量与氮肥效率之间的关系(左)和不同年份中各个产量效率区组农户所占的比例(右)

注：LL 代表低产低效，LH 代表低产高效，HL 代表高产低效，HH 代表高产高效。

增产和增效是小农户农业生产中的两大重要问题，氮肥对粮食增产起到了重要作用，中国的粮食生产长期依赖于化肥的投入，近年来，中国的氮肥用量在全球范围内一直居高不下，氮肥的过量使用不仅造成资源浪费，氮肥的增产效应降低、效率下降，更是带来许多环境问题，如土壤酸化(Guo et al.，2010)、水体富营养化(Conley et al.，2009；Huang et al.，2014)、温室效应加剧和大气污染(Liu et al.，2013；Huang et al.，2014)等。虽然全国的“双减”行动实践以来，中国的氮肥施用首次实现零增长(金书秦等，2019)，但是距离合理使用氮肥和氮肥高效利用还有一定距离(徐洋等，2019)。明确氮肥效率差影响因素将对提高氮肥效率、合理施用氮肥具有重要意义。

由图 6-22 可见，2015—2017 年中，平均 70%以上农户的施氮量主要分布在 240～300 kg/hm^2 之间。氮肥偏生产力是通过产量除以施氮量得到的，所以产量和施氮量是对氮肥效率最直接的影响因素，而产量又受到三个产量构成要素的影响，因此先做氮肥效率与产量、施氮量之间的边界线分析，再做氮肥效率与产量构成要素以及施氮量之间的边界线分析（图 6-23，图 6-24）。

结果显示，2015 年对氮肥效率差影响最大的是籽粒产量，平均解释了 72%的效率差，而氮肥用量只解释了 28%的效率差，即大部分农户是由于产量低而导致效率低，效率差大。以产量为效率差限制因子的农户平均产量为 10.0 t/hm^2，平均施氮量为 243 kg/hm^2；而以施氮量为效率差限制因子的农户平均产量为 11.7 t/hm^2，平均施氮量为 286 kg/hm^2。

2016 年的结果与 2015 年正好相反，施氮量解释了 68%的效率差，产量解释了 32%的效率差，即大部分农户效率差主要是由于施氮量过高而引起的。以施氮量为效率差限制因子的农户平均产量为 12.7 t/hm^2，平均施氮量为 253 kg/hm^2；以产量为效率差限制因子的农户的平均产量为 10.6 t/hm^2，平均施氮量为 224 kg/hm^2。在平水年 2017 年，氮肥和产量对效率差的贡献基本相同，各贡献了接近 50%。以产量为效率差限制因子的农户的平均产量为 10.9 t/hm^2，平均施氮量为 239 kg/hm^2；以施氮量为效率差限制因子的农户的平均产量为 12.1 t/hm^2，平均施氮量为 270 kg/hm^2。

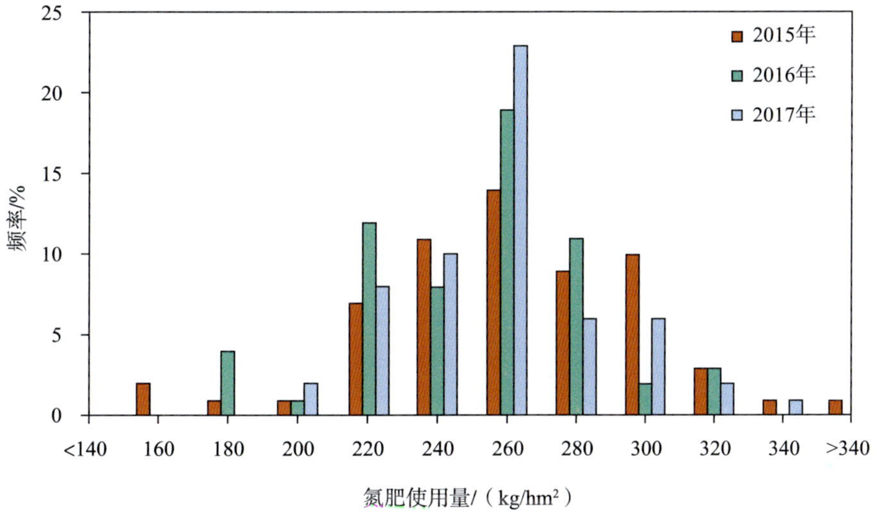

图 6-22　2015—2017 年梨树县农户氮肥使用量分布图

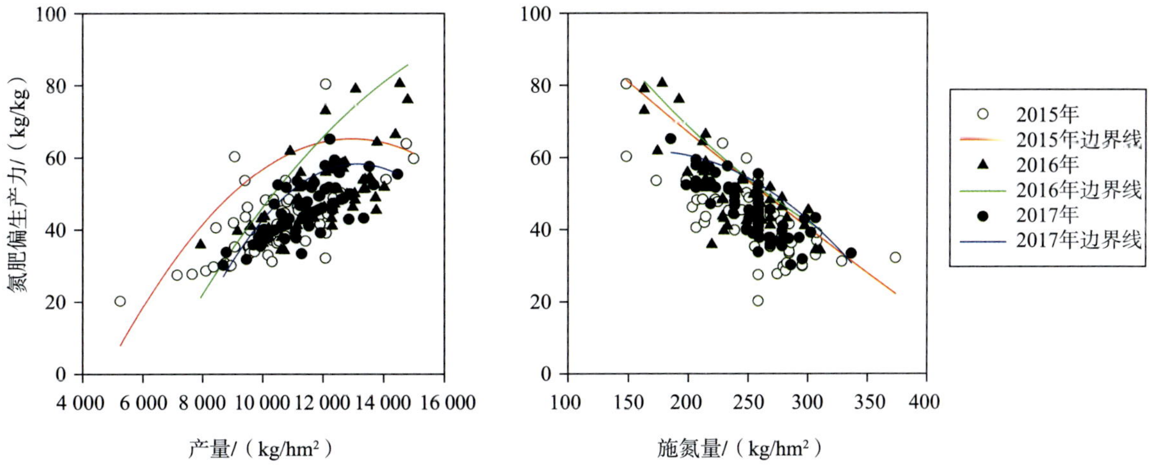

图 6-23　2015—2017 年氮肥偏生产力与产量和施氮量之间的边界线分析

将 3 个产量构成要素和施氮量分别与氮肥偏生产力做边界线分析，结果显示，在三年当中施氮量对效率的影响均超过了 50%，其中 2016 年对效率的贡献最大，达到 67%，而 2017 年最小，为 53%。除施氮量之外，2015 年穗粒数对效率差的影响较大，而 2016 年和 2017 年中，对效率差影响最大的产量构成限制因素为百粒重，分别贡献了 20%和 28%。

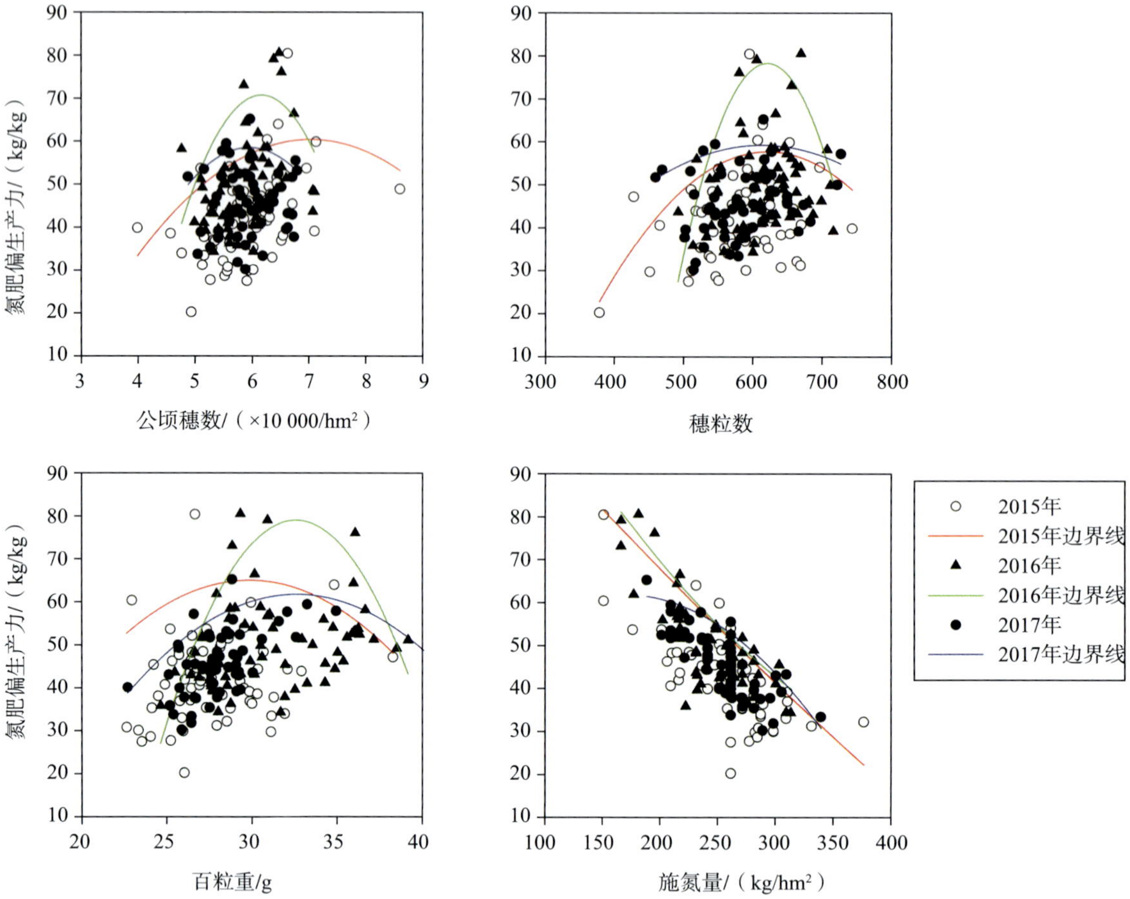

图 6-24　2015—2017 年产量构成要素与氮肥偏生产力之间的边界线分析

将氮肥偏生产力与各个管理和土壤变量做边界线分析，结果显示，在 3 年当中，不管何种气候年型，氮肥施用量均为氮肥偏生产力最重要的影响因素，3 年平均贡献了效率差的 38%。除此之外，2015 年中土壤有机碳含量、全氮含量、植株病株率和虫株率分别解释了氮肥效率差的 15%、12%、10%和 7%，即前五位主要限制因子一共贡献了 80%，其余 5 个变量的贡献率平均不足 4%；2016 年中除氮肥使用量外，土壤有效磷含量、交换钾含量和播期也是重要的限制因素，分别贡献了 12%、8%和 8%，植株密度、病株率和土壤全氮含量均贡献了 7%；2017 年中除施氮量外，土壤 pH、土壤交换性钾含量、土壤全氮和植株病株率对氮肥偏生产力也有重要的影响，分别贡献了 16%、14%、10%和 7%，即前五位共贡献了 79%，后五位平均贡献不足 5%。

总之，氮肥施用量为氮肥效率差最重要的影响因素，3 年平均解释了 38%，其次是土壤全氮含量，3 年平均解释了 10%，氮肥投入量和土壤全氮含量两项 3 年平均共解释了效率差的 48%。

氮肥用量可以直接影响氮肥效率，也可以通过影响产量进而影响效率，影响产量的因素同时也会影响氮肥效果的发挥，因此明确氮肥对效率的影响过程对理解效率差限制因子非常关键。由以上分析可知，若只比较产量和施氮量这两个直接因素对效率差的影响，其结果因年而异，在干旱的 2015 年农户平均产量为 3 年之中最低，因此产量低是效率差的主要原因，而在湿润的 2016 年，当农户的平均产量提高后，施氮量高则成为效率差的主要限制因子，在平水年 2017 年，产量和施氮量对效率差的贡献几乎相同。但当同时比较多个管理和土壤变量对效率差的影响时，无论何年、何种土壤或何种农户类型，施氮量对效率差的影响显著高于其他管理和土壤变量，因此，施氮量是效率差的主要限制因子，这与 Chen 等(2018)在华北平原夏玉米上的研究结果一致。除施氮量之外，土壤全氮含量是 3 年中对氮肥效率差影响第二大因素，可见土壤肥力对养分利用效率有着较大的影响。

3. 东北春玉米种植密度差及其影响因子

植物密度作为一种重要的群体特征，决定了玉米光和热的获取，进而影响植物的结构及其生长发育模式，影响碳水化合物的生产和分配(Casal et al.，1986)。植物密度也会影响根系的分布和土壤对养分的吸收，最终影响产量的形成(Shi et al.，2017)。大多数田间试验表明，增加种植密度可以有效提高玉米产量(Xu et al.，2017；Chen et al.，2011；Li et al.，2011)。因此，提高种植密度是减少玉米产量差的一项有效而重要的技术，特别是在东北地区(Meng et al.，2013)。研究显示，东北农户收获密度与最佳植株密度(7.5 万株/hm^2)之间可能存在较大的密度差(Xu et al.，2017)。然而遗憾的是，目前还没有研究出量化这种植株密度差，并探索农户尺度下这项技术差，即密度差的限制因素，从而有效地提高农民田间的密度。本小节将介绍一种可以定量种植密度差影响因素的方法并介绍此方法在东北地区应用的结果。

为了对植株密度损失有一个全面的认识，我们提出如图 6-25 所示的概念框架，从概念框架出发，将植株密度分为四个水平，即机械设定密度、理论出苗密度、实际出苗密度和最终收获密度，分别定义如下：

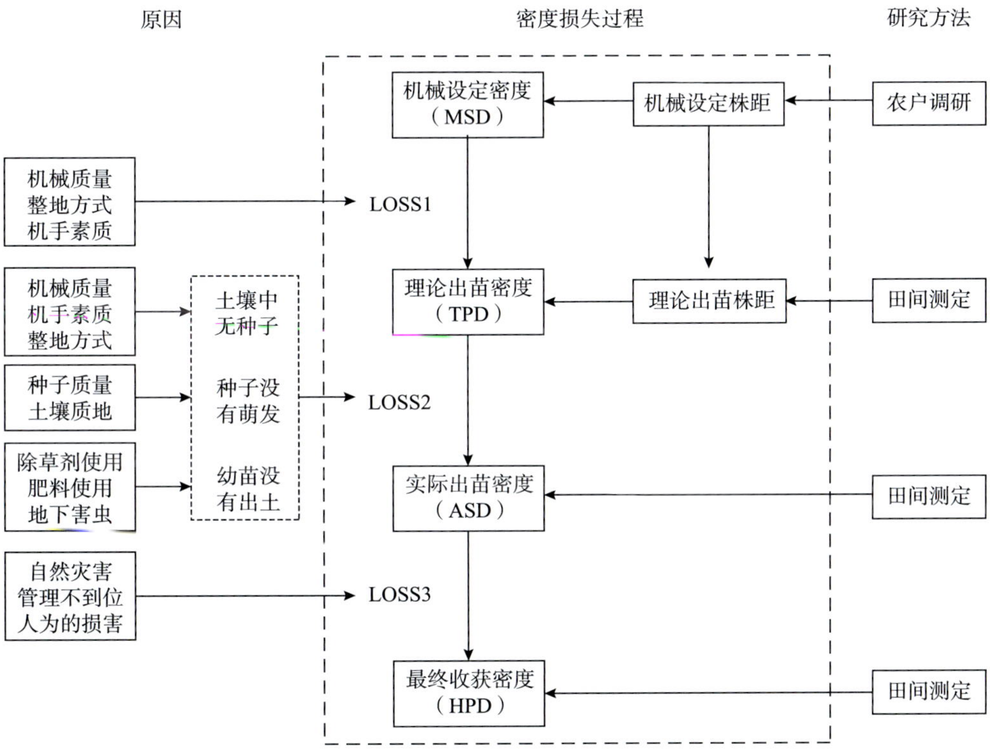

图 6-25　密度损失研究概念框架图

注：LOSS 1、LOSS 2 和 LOSS 3 分别表示从 MSD 到 TPD、TPD 到 ASD 和 ASD 到 HPD 的密度损失。

(1)机械设定密度(MSD)　指的是播种时农户要求机手播种的密度，由机械设定的播种株距进行换算。播种时，机手按照农户的要求，通过调节播种机的密度设定装置中播种塔轮轴上交换链轮齿数、播种主动链轮齿数和从动链轮齿数来调整播种的株距(康达播种机系列)，以达到农户要求的密度。机械设定株距通过农户调研获得。

(2)理论出苗密度(TPD) 指在不缺苗的前提下,理论上可以得到的出苗数量。一般情况下,由于机械系统误差的存在,理论上的植株密度应略小于机械设定密度。理论植株密度需要用理论播种株距来进行换算。理论出苗株距通过连续测量20株不缺苗植株的株距来获得。

(3)实际出苗密度(ASD) 指苗期实际出苗的总数,在播种一个月之后通过实地测定获得。

(4)最终收获密度(HPD) 指收获时实际玉米植株的总数,在测产时通过计算各小区内玉米植株的数量获得。

根据研究的概念框架,将密度损失分为三个过程,即LOSS 1、LOSS 2和LOSS 3,LOSS代表全部损失。计算公式如下:

$$\text{LOSS1}=(\text{机械设定密度}-\text{理论出苗密度})/\text{机械设定密度}\times 100\% \tag{1}$$

$$\text{LOSS2}=(\text{理论植株密度}-\text{实际秧苗密度})/\text{机器设定密度}\times 100\% \tag{2}$$

$$\text{LOSS3}=(\text{实际出苗密度}-\text{收获植株密度})/\text{机器设定密度}\times 100\% \tag{3}$$

$$\text{LOSS}=\text{LOSS1}+\text{LOSS2}+\text{LOSS3} \tag{4}$$

在2015—2017年每年播种完成后,立即对60个不同土壤类型上的地块的农户进行问卷调研,获取农户播种时的机械设定株距,以计算机械设定密度。在播种1个月之后,当所有幼苗完成出苗后,前往各田间的标记地块测量理论出苗株距、实际出苗密度,并挖开所有缺苗的地方,判断LOSS2的原因。在收获时期将所有跟踪地块进行测产时,统计最终的植株总数作为最后的收获密度。

由图6-26可以看出,3年平均的机械设定密度(MSD)、理论出苗密度(TPD)、实际出苗密度和收获密度分别为6.80、6.75、6.03和5.97万株/hm^2。机械设定密度和理论出苗密度均显著高于实际出苗密度(ASD)和收获密度(HPD),但是机械设定密度和理论出苗密度之间没有显著差异,实际出苗密度和收获密度之间没有差异。从图中还可以看出,在3年当中,2015年的机械设定密度、理论出苗密度和实际出苗密度最高,均显著高于2016年和2017年的机械设定密度、理论出苗密度和实际出苗密度。但是随着密度的损耗,最终收获密度在3年之间没有显著差异。

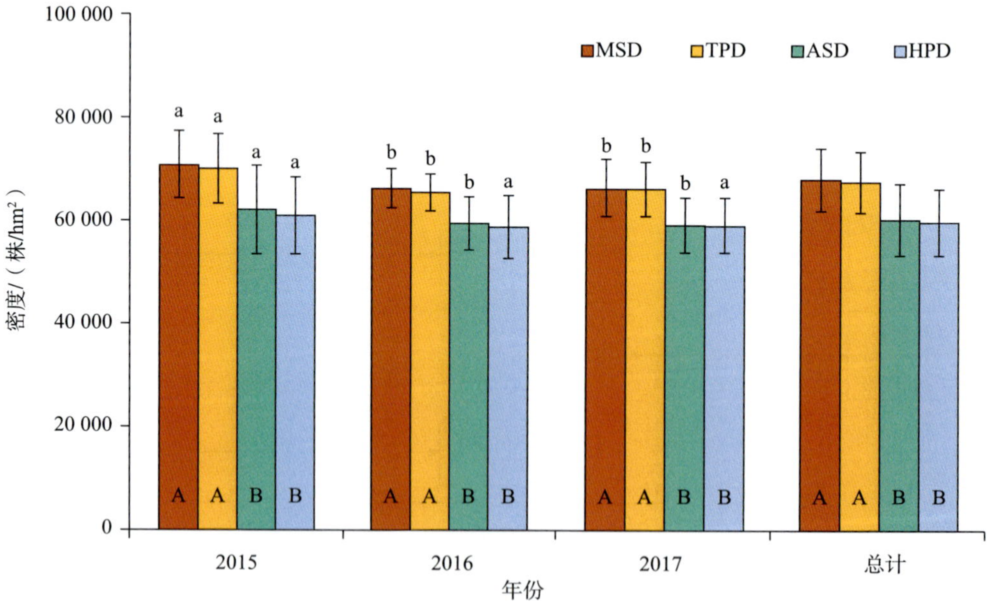

图6-26 不同年份的机械设定密度(MSD)、理论出苗密度(TPD)、实际出苗密度(ASD)和收获密度(HPD)

注:不同大写字母表示同一年份中4种密度类型之间在0.01水平下的多重比较;不同小写字母表示每种密度类型在年际之间的多重比较($P<0.01$)。"总计"代表3年结果的总平均数。

LOSS1、LOSS2、LOSS3 和 LOSS 的三年平均值分别为 0.73%、10.58%、0.85%和 12.16%，相对应的密度分别为 495 株/hm^2、7 189 株/hm^2、580 株/hm^2 和 8 264 株/hm^2。2015 年的 LOSS1、LOSS2、LOSS3 均为最高，且均显著高于 2016 年和 2017 年，也因此 2015 年的总损失 LOSS 最高。从损失过程来看，LOSS2 在任何年份中均远远高于 LOSS1 和 LOSS3，这意味着从理论出苗到实际出苗过程中的损失最大，因此，LOSS2 是关键的损耗过程。

将 LOSS2 的主要原因归结为 3 类，在 2016—2017 两年中，"没有种子"、种子"没有萌发"和萌发的幼苗最终"没有出苗"分别平均解释了密度损失的 60.88%、10.33%和 28.80%。其中，2016 年"没有出苗"所占的比例高于 2017 年，但"没有种子"和"没有萌发"的比例略低于 2017 年。

既然从机械设定密度到最终收获密度之间有 8 000 多株的密度差，那么农户是否知道这巨大的密度差的存在，调研结果显示，有 63%的农户并不知道自家地块的密度，54%的农户不知道密度在从播种到收获的过程中会有损耗。在对常用阻止密度损失措施的采用上，74%的农户在播前进行了挑选种子，47%的农户会做种子的发芽率实验来了解种子的质量，55%的农户会在播种的时候去测量机械播种株距，98%的农户在发生缺苗时都不会进行补苗。

对知道密度损失的农户的调研结果表明，45%的农户认为密度损失主要是由机械问题造成的，36%的农民认为是地下害虫造成的，18%的农民认为是种子质量问题导致最终收获密度低（图 6-27）。由此可见，大部分农户虽然知道密度损失的途径，但仍然低估了机械问题对密度损失的影响，同时高估了种子质量对密度损失的影响。

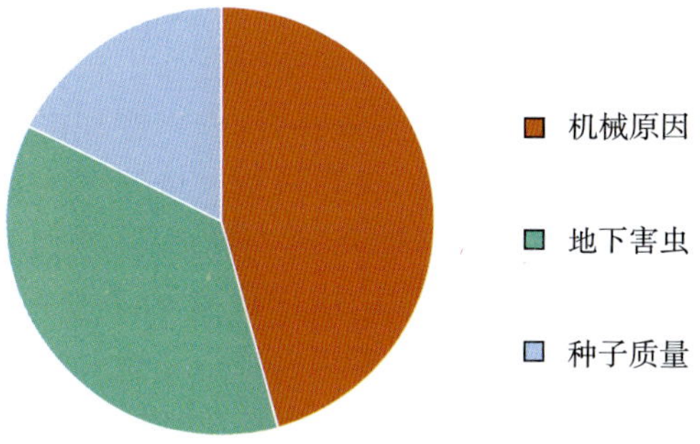

图 6-27　农户对密度丢失的认知

由于各种原因，密度损失是农田中不可避免的问题（Pommel et al.，1998）。研究表明，通常有 5%～15%的播种种子最后并不能形成有效的植株（Nafziger，1996）。我们的研究结果表明，在东北地区从播种到最终收获的过程中，2015—2017 年 3 种不同类型的土壤上农民平均损失了 12.16%的机械设定密度，这与当前的研究结果较为接近（Nafziger，1996；Andonova et al.，2014）。此外，与种子萌发能力及其环境的影响相比，由机械质量和整地方式以及机手素质综合造成的种子缺失是密度损耗的主要原因，王洪预等（2015）的研究也从侧面验证了这一结果，其研究结果显示国产小型指夹式播种机的出苗率比美国 John Deer 公司 1030 型指夹式播种机平均低 6.0%，可见，播种机械质量对于降低密度差的重要性。

针对密度丢失的原因，要提高出苗率，目前可以从以下几个方面入手：首先，控制机械质量，播种机的使用寿命一般为 3～5 年，使用时间越长，播种的准确度越低，并且机械需要在每年播种前进行调准；其次，适当提高田间实际播种量，使其高于计划种植密度 8%～15%（视机械而定）（王洪预等，2015）；第三，选择适宜的耕作方式，在机械设定密度一致的条件下，比较免耕和旋耕地块的实际出苗，发现免耕地块显著高于旋耕，由于免耕地块平整，同时能够保水，尤其是在雨养气候条件下，采用保护性耕作技术在一定程度上有助于提高出苗率；第四，要把控种子质量，播种前进行晒种和选种，田间播种时应该及时检查种距，以防机手操作失误；最后，当缺苗严重时，应当立即补苗。

6.2.2　华北小麦玉米产量差、效率差和技术差及其影响因素

1. 材料与方法

（1）研究区域

以位于华北平原的山东省乐陵市（37°43′N and 117°13′E）、河北省徐水区（36°45′N and 114°57′E）、河北省曲周县（39°06′N and 115°39′E）3 个粮食主产县为研究对象，开展小麦玉米产量差、效率差和技术差及其影响因素分析。三县人均耕地面积约 0.12 hm^2，是典型的小农户种植模式，其中山东乐陵市

位于鲁西北平原，土壤类型主要为潮土，全县总面积 117 220 hm^2，耕地面积 73 000 hm^2，占总面积的 62.6%，年平均气温 12.4 ℃，年无霜期平均 180 d；河北徐水区位于太行山东麓，土壤类型主要为潮褐土，全县总面积 72 300 hm^2，耕地面积 45 907 hm^2，占总面积的 63.5%，年平均气温 12.3 ℃，年无霜期平均 184 d；曲周县位于海河平原黑龙港流域，土壤类型主要为潮土，全县总面积 66 700 hm^2，耕地面积 47 780 hm^2，占总面积的 71.6%，年平均气温 13.1℃，年无霜期平均 210 d。

在这 3 个县内选择科技小院（Zhang et al.，2016）所在村为研究地点，分别是乐陵市南夏村（图 6-28）、徐水区沿公村和曲周县的北油村、王庄村，研究人员通过科技小院驻村的方式与当地农民同吃同住、同劳动，和当地的农户建立了良好的信任关系和沟通渠道，为获得有效的生产数据提供了支撑。2014 年 10 月—2017 年 6 月对当地随机选择的农户田块跟踪研究。

图 6-28　乐陵市南夏村跟踪田块分析

注：图中红色星区域为乐陵市科技小院所在地，居民住宅区域未显示。

（2）数据来源

作物产量、收获密度等数据由科技小院研究生对跟踪田块实地测量获得，农户管理措施由研究生不定期跟踪记录，主要包括氮磷钾肥使用量、播期、灌溉次数，杀虫剂、杀菌剂和除草剂使用次数。冬小麦生育期较长，土壤因素对冬小麦产量、肥料利用效率影响较大，本研究对小麦地块进行了土壤测试，化验指标为基础五项理化性质（有机质：重铬酸钾氧化还原滴定；土壤全氮：半微量开氏法；有效磷：碳酸钠浸提，钼锑抗吸光光度法；速效钾：火焰光度计；pH：氯化钙浸提电位法）（鲍士旦，2000），分析其对小麦产量差及效率差的影响。

获得数据首先进行经验值检查，即对计算出的产量和氮肥利用效率出现异常值的跟踪信息完全剔除，异常值识别方法：一是利用 SPSS 软件中箱式图统计分析功能（值与框的上下边界的距离超过 3 倍框的长度），二是根据农学经验，如前人研究表明，华北平原玉米籽粒产量一般不高于 16.3 t/hm^2，高于此值的便可视为异常。异常值剔除后再使用 SPSS 软件 Q-Q 图功能检验数据。

（3）数据分析

本研究以氮肥偏生产力（PFP_N）指标表征华北平原小麦玉米生产过程中氮肥（N）利用效率，并设置高产、高效两个标准，其中玉米高产标准为 11.0 t/hm^2，高效标准为 60 kg/kg，小麦高产标准为 9.0 t/hm^2，高效标准为 40 kg/kg（Chen et al.，2014），把跟踪田块分为高产高效（HH），高产低效（HL），低产高效（LH），低产低效（LL）4 个区组。为评估农户作物生产中环境损失，采用活性氮损失（包括氧化亚氮排放 N_2O-N、硝酸盐淋洗 NO_3-N 和氨挥发 NH_3-N）和氮盈余两个指标进行评估，并用文献中的经验模型进行计算（Hou et al.，2012；Yue et al.，2012；Cui et al.，2014；Chen et al.，2014）。同时，还评估了因氮肥投入而产生的环境和社会效益，具体的模型计算公式参考前人研究（Xiang et al.，2006；Schiermeier，2009；Xia and Yan，2012；Gu et al.，2012；Zhang et al.，2013；Xia et al.，2016；Ying et al.，2017）。

边界线分析方法在本研究中被用来计算单一因素对产量差效率差的影响，该方法假设边界线是反映在不同自变量水平下，因变量获得最高水平的趋势线，而该自变量以外的其他因素此时对边界线上因变量值的影响忽略不计(Webb，1972；Elliott and Dejong，1993；Schnug and Heym，1996)。该方法最初是由 Webb(1972)提出，近年来已经普遍应用到研究产量差相关分析上面(Fermont et al.，2009；Wairegi et al.，2010；Wang et al.，2015；Chen et al.，2018)。每一条边界线都用来进行预测每个田块($X=1,2,3,\cdots$)在某管理因素下($i=1,2,3,\cdots$)的产量及氮肥偏生产力的可实现值，即每个田块在不同管理因素下，对应的可实现产量(效率)值是不一样的。为了更好地对农户产量差进行研究，我们提出了以下概念(图 6-29)：

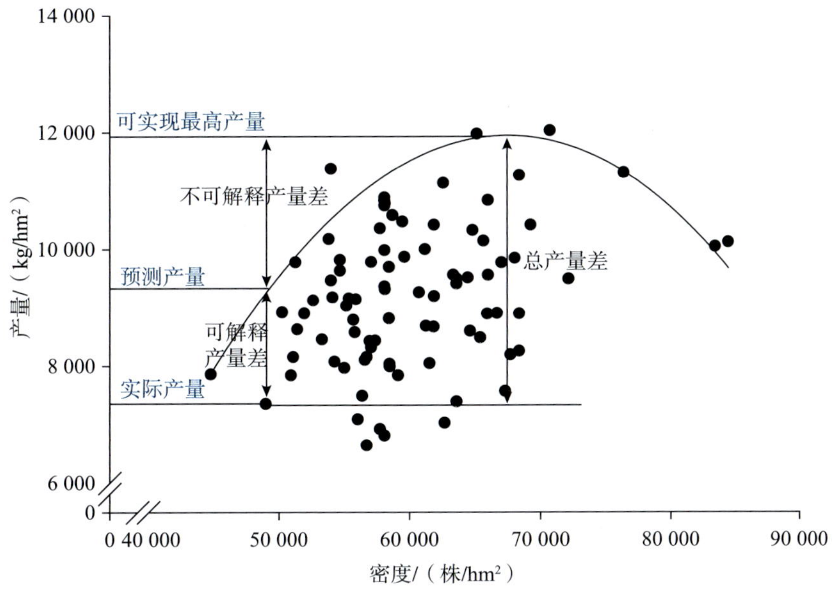

图 6-29　乐陵市南夏村 2015 年夏玉米产量与收获密度的关系

注：曲线为两者之间的边界线，上、中、下三条横线分别代表农户最高产量、预测的农户可实现产量和农户实际产量。

①产量差：跟踪农户地块中的最高产量(农户可实现产量)与农户实际产量之差；

②可解释产量差：跟踪农户地块中的最高产量与不同管理因素下农户田块的预测产量之差；

③不可解释产量差：即不同管理因素下农户田块的预测产量与农户实际产量之差；

④产量差＝可解释产量差＋不可解释产量差。

每一管理因素下可解释产量(效率)差越大，其对产量(效率)差的贡献越大，即对高产(高效)的限制作用越大，可解释产量(效率)差最大的为最主要的限制因素。在田块尺度上，对每一个最主要的限制因素，对它所对应的田块进行计数，田块数量最多的那个限制因素，为地块尺度上产量(效率)差普遍性限制因素。在区域尺度上，每个管理因素对所有跟踪地块贡献程度的平均值，表征该因素在区域尺度上对产量(效率)差的整体影响力，平均值最大的那个因素，称为区域尺度上产量(效率)差最主要的限制因素。

2. 华北小麦产量差、效率差和技术差及其影响因素

(1)小麦生产现状

连续两年农户田块跟踪表明，小农户间管理措施存在较大变异，管理措施变异系数范围为 0～291%。比如，播期播量是影响小麦冬前群体、收获群体以及产量的重要管理措施。调查发现，3 个区域小麦播期范围为 9 月 26 日至 10 月 22 日，其中乐陵南夏播种日期为 9 月 26 日至 10 月 22 日，持续时间为 27 d，平均播期为 10 月 8 日；徐水沿公村播种日期为 10 月 1 日到 10 日，持续时间 10 d，平均播期 10 月 5 日；曲周王庄为 10 月 2 日到 10 月 21 日，持续时间 20 d，平均播期 10 月 10 日；曲周白寨为 10 月 7 日到 10 月 18 日，持续时间 12 d，平均播期 10 月 10 日。在小麦播量方面，4 个跟踪村庄小麦播量范围为 8.5～30 kg/亩，平均播量为 14.45 kg/亩。乐陵南夏村小麦播量为 13～30 kg/亩，平均播量 20.35 kg/亩；徐水沿公播量为 12.5～23.5 kg/亩，平均播量 16.4 kg/亩；曲周王庄村小麦播量为8.5～

17.5 kg/亩，平均播量 10.7 kg/亩；曲周白寨村小麦播量为 11.5～16 kg/亩，平均播量 13.5 kg/亩。

在施肥方面，研究区域农户施氮量为 182～445 kg/hm²，平均 273.6 kg/hm²；施磷量范围为 45～345 kg/hm²，平均为 140 kg/hm²；施钾量范围为 0～140 kg/hm²，平均为 61.0/kg/hm²。乐陵南夏和曲周白寨施氮量显著高于徐水沿公和曲周王庄地区；各区域施磷量差异不大，钾肥以曲周最高，显著高于其余两个地区。在氮肥分配方面，乐陵南夏、徐水沿公、曲周王庄、曲周白寨基肥占总氮肥量的比例分别为 33.6%、43.1%、54.0%和 49.4%。

在小麦春季追肥灌水时间上，4 个研究地点从 2 月 23 日持续到 4 月 23 日，平均灌水追肥时间为 3 月 25 日。曲周王庄追肥灌水时间跨度持续 56 d，曲周白寨持续时间为 52 d，乐陵南夏为 46 d，徐水沿公村农户追肥灌水时间较为集中，持续时间为 17 d。曲周时间跨度较大，这和当地以井水灌溉为主，井水数量有限，农户需排号灌溉有关。

(2) 产量差及效率差

产量差(效率差)定义为区域内农户最高产量(氮肥偏生产力)与农户实际产量(氮肥偏生产力)之间的差值。通过边界线方法分析，研究区域农户小麦产量差平均值为 1.8 t/hm²，占到了研究区域小麦平均产量的 21.2%，其中乐陵南夏、徐水沿公、曲周王庄和曲周白寨的小麦产量差分别为 2.4、1.5、2.1 和 1.5 t/hm²(图 6-30)，分别占小麦平均产量的 28.6%、16.5%、17.8%和 27.1%。农户小麦效率差平均值为 15.2 kg/kg，占小麦平均氮肥偏生产力的 48.1%，其中乐陵南夏、徐水沿公、曲周王庄和曲周白寨的小麦效率差分别为 17.5、18.2、13.7 和 12.9 kg/kg，分别占小麦氮肥偏生产力的 60.5%、52.0%、40.6%和 48.8%。效率差和产量差存在极显著的正相关关系，随着产量差缩小，效率差线性降低，每降低 1 t/hm² 的冬小麦产量差，平均可以降低 4.3 kg/kg 的效率差(图 6-30)，即使产量不变时，小麦氮肥偏生产力平均也可提高 10.0 kg/kg。

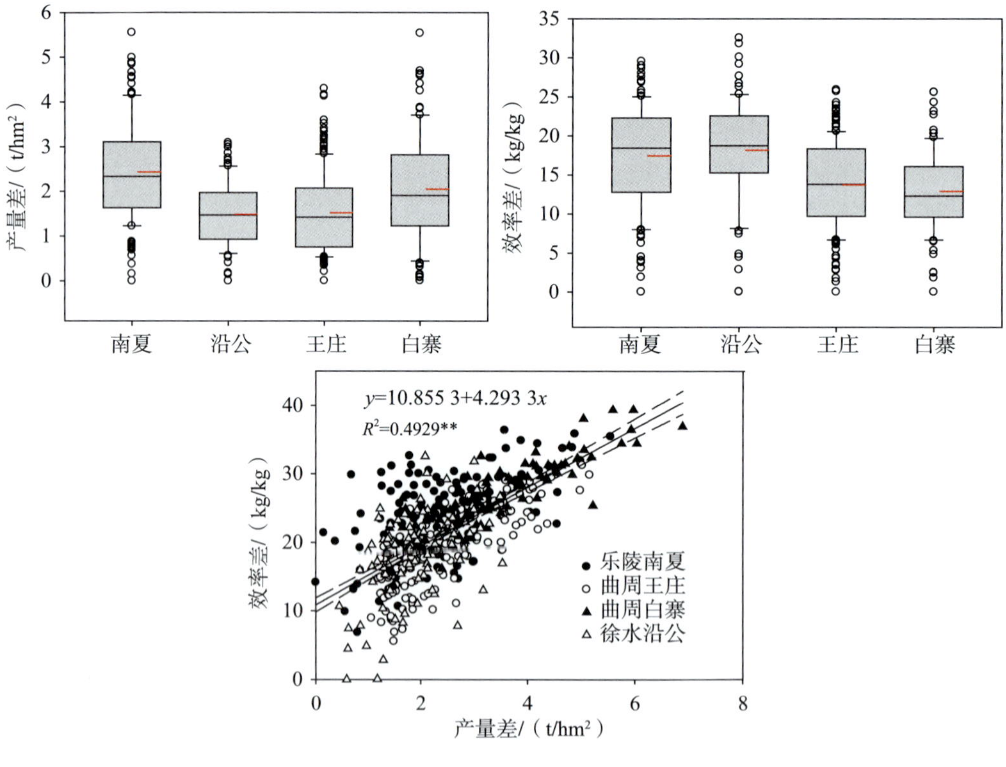

图 6-30 不同区域小农户冬小麦产量差与效率差的分布及其关系情况

(3)产量差效率差限制因素分析

和低产低效农户相比，高产高效农户拥有着较高的收获密度和低的氮肥投入量，而其他管理措施无差异可循，表明小麦收获群体和施氮量可能是小麦高产高效生产的主要限制因素。通过边界线方法分析，不同年际间小麦产量与施氮量、施钾量、基肥氮比例、追肥时间、播期和播量的边界线关系为二次曲线模型，和其余因素之间的边界线呈现线性加平台模型。土壤基础理化性质中有机质、土壤全氮、有效磷、速效钾和 pH 连续两年对小麦的可解释产量差分别为 0.5、0.4、0.3、0.7 和 0.8 t/hm^2，管理措施中施氮量、施磷量、施钾量、基肥氮比例、追肥时间、播期和播量可解释产量差分别为 0.2、0.1、0.1、0.8、0.6、0.4 和 0.5 t/hm^2，表明每一项管理因素对冬小麦产量差影响有限，施肥并不是影响小麦产量差的主要限制因素。在氮肥偏生产力方面，有机质、土壤全氮、有效磷、速效钾和 pH 连续两年对小麦氮肥偏生产力的可解释效率差分别为 3.4、5.1、1.7、2.1 和 6.4 kg/kg，管理措施中施氮量、施磷量、施钾量、基肥氮比例、追肥时间、播期和播量可解释效率差分别为 15.0、0.8、2.5、2.3、3.5、2.2 和 4.6 kg/kg，明确了施氮量是解释效率差的主要因素。

在单个田块尺度上，第一年小麦的土壤 pH、播期、土壤有机质和追施氮肥时间为产量差主要限制因素时，占有农户地块的比例较高，分别为 19.2%、16.2%、13.2%和 11.4%（图 6-31），是第一年限制产量差的普遍性因素；第二年普遍性因素为土壤 pH、追施氮肥时间、基肥氮比例和土壤全氮，而连续两年数据看，普遍性因素又变成了追施氮肥时间、土壤 pH、土壤有效磷含量及基肥氮比例。在效率差限制因素上面，施氮量作为普遍性因素在第一年、第二年及连续两年占有农户地块的比例分别为 68.5%，63.5%和 75.4%，远高于其他管理因素为普遍性限制因素时占有地块的比例。分析结果表明，在田块尺度上，产量差的主要限制因素每年都会发生变化，并且各因素占有的农户田块比例相差不大，即表明产量差是由多因素造成，而效率差则主要由施氮量不适宜造成。

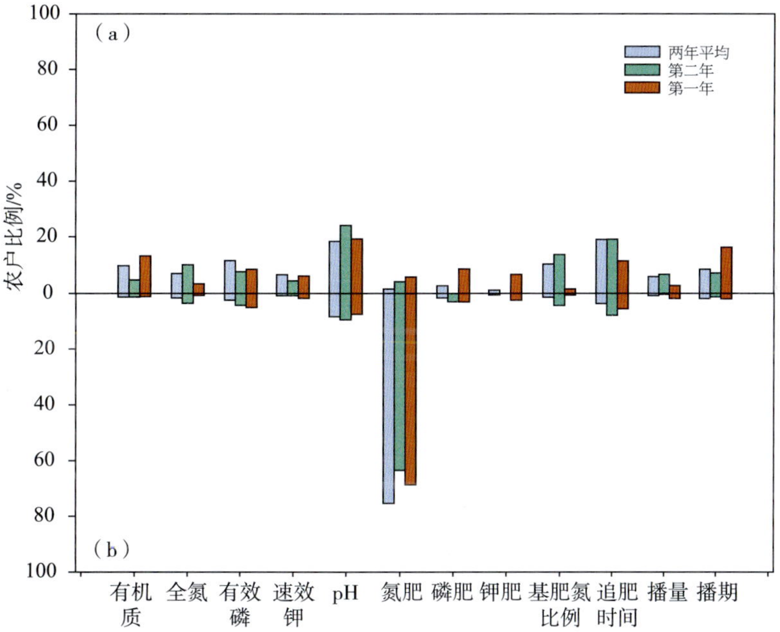

图 6-31　田块尺度上不同年份冬小麦产量差(a)及效率差(b)限制因素占有农户比例

在大规模区域尺度上，第一年跟踪数据表明，小麦播期、播量、土壤 pH 和基肥氮比例在区域水平上是影响产量差的主要因素，其贡献率分别为 12.3%、11.9%、10.6%和 9.3%，第二年则是土壤 pH、基肥氮比例、追施氮肥时间和土壤有效磷为主要限制因素，但两年间各因素贡献率差别不大，说明在区域尺度上也同样不存在限制产量差的主导性因素。在效率差方面，单独年份及连续两年的数据均表明，施氮量对效率差的贡献在 30%左右（图 6-32），远高于排列第二限制因素的贡献率，施氮量仍是最主要的限制因素。综上所述，小农户冬小麦高产的实现受多种管理因素的限制，而高效则主要受施氮量的影响。

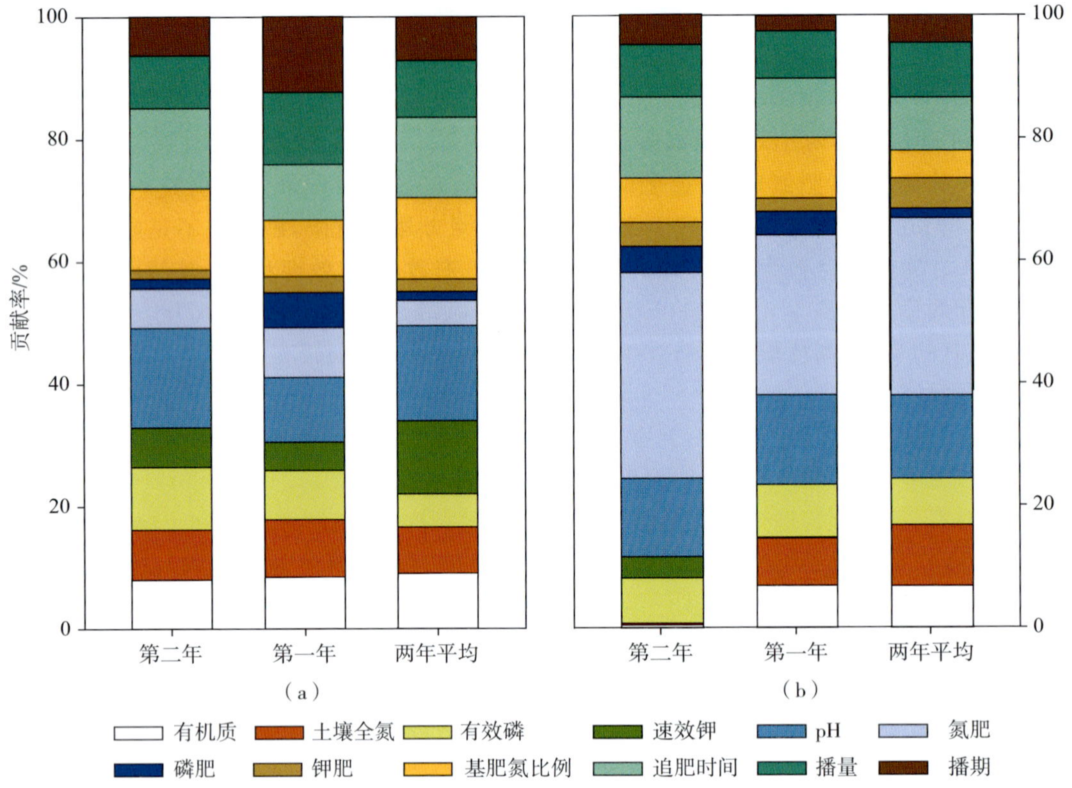

图 6-32　区域尺度上不同年份不同管理因素对冬小麦产量差(a)及效率差(b)贡献率

(4) 技术差及限制因素分析

①优化体系设计

通过对跟踪数据分析，小麦产量随着单位面积粒数的增加而增加，超过一定范围后呈下降趋势，相关系数 R^2 达到了 0.436 2，呈现了极显著相关性，而与千粒重之间相关性较低，对小麦产量的形成仅解释了 16.2%(图 6-33)。表明较高的单位面积粒数是小麦高产的前提，需要围绕小麦收获密度和穗粒数进行调控，协调密度与穗粒数之间的关系，以期获得适宜的单位面积粒数指标。本研究设定优化体系下小麦目标产量为农户平均水平下再增产 15%，根据产量与单位面积粒数之间的边界线关系，确定此产量目标下每 1 m^2 的粒数目标值应在 21 000～34 000 之间。

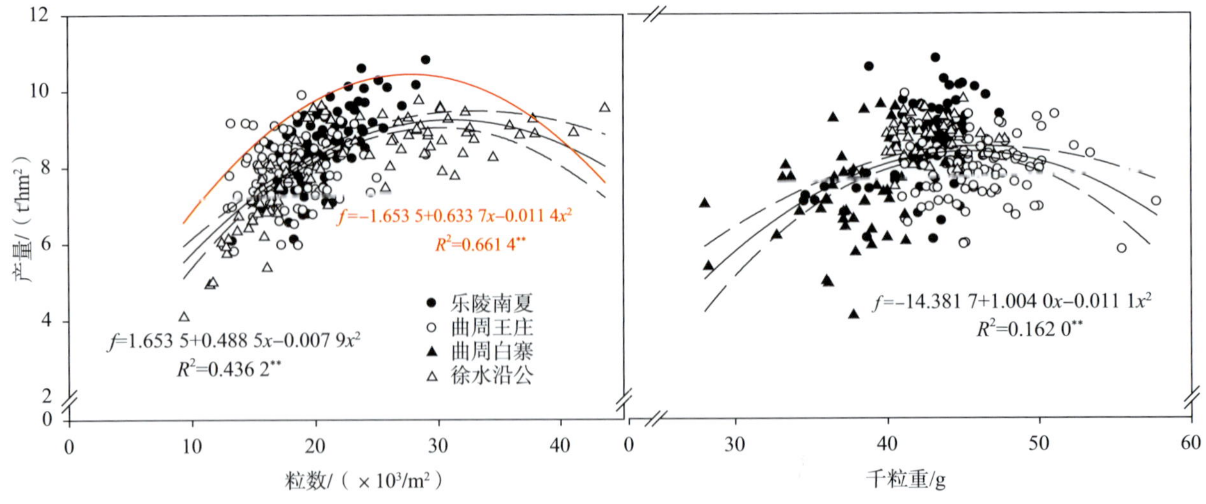

图 6-33　2016 年冬小麦产量与单位面积粒数及千粒重关系

小麦密度和穗粒数受播期、播量、施肥情况和追肥时间、灌水时间及气候条件等多因素影响，根据实际生产中可控性，选择播量、播期、氮磷钾施肥量、氮肥基施比例、氮肥追肥时间等 7 项措施进行优化设计，以期获得较高的单位面积粒数。利用边界线方法，小麦播量与单位面积粒数之间边界线关系呈现二次曲线关系，以每平方米 21 000～34 000 粒为目标，推荐的冬小麦播量为每亩 7～12.5 kg；在播期方面，单位面积粒数的边界值随着播期的延迟而下降，虽然早播期能够获得较高的单位面积粒数，但过早播种冬前易生长过旺，引发冻害，并且当每平方米粒数值超过 34 000 时，会增加倒伏、病虫害等风险而降低产量，推荐播期为 10 月 9—18 日；单位面积粒数和施氮量的关系呈现二次曲线，实现目标单位面积粒数时的推荐施氮量为 122.4～207.1 kg/hm^2，结合小麦目标产量下需氮量，设计优化体系的总施氮量为 210 kg/hm^2，其中基肥氮比例为 30%；在产量差限制因素分析中，由于小麦产量对磷钾肥的响应较差，所以选择“Sigmoid 模型曲线”模拟磷钾施肥量和单位面积粒数的关系，确定施磷量为 100 kg/hm^2，施钾量为 40 kg/hm^2。

对主要管理措施设计出优化值后，集成冬小麦高产高效优化技术体系(IP，improved management practices system)，并与农户常规管理生产体系(FP，farmers' conventional practices)进行田间试验对比，农户常规管理体系下措施由农户自行决定，研究人员不予干涉，高产高效优化技术体系经研究人员与试验农户进行讨论后，主要由农户操作完成。

②技术差及其限制因素

通过同田对比试验，农户常规产量范围为 5.4～11.0 t/hm^2，平均产量为 8.4 t/hm^2，优化体系下小麦产量范围为 6.5～10.7 t/hm^2，平均产量 9.0 t/hm^2，优化体系下的小麦最高可以实现增产 1.3 t/hm^2，平均增产 0.6 t/hm^2，增产比例为 7.1%。在经济利润(成本方面未包含人工劳动力成本)方面，优化体系每公顷可实现 14 153 元利润，而农户常规体系的每公顷利润为 12 013 元，优化体系增加收益 20.2%。优化体系不仅实现了增产增收，在环境代价方面也取得了较好的效果。结果表明，农户常规管理下小麦氮肥偏生产力平均值为 31.2 kg/kg，而优化体系下小麦氮肥偏生产力平均 41.8 kg/kg，实现了增效 35.6%。在氮盈余方面，农户常规处理下氮盈余平均值为 76.8 kg/hm^2，优化体系处理下氮盈余平均值为 9.0 kg/hm^2，降低了 88.3%，大大减少了冬小麦生产带来的环境压力。随着农户小麦产量的逐渐升高，优化体系小麦增产幅度逐渐降低，当农户产量为 11.0 t/hm^2 时，增产效果为负值，农户常规产量每增加 1 t，优化体系的增产量便降低 0.16 t 左右。优化体系氮肥偏生产力最高可以实现增加 19.5 kg/kg，平均增加 10.6 kg/kg，但是随着农户常规小麦氮肥偏生产力的逐渐升高，优化体系小麦增效幅度同样逐渐降低，当农户氮肥偏生产力为 53.1 kg/kg 时，优化体系增效效果为负值。

通过对研究区域农户调研，发现农户对小麦优化体系中关键增产增效技术应用程度存在较大差异。其中良种技术农户应用程度最高，80.5%的农户选择使用该项技术，其余依次为播后镇压、氮水后移、春草秋治、精量播种、有机肥的使用、配方肥的选择和深松技术，使用农户的比例分别为 69.1%、62.6%、49.2%、46.7%、12.3%、11.8%和 2.9%。对农户未采纳原因进行访谈了解，可概括为资源及基础设施、劳动力、市场供给、经济成本和农户认知五方面(表 6-3)。其中深松技术的限制因素主要是资源及基础设施方面，占到了总原因的 66.7%；配方肥选择的限制因素主要为市场供给和农户认知，贡献率分别为 51.7%和 36.2%；有机肥的使用主要受到了市场供给和劳动力的限制，市场上商品有机肥售价较高并且数量较少，农户缺少购买畜禽粪便的有效途径，另外有机肥的拉运、堆沤和使用都需要劳动力，劳动力的短缺同样成为主要的限制因素之一，两者贡献率分别为 42.9%和 33.8%；精量播种的主要限制因素是资源及基础设施、农户认知和经济成本，这三项原因的贡献率分别为 38.3%、38.3%和 23.3%，农户实施精量播种需要在适宜的播期，以及土壤墒情和整地质量都较好的条件，而播期又受到灌溉的影响，较高的整地质量需要农户多次对玉米秸秆进行粉碎，提高了经济成本，另外农户还存在“大播量会有大群体”的误区，对精量播种技术认知较差；春草秋治技术主要限制因素是农户的认知差和劳动力短缺因素，两者的贡献率分别为 77.3%和 22.7%；氮水后移技术主要受资源及基础设施、农户认知及劳动力的影响，三者的贡献率分别为 50.0%、39.6% 和 11.4%；镇压技术主要受到了资源及基础设施、农户认知和劳动力的影响，其各自的贡献率分别为 59.4%、29.2%和 11.4%；未采用良种技术主要因为经济成本和农户认知，两者贡献率分别为 55.4%和 40.2%。

综上所述，限制小麦高产高效关键技术应用的主要原因是资源及基础设施水平低和农户本身认知水平差，其次为市场供给、经济成本和劳动力缺乏等因素。

表 6-3 未采纳冬小麦关键技术的农户限制因素分析 %

技术	资源及基础设施	劳动力	市场供给	经济成本	农户认知
深松技术	66.7	9.6		11.8	11.8
配方肥选择		3.3	51.7	8.8	36.2
有机肥使用		33.8	42.9	12.0	11.3
精量播种	38.3			23.3	38.3
春草秋治		22.7			77.3
氮水后移	50.0	2.1		8.3	39.6
镇压技术	59.4	11.4			29.2
良种技术			4.3	55.4	40.2

(5) 小结

基于连续两年在多点的农户跟踪，揭示了华北平原四个典型小农户种植模式下小麦平均产量为 8.5 t/hm^2，平均氮肥偏生产力为 31.6 kg/kg。和农户最高产量及氮肥偏生产力相比，产量差和效率差分别为 1.8 t/hm^2 和 15.2 kg/kg，占到了平均产量和氮肥偏生产力的 21.2%和 48.1%，表明小农户小麦生产有着较大的增产、增效潜力。产量差效率差限制因素分析表明，并不存在一个单一的主导因素解释产量差，而效率差主要由施氮量不适宜造成，农户对肥料品种的盲目选择和氮肥过量施用是主要原因。

优化体系下小麦平均产量为 9.0 t/hm^2，高于农户平均水平 8.4 t/hm^2，平均增产 7.1%。并且在增产的基础上，增加经济收益 20.2%，提高氮肥偏生产力 35.6%。在环境减排方面，优化体系氮盈余平均值为 9.0 kg/hm^2，和农户常规相比降低了 100.7%，并且还降低活性氮排放强度 43.0%。小农户对小麦优化体系中关键增产增效技术应用程度不一，接受程度最高的 3 个技术分别为良种选择、播后镇压和氮水后移，接受程度最低的 3 个技术分别为土壤深松、配方肥的选择和有机肥使用，限制农户采纳小麦高产高效关键技术的主要原因是小麦生产资源及基础设施水平低和农户本身认知水平差。

3. 华北玉米产量差、效率差和技术差及其影响因素

(1) 玉米生产现状

连续两年农户田块跟踪表明，小农户间玉米生产管理措施存在较大变异。比如，玉米的收获密度是影响产量非常关键的重要措施，所有跟踪地块玉米密度范围为 37 145～84 445 株/hm^2，平均收获密度为 58 915 株/hm^2，变异系数 11.6%。其中乐陵地区玉米密度为 44 787～84 445 株/hm^2，平均为 60 718 株/hm^2，变异系数 11.4%；徐水地区玉米密度为 37 145～80 601 株/hm^2，平均为 59 080 株/hm^2，变异系数 14.0%；曲周地区玉米密度为 41 546～68 410 株/hm^2，平均为 57 244 株/hm^2，变异系数 9.6%。在播期方面，所有跟踪地块的播期范围为 6 月 6—28 日，持续 22 d，平均播期为 6 月 15 日，变异系数为 18.9%。3 个区域的播期以曲周持续较长，为 6 月 6—28 日，平均播期为 6 月 15 日，变异系数 23.6%；乐陵持续时间为 6 月 11—21 日，平均播期为 6 月 14 日，变异系数 15.1%；徐水持续时间为 13—20 日，平均播期为 6 月 16 日，变异系数为 9.0%。曲周地区以井水灌溉为主，因播种之后需要进行蒙头水灌溉，灌溉井数量有限需排号，造成了农户播期持续时间较长。

在施肥方面，所有跟踪农户的施氮量范围为 102～482 kg/hm²，平均施氮量为 234.5 kg/hm²，变异系数 30.4%；施磷量为 0～214.6 kg/hm²，平均 56.9 kg/hm²，变异系数 40.0%；施钾量范围为 0～156 kg/hm²，平均 54.7 kg/hm²，变异系数 37.2%。

(2)产量差及效率差

研究区域玉米产量范围为 6.6～14.2 t/hm²，平均产量为 10.5 t/hm²，实现了潜力产量的 60%。乐陵南夏两年间玉米产量范围为 6.6～12.9 t/hm²，徐水沿公两年玉米产量范围为 7.9～12.7 t/hm²，曲周王庄两年玉米产量范围为 7.8～14.2 t/hm²(图 6-34)。乐陵南夏两年的平均产量为 9.3 t/hm²，显著($P \leqslant 0.01$，下同)低于徐水沿公(10.5 t/hm²)和曲周王庄(11.4 t/hm²)。对于产量差(农户最高产量减去农户实际产量)来说，3 个研究区域平均产量差为 3.7 t/hm²，分别占到了农户最高产量和平均产量的 26.1%和 35.2%。不同区域产量差有一定差异，乐陵南夏产量差范围为 0～6.3 t/hm²，徐水沿公产量差范围为 0～4.8 t/hm²，曲周王庄产量差范围为 0～6.4 t/hm²，三地的平均产量差分别为 3.6、2.2 和 2.8 t/hm²。

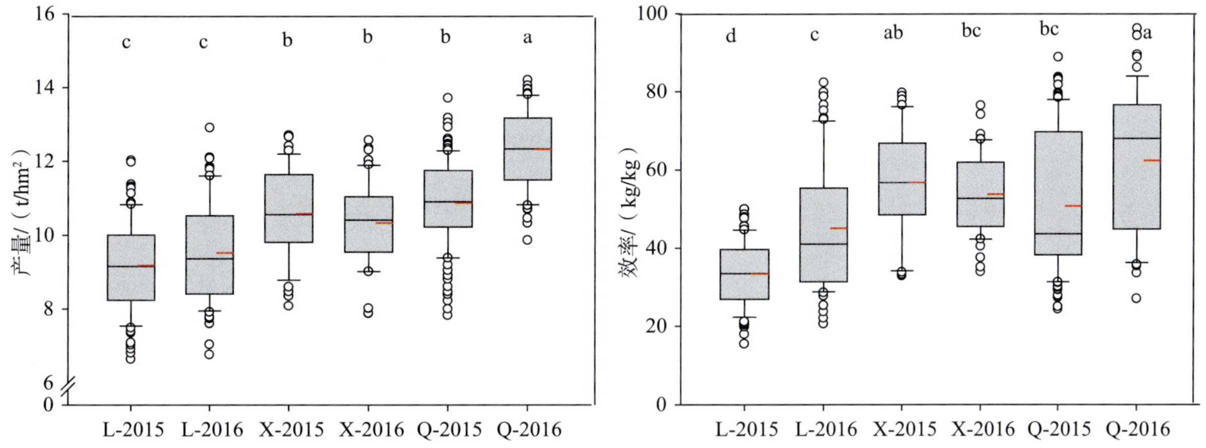

图 6-34 3 个研究区域 2015—2016 年小农户夏玉米产量及氮肥偏生产力箱式图

注：L=乐陵南夏；X=徐水沿公；Q=曲周王庄(下同)；对于每个研究区域的箱式图，框内的上、中、下三条黑色实线分别代表 75%分位、50%分位和 25%分位；框外的上下两条横线分别代表 90%分位和 10%分位。框内红色的虚线为平均值，每个箱式图顶端的字母代表着在 0.01 水平下的多重比较。

3 个研究地点玉米氮肥偏生产力范围为 15.4～96.1kg/kg，平均效率 49.1 kg/kg，平均效率差为 47 kg/kg，分别占到了农户最高效率和平均效率的 48.9%和 95.7%。其中，乐陵南夏效率差(农户最高氮肥偏生产力减去农户实际氮肥偏生产力，下同)为 0～64.3 kg/kg，徐水沿公效率差为 0～46.7 kg/kg，曲周王庄效率差为 0～71.7 kg/kg。三地氮肥偏生产力差的平均值分别为 43.3、24.5 和 41.1 kg/kg。

(3) 产量差及效率差限制因素分析

和低产低效农户相比，高产高效农户拥有着更高的收获密度和更低的氮肥投入量，而其他管理因素无明显差异，表明收获密度和施氮量可能是小农户玉米高产高效生产的主要限制因素。利用边界线分析方法，不同年际之间玉米产量与密度、施氮量、播期、灌水次数的边界线关系为二次曲线模型，和其余因素之间的边界线呈现线性加平台模型。连续两年因密度、氮肥、磷肥、钾肥、播期、灌水次数、杀虫剂次数、除草剂次数和杀菌剂次数造成的可解释产量差平均值分别为 0.8、0.6、0.3、0.4、0.6、0.3、0.2、0.05、0.6 t/hm²，表明每一项管理因素对玉米产量差影响有限，不存在主要的限制因素。对玉米氮肥偏生产力与管理因素分别同样进行边界线分析可得，连续两年因密度、氮肥、磷肥、钾肥、播期、灌水次数、杀虫剂次数、除草剂次数和杀菌剂次数造成的可解释效率差平均值分别为 7.9、34.3、6.9、7.9、7.7、

9.7、3.2、0.7 和 1.7 kg/kg，表明施氮量是影响效率差的主要因素。

在单个田块尺度上，2015 年玉米的施氮量、收获密度、播期及杀菌剂次数这 4 个因素为产量差的最主要限制因素时占有农户地块的比例最高（图 6-35），为 2015 年限制产量差的普遍性因素，其各自占有的农户地块的比例分别为 29.4%、20.0%、11.4%和 10.2%；2016 年，限制产量的普遍性因素则为收获密度、杀菌剂次数和播期，2015—2016 年连续两年数据表明，玉米收获密度、播期、施氮量和杀菌剂次数为限制农户产量差的普遍性因素。在效率差的限制因素上面，无论是每一年还是连续两年数据均表明，施氮量是造成农户地块效率差的最主要限制因素，其所对应的地块比例均高于 60%，远高于其他管理因素的地块比例。即表明在田块尺度上，农户产量差是多因素导致的，效率差则主要由施氮量不适宜造成。

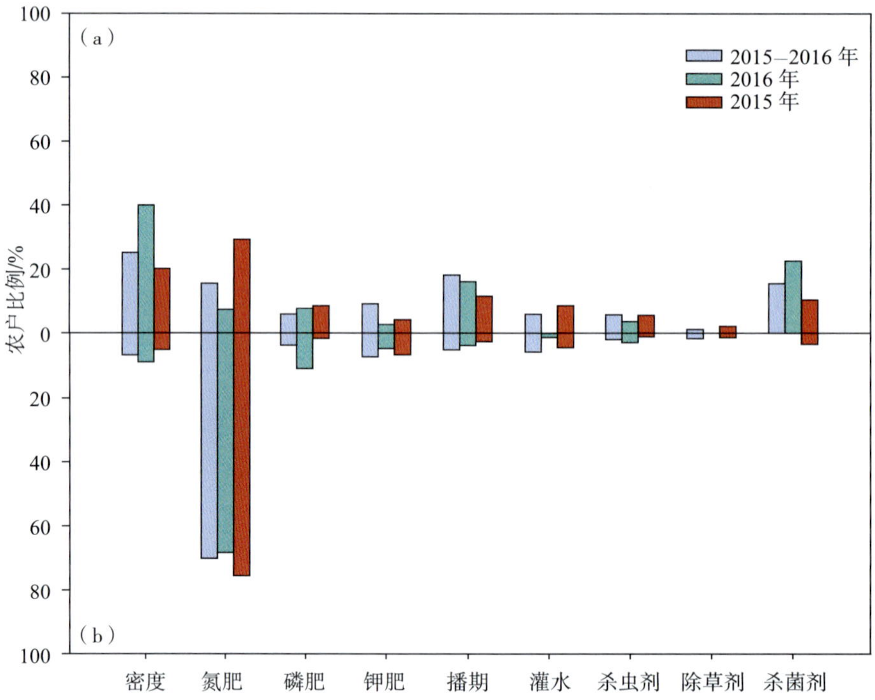

图 6-35　地块尺度上不同年份夏玉米产量差（a）及效率差（b）的普遍性因素

在大规模区域尺度上，仍没有找到最重要的产量差限制性因素。比如，密度在 2015 年、2016 年和 2015—2016 两年间在区域水平上对产量差的贡献分别为 18.1%、24.9%和 20.0%；播期在 2015 年、2016 年和 2015—2016 两年间在区域水平上对产量差的贡献分别为 16.8%、21.3%和 16.5%；施氮量在 2015 年、2016 年和 2015—2016 两年间在区域水平上对产量差的贡献分别为 19.3%、3.5%和 14.7%（图 6-36），说明密度对产量差的贡献率仅稍高于播期、施氮量等因素；在效率差方面，每一年施氮量对效率差的贡献超过了 40%，远高于排列第二贡献的管理因素。再次表明，小农户夏玉米高产的实现受多种管理因素的限制，而高效的实现则主要受施氮量的影响。

（4）技术差及限制因素分析

①技术差

通过对跟踪数据分析，按照小麦优化生产技术体系的设计思路，科技小院研究生设计了玉米优化生产技术体系并进行验证。其中夏玉米高产高效优化生产体系中的五项关键管理技术，分别是优良品种的选择、玉米增密技术、肥料分期施用、配方肥使用和玉米晚收技术。

通过同田对比试验，优化体系下玉米产量范围为 8.9～13.6 t/hm^2，平均产量为 11.1 t/hm^2，显著高于农户的平均水平 9.4 t/hm^2，平均提高了 1.7 t/hm^2，增产 18.4%，并且最高产量和最低产量都实现

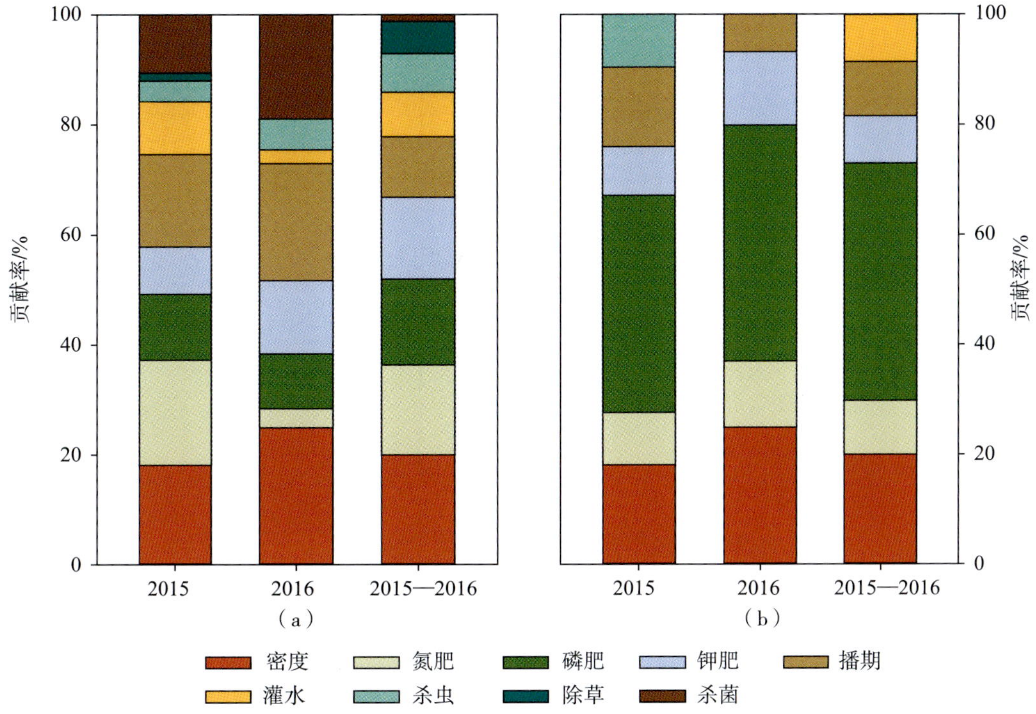

图 6-36　区域尺度上不同年份不同管理因素对夏玉米产量差(a)及效率差(b)贡献率

了增产 2.0 t/hm^2 以上，证明了在区域大面积上该优化体系实现增产的可行性。在经济利润(成本方面未包含人工劳动力成本)方面，优化体系玉米每公顷可实现 15 013 元的利润，而农户常规体系每公顷利润为 12 454 元，实现增加收益 20.5%。在氮肥利用效率方面，农户常规体系玉米氮肥偏生产力平均值为 40.5 kg/kg，而优化体系下玉米氮肥偏生产力平均值为 53.1 kg/kg，提高了 12.6 kg/kg，增效 31.1%。另外，优化体系还缩小了农户玉米生产效率的变异，农户常规玉米氮肥偏生产力变异系数为 24.5%，而优化体系下的变异系数仅为 10.6%。在环境代价方面，农户常规处理氮盈余平均值为 78.7 kg/hm^2，氮盈余范围为−1.3～163.6 kg/hm^2，而优化体系处理下的氮盈余平均值为 20.9 kg/hm^2，范围为−16.3～55.6 kg/hm^2，和农户常规相比降低了 73.4%(图 6-37)，大大减少了玉米生产带来的环境压力。综上所述，在产量、经济效益和环境效益方面，玉米优化技术体系效果显著优于农户常规体系，证明了该优化技术体系在不同区域、不同农户操作下协同实现增产增效的可行性。

②限制因素分析

农户对玉米优化体系中关键增产增效技术的应用程度不一。其中优良品种的应用程度最高，65.1%的农户选择使用该项技术，未选择该项技术的主要限制因素是农户对该技术的认知水平差，市场品种繁多；接受程度较好的第二项技术为分次施肥，51.4%的农户采用了此项技术，限制该项技术落地的主要原因是劳动力成本问题，因农村青壮劳力认为追肥所带来的经济效益不如在外打工，加之追肥时期玉米长成一定高度，环境较为恶劣，农民不愿劳作，雇佣别人成本较大，所以约一半的农户没有采用分次施肥技术；采纳程度第三的是玉米晚收技术，约 35.6%农户采用，该项技术的主要限制因素是资源及基础资源(机械资源)的限制和农户认知水平，即农户习惯于某块区域同时播种、同时收获，所以当其他农户完成收获作业时，采用玉米晚收的农户面临再次找机械的麻烦，另外农户对玉米晚收技术增产效果不了解，担心延误冬小麦的播期也是主要原因；配方肥的选择排列第四，仅有 17.1%的农户选择了该项技术。主要原因是市场有限供应和农户的认知，即农户难以在市场购买到适宜配方的专用肥，另外，农户不了解玉米的氮磷钾养分需求，无法在市场进行有效甄别；采纳程度最低的是玉米增密技术，仅有 8.6%的农户选择了该项技术。农户未采用该项技术的原因是因为市场供给限制和农户认知水平不够：

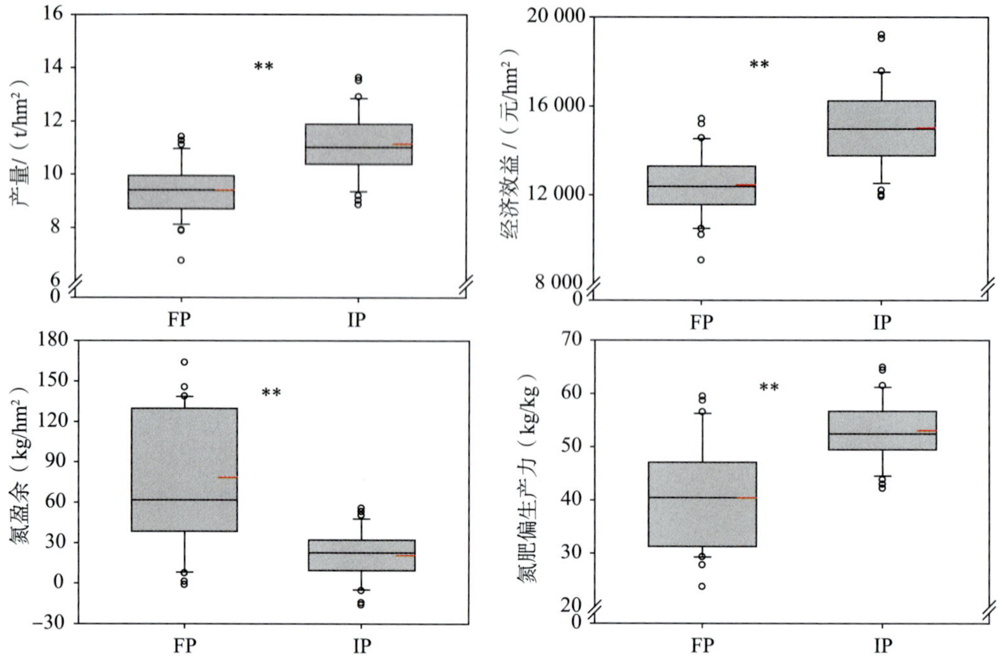

图 6-37　2016 年不同处理下夏玉米生产效果对比

注：** 代表在 $P \leqslant 0.01$ 水平下差异显著。

一是市场上玉米种子包装袋给定的播种密度是一个较为“中庸”的数值；二是农户多为雇用机械，播种密度不方便调整；三是农户多喜欢大棒穗，而对玉米的收获密度、穗粒数和千粒重对产量的作用认知不够（表 6-4）。综上所述，制约玉米高产高效优化技术体系技术到位率的主要因素是农户的认知水平不高和劳动力的缺失，其次为资源及基础设施差，市场供给、经济成本等因素。

表 6-4　未应用夏玉米关键技术农户的限制因素分析　　　　%

技术	资源及基础设施	劳动力	市场供给	经济成本	农户认知
玉米增密			41.0		58.4
配方肥选择		2.1	35.0	10.0	52.9
玉米晚收	64.7	6.5			28.8
分次施肥	8.9	84.4		6.7	
品种选择			33.3		66.7

（5）小结

基于连续两年在多点的农户跟踪，揭示了华北平原典型小农户种植模式下玉米平均产量为 10.5 t/hm²，实现了潜力产量的 60%。和农户可实现的最高产量为 14.2 t/hm² 相比，农户平均产量差为 3.7 t/hm²。玉米氮肥偏生产力平均值为 49.1 kg/kg，可实现的最高氮肥偏生产力为 96.1 kg/kg，平均效率差为 47 kg/kg。效率差的主要限制因素为氮肥的不合理使用，而产量差是由多因素导致的，玉米密度对产量差贡献率相对较高，但是施氮量、播期等因素都可对产量差造成影响，并不存在一个绝对的限制因素。

玉米高产高效优化体系下平均产量为 11.1 t/hm²，显著高于农户的平均水平 9.4 t/hm²，实现增产 18.4%，增加氮肥偏生产力 31.1%，增加收益 20.5%。但农户对玉米优化体系中关键增产增效技术的应用程度不一，接受程度从高到低分别为良种选择、分次施肥、玉米晚收、配方肥选择和玉米增密技术，农户本身认知水平差和缺少劳动力是限制小农户采纳优化技术体系的关键限制因素。

6.2.3　种植模式对区域产量差和效率差的影响

间套作是指在同一地块上同时种植两种或两种以上作物的种植模式，这些作物具有部分或者全部的共同生长期(Federer，1993)，在发展中国家的农业生产中仍发挥着重要作用。我国每年有 2 800 万～3 400 万 hm^2 的间套作播种面积，占到了耕地面积的 20%～25%(Zhang and Li，2003；Li et al.，2013；Knörzer et al.，2009)。因此，间套作在我国农业生产中具有重要的作用，尤其是在“两季不足、一季有余”的西北地区和人均耕地少的西南地区。

1. 间套作对产量差的影响

间套作体系通过物种间地下部互作、地上部互作生产出比单作体系相对更高的产量，尤其是在养分供应不足的条件下。低磷土壤上连续 4 年的田间研究证明，间作玉米平均增产 48%，间作蚕豆平均增产 22%，而且间作玉米每年均有显著增产效果而间作蚕豆的增产量没有显著差异(Li et al.，2007)。在印度红土上的间套作试验也表明，高粱/鹰嘴豆间作能够显著增加两种作物的产量，间作高粱和鹰嘴豆产量比单作分别增加了 23%和 69%。对全球间套作的研究进行整合分析得知(Li et al.，2020)，在不种玉米的间作体系中，间作体系的实测产量为(3.4±0.3)t/hm^2，高于预期产量(3.0±0.2)t/hm^2。而对于有玉米的间作体系，其实测产量为(8.9±0.3)t/hm^2较预期产量(6.7±0.2)t/hm^2高 2.2 t/hm^2(图 6-38)。在中国，有玉米的间作体系通常是一种高投入、高产出的体系，在产量方面具有较大的优势；而不种植玉米的间作体系更多分布在欧洲等发达国家，其养分等的投入通常较低，但产量方面的效益要低得多。

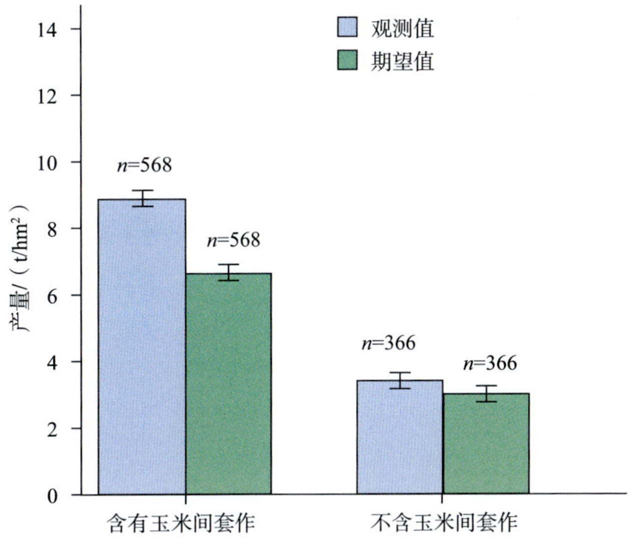

图 6-38　间作体系有或没有玉米的实际产量和期望产量

除了比较实测产量和预期产量之间的差异外，通常也用土地当量比(LER)表征间套作体系相对于单作体系的优势。全球间套作研究的整合分析结果表明，间套作体系的 LER 平均为 1.22(Yu et al.，2015)，而玉米/大豆间套作体系的 LER 平均为 1.32(图 6-39a)(Xu et al.，2020)，高于所有间套作体系的 LER。因此，间套作较单作在产量和土地利用上具有明显的优势，而豆科/禾本科的这种优势尤为明显。间套作体系的产量优势可源于间作作物产量较单作均有产量优势，也可源于间作的一种或者部分作物较单作有产量优势。

2. 间套作对效率差的影响

间套作较单作的产量优势主要是因为前者对资源的利用效率更高，包括地上部的光温资源和地下部的养分、水分等资源(Brooker et al.，2014)。在间作作物养分吸收上，目前有大量文献阐述了间作作物的养分吸收情况(Dalal，1974；Li et al.，2001a；Ghosh et al.，2009)。间套作体系中最常用到的豆科作物，在养分利用方面，具有不同于其他作物的独特优势，即生物固氮作用。豆科作物的固氮能力可为间作作物提供更多的氮素，减少对化肥氮素的依赖，与需氮较高的禾本科作物间套作，可以减少二者间对氮素资源的竞争。有研究指出，蚕豆在田间条件下每年可以固定 15～648 kg N/hm^2(Sprent et al.，1977；Schwenke et al.，1998；Köpke and Nemecek，2010)，花生和绿豆能够为间作玉米分别提供 40 kg N/hm^2和 25 kg N/hm^2(Indian Agricultural Research Institute，1976；Jenssen et al.，2020)。通过整合分析，结果表明单作要达到与间套作相同的产量，其氮肥投入是间套作的 1.44 倍(Xu et al.，

2020)，表明在产量相同的情况下，间作比单作需要的氮肥要少得多(图 6-39b)。

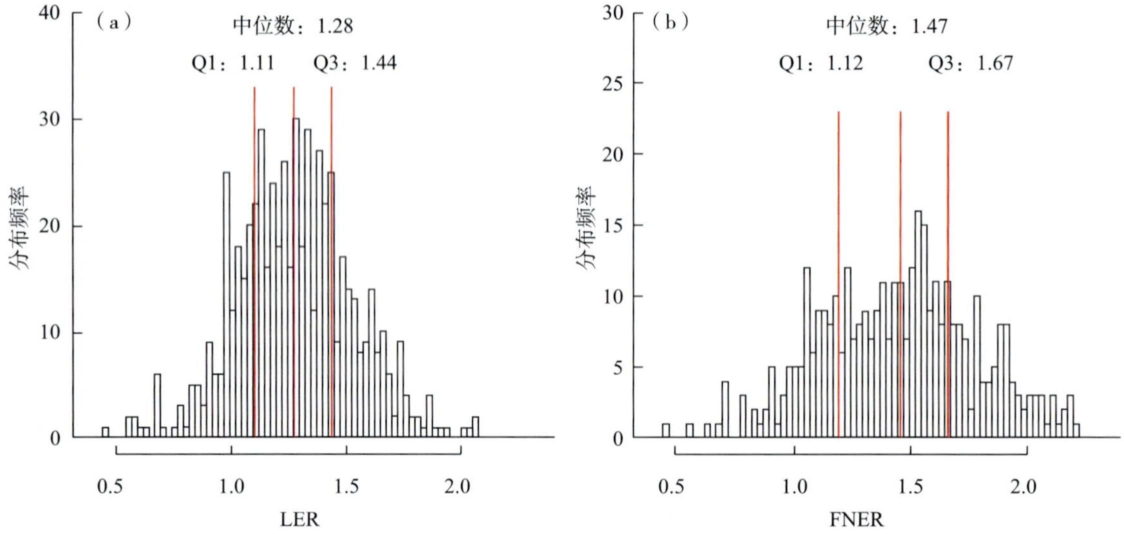

图 6-39　玉米/大豆间作的土地当量比(LER)(a)和氮吸收当量比(FNER)(b)的频率分布

在间套作体系中，豆科作物与禾本科作物在磷素利用上也有相互补充作用。大量研究表明，豆科作物可以通过分泌质子、有机酸和酸性磷酸酶活化土壤中的难溶性磷(Dinkelaker et al.，1989；Neumann and Römheld，1999；Li et al.，2003，2007)，提高磷素生物有效性，促进根际过程较弱的禾本科作物吸磷，改善土壤供磷不足条件下的磷营养。白羽扇豆就能通过分泌柠檬酸和质子而增强土壤磷的生物有效性，进而促进间作小麦对磷的吸收(Gardner et al.，1983；Horst and Waschkies，1987；Cu et al.，2005)。豌豆也能通过根系分泌番石榴酸络合土壤中磷酸铁的三价铁离子，进而活化土壤磷，明显地改善间作高粱的磷营养状况(Ae et al.，1990)。通过整合分析表明(Tang et al.，2021)，禾本科/豆科间作有明显的磷吸收优势(LER_P＝1.24)，而且平均的 NE_P(实际间作体系的吸磷量减去预期的吸磷量)为 3.67 kg P/hm^2，表明在产量相同的情况下，间作作物对磷肥的需要量比单作作物低 21％(图 6-40)。另一方面，禾本科作物也能通过根际分泌的麦根酸类物质提高石灰性土壤上容易缺铁的双子叶植物对铁的吸收，改善铁等微量元素的营养(Zuo et al.，2000；Xia et al.，2013)。

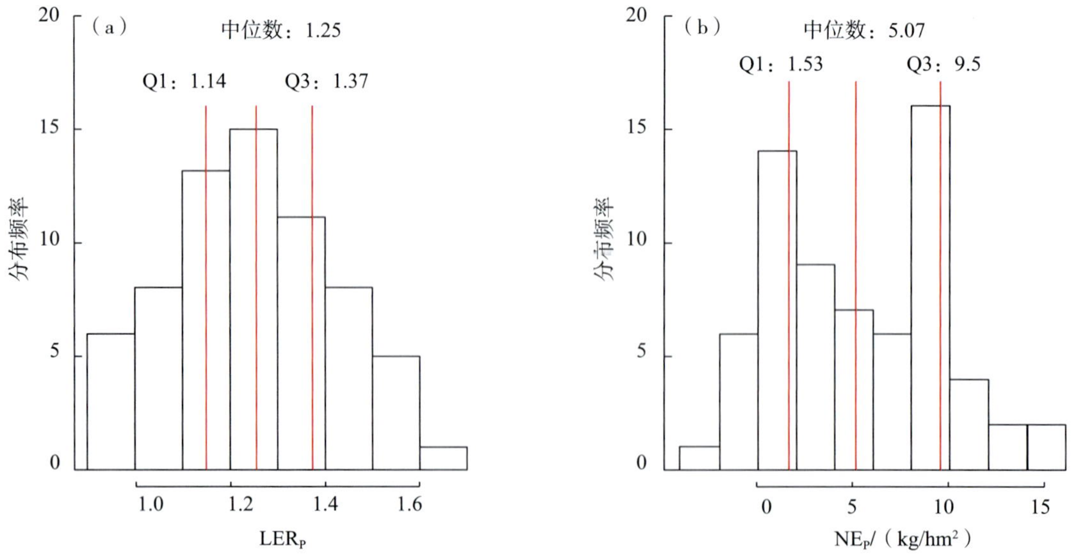

图 6-40　禾本科/豆科间作磷吸收当量比(LER_P)(a)和净磷吸收效应(NE_P)的频率分布

3. 间套作的优化对产量差、效率差的影响

间套作体系在产量和资源利用效率方面的优势受以下因素影响：养分和水分资源供应强度（Li et al.，2001；Yang et al.，2011；Gao et al.，2020）、物种类型和品种搭配（Cenpukdee and Fukai，1992；Xia et al.，2013）、物种搭配比例（Willey，1979；Mao et al.，2012）、物种共生时间及其各自密度（Rao and Willey，1983；Davis and Garcia，1987；Davis et al.，1987；Echarte et al.，2011；Huang et al.，2018）等因素。整合分析的结果表明，间套作物种的时间搭配对体系生产力和资源利用效率的影响最显著（Yu et al.，2015；Xu et al.，2020），这主要是因为物种时间布局改变了间套作体系中的重要过程，即物种相互作用。种间相互作用是间套作体系研究中关注的热点，上面提到的固氮作用、养分活化作用等都可在间作状态通过根际相互作用影响间作体系的其他作物。间套作体系中物种互作包括竞争和互惠，物种互作可同时发生在地上部和地下部。地上部相互作用主要是对光、热等资源获取能力的影响（Willey，1979；Vandermeer，1989；Willey，1990；Keating and Carberry，1993；黄高宝，1996；黄高宝，1999；Zhang et al.，2008），即作物1获取资源的能力强于作物2，从而使作物1具有一定的生长优势（如小麦边行优势）；或者作物1的地上部能够释放或分泌一些物质并有利于控制病虫害或有利于作物2的生长（Bezemer et al.，2013）。地下部相互作用则是一种作物的根际分泌物改变了间作作物的根际环境，活化了间作作物所需的养分或者扩大了养分吸收的范围，继而促进了间作作物对养分的吸收（Li et al.，2007；Zhang et al.，2014）；也可能是自身吸收了活化的养分而激发了根际养分吸收的竞争作用（Dinkelaker et al.，1989）；还可能是根际分泌物抑制间作作物自身而形成了不利于病原生物的根际环境（Ren et al.，2008）。在不同的间作体系下，地上部和地下部的作用效果因间作作物的不同而异。因此，间套作种植体系如何通过优化提高生产力和资源利用效率，是间套作体系研究的热点。

（1）种植方式优化

以华北平原冬小麦-夏玉米轮作和由此发展而来的小麦/西瓜/玉米间作体系为对象开展研究，针对两个体系的粮食生产力展开论述，发现小麦/西瓜/玉米间作体系比小麦-玉米轮作体系更具优势。小麦/西瓜/玉米间套作体系中间作小麦边行效应明显，具有显著的间作籽粒产量优势，间作西瓜果实产量与单作西瓜果实产量无显著差异，而受间作西瓜地上部遮阴影响，间作玉米籽粒产量显著降低。

在小麦上，间作籽粒产量均显著小于单作，这主要是由于间作小麦播种面积减少42%，相对播种密度只有0.58造成的，由于间作小麦边行具有很强的产量优势（主要表现在每平方米穗数上；在穗粒数和千粒重上无差异，见表6-5），其相对产量却显著大于0.58。

表6-5 小麦籽粒产量及产量构成因子

试验	生长季	处理	籽粒产量/(t/hm²)	平方米穗数	穗粒数	千粒重/g
试验Ⅰ	2012	小麦-玉米	6.4±0.4a	701±37a	35.5±2.1a	40.3±1.2a
		小麦/西瓜/玉米	4.9±0.1b	554±54b	37.0±0.6a	41.6±1.8a
	2013	小麦-玉米	7.0±0.4a	707±31a	31.9±1.5a	31.0±0.4a
		小麦/西瓜/玉米	5.2±0.3b	504±34b	32.8±1.2a	33.8±2.2a
试验Ⅱ	2013	小麦-玉米	5.5±0.5a	454±82a	—	43.2±1.4a
		小麦/西瓜/玉米	3.7±0.4b	273±37b	—	44.1±1.3a
	2014	小麦-玉米	6.3±0.7a	607±45a	24.8±1.5a	41.4±2.2a
		小麦/西瓜/玉米	4.5±0.6a	425±31b	24.2±1.0a	41.0±1.4a

注：同一试验同一年份下不同处理下的不同字母表示处理间在5%水平上存在统计性显著差异。试验Ⅰ是基于农户管理模式的研究，试验Ⅱ是基于优化管理模式（主要指降低肥料投入）的研究。

在西瓜上，试验Ⅰ中的间作与单作产量没有差异，说明间作小麦和玉米对西瓜的最终产量没有不利影响。西瓜在间作条件下能够获得与单作相同的果实产量，这可能也与玉米晚播后对西瓜的竞争作用

较弱有关。西瓜单瓜重上，间作与单作也没有差异(表 6-6)。

表 6-6 试验Ⅰ作物产量 t/hm²

处理	隔膜	小麦	玉米	西瓜
小麦-玉米	−	7.0±0.4	7.8±0.1	—
	+	7.0±0.3	7.9±0.5	—
单作西瓜	−	—	—	38.8±2.1
	+	—	—	39.9±4.4
小麦/西瓜/玉米	−	5.2±0.3	4.6±0.4	35.7±1.6
	+	4.8± 0.2	4.4±0.5	38.2±5.1

在玉米上，籽粒产量依次为小麦-玉米轮作大于小麦/西瓜/玉米间作(表 6-7)。两个田间试验的结果均表明，间作玉米籽粒产量显著小于单作，这说明间作西瓜对玉米籽粒形成产生了显著的竞争效应并使得最终产量小于单作，尤其在 2013 季的效应更明显。在产量构成因子中，在收获密度上，只有在试验Ⅰ的 2013 季时，间作显著小于单作；试验Ⅰ的 2012 季和试验Ⅱ中两季收获密度在处理间并没有差异。在穗粒数上，试验Ⅰ的 2012 季和试验Ⅱ的 2013 季，间作均要小于单作，其余生长季没有差异。百粒重除试验Ⅱ的 2013 季外，其余生长季均显著减少，比单作减少的幅度在 9%～19%。

表 6-7 玉米籽粒产量及产量构成因子

试验	生长季	处理	籽粒产量/(t/hm²)	收获密度/(株/m²)	穗粒数	百粒重/g
试验Ⅰ	2012	小麦-玉米	10.7±0.2a	6.7±0.3a	434±12a	37.4±1.1a
		小麦/西瓜/玉米	7.9±0.3b	6.8±0.2a	386±12b	31.1±0.2b
	2013	小麦-玉米	7.8±0.1a	7.2±0.1a	352±29a	31.3±0.7a
		小麦/西瓜/玉米	4.6±0.4b	6.1±0.6b	334±19a	25.2±0.2b
试验Ⅱ	2013	小麦-玉米	8.0±0.6a	6.1±0.4a	473±35a	29.3±1.2a
		小麦/西瓜/玉米	6.0±0.7b	6.0±0.4a	423±21b	26.7±1.4b
	2014	小麦-玉米	10.1±0.9a	6.3±0.3a	574±42a	28.6±3.0a
		小麦/西瓜/玉米	8.2±0.3b	6.1±0.6a	498±53a	30.9±3.7a

连续两年两点的试验结果表明，小麦/西瓜/玉米间作体系能够在同一块地上实现粮食作物与经济作物的生产，尤其在当前小麦-玉米周年轮作体系主要种植区域——黄淮海平原，通过物种的合理搭配，可比小麦-玉米周年轮作获得更多的土地产出。今后需要研究更有效的措施(如提前玉米播期和优化养分)来增强小麦/西瓜/玉米间作体系的生产力。

(2)播期优化

与传统播期相比，提前玉米播期显著提高间作玉米籽粒产量 21%～42%，但几乎没有影响单作玉米产量，从而降低了间作玉米与单作玉米之间的产量差异(图 6-41)。这是因为较早播种的间作玉米较传统播种玉米提前 11 d 达到最大生长速率(图 6-42)，从而增强了与间作西瓜的竞争能力，促进间作玉米的生物量累积和产量形成。一般情况下，玉米播种期的变化并没有改变间作西瓜的水果产量，但如果播期提前过多则增加西瓜产量下降的风险。因此，通过调整播期可以达到体系高产增收的目的。

综合西瓜和玉米的经济产量可见，在当前的小麦/西瓜/玉米间作体系下，最佳的间作玉米播期为 6 月 18 日，这样既能增大玉米的籽粒产量，又能维持西瓜果实产量。

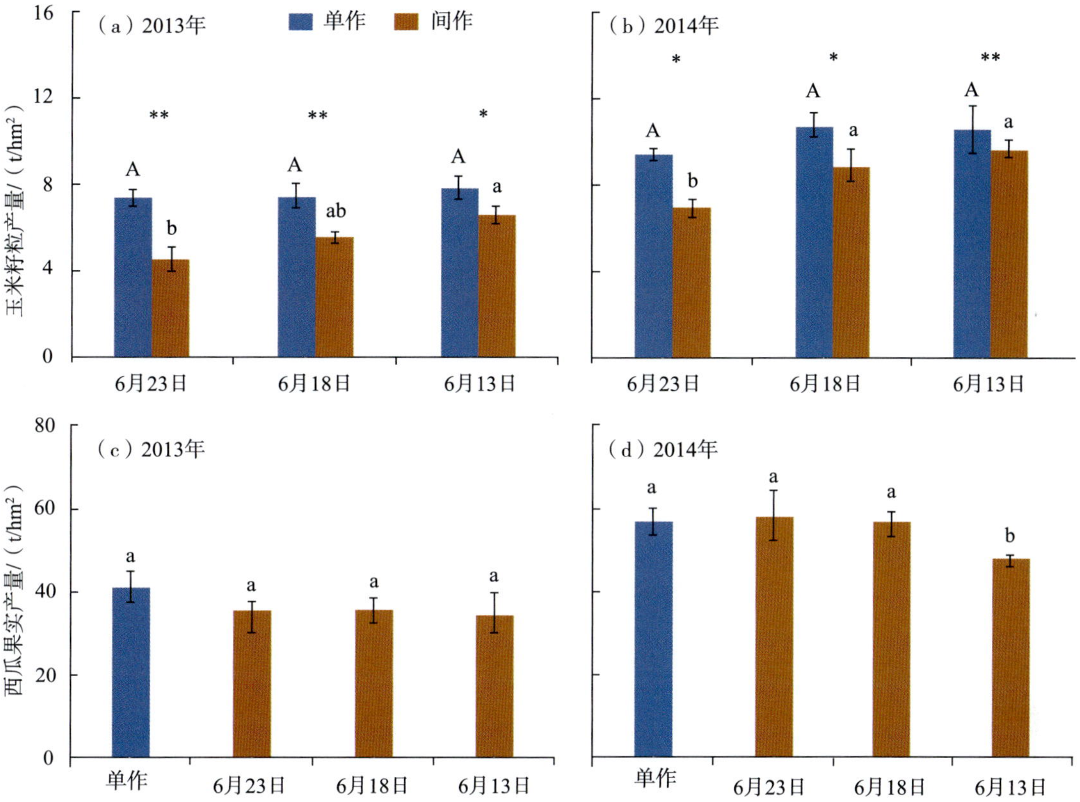

图 6-41　调整玉米播期对小麦/西瓜/玉米体系中玉米和西瓜产量的影响

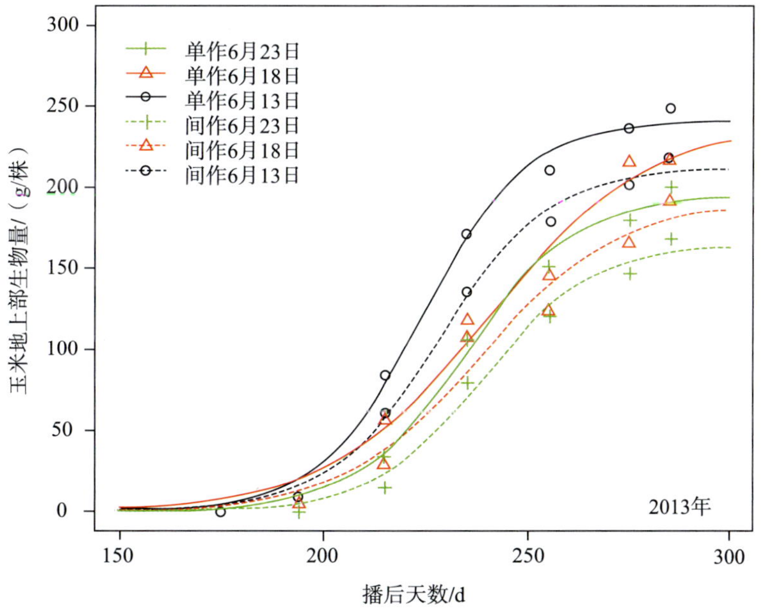

图 6-42　不同播期玉米地上生物量积累

(3)养分优化

与农户传统(Con)相比,优化处理(Opt1)的小麦籽粒产量显著增加了 11.8%(表 6-8)。而小麦的籽粒产量优势来自平方米穗数。Opt1 和 Con 处理的边行籽粒产量均高于相应内行(表 6-9)。施肥优化后的 Opt1 处理,边行和内行的籽粒产量、平方米穗数均显著高于 Con 处理,其边行和内行分别增产

19.2%和10.8%，平方米穗数分别增加11.5%和13.1%。且Opt1处理边行和内行籽粒产量分别高于Con处理相应边行和内行30.8%和23.7%。

表 6-8　不同处理的养分管理措施

作物	施肥	农户传统(Con)	养分优化(Opt1)	综合管理(Opt2)
小麦	基肥	135-135-67.5	100-100-60	100-100-60
	追肥1	138-0-0	60-0-0	60-0-0
西瓜	基肥	112.5-112.5-112.5	56.25-56.25-56.25	56.25-56.25-56.25
	追肥1	120-30-120	100-0-0	100-0-0
	追肥2	120-30-120	75-18.75-75	75-18.75-75
玉米	追肥	150-0-0	100-0-0	100-0-0

注：间套作小麦设有农户传统(Con)和养分优化(Opt1)两个处理。间套作小麦的Opt1和Opt2处理完全一致，因此，本研究仅对间套作小麦的Con和Opt1处理进行相关研究。农户传统和养分优化的播期保持一致，在养分优化的基础上，进行播期的综合管理(Opt2)，即间套作西瓜和间套作玉米的播期较养分优化处理均提前7 d。

表 6-9　不同处理对整个小区小麦产量及其组成的影响

行	处理	产量/(t/hm²)	平方米穗数/(穗/m²)	穗粒数/(粒/穗)	千粒重/g
—	Con	5.9±0.2b	613±11b	34.4±0.3a	37.2±0.2a
—	Opt1	6.7±0.1a	695±9a	35.1±0.7a	38.7±0.2a
边行	Con	9.7±0.3b	687±14b	36.2±0.5a	39.1±0.4a
	Opt1	12.0±0.6a	776±11a	38.0±0.1a	41.2±0.4a
内行	Con	7.4±0.3b	516±11b	34.3±0.6a	37.9±0.4a
	Opt1	8.3±0.6a	594±12a	35.6±0.5a	39.2±0.4a

在小麦/玉米/西瓜间套作体系中，不同处理间的玉米产量差异显著，养分优化处理(Opt1)的玉米产量显著高于农户传统17.0%，养分综合优化(Opt2)的玉米产量最高，达到11.9 t/hm²，比农户传统和养分优化处理分别高出32.9%和13.5%(表6-10)。

因此，较农户传统管理，养分优化管理能提高间套作小麦的边行和内行优势，增加小麦生长后期的有效分蘖数，促进间套作小麦高产群体的建成，获得较高的产量(提高11.8%)。同时，玉米的养分优化和播期提前可通过增加穗粒数和千粒重提高产量。

表 6-10　小麦/西瓜/玉米间套作体系中玉米的产量构成

处理	产量/(t/hm²)	收获指数	收获密度/(穗/m²)	穗粒数/(粒/穗)	千粒重/g
Con	8.93±0.32c	0.45±0.32b	7.26±0.26a	492.8±25.1b	251.3±8.4b
Opt1	10.44±0.50b	0.47±0.52b	7.76±0.24a	506.4±24.4a	275.6±6.4a
Opt2	11.85±0.46a	0.53±0.36a	7.92±0.53 a	522.7±13.6a	306.6±10.1a

较农户传统，养分优化处理的小麦仅籽粒对氮的吸收量显著增加，其他均没表现出显著性差异；不同处理西瓜果实或秸秆对氮的吸收量无显著性差异，而两个优化处理对磷和钾的吸收量显著高于农户传统；提前玉米播期有利于玉米籽粒对氮和磷的吸收(图6-43)。

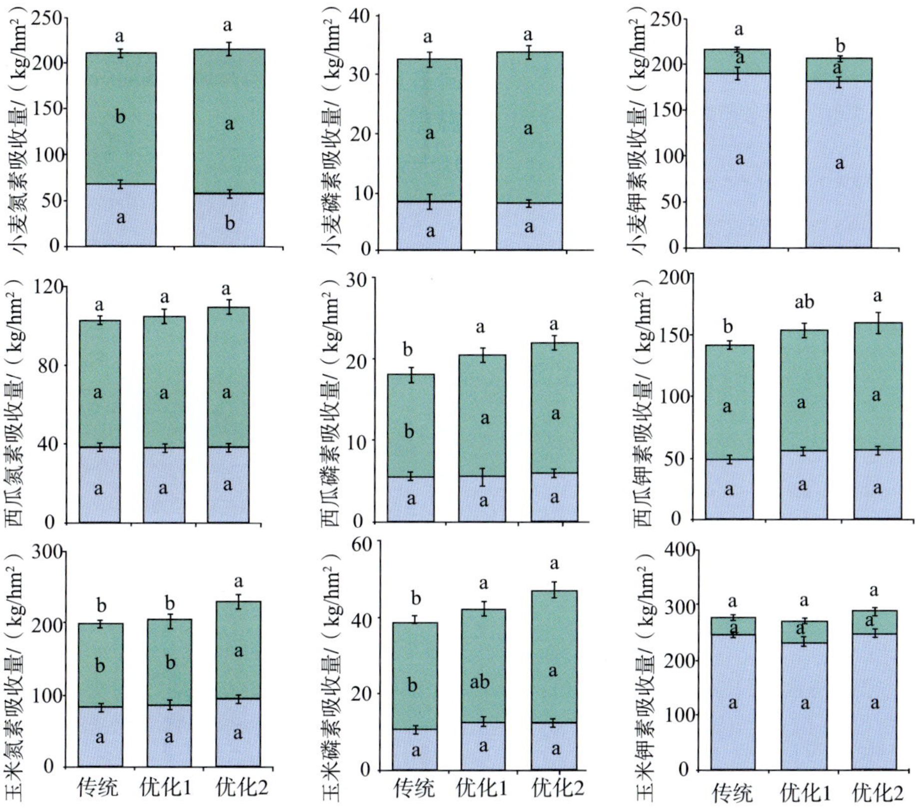

图 6-43 不同处理下间套作小麦、西瓜和玉米氮、磷和钾养分吸收量

4. 小结

通过数据整合分析和小麦/西瓜/玉米间作体系的田间试验，综合评价了间套作体系的增产增效优势。结果表明，间套作可以提高作物产量大约 25%、氮素利用效率 44%、磷素利用效率 24%。小麦/西瓜/玉米间作体系的间作优势主要来源于小麦边行效应的产量优势，物种生态位的时空分离有利于西瓜产量的维持，但西瓜的强竞争作用可导致间作玉米养分吸收能力和籽粒产量水平显著下降。在未来对小麦/西瓜/玉米间作体系的研究中，需要进一步优化体系的时间搭配，减弱西瓜对玉米的强竞争作用，或者在不减弱西瓜生产力的前提下优化间作玉米播期，调节西瓜和玉米的物种相互作用，将竞争的不利因素影响调控到最佳状态，实现西瓜与玉米的“双赢”。

6.2.4 土壤条件对区域产量差和效率差的影响

1. 产量差及其主要影响因素定量化评价框架

影响作物产量差的因素有很多，除社会经济条件和政策外，管理技术以及生物物理因素（如土壤和气候条件）是影响作物产量差的主要因素（Van Tran，2001；Lobell et al.，2009；Qiao et al.，2021）。定量化产量差的大小已得到国内外广泛的重视，并取得了一定的进展。然而，在关于引起作物产量差的原因解析方面，定性的描述多，定量化的研究很少。An 等（2018）提出了一个定量化产量差及其影响因素的方法（图 6-44）。这个方法假定在一定的社会经济条件下，现存作物产量差的主要组成是管理技术产量差、土壤条件产量差以及气候产量差。

考虑到获得作物高产和养分高效是未来农业发展的必然，而且，养分效率是作物产量与养分投入的比值或函数，因此，养分高效率不一定必然代表高产量水平，在低产、低投入的情况下，也可能获得高效率。可获得的效率是在可获得产量潜力下对应的效率（An et al.，2018），表示同时实现作物高产与养分高效利用。效率差是可获得的效率与农民管理技术下的差值。

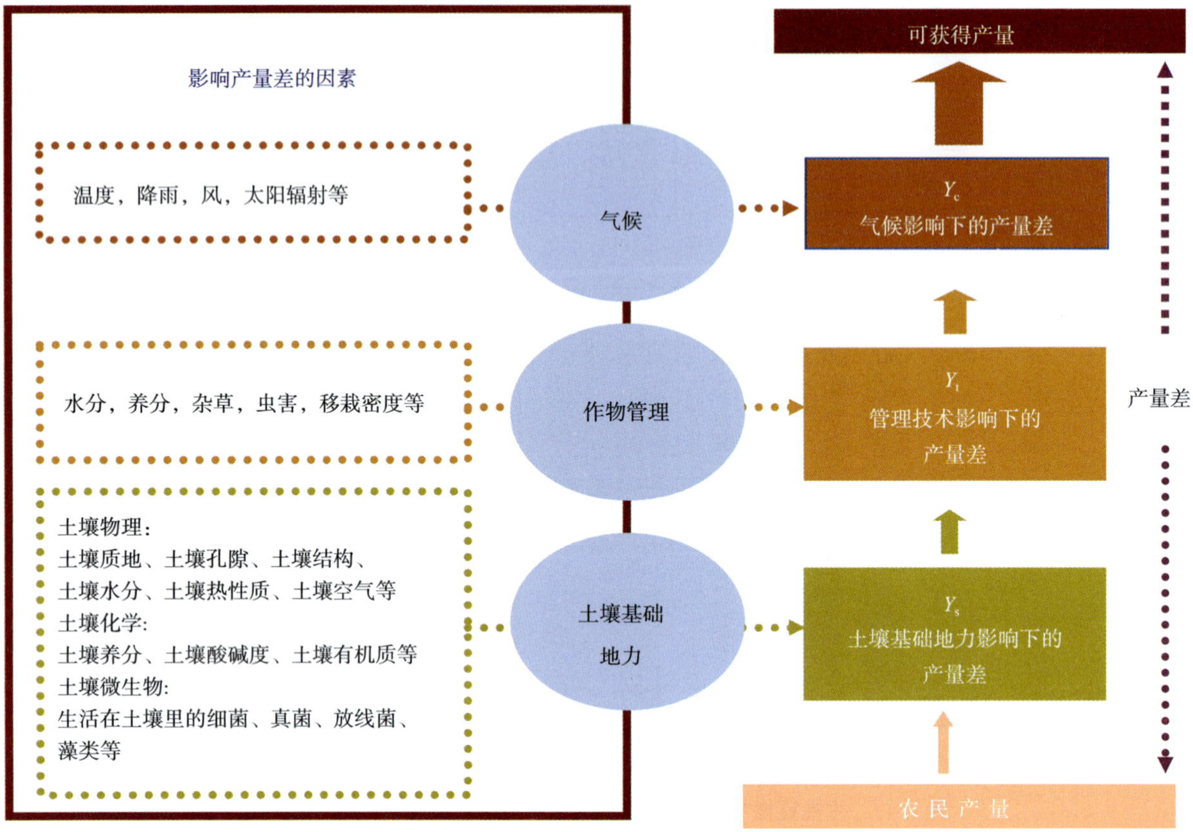

图 6-44　定量化产量差及其影响因素的方法框图

2. 主要稻作类型农民地块间产量差与效率差的变异

我国南方双季稻的早稻和晚稻(18～26 °N，110～116 °E)和长江流域的单季稻(30～31°N，117～121°E)(Maclean et al.，2002)是我国的主要稻作类型，产量占我国水稻总产的 82%(国家统计局，2011)。双季早稻和晚稻，是一年中种植和收获两季水稻的一种稻作制度，早稻生长期为每年的 4 月初到 7 月，晚稻为 7 月到 10 月底，而长江流域的单季稻生长期为 5 月底到 9 月底，与其他旱地作物轮作。

对我国南方双季稻的早稻和晚稻和长江流域的单季稻 560 个试验点数据点的分析表明(安宁，2015)，我国不同稻作类型的可获得产量和可获得氮肥偏生产力表现出很大的变异，尤其对于可获得的产量，分别为早稻 7 148 kg/hm^2 和 53 kg N/kg，晚稻 8 369 kg/hm^2 和 56 kg N/kg，单季稻 10 181 kg/hm^2 和 53 kg N/kg。不同稻作类型的部分农民的产量和氮肥利用率已经超过了可获得产量和可获得氮肥利用率。与此同时，我国农民地块的水稻产量差和氮肥偏生产力有较大的变化范围。例如，早稻的产量差的范围为 1 769～3 125 kg/hm^2；晚稻为－2 520～3 949 kg/hm^2；单季稻为－1 239～5 352 kg/hm^2，农民水稻产量差的最高值与最低值之间相差 5 000～7 000 kg/hm^2。而农民的效率差范围为：早稻 －6.1～31.1 kg N/kg，晚稻为－17.1～30.8 kg N/kg，单季稻为－26.8～35.0 kg N/kg，农民水稻效率差的最高值与最低值之间相差 30～60 kg N/kg。

3. 土壤基础地力条件对主要稻作类型水稻产量差的贡献

不同稻作类型在高、中、低产农民地块的产量差也均不相同(图 6-45)，如早稻在高、中、低产农民田块的产量差分别为 465 kg/hm^2、1 488 kg/hm^2 和 2 419 kg/hm^2；晚稻为 1 079 kg/hm^2、2 243 kg/hm^2 和 3 412 kg/hm^2；单季稻为 1 233 kg/hm^2、2 621/kg/hm^2 和 4 155 kg/hm^2。

在高产农民地块，土壤条件产量差的贡献较小，在 3 种稻作类型上分别为南方双季早稻 －60 kg/

hm²，晚稻为 −26 kg/hm² 和单季稻为 440 kg/hm²。因此，在高产农民地块，进一步缩小水稻产量差，主要通过作物管理技术的改进。

在中产农民地块，土壤条件和作物管理技术产量差分别为：早稻 312 kg/hm² 和 534 kg/hm²，晚稻 342 kg/hm² 和 772 kg/hm²，单季稻 1 068 kg/hm² 和 925 kg/hm²；土壤基础地力和最佳作物管理技术一起，能够解释水稻总产量差的百分比分别为早稻 57%、晚稻 49% 和单季稻 76%。

在低产农民地块，土壤条件产量差分别为：早稻 805 kg/hm²，晚稻 867 kg/hm²，单季稻 1 474 kg/hm²；土壤基础地力解释总产量差百分比分别为：早稻 33%，晚稻 25% 和单季稻 35%。可以看出，农民地块的产量越低，土壤基础地力对产量差的贡献越大。

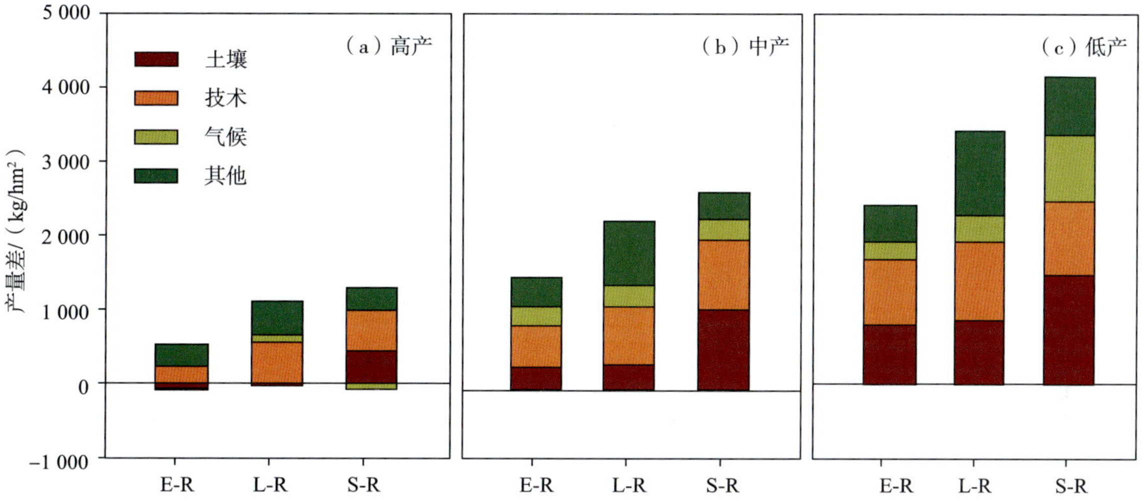

图 6-45 管理技术和土壤基础地力对主要稻作类型产量差的贡献

注：556 个试验点，其中南方早稻（E-R，$n=120$）、南方晚稻（L-R，$n=185$）和长江流域的单季稻（S-R，$n=251$）。

4. 土壤基础地力对主要稻作类型水稻效率差的贡献

不同稻作类型在高、中、低产农民地块的效率差也均不相同（图 6-46）。早稻在高、中、低产农民地块的效率差分别为 12.3 kg N/kg、20.0 kg N/kg 和 20.9 kg N/kg；晚稻分别为 14.7 kg N/kg、20.7 kg N/kg 和 26.0 kg N/kg；单季稻分别为 13.6 kg N/kg、14.6 kg N/kg 和 17.7 kg N/kg。

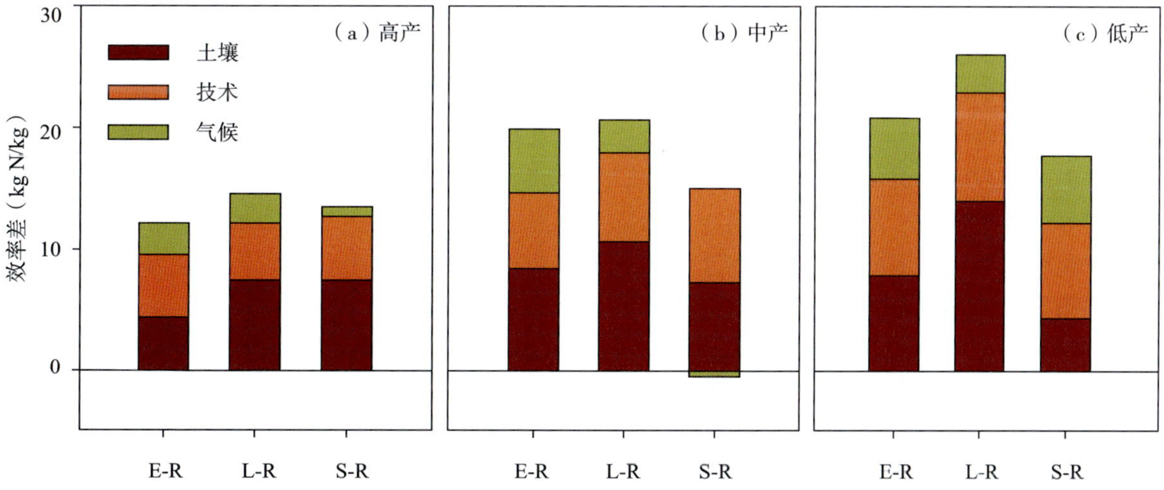

图 6-46 管理技术、土壤基础地力和气候条件对主要稻作类型氮肥效率差的贡献

在高产农民地块水平下，土壤条件效率差分别为：早稻 4.5 kg N/kg，晚稻 7.5 kg N/kg，单季稻

7.5 kg N/kg；在中产农民地块上，土壤条件效率差分别为：早稻 8.3 kg N/kg，晚稻 10.6 kg N/kg，单季稻 7.2 kg N/kg；在低产农民田块水平下，土壤条件效率差分别为：早稻 7.8 kg N/kg，晚稻 13.9 kg N/kg，单季稻 4.3 kg N/kg。

5. 高、中、低产地块条件下的关键土壤性质差异

不同稻作类型在高、中、低产农民地块的关键土壤性质也不相同（表 6-11）。与高产农民地块相比，只有早稻农户低产地块的有效磷相对较低。但是，晚稻农户低产地块的土壤碳氮比和 pH 均高于高产和中产田块。在单季稻系统中，农民低产地块和中产地块的土壤有机质、有效磷和速效钾相近，但是均低于高产地块。

表 6-11　我国南方早稻、晚稻和单季稻在不同农民地块产量水平下的关键土壤性质差异（An et al.，2018）

农民地块产量水平	早稻		晚稻				单季稻					
	n	有效磷/(mg/kg)	*n*	C:N	*n*	pH	*n*	有机质/(g/kg)	*n*	有效磷/(mg/kg)	*n*	速效钾/(mg/kg)
高产	307	23.18±0.77a	87	10.33±0.38b	307	5.57±0.04b	835	27.70±0.31a	684	18.99±0.44a	836	101.15±1.49a
中产	235	20.57±0.79ab	56	10.61±0.34b	276	5.79±0.05ab	1 162	25.22±0.27b	996	16.94±0.32b	1 188	96.67±1.28ab
低产	47	19.08±1.80b	7	12.74±0.70a	41	5.92±0.14a	361	24.27±0.48b	319	17.16±0.56b	380	92.61±2.13b

注：同一列的不同字母代表不同农民产量水平之间差异显著（LSD，$P<0.05$）。

总之，先前的研究强调管理技术的改进是缩小目前作物产量差的主要途径（Mueller et al.，2012；Grassini，2013；Chen et al.，2014），目前的分析表明，土壤地力也是限制水稻产量的重要因素，尤其对于中低产的地块。在每一稻作类型下，越是低产的地块，土壤地力决定的产量差越大，只有同时通过地力的改善和管理技术的改进才能大幅度地缩小产量差；而在高产田块上，不仅总的产量差相对较小，而且土壤决定的产量差也较小，管理技术的改进是缩小产量差的主要途径，但是在高产地块条件下，最佳管理技术的增产效应比较小，表明高产地块进一步增产的难度更大。

6.2.5　养分调控对区域产量差和效率差的影响

根系主导的根际过程深刻影响农田生态系统养分循环和养分高效利用。植物根系对根层土壤养分的响应很大程度上取决于土壤固有肥力水平，其对土壤养分环境的响应规律反映了植物高效摄取及利用土壤养分的生物学潜力。根层土壤养分供应强度过低会造成根系生长不良，导致作物养分缺乏，而过高的土壤养分供应同样会抑制根系生长，在降低根系生物学潜力的同时增大养分向环境中迁移的风险。根层土壤养分管理的核心是优化养分资源的投入和分配，协调养分供应与作物需求的匹配，根际养分调控则是在优化根层土壤养分投入的基础上定向调控作物根系生长，其主要目的是直接为根系施肥，而不是给土壤施肥，这种策略充分考虑和发挥了根系自身获取土壤养分的生物学潜力（Shen et al.，2013；Wang and Shen，2019）。在养分较低的土壤中，通过增加外部养分投入提高土壤肥力，调控根系生长，保证作物在关键临界生育期高效获取土壤养分；在土壤肥力较高的土壤中，主要通过优化养分投入总量和养分供应方式，通过局部养分调控激发根系获取土壤固有养分的生物学潜力，高效获取土壤养分。

土壤中的养分往往呈斑块状分布，即土壤养分的异质性分布。植物根系可以响应土壤养分异质性环境，Drew（1975）经典的大麦试验表明在局部供应铵态氮、硝态氮和磷时，大麦根系在局部养分区有大量一级侧根和二级侧根增生。在华北石灰性土壤上，多年的田间定位试验表明，局部供应铵态氮和磷显著刺激了玉米侧根增生，同时使根际 pH 降低了 1～2 个单位（图 6-47）。根际环境的酸化以及玉米侧

根的大量增殖显著提高了玉米对土壤氮、磷等养分的吸收。与常规施肥相比，局部养分调控使苗期玉米叶片生长速率提高 20%～50%，总根长增加 23%～30%，植株生长速率增加 18%～77%(Jing et al.，2010)。其内在机制是与传统的施肥方式相比，铵态氮和磷的局部施用显著增加了调控区的细根比例，同时由根系对铵态氮吸收诱导的根际 pH 降低显著增加了石灰性土壤上难溶性养分尤其是磷的生物有效性，二者协同促进了玉米地上部生长和对土壤养分的吸收利用（Shen et al.，2013)。

图 6-47　养分局部调控对玉米地上部生长(a)、根系增生(b)和根际 pH(c)的影响(Jing et al.，2010)

尽管局部养分调控在玉米苗期表现出良好的正效应，但是随着玉米生育期的推移，局部调控区养分逐渐耗竭，这种养分调控的正效应会逐渐减弱，在播种后 53 d，与对照撒施相比，局部调控的正效应已经消失，无显著差异，此时局部调控区的养分浓度与常规撒施相比也无明显差异。这也导致了局部养分调控与常规撒施相比没有表现出产量上的优势（马庆华，2015)。然而，建立的玉米苗期和拔节期双调控技术可以使局部调控的正效应一直维持到玉米生长后期。即在苗期调控的基础上，当局部调控区养分耗竭后再次进行局部养分调控，同样可以促进玉米中后期的生长及养分吸收（Ma et al.，2013)。与常规撒施相比，铵态氮加磷作为苗期启动肥和拔节期局部追肥的双调控处理使玉米籽粒产量增加 8%～10%，氮肥利用效率增加 25%～57%，氮农学效率增加 41%～48%（表 6-12)。这表明维持局部调控区养分的持续供应可以有效促进玉米苗期和后期生长，促进玉米花期根系下扎，增加土壤亚表层根长密度，促进玉米生长后期的生长和养分积累（马庆华，2015)。

表 6-12　不同施肥处理对玉米千粒重、穗粒数、氮农学效率和氮利用效率的影响

处理	籽粒产量/(t/hm²)	千粒重/g	穗粒数/(粒/穗)	氮农学效率/(kg 谷物/kg N)	氮利用效率/%
不施氮	8.66c	286b	389c	/	/
尿素＋磷撒施	10.86b	308ab	414b	13.3	21.9
磷酸二铵局部调控	11.75a	304ab	453a	18.8	27.5
硫酸铵局部调控	11.92a	315a	444a	19.8	34.3

养分调控的效应还取决于养分供应形态。连续两年的田间试验结果表明，同 CK、局部磷、局部硝态氮加磷供应相比，局部供应铵态氮加磷在各个时期内均增加了玉米植株地上部干重。局部铵态氮供应、铵态氮：硝态氮(1：1)加磷、铵态氮加磷供应玉米生长速率以及灌浆期光合产物向雌穗的转移均高于 CK、局部磷和局部硝态氮加磷供应。此外，产量和籽粒氮浓度局部铵态氮、铵态氮：硝态氮(1：1)加磷、铵态氮加磷供应相比 CK、局部磷和局部硝态氮加磷供应分别提升 10%～48%和 4%～27%。对于氮利用效率和穗粒数，局部铵态氮、铵态氮：硝态氮(1：1)加磷、铵态氮加磷供应显著高于局部硝态氮加磷。这些结果表明，局部铵态氮加磷通过增加花后光合产物的分配和养分积累，从而增加了玉米产量、穗粒数以及农学利用效率。

集约化农业生产体系各种养分管理措施显著影响玉米的生长和产量。优化养分调控措施能否消除个体变异从而实现高产群体下的苗齐苗壮，是集约化玉米种植体系下进一步实现高产高效的核心问题。根据养分组成性质和植物生长规律，利用根际养分调控策略使土壤养分供应与根系生长在时间上吻合、空间上匹配，强化根际过程，发挥根系生物学潜力，在吉林梨树玉米主产区进行为期两年的玉米调控试验，研究了不同土壤类型、不同种植密度下，根际养分调控对玉米根系及地上部生长的影响。结果表明，铵态氮加磷局部供应显著刺激了调控区玉米根系大量增生，增加了玉米对养分的吸收，实现高产。根系增生程度取决于土壤的背景值、养分局部供应区氮磷浓度等因素。土壤类型、供氮水平和种植密度等环境条件均可影响个体植株对不同土壤背景和养分浓度的响应（高伟，2019）。

养分调控显著提高了黑土和风沙土玉米氮磷利用效率和籽粒产量。分别在吉林梨树典型黑土和风沙土上设定不施肥（N0）、氮磷撒施（N2P2-B）、磷肥减量 1/3 局部供应（N2P1-L）、氮肥减量 1/3 局部供应（N1P2-L），以及氮磷局部供应（N2P2-L）5 个处理。结果表明：养分局部供应在黑土和风沙土上均能够提升地上部和苗期的根系生长，并降低土壤异质性，均匀促进植株生长，减小群体植株生长的变异（图 6-48）。在玉米产量上，养分局部供应在黑土和风沙土上显著提升了玉米产量和氮磷利用效率，但风沙土较黑土提升空间更大（图 6-49）。对于不同的氮水平，设置 120、180、240 kg/hm^2 3 个处理。结果表明，不同供氮水平下，黑土低氮和中氮水平养分局部供应吐丝期叶面积、地上部干物质量、产量高于撒施，沙土各供氮水平下养分局部供应吐丝期叶面积、地上部干物质量、产量均显著高于撒施（图 6-50）。

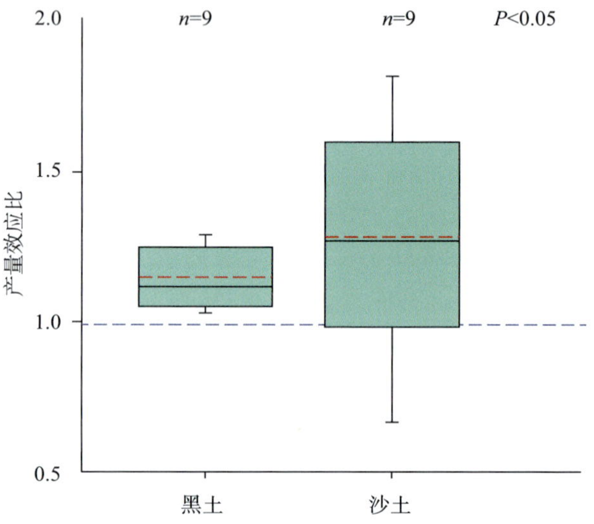

图 6-48　产量效应比

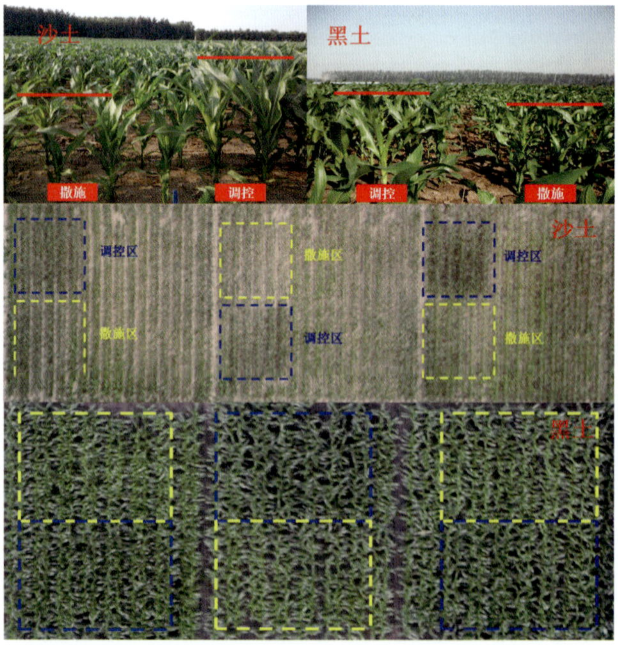

图 6-49　养分局部供应和撒施植株田间生长情况

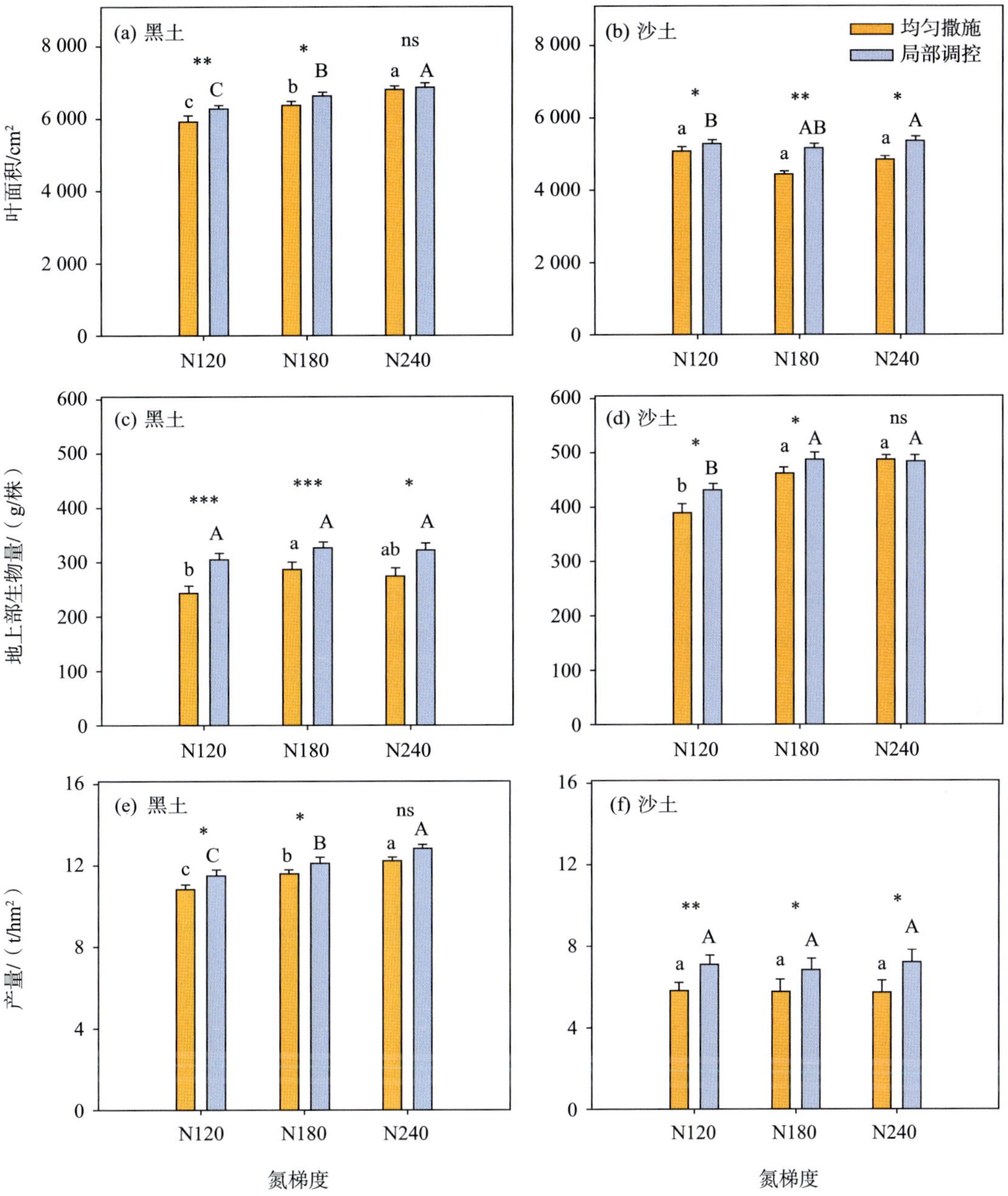

图 6-50　不同供氮水平下养分局部供应和撒施叶面积、地上部干重、产量比较

高密度种植条件下养分局部调控会导致作物行间根系竞争加强，导致产量同撒施相比显著降低。尽管在玉米苗期，局部养分供应能显著促进玉米根系的增生，玉米地上部生物量、养分吸收、相对生长速率也显著高于均匀养分供应处理，玉米根系、地上部生长与土壤养分含量紧密耦合；随着玉米的快速生长，局部供应区的养分被迅速耗竭掉，而根系的增生却维持在较高的水平上，进而均匀供应处理的玉米生长速度逐渐超过了局部养分供应处理；此时，局部养分供应中，根系生长与养分浓度在时空上处于解耦合状态，玉米个体的竞争强度较养分均匀处理高(图 6-51)。由此，在高密度种植环境中，养分局部供应对玉米产量具有负面的影响，而在低密度环境中，局部养分供应能促进产量的提高（Li et al.，2018)。

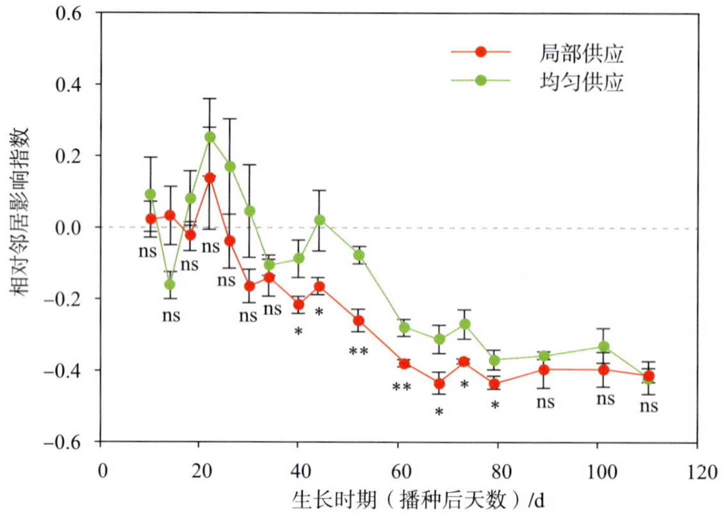

图 6-51　不同养分供应模式下高密度环境中玉米整个生育期内地上部竞争强度的变化规律

尽管如此，在我国东北地区流行的玉米宽窄行种植模式中仍然能够通过在玉米宽行间调控的方法，刺激根系向行间生长，从而降低株间的竞争强度促进玉米地上部生长。设置 3 个种植密度，55 000、70 000、85 000 株/hm^2，结果表明：不同种植密度下，黑土低密和中密养分局部供应吐丝期叶面积、地上部干物质量、产量显著高于撒施；风沙土中密和高密养分局部供应吐丝期叶面积、地上部干物质量、产量显著高于撒施，但高密同低密相比产量有下降趋势（图 6-52）。

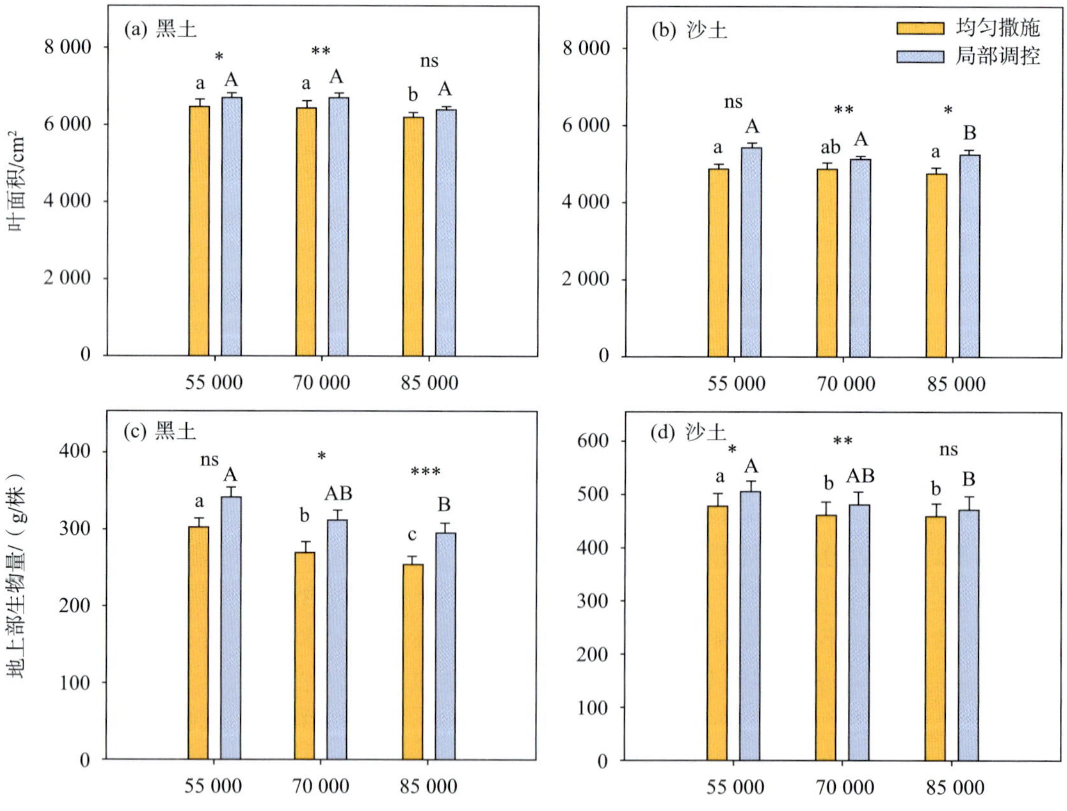

图 6-52

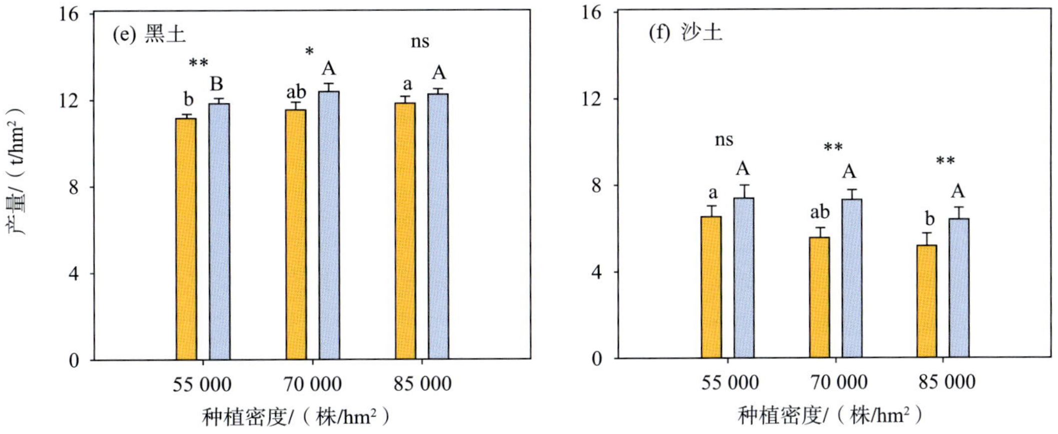

续图 6-52　不同种植密度下养分局部供应和撒施叶面积、地上部干重、产量比较

综合来看，在高密度的种植环境中，养分的局部供应能够在苗期实现养分浓度与根系生长的时空耦合性，进而促进地上部的生长；如果在窄行进行养分调控，随着玉米迅速生长，尤其是在玉米生长的关键时期，斑块区养分浓度迅速被耗竭，但根系生长依然维持在较高的水平上，此时养分与根系在空间分布上处于不耦合状态，根系的增加提高了地上部竞争强度的增加；根系和养分的时空分离，使根系功能没有得到最大的发挥，并消耗了较多的碳分配，提高了玉米竞争强度，进而造成了产量的降低（图 6-53）。但是如果改变养分调控，在宽行进行调控，则可以有效避免种间竞争带来的负效应。因此，养分局部调控需要在正确的时间、正确的种植模式下才能真正发挥作用，进而提高养分利用效率。

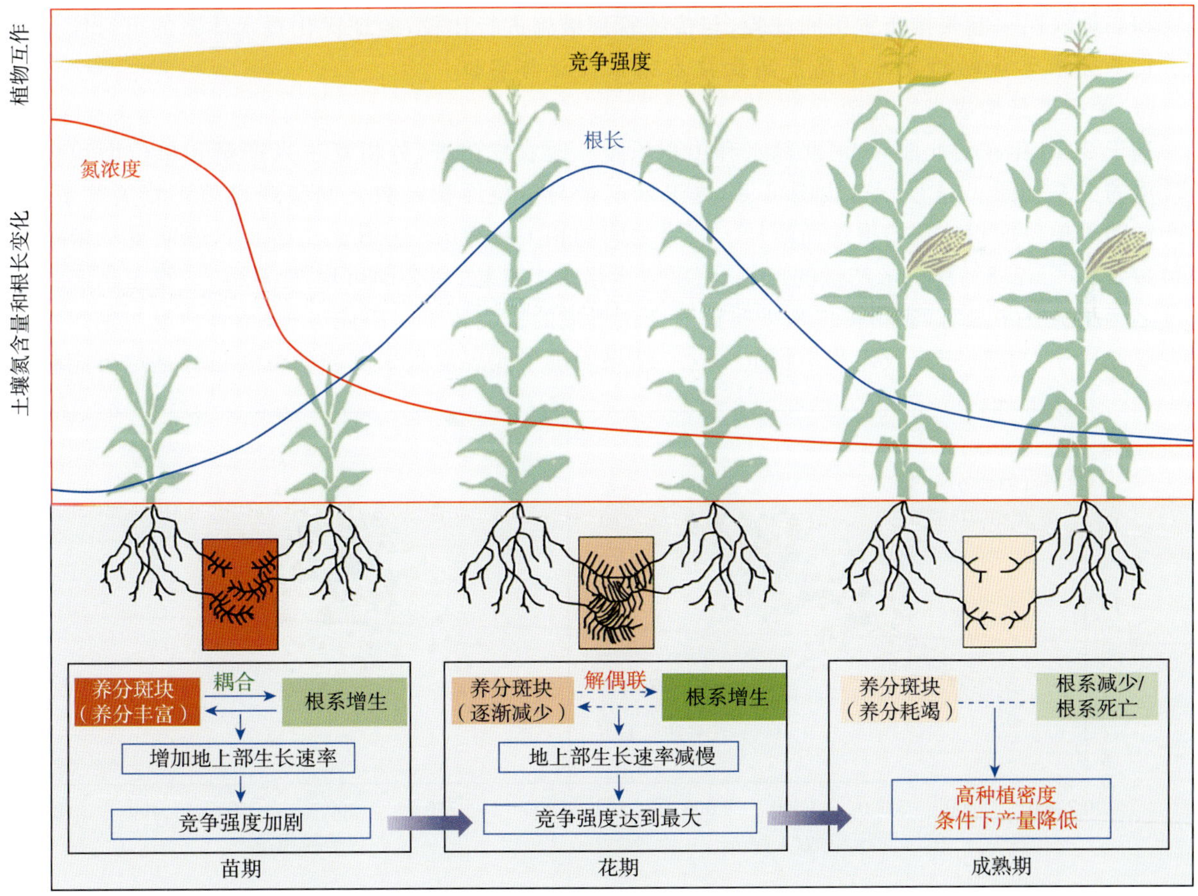

图 6-53　高密度环境中，养分局部供应调节玉米全生育期生长过程的概念图（Li et al.，2018）

6.3 区域作物高产高效大面积实现途径

6.3.1 基于农学诊断的高产高效技术体系设计与实证

通过农学诊断来设计、优化农业生产技术体系的方法原理是基于试验、农户生产等数据找到影响产量的关键产量构成要素，进一步分析产量构成与管理因素之间的关系，进而对管理措施进行设计的一个方法(Dore et al., 1997; Makowski et al., 2007; Valantin-Morison & Meynard, 2008; Dore et al., 2008)。该方法有助于解决传统的基于气象数据模型模拟、田间试验结果等"自上而下"的农业生产体系技术优化方法中农民参与度低、生产实际情况尤其是农户变异考虑少而导致技术适用性差的问题。在973项目支持下，以华北(河北徐水区、河北曲周县和山东乐陵市)小农户小麦、玉米生产体系为对象，建立基于农户实际生产数据分析与农学诊断的"自下而上"的冬小麦与夏玉米高产高效优化生产技术体系，并在农户地块验证其增产增效的可行性。

具体思路：首先，通过跟踪华北平原典型夏玉米生产区域小农户农事操作，获得农户真实农业生产数据。其次，利用农学诊断和边界线方法来设计冬小麦和夏玉米高产高效技术体系下的栽培管理措施指标。再次，确定关键产量构成指标后，通过分析管理因素与该产量构成指标的关系，设计出管理措施的优化值，集成夏玉米和冬小麦高产高效技术体系。最后，完成优化体系设计之后，组织试验农户对技术体系提出建议，如品种、播量/播种株行距、施肥量和追肥时间等。优化体系获得农户认可后，在农户地块和当地农民一起安排布置田间试验，与传统管理措施进行比较，验证优化技术体系的可行性。

1. 基于农学诊断的夏玉米高产高效技术体系设计与实证

(1)关键产量构成指标确定

基于2015年在河北曲周、河北徐水和山东乐陵三地农户调查，分析夏玉米产量和单位面积粒数及千粒重的关系如图6-54所示。由图可见，夏玉米产量与单位面积粒数之间呈现显著正相关关系，夏玉米产量随着单位面积粒数的增加而增加。两者之间的相关系数 R^2 达到了0.578 1，表明夏玉米单位面积粒数解释了57.8%夏玉米产量的形成，每平方米增加100粒，每公顷可增产0.25 t。夏玉米产量与千粒重之间相关性不显著，表明夏玉米千粒重对产量形成的影响较小。因此可知，小农户夏玉米高产的获得主要取决于单位面积粒数而非千粒重。这一结果明确了实现夏玉米高产的首要目标是尽可能获得较

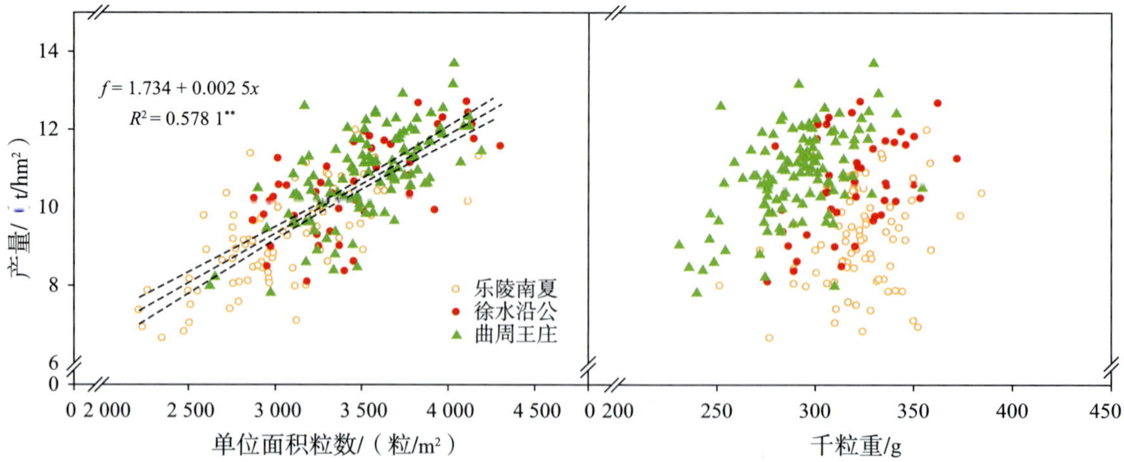

图 6-54 2015 年夏玉米产量与单位面积粒数及千粒重关系

高的单位面积粒数，影响高产的限制因素是出现在单位面积粒数形成的时期，而非籽粒的灌浆期。因此，优化体系的设计需要针对影响夏玉米收获密度和穗粒数的主要管理措施进行调控，协调好密度与穗粒数之间的关系，以期获得最高的单位面积粒数指标。

(2)管理因素与产量构成指标关系分析

根据小农户夏玉米生产中的可控因素，选择了播种密度、氮磷钾施肥量、氮肥的基施量、播期等六项措施进行优化，以期获得较高的单位面积粒数。如图 6-55 所示，从单位面积粒数同夏玉米诸管理措施的

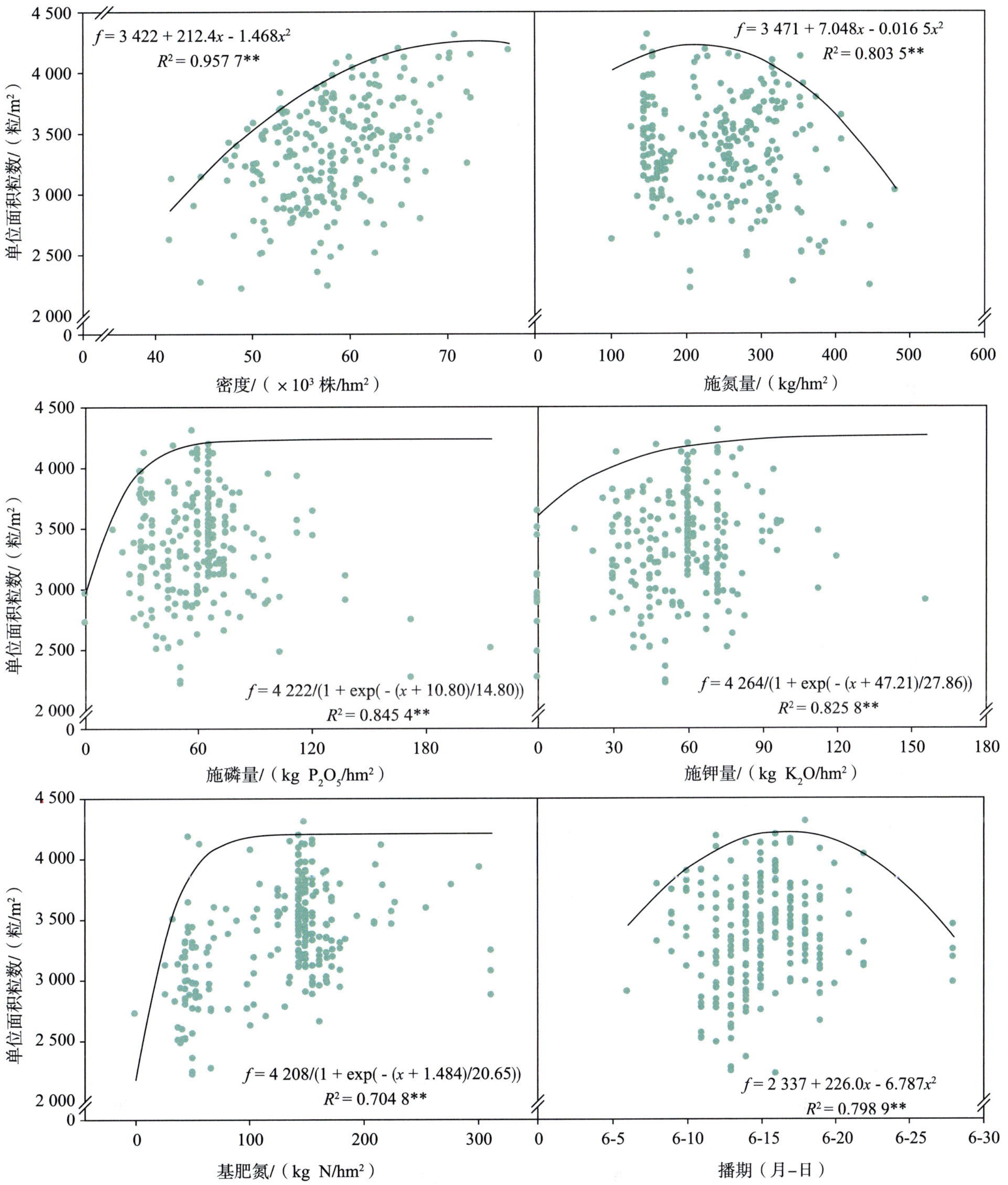

图 6-55　2015 年夏玉米单位面积粒数与主要可控因素的边界线分析

分析可以看出，大多数的农户地块因收获密度较低导致单位面积粒数降低，随着密度的增高，即使夏玉米密度达到了最高水平之后，也没有降低夏玉米单位面积粒数的边界值。因此，根据夏玉米密度与单位面积粒数之间的边界线关系，以及华北地区夏玉米播种机的常见类型（行距一般为 60 cm），设计优化体系夏玉米播种量为 72 000 株/hm^2，播种机的行株距为 60 cm×23 cm。从单位面积粒数和施氮量的关系可以得出，随着施氮量的增加，单位面积粒数的边界值呈现二次曲线关系，实现最高单位面积粒数时的施氮量为 213.5 kg/hm^2，设计优化体系下的总施氮量为 210 kg/hm^2，该推荐值与陈新平等（2014）研究所得结果（214 kg/hm^2）基本一致。单位面积粒数与施磷量和施钾量的边界线均呈现 S 形曲线（曲线加平台）的关系，表明磷钾的使用量对单位面积粒数影响不敏感，根据边界线的拐点推荐夏玉米优化生产体系下的磷钾施肥量均为 50～60 kg/hm^2。氮肥的基施量与夏玉米单位面积粒数之间同样呈现曲线加平台的关系，根据边界线拐点及专家建议，氮肥的 1/3 进行基施，2/3 为追施，如果农户在实际操作中优化体系下的基肥氮不够或者超过了总量的 1/3，则在追肥时进行调整，保证氮肥总施用量为 210 kg/hm^2，并且后移追肥时期至大喇叭口期。最后，夏玉米播期同单位面积粒数之间的边界线关系呈现了二次曲线，考虑到小农户进行夏玉米播种时需要租赁播种机械、保障播种后进行灌溉等实际情况，设计的优化体系下夏玉米播期为一个阶段，从 6 月 10—20 日为推荐播期。

（3）技术体系集成与农户验证

对主要可控制的管理措施设计出优化值后，集成夏玉米高产高效优化技术体系（IP，improved management practices system），并与农户的常规管理生产体系（FP，farmers' conventional practices）进行田间试验对比。其中农户常规管理体系下的栽培管理措施由农户自行决定，不予干涉，高产高效优化技术体系的措施内容经研究人员与试验农户讨论后，主要的试验操作由农户独立完成。该田间对比试验在乐陵布置 16 处，在徐水布置 11 处，在曲周布置 7 处，以期探究该优化体系在不同区域、不同农户地块的增产增效潜力和可行性。

对该优化技术体系在农户地块的实际应用情况进行了跟踪，检验每项指标的实际可行性。由图 6-56 可以得出，农户实际播种密度在 5.0 万～7.6 万株/hm^2 之间，平均值为 6.1 万株/hm^2，农户之间的变异较大，而试验农户通过对机械的调试，都可以实现 7.2 万株/hm^2 的要求值，提高播种密度 18%，降

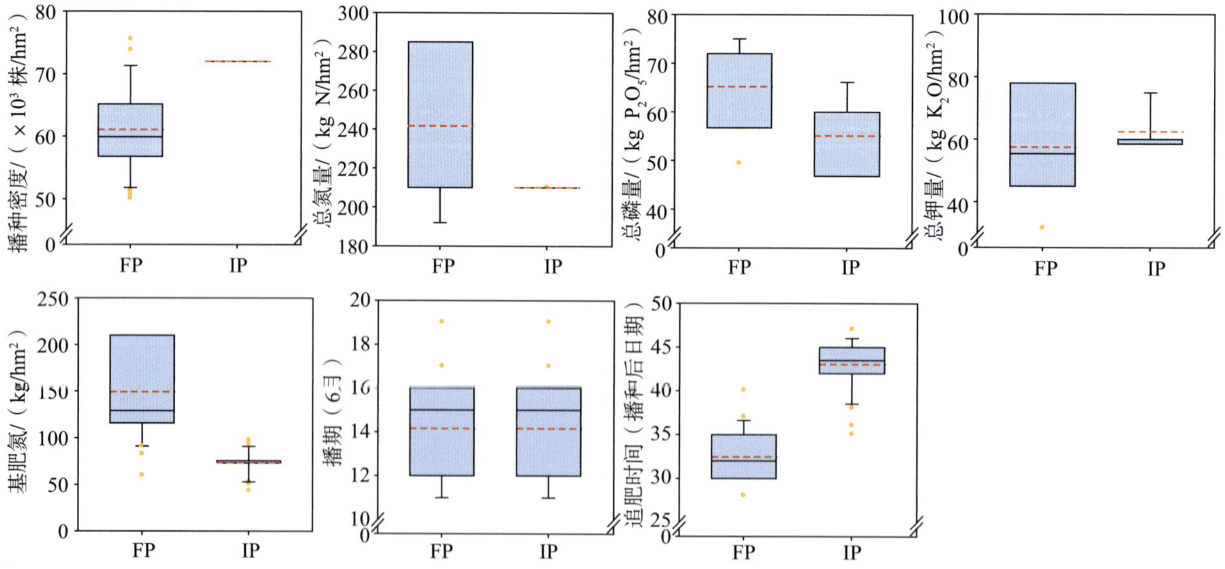

图 6-56　2016 年不同处理下夏玉米生产管理措施对比

注：对于每个研究区域的箱式图，框内的上、中、下三条黑色实线分别代表 75%分位、50%分位和 25%分位；框外的上、下两条横线分别代表 90%分位和 10%分位。框内红色的虚线为平均值。

低农户播种密度的变异；在肥料施用上，为了满足优化技术体系的推荐量，在试验安排之前，研究人员同参与试验的农户讨论后建议了两种方案，第一种方案通过氮磷钾单质肥料自行配比，第二则是选择当地市场配方适宜的配方肥作为基肥，氮肥再通过追肥进行调节来满足设计量的两种施肥途径。乐陵农户选择了第一种配肥方案，徐水农户选择了第二种方案，曲周农户选择了第一种方案。从农户的施肥结果看，农户常规的平均施氮量为 242 kg/hm^2，施氮量范围为 192～285 kg/hm^2，农户优化体系下的施氮量为210 kg/hm^2，降低了约 12.4%的农户氮肥投入；农户的磷肥施用量平均值为 65 kg/hm^2，施肥量范围为 49～75 kg/hm^2，优化体系下的农户磷肥用量为 55 kg/hm^2，施肥范围为 47～66 kg/hm^2，降低了 15.4%的磷肥投入；而对于钾肥的投入，农户常规处理是 57 kg/hm^2，施肥范围为 32～78 kg/hm^2，优化体系施钾量为 62 kg/hm^2，施肥范围为 59～75 kg/hm^2，增加 8.7%。

在氮肥的基肥使用方面，农户氮肥基施用量为 148 kg/hm^2，施肥范围为 60～210 kg/hm^2，优化体系下的基肥施用量为 73 kg/hm^2，范围为 43～97 kg/hm^2，降低了 50.7%的基肥量，因为玉米前期生长需氮量较低，过多基肥氮的投入加之蒙头水的灌溉和降雨易导致养分流失，造成环境污染；农户的常规播期和优化体系下的播期一致，没有出现差异，农户的优化体系下的播期是按照推荐播期进行播种的，但是小农户不会在相邻的两个地块选择两个播期进行耕种，因为农户需要协调租赁两次播种机械，造成夏玉米灌溉蒙头水的时间也不一致，操作难度大，并且会带来更高的经济代价，所以两处理的播期都是按照优化体系下的推荐值进行；在追肥时间方面，农户常规处理平均在播种 22 d 后就进行追肥操作，追肥的时间范围是播种后 0～40 d，因为有的农户采用了一次性施肥，追肥和基肥都作为底肥在播种时施入，而优化体系的农户施肥平均在播种后 43 d 进行，范围为播种后 35～50 d 内，基本实现了在夏玉米拔节期之后再进行追肥处理。

同田对比试验结果(图 6-57)表明，优化体系下夏玉米产量范围为 8.9～13.6 t/hm^2，平均 11.1 t/hm^2，显著高于农户平均水平(9.4 t/hm^2)，农户的夏玉米产量范围为 6.7～11.4 t/hm^2，夏玉米高产高

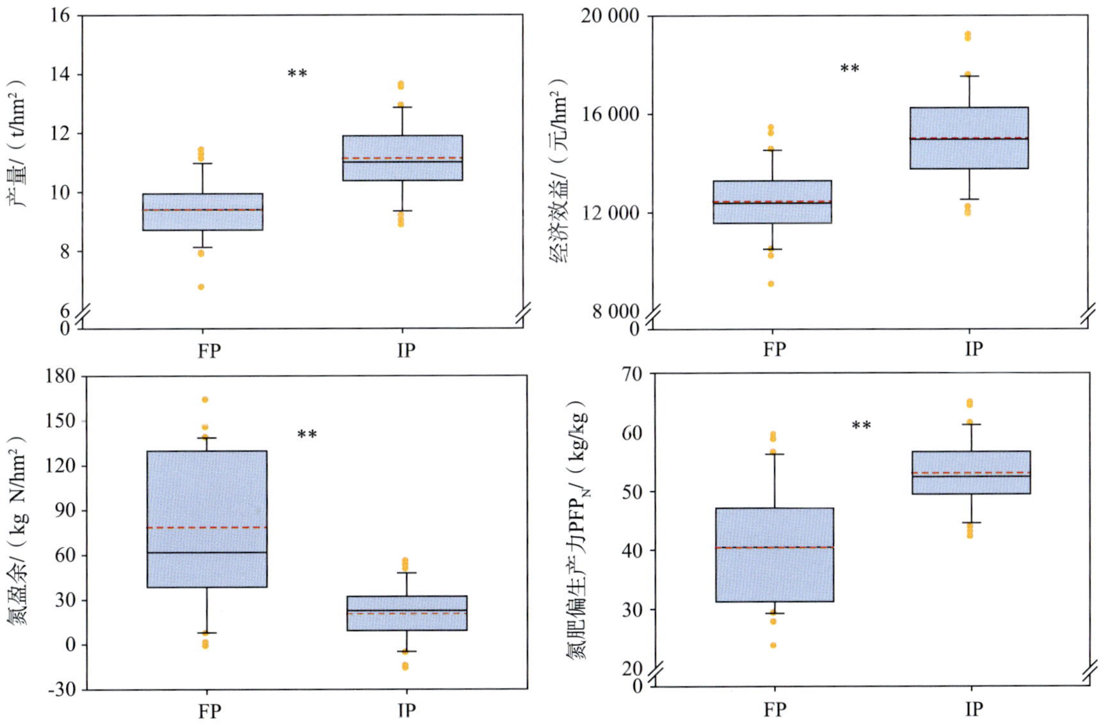

图 6-57　2016 年不同处理下夏玉米生产效果对比

注：** 代表在 $P \leqslant 0.01$ 水平下差异显著。

效优化技术体系较农户常规管理体系平均增产 18.4%，并且最高产量和最低产量都实现了增产 2.0 t/hm^2 以上，证明了在区域大面积上该优化体系实现小农户夏玉米增产的可行性；同样，在经济利润（成本方面未包含人工劳动力成本）方面，优化体系处理夏玉米生产每公顷可以实现 15 013 元的利润，而农户常规管理体系处理的每公顷利润为 12 454 元，优化体系较农户常规增加收益 20.5%；夏玉米优化体系不仅实现了增产增收，在环境代价方面也取得了较好的效果。其中，农户常规管理体系下的夏玉米氮肥偏生产力范围为 23.7～59.5 kg/kg，平均 40.5 kg/kg，而优化体系下的夏玉米氮肥偏生产力范围为 42.0～64.9 kg/kg，平均值为 53.1 kg/kg，实现了增效 31.1%，并且优化技术体系最高氮肥偏生产力可实现 65 kg/kg，比农户常规最高水平高 15 kg/kg，揭示了农户在氮肥增效方面同样有着较大的可实现空间。同时，优化体系还缩小了小农户夏玉米生产效率的变异，农户常规管理夏玉米氮肥偏生产力的变异系数为 24.5%，优化体系处理的变异系数为 10.6%。在表观氮素盈余方面，农户常规处理下的氮盈余量较高，氮盈余平均值为 78.7 kg/hm^2，氮盈余范围为－1.3～163.6 kg/hm^2，而优化体系处理下的氮盈余平均值为 20.9 kg/hm^2，范围为－16.3～55.6 kg/hm^2，和农户常规相比平均降低了氮盈余量的 73.4%，大大减少了夏玉米生产带来的环境压力。综上所述，在产量、经济效益和环境效益方面，基于小农户生产数据“自下而上”设计的夏玉米高产高效优化技术体系都显著高于农户常规处理，证明了该优化技术体系在不同区域、不同农户操作下协同实现增产增效的可行性。

2. 基于农学诊断的冬小麦高产高效技术体系设计与实证

（1）关键产量构成指标确定

从图 6-58 可以看出，冬小麦产量随着单位面积粒数的增加而增加，超过一定范围后有下降趋势，相关系数 R^2 达到了 0.436 2，呈现了极显著相关性。而相比之下冬小麦产量与千粒重之间相关性较低，单位面积粒数对冬小麦产量的形成解释了 43.6%，千粒重仅解释了 16.2%。因此，小农户冬小麦高产的获得主要依赖于单位面积粒数，而非千粒重。这一结果进一步明确了调控冬小麦高产的获得途径，首要目标是获得较高的单位面积粒数，并且影响高产的关键限制因素是出现在单位面积粒数形成的时期，而非籽粒的灌浆时期。需要针对影响小麦收获群体和穗粒数的主要管理措施进行调控，协调好密度与穗粒数之间的关系，以期获得适宜的单位面积粒数指标。本研究设定优化体系下的目标产量为当前研究区域农户平均水平下再增产 15%，根据产量与单位面积粒数之间的边界线关系，确定此产量目标下每平方米的粒数目标实现值范围为 21 000～34 000 之间。

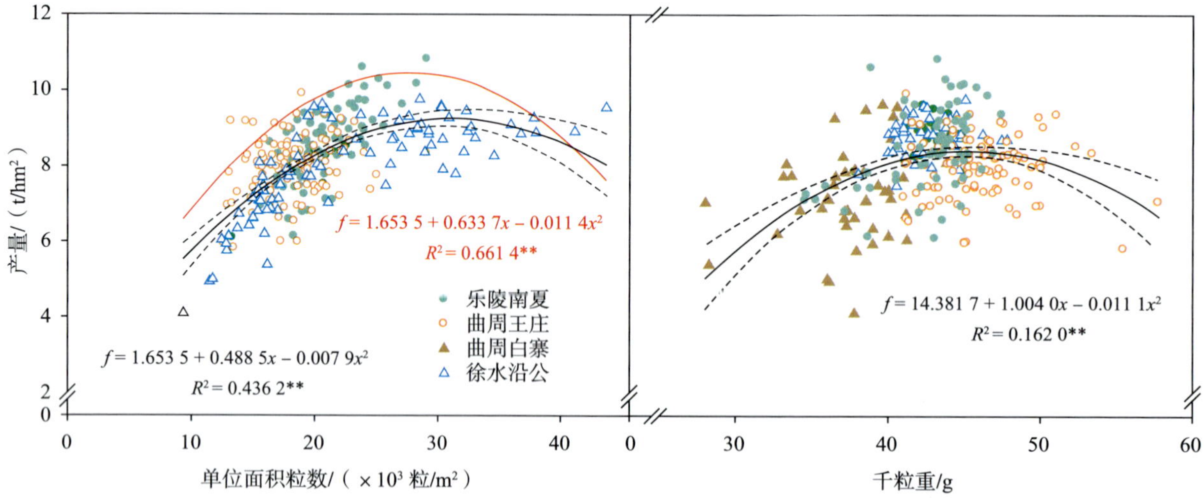

图 6-58　2016 年冬小麦产量与单位面积粒数及千粒重关系

（2）管理因素与该产量构成指标关系分析

冬小麦的收获群体和穗粒数受到了播期、播量、施肥情况和追肥时间、灌水时间和气候条件的影响，本研究根据小农户冬小麦实际生产中的可控因素，选择了播量、播期、氮磷钾施肥量、氮肥的基施量、氮肥追肥时间七项措施进行优化设计，以期获得较高的单位面积粒数。

如图 6-59 所示，冬小麦播量与单位面积粒数之间边界线关系呈现二次曲线关系，小农户实际生产中存在播量过大问题，导致了单位面积粒数边界值的过高和过低，影响了高产的获得。以每平方米粒数 21 000～34 000 为生产目标，则推荐的冬小麦播量为 7～12.5 kg/亩。在播期方面，单位面积粒数的边界值随着播期的延迟而下降，虽然早播能够获得较高的单位面积粒数，但过早播种易导致冬前生长过旺，引发冻害，并且当每平方米粒数值超过 34 000 时，会增加倒伏、病虫害等风险而降低产量，目标单位面积粒数下的推荐播期为 10 月 9—18 日，如图 6-60 所示，单位面积粒数和施氮量的关系可以得出，随着施氮量的增加，单位面积粒数的边界值呈现二次曲线关系，实现目标单位面积粒数时的推荐施氮量为 122.4～207.1 kg/hm^2，结合设计的冬小麦增产 15％的目标产量以及岳善超(2013)提出的相应产量水平下冬小麦每百千克籽粒需氮量为 22.7 kg，计优化体系下的总施氮量为 210 kg/hm^2；随着基肥氮比例的升高，冬小麦单位面积粒数边界值同样是先升高再降低的趋势，在基肥比例约 40％时，冬小麦单位面积粒数达到了最高值，但是根据目标值，优化体系下的推荐基肥氮比例为 18％～31％，故设计优化生产体系下的基肥氮比例为 30％；在产量差限制因素分析中，冬小麦产量对磷肥和钾肥的响应度较差，所以在本体系计算磷钾肥的推荐值时，同样选择了 Sigmoid 模型曲线模拟磷钾施肥量和单位面积粒数的关系，根据设定的单位面积粒数目标值确定优化体系下的施磷量为 100 kg/hm^2，施钾量为 40 kg/hm^2。

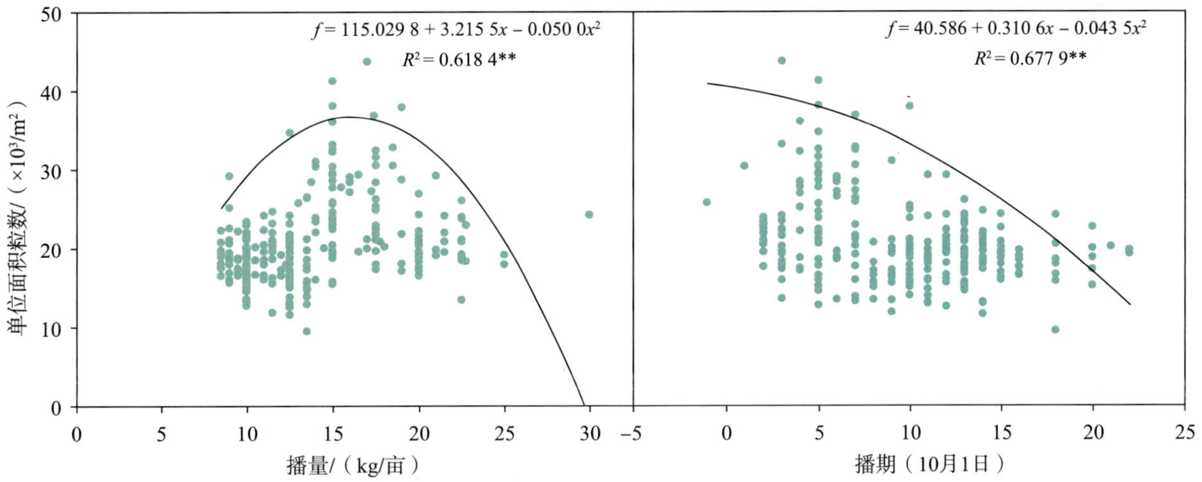

图 6-59 2016 年冬小麦单位面积粒数与播量和播期的边界线关系

(3)技术体系集成与农户验证

完成对主要可控制的管理措施设计出优化值后，集成冬小麦高产高效优化技术体系(IP)，并与农户的常规管理生产体系(FP)进行田间试验对比，农户常规管理体系下的栽培措施由农户自行决定，不予干涉，高产高效优化技术体系的措施内容经研究人员与试验农户进行讨论后，主要的试验操作由农户独立完成。该田间对比试验在乐陵布置 14 处，在曲周白寨布置 10 处，探究该优化体系在不同区域、不同农户地块的增产增效能力和可行性。

对该不同技术体系在农户地块实际应用情况进行了跟踪，检验每项指标的实际可行性。在肥料施用方面，为了满足优化技术体系的推荐量，在试验安排之前，研究人员同参与试验的农户讨论后同样建议了两种方案，第一种方案通过氮磷钾单质肥料自行配比作为基肥，第二种是选择当地市场配方适宜的配方肥作为基肥。乐陵农户选择了第一种和第二种相结合的配肥方案，曲周农户选择了第一种方案。

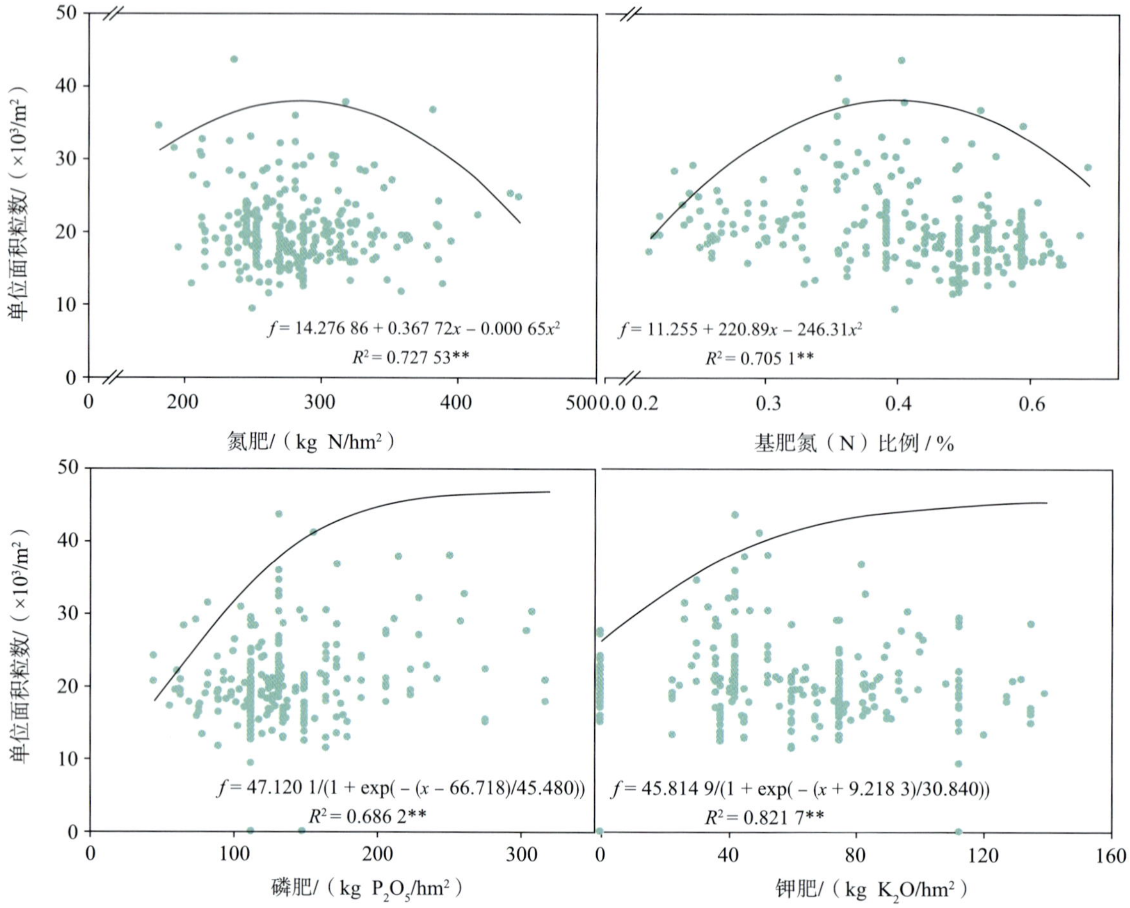

图 6-60　2016 年冬小麦单位面积粒数与主要施肥因素之间的边界线关系

由图 6-61 可以得出，农户常规的平均施氮量为 272 kg/hm²，施氮量范围为 220～304 kg/hm²，农户优化体系下的施氮量为 217 kg/hm²，较农户氮肥投入降低了 20.2%；农户的磷肥施用量平均值为 122.5 kg/hm²，变幅 112.5～216 kg/hm²，优化体系下的农户磷肥施用量为 90 kg/hm²，较农户降低 26.5%；对于钾肥的投入而言，农户常规处理为 57.4 kg/hm²，施肥范围为 36～106.5 kg/hm²，优化体系施钾量为 56.4 kg/hm²，变幅较小。从跟踪农户对不同体系下的施肥措施来看，由于基肥是农户以当地市场销售的复合肥为主进行选择，多为高氮高磷和低钾配方，因此在配方的选择上需要协调是否满足钾的施肥量推荐值和防止磷施肥量过高，造成了曲周、乐陵两研究地点在基肥氮用量上的差异，该项措

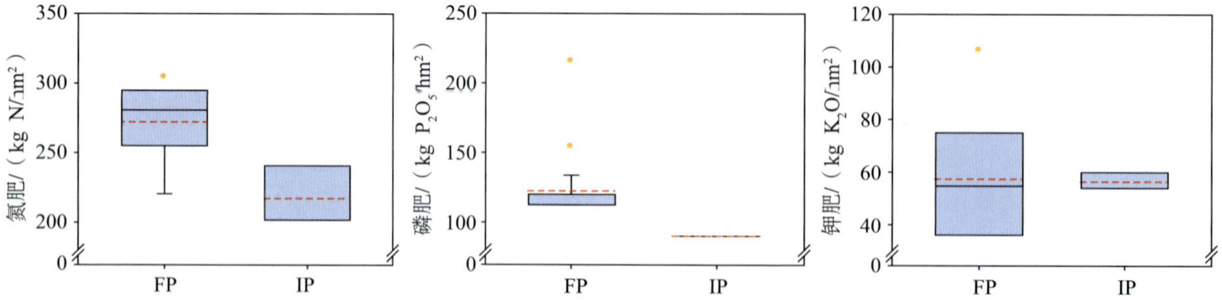

图 6-61　2017 年不同处理下冬小麦氮磷钾施肥量对比

注：对于每个研究区域的箱式图，框内的上中下三条黑色实线分别代表 75%分位、50%分位和 25%分位；框外的上下两条横线分别代表 90%分位和 10%分位。框内红色的虚线为平均值。

施进而对基肥氮的比例设计产生了影响，乐陵南夏和曲周白寨两地基肥氮的比例分别为 40% 和 50%。从以上结果表明，优化推荐措施中的氮磷钾施肥量、基肥氮比例容易受到当地市场上现存复合肥配方的影响。

在冬小麦播量方面，农户常规处理下播量为 19.25 kg/亩，播量范围为 15～27.5 kg/亩；优化体系下播种量为 12.25 kg/亩，播量范围为 11～15 kg/亩，和农户常规相比降低播量 36.4%（图 6-62）；对播期而言，农户常规处理和优化体系处理的播期基本没有差别，原因主要是因为本研究中两处理地块相邻，农户受到了播种机械和灌溉资源的限制，从农户主观角度和经济投入上，相邻两地块农户没有选择两个播期进行操作，两处理平均播期均为 10 月 9 日，在推荐范围之内，表明农户可以接受对播期的调控，但是试验农户的播期范围为 10 月 1—13 日，和推荐播期范围相比略早，这因为农户的播期选择受到了当年玉米收获日期、播种机械、灌溉资源和降雨情况的多重影响。

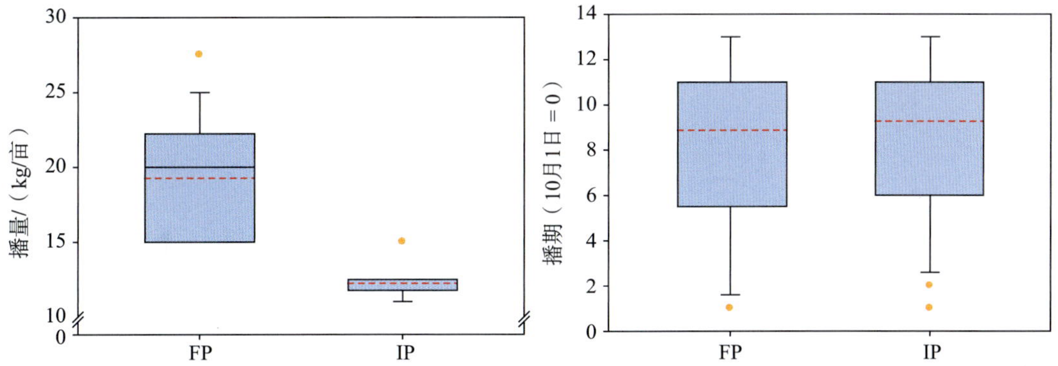

图 6-62　2017 年不同处理下冬小麦播量、播期的对比

通过同田对比试验结果（图 6-63）可以得出，优化体系下冬小麦产量范围为 6.5～10.7 t/hm²，平均 9.0 t/hm²，略高于农户平均水平的 8.4 t/hm²，农户的冬小麦产量范围为 5.4～11.0 t/hm²，冬小麦高产高效优化技术体系比农户常规管理体系增产 7.1%，其中乐陵南夏地区增产 8.6%，曲周白寨地区增产 4.7%。在经济利润（成本方面未包含人工劳动力成本）方面，优化体系处理冬小麦生产每公顷可以实现 14 153 元的利润，每公顷利润范围为 8 398～17 615 元，而农户常规管理体系处理的每公顷利润为 12 013 元，每公顷利润范围为 4 892～17 167 元，优化体系较农户常规增收 20.2%；冬小麦优化生产体系不仅实现了增产增收，在环境代价方面也取得了较好的效果。其中，农户常规管理体系的冬小麦氮肥偏生产力范围为 17.8～40.1 kg/kg，平均 31.2 kg/kg，而优化体系下的冬小麦氮肥偏生产力范围为 32.2～53.2 kg/kg，平均值为 41.8 kg/kg，实现增效 35.6%。优化体系并没有缩小小农户冬小麦生产效率的变异，农户常规管理冬小麦氮肥偏生产力的变异系数为 17.2%，优化体系处理的变异系数为 16.0%。在氮盈余方面，农户常规处理下的氮盈余量较高，氮盈余平均值为 76.8 kg/hm²，氮盈余范围为 23.3～168.1 kg/hm²，而优化生产体系处理下的氮盈余平均值为 9.0 kg/hm²，范围为 −39.1～54.8 kg/hm²，降低了 88.3%，大大减少了冬小麦生产带来的环境压力。以上结果表明，虽然优化体系对冬小麦增产幅度贡献有限，但是在增收增效方面效果显著，显著提高了氮肥偏生产力和经济效益，降低了氮盈余量，减少了由此带来的环境风险。综上所述，基于小农户生产数据所设计的冬小麦高产高效优化技术体系可以在整体区域范围内协同实现增产增效，减低环境压力。

综上所述，基于农学诊断和“自下而上”思路进行了华北小农户体系夏玉米和冬小麦高产高效技术体系的设计，并进行实证，取得了增产、增效、增收、减排的效果。

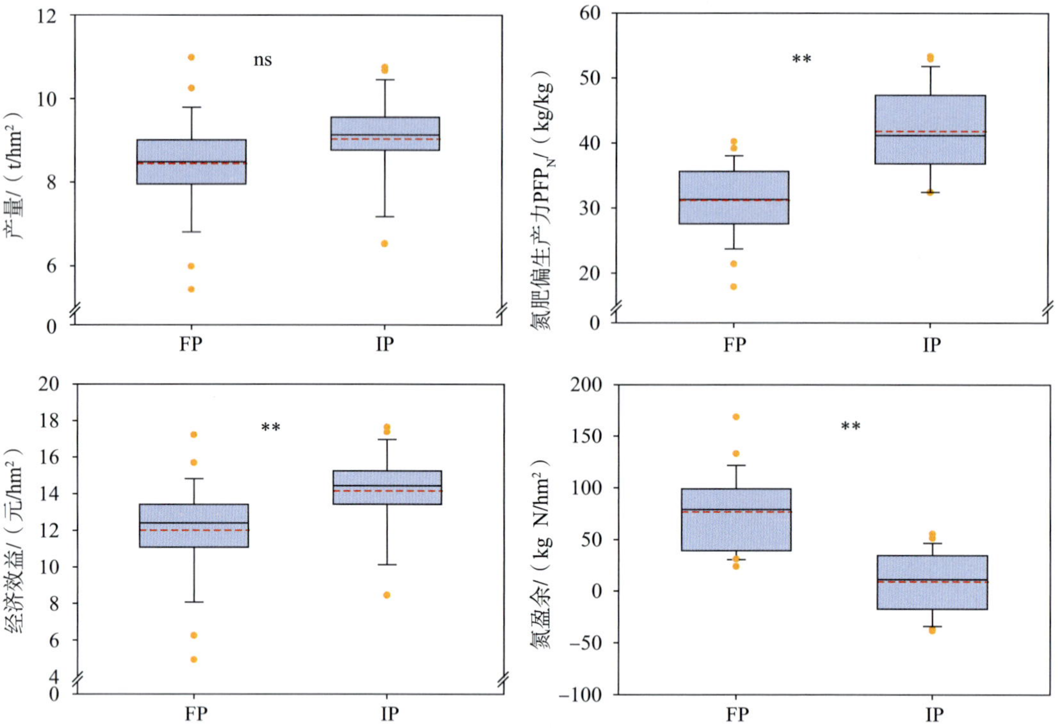

图 6-63　2017 年不同处理下冬小麦生产效果对比

注：** 代表在 $P\leqslant0.01$ 水平下差异显著。

6.3.2　基于遥感技术的农户精准管理技术体系设计与实证

在我国大多数农田中，由于农户不合理的肥料施用，常常造成农作物对肥料的利用率偏低，一般都低于 50%（Ju et al.，2009；Miao et al.，2011），其中，氮肥利用率平均只有 25%（Zhang et al.，2015）。同时，肥料在农田中的过量施用产生了较多的环境问题，比如农田温室气体的排放（Davidson，2009）、生物多样性的降低（Christopher and Tilman，2008）、地下水的污染（Diaz and Rosenberg，2008）及土壤质量的退化（Guo et al.，2010）等。为满足未来的粮食安全和可持续发展的需求，粮食生产必须大幅度持续增长，与此同时，农业的环境足迹必须大幅度降低（Foley et al.，2011）。为解决这一问题与挑战，探索作物高产与资源高效的农业技术体系迫在眉睫（Zhang et al.，2013；Shen et al.，2013）。在这一研究背景下，陈新平等（2011）提出了基于“土壤-作物”系统的高产高效综合管理技术。在不增加资源投入的条件下，通过优化区域内的作物栽培品种、种植时间与密度、土壤耕作与改良方式、肥料施用时期与施用量等综合管理措施，实现作物产量和资源利用率的同步提高，以较低的资源环境代价，得到较高的作物产量，达到高产高效的农业生产目标（Zhang et al.，2013；Chen et al.，2014）。目前，该技术在全国范围内的典型农户田与试验田进行了应用与示范，不但提高了作物的产量与资源的利用率，还大幅度增加了农户的经济收益，并有效保护了农业生态环境（Chen et al.，2014；Zhang et al.，2016；Cui et al.，2018）。但区域优化的高产高效管理技术在大面积区域内应用时，是以单一的种植密度与固定的氮肥管理（固定施氮量与施氮时期）等措施进行作物管理。据研究表明，作物的生长发育与产量形成过程中受区域内土壤条件、农田气象及作物特性等综合因素影响，致使不同土壤或者不同田块之间，土壤的供氮能力及作物的需氮量在时间与空间上产生较大变异（Gupta et al.，1997；Mamo et al.，2003；Scharf et al.，2005）。在这种变异条件下的作物固定统一管理方式，使农田的某些区域或者作物的某个生育时期出现氮肥亏缺现象，而另一些区域或者生育时期可能会出现氮肥过量的现象，不能使氮肥的供应与需求在时间与空间上同步，对作物氮的吸收利用以及产量形成造成较大的影响(Shanahan et al.，2008)。因此，需要以区域高产高效管理技术为基础，根据区域内的不同土壤类型与气象条件等因素的变异进一步优化调整作物的高产高效管理措施。

作物精准管理是以信息技术为基础的农业管理技术，根据影响农作物产量、资源利用率、经济效益和环境保护的关键因素的时空变异规律，对农业生产投入和管理措施进行时空优化。亦是指在作物适宜的生长时期内，以适宜的空间位置与适宜的管理措施提供作物生长所需的管理技术(Pierce and Nowak，1999；Khosla，2002)。精准养分管理是精准作物管理的关键技术之一，根据农田之间或农田之内土壤、作物及环境的时空差异信息，实时实地调整养分的投入，在保证作物产量与品质的前提下，最大限度地减少养分投入量；在提高养分利用率的同时，最大限度地保护农业生态环境(陈鹏飞，2009；Miao et al.，2011；Diacono et al.，2013)。精准养分管理技术已在世界各地的农业生产中得到应用，结合高产高效管理技术的精准作物管理技术成为我国可持续农业养分资源管理的措施之一(Mulla et al.，2013；Yao et al.，2012；Zhao et al.，2013)，并在小麦、玉米和水稻等三大主要粮食作物上取得了初步成功。

作物生长模型被认为是一种作物精准管理的工具，具有使肥料施用与作物需肥达到同步的潜力，从而提高肥料利用率(Cassman et al.，2002；Ferguson et al.，2002；Kersebaum，1995)。作物生长模型能够建立作物生长发育及产量形成与气象、土壤等环境条件以及田间管理措施之间的定量化关系，进行作物与环境以及经济因子及其关系的定量化表达(刘布春等，2006；曹宏鑫等，2011)。模型模拟耗费时间少，更经济有效，并且不具有与进行长期田间试验相关的空间需求(Jones et al.，2003)。最重要的是，模型研究可以帮助理解试验，解释观察到的试验结果以及可以操纵哪些因素来改变试验及其结果。目前，作物生长模型已经得到越来越广泛的应用，其在作物长势监测、作物产量预测、农田生产力分析、气候变化评估、种植制度优化、优化氮肥管理、栽培管理措施决策等方面有着广泛的应用(Miao et al.，2006；吕硕，2016)。它使作物科学从经验水平提高到更精确水平，有利于促进农业管理实现作物生产的高产、高效、优质、生态与安全等多重目标(高亮之，2001)。因而，可以在区域优化基础上，应用作物生长模型模拟区域内不同气象、土壤条件下作物适宜的施氮量，进一步优化区域内的作物管理策略(Zhang et al.，2018)，并可以通过作物生长模型根据当季气象条件预测作物产量和需肥量并指导追肥调控。但是在区域内，作物生长模型可以针对不同土壤类型提供相应的管理建议，因为难以有效获取田块尺度的土壤输入等详细信息，很难实现在大面积区域内对单个农田中作物管理提供决策支持。

精准养分管理技术的实施还依赖于应用遥感技术对作物氮营养状况的实时监测与诊断。作物体内的营养状况是土壤养分供应、作物对养分需求和作物吸收养分能力的综合反映，通过对作物体内营养状况的诊断，确定植株体内养分的丰缺状况，便可以此作为追肥决策的依据，通过施肥进行调控(郭建华等，2008)。而在植物营养诊断中，氮肥由于施用量大、易挥发且在土壤中易移动等特点，成为被关注的重点，在推荐施肥技术体系中氮肥推荐是核心(陈新平等，1999)。准确、快速、经济地确定植株体内的氮素营养状况，是保障和实现合理科学地施用氮肥、提高作物产量与氮肥利用效率、降低环境风险的根本前提。近年来，氮营养指数(NNI)被认为是诊断植株氮素营养状况的最好指标(Lemaire et al.，2008；Tremblay et al.，2011)，其能够准确诊断作物的氮素营养状况(Ziadi et al.，2008；Chen et al.，2013)，当 NNI＝1 时，表示此时植物处于氮营养水平的最佳状态；当 NNI＜1 时，表示植株氮营养不良，缺少氮素；当 NNI＞1 时，则表示植株体内氮营养过剩，此时表现作物对氮素奢侈吸收。由于氮营养指数的确定需要通过破坏性的田间取样测定获得，因此，许多学者基于无损的遥感技术准确地估测了作物的氮营养指数，这就为无损实时的氮素营养诊断打下了坚实的基础。

目前，遥感技术的发展为作物氮素营养状况的快速诊断提供了支持，并且其被认为优于植株个体的分析及诊断，因为其可以检测某一特定区域的植株群体(Olfs et al.，2005)。利用作物冠层传感器，能够对作物营养状况进行实时诊断，根据建立的养分推荐算法进行作物的精准施肥管理。遥感诊断技术就是通过电磁波形式来检测物质在其作用下反映其成分与结构的光谱吸收与反射特征，最终实现对该物质的物理与化学组成的探测(陈鹏飞等，2010)。在农业方面，遥感诊断技术的应用主要与植物叶片光谱特性有关，而光谱特性又是由参与光合作用的叶绿素所体现。叶绿素对光的吸收峰集中在蓝光和红光区域，对红外以及近红外光都存在着强烈的反射。当作物缺氮时会造成叶绿素对可见光的反射加强而对近红外光反射减弱(王珂等，1999)。遥感诊断就是利用各种传感器测定植物反射出的波段反射率，计算出最优植被指数估测作物氮素诊断指标，根据其诊断指标阈值来评价作物氮素营养状况(Xia et al.，2016；Lu et al.，2017)。作物氮素养分含量发生不同变化时均会引起某些波长的光谱反射和吸收产生差异，从而产生不同的光谱反射率，为用遥感技术进行无损作物氮素营养诊断提供机会。氮素遥感诊断主要是通过传感器来实现，包括叶绿素仪和叶片或冠层荧光传感器、近地面主动冠层传感器、卫星遥感、航空遥感以及低空无人机遥感(Miao et al.，2009；Huang et al.，2015，2019；Cao et al.，2016；Lu et al.，2017；Chen et al.，2019；Dong et al.，2020)。对于区域大面积农户的作物氮营养遥感诊断而言，卫星遥感与低空无人机遥感均展现出较大的潜力与应用前景。因此，通过遥感技术监测作物长势，实现并有力地支持了作物氮营养状况的快速诊断，可以监测特定区域内作物群体的氮营养状态(Olfs et al.，2005)。土壤、气候、管理方式以及其他环境因素都是影响作物氮营养状态的重要因素，而通过冠层遥感技术能够实时实地诊断作物的氮营养状态，进而决定氮肥的追施方案，实现农田作物的当季变量施肥，为实现大面积农户的作物精准管理提供了有力的技术支持(图 6-64)。

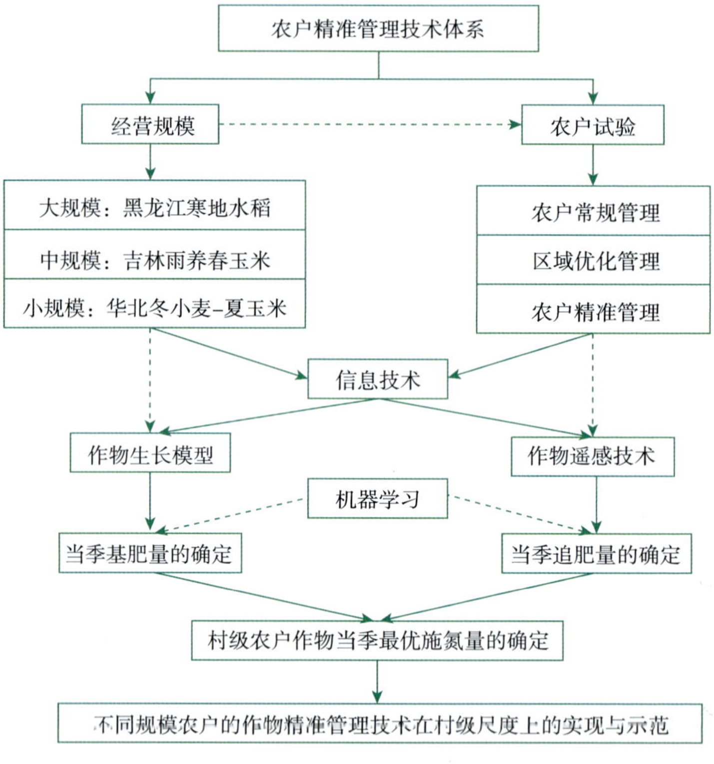

图 6-64　基于信息技术(生长模型和遥感技术)农户精准管理技术体系设计思路图

1. 黑龙江大规模经营寒地水稻

东北地区的寒地水稻种植对中国粮食安全和可持续发展至关重要。目前，一个关键的挑战是如何优化氮肥管理，以确保水稻产量，同时提高氮肥利用效率和保护环境。CERES-Rice 模型能够很好地模拟本地区水稻在不同施氮量条件下的地上部生物量、叶面积指数、产量和植株吸氮量等参数(R^2 = 0.64～0.98)(图 6-65)。基于多年 CERES-Rice 模型模拟结果可以得到当地主栽品种龙粳 21、龙粳 31 和空育 131 的多年平均最优施氮量分别为 119 kg/hm^2、100 kg/hm^2 和 91 kg/hm^2。基于多年气象数据，CERES-Rice 模型模拟得到高温、常温和低温年型的多年平均最优施氮量分别为 115 kg/hm²、100 kg/hm² 和 99 kg/hm²。不同水稻品种在不同年型对氮肥的反应如图 6-65 所示。通过农户试验可知，基于作物生长模型的精准氮素管理方式相比于农户常规管理在水稻的产量、氮肥偏生产力和经济效益上分别显著提高了 9.2%～9.8%、39.6%～46.3%和 10.0%～10.5%。相比于区域优化管理在水稻的产量、氮肥偏生产力和经济效益上分别提高了 3.1%～4.7%、6.4%～10.4%和 3.2%～4.8%。

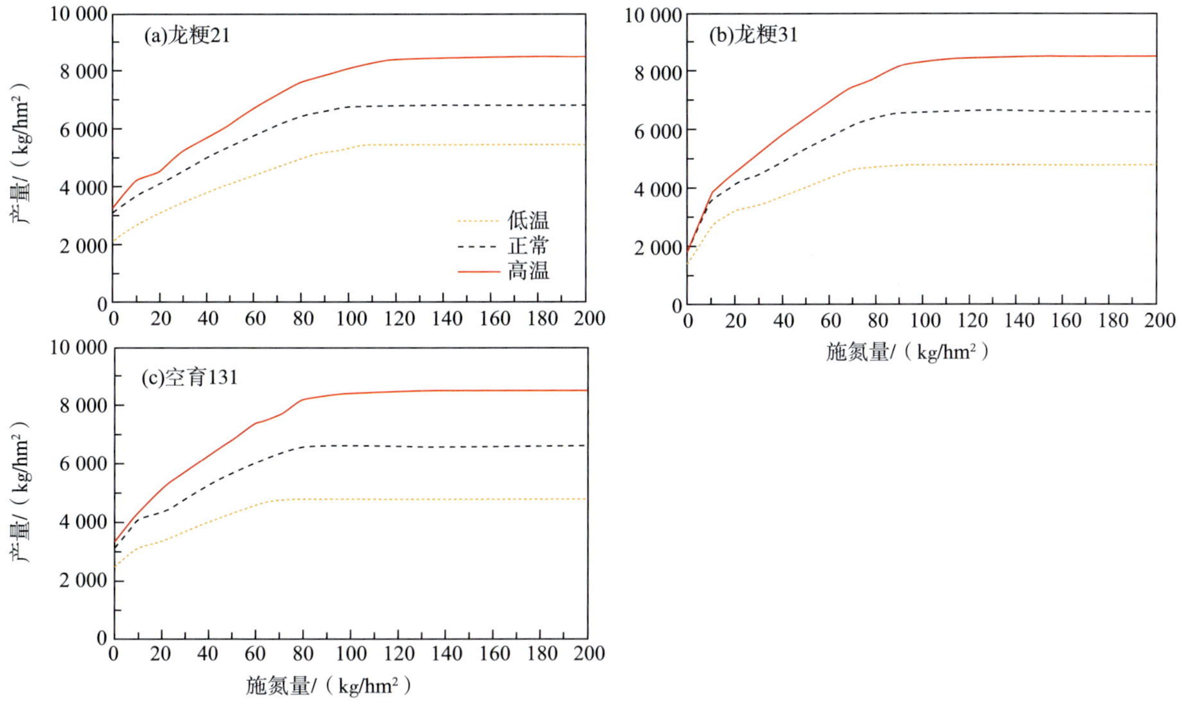

图 6-65　不同品种水稻产量在典型的低温、正常和高温年型条件下对氮肥施用量的反应(Zhang et al.，2018)

在基于作物生长模型确定的当地不同品种多年平均适宜施氮量的基础上，可以应用不同遥感技术在追肥关键期对水稻氮营养状况进行无损诊断，根据诊断结果指导不同季节、不同地点的氮肥追施管理建议。手持叶绿素仪和便携式主动作物冠层传感器已用于该地区的水稻氮营养诊断与管理(Yao et al.，2012；Cao et al.，2013，2016；Lu et al.，2017，2020)。然而，这些技术对于建三江地区大规模农户的应用来说仍然是耗时耗力的。目前，高时间和空间分辨率的卫星遥感技术可以为大规模作物生长监测和精确管理提供技术支持。因此，在东北黑龙江省七星农场的 5 块农田中，应用卫星遥感技术可以解释 45%～52%的水稻氮营养指数 NNI 变异。因此，如图 6-66 所示，卫星遥感技术可以用于估测水稻 NNI 并进行氮营养诊断，并根据诊断结果调整追肥数量。但卫星遥感技术易受不良天气条件的影响，有时难以获得关键生育时期的遥感影像。主动作物冠层传感器自带光源，不受环境光线条件影响，但采用手持模式效率较低，难以满足大面积农户水稻管理的需要。近年来，无人机遥感技术发展迅速，是一种低成本、易于操作的遥感图像采集技术，是进行作物精准氮肥管理的重要数据源。Zha 等(2020)应用机器学习和无人机遥感进行水稻氮营养诊断的研究结果表明，相比于简单指数法、逐步多元线性回归、支持向量机回归和人工神经网络回归，随机森林回归能显著提高无人机遥感对东北地区水稻氮营养状态的诊断精度(图 6-67)，为更好地利用无人机遥感数据监测大面积水稻生长状况、氮营养诊断和指导水稻氮肥精确管理提供了有力支持。

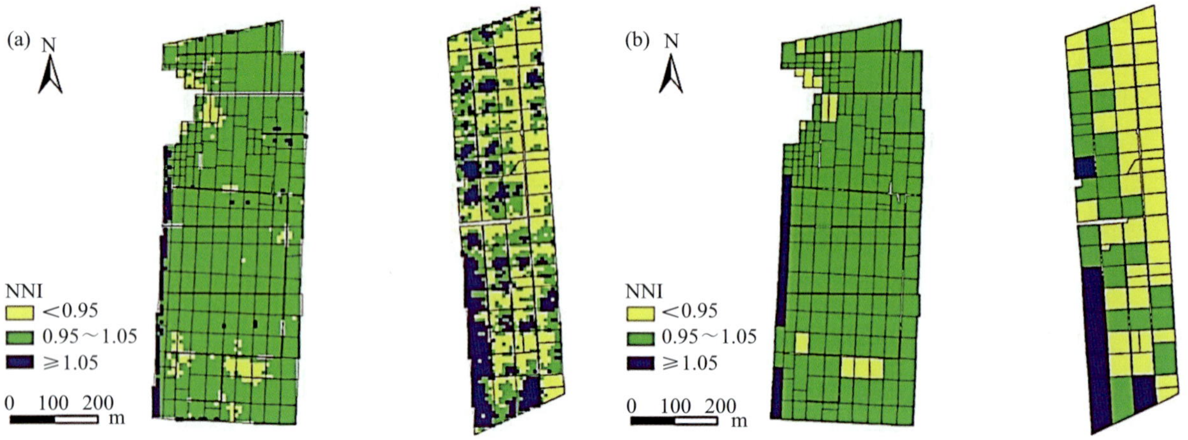

图 6-66　基于 FORMOSAT-2 卫星遥感技术在像元级(a)和田块稻池级(b)两个农户农田的水稻氮营养指数(NNI)估测示例(Huang et al.，2015)

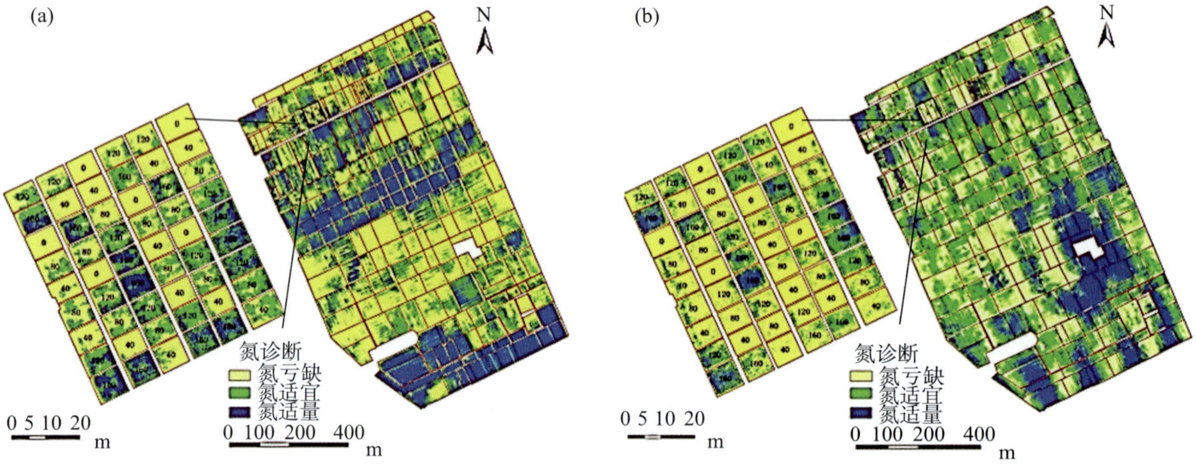

图 6-67　基于无人机遥感技术与随机森林回归模型估测的农户水稻拔节期(a)和抽穗期(b)的氮营养状态诊断图(Zha et al.，2020)

水稻作为人类三大主要粮食作物，有超过一半的世界人口以稻米为食。而且随着全世界人口的增长，粮食需求的矛盾更加突出。到 2015 年，全球水稻需要增产 60%以上才能满足日益增长的粮食需求。未来作物产量的提高可能需要更多养分与水分的投入，但传统农户管理可能会导致更多资源的浪费与温室气体排放，这就引起学者们对农业所造成的环境污染与人体健康危害的关注。因此，只有通过提高养分与水分等资源利用效率，集成更多高产栽培技术，选育更优的作物品种，才能解决此迫在眉睫的粮食安全问题。面对如此巨大的挑战，我国学者集成各种高产高效技术手段，创建高产高效区域优化管理体系，在过去的 10 年里在全国大部分地区的农业管理部门、推广中心以及科技小院进行该体系应用与示范推广，与千百万农民一起通过田间验证获得了更多的作物产量，既节约物质资源又保护生态环境，实现了我国特色的绿色增产增效农业可持续发展之路。然而，区域高产高效优化管理体系目前还没有考虑到区域内部所存在的作物品种、土壤、地形和气象条件的变异，因此还有进一步优化的潜力。精准管理体系以信息技术与高产高效栽培管理体系相结合，在小麦、玉米和水稻三大主要作物上均取得了一定的成功，可以在保证作物高产的同时，进一步提高资源利用率。在黑龙江建三江的研究表明，在区域优化管理体系基础上，结合地面冠层遥感或无人机遥感精准氮肥管理策略以及测土配方施肥技术、基于不同品种的移栽密度优化，集成建立了基于地面主动冠层传感器或无人机遥感的寒地水稻高产高效精准管理体系。通过与农户管理体系和区域优化管理体系对比，进行了连续两年不同类型农户田间验证试验，比较了不同体系下水稻产量、肥料利用率以及经济与环境效益。结果表明（表 6-13），不同地点、品种、管理条件下农户田间试验拔节期水稻氮营养状态差异非常大。区域优化管理体系相对农户管理体系能够增产 3%～9%，氮肥偏生产力分别提高 15%～25%，经济收益增加 979～2 666 元/hm^2。但精准管理体系考虑水稻生长与土壤肥力变异进行变量施肥管理，能够相对区域优化管理体系进一步增产或增效。基于无人机遥感的精准管理体系在中低氮类型农户能显著增产 9%，氮肥偏生产力分别提高 12%，肥料净收益增加 2 210 元/hm^2；在氮素过量与严重过量类型农户，在稳产的同时提高氮肥偏生产力 24%～25%。未来可以考虑卫星遥感和无人机遥感相结合，建立不同遥感技术融合的大面积寒地水稻高产高效精准管理技术体系，促进规模经营现代农业发展。

表 6-13　2015—2016 年不同农户各种水稻管理体系产量、氮肥偏生产力和经济收益的比较

指标	管理	中低氮农户田块	过量氮农户田块	严重过量氮农户田块
产量/(t/hm^2)	FM	7.70b	8.61b	9.35b
	RORM	7.92b	9.41a	9.67a
	UAV_PRM	8.63a	9.49a	9.69a
氮肥偏生产力/(kg/kg)	FM	57.4c	62.6d	64.3c
	RORM	66.0b	78.4c	80.5b
	UAV_PRM	74.0a	97.2a	101.0a
与农户处理的净收益之差(元/hm^2)	FM	—	—	—
	RORM	979b	2 666a	1 238a
	UAV_PRM	3 189a	3 067a	1 530a

注：FM，农户常规管理体系；RORM，区域优化管理体系；UAV_PRM，基于无人机遥感的精准管理体系。不同小写字母表示在 0.05 水平上的差异显著（$P\leqslant 0.05$）。

2. 吉林中等规模经营春玉米

至 2017 年，我国粮食总产量达到 6.62 亿 t，其中玉米的产量占到大约 39%，但与未来（2030 年）3.15 亿 t 的玉米需求量相比，还有较大的差距。吉林省位于我国东北春玉米生产基地，春玉米是第一大作物，其种植面积为 416 万 hm^2，年产量为 0.33 亿 t。本省的人均耕地面积为 0.55 hm^2，属于我国的中等规模农业。通过区域高产高效管理技术，能够在该地区实现春玉米产量与农户收益的提高，同时降低活性氮的损失与温室气体的排放。通过校准的 CERES-Maize 模型模拟的 31 年东北春玉米在黑土田与风沙土田的农学最优施氮量与经济最优施氮量分别为 260 和 197 kg/hm^2、241 和 171 kg/hm^2，同时，农学最优施氮量与经济最优施氮量在黑土田与风沙土田均具有较大的年际间变异（变异系数为 20%～36%和 24%～29%）（图 6-68）。因此，需要以区域高产高效管理技术为基础，根据不同土壤类型与气象条件进一步优化调整区域内作物的氮肥管理。

目前，研究比较多的是利用便携式主动作物传感器和无人机遥感技术进行无损估测春玉米的氮营养指数，从而实现植株的氮营养状况诊断。主动作物冠层传感器自带光源，可以在一天之内的任何时间进行田间数据获取，不受自然光源和气候条件的影响，具有较好的推广前景。GreenSeeker 主动作物冠层传感器可以比较准确地估测春玉米的植株生物量（R^2＝0.87～0.89）和吸氮量（R^2＝0.83～0.84），并通过应用植被指数计算氮响应指数 RI-NDVI 和 RI-RVI，可以比较稳定地估测氮营养指数（R^2＝0.60～0.62）（图 6-69），诊断准确率可以达到 67%～83%（表 6-14）。

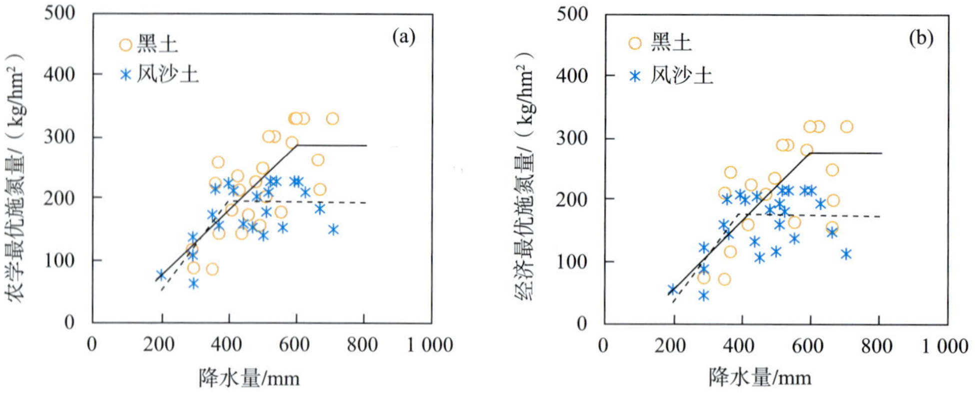

图 6-68　不同土壤类型上春玉米的农学最优施氮量(a)和经济最优施氮量(b)对生育期内累计降水量的响应

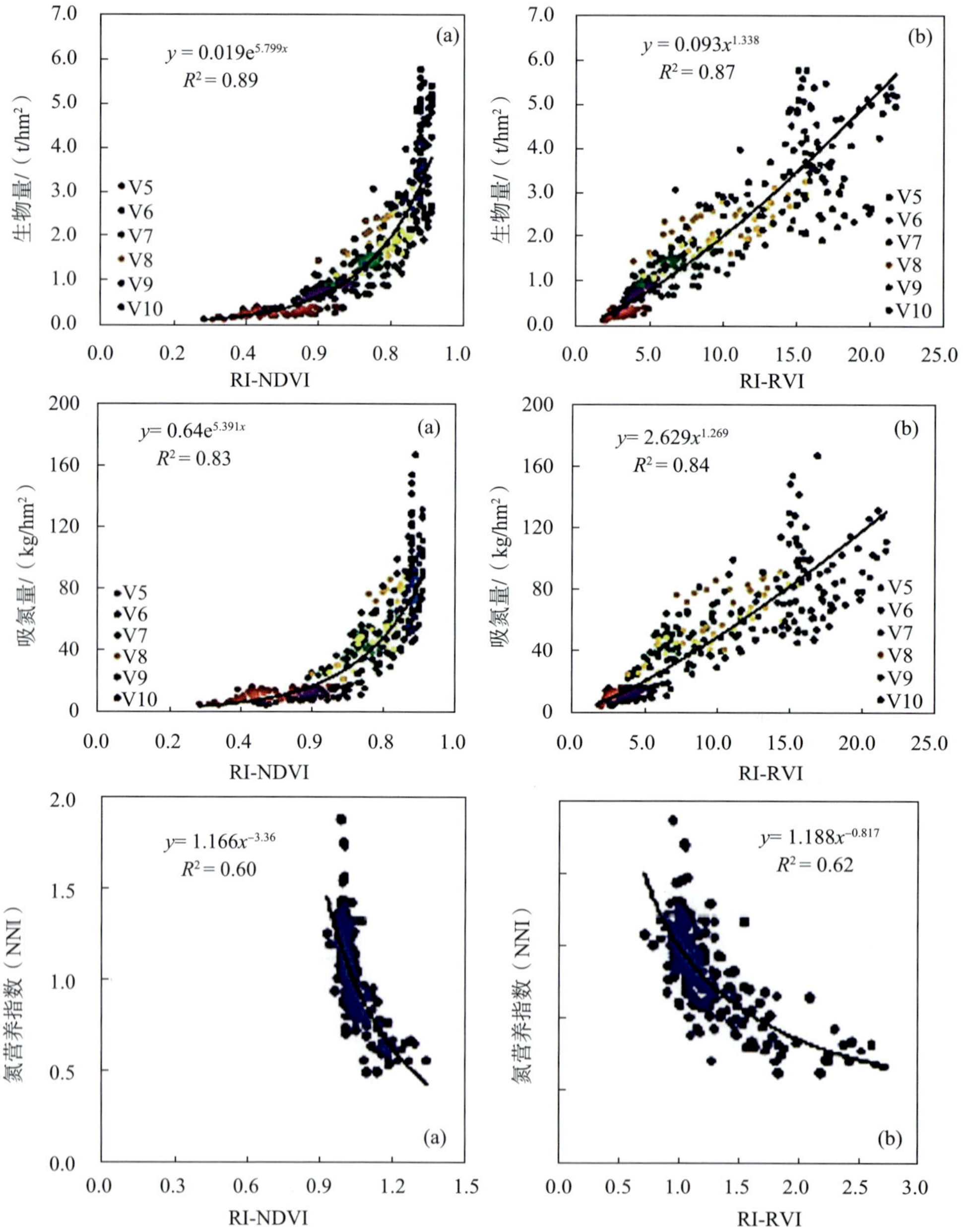

图 6-69　应用 GreenSeeker 主动作物冠层传感器估测春玉米植株生物量、植株吸氮量和氮营养指数（Xia et al.，2016）

表 6-14　基于主动作物冠层传感器 GreenSeeker 植被指数的氮响应指数(RI)
无损诊断春玉米氮营养状态的结果(Xia et al.，2016)

项目	一致性/%						Kappa 统计					
生育时期	V7	V8	V9	V10	V7-8	V9-10	V7	V8	V9	V10	V7-8	V9-10
RI-NDVI	83	78	67	75	81	71	0.71	0.58	0.40	0.53	0.66	0.48
RI-RVI	67	72	72	71	69	71	0.39	0.47	0.53	0.51	0.43	0.52

在应用 GreenSeeker 进行春玉米氮营养诊断的基础上，Wang 等(2019)建立了基于 GreenSeeker 的春玉米氮肥推荐算法，在区域优化的基础上在八叶期优化追肥数量，可以比农民传统管理提高 4%～65%的氮肥利用率。

基于作物传感器的氮肥精准管理技术与区域优化的高产高效技术进行集成，建立了高产高效精准春玉米管理技术体系。通过两个年型、两个土壤类型和 12 个农户田块验证试验的研究结果表明，土壤类型、管理措施及年份与土壤类型的交互作用显著影响农户春玉米的施氮量、产量、经济收益及肥料利用率。这一点也再次验证了在梨树县区域范围内，农户的春玉米生产存在很大的变异性，以及应用高产高效精准管理技术的必要性。在梨树县区域内两种土壤类型的农户田上，比较与评价了农户常规管理、区域优化管理及高产高效精准管理对春玉米产量、经济收益及肥料利用率的影响。结果表明(表 6-15)，相对于农户常规管理，高产高效精准管理能够提高春玉米的产量(0～13%)与净收益(2%～19%)，同时降低氮肥用量(16%～23%)和氮盈余(14～132 kg/hm^2)，并提高氮肥偏生产力(31%～45%)。相对于区域优化管理，基于遥感技术的高产高效精准管理可以在风沙土农户田块进一步增产增收和提高氮肥利用效率(表 6-15)。

表 6-15　2016—2017 年不同农户田块各种玉米管理体系产量、肥料偏生产力及经济收益的比较

农户	年份	管理	施氮量/(kg/hm^2)	产量/(t/hm^2)	净收益/(美元/hm^2)	氮盈余/(kg/hm^2)	氮肥偏生产力/(kg/kg)
黑土田农户	2016	FP	250a	12.41a	3 336a	38.43a	49.63c
		ROM	220b	12.80a	3 507a	−3.91b	58.19b
		PM	192c	12.45a	3 414a	−15.41b	64.92a
	2017	FP	250a	10.94b	2 882b	19.76a	43.78b
		ROM	220b	11.89ab	3 223a	6.26b	54.04a
		PM	211c	12.06a	3 282a	5.56b	57.27a
风沙土田农户	2016	FP	290a	10.35b	2 662a	130.68a	35.68c
		ROM	240b	11.18ab	2 994ab	2.82b	46.56b
		PM	226c	11.73a	3 174a	−1.71b	51.79a
	2017	FP	290a	10.76b	2 791b	56.81a	37.12b
		ROM	240b	10.92ab	2 915ab	41.10ab	45.50ab
		PM	223c	11.88a	3 224a	0.17b	53.39a

注：FP，农户常规管理；ROM，区域优化管理；PM，基于遥感技术的精准管理。不同小写字母表示在 0.05 水平上的差异显著($P \leqslant 0.05$)。

3. 华北小规模经营冬小麦-夏玉米

华北平原是我国农业最密集的地区之一，小麦产量占全国 50%。它是中国具有代表性的小农经营制度，每户经营 0.3～0.5 hm^2。在中国的小规模农业体系中，农户之间小麦产量差距尤其大，而肥料管理不合理是主要的限制因素之一。施肥量和管理时机不当是导致氮肥利用率低和产量低的因素之一。

精准氮肥管理的目的是通过考虑土壤氮供应和作物氮需求的时空变化来优化氮肥料的投入，被认为是改善氮素利用和保护环境的一种有前途的策略。已有学者研究了以土壤矿质氮试验为基础的小麦-夏玉米轮作系统的精准氮肥管理策略。然而，土壤氮素的测定在大范围内是费时且昂贵的，这对农民在农场条件下实施具有挑战性。主动冠层传感器可用于指导当季氮素追施调控，对作物氮素状态进行非破坏性实时诊断，克服了基于土壤氮素测试的精准氮肥管理策略的局限性。Cao 等(2017)连续 4 年在华北平原开展的冬小麦-夏玉米田间试验结果表明，基于 GreenSeeker 传感器的精准氮肥管理可以在不显著降低产量的前提下，比农民常规管理提高氮肥利用率 123%～158%，比区域优化氮肥管理提高 45%～58%，氮素盈余可以相应减少 136～167 kg N/hm² 和 38～57 kg N/hm²(图 6-70)。

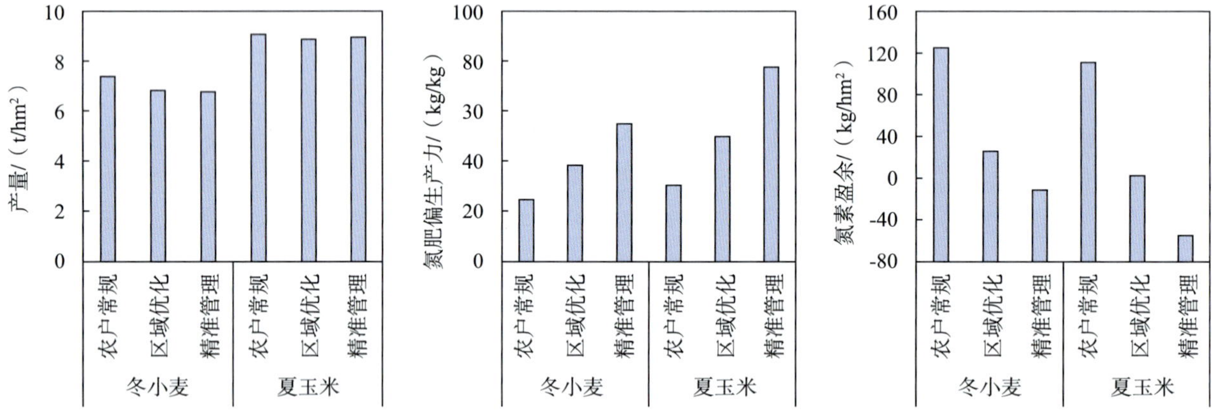

图 6-70　华北冬小麦-夏玉米体系中农民常规氮肥管理、区域优化氮肥管理和基于 GreenSeeker 作物传感器精准氮肥管理的产量、氮肥偏生产力及氮素盈余的差异(Cao et al.，2017)

针对 GreenSeeker 传感器 NDVI 植被指数容易饱和，不适合于高产栽培体系的问题，研究人员引进了三波段主动作物传感器 Crop Circle ACS 470 和 Crop Circle ACS 430，其中 Crop Circle ACS 430 传感器在 0.3～3 m 范围内测试结果不受测试高度的影响 (Cao et al.，2018)。Cao 等(2016)也建立了一个基于 Crop Circle ACS 470 传感器的新的精准氮肥管理策略，更适合应用于高产小麦管理体系(图 6-71)。但是，应用便携式作物传感器对一个村子里几百农户田块进行诊断还是比较费时。一个现实的策

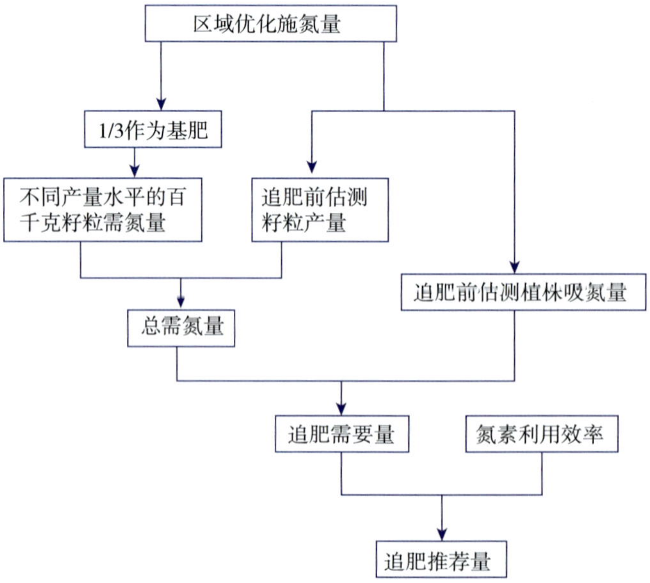

图 6-71　基于 Crop Circle ACS 470 传感器的适合于高产小麦体系的精准氮肥管理策略(Cao et al.，2016)

略是将主动冠层传感器安装在施肥机上，在小麦田里进行实时诊断和变量施肥。虽然这些技术已经在发达国家得到应用，但在中国目前还没有实际的应用。卫星遥感在监测大面积作物生长状况方面虽然更高效，但目前的时间和空间分辨率一般难以满足小规模农业精准氮肥管理的需要。

基于固定翼无人机的遥感技术目前可能是最适于我国小规模农业的遥感技术。在华北平原应用固定翼无人机多光谱遥感技术进行村级冬小麦氮营养无损诊断的研究结果表明，最实用、最稳定的方法是利用植被指数计算小麦的氮充足指数(NSI)，然后对氮营养指数 NNI 进行非破坏性估计($R^2=0.53\sim0.56$)，诊断准确率为 57%～59%(图 6-72)。考虑到村级不同农户土壤、肥力、品种、管理措施等的差异，这样的结果是可以接受的。根据诊断的结果，可以相应地调整追肥施用数量。

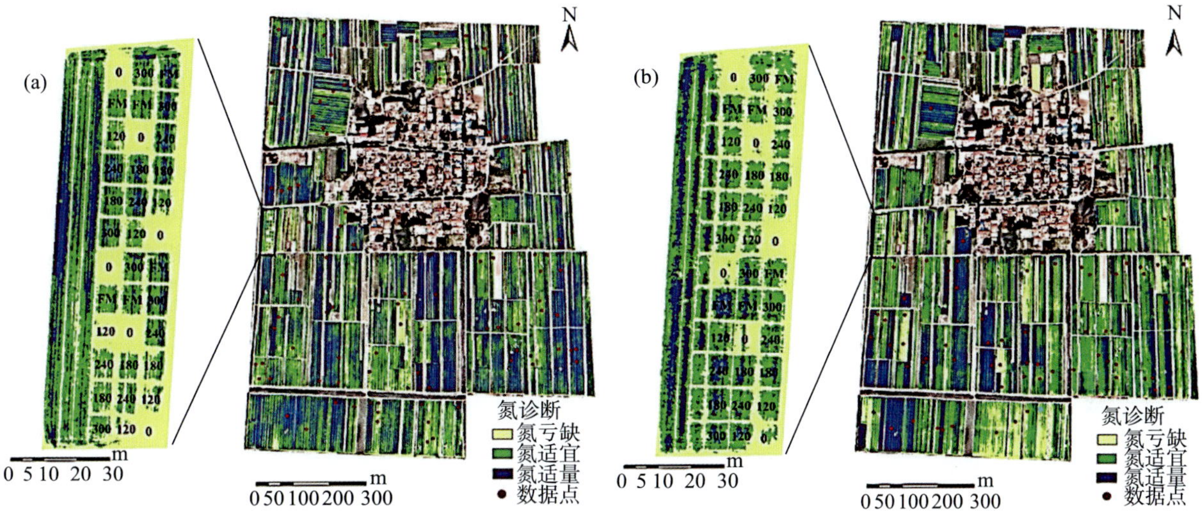

图 6-72　基于无人机遥感的 2017 年(a)和 2018 年(b)华北平原山东省乐陵县南下村像素级农田的冬小麦氮营养状态诊断地图(Chen et al.，2019)

注：红点($n=114$)表示农民田间的生物量采样位置。其中，FM 表示农场管理，0、120、180、240 和 300 表示 0、120、180、240 和 300 kg N/hm² 处理。

为应对全球粮食安全、环境污染和气候变化这三重挑战，作物氮肥精准管理技术需要与区域高产高效栽培技术相结合，集成高产高效精准冬小麦管理技术体系。2015—2017 年在山东开展的农户田块冬小麦精准管理与农户常规和区域优化的比较试验结果表明，在冬小麦产量没有显著差异的情况下，精准管理比农户施氮量降低 31.6%，氮肥偏生产力提高 44%。与区域优化管理技术相比，施氮量降低 12.4%，氮肥偏生产力提高 22.7%(表 6-16)。

表 6-16　不同冬小麦管理系统的氮施用量、产量和氮肥偏生产力

管理	施氮量/(kg/hm²)	产量/(t/hm²)	氮肥偏生产力/(kg/kg)
FM	280.5±0.0a	8.68±1.28a	32.10±4.55c
ROM	219.0±0.0b	8.82±0.87a	37.69±3.95b
PM	191.8±6.5b	8.88±1.12a	46.23±4.88a

注：FM，农户常规管理；ROM，区域优化管理；PM，氮磷钾肥按照上一年的测土配方后根据作物需求施用，追肥基于遥感技术(RapidSCAN)在拔节期推荐追氮肥管理。不同小写字母表示在 0.05 水平上的差异显著($P<0.05$)。

6.3.3　区域总量控制和分期调控的大面积养分管理途径

虽然氮肥实时监控技术可以很好地实现作物氮素需求与氮肥供应在时间同步、空间耦合和数量上异质，但频繁的土壤测试增加技术推广难度，特别是在我国土地分散经营的情况下。因此，如何针对我国土地分散经营、田块小特征，简化氮肥实时监控技术是目前我国农业生产面临的重大棘手难题。

土壤氮素供应具有总体稳定性和局部变异的双重特点，根据氮素总体稳定性，可将一定区域范围内作物全生育期氮肥施用总量控制在一个合理的范围内；根据氮素局部变异性，可以在这个合理范围的基础上，根据区域土壤氮素供应量、作物氮素吸收规律，对田块氮肥总量控制点进行微调，据此，课题组提出“氮肥总量控制、分期调控”的技术思路。大量的研究发现，综合考虑当前我国农田氮素的来源、去向以及相应的转化过程，田块氮肥总量控制点变异的主要驱动力是土壤硝态氮（或无机氮）的空间变异，农田土壤硝态氮（或无机氮）越高，作物需要的氮肥用量越低。连年的过量施氮，导致我国旱地土壤无机氮大量累积，是造成优化氮肥推荐田块变异的主要原因。

随着优化氮肥管理的不断进行，土壤硝态氮（或无机氮）逐年减少，作物氮肥需求量逐年增加，最终达到氮肥投入-产出动态平衡，即在一定作物产量水平内，土壤氮素供应稳定在一定范围内，优化氮肥供应也稳定在一定范围内。从图 6-73 可以看出，在优化氮肥管理的第一个周期，土壤、环境的氮素供应（即不施肥小区作物氮素吸收量）高达 187 kg N/hm^2，优化氮肥用量仅为 97 kg N/hm^2，随后土壤、环境的氮素供应逐年减少，优化氮肥用量逐年增加，从优化氮肥管理的第 4 年开始，土壤氮素供应达到稳定水平，约为 90 kg N/hm^2，优化氮肥用量也达到稳定状态，与作物吸收带走量相当。同步的土壤有机质、全氮等测定结果表明，与连年过量施肥相比，优化氮肥管理并没有降低土壤质量，这说明前期消耗的土壤供应仅为土壤残留的活性氮素，而非和土壤质量相关的有机氮素。

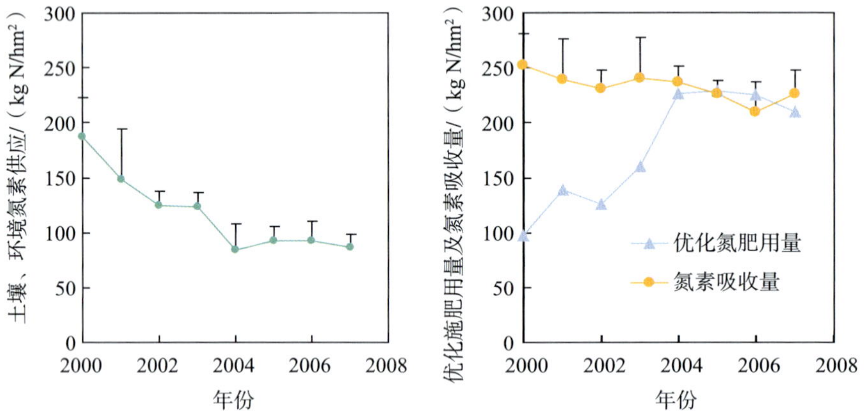

图 6-73　华北平原土壤、环境氮肥供应，优化氮肥用量和作物氮素吸收量随优化氮肥管理年限的变化趋势

注：数据来源为北京东北旺地区小麦-玉米轮作体系 8 年 16 季作物长期定位试验，优化氮肥管理依据作物生育期内土壤无机氮测试结果进行。

对于我国东北地区，当前土壤剖面中土壤硝态氮（或无机氮）含量低、相对变异小，可以通过大量田间试验汇总、肥效反应或农田投入-产出平衡计算区域氮肥总量控制点。对于我国稻田，淹水环境影响土壤硝态氮的转化和积累、作物根层土壤硝态氮（或无机氮）含量低、相对变异小，可以通过大量田间试验汇总、肥效反应或农田投入-产出平衡计算区域氮肥总量控制点。对于我国华北旱地土壤，作物根层土壤硝态氮含量高，变异大，依据作物肥效计算优化氮肥田块间变异大，可直接用区域农田氮素平衡进行计算（图 6-74）。

尽管与作物生育期内多次土壤、植株测试的优化施肥技术相比，区域氮肥总量控制技术损失了部分精度，但该技术不需要复杂的田间土壤、植株测试，易于掌握和示范、推广，同时也能为技术服务人员提供优化氮肥管理的依据，符合控制我国当前氮肥施用过量的现状。与农民传统施肥量相比，区域氮肥总量控制技术可以在大幅度降低氮肥总量和氮肥损失的同时，保证作物的产量。

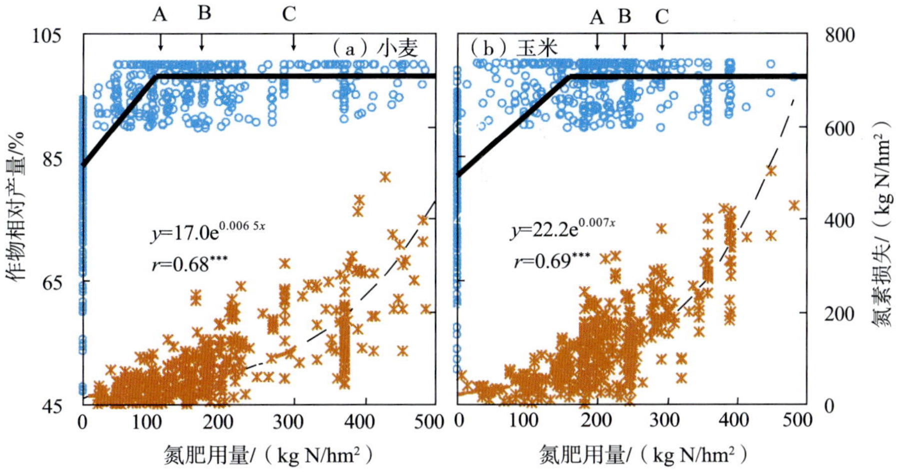

图 6-74　作物相对产量和氮素损失对氮肥用量的反应

注：A 为基于作物生育期土壤硝态氮测试确定的优化氮肥用量；B 为基于农田氮素平衡估计的区域氮肥总量控制点；C 为农民习惯氮肥用量。

在全国 1 198 个农户中的实践结果表明，氮肥总量控制能在保证作物产量的同时，有效降低氮肥用量，提高农民收入。与氮肥总量控制点相比，减少氮肥用量（50%优化）明显降低作物籽粒产量，减少农民收入，增加氮肥用量（150%优化）没有明显增加作物籽粒产量，增加氮肥不仅降低氮肥效率，同时也影响农民收入（表 6-17）。

表 6-17　不同氮肥处理作物籽粒产量及经济效益

作物	处理	氮肥用量/（kg N/hm²）	籽粒产量/（t/hm²）	氮肥吸收量/（kg N/hm²）	经济效益/（美元/hm²）
小麦（n=698）	0	0	5.2a†	141a	1 954a
	50%优化	90±25	6.0b	161b	2 199bc
	优化	179±49	6.7c	181c	2 433d
	150%优化	269±75	6.5c	177c	2 291c
玉米（n=500）	0	6.6a	145a	2 475a	0
	50%优化	7.1b	155b	2 607bc	83±24
	优化	8.0c	176c	2 909d	166±47
	150%优化	7.7c	170c	2 812c	249±71

注：优化依据作物氮肥需求进行氮肥总量控制。

氮肥分期调控的重点是研究既保障作物高产的养分需求，又有利于发挥作物根系高效利用养分的生物学潜力，并降低环境风险的适宜的根层养分供应强度，使作物根层的氮素供应与高产作物氮素吸收在时间上同步、空间上耦合、数量上一致。对于一般产量农田来说，根据当地农事操作习惯，大部分农民小麦季在播前和起身期施肥，玉米在苗期和大喇叭口期施肥，结合小麦、玉米的氮肥需求规律确定氮肥施用比例均为 1∶2，即小麦播前应施用纯氮 40～50 kg N/hm²，拔节期再追施纯氮 70～90 kg N/hm²；玉米苗期施用纯氮 45～55 kg N/hm²，在玉米大喇叭口期再追施纯氮 75～95 kg N/hm²。同时根据不同气候特征，作物长势和土壤、植株测试对氮肥用量进行微调（表 6-18）。

表 6-18　华北平原冬小麦(产量 6 t/hm²)优化氮肥管理和农民习惯管理的基追氮肥用量(n=121)　kg N/hm²

氮肥处理	基肥用量		追肥用量		基追比
	平均值	变异	平均值	变异	
优化氮肥管理	44	0～75	87	25～150	1∶2.0
农民习惯管理	130	0～24	195	0～586	1∶1.5

对于高产、超高产农田，为了保证作物养分供应，特别是后期养分吸收，应适当增加氮肥施用次数，特别是后期的氮肥用量，表 6-19 为玉米籽粒产量 13 t/hm² 的施肥时期、氮素供应目标值和氮肥用量，花后氮肥用量占到总施氮肥量的 37%(表 6-19)。

表 6-19　高产、超高产玉米氮肥管理技术体系

生育阶段	根层/cm	氮肥供应目标值/(kg N/hm²)	氮肥用量/(kg N/hm²)
六叶期	0～30	80	56
十叶期	0～60	130	56
开花期	0～90	130	43
灌浆期	0～90	140	55
成熟期	0～90	120	37

注：玉米籽粒产量 13 t/hm²。

基于以上研究结果，我们将“氮肥总量控制，分期调控”的思路扩展到全国三大粮食作物。在生态条件相对一致、作物管理方法相似的一个区域，应用能够代表本区域的大样本氮肥肥效反应数据，建立区域氮肥肥效反应模型，模型中施氮收益最大时的施氮量即为氮肥总量控制点(图 6-75)，即为区域最优施氮量。本研究以县为区域基本单位，应用氮肥总量控制的方法，计算了县域经济最优施氮量和县域环境经济最优施氮量。同时根据作物主要种植区的气候、土壤及管理因素的不同预测了我国三大粮食作物的县域尺度环境经济最佳优化施氮量(社会最佳优化施氮量)。

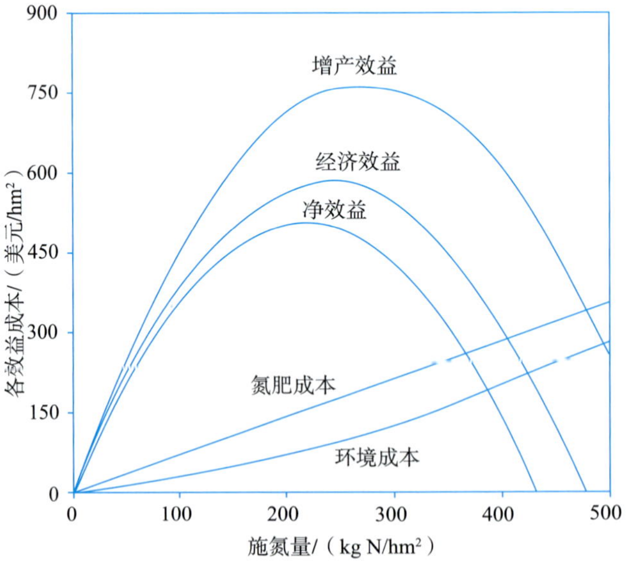

图 6-75　氮肥总量控制计算模型图

1. 全国三大粮食作物氮肥肥效反应试验汇总

自 2005 年到 2014 年，课题组在全国粮食作物主产区 30 个省的 2 993 个县(玉米 28 个省，1 136 个

县；水稻 24 个省，963 个县；小麦 22 个省，894 个县）的 27 476 个试验站点（玉米 9 362 个，水稻 10 310 个，小麦 7 804 个），包括从温带到亚热带，从干旱到半干旱再到湿润地区的各种气候条件和种植制度（如作物类型、轮作、雨养或灌溉）进行了大面积的氮肥肥效反应试验。试验点分布如图 6-76 所示。

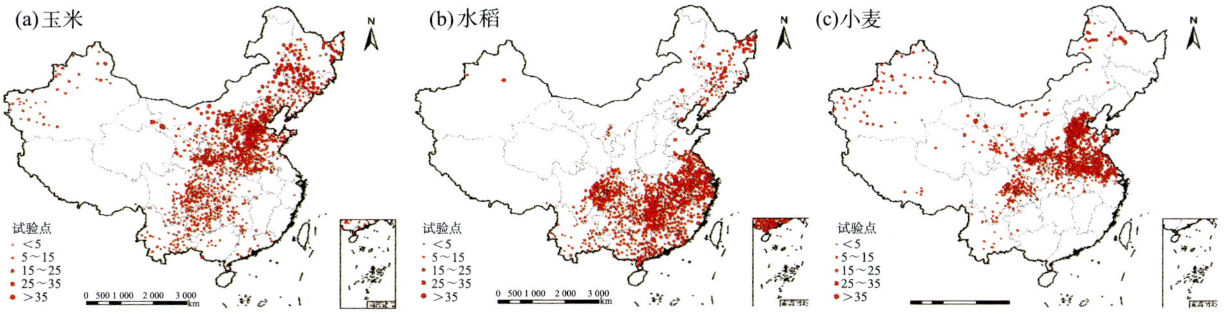

图 6-76　2005—2014 年我国玉米、水稻、小麦试肥效试验点分布

肥效反应试验共包含 4 个肥料梯度，其中优化推荐施肥为当地农学家根据土壤养分供应及作物目标产量进行推荐。基于全国 9 362 个玉米肥效试验，10 310 个水稻肥效试验和 7 804 个小麦肥效试验的汇总，玉米、水稻、小麦的氮肥推荐用量全国平均为 204 kg N/hm^2、173 kg N/hm^2 和 192 kg N/hm^2，平均产量玉米为 9.08 t/hm^2，水稻为 8.10 t/hm^2，小麦为 6.50 t/hm^2。施肥不足（50%优化）和过量施肥（150%）都会出现不同程度的减产，玉米 50%优化氮肥平均减产 0.84 t/hm^2，150%优化氮肥减产 0.45 t/hm^2。水稻和小麦 50%优化和 150%优化分别减产 0.74 t/hm^2、0.5 t/hm^2 和 0.69 t/hm^2、0.46 t/hm^2（表 6- 20）。

表 6-20　2005—2014 年我国玉米、水稻、小麦不同施氮量下的产量，增产量

作物	处理	施氮量/(kg N/hm^2)	产量/(t/hm^2)	增产量/(t/hm^2)
玉米 (n=9 362)	N0	0	6.60c	—
	50%优化	102	8.22b	1.62b
	优化	204	9.08a	2.47a
	150 优化	306	8.53b	1.92b
水稻 (n=10 310)	N0	0	5.80c	—
	50%优化	87	7.26b	1.45b
	优化	173	8.10a	2.29a
	150 优化	260	7.59b	1.79b
小麦 (n=7 804)	N0	0	4.31c	—
	50%优化	96	5.71b	1.40b
	优化	192	6.50a	2.19a
	150 优化	288	6.05b	1.73b

2. 氮肥施用成本估算

(1)氮肥直接价格成本

氮肥投入成本计算公式：

$N_{cost}=N\times N_{price}$，其中 N_{cost} 代表氮肥的投入花费（美元/kg），N 代表施氮量（kg N/hm^2），N_{price} 代表每千克氮肥的价格（美元/kg）。每千克氮肥的价格为 0.71 美元/kg（中国农产品成本收益汇编，2017）。

2005—2014 年，氮肥平均单价为 0.71 美元/kg，最高年份出现在 2012 年，全国平均为 0.83 美元/kg，最低出现在 2007 年，平均单价为 0.62 美元/kg（图 6-77）。

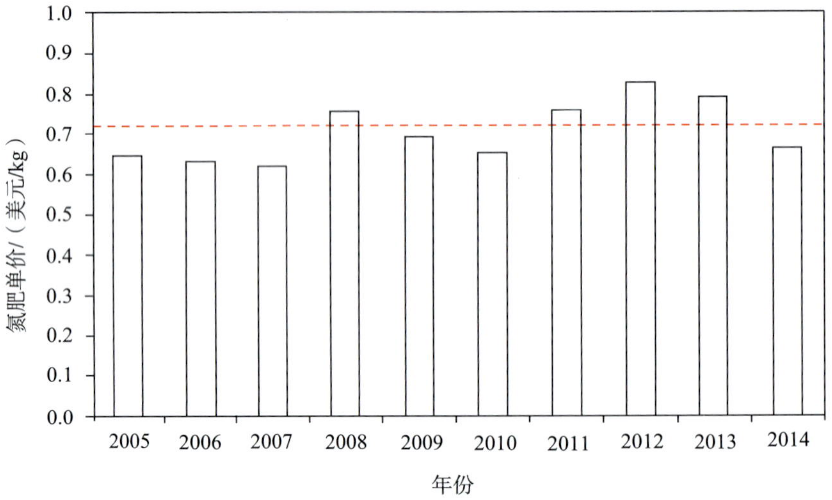

图 6-77　2005—2014 年我国氮肥单价变化

（2）氮肥环境成本估算

①定量评估三大粮食作物区域肥料氮损失

通过文献检索共筛选出有关三大粮食作物氮损失的文献 268 篇，共 2 210 个样本量（图 6-78）。有关氧化亚氮排放的样本量为 931 个，其中玉米 297 组，平均的施氮量为 192 kg N/hm²，相应的氧化亚氮排放量平均为 1.54 kg N/hm²。由此得到平均的排放因子为 0.82%。区域间的差异较大，其中北方玉米平均为 0.6%，中部玉米平均为 1.0%，南方玉米平均为 0.55%。水稻样本量为 338 个，平均的施氮量为 185 kg N/hm²，平均的氧化亚氮排放量为 0.7 kg N/hm²，平均的排放因子为 0.38%，其中北方水稻平均为 0.18%，长江流域水稻为 0.49%，南方水稻为 0.17%。小麦的样本量为 296 个，平均的施氮量为195 kg N/hm²，平均的氧化亚氮排放为 0.94 kg N/hm²，平均的排放因子为 0.48%。区域间同样表现出较大的差异，北方小麦平均的氧化亚氮排放因子为 0.78%，中部小麦平均为 0.31%，南方小麦为 0.82%。3 种作物的氧化亚氮损失均与施氮量呈指数相关（图 6-79）。

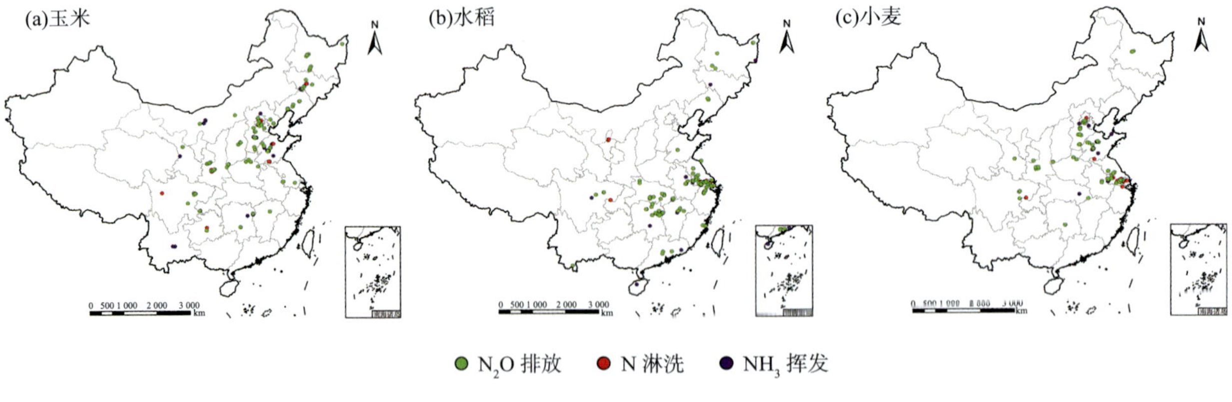

图 6-78　我国玉米、水稻、小麦氮损失数据年点分布

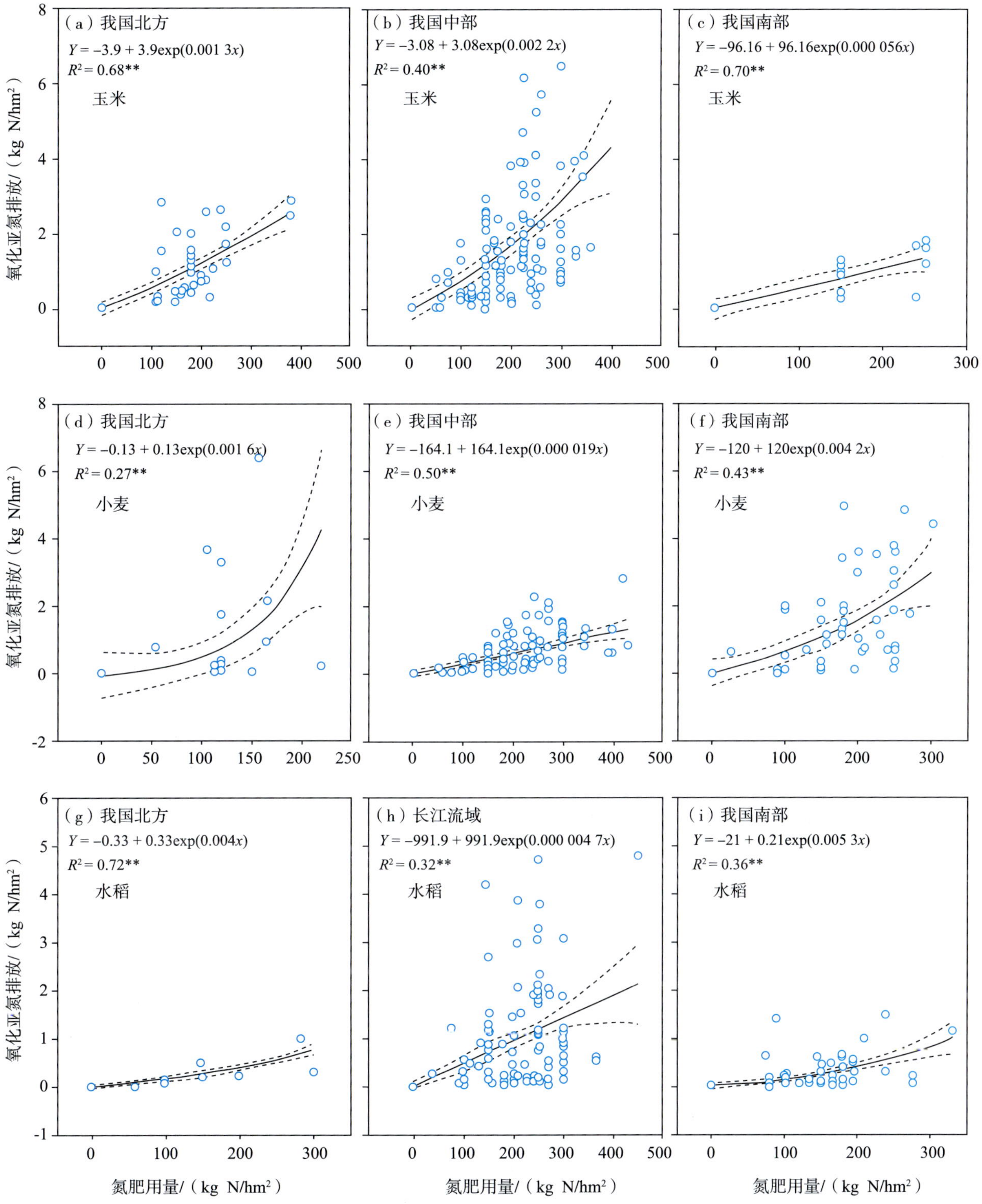

图 6-79　三大粮食作物氧化亚氮排放与施氮量的关系

有关硝态氮淋洗的样本量 429 组，其中玉米 205 组，平均的施氮量为 235 kg N/hm²，相应的硝态氮淋洗量平均为 29.8 kg N/hm²。由此得到平均的排放因子为 12.7%，其中北方玉米的淋洗因子较小，平均为 2.7%，中部玉米最高，平均为 22.3%，南方玉米居中，平均为 12%。水稻样本量为 195 组（102

氮淋洗+93 氮径流)，平均的施氮量为 207 kg N/hm²，平均的硝态氮淋洗、径流量为 6.19 kg N/hm²，平均的淋洗因子为 3.06%，其中北方水稻为 1.97%，长江流域水稻为 3.91%，华南水稻为 4.1%(图 6-80)。小麦的样本量为 154 组，平均的施氮量为 193 kg N/hm²，平均的硝态氮淋洗量为 17.3 kg N/hm²，平均的排放参数为 9.0%，区域间差异表现为中部最大，为 20.8%，北方次之，为 5.25%，南方最低为 2.68%(图 6-81)。

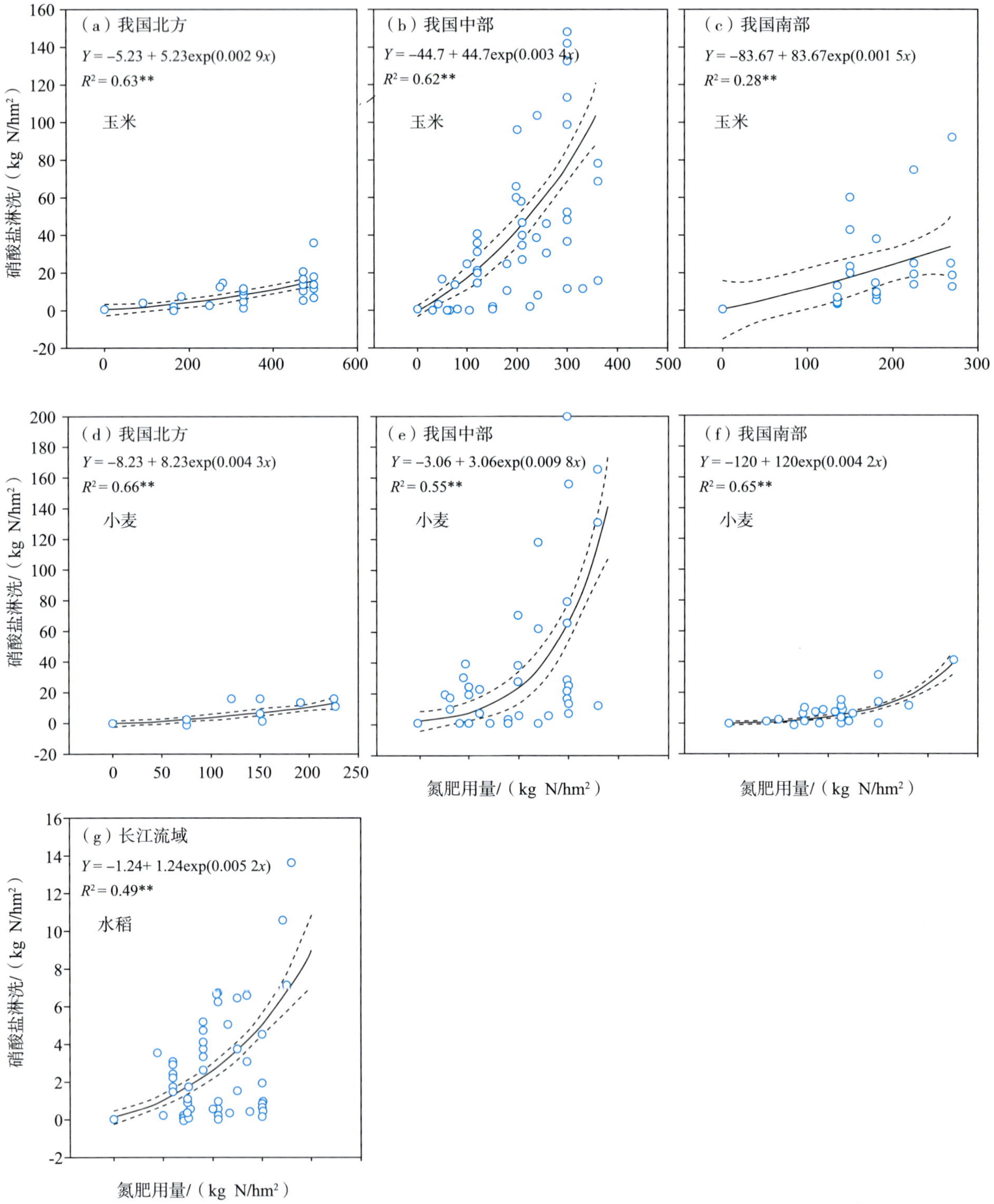

图 6-80　三大粮食作物硝态氮淋洗与施氮量的关系

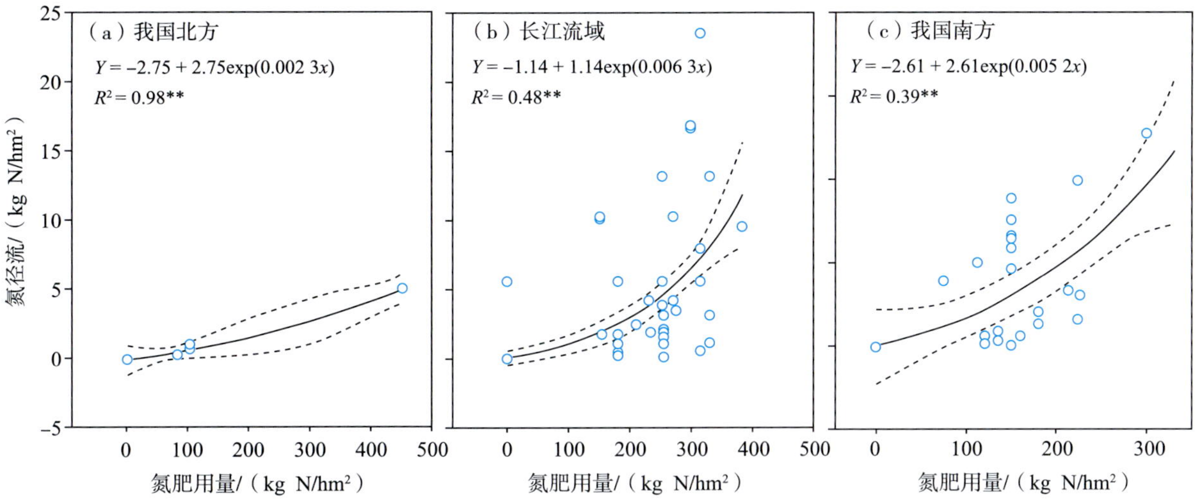

图 6-81　水稻氮径流与施氮量的关系

有关氨挥发的样本量 757 组，其中玉米 300 组，平均的施氮量为 205 kg N/hm^2，相应的氨挥发量平均为 21.2 kg N/hm^2。由此得到平均的排放因子为 10.5%，其中北方玉米的排放因子较小，平均为5.26%，中部玉米最高，平均为 14.3%，南方玉米平均为 6.6%。水稻样本量为 282 组，平均的施氮量为211 kg N/hm^2，平均的氨挥发量为 35.4 kg N/hm^2，平均的排放因子为 16.8%，其中北方水稻为11.1%，长江流域水稻为 16.9%，华南水稻为 16.7%。小麦的样本量为 175 组，平均的施氮量为 175 kg N/hm^2，平均的氨挥发量为 15.9 kg N/hm^2，平均的排放参数为 6.8%，区域间差异表现为华中最小，为 4.7%，北方小麦和华南小麦较高，分别为 9.5%和 9.9%(图 6-82)。

②三大粮食作物区域氮肥环境成本核算

氮肥相关的社会成本(SC_N)，包括温室气体(N_2O)、土壤酸化(NH_3)、水体富营养化(NO_3^- 和 NH_3)及人体健康(N_2O、NO_3^-、NH_3)在氮肥生产、运输及施用过程中产生的成本。

$$SC_N = C_{gw} + C_{eu} + C_{acid} + C_{health}$$

$$C_{gw} = 11.34 \times N_2O\text{-}N$$

$$C_{eu} = 1.12 \times NO_3^-\text{-}N + 0.24 \times NH_3\text{-}N$$

$$C_{acid} = 1.89 \times NH_3\text{-}N$$

$$C_{health} = 0.2 \times NO_3^-\text{-}N + 3.30 \times NH_3\text{-}N + 0.30 \times N_2O\text{-}N$$

式中：SC_N代表氮肥在施用、生产和运输中所产生的社会成本(美元/hm^2)，C_{gw}代表 N_2O 增加的增温潜势带来的环境成本(美元/hm^2)，C_{eu}代表因 NO_3^- 淋洗和 NH_3 挥发所导致的水体富营养化成本(美元/hm^2)，C_{acid}代表因 NH_3 挥发而造成的土壤酸化产生的成本(美元/hm^2)，C_{health}代表因 N_2O 排放、NO_3^- 淋洗、NH_3 挥发而导致的人体健康危害成本(美元/hm^2)。

氮损失的评估分为两部分，施用部分的评估是通过模型评估(图 6-79 至图 6-82)，生产和运输的评估参数来源于文献汇总(岳善超，2012)。活性氮排放造成的间接环境成本如表 6-21 所示。

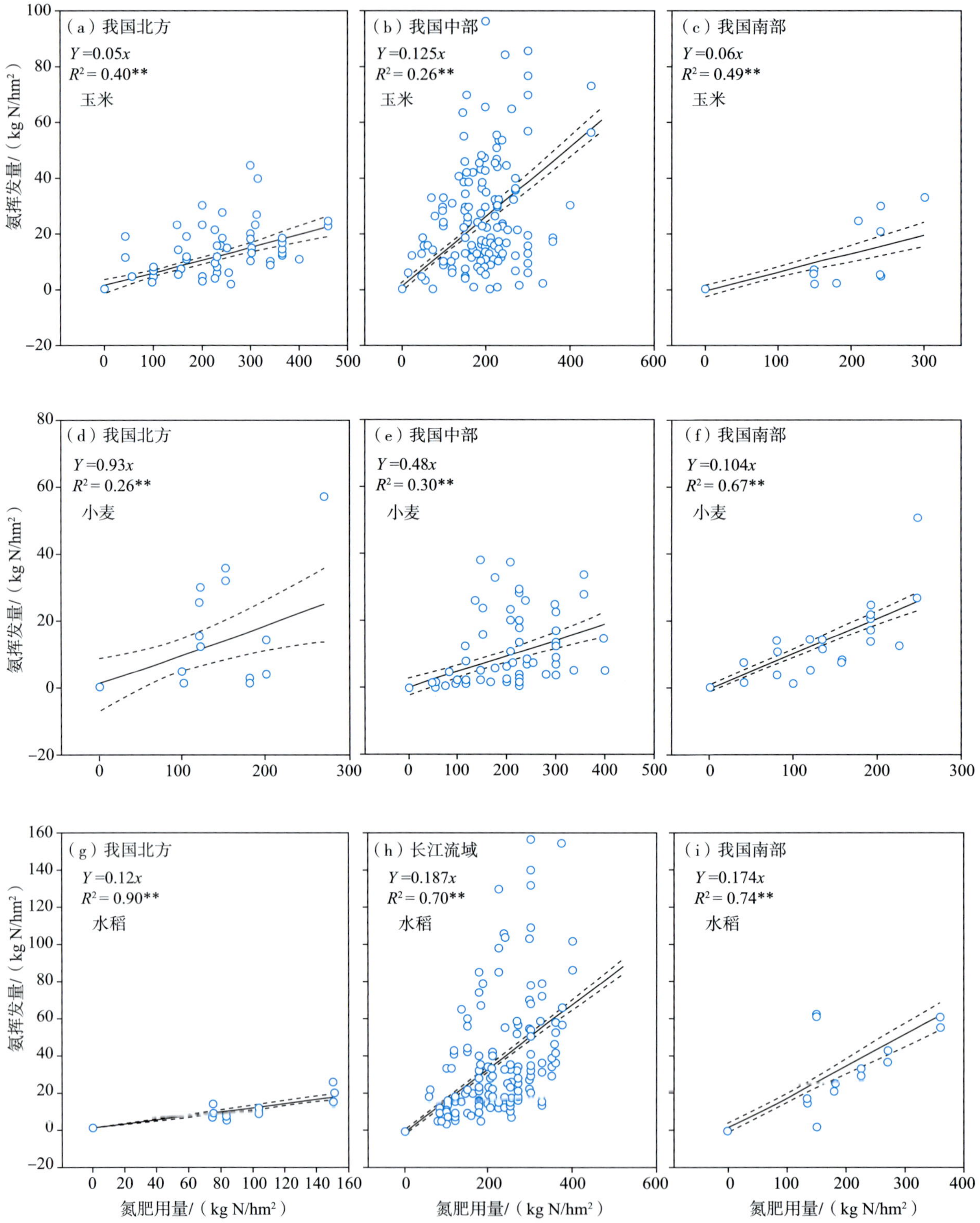

图 6-82　三大粮食作物氨挥发与施氮量的关系

表 6-21　活性氮损失排放成本　　美元/kg 活性氮

活性氮	人体健康	温室效应	水体富营养化	土壤酸化	总计
N_2O-N	0.3	11.2 (9.3～15.4)	—	—	11.5 (9.6～15.7)
NO_3^--N	0.2 (0～0.72)	—	1.12 (0.93～1.23)	—	1.32 (1.13～1.85)
NH_3-N	3.3 (0.4～3.3)	—	0.24 (0.20～0.26)	1.87 (1.46～2.10)	5.41 (2.06～5.66)

不同作物、不同区域在不同施氮量下的活性氮损失使用经验模型进行估算。SC_N随着施氮量的增加呈显著增加的趋势，且在不同区域、不同作物上差异较大(图 6-83)。在推荐施肥处理下，玉米、水稻、小麦的 SC_N 分别为 170 美元/hm^2(范围：79～259 美元/hm^2)，218 美元/hm^2(范围：106～320 美元/hm^2)和 142 美元/hm^2(范围：70～190 美元/hm^2)。总的成本包括购买氮肥的成本和社会成本(包括温室效应成本、水体富营养化成本、土壤酸化成本及人体健康成本)。玉米、水稻、小麦的净效益(经济效益－总代价)分别为 307、496、351 美元/hm^2。

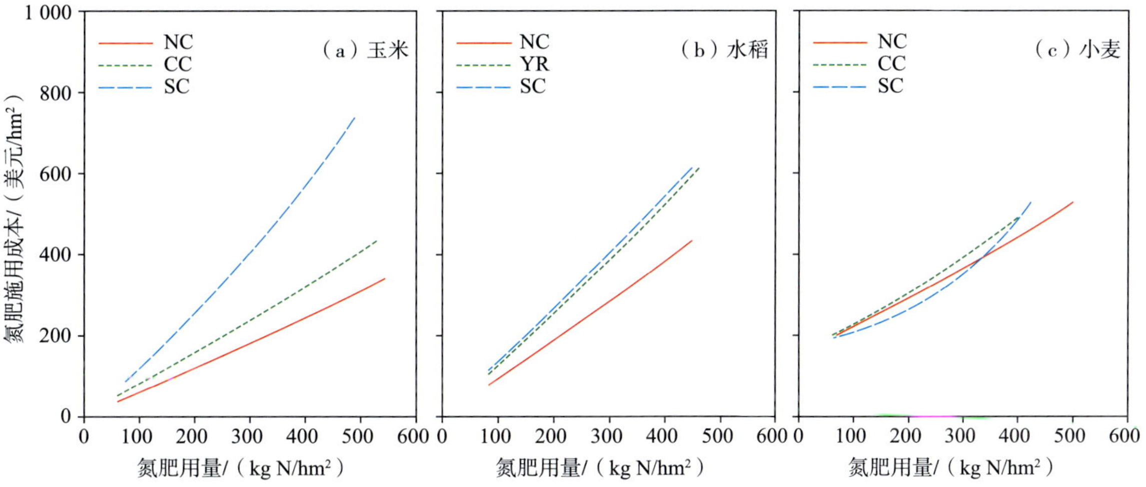

图 6-83　三大粮食作物氮肥社会成本与施氮量的关系

注：NC、CC、YR 和 SC 分别指我国北方、中部、长江流域和南方的玉米、水稻和小麦生产区。玉米：$SC_N(NC)=-1\,444.5+1\,444.5\times\exp(0.000\,3\times N)$，$SC_N(CC)=-828.7+828.7\times\exp 0.001\,3\times N)$，$SC_N(SC)=-2\,238.5+2\,238.5\times\exp(0.002\,3\times N)$；水稻：$SC_N(NC)=-2\,174.6+2\,174.6\times\exp(0.000\,4\times N)$，$SC_N(YR)=-3\,523.9+3\,523.9\times\exp(0.000\,4\times N)$，$SC_N(SC)=-2\,313.7+2\,313.7\times\exp(0.000\,5\times N)$；小麦：$SC_N(NC)=-1\,016.4+1\,016.4\times\exp(0.000\,7\times N)$，$SC_N(CC)=-66.3+66.3\times\exp(0.004\,7\times N)$，$SC_N(SC)=-694.0+694.0\times\exp(0.001\,1\times N)$，** $P<0.01$。

3. 三大粮食作物氮肥相关收益核算

作物生产的经济效益及社会效益的评估方程如下：

$$N=Y_N-Y_0$$
$$经济效益=N\times Y_{price}-N_{cost}$$
$$社会效益=经济效益-SC_N$$

式中：N 代表作物增产量(t/hm^2)，Y_N代表推荐施氮量下作物产量，Y_0代表空白施氮区作物产量，Y_{price}代表作物价格，玉米、水稻、小麦的单价为 0.31 美元/kg、0.42 美元/kg 和 0.35 美元/kg。2005—2014 年粮食作物单价见图 6-84.

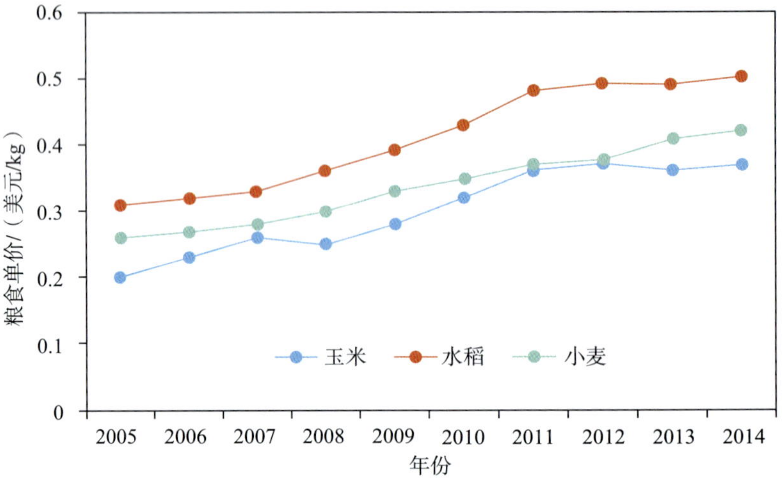

图 6-84　2005—2014 年粮食作物单价

在 27 512 个试验点中，推荐氮肥处理的增产量在玉米、水稻、小麦上分别为 2.47 t/hm^2、2.29 t/hm^2 和 2.19 t/hm^2，对应的经济效益分别为 622、837 和 629 美元/hm^2，净收益分别为 307、496 和 351 美元/hm^2（表 6-22）。

表 6-22　2005—2014 年我国玉米、水稻、小麦不同施氮量下的平均增产量、经济收益、总收益、氮肥成本、社会成本及净收益

作物	施氮量 /(kg N/hm^2)	产量 /(t/hm^2)	增产量 /(t/hm^2)	总收益 /(美元/hm^2)	经济收益 /(美元/hm^2)	氮肥成本 /(美元/hm^2)	社会代价 /(美元/hm^2)	净收益 /(美元/hm^2)
玉米（n＝9 362）	0	6.60c	—	2 047b	0	0	0	0
	102	8.22b	1.62b	2 551a	431b	72	82c	277
	204	9.08a	2.47a	2 814a	622a	145	170b	307
	306	8.53b	1.92b	2 645a	381c	218	265a	－102
水稻（n＝10 310）	0	5.80c	—	2 439b	0	0	0	0
	87	7.26b	1.45b	3 047a	669b	61	108c	500
	173	8.10a	2.29a	3 400a	837a	123	218b	496
	260	7.59b	1.79b	3 191a	5 67c	184	252a	131
小麦（n＝7 804）	0	4.31c	—	1 510b	0	0	0	0
	96	5.71b	1.40b	1 998a	420b	68	66c	286
	192	6.50a	2.19a	2 276a	629a	136	142b	351
	288	6.05b	1.73b	2 118a	403b	204	247a	－48

4. 我国三大粮食作物县域经济最佳和社会最佳优化施肥量

二次曲线模型用于定量经济最佳施氮量（EOR），即在实现最大经济回报率下的最小施氮量。全国玉米、小麦、水稻的 EOR 分别为 194 kg N/hm^2（104～297 kg N/hm^2）、176 kg N/hm^2（103～287 kg N/hm^2）和 187 kg N/hm^2（88～278 kg N/hm^2）（图 6-85）。

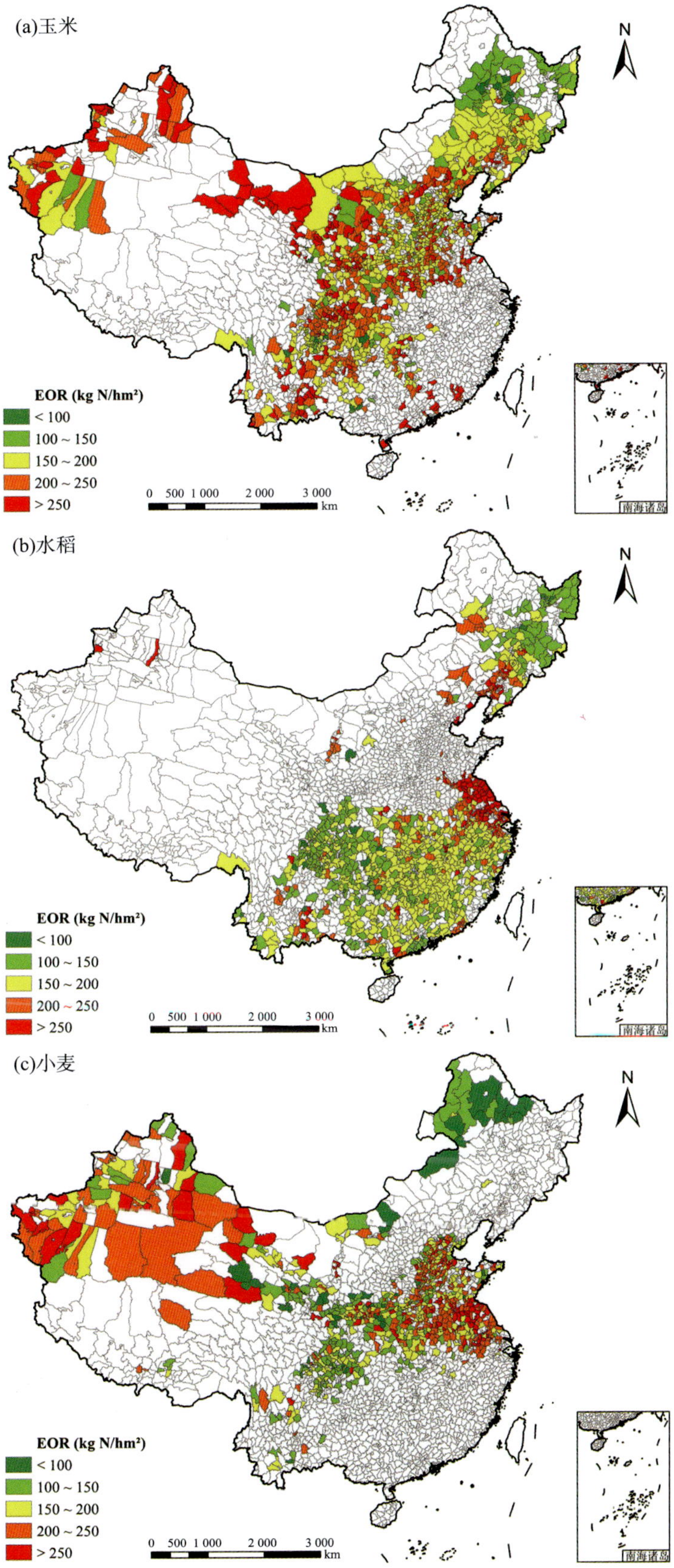

图 6-85　我国玉米、水稻、小麦县域经济优化施氮量

社会效益与氮肥用量呈显著二次曲线关系($P<0.01$;$R^2=0.70 \sim 0.99$)。获得最大社会效益所对应的最小施氮量即为社会优化施氮量(SOR)。全国玉米、水稻和小麦的 SOR 平均值分别为 157 kg N/hm²、149 kg N/hm² 和 160 kg N/hm²(图 6-86)。三大粮食作物的 SOR 均低于 EOR,2005—2014 年 10 年间三大粮食作物的 EOR 基本持平,而 SOR 整体表现为上升趋势。相比于 EOR,使用 SOR 在玉米上单位面积降低氮肥用量最多,为 37 kg N/hm²,水稻、小麦单位面积均能降低氮肥用量 27 kg N/hm²(图 6-87)。降低氮肥用量比例分别为 23.6%、18.1%和 16.9%,相比于 EOR,SOR 方法的平均氮平衡几乎为 0,明显低于 EOR 的氮盈余(平均值 32 kg N/hm²)(表 6-23)。

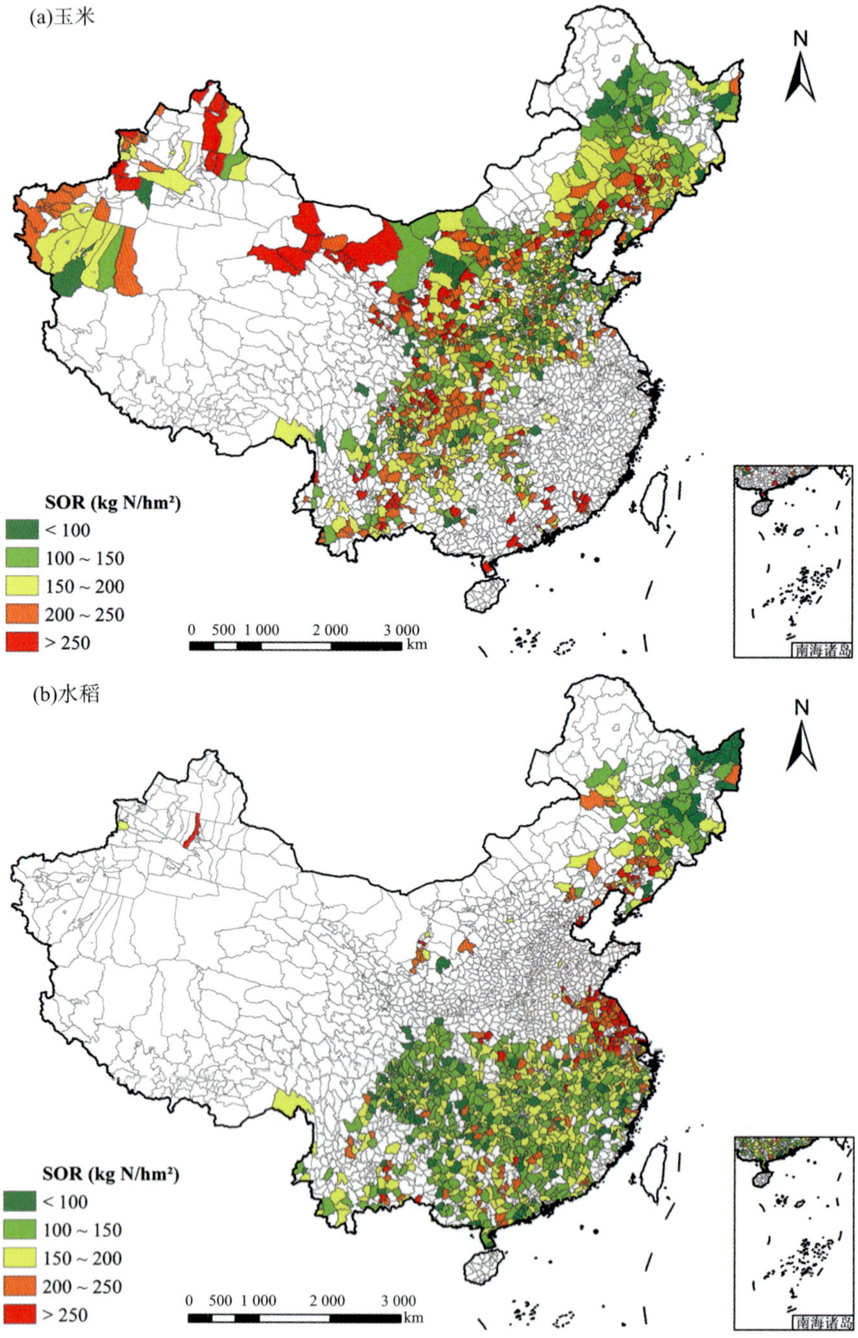

图 6-86

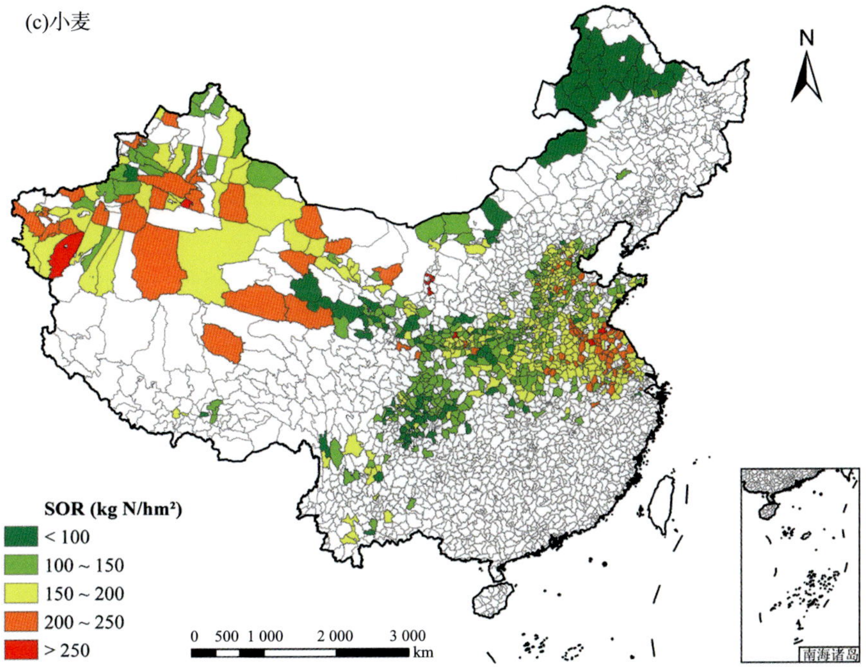

续图 6-86 我国玉米、水稻、小麦县域社会优化施氮量

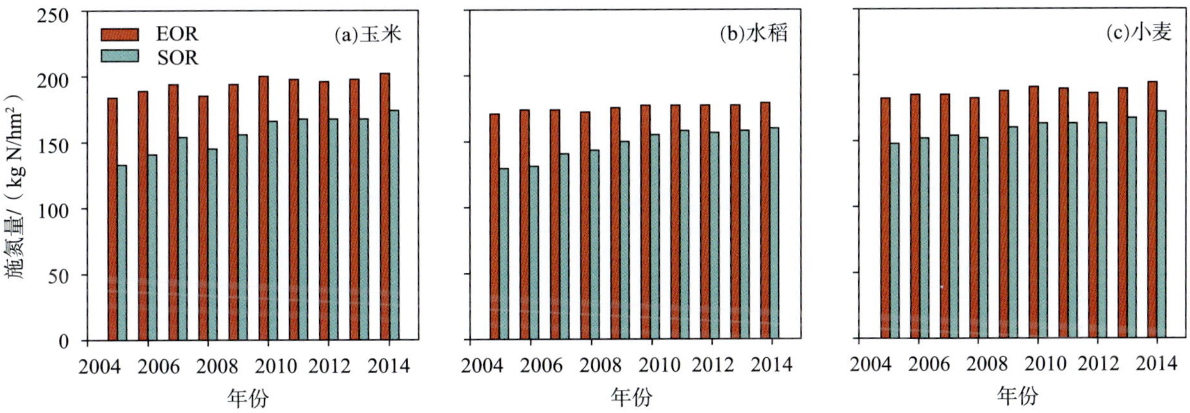

图 6-87 2005—2014 年,我国玉米、水稻、小麦经济最佳施氮量和环境最佳施氮量

如表 6-23 所示,尽管 SOR 相比于 EOR 显著降低了三大粮食作物的氮肥用量和氮素盈余,然而产量并没有显著降低,实现了保持产量稳定的目标。玉米、水稻、小麦在 EOR 方法下的社会成本分别为 161、221、127 美元/hm^2,平均值为 170 美元/hm^2,但是却分别造成了 299、346、260 美元/hm^2 的总代价,平均值为 302 美元/hm^2。SOR 方法在三大粮食作物上均实现了社会成本的显著降低,玉米、水稻、小麦分别为 123、186、116 美元/hm^2,平均值为 142 美元/hm^2,相比于 EOR 降低了 28 美元/hm^2。SOR 方法降低了三大粮食作物的社会成本,同时也降低了三大粮食作物的总代价,其中玉米降低了 65 美元/hm^2,水稻降低了 54 美元/hm^2,小麦降低了 30 美元/hm^2。SOR 方法也带来了净收益的提升,其中对于玉米的提升最大,由 EOR 方法下的 461 美元/hm^2 提升到了 482 美元/hm^2,对于水稻和小麦净收益的提升较小。总之,SOR 方法相比于 EOR 方法能够在降低三大粮食作物的施氮量、氮盈余、社会成本和总代价的同时保证产量不降低,提升三大粮食作物的净收益。

表 6-23　2005—2014 年我国玉米、水稻、小麦优化施氮量、对应的产量、氮盈余、总氮损失、社会成本、总代价、净收益

作物	项目	施氮量 /(kg/hm²)	产量 /(t/hm²)	氮盈余 /(t/hm²)	社会成本 /(美元/hm²)	总代价 /(美元/hm²)	净收益 /(美元/hm²)
玉米	经济最佳施氮量(EOR)	194a (104～297)	9.06a (5.86～13.12)	36 (3～69)	161a (63～321)	299a (137～532)	461a (−16～1 262)
	社会优化施氮量(SOR)	157b (75～249)	8.91a (5.64～13.01)	3 (−15～14)	123b (53～227)	234a (106～304)	482a (31～1 271)
水稻	经济最佳施氮量(EOR)	176a (103～287)	8.06a (5.94～10.35)	29 (−6～97)	221a (114～377)	346a (187～581)	610a (72～1 361)
	社会优化施氮量(SOR)	149b (82～240)	7.95a (5.83～10.25)	4 (−18～33)	186b (127～395)	292a (185～565)	618a (93～1 363)
小麦	经济最佳施氮量(EOR)	187a (88～278)	6.45a (3.72～8.65)	31 (−2～68)	127a (44～220)	260a (106～417)	488a (56～1 144)
	社会优化施氮量(SOR)	160b (73～240)	6.37a (3.63～8.58)	5 (−15～27)	116b (54～193)	230a (106～363)	489a (63～1 145)

同时，SOR 相较于 EOR，玉米总氮损失减少 38.6%，其中氮淋洗降低 6.6 kg N/hm²，氨挥发降低 3.5 kg N/hm²，氧化亚氮降低 0.3 kg N/hm²；在水稻上总氮损失减少 21%，其中氮淋洗降低0.9 kg N/hm²，氨挥发降低 4.8 kg N/hm²，氧化亚氮降低 0.1 kg N/hm²；在小麦上总氮损失减少 28.9%，其中氮淋洗降低4.4 kg N/hm²，氨挥发降低 1.8 kg N/hm²，氧化亚氮降低 0.1 kg N/hm²；SC_N降低了 11～33 美元/hm²，社会净收益增加了 1～21 美元/hm²(表 6-24)。

表 6-24　不同施肥量下我国玉米、水稻、小麦的活性氮损失　　kg N/hm²

作物	项目	氧化亚氮损失	氮淋洗	氨挥发	总氮损失
玉米 (n=9 362)	经济施氮量	1.3a (0.6～2.3)	20.2a (2.0～58.9)	14.8a (5.5～32.0)	36.0a (8.1～93.0)
	环境施氮量	1.0b (0.5～1.7)	13.6b (1.7～37.9)	11.3b (4.6～23.3)	25.9b (6.8～62.6)
水稻 (n=10 310)	经济施氮量	0.7a (0.3～1.5)	6.2a (2.2～12.1)	30.7a (15.2～51.4)	37.6a (22.6～70.3)
	环境施氮量	0.5b (0.3～1.2)	5.3b (2.8～9.4)	25.9b (13.5～42.3)	31.9b (17.5～52.9)
小麦 (n=7 804)	经济施氮量	0.7a (0.1～1.9)	14.8a (1.8～39.3)	13.0a (6.2～24.8)	28.5a (11.0～54.2)
	环境施氮量	0.5b (0.1～1.6)	10.4b (1.4～26.3)	11.2b (5.4～21.9)	22.1b (9.1～39.2)

SOR 的产量具有较大变异，其中，玉米、水稻、小麦前 25%的产量分别为 12.0、9.8 和 8.1 t/hm²(图 6-88)。该值比后 75%平均产量高了 52.1%、33.1%和 40.8%。相应的氮肥用量仅增加了 18.9%～22.9%(28～34 kg N/hm²)。相应的水稻和小麦的 SC_N增加了 13～30 美元/hm²，玉米减少了 13 美元/

hm²。这主要是因为玉米前 25%的产量中存在大量的高氮肥施用量伴随相对较低的氮损失的数据点，因而降低了 SC_N。玉米、水稻、小麦相应的社会净收益分别从 393 美元/hm² 增加到 750 美元/hm²、542 美元/hm² 增加到 855 美元/hm²、433 美元/hm² 增加到 659 美元/hm²。

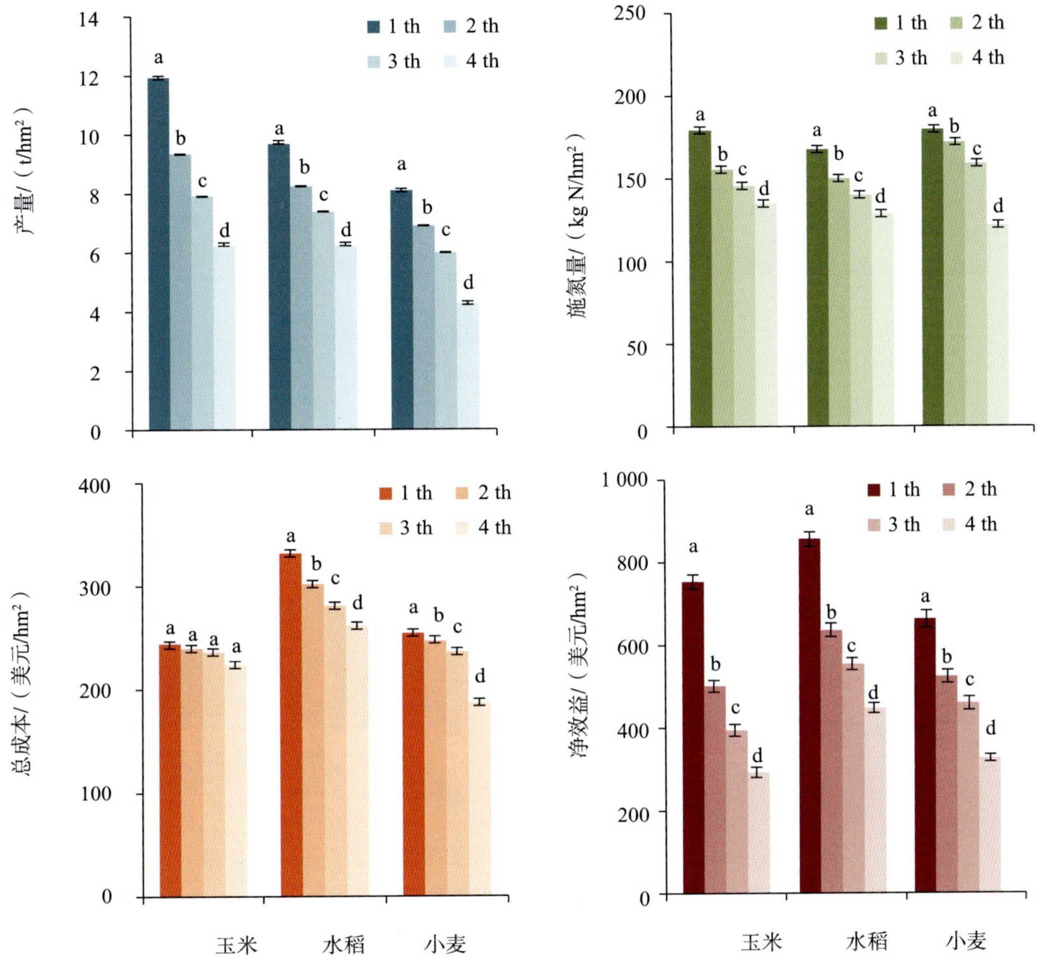

图 6-88　社会优化施肥量下的产量、施氮量、总代价和净收益

注：1th、2th、3th、4th 分别代表产量水平前 25%、前 50%、前 75%和前 100%。误差以平均值±95%置信区间表示。

与农户当前生产现状相比，社会优化施氮量（SOR）在三大粮食作物上分别可以实现 6%～9%的增产，与 EOR 增产效果基本持平；同时降低氮肥用量 24%～41%，减低幅度大于 EOR 方法；SOR 方法能够降低成本 43%～92%，玉米和水稻降低幅度较大，在小麦上的降低幅度略低于 EOR 方法，同时实现净收益 20%～61%（图 6-89）。

5. 氮肥分期调控

玉米氮肥基追比例的确定：在Ⅰ东北春玉米区、Ⅲ西北春玉米区和Ⅱ-1 华北中北部夏玉米区（图 6-90）的基追比例为 4∶6；西南玉米区和Ⅱ-2 华北南部夏玉米区的基追比例为 5∶5。

小麦氮肥基追比例的确定：Ⅰ东北春麦区和Ⅱ-1 华北灌溉冬麦区的基追比例为 1∶2；Ⅲ-2 西北灌溉麦区的基追比例为 4∶6；Ⅱ-2 华北雨养冬麦区、Ⅴ长江中下游冬麦区和Ⅳ西南麦区的基追比例为 5∶5。

水稻氮肥基追比例的确定：Ⅰ东北单季稻区和Ⅲ-3 长江下游单季稻区的基肥、分蘖肥和穗粒肥比例为 4∶4∶2；其他稻区基肥、分蘖肥和穗粒肥比例 5∶3∶2（表 6-25）。

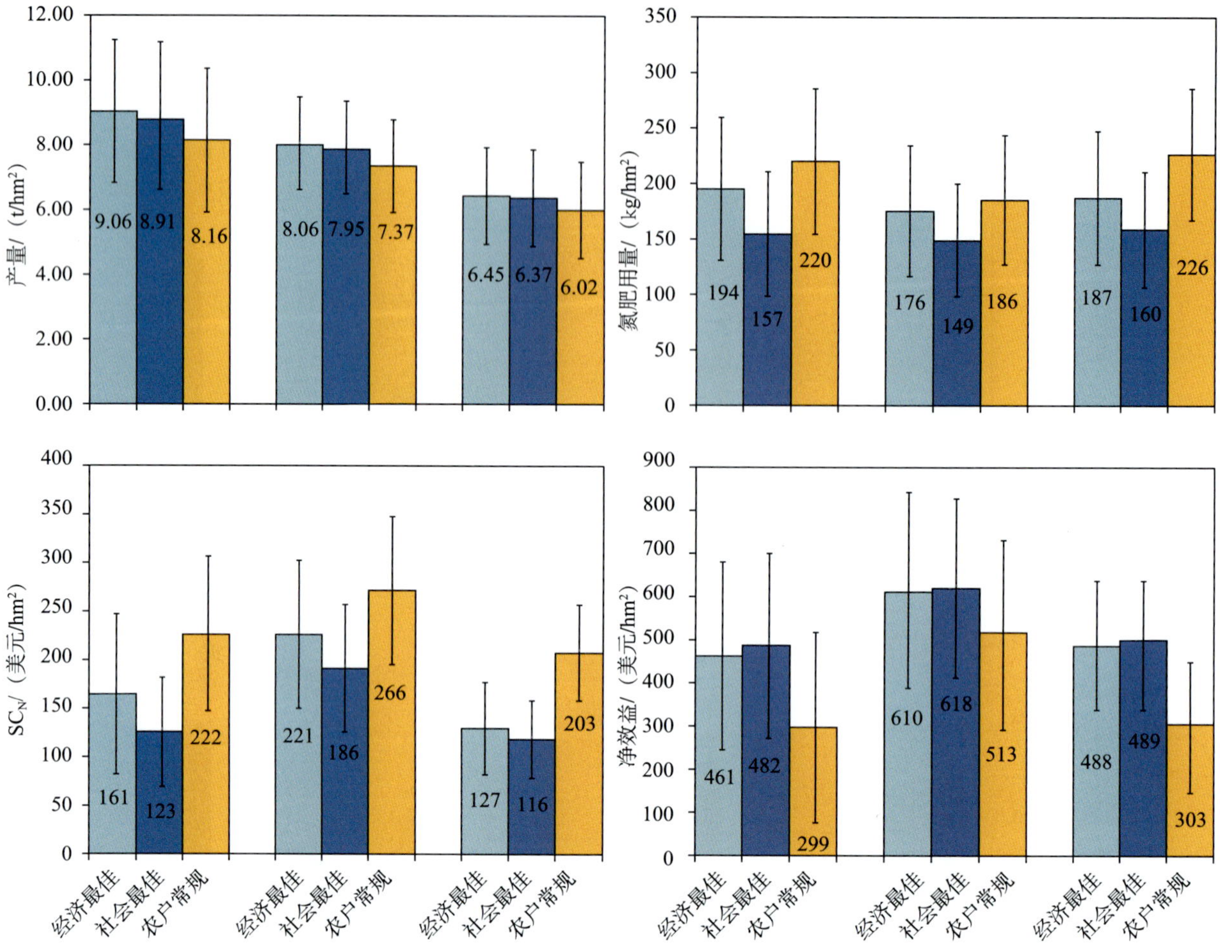

图 6-89　社会优化施氮量、经济优化施氮量和农户平均施氮量

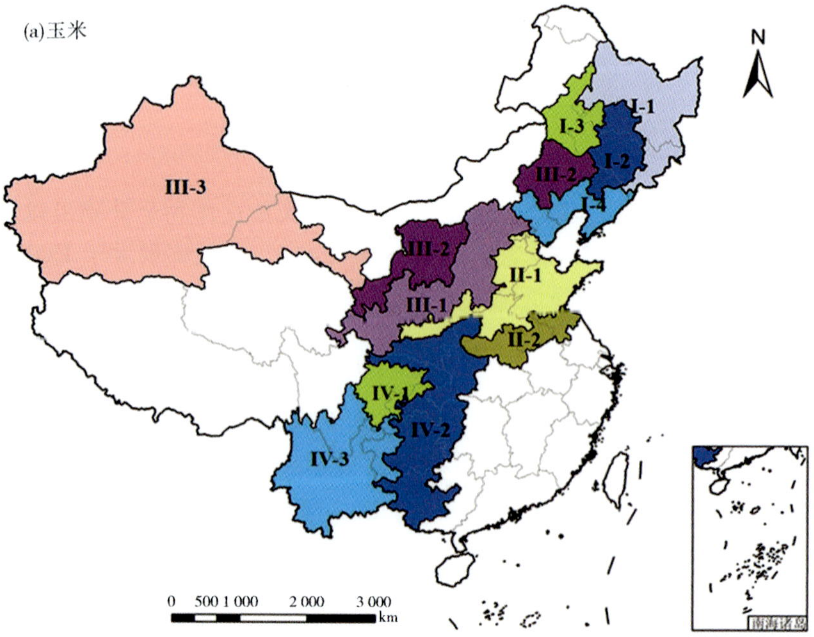

图 6-90

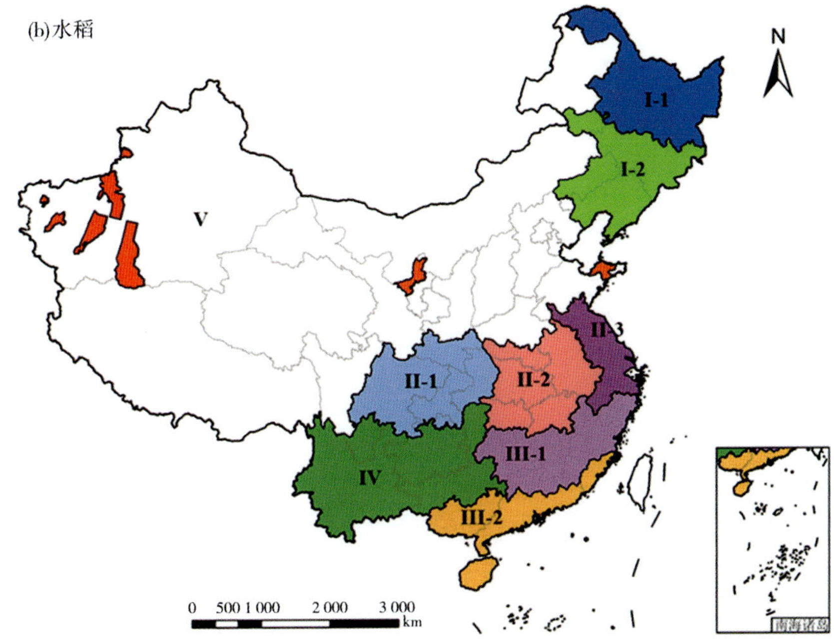

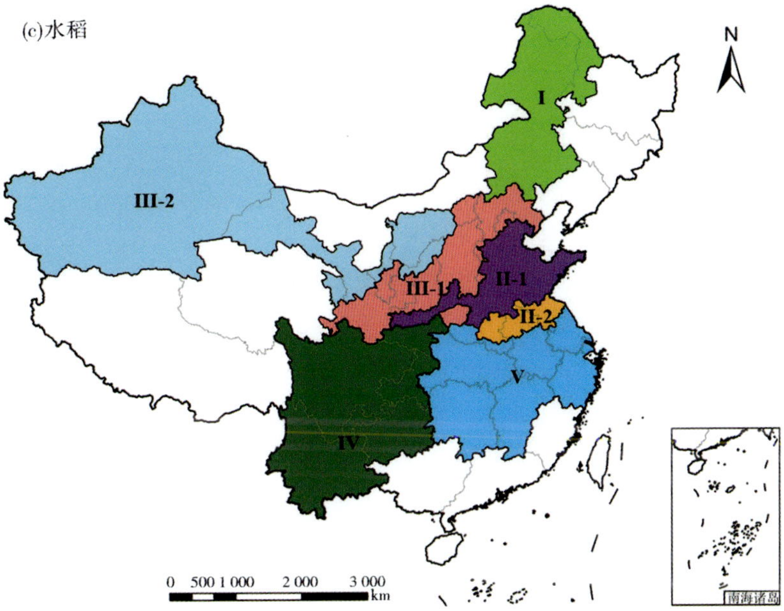

续图 6-90 我国主要粮食作物施肥分区

注：(a)玉米：Ⅰ-1 东北冷凉春玉米区，Ⅰ-2 东北半湿润春玉米区，Ⅰ-3 东北半干旱春玉米区，Ⅰ-4 东北温暖湿润春玉米区，Ⅱ-1 华北中北部夏玉米区，Ⅱ-2 华北南部夏玉米区，Ⅲ-1 西北雨养旱作春玉米区，Ⅲ-2 北方灌溉春玉米区，Ⅲ-3 西北绿洲灌溉春玉米区，Ⅳ-1 四川盆地玉米区，Ⅳ-2 西南山地丘陵玉米区，Ⅳ-3 西南高原玉米区

(b)水稻：Ⅰ-1 东北寒地单季稻区，Ⅰ-2 东北吉辽单季稻区，Ⅱ-1 长江上游单季稻区，Ⅱ-2 长江中游单双稻区，Ⅱ-3 长江下游单季稻区，Ⅲ-1 江南平原丘陵单季稻区，Ⅲ-2 华南平原丘陵双季稻区，Ⅳ 西南高原单季稻区，Ⅴ 其他区域

(c)小麦：Ⅰ东北春麦区，Ⅲ-1 西北干旱雨养区，Ⅲ-2 西北灌溉麦区，Ⅱ-1 华北灌溉冬麦区，Ⅱ-2 华北雨养冬麦区，Ⅳ西南冬麦区，Ⅴ长江中下游冬麦区

表 6-25　我国玉米、水稻、小麦种植亚区氮肥施用基追比

亚区	亚区名称	基追比
	玉米	
Ⅰ-1	东北冷凉春玉米区	4∶6
Ⅰ-2	东北半湿润春玉米区	4∶6
Ⅰ-3	东北半干旱春玉米区	4∶6
Ⅰ-4	东北温暖湿润春玉米区	4∶6
Ⅱ-1	华北中北部夏玉米区	4∶6
Ⅱ-2	华北南部夏玉米区	5∶5
Ⅲ-1	西北雨养旱作春玉米区	4∶6
Ⅲ-2	北方灌溉春玉米区	4∶6
Ⅲ-3	西北绿洲灌溉春玉米区	4∶6
Ⅳ-1	四川盆地玉米区	5∶5
Ⅳ-2	西南山地丘陵玉米区	5∶5
Ⅳ-3	西南高原玉米区	5∶5
	小麦	
Ⅰ	东北春麦区	1∶2
Ⅲ-1	西北干旱雨养区	4∶6
Ⅲ-2	西北灌溉麦区	4∶6
Ⅱ-1	华北灌溉冬麦区	1∶2
Ⅱ-2	华北雨养冬麦区	5∶5
Ⅳ	西南冬麦区	5∶5
Ⅴ	长江中下游冬麦区	5∶5
	水稻	
Ⅰ-1	东北寒地单季稻	4∶4∶2
Ⅰ-2	东北吉辽单季稻	4∶4∶2
Ⅱ-1	长江上游单季稻区	5∶3∶2
Ⅱ-2	长江中游单双稻区	5∶3∶2
Ⅱ-3	长江下游单季稻区	4∶4∶2
Ⅲ-1	江南平原丘陵单季稻区	5∶3∶2
Ⅲ 2	华南平原丘陵双季稻区	5∶3∶2
Ⅳ	西南高原单季稻区	5∶3∶2
Ⅴ	其他区域	5∶3∶2

6. 县域尺度优化施肥量预测

(1)气象数据

气象数据主要来自中国气象局(http://www.cma.gov.cn/),2005—2014 年的 756 个气象站的数据,包括温度、降雨、日照时数等。作物县域的平均生育期气象数据处理过程如下:①计算出 756 个气象站点 10 年平均的日平均温度、平均降雨和平均日照时数;②利用 Arcgis 软件,将以上数据点叠放在地

图上，并利用克里金插值法绘制出每日的空间变异图；③以县为基本单位，提取出每个县每日的日平均温度、降雨量、日照时数；④根据每个县内的数据点的播种日期和收获日期计算出县平均播种日期和收获日期；⑤利用每个县的平均播种日期和收获日期截取每个县的生育期内的日平均温度、降雨和日照时数，求和得到生育期总降雨、总温度、总日照时数。

(2)土壤数据获得

土壤质地的数据获得来源于整合的世界土壤数据库(harmonized world soil database, version1. 1March2009. http://www. fao. org/soils-portal/soil-survey/soil-maps-and-databases/hm²rmonized-world-soil-database-v12/en/)，土壤类型数据来源于资源环境数据云平台(http://www. resdc. cn/Datalist1. aspx? FieldTyepID=116)以县域为基本单位提取出每个县的质地和主要土壤类型。

(3)县域 SOR 建模预测

SOR 因不同地区和作物而有所差异。在本研究中，我们选择数据年点>10 的县，共获得 1 999 个县域作物，包括 745 个玉米县、729 个水稻县和 525 个小麦县。对于玉米、水稻和小麦，县域 SOR 分别为 83～349 kg/hm^2，66～331 kg N/hm^2 和 73～325 kg N/hm^2，平均分别为 157、150 和 161 kg N/hm^2。

首先我们通过皮尔逊相关分析研究 SOR 和数值变量之间的关系，然后进行偏相关分析，消除其他因素的影响，获得相关系数 R(表 6-26)。所有 11 个数值变量中，包括生育期总降雨量、生育期总日照、生育期总温度、壤土、沙土、黏土、容重、全氮、有机质、空白产量、最大产量。玉米和水稻 SOR 与生育期总日照、壤土、黏土、有机质、空白产量和最大产量 6 个变量显著相关；小麦 SOR 与生育期总日照、生育期总温度、有机质、空白产量和最大产量 5 个变量显著相关。

通过随机森林模型将结构性因素(土壤类型、区域和水管理)结合影响显著的数值变量进行因素贡献率的分析。在 SOR 的影响因素中施肥区最大产量、空白产量和土壤类型的贡献率较大，3 种作物施肥区最大产量的贡献率最大，为 27.0%～39.8%，空白产量贡献率次之，为 17.4%～20.1%，土壤类型第三，以上 3 个因素对作物 SOR 总贡献率达到 61.9%～69.4%(图 6-91)。

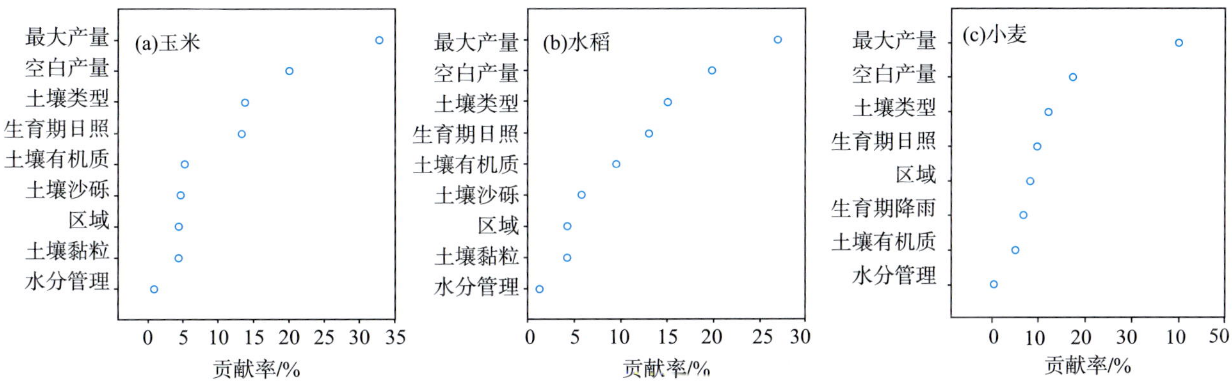

图 6-91　气候(生育期总温度、生育期总降雨量、生育期总日照)、土壤性质(土壤沙砾、粉粒、黏粒含量、土壤容重、土壤全氮、有机质含量)和作物生产(空白产量、最大产量)对社会优化施肥量的贡献率

以土壤类型进行分类，构建了不同土壤类型下的 SOR 预测模型。在 1 999 个县中，共计 58 种土壤类型，其中玉米 19 种，水稻 20 种，小麦 19 种。在不同土壤类型中，以施肥区最大产量和空白区产量作为自变量，应用二元一次曲线预测了各土壤类型下的 SOR(表 6-27)。通过以上的预测，每种作物分别解释 68.29%、62.69%和 66.97%的变异(图 6-92)。其中，玉米、水稻、小麦的 80%、81.5%和 81%的施肥量变幅在 25 kg/hm^2 的范围内(图 6-92)。应用该模型，可在获得简单的不施肥区产量和目标产量的前提下，结合土壤类型便能够轻松地获得优化施肥量。

表 6-26　县域社会优化施肥量与气候(生育期总温度、生育期总降雨量、生育期总日照)、土壤性质(土壤沙砾、粉粒和黏粒含量、土壤容重、土壤全氮和有机质含量)和作物生产(空白产量、最大产量)间的相关性分析、逐步回归分析

作物	因子	气候			土壤性质						植物生产	
		生育期总降雨	生育期总日照	生育期总温度	壤土	沙土	黏土	容重	全氮	有机质	空白产量	最大产量
玉米	皮尔逊相关	−0.047	0.122***	0.041	−0.096*	0.017	0.086*	−0.049	−0.046	−0.102*	−0.069*	0.428***
	偏相关	−0.015	0.051***	0.014	−0.083*	0.004	0.110*	−0.08	−0.024	−0.093***	−0.995***	1.196***
水稻	皮尔逊相关	−0.154	0.379***	0.013	−0.075*	0.009	−0.19*	−0.016	−0.029	−0.213***	−0.381***	0.403***
	偏相关	−0.014	0.191***	0.047	−0.04	0.035	0.027	−0.037	−0.022	−0.072***	−1.102***	1.242***
小麦	皮尔逊相关	−0.017	0.230***	0.096*	−0.026	0.025	0.031	−0.037	−0.013	−0.166***	−0.333***	0.553***
	偏相关	−0.038	0.175***	0.062*	−0.039	0.046	0.027	−0.049	−0.024	−0.056***	−0.946***	1.218***

注:玉米、水稻、小麦的县数为 745、723 和 525,* 表示显著水平为 0.05,*** 表示显著水平为 0.001。

表 6-27　基于空白产量(Y_0)、最大产量(Y_{max})和土壤类型的社会优化施肥量预测模型

土壤类型	SOR 预测函数					
	玉米	相关系数	水稻	相关系数	小麦	相关系数
滨海盐土	$y=69.522-43.800*x_1+42.502*x_2$	0.686***	$y=2.869-42.833*x_1+49.721*x_2$	0.668***	$y=61.613-39.677*x_1+42.426*x_2$	0.580***
潮土	$y=70.28-35.017*x_1+35.251*x_2$	0.692***	$y=60.770-37.940*x_1+37.229*x_2$	0.811***	$y=77.294-24.128*x_1+28.436*x_2$	0.552***
风沙土	$y=61.8-22.665*x_1+27.513*x_2$	0.491***	$y=59.856-34.786*x_1+35.314*x_2$	0.518***	$y=78.635-18.995*x_1+25.098*x_2$	0.559***
灌漠土	$y=101.45-32.543*x_1+29.817*x_2$	0.729***	$y=39.478-35.783*x_1+38.914*x_2$	0.651***	$y=27.101-23.844*x_1+35.938*x_2$	0.535***
龟裂土	$y=77.740-25.561*x_1+27.313*x_2$	0.710***	$y=53.950-45.422*x_1+44.212*x_2$	0.671***	$y=50.192-28.454*x_1+33.99*x_2$	0.549***
寒钙土	$y=59.936-29.322*x_1+32.852*x_2$	0.831***	$y=61.014-31.328*x_1+33.073*x_2$	0.477***	$y=24.962-46.024*x_1+53.427*x_2$	0.725***
寒原盐土	$y=56.328-30.760*x_1+34.168*x_2$	0.769***	$y=73.541-30.647*x_1+39.930*x_2$	0.495***	$y=20.012-6.553*x_1+27.288*x_2$	0.731***
黑毡土	$y=-7.379-6.137*x_1+23.870*x_2$	0.764***	$y=-36.976-48.276*x_1+60.072*x_2$	0.790***	$y=124.25-68.435*x_1+49.088*x_2$	0.735***
灰钙土	$y=39.414-30.941*x_1+36.202*x_2$	0.525***	$y=110.376-10.484*x_1+10.953*x_2$	0.511***	$y=-3.325-34.535*x_1+46.400*x_2$	0.791***
泥炭土	$y=85.034-32.264*x_1+32.003*x_2$	0.728***	$y=32.863-35.972*x_1+39.882*x_2$	0.662***	$y=49.782-32.626*x_1+39.228*x_2$	0.626***
砂浆黑土	$y=88.148-32.618x1+32.032*x_2$	0.589***	$y=-22.829-46.018*x_1+51.702*x_2$	0.615***	$y=65.178-29.138*x_1+33.290*x_2$	0.647***
山地草甸土	$y=94.211-21.275*x_1+22.262*x_2$	0.524***	$y=-40.512-21.161*x_1+37.509*x_2$	0.558***	$y=31.609-20.521*x_1+30.993*x_2$	0.642***
林灌草甸土	$y=35.299-33.547*x_1+38.191*x_2$	0.621***	$y=14.452-34.248*x_1+40.621*x_2$	0.566***	$y=32.496-39.316*x_1+44.946*x_2$	0.710***
酸性硫酸盐土	$y=167.00-25.101*x_1+16.894*x_2$	0.614***	$y=65.889-31.128*x_1+31.565*x_2$	0.537***	$y=33.903-27.868*x_1+34.784*x_2$	0.558***
新积土	$y=87.904-35.824*x_1+32.720*x_2$	0.630***	$y=36.426-20.185*x_1+25.545*x_2$	0.464***	$y=50.895-36.580*x_1+38.826*x_2$	0.576***
棕漠土	$y=61.409-32.748*x_1+34.445*x_2$	0.593***	$y=-26.041-19.498*x_1+32.478*x_2$	0.730***	$y=40.317-32.239*x_1+38.359*x_2$	0.632***
灰色棕漠土	$y=7.072-24.706*x_1+34.587*x_2$	0.629***	—	—	$y=-1.036-26.369*x_1+49.814*x_2$	0.585***
漠境盐土	$y=103.30-31.118*x_1+29.266*x_2$	0.491***	—	—	$y=127.17-21.577*x_1+20.597*x_2$	0.610***
灰漠土	$y=39.974-42.342*x_1+43.226*x_2$	0.631***	—	—	$y=62.880-25.260*x_1+28.893*x_2$	0.743***
红壤	—	—	$y=-94.387-50.795x_1+67.444x_2$	0.777***	—	—
碱土	—	—	$y=49.997-17.249x_1+22.092x_2$	0.729***	—	—
冷钙土	—	—	$y=60.892-45.729x_1+42.131x_2$	0.783***	—	—
砖红壤	—	—	$y=28.152-33.944x_1+39.580x_2$	0.671***	—	—

注：*** 表示显著水平为 0.001。y 代表社会优化施氮量，x_1 指空白产量，x_2 代表最大产量。

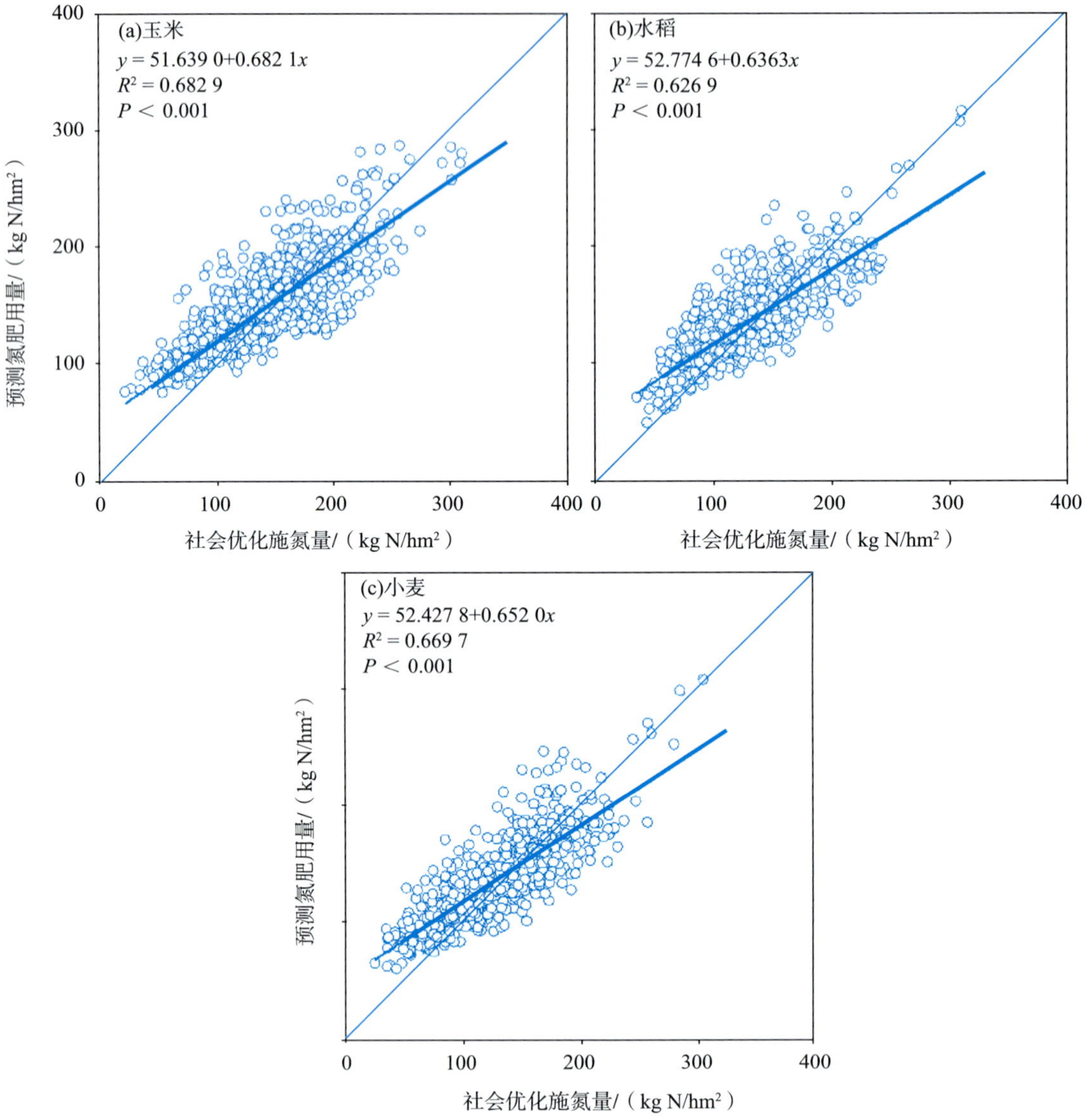

图 6-92　社会优化施氮量计算值与预测值间的相关性

7. SOR 对于可持续生产的意义

大量的农户调研结果显示在中国集约化作物生产体系中，中国农民使用的氮肥用量已经超过了 250 kg N/hm²，很多地区甚至已经接近了 300 kg N/hm²。我们定量的三大粮食作物的 SOR 为 149～160 kg N/hm²。该结果表明，农民对于氮肥的管理缺少基本的常识（Huang et al.，2008；Cui et al.，2010）。我们的研究相比于中国氮肥普遍过量，突出了减少氮肥的巨大潜力。

在中国许多高氮低效热点区域，人们通过大量的研究以经济效益为指标来确定最佳施氮量（例如 EOR）（Chen et al.，2011；Xia & Yan.，2012；Wang et al.，2012；Wu et al.，2014，2015）。我们的研究表明，在由经济最佳施氮量向社会最佳施氮量的转变过程中，在产量不减少的情况下，平均施氮量降低了 27～37 kg N/hm²。虽然随着作物、肥料的年价格波动 SOR 会有一定的波动，但是近 10 年的结果较为相似。这主要是因为随着施氮量的增加边际效益会快速降低，当边际效益接近零的时候，肥效反应曲线会相对较平稳，此时氮肥少量的增加或者减少对产量的影响较小。

虽然产量降低较小，但是从 EOR 到 SOR 的转变对于环境的意义重大。最近的一些研究表明，Nr 的排放会随着氮肥施入量的增加呈显著的指数增加趋势。在高施肥量的情况下，少量氮肥的增加会产生大比例的 Nr 损失。我们的研究结果与前人的研究结果一致。SOR 相比于 EOR，玉米、水稻、小麦活性氮排放分别降低了 38.6%、21.0%和 28.9%，大幅度降低 SC_N，而产量和经济效益没有显著降低。相似的结果在 Gourevitch 等(2018)的研究中也有所报道，该研究优化经济施肥量由 165 减少到 137 kg N/hm^2 的情况下，经济效益减少了 5.95 美元/hm^2，SC_N 却减少了 13.50 美元/hm^2。

8. SOR 在中国小农户的应用

在中国，粮食作物主要由 2 亿～3 亿小农户管理，平均每个小农户耕种不足 1 hm^2 的土地，农业生产基本依赖于高投入。目前，基于植物和土壤试验的氮素管理技术，如土壤 NO_3-N 试验(Magdoff et al.，1984；Fox et al.，1989)和最近发展的遥感(Scharf 和 Alley，1993)不能被小农户所采用，因为取样和测量会带来高昂的成本和时间的浪费。大部分中国农民依然认为高投入就会带来高的产出，因此在施肥管理上增加一个额外的安全用量用以防止产量的降低。我们以前的研究认为限制氮肥施用总量应成为我国的一项首要政策和实践。

基于全国范围大量的田间试验，计算了全国县域尺度的 SOR，该结果为农民和政策制定者提供了一个参考标准。但是，实际的应用风险依然是存在的，管理者应该意识到这样一个基准对于跨越如此大的一个地理区域，它在实际应用中是有着很大的局限性的。这样一个施氮量，仅能反映一般的需求，而不能达到满足不同地域的实地氮肥管理及精确性的需求。一般而言，实地氮肥管理是依赖于作物、土壤及环境的共同作用，是由氮肥需求、土壤供应及短期和长期施肥管理共同决定的(Dobermann et al.，2003)。当植物-土壤-环境氮循环达到稳态或变化非常缓慢时，肥料的氮输入相对稳定便可实现高产。

对于氮肥的推荐来说，在县域尺度预测 SOR 是相对粗放的。我们的研究结果表明，不同土壤类型下，利用 Y_{max} 和 Y_0 能与 SOR 形成一种较好的函数关系(表 6-27)。据此用于预测 SOR，方便农民自发地使用。其他的研究也报道了利用 Y_{max} 和 Y_0 的差进行氮肥施用量的预测在变异较大的田块间具有较大的潜力(Lory and Scharf，2003；Xu et al.，2014)。单纯地使用 Y_{max} 进行预测，在 Y_0 出现较大变异的情况会出现较大的变异(Sawyer et al.，2006)。

实际上，Y_{max} 和 Y_0 也是较容易获得的指标，在农户田块预先设定好位置，并且不需要太大的田块面积。但是每年空白施氮区的位置需要在播种前予以更换。产量可以通过产量监测器生成的产量图确定，也可通过人工收获的方式进行确定。

虽然 SOR 代表了优化氮肥管理的一大进步，但未来提高粮食产量对氮肥管理同样提出了挑战。一般而言，由于边际效益递减规律，优化的氮肥施用量不能够保证粮食生产的显著提高(Cassman et al.，2003)。事实上，在施用 SOR 的情况下，产量水平前 25%的平均产量较产量水平后 75%的平均产量增加 33.1%～52.1%，而氮肥仅增加了 18.9%～22.9%。大量前人的研究表明，当采用高产系统时，作物吸收氮素和转化形成籽粒产量的效率会显著提高(Cassman et al.，2003；Cui et al.，2013b)。这些结果表明，在未来高产作物系统被应用的时候，是可以实现更多的粮食产量伴随着更小的 SC_N 的。此外，我们相信通过提高作物产量和氮素吸收的其他最佳管理策略，例如新型植物遗传学、创新管理技术(例如缓释氮肥、与固氮作物轮作、精确农业管理技术)和改善土壤肥力(Keating et al.，2010)可以进一步提高作物氮素回收率。

6.3.4　科技小院服务模式

建立生产特点与农民相适应的高产高效技术服务模式，对于提高高产高效技术到位率，发挥技术的增产、增收、增效效果具有十分重要的意义。科技小院针对不同地区农业生产与经营特点，经长期探索建立了适应不同经营规模水平的技术服务模式。其中，为了解决小规模、分散经营条件下农民科技文化素质不高、农业技术掌握水平低、基层技术人员缺乏、技术落地难的问题，以河北省曲周科技小院为代表，建立了适应小农户经营条件的技术扩散与服务模式(图 6-93)。要点是：通过建立核心示范方集中展示技术，让农民看到技术的增产增效效果，使其产生“眼见为实”的感受，继而对技术产生兴趣；通过建立以“零距离、零门槛、零费用、零时差”为主要内容的“四零”农民科技培训体系，以及入村培训、冬季大培训、田间学校、科技长廊等多元化农民科技方法，让农民理解并掌握技术，产生应用技术的愿望；通过建立多元化的组织方式（如大方操作、合作社、联合社等方式）和技术服务方式，让农民看到技术实现的可能性，进而做出应用技术的决定；通过科技小院人员长期驻村与群众“零距离”接触，给群众提供及时服务和帮助，增强他们采用技术的信心，同时在生产过程中采取科技小车下田指导、科技喇叭随时提醒、科技农民“传帮带”等方式，为农民提供手把手、面对面的及时服务（图 6-94），破解农业技术推广“最后一公里”瓶颈，提高技术到位率，实现增产增效。最终通过科技农民的示范带动作用，以及政府、项目和企业的合力，推动技术由点到面扩散，实现大面积示范推广。

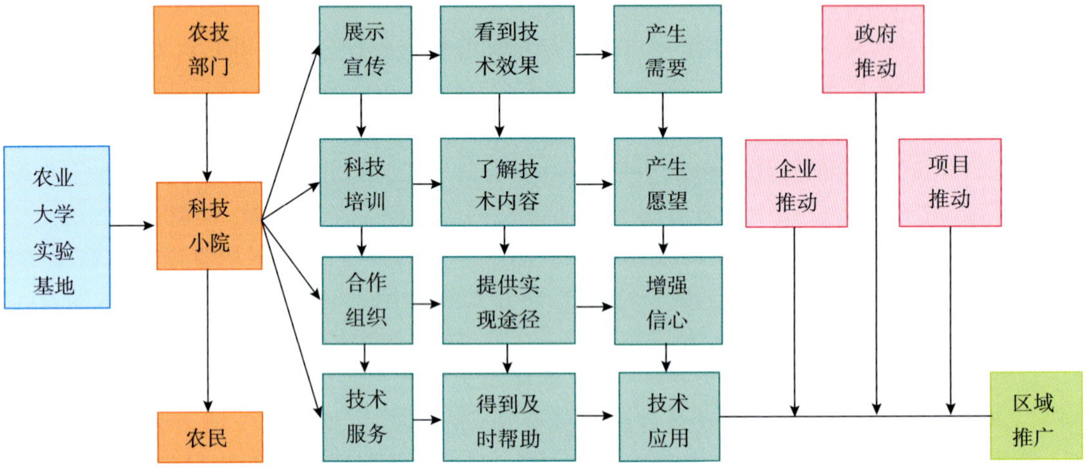

图 6-93　曲周科技小院技术扩散模式示意图（张宏彦等，2013）

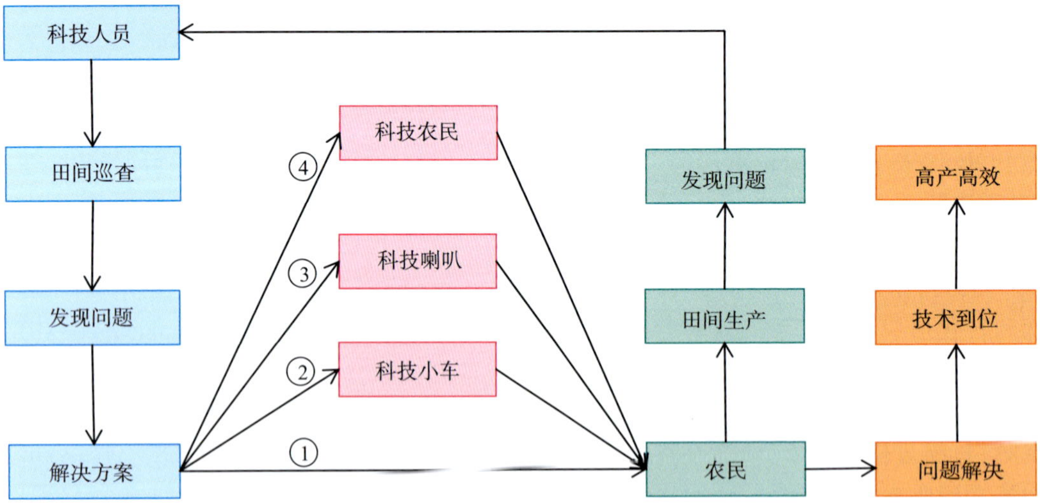

图 6-94　曲周科技小院技术服务模式示意图（张宏彦等，2013）

在探索小农户农业技术服务模式的同时，还依托梨树科技小院、建三江科技小院探索适合中等规模和大规模农户的技术服务模式，依托金穗等科技小院探索服务企业的模式，均取得良好效果。其中，梨树科技小院采取举办高产竞赛带动“散户＋服务合作社与组建联合社”的方法，通过科技服务规模化生产，促进高产高效技术到位率的提高；建三江科技小院通过围绕大农场技术需求，创新技术并实现标准化、建立核心示范区、发起高产竞赛等方式带动大户应用农业新技术；金穗科技小院针对企业技术服务难题，建立针对企业高层、生产技术部、厂长、管理员、税费专员、承包户、临时工的立体技术培训模式，通过培训，提升各级人员技术理解能力，实现技术到位率的提高。此外，在不断实践中，也探索出适合不同服务对象的社会服务模式（表 6-28）。

表 6-28 科技小院构建的四级社会服务体系

对象	服务模式
农户	科技咨询、科技巡查、田间指导、技术帮扶
村域	冬季培训、常规培训、田间学校、农民夜校、科技小车、科技广播、科技长廊、科技图册、微信群
乡镇	全乡技术骨干培训、乡级科技大讲堂、村干部科技培训、合作社技术培训与全程指导
县域	微信公众号、抖音短视频、科技特派员、全县乡镇干部培训、县域产业规划、产业发展座谈

6.3.5 “政产学研用”模式

农业绿色发展不仅需要技术大幅度转变，也是思想认识的一场深刻革命，同时需要机制体制的全面创新。欧洲国家正在尝试建立科研教学单位-政府-市场等主体参与的教育-推广-创新-支撑体系“四位一体”的科技创新服务体系（AKIS）。为了进一步推动这一体系的发展，欧洲国家又进一步提出了创新中介理论（AIS），但中介如何建立、如何运行仍需要结合各国的国情进行创新。在中国小农户主导的农业生产国家，“政产学研用”五位一体相结合的模式是推动农业绿色发展的重要途径。“政产学研用”即政府、企业、学校、科研院所及实践运用五个主体的系统合作模式。然而，当前我国“政产学研用”合作模式显露出一些问题。

我国政府在“三农”方面开展了大量的机制体制建设，也出台了大量支持性政策，然而政府和农民仍然存在对话不足，政府意愿和农民需求存在错位，政府基层力量薄弱，存在支农服务覆盖面窄，政策效率不高等问题，迫切需要一个衔接政府和农户的桥梁。我国涉农企业多样，既包括化肥、种子、农药等农资企业，也包括农业生产企业、农产品加工企业、农业服务企业。然而涉农企业偏重于销售，科创和服务能力不足，导致农资产品与绿色发展需求不对路，农产品生产环节缺乏质量标准引导、和后端加工需求不匹配等问题。农业企业迫切希望能够通过提升科创服务能力实现转型升级，但是高水平专业人员缺乏、科创条件和技能缺乏、服务机制不健全等问题阻碍了企业服务创新之路。高校和科研机构科技成果多但转化率不高，科技人才多但社会服务贡献度不高，造成了大量科研成果束之高阁，导致了巨大的人才、成果、信息等资源的浪费。

科技小院通过构建“政产学研用”协作的公共平台，发挥了创新中介的作用，并且构建了各个主体自主参与的运行机制（Zhang et al.，2016）。科技小院通过驻扎农村，深切体会“三农”之艰，科学诊断“卡脖子”问题，为政府政策措施指明方向。例如河北曲周科技小院发现深耕打破犁底层是增产、提高水分效率的有效措施，但是深耕机械配置不足是重要制约因素，因此建议政府给予特别补贴。在县域范围内，曲周政府拨款 200 万元专项补贴深耕机械，有力推动了深耕技术的发展。当然，科技小院师生也积极承担政府有关工作弥补政府人力不足的问题，如全国科技小院师生共有 25 人次作为村支书、科技副镇长、科技特派员等。科技小院平台密切与企业合作，通过设计地方性农资产品，支持农资企业产品升级，目前共与 20 余家肥料企业合作，创新肥料产品 100 余种；通过与农业种植企业合作，共建研发中心，持续提升生产技术，例如与广西金穗合作组建了国家香蕉工程技术中心，研发形成了香蕉和火龙果绿色技术 34 项，获得专利 25 项，金穗经济效益提升 20%以上。科技小院平台还与企业共同探索服务模式，如帮助企业建设高标准试验示范田，引入企业提供测土-配方肥直销体系，培训企业农化服务人员。企业已经成为部分科技小院的主要运转单位，全国由企业主导的科技小院达到 13 个。

总之，科技小院搭建了政产学研用协作的公共平台，这一平台是开放的，平台发挥的是发动机、传动链职能，通过平台创新技术、形成关键性知识和信息、带动政府和企业精准定位着力点，政府和企业实现了投入的高效化。具体而言，政府组织和企业为驻扎小院的科研人员提供资金支持，强有力地保障科技创新这一原动力。科研机构也同时为政府组织和企业提供知识和人力资源，弥补其职能短板。同时，政府组织对于农业企业出台一系列政策，例如补贴政策等，促进农业企业向农户提供有质量的农业产品和农业服务，进一步促进本地区农业的发展。对于农民来说，科技小院平台及时传递他们的需求，科研机构、政府、农业提供一系列针对性的技术、服务、产品等。科技小院通过汇集整合多方力量，构建多元化的服务创新体系。

截至目前，科技小院平台形成了"科教专家网络、政府推广网络、校企合作网络"为一体的协作体系，在过去 10 年里，共有 1 152 名研究人员、6.5 万名农业推广人员及 13 万农业相关企业人员和 452 个县的 2 090 万农民参与了这一技术模式的推广应用工作(图 6-95)，共组织和开展了 14 000 多个培训班、21 000 多次田间日活动、6 000 多场田间现场观摩会和发放 33.7 万份宣传册。科技小院的师生们与农民一起同吃同住同劳动，建立了一套从种到收的系统服务推广新模式，最终通过科技农民和新型经营主体的示范带动作用，以及政府和企业的合力，推动技术由点到面示范，实现大面积推广。

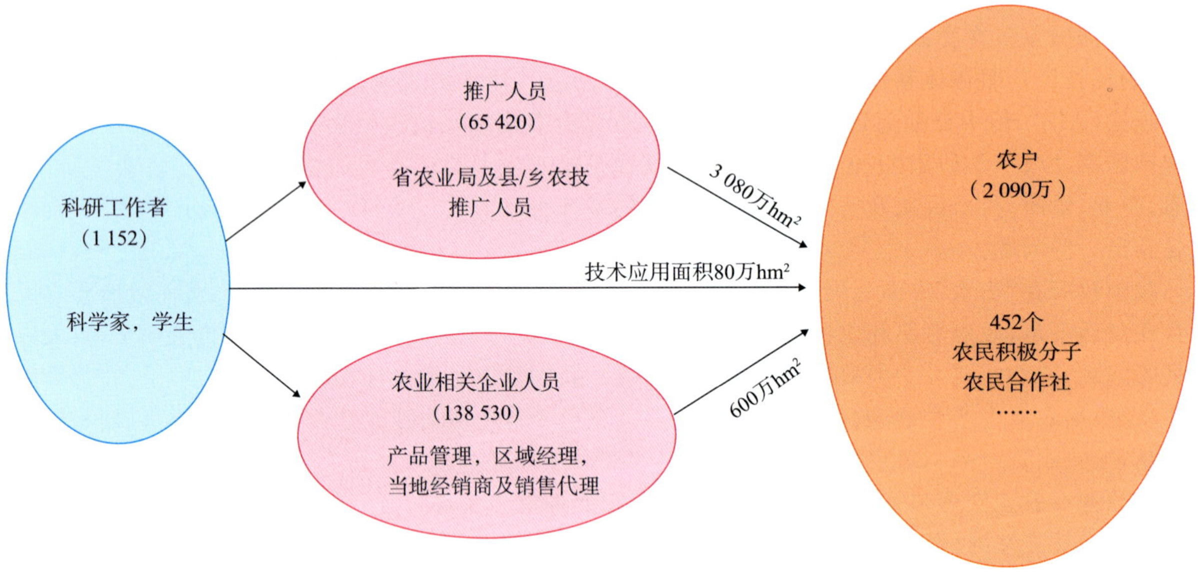

图 6-95　2008—2018 年科技小院政产学研用平台成效(Cui et al.，2018)

注：括号中的数值表示参与活动的人员数量。

推广行动的目的在于同农民一起应用绿色增产增效技术实现高产高效和环境友好。科研合作者(农业院校或研究院所的科学家和学生)制定当地适用的绿色增产增效技术方案，然后培训推广人员(不同级别政府单位的农业技术人员)和农业相关企业人员(农产品供应和服务，包括公司业务主管/产品开发人员，区域营销以及当地经销商和销售代表)。通过科研人员、推广人员和企业人员与农民一起工作，大面积开展绿色增产增效技术的应用推广。

6.4 粮食主产区未来大面积高产高效潜力及其资源环境效应

如何在粮食主产区大面积实现高产高效是解决粮食安全和资源高效的关键问题，而找出区域高产高效限制因子，阐明区域高产高效潜力，建立大面积实现的途径则是解决这一问题的根本。国际上重点围绕区域不同产量潜力及其影响因素，采用产量差和产量潜力分析、作物系统模型、系统诊断等方法进行研究(Gilleret et al.，2006；Tittonell et al.，2008；Van Ittersum et al.，2013)，在产量差理论分析和评价方法等方面积累了大量成果，但在效率差方面还缺乏研究、在大面积实现上还缺乏实用的模式和范例。国内也十分关注高产高效技术的大面积实现问题，相继开展了区域作物高产高效潜力及其限制因素的研究，阐明了我国粮食作物高产高效潜力的区域特征，明确了管理、品种等技术对不利气候条件的补偿效应，创建了“科技小院”“高产高效竞赛”“大配方、小调整”等高产高效大面积实现的新模式（张福锁等，2013），为未来大面积高产高效实现途径的探索奠定了基础。

本节研究依托全国高产高效研究协作网平台，建立了区域土壤一作物系统高产高效综合管理与评价模型，分析了区域间、作物间的产量差、效率差和资源环境代价，探讨了各区域未来大面积高产高效的可实现潜力及其资源环境效应，提出了实现粮食主产区高产高效潜力和降低资源环境代价的策略与政策建议。

6.4.1　粮食主产区未来大面积高产高效潜力分析

中国农业生产严重依赖过量的资源投入，且是典型的以小农户为主的生产方式，全国有两三亿农户，每户耕地面积仅几公顷。在小农为主的高投入-低效率生产系统，大面积推广绿色增产增效技术意义重大。我们在 153 个点年的试验研究表明，基于土壤-作物系统综合管理(integrated soil-crop system management，ISSM)与农户习惯的管理相比，在减少 4%～14%的氮素投入的情况下可显著提高 18%～35%的作物产量，且氮肥偏生产力提高幅度达 32%～46%。

为进一步将基于 ISSM 的绿色增产增效技术推广至全国，我们从 2005 年到 2015 年连续 10 年在不同的生态区域共布置了 13 123 个田间试验。每个试验均包括基于绿色增产增效推荐的管理措施(处理)与农户习惯的管理措施(对照)。多年多点试验结果表明，绿色增产增效技术较农户习惯管理均显著提高了作物产量、氮肥利用率以及农民的收入，并且减少了氮素损失。玉米籽粒产量平均从 7.83 t/hm^2 增加到 9.54 t/hm^2(n=6 089)，水稻籽粒产量从 7.03 t/hm^2 增加到 8.41 t/hm^2(n=3 300)，小麦籽粒产量从 5.69 t/hm^2 增加到 6.73 t/hm^2(n=3 734)；同时，氮肥用量减少 8.5%～15.6%(图 6-96)。与预期结果一致，较农户习惯管理，绿色增产增效技术可提高氮肥利用率、增加农民收入和提高环境质量。数据显示，绿色增产增效技术显著提高了 26.0%～33.1%的氮肥偏生产力，同时有效降低 22.9%～34.9%的氮素损失强度和 18.6%～29.1%的温室气体排放强度(图 6-96)。

多年多点田间试验有力证明了绿色增产增效系统的强大和多功能性，可用于在全国不同区域制定适于推广的生产管理方案，同步实现粮食安全和环境质量目标。我们组织了大面积的推广工作以促进这些先进的措施被农民采用。全国共有 1 000 多名研究人员、6.5 万名农业推广人员及 13 万名农业相关企业人员(图 6-95)和 452 个县的 2 090 万名农民参与了技术的田间应用工作，共计 3 770 万 hm^2。

经全国大面积推广应用绿色增产增效技术，综合 10 年数据显示，与农户习惯的管理相比，应用绿色增产增效技术促进三大作物产量提高 10.8%～11.5%，氮肥用量减少 14.7%～18.1%(表 6-29)。总体上看，应用绿色增产增效技术生产粮食增加 3 300 万 t，氮肥用量减少 120 万 t，增收节支 122 亿美元(表 6-29)。进一步评估了推广应用绿色增产增效技术的环境效益。结果表明，较农户习惯的管理，应用绿色增产增效技术可有效降低氮素损失强度 13.3%～21.9%，且减少温室气体排放强度 4.6%～13.2%；产量尺度的氮足迹分析表明，应用绿色增产增效技术生产每吨玉米、水稻和小麦的氮素损失强度分别为 4.6、4.7 和 4.5 kg/t，而农户习惯的氮素损失较高，分别为 6.1、6.0 和 6.4 kg/t。同样，产量尺度的温室气体排放效应分析表明，应用绿色增产增效技术生产每吨玉米、水稻和小麦的温室气体排放强度分别为 328、812 和 434 kg CO_2/t，而农户习惯的温室气体排放强度较高，分别为 422、941 和 549 kg CO_2/t(表 6-29)。

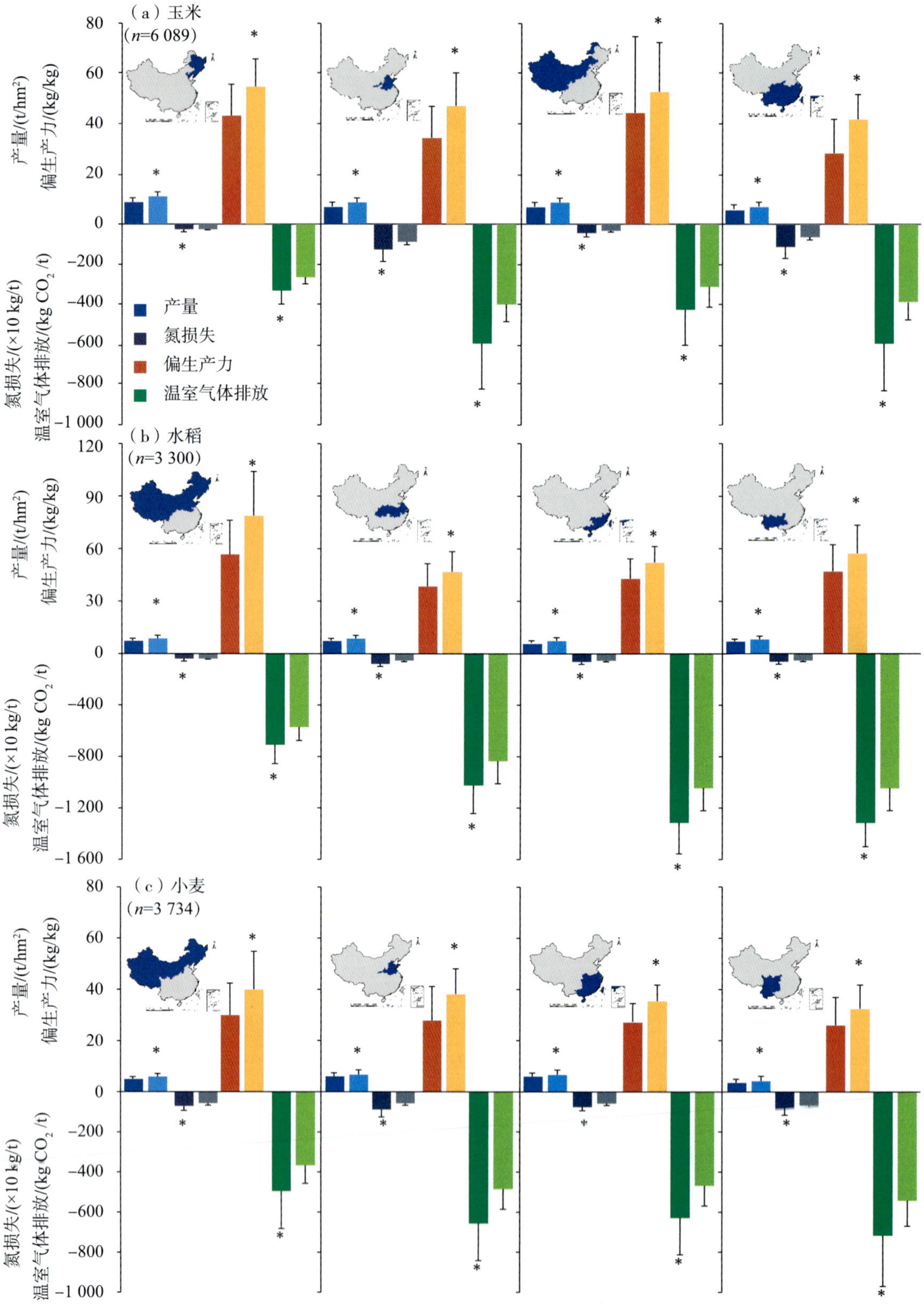

图 6-96　绿色增产增效技术实施效果

注：在中国四大农业生态区域的玉米(a)、水稻(b)和小麦(c)生产中，分析了绿色增产增效技术较农户习惯管理对产量反应、氮肥用量、农户收入和温室气体排放的影响。实心和纹理柱子分别代表田间试验($n=13\ 123$)和农民习惯。* 表示处理(绿色增产增效)和对照(农户习惯)的差异达显著水平，$P<0.05$。

表 6-29　全国大面积应用绿色增产增效技术与农户习惯管理相比对玉米、水稻和小麦的产量、氮肥用量、氮肥偏生产力、氮素损失、温室气体排放及经济效益的影响(2006—2015 年)

指标	玉米	水稻	小麦	总计
面积/($\times10^6$ hm^2)	12.8	17.0	7.9	37.7
籽粒产量/百万 t				
农民习惯	108	133	51	292
绿色增产增效	120	147	56	324
差异	11.5%	11.1%	10.8%	11.2%
氮肥用量/百万 t				
农民习惯	2.9	3.3	1.8	8.0
绿色增产增效	2.5	2.8	1.5	6.8
差异	−14.7%	−15.1%	−18.1%	−15.6%
氮肥偏生产力/(kg/kg)				
农民习惯	40.0	41.9	28.4	—
绿色增产增效	53.4	55.1	38.5	—
差异	33.4%	31.5%	35.7%	—
活性氮素损失*/百万 t				
农民习惯	0.65	0.79	0.33	1.8
绿色增产增效	0.55	0.69	0.25	1.5
差异	−15.0%	−13.3%	−21.9%	−15.5%
温室气体排放量†/百万 t				
农民习惯	45	125	28	198
绿色增产增效	39	119	24	183
差异	−12.9%	−4.6%	−13.2%	−7.7%
净收入‡/(×10 亿美元)				
农民习惯	18.0	28.0	7.2	53.2
绿色增产增效	22.1	34.2	9.2	65.5
差异	22.7%	22.1%	27.2%	23.0%

注：* 活性氮素损失包括氨挥发、硝酸盐淋洗、氧化亚氮排放和氮素的径流损失。

† 温室气体排放包括作物生命周期内产生的二氧化碳、甲烷和氧化亚氮。

‡ 净收入指农户的产量增加、氮肥用量减少带来的经济效益，每千克玉米、水稻、小麦和氮肥的价格分别为 0.31、0.40、0.32 和 0.62 美元。差异指绿色增产增效技术较农户习惯增加的百分比。

我们基于大样本的农户调研数据(涉及 1 944 个县的 860 万农户，调研覆盖面积占全国三大作物总面积的 73%)进一步评估了中国广大的小农户的生产力及其对环境影响。大部分农户(61%)的产量至少低于绿色增产增效技术对应产量的 10%(最高低于 50%)，但是他们的氮肥用量与推荐技术相当，甚至更高。将各县的平均产量、氮肥用量与绿色增产增效技术推荐的范围进行比较发现，县级尺度的评价结果往往差距很大，表明当前的农户管理模式还有很大的提升空间(图 6-97)。

我们采用情景分析方法评估所调查的县应用绿色增产增效技术的潜力。将分布在各生态区域的县均划分为 LH(低产量-高氮肥用量)、LL(低产量-低氮肥用量)、HH(高产量-高氮肥用量)和 HL(高产

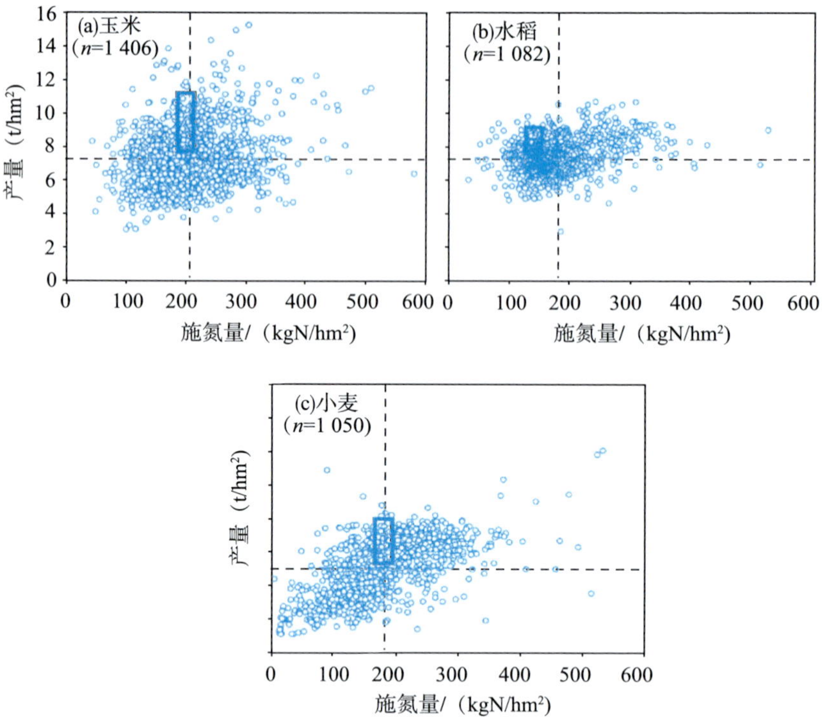

图 6-97 当前农户生产现状及其提升空间

注：基于 1 944 个县 860 万农户的大样本调查数据评价了县级尺度农业生产现状(2005—2014 年)。图中横虚线和竖虚线分别代表所有作物产量和施肥量的平均值，其中，玉米的分别为 7.2 t/hm² 和 208 kg N/hm²，水稻的分别为 7.3 t/hm² 和 181 kg N/hm²，小麦的分别为 5.0 t/hm² 和 181 kg/N hm²。矩形框表示基于绿色增产增效技术的推荐范围。括号中的数值代表调研县的数量。

量-低氮肥用量)。情景 1(S1)，仅针对 LH 组，以各地绿色增产增效技术推荐的氮肥用量和产量作为基准；情景 2(S2)，包括 LH 和 LL 两组；情景 3(S3)，在 S2 基础上增加了 HH 组。结果表明，较目前农户习惯的管理，如果应用绿色增产增效技术可促进 S1、S2 和 S3 的年均产量分别增加 1 930、7 050 和 8 240 万 t。总体来看(即 S3)，如果应用绿色增产增效技术，每年可减少氮肥用量 110 万 t(较农户习惯降低 8.5%)，降低氮素损失达 45 万 t(16.0%)，减少温室气体的排放量为 2 340 万 t(7.6%)。

6.4.2 三大粮食作物高产高效的资源环境效应

Ma 等(2019)在食物链养分管理模型(NUFER 模型)的基础上，发展了土壤-作物系统高产高效综合管理与资源环境评价模块，对中国可持续食物系统的目标、实现途径和可持续性评价开展深入研究。利用自上而下(Top-down)的方法，从食物链视角设计农牧生产结构，研究表明：2030 年，我国饲料粮、口粮和各种畜产品的需求量还将大幅度增加。如果不做任何改进，与 2010 年相比，2030 年耕地、草地、水、氮肥、磷肥等资源代价将增加 10%～81%，氮、磷、温室气体等环境代价将大幅度增加 28%～39%。同时，研究表明中国高产高效农业实现，可以降低耕地需求、水资源需求、温室气体排放、养分环境排放 7%～55%(图 6-98)。该研究发展了土壤—作物系统高产高效综合管理与资源环境评价模型，揭示了中国高产高效农业对可持续食物系统的贡献。

三大粮食作物的县尺度产量效率分区差异较大，低产低效、中产低效区占 60%～70%。根据已有文献将低于农户常规的农户作物种植水平定义为低产低效，将农户管理水平达到或超过养分资源综合管理水平(ISSM)定义为高产高效的指标，其中间的农户定义为中产中效。水稻、小麦、玉米的农户产量、效率分布情况见图 6-99，水稻实现高产高效的农户占 2.4%，小麦实现了高产高效的农户仅有 0.1%，玉米实现高产高效的农户也仅占 1%。水稻的低产低效农户占比略低，为 26%，而在小麦和玉米

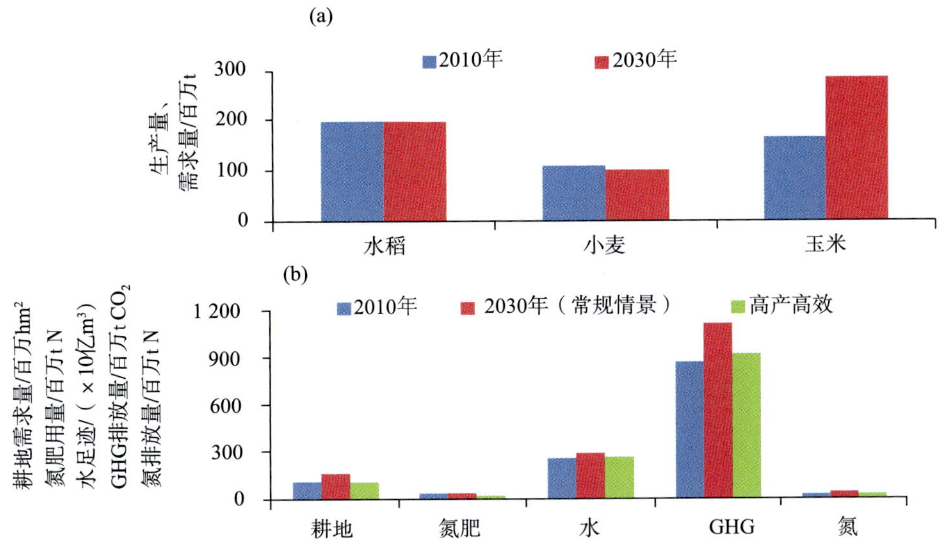

图 6-98　2030 年中国水稻、小麦、玉米三大粮食作物生产量与需求量(a)，常规情境和高产高效农业实现的情境下耕地需求量、氮肥用量、水足迹、GHG 排放量和氮排放量(b)

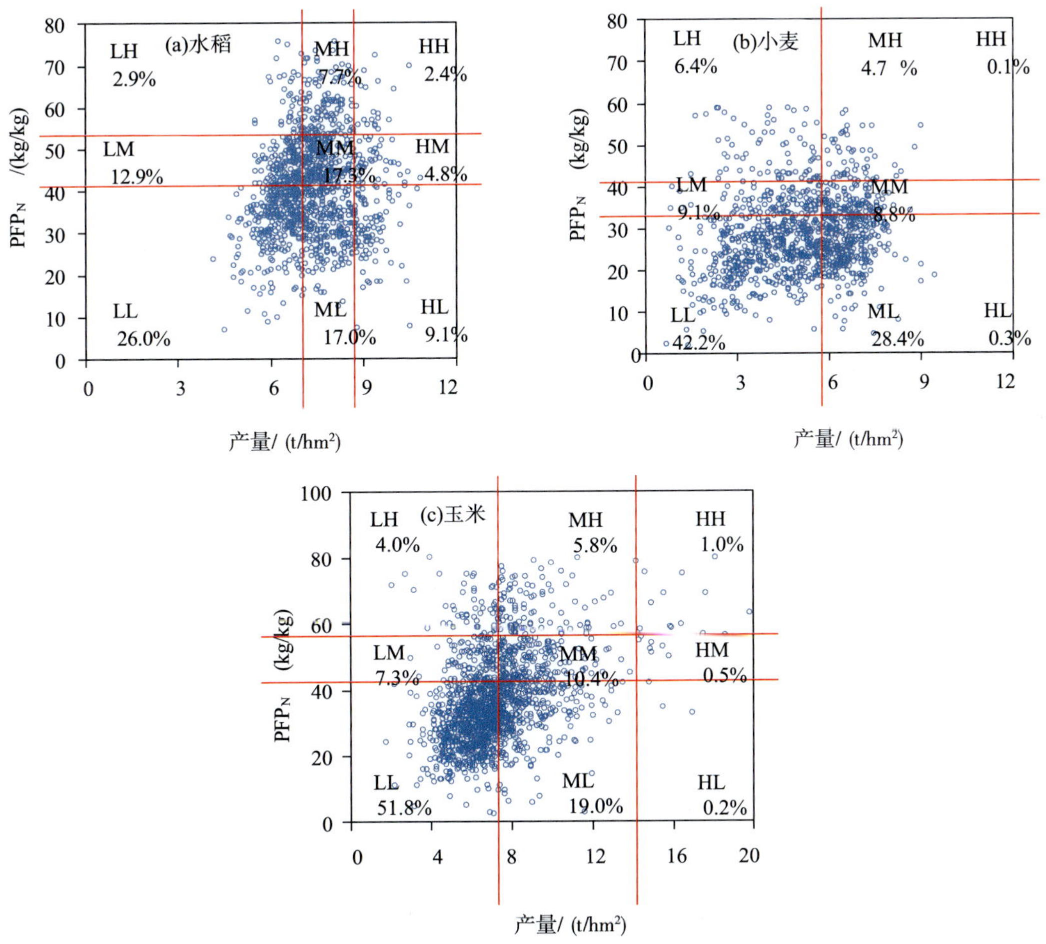

图 6-99　农户种植三大粮食作物的产量、效率分布情况

种植方面，约有一半的农户处于低产低效区，可见大部分农户仍处在低产低效区。该研究阐明各区域三大粮食作物的产量差、效率差。

根据中国的三大作物生产布局和生产能力，分别在每种作物选取了4个主要生产区进行分析(表6-30)。通过数据分析可知各区域还有较大的产量差和效率差(图6-100)，其中产量差的实现程度最高的作物是水稻，产量差为1.3 t/hm²，平均实现率为84%，最差的是小麦实现率为72%。而效率差普遍实现率较低，仅为50%。高效率变异幅度巨大，意味着作物生产有更大的潜力提高养分利用效率。区域上，作为粮食主产区的几大区域如黄淮海区(NC)的小麦、东北区(NE)的玉米、长江中下游区(MLY)的水稻产量差相对较低，其平均产量也相较全国水平较高。高产地区的养分利用效率不一定较高，如黄淮海区(NC)的玉米平均只有高产高效水平的52%，长江中下游区(MLY)的水稻平均效率为32 kg/kg，效率差为21 kg/kg。该研究阐明了不同区域产量差与效率差。

表6-30　各区域三大作物生产占全国的比重 %

三大作物	NE	SC	NC	LP	SW	MLY	总占比
小麦			63.3	8.5	6.0	13.7	91.6
玉米	39.1		27.0	7.3	9.0		82.4
水稻	14.5	9.1			16.0	54.0	93.6

注：NE，东北区；SW，西南区；NC，黄淮海区；LP，黄土高原区；SC，华南区；MLY，长江中下游区。

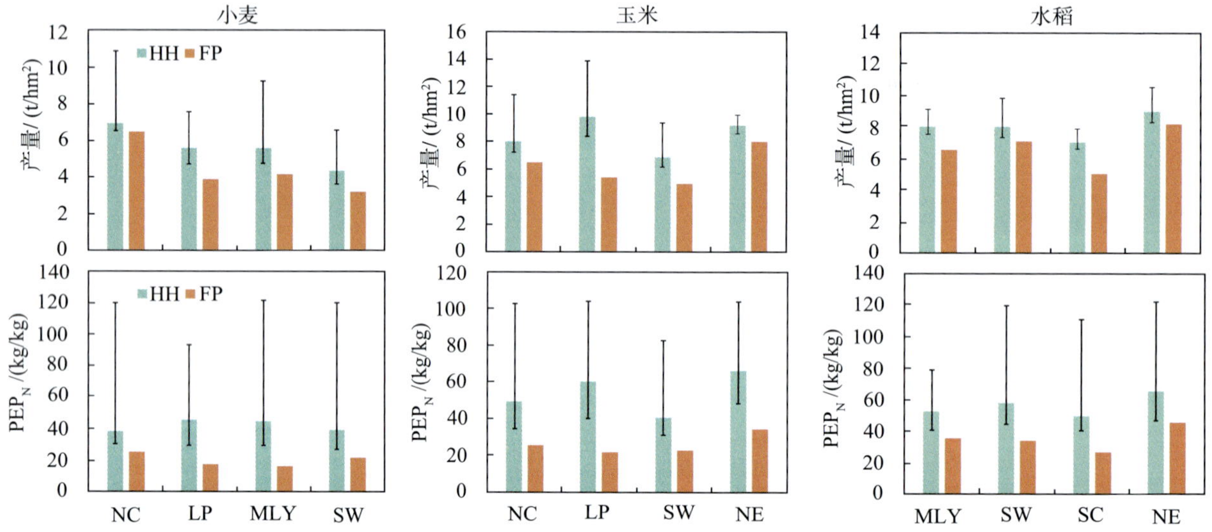

图6-100　三大粮食作物不同区域的高产高效水平与农户平均值的比较

注：HH(double high)代表高产高效，FP(farmer practice)代表农户平均值。

6.4.3　大面积高产高效区域分步实现和资源环境代价最小化的策略

研究分析了区域三大粮食作物高产高效实现的实现率，研究表明：长江中下游地区生产了全国50%以上的水稻，平均产量为6.6 t/hm²，效率相对较低，为39.7 kg/kg，是实现高产高效的优先区。产量占全国约20%的东北区的水稻平均产量接近8.5 t/hm²的高产水平，而其效率有待进一步提高。

全国小麦种植普遍处于效率低下的现状。黄淮海地区生产了全国60%以上的小麦，平均单产达到6.5 t/hm²，但是效率较低，其大部分处于中产低效区。此外黄淮海地区还面临着水资源短缺的限制，因此压面积增单产增效是关键。

全国大部分地区的玉米种植处于低产低效的现状。东北地区生产了全国40%左右的玉米，其平均单产为 8 t/hm^2，效率为 42 kg/kg，全国农业供给侧结构改革调减东北玉米种植面积，因此东北地区增单产调面积是关键。黄淮海地区生产了全国 30%的玉米，但是其效率仅为 36 kg/kg，在农业结构调整的背景下，其玉米增产增效潜力巨大。

研究提出了资源环境约束下区域分步实现的难易程度，结果表明：过量的氮肥施用是中国面临的普遍问题，三大作物中小麦的单位面积氮投入量最大，全国平均每公顷投入 215 kg 氮素，玉米和水稻平均每公顷投入 200kg 和 183 kg 氮素。就小麦而言，黄淮海区（NC）和黄土高原区（LP）的环境损失较大，分别为每公顷 85 kg 和 80 kg 氮素。玉米种植的高排放地区同样在黄淮海区（NC）和黄土高原区（LP），分别为每公顷 78 kg 和 77 kg 氮素。在东北区（NE）的水稻种植氮损失最少，每公顷只损失 41 kg 氮素，而占据全国产量 50%以上的长江中下游区（MLY）平均氮素损失是东北地区的 2 倍，达到了每公顷 87 kg 氮素。研究还计算了温室气体排放，包括水稻田的 CH_4 和化肥施用的 N_2O，全国平均的三大作物生产造成温室气体排放为每公顷 2.2 t CO_2。空间分布上，南方水稻区的 GHG 排放明显高于北方，尤其以长江中下游区排放最大，平均为 4.7 t CO_2/hm^2，是全国平均的 2 倍。

为了提出分步实现高产高效的策略，需要明确各区域的限制因素，因此研究选取了 5 个指标：产量差、效率差、活性氮损失、温室气体排放以及区域降水量，分区对 5 个指标进行归一化处理。本研究最后的指标归一化处理是在假设了各指标对高产高效的影响是相同的，即权重相同的条件下进行的。结果表明，就小麦而言，长江中下游区（MLY）的各项指标均较差，可以借助其降水资源丰富的优势实现高产高效，其次为黄土高原区（LP），产量差和效率差相较其他区域最大，并且其氮损失也是最大的。黄淮海区（NC）作为小麦生产的主产区应减少其氮肥投入，从而降低环境影响。玉米与小麦相似，黄土高原区（LP）需要提高产量差和效率差，黄淮海区（NC）应减少化肥的施用。华南区（SC）的水稻产量和效率低下，提升潜力大，长江中下游区（MLY）的水稻应以提高单产为优先目标。

中国三大粮食作物产量的变化对全国乃至全球都至关重要，因此能够保障未来 95%的粮食自给率，明确如何分步实现粮食生产高产高效是关键问题。研究得出了三大粮食作物主产区分步实现高产高效的最优化策略。

小麦：黄淮海区生产了全国 63%的小麦，但是其资源环境代价高并且受水资源严重约束，建议优先提高水肥利用效率；长江中下游区与黄土高原区小麦生产产量差大，效率差大，资源环境代价高，高产高效实现的提升空间大。

玉米：黄淮海和黄土高原区产量差、效率差较大，是高产高效实现的优先发展区；东北区玉米产量高，提质增效是关键。

水稻：长江中下游区和西南区的水稻产量占全国 70%，但是环境损失较高，建议优先在环境限制的约束下，实现高产高效；华南区水稻产量差、效率差较大，高产高效实现的提升空间大。

参考文献

安宁. 2015. 我国水稻高产高效的实现途径研究. 北京：中国农业大学.

曹红竹. 2018. 小麦/玉米产量差和氮肥效率差的变异特征及影响因素. 保定：河北农业大学.

曹宏鑫，赵锁劳，葛道阔，等. 2011. 作物模型发展探讨. 中国农业科学，44(17)：3520-3528.

陈广锋. 2018. 华北平原小农户小麦/玉米高产高效限制因素及优化体系设计研究. 北京：中国农业大学.

陈鹏飞，孙九林，王纪华，等. 2010. 基于遥感的作物氮素营养诊断技术：现状与趋势. 中国科学：信息科学，40(S1)：21-37.

陈鹏飞. 2009. 基于高光谱估测植株氮浓度及生物量的光谱指数研究与应用. 北京：中国农业大学.

陈新平，李志宏，王兴仁，等. 1999. 土壤，植株快速测试推荐施肥技术体系的建立与应用. 土壤肥料，

2:6-10.

高亮之. 2001. 数字农业与我国农业发展. 计算机与农业,(9):1-3.

高伟. 2019. 基于X射线断层扫描技术原位解析根系形态结构对局部养分供应的响应规律. 北京:中国农业大学.

郭建华,王秀,孟志军,等. 2008. 主动遥感光谱仪Greenseeker与SPAD对玉米氮素营养诊断的研究. 植物营养与肥料学报,14:43-47.

黄成东. 2017. 我国间作体系产量与氮素利用优势评价. 北京:中国农业大学.

黄高宝. 1996. 一熟灌区小麦玉米带田群体受光结构与作物生产力研究. 北京:中国农业大学.

黄少辉,杨云马,刘克桐,等. 2016. 河北夏玉米产量潜力、产量差与氮肥效率差分析. 玉米科学,24(5):123-127,135.

金书秦,张惠,付饶,等. 2019. 化肥零增长行动实施状况中期评估. 环境保护,47(2):39-43.

刘布春,刘文萍,梅旭荣,等. 2006. 我国农业气象业务引入作物生长模型的前景. 气象,12:10-15.

吕硕. 2016. 气候变化对吉林梨树县春玉米的影响及品种适应研究. 北京:中国农业大学.

马庆华. 2015. 集约化玉米体系养分高效利用的根际调控策略及技术途径. 北京:中国农业大学.

苏效坡,伍大利,夏婷婷,等. 2015. 吉林省梨树县农户春玉米氮肥施用现状调查. 吉林农业科学,40(5):46-48.

王洪预,李秋祝,曹宁,等. 2015. 吉林省机播密植春玉米田间保苗率研究. 吉林农业科学,40(1):5-9.

王珂,沈掌泉,王人潮. 1999. 植物营养胁迫与光谱特性. 国土资源遥感,1(1):13-18.

王蒙. 2017. 吉林半干旱区春玉米膜下滴灌条件下水肥高效利用研究. 北京:中国农业大学.

伍大利. 2018. 滴灌施肥对春玉米产量、养分、水分利用效率及根系分布的影响. 北京:中国农业大学.

徐洋,杨帆,张卫峰,等. 2019. 2014—2016年我国种植业化肥施用状况及问题. 植物营养与肥料学报,25(1):11-21.

岳善超. 2014. 小麦玉米高产体系的氮肥优化管理. 北京:中国农业大学.

张福锁,范明生,等. 2013. 主要粮食作物高产栽培与资源高效利用基础研究. 北京:中国农业出版社.

张宏彦,李晓林,王冲,等. 2013. 科技小院,破解"三农"难题的曲周探索. 北京:中国农业大学出版社.

张卫建. 2015. 对我国玉米绿色增产增效栽培技术的探讨:增密减氮. 作物杂志,(4):1-4.

张艺,黄成东,廖丹,等. 2018,养分优化管理促进间作小麦高产群体的构建. 中国农学通报,34(13):1-7.

张艺,杨晓彤,廖丹,等. 2019. 养分优化和播期管理对间作西瓜生长动态和品质的影响. 中国农业大学学报,24(9):47-55.

赵鹏飞. 2016. 小麦/玉米轮作体系农户产量差定量及其缩减途径. 北京:中国农业大学.

Ae N, Arihara J, Okada K. 1990. Phosphorus uptake by piegeon pea and its role in cropping systems of the Indian subcontinent. Science, 248: 477-480.

An N, Wei W, Qiao L, et al. 2018. Agronomic and environmental causes of yield and nitrogen use efficiency gaps in Chinese rice farming systems. European Journal of Agronomy, 93:40-49.

Anderson W K. 2010. Closing the gap between actual and potential yield of rainfed wheat. The impacts of environment, management and cultivar. Field Crops Research, 116(1-2):14-22.

Andonova P S, Rattin J, Di Benedetto A. 2014. Yield increase as influenced by transplanting of sweet maize (Zea mays L. saccharata). American Journal of Experimental Agriculture, 4(11):1314.

Bellec F, Rajaud, Ozier-Lafontaine H, et al. 2012. Evidence for farmers' active involvement in co-designing citrus cropping systems using an improved participatory method. Agronomy for Sustainable Development, 32(3):703-714.

Beza E, Silva J V, Kooistra L, et al. 2016. Review of yield gap explaining factors and opportunities for alternative data collection approaches. European Journal of Agronomy, 82:206-222.

Bezemer M T, van der Putten W H, Martens H, et al. 2013. Above- and below-ground herbivory effects on below-ground plant-fungus interactions and plant-soil feedback responses. Journal of Ecology, 101: 325-333.

Brooker R W, Bennett A E, Cong W F, et al. 2015. Improving intercropping: a synthesis of research in agronomy, plant physiology and ecology. New Phytologist, 206: 107-117.

Burney J A, Davis S J, Lobell D B. 2010. Greenhouse gas mitigation by agricultural intensification. Proceedings of the National Academy of Sciences of the United States of America, 107: 12052-12057.

Cao Q, Miao Y, Feng G, et al. 2017. Improving nitrogen use efficiency with minimal environmental risks using an active canopy sensor in a wheat-maize cropping system. Field Crops Research, 214: 365-372.

Cao Q, Miao Y, Shen J, et al. 2018. Evaluating two crop circle active canopy sensors for in-season diagnosis of winter wheat nitrogen status. Agronomy, 8(10):201.

Cao Q, Miao Y, Wang H, et al. 2013. Non-destructive estimation of rice plant nitrogen status with crop circle multispectral active canopy sensor. Field Crops Research, 154:133-144.

Cao Q, Miao Y, Li F, et al. 2016. Developing a new crop circle active canopy sensor-based precision nitrogen management strategy for winter wheat in North China Plain. Precision Agriculture, 18(1): 1-17.

Casal J J, Deregibus V A, Sanchez R A. 1985. Variations in tiller dynamics and morphology in Lolium multiflorum Lam vegetative and reproductive plants as affected by differences in red/far-red irradiation. Annals of Botany, 56(4): 553-559.

Casanova D, Goudriaan J, Bouma J, et al. 1999. Yield gap analysis in relation to soil properties in direct-seeded flooded rice. Geoderma, 91(3-4):191-216.

Casanova D, Goudriaan J, Catala-Forner M M, et al. 2002. Rice yield prediction from yield components and limiting factors. European Journal of Agronomy, 17(1):41-61.

Cassman K, Dobermann A, Walters D. 2002. Agroecosystems, nitrogen-use efficiency, and nitrogen management. Ambio, 31(2):132-140.

Cassman K, Dobermann, A, Walters D, et al. 2003. Meeting cereal demand while protecting natural resources and improving environmental quality. Annu Rev Environ Resour, 28:315-358.

Cenpukdee U, Fukai S. 1992. Cassava/legume intercropping with contrasting cassava cultivars. 1. Competition between component crops under three intercropping conditions. Field Crops Research, 29: 113-133.

Chen G F, Cao H Z, Liang J, et al. 2018. Factors affecting nitrogen use efficiency and grain yield of summer maize on smallholder farms in the North China Plain. Sustainability, 10(2):363.

Chen P, Wang J, Huang W, et al. 2013. Critical Nitrogen curve and remote detection of nitrogen nutrition index for corn in the Northwestern Plain of Shandong Province, China. IEEE Journal of Selected Topics in Applied Earth Observations and Remote Sensing, 6: 682-689.

Chen X P, Cui Z L, Vitousek P M, et al. 2011. Integrated soil-crop system management for food security. Proceedings of the National Academy of Sciences, 108(16):6399-6404.

Chen X, Cui Z, Fan M, et al. 2014. Producing more grain with lower environmental costs. Nature, 514: 486-489.

Chen X H, Ma L, Ma W Q, et al. 2018. What has caused the use of fertilizers to skyrocket in China? Nutrient Cycling in Agroecosystems, 110(2): 241-255.

Chen J, Huang Y, Tang Y. 2011. Quantifying economically and ecologically optimum nitrogen rates for rice production in south-eastern China. Agr Ecosyst Environ, 142:195-204.

Christopher M, Tilman D. 2008. Loss of plant species after chronic low-level nitrogen deposition to prairie grasslands. Nature, 451:712-715.

Conley D J, Paerl H W, Howarth R W, et al. 2009. Controlling eutrophication: nitrogen and phosphorus. Science, 323(5917):1014-1015.

Cu ST, Hutson J, Schuller, K A. 2005. Mixed culture of wheat (*Triticum aestivum* L.) with white lupin (*Lupinus alus* L.) improves the growth and phosphorus nutrition of the wheat. Plant and Soil, 272: 143-151.

Cui Z, Zhang H, Chen X, et al. 2018. Pursuing sustainable productivity with millions of smallholder farmers. Nature, 555(7696):363-366.

Cui Z L, Wang G L, Yue S C, et al. 2014. Closing the N-use efficiency gap to achieve food and Environmental Security. Environmental Science & Technology, 48: 5780-5787.

Cui Z, Chen X, Zhang F. 2010. Current nitrogen management status and measures to improve the intensive wheat-maize system in China. Ambio, 39: 376-384.

Cui Z, Yue S, Wang G, et al. 2013b. Closing the yield gap couldreduce projected greenhouse gas emissions, a case study of maize production in China. Glob Change Biol, 19: 2467-2477.

Davidson E. 2009. The contribution of manure and fertilizer nitrogen to atmospheric nitrous oxide since 1860. Nature Geoscience, 2:659-662.

Davis J H C, Garcia S. 1987. The effects of plant arrangement and density on intercropped beans (*Phaseolus vulgaris*) and maize I. Traits related to dry matter and seed productivity. Field Crops Research, 16: 105-115.

Diacono M, Rubino P, Montemurro F. 2013. Precision nitrogen management of wheat: a review. Agronomy for Sustainable Development, 33:219-241.

Diaz R, Rosenberg R. 2008. Spreading dead zones and consequences for marine ecosystems. Science, 321:926-929.

Dinlelaker B, Romheld V, Marschner H. 1989. Citric acid excretion precipitation of calcium in the rhizosphere of white lupin (*Lupinus alus* L.). Plant Cell and Environment, 12: 285-292.

Dobermann A, Witt C, Abdulrachman S. et al. 2003. Soil fertility and indigenous nutrient supply in irrigated rice domains of Asia. Agron J, 95(4): 913-923.

Doré T, Clermont-Dauphin C, Crozat Y, et al. 2008. Methodological progress in on-farm regional agronomic diagnosis. A review. Agronomy for Sustainable Development, 28: 151-161.

Dore T, Sebillotte M, Meynard J M. 1997. A diagnostic method for assessing regional variations in crop yield. Agricultural Systems, 2: 169-188.

Drew M C. 1975. Comparison of the effects of a localised supply of phosphate, nitrate, ammonium and potassium on the growth of the seminal root system, and the shoot, in barley. New Phytol, 75: 479-490.

Echarte L, Maggiora, A D, Cerrudo D, et al. 2011. Yield response to plant density of maize and sunflower intercropped with soybean. Field Crops Research, 121: 423-429.

Elliott J A, Dejong E. 1993. Prediction of field denitrification rates - a boundary-line approach. Soil Science Society of America Journal, 57: 82-87.

Fabrice B, Philippe C, Muriel B, et al. 2011. Building a typology of cropping practices from comparison with a technical reference: first step for a relevant cropping system redesigning process - results for tropical citrus production. Fruits, 66(3):143-159.

Federer W T. 1993. Statistical design and analysis for intercropping experiments, volume Ⅰ: Two crops. Springer Series in Statistics, New York.

Ferguson R, Hergert G, Schepers J, et al. 2002. Site-specific nitrogen management of irrigated maize: yield and soil residual nitrate effects. Soil Science Society of America Journal, 66(2):544-553.

Fermont A M, van Asten P J A, Tittonell P, et al. 2009. Closing the cassava yield gap: an analysis from smallholder farms in East Africa. Field Crops Research, 112(1):24-36.

Foley J, Navin R, Kate A, et al. 2011. Solutions for a cultivated planet. Nature, 478:337-342.

Fox R, Roth G, Iversen K, et al. 1989. Soil and tissue nitrate tests compared for predicting soil nitrogen availability to corn. Agron J, 81: 971-974.

Gao Q, Li C L, Feng G Z, et al. 2012. Understanding yield response to nitrogen to achieve high yield and high nitrogen use efficiency in rainfed corn. Agronomy Journal, 104(1):165-168.

Gardner W K, Barber D A, Parbery K G. 1983. The acquisition of phosphorus by *Lupinus alus* L. Ⅲ: the probable mechanism by which phosphorus movementin the soil/root interface is enhanced. Plant and Soil, 70: 107-124.

Ghosh P K, Mohanty M, Bandyopadhyay K K, et al. 2006. Growth, competition, yield advantage and economics in soybean/pigeonpea intercropping system in semi-arid tropics of India: I. Effect of subsoiling. Field Crops Research, 96: 80-89.

Giller K E, Rowe E C, de Ridder N, et al. 2006. Resource use dynamics and interactions in the tropics: scaling up in space and time. Agricultural Systems, 88: 8-27.

Gourevitch J, Keeler B, Ricketts T. 2018. Determining socially optimal rates of nitrogen fertilizer application. Agr Ecosyst Environ, 254: 292-299.

Grassini P, Cassman K G. 2012. High-yield maize with large net energy yield and small global warming intensity. Proceedings of the National Academy of Sciences of the United States of America, 109: 1074-1079.

Grassini P, Eskridge K M, Cassman K G. 2013. Distinguishing between yield advances and yield plateaus in historical crop production trends. Nature Communications, 4: 2918-2928.

Gu B J, Ge Y, Ren Y, et al. 2012. Atmospheric reactive nitrogen in china: sources, recent trends, and damage costs. Environmental Science & Technology, 46: 9420-9427.

Guo J H, Liu X J, Zhang Y, et al. 2010. Significant Acidification in major chinese croplands. Science, 327(5968):1008-1010.

Guo M C, Chen X H, Bai Z H, et al. 2017. How China's nitrogen footprint of food has changed from 1961 to 2010. Environmental Research Letters, 12(10): 104006.

Gupta R, Mostaghimi S, McClellan P, et al. 1997. Spatial variability and sampling strategies for NO_3-N, P, and K determinations for site-specific farming. Transactions of the ASEA, 40:337-343.

Horst B G, Waschkies C. 1987. Phosphorus nutrition of spring wheat in mixed culture with white lupin (*Lupinus alus* L.). Zeitschrift fur Pflanzenernahrung und Bodenkdunde, 150: 1-8.

Hou P, Gao Q, Xie R Z, et al. 2012. Grain yields in relation to N requirement: optimizing nitrogen management for spring maize grown in China. Field Crops Research, 129: 1-6.

Huang C D, Liu Q Q, Gou F F, et al. 2017. Plant growth patterns in a tripartite strip relay intercrop are shaped by asymmetric aboveground competition. Field Crops Research, 201: 41-51.

Huang C D, Liu Q Q, Li H P, et al. 2018. Optimised sowing date enhances crop resilience towards size-asymmetric competition and reduces the yield difference between intercropped and sole maize. Field Crops Research, 217: 125-133.

Huang R J, Zhang Y L, Bozzetti C, et al. 2014. High secondary aerosol contribution to particulate pollution during haze events in China. Nature, 514(7521):218.

Huang S, Miao Y, Yuan F, et al. 2017. Potential of rapideye and worldview-2 satellite data for improving rice nitrogen status monitoring at different growth stages. Remote Sensing, 9(3): 227.

Huang S, Miao Y, Zhao G, et al. 2015. Satellite remote sensing-based in-season diagnosis of rice nitrogen status in northeast china. Remote Sensing, 7(8): 10646-10667.

Huang J, Hu R, Cao J, et al. 2008. Training programs and in the-field guidance to reduce Chinese overuse of fertilizer without hurting profitability. J Soil Water Conserv, 63:165-167A.

Imhoff S, Kay B D, da Silva A P, et al. 2010. Evaluating responses of maize (*Zea mays* L.) to soil physical conditions using a boundary line approach. Soil & Tillage Research, 106(2):303-310.

Jensen E S, Carlsson G, Hauggaard-Nielsen H. 2020. Intercropping of grain legumes and cereals improves the use of soil N resources and reduces the requirement for synthetic fertilizer N: a global-scale analysis. Agronomy for Sustainable Development, 40(1): 5.

Jing J, Rui Y, Zhang F, et al. 2010. Localized application of phosphorus and ammonium improves growth of maize seedlings by stimulating root proliferation and rhizosphere acidification. Field Crops Research, 119: 355-364.

Jones J, Hoogenboom G, Porter C, et al. 2003. The DSSAT cropping system model. European Journal of Agronomy, 18:235-265.

Ju X, Xing G, Chen X, et al. 2009. Reducing environmental risk by improving N management in intensive Chinese agricultural systems. PNAS, 106 (19):8077-8078.

Keating B, Peter S, Carberry P, et al. 2010. Eco-efficient agriculture: concepts, challenges, and opportunities. Crop Sci, 50: 109-119.

Keating B A, Carberry P S. 1993. Resource capture and use in intercropping: solar radiation. Field Crops Research, 34: 273-301.

Kersebaum K. 1995. Application of a simple management model to simulate water and nitrogen dynamics. Ecological Modelling, 81(1-3):0-156.

Khosla R, Fleming K, Delgado J, et al. 2002. Use of site-specific management zones to improve nitrogen management for precision agriculture. Journal of Soil Water Conserve, 57:513-518.

Kintche K, Hauser S, Mahungu N M, et al. 2017. Cassava yield loss in farmer fields was mainly caused by low soil fertility and suboptimal management practices in two provinces of the Democratic Republic of Congo. European Journal of Agronomy, 89:107-123.

Lancon J, Wery J, Rapidel B, et al. 2007. An improved methodology for integrated crop management systems. Agronomy for Sustainable Development, 27(2):101-110.

Qiao L, João Vasco Silva, Fan M S, et al. 2021. Assessing the contribution of nitrogen fertilizer and soil quality to yield gaps: a study for irrigated and rainfed maize in China. Field Crops Research, 273: 108304

Lemaire G, Jeuffroy M, Gastal F. 2008. Diagnosis tool for plant and crop N status in vegetative stage. European Journal of Agronomy, 28: 614-624.

Li A, Strokal M, Bai Z H, et al. 2017. Modelling reduced coastal eutrophication with increased crop yields in Chinese agriculture. Soil Research, 55(6): 506-517.

Li C J, Hoffland E, Kuyper T W, et al. 2020. Syndromes of production in intercropping impact yield gains. Nature Plants, 6(6):653-660.

Li H, Wang X, Brooker R W, et al. 2019. Root competition resulting from spatial variation in nutrient distribution elicits decreasing maize yield at high planting density. Plant and Soil, 439(1-2): 219-232.

Li L, Li S, Sun J, et al. 2007. Diversity enhances agricultural productivity via rhizosphere phosphorus facilitation on phosphorus-deficient soils. Proceedings of the National Academy of Sciences of the United States of America, 104 (27): 11192-11196.

Li L, Zhang L Z, Zhang F S. 2013. Crop Mixtures and the mechanisms of overyielding. In: Levin S A. encyclopedia of biodiversity, second edition, Volume 2, 382-395. Waltham, MA: Academic Press.

Li T, Hao X M, Kang S Z. 2016. Spatial variability of grape yield and its association with soil water depletion within a vineyard of arid northwest China. Agricultural Water Management, 179:158-166.

Li Y, Ma X L, Wang T Y, et al. 2011. Increasing maize productivity in China by planting hybrids with germplasm that responds favorably to higher planting densities. Crop Science, 51(6):2391.

Li L, Sun J, Zhang F, et al. 2001. Wheat/maize or wheat/soybean strip intercropping: I. Yield advantage and interspecific interactions on nutrients. Field Crops Research, 71: 123-137.

Li L, Zhang, F S, Li X L, et al. 2003. Interspecific facilitation of nutrient uptake by intercropped maize and faba bean. Nutrient Cycling in Agroecosystems. 65: 61-71.

Li W. 2001. Agro-ecological farming systems in China. Man and the Biosphere Series, 26.

Liu X J, Zhang Y, Han W X, et al. 2013. Enhanced nitrogen deposition over China. Nature, 494 (7438):459.

Liu Z J, Yang X G, Lin X M, et al. 2016. Maize yield gaps caused by non-controllable, agronomic, and socioeconomic factors in a changing climate of Northeast China. Science of the Total Environment, 541: 756-764.

Liu Z J, Yang X G, Lin X M, et al. 2016. Narrowing the agronomic yield gaps of maize by improved soil, cultivar, and agricultural management practices in Different Climate Zones of Northeast China. Earth Interactions, 20(12):1-18.

Lobell D B, Cassman K G, Field C B. 2009. Crop yield gaps: their importance, magnitudes, and causes. Annual Review of Environment and Resources, 34:1-26.

Lory J, Scharf P. 2003. Yield goal versus delta yield for predicting fertilizer nitrogen need in corn. Agron J, 95:994-999.

Lu J, Miao Y, Shi W, et al. 2020. Developing a proximal active canopy sensor-based precision nitrogen management strategy for highyielding rice. Remote Sensing, 12: 1440.

Lu J, Miao Y, Shi W, et al. 2017. Evaluating different approaches to non-destructive nitrogen status diagnosis of rice using portable Rapid SCAN active canopy sensor. Scientific Reports, 7:14073.

Ma L, Bai Z H, Ma W Q, et al. 2019. Exploring future food provision scenarios for China. Environmental Science & Technology, 53(3): 1385-1393.

Ma L, Ma W Q, Velthof G L, et al. 2010. Modeling nutrient flows in the food chain of China. Journal of Environmental Quality, 39(4): 1279-1289.

Ma Q, Zhang F, Rengel Z, et al. 2013. Localized application of NH_4^+-N plus P at the seedling and later growth stages enhances nutrient uptake and maize yield by inducing lateral root proliferation. Plant and Soil 372: 65-80.

Magdoff F, Ross D, Amadon J. 1984. A soil test for nitrogen availability to corn. Soil Sci Soc Am J, 48: 1301-1304.

Makowski D, Doré T, Monod H. 2007. A new method to analyse relationships between yield components with boundary lines. Agronomy for Sustainable Development, 27: 119-128.

Mamo M, Malzer G, Mulla D, et al. 2003. Spatial and temporal variation in economically optimum nitrogen rate for corn. Agronomy Journal, 95(4):958-964.

Mao L, Zhang L, Li W, et al. 2012. Yield advantage and water saving in maize/pea intercrop. Field Crops Research, 138: 11-20.

Meng Q F, Hou P, Wu L, et al. 2013. Understanding production potentials and yield gaps in intensive maize production in China. Field Crops Research, 143:91-97.

Miao Y, Mulla D, Batchelor W, et al. 2006. Evaluating management zone optimal nitrogen rates with a crop growth model. Agronomy Journal, 98: 545-553.

Miao Y, Stewart B, Zhang F. 2011. Long-term experiments for sustainable nutrient management in China. A review. Agronomy for Sustainable Development, 31(2):397-414.

Mueller N D, Gerber J S, Johnston M, et al. 2012. Closing yield gaps through nutrient and water management. Nature, 490: 254-257.

Mulla D. 2013. Twenty-five years of remote sensing in precision agriculture: key advances and remaining knowledge gaps. Biosystems Engineering, 114:358-371.

Nafziger E D. 1996. Effects of missing and two-plant hills on corn grain yield. Journal of Production Agriculture, 9(2):238-240.

Ndabamenye T, Van Asten P J A, Blomme G, et al. 2013. Nutrient imbalance and yield limiting factors of low input East African highland banana (*Musa* spp. AAA-EA) cropping systems. Field Crops Research, 147:68-78.

Neumann G, Romheld V. 1999. Root excretion of carboxylic acids and ptotons in phosphorus-deficient plants. Plant and Soil, 211: 121-130.

Okumu M O, van Asten P J A, Kahangi E, et al. 2011. Production gradients in smallholder banana (cv. Giant Cavendish) farms in Central Kenya. Scientia Horticulturae, 127(4):475-481.

Olfs H, Blankenau K, Brentrup F, et al. 2005. Soil-and plant-based nitrogen-fertilizer recommendations in arable farming. Journal of Plant Nutrition and Soil Science, 168: 414-431.

Pierce F, Nowak P. 1999. Aspects of precision agriculture. Advances in Agronomy, 67(1):1-85.

Pommel B, Bonhomme R. 1998. Variations in the vegetative and reproductive systems in individual plants of an heterogeneous maize crop. European Journal of Agronomy, 8(1):39-49.

Qiu S J, He P, Zhao S C, et al. 2015. Impact of nitrogen rate on maize yield and nitrogen use efficiencies in Northeast China. Agronomy Journal, 107(1):305-313.

Rao M R, Willey R W. 1983. Effects of genotype in cereal/pigeonpea intercropping on the alfisols of the semi-arid tropics of India. Experimental Agriculture, 19: 67-78.

Ren L, Su S, Yang X, et al. 2008. Intercropping with aerobic rice suppressed Fusarium wilt in watermelon. Soil Biology and Biochemistry, 40: 834-844.

Ronner E, Descheemaeker K, Almekinders C, et al. 2019. Co-design of improved climbing bean production practices for smallholder farmers in the highlands of Uganda. Agricultural Systems, 175(2019):1-12.

Rusike, Snapp, Twomlow. 2005. Mother-baby trial approach for developing soil water and fertility management technologies//Participatory research and development for sustainable agriculture and natural resource management: a sourcebook. Volume 3: Doing participatory research and development.

Sawyer J, Nafziger E, Randall G, et al. 2006. Concepts and rationale for regional nitrogen rate guidelines for corn. Iowa: Iowa State University, University Extension.

Scharf P, Kitchen N, Sudduth K, et al. 2005. Field-scale variability in optimal nitrogen fertilizer rate for corn. Agronomy Journal, 97:452-461.

Scharf P, Alley M. 1993. Spring nitrogen on winter wheat: Ⅱ. A flexible multi-component rate recommendation system. Agron J, 85: 1186-1192.

Schiermeier Q. 2009. Prices plummet on carbon market. Nature, 457: 365.

Schnug E, Heym J, Achwan F. 1996. Establishing critical values for soil and plant analysis by means of the boundary line development system (bolides). Communications in Soil Science and Plant Analysis, 27:

2739-2748.

Schwenke G D, Peoples, M B, Turner G L, et al. 1998. Does nitrogen fixation of commercial, dryland chickpea and faba bean crops in north-west New South Wales maintain or enhance soil nitrogen? Australian Journal of Experimental Agriculture, 38: 61-70.

Shanahan J, Kitchen N, Raun W, et al. 2008. Responsive in-season nitrogen management for cereals. Computer and Electronic in Agriculture, 61:51-62.

Shen J, Cui Z, Miao Y, et al. 2013. Transforming agriculture in China: from solely high yield to both high yield and high resource use efficiency. Global Food Security, 2:1-8.

Shen J, Li C, Mi G, et al. 2013. Maximizing root/rhizosphere efficiency to improve crop productivity and nutrient use efficiency in intensive agriculture of China. Journal of Experimental Botany, 64: 1181-1192.

Shi D Y, Li Y H, Xia D J, et al. 2017. Effects of planting density on root characteristics and nitrogen uptake in summer maize. Scientia Agricultura Sinica, 50(11):2006-2017.

Tang X Y, Zhang C C, Yu Y, et al. 2021. Intercropping legumes and cereals increases phosphorus use efficiency; a meta-analysis. Plant Soil, 460:89-104.

Tilman D, Balzer C, Hill J, et al. 2011. Global food demand and the sustainable intensification of agriculture. Proceedings of the National Academy of Sciences of the United States of America, 108: 20260-20264.

Tittonell P, Vanlauwe B, Corbeels M, et al. 2008. Yield gaps, nutrient use efficiencies and response to fertilisers by maize across heterogeneous smallholder farms of western Kenya. Plant Soil, 313: 19-37.

Tremblay N, Fallon E, Ziadi N. 2011. Sensing of crop nitrogen status: opportunities, tools, limitations, and supporting information requirements. Hort Technology, 21: 274-281.

Valantin-Morison M, Meynard J M. 2008. Diagnosis of limiting factors of organic oilseed rape yield. A survey of farmers' fields. Agronomy for Sustainable Development, 28: 527-539.

Van Asten P J A, Fermont A M, Taulya G. 2011. Drought is a major yield loss factor for rainfed East African highland banana. Agricultural Water Management, 98(4):541-552.

Van Ittersum M K, Cassman K G, Grassini P, et al. 2013. Yield gap analysis with local to global relevance—a review. Field Crops Research, 143(0):4-17.

Van Tran D. 2001. Closing the rice yield gap for food security. In: Chataigner J. The new development in rice agronomy and its effects on yield and quality in Mediterranean areas. Montpellier: CIHEAM.

Vandermeer J H. 1989. The ecology of intercropping. Cambridge: Cambridge University Press.

Vitousek P M, Naylor R, Crews T, et al. 2009. Nutrient imbalances in agricultural development. Science, 324: 1519-1520.

Wairegi L W I, van Asten P J A, Tenywa M M, et al. 2010. Abiotic constraints override biotic constraints in East African highland banana systems. Field Crops Research, 117(1):146-153.

Walworth J L, Letzsch W S, Sumner M E. 1986. Use of boundary lines in establishing diagnostic norms. Soil Science Society of America Journal, 50(1):123-128.

Wang L, Shen J. 2019. Root/Rhizosphere management for improving phosphorus use efficiency and crop productivity. Better Crops with Plant Food, 103: 36-39.

Wang M R, Ma L, Strokal M, et al. 2018. Exploring nutrient management options to increase nitrogen and phosphorus use efficiencies in food production of China. Agricultural Systems, 163: 58-72.

Wang N, Jassogne L, van Asten P J A, et al. 2015. Evaluating coffee yield gaps and important biotic, abiotic, and management factors limiting coffee production in Uganda. European Journal of Agronomy, 63:1-11.

Wang X, Miao Y, Dong R, et al. 2019. Developing active canopy sensor-based precision nitrogen management strategies for maize in Northeast China. Sustainability, 11:1-26.

Wang W, Lu J, Ren T, et al. 2012. Evaluating regional mean optimal nitrogen rates in combination with indigenous nitrogen supply for rice production. Field Crops Res, 137 (137): 37-48.

Webb R A. 1972. Use of the boundary line in the analysis of biological data. Journal of Horticultural Science, 47(3):309-319.

Wu L, Chen X, Cui Z, et al. 2014. Establishing a regional nitrogen management approach to mitigate greenhouse gas emission intensity from intensive smallholder maize production. Plos One, 9 (5): e98481-98481.

Wu L, Chen X, Cui Z, et al. 2015. Improving nitrogen management via a regional management plan for Chinese rice production. Environ Res Lett, 10(9):095011.

Xia T, Miao Y, Wu D, et al. 2016. Active optical sensing of spring maize for in-season diagnosis of nitrogen status based on nitrogen nutrition index. Remote Sensing, 8: 605.

Xia H Y, Wang Z G, Zhao J H, et al. 2013. Contribution of interspecific interactions and phosphorus application to sustainable and productive intercropping systems. Field Crops Research, 154: 53-64.

Xia L, Ti C, Li B, et al. 2016. Greenhouse gas emissions and reactive nitrogen releases during the life-cycles of staple food production in China and their mitigation potential. Science of the Total Environment, 556: 116-125.

Xia Y, Yan X. 2012. Ecologically optimal nitrogen application rates for rice cropping in the Taihu Lake region of China. Sustainability Science, 7: 33-44.

Xiang P, Zhou Y, Jiang J, et al. 2006. Studies on the external costs of and the optimum use of nitrogen fertilizer based on the balance of economic and ecological benefits in the paddy field system of the Dongting Lake area. Scientia Agricultura Sinica, 39: 2531-2537.

Xu C L, Huang S B, Tian B J, et al. 2017. Manipulating planting density and nitrogen fertilizer application to improve yield and reduce environmental impact in Chinese maize production. Frontiers in Plant Science, 8:1234.

Xu W J, Liu C W, Wang K R, et al. 2017. Adjusting maize plant density to different climatic conditions across a large longitudinal distance in China. Field Crops Research, 212:126-134.

Xu Z, Li C J, Zhang C C, et al. 2020. Intercropping maize and soybean increases efficiency of land and fertilizer nitrogen use: A meta-analysis. Field Crops Research, 246:107661.

Xu X, He P, Pampolino M, et al. 2014. Fertilizer recommendation for maize in China based on yield response and agronomic efficiency. Field Crop Res, 157: 27-34.

Yang C, Huang G, Chai Q, et al. 2011. Water use and yield of wheat/maize intercropping under alternate irrigation in the oasis field of Northwest China. Field Crops Research, 124: 426-432.

Yao Y, Miao Y, Huang S, et al. 2012. Active canopy sensor-based precision management strategy for rice. Agronomy for Sustainable Development, 32(4): 925-933.

Ying H, Ye Y, Cui Z, et al. 2017. Managing nitrogen for sustainable wheat production. Journal of Cleaner Production, 162: 1308-1316.

Yu Y, Stomph T, Makowski D, et al. 2015. Temporal niche differentiation increases the land equivalent ratio of annual intercrops: A meta-analysis. Field Crops Research, 184:133-144.

Yue S, Meng Q, Zhao R, et al. 2012. Critical nitrogen dilution curve for optimizing nitrogen management of winter wheat production in the North China Plain. Agronomy Journal, 104: 523-529.

Zha H, Miao Y, Wang T, et al. 2020. Improving unmanned aerial vehicle remote sensing-based rice nitrogen nutrition index prediction with machine learning. Remote Sensing, 12(2): 215.

Zhang J, Miao Y, Batchelor W, et al. 2018. Improving high-latitude rice nitrogen management with the ceres-rice crop model. Agronomy, 8(11): 263.

Zhang W, Cao G, Li X, et al. 2016. Closing yield gaps in China by empowering smallholder farmers. Nature, 537:671-674.

Zhang W, Dou Z, He P, et al. 2013. New technologies reduce greenhouse gas emissions from nitrogenous fertilizer in China. Proceedings of the National Academy of Sciences of the United States of America, 110(21):8375-8380.

Zhang X, Davidson E, Mauzerall D, et al. 2015. Managing nitrogen for sustainable development. Nature, 528(7580):51-59.

Zhang Z, Lu J W, Cong R H, et al. 2017. Evaluating agroclimatic constraints and yield gaps for winter oilseed rape (*Brassica napus* L.) - A case study. Scientific reports, 7(1):7852.

Zhang L, van der Werf W, Bastiaans L, et al. 2008. Light interception and utilization in relay intercrops of wheat and cotton. Field Crops Research, 107(1): 29-42.

Zhao G, Miao Y, Wang H, et al. 2013. A preliminary precision rice management system for increasing both grain yield and nitrogen use efficiency. Field Crops Research, 154:23-30.

Zhao ZQ, Bai Z H, Wei S, et al. 2017. Modeling farm nutrient flows in the North China Plain to reduce nutrient losses. Nutrient Cycling in Agroecosystems, 108:231-244.

Ziadi N, Brassard M, Bélanger G, et al. 2008. Critical nitrogen curve and nitrogen nutrition index for corn in eastern Canada. Agronomy Journal, 100: 271-276.

Zuo Y M, Zhang F S, Li X L, et al. 2000. Studies on the improvement in iron nutrition of peanut by intercropping with maize on a calcareous soil. Plant and Soil, 220:13-25.

焦小强　张宏彦　马林　赵英杰　马文奇　张福锁　陈广锋　徐灵丽　曹红竹　陈冬冬　郭露芳
安宁　范明生　张朝春　申建波　苗宇新　王新兵　崔振岭

第7章 展　望

7.1 农业绿色发展是未来我国农业现代化的重要方向

过去几十年，世界农业随着“绿色革命”的兴起，农业生产力得到极大提升，粮食大幅度增产，为解决全球的粮食安全问题发挥了重要作用，但也带来了资源浪费、环境污染和高产作物品质降低等一系列问题(Pingali,2012)。同时，以食物生产和消费为主体的全球农业和食物系统也逐渐成为引起全球气候变化、土地退化、淡水资源耗竭与污染和生态系统退化等生态环境问题的主要驱动因素(Springmann et al.,2018)。2015年，联合国提出了可持续发展议程，农业和食物系统可持续发展成为核心，在17个可持续发展目标(SDGs)中占据8个(Tollefson,2015;Ma et al.,2019)，是未来全球可持续发展的关键要素。

在过去的50年间，我国农业取得了巨大成就，利用全球9%的耕地养活了全球21%的人口，为世界创造了粮食安全、营养健康和脱贫攻坚三大奇迹。粮棉油糖、肉蛋奶、果菜鱼等农产品稳步增长，市场供应充足，农产品质量安全水平不断提高。尤其是1978年改革开放以来，中国农业产值年均增长率达到5%以上，在短短的30年间，粮食产量先后跨上4亿t、5亿t和6亿t三个台阶。农业综合生产能力和农民收入持续增长，农村人均可支配收入达到1.2万元，农业机械装备水平不断提高，为全球粮食安全做出了重要贡献，还带动了农村经济的快速发展(Fan et al.,2012)，但同样也产生了大气氮沉降增加、水体富营养化和土壤酸化等生态环境问题(Conley et al.,2009;Guo et al.,2010;Fan et al.,2012;Liu et al.,2013;Ma et al.,2019)。与此同时，农产品安全问题日益突出，表现为农产品品质不能满足营养健康需求(Yang et al.,2013)和食物过度加工导致的营养成分流失(Lu et al.,2013)等。蛋白供需缺口也日益增大，奶类和豆类的需求量是目前生产量的近3倍，然而谷薯类和肉类需求量仅为目前生产量的一半，人民群众饮食营养过剩与不足等不均衡问题日益突出。据统计，从2002年到2012年，成人超重率提高了7.3%，高血压患病率提高6.4%，糖尿病患病率提高2倍。另外，在农产品的加工过程中，营养的损失现象严重。精致大米的加工过程使微量营养元素损失了43%～92%。微量元素的严重缺乏，也会导致成人营养不良、少儿发育迟缓等危害。在中国，有1亿的人口面临锌营养的缺乏。农作物籽粒中锌含量只有10～30 mg/kg，而达到40～60 mg/kg的锌才能满足人体的需求，再加上作物中微量元素的含量和生物有效性很低，加剧了人体锌营养缺乏。可见，生产出满足人民日益增长的营养健康需求的农产品也是我国农业面临的极大挑战。因此，迫切需要转变农业发展方式，在确保农产品产量的同时提高农产品品质，保证生态环境安全，实现农业绿色高质量发展(Shen et al.,2020)。

进入新时代，绿色发展成为国家发展的新理念，也是发展观的一场深刻革命。党的十八届五中全会把绿色发展上升到五大发展理念之一，党的二十大再次强调了绿色发展的重要性，并且要求必须协同推进降碳、减污、扩绿、增长。农业作为国民经济的重要基础产业，必须要优先实现绿色发展。同时从世界潮流看，农业绿色发展是农业现代化的必然选择，也是国内外倡导的新理念和新模式(Tollefson,

2015;Shen et al.,2020;金书秦等,2020;张福锁等,2021)。为此,我国政府也陆续出台文件,将推进农业绿色发展作为农业工作重点和未来农业现代化发展方向(金书秦等,2020)。农业绿色发展是以绿色和发展为主题,围绕资源与生产、生态环境、社会经济3大支柱,依据农业和食物系统物质、信息、能量和价值流动规律,通过绿色技术、产品、知识、工程、政策、资本、服务等创新和实施,实现农业相关的生产力、生态、环境、资源、社会、经济等目标协同提升的一种农业发展新模式(马文奇等,2020)。农业绿色发展的实现,不仅需要在动植物生产环节中抓好绿色生产技术,通过科技创新,由依靠增加肥、药、水、劳动力等实现增产增收向减少肥、药、水、劳动力等实现绿色提质增效转变(余欣荣,2021)。不仅如此,还需要从整个食物系统出发,进行区域系统设计和全产业链融合,以绿色增值促进绿色发展。同时,还要进行供给侧的创新,推动多样化食物供给;并且重视食物需求端的引导,促进健康膳食并减少食物浪费(张福锁等,2021)。

总之,农业绿色发展同时包含绿色和发展双重内涵,是未来我国农业发展的必由之路,对于保障我国粮食安全,促进生态环境安全和乡村振兴具有重要战略意义。

7.2 绿色高产高效是农业绿色发展的基础

农业绿色发展的首要目标是确保粮食安全和食物营养健康,也是"发展"这一属性的意义所在。我国是人口众多的大国,保障粮食和重要农产品稳定供给,解决好吃饭问题始终是治国理政和建设农业强国的头等大事,习近平总书记高度重视粮食安全问题,反复强调"中国人的饭碗要牢牢端在自己手里,而且里面应该主要装中国粮"。虽然我国粮食生产实现了十几连增,并且主要粮食自给率仍保持在安全水准以上,但在当前新冠肺炎疫情延宕、世界经济复苏脆弱、气候变化日益凸显、地区冲突破坏世界安宁等背景下,粮食安全仍是当前国家安全的重大战略问题,还面临诸多挑战。国内需求上,人民群众的营养健康需求日益增长,对食物的需求逐步由吃饱向吃好转变,然而满足人民日益增长的营养健康需求的优质农产品缺口较大,出现了生产和需求的不匹配。考虑到我国人口增长、经济增长带动的膳食结构变化、优质健康农产品的需求增加和复杂国际形势对口粮安全的影响等因素,2050年我国食物需求至少要增加2.0亿t。国际供应上,2021年我国粮食进口总量达到创纪录的1.6亿t,其中小麦进口977万t,玉米进口2 835万t,从美国、加拿大、乌克兰、法国和澳大利亚5个国家的进口量占小麦总进口量的96%,占玉米总进口量的99%,粮食进口数量大,且进口来源集中,容易被进口国制约。同时,据《经合组织—粮农组织2021—2030年农业展望》预测,2030年全球人口将达到85亿,未来10年全球农产品需求仍将以每年1.2%的速度增长,预期作物产量增长中87%源于单产提高,6%源于土地使用规模扩大,国际粮食安全问题也比较突出,我国依靠进口的空间很小。国内生产上,2021年全国粮食总产量6.8亿t,其中13个主产区贡献了78.5%。但近年来粮食主产区出现萎缩,粮食调出省持续减少,从2003年的13个,目前仅剩黑龙江、河南、内蒙古、吉林和安徽5个省区。研究发现,当前我国粮食产量仅实现了产量潜力的50%左右,若粮食单产能够实现产量潜力的80%~85%,即增产30%以上,全国可增产粮食1.8亿t。因此,通过绿色高产高效创新,以可持续方式提高粮食单产和提升粮食产能,大幅度降低对国外粮食进口的依存度,保障粮食安全和食物营养健康,是推动农业绿色发展的重要途径(张福锁等,2021)。

资源投入是农业的保障,资源高效利用是农业绿色发展的根本。众所周知,我国资源利用效率不高,如水、养分、农药等都低于发达国家平均水平,如粮食生产中资源利用效率仅为发达国家的一半,提高资源利用效率具有很大潜力。我国农业资源如水资源、人均土地和制造肥料的矿产资源和能源等都不丰富,高效利用资源也符合我国的国策,也是农业绿色发展的重大需求。高效利用资源的重要途径就是合理资源投入,因为资源投入不但关系到食物系统中植物产品、动物产品和食物等必需品的产出数量，也关系到氮、磷、农药等向环境的排放及其产生的生态环境效应，还关系到资源的可持续利用，所以，控制水、养分、农药、地膜、饲料添加剂等投入数量是实现农业绿色发展的重要原则。农业绿色发展将实现经济、社会和环境的可持续发展作为绿色发展的目标，因此，控制食物系统中各种资源的投入数量是实现农业绿色发展的重要保障。主要包括：①通过综合运用土壤质量提升技术、绿色新型肥料应用技术、地下滴灌水肥一体化、水肥高效的根层养分调控技术以提高水肥利用效率；②通过对绿色抗逆、资源高效型品种选用、优质高效栽培技术采纳、生物农药技术的实施以提高单位面积耕地的产出，最终提高土地产出率、资源利用率、劳动生产率，实现农业节本增效、节约增收；③通过统筹调整粮经饲种植结构，推动种养一体等措施，加强养分资源循环，优化区域资源配置，实现农业生产产值、资源利用效率的最大化，发挥和拓展农业多功能服务的作用。

良好生态环境和绿色低碳是农业绿色发展必须攻克的难题。在我国农业农村经济取得巨大成就的同时，农业快速发展也带来一系列资源环境问题，农业可持续发展面临重大挑战。从 1980 年至 2018 年，我国粮食总产量增长了 105%，但是化肥消费量增长了 345%。农用塑料薄膜和农药使用量，分别由 1991 年的 64.2 万 t 和 76.5 万 t 增至 2018 年的 246.5 万 t 和 150.4 万 t。化肥的过量施用，导致农田土壤 pH 平均下降 0.8 个单位，酸化面积达 2.9 亿亩；导致农田活性氮损失达 892 万 t/年，约占氮肥投入的 1/3，其中氨排放贡献了大气 PM 2.5的 10%～18%。据第一次全国污染源普查结果显示，农业源化学需氧量、总磷和总氮年排放量分别达到 1 324 万 t、270 万 t 和 28 万 t，占全国总排放量的 43.7%、57.2%和 67.3%，农业源污染排放量已占到全国总排放量的“半壁江山”，远超过工业与生活源。2014 年的《全国土壤污染状况调查公报》显示，全国土壤总的点位超标率为 16.1%，其中耕地土壤污染点位超标率达 19.4%，重金属污染物超标点位数占全部超标点位的 82.8%，污染态势持续恶化，重金属污染形势严峻。同时，高强度、粗放式生产方式导致农业景观破碎化、农田生态系统结构失衡、功能退化，耕地质量下降，黑土层变薄、耕作层变浅等问题凸显。农田灌溉水有效利用系数比发达国家平均水平低 0.2，华北地下水超采严重。农村生活垃圾和污水处理能力不足，引发的空气污染、土壤污染和水体污染等问题依然严峻。这些生态环境问题与农业生产过程中资源不合理使用紧密相关。与此同时，农业生产与碳排放密切相关，也是“双碳”战略中不可忽视的部分。以化肥为例，化肥产业的自身属性决定了它是重要的“碳排放”源，在产业中排名前五。化肥产业资源消耗大，由于我国天然气严重不足，是全球唯一依赖于煤炭作为主要能源原料的大型化肥生产国，导致碳排放增加 50%。而每年氮、磷资源仅有 14%、22%最终被人类消费利用，各个环节产生了大量的氮磷损失，也造成了碳排放。我国化肥生产与运输、农业生产及养殖业的碳排放分别达到 2.8、6.9 和 1.5 亿 t/年，总计达 11.2 亿 t/年，占全国温室气体排放总量的 11%，远高于土壤碳固定的 2.3 亿 t/年，显著影响“双碳”目标的尽早实现(张福锁等，2022)。由此可见，通过绿色高产高效创新，降低农业生产中污染物和温室气体排放，是实现农业绿色发展的重要途径。

7.3 未来研究重点与方向

7.3.1 作物高产群体与土壤和气候因子的动态匹配实现高产高效

作物高产依赖于合理的群体结构与功能，而高产群体的结构与功能是一个与光、温、土、水等生态因子动态互作的过程，阐明这些生态因子与作物群体的动态匹配关系及调控机制，是构建作物高产高效理想群体的理论基础，是挖掘作物系统与生态因子匹配高产潜力的主要途径。高产作物群体需要一个良好的根系和根层系统支撑，明确高产高效作物群体理想的根系构型与根际过程，揭示高产作物地上群体与地下根系、根际及根层养分水分的互作机制及其调控途径，是协同实现作物高产与养分水分资源高效的关键。通过调控土壤结构和关键过程，支撑高产群体，增强抗逆能力和缓冲性，提高土壤基础生产力，稳定实现作物高产高效。通过挖掘与生态因子匹配的作物生物学潜力，实现作物产量和资源利用效率的协同提高。关键在于：①根据区域生态条件，以作物生态生理学为指导，设计高产群体使之与气候等生态因子相匹配，提高光温资源效率，挖掘作物产量潜力；②通过对根土互作过程的深入理解和根层养分水分的定量调控，做到既满足高产作物地上群体的养分水分需求，又发挥作物高效吸收利用养分的生物学潜力，实现高产与高效的协同；③通过对支撑高产群体的关键土壤结构和关键过程的解析，阐明高产高效土壤支撑条件及其调控机制，为绿色高产高效协同实现提供支持。

7.3.2 中低产田改良与产能提升实现固碳与高产协同

保障国家粮食安全根本在耕地，耕地是粮食生产的命根子。当前，面对水土资源短缺、生态环境恶化、自然灾害频发与气候变化等国际性难题，尤其是新冠肺炎疫情全球性暴发对世界农业生产与贸易格局的不确定性影响，粮食安全对于我国具有更加特殊的意义。目前，我国中低产田面积约 13.9 亿亩，占比 73%。中低产田土壤瘠薄、酸化、盐碱化、结构障碍等问题突出，资源禀赋不匹配、农业基础薄弱、产能低且不稳，已成为制约国家粮食等农产品持续有效供给的“卡脖子”问题。因此，研发中低产田障碍消减、耕地质量保育原理与技术，集成产能提升综合技术与区域应用模式，打通中低产田改良与耕地地力培育、高产稳产农田建设、旱作节水等诸多环节，是实现耕地健康和永续利用、提高水资源利用率、促进粮食增产高效、保障国家粮食安全和推进农业高质量发展的关键基础，也是落实国家实施“藏粮于地、藏粮于技”战略的必由之路。重点应解决的关键问题为：①创新中低产田障碍因子精准识别方法与评价体系，针对障碍因子消减技术瓶颈和产品缺乏等关键问题，研发消减新技术与新产品；②创新土壤有机质积累、生物网络调控、养分水分库容扩增等关键原理与技术，针对中低产田土壤养分瘠薄、产能低等关键问题，研发肥沃耕层构建及健康土壤培育技术、产品与装备；③集成障碍因子消减-健康土壤培育-作物增产增效、节水-减肥-沃土协同、抗逆品种-产品装备-生态化种植等不同区域中低产田产能提升的综合技术模式。

7.3.3 最大化根际生命共同体效率实现“四两拨千斤”

近年来，国际上在养分管理理论与技术研究方面取得了快速发展，先后提出因土养分管理、实地养分管理和精准养分管理等，使传统的半定量施肥走向精准调控。随着生物学的发展，国际上提出了挖掘植物遗传潜力、利用微生物的作用重塑养分管理理念等观点。我国科学家在区域适宜施氮量确定和农田养分管理技术创新等方面走在国际前列，支撑了测土配方施肥等国家行动。此外，在根际养分调控研究方面取得了重大进展。发现适宜的根层土壤养分供应不仅有利于根系生长，而且还能增强根际养分活化能力、提高养分效率。明确集约化生产体系养分高效的关键是将根层土壤养分供应与高产群体的需求在数量上匹配、时间上同步、空间上耦合，创建了根层土壤养分调控技术体系，取得了增产增效的效果(Chen et al.，2014；Cui et al.，2018)。根际互作提高养分效率不仅取决于根层养分供应，还受根际微生态环境的调控。然而，这些研究还没有融合高效作物基因型及其第二基因组——微生物组，没有充分挖掘出植物-土壤系统生物学调控的潜力。

养分高效是一个从土壤到植物、从微生物到作物群体、再到农业生产多界面互作的系统过程。任何单一过程的突破都无法破解整个系统的运行机制，也就难以从整体上大幅度提高作物养分效率。根系作为植物吸收养分的主要器官，把地上和地下连为一体；根际则是控制植物-土壤系统物质、能量流动和信息交换的枢纽；菌丝际及其他微生物极大地拓展了植物吸收利用土壤养分的范围与功能。在“植物-根系-根际-菌丝际-土体及其微生物”系统中，植物将光合产物输送到地下，驱动了地下多样化生命过程的运转。光合产物一部分用于支撑根系生长及其生理活动，另一部分以根分泌物的形式释放到根际环境中，极大地改变了根际土壤的物理、化学和生物学性质，招募和供养微生物，使根际成为植物-微生物、微生物-微生物互作最活跃的热点区域，成倍提升植物对土壤养分的活化与利用效率。根外菌丝和其他土壤微生物又将根际范围扩展上百倍，并能从距离根系很远的土体，以及根系难于进入的微团聚体内把养分捕获并传输给植物。这种自上而下的能量流与自下而上的养分流形成一个完整的闭环系统，将“植物-根系-根际-菌丝际-土体及其微生物”连接成一个以根际互作为核心的，“牵一发而动全身”的根际生命共同体(Rhizobiont)，把植物与其第二基因组——微生物组完美地结合在一起，控制着植物对养分的活化、吸收和利用(申建波等，2021)。构建“植物-根系-根际-菌丝际-土体及其微生物”根际生命共同体理论体系，突破植物-微生物、微生物-微生物关键界面互作机制，阐明根际生命共同体结构、功能及其在养分活化、吸收与利用中的作用机制，建立共同体多界面互作增效的生物学调控新途径，开辟植物-土壤-微生物交叉创新领域，根际生命共同体理论创新有助于破解粮食安全、资源高效和环境保护多目标协同的难题，支撑我国农业绿色发展(申建波等，2021)。

7.3.4 创制绿色智能肥料实现投入品的绿色低碳

过去40年，我国化肥总量保持快速增长，氮肥、磷肥的产能、产量及消费量均居世界首位，实现了自给有余；钾肥生产跃居世界第四，自给率大幅度提升。我国化肥产业在满足国内需求的前提下，为全球化肥供应做出了巨大贡献，提升了我国在化肥生产领域的国际地位。然而，在新形势下，我国化肥产业绿色转型迟缓、发展相对滞后，与农业需求匹配度低，已无法满足绿色发展和“碳达峰、碳中和”的新需求。主要表现在：①传统化肥产业发展模式难以保障粮食安全与绿色发展的协同；②化肥产业高耗高排、难以满足“碳达峰、碳中和”和“绿色发展”的新需求；③缺乏工农融合的化肥产业创新体系，难以支撑化肥产业“绿色革命”；④创新绿色智能肥料是破解化肥产业绿色发展瓶颈的突破口(张福锁等，2022)。

绿色智能肥料是指根据作物-土壤-环境相匹配的植物营养调控原理，采用大数据智能算法进行有针对性的定向匹配设计，应用先进绿色制造工艺生产的具有作物根际效应激发、养分精准匹配和矿产资源多元全量利用的一类新型高品质肥料，具有养分高效、低碳环保、低排无废、全量利用的绿色特点；施用后具有能高效挖掘作物的生物学潜力，与根系“对话”激发根际效应，响应气候和土壤条件，精准匹配作物需求的智能特点。绿色智能肥料改变传统给土施肥的方式，注重调节和调动根系生长的能力，强调根际生命共同体养分高效的应答与生物互作级联放大效应，是能最大化作物生物学潜力的新型绿色肥料，绿色智能复合肥是其产业化的高端物化产品(张福锁等，2022)。绿色智能肥料不仅具有更好地增产提质和培肥土壤的作用，而且是引领工农全链条融合与化肥产业绿色转型的重要切入点。绿色智能肥料结合根层调控技术，可显著促进根系生长，强化根际效应，大幅度提高植物根系对养分的获取能力和利用效率，在时空上满足高产群体不同阶段的养分需求。土壤是绿色智能肥料发挥最大作用效力的场所，通过各种农学管理措施，特别是土壤调理剂、微生物制剂、生物刺激素等，优化土壤结构-养分供应-生物过程之间的关系，强化肥沃根层、蓄水保肥、生物活力，增强土壤健康与整个系统的弹性和可持续性。在培育健康土壤的基础上，通过绿色智能肥料的根层调控技术，实现根层土壤养分供应与高产群体的匹配，提高系统的可持续生产能力。

7.3.5 农业绿色发展实现途径

推动农产品产量大幅度增长，农业生产投入和成本大幅度下降，生产效率大幅度提升，实现农业绿色发展，应当实施“三步走”战略，即“节本增效”“绿色增产增效”“绿色高质高效”三大战略。

第一步，节本增效，即针对目前资源环境问题突出的现状，首先减少过多的资源如养分、水分、农药等投入，通过提高资源利用效率，保证生产力不降或小幅度上升，大幅度降低资源消耗和环境排放，实现绿色转型。如在种植业体系，首先在保持农产品产量的基础上，将化肥、农药、灌溉水与地膜等投入量减少20%到30%，将效率提高30%以上。我们在南北各地大量试验证明，减肥增效完全可能。根据小麦玉米体系和小麦水稻体系的实验结果，我们发现减肥30%之后，并不会减少农产品产量，但环境污染却可以成倍地减少，也就是说，减肥减排不减产的技术完全可行。到2016年，全国化肥的用量出现了负增长，但是农产品产量持续增长，这预示着，我国农业已朝向从过量生产资料投入到绿色转型的方向发展。

第二步，增产增效，即在实现环境排放大幅度减量基础上，继续推进增产增效，目标是农产品增产增效10%～20%，同时减排30%。增产增效是实现绿色发展的关键一步，希望可以实现增产的同时减少环境污染。如过去的几年间，在全国三大粮食主产区，20个省市进行的5147试验示范结果表明，绿色增产增效技术可以实现增产12%，节肥20%以上，减少氮素损失40%以上，证实了绿色增产增效技术可以大面积实现作物增产和环境减排的双赢，未来我国粮食安全完全可以以耕地的资源环境代价来实现，绿色增产增效技术的创新与应用为我国农业走出一条高效、产品安全、资源节约、环境友好的绿色发展道路提供了坚实的理论支撑与技术支撑。

第三步，绿色高质高效。目标是大幅度增产增效，同时改善产品质量，大幅度减少排放。最理想的农业发展状态是农产品产量大幅度增长，品质大幅度提升，农民收入实现翻番增长，实现环境保护与绿色发展的目标。我们团队在广西帮助企业降低香蕉的裂果率，提高了香蕉品质，产量产值大幅度增加。在山东乐陵金丝小枣，经过我们团队几年的努力，将其裂果率降低了20%，产能提高了30%。在洱海流域，针对水稻生产投入高、产值低、环境代价大的问题，我们团队创新以绿色智能肥为核心的绿色增产技术，实现氮、磷减施10%和55%；增产32%，效益增加1 590元/亩；氮磷径流降低30%以上，实现高产高质、绿色高值和污染减排等多目标的协同。这些例子都说明农业的增效绿色发展潜力非常大。

推进农业绿色发展是农业发展观的一场深刻革命，在今后一段时期应从技术支撑、人才培养、区域发展三个方面持续推进农业绿色发展，为实施乡村振兴战略做出更大贡献(张福锁等，2021)。

(1)创新绿色技术，切实提高农业产业链高质产能，让农民真正得到绿色发展的实惠。设计农业绿色发展的全产业链解决方案，全面实施“绿色农资-健康土壤-绿色生产-绿色环境-绿色产品”全生产链条的绿色增产提质增效工程。采用全产业链设计新理念，创新农业绿色发展技术与产品，构建全产业链解决方案，突破种植业系统、种养结合系统、食品加工系统、绿色环境治理等制约我国农业绿色发展的科技瓶颈，打造农业绿色发展全产业链技术与绿色发展模式，并带动我国绿色农业政策的发展，为我国农业供给侧结构性改革与农业政策调整提供科技支撑。

(2)交叉人才培养，创建新农科“一懂两爱”人才培养新模式。新时代、新需求，新型人才培养是关键。我国农业转型发展进入了绿色兴农新时代，农业新业态场域中创新农业科研和高层次人才培养模式势在必行。过去专注于学术型人才培养的模式必须向以学术型和应用型人才培养并重的方向发展，必须加快推动产教融合、多学科交叉复合型人才培养，以满足农业绿色可持续发展对“一懂两爱”人才的迫切需求。我们近十多年来创建的以解决重大生产问题为导向，立足生产一线和产业前沿的“科技小院人才培养”新模式，有效地把科技创新、人才培养和服务产业融为一体，使研究生置身于农业生产实践的大平台和国民经济建设发展的主战场，在复合型、创新型、应用型人才培养方面取得了良好效果。为了继续深化多学科交叉、高层次综合型农业人才培养机制改革，我们进一步提出了创新设置基于一、二、三产融合的“T型”农业博士专业学位，创新“双一流”建设新模式，实践研究生培养-导师-学校管理新机制，在系统工程层面设计和实现绿色种植、绿色种养一体化、绿色食品与产业、绿色生态环境，进而服务我国农业绿色发展和乡村振兴，为全球可持续发展贡献中国方案。

(3)区域落地模式探索，探索典型区域与流域农业绿色发展的实现路径。县域是国家行政管理的基本单元，也是农业绿色发展研究和技术应用的基本单位，探索典型县域农业绿色发展的实现路径，对于区域农业绿色发展战略具有重大意义。我们将在河北曲周、内蒙古杭后、上海崇明岛、浙江衢州等区域，结合农业绿色发展指标体系，协同国家农业绿色发展的总体目标，分析县域农业绿色发展关键指标，定量设计农业绿色发展系统解决方案，阐明县域农业绿色发展的瓶颈问题与限制因素，建立绿色农业技术、标准、产业、经营、政策、数字体系，加快农业现代化，促进区域农业绿色发展。流域是同时实现农业绿色发展与“山水林田湖草山综合治理”的管理单元，也是未来农业绿色发展的重要挑战，探索流域尺度实现途径意义重大。我们将在洱海流域、长江流域等，依托科技小院网络定量设计流域农业绿色发展系统解决方案，以此带动人与自然的和谐共生，助力我国双碳目标的实现。

参考文献

金书秦，牛坤玉，韩冬梅. 2020. 农业绿色发展路径及其"十四五"取向. 改革，(2)：30-39.

马文奇，马林，张建杰，等. 2020. 农业绿色发展理论框架和实现路径的思考. 中国生态农业学报(中英文)，28(8):1103-1112.

申建波，白洋，韦中，等. 2021. 根际生命共同体：协调资源、环境和粮食安全的学术思路与交叉创新. 土壤学报，58(4):805-813.

余欣荣. 2021. 科学认识和推进农业绿色发展. 人民日报，01-25(09).

张福锁，申建波，危常州，等. 2022. 绿色智能肥料：从原理创新到产业化实现. 土壤学报，59(4)：873-887.

张福锁，申建波，朱齐超. 2021. 中国农业绿色发展：理论与实践. 北京：中国农业大学出版社.

Chen X, Cui Z, Fan M, et al. 2014. Producing more grain with lower environmental costs. Nature, 514: 486-489.

Conley D J, Paerl H W, Howarth R W, et al. 2009. Controlling eutrophication: nitrogen and phosphorus. Science, 323(5917): 1014-1015.

Cui Z, Zhang H, Chen X, et al. 2018. Pursuing sustainable productivity with millions of smallholder farmers. Nature, 555(7696):363-366.

Fan M S, Shen J B, Yuan L X, et al. 2012. Improving crop productivity and resource use efficiency to ensure food security and environmental quality in China. Journal of Experimental Botany, 63(1): 13-24.

Guo J H, Liu X J, Zhang Y, et al. 2010. Significant acidification in major Chinese croplands. Science, 327(5968): 1008-1010.

Liu X J, Zhang Y, Han W X, et al. 2013. Enhanced nitrogen deposition over China. Nature, 494(7438): 459-462.

Lu L, Tian S, Liao H, et al. 2013. Analysis of metal element distributions in rice (*Oryza sativa* L.) seeds and relocation during germination based on X-ray fluorescence imaging of Zn, Fe, K, Ca, and Mn. PLoS One, 8(2): e57360.

Ma L, Bai Z H, Ma W Q, et al. 2019. Exploring future food provision scenarios for China. Environmental Science & Technology, 53(3): 1385-1393.

Pingali P L. 2012. Green revolution: impacts, limits, and the path ahead. Proceedings of the National Academy of Sciences of the United States of America, 109(31): 12302-12308.

Shen J B, Zhu Q C, Jiao X Q, et al. 2020. Agriculture green development: A model for China and the world. Frontiers of Agricultural Science and Engineering, 7(1): 5-13.

Springmann M, clark M, Mason-D'croz D, et al. 2018. Options for keeping the food system within environmental limits. Nature, 562(7728): 519-525.

Tollefson J. 2015. UN sets out next development goals. Nature, 525(7570): 434-435.

Yang G H, Wang Y, Zeng Y X, et al. 2013. Rapid health transition in China, 1990-2010: findings from the global burden of disease study 2010. The Lancet, 381(9882): 1987-2015.

张福锁 马文奇 申建波 马林